PRIDE

정비지침서
보충판 (D4FA-디젤 1.5)

머리말

본 정비지침서는 폐사의 오랫 동안 축적된 기술과 신기술 그리고, 노력으로 만들어진 "PRIDE (D4FA-디젤 1.5)"에 대한 정확하고 신속한 정비를 수행하는데 도움이 될 수 있도록 만들어진 것으로 정비 기술자가 읽고 이해하기 쉽도록 각 장치의 구조와 정비과정에 따르는 도안과 더불어 탈거 및 장착, 분해조립 방법, 고장 진단법등 여러 정비관련 내용들을 기술하고 있습니다.

폐사차량에 대한 소비자의 만족을 위해서는 적절한 정비 작업의 제공이 필수적입니다. 따라서 정비 기술자들이 본 정비지침서를 충분히 이해하고 필요시 신속한 참고 자료가 될 수 있도록 사용하여 주시길 바랍니다.

본 정비지침서를 이용하시는 동안 내용상의 오류, 오기가 발견되거나 의문사항이 있을 때는 서슴치 마시고 폐사로 연락하여 주시기 바랍니다.

본 정비지침서에 수록된 모든 내용은 발간 시점 당시에 적용된 사양을 기준으로 제작되었으므로, 기술이 진보함에 따라 설계변경이 있을 경우 정비통신 및 사양 변경 통신으로 통보되고 있사오니 이점에 대해서는 양지하시기 바랍니다.

저희 기아자동차는 보다 완벽한 차량 생산 및 정비기술의 진보 향상에 연구 노력하고 있습니다.

본 정비지침서가 귀하께 보다 많은 도움이 되길 바랍니다.

* 본 책자에 수록된 내용은 폐사의 설계변경에 따라 사전통보 없이 변경될 수 도있습니다.

* 본 책자에 수록되지 않은 내용은 '05 PRIDE 정비지침서 (Pub. No. : A1GS-KO4DA1, A1GS-KO4DA2)를 참조바랍니다.

> ※ 폐사에서 지정하는 순정품(엔진오일, 변속기오일 등)을 사용하지 않거나 불량연료를 사용했을 경우에는 차량에 치명적인 손상을 줄 수 있습니다.

2005년 5월 18일
기아자동차주식회사
디지털써비스컨텐츠팀

※ 각 장치별 전기회로도는 별도 발간 된 "2005 PRIDE 전장 회로도"
(Pub. No. : A1GE-KO53B)를 참조하시기 바랍니다.

본 발간물 내용의 일부 혹은 전체를 사전 서면동의 없이 무단으로 인쇄, 복사, 기록 등의 방법을 이용하여 어떠한 형태로도 복제, 재생, 배포하는 것을 금합니다.

목 차

| 일반사항 |
| 엔진 (D4FA-디젤 1.5) |
| 엔진 전장 (D4FA-디젤 1.5) |
| 연료 장치 (D4FA-디젤 1.5) |
| 클러치 시스템 |
| 수동변속기 (M5CF2) |
| 자동변속기 (A4CF2) |
| 드라이브 샤프트 및 액슬 |
| 서스펜션 시스템 |
| 조향 계통 |
| 전장 회로도 (별도편수) |

중요 안전 사항

적절한 정비 방법과 정확한 정비 과정이 작업자의 인적안전 뿐만 아니라 모든 차량의 정상적인 작동을 위해 필수적이다. 이 정비 매뉴얼은 효율적인 정비 방법과 과정을 위한 일반적인 지시사항을 제공한다.

작업자의 기술 뿐만 아니라, 차량 정비를 위한 방법, 기술, 도구, 부품이 다양하다.
이 매뉴얼은 이러한 다양한 사항에 대해 모두 예측하거나 각각에 대한 충고, 경고 등을 할 수 없다.
따라서 이 매뉴얼에서 제공되는 지시사항을 준수하지 않는 사람들이 선택한 방법, 도구 부품이 인적 재해나 차량에 이상을 야기시키지 않도록 유의해야 할 것이다.

참고, 주의 및 경고

참고 : 특정한 절차에 부가적인 정보를 제공한다.

주의 : 인적 재해 또는 차량에 손상을 입힐 수 있는 실수를 방지하기 위해 제공된다.

경고 : 부주의로 인해 인적 재해를 야기 시킬 수 있는 부분에 특히 주의를 준다.

참고, 주의 및 경고

다음 항목은 차량 작업 시 따라야 하는 몇몇의 일반적인 경고를 포함한다.

- 눈을 보호하기 위해 항상 보호 안경을 착용하시오.
- 차체 아래에서 작업할 경우 반드시 안전 스탠드를 사용하시오.
- 절차과정에서 요구하지 않는 한 이그니션 스위치를 항상 OFF 위치에 두시오.
- 차량 작업시 주차 브레이크를 당겨 놓으시오. 만약 자동변속기 장착 차량일 경우, 특정한 작동사항이 지시되지 않는 한 PARK에 두시오.
- 차량의 급작스런 움직임에 대비하여 타이어의 앞, 뒤 쪽에 받침대를 사용하시오.
- 탄화, 일산화탄소의 위험을 피하기 위해 엔진은 통풍이 잘 되는 곳에서만 작동시키시오
- 엔진이 작동 할 때, 작동 부품에서 작업자와 작업자의 옷을 멀리하시오.
  특히 드라이브 벨트의 경우 주의하시오.
- 심한 화상을 방지하기 위해 라디에이터, 배기 매니폴드, 테일 파이프, 촉매 컨버터, 머플러와 같은 뜨거운 금속 부품에 접촉하지 마시오.
- 차량 작업 시 금연하시오.
- 작업 전 항상 반지, 시계, 보석류를 제거하고, 작업에 방해되는 옷차림을 피하시오.
- 후드 아래에서 작업 시, 손 또는 다른 물체를 라디에이터 팬 블레이드에 닿게하지 마시오
  쿨링 팬 장착 차량일 경우, 이그니션 스위치가 OFF 위치에 있더라도 팬이 작동될 수 있으므로 엔진 룸 밑에서 작업 할 시에는 반드시 라디에이터 전기 모터를 분리하시오.

일반사항

식별 번호 .... GI - 2
경고 / 주의 라벨 위치 .... GI - 5
리프트 지지 위치 .... GI -10
견 인 .... GI -11
일반 조임 토크 .... GI -12
추천 윤활유 및 유량 .... GI - 13
엔진 오일 등급 .... GI - 14
정비 작업시 주의 사항 .... GI - 15
보디 제원표 .... GI - 22

일반사항

식별 번호 위치

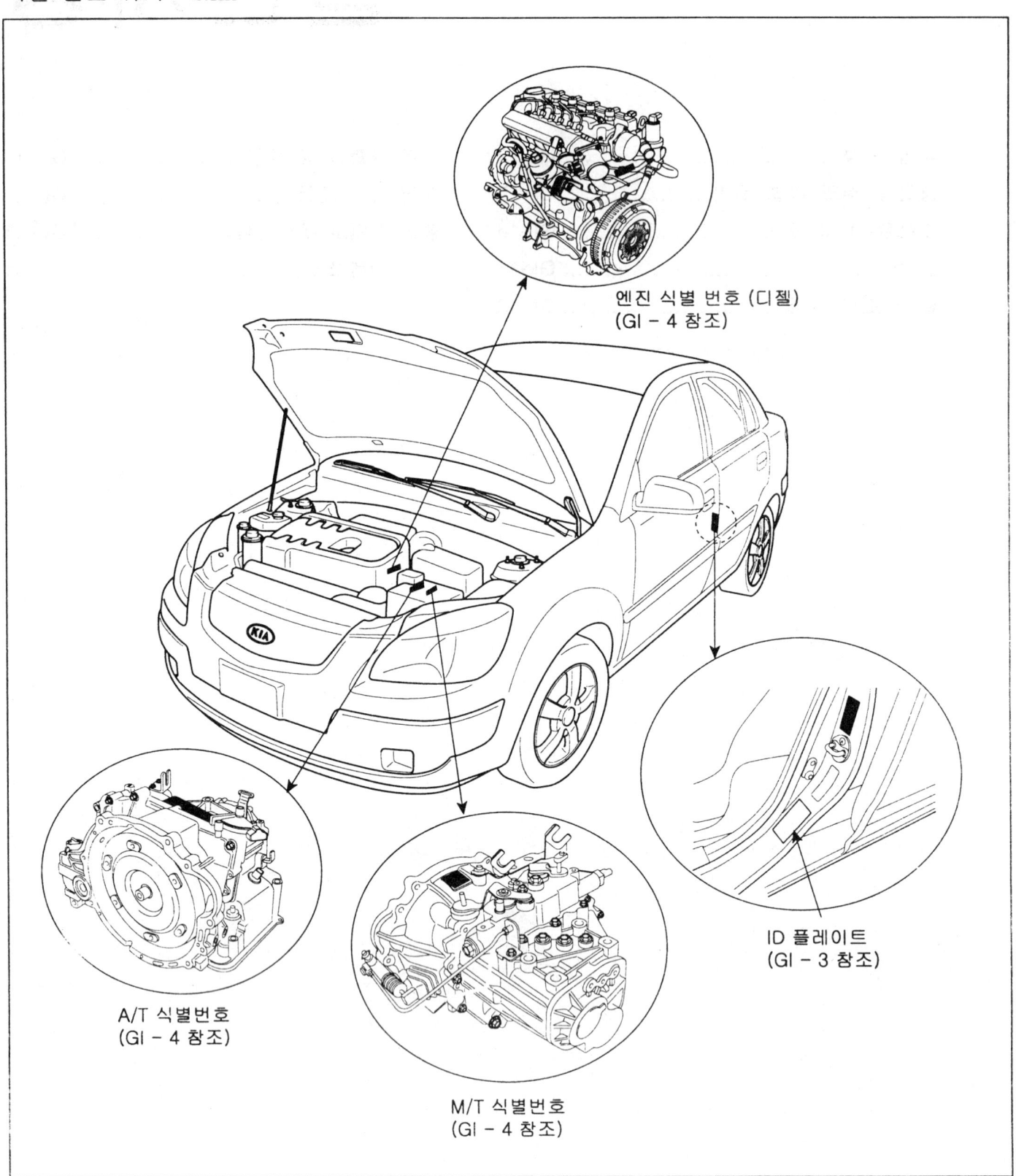

일반사항

식별 번호 설명

차량 식별 번호

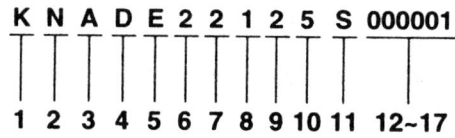

AAJF002A

1 : 지역국가
- K = 한국 (KOREA)

2 : 제작사
- N = 기아자동차 (주)

3 : 차량 구분
- A = 승용차

4 - 5 : 차종(Model)
- DE = JB

6 - 7 : 차체형상(Body Type)
- 22 = 4도어 세단
- 24 = 5도어 해치백

8 : 엔진 형식
- 1 = 1.4 DOHC
- 2 = 1.6 CVVT
- 4 = 1.5 디젤

9 : 변속기 형식
- 2 = 수동변속기
- 3 = 자동변속기

10 : 모델 연도
- 5 = 2005, 6 = 2006, 7 = 2007

11 : 생산공장
- S = 소하리공장

12 - 17 : 생산일련번호
- 000001 ~ 999999

페인트 코드

코드	색상명
UD	순백색
6C	맑은은색
J1	은물빛색
J4	양모색
2D	연그린
T5	청사파이어
06	오렌지빛색
08	붉은노을색
7V	잿빛회색
9B	밤하늘색

엔진 식별 번호(디젤)

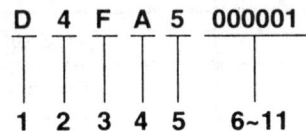

AAJF003B

1 : 사용연료
- D = 디젤

2 : 실린더 수
- 4 = 4 사이클 4 실린더

3 : 엔진 개발 순서
- F = U-엔진

4 : 배기량
- A = 1,493cc

5 : 제작년도
- 5 = 2005, 6 = 2006, 7 = 2007

6 - 11 : 생산일련번호
- 000001 ~ 999999

수동변속기 식별번호

```
P  5  1767  000001
|  |   |       |
1  2   3       4
```

AAJF004B

1 : 기종
- P = M5CF2

2 : 생산년도
- 5 = 2005
- 6 = 2006
- 7 = 2007

3 : 감속비
<3 - 4 : 아웃풋 샤프트 기어 잇수, 5 - 6 : 디퍼런셜 드라이브 기어 잇수>
- 1767 = 67/17 = 3.941

4 : 생산 일련번호
- 000001 ~ 999999

자동변속기 식별번호

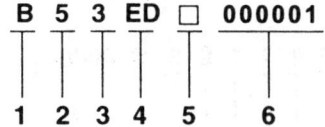

AAJF005B

1 : 기종
- B = A4CF2

2 : 생산년도
- 5 = 2005
- 6 = 2006
- 7 = 2007

3 : 감속비
- 3 = 3.532

4 : 세분류
- ED : U 1.5 디젤

5 : 예비

6 : 생산 일련 번호
- 000001 ~ 999999

일반사항

경고/주의 라벨 위치

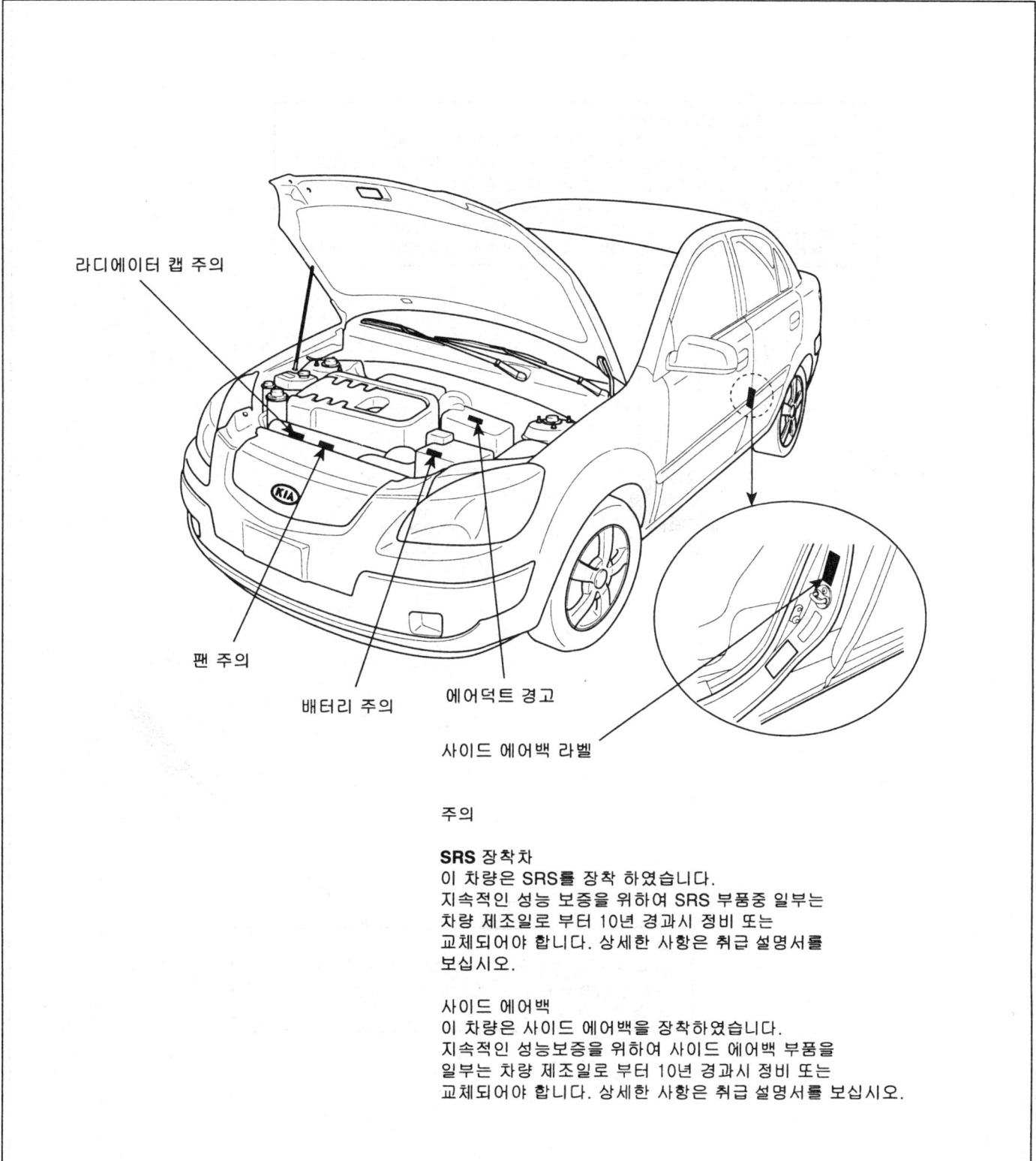

- 라디에이터 캡 주의
- 팬 주의
- 배터리 주의
- 에어덕트 경고
- 사이드 에어백 라벨

주의

SRS 장착차
이 차량은 SRS를 장착 하였습니다.
지속적인 성능 보증을 위하여 SRS 부품중 일부는
차량 제조일로 부터 10년 경과시 정비 또는
교체되어야 합니다. 상세한 사항은 취급 설명서를
보십시오.

사이드 에어백
이 차량은 사이드 에어백을 장착하였습니다.
지속적인 성능보증을 위하여 사이드 에어백 부품을
일부는 차량 제조일로 부터 10년 경과시 정비 또는
교체되어야 합니다. 상세한 사항은 취급 설명서를 보십시오.

에어백 경고/주의 라벨

일반사항

GI -7

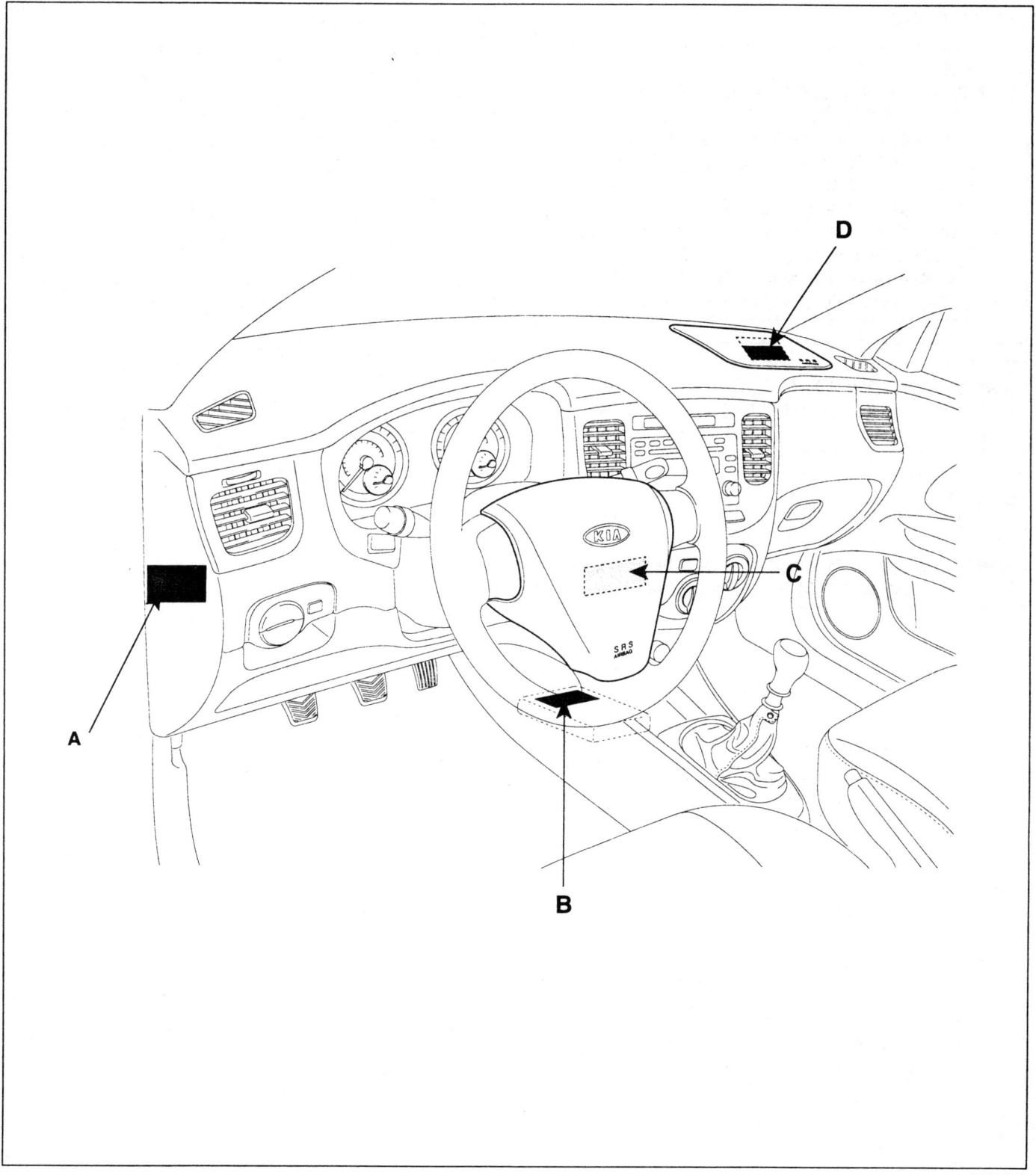

AAJF008A

경고/주의 레벨

A : 주의
이 차량에는 앞좌석 양측에 사이드 에어백
이 장착되어 있습니다.
- 기아 자동차에서 허용되는 시트카바 이외의 시트 카바를 사용하면 성능감소나 예상치 않은 상해를 일으킬수 있으므로 다른 시트 카바를 사용하지 마십시오.
- 사이드 에어백 부위 또는 사이드 에어백과 탑승자 사이에 어떠한 물건도 두지 마십시오.
- 시트 측면에 무리한 힘을 가히지 마십시오.
- 상세한 사항은 취급 설명서를 보십시오.

B : 주의
AIRBAG CONTROL UNIT
이 장치를 떼어내기 전에 커넥터를 분리시키시오.
안내 책자의 지침에 따라서만 이 장치를 조립하십시오.

C. 주의
분해 또는 제거하거나 다른차에 장착하지 마시오.
오작동과 신체적 상해의 위험이 있음.
훈련된 기술자만이 이장치를 장착 및 분해 할수 있음.
이 장치는 폭발성 점화기를 내장하고 있음.

D. 에어백 주의 사항
- 시동을 건 후 계기판에 위치한 SRS 램프가 6회 정도 작동 후 꺼지면 에어백은 정상입니다.
- 그러나 다음과 같은 상황이 발생하면 반드시 정비를 받으셔야 합니다.
  1) 시동 후에도 SRS 램프에 불이 들어 오지 않을 경우
  2) 운전중에 SRS 램프가 깜빡이거나 계속 불이 들어와 있는 경우
  3) 에어백이 작동되어 부풀었을 경우
- 에어백이 작동중에 어린이에게 심한 상해를 입힐 수 있으므로 어린이는 반드시 뒷자석에 위치한 어린이용 좌석을 이용하여 주십시오. 뒷좌석에 위치한 어린이용 좌석을 이용하여 주십시오. 뒷좌석이 어린이에게는 더욱 안전합니다.
- 상기 지시 사항을 준수하지 않으면 운전자 및 탑승객에게 상해를 입힐 수 있으니 주의 바랍니다.
- 에어백에 관하여 좀 더 자세한 사항을 알고 싶으면 취급 설명서의 SRS 란을 참조 하시기 바랍니다.

일반사항

배터리 주의 라벨 개요

리프트 지지 위치

1. 리프트 블록을 지지점에 맞게 놓는다.

2. 호이스트를 조금 들어 올려 차량이 확실하게 지지 되었는지 차체를 흔들어 본다.

3. 호이스트를 완전히 들어 올려서 차량이 단단히 지지가 되었는지 다시 한번 확인한다.

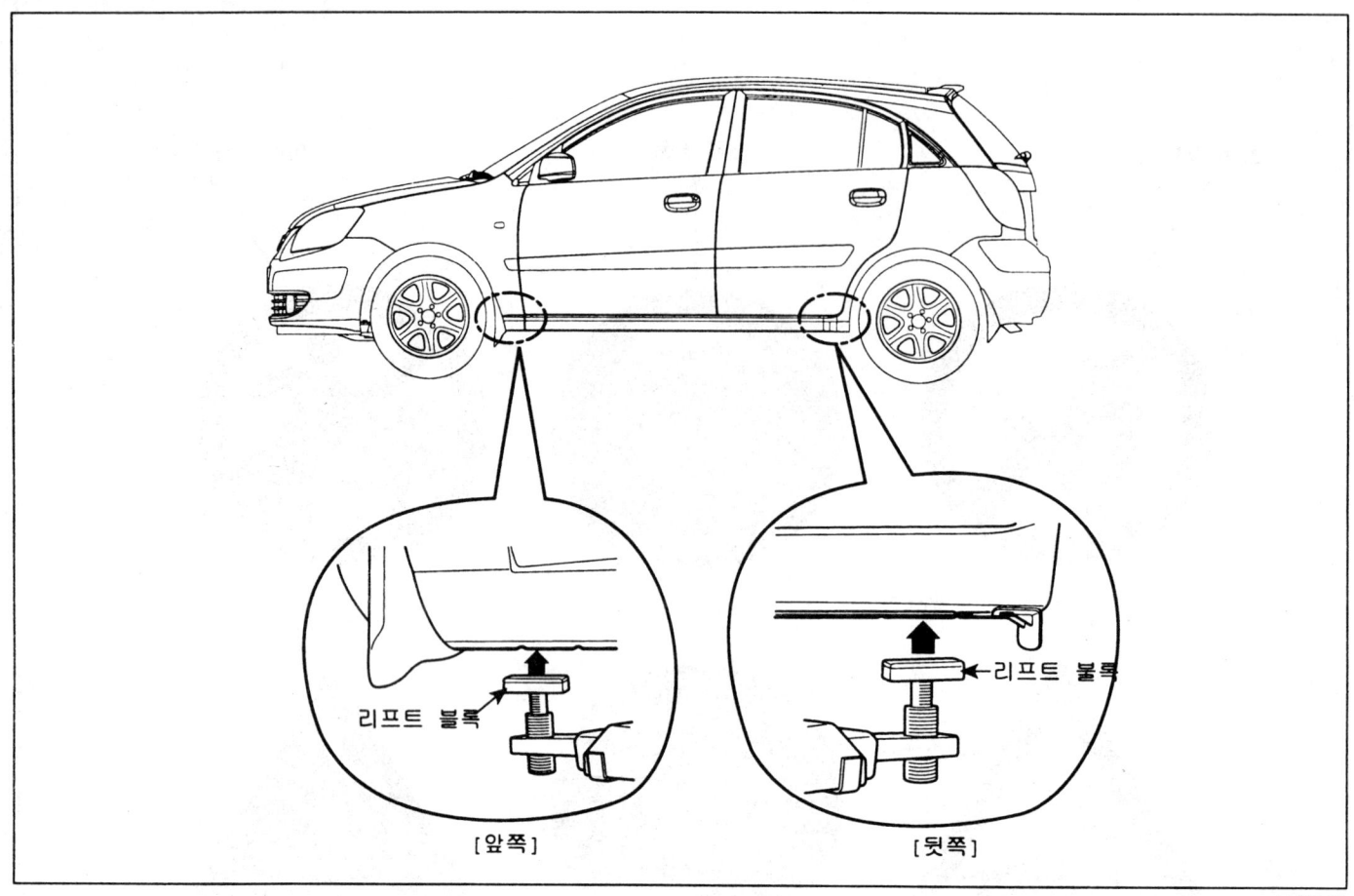

일반사항

견인

차량의 견인이 필요시에는 전문 견인 업체에 요청한다. 로프나 체인을 이용하여 다른 차의 뒤에서 차량을 견인하는 것은 매우 위험하다.

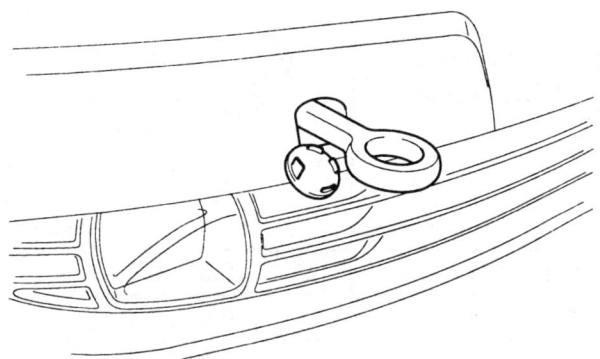
AAJF010A

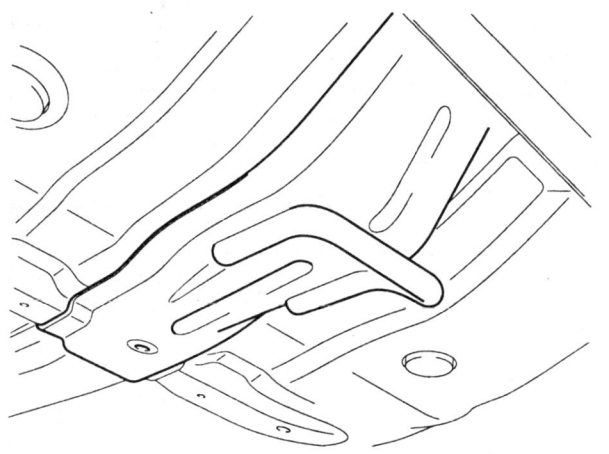
AAJF011A

견인 방법

차량의 견인방법에는 세가지가 있다
- 벳-베드 견인
  차량을 견인 트럭 뒤에 실어서 견인하는 방법이다. 차량 견인의 가장 안전하고 좋은 방법이다.
- 휠 리프트 견인
  견인 트럭의 주축을 차량의 앞이나 뒷바퀴를 들어 올리고 반대쪽 바퀴는 바닥에 닿게하거나 보조 장비를 이용하여 견인하는 방법이다.
- 슬링 타입 견인
  견인 트럭의 후크가 달린 체인을 이용하여 견인하는 방법이다. 후크를 프레임이나 서스펜션에 걸고 체인을 이용하여 차량을 들어 올려 견인하는 방법이다. 이런 방법의 견인은 차량의 서스펜션과 차체가 심하게 손상될 수 있으므로 이러한 방법으로 견인을 해서는 안된다.

> 📖 참고
>
> 차량 손상시에는 반드시 벳-베드 견인이나 휠 리프트 견인 방법으로 견인을 하고 네 바퀴가 땅에 닿게 한채 견인을 할 때는 다음 사항을 따른다.
> - 주차 브레이크를 푼다.
> - 기어를 중립으로 놓는다. (수동변속기)
> - 기어 변속 레버를 N으로 놓는다. (자동변속기)

> ⚠️ 주의
> - 부적절한 견인 준비는 변속기를 손상 시킨다. 기어 변속 레버를 바꿀 수 없거나, 시동을 걸 수 없다면 반드시 벳-베드 견인 방법을 이용한다.
> - 차량이 네 바퀴 모두 땅에 닿은 채 견인 할때는 **30km**이내의 거리와 **50km/h**의 속도를 유지해야 한다.
> - 범퍼로 차량을 들어 올리거나 견인하면, 차량에 심각한 손상을 입힐 수 있으며 범퍼는 차량의 무게를 지탱할 수 없다.

일반 조임 토크

볼트 직경 (mm)	피치 (mm)	조임 토크 (kg.m)	
		헤드 표식 4	헤드 표식 7
M5	0.8	0.3 ~ 0.4	0.5 ~ 0.6
M6	1.0	0.5 ~ 0.6	0.9 ~ 1.1
M8	1.25	1.2 ~ 1.5	2.0 ~ 2.5
M10	1.25	2.5 ~ 3.0	4.0 ~ 5.0
M12	1.25	3.5 ~ 4.5	6 ~ 8
M14	1.5	7.5 ~ 8.5	12 ~ 14
M16	1.5	11 ~ 13	18 ~ 21
M18	1.5	16 ~ 18	26 ~ 30
M20	1.5	22 ~ 25	36 ~ 42
M22	1.5	29 ~ 33	48 ~ 55
M24	1.5	37 ~ 42	61 ~ 70

참고

1. 표에 표시되어 있는 토크는 다음과 같은 조건일 때의 규정치이다.
   - 볼트와 너트는 강철봉이며 아연도금이 되어 있는 것.
   - 아연 도금된 와셔가 삽입되어 있다.
   - 볼트, 너트, 와셔는 건조한 상태이다.

2. 표의 토크는 다음과 같은 조건일때는 적용되지 않는다.
   - 스프링 와셔, 톱니와셔 등이 삽입되었을 때.
   - 플라스틱 부품이 고정되었을 때.
   - 나사부 표면에 오일이 도포되었을 때.

3. 다음과 같은 조건일 때는 표에 나타난 토크를 다음과 같이 낮추면 규정치가 된다.
   - 스프링와셔를 사용할 때 : *85%*
   - 나사부의 표면에 오일이 도포되었을 때 : *85%*

일반사항

추천 윤활유 및 유량

윤활유 종류

항 목	규 정 오 일
엔진 오일	디젤 : API CH-4급 이상, ACEA B4급 이상
수동 변속기	API 등급 GL - 4 (SAE 75W/85W)
자동 변속기	다이아몬드 ATF SP-3, SK ATF SP-3
브레이크	DOT 3 혹은 상당품
냉각 계통	알루미늄 전용 부동액
트랜스 액슬 연결부, 주차 브레이크 케이블, 후드 록크 및 후크, 도어 래치, 시트 조정장치	다목적 그리스 NLGL 등급 #2
파워 스티어링	PSF - 3

윤활유의 용량

항 목		규정량
		D4FA - 1.5 DSL
엔진 오일	오일 팬	4.8ℓ
	오일 필터	0.5ℓ
	총 용량	5.3ℓ
냉각수		5.3 ~ 5.5ℓ
수동 변속기		2.0ℓ
자동 변속기		6.3ℓ
파워 스티어링		0.75 ~ 0.8ℓ

주의

폐사에서 지정하는 순정품(엔진 오일, 변속기 오일 등)을 사용하지 않거나 불량연료를 사용 했을 경우에는 차량에 치명적인 손상을 줄 수 있습니다.

엔진 오일 등급

추천 API 등급 : CH - 4급 이상
추천 ACEA 등급 : B4급 이상
추천 SAE 점도 등급

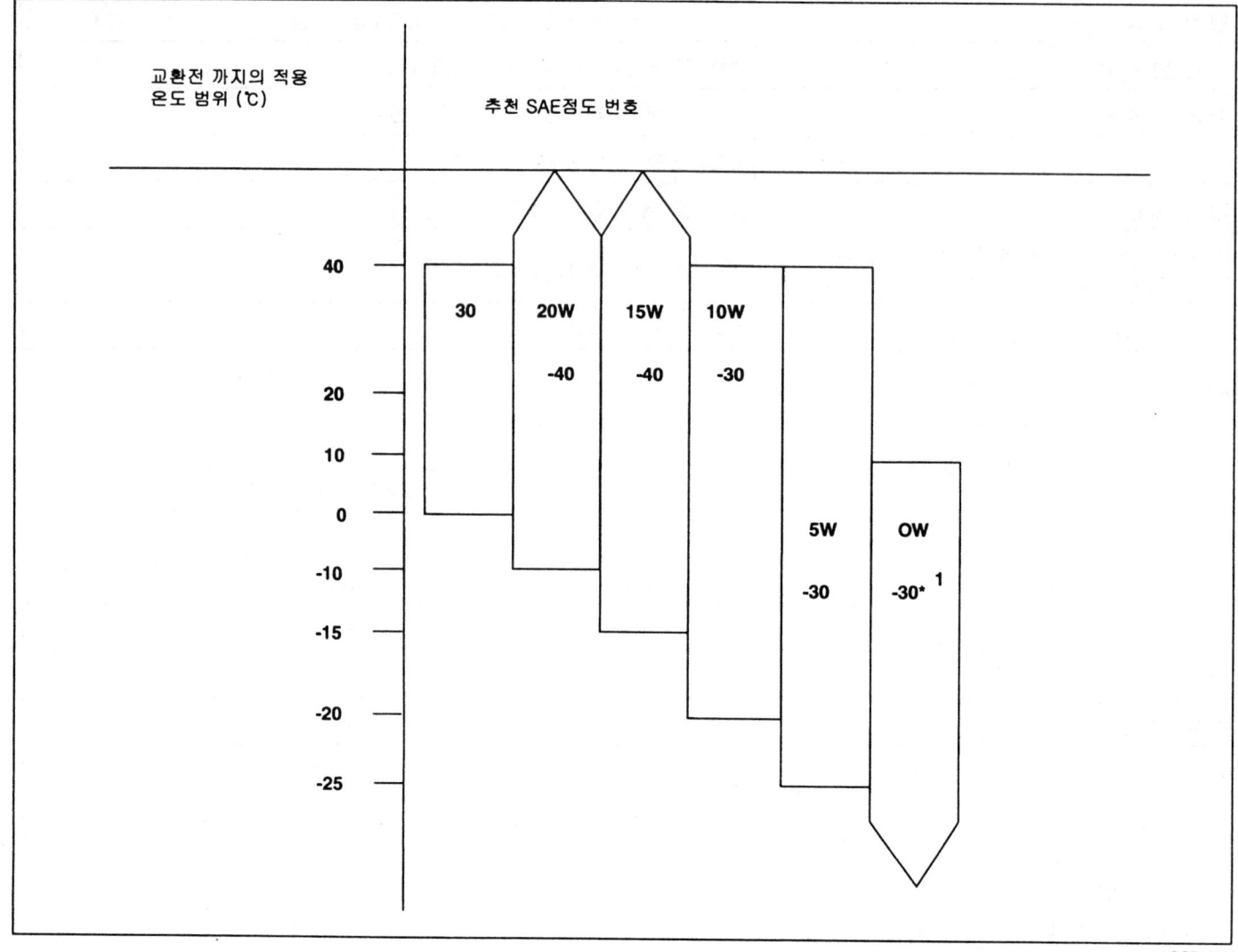

*1 주행 조건 및 기후 상태에 따라 한정된다.
계속적인 고속운전을 하는 차량은 제외된다.

📖 참고

모든 엔진은 최상의 성능과 최대효과를 위해서 다음과 같은 윤활유를 선택해야 한다.
1. API 또는 ACEA 분류의 요구 사항은 만족해야 한다.
2. 주위 온도 범위에서 적절한 SAE 등급 번호를 가져야 한다.
3. 용기에 SAE 등급 번호와 API 또는 ACEA 분류가 표시되어 있지 않은 윤활유는 사용하지 않는다.

일반사항

GI -15

정비 작업시 주의 사항

1. 차량의 보호
   도장면 및 내장 부품들이 오손, 손상되지 않도록 작업 커버(시트 커버) 및 테프(공구등에 의해 손상되는 경우)로 보호한다.

   ⚠ 주의
   후드를 닫기 전에 엔진룸에 공구 및 부품들이 남아 있는지 확인한다.

2. 탈거, 분해
   결함이 있는 부분 확인과 동시에 고장 원인을 규명하고 탈거, 분해할 필요가 있는지를 파악한 후 정비 지침서의 순서대로 작업한다. 오조립의 방지 및 조립 작업 용이화를 위해 펀치 마크 또는 일치 마크를 기능상, 외관상 나쁜 영향이 없는 부분에 한다. 부품 갯수가 많은 부분 및 유사 부품등을 분해할 때는 조립시에 혼돈되지 않도록 정리한다.
   a. 탈거한 부품은 순서대로 잘 정리한다.
   b. 교환 부품과 재사용 부품을 구분한다.
   c. 볼트 및 너트류를 교환할 때는 필히 지정 규격품을 사용한다.

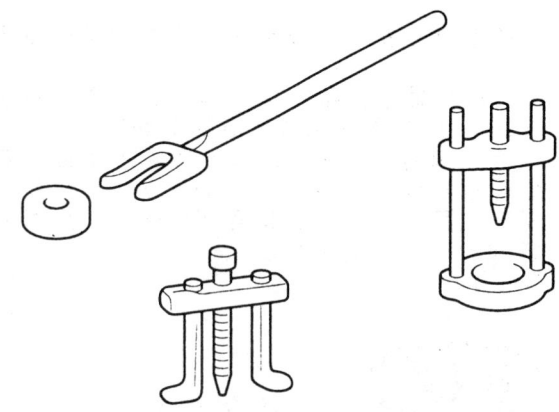

4. 교환 부품
   다음 부품을 탈거했을 때에는 필히 신품으로 교환한다.
   a. 오일 씰
   b. 가스켓 (로커 커버 가스켓 제외)
   c. 패킹
   d. O-링
   e. 록크 와셔
   f. 분할 핀

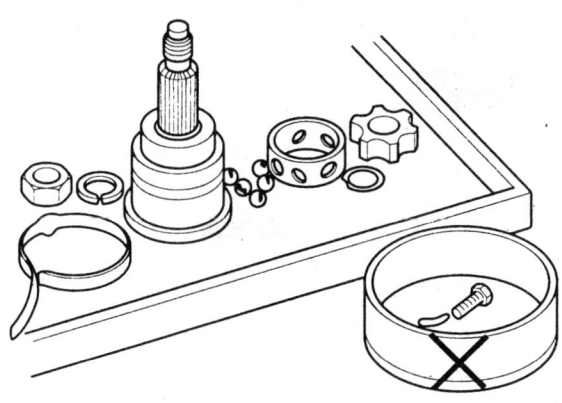

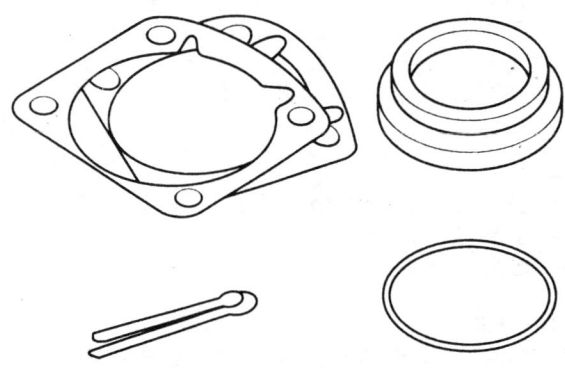

3. 특수공구
   다른 공구로 대응하여 작업을 실시하면 부품이 파손, 손상 될 수 있으므로 특수공구의 사용을 지시하는 작업에는 필히 특수공구를 사용한다.

5. 부품
   a. 부품을 교환 할 때는 필히 기아 순정 부품을 사용한다.
   b. 보수용 부품에는 세트, 키트 부품을 갖추고 있으므로 세트, 키트 부품의 사용을 권한다.
   c. 보수용 부품으로서 공급되는 부품은 부품의 통일화 등을 위해 차량에 조립되어 있는 부품의 차이가 있을 수 있으므로 부품 카다로그를 잘 확인한 정비 작업을 실시한다.

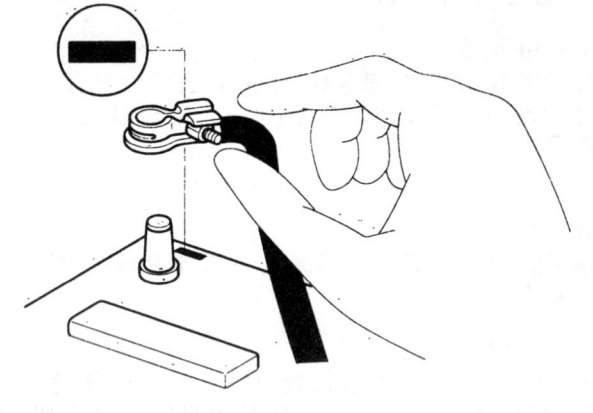

검사필증 (부착상태)　검사필증 (탈착상태)

6. 차량 세척
   고압 세척 장비나 스팀 장비를 사용하여 차량을 세척하는 경우에는 모든 플라스틱 부품과 개방부품들 (도어, 트렁크 등)로 부터 최소한 **300mm** 가량의 거리를 두고 스프레이 호스를 사용한다.

   📖 참고
   - 분사입력 : *40kg/cm²* 이하
   - 분사온도 : *82°*
   - 집중분사 시간 : *30초* 이내

7. 전기 계통
   전기계통의 부품 교환, 수리 작업을 하는 경우는 쇼트에 의한 소손을 방지하기 위해 사전에 배터리 (-)단자를 분리한다.

   ⚠️ 주의
   배터리 단자를 탈착하는 경우는 꼭 점화 스위치 및 점등 스위치를 끄고 나서 실시한다. (반도체 부품이 파손되는 수가 있다.)

8. 고무 부품 및 부품(Tube)는 가솔린 및 오일에 접촉하지 않도록 주의한다.

일반사항

차체 치수 측정

1. 기본적으로, 본 메뉴얼의 모든 측정은 트랙킹 게이지를 사용하였다.

2. 측정 테이프를 사용할 때에는 테이프의 늘어남, 꼬임 또는 접힘 등이 없는지 확인한다.

예측 치수

1. 이 치수는 측정점들을 기준면에 대하여 투사하여 측정한 것이며 차체 개조시 사용되는 참조치이다.

2. 트랙킹 게이지의 탐침의 길이를 조정할 수 있으며 두 측정면 높이의 차이만큼 한쪽 탐침을 길게 조정하여 측정하라.

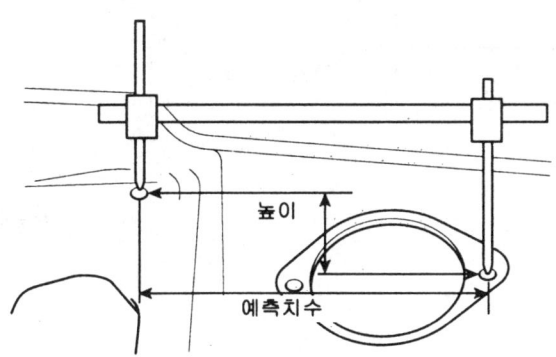

실제 측정 치수

1. 이 치수는 두 측정점 사이의 실제적인 직선 거리이고 트랙킹 게이지의 측정 치수보다 우선적으로 사용해야 할 참조 치수이다.

2. 게이지의 양쪽 탐침을 동일한 길이 (A=A')로 조정한 후 측정하라.

⚠ 주의

측정기와 탐침 자체에 유격이 없도록 확인한다.

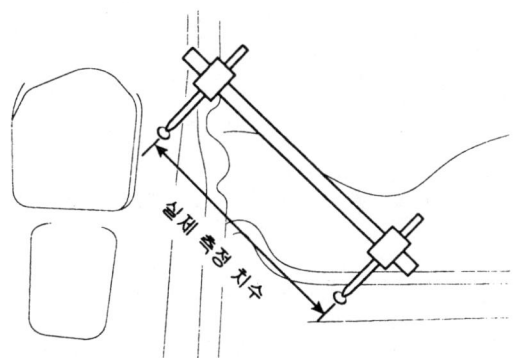

측정점

측정은 반드시 구멍의 중심에서 하여야 한다.

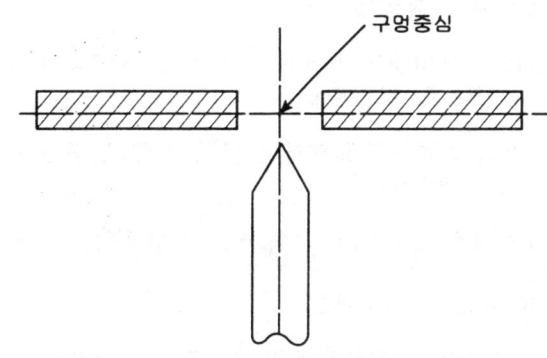

케이블과 와이어링류의 점검

1. 터미널이 견고한지 확인한다.

2. 터미널과 와이어링에 배터리 전해액 등으로 인한 부식이 없는지 확인한다.

3. 터미널과 와이어링에 개회로 또는 그 가능성이 있는 부분이 있는지 확인한다.

4. 와이어링의 절연과 피복에 손상, 갈라짐 및 품질 저하가 있는지 확인한다.

5. 터미널의 단자가 다른 금속 부분과 접촉하는지 확인한다.
   (차체 또는 다른 부품)

6. 접지 부분의 볼트와 차체 간에 완전하게 접촉이 되어 있는지 확인한다.

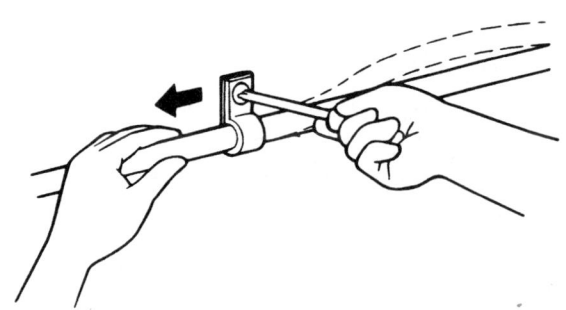

7. 와이어링이 잘못된 부분이 있는지 확인한다.

8. 와이어링이 차체의 날카로운 모서리나 뜨거운 부품(배기 매니폴드, 파이프 등)과 접촉되지 않도록 고정되어 있는지 확인한다.

9. 와이어링 팬 풀리, 팬 벨트 및 다른 회전체와 충분한 간격을 두고 고정되어 있는지 확인한다.

10. 와이어링과 엔진 등과 같은 진동 부품, 차체 등 고정부품과의 사이에 적당한 진동 여유가 있는지 확인한다.

퓨즈의 점검

칼날 모양(BLADE TYPE)의 퓨즈에는 퓨즈 자체를 빼지 않고도 퓨즈를 확인할 수 있는 점검용 접점이 있다. 점검용 램프의 한 쪽 접점과 퓨즈의 한 쪽을 연결하고 (한 반에 하나씩) 한 쪽 접점을 접지 시켰을때 점등되면 퓨즈는 양호한 것이다. (퓨즈 회로에 전기가 통하도록 시동 스위치의 위치를 적절히 선택한다.)

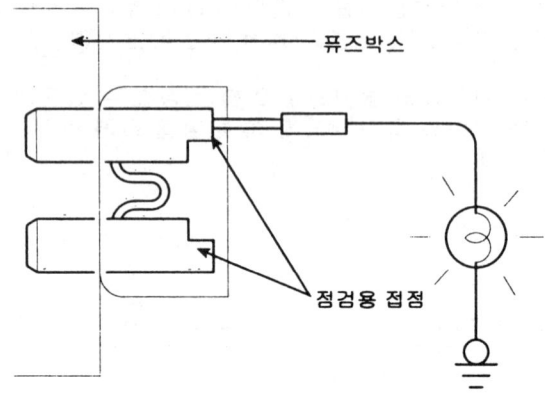

일반사항

전기 시스템의 점검

1. 전기 시스템을 점검하기 전에 반드시 시동 스위치를 끄고 배터리의 접지 케이블 (-)를 분리한다.

   ⚠ 주의
   배터리 케이블을 분리하면 컴퓨터에 기억되어 있는 고장 코드는 지워진다. 따라서 배터리 케이블을 분리하기 전에 고장 코드를 읽어야 한다.

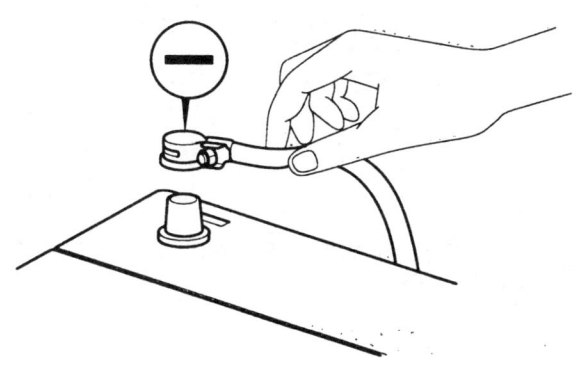

2. 와이어링이 늘어나지 않도록 하니스를 클램프로 고정한다.
   그러나 엔진을 통과하거나 차량이 다른 진동 부위를 지나가는 와이어링 뭉치는 엔진 진동으로 인해 와이어링이 다른 주변 부품과 접촉하지 않도록 어느 정도 느슨하게 클램프로 고정한다.

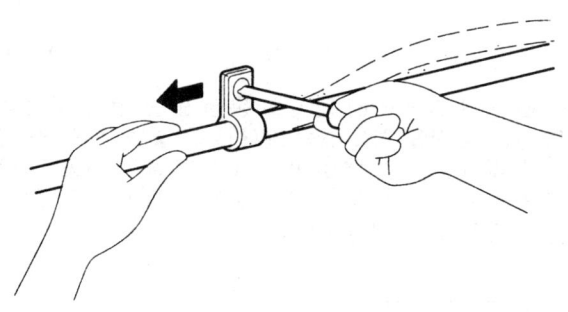

3. 만약 와이어링의 어느 부분이라도 부품의 모서리 또는 끝단부와 간섭이 되면 손상되지 않도록 그 부분을 테이프 등으로 감아 보호한다.

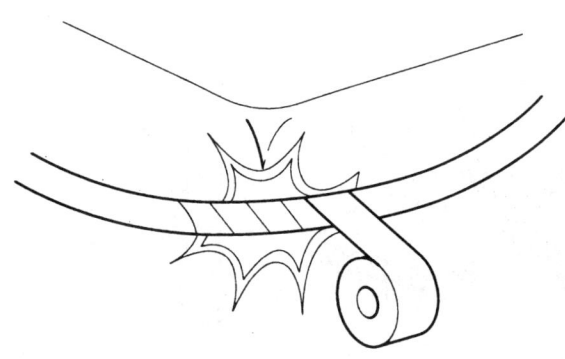

4. 차량의 부품을 조립할 때 와이어링이 씹히거나 손상을 입지 않도록 주의해야 한다.

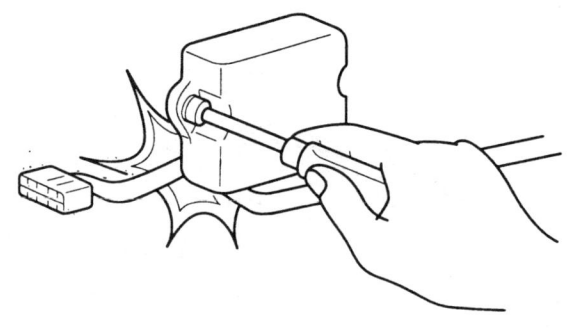

5. 릴레이, 센서, 전기 부품을 던지거나 강한 충격을 받게 하면 안된다.

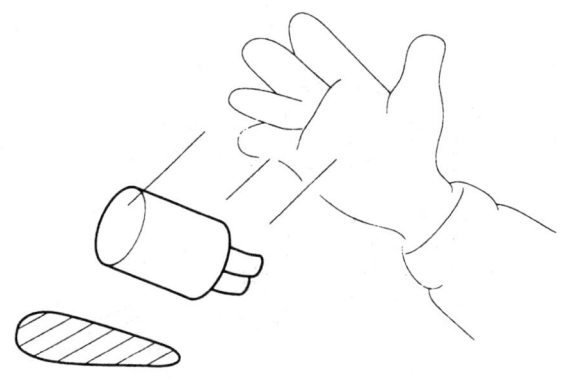

6. 컴퓨터나 릴레이 등에 쓰이는 전자 부품은 열에 의해서 손상되기 쉽다. 온도가 80°C 이상 될 수 있는 점검 작업을 하여야 할 경우 사전에 전자 제품을 분리한다.

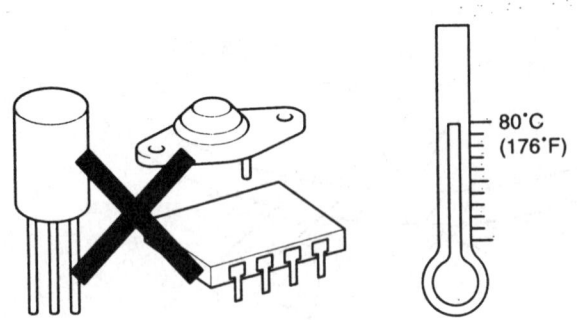

7. 느슨한 커넥터의 접속은 고장의 원인이 되므로 커넥터가 확실하게 연결되었는지 확인하여야 한다.

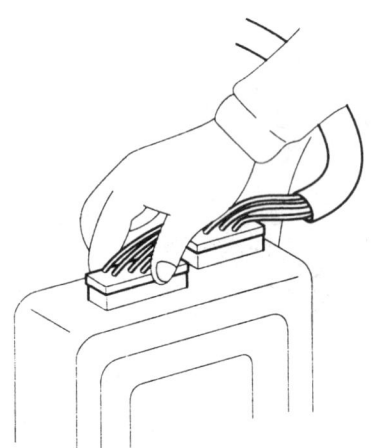

8. 커넥터를 뺄때 반드시 커넥터 몸체를 잡고 빼어야 한다.

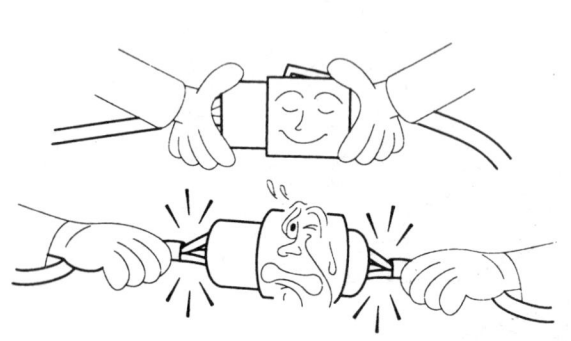

9. 잠금 장치가 있는 커넥터를 분리시킬 때는 그림의 화살표·방향으로 누르면서 탈거한다.

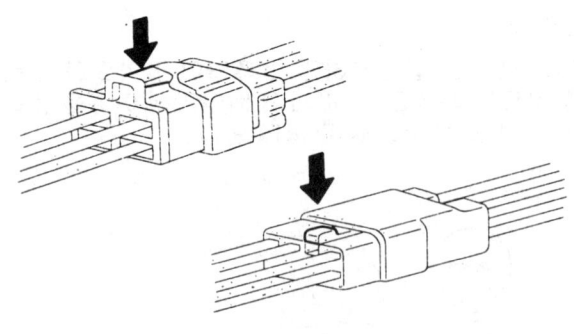

10. 잠금장치가 있는 커넥터는 "딱" 소리가 날때 까지 밀어 넣어서 끼운다.

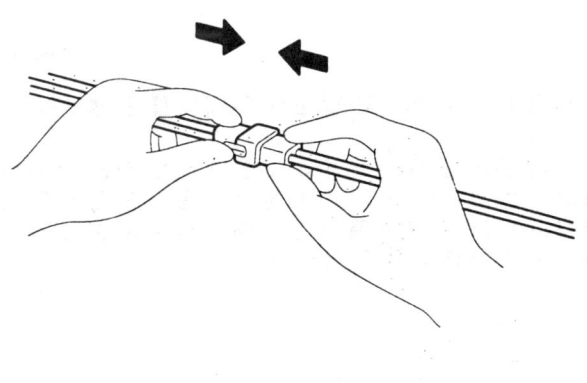

11. 회로 테스터로 커넥터 단자의 통전 또는 전압 점검을 할 때에는 탐침을 하니스쪽에서 밀어 넣는다. 만약 커넥터가 밀폐형이면 와이어링의 절연을 상하지 않도록 주의하면서 단자에 탐침이 닿을 때까지 고무 피복의 구멍으로 탐침을 밀어 넣는다.

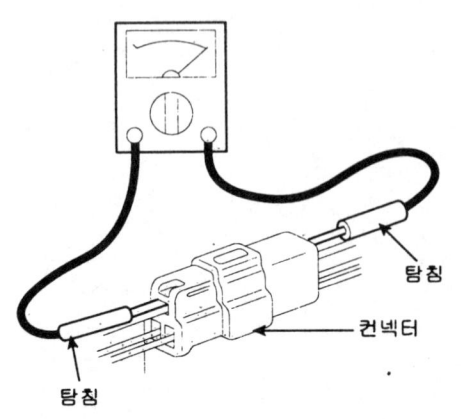

일반사항

12. 장치의 전류 부하를 고려하여 와이어링의 과부하를 피할 수 있는 적절한 와이어링 종류를 결정한다.

추천 규격	SAE 규격 NO.	허용 전류	
		엔진 룸 내부	다른 부위
0.3mm²	AWG 22	-	5A
0.5mm²	AWG 10	7A	13A
0.85mm²	AWG 18	9A	17A
1.25mm²	AWG 16	12A	22A
2.0mm²	AWG 14	16A	30A
3.0mm²	AWG 12	32A	40A
5.0mm²	AWG 10	31A	54A

GI -22

일반사항

보디 제원

■ 4 도어

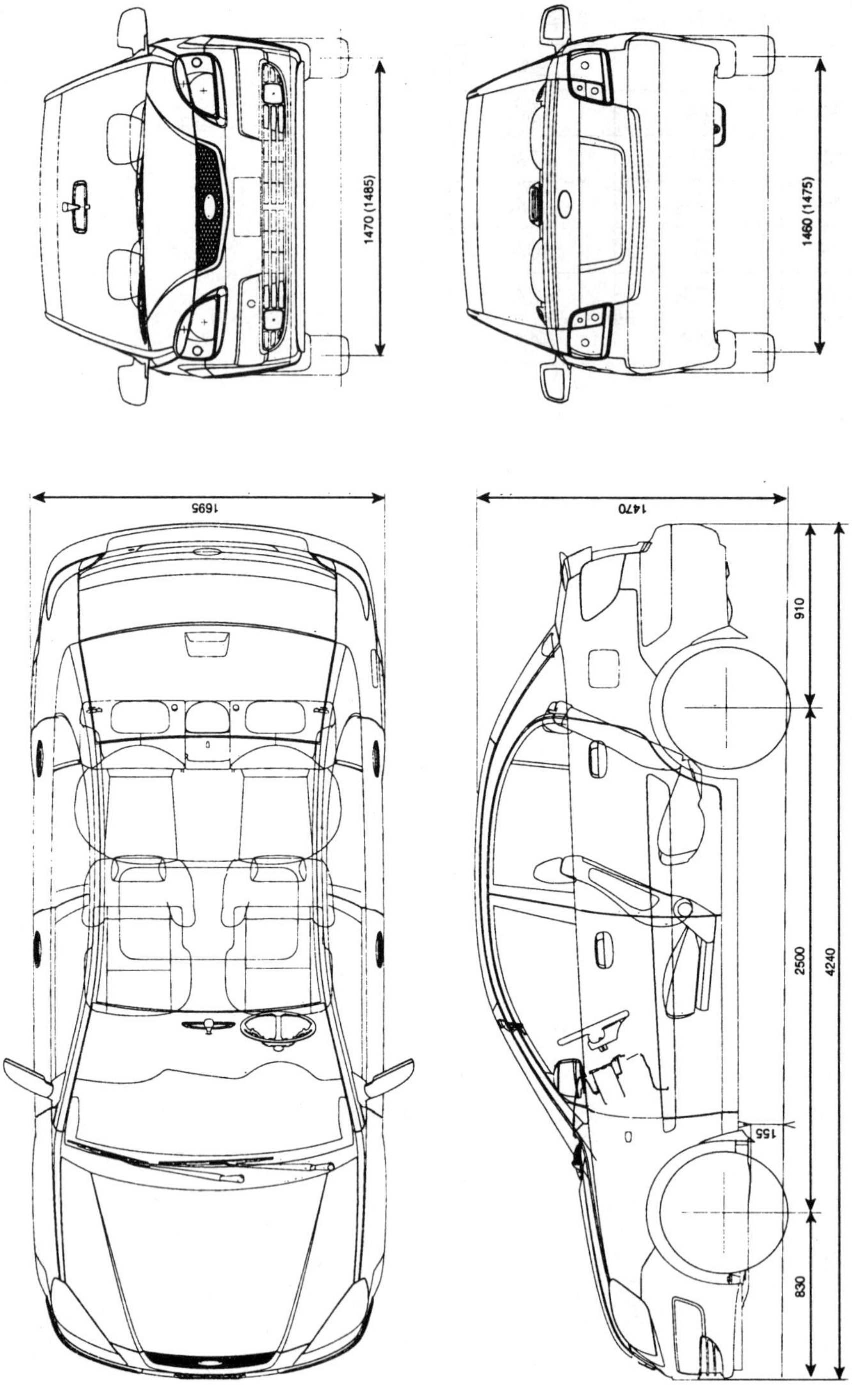

단위 : mm

AAJF013A

일반사항

■ 5 도어

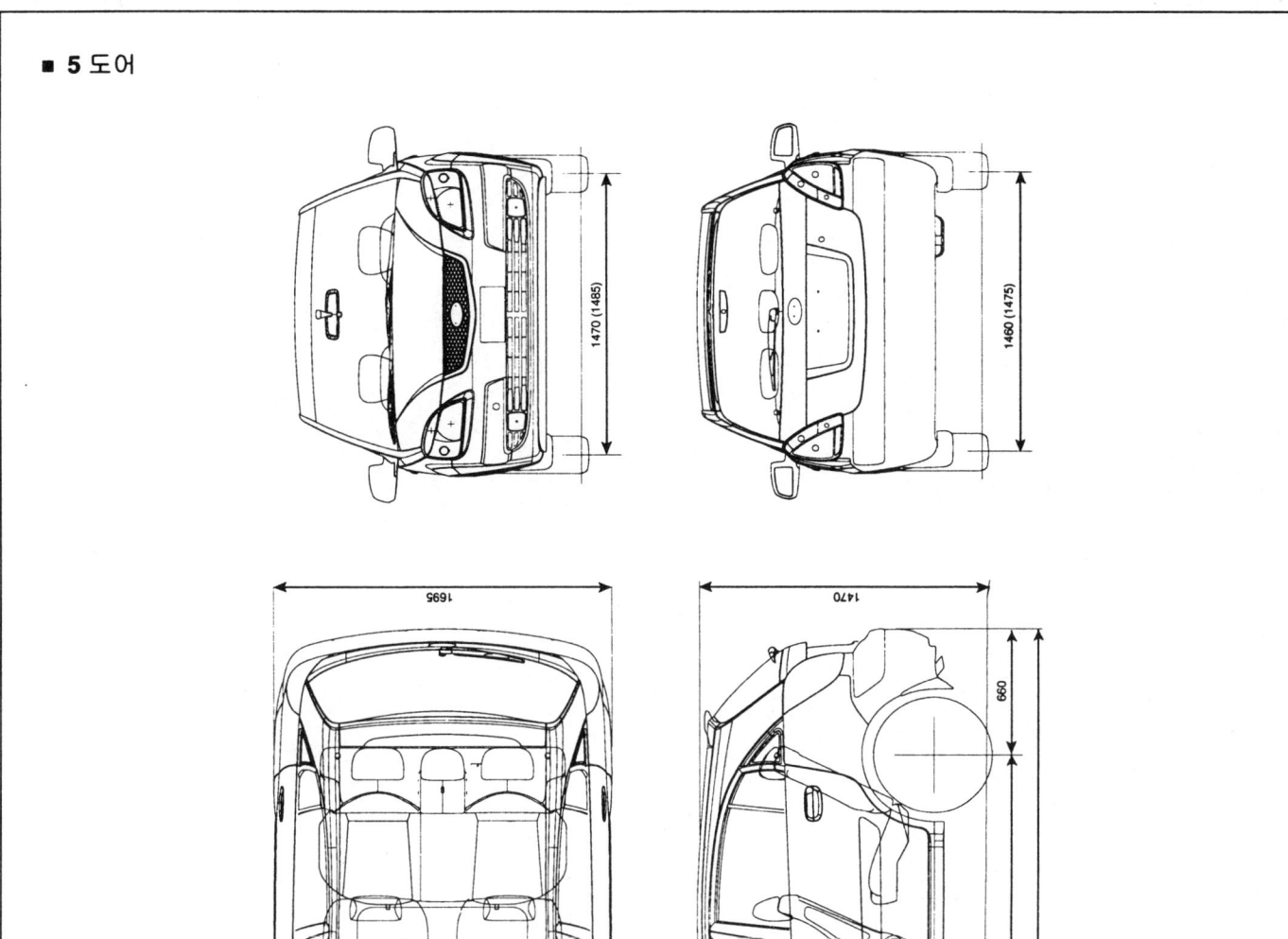

단위 : mm

엔진 (D4FA - 디젤 1.5)

일반사항
- 제원 .... EM - 2
- 체결토크 .... EM - 6
- 압축 압력 점검 .... EM - 9
- 고장 진단 .... EM - 10
- 특수 공구 .... EM - 13

타이밍 시스템
- 구성부품 .... EM - 16
- 탈거 .... EM - 18
- 장착 .... EM - 25

엔진 및 트랜스액슬 어셈블리
- 탈거 .... EM - 34
- 장착 .... EM - 42

실린더 헤드 어셈블리
- 구성부품 .... EM - 43
- 탈거 .... EM - 45
- 분해 .... EM - 47
- 점검 .... EM - 48
- 조립 .... EM - 53
- 장착 .... EM - 54

실린더 블록
- 구성부품 .... EM - 58
- 분해 .... EM - 59
- 점검 .... EM - 61
- 조립 .... EM - 69

냉각 시스템
- 구성부품 .... EM - 73
- 엔진 냉각수 교환 .... EM - 75
- 탈거 .... EM - 77
- 점검 .... EM - 79
- 장착 .... EM - 80

윤활 시스템
- 구성부품 .... EM - 83
- 오일과 필터교환 .... EM - 84
- 엔진 오일 등급 .... EM - 85
- 탈거 .... EM - 86
- 분해 .... EM - 86
- 점검 .... EM - 87
- 조립 .... EM - 87
- 장착 .... EM - 88

흡기 및 배기 시스템
- 구성부품 .... EM - 89
- 탈거 .... EM - 91

일반사항

제원

항목			제 원 (D4FA)	한계값
일반사항				
형식			직렬, DOHC	
실린더 수			4	
실린더 내경			75mm	
실린더 행정			84.5mm	
배기량			1,493 cc	
압축비			17.8 : 1	
점화순서			1-3-4-2	
밸브 타이밍				
흡기 밸브	열림 (BTDC)		6°	
	닫힘 (ABDC)		34°	
배기 밸브	열림 (BBDC)		46°	
	닫힘 (ATDC)		4°	
실린더 헤드				
가스켓 면의 편평도			0.03mm (폭), 0.09mm (길이)	
매니폴드 장착 면의 편평도	흡기		0.025mm (폭), 0.160mm (길이)	
	배기		0.025mm (폭), 0.160mm (길이)	
캠 샤프트				
캠 높이	LH 캠샤프트	흡기	35.452 ~ 35.652mm	
		배기	35.700 ~ 35.900mm	
	RH 캠샤프트	흡기	35.537 ~ 35.737mm	
		배기	35.452 ~ 35.652mm	
저널 외경	LH 캠샤프트		20.944 ~ 20.960mm	
	RH 캠샤프트		20.944 ~ 20.960mm	
베어링 오일간극			0.040 ~ 0.077mm	
엔드 플레이			0.10 ~ 0.20mm	
밸브				
밸브 길이	흡기		93.0mm	
	배기		93.7mm	

일반사항

항 목		제 원 (D4FA)	한 계 값
스템 외경	흡기	5.455 ~ 5.470mm	
	배기	5.435 ~ 5.450mm	
페이스 각		45.5° ~ 45.75°	
밸브 헤드 두께 (마진)	흡기	1.1mm	
	배기	1.2mm	
밸브 스템과 밸브 가이드 간극	흡기	0.030 ~ 0.057mm	
	배기	0.050 ~ 0.077mm	
밸브 가이드			
내경	흡기	5.500 ~ 5.512mm	
	배기	5.500 ~ 5.512mm	
길이	흡기	31.3 ~ 31.7mm	
	배기	31.3 ~ 31.7mm	
밸브 시트			
시트 접촉 폭	흡기	0.8 ~ 1.4mm	
	배기	1.2 ~ 1.8mm	
시트 각	흡기	45° ~ 45°30'	
	배기	45° ~ 45°30'	
밸브 스프링			
자유 길이		44.9mm	
부하		17.5±0.9kg/32.0mm	
		31.0±1.6kg/23.5mm	
직각도		1.5° 이하	3°
실린더 블록			
실린더 보어		75.000 ~ 75.030mm	
가스켓 면의 편평도		0.05mm 이하(전체), 0.03mm 이하(기통당)	
피스톤			
피스톤 외경		74.930 ~ 74.960mm	
실린더와 피스톤의 간극		0.060 ~ 0.080mm	
링 홈 넓이	No. 1 링 홈	1.83 ~ 1.85mm	
	No. 2 링 홈	1.82 ~ 1.84mm	
	오일 링 홈	3.02 ~ 3.04mm	
피스톤 링			

항 목		제 원 (D4FA)	한계값
사이드 간극	No. 1 링	0.09 ~ 0.13mm	
	No. 2 링	0.08 ~ 0.12mm	
	오일 링	0.03 ~ 0.07mm	
엔드 갭	No. 1 링	0.20 ~ 0.35mm	
	No. 2 링	0.35 ~ 0.50mm	
	오일 링	0.20 ~ 0.40mm	
피스톤 핀			
피스톤 핀 외경		27.995 ~ 28.000mm	
피스톤 핀 홀 내경		28.004 ~ 28.010mm	
피스톤 핀 홀 간극		0.004 ~ 0.015mm	
커넥팅 로드 소단부 내경		28.022 ~ 28.034mm	
커넥팅 로드 소단부 홀 간극		0.022 ~ 0.039mm	
커넥팅 로드			
커넥팅 로드 대단부 내경		49.000 ~ 49.018mm	
커넥팅 로드 베어링 오일 간극		0.025 ~ 0.043mm	
사이드 간극 (커넥팅 로드와 피스톤 사이)		0.050 ~ 0.302mm	0.4mm
크랭크 샤프트			
메인 저널 외경		53.972 ~ 53.990mm	
핀 저널 외경		45.997 ~ 46.015mm	
메인 베어링 오일 간극		0.024 ~ 0.042mm	
엔드 플레이		0.08 ~ 0.28mm	
플라이 휠			
런 아웃		0.1mm	0.13mm
오일 펌프			
사이드 간극	인너 로터	0.040 ~ 0.085mm	
	아웃터 로터	0.040 ~ 0.090mm	
바디 간극		0.120 ~ 0.185mm	
릴리프 밸브 개변압력		5±0.5kg/cm²	
엔진 오일			
오일 용량 (전체)		5.3 L	
오일 용량 (오일 팬)		4.8 L	
오일 용량 (오일필터)		0.5 L	
오일 사양		API CH-4 이상, ACEA B4이상	

일반사항

항 목		제 원 (D4FA)	한계값
오일 압력 (아이들시)		0.8kg/cm²	
냉각 장치			
냉각 방식		쿨링팬을 이용한 강제 순환식	
냉각수 용량		5.3 ~ 5.5 L	
서모 스탯	형식	왁스 팰릿식	
	개변 온도	85±1.5°C (측정 리프트 : 0.35mm)	
	전개 온도	100°C (리프트 8mm 이상)	
라디에이터 캡	고압 밸브 개방 압력	0.95 ~ 1.25kg/cm²	
	진공 밸브 개방 압력	0.01 ~ 0.05kg/cm²	
수온 센서			
형식		써머스터 (Thermister) 식	
저항	20°C	2.45±0.14 kΩ	
	80°C	0.3222 kΩ	

체결토크

항 목	수량	체결토크 kgf.m
실린더 블록		
엔진 서포트 브라켓 볼트	4	4.3 ~ 5.5
피스톤 쿨링 오일 제트 볼트	4	0.9 ~ 1.3
드라이브 벨트 오토텐셔너 볼트	2	1.9 ~ 2.8
드라이브 벨트 오토텐셔너 마운팅 브라켓 볼트	3	1.9 ~ 2.8
엔진 마운팅		
엔진 마운팅 브라켓과 차체 장착볼트	3	5.0 ~ 6.5
엔진 마운팅 인슐레이터와 엔진 마운팅 서포트 브라켓 장착너트	1	7.0 ~ 9.5
엔진 마운팅 서포트 브라켓과 엔진 서포트 브라켓 장착볼트	2	5.0 ~ 6.5
엔진 마운팅 서포트 브라켓과 엔진 서포트 브라켓 장착너트	1	5.0 ~ 6.5
트랜스액슬 마운팅 브라켓과 차체 장착볼트	3	5.0 ~ 6.5
트랜스액슬 마운팅 인슐레이터와 트랜스액슬 서포트 브라켓 장착볼트	2	7.0 ~ 9.5
프론트 롤 스톱퍼 브라켓과 서브프레임 장착볼트	3	5.0 ~ 6.5
프론트 롤 스톱퍼 인슐레이터와 프론트 롤 스톱퍼 서포트 브라켓 장착볼트 및 너트	1	5.0 ~ 6.5
리어 롤 스톱퍼 브라켓과 서브프레임 장착볼트	3	5.0 ~ 6.5
리어 롤 스톱퍼 인슐레이터와 리어 롤 스톱퍼 서포트 브라켓 장착볼트 및 너트	1	5.0 ~ 6.5
메인 무빙 시스템		
커넥팅 로드 캡 볼트	8	1.3 + 90°
크랭크 샤프트 메인 베어링 캡 볼트 (긴볼트)	10	2.5 + 90°
크랭크 샤프트 메인 베어링 캡 볼트 (짧은볼트)	10	3.3 ~ 3.7
플라이 휠 볼트 (M/T)	8	7.0 ~ 8.0
드라이브 플레이트 볼트 (A/T)	8	7.0 ~ 8.0
타이밍 체인		
타이밍 체인 커버 볼트 (8X70)	7	2.0 ~ 2.7
타이밍 체인 커버 볼트 (8X60)	2	2.0 ~ 2.7
타이밍 체인 커버 볼트 (8X35)	1	2.0 ~ 2.7
타이밍 체인 커버 볼트 (6X35)	2	1.0 ~ 1.2
타이밍 체인 커버 볼트 (6X28)	7	1.0 ~ 1.2
타이밍 체인 케이스 볼트 (8X22)	4	2.5 ~ 3.1

일반사항

EM -7

항 목	수량	체결토크 kgf.m
타이밍 체인 케이스 볼트 (8X32)	1	1.9 ~ 2.8
타이밍 체인 케이스 볼트 (6X35)	1	0.8 ~ 1.2
엔진 행거 (프론트)	2	2.0 ~ 2.5
크랭크 샤프트 풀리 볼트	1	23.0 ~ 25.0
캠샤프트 체인 스프로켓 볼트	1	7.0 ~ 7.5
고압 펌프 체인 스프로켓 볼트	1	6.6 ~ 7.6
타이밍 체인 가이드 (1) 볼트	4	1.0 ~ 1.2
타이밍 체인 가이드 (2) 볼트	1	1.0 ~ 1.4
타이밍 체인 "A" 오토 텐셔너 볼트	2	1.0 ~ 1.2
타이밍 체인 "C" 오토 텐셔너 볼트	2	1.0 ~ 1.2
실린더 헤드		
엔진 커버 볼트	4	0.8 ~ 1.2
실린더 헤드 커버 볼트	13	0.7 ~ 1.0
캠 샤프트 베어링 캡 볼트 (리머 볼트)	16	1.3 ~ 1.4
캠 샤프트 베어링 캡 볼트 (일반 볼트)	6	1.3 ~ 1.4
엔진 행거 볼트 (프론트)	2	2.0 ~ 2.5
엔진 행거 볼트 (리어)	1	4.8 ~ 5.2
실린더 헤드 볼트	10	5.0+90°+120°
냉각 시스템		
워터 펌프 풀리 볼트	3	1.0 ~ 1.2
워터 펌프 볼트 (8 X 50)	2	2.0 ~ 2.5
워터 펌프 볼트 (8 X 70)	1	2.0 ~ 2.5
서모스탯 하우징 볼트	1	1.0 ~ 1.2
서모스탯 하우징 너트	2	1.0 ~ 1.2
냉각수 리턴 파이프 어셈블리 볼트	2	2.0 ~ 2.5
냉각수온 센서	1	2.5 ~ 3.5
냉각수 아웃렛 피팅 너트	2	2.0 ~ 2.5
윤활 시스템		
오일 필터 어셈블리 볼트	4	2.0 ~ 2.7
오일 쿨러 어셈블리 볼트	4	1.0 ~ 1.2
오일 필터 어퍼 캡	1	2.5
오일 레벨 게이지 볼트	1	2.0 ~ 2.7

항 목	수량	체결토크 kgf.m
오일 팬 볼트 (6 X 20)	16	1.0 ~ 1.2
오일 팬 볼트 (6 X 65)	2	1.0 ~ 1.2
오일 팬 볼트 (6 X 85)	2	1.0 ~ 1.2
오일 팬과 트랜스액슬 장착볼트	3	3.0 ~ 4.2
오일 팬 드레인 플러그	1	3.5 ~ 4.5
오일 스크린 볼트	1	2.0 ~ 2.7
오일 스크린 너트	2	1.0 ~ 1.2
오일 압력 스위치	1	1.5 ~ 2.2
흡기 및 배기 시스템		
흡기 매니폴드와 실린더 헤드 체결 너트	2	1.5 ~ 2.0
흡기 매니폴드와 실린더 헤드 체결 볼트	7	1.5 ~ 2.0
배기 매니폴드와 실린더 헤드 체결 너트	8	3.0 ~ 3.5
배기 매니폴드 히트 커버와 배기 매니폴드 체결 볼트	3	1.5 ~ 2.0
WCC 어셈블리 체결 볼트	3	3.0 ~ 3.5
에어클리너 로워 커버 장착볼트	3	0.8 ~ 1.0
스로틀 바디와 서지 탱크 체결 볼트	4	1.9 ~ 2.8
배기 매니폴드와 프론트 머플러 체결 너트	2	4.0 ~ 6.0
프론트 머플러 고정 클립 볼트	1	3.0 ~ 4.0
프론트 머플러와 센터 머플러 체결 너트	2	4.0 ~ 6.0
센터 머플러와 메인 머플러 체결 너트	2	4.0 ~ 6.0

일반사항

압축 압력 점검 K07A65F3

> 참고
> 출력 부족, 과도한 엔진 오일 소모 또는 연비가 불량한 경우 압축 압력을 측정한다.

1. 엔진을 시동하여 냉각수온이 80~95℃ 가 되도록 가동시킨 후 정지한다.

2. 인젝터를 탈거한다. (FL 그룹 참조)

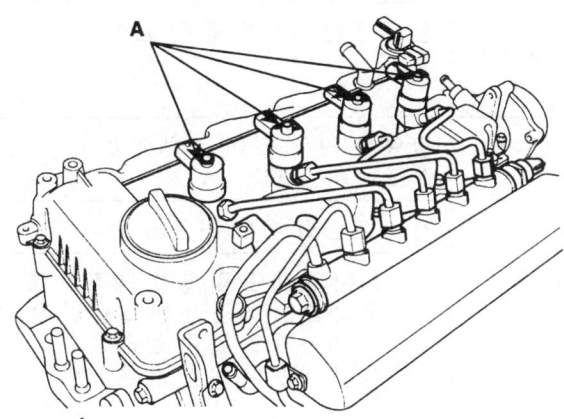

LCGF003A

3. 실린더의 압축압력을 측정한다.

    1) 인젝터 홀에 압력게이지를 설치한다.

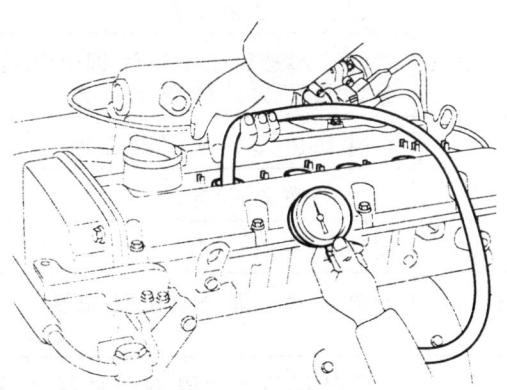

ECKD001X

    2) 스로틀 밸브를 완전히 개방 시킨다.

    3) 스로틀 밸브 전개 상태에서 엔진을 크랭킹 시키면서 압축압력을 측정한다.

> 참고
> 엔진이 *300rpm*이상으로 회전할 수 있도록 완충전된 축전지를 사용한다.

4) 각 실린더에 대하여 1)항부터 3)항까지의 과정을 반복하여 측정한다.

> 참고
> 이 작업은 가급적 짧은 시간 내에 실시해야만 한다.

압축 압력
규정치 : 24kg/cm² (260rpm)
한계값 : 21kg/cm²
각 실린더간 압력차 : 3.0kg/cm²

5) 하나 또는 그 이상의 실린더의 압축압력이 규정치 이하라면 해당 실린더 점화 플러그 홀을 통해 소량의 엔진 오일을 넣고 1)항부터 3)항까지의 과정을 반복하여 재측정 한다.
    - 엔진 오일의 첨가로 압축 압력이 상승한 경우 피스톤 링 또는 실린더 벽이 마모 및 손상되었을 수 있다.
    - 압축 압력이 상승하지 않는 경우 밸브의 고착, 불량한 밸브 접촉 또는 가스켓 불량일 수 있다.

4. 인젝터를 다시 장착한다.

고장 진단

현상	가능한 원인	정비
비정상적인 엔진 내부 소음(저음)과 엔진의 실화	플라이 휠의 부적절한 장착	플라이 휠 수리 또는 필요한 경우 교환
	피스톤 링의 마모 (오일 소모가 엔진실화의 원인이 될수도 있다.)	압축 압력 점검 정비 또는 필요한 경우 교환
	크랭크 샤프트 스러스트 베어링의 마모	필요한 경우 크랭크 샤프트와 베어링 교환
비정상적인 밸브 계통 소음과 엔진의 실화	밸브 고착 (밸브 스템에 카본이 누적되어 밸브가 정확히 닫히지 않을수 있다.)	정비 또는 필요한 경우 교환
	타이밍 체인의 과도한 마모 또는 타이밍 체인 정렬 불량	필요한 경우 타이밍 체인과 스프로켓 교환
	캠 샤프트 로브의 마모	캠 샤프트와 밸브 리프터 교환
냉각수 소모와 엔진의 실화	• 실린더 헤드 가스켓의 결함 및 균열 또는 실린더 헤드 및 블록 냉각계통의 손상 • 냉각수 소모는 엔진 오버히트의 원인이 될수도 있다	• 실린더 헤드 및 블록 냉각수 통로의 손상 점검 또는 실린더 헤드 가스켓의 결함 점검 • 정비 또는 필요한 경우 교환
과다한 엔진 오일 소모와 엔진의 실화	밸브, 밸브 가이드, 밸브 스템 씰의 마모	정비 또는 필요한 경우 교환
	피스톤 링의 마모 (오일소모가 엔진실화의 원인이 될수도 있다.)	압축 압력 점검 정비 또는 필요한 경우 교환
소동시 몇 초간의 소음	부적절한 오일의 점도	적절한 오일로 교환
	크랭크 샤프트 스러스트 베어링의 마모	크랭크 샤프트 스러스트 베어링 점검 정비 또는 필요한 경우 교환
엔진 회전수와는 무관한 엔진의 소음 (고음)	낮은 오일 압력	정비 또는 필요한 경우 교환
	밸브 스프링의 파손	밸브 스프링 교환
	밸브 리프터의 마모 또는 오염	밸브 리프터 교환
	타이밍 체인의 늘어남 또는 파손 및 스프로켓 톱니의 손상	타이밍 체인과 스프로켓 교환
	타이밍 체인 텐셔너의 마모	필요한 경우 타이밍 체인 텐셔너 교환
	캠 샤프트 로브의 마모	캠 샤프트 로브 점검 필요한 경우 캠 샤프트와 밸브 리프터 교환
	밸브 가이드 또는 스템의 마모	밸브와 밸브 가이드의 점검 정비 또는 필요한 경우 교환
	밸브 고착(밸브 스템 또는 시트에 누적된 카본은 밸브가 닫히는 것을 방해할 수 있다)	밸브와 밸브 가이드의 점검 정비 또는 필요한 경우 교환

일반사항

현 상	가능한 원인	정 비
엔진 회전수와는 무관한 엔진의 소음 (저음)	낮은 오일 압력	정비 또는 필요한 경우 손상된 부품
	플라이 휠의 손상 또는 헐거움	플라이 휠의 점검 또는 교환
	오일 팬, 오일 펌프 스크린 접촉부 손상	오일 팬 점검 오일 펌프 스크린 점검 정비 또는 필요한 경우 교환
	오일 펌프 스크린의 헐거움, 손상 또는 막힘	오일 펌프 스크린 점검 정비 또는 필요한 경우 교환
	피스톤과 실린더 사이의 과도한 간극	피스톤과 실린더 내경 점검 필요한 경우 교환
	과도한 피스톤 핀 간극	피스톤, 피스톤 핀, 커넥팅로드 점검 정비 또는 필요한 경우 교환
	과도한 커넥팅 로드 베어링 간극	아래 항목들을 점검 또는 필요한 경우 교환 • 커넥팅 로드 베어링 • 커넥팅 로드 • 크랭크 샤프트 • 크랭크 샤프트 저널
	과도한 크랭크 샤프트 베어링 간극	아래 항목들을 점검 또는 필요한 경우 교환 • 크랭크 샤프트 베어링 • 크랭크 샤프트 저널
	피스톤, 피스톤 핀, 커넥팅 로드의 부적절한 장착	피스톤 핀과 커넥팅 로드의 올바른 장착 여부 점검 필요한 경우 정비
부하시의 엔진 소음	낮은 오일 압력	정비 또는 필요한 경우 교환
	과도한 커넥팅 로드 베어링 간극	아래 항목들을 점검 또는 필요한 경우 • 커넥팅 로드 베어링 • 커넥팅 로드 • 크랭크 샤프트
	과도한 크랭크 샤프트 베어링 간극	아래 항목들을 점검 또는 필요한 경우 교환 • 크랭크 샤프트 베어링 • 크랭크 샤프트 저널 • 실린더 블록

현상	가능한 원인	정비
엔진이 크랭킹 되지 않음 (크랭크 샤프트가 회전하지 않는 경우)	실린더내에 유체 유입 • 실린더에 냉각수/부동액 유입 • 오일 유입 • 과다한 연료 유입	인젝터를 탈거하고 유체를 점검 헤드 가스켓의 파손 여부 점검 실린더 헤드 및 블록의 균열 점검 인젝터 고착, 연료 압력 조절기의 누설 점검
	타이밍 체인, 타이밍 체인 스프로켓의 파손	타이밍 체인과 타이밍 기어의 점검 정비 또는 필요한 경우 교환
	실린더내에 이물질 유입 • 밸브의 파손 • 피스톤 재료 • 기타 이물질 유입	손상된 부분과 이물질 유입여부 점검 정비 또는 필요한 경우 교환
	크랭크 샤프트 또는 커넥팅 로드 베어링 고착	크랭크 샤프트와 커넥팅 로드 베어링 점검 정비 또는 필요한 경우 교환
	커넥팅 로드의 휨 또는 파손	커넥팅 로드 점검 정비 또는 필요한 경우 교환
	크랭크 샤프트의 파손	크랭크 샤프트 점검 정비 또는 필요한 경우 교환

일반사항

특수공구 KBDC0B2A

공구 (품번 및 품명)	형상	용도
토크 앵글 어댑터 (09221-4A000)		각도법이 사용되는 볼트 & 너트의 장착
밸브 스프링 컴프레서 (09222-3K000) 밸브 스프링 컴프레서 어댑터 (09222-2A100)		흡기 및 배기 밸브의 탈거 및 장착
압축압력 게이지 (09351-27000)		각 실린더의 압축압력 측정
압축압력 게이지 어댑터 (09351-2A000)		각 실린더의 압축압력 측정
밸브 스템 오일씰 인스톨러 (09222-2A000)		밸브 스템 오일씰의 장착

공구 (품번 및 품명)	형상	용도
인젝터 리무버 (09351-4A200)	LCGF061A	인젝터의 탈거
인젝터 리무버 어댑터 (09351-2A100)	LCGF062A	인젝터의 탈거
고압펌프 스프로켓 리무버 (09331-2A000)	LCGF063A	고압펌프 스프로켓의 탈거
크랭크샤프트 리어 오일 씰 인스톨러 (09231-H1200) 핸들 (09231-H1100)	09231-H1200 09231-H1100 LCGF157A	크랭크샤프트 리어 오일 씰의 장착
프론트 커버 오일 씰 인스톨러 (09231-2A000) 핸들 (09231-H1100)	09231-H1100 09231-2A000 LCGF158A	프론트 커버 오일 씰의 장착

일반사항　　　　　　　　　　　　　　　　　　　　　　　　　　　　　　　　　　EM -15

공구 (품번 및 품명)	형상	용도
플라이 휠 스톱퍼 (09231-2A100)	B314A200	크랭크 샤프트 풀리 볼트의 탈거와 장착
오일팬 리무버 (09215-3C000)	ACJF125A	오일팬의 탈거
엔진서포트 픽스쳐 & 어댑터 (09200-38001, 09200-1C000)	AMJF002B	엔진의 고정

타이밍 시스템

타이밍 체인

구성 부품

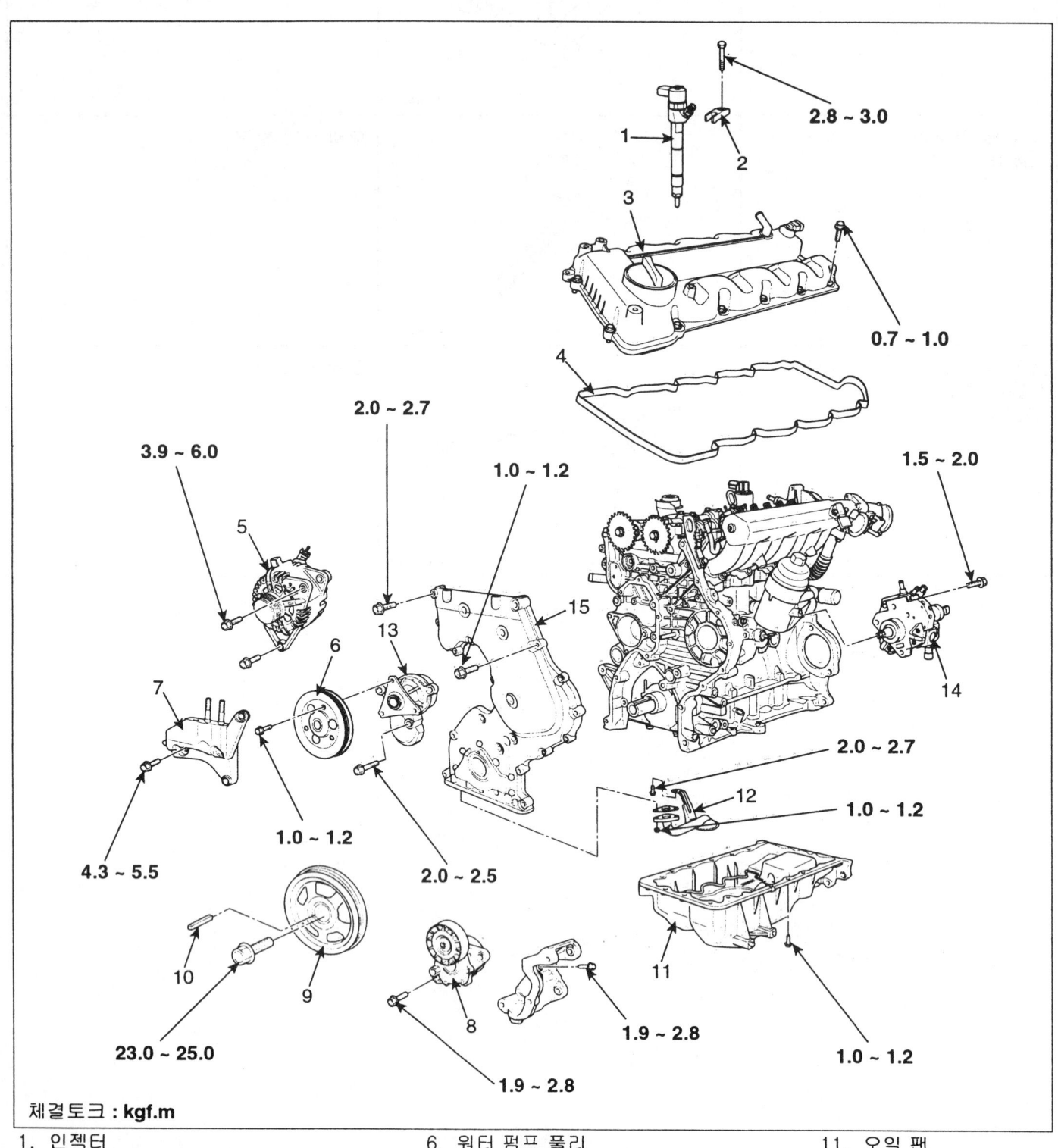

체결토크 : kgf.m

1. 인젝터
2. 인젝터 클램프
3. 실린더 헤드 커버
4. 실린더 헤드 가스켓
5. 알터네이터
6. 워터 펌프 풀리
7. 엔진 서포트 브라켓
8. 드라이브 벨트 오토 텐셔너
9. 크랭크 샤프트 풀리
10. 키
11. 오일 팬
12. 오일 스트레이너
13. 워터 펌프
14. 고압 펌프
15. 타이밍 체인 커버

타이밍 시스템

EM -17

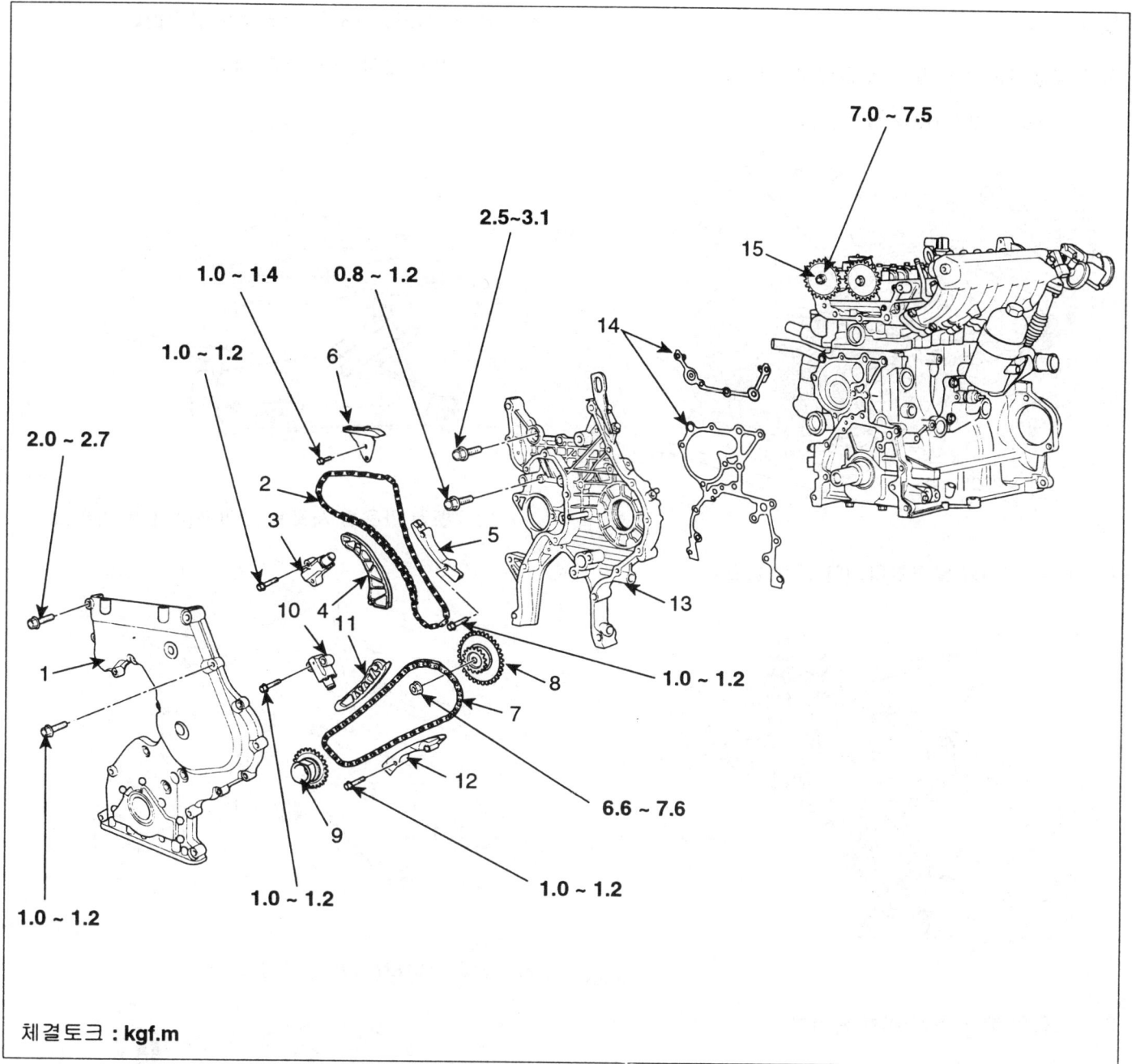

체결토크 : kgf.m

1. 타이밍 체인 커버
2. 타이밍 체인 "C"
3. 타이밍 체인 "C" 오토 텐셔너
4. 타이밍 체인 "C" 레버
5. 타이밍 체인 가이드 "1"
6. 타이밍 체인 가이드 "2"
7. 타이밍 체인 "A"
8. 고압 펌프 스프로켓
9. 크랭크샤프트 스프로켓
10. 타이밍 체인 "A" 오토 텐셔너
11. 타이밍 체인 "A" 레버
12. 타이밍 체인 가이드 "1"
13. 타이밍 체인 케이스
14. 타이밍 체인 케이스 가스켓
15. 캠샤프트 스프로켓

ADJF050A

탈거

이 작업에서는 엔진 탈거가 필요하지 않다.

1. 드라이브 벨트(A)를 탈거한다.

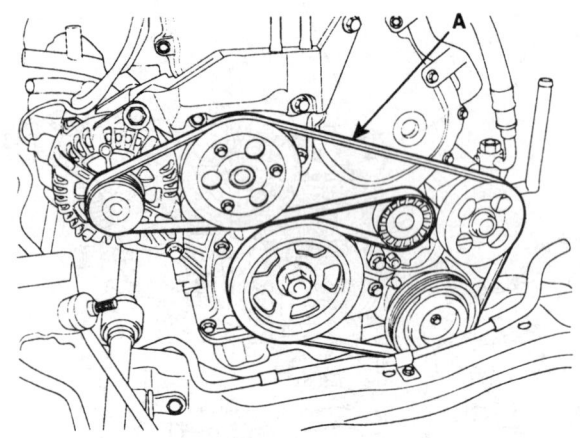

2. 인젝터(A)를 탈거한다. (FL 그룹 참조)

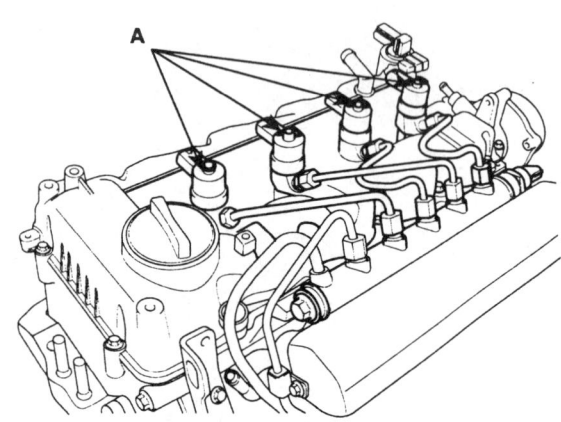

3. 실린더 헤드 커버(A)를 탈거한다.

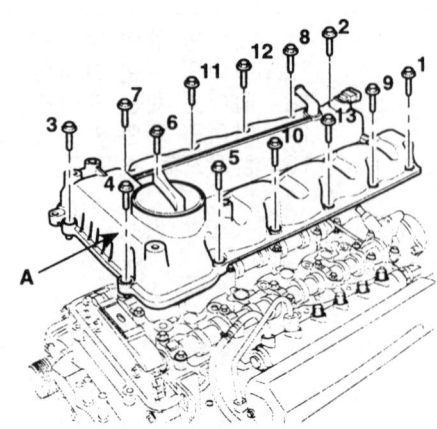

4. 엔진 마운팅 서포트 브라켓을 탈거한다.

   1) 엔진 오일 팬에 잭을 설치한다.

   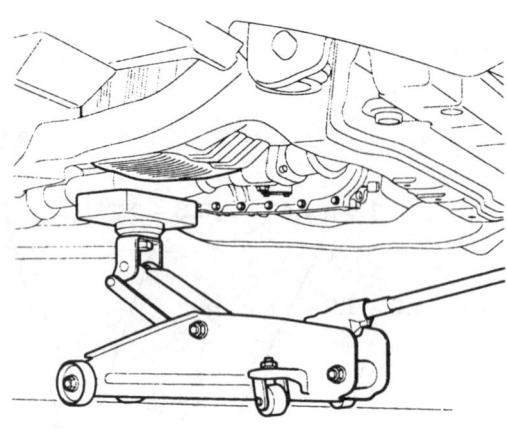

   2) 엔진 마운팅 서포트 브라켓(A)를 탈거한다.

   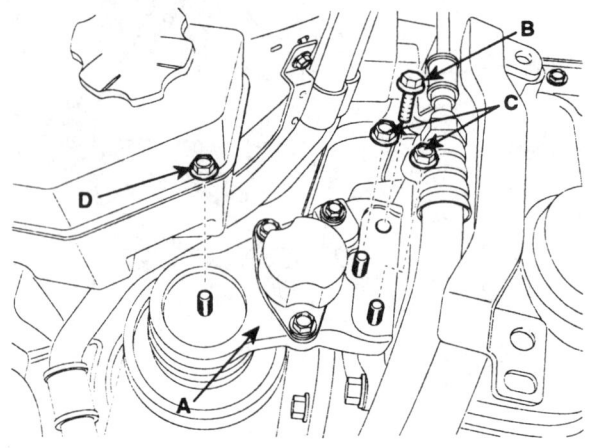

5. 알터네이터(A)를 탈거한다.

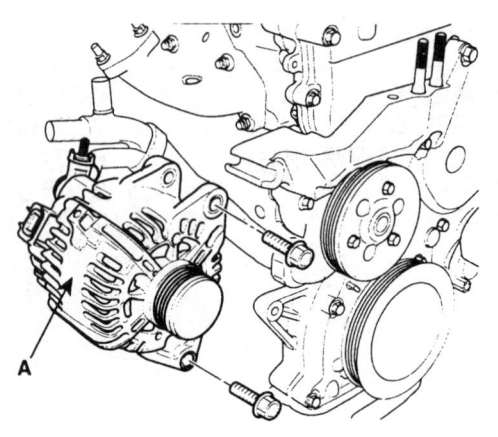

타이밍 시스템

6. 워터펌프 풀리(A)를 탈거한다.

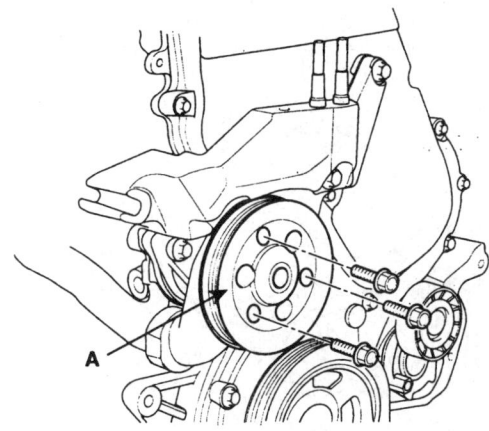

7. 엔진 서포트 브라켓(A)을 탈거한다.

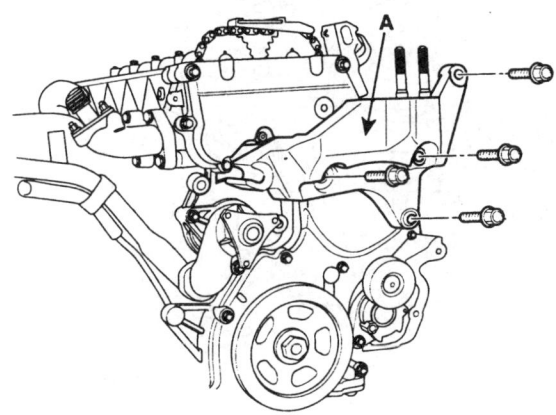

8. 드라이브 벨트 오토 텐셔너(A)를 탈거한다.

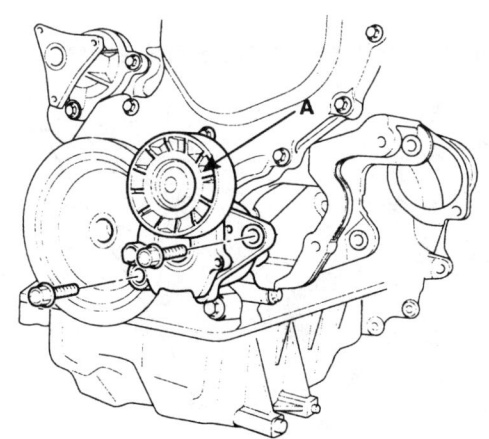

9. 크랭크 샤프트 풀리를 시계방향으로 회전시켜 타이밍 체인 커버의 타이밍 마크 " T " 에 풀리의 홈을 일치시킨다. (No.1 실린더 압축 상사점 위치)

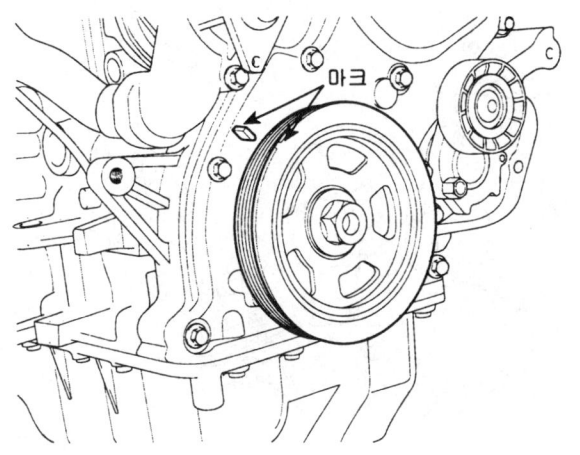

10. 크랭크 샤프트 풀리 볼트(B)와 크랭크 샤프트 풀리(A)를 탈거한다.

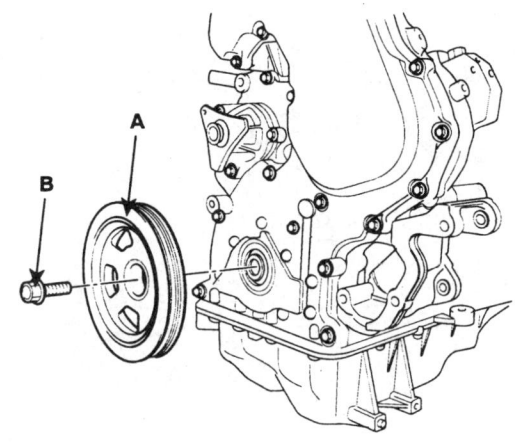

📝 참고

스타터를 탈거한 후에 SST(플라이 휠 스톱퍼, 09231-2A100)(A)를 이용하여 크랭크 샤프트 풀리 볼트를 탈거한다.

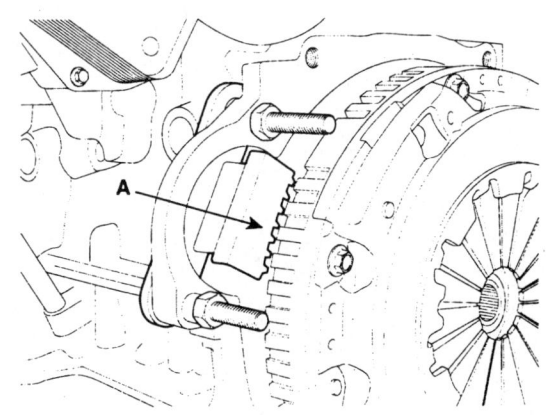

11. 타이밍 체인 커버 플러그(A)를 탈거한후에 고압펌프 스프로켓 너트(B)를 탈거한다.

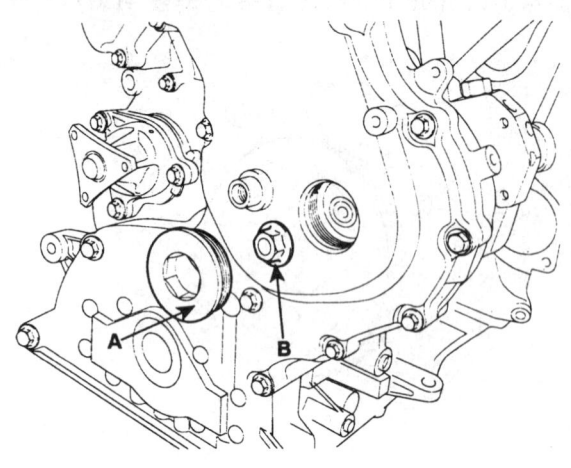

> 참고
> * 고압펌프 스프로켓 너트를 탈거하기 위해 SST(플라이 휠 스톱퍼, 09231-2A100)를 사용한다.

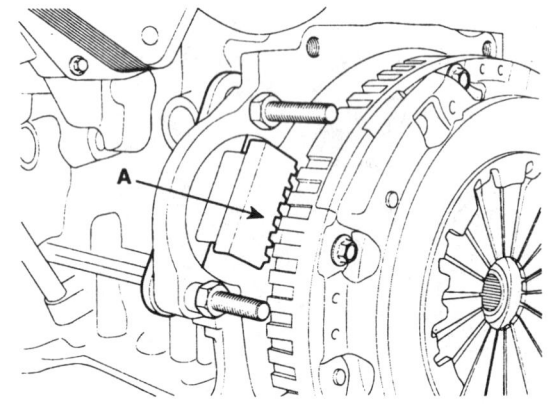

* 플러그(A)를 재장착할때는 플러그의 오링을 새 것으로 교환한다.

12. 고압펌프 파이프(A)를 탈거한다. (FL그룹 참조)

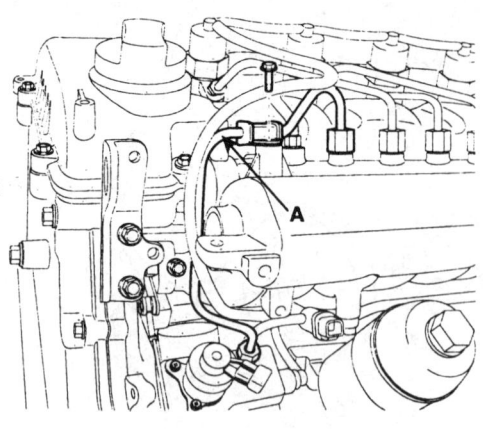

13. 고압펌프(A)의 고정볼트와 연료호스(B, C)를 탈거한다.

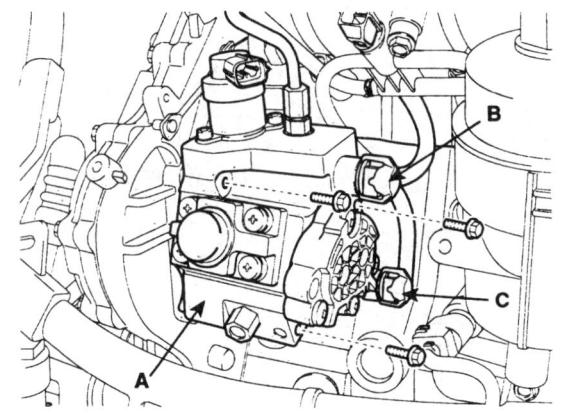

14. 고압펌프 스프로켓에 SST(고압펌프 스프로켓 스토퍼, 09331-2A000)(A)를 시계방향으로 돌려서 장착한다.

15. 타이밍 체인 커버 볼트(3개소)(B)를 탈거한다.

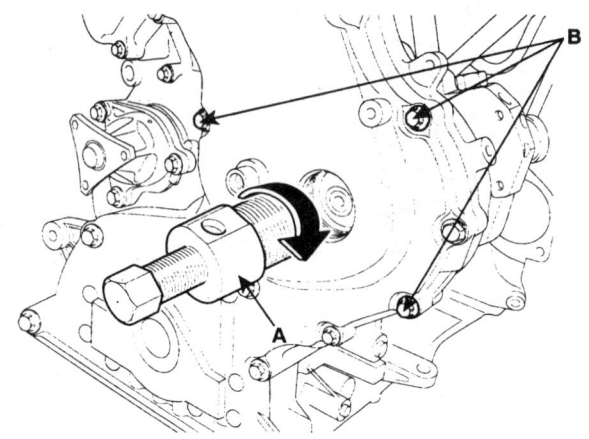

타이밍 시스템

16. 타이밍 체인 커버에 SST(고압펌프 스프로켓 리무버, 09331-2A000)(A)를 세개의 긴 볼트(B)를 이용하여 장착한다.

17. 고압펌프 스프로켓 리무버(A)와 스프로켓 스톱퍼(C)를 두개의 고정볼트(D)를 이용하여 고정시킨다.

18. 볼트(E)를 시계방향으로 돌려 고압펌프를 스프로켓으로부터 탈거시킨다.

19. 고압펌프가 탈거 된 후에 SST(고앞펌프 스프로켓 리무버, 09331-2A000)를 탈거한다.

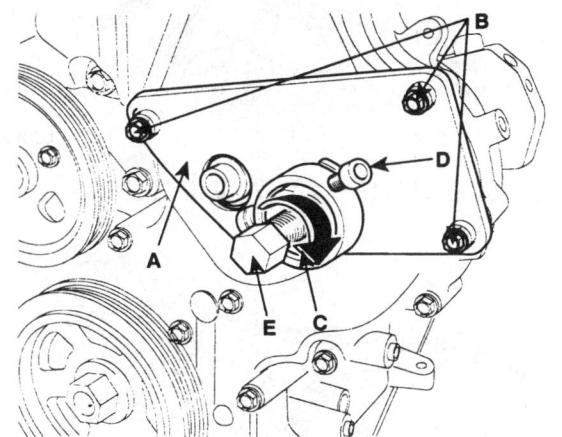

20. 엔진행거 브라켓에 엔진 서포트 픽스쳐와 어댑터 (SST : 09200-38001, 09200-1C000)를 장착한다.

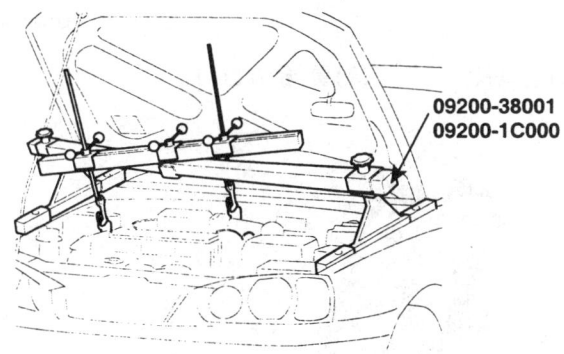

21. 엔진 오일 팬에서 잭을 탈거한다.

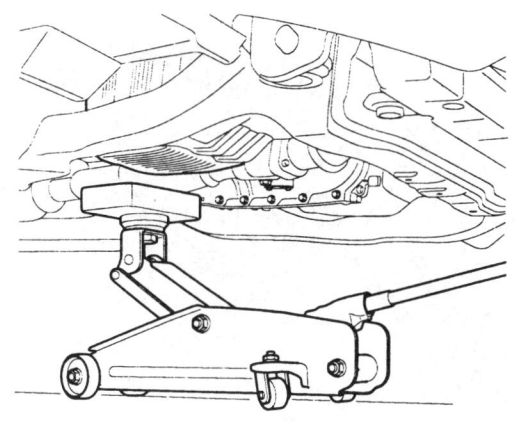

22. 오일팬(A)을 탈거한다.

23. 오일 스트레이너(B)를 탈거한다.

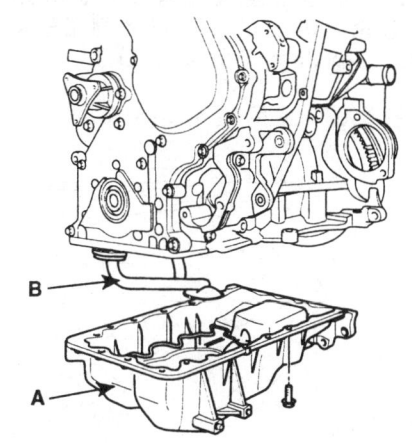

[U] 참고

오일팬 탈거시 특수공구(09215-3C000)를 사용하여 실린더 블록과 오앨팬의 접촉면이 손상되지 않도록 주의하여 작업할것.

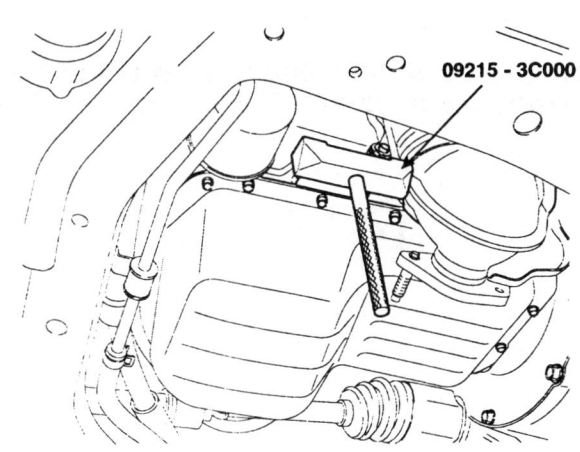

24. 타이밍 체인 커버(A)를 탈거한다.

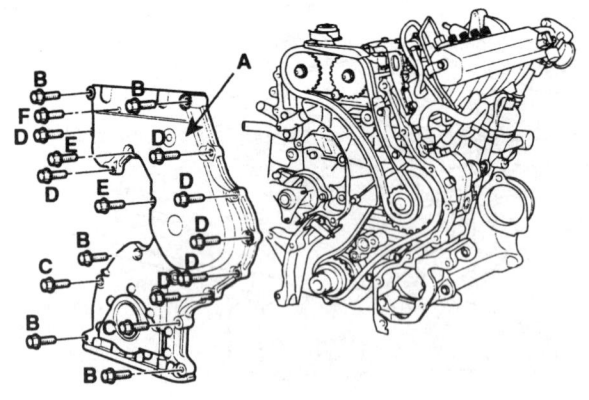

> 참고
> 타이밍 체인 커버 및 오일 팬 탈거후 모든 장착면에 부착되어 있는 실런트 및 오일등을 깨끗이 제거한다. (씰링면에 불순물이 남아있을 경우 재조립시 실런트를 도포해도 오일이 누유될 수 있다.)

25. 타이밍 체인 "C" 오토 텐셔너(A)를 탈거한다.

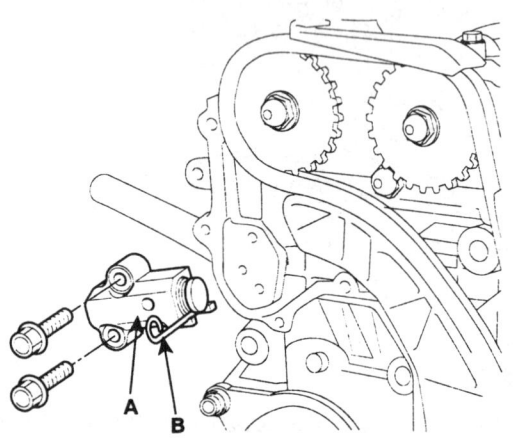

> 참고
> 오터텐셔너를 탈거하기 전에 텐셔너를 압축한 후 세트핀(B) (ø2.5 mm 와이어) 을 장착한다.

26. 타이밍 체인 "C" 레버(A)와 타이밍 체인 가이드 "1" (B)를 탈거한다.

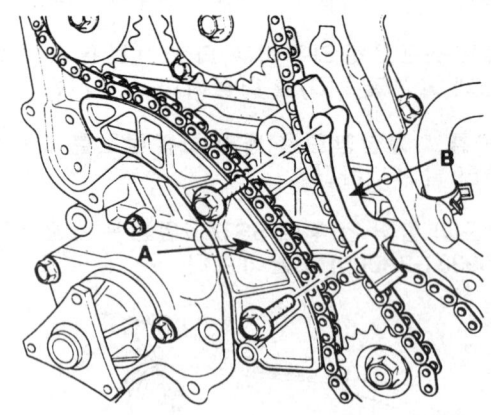

27. 타이밍 체인 가이드 "2" (A)를 탈거한다.

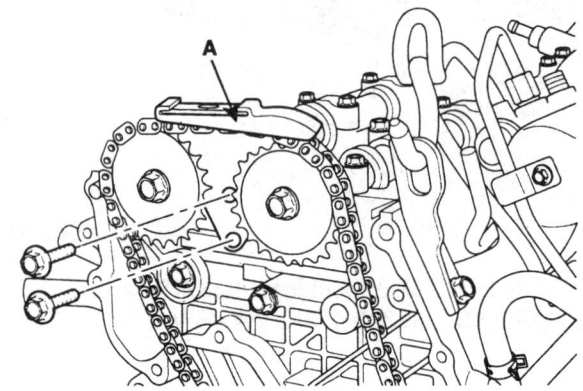

28. 타이밍 체인 "C" (A)를 탈거한다.

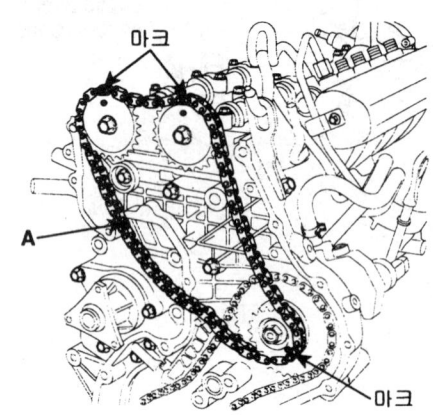

타이밍 시스템

EM -23

29. 타이밍 체인 "A" 오토텐셔너(A)를 탈거한다.

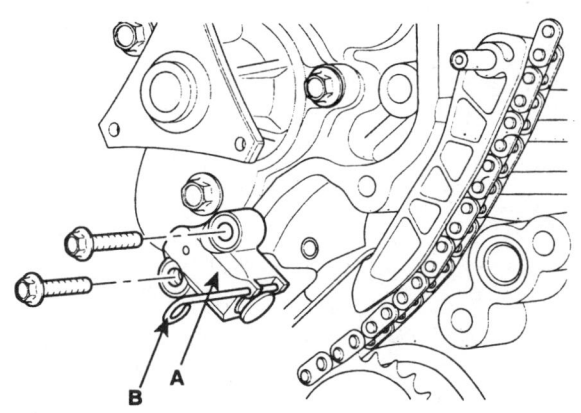

LCGF016A

📖 참고

오토텐셔너를 탈거하기 전에 텐셔너를 압축한 후 세트핀(B) (ø2.5 mm 와이어) 을 장착한다.

30. 타이밍 체인 "A" 레버(A)와 타이밍 체인 가이드 "1" (B)를 탈거한다.

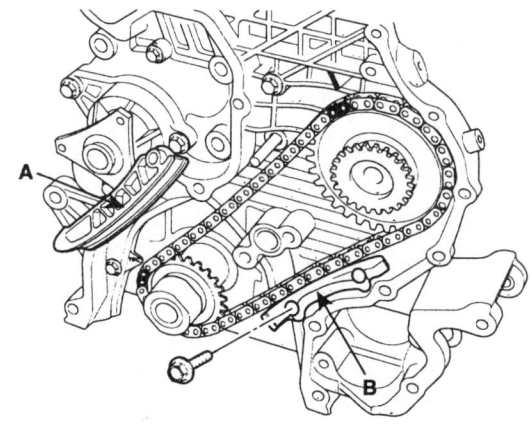

LCGF017A

31. 고압펌프 스프로켓(B)과 크랭크샤프트 스프로켓(C)과 함께 타이밍 체인 "A" (A)를 탈거한다.

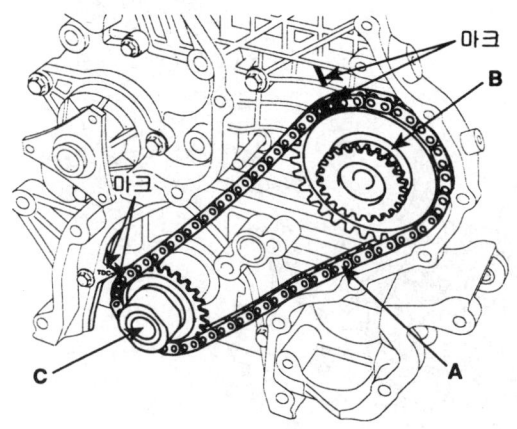

ACGF034A

32. 파워 스티어링 펌프 브라켓(A)을 탈거한다.

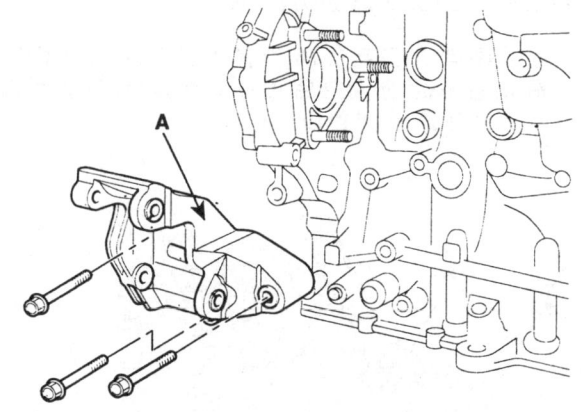

LCGF025A

33. 워터펌프(A)를 탈거한다.

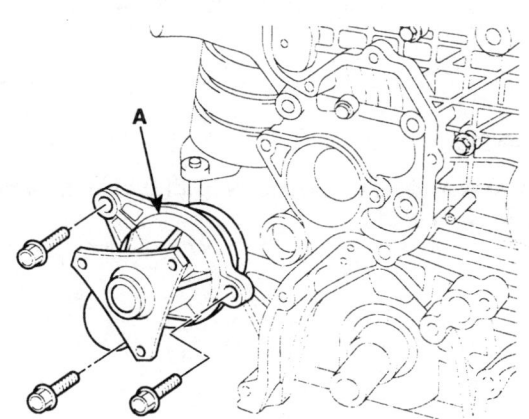

LCGF026A

34. 타이밍 체인 케이스(A)를 탈거한다.
    (이 작업에서는 엔진 탈거가 필요하다.)

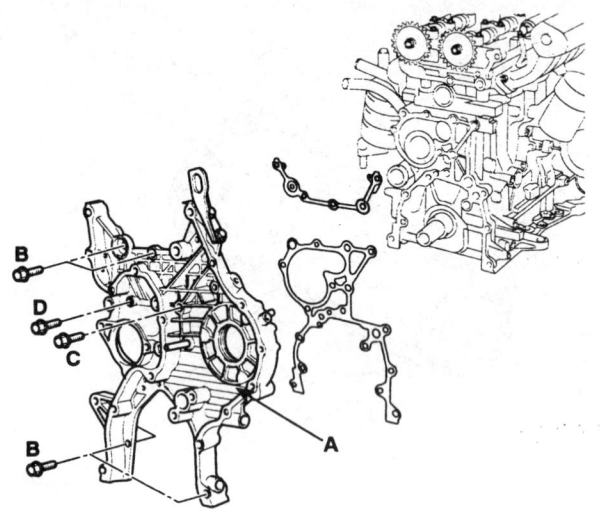

35. 캠샤프트 스프로켓을 탈거한다.

    1) 렌치를 캠 샤프트의 (A)부분에 고정하고 렌치(B)를 이용하여 캠 샤프트 스프로켓 볼트(C)를 풀어 스프로켓을 탈거한다.

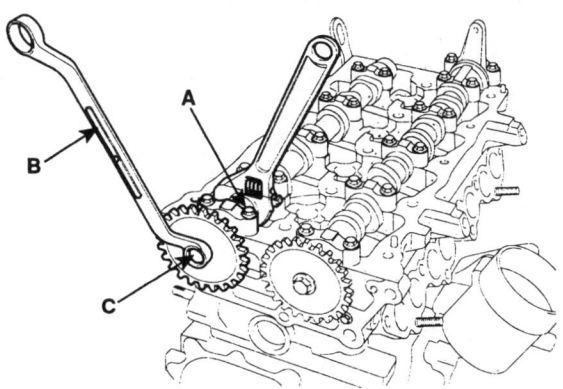

⚠ 주의

렌치 사용시 실린더 헤드와 밸브 리프터가 손상되지 않도록 주의한다.

타이밍 시스템

EM -25

장착 K1010DEF

이 작업에서는 엔진 탈거가 필요하지 않다.

1. 캠 샤프트 스프로켓을 장착하고 볼트를 규정토크로 조인다.

    1) 캠 샤프트 스프로켓 볼트(C)를 일시적으로 조여 둔다.

    2) 캠 샤프트의 (A)부분을 렌치로 고정하고 캠 샤프트 스프로켓 볼트(C)를 규정토크로 조인다.

    체결토크 : 7.0 ~ 7.5kgf.m

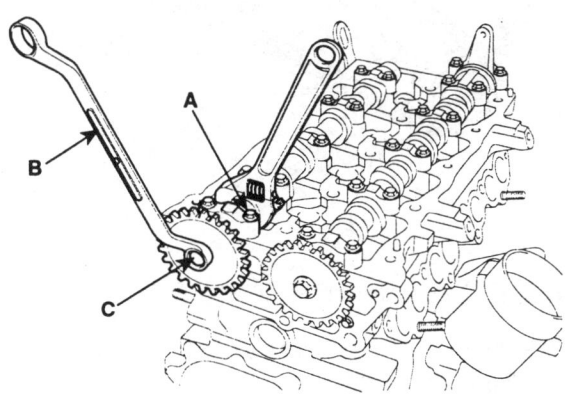

2. 타이밍 체인 케이스(A)를 새로운 가스켓과 함께 장착한다.
   (이 작업에서는 엔진 탈거가 필요하다.)

    체결토크 :
    볼트(B) : 2.5 ~ 3.1kgf.m
    볼트(C) : 1.9 ~ 2.8kgf.m
    볼트(D) : 0.8 ~ 1.2kgf.m

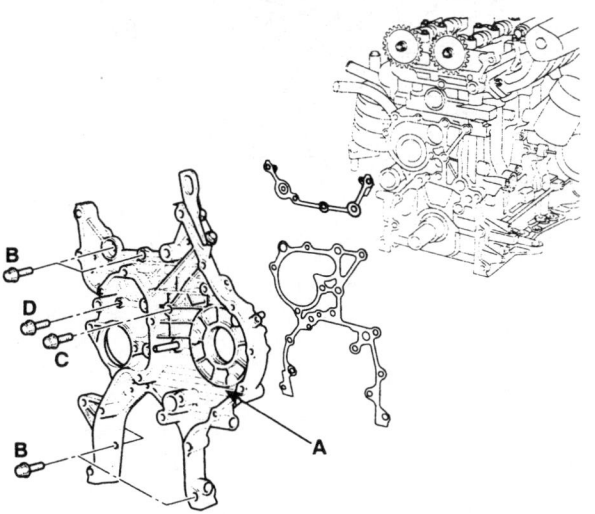

3. 워터펌프(A)를 장착한다.

    체결토크 : 2.0 ~ 2.5kgf.m

    ⚠ 주의

    O-링 부에 냉각수를 충분히 도포한 후, O-링이 손상을 입지 않도록 유의하여 장착한다.

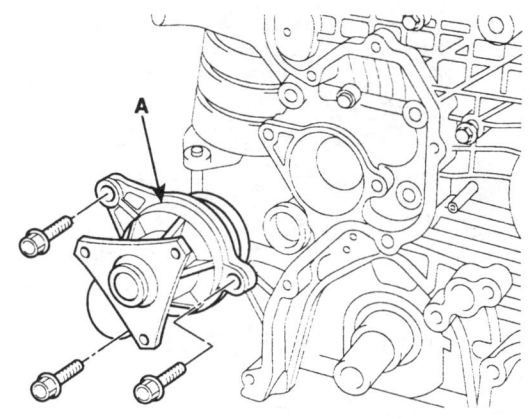

4. 파워 스티어링 펌프 브라켓(A)을 장착한다.

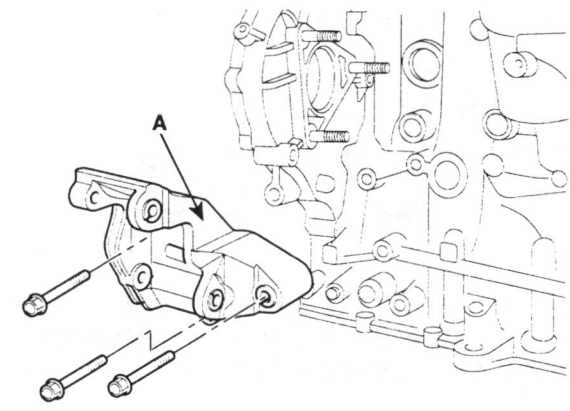

5. 고압펌프(A)를 장착한다.

   체결토크 : 1.5 ~ 2.0kgf.m

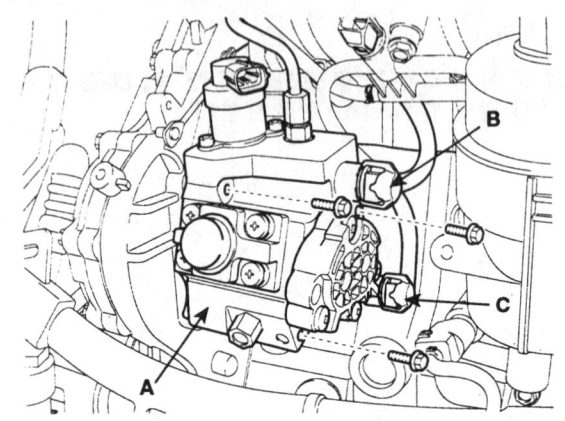

6. 고압 파이프(A)를 장착한다. (FL그룹 참조)

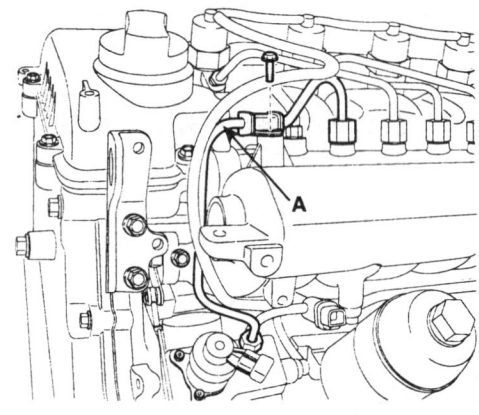

7. 크랭크샤프트 스프로켓 키홈과 타이밍 체인 케이스의 타이밍 마크를 일치되게 한다. 이 결과 1번 실린더 피스톤이 압축 상사점 상태가 된다.

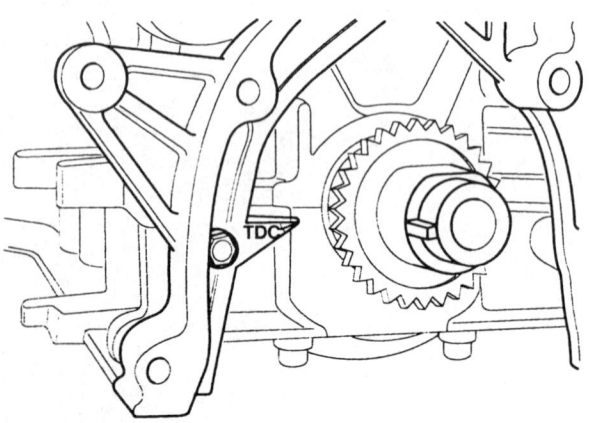

8. 타이밍 체인 " A " 는 고압펌프 스프로켓을 장착한 상태에서 크랭크샤프트 스프로켓에 먼저 장착한뒤, 고압펌프 스프로켓을 고압펌프 샤프트에 조립한다.

   📖 참고

   고압펌프 스프로켓에 있는 타이밍 마크를 타이밍 체인케이스상의 타이밍 마크에 맞춘다.

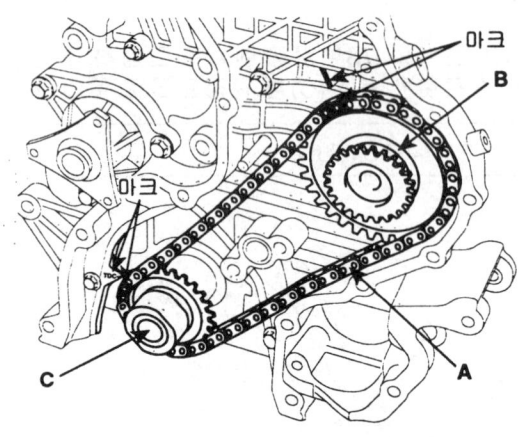

9. 고압펌프 스프로켓 너트를 가체결한다.

10. 타이밍체인 " A " 레버 (A) 와 타이밍 체인 가이드 " 1 " (B)를 장착한다.

    체결토크 : 1.0 ~ 1.2kgf.m

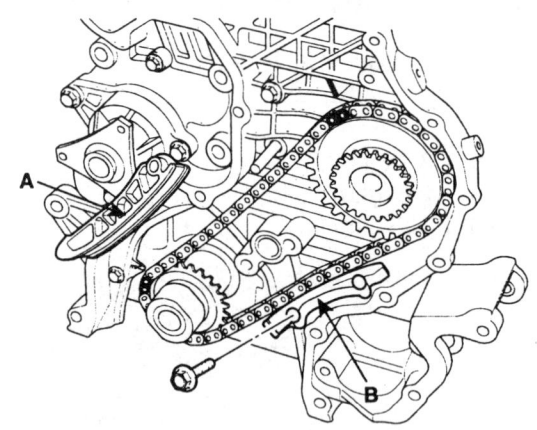

타이밍 시스템

EM -27

11. 타이밍 체인 "A" 오토텐셔너(A)를 장착 한뒤 세트 핀(B)을 제거한다.

    체결토크 : 1.0 ~ 1.2kgf.m

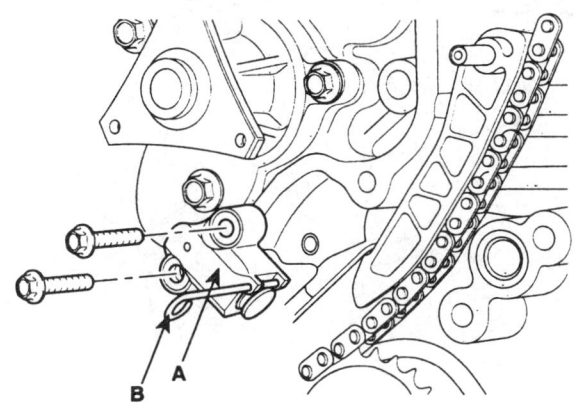

12. 캠샤프트의 타이밍 마크(A)를 크랭크샤프트 수직축 상에 맞춘다.

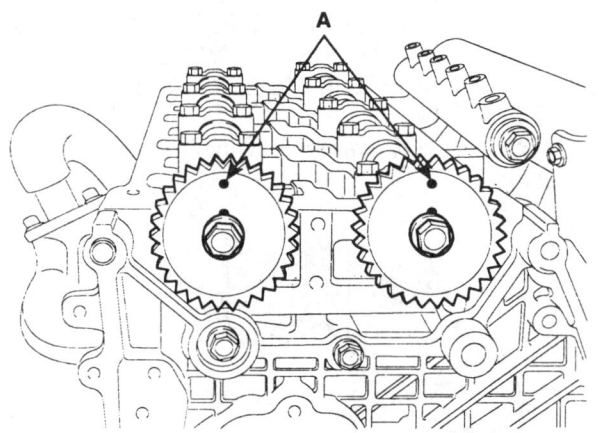

13. 타이밍 체인 "C" (A)를 다음과 같은 순서로 장착한다.
    고압펌프 스프로켓 → LH 캠샤프트 스프로켓 → RH 캠샤프트 스프로켓

    참고

    타이밍 체인 조립시에는 타이밍 체인의 타이밍 마크 (칼라 링크)를 아래 그림과 같이 각 스프로켓의 타이밍 마크에 일치시켜야 한다.

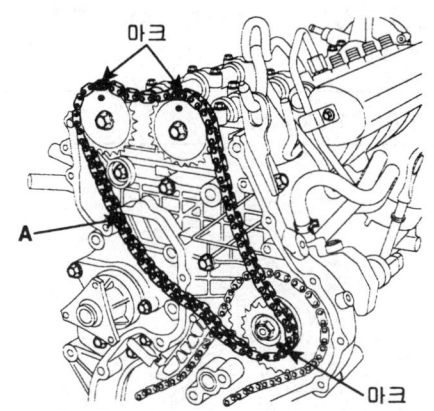

14. 타이밍 체인 가이드 " 2" (A)를 장착한다.

    체결토크 : 1.0 ~ 1.4kgf.m

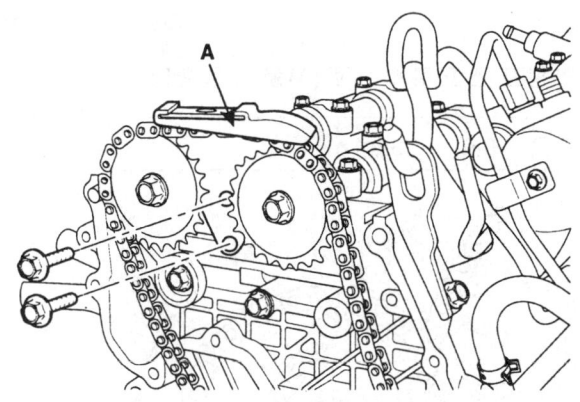

15. 타이밍 체인 " C" 레버 (A)와 타이밍 체인 가이드 " 1" (B)를 장착한다.

    체결토크 : 1.0 ~ 1.2kgf.m

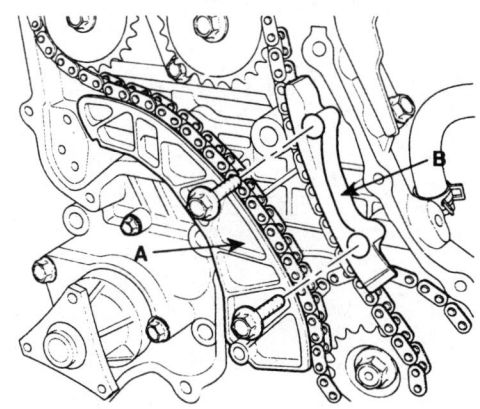

16. 타이밍 체인 "C" 오토텐셔너(A)를 장착한뒤 세트 핀(B)을 제거한다.

체결토크 : 1.0 ~ 1.2kgf.m

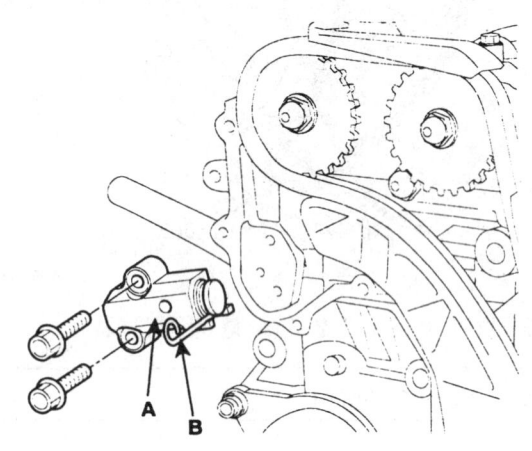

17. 고압펌프 스프로켓 너트(A)를 체결한다.

체결토크 : 6.6 ~ 7.6kgf.m

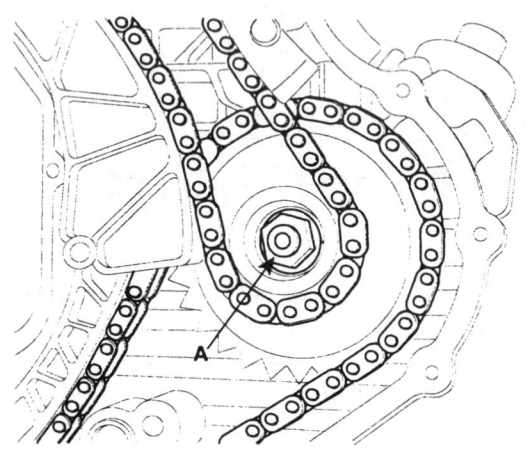

참고

SST(플라이 휠 스톱퍼, 09231-2A100)(A)를 이용하여 고압펌프 스프로켓 너트를 장착한다.

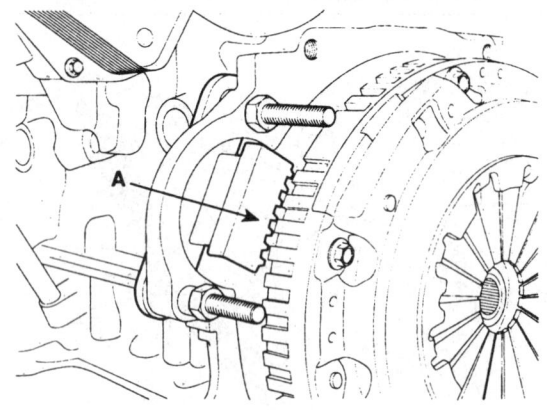

18. 타이밍 체인 커버의 장착면에 액상가스켓을 도포한다.

참고

- 액상 가스켓은 loctite No. 5900을 사용한다.
- 액상 가스켓을 도포하기 전에 가스켓 접촉 부분이 청결하고 마른 상태인지 확인한다.
- 액상 가스켓 도포 후 5분안에 타이밍 체인 커버를 장착한다.
- 액상 가스켓을 3mm폭으로 끊기지 않도록 도포한다.

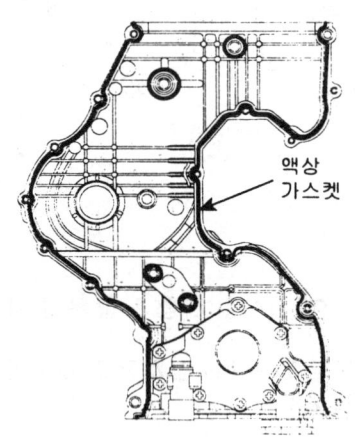

타이밍 시스템

19. 타이밍 체인 커버(A)를 장착한다.

체결토크 :
볼트(B,C,F) : 2.0 ~ 2.7kgf.m
볼트(D,E) : 1.0 ~ 1.2kgf.m

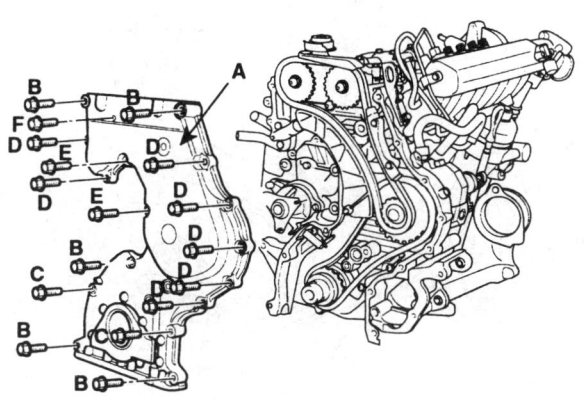

LCGF011A

20. SST(09231-2A000, 09231-H1100)(A)를 이용하여 프론트 오일 씰을 장착한다.

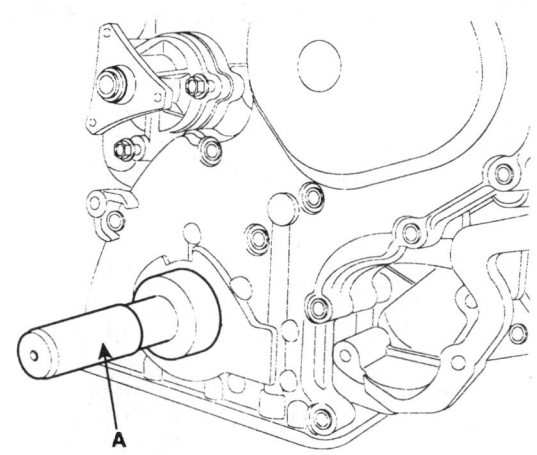

LCGF097A

21. 오일 스트레이너(B)를 장착한다.

체결토크 :
볼트 : 2.0 ~ 2.7kgf.m
너트 : 1.0 ~ 1.2kgf.m

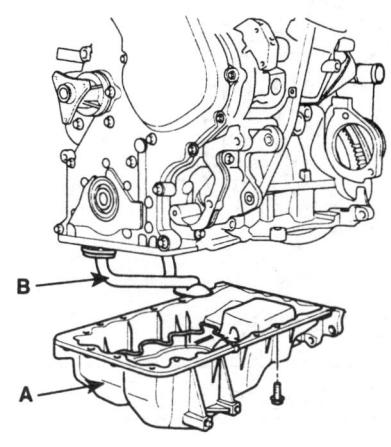

LCGF010A

22. 오일팬의 장착면에 액상가스켓을 도포한다.

참고
- 액상 가스켓은 loctite No. 5900을 사용한다.
- 액상 가스켓을 도포하기 전에 가스켓 접촉 부분이 청결하고 마른 상태인지 확인한다.
- 액상 가스켓을 3mm폭으로 끊기지 않도록 도포한다.
- 액상 가스켓 도포 후 5분안에 오일팬을 장착한다.
- 조립후 최소 30분전에는 엔진오일을 채우지 않는다.
- 오일팬 조립전에 T-조인트에 액상가스켓을 도포한다.

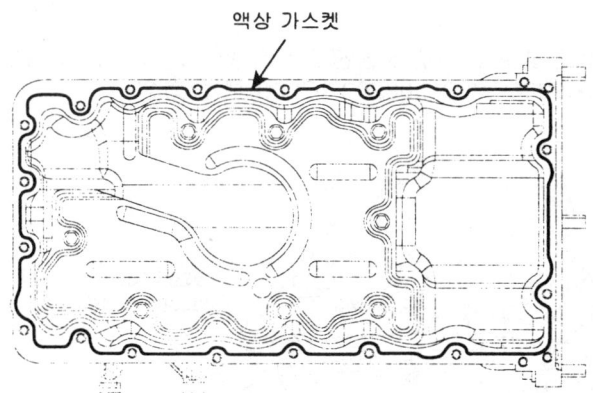

ACGF004A

EM -30

엔진 (D4FA-디젤 1.5)

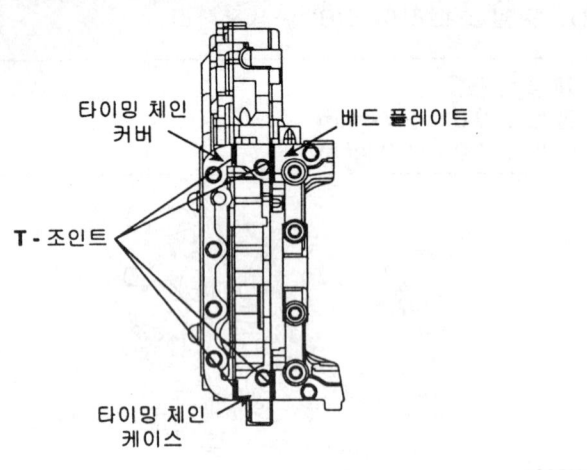

23. 오일팬(A)을 장착한다.

체결토크 : 1.0 ~ 1.2kgf.m

24. 엔진 오일 팬에 잭을 설치한다.

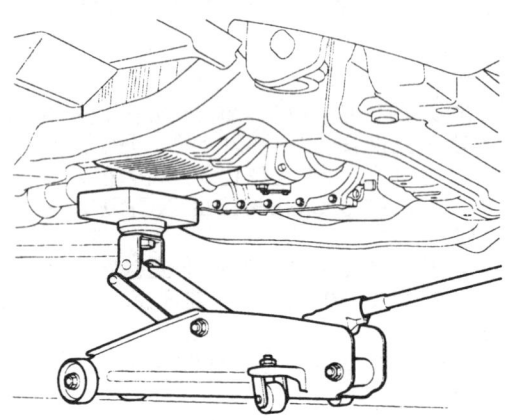

25. 엔진행거 브라켓에 엔진 서포트 픽스쳐와 어댑터 (SST : 09200-38001, 09200-1C000)를 탈거한다.

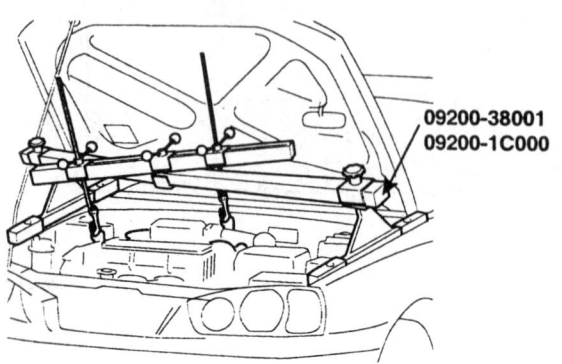

26. 크랭크샤프트 풀리(A)와 크랭크샤프트 풀리 볼트(B)를 장착한다.

체결토크 : 23.0 ~ 25.0kgf.m

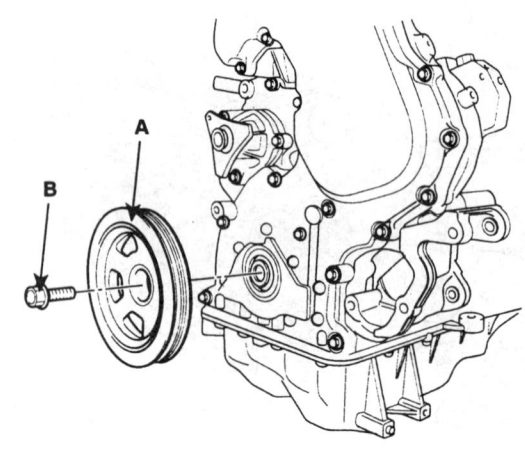

참고

스타터를 탈거한 후에 SST(플라이 휠 스톱퍼, 09231-2A100)(A)를 이용하여 크랭크 샤프트 풀리 볼트를 장착한다.

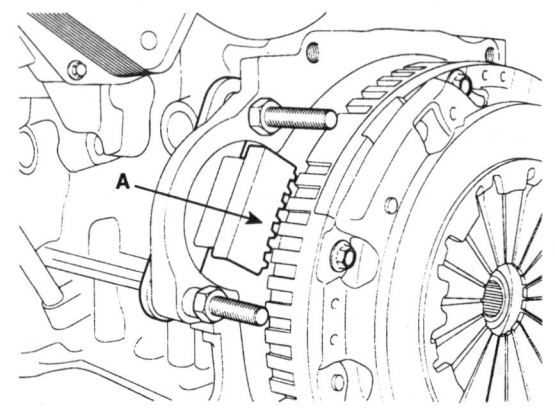

타이밍 시스템

EM -31

27. 드라이브 벨트 오토 텐셔너(A)를 장착한다.

체결토크 : 1.9 ~ 2.8kgf.m

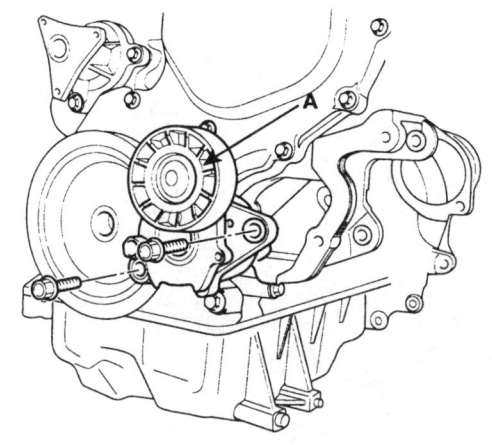

28. 엔진 서포트 브라켓(A)을 장착한다.

체결토크 : 4.3 ~ 5.5kgf.m

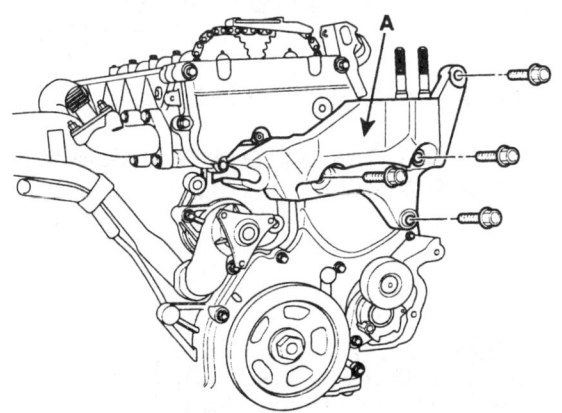

29. 워터펌프 풀리(A)를 장착한다.

체결토크 : 1.0 ~ 1.2kgf.m

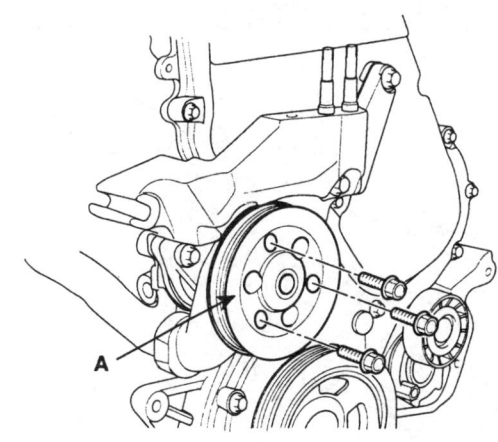

30. 알터네이터(A)를 장착한다.

체결토크 : 3.9 ~ 6.0kgf.m

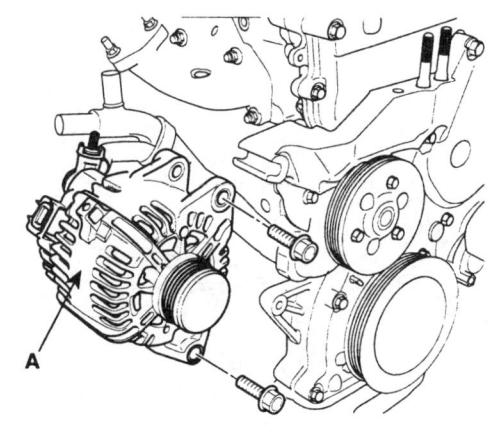

31. 엔진 마운팅 서포트 브라켓(A)을 장착한다.

체결토크 :
너트(D) : 7.0 ~ 9.5kgf.m
볼트(B),너트(C) : 5.0 ~ 6.5kgf.m

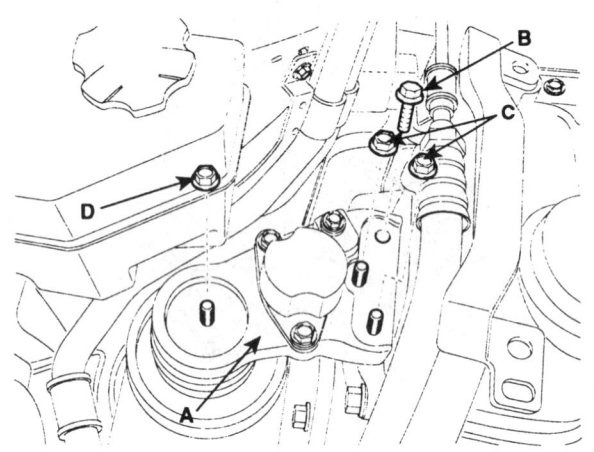

32. 엔진 오일 팬에서 잭을 탈거한다.

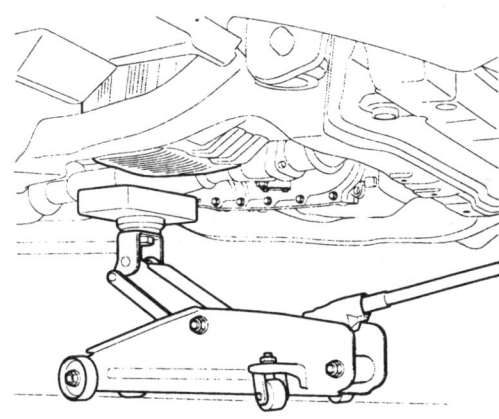

33. 실린더 헤드 커버(A)를 새로운 가스켓과 함께 장착한다.

체결토크 : 0.8 ~ 1.0kgf.m

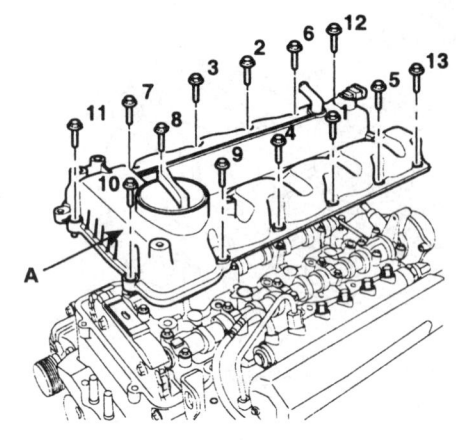

📝 참고

- 액상 가스켓은 *loctite No. 5900*을 사용한다.
- 액상 가스켓을 도포하기 전에 가스켓 접촉 부분이 청결하고 마른 상태인지 확인한다.
- 액상 가스켓 도포 후 *5*분안에 헤드커버를 장착한다.
- 조립후 최소 *30*분전에는 엔진오일을 채우지 않는다.
- 실린더 헤드 커버 조립전에 *T*-조인트에 액상가스켓을 도포한다.

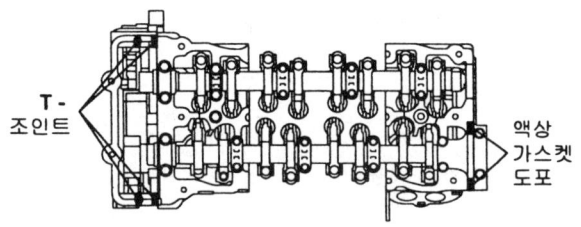

타이밍 시스템

34. 인젝터(A)를 장착한다. (FL그룹 참조)

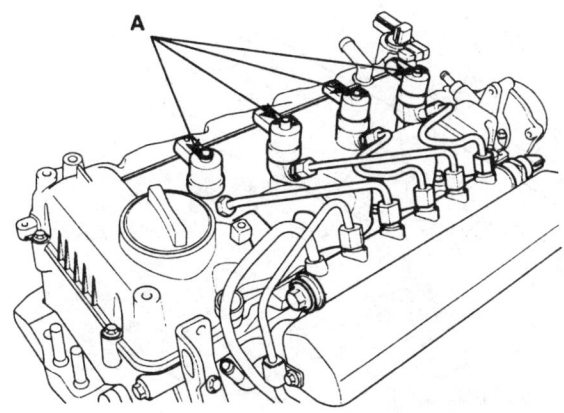

LCGF003A

35. 드라이브 벨트(A)를 장착한다.

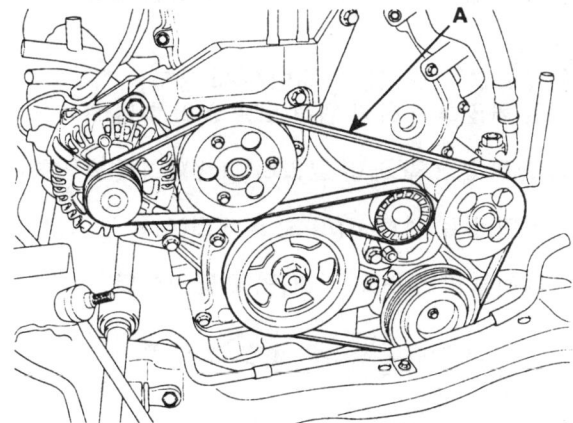

ACGF031A

엔진 및 트랜스액슬 어셈블리

탈거 KF1ECF09

> ⚠️ 주의
> - 차체 도장부의 손상을 방지하기 위해 펜더 커버를 사용한다.
> - 커넥터가 손상되지 않도록 주의하여 탈거한다.

> 📖 참고
> - 배선 및 호스의 잘못된 연결을 방지하기 위해 표시를 해 둔다.

1. 배터리(A)를 탈거한다.

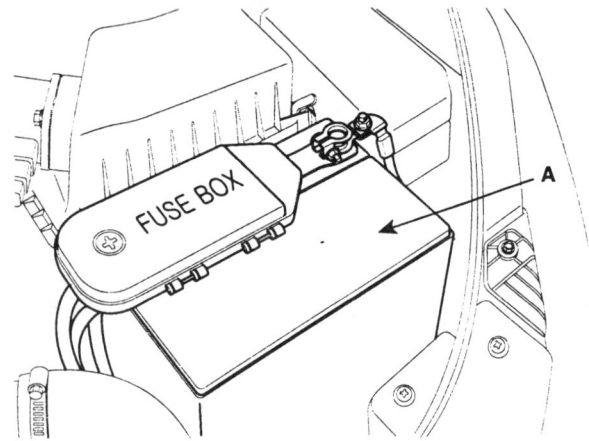

2. 엔진 커버(A)를 탈거한다.

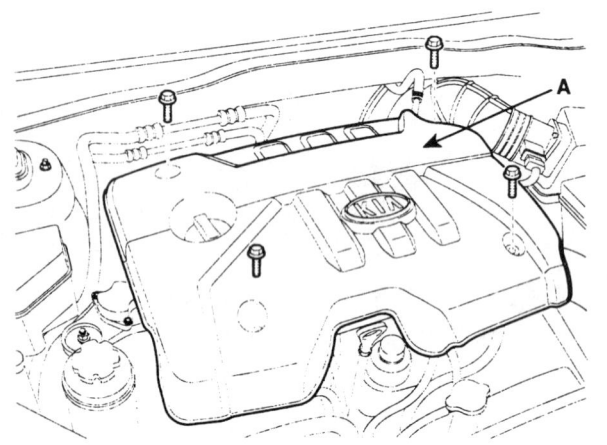

3. 언더커버(A)를 탈거한다.

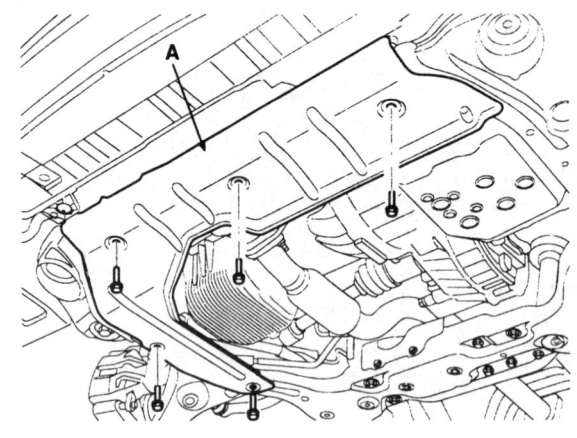

4. 엔진 냉각수를 배출시킨다. (EM -75 참고)
   배출을 원활하게 하기 위해 라디에이터 캡을 열어둔다.

5. 엔진오일을 배출시킨다. (EM -84 참고)
   배출을 원활하게 하기 위해 오일 필러 캡을 열어둔다.

6. 흡기 에어호스 및 에어 클리너 어셈블리를 탈거한다.

   1) 에어 플로우 센서(AFS) 커넥터(A)를 탈거한다.

   2) 에어클리너 어퍼 커버(B)를 탈거한다.

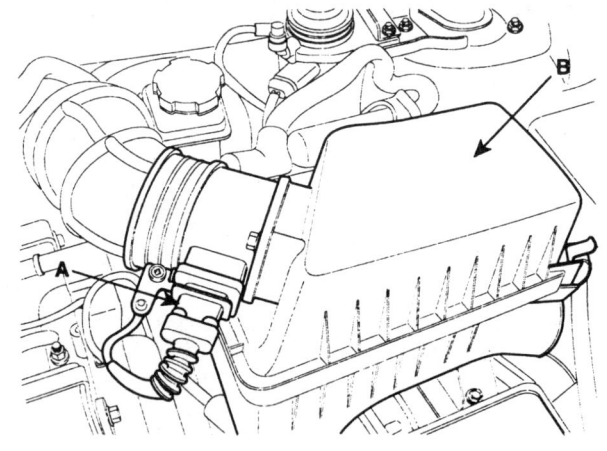

엔진 및 트랜스액슬 어셈블리

3) ECM 커넥터(A)와 ECM 커넥터(B)(A/T)를 탈거한다.

4) 에어클리너 엘리먼트와 로워 커버(C)를 탈거한다.

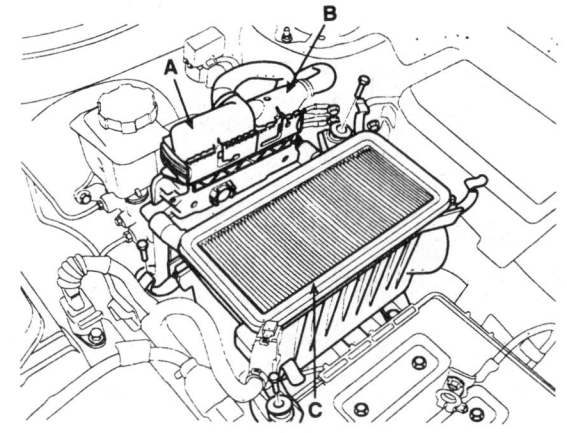

5) 에어 인테이크 호스(A)를 탈거한다.

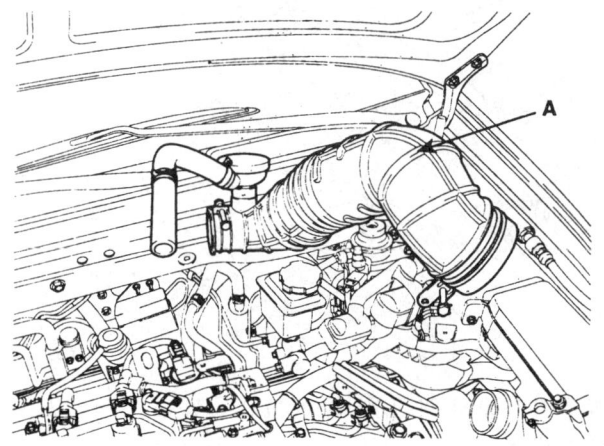

7. 배터리 트레이(A)를 탈거한다.

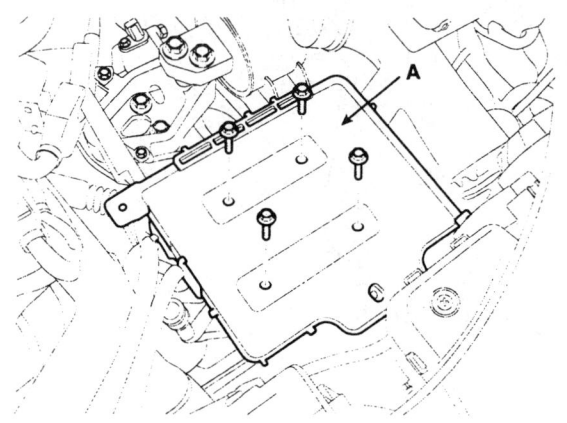

8. 인터쿨러 어퍼 호스(A)를 탈거한다.

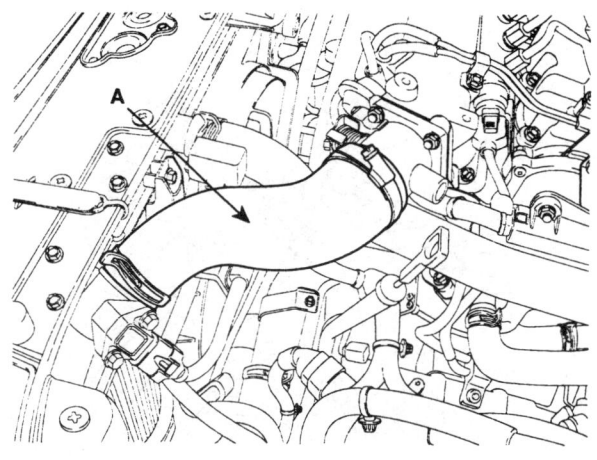

9. 인터쿨러 로워 호스(A)와 ATF 오일 쿨러 호스(B)를 탈거한다.

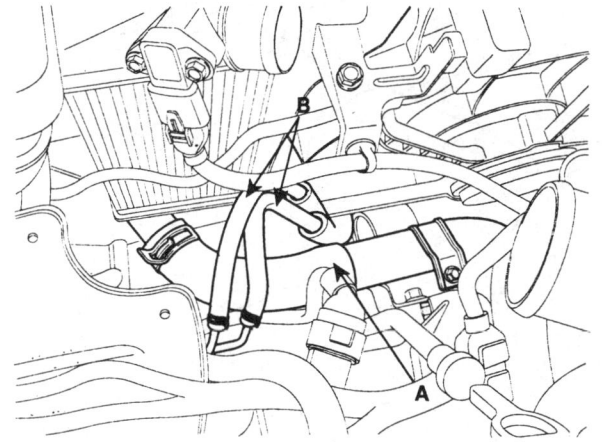

10. 라디에이터 어퍼 호스(A)와 로워 호스(B)를 탈거한다.

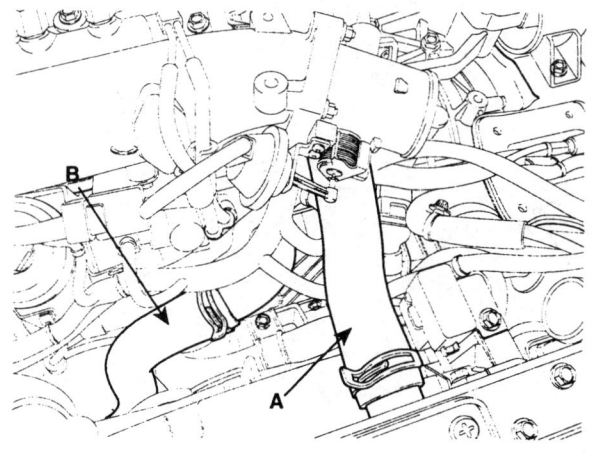

11. 연료 호스(A)를 탈거한다.

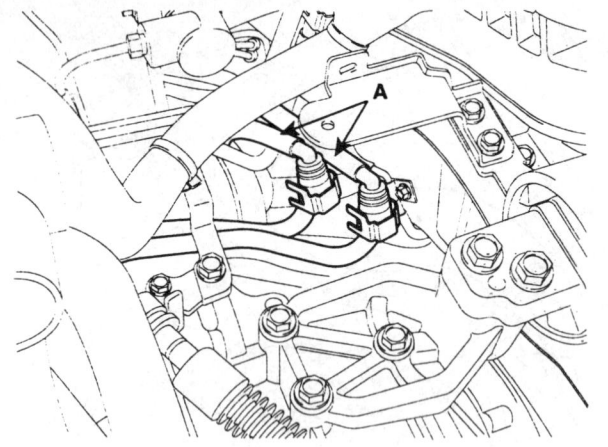

12. 브레이크 진공 호스(A)를 탈거한다.

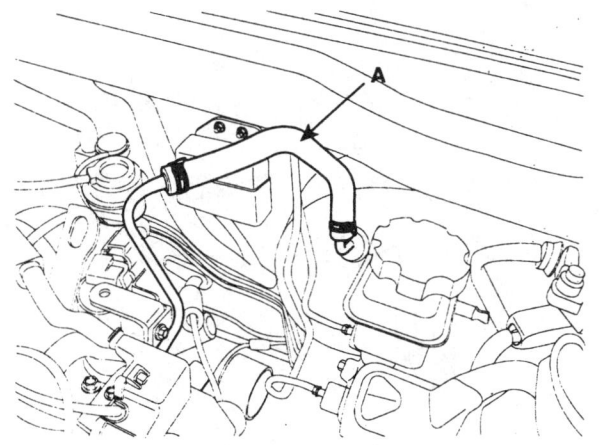

13. VGT 액츄에이터 진공 호스(A)를 탈거한다.

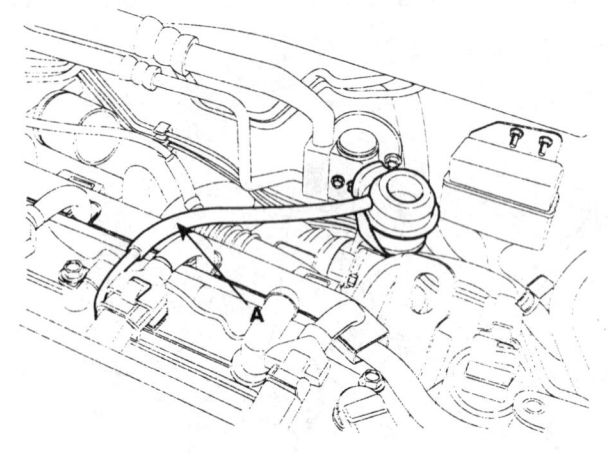

14. 히터 호스(A)를 탈거한다.

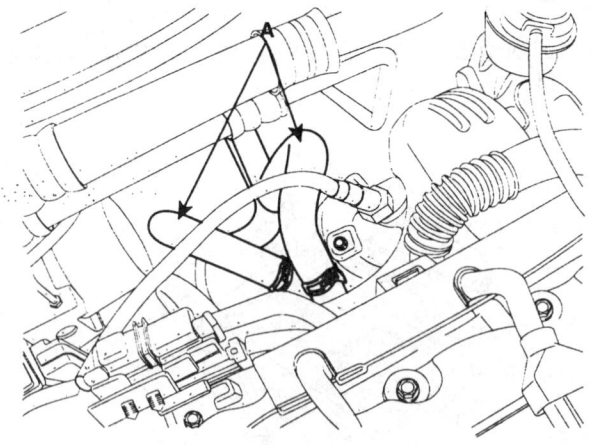

15. 휴즈박스에서 배터리(+)단자(A)를 탈거한다.

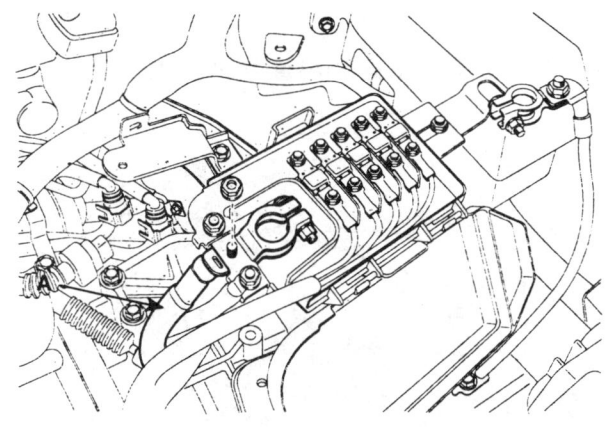

16. 휴즈박스에서 엔진 하네스(A)와 하네스 커넥터(B)를 탈거한다.

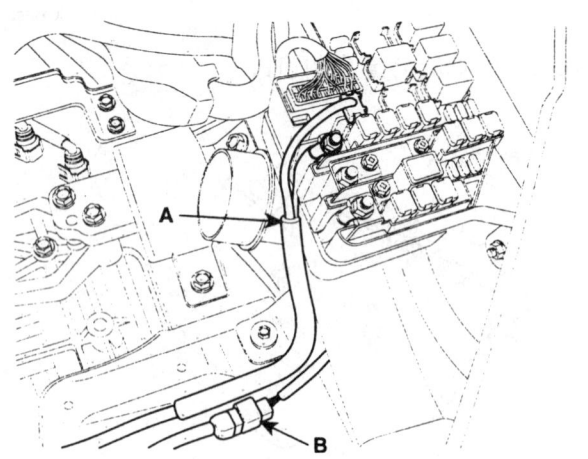

17. 실린더 헤드와 흡기 매니폴드 로부터 배선 커넥터와 클램프를 탈거한다.

   1) 커먼레일 압력 레귤레이터 커넥터(A)를 탈거한다.

   2) 산소센서 커넥터(B)를 탈거한다.

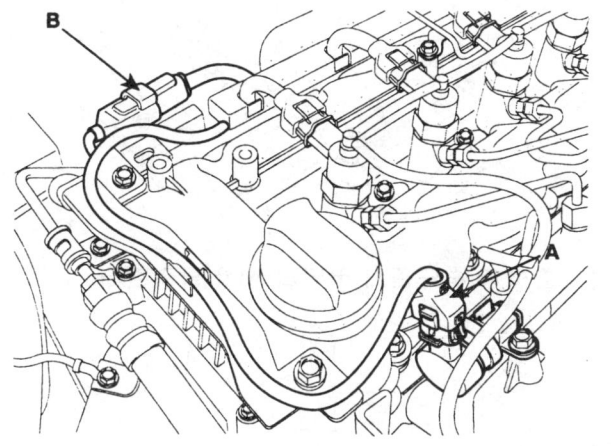

ADJF014A

   3) 인젝터 커넥터(A)를 탈거한다.

   4) EGR(배기 가스 재순환) 솔레노이드 밸브 커넥터(B)를 탈거한다.

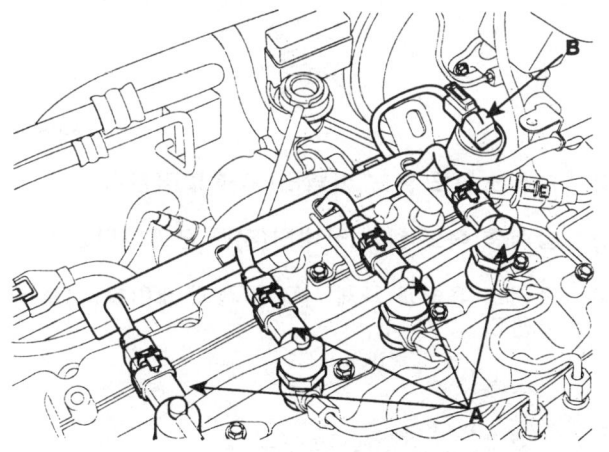

ADJF015A

   5) CMP(캠샤프트 포지션 센서) 커넥터(A)를 탈거한다.

   6) 커먼레일 압력센서 커넥터(B)를 탈거한다.

   7) 수온센서 커넥터(C)를 탈거한다.

   8) 엔진 와이어 하네스 브라켓(D)을 탈거한다.

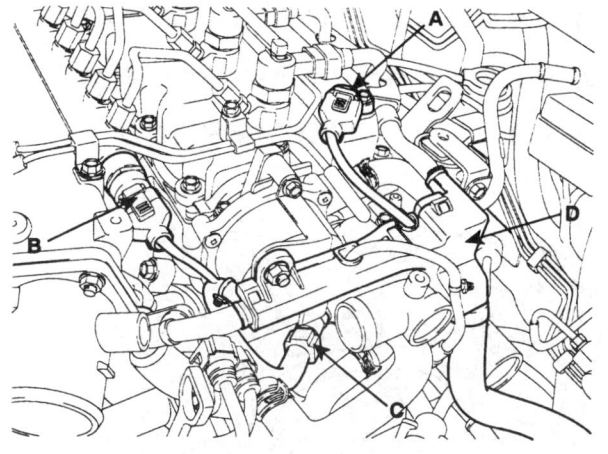

ADJF016A

   9) MAP 센서 커넥터(A)를 탈거한다.

   10) 진단 커넥터(B)를 탈거한다.

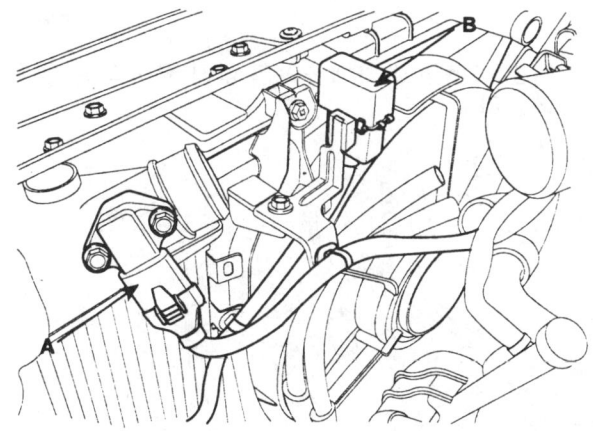

ADJF017A

   11) 진공 솔레노이드 밸브 커넥터(A)를 탈거한다.

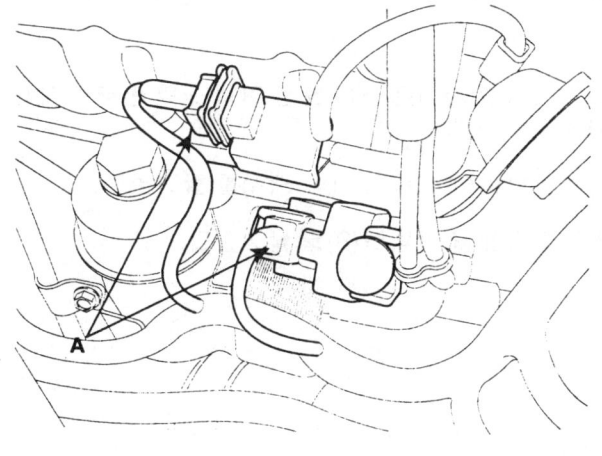

ADJF018A

12) 스월 밸브 액츄에이터 커넥터(A)를 탈거한다.

13) 연료 압력 레귤레이터 커넥터(B)를 탈거한다.

14) 연료 온도 센서 커넥터(C)를 탈거한다.

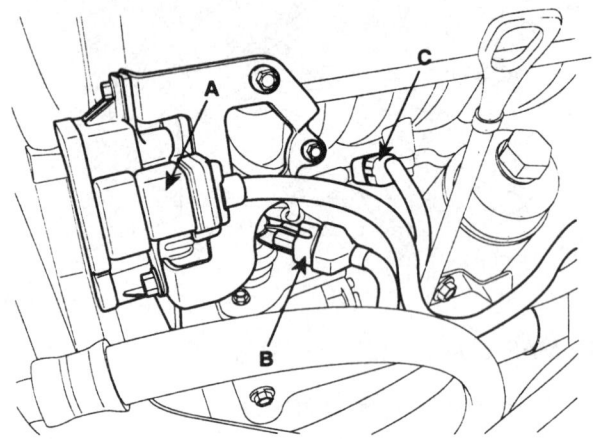

15) 엔진 마운팅과 차체사이의 접지 케이블(A)을 탈거한다.

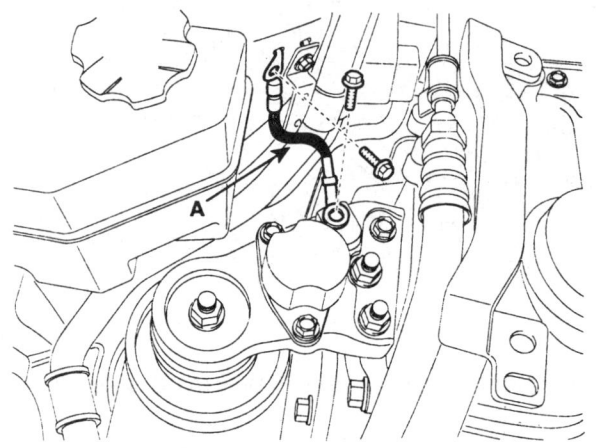

18. 트랜스액슬(A/T)로 부터 배선 커넥터 및 컨트롤 케이블을 탈거한다.

1) 인히비터 스위치 커넥터(A)를 탈거한다.

2) 차속센서 커넥터(B)를 탈거한다.

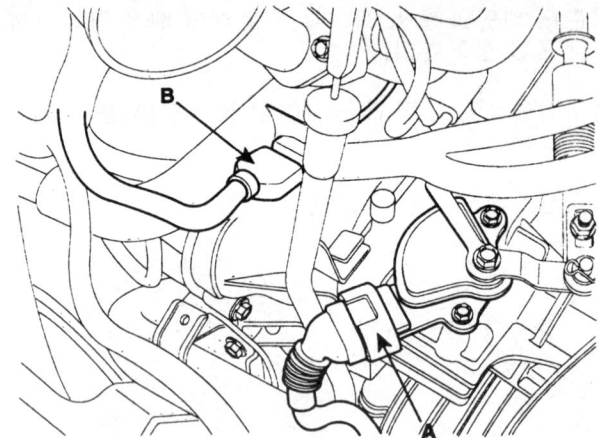

3) 출력축 속도센서 커넥터(A)를 탈거한다.

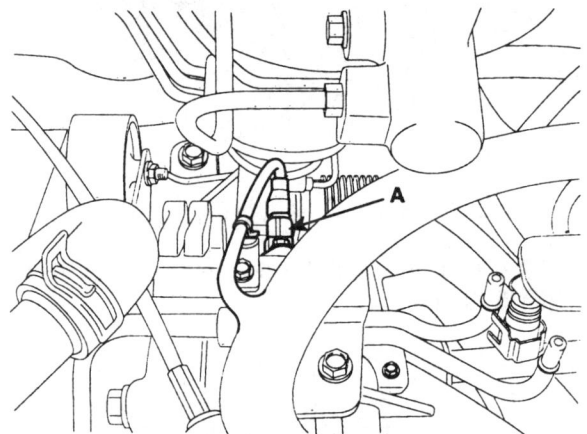

4) 솔레노이드 밸브 커넥터(A)를 탈거한다.

5) 입력축 속도 센서 커넥터(B)를 탈거한다.

6) 트랜스 액슬과 차체 사이의 접지 케이블(C)을 탈거한다.

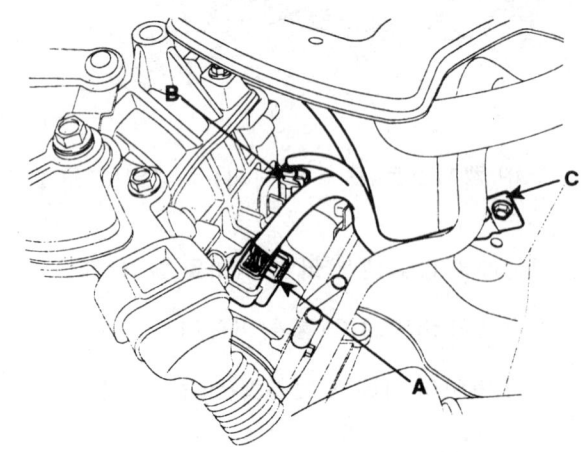

7) 트랜스 액슬 컨트롤 케이블(A)을 탈거한다.

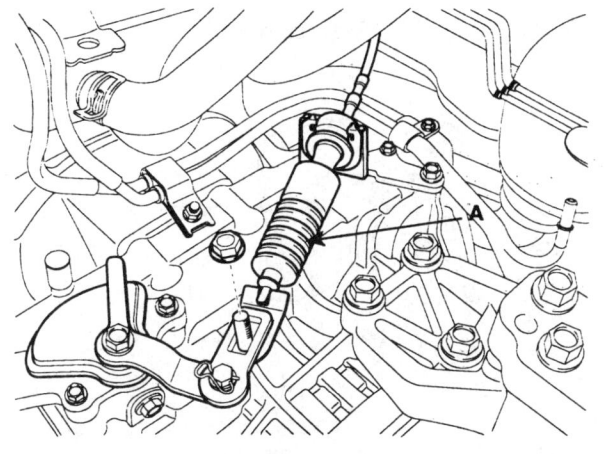

19. 파워 스티어링 오일호스(A)를 탈거하고, 파워 스티어링 오일을 배출시킨다.

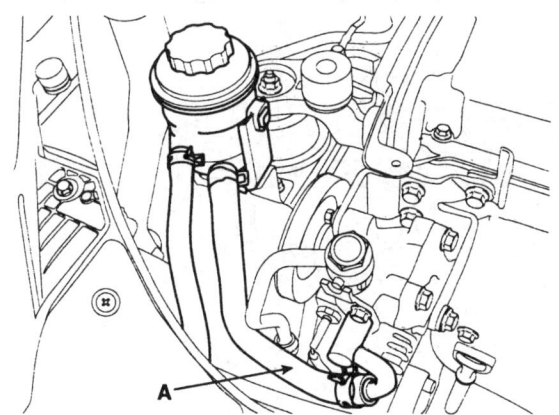

20. 파워 스티어링 리턴호스(A)를 탈거한다.

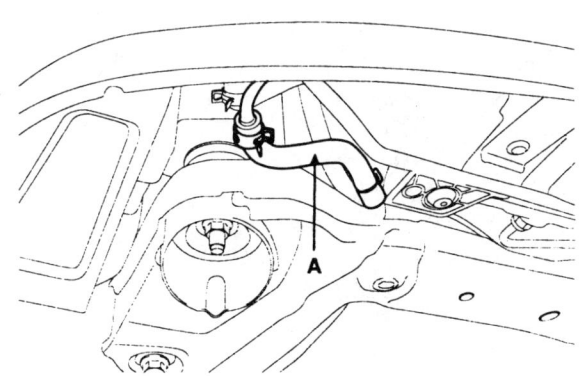

21. 에어컨 컴푸레샤 냉매 가스를 회수한후 고압 및 저압 파이프를 탈거한다.(그룹 HA - 에어컨 컴푸레샤 참조)

22. 인터쿨러 로워 호스(A)를 탈거한다.

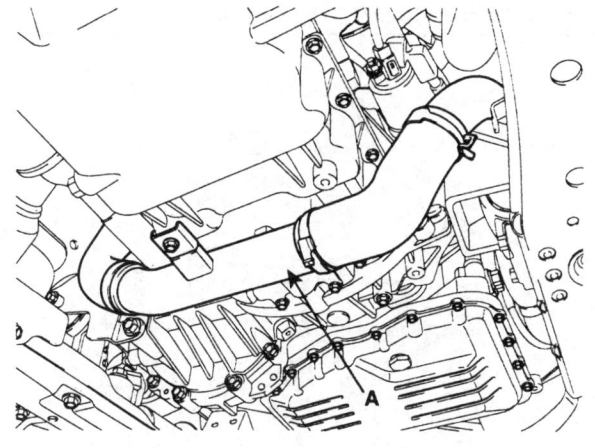

23. 프론트 머플러 히트 프로텍터(A)를 탈거한다.

24. 프론트 배기 파이프(B)를 탈거한다.

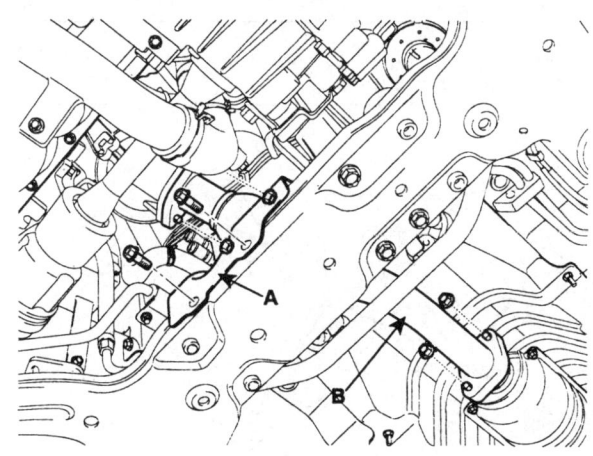

25. 엔진 마운팅 서포트 브라켓(A)를 탈거한다.

체결토크 :
너트 (D) : 7.0 ~ 9.5 kg-m
볼트(B) 및 너트 (C) : 5.0 ~ 6.5 kg-m

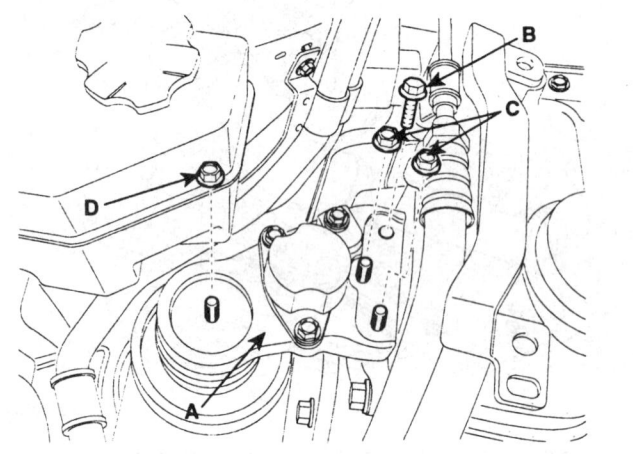

26. 트랜스액슬 마운팅 서포트 브라켓(A)를 탈거한다.

체결토크 :
볼트 (B) : 7.0 ~ 9.5 kg-m

27. 프론트 타이어를 탈거한다.(DS그룹 참조)

28. ABS 휠 스피드 센서(A)를 탈거한다.

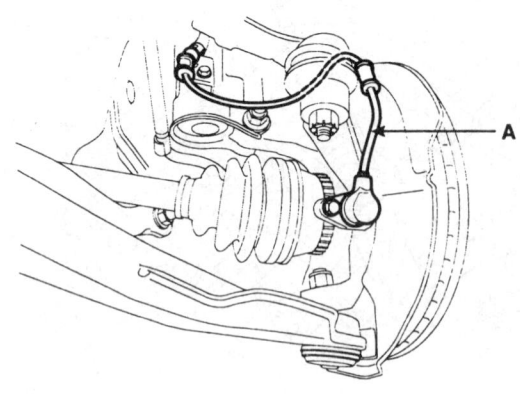

29. 캘리퍼(A)를 탈거하고 철사를 이용하여 걸어놓는다.

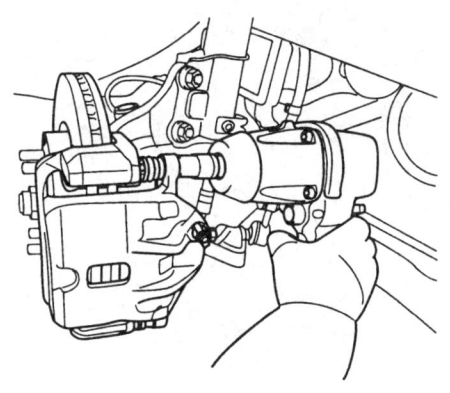

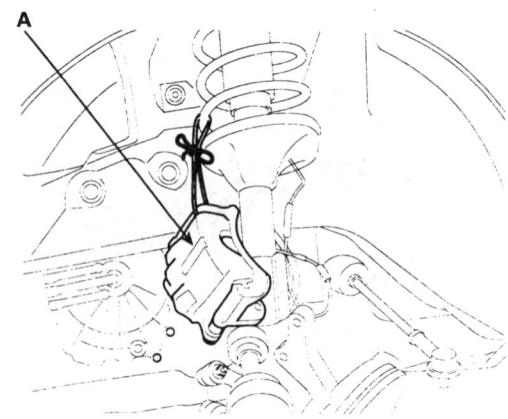

엔진 및 트랜스액슬 어셈블리

30. 너클 장착 볼트(A)를 탈거한다.

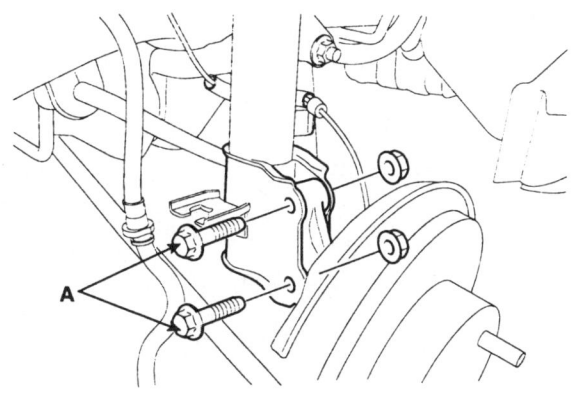

LCGF141A

31. 스티어링 U-조인트 장착 볼트(A)를 탈거한다.

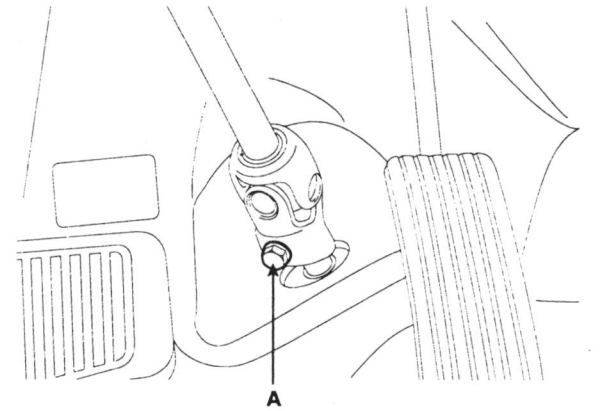

LCGF142A

32. 플로워 잭을 사용하여 엔진 및 트랜스 액슬 어셈블리를 지지한다.

> 📖 참고
>
> 서브 프레임 장착볼트를 탈거한 후에 엔진 및 트랜스 액슬 어셈블리가 아래로 떨어질수 있으므로 플로워 잭으로 안전하게 지지한다.
> 엔진 및 트랜스 액슬 어셈블리를 탈거하기 전에 호스 및 커넥터가 확실히 탈거 되었는지 확인한다.

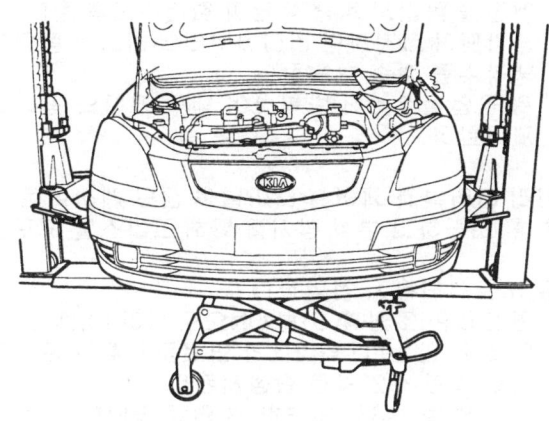

ACJF032A

33. 서브 프레임 볼트와 너트를 탈거한다.

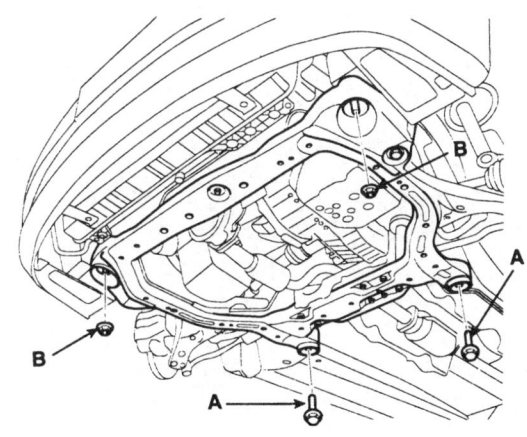

ACJF033A

34. 차량을 들어 올리면서 엔진 및 트랜스 액슬 어셈블리를 차상에서 탈거한다.

> ⚠ 주의
>
> 엔진 및 트랜스액슬 어셈블리 탈거시 기타 주변장치에 손상이 가지 않도록 주의한다.

장착 K1DC30F3

장착은 탈거의 역순으로 진행한다.
장착이 완료 되면 다음 작업을 수행한다.
- 변속 케이블을 조정한다.
- 엔진오일을 주입한다.
- 변속기 오일을 주입한다.
- 라디에이터와 리저버 탱크에 냉각수를 주입한다.
- 히터 컨트롤 노브를 HOT 위치에 둔다.
- 냉각계통의 공기 빼기 작업을 한다.
  - 엔진을 웜업시켜 냉각 팬이 회전하도록 한다.
  - 냉각팬이 회전하면 라디에이터와 리저버 탱크에 냉각수를 계속 보충한다.
  - 위 작업을 2~3회 반복하여 냉각 계통의 공기를 제거한다.

- 배터리 터미널과 케이블 터미널을 샌드 페이퍼로 청소한 후 조립하고 부식 방지를 위해 그리스를 도포한다.
- 연료가 누설되는지 점검한다.
  - 연료 라인 조립 후 키를 ON으로 하여 (이때, 시동은 하지 않는다) 약 2초간 연료펌프를 구동시켜 연료 라인에 압력을 형성시킨다.
  - 위 작업을 2~3회 반복한 후 연료 라인의 연료 누설을 점검한다.

실린더 헤드 어셈블리

구성부품   K9E3ACE9

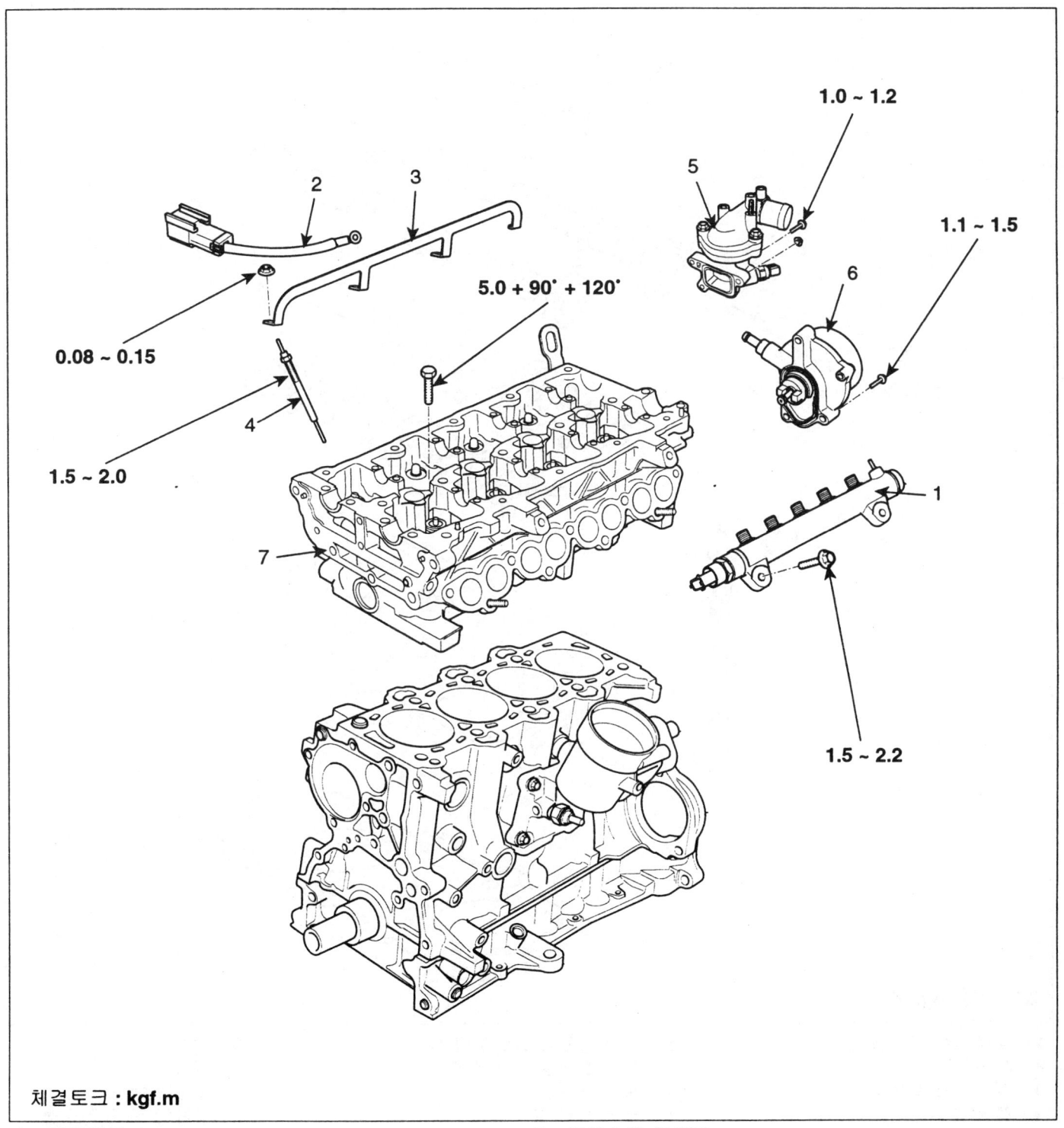

체결토크 : kgf.m

1. 커먼레일
2. 글로우 플러그 커넥터
3. 글로우 플러그 플레이트
4. 글로우 플러그
5. 서모스탯 하우징
6. 진공 펌프
7. 실린더 헤드

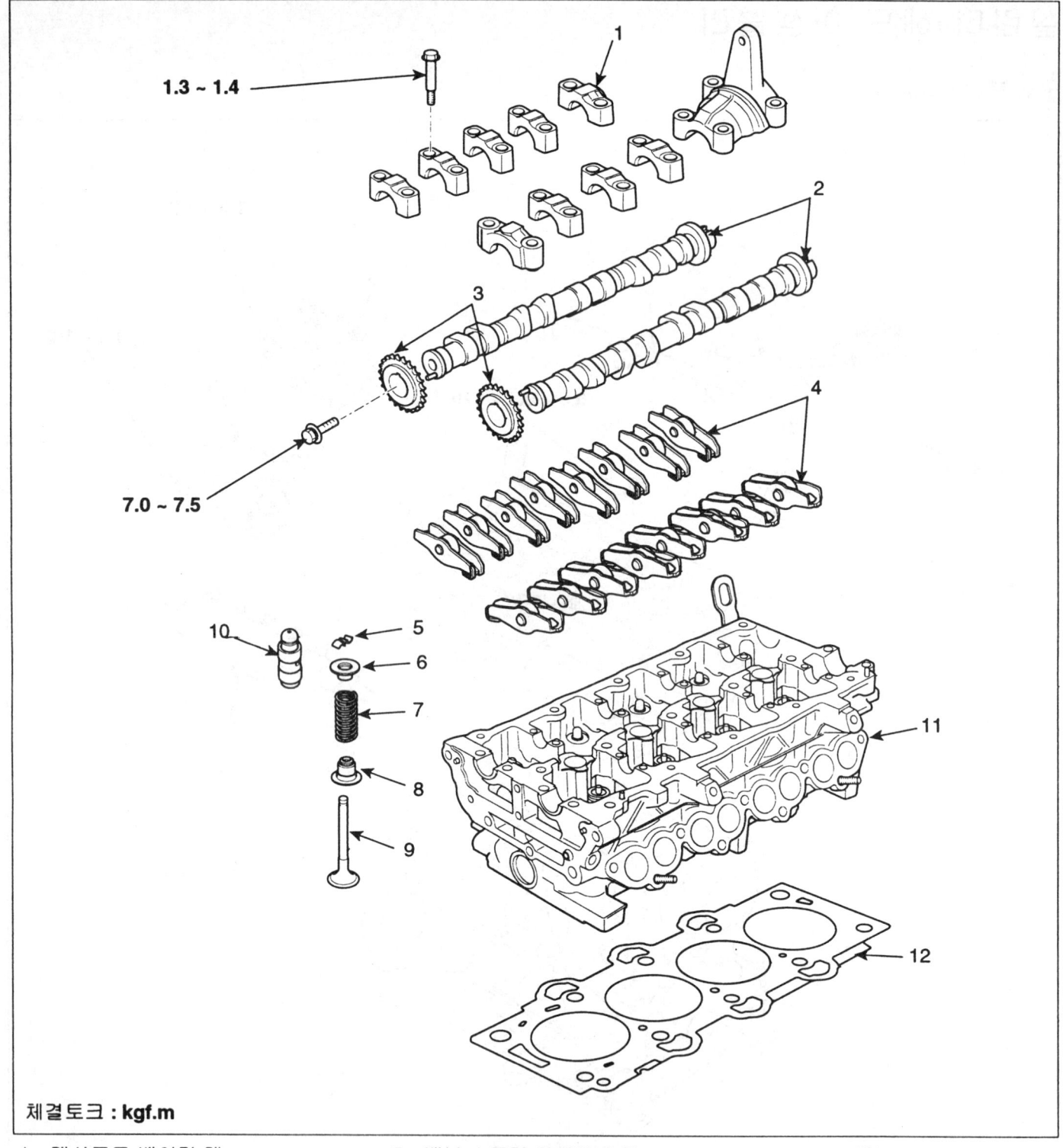

체결토크 : kgf.m

1. 캠샤프트 베어링 캡
2. 캠샤프트
3. 캠샤프트 스프로켓
4. 캠 팔로워
5. 밸브 스프링 리테이너 록
6. 밸브 스프링 리테이너
7. 밸브 스프링
8. 밸브 스템 씰
9. 밸브
10. HLA
11. 실린더 헤드
12. 실린더 헤드 가스켓

실린더 헤드 어셈블리

탈거 K27DDC37

이 작업에서는 엔진 탈거가 필요하다.

⚠️ 주의
- 분해 전 실린더 헤드의 손상을 방지하기 위해 엔진이 상온으로 냉각될 때까지 기다린다.
- 메탈 가스켓을 취급하는 경우 가스켓이 접히거나 표면이 손상되지 않도록 주의한다.

📝 참고
- 크랭크 샤프트를 회전시켜 1번 실린더의 피스톤을 압축 상사점에 위치시킨다.

1. 드라이브 벨트(A)를 탈거한다.

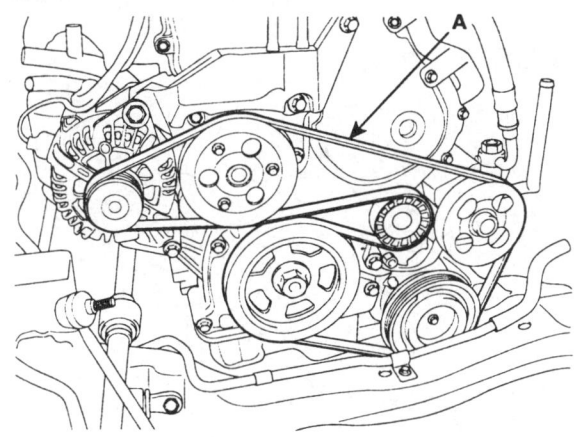

2. 타이밍 체인을 탈거한다. (EM-18 참조)
3. 흡기 및 배기 매니폴드를 탈거한다. (EM-91 참조)
4. 딜리버리 파이프(A)를 탈거한다.

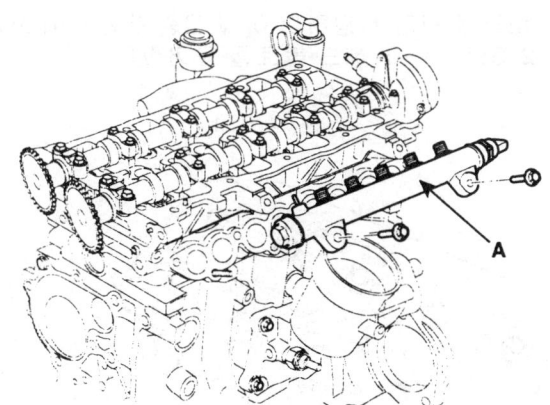

5. 글로우 플러그(A)를 탈거한다.

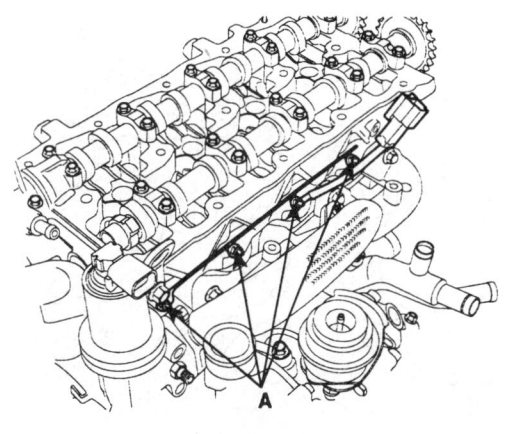

6. 서모스탯 하우징에서 워터 호스(A)를 탈거한다.

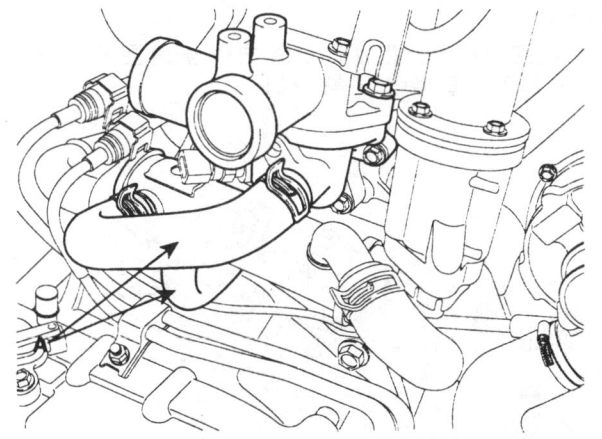

7. 서모스탯 하우징(A)을 탈거한다.

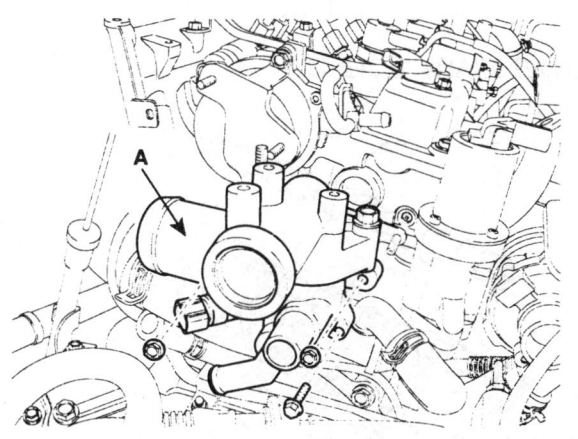

8. 진공펌프(A)를 탈거한다.

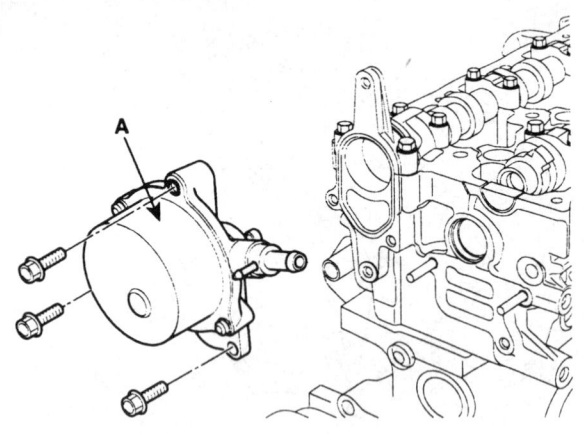

9. 캠샤프트 베어링 캡(A)을 탈거한다.

📖 참고

캠샤프트 베어링 캡에 마크를 하여 올바른 위치와 방향에 재조립할수 있도록 한다.

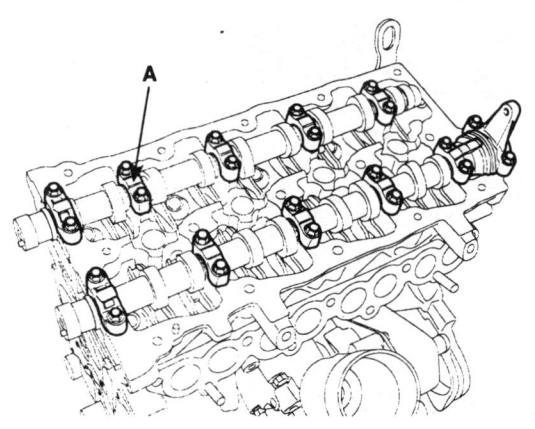

10. 캠샤프트(A)를 탈거한다.

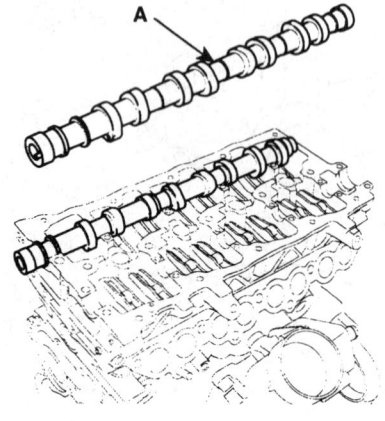

11. 캠 팔로우(A)를 탈거한다.

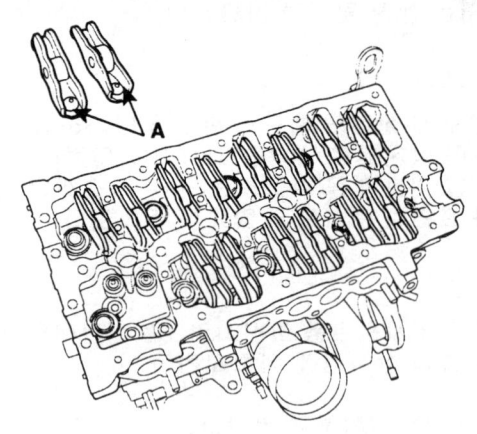

12. HLA(A)를 탈거한다.

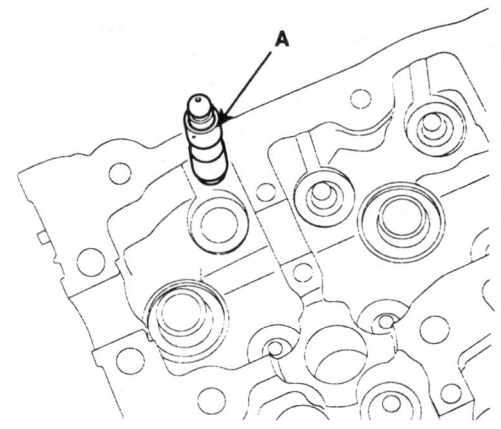

13. 실린더 헤드 볼트를 풀고 실린더 헤드를 탈거한다.

1) 12각 소켓을 사용하여 아래 그림의 순서에 따라 2~3회 나누어 헤드 볼트를 탈거한다.

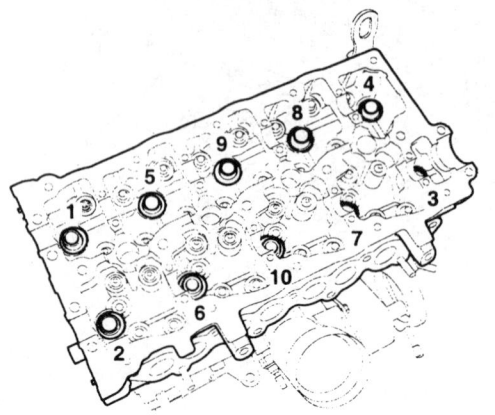

실린더 헤드 어셈블리

EM -47

⚠ 주의

헤드 볼트를 잘못된 순서로 푸는 경우 헤드가 뒤틀리거나 깨질 수 있다.

2) 실린더 블록으로부터 실린더를 들어 나무블록 위에 올려 둔다.

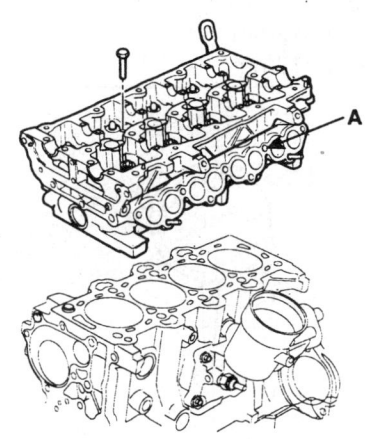

LCGF050A

⚠ 주의

실린더 헤드와 블록의 접촉면이 손상되지 않도록 주의한다.

분해

1. 밸브를 탈거한다.

    1) 특수공구(09222-3K000, 09222-2A100)(A)을 사용하여 밸브 스프링을 압축하고 밸브 스프링 리테이너 록을 탈거한다.

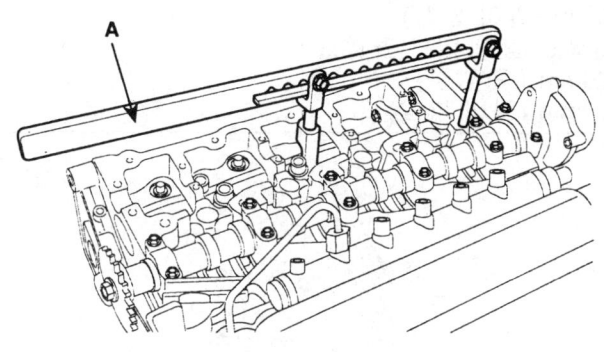

LCGF101A

    2) 스프링 리테이너를 탈거한다.

    3) 밸브 스프링을 탈거한다.

    4) 밸브를 탈거한다.

    5) 노즈 플라이어를 사용하여 스템 오일 씰을 탈거한다.

점검 KD7ECA40

실린더 헤드

1. 정밀한 직각자와 간극 게이지를 이용하여 실린더 블록과 매니폴드가 접촉하는 면의 편평도를 측정한다.

실린더 헤드 가스켓 면의 편평도 :
0.03mm (폭 방향)
0.09mm (길이 방향)
매니폴드 장착 면의 편평도 :
0.025mm (폭 방향)
0.160mm (길이 방향)

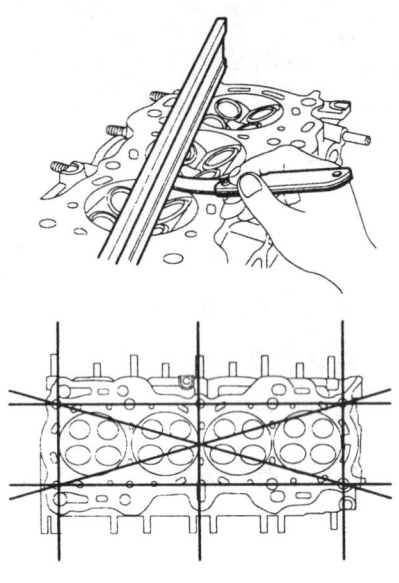

2. 균열상태를 점검한다.
 연소실, 흡기 포트, 배기 포트, 실린더 블록과 접촉하는 면에 균열이 있는지 점검하고 균열이 있을 경우 헤드를 교환한다.

밸브와 밸브 스프링

1. 밸브 스템과 밸브 가이드를 점검한다.

   1) 캘리퍼 게이지를 사용하여 밸브 가이드의 내경을 측정한다.

   밸브 가이드 내경 :
   흡기 : 5.500 ~ 5.512mm
   배기 : 5.500 ~ 5.512mm

   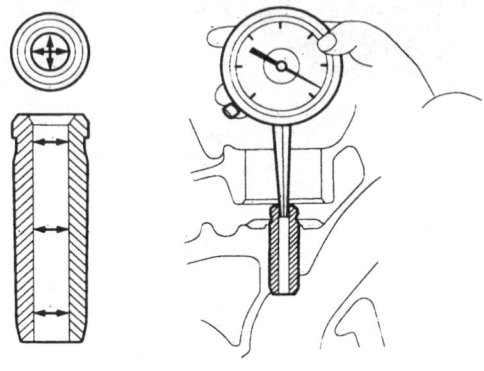

   2) 마이크로 미터를 사용하여 밸브 스템의 외경을 측정한다.

   밸브 스템 외경 :
   흡기 : 5.455 ~ 5.470mm
   배기 : 5.435 ~ 5.450mm

   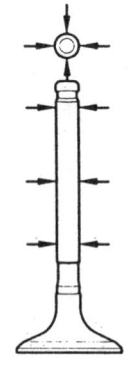 

실린더 헤드 어셈블리

3) 밸브 가이드 내경의 측정값과 스템 외경의 측정값의 차로 밸브 가이드와 스템간의 간극을 계산한다.

밸브 가이드와 밸브 스템의 간극 :
흡기 : 0.030 ~ 0.057mm
배기 : 0.050 ~ 0.077mm

간극이 규정값 이상인 경우 밸브 또는 실린더 헤드를 교환한다.

2. 밸브를 점검한다.

   1) 밸브 페이스의 각도를 점검한다.

   2) 밸브 접촉면의 마모를 점검하고 마모가 과도하면 밸브를 교환한다.

   3) 밸브 마진의 두께를 점검한다.
      마진이 규정값 미만인 경우 밸브를 교환한다.

마진 :
흡기 : 1.1mm, 배기 : 1.2mm

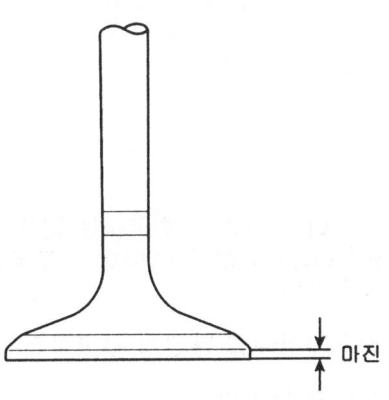

   4) 밸브의 길이를 점검한다.

길이 :
흡기 : 93.0mm , 배기 : 93.7mm

   5) 밸브 스템 팁의 마모를 점검하고 마모가 과도하면 밸브를 교환한다.

3. 밸브 시트를 점검한다.

   1) 밸브 시트의 과열 흔적이나 밸브 페이스 접촉상태를 점검하고 필요한 경우 교환한다.

   2) 시트를 수정하기 전에 밸브 가이드의 마모를 점검하고 가이드가 마모 된 경우 가이드를 먼저 교환한 후 시트를 수정한다.

   3) 밸브 시트의 수정은 밸브 시트 그라인더 또는 커터를 사용하여 수정하고 밸브 시트 접촉 폭은 규정치 내에 있어야 하며 밸브 페이스 중앙에 위치해야 한다.

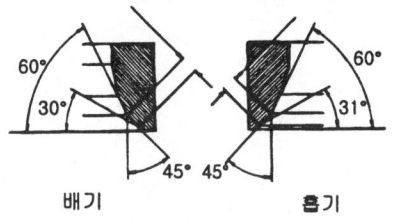

4. 밸브스프링을 점검한다.

   1) 직각자를 사용하여 밸브 스프링의 직각도를 점검한다.

   2) 버니어 캘리퍼스를 사용하여 스프링의 자유 길이를 점검한다.

밸브스프링
규정값
자유길이 : 44.9mm
하중 : 17.5±0.9kg/32.0mm
31.0±1.6kg/23.5mm
직각도 : 1.5° 이하
한계값
직각도 : 3° 이하

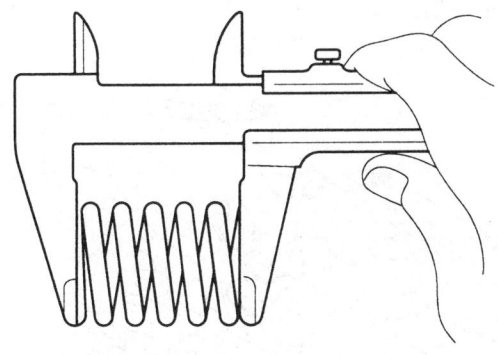

스프링의 하중이 규정값을 초과하면 스프링을 교환한다.

캠샤프트

1. 캠 로브를 점검한다.
   마이크로 미터를 사용하여 캠 로브의 높이를 측정한다

   캠 높이
   LH 캠샤프트
   흡기 : 35.452 ~ 35.652mm
   배기 : 35.700 ~ 35.900mm
   RH 캠샤프트
   흡기 : 35.537 ~ 35.737mm
   배기 : 35.452 ~ 35.652mm

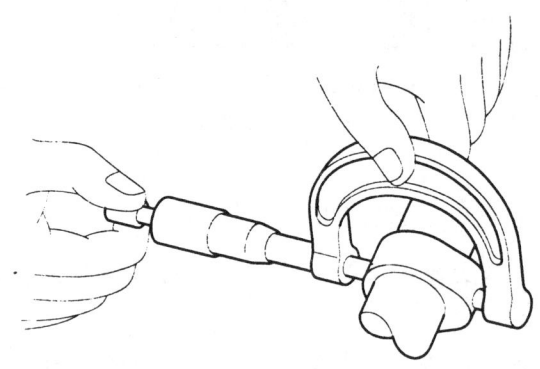

캠 로브의 높이가 규정값 미만인 경우 캠 샤프트를 교환한다.

2. 캠 샤프트 저널의 간극을 점검한다.

   1) 캠 샤프트 저널과 베어링 캡을 깨끗이 청소한다.

   2) 실린더 헤드 위에 캠 샤프트를 위치시킨다.

   3) 캠 샤프트의 각 저널마다 플라스틱 게이지를 놓아 둔다.

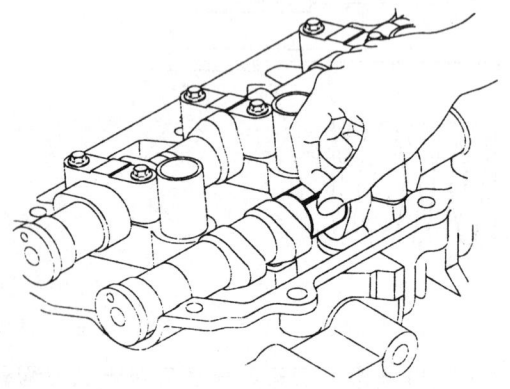

4) 베어링 캡을 장착하고 볼트를 규정토크로 체결한다. (EMC-55 참조)

체결토크 : 1.3 ~ 1.4kgf.m

⚠ 주의

캠 샤프트를 회전시키지 않는다.

5) 베어링 캡을 탈거한다.

6) 플라스틱 게이지의 폭이 가장 넓은 부분을 측정한다.

베어링 오일 간극 : 0.040 ~ 0.077mm

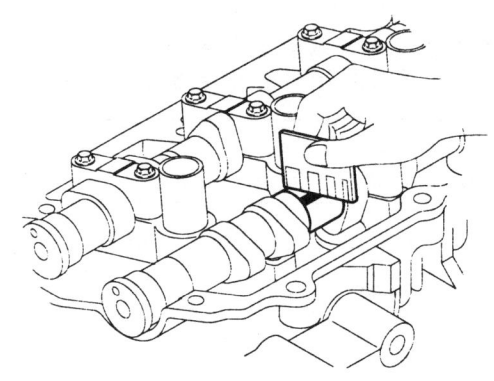

오일 간극이 규정값을 초과하는 경우 캠 샤프트를 교환한다. 필요한 경우 베어링 캡과 실린더 헤드를 교환한다.

7) 플라스틱 게이지를 완전히 제거한다.

8) 캠 샤프트를 탈거한다.

실린더 헤드 어셈블리

3. 캠 샤프트의 엔드 플레이를 점검한다.

   1) 캠 샤프트를 장착한다. (EM-56 참조)

   2) 다이얼 게이지를 사용하여 캠 샤프트를 축방향으로 움직이면서 엔드플레이를 측정한다.

   캠 샤프트 엔드 플레이 :
   규정값 : 0.1 ~ 0.2mm

   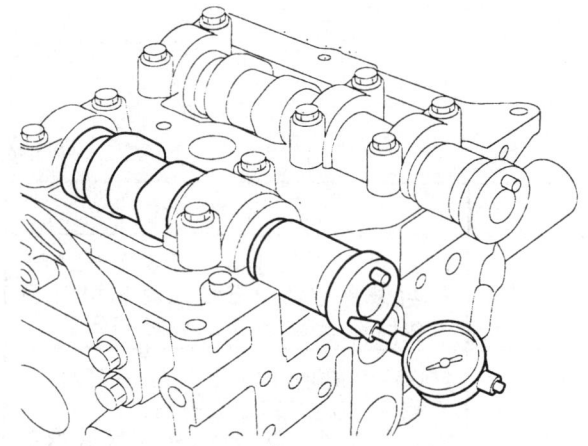
   LCGF127A

   앤드 플레이가 규정값을 초과하는 경우 캠 샤프트를 교환한다. 필요한 경우 베어링 캡과 실린더 헤드를 교환한다.

   3) 캠 샤프트를 탈거한다.

HLA (HYDRAULIC LASH ADJUSTER)

유압식 밸브 간극 조정장치

엔진 오일로 채워진 HLA를 A를 잡고 B를 손으로 눌러 B가 움직이면 HLA를 교환한다.

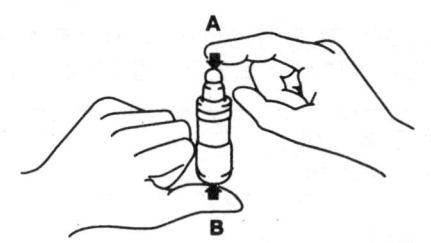

문제점	가능한 원인	조치
1. 엔진 시동시 수초간 소음 발생	정상 상태임	엔진 정지 상태에서는 오일이 HLA에서 유출된 상태이므로 오일 압력이 정상상태에 도달하면 소음은 사라짐.
2. 48시간 이상 방치후 엔진 시동시 지속적인 소음	HLA내 고압실에 오일 누수로 인한 공기 혼입	2000 - 3000rpm으로 엔진 운전시 소음은 15분 내에 소멸됨. 소멸되지 않으면 아래 7번 항목을 참조 ⚠ 주의 HLA에 손상을 줄 수 있으므로 3000rpm이상으로는 엔진을 운전하지 말것.
3. 실린더 헤드 분해, 조립 직후 엔진시동시 지속적인 소음 발생	실린더 헤드 오일 통로내의·오일부족	
4. 과도한 엔진 크랭킹후 시동시 지속적인 소음 발생	HLA내 고압실에 오일 누수로 인한 공기 혼입, HLA에 오일부족	
5. HLA 교환후 엔진 시동시 지속적인 소음 발생		
6. 고속주행 직후 공회전 상태에서 지속적인 소음 발생	오일량 부적당.	오일량을 점검하여 오일을 보충하거나 배출시킨다.
	오일에 공기과다 혼입	오일 공급 계통을 점검한다.
	오일 열화	오일을 교환한다.
7. 15분 이상 지속적으로 소음 발생	낮은 오일압	오일압 및 엔진 각부의 오일 공급계통을 점검한다.
	HLA 결함	실린더 헤드 커버 탈거후 HLA 점검하여 스폰지 발생된 HLA를 교환한다. ⚠ 주의 뜨거운 HLA를 주의할 것.

* 스폰지 : HLA 내 고압실에 공기가 혼입되어 손등으로 누르면 HLA가 눌려지는 현상.

실린더 헤드 어셈블리

조립 KFDF6ACD

[U] 참고
- 조립전에 각 부품을 깨끗이 세척한다.
- 부품을 장착하기 전에 섭동부와 회전부에 신품의 엔진오일을 도포한다.
- 오일 씰을 신품으로 교환한다.

1. 밸브를 장착한다.

   1) 특수공구(09222-2A000)(A)를 이용하여 신품오일씰을 장착한다.

   [U] 참고
   구품의 밸브 스템 오일 씰을 재사용하지 않는다.
   오일 씰이 부정확하게 장착되면 밸브 가이드를 통해 오일 누유가 발생될 수 있으므로 주의한다.

   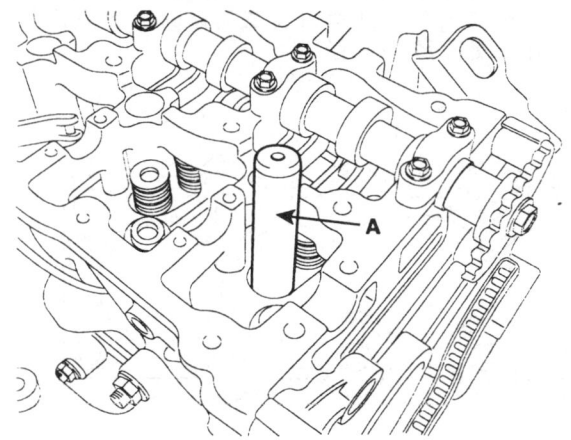

   2) 밸브와 밸브 스프링 및 스프링 리테이너를 장착한다.

   [U] 참고
   밸브 스프링을 장착할 때 에나멜이 코팅된 쪽이 밸브 스프링 리테이너 쪽으로 향하도록 한다.

   3) 특수공구(09222-2A100, 09222-3K000)(A)를 이용하여 스프링을 압축하고 리테이너 록을 장착한다. 밸브 스프링 압축기의 압축을 해제하기 전에 리테이너 록이 정확하게 자리 잡았는지 확인한다.

   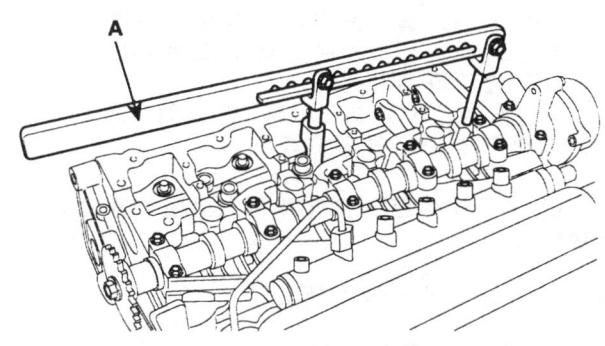

   4) 밸브와 리테이너 록이 정확하게 자리를 잡도록 망치의 나무 손잡이 부분을 이용해서 각 밸브 스템의 끝을 2~3회 가볍게 두드린다.

장착

> 📘 **참고**
> - 조립될 모든 부품을 깨끗이 청소한다.
> - 실린더 헤드 가스켓과 매니폴드 가스켓은 항상 신품을 사용한다.
> - 실린더 헤드 볼트는 항상 신품을 사용한다.
> - 실린더 헤드 가스켓은 메탈 가스켓 이므로 휘어지지 않도록 주의한다.
> - 크랭크 샤프트를 회전시켜 1번 실린더의 피스톤이 압축 상사점에 오도록 한다.

1. 실린더 헤드와 실린더 블럭의 가스켓 접촉면을 청소한다.

2. 실린더 헤드 가스켓을 선택한다.

   1) 피스톤의 돌출량을 8곳(A ~ H)에서 측정한다. 크랭크 샤프트의 중심선과 같은 위치에서 측정한다.

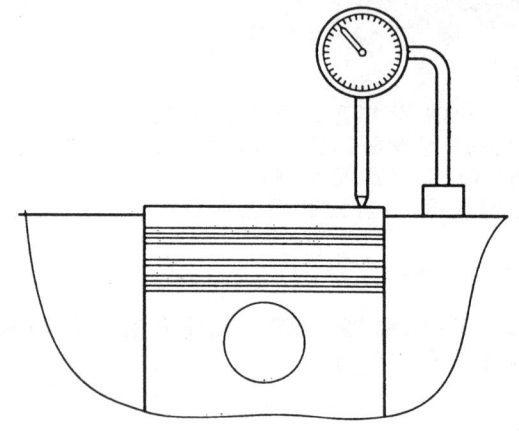

   2) 피스톤 돌출량의 평균값을 가지고 다음의 표에서 가스켓를 선택한다. 8곳의 측정값중 어느 한곳의 측정값의 등급을 초과할때는 한등급위의 가스켓트를 사용한다.

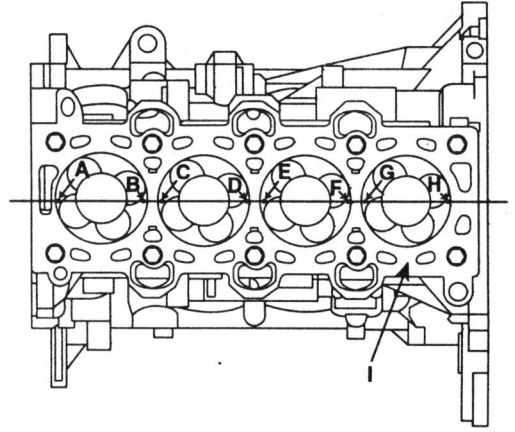

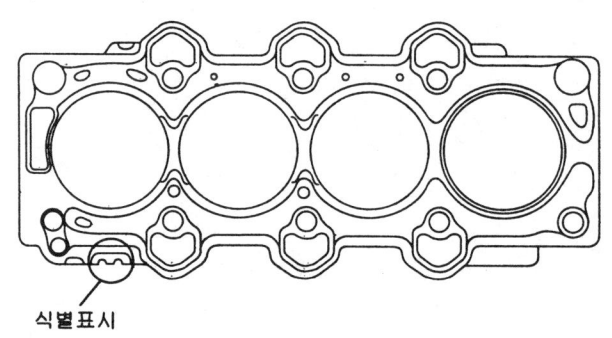

식별표시

배기량	1.5 L		
피스톤 평균 돌출량	0.035 ~ 0.105mm	0.105 ~ 0.175mm	0.175 ~ 0.245mm
가스켓 두께	1.00 ~ 1.15mm	1.05 ~ 1.20mm	1.10 ~ 1.25mm
각 등급의 허용 돌출치	0.14mm	0.21mm	-
구분 표시	—	⌒	⌒⌒

실린더 헤드 어셈블리

EM -55

　　3) 가스켓의 구분 표시가 타이밍 체인 쪽으로 향하게 해서 장착한다.

3. 실린더 블록 위에 실린더 헤드 가스켓(A)를 장착한다.

　　📖 참고
　　가스켓의 장착방향이 바뀌지 않도록 주의한다.

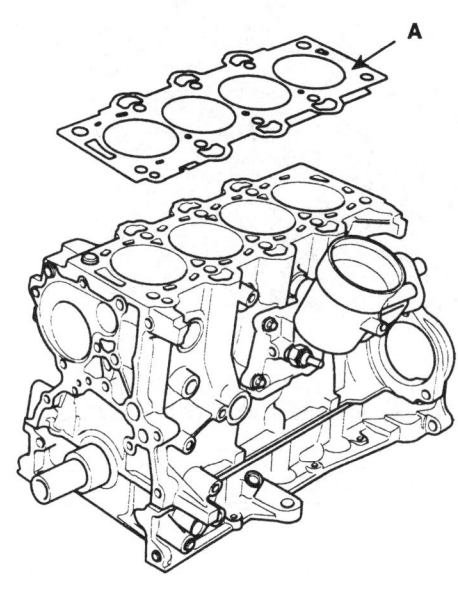

4. 헤드 가스켓이 손상되지 않도록 실린더 헤드(A)를 조심스럽게 올려 놓는다.

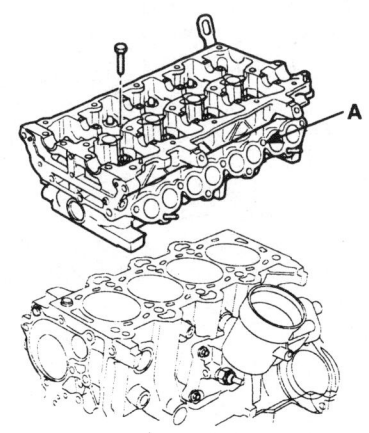

5. 실린더 헤드 볼트를 장착한다.

　　1) 실린더 헤드 볼트의 머리부 아래쪽과 나사산부에 소량의 엔진오일을 도포한다.

　　2) 12각 소켓을 이용하여 실린더 헤드 볼트를 여러 번에 걸쳐 체결한다.
　　　아래 그림의 체결순서에 따라 체결한다.

체결토크 : 5.0kgf.m + 90° + 120°

　📖 참고
　실린더 헤드 볼트는 재사용하지 않는다.

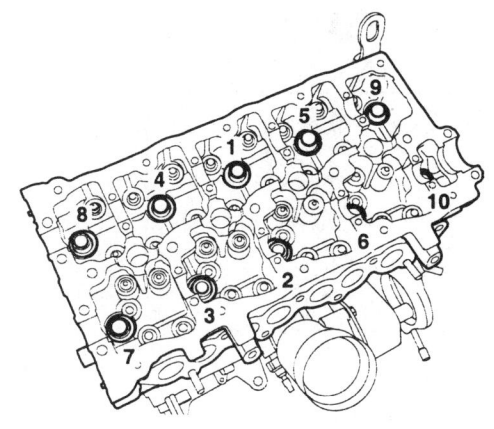

6. HLA(A)를 장착한다.

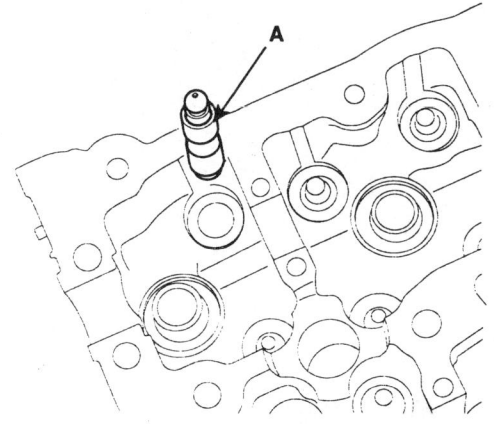

　　1) HLA를 조립전에 똑바로 세워 내부의 경유가 넘쳐 흐르지 않게 하고 먼지등이 부착되지 않도록 한다.

　　2) HLA 실린더 헤드에 조심스럽게 삽입하고 이때 HLA 내부의 경유가 넘쳐 흐르지 않도록 주의한다. 만일 경유가 흘렀을 경우에는 공기빼기 요령에 의해 공기빼기를 실시한다.

⚠ 주의

HLA를 경유 속에 담구어 스틸 와이어를 이용하여 가볍게 볼을 밀어 내림과 동시에 HLA의 캡을 4-5회 누른다. (볼의 하중이 수 그램(g)에 불과하므로 스틸 와이어를 세게 밀어 내리지 않도록 주의한다.)

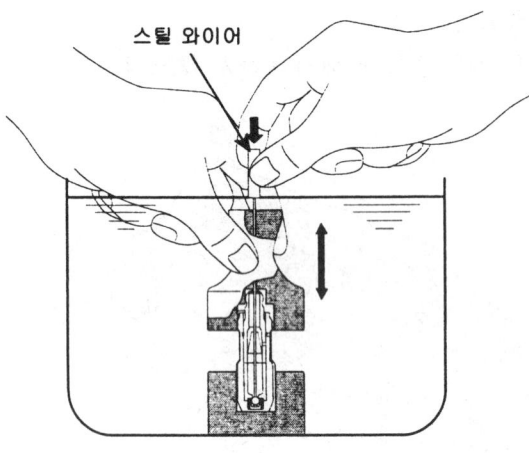

7. 캠 팔로우(A)를 장착한다.

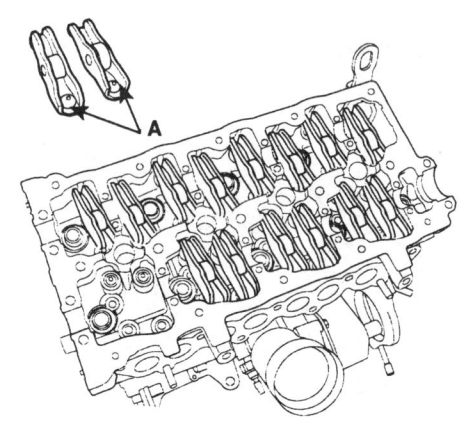

8. 캠샤프트(A)를 장착한다.

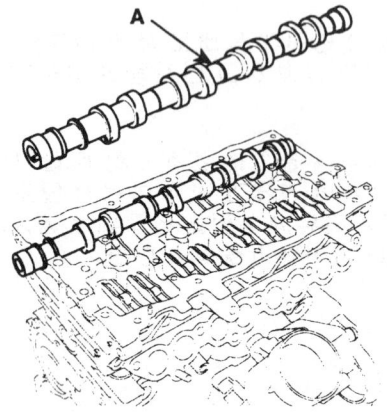

9. 캠샤프트 베어링 캡(A)을 장착한다.

체결토크 : 1.3 ~ 1.4kgf.m

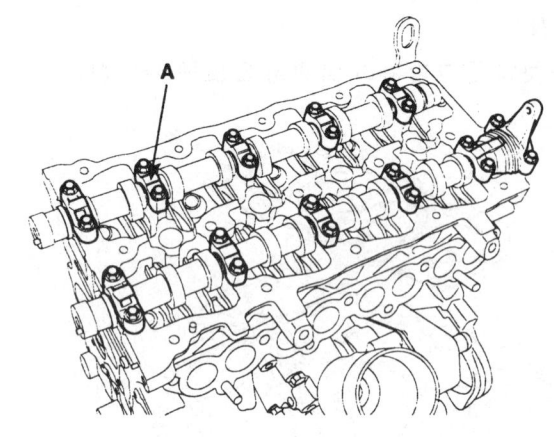

10. 진공펌프(A)를 새로운 가스켓(B)와 함께 장착한다.

체결토크 : 1.1 ~ 1.5kgf.m

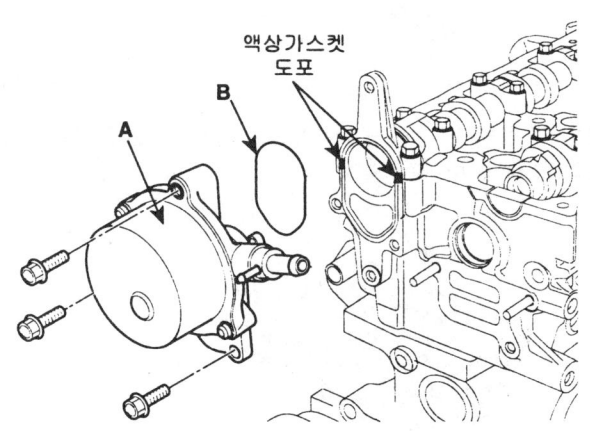

실린더 헤드 어셈블리

EM -57

> 📝 참고
>
> 진공펌프를 조립하기 전에 진공펌프 샤프트의 O-링 (A)에 엔진오일을 도포한다.

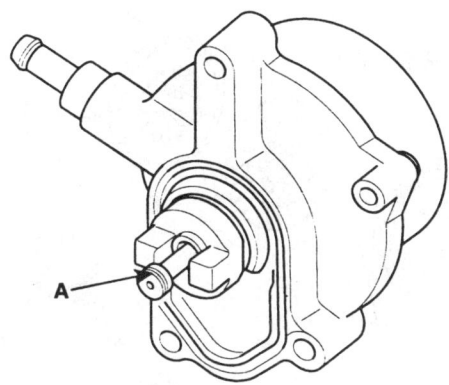

11. 서모스탯 하우징(A)을 장착한다.

   체결토크 : 1.0 ~ 1.2kgf.m

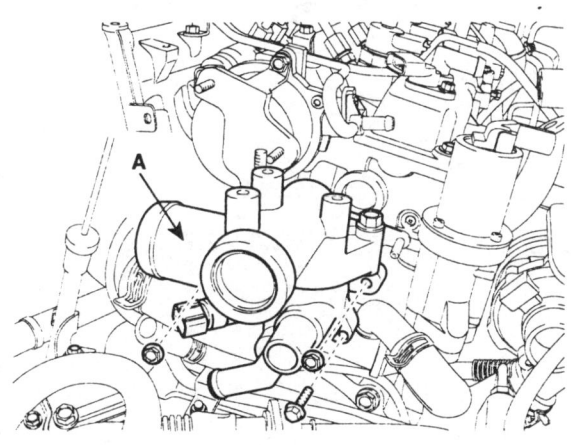

12. 서모스탯 하우징에 워터호스(A)를 연결한다.

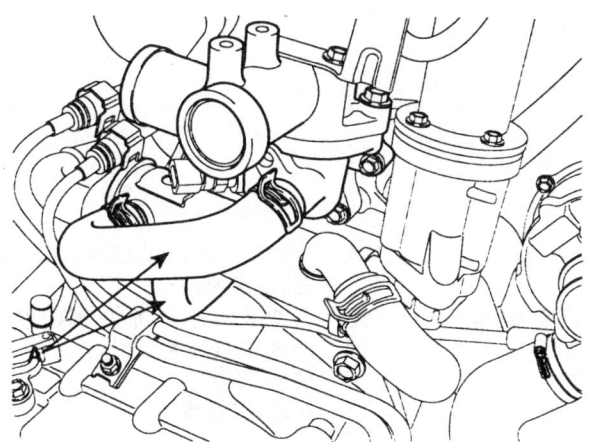

13. 글로우 플러그(A)와 글로우 플러그 플레이트를 장착한다.

   체결토크 :
   글로우 플러그 : 1.5 ~ 2.0kgf.m
   플레이트 너트 : 0.08 ~ 0.15kgf.m

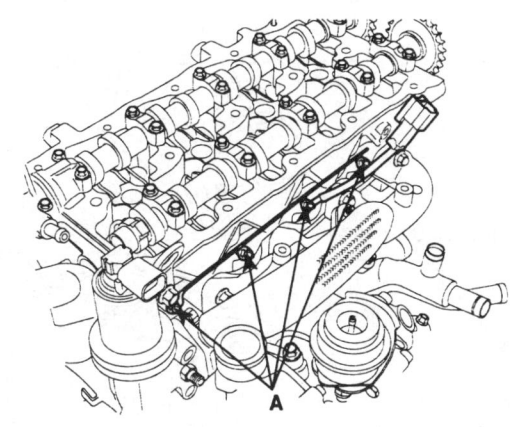

14. 딜리버리 파이프(A)를 장착한다.

   체결토크 : 1.5 ~ 2.2kgf.m

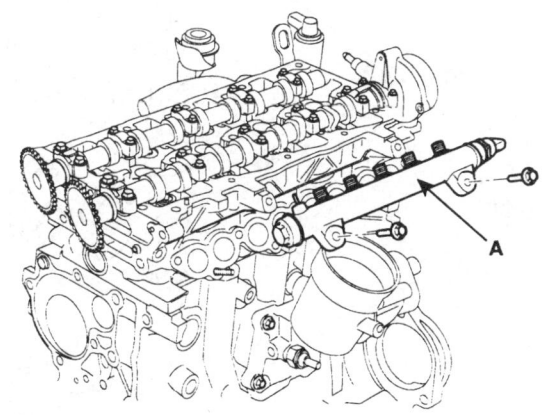

15. 흡기 및 배기 매니폴드를 장착한다. (EM-91 참조)

16. 타이밍 체인을 장착한다. (EM-25 참조)

17. 드라이브 벨트를 장착한다.

실린더 블록

구성부품 KB5CA5AA

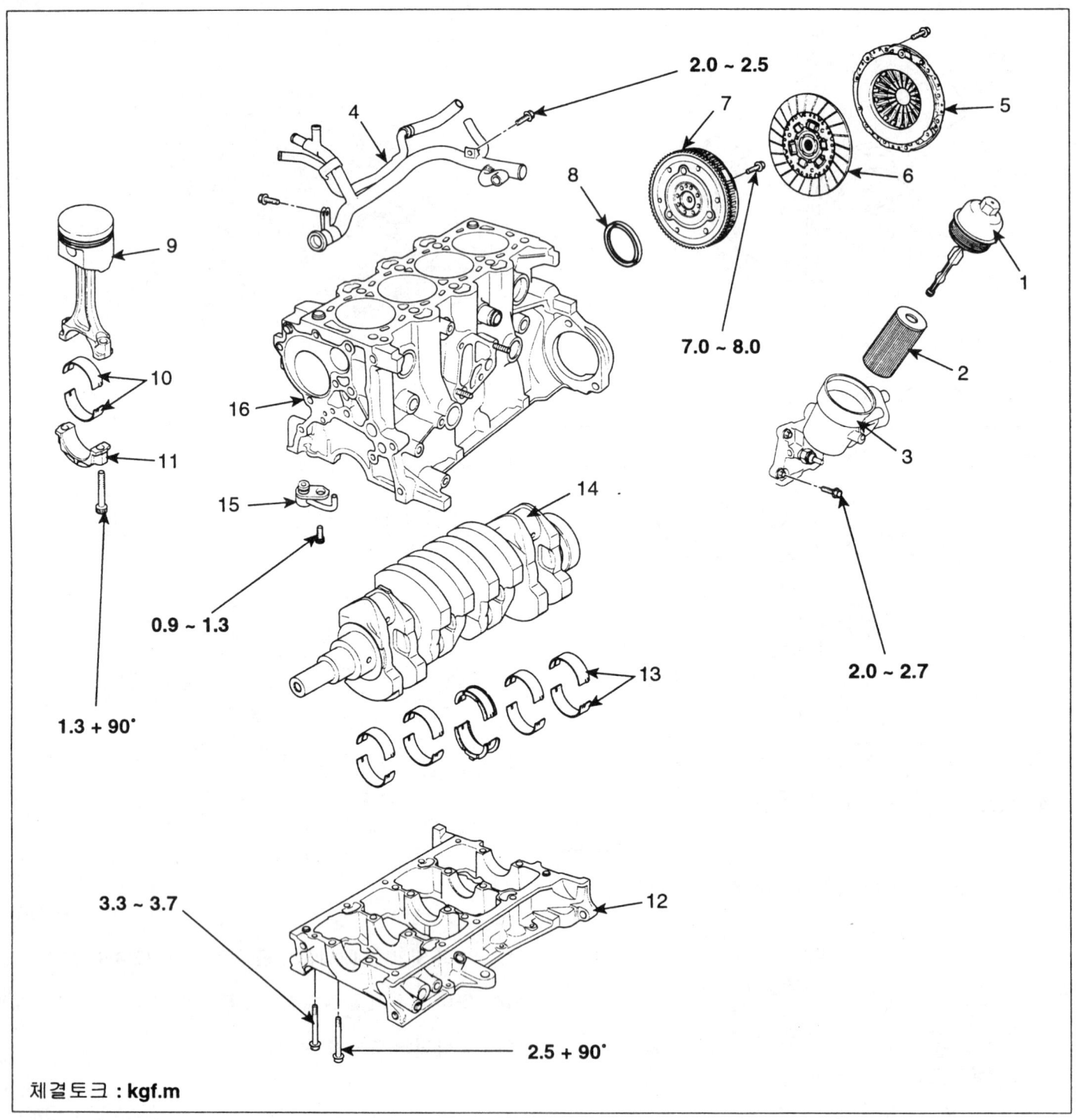

체결토크 : kgf.m

1. 오일 필터 캡
2. 오일 필터
3. 오일 필터 하우징 & 오일 쿨러 어셈블리
4. 워터 파이프
5. 클러치 디스크 커버
6. 클러치 디스크
7. 플라이 휠
8. 크랭크샤프트 리어 오일 씰
9. 피스톤 & 커넥팅 로드
10. 커넥팅 로드 베어링
11. 커넥팅 로드 캡
12. 베드 플레이트
13. 크랭크샤프트 메인 베어링
14. 크랭크샤프트
15. 오일 제트
16. 실린더 블록

실린더 블록

분해

1. M/T : 플라이 휠을 탈거한다.
2. A/T : 드라이브 플레이트를 탈거한다.
3. 분해를 하기위해 엔진 스탠드에 엔진을 설치한다.
4. 타이밍 체인을 탈거한다. (EM-18 참조)
5. 흡기 및 배기 매니폴드를 탈거한다. (EM-91 참조)
6. 실린더 헤드를 탈거한다. (EM-45 참조)
7. 워터 파이프(A)를 탈거한다.

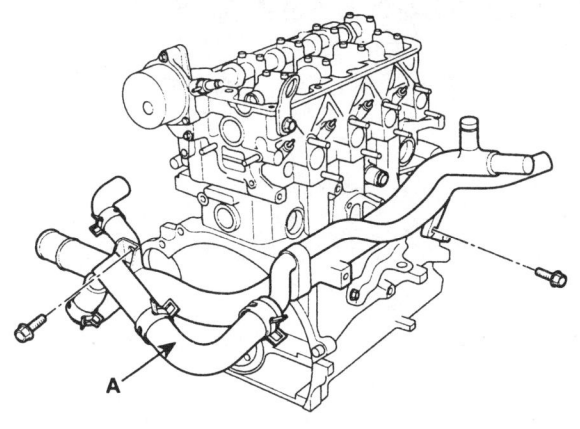

8. 오일 필터와 오일 쿨러 어셈블리(A)를 탈거한다.

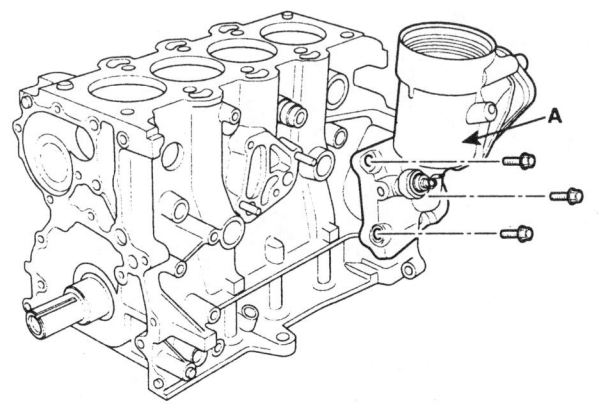

9. 베드 플레이트(A)를 탈거한다.

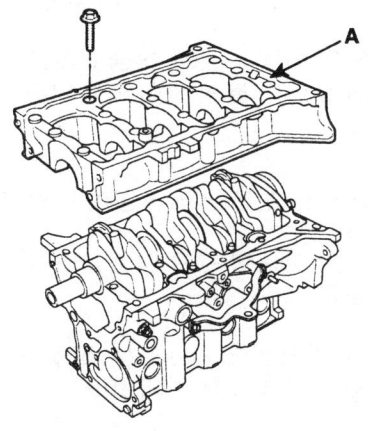

10. 리어 오일씰(A)을 탈거한다.

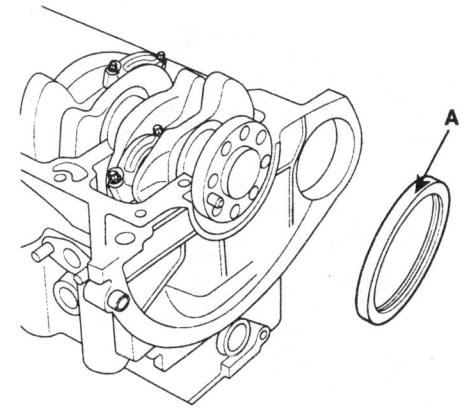

11. 커넥팅 로드 캡(A)을 탈거한다.

참고
커넥팅 로드 캡에 마크를 하여 올바른 위치와 방향에 재조립할수 있도록 한다.

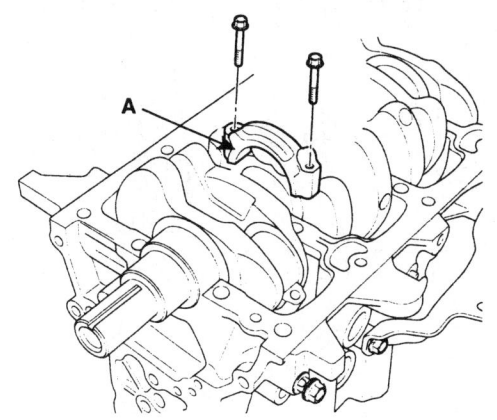

12. 피스톤 및 커넥팅 로드 어셈블리를 탈거한다.

    1) 실린더 윗부분의 카본을 제거한다.

    2) 피스톤 및 커넥팅 로드 어셈블리를 상부 베어링과 함께 실린더 블록 위쪽으로 밀어 낸다.

    [U] 참고
    - 커넥팅 로드와 캡에 베어링이 조립된 상태로 놓아 둔다.
    - 피스톤 및 커넥팅 로드 어셈블리를 순서대로 정렬해 둔다.

13. 엔진 블록에서 크랭크 샤프트(A)를 들어낸다. 이때, 저널이 손상되지 않도록 주의한다.

    [U] 참고
    메인 베어링과 스러스트 베어링을 순서대로 정렬해 둔다.

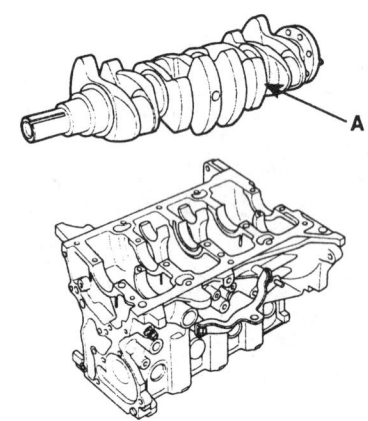

14. 오일 제트(A)를 탈거한다.

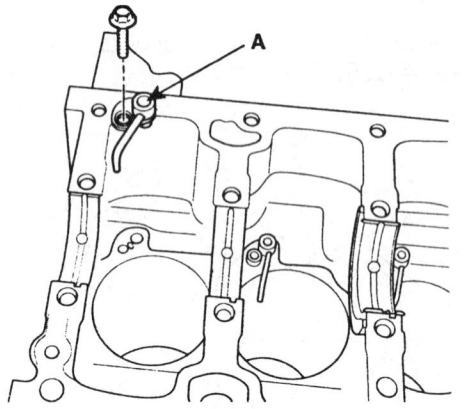

15. 피스톤과 피스톤 핀의 유격을 점검한다.
    피스톤을 앞 뒤로 움직여 피스톤 핀과 유격이 느껴지면 피스톤과 피스톤 핀을 교환한다.

16. 피스톤 링을 탈거한다.

    1) 피스톤 링 익스펜더를 사용하여 2개의 압축 링을 탈거한다.

    2) 손으로 2개의 사이드 레일과 오일 링을 탈거한다.

    [U] 참고
    피스톤 링은 순서대로 정렬해둔다.

17. 피스톤과 커넥팅 로드를 탈거한다.
    프레스를 이용하여 피스톤과 피스톤 핀을 탈거한다.

실린더 블록

점검

커넥팅 로드

1. 커넥팅 로드 베어링의 오일 간극을 점검한다.

    1) 조립을 정확히 하기위해 커넥팅 로드와 커넥팅 로드 캡의 일치마크를 확인한다.

    2) 2개의 커넥팅 로드 캡 볼트를 푼다.

    3) 커넥팅 로드 캡과 하부 베어링을 탈거한다.

    4) 크랭크 샤프트 핀 저널과 베어링을 청소한다.

    5) 플라스틱 게이지를 축방향으로 놓는다.

    6) 하부 베어링과 커넥팅 로드 캡을 다시 장착하고 볼트를 규정 토크로 체결한다.

    체결토크 : 1.3kgf.m + 90°

    > 📖 참고
    > 크랭크 샤프트를 회전시키지 않는다.
    > 커넥팅 로드 캡 볼트를 재사용하지 않는다.

    7) 커넥팅 로드 캡을 다시 탈거한다.

    8) 플라스틱 게이지의 폭이 가장 넓은 부분을 측정한다.

    규정값 : 0.025 ~ 0.043mm

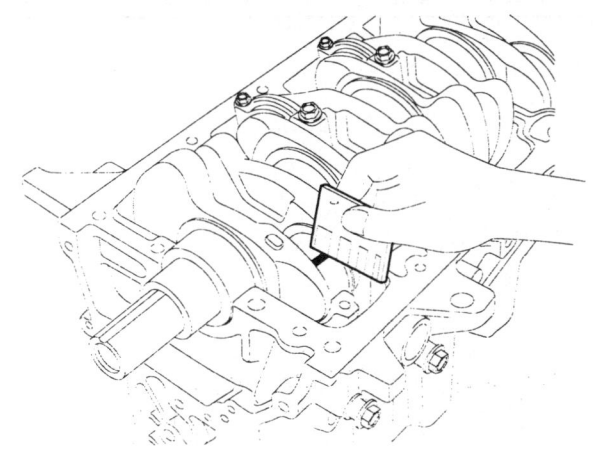

    9) 플라스틱 게이지의 측정값이 규정값을 벗어나는 경우 식별 색상이 같은 신품 베어링으로 교체하고 오일간극을 재측정 한다. (커넥팅 로드 베어링 선택표 참조, EM-62)

    > ⚠️ 주의
    > 베어링이나 캡을 가공하여 간극을 조정하지 않는다.

    10) 재측정 값이 여전히 규정값을 벗어나는 경우 한 단계 큰 베어링 또는 작은 베어링을 장착하고 오일 간극을 재측정 한다. (커넥팅 로드 베어링 선택표 참조, EM-62)

    > 📖 참고
    > 한단계 큰 베어링 또는 작은 베어링을 장착한 후에도 적절한 오일 간극을 얻을 수 없는 경우 크랭크 샤프트를 교환하고 점검 첫 단계부터 다시 점검을 시작한다.

    > ⚠️ 주의
    > 먼지, 오물 등의 축척에 의해 식별 표시를 알아볼 수 없는 경우 솔벤트 또는 세정제 등으로 세척하고 와이어 브러시, 스크래이퍼 등은 사용하지 않는다.

커넥팅 로드 분류 마크 위치

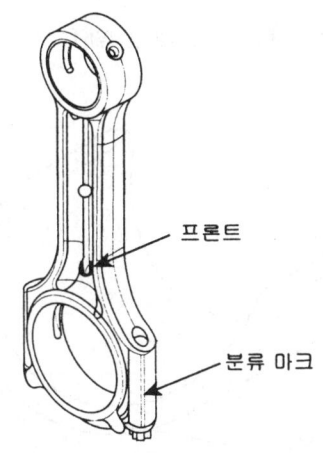

커넥팅 로드 분류표

분류마크	대단부 내경
A	49.000 ~ 49.006mm
B	49.006 ~ 49.012mm
C	49.012 ~ 49.018mm

크랭크 샤프트 핀 저널 분류 마크 위치

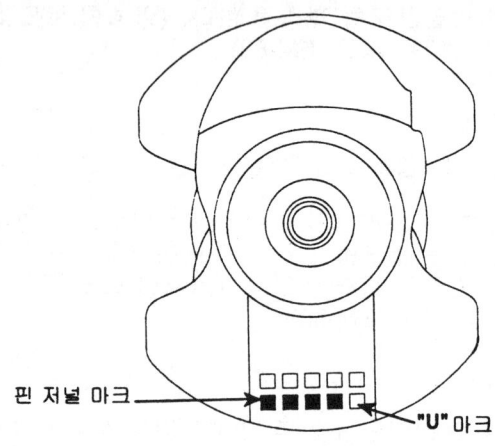

ACGF018A

크랭크 샤프트 핀 저널 분류표

분류마크	핀 저널 외경
A	46.009 ~ 46.015mm
B	46.003 ~ 46.009mm
C	45.997 ~ 46.003mm

커넥팅 로드 베어링 분류 마크 위치

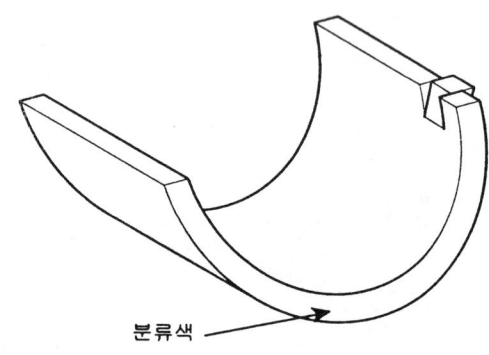

ACGF019A

커넥팅 로드 베어링 분류표

분류색	베어링 두께
청색	1.477 ~ 1.480mm
흑색	1.480 ~ 1.483mm
무색	1.483 ~ 1.486mm
녹색	1.486 ~ 1.489mm
황색	1.489 ~ 1.492mm

11) 아래의 베어링 선택표를 이용하여 적당한 커넥팅 로드 베어링을 선택한다.

커넥팅 로드 베어링 선택표

커넥팅 로드 베어링		커넥팅 로드 분류마크		
		A	B	C
크랭크 샤프트 핀 저널 분류 마크	A	청색	흑색	무색
	B	흑색	무색	녹색
	C	무색	녹색	황색

2. 커넥팅 로드를 점검한다.

1) 커넥팅 로드를 재 장착시에는 커넥팅 로드와 캡에 각인된 실린더 번호를 확인한다. 신품의 커넥팅 로드 장착시는 로드와 캡의 베어링 고정용 노치가 같은 방향으로 장착되도록 한다.

2) 커넥팅 로드 스러스트 면의 한쪽 끝이라도 손상된 경우 커넥팅 로드를 교환한다. 또한 커넥팅 로드 소단부 내면의 단층 마모 또는 내면이 지나치게 거친 경우에도 교환한다.

3) 커넥팅 로드 얼라이너를 사용하여 로드의 휨과 비틀림을 측정하고 측정값이 한계값에 가까운 경우 프레스를 이용하여 로드를 수정한다. 휨 및 비틀림이 과도한 경우 커넥팅 로드를 교환한다.

커넥팅 로드의 휨량 : 0.05 mm / 100 mm
커넥팅 로드의 비틀림 : 0.1 mm / 100 mm

실린더 블록

크랭크 샤프트

1. 크랭크 샤프트 베어링의 오일 간극을 측정한다.

    1) 메인 저널 베어링 오일 간극을 측정하기 위해 베드 플레이트와 하부베어링을 탈거한다.

    2) 헝겊 등을 이용하여 각 메인 저널과 베어링을 청소한다.

    3) 플라스틱 게이지를 각 저널에 축방향으로 놓는다.

    4) 하부베어링과 베드 플레이트를 다시 장착하고 규정토크로 체결한다.

    체결토크 :
    긴 볼트 : 2.5kgf.m + 90°
    짧은 볼트 : 3.3~3.7kgf.m

    [참고]
    크랭크 샤프트를 회전시키지 않는다.

    5) 베드 플레이트와 하부베어링을 다시 탈거하고 플라스틱 게이지의 폭이 가장 넓은 부분을 측정한다.

    규정값 : 0.024 ~ 0.042mm

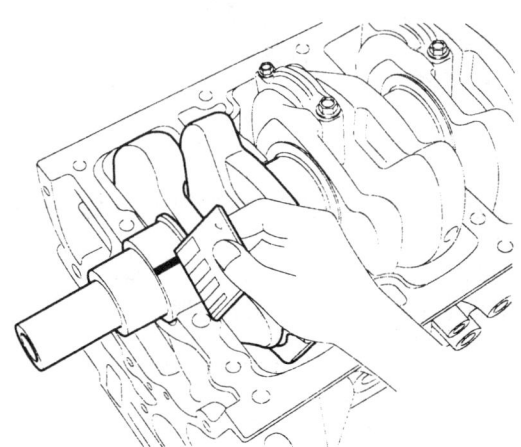

    6) 플라스틱 게이지의 측정값이 규정값을 벗어나는 경우 식별 색상이 같은 신품 베어링으로 교환하고 오일간극을 재측정 한다. (크랭크 샤프트 베어링 선택표 참조, EM-64)

    [주의]
    베어링이나 캡을 가공하여 간극을 조정하지 않는다.

    7) 재측정 값이 여전히 규정값을 벗어나는 경우 한 단계 큰 베어링 또는 작은 베어링을 장착하고 오일 간극을 재측정 한다. (크랭크 샤프트 베어링 선택표 참조, EM-64)

    [참고]
    한단계 큰 베어링 또는 작은 베어링을 장착한 후에도 적절한 오일 간극을 얻을 수 없는 경우 크랭크 샤프트를 교환하고 점검 첫 단계부터 다시 점검을 시작한다.

    [주의]
    먼지, 오물 등의 축척에 의해 식별 표시를 알아볼 수 없는 경우 솔벤트 또는 세정제 등으로 세척하고 와이어 브러시, 스크레이퍼 등은 사용하지 않는다.

    크랭크 샤프트 보어 내경 분류 마크 위치
    5개의 메인 저널보어의 각각의 사이즈 마크가 실린더 블록 앞부분에 각인되어 있다.
    올바른 베어링 선택을 위해 블록에 각인된 저널 보어 내경 사이즈 마크와 크랭크 샤프트에 각인된 저널 외경 사이즈 마크를 사용한다.

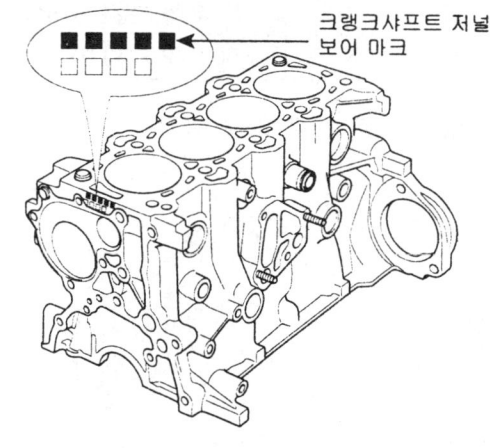

실린더 블록 저널 보어 분류표

분류마크	실린더 블록 저널 보어 내경
A	58.000 ~ 58.006mm
B	58.006 ~ 58.012mm
C	58.012 ~ 58.018mm

크랭크 샤프트 메인 저널 분류 마크 위치

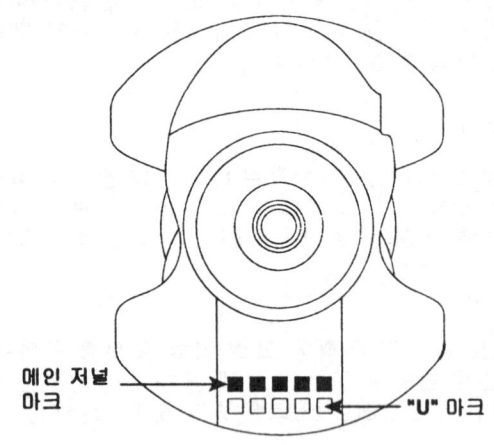

크랭크 샤프트 메인 저널 분류표

분류마크	메인저널 외경
A	53.984 ~ 53.990mm
B	53.978 ~ 53.984mm
C	53.972 ~ 53.978mm

크랭크 샤프트 베어링 분류 마크 위치

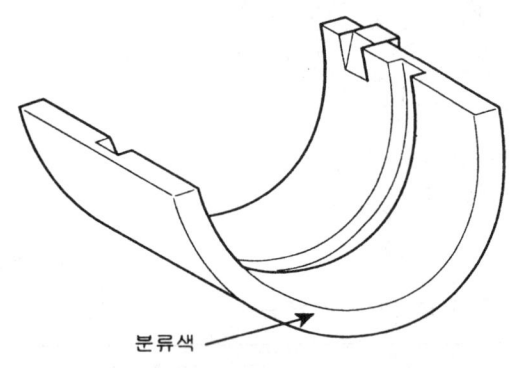

크랭크 샤프트 베어링 분류표

분류색	베어링 두께
청색	1.990 ~ 1.993mm
흑색	1.993 ~ 1.996mm
무색	1.996 ~ 1.999mm
녹색	1.999 ~ 2.002mm
황색	2.002 ~ 2.005mm

8) 아래의 베어링 선택표를 이용하여 적당한 크랭크 샤프트 메인 베어링을 선택한다.

크랭크 샤프트 메인 베어링 선택표

크랭크샤프트 메인베어링		크랭크 샤프트 보어 분류마크		
		A	B	C
크랭크 샤프트 메인저널 분류마크	A	청색	흑색	무색
	B	흑색	무색	녹색
	C	무색	녹색	황색

2. 크랭크 샤프트의 엔드플레이를 측정한다.
다이얼 게이지를 사용하여 크랭크 샤프트를 앞 뒤로 움직이면서 축방향 유격을 점검한다.

엔드플레이
규정값 : 0.08 ~ 0.28mm
한계값 : 0.30mm

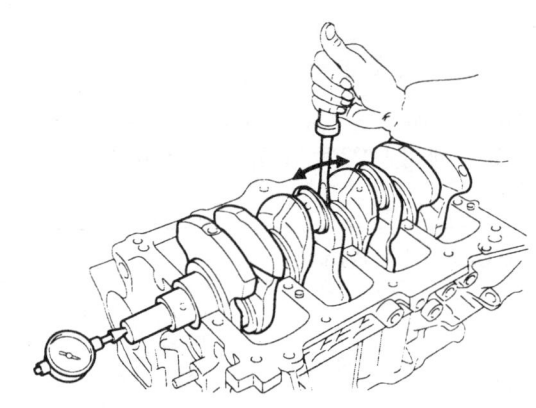

엔드 플레이가 한계값 이상인 경우 센터 베어링을 교환한다.

센터 베어링 (스러스트 베어링) 두께 :
2.335 ~ 2.385mm

실린더 블록

EM -65

3. 크랭크 샤프트의 메인 저널과 핀 저널을 점검한다. 마이크로 미터를 이용하여 메인 저널과 핀 저널의 외경을 측정한다.

메인저널 외경 : 53.972 ~ 53.990mm
핀저널 외경 : 45.997 ~ 46.015mm

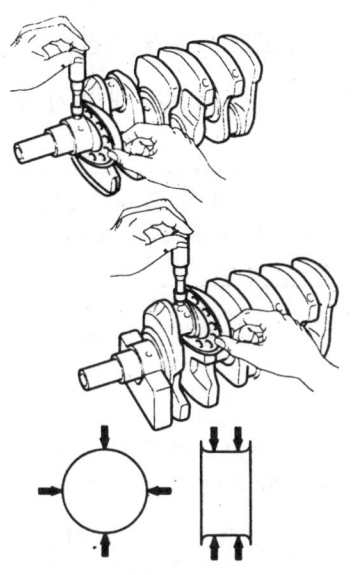

실린더 블록

1. 스크레이퍼를 사용하여 실린더 블록 윗면에 가스켓 조각들을 제거한다.

2. 부드러운 브러시와 솔벤트를 사용하여 실린더 블록을 깨끗이 청소한다.

3. 실린더 블록 윗면의 편평도를 측정한다. 정밀한 직각자와 간극 게이지를 이용하여 실린더 헤드 가스켓과 접촉하는 면의 편평도를 측정한다.

실린더 블록 가스켓 면의 편평도
규정값 : 0.05mm 이하

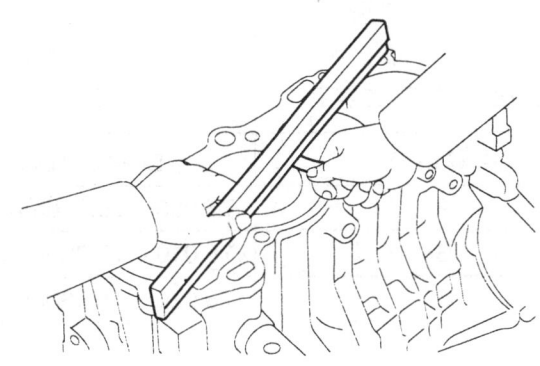

4. 육안으로 실린더 보어 내면의 긁힘 등을 점검하고 눈에 띄는 긁힘이 발견된 경우 실린더 블록을 교환한다.

5. 실린더 보어 게이지를 사용하여 축방향과 축 직각 방향으로 실린더 보어 내경을 측정한다.

규정값 : 75.00 ~ 75.03 mm

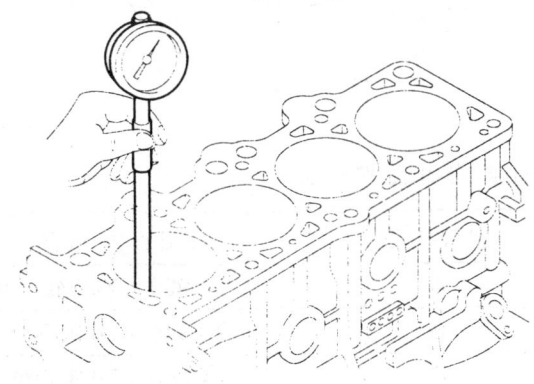

6. 실린더 블록 앞면의 실린더 보어 사이즈 마크를 확인한다.

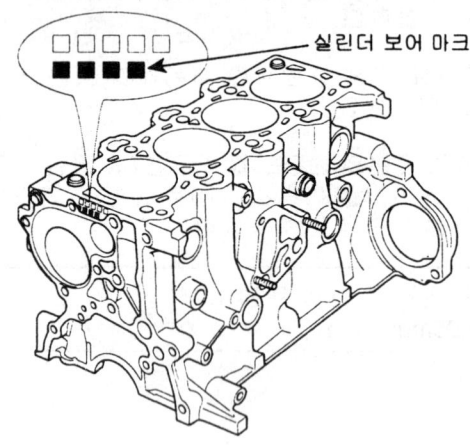

실린더 보어 사이즈 분류표

분류마크	실린더 보어 내경
A	75.000 ~ 75.010mm
B	75.010 ~ 75.020mm
C	75.020 ~ 75.030mm

7. 피스톤 윗면의 피스톤 외경 사이즈 마크를 확인한다.

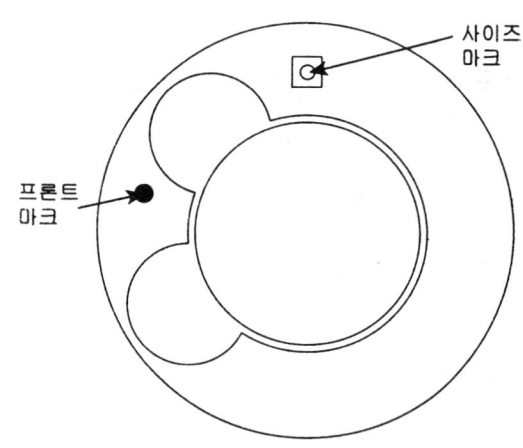

피스톤 외경 사이즈 분류표

분류마크	피스톤 외경
A	74.930 ~ 74.940mm
B	74.940 ~ 74.950mm
C	74.950 ~ 74.960mm

8. 실린더 내경 사이즈와 알맞은 피스톤을 선택한다.

실린더와 피스톤의 간극 : 0.060 ~ 0.080mm

실린더 보링

1. 보어 사이즈 피스톤은 가장 큰 실린더 내경을 기준으로 적용한다.

   참고
   피스톤의 사이즈는 피스톤 윗 부분에 표시되어 있다.

2. 이전 장착된 피스톤의 외경을 측정한다.

3. 외경의 측정값에 따라 새로운 보어 사이즈를 계산한다.

   새로운 보어 사이즈 = 피스톤 외경 측정값 + 0.02 ~ 0.04 mm (피스톤과 실린더 사이의 간극) - 0.01mm (호닝 여분)

4. 계산된 사이즈로 실린더를 보링 한다.

   주의
   호닝 작업시 온도 상승으로 인한 실린더의 뒤틀림을 방지하기 위해 점화 순서에 따라 보링 한다.

5. 적절한 간극 (실린더와 피스톤 사이의 간극)을 위해 보링 작업을 마무리 하고 호닝을 한다.

6. 피스톤과 실린더 사이의 간극을 측정한다.

   규정값 : 0.02 ~ 0.04 mm

   참고
   모든 실린더를 같은 오버 사이즈로 보링 한다.

실린더 블록

EM -67

피스톤과 피스톤 링

1. 피스톤을 청소한다.

    1) 스크레이퍼를 사용하여 피스톤 윗부분의 카본을 제거한다.

    2) 깨진 링 등을 이용하여 피스톤 링 홈을 청소한다.

    3) 솔벤트와 브러시를 사용하여 피스톤을 깨끗이 마무리 한다.

    📖 참고
    와이어 브러시는 사용하지 않는다.

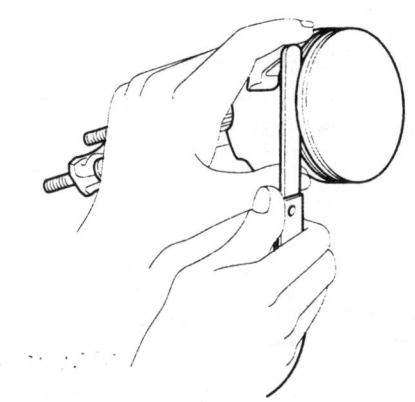

2. 피스톤 외경은 피스톤 하부로부터 10mm 상단 부분에서 측정한 값을 기준으로 한다.

규정값 : 74.93 ~ 74.96mm

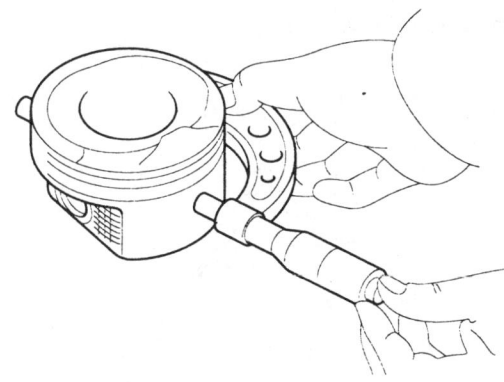

3. 실린더 보어 내경과 피스톤 외경의 차이로 간극을 계산한다.

피스톤과 실린더 사이의 간극 : 0.06 ~ 0.08mm

4. 피스톤 링의 사이드 간극을 점검한다.
    간극 게이지를 사용하여 피스톤 링 홈과 피스톤 링 사이의 간극을 측정한다.

    피스톤 링 사이드 간극
    No.1 링 : 0.09 ~ 0.13mm
    No.2 링 : 0.08 ~ 0.12mm
    오일링 : 0.03 ~ 0.07mm

간극이 규정값을 초과하는 경우 피스톤을 교환한다.

5. 피스톤 링의 엔드 갭을 점검한다. 피스톤 링의 엔드 갭을 측정하기 위해 실린더에 피스톤 링을 삽입한다. 이 때 링이 실린더 벽과 올바른 각도로 위치할 수 있도록 피스톤으로 링을 부드럽게 밀어 넣는다. 간극 게이지를 이용하여 엔드 갭을 측정하고 한계값을 초과하는 경우 피스톤 링을 교환한다. 엔드 갭이 지나치게 큰 경우 실린더 보어 내경을 측정하고 정비 한계값을 초과할 경우 실린더 보어를 보링한다. (EM-66 참조)

피스톤 링 엔드 갭
No.1 링 : 0.20 ~ 0.35mm
No.2 링 : 0.35 ~ 0.50mm
오일링 : 0.20 ~ 0.40mm

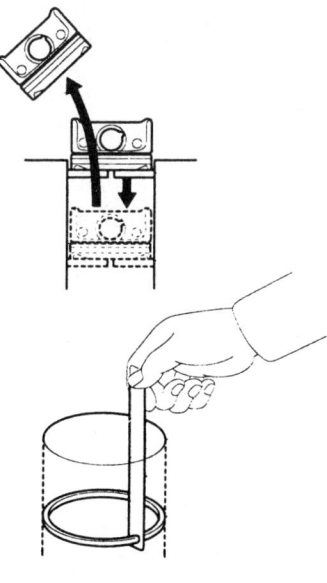

피스톤 핀

1. 피스톤 핀의 외경을 측정한다.

규정값 : 27.995 ~ 28.000mm

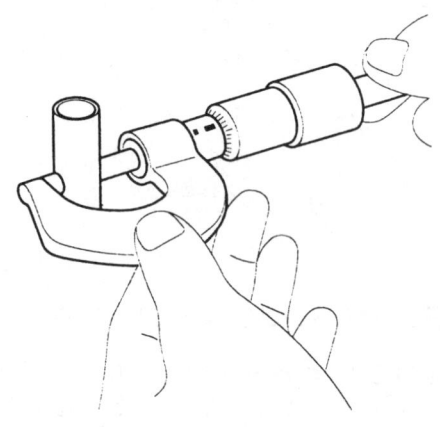

2. 피스톤 핀과 피스톤 사이의 간극을 측정한다.

규정값 : 0.004 ~ 0.015mm

3. 피스톤 핀의 외경과 커넥팅 로드 소단부 내경의 간극을 점검한다.

규정값 : 0.022 ~ 0.039mm

오일 압력 스위치

1. 저항계를 이용하여 터미널과 몸체 사이의 통전을 점검한다. 통전이 안되는 경우 스위치를 교환한다.

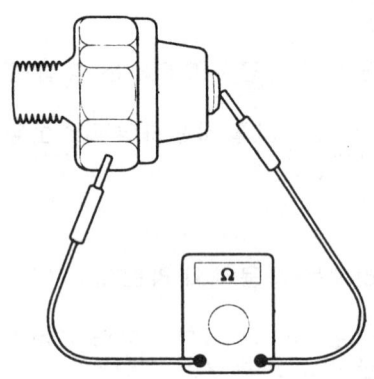

2. 가는 막대 등으로 오일 홀 안쪽을 누르고 터미널과 몸체 사이의 통전을 점검한다. 누른 상태에서 통전 되는 경우 스위치를 교환한다.

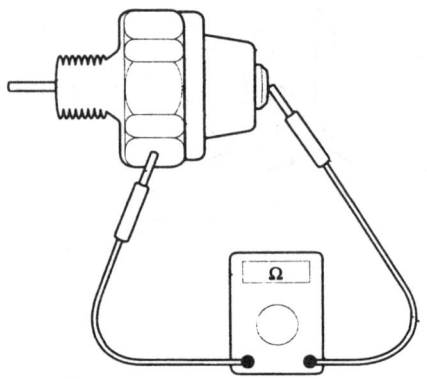

3. 오일 홀을 통해 0.5kg/cm²의 부압을 가했을 때 통전되지 않으면 스위치는 정상 작동하는 것이다. 공기의 누설을 점검하고 누설이 있는 경우 다이어프램이 파손된 것 이므로 스위치를 교환한다.

실린더 블록

조립 K6FCCEF2

> 📖 **참고**
> - 조립전에 각 부품을 깨끗이 세척한다.
> - 부품을 장착하기 전에 섭동부와 회전부에 신품의 엔진오일을 도포한다.
> - 모든 가스켓, O-링 및 오일 씰을 신품으로 교환한다.

1. 피스톤과 커넥팅 로드를 조립한다.

   1) 프레스를 사용하여 조립한다.

   2) 피스톤과 커넥팅 로드 소단부와의 엔드 플레이를 점검한다.

   엔드 플레이 : 0.050 ~ 0.302 mm

   3) 피스톤의 프론트 마크와 커넥팅 로드의 프론트 마크가 타이밍 체인쪽으로 향하도록 한다.

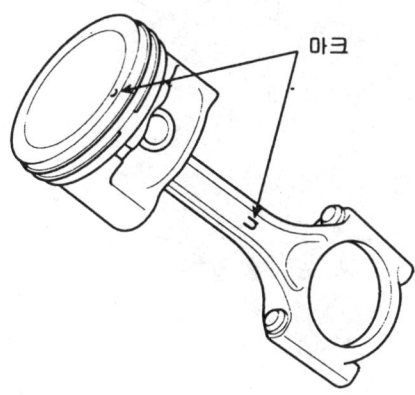

2. 피스톤 링을 장착한다.

   1) 오일 링 익스펜더와 2개의 사이드 레일을 손으로 장착한다.

   2) 피스톤의 각인표시가 위쪽으로 향하도록 한후 피스톤 링 익스펜더를 사용하여 2개의 압축 링을 장착한다.

   3) 각 피스톤 링의 끝부분이 아래 그림과 같이 장착되도록 한다.

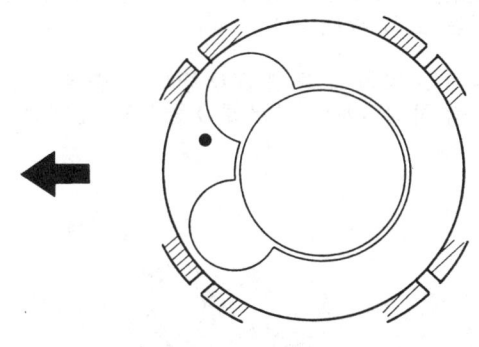

3. 커넥팅 로드 베어링을 장착한다.

   1) 로드 및 베어링 캡(B)의 홈과 베어링(A)의 돌출부가 일치되도록 한다.

   2) 커넥팅 로드 및 베어링 캡(B)에 베어링을 장착한다.

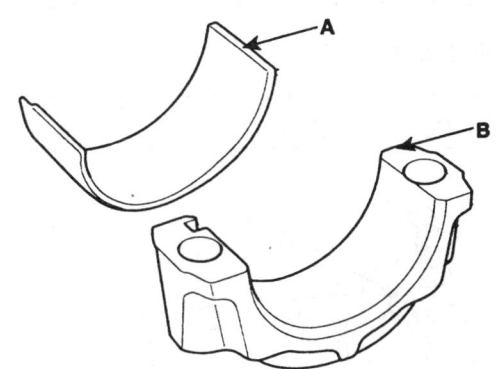

4. 메인 베어링을 장착한다.

   📘 참고

   No.1,2,4,5번 상부 베어링에는 오일 홈이 있고 하부 베어링에는 오일 홈이 없다.

   1) 실린더 블록의 홈과 베어링의 돌출부가 일치되도록 하여 5개의 상부 베어링(A)을 장착한다.

   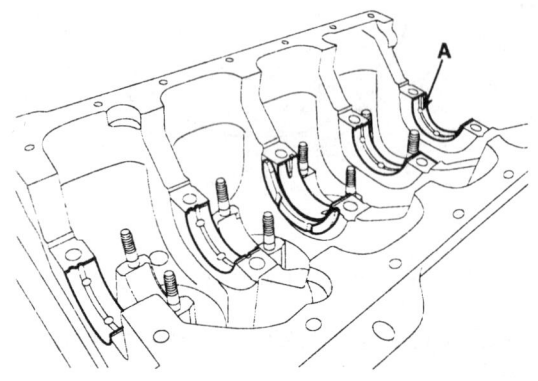

   2) 메인 베어링 캡의 홈과 베어링의 돌출부가 일치되도록 하여 5개의 하부 베어링을 장착한다.

5. 오일 제트(A)를 장착한다.

   체결토크 : 0.9 ~ 1.3kgf.m

   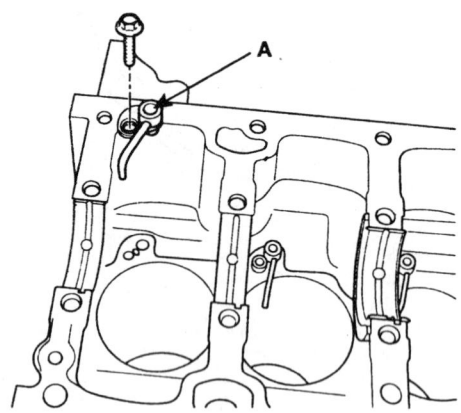

6. 실린더 블록에 크랭크 샤프트(A)를 장착한다.

   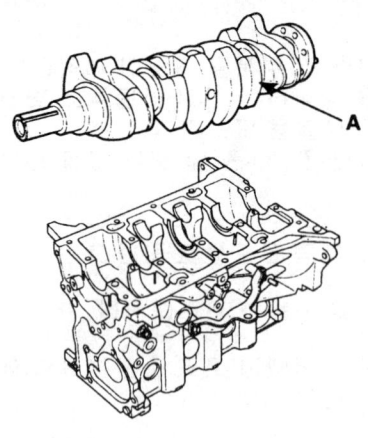

7. 실린더 블록에 베드 플레이트(A)를 장착한다.

   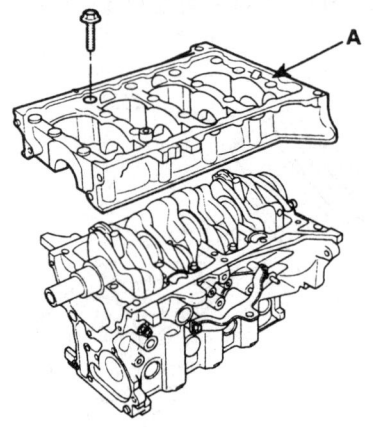

   📘 참고

   - 액상 가스켓은 *Loctite No. 5205, Hylomar 3000, Dreibond 5105*을 사용한다.
   - 액상 가스켓을 도포하기 전에 가스켓 접촉 부분이 청결하고 마른 상태인지 확인한다.
   - 액상 가스켓을 *3mm*폭으로 끊기지 않도록 도포한다.
   - 액상 가스켓 도포 후 *5분*안에 베드 플레이트를 장착한다.
   - 조립후 최소 *30분*전에는 엔진오일을 채우지 않는다.

실린더 블록

EM -71

8. 베드 플레이트 볼트를 장착한다.

   참고

   베드 플레이트 볼트는 몇 차례 나누어 체결 한다.
   베드 플레이트 볼트가 손상 또는 변형된 경우 베드 플레이트 볼트를 교환한다.

   1) 베드 플레이트 볼트의 나사산 부분에 소량의 엔진 오일을 도포한다.

   2) 20개의 볼트를 아래 그림과 같은 순서로 몇 차례 나누어 균등하게 체결 한다.
      a. 볼트 11, 17, 20을 체결한다.
      b. 볼트 1 ~ 10을 규정토크에 따라 순서대로 체결한다.
      c. 볼트 11, 17, 20을 푼다.
      d. 볼트 11 ~ 20을 규정토크에 따라 순서대로 체결한다.

   체결토크 :
   긴 볼트 : 2.5kgf.m+ 90°
   짧은 볼트 : 3.3~3.7kgf.m

   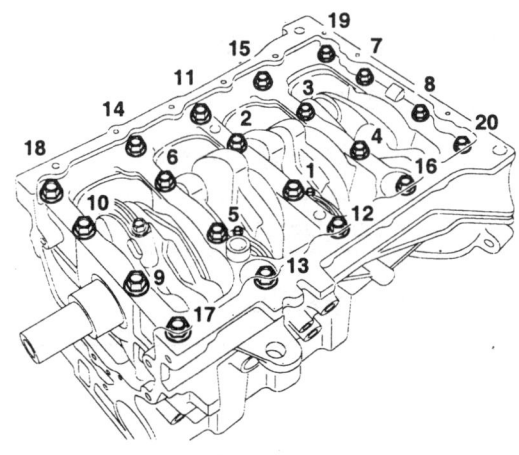

   3) 크랭크 샤프트가 부드럽게 회전하는지 점검한다.

9. 크랭크 샤프트 엔드플레이를 점검한다. (EM-64 참조)

10. 피스톤과 커넥팅 로드 어셈블리를 장착한다.

    참고

    피스톤을 장착하기 전에 피스톤 링 홈과 실린더 내면에 소량의 오일을 도포한다.

    1) 커넥팅 로드 베어링 캡을 탈거하고 커넥팅 로드 볼트 나사산 부위에 적절한 길이의 고무 호스를 끼워 둔다.

    2) 피스톤 링이 안전하게 자리를 잡도록 확인하면서 피스톤 링 압축기를 설치한다. 실린더 안에 피스톤을 넣고 망치의 나무 손잡이 부분을 이용하여 가볍게 두드려 피스톤을 삽입한다.

    3) 피스톤 링 부분이 실린더 안으로 들어가면 일단 삽입을 멈춘 후 피스톤을 완전히 삽입하기 전에 저널과 커넥팅 로드의 정렬 상태를 재 확인한다.

    4) 커넥팅 로드 볼트 부분의 고무 호스를 탈거하고 소량의 오일을 도포한다. 커넥팅 로드 캡을 장착하고 볼트를 규정 토크로 체결한다.

    체결토크 : 1.3kgf.m + 90°

    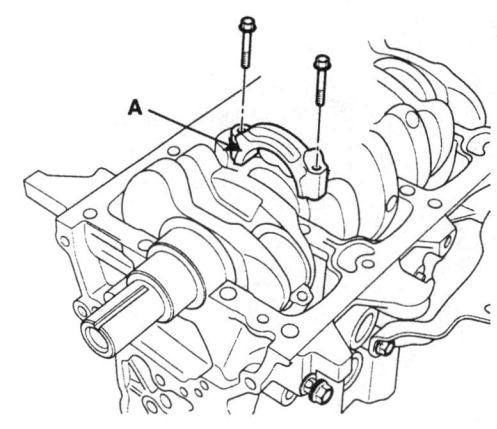

    참고

    피스톤 링이 실린더 안으로 삽입되기 전에 피스톤 링이 팽창되는 것을 방지하기 위해 피스톤 링 압축기를 아래로 누르면서 피스톤을 삽입한다.

    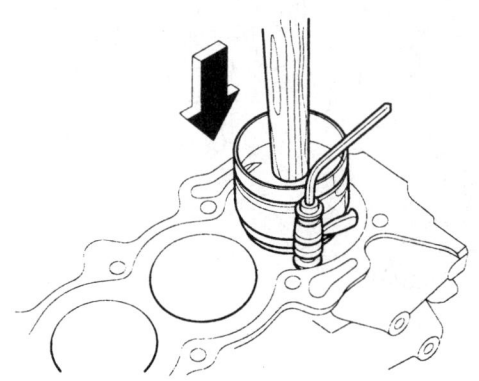

11. 리어 오일 씰을 장착한다.

   1) 신품 오일 씰 가장자리에 엔진 오일을 도포한다.

   2) 특수공구(09231-H1200, 09231-H1100)(A)와 망치를 사용하여 리어 오일 씰을 오일 씰 리테이너의 끝면의 높이와 같아질 때까지 가볍게 두드린다.

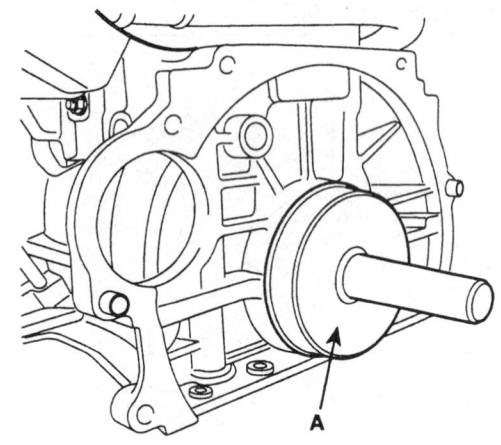

12. 오일 필터와 오일 쿨러 어셈블리(A)를 장착한다.

    체결토크 : 2.0 ~ 2.7kgf.m

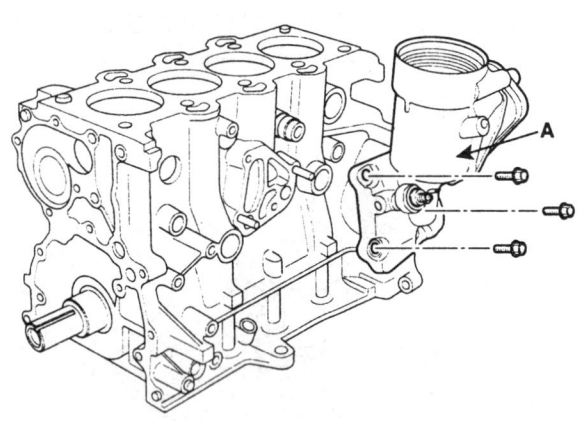

13. 워터파이프(A)를 장착한다.

    체결토크 : 2.0 ~ 2.5kgf.m

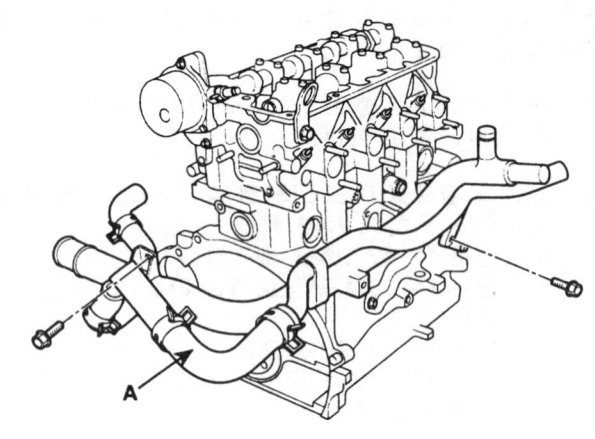

14. 실린더 헤드를 장착한다. (EM-54 참조)

15. 흡기 및 배기 매니폴드를 장착한다. (EM-91 참조)

16. 타이밍 체인을 장착한다. (EM-25 참조)

17. 엔진 스탠드를 탈거한다.

18. A/T : 드라이브 플레이트를 장착한다.

    체결토크 : 7.0 ~ 8.0kgf.m

19. M/T : 플라이 휠을 장착한다.

    체결토크 : 7.0 ~ 8.0kgf.m

냉각 시스템

구성부품 KD2C92BB

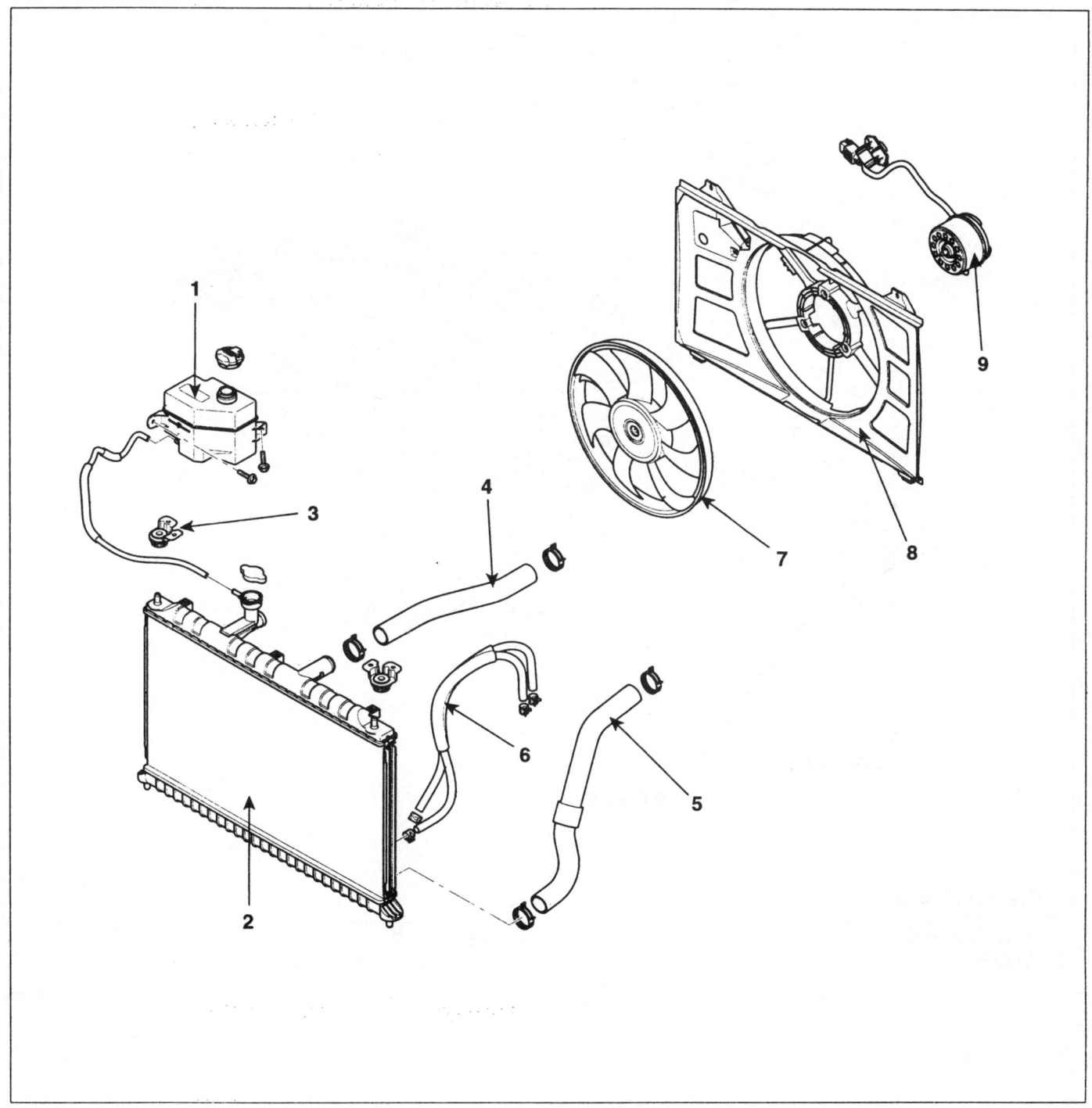

1. 냉각수 리저브 탱크
2. 라디에이터
3. 라디에이터 고정 브라켓
4. 냉각수 어퍼 호스
5. 냉각수 로워 호스
6. ATF 오일 쿨러 호스
7. 쿨링팬
8. 쿨링팬 쉬라우드
9. 쿨링팬 모터

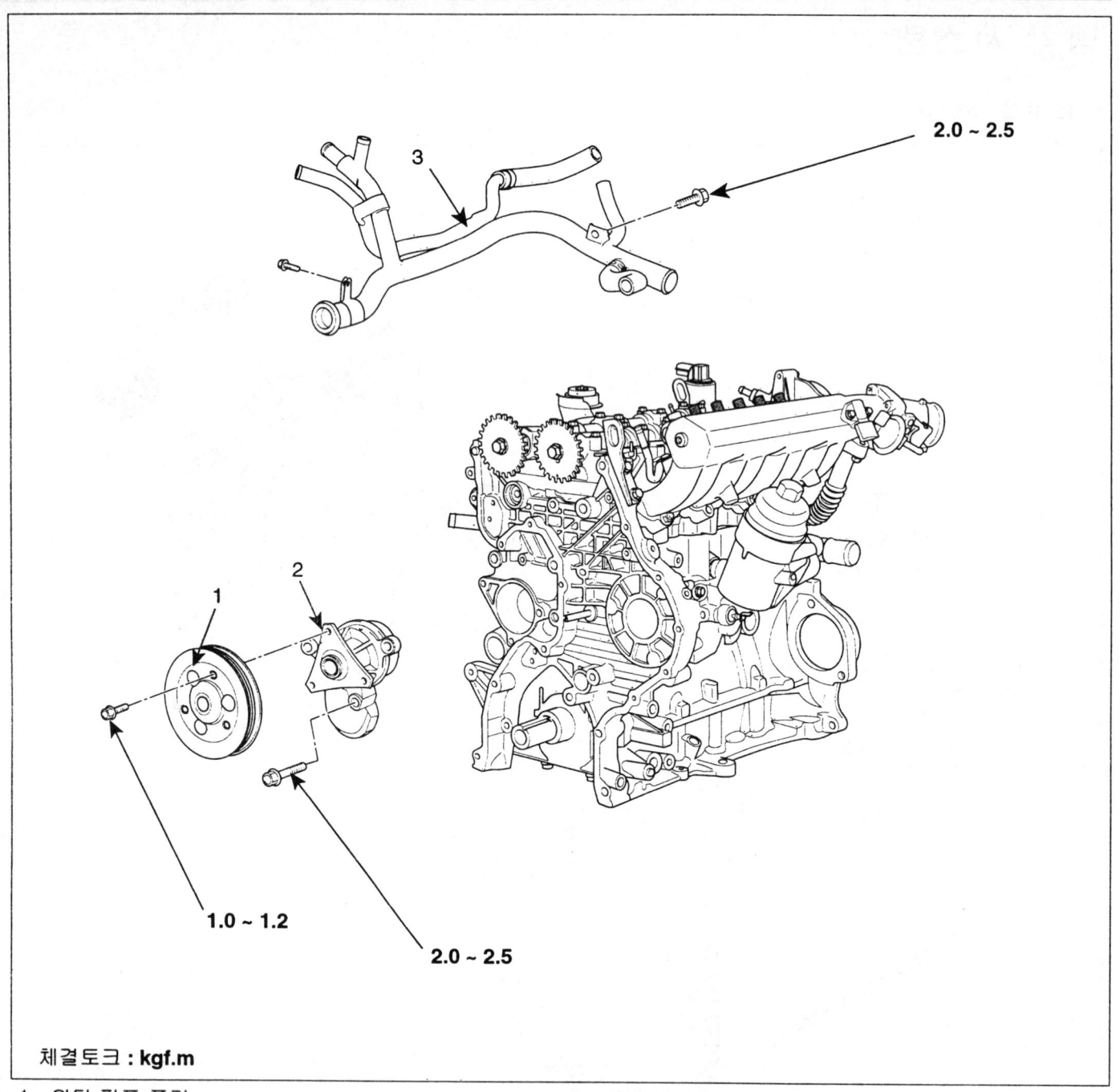

체결토크 : kgf.m

1. 워터 펌프 풀리
2. 워터 펌프
3. 워터 파이프

냉각 시스템

엔진 냉각수 교환 및 공기 빼기 KD58CE62

> ⚠️ 주의
> 냉각수를 주입 시 릴레이 박스의 덮개를 반드시 덮는다. 전기 부품 및 도장부에 쏟지 않도록 주의하고 쏟았을 경우 즉시 닦아낸다.

1. 히터 온도 조절 레버를 고온부에 위치시킨다. 엔진과 라디에이터가 식었는지 확인한다.

2. 라디에이터 캡(A)을 연다.

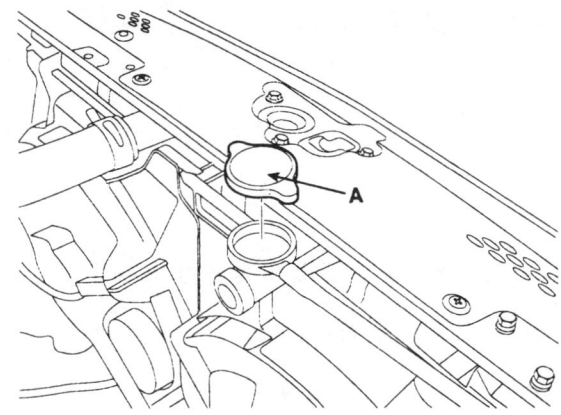

3. 드레인 플러그(A)를 풀고 냉각수를 배출시킨다.

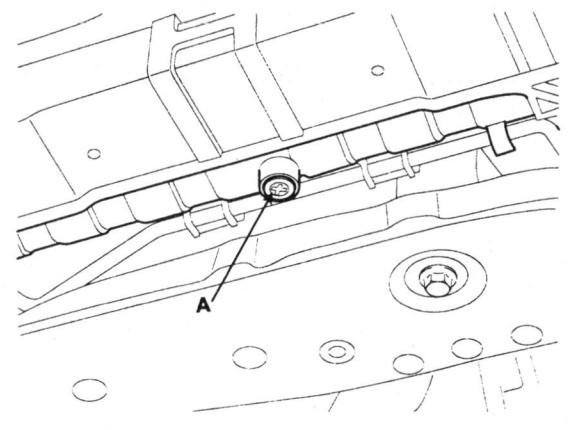

4. 냉각수 배출이 끝나면 드레인 플러그(A)를 다시 조인다.

5. 리저브 탱크를 탈거해 냉각수를 쏟아내고 다시 장착한다. 리저버 탱크에 MAX눈금의 절반 정도 까지 물을 주입하고 나머지 절반은 부동액을 주입한다.

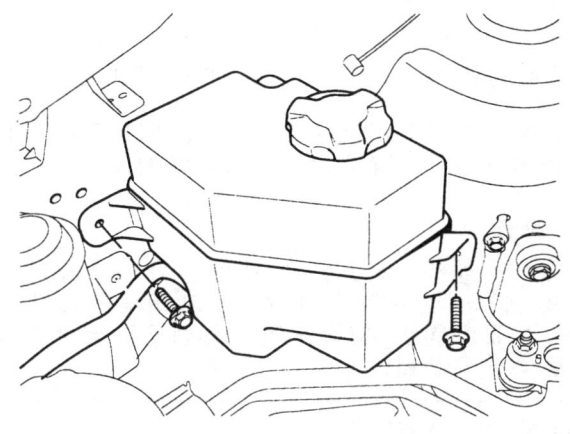

6. 부동액과 물을 4:6으로 혼합해서 라디에이터 캡을 통해 천천히 채운다. 이 때 라디에이터 상/하부 호스를 눌러주어 공기가 쉽게 배출되도록 한다.

> 📘 참고
> - 순정품의 부동액/냉각수를 사용한다.
> - 부식방지를 위해서 냉각수의 농도를 최소 40%로 유지해야 한다. 냉각수의 농도가 40% 미만인 경우 부식 또는 동결에 위험이 있을 수 있다.
> - 냉각수의 농도가 60% 이상인 경우 냉각 효과를 감소시킬 수 있으므로 권장하지 않는다.
> - 내부의 공기가 쉽게 빠져 나갈수 있도록 냉각수를 천천히 주입한다.

> ⚠️ 주의
> - 서로 다른 상표의 부동액/냉각수를 혼합하여 사용하지 않는다.
> - 추가적으로 녹방지제를 첨가하여 사용하지 않는다.

7. 엔진 시동을 걸고 냉각수가 순환 될 때까지 무 부하 운전을 실시한다. 냉각 팬이 작동하고 냉각수 순환이 시작되면 라디에이터 캡을 통해 냉각수를 보충한다.

8. 냉각 팬이 3~5회 작동할때까지 7번항목을 반복하여 냉각장치에서 공기를 충분히 배출시킨다.

9. 라디에이터 캡을 장착하고 리저브 탱크 "MAX"(또는 "F")선까지 냉각수를 채운다.

10. 냉각 팬이 2~3회 작동할 때까지 무 부하 운전을 실시한다.

11. 엔진을 멈춘 후, 냉각수가 식을 때까지 기다린다.

12. 냉각수 레벨이 더 이상 떨어지지 않을 때까지 6~11항을 반복하면서 냉각 장치에서 공기를 뺀다.

> 참고
> 냉각수가 완전히 식었을 때, 냉각 장치 내부 공기 배출 및 냉각수 보충이 가장 용이하게 이루어 지므로, 냉각수 교환후 *2~3일*정도 리저버 탱크의 냉각수 레벨을 재 확인한다.

냉각수 용량 : 약 5.3~5.5 L

라디에이터 캡 점검

1. 라디에이터 캡을 탈거한 뒤 씰 부분에 냉각수를 도포하고 압력 테스터를 설치한다.

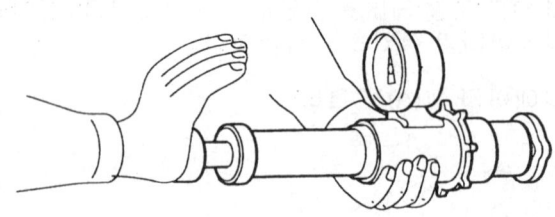

ECKD501X

2. 0.95 ~ 1.25 kg/cm² 정도로 압력을 상승시킨다.

3. 압력이 유지되는지 확인한다.

4. 압력이 하강하는 경우 캡을 교환한다.

라디에이터 누수 테스트

1. 엔진이 완전히 식을때 까지 기다린 후 라디에이터 캡을 조심스럽게 개방한다. 라디에이터에 냉각수를 채우고 압력 테스터를 장착한다.

2. 압력 테스터의 압력을 0.95 ~ 1.25 kg/cm² 정도 까지 상승 시킨다.

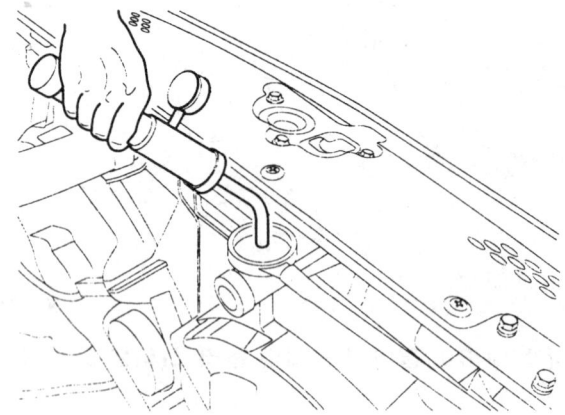

ACJF035A

3. 냉각수의 누수 및 압력 하강 유무를 점검한다.

4. 압력 테스터를 탈거하고 라디에이터 캡을 장착한다.

> 참고
> 냉각수 내에 엔진오일의 유입 또는 엔진 오일 내에 냉각수가 유입되었는지 점검한다.

냉각 시스템

탈거

워터 펌프

1. 냉각수를 배출 시킨다.

   ❌ **경고**

   엔진이 고온일 때 라디에이터 내부의 냉각수는 고온, 고압의 상태이며 이 때 라디에이터 캡을 개방할 경우 고온의 냉각수가 분출될 수 있으므로 엔진이 충분히 냉각된 상태일 때 개방한다.

2. 드라이브 벨트를 탈거한다.

3. 워터펌프 풀리(A)를 탈거한다.

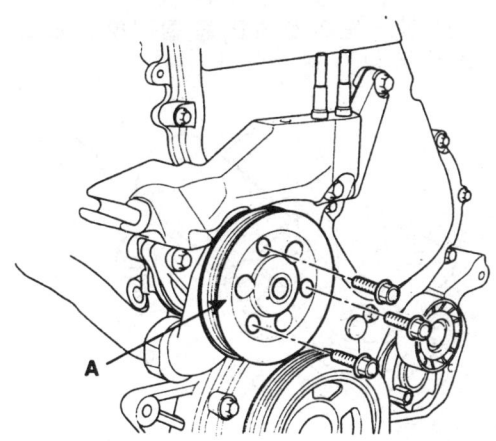

4. 워터펌프(A)를 탈거한다.

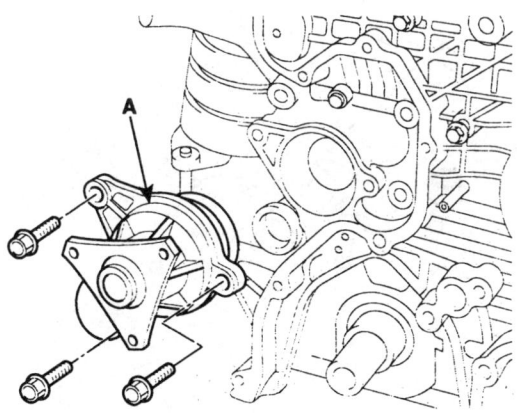

서모스탯

📖 **참고**

서모스탯 단품 자체를 분해하는 경우 냉각성능을 저하시키는 등의 역효과를 야기시킬 수 있으므로 분해하지 않는다.

1. 냉각수 수준이 서모스탯 장착부분 이하까지 오도록 냉각수를 배출시킨다.

2. 냉각수 아웃렛 피팅(A)과 가스켓, 서모스탯을 탈거한다.

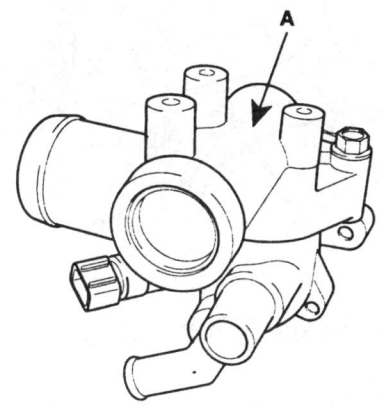

라디에이터

1. 냉각수를 배출 시킨다.

2. 라디에이터 어퍼 호스(A)와 로워 호스(B)를 탈거한다.

3. ATF오일 쿨러 호스(C)를 탈거한다.(A/T)

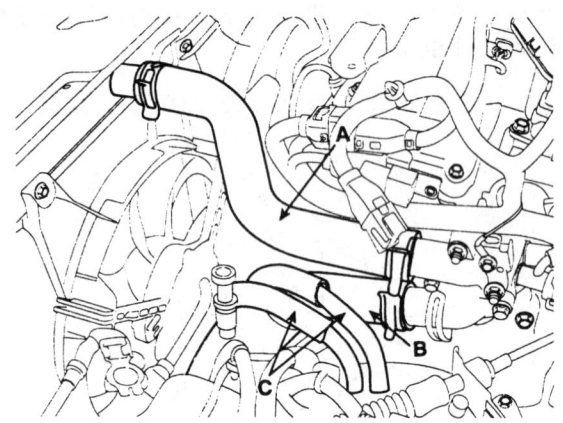

4. 팬 모터 커넥터(A)를 탈거한다.

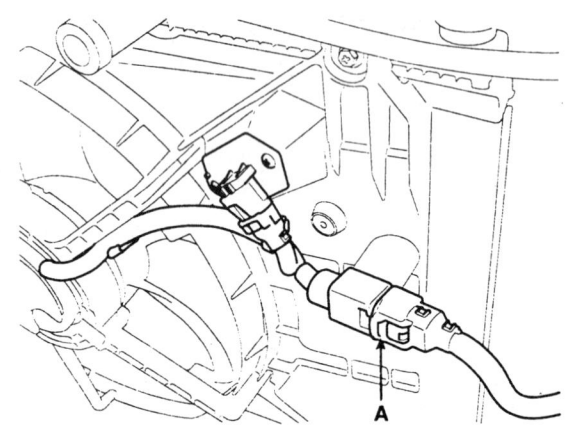

5. 쿨링팬 고정볼트(A,B)를 푼 후 쿨링팬을 탈거한다.

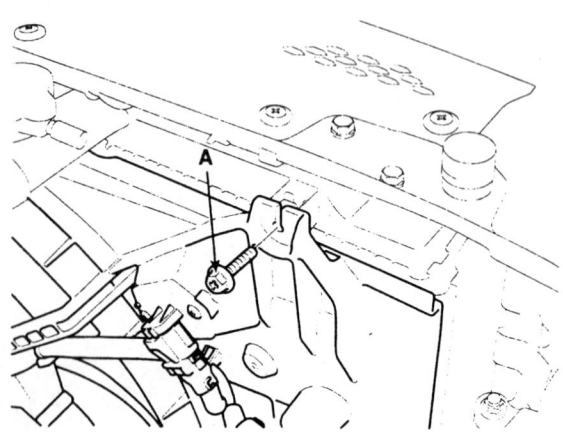

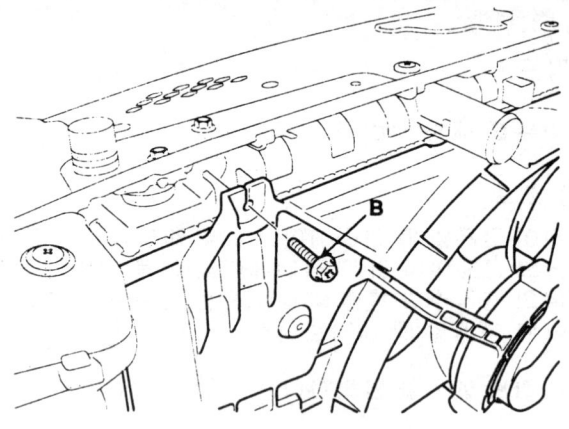

6. 라디에이터 어퍼 브라켓(A,B)을 탈거하고 라디에이터를 위로 끌어 당겨 탈거한다.

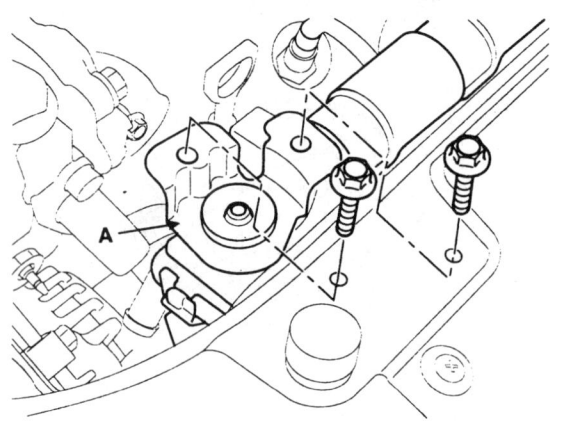

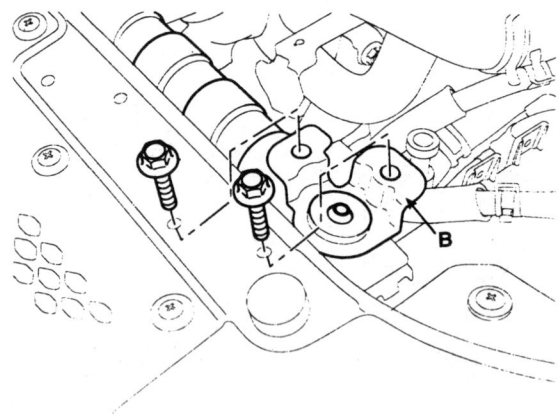

냉각 시스템

점검 K30A1CF1

워터펌프

1. 각 부분의 균열, 파손 및 마모 등을 점검하고 필요한 경우 교환한다.

2. 베어링의 파손, 비정상적인 소음 및 원활하지 못한 회전 등을 점검하고 필요한 경우 교환한다.

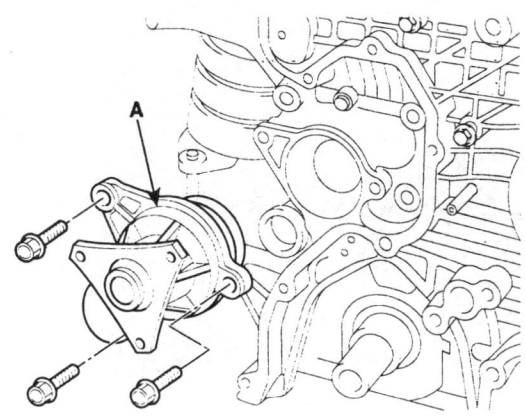

3. 냉각수의 누수를 점검한다. 워터 펌프 브리드 홀로부터 누수가 발견되면 씰에 결함이 있는 것이므로 워터 펌프 어셈블리를 교환한다.

참고
브리드 홀에 소량의 냉각수가 스며나오는 것은 정상이다.

서모스탯

1. 서모스탯을 물에 담그고 물을 서서히 가열한다.

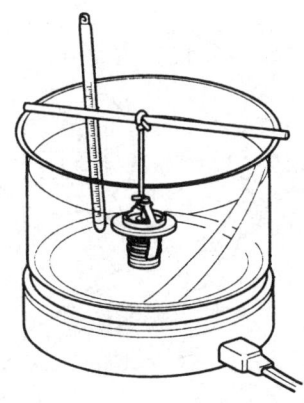

2. 밸브의 개방온도를 점검한다.

밸브 개변 온도 : 85 ± 1.5°C (측정 리프트 : 0.35mm)
밸브 전개 온도 : 100°C

밸브 개변 온도가 사양과 다른 경우 서모스탯을 교환한다.

3. 밸브의 양정을 점검한다.

전개 양정 : 8mm 이상 (100°C)

밸브의 양정이 사양과 다른경우 서모스탯을 교환한다.

쿨링 팬

1. 쿨링 팬 모터 커넥터를 탈거한다.

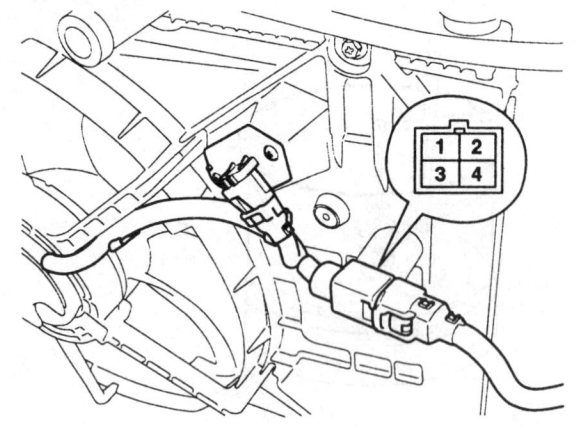

2. 1번 단자에 (+)배터리 단자를 3번 단자에 (-)단자를 연결 했을 때, 모터가 저속으로 작동하는지 점검한다.

3. 2번 단자에 (+)배터리 단자를 3번 단자에 (-)단자를 연결 했을 때, 모터가 고속으로 작동하는지 점검한다.

장착

워터 펌프

1. 워터펌프(A)를 새로운 가스켓과 함께 장착한다.

체결토크 : 2.0 ~ 2.5kgf.m

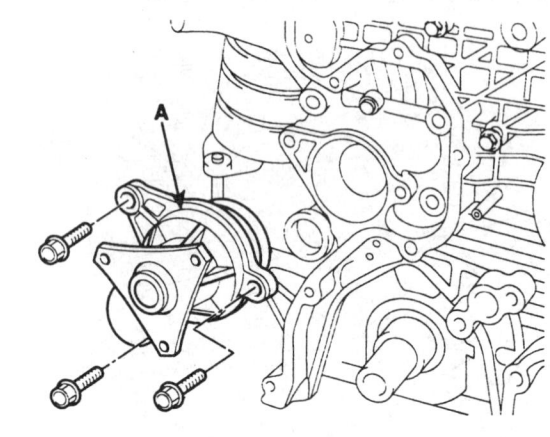

2. 워터펌프 풀리(A)를 장착한다.

체결토크 : 1.0 ~ 1.2kgf.m

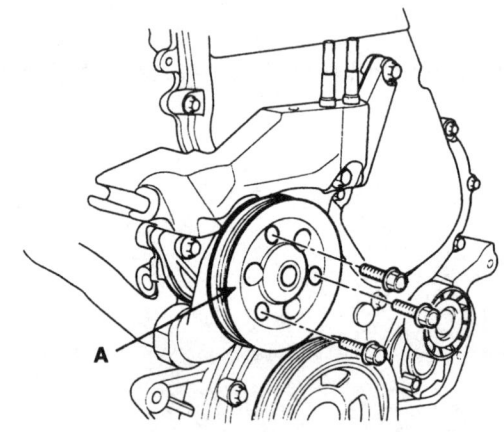

3. 드라이브 벨트를 장착한다.
4. 엔진 냉각수를 채운다.
5. 엔진을 시동하고 누수를 점검한다.
6. 엔진 냉각수 수준을 점검한다.

냉각 시스템

서모스탯

1. 서모스탯 하우징에 소모스탯과 새로운 가스켓을 장착한다.
2. 워터 아웃렛 피팅(A)을 장착한다.

체결토크 : 2.0 ~ 2.5kgf.m

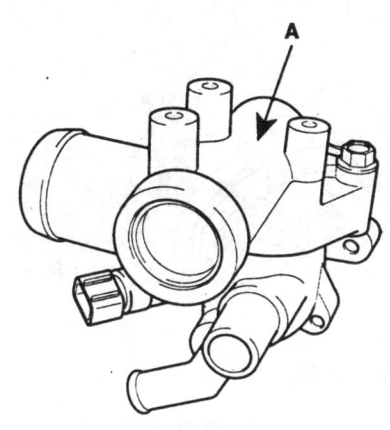

3. 엔진 냉각수를 채운다.
4. 엔진을 시동하고 누수를 점검한다.

라디에이터

1. 라디에이터를 장착한다.
2. 라디에이터 어퍼 브라켓(A,B)를 장착한다.

체결 토크 : 0.7 ~ 1.1kgf.m

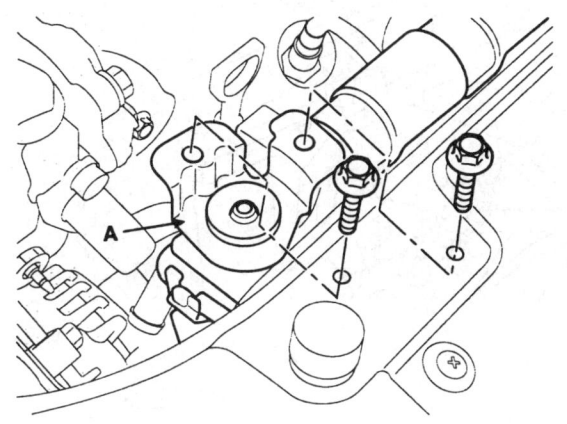

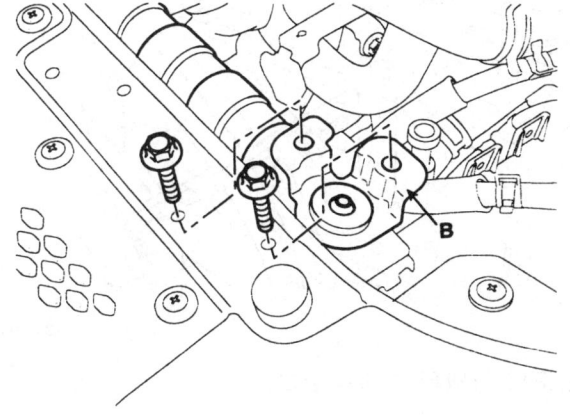

3. 쿨링팬 고정볼트(A,B)를 장착한다.

체결 토크 : 0.7 ~ 1.1kgf.m

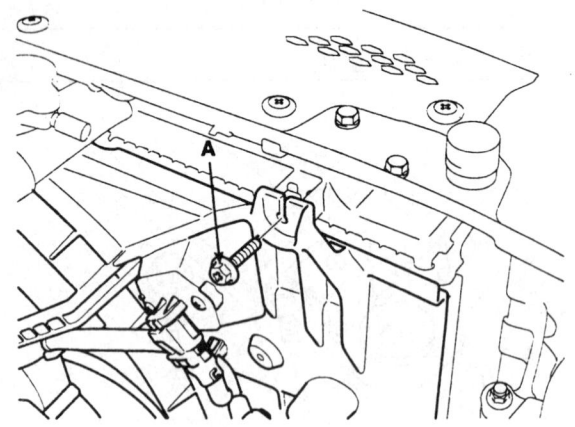

ACJF043A

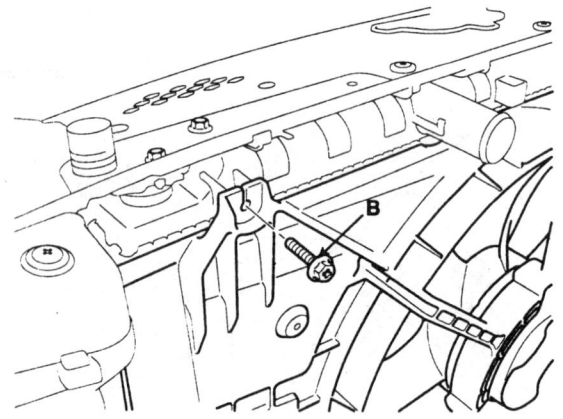

ACJF044A

4. 팬 모터 커넥터를 장착한다.

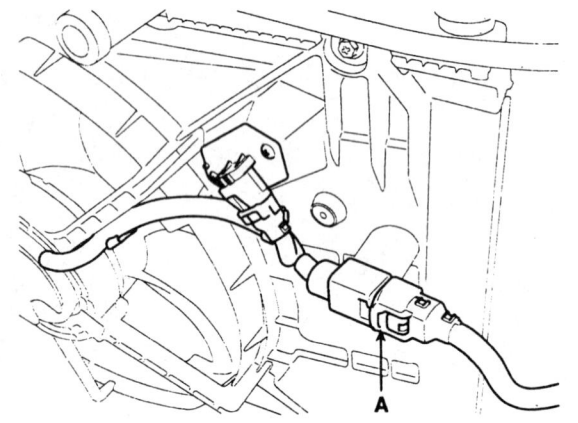

ACJF042A

5. 라디에이터 어퍼 호스와(A)와 로워 호스 (B)를 장착한다.

6. ATF 오일 쿨러 호스(C)를 장착한다.

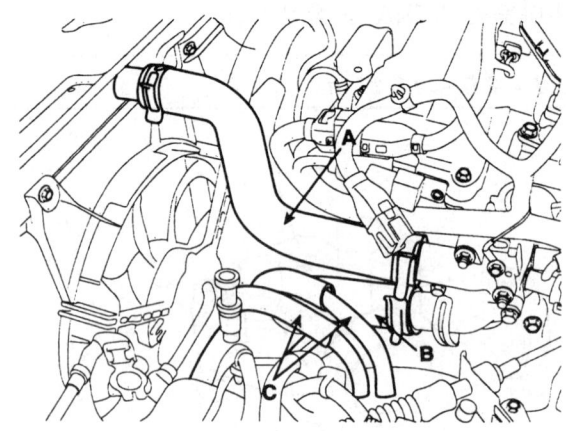

ACJF010A

7. 냉각수를 주입한다.

8. 엔진을 시동하여 누수를 점검한다.

윤활 시스템

구성부품

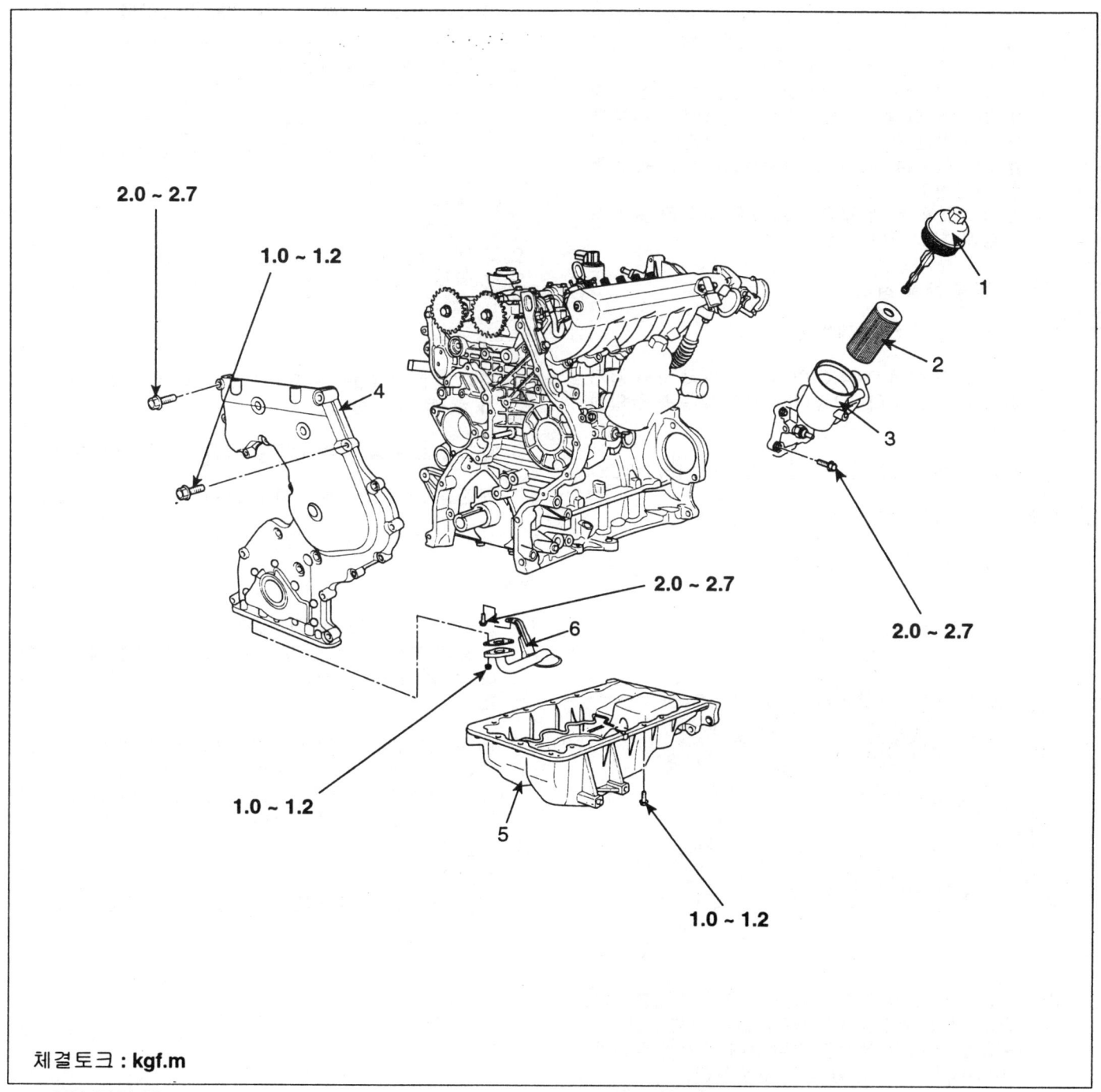

체결토크 : kgf.m

1. 오일 필터 캡
2. 오일 필터
3. 오일 필터 하우징 & 오일 쿨러 어셈블리
4. 타이밍 체인 커버
5. 오일 팬
6. 오일 스트레이너

오일과 필터 교환 KAEF1B58

⚠ 주의
- 오일이 장기적이고 반복적으로 피부에 접촉하는 경우 피부 지방성분의 파괴, 피부의 건조, 염증등을 유발시킬 수 있으며 또한 오일 내부의 유해물질이 피부암을 유발 시킬 수도 있다.
- 오일과 피부의 접촉 빈도를 가능한 한 최소로 하며 보호용 피복 및 장갑 등을 착용한다. 피부에 묻은 오일은 물과 비누 또는 핸드 클리너 등을 사용하여 깨끗이 세척하고 가솔린, 시너, 솔벤트 등은 사용하지 않는다.
- 환경보호를 위해 폐유는 반드시 지정된 곳에서 적절히 처리해야만 한다.

1. 엔진 오일을 배출 시킨다.

    1) 오일 주입구 캡을 개방한다.

    2) 오일 필터 캡의 O-링(C)이 보일때까지 오일 필터 캡을 서서히 푼다. 오일이 넘치지 않도록 주의한다.

    3) 드레인 플러그를 탈거하고 오일을 배출시킨다.

2. 오일 필터(B)를 교환한다.

    1) 오일 필터 어퍼 캡(A)을 탈거한다.

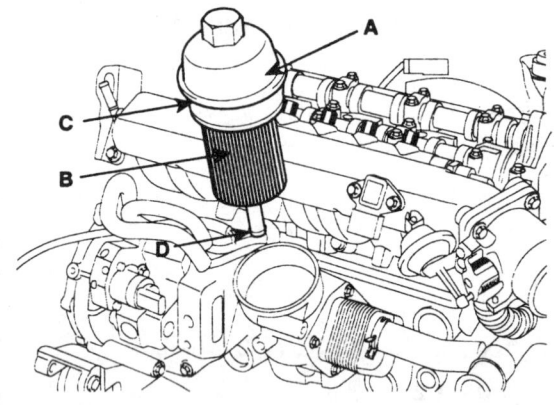

ACGF035A

    2) 오일 필터 캡의 O-링(C, D)을 새것으로 교환한다. 필터 캡의 나사산과 O-링(C, D)을 점검한다. 오일필터 캡의 장착면을 닦아내고 오일 필터 캡 O-링(C, D)에 오일을 소량 도포한다.

    3) 오일 필터 캡에 새로운 오일 필터를 장착한다.

    4) O-링(C)이 장착면에 접촉할때까지 가볍게 조인 후 규정토크로 체결한다.

체결토크 : 2.5kgf.m

3. 엔진 오일을 주입한다.

    1) 오일 드레인 플러그와 신품 가스켓을 장착한다.

체결토크 : 3.5 ~ 4.5kgf.m

    2) 오일 주입구로 신품 엔진 오일을 주입한다. 오일 주입 전에 오일 레벨 게이지를 탈거한다.

오일 용량
전체 : 5.3 L
오일 팬 : 4.8 L
오일 필터 : 0.5 L

⚠ 주의
전체 용량의 *1/2*을 먼저 주입하고 약 *1*분 경과후 나머지 *1/2*을 주입한다.

    3) 오일 주입구 캡과 오일 레벨 게이지를 장착한다.

4. 엔진을 시동하여 누유를 점검한다.

5. 엔진 오일 수준을 재 점검 한다.

점검

1. 엔진 오일의 상태를 점검한다.
   오일의 변색, 수분 유입 여부, 점도 저하 등을 점검한다. 오일의 질이 눈에 띄게 불량한 경우 오일을 교환한다.

2. 엔진 오일량을 점검한다. 엔진 웜 업 이후 엔진을 정지하고 약 5분이 지난 뒤 엔진 오일량이 게이지의 "F"와 "L" 사이에 위치 하는지 확인한다. "L"보다 낮은 경우 누유를 점검하고 "F"까지 오일을 보충한다.

📖 참고
"F" 표시 이상으로 엔진 오일을 주입하지 않는다.

윤활 시스템

엔진 오일 등급

추천 API 등급 : CH-4급 이상
추천 ACEA 등급 : B4급 이상
추천 SAE 점도 등급 :

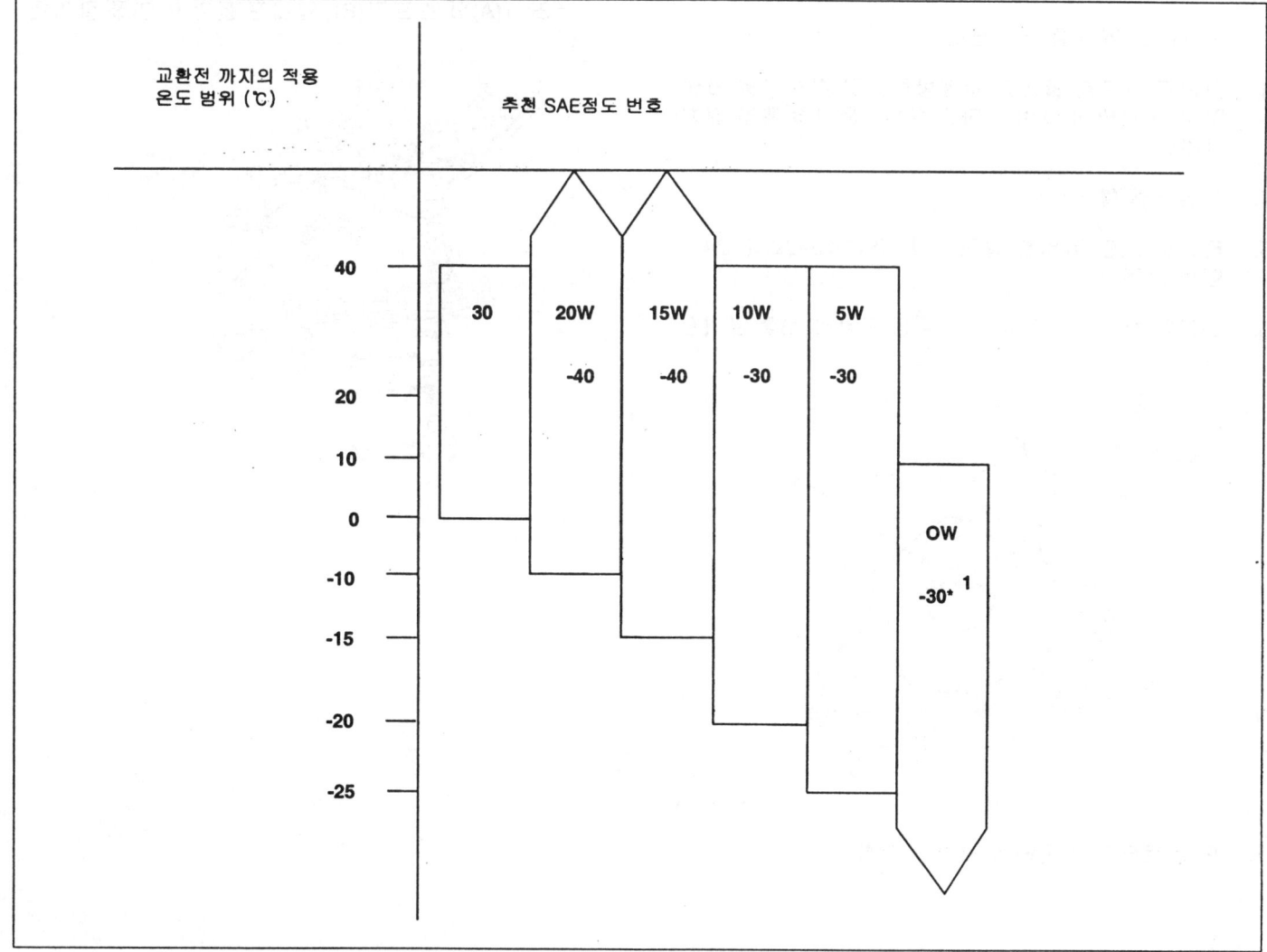

*1 주행 조건 및 기후 상태에 따라 한정된다.
계속적인 고속운전을 하는 차량은 제외된다.

> **참고**
> 모든 엔진은 최상의 성능과 최대효과를 위해서 다음과 같은 윤활유를 선택해야 한다.
> 1. API 또는 ACEA 분류의 요구사항은 만족해야 한다.
> 2. 주위 온도 범위에서 적절한 SAE 등급번호를 가져야 한다.
> 3. 용기에 SAE 등급번호와 API 또는 ACEA 분류가 표시되어 있지 않은 윤활유는 사용하지 않는다.

탈거

오일 펌프

1. 엔진오일을 배출시킨다.

2. 드라이브 벨트를 탈거한다.

3. 크랭크 샤프트 풀리를 시계방향으로 회전시켜 타이밍 체인 커버의 타이밍 마크 "T" 에 풀리의 홈을 일치시킨다.

4. 오일팬을 탈거한다.

5. 타이밍 체인 커버를 탈거한다. (EM-18~22, 1~24번 항목 참조)

6. 타이밍 체인 커버로부터 오일 펌프 커버(A)를 탈거한다.

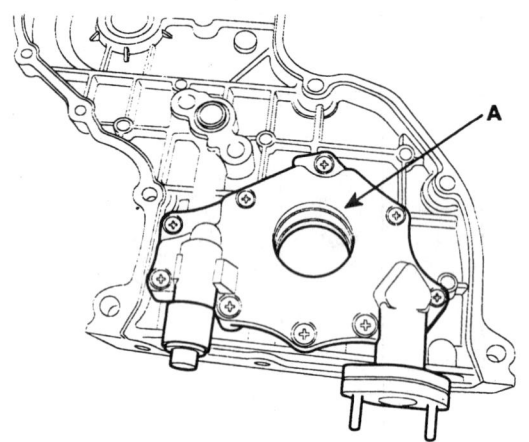

7. 인너 로터와 아웃터 로터를 탈거한다.

분해

릴리프 플런저

1. 릴리프 플런저를 탈거한다.
   플러그(A)와 스프링(B), 릴리프 플런저(C)를 탈거한다.

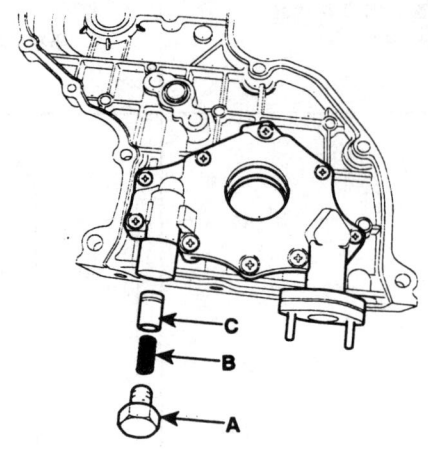

윤활 시스템

점검 KA2BA0E3

1. 릴리프 플런저를 점검한다.
   플런저에 엔진 오일을 도포하고 플런저 홀에 넣었을 때 부드럽게 들어가는지 점검하고 불량한 경우 플런저를 교환한다. 필요한 경우 프론트 케이스를 교환한다.

2. 로터의 사이드 간극을 점검한다.
   간극 게이지와 정밀한 직각자를 사용하여 로터와 직각자 사이의 간극을 측정한다.

사이드 간극	아웃터 로터	0.04 ~ 0.09mm
	인너 로터	0.04 ~ 0.085mm

측정값이 규정값의 범위를 벗어난 경우 로터를 교환하고 필요한 경우 타이밍 체인 커버를 교환한다.

조립 K6B5E1EE

릴리프 플런저

1. 릴리프 플런저를 장착한다.
   릴리프 플런저(C)와 스프링(B)을 프론트 케이스 홀에 삽입하고 플러그(A)를 장착한다.

체결토크 : 2.6 ~ 3.5kgf.m

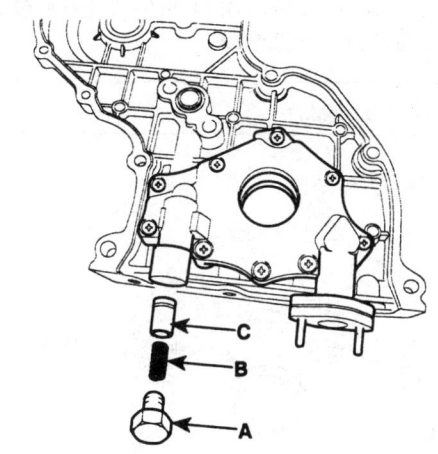

ACGF116A

장착

오일펌프

1. 오일펌프를 장착한다.

    1) 로터의 마크가 있는 면이 커버 쪽으로 향하도록 하여 타이밍 체인 커버에 내측 로터와 외측로터를 장착한다.

    2) 오일 펌프 커버(A)를 타이밍 체인 커버에 장착하고 스크류(B)를 체결한다.

    체결토크 : 0.6 ~ 0.9kgf.m

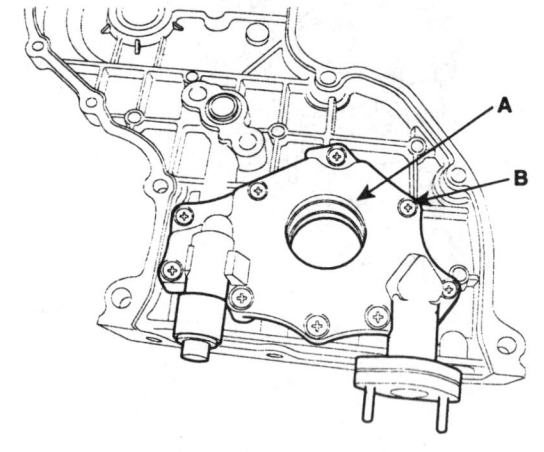

2. 오일 펌프가 원활히 회전하는지 점검한다.

3. 타이밍 체인 커버를 장착한다. (EM-28~33 참조)

4. 오일팬을 장착한다.

5. 드라이브 벨트를 장착한다.

6. 엔진오일을 채운다.

흡기 및 배기 시스템

구성부품 KFD39919

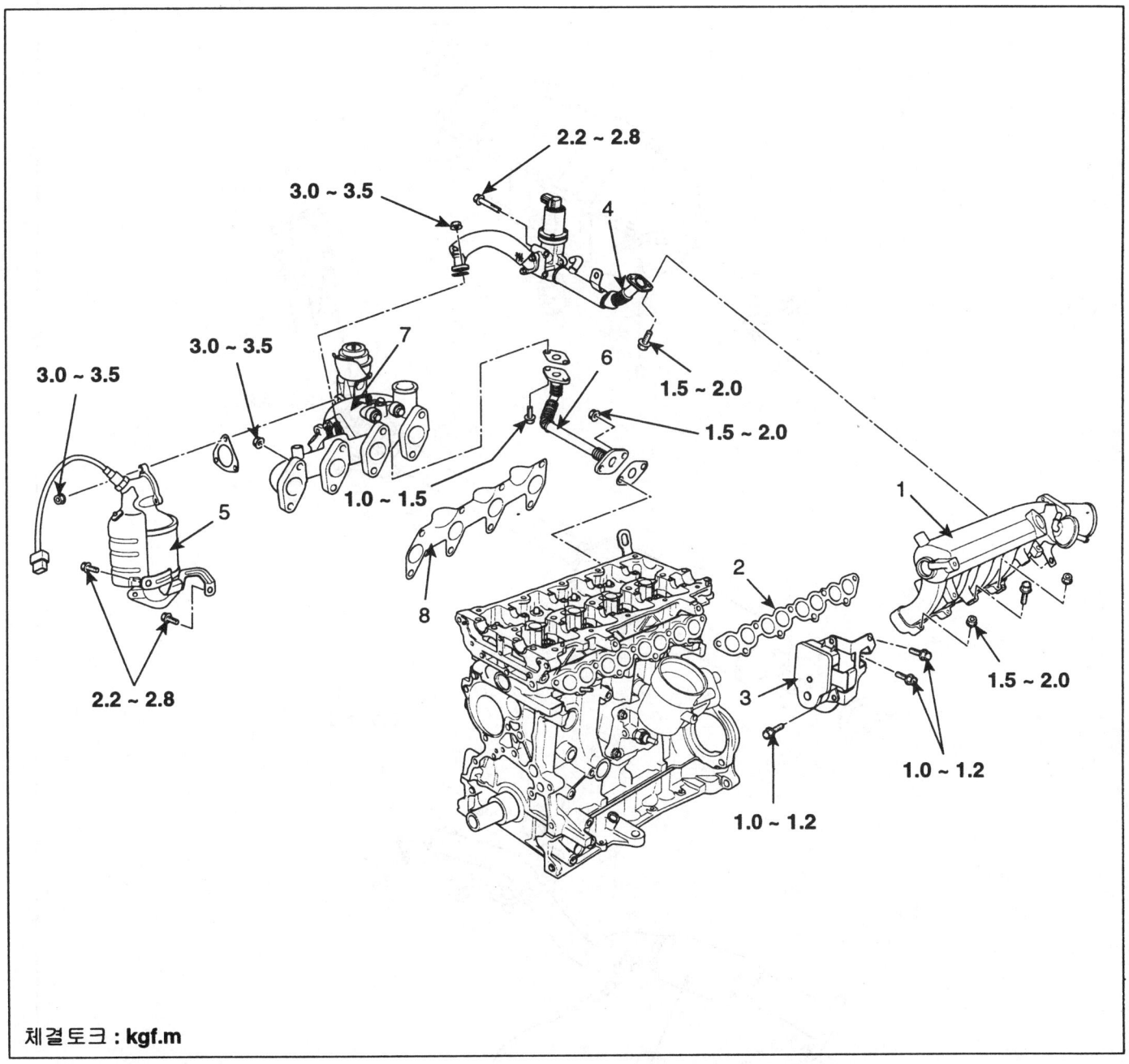

체결토크 : kgf.m

1. 흡기 매니폴드
2. 흡기 매니폴드 가스켓
3. 스월 밸브 액츄에이터
4. EGR 밸브 & 파이프 어셈블리
5. 카탈리틱 컨버터 어셈블리
6. 터보차져 오일 리턴 파이프
7. 터보차져 & 배기 매니폴드 어셈블리
8. 배기 매니폴드 가스켓

배기 파이프

구성부품

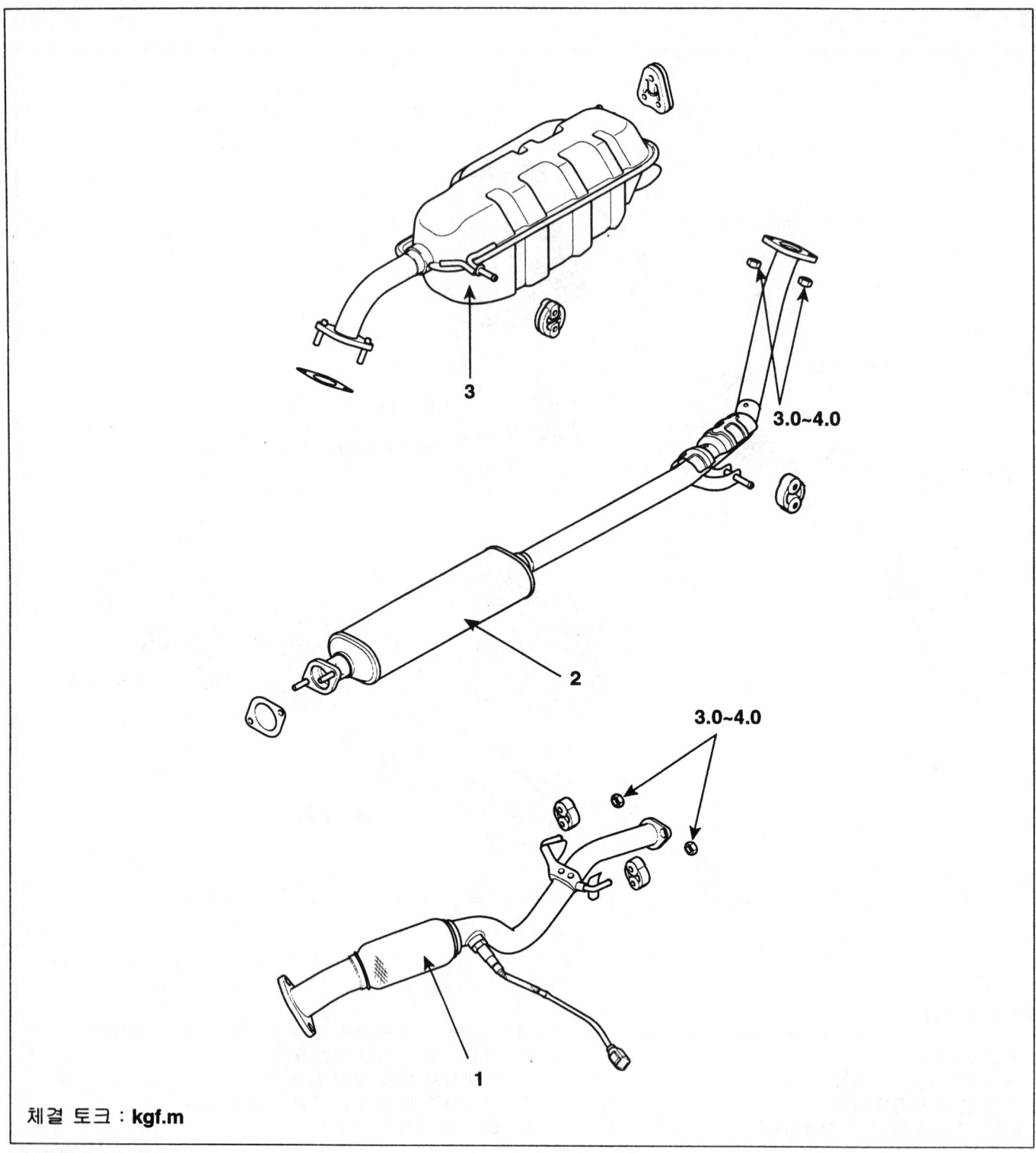

체결 토크 : kgf.m

1. 프론트 머플러
2. 센터 머플러
3. 메인 머플러

흡기 및 배기 시스템

EM -91

탈거 K4F6CB8A

흡기 매니폴드

1. 진공 솔레노이드 밸브(A)를 탈거한다.

   체결 토크 : 0.8 ~ 1.0kgf.m

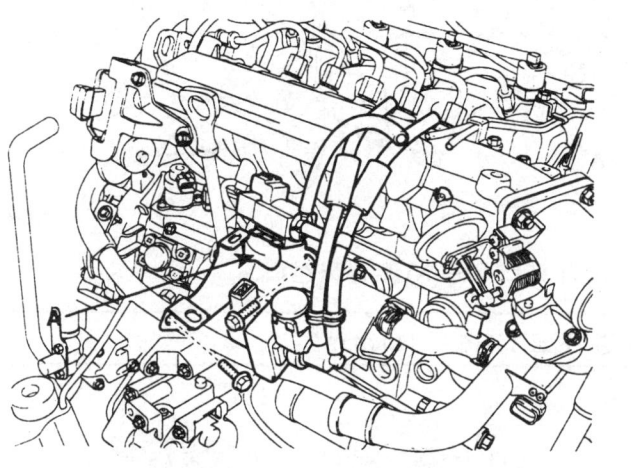

2. 엔진 하네스 프로텍터(A)의 고정볼트를 탈거한다.

   체결 토크 : 0.8 ~ 1.0kgf.m

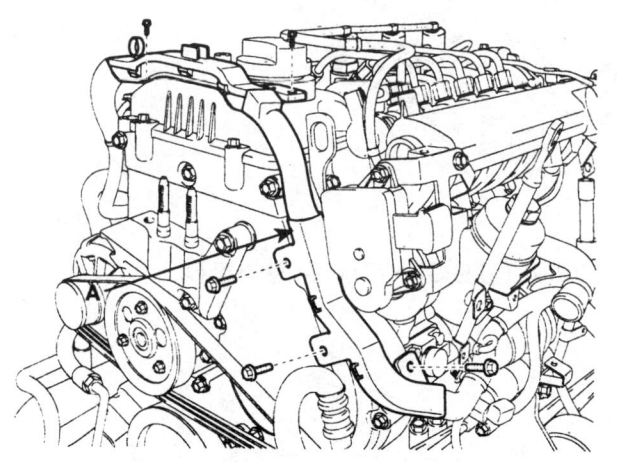

3. 스월 밸브 액츄에이터 로드(A)를 탈거한다.

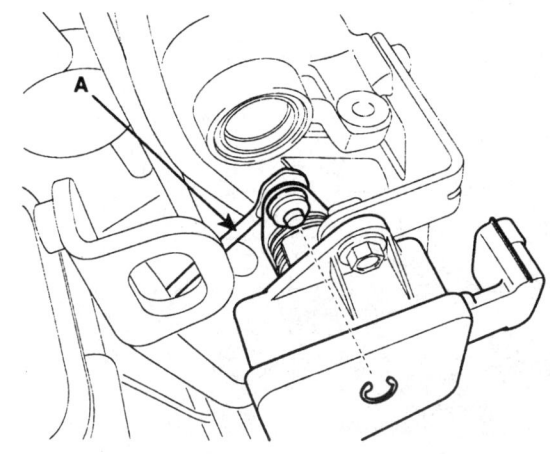

4. 스월 밸브 액츄에이터(A)를 탈거한다.

   체결 토크 :
   볼트(B) : 1.0 ~ 1.2kgf.m
   볼트(C) : 0.7 ~ 1.1kgf.m

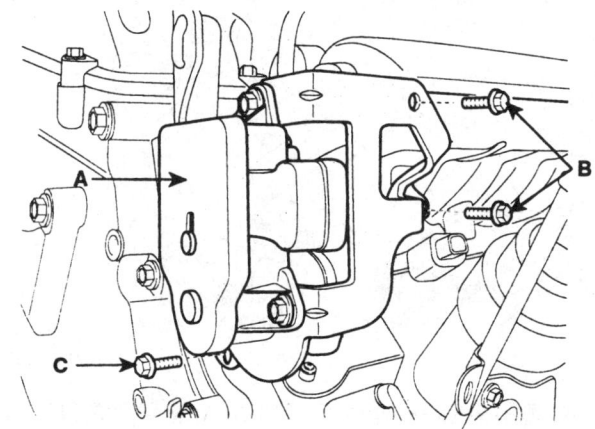

5. 고압 파이프(A)를 탈거한다. (FL그룹 참조)

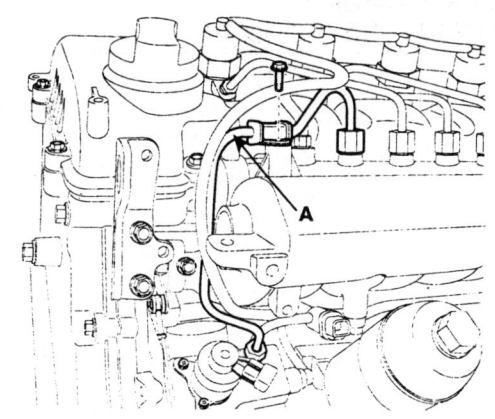

6. 연료 온도센서 고정볼트(A)를 탈거한다.
   (FL그룹 참조)

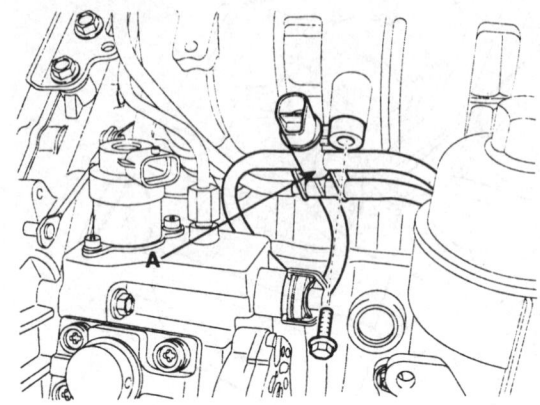

7. 진공 파이프(A)의 고정볼트를 탈거한다.

   체결 토크 : 0.7 ~ 1.1kgf.m

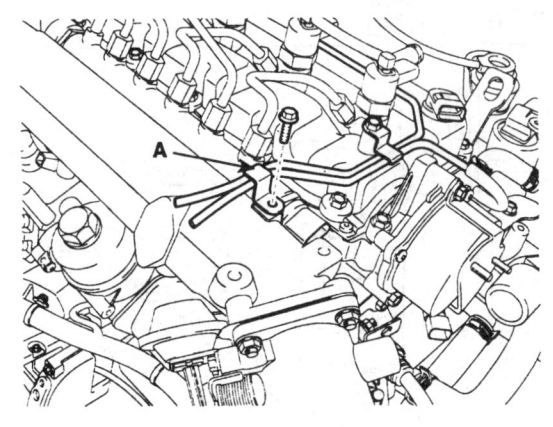

8. EGR 쿨러와 EGR 밸브 어셈블리(A)를 탈거한다.

   체결 토크 :
   너트(B) : 3.0 ~ 3.5kgf.m
   볼트(C) : 2.2 ~ 2.8kgf.m
   볼트 및 너트(D) : 1.5 ~ 2.0kgf.m

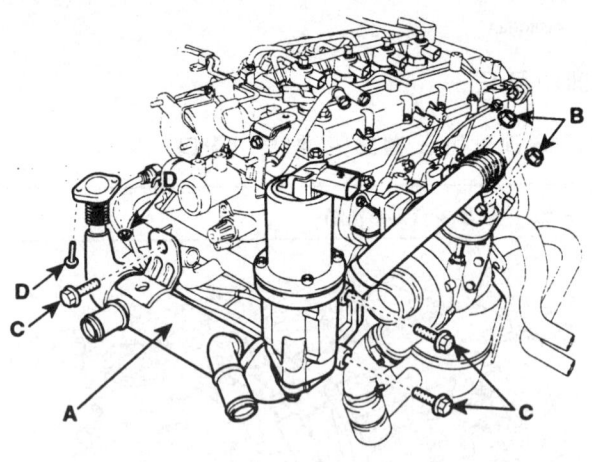

9. 흡기 매니폴드(A)를 탈거한다.

   체결 토크 : 1.5 ~ 2.0kgf.m

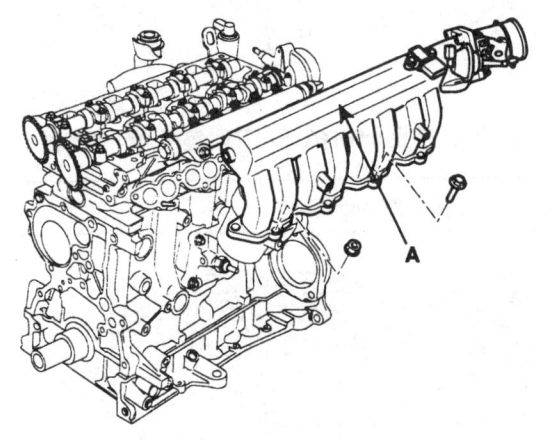

10. 흡기 매니폴드 가스켓(A)을 탈거한다.

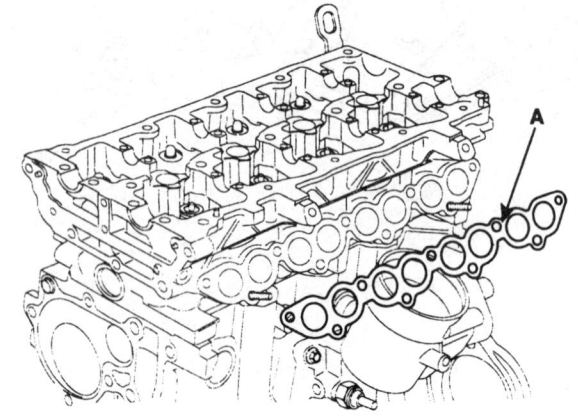

11. 장착은 탈거의 역순으로 행한다.

흡기 및 배기 시스템

배기 매니폴드

1. 히트 프로텍터(A)를 탈거한다.

   체결토크 : 1.5 ~ 2.0kgf.m

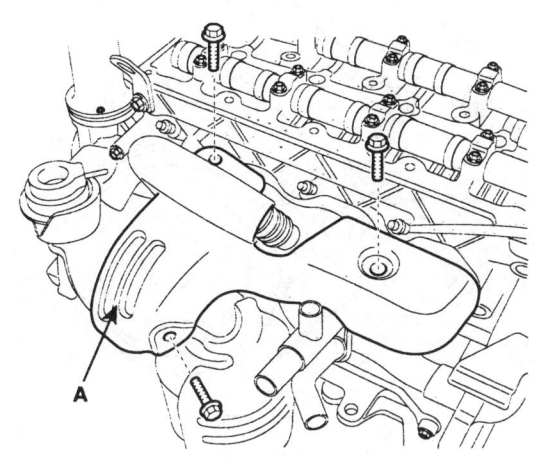

2. EGR 쿨러와 서머스탯 하우징으로부터 워터호스(A)를 탈거한다.

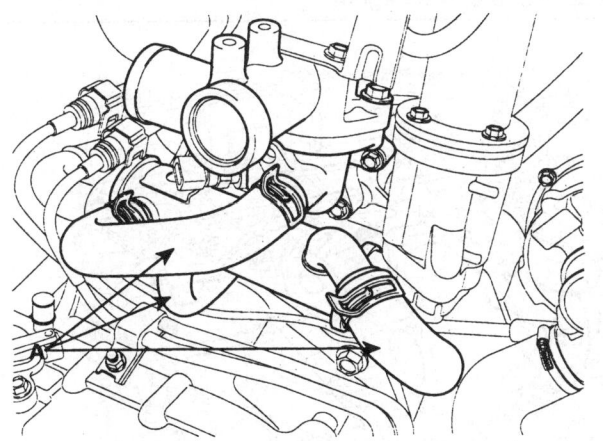

3. EGR 쿨러와 EGR 밸브 어셈블리(A)를 탈거한다.

   체결토크 :
   너트(B) : 3.0 ~ 3.5kgf.m
   볼트(C) : 2.2 ~ 2.8kgf.m
   볼트 및 너트(D) : 1.5 ~ 2.0kgf.m

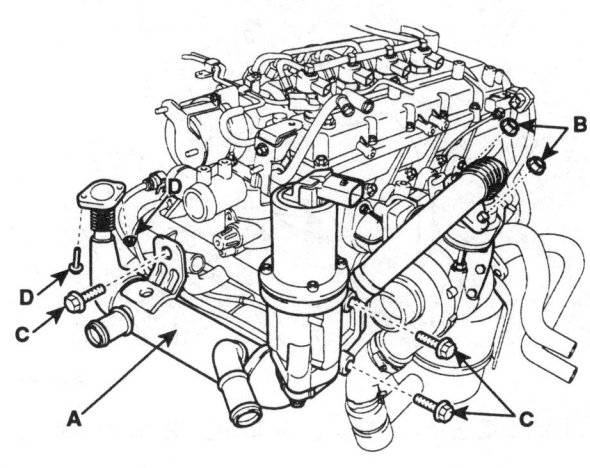

4. 카탈리틱 컨버터 스테이(A)를 탈거한다.

   체결토크 : 2.2 ~ 2.8kgf.m

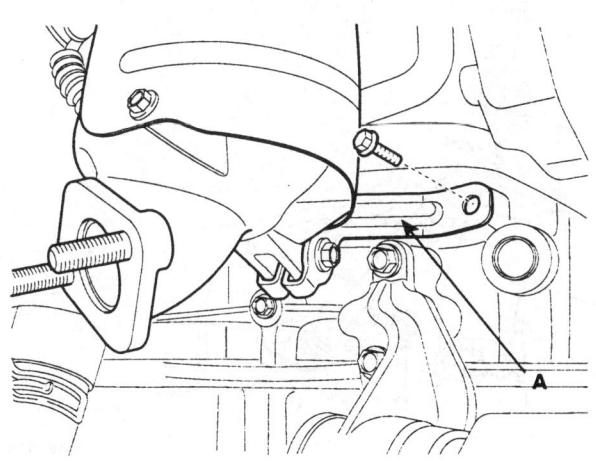

5. 카탈리틱 컨버터(A)를 탈거한다.

   체결토크 : 3.0 ~ 3.5kgf.m

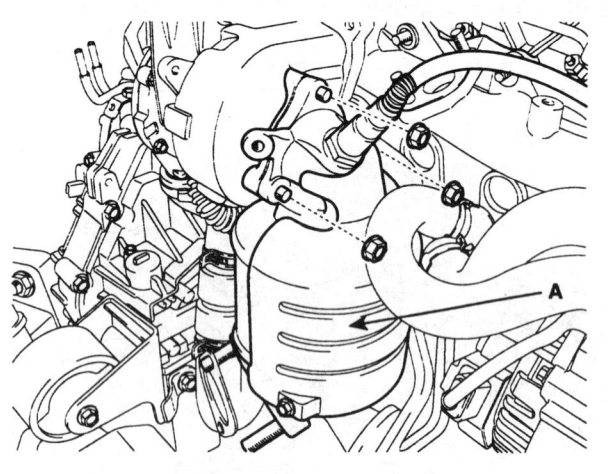

6. 인터쿨러 호스(A)와 오일 리턴 파이프(B)를 탈거한다.

   체결토크 :
   볼트(C) : 1.0 ~ 1.5kgf.m
   너트(D) : 1.5 ~ 2.0kgf.m

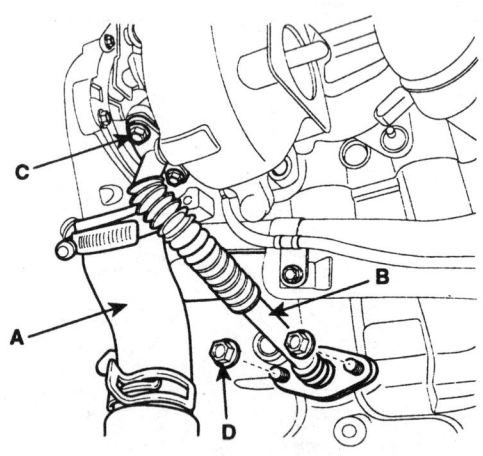

7. 터보차져 오일 공급 파이프에서 아이볼트(A)를 탈거한다.

   체결토크 : 1.4 ~ 1.9kgf.m

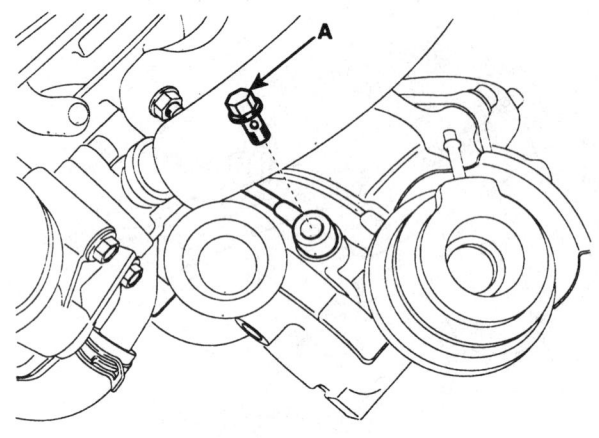

8. 터보차져와 배기 매니폴드 어셈블리(A)를 탈거한다.

   체결토크 : 3.0 ~ 3.5kgf.m

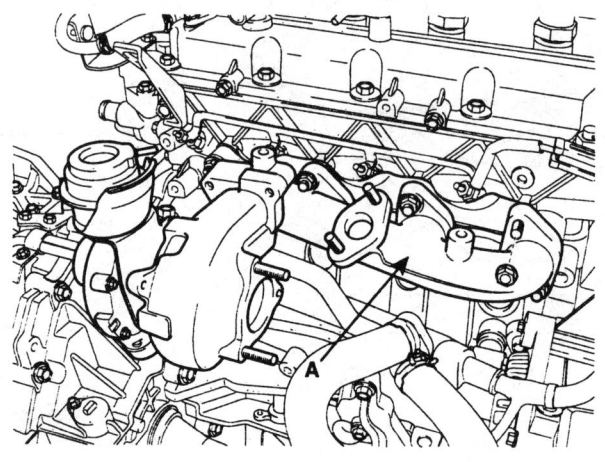

흡기 및 배기 시스템

9. 배기 매니폴드 가스켓(A)를 탈거한다.

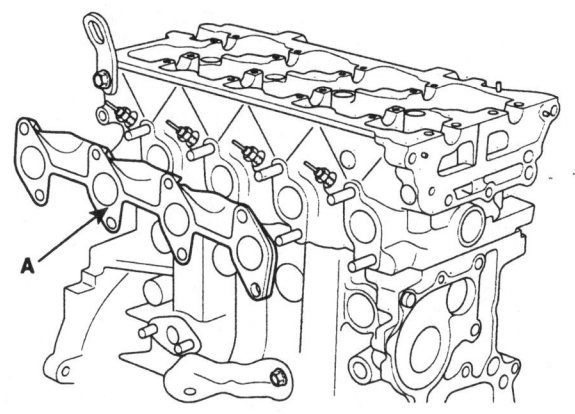
LCGF037A

10. 장착은 탈거의 역순으로 행한다.

배기 파이프

1. 프론트 머플러 히트 프로텍터(A)를 탈거한다.

체결 토크 : 0.8 ~1.2kgf.m

2. 프론트 머플러(B)를 탈거한다.

체결 토크 : 3.0 ~ 4.0kgf.m

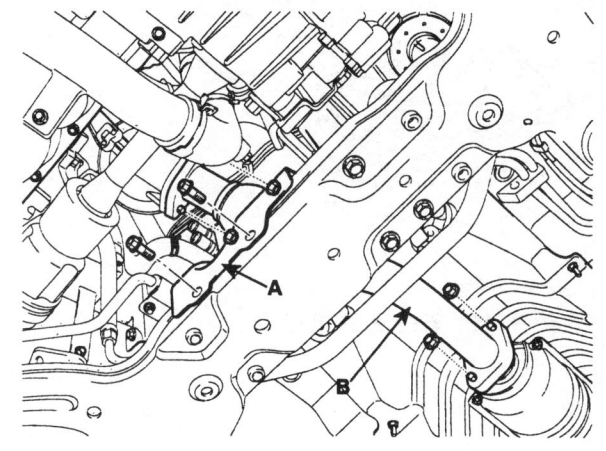
ADJF026A

3. 센터 머플러(A)를 탈거한다.

체결 토크 : 3.0 ~ 4.0kgf.m

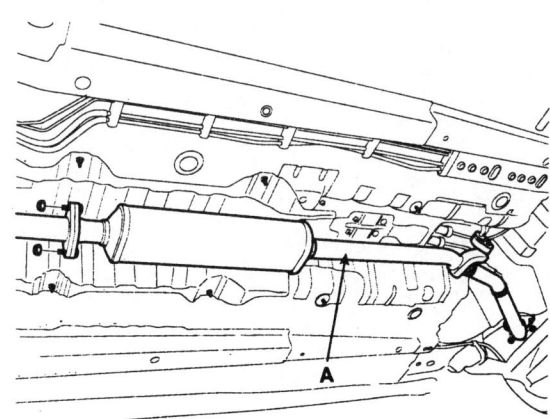
ACJF050A

4. 메인 머플러(A)를 탈거한다.

체결 토크 : 3.0 ~ 4.0kgf.m

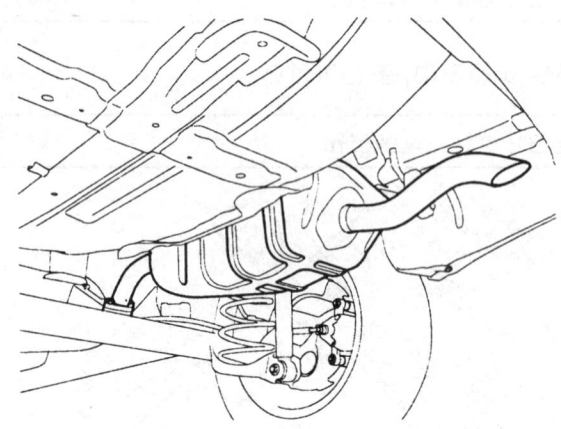

ACJF054A

5. 장착은 탈거의 역순으로 행한다.

엔진 전장
(D4FA - 디젤 1.5)

일반사항
- 제원 .... EE - 2
- 고장진단 .... EE - 3

점화계통
- 개요 .... EE - 4
- 차상점검 .... EE - 4
- 알터네이터 .... EE - 8
  - 탈거 및 장착 .... EE - 8
  - 구성부품 .... EE - 9
  - 분해 .... EE - 10
  - 점검 .... EE - 11
- 배터리 .... EE - 12
  - 개요 .... EE - 12
  - 점검 .... EE - 13

시동계통
- 개요 .... EE - 16
- 점검 .... EE - 16
- 스타트 모터 .... EE - 19
  - 분리 및 장착 .... EE - 19
  - 구성부품 .... EE - 20
  - 분해 .... EE - 21
  - 점검 .... EE - 23
- 스타트 릴레이 .... EE - 26
  - 점검 .... EE - 26

예열계통
- 구성부품 .... EE - 27
- 차상점검 .... EE - 28
- 점검 .... EE - 28

일반사항

제원 KEAFB7F6

시동 시스템

항목			제원
스타터	출력		12 V, 1.7 kW
	피니언 잇수		8
	무부하 특성	터미널 전압	11 V
		최대전류	90A, MAX
		최저속도	2,600 rpm, MIN
	정류자 외경	규정값	29.4 mm
		한계값	28.8 mm
	언더컷 깊이	규정값	0.5 mm
		한계값	0.2 mm

충전 시스템

항목		제원
알터네이터	형식	내부 검출 방식
	정격 출력	12 V, 120A
	모터 속도	1,000 ~ 18,000 rpm
	전압 레귤레이터 형식	전자기식 내장형
	레귤레이터 셋팅 전압	14.55 ± 0.2 V
	온도 보상	-7 ± 3 mV / °C
배터리	형식	MF 68AH
	냉각 시동 전류 (-18°C)	600 A
	보존 용량	110 분
	비중 (20°C)	1.280 ± 0.01

⚠ 주의

- 냉각 시동 전류 *(Cold cranking ampere)* : 특정 온도에서 **7.2V** 이상의 터미널 전압을 유지하며 **30**초간 배터리가 공급할 수 있는 전류
- 보존용량 *(Reserve capacity)* : **26.7 °C** 의 온도에서 최소 터미널 전압 **10.5 V**를 유지하면서 배터리가 **25A**를 공급할 수 있는 총 시간

일반사항

EE-3

고장진단 KB64B12E

시동 시스템

현 상	가능한 원인	조 치
엔진이 크랭킹 되지 않는다.	배터리 충전전압이 낮다. 배터리 케이블 연결 상태 불량 및 부식 또는 마모 변속 레인지 스위치 불량(자동 변속기 차량) 퓨즈가 끊어짐 스타터 모터 결함 점화 스위치 결함	배터리 충전 또는 교환 케이블 정비 또는 교환 그룹 TR - 자동 변속기 편 참조 퓨즈 교환 교환 교환
크랭킹이 느리다.	배터리 충전전압이 낮다. 배터리 케이블 연결 상태 불량 및 부식 또는 마모 스타터 모터 불량	배터리 충전 또는 교환 케이블 정비 또는 교환 교환
스타터 모터가 계속 회전한다.	스타터 모터 불량 점화 스위치 불량	교환 교환
스타터 모터는 회전하나 엔진은 크랭킹 되지 않는다.	와이어링의 단락 피니언 기어 이빨의 마모 및 파손 또는 스타트 모터 불량 링 기어 이빨 파손	수리 또는 교환 교환 플라이 휠 및 토크 컨버터 교환

충전 시스템

현 상	가능한 원인	정 비
점화 스위치 ON위치에서 충전경고등이 점등되지 않는다	퓨즈가 끊어짐 전구가 끊어짐 와이어링 커넥터 연결 상태 불량 전압 레귤레이터 불량	퓨즈 교환 전구 교환 와이어링 연결부 점검 전압레귤레이터 교환
엔진 시동 후에도 충전 경고등이 소등 되지 않는다. (빈번한 배터리의 방전)	구동 벨트 마모 또는 장력 부족 배터리 케이블 연결 상태 불량 및 부식 또는 마모 퓨즈가 끊어짐 전압 레귤레이터 또는 알터네이터 불량 와이어링 불량	구동벨트의 장력 조정 또는 교환 배터리 케이블 연결상태 점검 및 케이블 수리 또는 교환 퓨즈 교환 전압 레귤레이터 또는 알터네이터 교환 와이어링 수리 또는 교환
과충전 된다.	전압 레귤레이터 결함 (충전경고등 점등됨) 전압 감지 와이어링의 결함	전압 레귤레이터 교환 와이어링 교환
배터리가 방전된다	구동 벨트 마모 또는 장력 부족 와이어링 연결 상태 불량 및 회로의 단락 퓨즈가 끊어짐 전압 레귤레이터 또는 알터네이터 불량 접지 불량 배터리 불량	구동벨트의 장력 조정 또는 교환 와이어링 연결상태 점검 및 와이어링 수리 또는 교환 퓨즈 교환 전압 레귤레이터 또는 알터네이터 교환 접지 점검 및 수리 배터리 교환

충전계통

일반 사항

충전 장치는 배터리, 레귤레이터가 내장된 알터네이터, 충전 경고등 및 와이어를 포함한다.
알터네이터에는 다이오드가 내장되어 있으며 각각의 다이오드는 AC 전류를 DC 전류로 정류 시켜 알터네이터 "B" 단자에 DC 전류를 발생시킨다. 또한 충전 전압은 배터리 전압 감지 장치에 의해 일정하게 유지된다.
알터네이터의 주 구성 요소는 로터, 스테이터, 정류기, 캐퍼시터, 브러시, 베어링 및 V-벨트 풀리로 구성된다. 브러시 홀더에는 전자 전압 레귤레이터가 내장되어 있다.

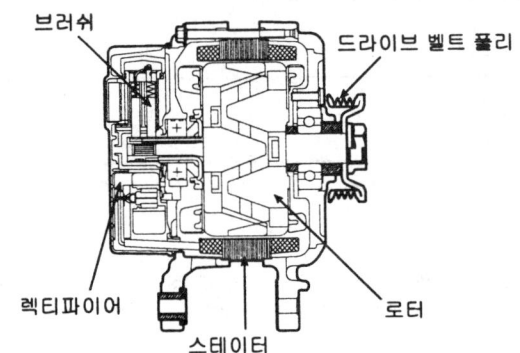

차상 점검

⚠ 주의
- 각각의 배터리 케이블이 각각의 터미널에 올바르게 연결되어 있는지 확인한다.
- 배터리 급속 충전시는 배터리 케이블을 분리한다.
- 엔진 작동 중에는 배터리를 절대로 분리 하지 않는다.

배터리 전압 점검

1. 엔진이 정지하고 20분이 경과하지 않은 경우 잔류 전압을 제거하기 위해 점화 스위치를 "ON"에 위치시키고 60초 동안 전기 장치(헤드 램프, 블로워 모터, 리어 디포거 등)를 작동시킨다.

2. 점화 스위치 및 전기 장치들을 "OFF" 한다.

3. 배터리 (-)터미널과 (+)터미널 사이의 전압을 측정한다.

규정 전압 : 12.5 ~ 12.9V (20°C)

측정값이 규정 전압 미만인 경우 배터리를 충전한다.

배터리 터미널 및 퓨즈 점검

1. 배터리 터미널의 연결부가 느슨하거나 부식되지는 않았는지 점검한다.

2. 퓨즈의 통전 상태를 점검 한다.

알터네이터 와이어링의 육안 점검과 비정상적인 소음 점검

1. 와이어링의 상태가 양호한지 점검한다.

2. 엔진 작동 중 알터네이터에서 비정상적인 소음이 발생하지 않는지 점검한다.

충전 경고등 회로 점검

1. 엔진을 웜 업 시킨 후 정지 시킨다.

2. 모든 액세서리를 "OFF" 시킨다.

3. 점화 스위치를 "ON"에 위치시키고 충전 경고등이 점등 되는지 확인한다.

4. 엔진을 시동하고 경고등이 소등 되는지 확인한다. 경고등이 소등 되지 않는 경우 충전 경고등 회로를 점검한다.

충전계통

충전 장치 점검

알터네이터 출력 와이어 전압 강하 시험

이 시험은 전압 강하를 통해 알터네이터 "B"터미널과 배터리 "B"터미널 사이에 와이어링의 상태를 점검하는 시험이다.

준비

1. 점화 스위치를 "OFF" 한다.

2. 알터네이터의 출력선을 "B"터미널로부터 분리한다. 직류 전류계의 (+)리드선을 알터네이터 "B"터미널에, (-)리드선을 분리된 출력선에 직렬로 연결한다. 디지털 전압계의 (+)리드선을 알터네이터 "B"터미널에, (-)리드선을 배터리 (+)터미널에 연결한다.

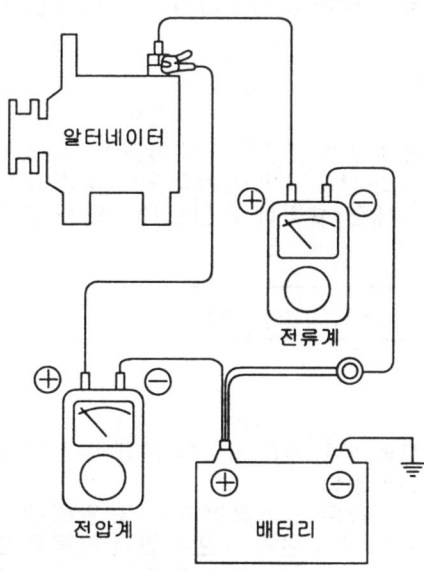

ABGF002A

시험

1. 엔진을 시동한다.

2. 헤드 램프, 블로워 모터 등을 작동 시키고 엔진 회전수를 조정하여 전류계가 **20A**를 지시할 때의 전압계가 나타내는 값을 확인한다.

결과

1. 전압계의 측정값이 규정값 이하를 나타내면 정상이다.

   규정값 : 0.2V MAX

2. 전압계의 측정값이 규정값을 초과하는 경우 와이어링의 불량을 의심한다. 이러한 경우 알터네이터 "B" 터미널로 부터 퓨즈, 배터리 (+)터미널 사이에 와이어링을 점검한다. 접촉 부분의 느슨함, 과열로 인한 하네스의 변색 등을 점검하고 정비한 후 재시험 한다.

3. 시험이 완료되면 엔진 속도를 낮추어 아이들 상태로 하고 헤드 램프와 블로워 모터 및 점화 스위치를 "OFF" 한다.

출력 전류 시험

이 시험은 알터네이터의 출력 전류와 정격 전류의 일치 여부를 확인하는 실험이다.

준비

1. 시험 전 다음의 항목들을 점검하고 필요한 경우 정비한다.
   차량에 장착된 배터리의 상태가 양호한지 점검한다.
   배터리 점검 방법은 "배터리"편을 참조한다.
   출력 전류 시험에 사용될 배터리는 일부분만 충전된 배터리여야 한다.
   완전히 충전된 배터리는 불충분한 부하로 인해 정확한 시험이 어렵다.
   알터네이터 구동 벨트의 장력을 점검한다.
2. 점화 스위치를 "OFF" 한다.
3. 배터리 접지 케이블을 분리한다.
4. 알터네이터 "B"터미널로부터 출력선을 분리한다.
5. 직류 전류계(0 ~ 150A)의 (+)리드선을 알터네이터 "B"터미널에, (-)리드선을 분리된 출력선에 직렬로 연결한다.

   [참고]
   많은 양의 전류가 흐르기 때문에 각 연결부를 안전하게 조여 두고 클립 등을 사용하지 않는다.

6. 디지털 전압계(0 ~ 20V)의 (+)리드선을 알터네이터 "B"터미널에 연결하고 (-)리드선은 접지 시킨다.
7. 엔진 회전계를 장착하고 배터리 접지 케이블을 연결한다.
8. 후드는 개방해 둔다.

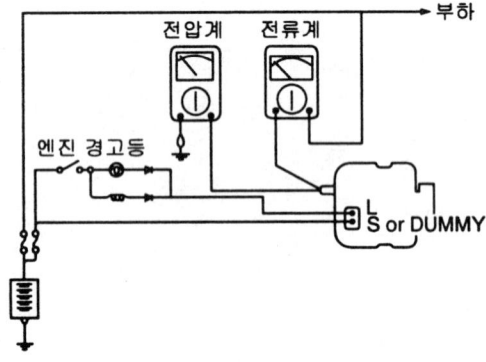

ABGF003A

시험

1. 전압계가 나타내는 값이 배터리 전압과 동일한지 확인한다. 전압계가 0V를 지시하는 경우 알터네이터 "B"터미널과 배터리 (-)터미널 사이에 회로 개방 또는 접지 불량을 의심한다.
2. 엔진을 시동하고 헤드 램프를 켠다.
3. 헤드 램프를 하이 빔으로 조정하고 블로워 스위치도 최대로 작동시킨 다음 엔진 회전수를 2500rpm으로 신속하게 상승시켜 전류계가 나타내는 최대 출력 전류를 읽어낸다.

   [참고]
   엔진을 시동한 후 충전 전류는 급속히 줄어들기 때문에 최대 출력 전류값을 신속하고 정확하게 읽어야 한다.

결과

1. 전류계는 한계값 이상을 나타내야만 한다. 알터네이터의 출력선의 상태가 양호함에도 불구하고 한계값 미만을 나타내면 차량에서 알터네이터를 분리해서 시험한다.

   한계값(120A 알터네이터) : 84A

   [참고]
   - 정격 전류값은 알터네이터 몸체 부분의 명판에 표시되어 있다.
   - 출력 전류값은 전기적인 부하 및 알터네이터 자체 온도로 인해 변화하므로 정격 전류를 얻어내지 못 할 수도 있다. 이러한 경우 배터리 방전을 위해 헤드 램프를 켜두거나 다른 차량의 헤드 램프 등을 이용하여 전기적인 부하를 증가 시킬 수 있다.
   알터네이터 자체의 온도 또는 지나치게 높은 대기온도로 인해 정격 전류를 얻어낼 수 없는 경우 온도를 낮춘 후 재시험 한다.

2. 출력 전류 시험이 완료되면 엔진 회전수를 낮추어 아이들 상태로 하고 점화 스위치를 "OFF" 한다.
3. 배터리 접지 케이블을 분리한다.
4. 전압계와 전류계 및 엔진 회전계를 분리한다.
5. 알터네이터 "B"터미널과 출력선을 연결한다.
6. 배터리 접지 케이블을 연결한다.

충전계통

조정 전압 시험

이 시험의 목적은 전자 전압 레귤레이터가 정상적으로 전압을 제어하는지를 점검하기 위한 시험이다.

준비

1. 시험 전 다음의 항목들을 점검하고 필요한 경우 정비한다.
   차량에 장착된 배터리의 상태가 양호한지 점검한다.
   배터리 점검 방법은 "배터리"편을 참조한다.
   조정 전압 시험에 사용될 배터리는 완전 충전된 배터리여야 한다.
   알터네이터 구동 벨트의 장력을 점검한다.

2. 점화 스위치를 "OFF" 한다.

3. 배터리 접지 케이블을 분리한다.

4. 디지털 전압계의 (+)리드선을 알터네이터 "B"터미널에, (-)리드선을 접지 또는 배터리 (-)터미널에 연결한다.

5. 알터네이터 "B"터미널로부터 출력선을 분리한다.

6. 직류 전류계(0~150A)의 (+)리드선을 알터네이터 "B"터미널에, (-)리드선을 분리한 출력선에 직렬로 연결한다.

7. 엔진 회전계를 장착하고 배터리 접지 케이블을 연결한다.

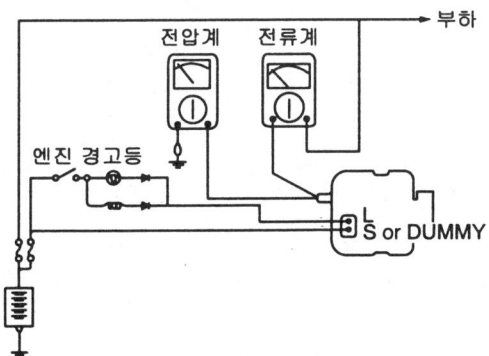

ABGF003A

시험

1. 점화 스위치를 "ON"하고 전압계가 다음 값을 나타내는지 확인한다.

   전압 : 배터리 전압

   0V를 나타내는 경우 알터네이터 "B"터미널과 배터리 (-)터미널 사이에 회로가 개방된 것이다.

2. 엔진을 시동하고 모든 등화 장치 및 액세서리를 "OFF" 한다.

3. 엔진 회전수를 2500rpm으로 조정하고 알터네이터 출력 전류가 10A이하로 떨어질 때 전압계가 나타내는 값을 읽는다.

결과

1. 전압계가 나타내는 값이 조정 전압 표의 값과 일치한다면 전압 레귤레이터는 정상 작동하는 것이며 규정 값과 다른 경우는 레귤레이터 또는 알터네이터의 불량이다.

조정 전압 표

전압 레귤레이터 주위의 온도 (°C)	조정 전압 (V)
-20	14.2 ~ 15.4
20	14.0 ~ 15.0
60	13.7 ~ 14.9
80	13.5 ~ 14.7

2. 시험이 완료되면 엔진 속도를 낮추어 아이들 상태로 하고 점화 스위치를 "OFF" 한다.

3. 배터리 접지 케이블을 분리한다.

4. 전압계와 전류계 및 엔진 회전계를 분리한다.

5. 알터네이터 "B"터미널에 출력선을 연결한다.

6. 배터리 접지 케이블을 연결한다.

알터네이터

탈거 및 장착

1. 배터리 (-) 터미널을 먼저 분리한 다음 (+)터미널을 분리한다.

2. 알터네이터 커넥터(A)를 분리하고 알터네이터 "B"터미널로부터 케이블(B)을 분리한다.

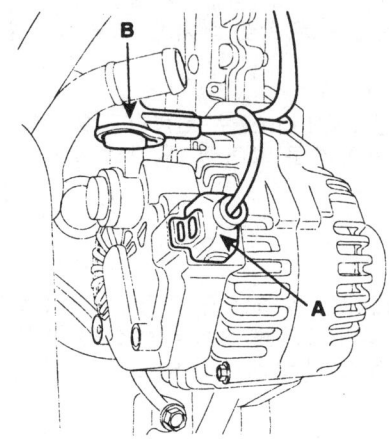

3. 알터네이터(A)를 탈거한다.

체결토크 : 3.9 ~ 6.0kgf.m

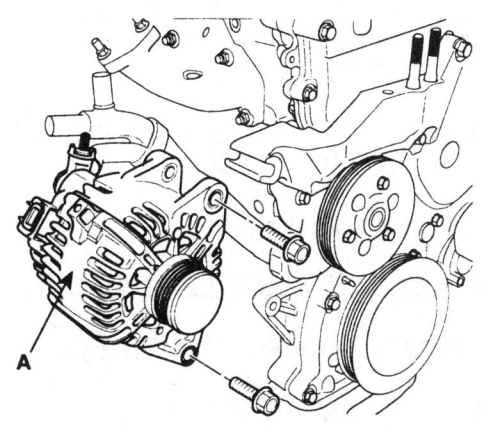

4. 장착은 탈거의 역순으로 행한다.

충전계통

구성부품 K9BAC88B

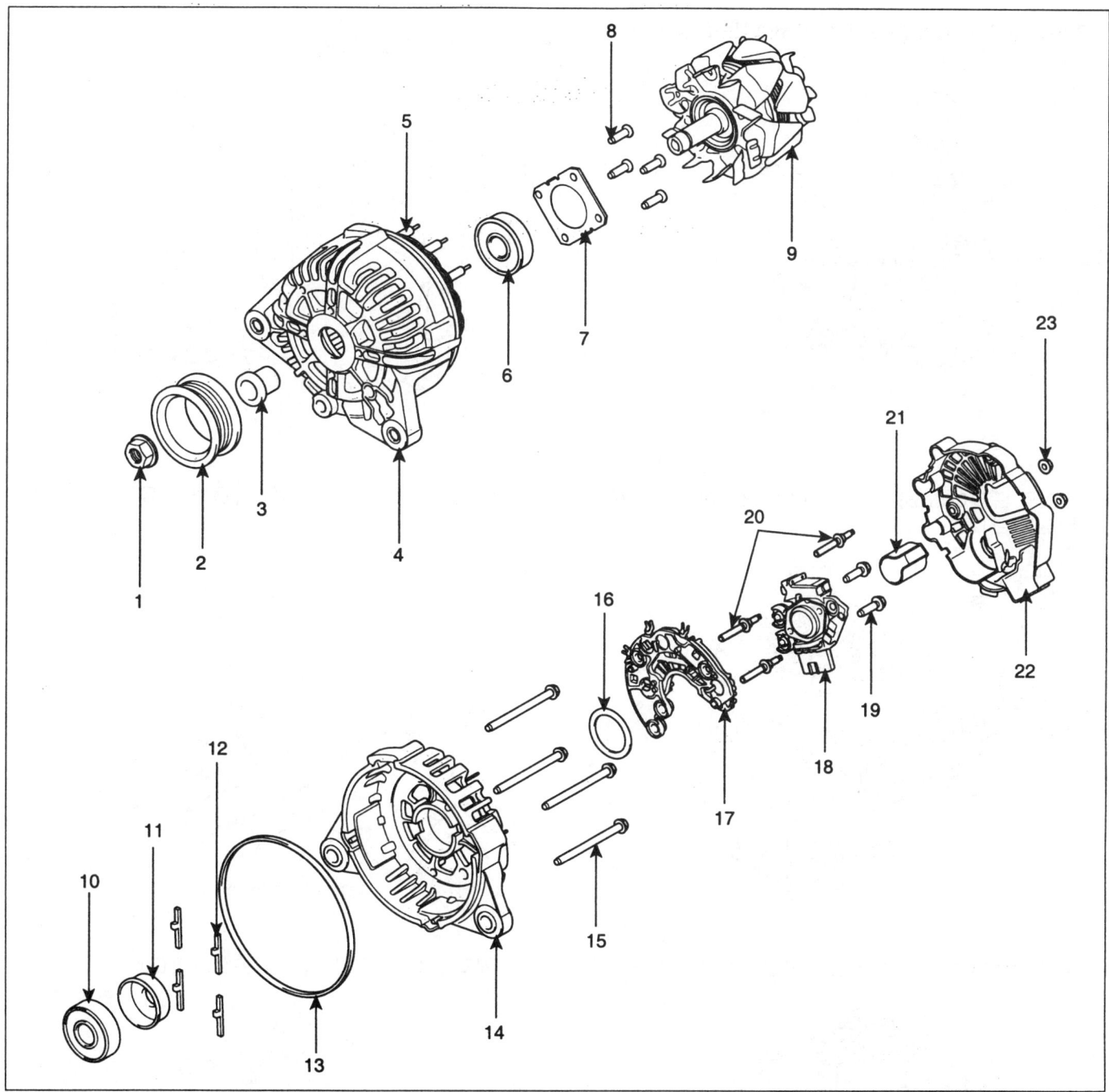

1. 너트
2. 풀리
3. 부싱
4. 프론트 커버 어셈블리
5. 스테이터 코일
6. 프론트 베어링
7. 프론트 베어링 커버
8. 프론트 베어링 커버 볼트
9. 로터 코일
10. 리어 베어링
11. 리어 베어링 커버
12. 댐퍼
13. 패킹
14. 리어 커버
15. 관통 볼트
16. 씰
17. 렉티파이어 어셈블리
18. 브러시 홀더 어셈블리
19. 브러시 홀더 볼트
20. 스터드 볼트
21. 가드
22. 커버
23. 커버 너트

ABGF004A

분해

1. B 터미널 장착 너트(A)와 리어 커버 너트(B)를 탈거한다.

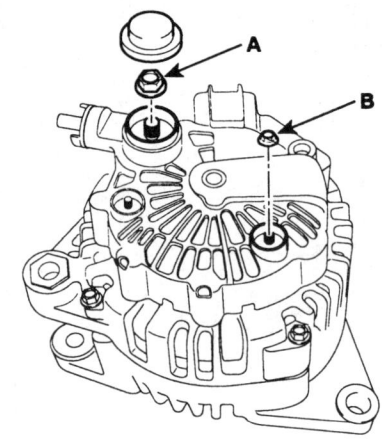

2. 스크류 드라이버(B)를 이용하여 알터네이터 커버(A)를 탈거한다.

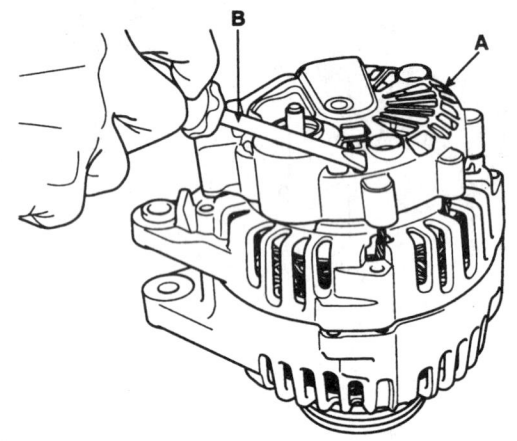

3. 장착 볼트(A)를 풀고 브러쉬 어셈블리(B)를 탈거한다.

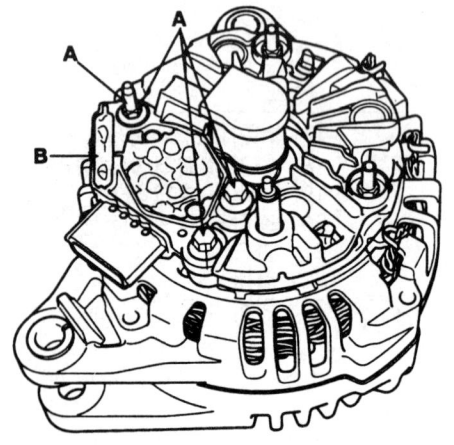

4. 슬립 링 가이드(A)를 탈거한다.

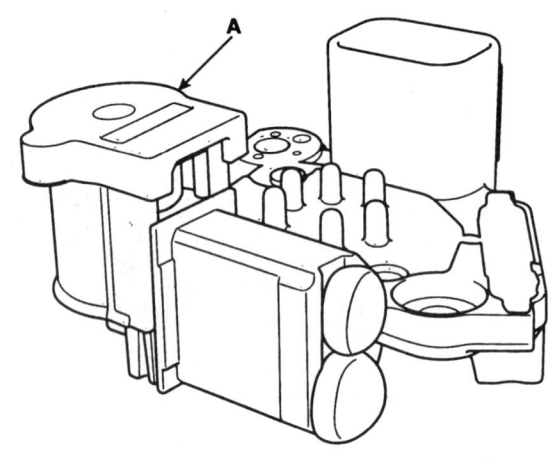

5. 특수공구(09373-27000)를 사용하여 풀리를 탈거한다.

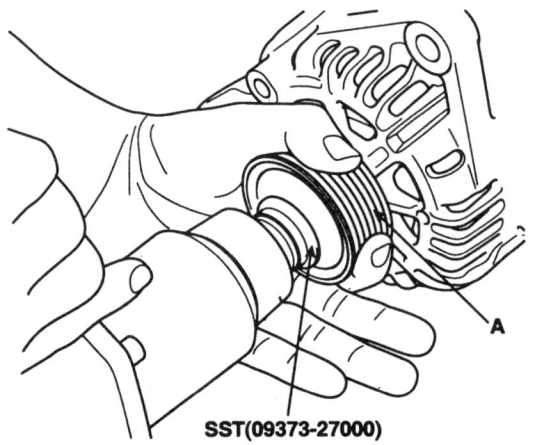

6. 3개의 스테이터 리드(A)를 용해시킨다.

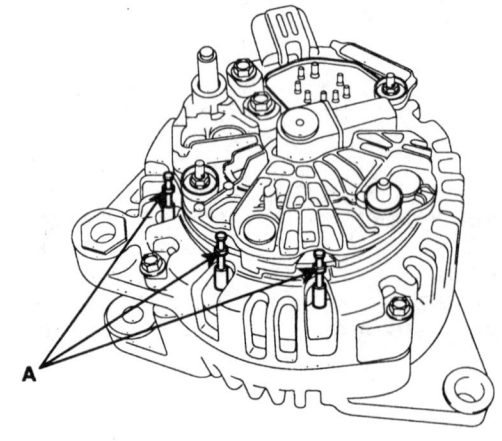

충전계통

7. 4개의 관통 볼트(A)를 푼다.

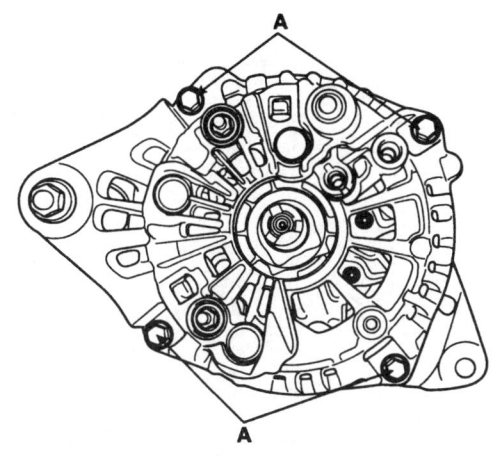

8. 로터(A)와 커버(B)를 분리한다.

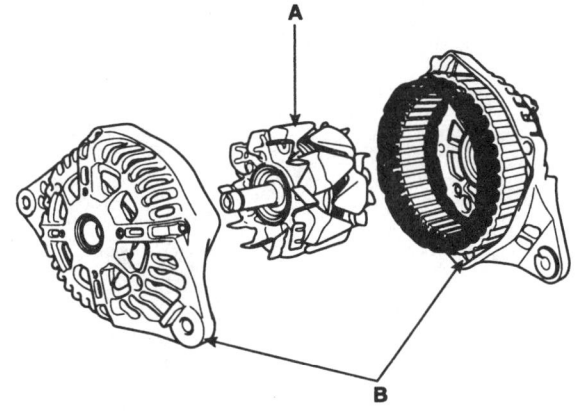

9. 조립은 분해의 역순으로 행한다.

점검

로터 점검

1. 슬립 링과 슬립 링 사이(A)에 통전 상태를 점검한다. 통전 되는 경우 정상이다.

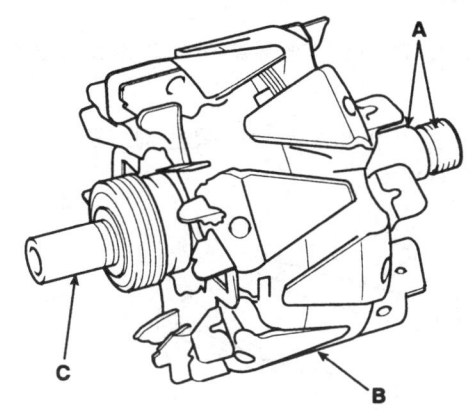

2. 슬립 링과 로터(B) 또는 로터 샤프트(C) 사이에 통전 상태를 점검한다. 통전 되지 않는 경우 정상이다.

3. 위의 1, 2번 항목 중 어느 하나라도 불량한 경우 알터네이터를 교환한다.

스테이터 점검

1. 각 쌍의 스테이터 코일(A) 사이에 통전 상태를 점검한다. 통전 되는 경우 정상이다.

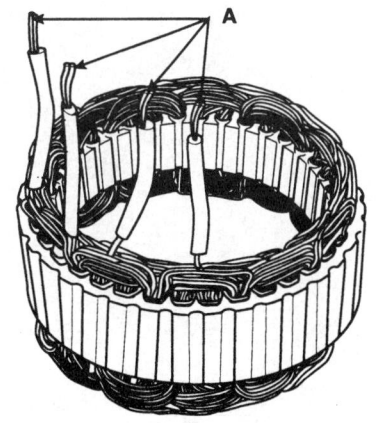

2. 스테이터 코일과 코어 사이에 통전 상태를 점검한다. 통전 되지 않는 경우 정상이다.

3. 위의 1, 2번 항목 중 어느 하나라도 불량한 경우 알터네이터를 교환한다.

배터리

일반 사항

1. MF(Maintenance Free)배터리는 보수가 필요 없고 배터리 셀 캡을 분리할 수 없다.

2. MF배터리는 보수를 위해 물을 보충할 필요가 전혀 없다.

3. MF배터리는 커버의 작은 벤트 홀을 제외하고 완전히 밀봉되어 있다.

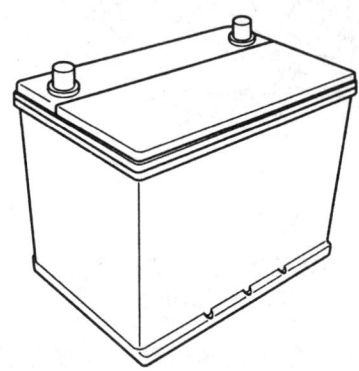

충전계통

점검 K64C23A4

배터리 진단 시험(1)

고장진단 절차

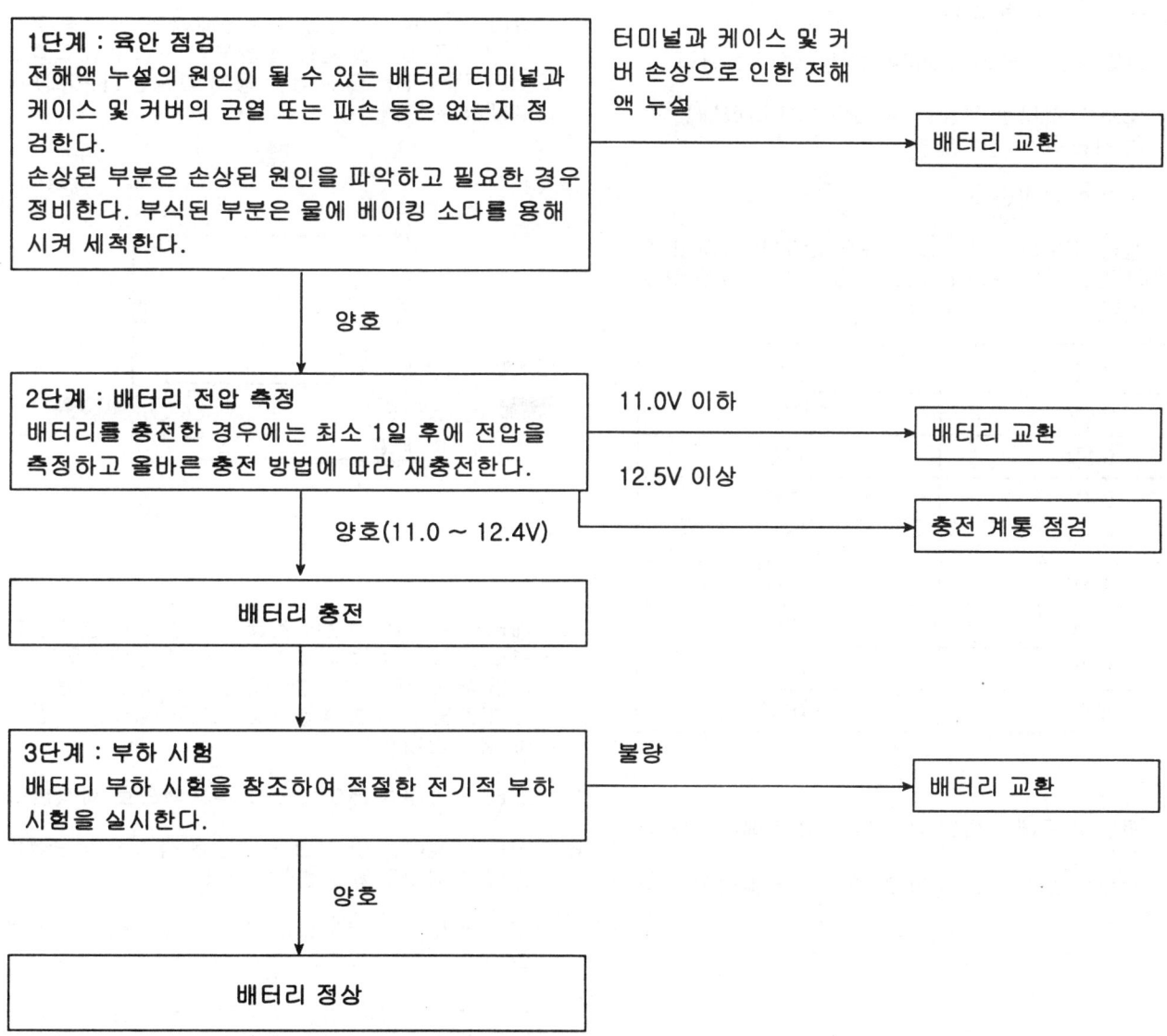

ABGE015A

부하 시험

1. MF 배터리의 완벽한 부하 시험을 위해 단계별로 아래의 절차를 수행한다.

2. 부하 시험기 클램프를 각 터미널에 연결하고 다음과 같이 진행한다.

   1) 충전된 배터리의 경우 15초 동안 300A의 부하를 적용하여 잔류 전압을 제거한다.

   2) 전압계를 연결하고 300A의 부하를 적용한다.

   3) 15초간 부하를 적용한 후 전압계가 나타내는 값을 읽는다.

   4) 부하를 제거한다.

   5) 전압계가 나타내는 값과 표의 값을 비교하고 측정 전압값이 표의 값 미만인 경우 배터리를 교환한다.

전압	온도
9.6V	20°C
9.5V	16°C
9.4V	10°C
9.3V	4°C
9.1V	-1°C
8.9V	-7°C
8.7V	-12°C
8.5V	-18°C

📖 참고
- 전압이 표에 나타난 값 미만인 경우 배터리를 교환한다.
- 전압이 표에 나타난 값 이상인 경우 배터리는 정상이다.

배터리 진단 시험(2)

1. 점화 스위치와 모든 액세서리를 "OFF" 한다.

2. 배터리 케이블을 분리한다. (-)측을 먼저 분리한다.

3. 차량으로부터 배터리를 분리한다.

⚠️ 주의

배터리 케이스에 균열이나 전해액의 누설을 주의 깊게 살피고 배터리 분리시 전해액이 피부와 접촉하지 않도록 두터운 고무 장갑 등을 착용한다.(가정용 고무장갑 제외)

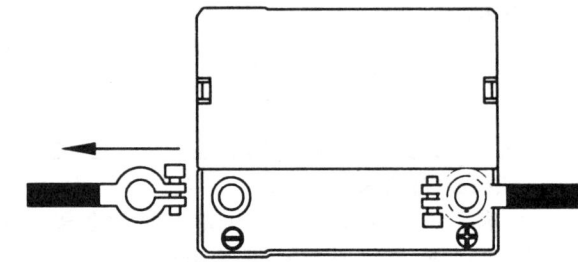

EBJD008B

4. 배터리 트레이 부분에 전해액 누설로 인한 손상이 발견되면 따뜻한 물에 베이킹 소다를 용해시켜 손상 부분을 세척한다. 먼저 뻣뻣한 브러시 등을 이용하여 손상 부분을 문지른 후 베이킹 소다 수용액을 적신 천으로 닦아낸다.

5. 배터리 상부를 베이킹 소다 수용액으로 세척한다.

6. 배터리 케이스 및 커버에 균열을 점검하고 균열이 발견되면 배터리를 교환해야 한다.

7. 적절한 도구를 이용하여 배터리 포스트 부분을 청소한다.

8. 적절한 도구를 이용하여 배터리 터미널 클램프 안쪽 면을 청소하고 손상된 케이블이나 파손된 터미널 클램프는 교환한다.

9. 배터리를 차량에 장착한다.

10. 배터리 케이블 터미널과 배터리 포스트를 연결한다.

11. 터미널 너트를 견고하게 체결한다.

충전계통

12. 체결 후 모든 접촉 부분에 광물질 그리스를 도포한다.

⚠ 주의

배터리 충전시 각각의 셀에서는 폭발성의 가스가 형성되므로 배터리 충전시 또는 충전 직후에 배터리 주변에서 담배 등을 피우지 않는다. 배터리 충전 중 회로를 개방 시키지 않는다. 회로 개방시 스파크가 발생하므로 주변의 인화성 물질 등과 가까이 하지 않는다.

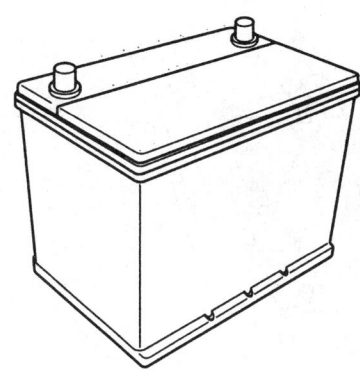

EBJD008A

시동계통

일반 사항 K3BD55FF

시동 장치는 배터리, 스타트 모터, 솔레노이드 스위치, 점화 스위치, 인히비터 스위치, 이그니션 록 스위치, 연결 와이어 및 배터리 케이블을 포함한다.
이그니션 키를 "START"에 위치시키면 전류가 흘러 스타트 모터의 솔레노이드 코일에 전기가 공급된다.
전기가 공급되면 솔레노이드 플런저와 시프트 레버가 움직이고 피니언 기어와 링기어가 맞물려 엔진이 크랭킹 된다.
엔진이 시동될 때 아마츄어의 과도한 회전으로 인한 손상을 방지하기 위해 피니언 기어 클러치는 오버런 한다.

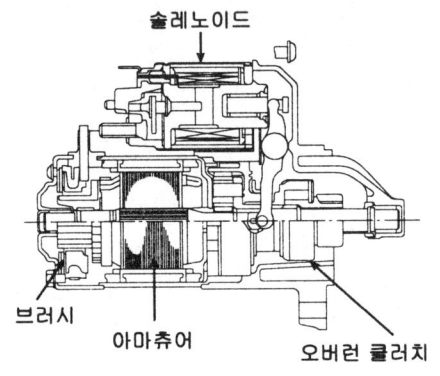

스타터 회로 고장 진단 K7DC9667

> 참고
> 배터리는 완전히 충전되어 있고 양호한 상태여야 한다.

1. 퓨즈 박스에서 연료 펌프 릴레이를 분리한다.

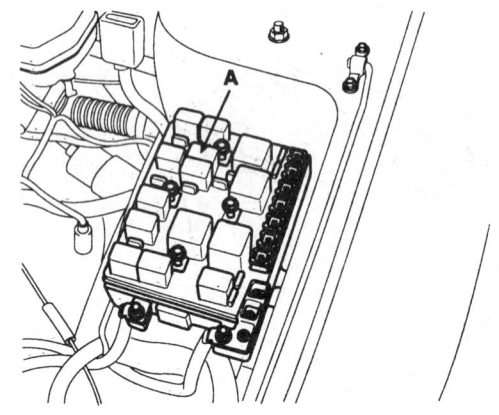

2. A/T 차량의 경우 변속 레버를 N 또는 P 위치에 위치시키고, M/T 차량의 경우 클러치를 밟은 상태에서 점화 스위치를 "START" 한다.

   스타터가 엔진을 정상적으로 크랭킹하면 시동계통은 정상이고, 스타터가 엔진을 전혀 크랭킹 하지 못하는 경우 다음 단계로 이동하여 점검한다.

   점화 스위치를 놓아 스위치가 "START" 위치에서 "ON" 위치로 복귀하였음에도 피니언 기어가 링 기어로부터 분리되지 않는 경우 다음 사항들을 점검한다.

   - 솔레노이드 플런저와 스위치의 고장
   - 피니언 기어 또는 오버러닝 클러치의 손상

3. 배터리 상태를 점검한다. 배터리 각 터미널의 연결상태, 배터리 (-)케이블과 차체의 연결상태, 엔진 접지 케이블, 스타터 "B" 터미널의 연결상태 및 부식 등을 점검한 후 다시 엔진을 크랭킹 한다.

   스타터가 엔진을 크랭킹 하면 연결상태 불량이 원인이었으며 현재 시동 계통은 정상이다. 크랭킹이 되지 않으면 다음 단계로 이동하여 점검한다.

시동계통

4. 스타터 솔레노이드의 "S" 터미널에서 커넥터를 분리한 후 점프 와이어를 이용해 솔레노이드의 "B" 터미널과 "S" 터미널을 연결한다.

   스타터가 엔진을 크랭킹 하면 다음 단계로 이동하여 점검하고, 크랭킹이 되지 않으면 스타터를 분리하고 정비 또는 필요한 경우 교환한다.

5. 개방된 부분의 회로를 찾을 때까지 다음 항목들을 점검한다.

   - 실내 퓨즈 박스와 점화 스위치 사이의 커넥터 및 와이어, 실내 퓨즈 박스와 스타터 사이의 커넥터 및 와이어 점검
   - 점화 스위치 점검(BE GR. 참조)
   - 변속기 레인지 스위치 및 커넥터 또는 이그니션 록 스위치 및 커넥터 점검
   - 스타터 릴레이 점검

스타트 모터 솔레노이드 점검

1. 솔레노이드의 "M" 터미널에서 와이어를 분리한다.

2. "S" 터미널과 스타터 바디 사이에 12V 배터리를 연결한다.

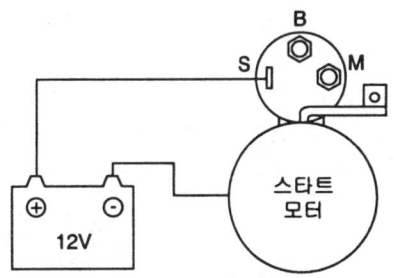

ABCD001J

3. "M" 터미널 와이어를 "M" 터미널에 붙인다.

   ⚠ 주의

   이 시험은 코일이 소손 될 우려가 있으므로 **10**초 이내로 실시한다.

4. 피니언 기어가 바깥쪽으로 이동한 경우 풀-인(PULL IN) 코일은 양호한 것이며 이동하지 않는 경우 솔레노이드를 교환한다.

5. "M" 터미널 와이어를 "M" 터미널에서 다시 분리한다.

6. 피니언 기어가 바깥쪽으로 이동해 있는 경우 홀드-인(HOLD IN) 코일은 정상이며 안쪽으로 이동한 경우 솔레노이드를 교환한다.

성능 시험(무부하 시험)

1. 스타트 모터를 바이스에 가볍게 물리고 12V 완충전된 배터리를 그림과 같이 연결한다.

2. 그림과 같이 전류계(100A 용량) 및 저항기(카본 파일 레오스탯)를 연결한다.

3. 전압계(15V 용량)를 스타트 모터와 병렬로 연결한다.

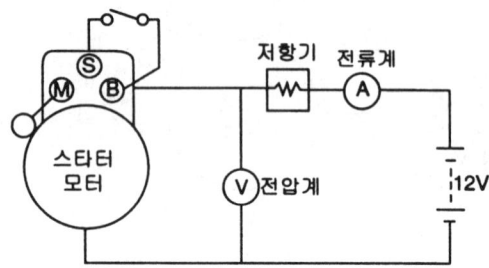

ABCD001K

4. 저항기(카본 파일 레오 스타터)를 "OFF" 위치 까지 회전시킨다.

5. 배터리 (-) 단자와 스타트 모터 바디를 케이블로 연결한다.

6. 전압계가 나타내는 배터리 전압이 11V가 되도록 조정한다.

7. 최대 전류값이 규정값 내에 있는지 확인하고 스타트 모터가 부드럽게 회전하는지 점검한다.

전류 : 90A MAX
속도 : 2600 RPM

스타트 모터

분리 및 장착 K77BCA6F

1. 배터리 (-) 케이블을 분리한다.

2. 솔레노이드의 "B" 터미널로부터 스타트 모터 케이블 (A)을 분리하고 "S" 터미널로부터 커넥터(B)를 분리한다.

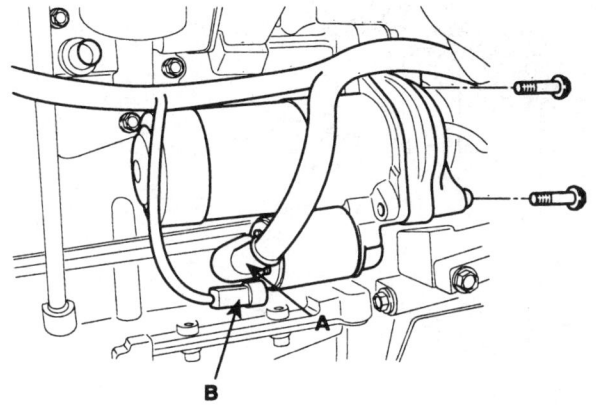

LCGF122A

3. 2개의 스타트 모터 고정 볼트를 풀고 스타트 모터를 분리한다.

4. 장착은 분리의 역순으로 행한다.

5. 배터리 (-) 케이블을 배터리에 연결한다.

EE -20

엔진 전장(D4FA - 디젤 1.5)

구성부품 K0C1A8C3

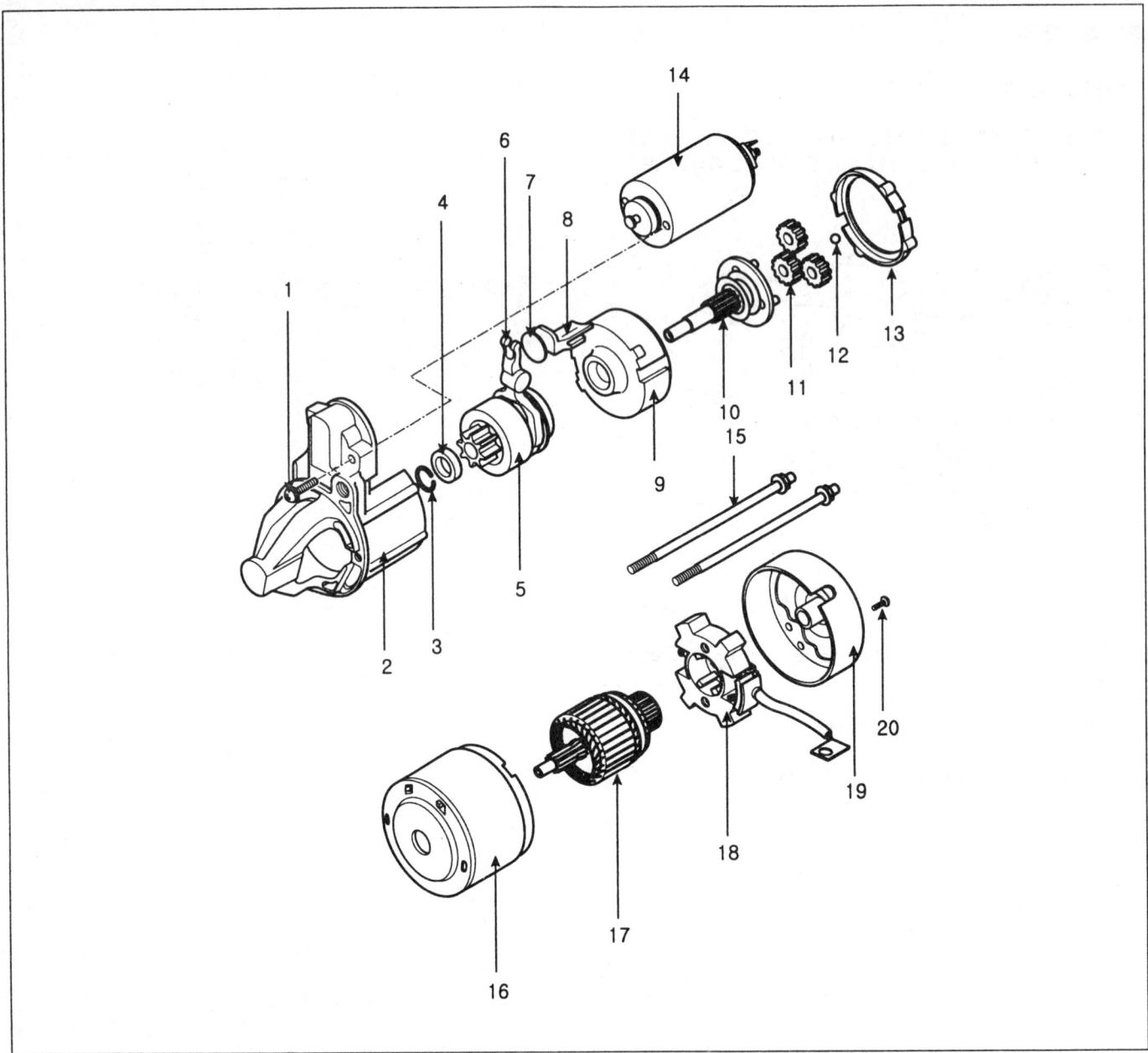

1. 스크류
2. 프론트 브라켓 어셈블리
3. 스톱 링
4. 스토퍼
5. 오버러닝 클러치 어셈블리
6. 레버
7. 플레이트
8. 레버 패킹
9. 인터널 기어 어셈블리
10. 유성 기어 샤프트 어셈블리
11. 유성 기어 어셈블리
12. 스틸 볼
13. 패킹
14. 마그네트 스위치 어셈블리
15. 관통 볼트
16. 요크 어셈블리
17. 아마츄어 어셈블리
18. 브러시 홀더 어셈블리
19. 리어 브라켓
20. 스크류

분해

1. 마그네트 스위치 어셈블리(B)에서 "M" 터미널(A)을 분리한다.

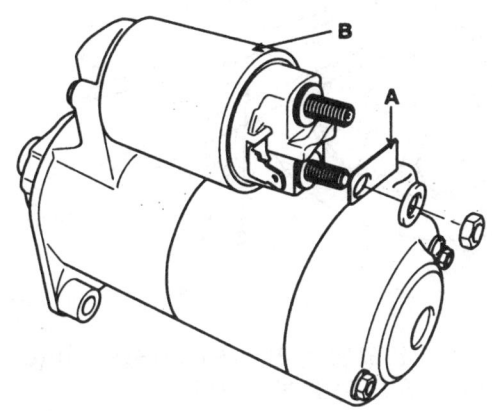

2. 2개의 스크류(A)를 푼 다음 마그네트 스위치 어셈블리(B)를 분리한다.

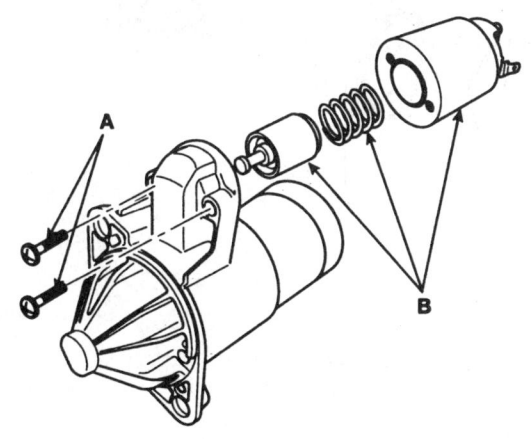

3. 브러시 홀더 마운팅 스크류(A)와 관통 볼트(B)를 푼다.

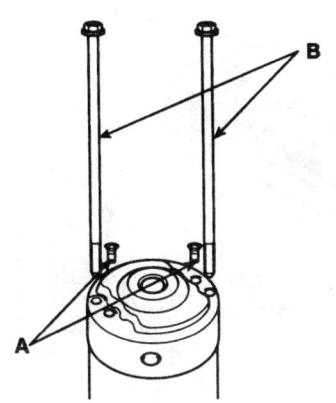

4. 리어 브라켓(A)과 브러시 홀더 어셈블리(B)를 분리한다.

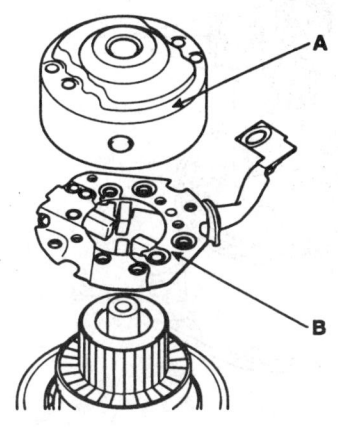

5. 요크(A)와 아마츄어(B)를 분리한다.

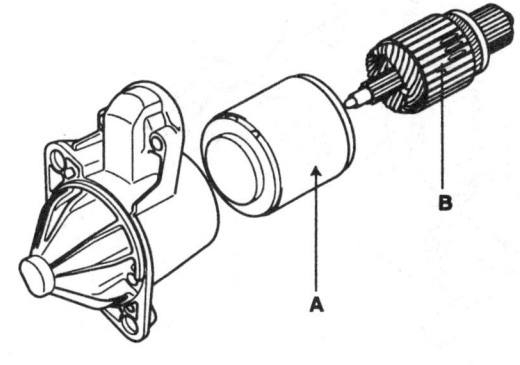

6. 레버 플레이트(A)와 유성 기어 샤프트 패킹(B)을 분리한다.

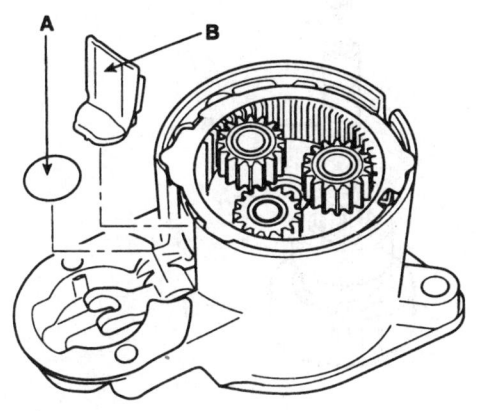

7. 유성 기어(A)를 분리한다.

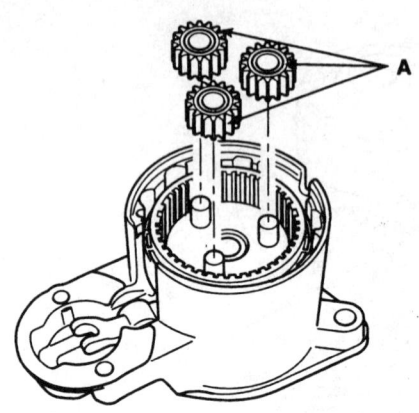

8. 유성 기어 샤프트 어셈블리(A)와 레버(B)를 분리한다.

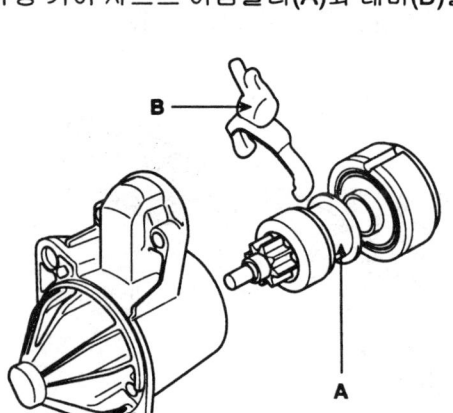

9. 소켓(B)을 사용하여 스톱 링(A)을 피니언 기어 방향으로 누른다.

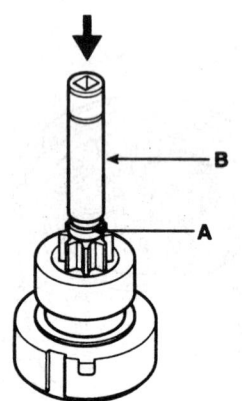

10. 스토퍼 플라이어(B)를 사용하여 스토퍼(A)를 분리한다.

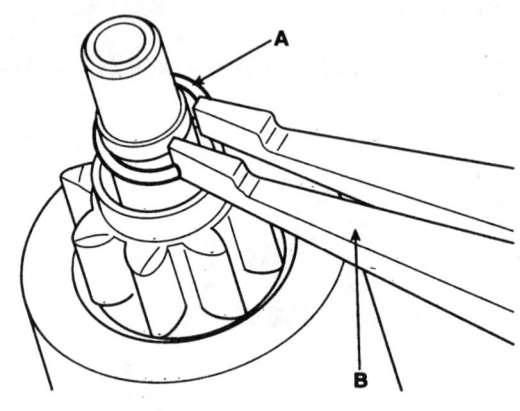

11. 스톱 링(A), 오버러닝 클러치(B), 인터널 기어(C), 및 유성 기어 샤프트(D)를 분리한다.

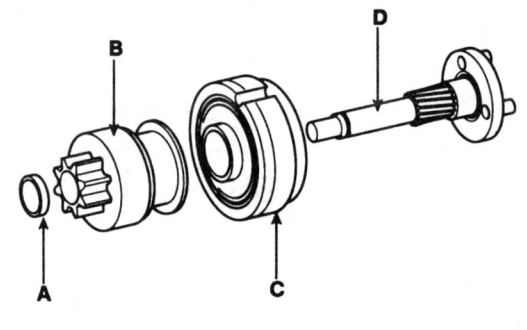

12. 조립은 분해의 역순으로 행한다.

🛈 참고

적절한 공구(A)를 사용하여 스토퍼(C)위에 오버러닝 클러치 스톱 링(B)을 잡아 당긴다.

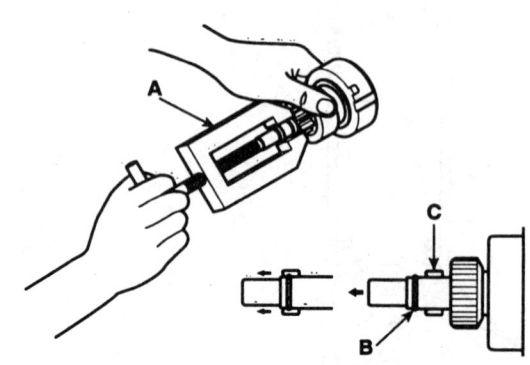

시동계통

점검 K38EFEA2

아마츄어 점검 및 시험

1. 스타트 모터를 분리한다.

2. 스타터를 분해하여 아마츄어를 따로 분리한다.

3. 영구 자석과 접촉하는 부분의 손상 및 마모를 점검한다. 마모 또는 손상이 발견되면 아마츄어를 교환한다.

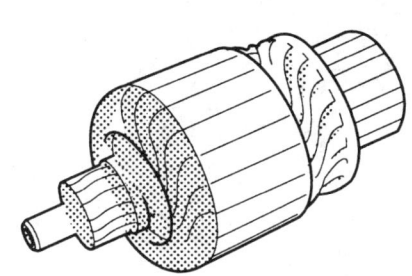

4. 정류자(A) 표면을 점검한다. 표면이 오염되었거나 탄 혼적 등이 발견되면 연마재 또는 #500 ~ 600의 쎈드 페이퍼(B)를 사용하여 한계값 내에서 수정한다.

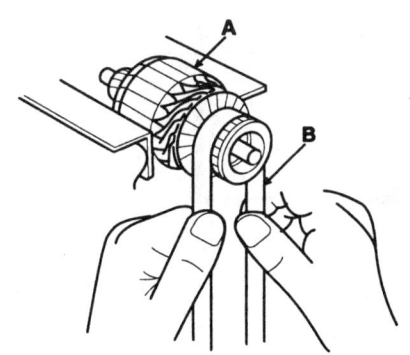

5. 정류자 외경을 측정한다. 외경이 한계값 미만이 경우 아마츄어를 교환한다.

정류자 외경
규정값(신품) : 29.4 mm
한계값 : 28.8 mm

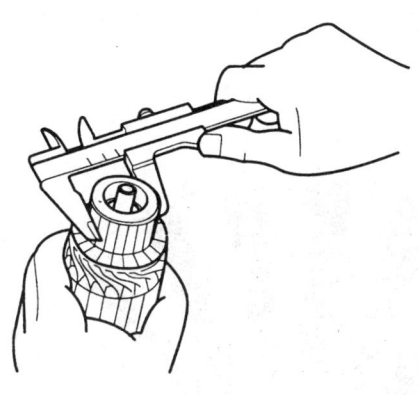

6. 정류자 런 아웃을 측정한다.
   - 측정값이 한계값 미만인 경우 정류자 편 사이에 카본 또는 금속 조각 등의 퇴적을 점검한다.
   - 측정값이 한계값 이상인 경우 아마츄어를 교환한다.

정류자 런 아웃
규정값 : 0.02 mm (최대)
한계값 : 0.05 mm

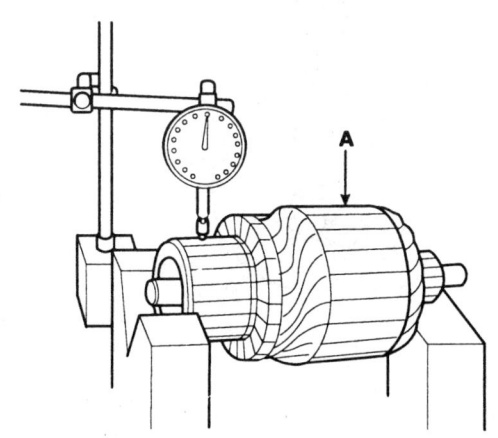

7. (A)부분의 깊이를 점검하고 (B)와 같이 지나치게 높은 경우 적절한 쇠톱을 이용하여 수정한다. 모든 정류자 편 사이(C)를 수정한다. 언더 컷은 너무 낮거나 좁거나 또는 "V"자 형태(D)가 되어서는 안된다.

언더 컷 깊이
규정값 : 0.5 mm
한계값 : 0.2 mm

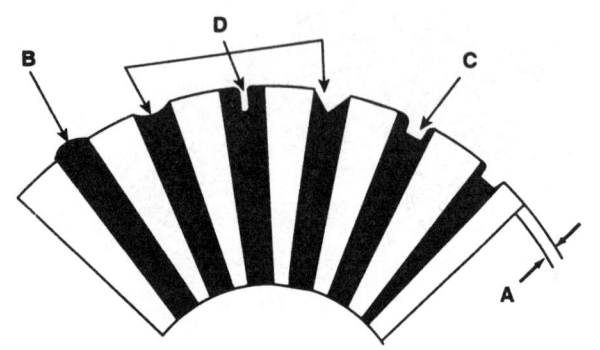

8. 각각의 정류자 편 사이에 통전 상태를 점검한다. 어느 하나의 정류자 편이라도 통전 되지 않는 경우 아마츄어를 교환한다.

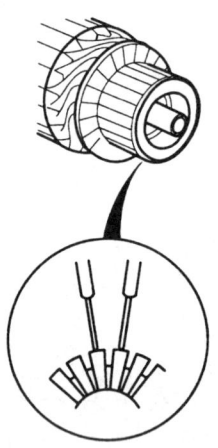

9. 저항계를 사용하여 정류자(A)와 아마츄어 코일 코어(B), 정류자(A)와 아마츄어 축(C) 사이에 통전 상태를 점검한다. 통전 되는 경우 아마츄어를 교환한다.

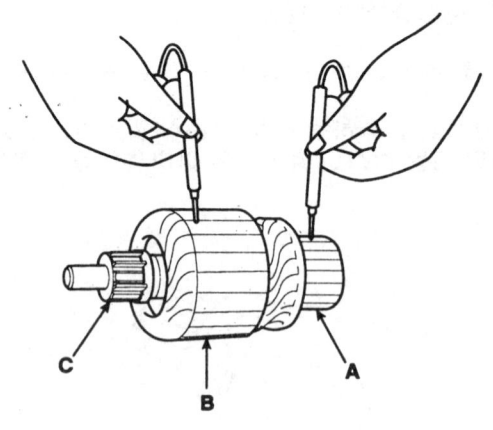

스타트 모터 브러시 점검

브러시가 지나치게 마모되거나 오일에 젖은 경우 브러시를 교환한다.

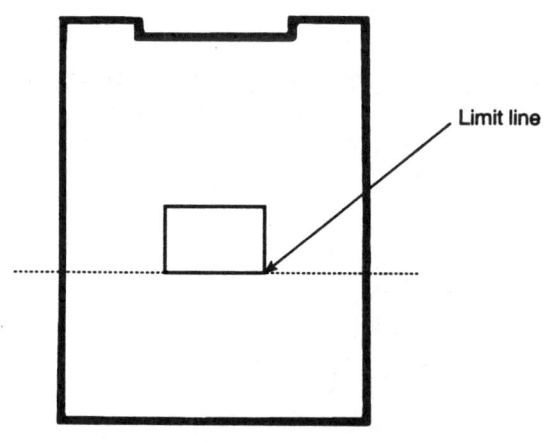

시동계통

스타트 모터 브러시 홀더 점검

(+) 브러시 홀더(A)와 (-) 브러시 홀더(B) 사이에 통전 상태를 점검한다. 통전이 안되는 경우 브러시 홀더 어셈블리를 교환한다.

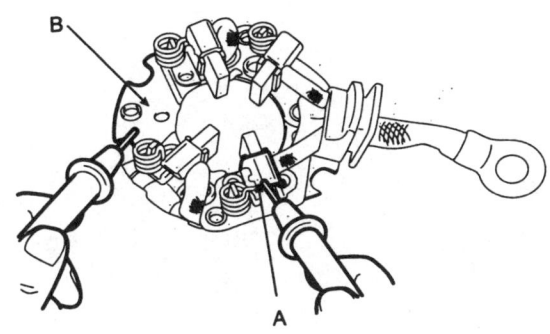

EBBD330A

오버러닝 클러치 점검

1. 샤프트를 따라 오버러닝 클러치를 미끄러트린다. 부드럽게 미끄러지지 않는 경우 교환한다.

2. 오버러닝 클러치를 양방향으로 회전시켰을 때 한 방향으로는 회전하지 않고 다른 한 방향으로는 회전해야 한다. 양방향 모두 회전하는 경우 또는 양방향 모두 회전 하지않는 경우는 오버러닝 클러치를 교환한다.

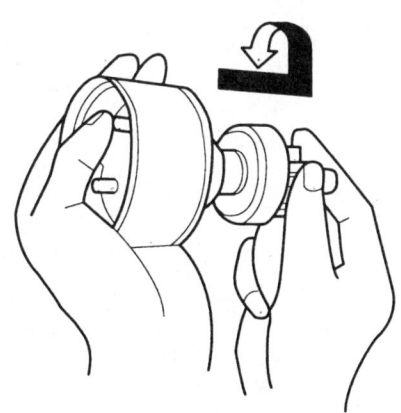

LBGF034A

3. 스타트 모터 구동 기어(B)가 마모 또는 손상된 경우 오버러닝 클러치 어셈블리를 교환한다.(기어는 분리되지 않는다.)
   스타트 모터 구동 기어의 이가 손상된 경우 플라이 휠 또는 토크 컨버터의 링 기어 상태를 점검한다.

세척   K328C26B

1. 각 부품들을 솔벤트에 담그지 않는다.
   요크 어셈블리나 아마츄어를 솔벤트에 담그는 경우 절연부가 손상될 수 있으므로 이 부품을 닦을 때는 천을 이용한다.

2. 구동 부품들을 솔벤트에 담그지 않는다.
   오버러닝 클러치는 제작시부터 윤활유 등이 도포되어 있으므로 솔벤트로 세척하지 않는다.

3. 구동 부품은 솔벤트를 적신 브러시 등으로 청소하고 마른 천으로 닦아낸다.

스타트 릴레이

점검 K21C93D3

1. 휴즈 박스 커버를 분리한다.
2. 시동 릴레이(A)를 분리한다.

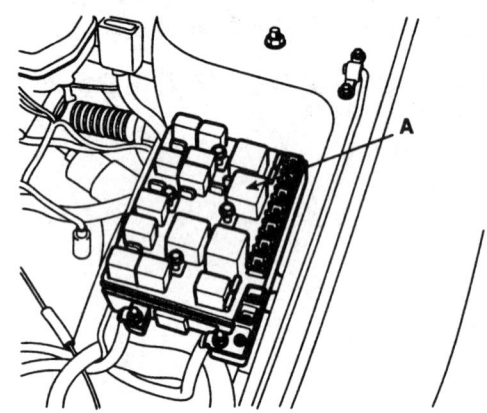

3. 저항계를 사용하여 단자간에 통전을 확인한다.

단자	통전
30 - 87	아니오
85 - 86	예

4. 단자 85와 86 사이에 배터리 전압 (12V)를 인가하였을 경우 단자 30과 87 사이가 통전되는지 확인한다.

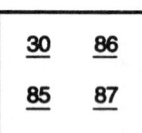 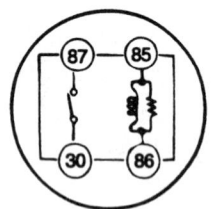

5. 통전이 되지 않을 경우 시동 릴레이를 교환한다.
6. 시동 릴레이를 장착한다.
7. 휴즈박스 커버를 장착한다.

예열계통

구성부품 KDB17BC5

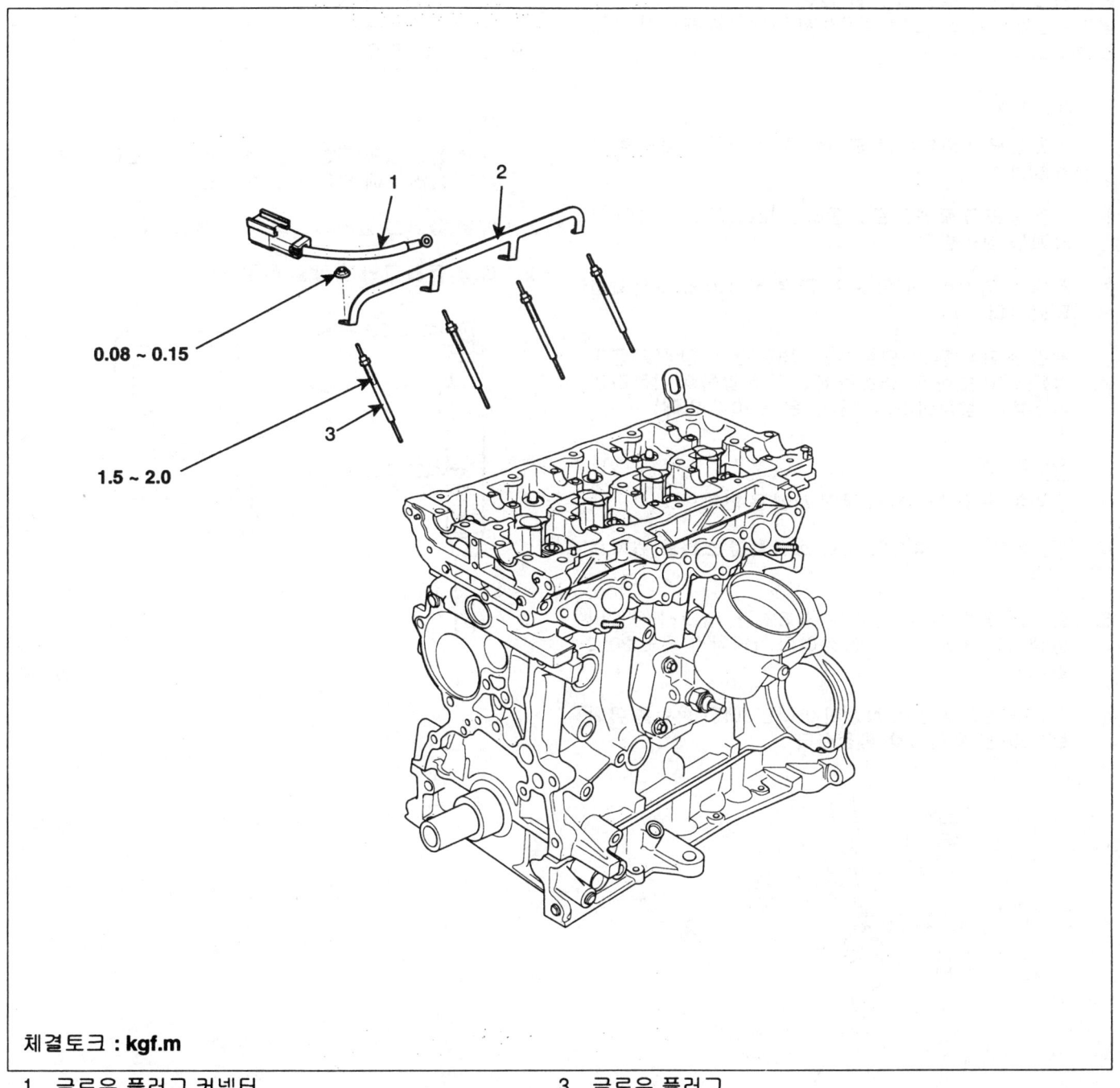

0.08 ~ 0.15
1.5 ~ 2.0

체결토크 : kgf.m

1. 글로우 플러그 커넥터
2. 글로우 플러그 플레이트
3. 글로우 플러그

차상점검 KC345D51

예열 시스템의 작동 점검

점검전의 조건 : 배터리 전압 12V
냉각수온 30 C이하 (또는 수온센서 커넥터를 분리한 상태로 한다.)

> ⚠ 주의
> 수온센서의 커넥터를 분리한 경우는 점검 종료후 접속할것.

1. 예열 플러그 플레이트와 플러그 보디(어스)사이에 전압계를 접속한다.

2. 점화 스위치를 ON으로 한 경우 전압계의 지시치를 확인한다.

3. 점화 스위치를 ON으로부터 약6초간, 예열 표시등이 점등 되고 또한 약 36초간 배터리 전압을 지시한다면 시스템은 정상이다. (냉각수 온도 20°C 일때)

> ⚠ 주의
> 냉각수 온도에 의해서 통전 시간은 변화한다.

4. 3항 확인 후 계속하여 점화 스위치를 스타트 위치로 한다.

5. 엔진 크랭킹 중 및 시동 후 약 6초간, 배터리 전압이 발생하다면 시스템은 정상이다. (냉각수 온도 20°C 일때)

6. 전압과 통전 시간이 정상이 아니면, 예열 콘트롤 유니트와 예열 플러그를 점검한다.

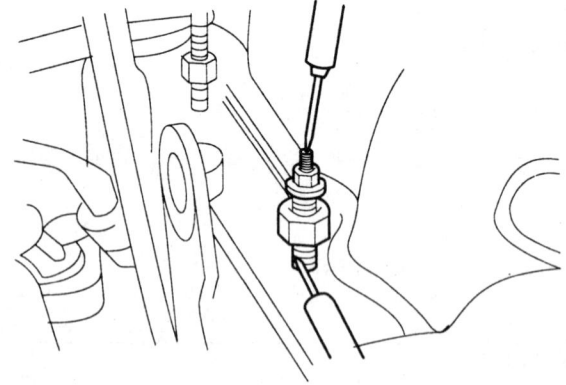

예열 플러그 점검

1. 각 예열 플러그(NO.1 ~ NO.4)의 전원단자부와 보디 사이의 저항을 측정한다. 통전이 되지 않거나 저항값이 너무 크면 예열 플러그를 교환한다.

표준치 : 0.25 Ω

> ⚠ 주의
> 예열 플러그의 저항치는 매우 작기 때문에 측정하기 전에 플러그에 붙어 있는 오일등을 닦아낸다.

2. 예열 플러그 플레이트의 녹을 점검한다.

3. 예열 플러그의 손상을 점검한다.

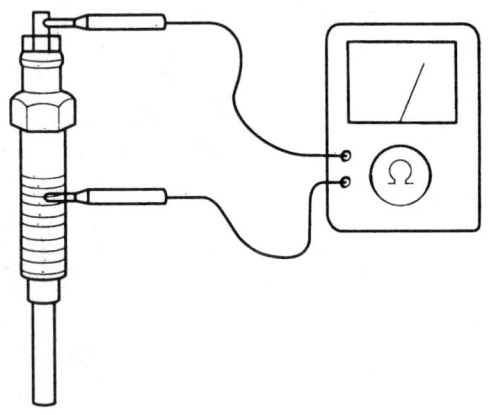

예열계통

EE -29

예열 플러그 릴레이 점검

1. 예열 플러그 릴레이를 탈거한다.

2. 릴레이의 통전 상태를 점검한다.
   - 옴 메터를 사용하여 터미널 2와 4사이가 통전 되는지 점검한다.
     비통전 되면 릴레이를 교환한다.
   - 터미널 1과 5사이가 비통전 되는지 점검한다. 통전되면 릴레이를 교환한다.

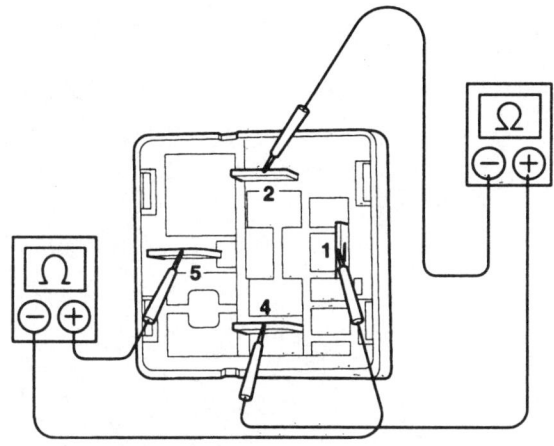

LBGF035A

3. 릴레이의 작동 여부를 점검한다.
   - 배터리(+)는 터미널 4, (-)는 터미널 2에 연결한다.
   - 옴 메터를 사용하여 터미널 1과 5사이가 통전되는지 점검한다. 비통전 되면 릴레이를 교환한다.

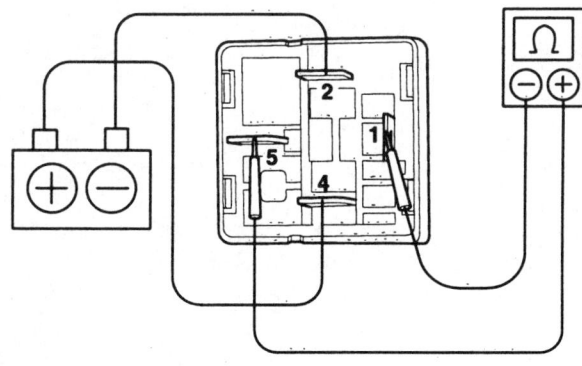

LBGF036A

4. 릴레이를 장착한다.

연료 장치
(D4FA- 디젤 1.5)

일반사항
제원 FL-3
공회전 속도 FL-6
조임 토크 FL-6
특수 공구 FL-7
기본 고장진단 가이드 FL-8
문제 분석 쉬트 FL-9
기본 고장 진단 FL-10
액츄에이터 구동 테스트 항목 FL-14
증상별 고장 진단 FL-15
고장진단 절차 FL-25
페일 세이프 차트 FL-29

디젤 엔진 제어 시스템
디젤 제어 장치 검사 FL-31
구성 부품의 장착 위치 FL-32
ECM
    ECM 하니스 커넥터 FL-37
    ECM 단자 기능 FL-37
    ECM 단자 입/출력 전압 FL-42
    ECM 회로도 FL-50
    점검 FL-54
    교환 FL-55
공기량 측정 센서 FL-57
흡기 온도 센서 FL-59
냉각 수온 센서 FL-63
캠샤프트 포지션 센서 FL-65
크랭크 샤프트 포지션 센서 FL-66
레일 압력 센서 FL-67
부스트 압력 센서 FL-69
엑셀 페달 위치 센서 FL-71
VGT 솔레노이드 FL-73
연료 압력 조절 밸브 FL-75
레일 압력 조절 밸브 FL-77
EGR 솔레노이드 FL-79
스로틀 플랩 솔레노이드 FL-81
가변 스월 액츄에이터 FL-83
연료 온도 센서 FL-86
산소 센서 FL-88

고장 진단
자기 진단 고장 코드(DTC) FL-90
고장 진단 코드별 진단 절차
    P0031 .... FL-94
    P0032 .... FL-100
    P0047 .... FL-103
    P0048 .... FL-110
    P0069 .... FL-114
    P0087 .... FL-119
    P0088 .... FL-123
    P0089 .... FL-124
    P0091 .... FL-129
    P0092 .... FL-132
    P0097 .... FL-135
    P0098 .... FL-140
    P0101 .... FL-144
    P0102 .... FL-151
    P0103 .... FL-156
    P0107 .... FL-161
    P0108 .... FL-164
    P0112 .... FL-166
    P0113 .... FL-171
    P0117 .... FL-175
    P0118 .... FL-181
    P0182 .... FL-185
    P0183 .... FL-190
    P0192 .... FL-194
    P0193 .... FL-201
    P0201 .... FL-206
    P0202 .... FL-206
    P0203 .... FL-206
    P0204 .... FL-206
    P0237 .... FL-212
    P0238 .... FL-218
    P0252 .... FL-222
    P0253 .... FL-228
    P0254 .... FL-231
    P0262 .... FL-234
    P0265 .... FL-234
    P0268 .... FL-234
    P0271 .... FL-234
    P0335 .... FL-241
    P0336 .... FL-249
    P0340 .... FL-254
    P0341 .... FL-261

고장 진단 코드별 진단 절차

P0381	FL-265
P0489	FL-270
P0490	FL-277
P0501	FL-280
P0504	FL-288
P0532	FL-294
P0533	FL-299
P0562	FL-303
P0563	FL-309
P0602	FL-313
P0605	FL-315
P0606	FL-317
P0611	FL-320
P062D	FL-326
P062E	FL-328
P0642	FL-329
P0643	FL-334
P0646	FL-337
P0647	FL-343
P0650	FL-347
P0652	FL-351
P0653	FL-356
P0670	FL-359
P0685	FL-366
P0698	FL-373
P0699	FL-378
P0700	FL-381
P0701	FL-382
P0820	FL-383
P0830	FL-388
P1145	FL-393
P1185	FL-395
P1186	FL-399
P1586	FL-400
P1587	FL-403
P1588	FL-405
P1634	FL-407
P1652	FL-414
P1670	FL-418
P1671	FL-421
P1692	FL-422
P2009	FL-426
P2010	FL-433
P2015	FL-437
P2016	FL-441
P2017	FL-445
P2111	FL-450
P2112	FL-456
P2123	FL-459
P2128	FL-466
P2138	FL-470
P2238	FL-475
P2239	FL-484
P2251	FL-490
P2264	FL-496
P2299	FL-502
U0001	FL-510

고장 진단 코드별 진단 절차

U0100	FL-517
U0101	FL-521
U0122	FL-525
U0416	FL-529

디젤 연료 공급 장치

구성 부품 FL-533
인젝터
  구성 부품 FL-534
  세척 FL-534
  탈거 FL-534
  장착 FL-535
  교환 FL-536
  점검 FL-537
커먼 레일
  탈거 FL-541
  장착 FL-541
고압 연료 펌프
  탈거 FL-543
  장착 FL-544
연료 필터
  구성 부품 FL-545
  탈거 FL-546
  장착 FL-546
  점검 FL-547
연료 탱크
  탈거 FL-548

일반사항

연료 공급 장치 K89A2176

구분		제원
연료 탱크	용량	45리터
연료 리턴 시스템	형식	리턴 타입
연료 필터	형식	고압 형식 (엔진룸 장착)
고압 연료 펌프	형식	기계식
	구동 방식	벨트 구동식
고압 연료 압력	최대 압력	1,600 바(bar)

입력 센서

공기량 측정 센서(MAFS)
▶ 형식 : 디지털 방식
▶ 제원

흡기 온도:20℃

공기량(kg/h)	주파수 (kHz)
8	1.96 ~ 1.97
10	2.01 ~ 2.02
40	2.50 ~ 2.52
105	3.18 ~ 3.23
220	4.26 ~ 4.35
480	7.59 ~ 7.94
560	9.08 ~ 9.89

흡기 온도:80℃

공기량(kg/h)	주파수 (kHz)
10	2.00 ~ 2.02
40	2.49 ~ 2.53
105	3.16 ~ 3.25
480	7.42 ~ 8.12

엑셀 페달 위치 센서(APS)

▶ 형식: 포텐셔미터
▶ 제원

조건	출력 전압(V)	
	APS 1 (V)	APS 2 (V)
밟지 않음	0.14 ~ 0.16	0.073~0.077
완전히 밟음	0.76 ~ 0.88	0.35~0.47

부스트 압력 센서(BPS)

▶ 형식: 피에조-저항 타입
▶ 제원 :

압력(kpa)	출력 전압(V)
70	1.02 ~ 1.17
140	2.13 ~ 2.28
210	3.25 ~ 3.40
270	4.20 ~ 4.35

산소 센서 (HO2S)

▶ 형식 : 자르코니아 산소 센서 (히터 내장)
▶ 제원

λ 값	펌핑 전류 (A)
0.65	-2.22
0.70	-1.82
0.80	-1.11
0.90	-0.50
1.01	0.00
1.18	0.33
1.43	0.67
1.70	0.94
2.42	1.38
공기(대기)	2.54

온도(℃)	히터 저항(Ω)
20	9.2
100	10.7
200	13.1
300	14.6
400	17.7
500	19.2
600	20.7
700	22.5

흡기 온도 센서(IATS)

▶ 형식: 서미스터 타입
▶ 제원

[IATS 1 (부스트 압력 센서에 내장)]

온도 ℃(°F)	저항 (kΩ)
-20(-4)	12.66 ~ 15.12
-10(14)	7.94 ~ 9.31
0(32)	5.12 ~ 5.89
10(50)	3.38 ~ 3.83
20(68)	2.29 ~ 2.55
30(86)	1.57 ~ 1.75
40(104)	1.10 ~ 1.24
50(122)	0.78 ~ 0.89
60(140)	0.57 ~ 0.65
70(158)	0.42 ~ 0.49
80(176)	0.31 ~ 0.37
90(194)	0.24 ~ 0.29
100(212)	0.18 ~ 0.22
110(230)	0.14 ~ 0.18
120(248)	0.11 ~ 0.14
130(266)	0.09 ~ 0.11

[IATS 2 (공기량 측정 센서에 내장)]

온도 ℃ (°F)	저항 (kΩ)
-20	12.66 ~15.12
0	5.2 ~ 5.9
20	2.29 ~ 2.55
80	0.31 ~ 0.37

연료 온도 센서

▶ 형식: 서미스터 타입
▶ 제원

온도 ℃(°F)	저항 (kΩ)
-20	15.67
-10	9.45
0	5.89
20	2.27 ~ 2.73
40	1.170
60	0.597
80	0.30 ~ 0.32
100	0.176
120	0.112

냉각 수온 센서(ECTS)

▶ 형식: 서미스터 타입
▶ 제원

터미널 1과 3사이(ECTS용)

온도 ℃(°F)	저항 (kΩ)
-20(-4)	14.13 ~ 16.83
0(32)	5.79
20(68)	2.31 ~ 2.59
40(104)	1.15
60(140)	0.59
80(176)	0.32
100(212)	0.19
110(230)	0.15
120(248)	0.17

터미널 1과 2사이(게이지용)

온도 ℃(°F)	저항 (Ω)
60(140)	125
85(185)	42.6~54.2
110(230)	22.1~26.2
125(257)	15.2

차량 속도 센서

▶ 형식: 유도 자기 타입

일반사항

캠 샤프트 포지션 센서 (CMPS)

▶ 형식: 홀 센서 타입
▶ 출력 전압 (V): 0~5

크랭크 샤프트 포지션 센서 (CKPS)

▶ 형식: 유도 자기 타입
▶ 출력 전압 (V): 0~5
▶ 제원

온도 ℃ (°F)	코일 저항 (Ω)
20(68)	860 ± 10 %

레일 압력 센서 (RPS)

▶ 형식: 피에조 압전 소자 방식
▶ 제원

구분	공회전	엑셀 페달 완전 밟음 (100%)
레일 압력	220 ~ 320 바 (bar)	1800 바 (bar)
출력 전압	1.7V 이하	약 4.5V

출력 액츄에이터

인젝터

▶ 형식: 전자기식 타입
▶ 개수: 4개
▶ 제원

온도 ℃(°F)	저항 (Ω)
20 ~ 70 (68 ~ 158)	0.22 ~ 0.30

가변 터보 차저(VGT) 솔레노이드 밸브

▶ 형식: 복수 코일 타입
▶ 제원

온도 ℃(°F)	저항 (Ω)
20 (68)	14.7 ~ 16.1

EGR 솔레노이드 밸브

▶ 형식: 리니어 솔레노이드(전기식)
▶ 듀티 사이클: 140Hz
▶ 제원

온도 ℃(°F)	저항 (Ω)
20(68)	7.3 ~ 8.3

연료 압력 조절 밸브

▶ 제어 방식: 입구 제어
▶ 작동 주기 (PWM): 185Hz
▶ 제원

온도 ℃(°F)	저항 (Ω)
20(68)	2.6~3.15

레일 압력 조절 밸브

▶ 제어 방식: 출구 제어
▶ 작동 주기 (PWM): 1000Hz
▶ 제원

온도 ℃(°F)	저항 (Ω)
20 (68)	3.42 ~ 3.78

스로틀 플랩 솔레노이드 밸브

▶ 형식: 복수 코일 타입
▶ 제원

온도 ℃(°F)	저항 (Ω)
20 (68)	28.3 ~ 31.1

가변 스월 액츄에이터

▶ 형식: 모터 구동 방식 / 포지션 센서
▶ 제원

모터

온도 ℃(°F)	저항 (Ω)
20 (68)	3.2 ~ 4.4

포지션 센서

온도 ℃(°F)	저항 (Ω)
20 (68)	3.44 ~ 5.16

서비스 기준

공회전 rpm (웜-업 후 무부하시)	A/C OFF	700±100
	A/C ON	750±100

조임 토크

엔진 제어 시스템

구분	N·m	kg·m	lbf·ft
ECM 브라케트	7.9 ~ 11.8	0.8 ~ 1.2	5.8 ~ 8.9
부스터 압력 센서 (BPS)	6.9 ~ 10.8	0.7 ~ 1.1	5.1 ~ 8.0
크랭크샤프트 포지션 센서 (CKPS)	5.9 ~ 9.8	0.6 ~ 1.0	4.3 ~ 7.2
캠 샤프트 포지션 센서 (CMPS)	6.9 ~ 9.8	0.7 ~ 1.0	5.1 ~ 7.2
냉각 수온 센서 (ECTS)	19.6 ~ 49.2	2.0 ~ 4.0	10.9 ~ 14.5
엑셀 페달 모듈	5.9 ~ 7.9	0.6 ~ 0.8	4.3 ~ 5.8
베이큠 펌프	9.8 ~ 11.8	1.0 ~ 1.2	7.4 ~ 8.9
EGR 파이프 (배기시스템 연결)	31.4 ~ 37.3	3.2 ~ 3.8	23.6 ~ 28.0
EGR 파이프 (흡기 매니폴드 연결)	14.7 ~ 19.6	1.5 ~ 2.0	10.9 ~ 14.5
EGR 솔레노이드 밸브	21.6 ~ 27.5	2.2 ~ 2.8	15.9 ~ 20.3
가변 스월 액츄에이터	6.9 ~ 10.8	0.7 ~ 1.1	5.1 ~ 8.0
산소 센서	40 ~ 60	4 ~ 6	29.5 ~ 44.3

연료 공급 시스템

구분	N·m	kg·m	lbf·ft
연료 탱크 장착 볼트	39.2 ~ 53.9	4.0 ~ 5.5	28.9 ~ 39.8
커먼 레일	14.7 ~ 21.6	1.5 ~ 2.2	10.9 ~ 15.9
고압 연료 펌프	14.7 ~ 19.6	1.5 ~ 2.0	10.9 ~ 14.5
인젝터 클램프 볼트	27.5 ~ 29.4	2.8 ~ 3.0	20.3 ~ 21.7
고압 연료 파이프(펌프에서 레일로)	24.5 ~ 28.4	2.5 ~ 2.9	18.1 ~ 21.0
고압 연료 파이프(레일에서 인젝터로)	24.5 ~ 28.4	2.5 ~ 2.9	18.1 ~ 21.0

일반사항

특수 공구 K8D96B5C

공구 (품번 및 품명)	형상	용도
인젝터 리무버 (09351-4A200)		인젝터 탈거
인젝터 리무버 어댑터 (09351-2A100)		인젝터 탈거
토크 렌치 소켓 (14mm, 17mm) (09314-27110) (09314-27120)		고압 파이프 플레어 너트 장착용
고압 펌프 스프로켓 리무버 (09331-2A000)		고압 펌프 탈거

기본 고장진단 가이드 KCC7ABB2

1	차량 입고

2	문제 분석
• 고객에게 문제 발생시의 주변 환경 및 차량 상태에 대하여 문의한다 ("문제 분석 쉬트" 작성).	

3	증상 확인 후, 고장 코드 (DTC) 확인

- 자기 진단 커넥터 (DLC)에 진단 장비를 연결한다.
- 고장 코드를 확인한다.

  📖 참고

  고장 코드를 삭제할 경우는 단계 5를 참조한다.

4	시스템 및 부품에 대한 점검 절차 선택
• "증상별 고장 진단"을 활용하여, 적합한 점검 절차를 선택한다.	

5	고장 코드 삭제

  ❌ 경고

  고장 코드를 삭제하기 전에, 반드시 "문제 분석 쉬트"의 4. MIL/DTC 항목을 작성한다.

6	차량 육안 검사
• 고장 부위를 정확하게 파악했다면, 단계 11로 이동한다. 그렇지 않으면 다음 단계로 이동한다.	

7	고장 코드에 대한 증상 재현
• 고객의 진술을 바탕으로 고장의 증상과 발생 조건을 재현한다.	
• 고장 코드가 발생하면, 고장코드(DTC)별 고장 진단 절차에 따라 차량 문제 발생 조건을 재현한다.	

8	고장의 증상 확인
• 고장 코드가 발생하지 않으면, 단계 9로 이동한다.	
• 고장 코드가 발생하면, 단계 11로 이동한다.	

9	증상 재현
• 고객의 진술을 바탕으로 차량 문제 발생 조건을 재현한다.	

10	고장 코드 체크
• 고장 코드가 발생하지 않으면, "간헐적인 문제 점검 절차"를 수행한다.	
• 고장 코드가 발생하면, 단계 11로 이동한다.	

11	고장 코드(DTC)별 고장 진단 절차 수행

12	차량 상태를 조정하거나 수리한다.

13	확인 테스트

14	종료

일반사항

문제 분석 쉬트

1. 차량 정보

(I) VIN:	
(II) 생산일자:	
(III) 주행거리: _____(km)	

2. 증상

☐ 시동 불능	☐ 엔진 크랭킹 안됨 ☐ 불완전 연소 ☐ 초기 연소 안됨
☐ 시동 어려움	☐ 엔진 크랭킹 느림 ☐ 기타 _____
☐ 공회전 불량	☐ 엔진 부조 발생 ☐ 공회전 불규칙 ☐ 공회전 불안정 (최고: _____ rpm, 최저: _____rpm) ☐ 기타 _____
☐ 엔진 멈춤	☐ 시동 직후 멈춤 ☐ 엑셀 페달 밟은 직후 멈춤 ☐ 엑셀 페달 뗀 후 멈춤 ☐ 에어컨 ON시 멈춤 ☐ N → D단 변속 시 멈춤 ☐ 기타 _____
☐ 기타	☐ 주행 불량 (덜컥거림) ☐ 노킹 발생 ☐ 연비 저하 ☐ 역화 (Back fire) ☐ 후폭발 (After Burn) ☐ 기타 _____

3. 주변 환경

문제 발생 주기	☐ 일정 ☐ 가끔 (_____) ☐ 1회 ☐ 기타 _____
기후	☐ 맑음 ☐ 흐림 ☐ 비 ☐ 눈 ☐ 기타 _____
기온	약 _____ ℃
장소	☐ 고속도로 ☐ 교외 ☐ 도심 ☐ 언덕(오르막) ☐ 언덕(내리막) ☐ 비포장 도로 ☐ 기타 _____
엔진 온도	☐ 냉간 ☐ 난기 ☐ 난기후 ☐ 온도에 무관
엔진 작동 상태	☐ 시동 ☐ 지연 후 시동 (____ 분) ☐ 공회전 ☐ 레이싱 (차량정지상태) ☐ 주행중 ☐ 정속주행중 ☐ 가속중 ☐ 감속중 ☐ 에어컨 스위치 ON/OFF ☐ 기타 _____

4. MIL/DTC

경고등 (MIL)	☐ ON ☐ 가끔 깜빡임 ☐ OFF
DTC	☐ DTC (_____)

기본 고장 진단

저항 점검 조건

차량 운전 후 고온에서 측정된 저항값은 낮게 또는 높게 나올 수 있다. 그러므로 모든 저항은 실온(20℃)에서 측정해야 한다 (특정 온도를 명기한 경우는 해당 온도에서 측정).

📖 참고

실온(20℃)에 대한 저항값 이외의 다른 온도에 대한 저항값은 단순 참고치입니다.

간헐적인 문제 점검 절차

고장 진단에 있어 가장 어려운 경우는 간헐적으로 발생한 문제이다. 예를 들어 차량 냉간 시에 발생한 문제는 난기 시에는 발생하지 않는다. 이 경우 차량 고장 시의 주변 환경과 조건들을 기록하여, 재현하는 것이 중요하다.

1. 고장 코드(DTC)를 삭제한다.
2. 커넥터의 연결 상태 및 각 단자의 결합 상태, 배선과의 연결 상태, 굽힘, 파손 또는 오염에 대하여 점검한다. 그리고 항상 커넥터의 고정 상태도 점검한다.

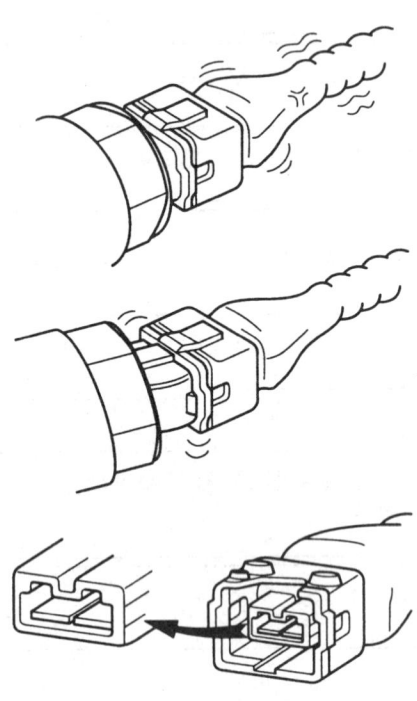

KFRE321A

3. 와이어링 하니스를 상하좌우로 살짝 흔든다.
4. 결함이 있는 부품은 수리 또는 교환한다.
5. 진단 장비를 이용하여, 문제가 해결되었는지 점검한다.

- 재현 (I) - 진동
  1) 센서와 액츄에이터: 센서, 액츄에이터 또는 릴레이를 손으로 흔든다.

  ❌ 경고
  심한 진동은 센서, 액츄에이터 또는 릴레이에 손상을 줄 수 있으니, 삼가한다.

  2) 커넥터와 와이어링 하니스: 커넥터 또는 와이어링 하니스를 상하좌우로 흔든다.

- 재현 (II) - 온도 (열)
  1) 헤어 드라이 등으로 해당 부품에 열을 가한다.

  ❌ 경고
  - 무리한 가열은 부품을 손상할 수 있으니 주의할 것.
  - ECM에 직접적으로 열을 가하지 말 것.

- 재현 (III) - 수분 (물)
  1) 비오는 날이나 습기가 많은 날을 재현할 시에는 차량 주변에 물을 뿌려준다.

  ❌ 경고
  - 엔진 구성 부품이나, 전기 부품 등 수분에 민감한 부분에는 직접적으로 물을 뿌리지 말 것.

- 재현 (IV) - 전기적인 부하
  1) 전기를 사용하는 부품 (오디오, 냉각팬, 램프 등)을 작동시킨다.

커넥터 점검 절차

1. 커넥터 취급 방법
   a. 커넥터 분리시, 커넥터를 당겨서 분리하고 와이어링 하니스를 당기지 않는다.

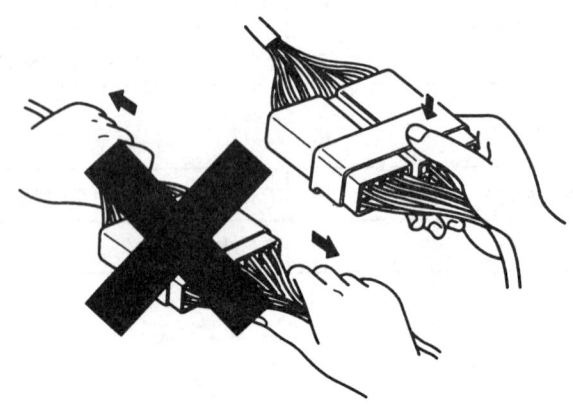

KFRE015F

   b. 락(Lock)이 부착된 커넥터 분리시, 락킹 레버(Locking Lever)를 누르거나 당긴다.

일반사항 FL -11

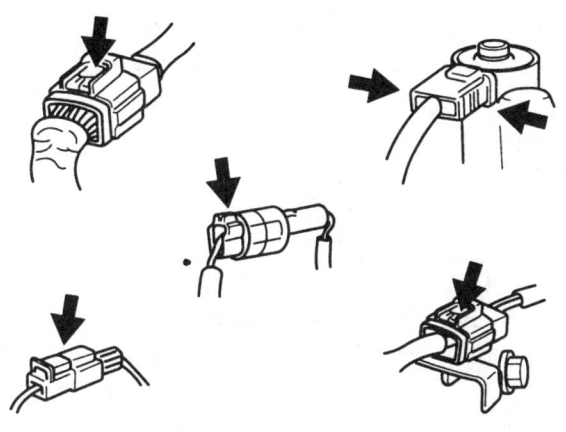

KFRE015G

c. 커넥터 연결 시, 장착음 ("딸깍")이 들리는지 확인한다.

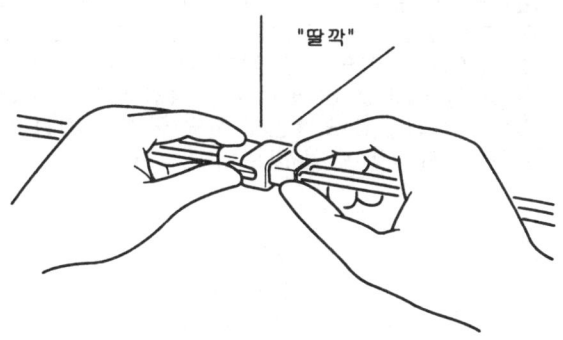

KERE015H

d. 통전 상태 점검이나 전압 측정시, 항상 테스터 프루브를 와이어링 하니스측에 삽입한다.

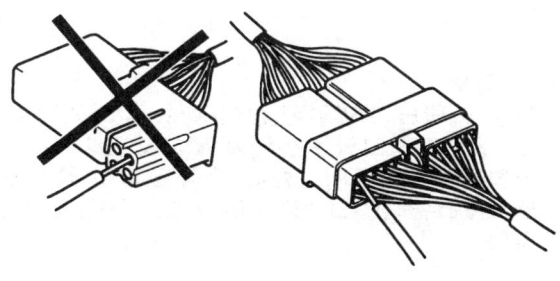

KFRE015I

e. 방수 처리된 커넥터의 경우는 와이어링 하니스측이 아닌, 커넥터 터미널측을 이용한다.

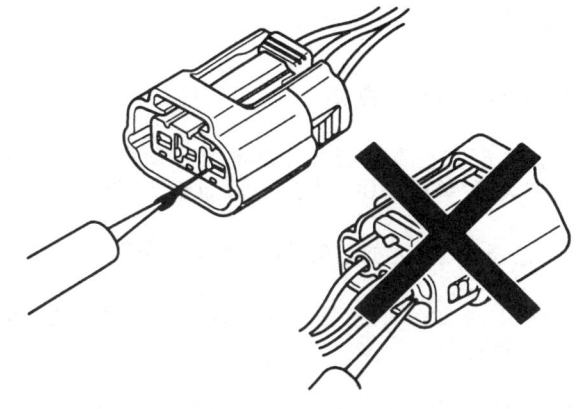

KFRE015J

> 📖 참고
> 테스트 중, 커넥터 단자가 손상되지 않도록 주의한다.

2. 커넥터 점검 포인터
   a. 커넥터가 연결되어 있을때: 커넥터의 연결 상태 및 락킹(Locking) 상태
   b. 커넥터가 분리되어 있을때: 와이어링 하니스를 살짝 당겨서 단자의 유실, 주름 또는 내부 와이어 손상에 대하여 점검한다. 그리고 녹 발생, 오염, 변형 및 구부러짐에 대하여 육안으로 점검磯
   c. 단자 체결 상태: 단자(凹)와 단자(凸) 사이의 체결 상태를 점검한다.
   d. 각각의 배선을 적당한 힘으로 당겨서, 연결 상태를 점검한다.

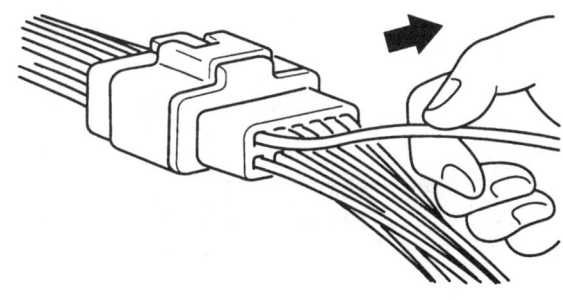

KFRE015K

3. 커넥터 터미널 수리
   a. 커넥터 터미널의 연결 부위를 에어건이나 샤타월로 세척한다.

> ⚠️ 주의
> 커넥터 터미널에 사포를 이용할 경우 손상될 수 있으니 주의한다.

b. 커넥터간의 체결력이 부족할 경우는 터미널(띠)을 수리 또는 교체한다.

와이어링 하니스 점검 절차

1. 와이어링 하니스를 분리하기 전에 와이어링 하니스의 장착 위치를 확인하여, 재설치 및 교환 시 활용한다.

2. 꼬임, 늘어짐, 느슨해짐에 대하여 점검한다.

3. 와이어링 하니스의 온도가 비정상적으로 높지는 않은지 점검한다.

4. 회전 운동, 왕복 운동 또는 진동을 유발하는 부분이 와이어링 하니스와 간섭되지는 않은지 점검한다.

5. 와이어링 하니스와 단품의 연결상태를 점검한다.

6. 와이어링 하니스의 피복의 상태를 점검한다.

전기적인 회로 점검 절차

● 단선 회로

1. 단선 회로 점검 방법
   • 통전 점검법
   • 전압 점검법

   단선 회로 발생 부분은[그림1] 통전 점검법(2번) 또는 전압 점검법(3번)으로 고장 부위를 찾을 수 있다.

   그림.1

   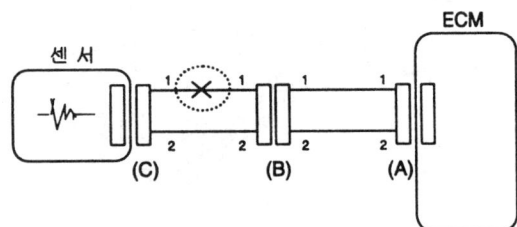

   KFRE501A

2. 통전 점검법

   기준값 (저항):
   1Ω 이하: 정상 회로
   1MΩ 이상: 단선 회로

   a. (A) 커넥터와 (C) 커넥터를 분리하고, 커넥터 (A)와 (C) 사이의 저항을 측정한다 [그림2]; 라인1의 측정 저항값이 "1MΩ 이상"이고, 라인2의 측정 저항값이 "1Ω 이하"라면, 라인1이 단선 회로이다 (라인2는 정상). 정확한 단선 부위를 찾기 위해서 라인1의 서브 라인을 점검한다 (다음 단계).

   그림.2

   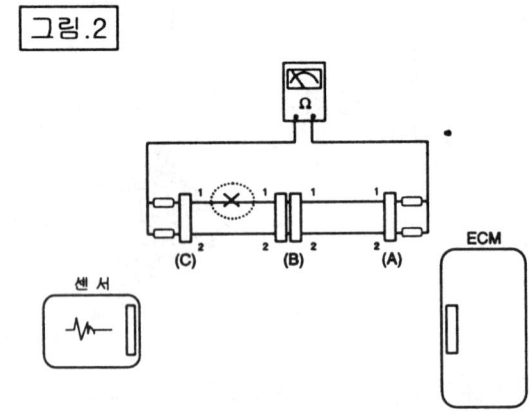

   KFRE501B

   b. (B) 커넥터를 분리하고, 커넥터 (C)와 (B1), 커넥터 (B2)와 (A) 사이의 저항을 측정한다 [그림3]; (C)와 (B1) 사이의 측정 저항값이 "1MΩ 이상"이고, (B2)와 (A) 사이의 측정 저항값이 "1Ω 이하"라면, 커넥터 (C)의 1번 단자와 커넥터 (B1)의 1번 단자 사이가 단선 회로이다.

   그림.3

   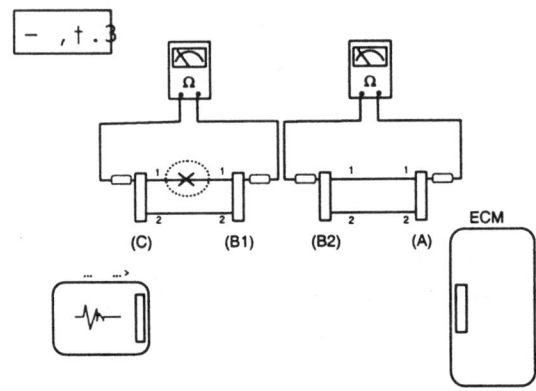

   KFRE501C

3. 전압 점검법
   a. 모든 커넥터가 연결된 상태에서, 각 커넥터 (A), (B), (C) 커넥터의 1번 단자와 샤시 접지 사이의 전압을 측정한다 [그림4]; 측정 전압이 각각 5V, 5V, 0V라면, (C)와 (B) 사이의 회로가 단선 회로이다.

일반사항

그림.4

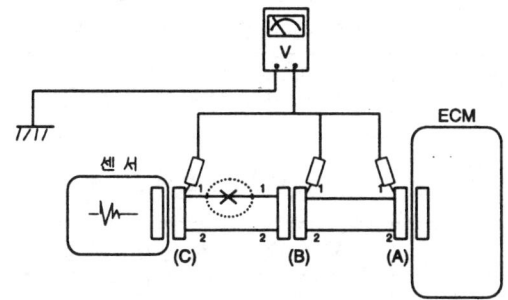

● 단락 회로

1. 단락(접지) 회로 점검 방법
    • 접지와의 통전 점검법

    단락(접지) 회로 발생 부분은 [그림5] 접지와의 통전 점검법(2번)으로 고장 부위를 찾을 수 있다.

그림.5

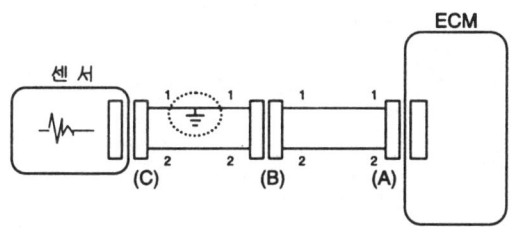

2. 접지와의 통전 점검법

기준값 (저항):
1Ω 이하: 단락(접지) 회로
1MΩ 이상: 정상 회로

  a. (A) 커넥터와 (C) 커넥터를 분리하고, 커넥터 (A)와 접지 사이의 저항을 측정한다 [그림6]; 라인1의 측정 저항값이 "1Ω 이하"이고, 라인2의 측정 저항값이 "1MΩ 이상"라면, 라인1이 단락 회로이다 (라인2는 정상). 정확한 단락 부위를 찾기 위해서 라인1의 서브 라인을 점검한다 (다음 단계).

그림.6

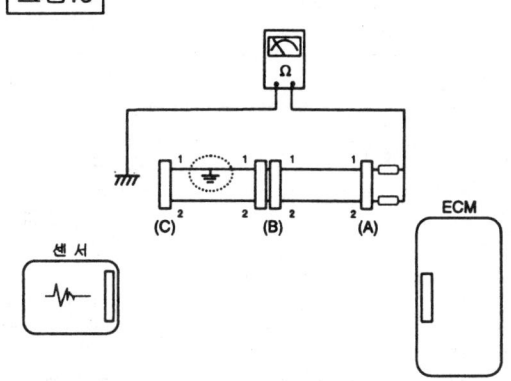

  b. (B) 커넥터를 분리하고, 커넥터 (A)와 샤시 접지, 커넥터 (B1)과 샤시 접지 사이의 저항을 측정한다 [그림7]; 커넥터 (B1)과 샤시 접지 사이의 측정 저항값이 "1Ω 이하"이고 커넥터 (A)와 샤시 접지 사이의 측정 저항값이 "1MΩ 이상"이라면, 커넥터 (B1)의 1번 단자와 커넥터 (C)의 1번 단자 사이가 단락(접지) 회로이다.

그림.7

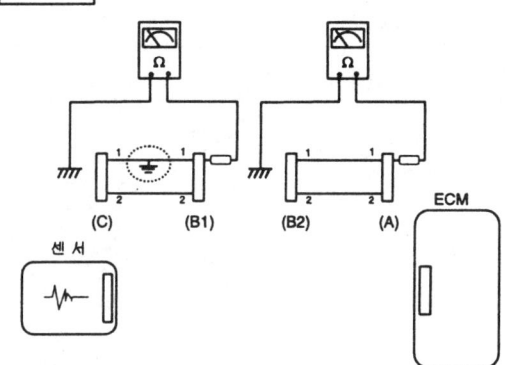

액츄에이터 구동 테스트 항목(진단 장비 사용)

항목	구동 방법	구동 조건
에어컨 컴프레셔 릴레이	에어컨 컴프레셔 ON/OFF 제어	점화 스위치 ON, 엔진 구동
냉각 팬(로우 스피드)	냉각 팬(로우 스피드) 릴레이 ON 및 냉각 팬 작동	점화 스위치 ON, 엔진 정지
냉각 팬(하이 스피드)	냉각 팬(하이 스피드) 릴레이 ON 및 냉각 팬 작동	점화 스위치 ON, 엔진 정지
엔진 경고등	엔진 경고등 점멸	점화 스위치 ON, 엔진 구동
글로우 지시등	글로우 지시등 점멸	점화 스위치 ON, 엔진 정지
글로우 릴레이	글로우 릴레이 ON/OFF 제어	점화 스위치 ON, 엔진 정지
EGR 액츄에이터	EGR 액츄에이터 ON/OFF 제어	점화 스위치 ON, 엔진 정지
연료 압력 조절 밸브(펌프 장착)	연료 압력 조절 밸브 ON/OFF 제어	점화 스위치 ON, 엔진 정지
이모빌라이저 경고등	이모빌라이저 경고등 ON/OFF 제어	점화 스위치 ON, 엔진 정지
VGT 액츄에이터	VGT 액츄에이터 ON/OFF 제어	점화 스위치 ON, 엔진 정지
보조 히터 릴레이	보조 히터 릴레이 ON/OFF 제어	점화 스위치 ON, 엔진 구동
스로틀 플랩 액츄에이터	스로틀 플랩 액츄에이터 ON/OFF 제어	점화 스위치 ON, 엔진 정지
가변 스월 액츄에이터	가변 스월 액츄에이터 ON/OFF 제어	점화 스위치 ON, 엔진 정지
레일 압력 조절 밸브(레일 장착)	레일 압력 조절 밸브 ON/OFF 제어	점화 스위치 ON, 엔진 정지

일반사항

증상별 고장진단

현 상	가능한 원인
시동 불능	연료부족
	스타터 이상
	펌프 호스 단선
	연료 누수
	퓨즈 결함
	인젝터의 보상이 이루어 지지 않음
	온도센서 결함
	레일압력센서 결함
	캠과 크랭크신호의 입력 없음
	배터리 출력 낮음
	도난방지장치 오작동
	EGR 밸브 개방된채 유지됨
	연료압력 레귤레이터 오염, 고착, 걸림
	연료문제/물이 존재함
	저압 연료 연결부 연결 상태 불량
	연료 필터 이상
	저압 연료회로 고착
	연료필터 막힘
	연결부 이상 (간헐적)
	저압 연료 회로에 에어유입
	펌프의 리턴 회로 막힘
	에어 히터 이상
	엔진압축비가 낮다
	인젝터 밸브부 누유
	고압연료펌프 이상
	인젝터 개방된채 유지됨
	소프트웨어 또는 하드웨어 오류발생

현 상	가능한 원인
시동 어려움/ 시동 직후 엔진 멈춤	연료부족
	인젝터 호스 단선
	연료누수
	퓨즈 결함
	에어필터 막힘
	알터네이터 또는 전압 레귤레이터 고장
	인젝터의 보상이 이루어지지 않음
	레일압력센서 결함
	배터리 출력 낮음
	EGR 밸브 개방된채 유지됨
	연료압력 레귤레이터 오염, 고착, 걸림
	연료문제/물이 존재함
	저압 연료 회로 연결부 연결 상태 불량
	연료필터 이상
	저압 연료회로 고착
	연료필터 막힘
	오일 레벨이 너무 높거나 너무 낮음
	촉매 컨버터 이상 (막힘/손상)
	연결부 이상 (간헐적)
	저압 연료 회로에 공기 유입
	고압 연료 펌프의 리턴 회로 막힘
	에어 히터 이상
	엔진압축비가 낮다
	인젝터의 리턴 호스 막힘
	인젝터내 카본 누적 (구멍이 막힘)
	니들고착 (높은 압력에 의해서만 분사가능)
	연료내 가솔린 유입
	소프트웨어 또는 하드웨어 오류발생

일반사항

현 상	가능한 원인
엔진 웜업시 시동 불능	인젝터의 보상이 이루어지지 않음
	레일압력센서 결함
	EGR 밸브 개방된 채 유지됨
	레일 압력 조절 밸브 오염, 고착, 걸림
	에어필터 막힘
	연료필터 이상
	저압 연료 회로에 에어유입
	연료문제/물이 존재함
	고압 연료 펌프의 리턴 회로 막힘
	연료필터 막힘
	엔진압축비가 낮다
	연결부 이상 (간헐적)
	인젝터내 카본 누적 (구멍이 막힘)
	니들고착 (높은 압력에 의해서만 분사가능)
	연료내 가솔린 유입
	소프트웨어 또는 하드웨어 오류발생

현 상	가능한 원인
공회전 불안정	인젝터 호스 단선
	인젝터의 보상이 이루어지지 않음
	레일압력센서 결함
	공기량 측정 센서 이상
	하니스 저항 과대
	연료필터 이상
	저압 연료 회로에 에어유입
	연료문제/물이 존재함
	에어필터 막힘
	연료필터 이상
	인젝터의 리턴 호스 막힘
	연료누수
	에어 히터 이상
	엔진 압축비 낮음
	인젝터 플랜징 불량
	고압연료펌프 이상
	인젝터 이상
	인젝터내 카본 누적 (구멍이 막힘)
	니들고착 (높은 압력에 의해서만 분사가능)
	인젝터 개방된채 유지됨
공회전 속도 낮음/ 공회전 속도 높음	전자기계상의 이상
	알터네이터 또는 전압레귤레이터 고장
	클러치 셋팅 이상
	소프트웨어 또는 하드웨어 오류발생

일반사항　　　　　　　　　　　　　　　　　　　　　　　　　　　　　　　　　　　　　　FL-19

현 상	가능한 원인
배기가스 이상 (검정, 파랑, 흰색)	인젝터의 보상이 이루어지지 않음
	공기량 측정 센서 이상
	레일압력센서 결함
	EGR 밸브 개방된채 유지됨
	레일압력 조절밸브 오염, 고착, 걸림
	오일 레벨이 너무 높거나 너무 낮음
	연료문제/물이 존재함
	촉매 컨버터 이상 (막힘/손상)
	에어필터 막힘
	오일 유입 (엔진 운행중)
	에어 히터 이상
	엔진 압축비 낮음
	인젝터 플랜징 불량
	인젝터 가스켓 이상 (미장착, 이중장착 등)
	인젝터 이상
	인젝터내 카본 누적 (구멍이 막힘)
	인젝터 개방된채 유지됨
	연료내 가솔린 유입
엔진 덜거덕 거림, 소음	인젝터의 보상이 이루어지지 않음
	EGR 밸브 폐쇄 (엔진 소음발생)
	EGR 밸브 개방된채 유지됨
	공기량 측정 센서 이상
	에어 히터 이상
	엔진 압축비가 낮다
	고압 연료 펌프의 리턴 회로 막힘
	레일 압력 센서 결함
	인젝터 가스켓 이상 (미장착, 이중장착 등)
	인젝터 이상
	인젝터내 카본 누적 (구멍이 막힘)
	니들고착 (높은 압력에 의해서만 분사가능)
	인젝터 개방된채 유지됨

현 상	가능한 원인
폭발음	인젝터의 보상이 이루어지지 않음
	연결부 이상 (간헐적)
	레일 압력 조절밸브 오염, 고착, 걸림
	소프트웨어 또는 하드웨어 오류 발생
가감속 불안정 (지연됨)	엑셀 페달 위치 센서 결함 (와이어링 이상)
	EGR 밸브 개방된채 유지됨
	연결부 이상 (간헐적)
	오일 유입 (엔진 운행중)
	레일압력센서 결함
	소프트웨어 또는 하드웨어 오류 발생
엑셀 페달 반응 느림	흡기 시스템 개방
	전자기계상의 이상
	엑셀 페달 위치 센서 결함 (와이어링 이상)
	EGR 밸브 개방된채 유지됨
	터보 챠저 손상
	연료필터 이상
	연료필터 막힘
	엔진압축비 낮음
	고압 누설
	레일 압력 조절 밸브 오염, 고착, 걸림
	니들고착 (높은 압력에 의해서만 분사가능)
	소프트웨어 또는 하드웨어 오류 발생

일반사항

현 상	가능한 원인
엔진 멈춤	연료부족
	고압 펌프 호스 단선
	연료누수
	퓨즈 결함
	연료문제/물이 존재함
	저압 연료 회로 차단됨
	연료필터 막힘
	캠과 크랭크신호의 입력 없음
	EGR 밸브 개방된채 유지됨
	레일 압력 조절 밸브 오염, 고착, 걸림
	알터네이터 또는 전압레귤레이터 고장
	연결부 이상 (간헐적)
	촉매 컨버터 이상 (막힘/손상)
	오일 유입 (엔진 운행중)
	고압 펌프 이상
	점화 스위치 결합
	연료내 가솔린 유입
	소프트웨어 또는 하드웨어 오류 발생

현 상	가능한 원인
엔진 진동 발생	연료부족
	노즐홀더 호스 단선
	전자기계상의 이상
	인젝터의 보상이 이루어지지 않음
	공기량 측정 센서 이상
	EGR 밸브 개방된채 유지됨
	연료필터 이상
	저압 연료 회로에 공기 유입
	연료문제/물이 존재함
	연료필터 막힘
	연결부 이상 (간헐적)
	하니스 저항 과대
	에어 히터 이상
	엔진 압축비 낮음
	인젝터의 리턴 호스 막힘
	밸브 간극
	인젝터와셔 이상 (미장착, 이중장착등)
	인젝터내 카본 누적 (구멍이 막힘)
	니들고착 (높은 압력에 의해서만 분사가능)
	인젝터 개방된채 유지됨
	연료내 가솔린 유입
	소프트웨어 또는 하드웨어 오류 발생

일반사항

현 상	가능한 원인
출력 부족	인젝터의 보상이 이루어지지 않음
	엑셀 페달위치 센서 결함 (와이어링 이상)
	전자기계상의 이상
	공기량 측정 센서 이상
	EGR 밸브 개방된채 유지됨
	흡기 시스템 개방
	에어필터 막힘
	오일 레벨이 너무 높거나 너무 낮음
	촉매 컨버터 이상 (막힘/손상)
	터보 챠저 손상
	연료필터 이상
	연료필터 막힘
	인젝터 밸브 누설
	고압 펌프의 리턴 회로 막힘
	노즐홀더의 리턴 호스 막힘
	엔진 압축비 낮음
	인젝터 이상
	인젝터내 카본 누적 (구멍이 막힘)
	밸브 간극
출력 과다	EGR 밸브 개방된채 유지됨
	인젝터의 보상이 이루어지지 않음
	오일 유입 (엔진 운행중)
	인젝터 이상
	소프트웨어 또는 하드웨어 오류발생

현 상	가능한 원인
연료소비 과다	노즐홀더 호스 단선
	연료압력 레귤레이터 누유
	고압 누설
	흡기 시스템 개방
	에어필터 막힘
	인젝터의 보상이 이루어지지 않음
	EGR 밸브 개방된채 유지됨
	전자기계상의 이상
	오일 레벨이 너무 높거나 너무 낮음
	연료 문제/물이 존재함
	촉매 컨버터 이상 (막힘/손상)
	터보 챠저 손상
	엔진압축비 낮음
	인젝터 이상
	소프트웨어 또는 하드웨어 오류발생
변속시 엔진 속도 상승	엑셀 페달 위치 센서 결함 (와이어링 이상)
	인젝터의 보상이 이루어지지 않음
	연결부 이상 (간헐적)
	클러치 셋팅 이상
	오일 유입 (엔진 운행중)
	터보 챠저 손상
	인젝터 이상
	소프트웨어 또는 하드웨어 오류 발생

일반사항　　　　　　　　　　　　　　　　　　　　　　　　　　　　　　　　　　　FL -25

고장진단 절차

점검항목 \ 고장현상	엔진 시동 불가	엔진 정지 그후 재시동	엔진 시동 걸기 어려움	높은 rpm 유지 (학셀 페달 조작 없음)	가속중 노킹발생 (엄엄 과정)	아이들 상태에서 진동 발생	출력 부족	엔진이 헤드 활활하지 않음 배출물, 노킹	픽킹 (급작스런 움직임)
자기진단	1	1	1	1	1	1	1	1	1
이모빌라이저	2								
차량 공급 전압	3		2					9	3
메인 릴레이	4	3	3					11	4
퓨즈/플러그 전선하니스	5	2						8	2
터미널 15 (시동 ON/OFF 신호)	6	4	4					10	5
크랭크 샤프트 포지션 센서 (CKPS)	7							12	
연료없음	8								
부적합한 연료	9	5	7			2	5	3	
연료 부족								2	
연료에 공기 혼합	10	6	8			3		4	
저압 회로 (연료)	11	7	13			4	6	7	
고압 회로 (연료)	16	8	14			14	20	16	
연료 필터	12		9			5	7	5	
고압 펌프	15		11					6	
연료 예열기	13		10			6	8		
레일 또는 연료 압력 조절 밸브	18	9	16			13		15	
인젝터 연결 부적합	14		17		3	11		13	
인젝터	17	10	19		4	10	19	14	
기계 구성 요소 (압력 밸브 간극, 압축 등등)	19		20				21	19	9
ECM 불량	20								
캠샤프트 포지션 센서 (CMPS)			5						
냉각 수온 센서 (ECTS)			15			2		17	
냉각수 유실									
글로우 플러그 시스템			16						

점검항목	엔진 시동 불가	엔진 정지 그후 재시동	엔진 시동 걸기 어려움	불은 rpm 유지 (학셀 페달 조작 없음)	가속중 노킹발생 (염영 과정)	아이들 상태에서 진동 발생	매연	엔진이 행활하지 않거나 전화할때, 노킹	핑 (금속성 움직임)
레일 압력 센서 (RPS)	21		18			12	18	17	
엑셀 페달 위치 센서 (APS)				2			9		
엑셀의 기계적 결함				3			10		
EGR						7	11		
공기량 측정 센서						9	16		
공기 필터 막힘			12			8	4		
진공 시스템 누출							2		
터보 차저 결함							13		
VGT 솔레노이드 밸브 이상							14		
부스트 압력 센서 (BPS)							3		
밸브 장력 확인								18	
클러치 스위치									6
브레이크 스위치									7
차량 속도 신호									8
오일 레벨 확인									
라디에이터 팬									
라디에이터 결합 혹은 막힘									
IG 스위치 결함									
AC 압력 SW									
AC SW									
플러그 접합			6						
터보와 흡기 매니폴드의 연결부 누출							15		
고압 펌프	22		21				22		
람다 센서							12		

점검항목	엔진 초과 회전, 헌팅	백색/청색 연기	흑색 매연 배출	엔진 오버 히트	IG키로 작동 정지 불가	진단 램프 켜짐, 점멸	AC 안 켜짐	RAD.Fan 계속 작동
자기진단	1	1	1	1	1	1	1	1
차량 공급 전압								
메인 릴레이								
퓨즈/ 플러그 전선 하니스					4	2	2	4
터미널 15 (시동 ON/OFF 신호)					3			
크랭크 샤프트 포지션 센서 (CKPS)								
연료 없음								
부적합한 연료				2				
연료 부족								
연료에 공기 혼합		3						
저압 회로 (연료)		6						
고압 회로 (연료)	7							
연료 필터		4						
고압 펌프								
연료 예열기		5						
레일 압력 조절 밸브	6							
인젝터의 연결 부적합								
인젝터								
기계 구성 요소 (압력 밸브 간극, 압축 등등)			8	7				
ECM 불량					5			
캠샤프트 포지션 센서 (CMPS)								
냉각 수온 센서 (ECTS)		2	7	3			5	3
냉각수 유실				6				
글로우 플러그 시스템								

점검항목 \ 고장현상	엔진 초과 회전, 헌팅	백색/청색 연기	흑색 매연 배출	엔진 오버 히트	IG키로 작동 정지 불가	진단 램프 계속 커짐, 점멸	AC 안 켜짐	RAD.Fan 계속 작동
레일 압력 센서 (RPS)								
엑셀 페달위치 센서(APS)	3						6	
엑셀에 기계적 결함	2							
EGR			3					
공기량 측정 센서			5					
공기 필터 막힘			2					
진공 시스템 누출			4					
터보 차저 결함	4							
VGT 솔레노이드 밸브 이상	5							
부스트 압력 센서 (BPS)	8		6					
밸브 장력 확인								
클러치 스위치								
브레이크 스위치								
차량 속도 신호								
오일 레벨 확인		7						
라디에이터 팬				4				
라디에이터 결함 혹은 막힘				5				
IG 스위치 결함					2			
AC 압력 SW							4	2
AC SW							3	
플러그 접합								
터보와 In-mani의 연결부 누출								

일반사항

페일 세이프 차트

아래 코드가 저장되면 ECM은 페일 세이프 모드로 들어가게 된다.

고장 코드	페일 세이프 작동	해제 조건
P0047	연료량 및 출력 제한	정상상태가 1초간 지속 될때
P0048	연료량 및 출력 제한	정상상태가 1초간 지속 될때
P0069	부스트 압력 센서 값 1000 hpa로 고정	정상상태가 0.5초간 지속 될때
P0097	흡기 온도 센서(부스트 압력센서 내장) 값 28℃로 고정	정상상태가 0.5초간 지속 될때
P0098	흡기 온도 센서(부스트 압력센서 내장) 값 28℃로 고정	정상상태가 0.5초간 지속 될때
P0101	연료량 및 출력 제한	정상상태가 1.5초간 지속 될때
P00102	연료량 및 출력 제한	정상상태가 1초간 지속 될때
P00103	연료량 및 출력 제한	정상상태가 1초간 지속 될때
P0107	대기압 센서값 1000 hpa로 고정	정상상태가 0.5초간 지속 될때
P0108	대기압 센서값 1000 hpa로 고정	정상상태가 0.5초간 지속 될때
P0112	흡기 온도 센서(공기량 측정센서 내장) 값 50℃로 고정	정상상태가 0.5초간 지속 될때
P0113	흡기 온도 센서(공기량 측정센서 내장) 값 50℃로 고정	정상상태가 0.5초간 지속 될때
P0117 P0118	• 웜-업 조건에서 고장코드 발생: 냉각수온 센서 값 영상 80℃로 초기 인식 • 냉간시 또는 크랭킹동안 고장 코드 발생: 냉각수온 센서 값 영하 10℃로 초기 인식 • 에어컨 및 보조 히터 작동 금지 • 냉각 팬 지속 작동	정상상태가 0.48초간 지속 될때
P0182 P0183	연료 온도 센서 값 40℃로 고정	정상상태가 0.5초간 지속 될때
P0192 P0193	레일 압력 센서 값 330바(bar)로 고정	정상상태가 0.48초간 지속 될때
P0237	부스트 압력 센서 값 1000 hpa로 고정	정상상태가 1초간 지속 될때
P0238	부스트 압력 센서 값 1000 hpa로 고정	
P0532 P0533	냉매 압력 값 4000 hpa로 고정	정상상태가 0.6초간 지속 될때

고장 코드	페일 세이프 작동	해제 조건
P0642	엔진 회전수 1200 rpm로 고정	정상상태가 0.1초 간 지속 될때
P0643		
P0652	• 엔진 회전수 1200 rpm로 고정 • 레일 압력 센서 값 330바(bar)로 고정	정상상태가 0.1초 간 지속 될때
P0653		
P0562	배터리 전압값 7.9V로 고정	정상상태가 0.1초 간 지속 될때
P0563		
P0698	냉매 압력 값 4000 hpa로 고정	정상상태가 0.1초 간 지속 될때
P0699		
P2123	엔진 회전수 1200 rpm로 고정	정상상태가 0.1초 간 지속 될때
P2128	엔진 회전수 1200 rpm로 고정	정상상태가 0.1초 간 지속 될때
P2138	엔진 회전수 1200 rpm로 고정	정상상태가 0.1초 간 지속 될때
P2264	연료량 및 출력 제한	정상상태시 즉시 해제
P2299	엔진 회전수 1200 rpm로 고정	정상상태가 0.1초 간 지속 될때

디젤 제어 시스템

디젤 제어 장치 검사 K3BD3A14

디젤 제어 장치의 구성부품(센서류, ECM, 인젝터 등)에 이상이 있으면 다양한 엔진 작동조건에 알맞는 연료량을 공급할 수 없게 되어 다음과 같은 경우가 발생한다.
1. 엔진의 시동을 걸기가 어렵거나 전혀 시동이 걸리지 않는다.
2. 공회전이 불안정하다.
3. 엔진 주행능력이 불량하다.
만일 이와 같은 경우가 발견되면, 일단 자기진단과 기본 엔진점검(점화 장치 점검, 부적당한 엔진조정등)을 한 후에 다용도 테스트 또는 디지털 멀티메타로 디젤 제어 장치의 구성부품을 점검한다.

⚠ 주의
- 부품을 탈거하거나 장착하기 전에 자기진단 코드를 읽고나서 배터리(-) 터미널을 탈거한다.
- 배터리 터미널에서 케이블을 분리시키기 전에 점화 스위치를 **OFF** 시킨다. 엔진작동중에 혹은 점화 스위치를 **ON**한 상태에서 배터리를 탈거혹은 연결하면 **ECM**의 반도체가 손상되어 부정확한 자동이 발생할 수 있다.

자기 진단

ECM은 엔진의 여러부위에 입력/출력 신호(몇몇 신호는 항상 신호를 보내며 몇몇은 특정상황하에서 신호를 보냄)를 보낸다. 비정상적인신호가 처음 보내진 때부터 특정시간 이상이 지나면 ECM은 비정상이 발생한 것으로 판단하고 고장코드를 기억한 후 신호를 자기진단 출력터미널에 보낸다. 자기진단 결과는 하이스캔 이용법으로 검사할 수 있다. 또한 고장코드의 기억은 배터리에 의해 직접백업(back up)되어 점화 스위치를 off시키더라도 고장진단 결과는 기억된다. 그러나 배터리 터미널 혹은 ECM컨넥터를 분리시키면 고장진단 결과는 지워진다.

⚠ 주의
대부분의 디젤 제어 장치는 점화 스위치를 **"ON"** 한 상태에서 센서의 컨넥터를 분리시키면 고장진단 코드가 기억된다. 이런 경우 배터리의(-) 터미널을 15초 이상 분리시키면 고장진단 기억이 지워진다.

자기 진단 점검 절차

⚠ 주의
- 배터리 전압이 낮으면 고장진단이 발견되지 않을 수 있으므로 점검하기 전에 배터리의 전압 및 기타 상태를 점검해야 한다.
- 배터리 혹은 **ECM** 컨넥터를 분리시키면 고장 항목이 지워지므로 고장 진단 결과를 완전히 읽기 전에는 배터리를 분리시키지 않는다.
- 점검 및 수리를 완료한 후에는 하이스캔을 이용하여 고장코드를 소거하는 방법이 가장 바람직하며 배터리(-) 터미널에서 접지 케이블을 15초 이상 분리시킨후 (이때 점화 스위치는 필히 **OFF** 된 상태일 것)

점검 절차 (하이스캔 사용)

1. 점화 스위를 "OFF" 시킨다
2. 하이스캔 커넥터를 고장진단용 DLC 커넥터에 그림과 같이 연결한다.
3. 점화 스위치를 "ON" 에 놓는다.
4. 하이스캔를 사용하여 자기진단 코드를 점검한다.
5. 자기 진단표에서 잘못된 부분을 수리한다.
6. 고장 코드를 지운다.
7. 하이스캔를 분리시킨다.

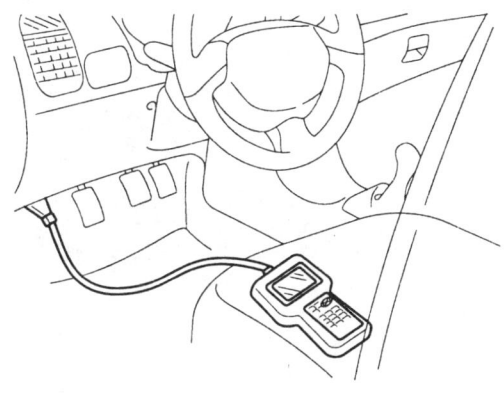

AWJF300D

📖 참고
- 타사에서 제작된 테스터기에 대해서 해당 제작사에서 제작된 해설서를 참조하여 조작한다.
- 고장코드를 소거시에는 가급적 하이스캔을 사용한다.
  배터리 터미널을 탈거하여 코드를 지우는 것도 가능하나 이렇게 하면 **ECM**내 학습제어를 위한 **DATA**도 동시에 소거된다.

FL -32

연료 장치

구성부품 KAEFD7E6

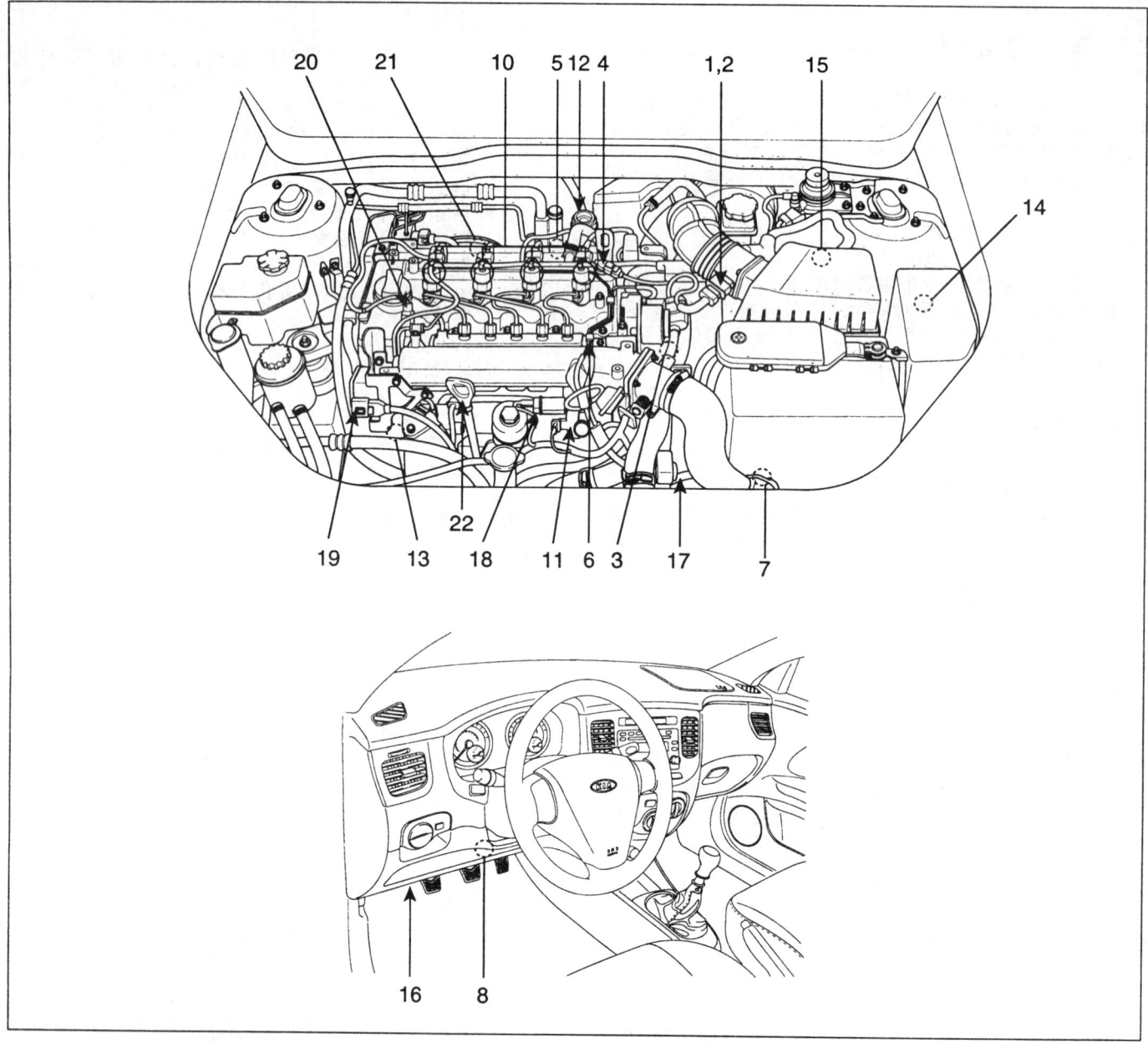

1. 공기량 측정 센서 (MAFS)
2. 흡입 공기 온도 센서 (IATS)
3. 냉각 수온 센서 (ECTS)
4. 캠 샤프트 포지션 센서 (CMPS)
5. 크랭크 샤프트 포지션 센서 (CKPS)
6. 레일 압력 센서 (RPS)
7. 부스트 압력 센서 (BPS)
8. 엑셀 페달 위치 센서 (APS)
9. 차량 속도 센서
10. 인젝터
11. VGT 솔레노이드 밸브
12. EGR 밸브
13. 연료 압력 조절 밸브
14. 메인 릴레이
15. ECM
16. 자기 진단 커넥터 (DLC)
17. 다기능 체크 커넥터
18. 스로틀 플랩 솔레노이드 밸브
19. 가변 스월 밸브 액츄에이터
20. 레일 압력 조절 밸브
21. 산소 센서
22. 연료 온도 센서

AWJF300E

디젤 제어 시스템   FL -33

1. 공기량 측정 센서 (MAFS) 2. 흡기 온도 센서 (IATS)	3. 냉각 수온 센서 (ECTS)
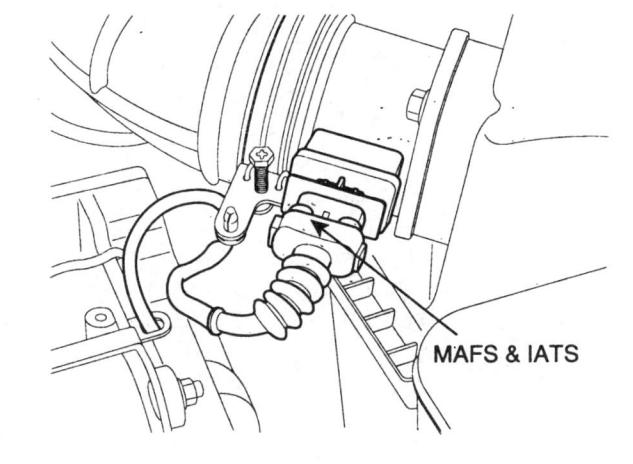	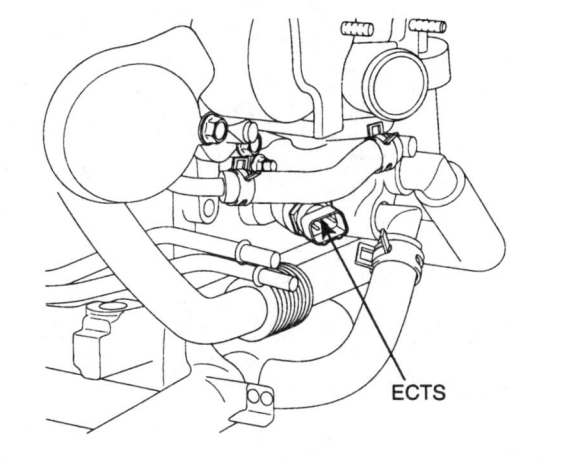
4. 캠 샤프트 포지션 센서 (CMPS)	5. 크랭크 샤프트 포지션 센서 (CKPS)
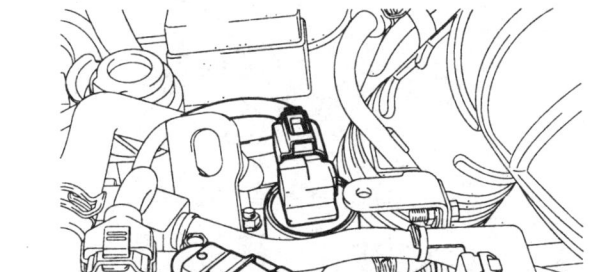	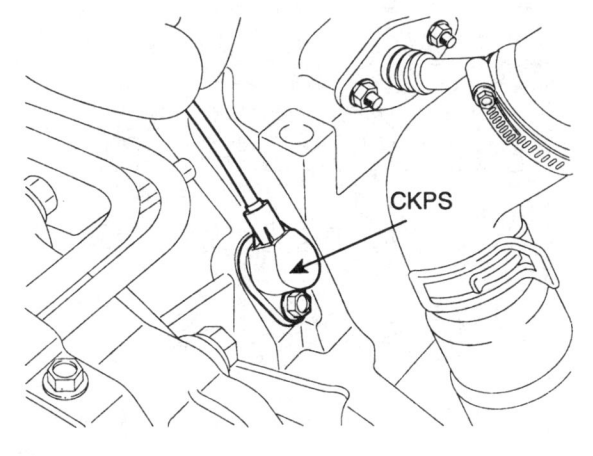
6. 레일 압력 센서 (RPS)	7. 부스트 압력 센서 (BPS) / 흡기 온도 센서 (IATS)
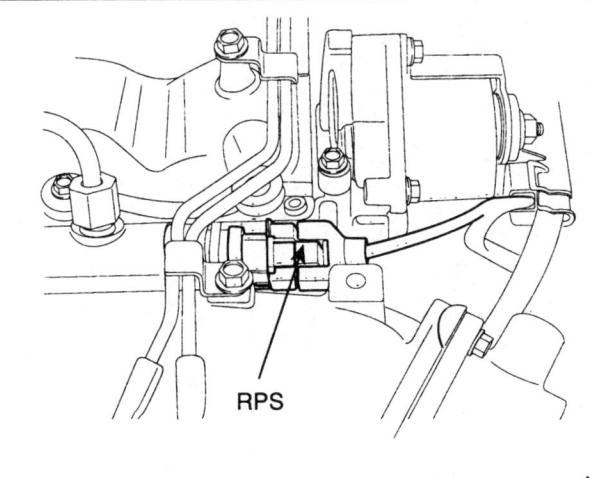	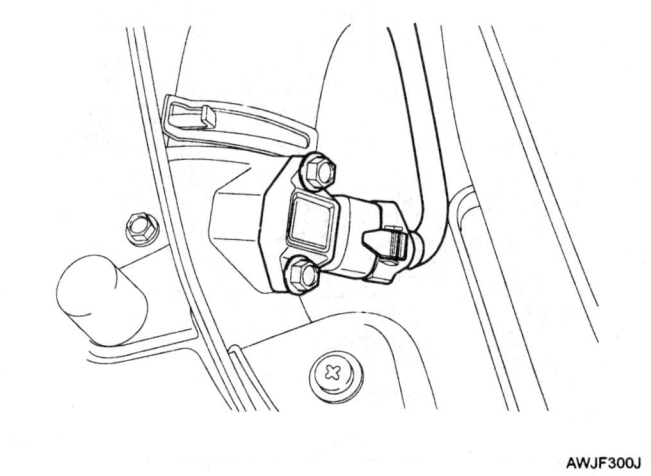

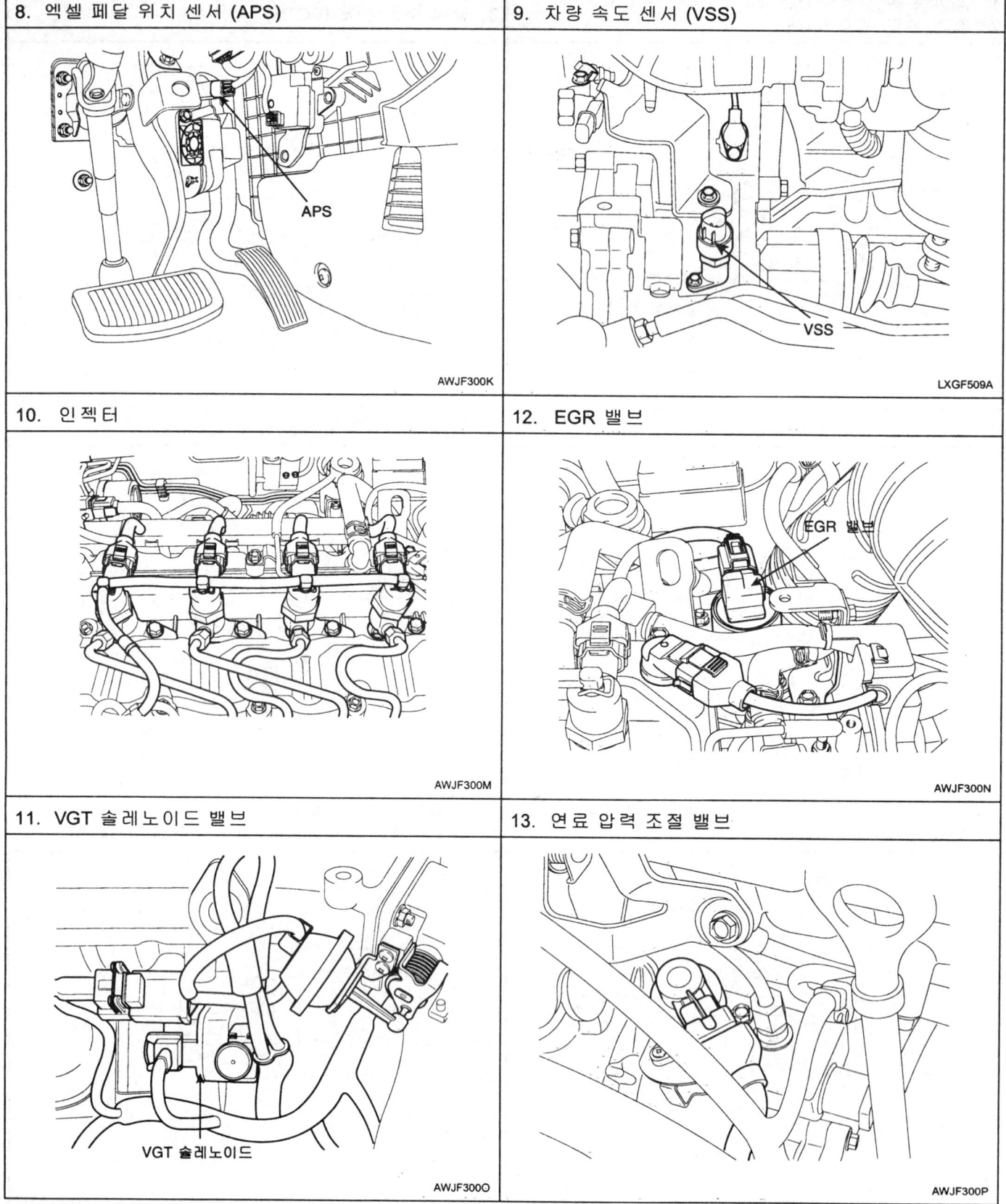

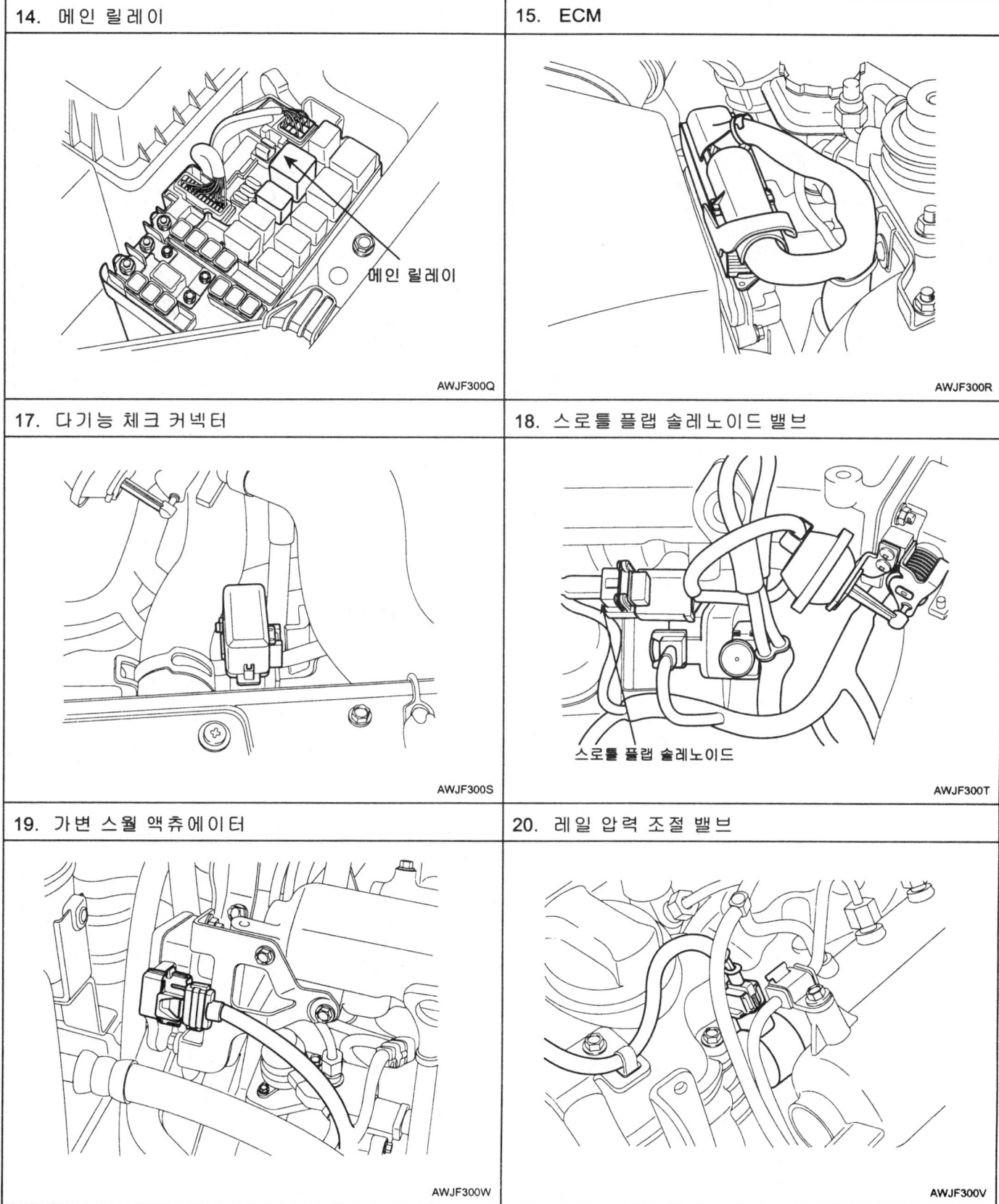

| 21. 산소 센서 | 22. 연료 온도 센서 |

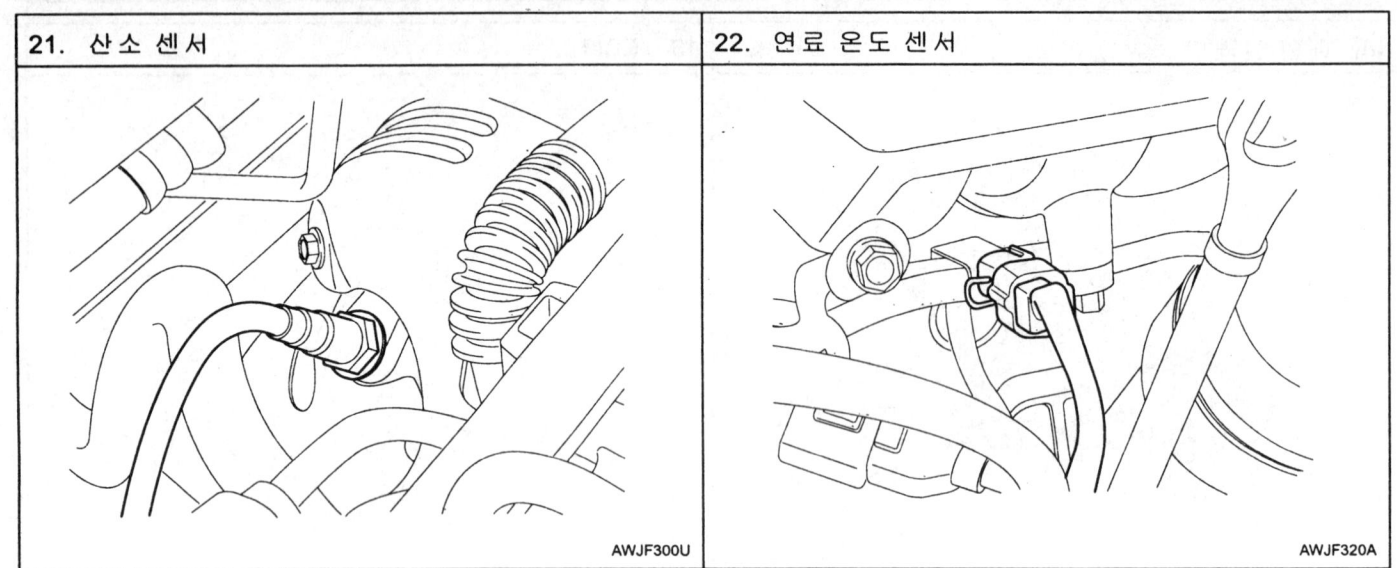

디젤 제어 시스템

ECM

ECM 커넥터

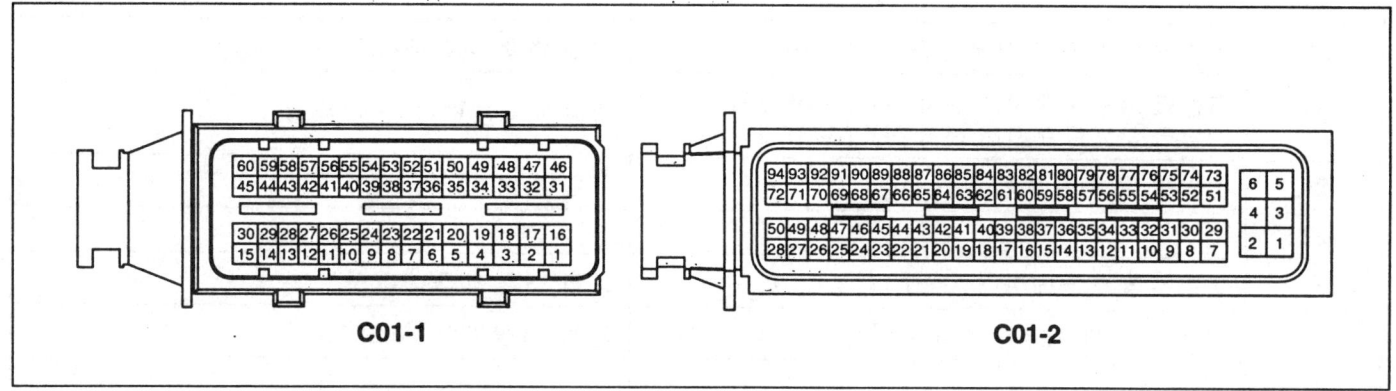

< ECM C01-1 커넥터 >

단자	기능	접속 부위
1	인젝터#3 제어(하이 사이드)	인젝터(실린더 No.3)
2	인젝터#2 제어(하이 사이드)	인젝터(실린더 No.2)
3	-	
4	레일 압력 조절 밸브 (하이 사이드)	레일 압력 조절 밸브
5	-	
6	가변 스월 밸브 포지션 센서 접지	가변 스월 밸브 포지션 센서
7	크랭크 샤프트 포지션 센서 쉴드 접지	크랭크 샤프트 포지션 센서
8	레일 압력 센서 접지	레일 압력 센서
9	-	
10	-	
11	-	
12	크랭크 샤프트 포지션 센서 신호(-)-AT차량 크랭크 샤프트 포지션 센서 신호(+)-MT차량	크랭크 샤프트 포지션 센서
13	부스트 압력 센서 전원 공급	부스트 압력 센서
14	-	
15	-	
16	인젝터#1 제어(하이 사이드)	인젝터(실린더 No.1)
17	인젝터#4 제어(하이 사이드)	인젝터(실린더 No.4)
18	-	
19	연료 압력 조절 밸브 (하이 사이드)	연료 압력 조절 밸브
20	캠 샤프트 포지션 센서 접지	캠 샤프트 포지션 센서
21	-	
22	-	

23	부스트 압력 센서 접지	부스트 압력 센서
24	-	
25	-	
26	가변 스월 밸브 포지션 센서 공급 전원	가변 스월 액츄에이터
27	크랭크 샤프트 포지션 센서 신호(+)-AT차량 크랭크 샤프트 포지션 센서 신호(-)-MT차량	크랭크 샤프트 포지션 센서
28	레일 압력 센서 전원공급(5V)	레일 압력 센서
29	-	
30	가변스월 액츄에이터 모터(-)	가변 스월 액츄에이터
31	인젝터#2 제어(로우 사이드)	인젝터(실린더 No.2)
32	-	
33	인젝터#4 제어(로우 사이드)	인젝터(실린더 No.4)
34	레일 압력 조절 밸브 (로우 사이드)	레일 압력 조절 밸브
35	-	
36	-	
37	공기량 측정 센서(MAFS) 참조 주파수	공기량 측정 센서(MAFS)
38	-	
39	-	
40	부스트 압력 센서(BPS) 신호 입력	부스트 압력 센서(BPS)
41	냉각 수온 센서(ECTS) 접지	냉각 수온 센서(ECTS)
42	공기량 측정 센서(MAFS) 신호 입력	공기량 측정 센서(MAFS)
43	레일 압력 센서(RPS) 신호 입력	레일 압력 센서(RPS)
44		
44	공기량 측정 센서(MAFS) 접지	공기량 측정 센서(MAFS)
45	-	
46	인젝터#3 제어(로우 사이드)	인젝터(실린더 No.3)
47	인젝터#1 제어(로우 사이드)	인젝터(실린더 No.1)
48	-	
49	연료 압력 조절 밸브 (로우 사이드)	연료 압력 조절 밸브
50	캠 샤프트 포지션 센서(CMPS) 신호 입력	캠 샤프트 포지션 센서(CMPS)
51	-	
52	-	
53	흡기 온도 센서(IATS) 신호 입력	흡기 온도 센서(IATS)
54		
55	-	
56	가변 스월 밸브 포지션 센서 신호 입력	가변 스월 액츄에이터
57	-	

디젤 제어 시스템

58	냉각 수온 센서(ECTS) 신호 입력	냉각 수온 센서(ECTS)
59	EGR 제어	EGR
60	가변스월 액츄에이터 모터(+)	가변 스월 액츄에이터

< ECM C01-2 커넥터 >

1	휴즈(10A) 경유 배터리(+)	메인 릴레이
2	ECM 접지	ECM 접지
3	휴즈(20A) 경유 배터리(+)	메인 릴레이
4	ECM 접지	ECM 접지
5	휴즈(20A) 경유 배터리(+)	메인 릴레이
6	ECM 접지	ECM 접지
7	팬 릴레이 제어(하이)	컨덴서 팬 릴레이
8	엑셀 페달 위치센서(APS)2 접지	엑셀 페달 위치센서(APS)
9	엑셀 페달 위치센서(APS)1 신호	엑셀 페달 위치센서(APS)
10	연료 온도 센서(FTS) 접지	연료 온도 센서(FTS)
11	연료 온도 센서(FTS) 신호	연료 온도 센서(FTS)
12	에어컨 압력 변환기 접지	에어컨 압력 변환기
13	에어컨 압력 변환기 신호	에어컨 압력 변환기
14	-	
15	-	
16	이모빌라이저(스마트라) 접지	이모빌라이저(스마트라)
17	-	
18	-	
19	-	
20	-	
21	-	
22	에어컨 압력 변환기 전원공급	에어컨 압력 변환기
23	-	
24	-	
25	고장진단 K-라인	고장 진단 장비 커넥터
26	-	
27	연료 소모 신호 출력	클러스터
28	단자 15(점화 ON/OFF 신호)	점화 스위치
29	가변 터보차저 (VGT) 제어	VGT 솔레노이드
30	엑셀 페달 위치 센서(APS) 1 접지	엑셀 페달 위치센서(APS)
31	엑셀 페달 위치 센서(APS) 2 신호	엑셀 페달 위치센서(APS)

32	-	
33	-	
34	-	
35	-	
36	-	
37	-	
38	브레이크 스위치 신호 입력	브레이크 스위치
39	-	
40	연료 수분 센서 신호 입력	연료 수분 센서
41	-	
42	블로워 스위치 신호 입력	블로워 스위치
43	-	
44	-	
45	엑셀 페달 위치 센서(APS)1 전원공급	엑셀 페달 위치센서(APS)
46	엑셀 페달 위치 센서(APS)2 전원공급	엑셀 페달 위치센서(APS)
47	이모빌라이저 데이터 라인	이모빌라이저(스마트라)
48	엔진 속도 신호(속도계로 보냄)	속도계
49	-	
50	-	
51	람다 센서 히터 제어	람다 센서
52	-	
53	-	
54	에어컨 스위치 ON 입력	에어컨 스위치
55	-	
56	에어컨 압력 스위치 입력	에어컨 압력 스위치
57	중립 기어 스위치 신호 입력(MT차량)	중립 기어 스위치
58	-	
59	-	
60	-	
61	-	
62	-	
63	-	
64	람다 센서 전원	람다 센서
65	람다 센서 펌프 제어	람다 센서
66	-	
67	-	
68	엔진 경고등(MIL) 제어	엔진 경고등
69	글로우 지시등 제어	글로우 지시등

디젤 제어 시스템

70	에어컨 콤프레셔 릴레이 제어	에어컨 콤프레셔 릴레이
71	팬 릴레이 제어(로우)	라디에이터 팬 릴레이
72	메인 릴레이 제어	메인 릴레이
73	-	
74	-	
75	차량 속도 센서(VSS) 신호 입력	차량 속도 센서(VSS)
76	-	
77	-	
78	-	
79	클러치 스위치 신호 입력	클러치 스위치
80	2차 브레이크 스위치 신호 입력	2차 브레이크 스위치 신호 입력
81	AT/MT 자동 인식 스위치(MT:단선, AT: 접지)	AT/MT 자동 인식 스위치(MT:단선, AT: 접지)
82	-	
83	CAN (로우)	TCM
84	CAN (하이)	TCM
85	-	
86	람다 센서 접지	람다 센서
87	람다 센서 신호 입력	람다 센서
88	-	
89	흡기 온도 센서(IATS) 신호 입력	흡기 온도 센서
90	스로틀 플랩 제어	스로틀 플랩 솔레노이드
91	-	
92	이모빌라이저 경고등 점등	클러스터
93	글로우 플러그 릴레이	글로우 플러그
94	보조 냉각수 히터 릴레이 제어	보조 냉각수 히터 릴레이

ECM 단자 입/출력 전압

< ECM C01-1 커넥터 >

단자	신호명	조건	입출력 신호 형식	입출력 신호 레벨
1	인젝터#3 제어(하이사이드)	엔진 구동	전류	17~19A / 11~13A / 0A
2	인젝터#2 제어(하이사이드)	엔진 구동	전류	17~19A / 11~13A / 0A
3	-			
4	레일 압력 조절 밸브 (하이 사이드)	IG ON	DC 전압	배터리 전압
5	-			
6	가변 스월 밸브 포지션 센서 접지			접지 (0 ~ 0.5 V)
7	크랭크 샤프트 포지션 센서 쉴드 접지			접지 (0 ~ 0.5 V)
8	레일 압력 센서 접지			접지 (0 ~ 0.5 V)
9	-			
10	-			
11	-			
12	크랭크 샤프트 포지션 센서 신호(-)-AT차량 크랭크 샤프트 포지션 센서 신호(+)-MT차량	엔진 구동	사인파	Above 1.65V / Below -1.65V
13	부스트 압력 센서 전원 공급	IG ON	DC전압	4.9 ~ 5.1 V
14	-			
15	-			
16	인젝터#1 제어(하이사이드)	엔진 구동	전류	17~19A / 11~13A / 0A
17	인젝터#4 제어(하이사이드)	엔진 구동	전류	17~19A / 11~13A / 0A
18	-			

디젤 제어 시스템 FL-43

19	연료 압력 조절 밸브 (하이 사이드)	엔진 구동	PWM 172~185Hz	Vbat / 0~0.5V
20	캠 샤프트 포지션 센서 접지			접지 (0 ~ 0.5 V)
21	-			
22	-			
23	부스트 압력 센서 접지			접지 (0 ~ 0.5 V)
24	-			
25	-			
26	가변 스월 밸브 포지션 센서 공급 전원	IG ON	DC전압	4.9 ~ 5.1 V
27	크랭크 샤프트 포지션 센서 신호(+)-AT차량 크랭크 샤프트 포지션 센서 신호(-)-MT차량	엔진 구동	사인파	Above 1.65V / Below -1.65V
28	레일 압력 센서 전원공급(5V)	IG ON	DC전압	4.9 ~ 5.1 V
29	-			
30	가변스월 액츄에이터 모터(-)	IG ON	PWM 1000Hz	Vbat / 0~0.5V
31	인젝터#2 제어(로우 사이드)	엔진 구동	전류	17~19A / 11~13A / 0A
32	-			
33	인젝터#4 제어(로우 사이드)	엔진 구동	전류	17~19A / 11~13A / 0A
34	레일 압력 조절 밸브 (로우 사이드)	엔진 구동	PWM 1kHz	Vbat / 0~0.5V
35	-			
36	-			
37	공기량 측정 센서(MAFS) 참조 주파수	IG ON	PWM 19Hz	5V / 0~0.5V
38	-			
39	-			

40	부스트 압력 센서(BPS) 신호 입력	IG ON	아날로그	4.8V / 0.2V
41	냉각 수온 센서(ECTS) 접지			접지 (0 ~ 0.5 V)
42	공기량 측정 센서(MAFS) 신호 입력	엔진 구동 & 웜업 상태	펄스	5V / 0 ~ 0.5V
43	레일 압력 센서(RPS) 신호 입력	엔진 구동	아날로그	4.5V / 0.5V
44	공기량 측정 센서(MAFS) 접지			접지 (0 ~ 0.5 V)
45	-			
46	인젝터#3 제어(로우 사이드)	엔진 구동	전류	17 ~ 19A / 11 ~ 13A / 0A
47	인젝터#1 제어(로우 사이드)	엔진 구동	전류	17 ~ 19A / 11 ~ 13A / 0A
48	-			
49	연료 압력 조절 밸브 (로우 사이드)	엔진 구동	PWM 1kHz	Vbat / 0 ~ 0.5V
50	캠 샤프트 포지션 센서(CMPS) 신호 입력	엔진 구동	아날로그	4.8 ~ 24V / 0.6V 이하
51	-			
52	-			
53	흡기 온도 센서(IATS) 신호 입력	IG ON	아날로그	4.5V / 0.5V
54	-			
55	-			
56	가변 스월 밸브 포지션 센서 신호 입력	IG ON	아날로그	4.5V / 0.5V
57	-			

디젤 제어 시스템　　　　　　　　　　　　　　　　　　　　　　　　　　　　　　　FL-45

58	냉각 수온 센서(ECTS) 신호 입력	IG ON(20℃)	아날로그	3.5V 이상
		IG ON(80℃)		1.8V 이하
59	EGR 제어	엔진 구동	PWM 140Hz	⎍⎍ ····Vbat / 0~0.5V AWJF305A
60	가변스월 액츄에이터 모터(+)	IG ON	PWM 1000Hz	

< ECM C01-2 커넥터 >

단자	신호명	조건	입출력 신호 형식	입출력 신호 레벨
1	휴즈(10A) 경유 배터리(+)	IG ON	DC전압	배터리 전압
2	ECM 접지			접지 (0 ~ 0.5 V)
3	휴즈(20A) 경유 배터리(+)	IG ON	DC전압	배터리 전압
4	ECM 접지			접지 (0 ~ 0.5 V)
5	휴즈(20A) 경유 배터리(+)	IG ON	DC전압	배터리 전압
6	ECM 접지			접지 (0 ~ 0.5 V)
7	팬 릴레이 제어 (하이)	엔진 구동(팬 ON)	DC전	0~0.5V
		엔진 구동(팬 OFF)		배터리 전압
8	엑셀 페달 위치센서(APS)2 접지			접지 (0 ~ 0.5 V)
9	엑셀 페달 위치센서(APS)1 신호	IG ON(공회전)	아날로그	0.6~0.85V
		IG ON(WOT)		3.5~4.7V
10	연료 온도 센서(FTS) 접지			접지 (0 ~ 0.5 V)
11	연료 온도 센서(FTS) 신호	IG ON	아날로그	····4.8V / 0.2V AWJF308A
12	에어컨 압력 변환기 접지			접지 (0 ~ 0.5 V)
13	에어컨 압력 변환기 신호	IG ON	아날로그	····4.8V / 0.2V AWJF308A
14	-			
15	-			
16	이모빌라이저(스마트라) 접지			접지 (0 ~ 0.5 V)
17	-			
18	-			
19	-			
20	-			

21	-			
22	에어컨 압력 변환기 전원공급	IG ON	DC전압	4.9 ~ 5.1 V
23	-			
24	-	IG ON	DC전압	배터리 전압
25	고장진단 K-라인			
26	-			
27	연료 소모 신호 출력	엔진 구동	펄스	....3.8V / 0~0.5V AWJF310A
28	단자 15(점화 ON/OFF 신호)	IG ON	DC전압	배터리 전압
29	가변 터보차저(VGT) 제어	엔진 구동	PWM 300 Hz	....Vbat / 0 ~ 0.5V AWJF305A
30	엑셀 페달 위치 센서(APS) 1 접지			접지 (0 ~ 0.5 V)
31	엑셀 페달 위치센서(APS)1 신호	IG ON(공회전)	아날로그	0.25~0.51V
		IG ON(WOT)		1.6~2.5V
32	-			
33	-			
34	-			
35	-			
36	-			
37	-			
38	브레이크 스위치 신호 입력	IG ON(브레이크 밟음)	DC전압	배터리 전압
		IG ON(브레이크 밟지않음)		0~0.5V
39	-			
40	연료 수분 센서 신호 입력	IG ON(센서ON)	DC전압	0~0.5V
		IG ON(센서OFF)		배터리 전압
41	-			
42	블로워 스위치 신호 입력	IG ON(스위치ON)	DC전압	0~0.5V
		IG ON(스위치OFF)		배터리 전압
43	-			
44	-			
45	엑셀 페달 위치 센서(APS)1 전원공급	IG ON	DC전압	4.9 ~ 5.1 V
46	엑셀 페달 위치 센서(APS)2 전원공급	IG ON	DC전압	4.9 ~ 5.1 V
47	이모빌라이저 데이터 라인			

디젤 제어 시스템

FL -47

48	엔진 속도 신호(속도계로 보냄)	엔진 구동	펄스	⎍⎍ ....Vbat 0~0.5V AWJF305A
49	-			
50	-			
51	람다 센서 히터 제어	엔진 구동 & 센서 히터 ON	PWM 100Hz	⎍⎍ ....Vbat 0~0.5V AWJF305A
52	-			
53	-			
54	에어컨 스위치 ON 입력	엔진 구동(스위치ON)	DC전압	배터리 전압
		엔진 구동(스위치OFF)		
55	-			
56	에어컨 압력 스위치 입력	엔진 구동(스위치ON)	DC전압	배터리 전압
		엔진 구동(스위치OFF)		0~0.5V
57	중립 기어 스위치 신호 입력(MT차량)	IG ON(중립 기어상태)	DC전압	0~0.5V
		IG ON(중립 이외 기어상태)		배터리 전압
58	-			
59	-			
60	-			
61	-			
62	-			
63	-			
64	람다 센서 전원	엔진 구동 & 센서 히터 ON	DC전압	0~3.0 V
65	람다 센서 펌프 제어	엔진 구동 & 센서 히터 ON	DC전압	
66	-			
67	-			
68	엔진 경고등(MIL) 제어	IG ON(MIL ON)	DC전압	0~0.5V
		IG ON(MIL OFF)		배터리 전압
69	글로우 지시등 제어	IG ON(MIL ON)	DC전압	0~0.5V
		IG ON(MIL OFF)		배터리 전압
70	에어컨 콤프레셔 릴레이 제어	IG ON(릴레이ON)	DC전압	0~0.5V
		IG ON(릴레이OFF)		배터리 전압

71	팬 릴레이 제어(로우)	엔진구동(ON)	DC전압	0~0.5V
		엔진구동(OFF)		배터리 전압
72	메인 릴레이 제어	IG ON(릴레이ON)	DC전압	0~0.5V
		IG ON(릴레이OFF)		배터리 전압
73	-			
74	-			
75	차량 속도 센서(VSS) 신호 입력	차량 주행	펄스	⎍⎍ ····Vbat / 0~0.5V (AWJF305A)
76	-			
77	-			
78	-			
79	클러치 스위치 신호 입력	IG ON(클러치 밟음)	DC전압	0~0.5V
		IG ON(클러치 밟지않음)		배터리 전압
80	2차 브레이크 스위치 신호 입력	IG ON(브레이크 밟음)	DC전압	0~0.5V
		IG ON(브레이크 밟지않음)		배터리 전압
81	AT/MT 자동 인식 스위치 (MT:단선, AT: 접지)	IG ON(MT차량)	DC전압	배터리 전압
		IG ON(AT차량)		0~0.5V
82	-			
83	CAN (로우)			
84	CAN (하이)			
85	-			
86	람다 센서 접지	엔진 구동 & 센서 히터 ON	DC전압	0 ~ 2.5 V
87	람다 센서 신호 입력	엔진 구동 & 센서 히터 ON	DC전압	
88	-			
89	흡기 온도 센서(IATS) 신호 입력	IG ON	아날로그	4.8V / 0.2V (AWJF308A)
90	스로틀 플랩 제어	IG ON	PWM 300Hz	-
91	-			
92	이모빌라이저 경고등 점등	IG ON(경고등 ON)	DC전압	0~0.5V
		IG ON(경고등 OFF)		배터리 전압

디젤 제어 시스템

93	글로우 플러그 릴레이	IG ON(릴레이ON)	DC전압	0~0.5V
		IG ON(릴레이OFF)		배터리 전압
94	보조 냉각수 히터 릴레이 제어	엔진구동(릴레이ON)	DC전압	0~0.5V
		엔진구동(릴레이OFF)		배터리 전압

회로도 KA0EA4DA

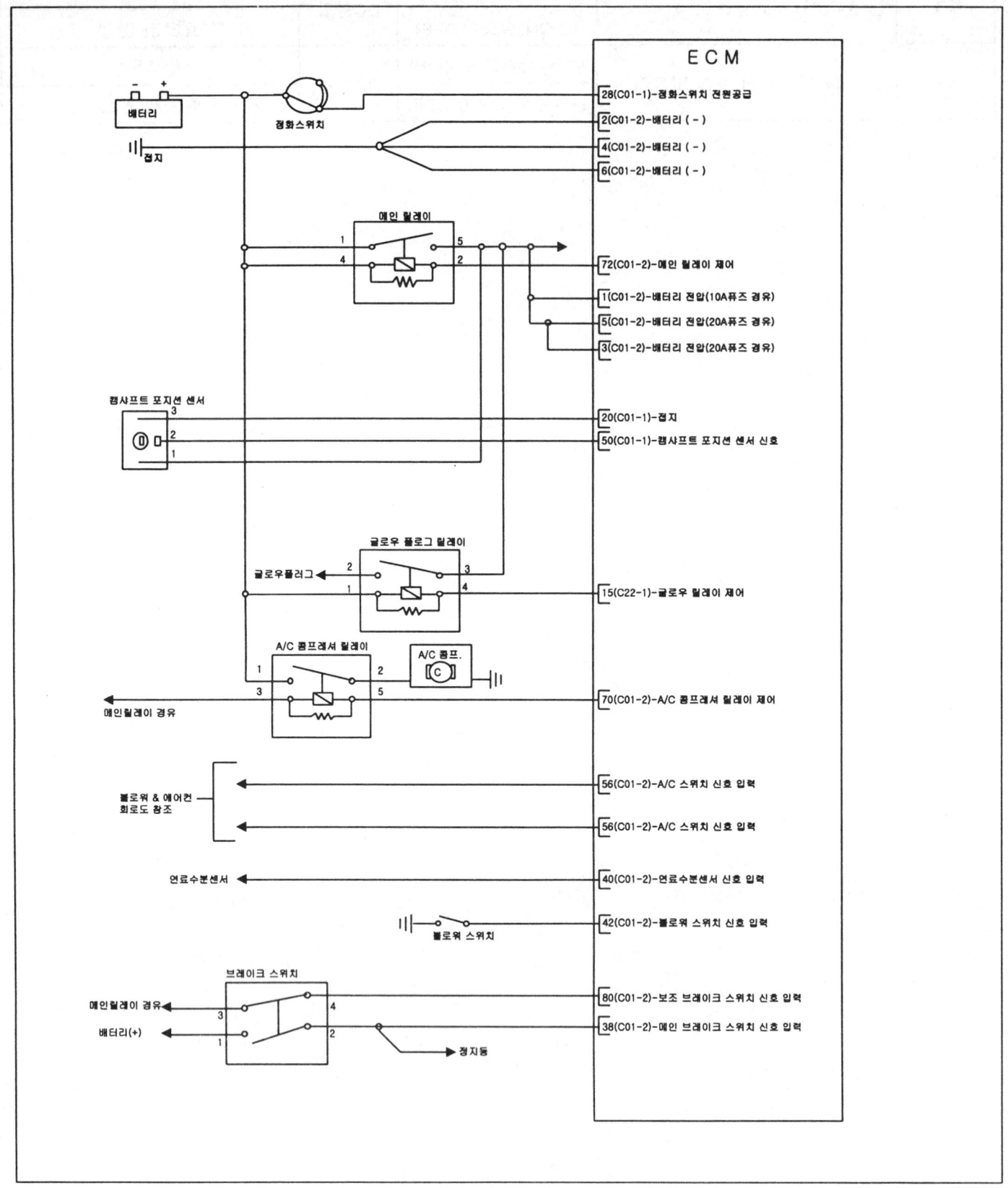

디젤 제어 시스템

FL -51

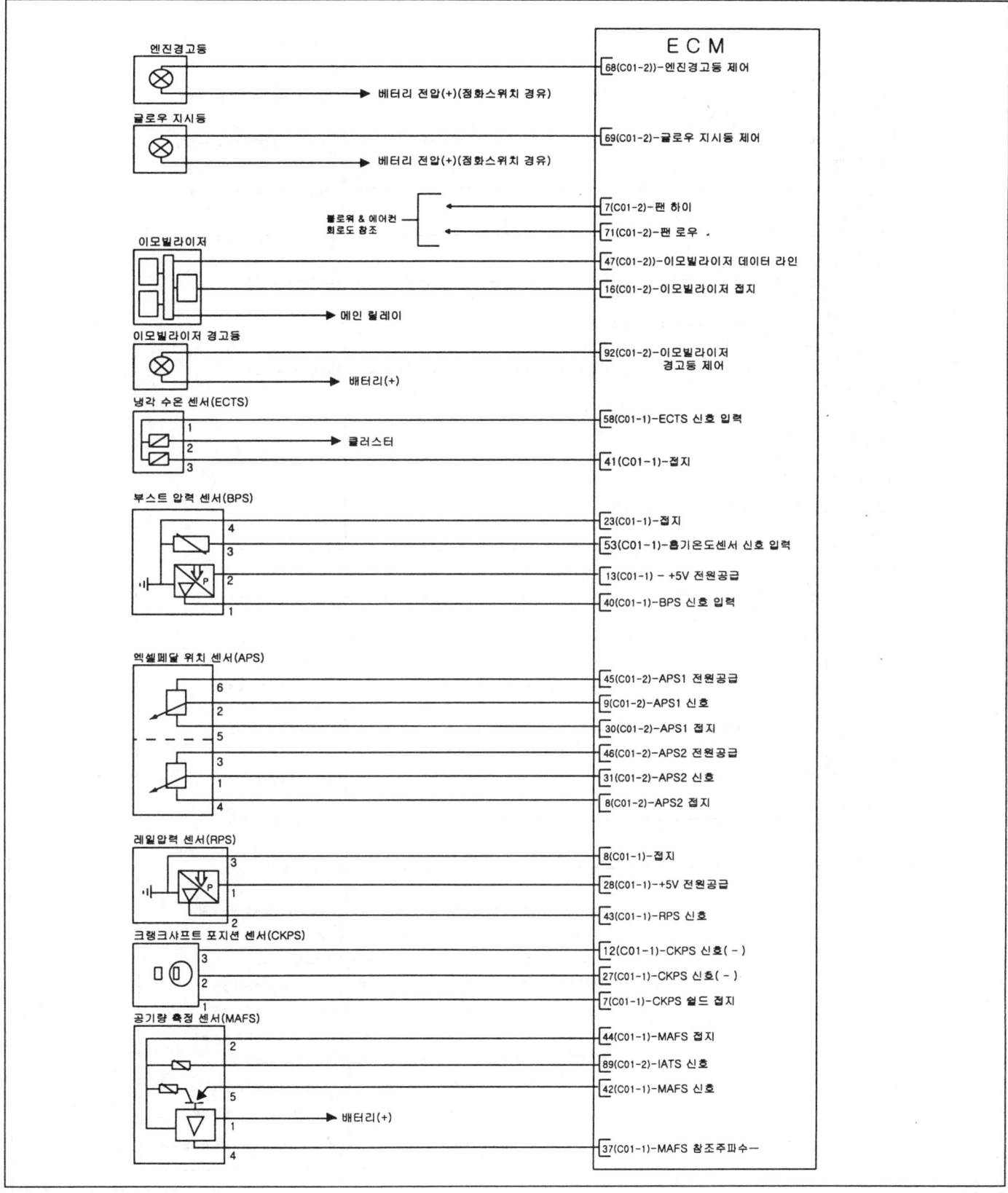

AWJF301E

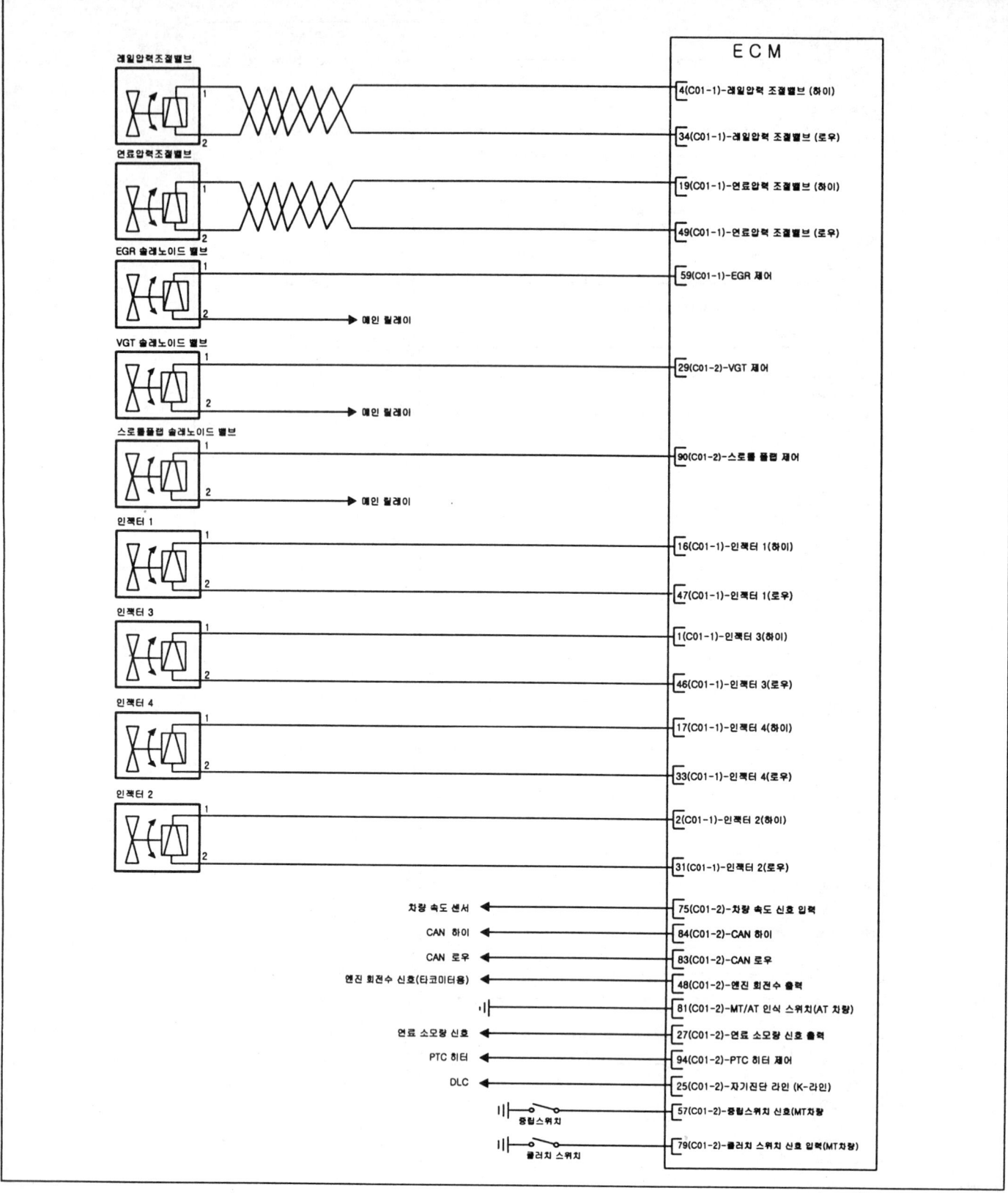

디젤 제어 시스템

FL-53

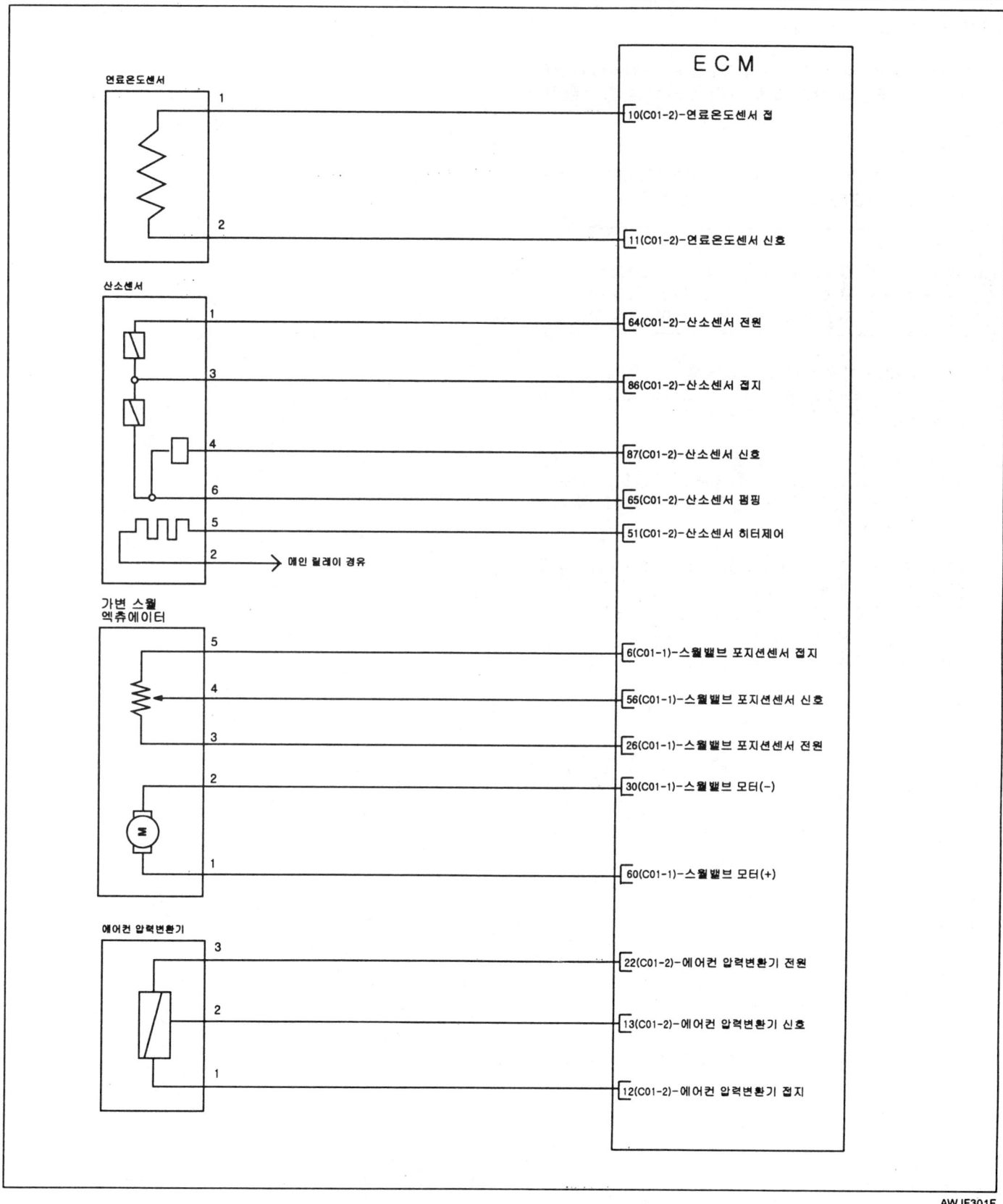

AWJF301F

ECM 점검 절차 KEB3FDE7

1. ECM 접지 회로 점검 : 각각의 ECM 커넥터 C01-2의 단자 2, 4, 6번과 샤시 접지 사이의 저항을 측정한다.

   📖 참고
   샤시 접지와 연결되는 단자를 점검하되, 하니스 커넥터의 뒤편을 *ECM*측 점검 포인터로 한다.

   기준값 (저항)
   C01-2 커넥터 단자 2번과 샤시 접지 사이 : 1Ω 이하
   C01-2 커넥터 단자 4번과 샤시 접지 사이 : 1Ω 이하
   C01-2 커넥터 단자 6번과 샤시 접지 사이 : 1Ω 이하

2. ECM 커넥터 점검 : ECM 커넥터를 분리하고, ECM측과 하니스 커넥터의 접지 단자에 대하여 구부러짐, 체결압에 대하여 육안으로 점검한다.

3. 단계 1과 2에서 문제가 발생되지 않으면 ECM 자체 결함인 경우이다. 이때는 ECM을 정상품으로 교환하여, 차량상태를 재점검한 후, 차량이 정상적으로 작동한다면, ECM을 교환한다.

4. ECM 재점검 : 3단계에서 고장으로 판정된 ECM을 다른 차량 (정상 작동하는)에 장착한 후, 그 차량의 작동 상태를 체크한다. 만약 그 차량이 정상적으로 작동한다면, 이는 간헐적인 고장이다.
   ("간헐적인 문제 점검 절차" 참조)

디젤 제어 시스템

교환 K82A91F0

⚠️ 주의

***ECM**을 교환할 시에는 반드시 각기통의 인젝터 데이터(7자리)를 하이스캔을 이용하여 새로운 **ECM**에 입력 시켜야 한다.*

1. 시동을 끈 후, 30초 정도를 기다린다.

2. 배터리 (-) 케이블을 분리한다.

3. ECM 커넥터를 분리한다.

4. 4개의 ECM 장착볼트 (A)를 푼다.

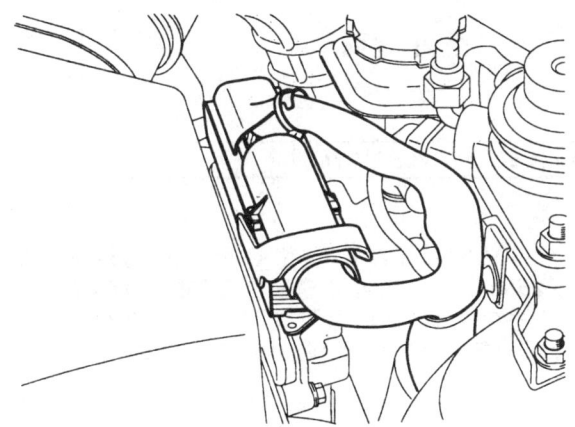

5. 에어 클리너 어셈블리에서 ECM을 탈거한다.

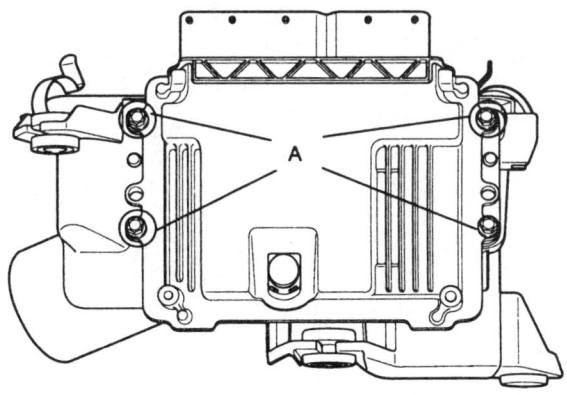

6. 새로운 ECM을 에어 클리너 어셈블리에 장착한다.

7. 4개의 ECM 장착 볼트 (A)를 조인다.

조임 토크 : 0.8 ~ 1.2kgf·m

8. 하이스캔을 이용하여 아래와 같은 순서로 각 기통의 인젝터 데이터(7자리)를 새로운 ECM에 입력시킨다.

⚠ 주의

1. 아래와 같이 화면상에 "쓰기 실패"라는 문구가 뜨면 각 기통의 인젝터 데이터(7자리)를 잘못 입력한 것이므로 상기의 절차에 따라 각 기통의 인젝터를 재 입력한다.

인젝터 데이터 입력	
인젝터 데이터 입력창	
1번 실린더	567MYS6
2번 실린더	8HH4416
3번 실린더	7PY26SB
4번 실린더	7IY66AC
쓰기 실패	
CYL1 CYL2 CYL3 CYL4	

AWJF325A

2. 점화 스위치 **ON**시, 글로우 램프가 점멸하면서 **P1586** 고장코드가 검출되면 **ECM**이 **MT/AT** 식별을 못한 경우이다. 상기와 같은 현상 발견시 고장코드 **"P1586"**의 진단절차를 참조하여 조치한다.

디젤 제어 시스템

공기량 센서

공기량 측정 센서 KF15E78E

핫 필름 타입의 공기량 측정 센서 (MAFS)는 EGR 제어를 위한 센서이다.
NOX 발생의 주원인인 과잉 산소량을 줄이기 위해 EGR 시스템을 이용하여 흡입 공기중 일정량을 배기가스로 재사용함으로써 흡입되는 산소량을 감소시킨다.
이때 ECM은 공기량 측정 센서에서 흡입되는 공기량을 감지하여 실린더에 재순환 되어 유입되는 배기 가스량을 측정하고 이를 바탕으로 EGR 제어를 수행한다.

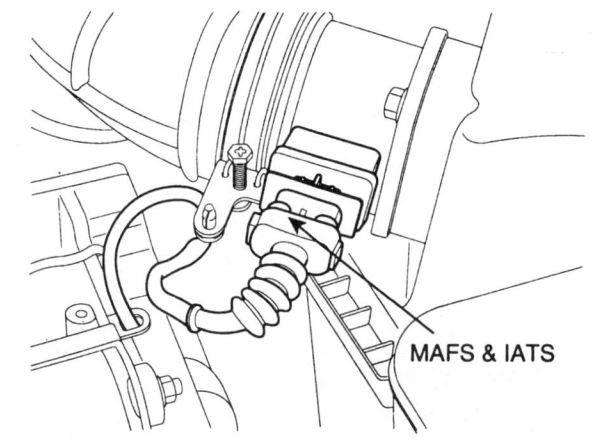
MAFS & IATS

제원

흡기온도: 20℃

공기유량 (kg/h)	주파수 (KHz)
8	1.96 ~ 1.97
10	2.01 ~ 2.02
40	2.50 ~ 2.52
105	3.18 ~ 3.23
220	4.26 ~ 4.35
480	7.59 ~ 7.94
560	9.08 ~ 9.89

흡기온도: 80℃

공기유량 (kg/h)	주파수 (KHz)
10	2.00 ~ 2.02
40	2.49 ~ 2.53
105	3.16 ~ 3.25
480	7.42 ~ 8.12

회로도

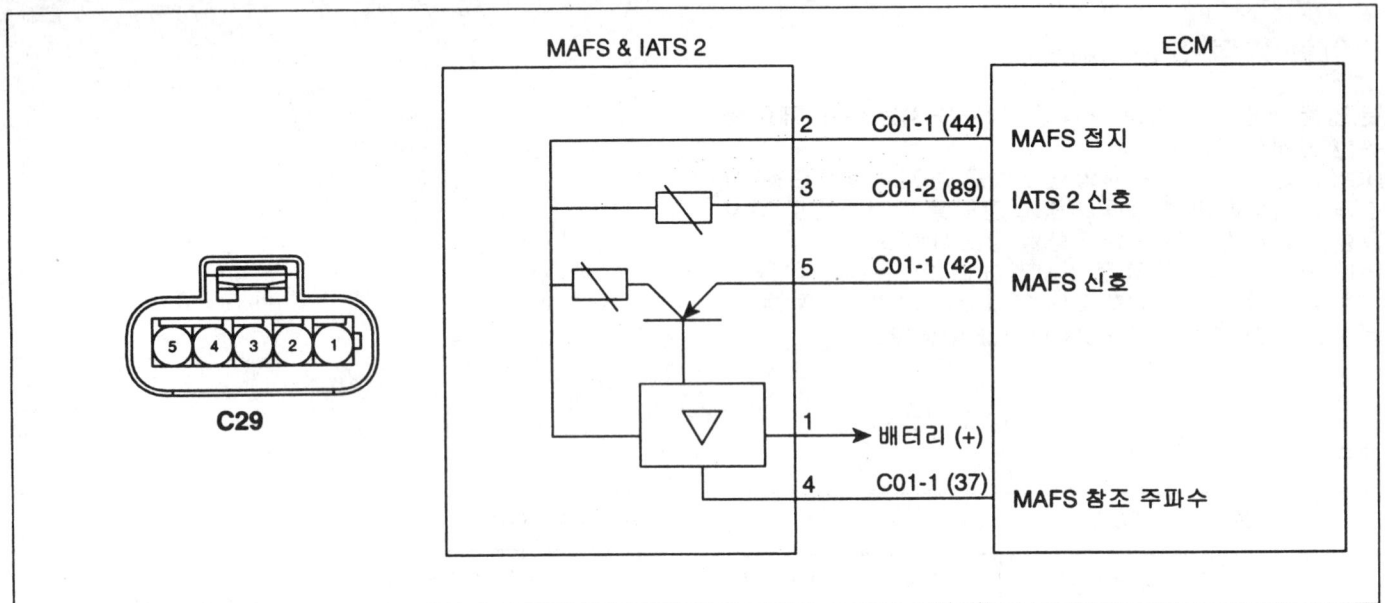

파형

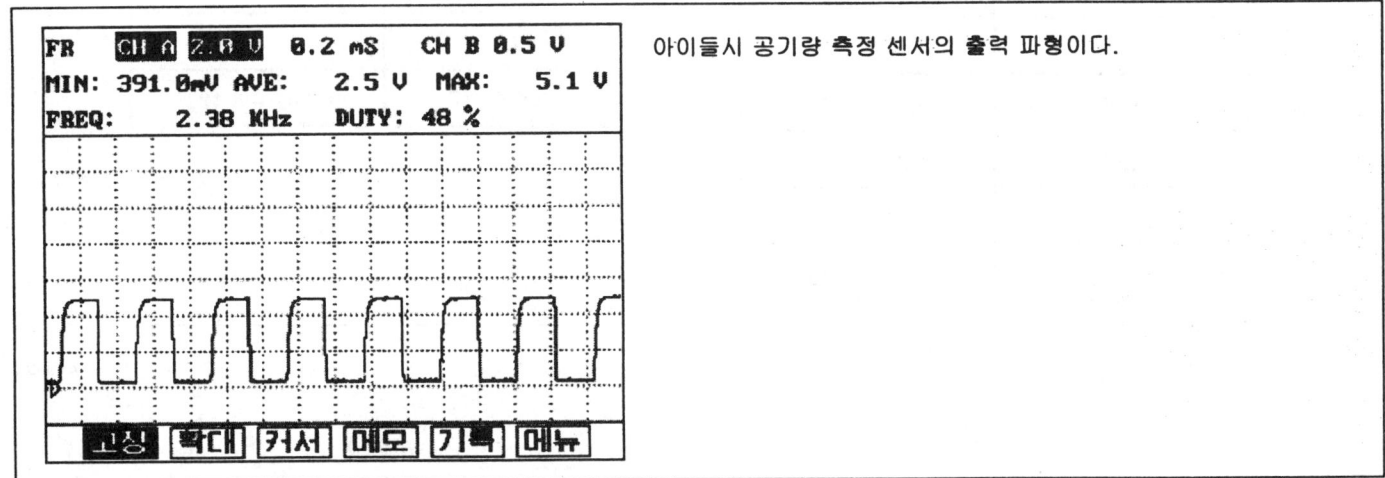

아이들시 공기량 측정 센서의 출력 파형이다.

단품 점검

1. MAFS를 육안으로 점검한다.
    - 커넥터의 오염, 부식 또는 파손 여부
    - 에어 클리너 막힘 또는 젖음
    - 이물질에 의한 MAFS 내부 실린더의 변형 또는 막힘

2. 흡기 시스템과 인터쿨러 시스템의 누설 여부를 확인한다.

흡기온 센서

흡기 온도 센서 (IATS) KB32101F

흡기 온도 센서 (IATS)는 부특성 서미스터로 부스트 압력 센서(BPS)및 공기량 측정 센서 (MAFS)에 내장되어 엔진에 흡입되는 공기의 온도를 감지한다.
이 신호값은 ECM이 EGR 제어하는데 중요한 요소로서 공기온도에 따른 흡입공기의 밀도를 계산하는데 사용된다.

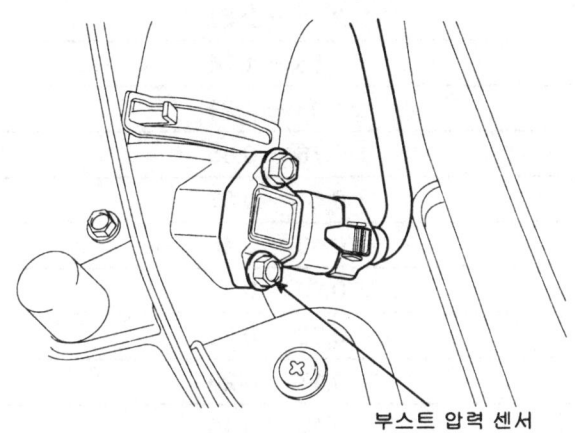

부스트 압력 센서

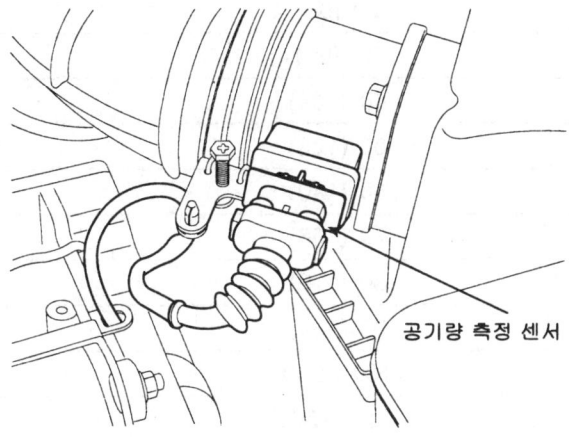

공기량 측정 센서

제원

[IATS 1 (부스트 압력 센서에 내장)]

온도 ℃ (°F)	저항 (kΩ)
-20 (-4)	13.89 ~ 16.03
-10 (14)	8.50 ~ 9.71
0 (32)	5.38 ~ 6.09
10 (50)	3.48 ~ 3.90
20 (68)	2.31 ~ 2.57
30 (86)	1.56 ~ 1.74
40 (104)	1.08 ~ 1.21
50 (122)	0.76 ~ 0.85
60 (140)	0.54 ~ 0.62
70 (158)	0.40 ~ 0.45
80 (176)	0.29 ~ 0.34
90 (194)	0.22 ~ 0.26
100 (212)	0.17 ~ 0.20
110 (230)	0.13 ~ 0.15
120 (248)	0.10 ~ 0.12
130 (266)	0.08 ~ 0.10

[IATS 2 (공기량 측정 센서에 내장)]

온도 ℃ (°F)	저항 (kΩ)
-20	12.66 ~ 15.12
0	5.2 ~ 5.9
20	2.29 ~ 2.55
80	0.31 ~ 0.37

디젤 제어 시스템

회로도

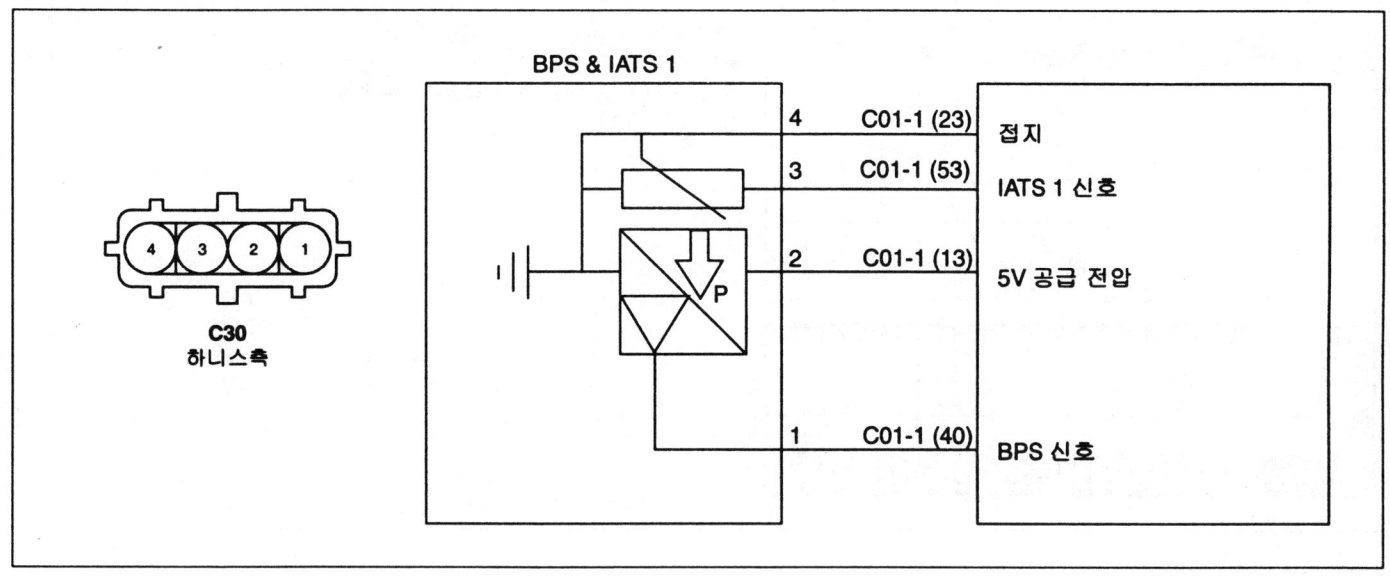

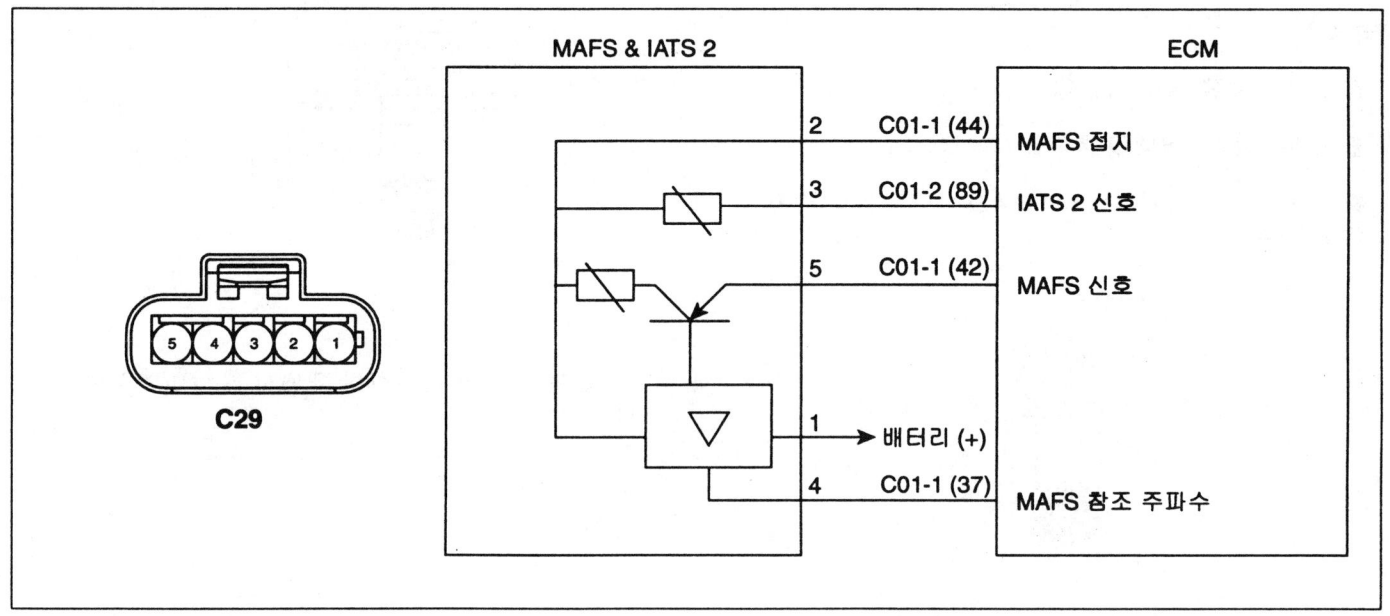

파형

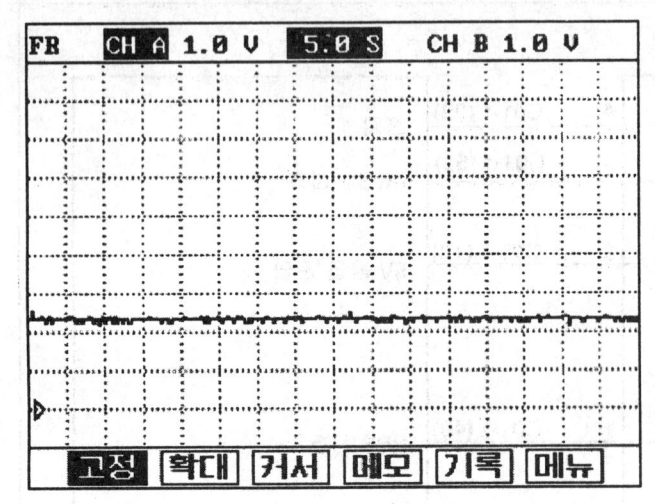

IATS 신호는 신호의 급변없이 일정하게 지속되어 진다.
흡입 공기의 온도가 상승함에 따라 출력 신호값은
점점 낮아지고 온도가 하강함에 따라 출력 신호값은
점차 높아진다.

단품 점검

[IATS 1]

1. 점화 스위치를 OFF 시킨다.

2. 흡기 온도 센서 커넥터를 분리시킨다.

3. 흡기 온도 센서 커넥터의 3번과 4번 터미널 사이의 저항을 측정한다.

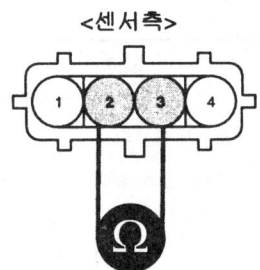

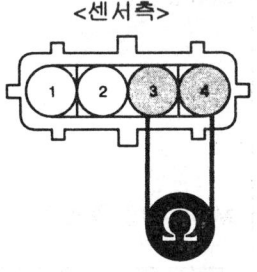

4. "제원"값을 참조하여 저항이 제원값과 상이한지 확인한다.

4. 제원값을 참조하여 저항이 제원값과 상이한지 확인한다.

[IATS 2]

1. 점화 스위치를 OFF시킨다.

2. 흡기 온도 센서 커넥터를 분리시킨다.

3. 흡기 온도 센서 커넥터의 2번과 3번 터미널 사이의 저항을 측정한다.

냉각수온센서

냉각 수온 센서 (ECTS)

냉각 수온 센서 (ECTS)는 실린더 헤드에 장착되어 부특성 서미스터로 엔진 냉각수 온도를 검출한다.
ECM은 냉각수온센서값을 이용하여 냉간시 연료량 보정 및 냉각 팬 제어를 수행한다.

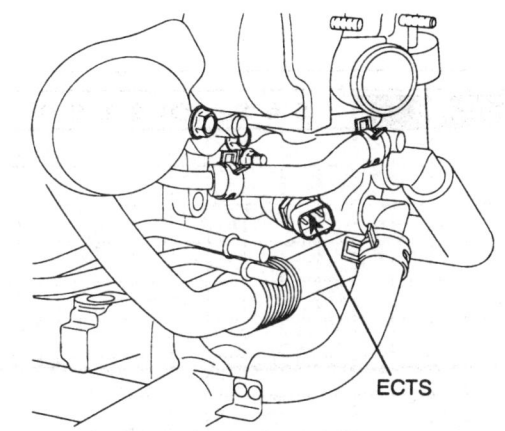

제원

터미널 1과 3 사이 저항 (ECTS용)

온도 ℃ (°F)	저항 (kΩ)
-20 (-4)	14.13 ~ 16.83
0 (32)	5.79
20 (68)	2.31 ~ 2.59
40 (104)	1.15
60 (140)	0.59
80 (176)	0.32
100 (212)	0.19
110 (230)	0.15
120 (248)	0.17

터미널 1과 2 사이 저항 (게이지용)

온도 ℃ (°F)	저항 (Ω)
60 (140)	125
85 (185)	42.6 ~ 54.2
110 (230)	22.1 ~ 26.2
125 (257)	15.2

회로도

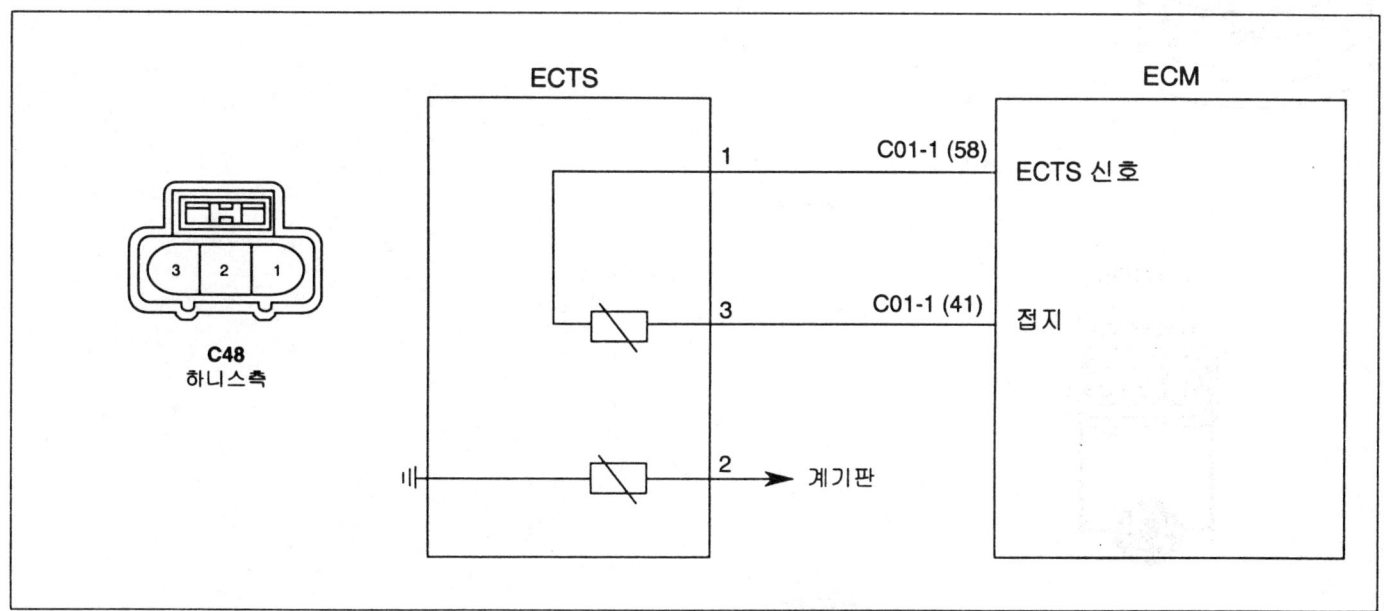

파형

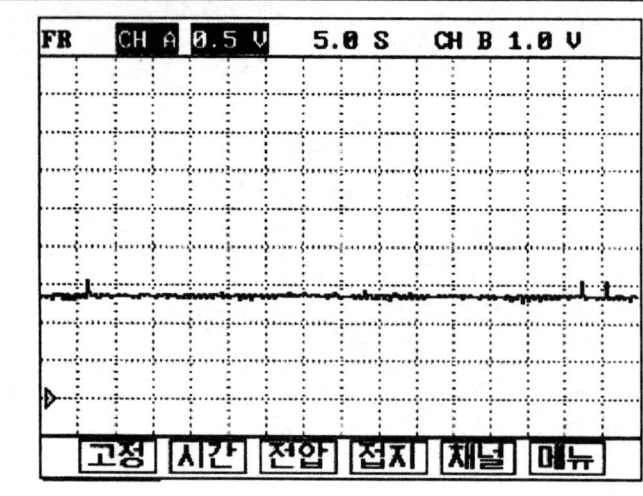

좌측의 파형은 냉각수 온도가 80℃일때의 파형으로 냉각수 온도가 80℃가 되면 일정하게 파형을 유지한다. 냉각수온이 올라갈수록 출력전압이 낮아지고 내려갈수록 출력 전압이 높아진다.

단품 점검

1. 실린더 헤드부 냉각수 통로에서 냉각수온센서를 탈거한다.

2. 냉각수온센서의 온도 감지부분을 더운 물에 담그고 저항을 점검한다. ("제원" 값을 참조한다.)

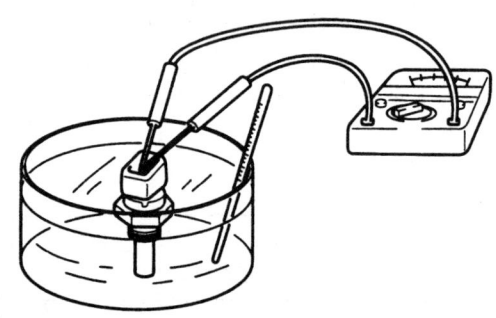

<센서측>

3. 측정치가 제원값과 차이가 많으면, 센서를 교환한다.

디젤 제어 시스템

캠 샤프트 포지션 센서

캠 샤프트 포지션 센서 (CMPS)

캠 포지션 센서 (CMPS)는 홀 센서 방식으로 캠 샤프트 끝단에 설치된 돌기를 검출하여 캠축의 회전을 감지한다. 크랭크 측 2회전에 캠샤프트는 1회전 하므로 크랭크 포지션 센서(CKPS)의 참조점이 2번 발생할 때, 캠 샤프트 포지션 센서 (CMPS) 출력이 1회 발생된다. CKPS의 참조점에서 CMPS 출력이 "하이"인지 "로우"인지를 판단하여 실린더를 판별한다.

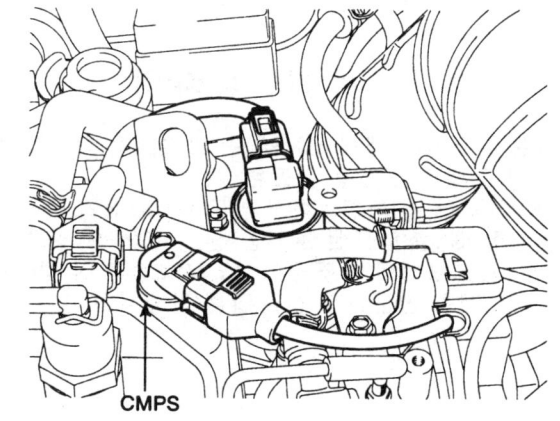

회로도

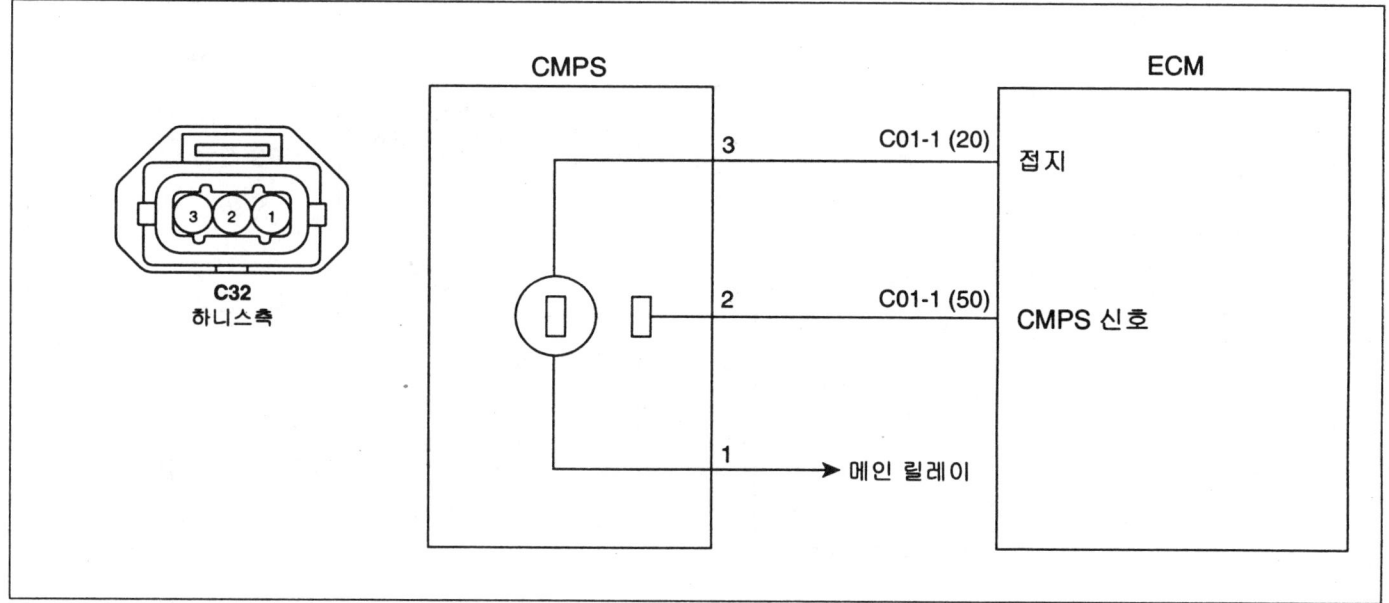

파형

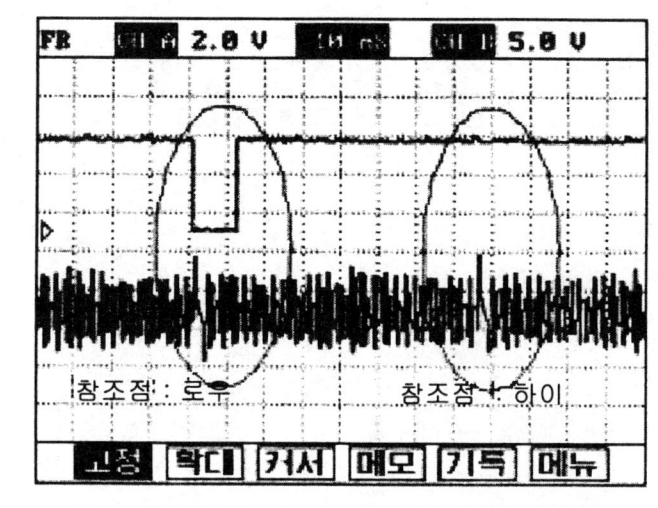

좌측의 파형은 CMPS와 CKPS를 동시에 측정한 파형이다. CKPS 참조점에서 CMPS 신호가 "로우" 또는 "하이" 상태로 나타난다. ECM은 CKP참조점에서 CMPS 신호가 "로우" 또는 "하이"인지에 따라 1번 실린더의 위치를 판별한다.

크랭크 샤프트 포지션 센서

크랭크 샤프트 포지션 센서 (CKPS)

크랭크 샤프트 포지션 센서 (CKPS)는 마그네틱 방식의 센서로서 크랭크 축의 회전을 감지한다.
크랭크 축 2회전에 캠 축은 1회전 하므로 CKPS의 참조점이 2번 발생할 때, 캠샤프트 포지션 센서 (CMPS) 출력이 1회 발생된다. CKPS의 참조점에서 CMPS출력이 "하이"인지 "로우"인지를 판단하여 실린더를 판별한다.

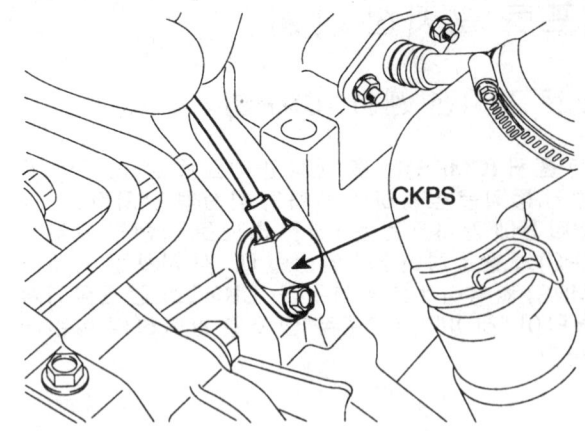

회로도

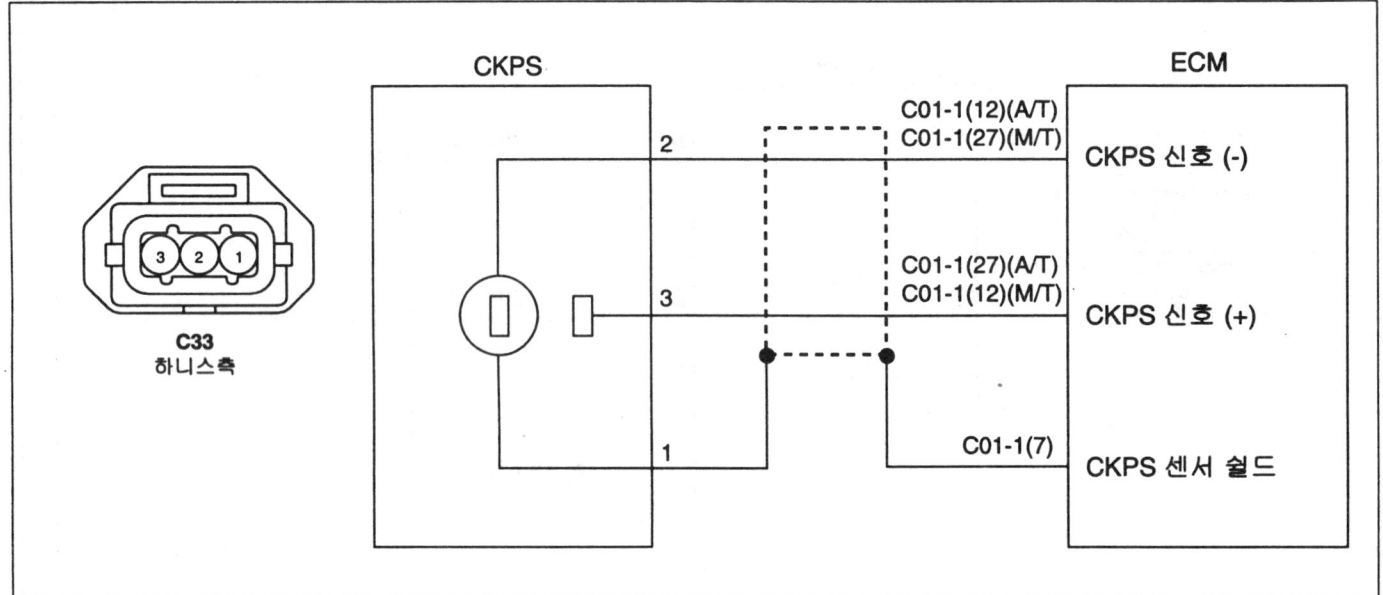

파형

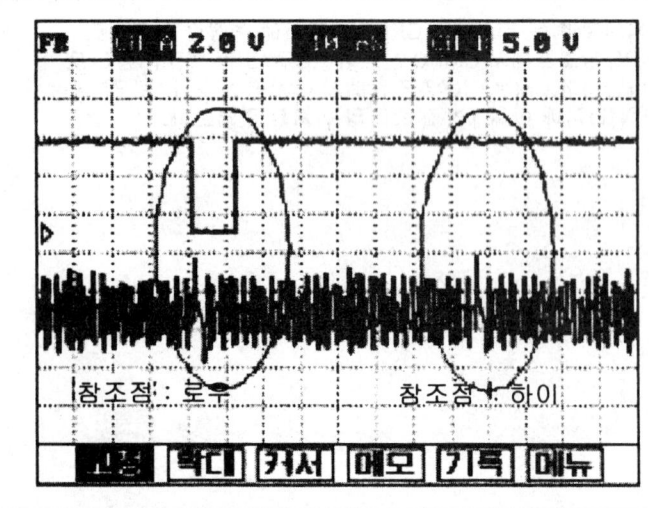

좌측의 파형은 CMPS와 CKPS를 동시에 측정한 파형이다. CKPS 참조점에서 CMPS 신호가 "로우" 또는 "하이" 상태로 나타난다. ECM은 CKP참조점에서 CMPS 신호가 "로우" 또는 "하이"인지에 따라 1번 실린더의 위치를 판별한다.

디젤 제어 시스템

레일압력센서

레일 압력 센서 (RPS)

레일 압력 센서는 피에조 압전 소자 검출 방식으로 커먼 레일 내부의 압력을 감지한다. ECM은 이 신호값으로 연료량 및 분사시기를 결정하며 목표 레일 압력으로 제어 하기 위해 레일 압력 조절 밸브를 제어한다.

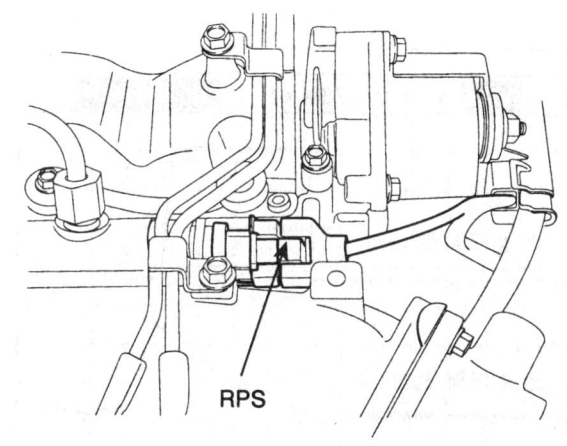

제원

구분	공회전	센서 최대 인식 가능 신호
레일 압력	220 ~ 320 bar (22 ~ 32Mpa)	1800 bar (180Mpa)
출력 전압	1.7V 이하	약 4.5V

회로도

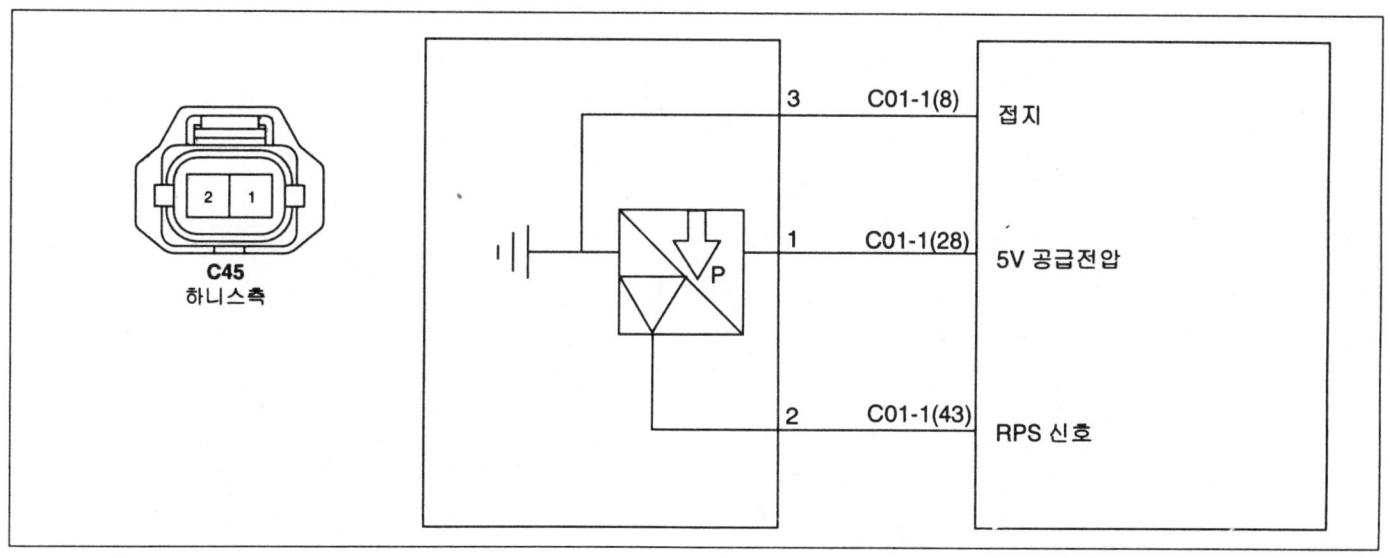

파형

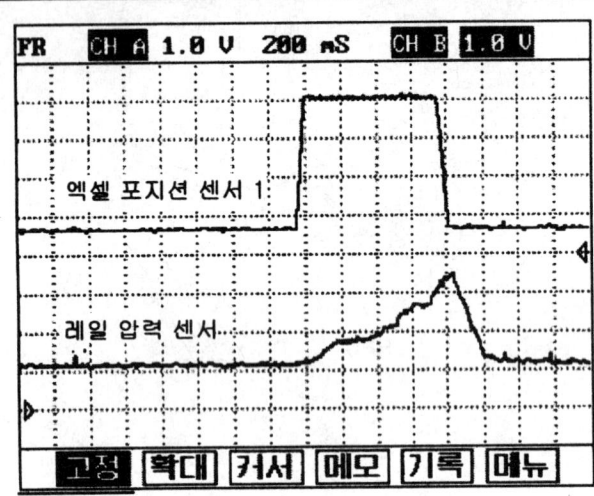

좌측의 파형은 레일압력센서와 엑셀 페달 위치센서를 동시에 측정한 파형이다.
가속시에 엑셀 페달 위치 신호 1의 출력값이 증가함에 따라 레일 압력 센서의 출력값도 증가한다.

디젤 제어 시스템

부스트 압력 센서

부스트 압력 센서 (BPS) K8C18F90

부스트 압력 센서는 피에조 압전소자 검출 방식으로 서지 탱크에 장착되어 흡기 매니폴드의 압력을 검출한다. ECM 은 이 신호를 이용하여 가변 터보 차저 (VGT)를 제어한다.

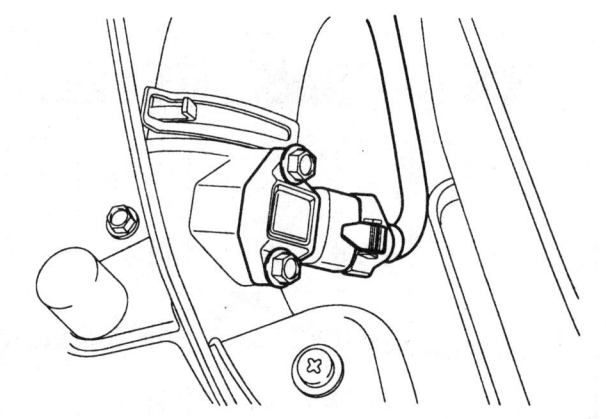

제원

압력 (Kpa)	출력 전압 (V)
70	1.02 ~ 1.17
140	2.13 ~ 2.28
210	3.25 ~ 3.40
270	4.20 ~ 4.35

회로도

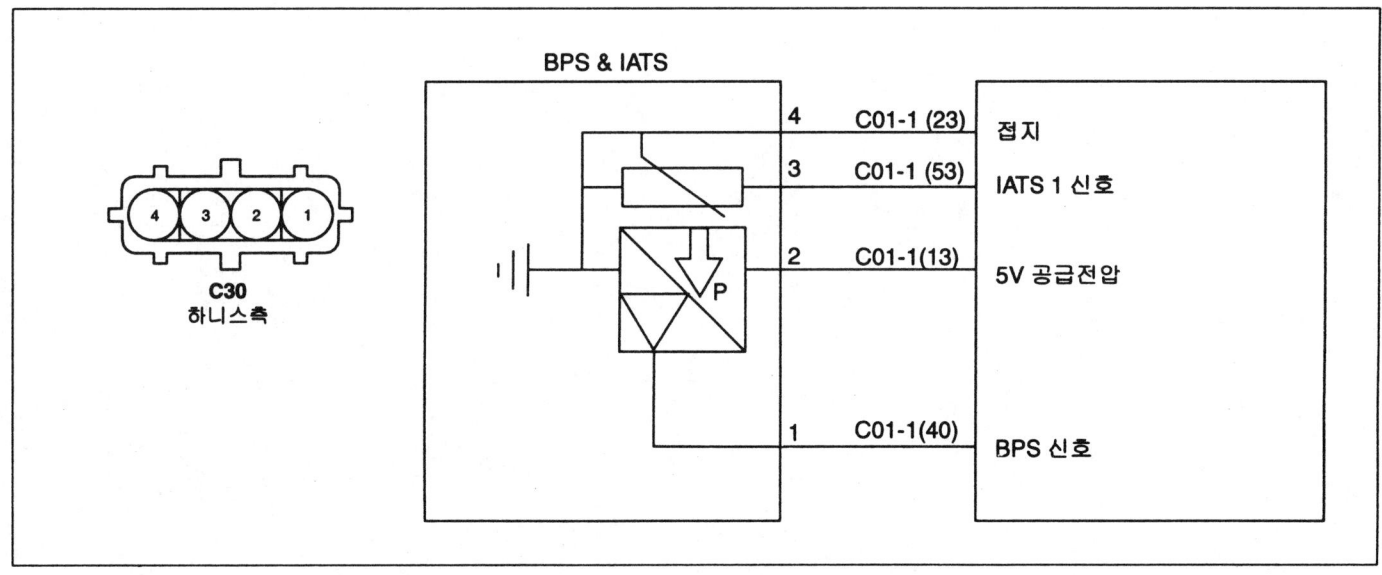

파형

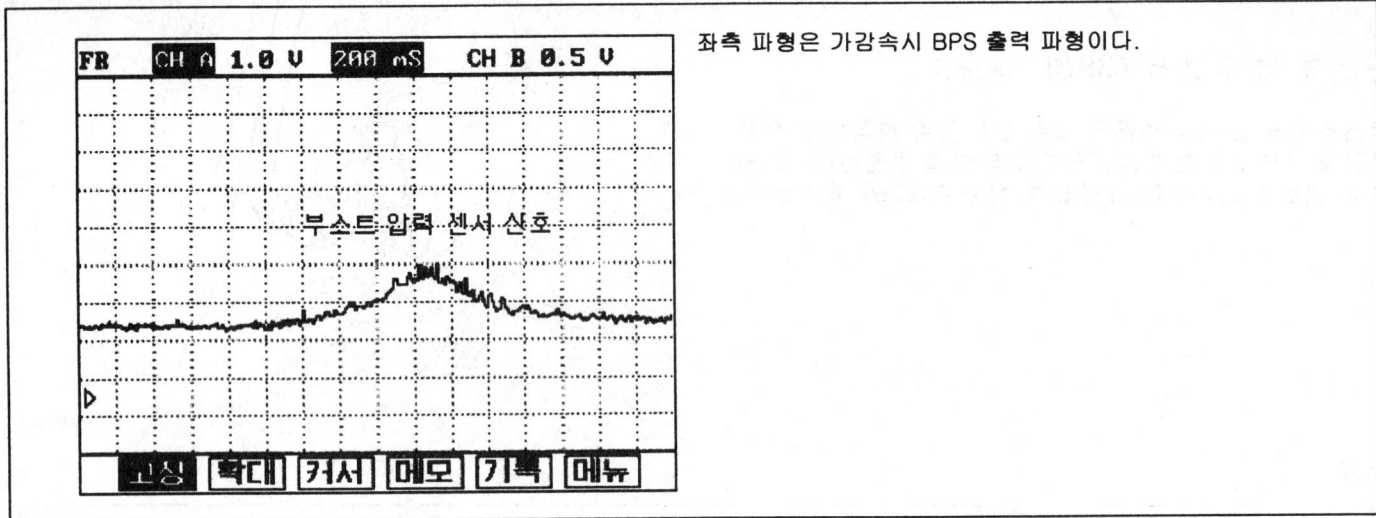

좌측 파형은 가감속시 BPS 출력 파형이다.

디젤 제어 시스템

엑셀 페달 포지션 센서

엑셀 페달 위치 센서 (APS)

엑셀 페달 위치 센서 (APS)는 엑셀 페달에 장착되어 운전자가 페달을 밟는 힘을 감지 한다. ECM은 이 신호로 운전자의 가속 의지를 판단하여 분사 연료량을 결정한다.
APS는 APS1과 APS2의 두개 신호를 감지하는데 APS1은 주 신호이고 APS2는 APS1신호를 보조하는 신호이다.

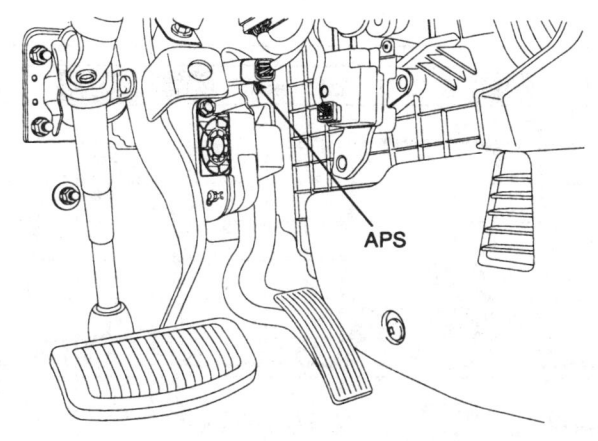

제원

조건	출력 전압	
	APS1	APS2
밟지 않음 (0%)	0.14 ~ 0.16	0.073 ~ 0.077
완전히 밟음 (100%)	0.76 ~ 0.88	0.35 ~ 0.47

회로도

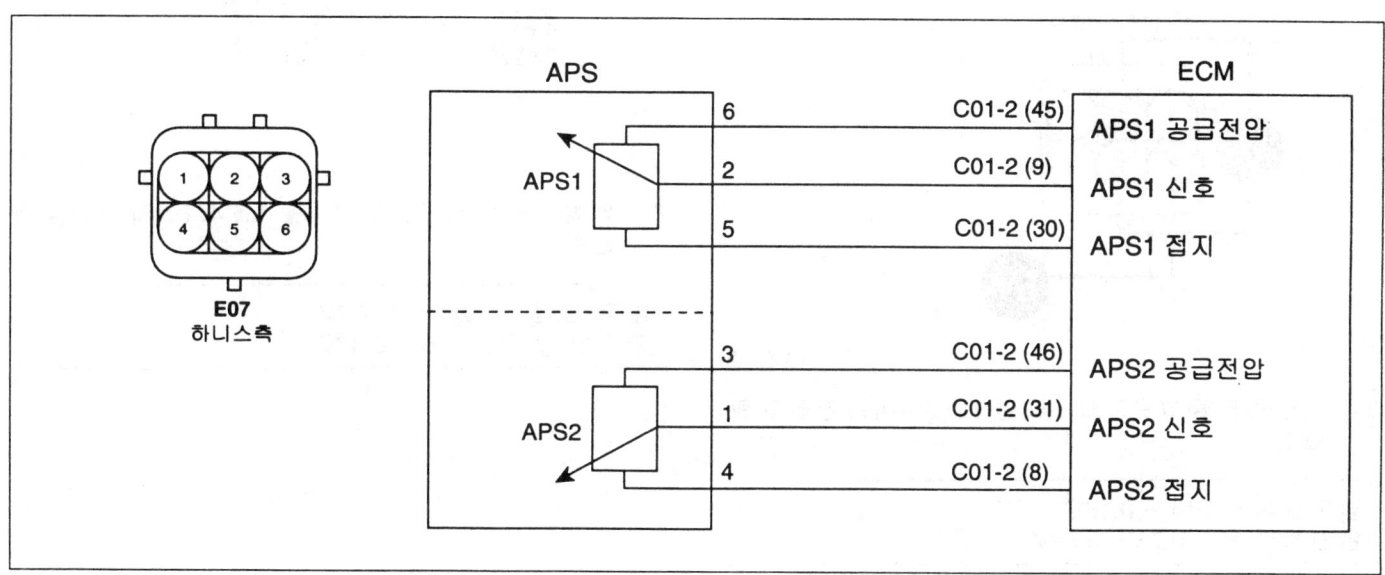

파형

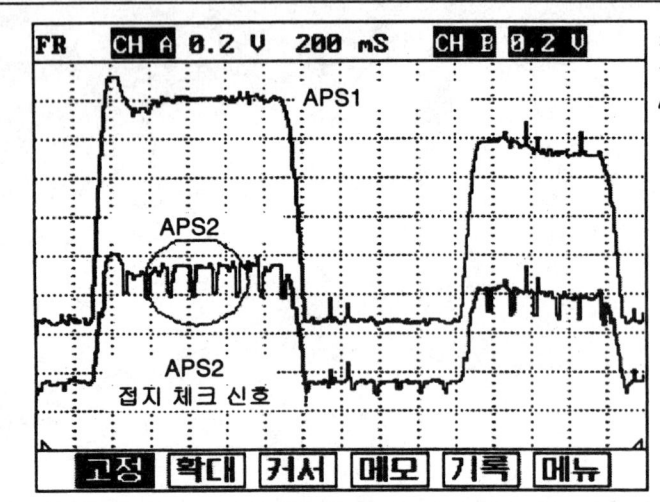

좌측의 그림은 APS1과 APS2 신호를 측정한 파형이다. APS2의 출력값은 항상 APS1의 출력값의 1/2 이다.

단품 점검

1. APS 커넥터를 분리하고 터미널 2와 5 사이에 전압계를 연결시킨다.

2. 터미널 6에 5V 직류 전압을 인가한다.

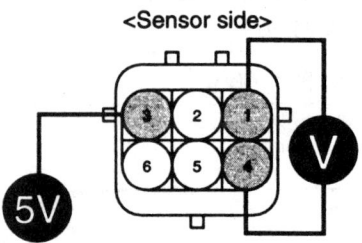

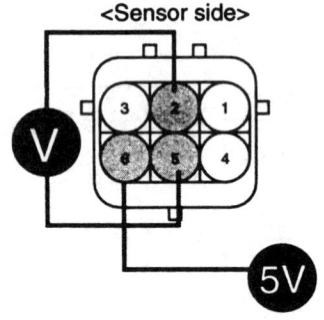

3. 엑셀 페달을 밟으면서 터미널 2와 5사이의 전압을 확인한다.

밟지않음 : 0.14 ~ 0.16V
완전히 밟음 : 0.76 ~ 0.88V

4. 전압계와 5V 전원을 분리시킨다.

5. 터미널 1과 4사이의 전압계를 연결한다.

6. 터미널 3에 5V 직류전압을 인가한다.

7. 엑셀 페달을 밟으면서 터미널 1과 4사이의 전압을 확인한다.

밟지 않음 : 0.073 ~ 0.077V
완전히 밟음 : 0.35 ~ 0.47V

디젤 제어 시스템

VGT 솔레노이드 밸브

VGT 솔레노이드 KDCED489

가변 터보 차저 (VGT)는 연소 효율 증대를 위해 연소실 안에 더 많은 공기가 유입되도록 하는 장치이다.
ECM은 저속에서 고속 엔진 회전 운전 영역까지 최적의 엔진 효율로 엔진 운전이 가능하도록 VGT를 제어한다.

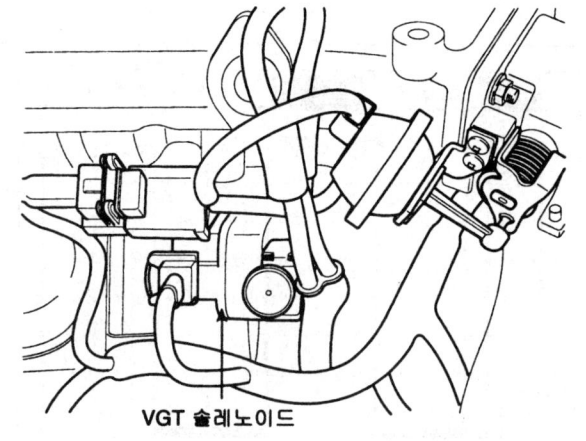

제원

온도 ℃(°F)	저항 (Ω)
20℃(68°F)	14.7 ~ 16.1

회로도

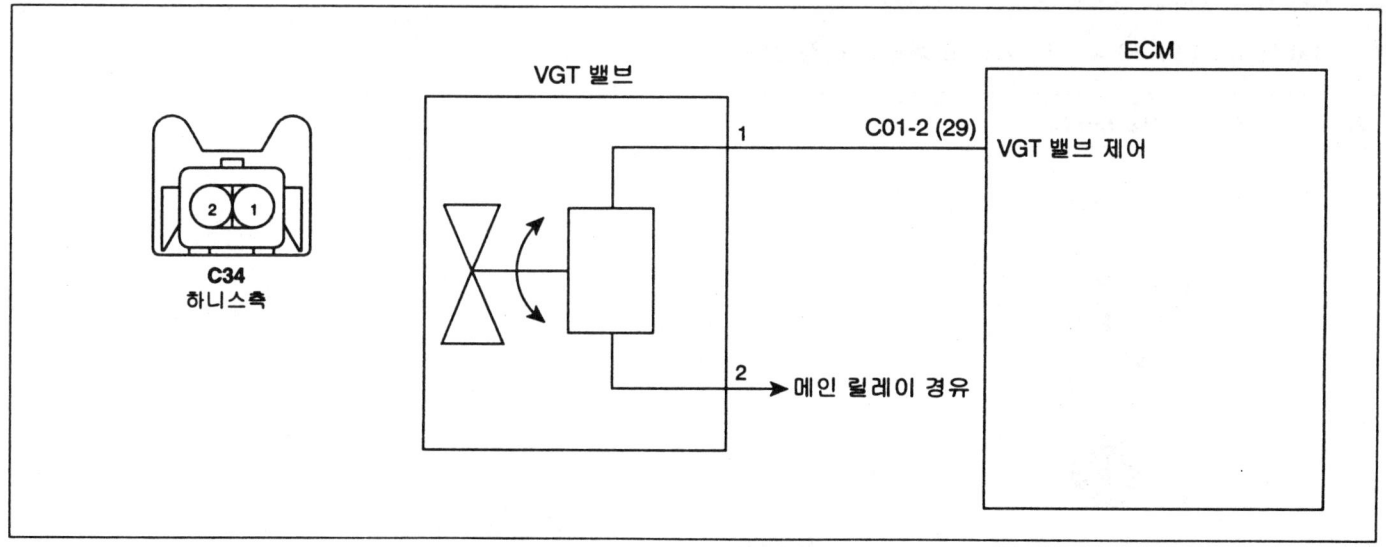

파형

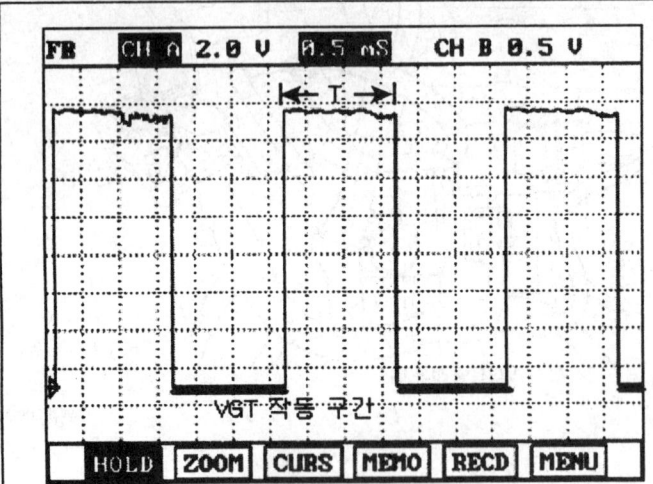

가속함에 따라 "T"의 간격이 짧아지고 듀티가 증가한다.

단품 점검

1. 점화 스위치를 OFF시킨다.
2. VGT 솔레노이드 커넥터를 분리시킨다.
3. 단품측 커넥터 터미널 1과 2 사이의 저항을 측정한다.

저항 : 14.7 ~ 16.1Ω (20℃)

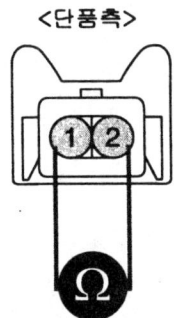

4. "제원"값을 참조하여 저항값이 정상인지 확인한다.

디젤 제어 시스템

연료 압력 조절 밸브

연료 압력 조절 밸브 K65C0ACD

ECM은 엔진 부하의 함수를 바탕으로 연료의 정확한 압력을 연료 압력 조절 밸브를 이용하여 조절한다. 연료 압력이 과도하면 압력 조절 밸브를 열어 연료가 리턴라인을 통해 연료 탱크로 보내지고 레일 압력이 낮으면 압력 조절 밸브를 닫고 연료 압력이 증가하도록 한다.

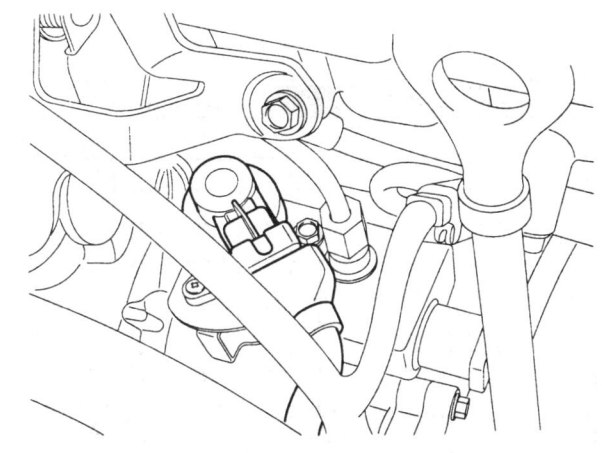

AWJF300P

제원

온도 ℃ (°F)	저항 (Ω)
20 (68)	2.6 ~ 3.15

회로도

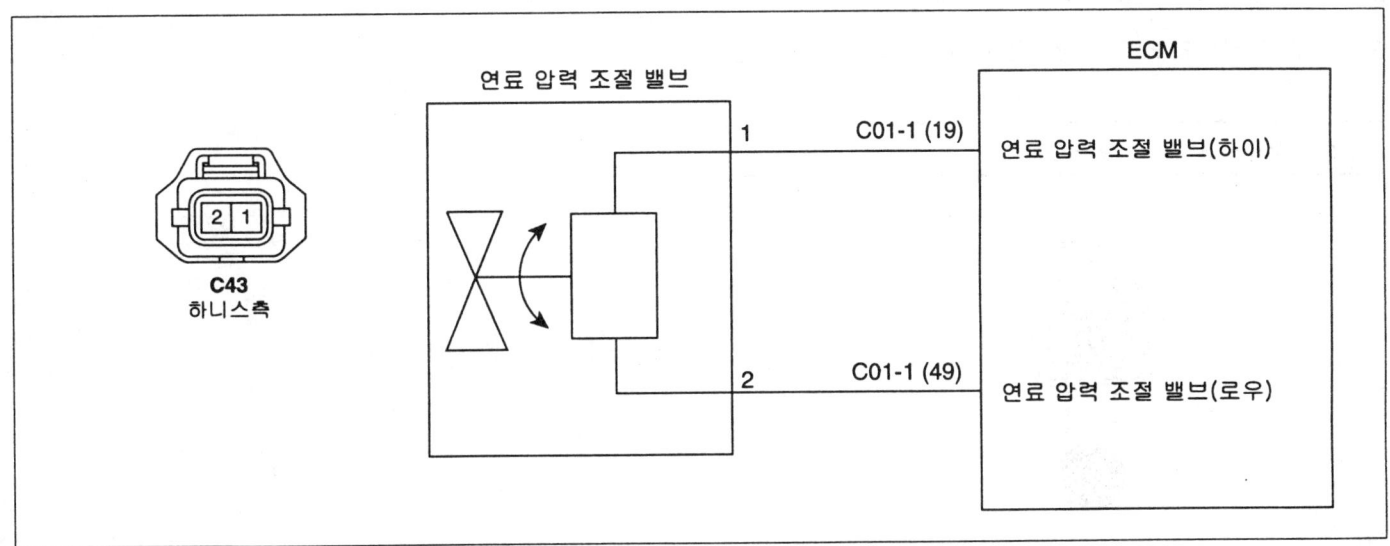

AWJF301V

파형

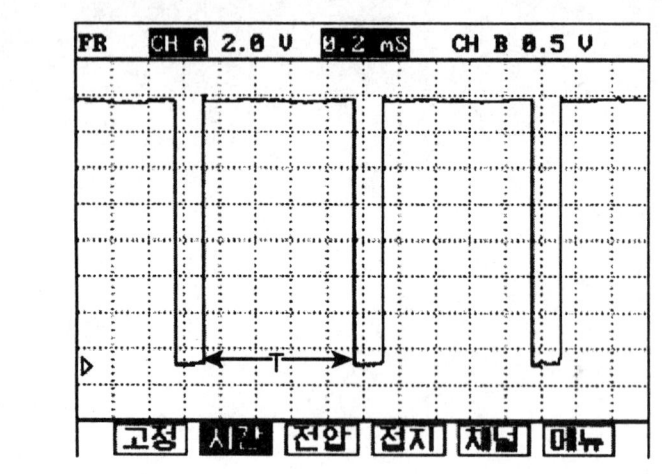

"T"의 간격이 짧아지면 연료 압력 조절 밸브는 더 많이 열리고 리턴되는 연료량이 증가되어 길어지면 연료 압력 조절 밸브가 닫혀지면서 리턴되는 연료량이 감소한다.

단품 점검

1. 점화 스위치를 OFF 시킨다.

2. 연료 압력 조절 밸브 커넥터를 분리한다.

3. 단품측 커넥터의 터미널 1과 2사이의 저항을 측정한다.

저항 : 2.6 ~ 3.15Ω (19 ~ 25℃)

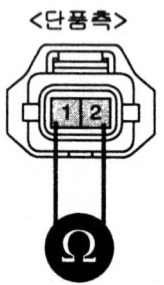

4. "제원" 값을 참조하여 저항값이 정상인지 확인한다.

디젤 제어 시스템

레일 압력 조절 밸브

레일 압력 조절 밸브 KB36FEAA

ECM은 엔진 부하의 함수를 바탕으로 레일의 정확한 압력을 레일 압력 조절 밸브를 이용하여 조절한다. 레일 압력이 과도하면 압력 조절 밸브를 열어 연료가 리턴라인을 통해 연료 탱크로 보내지고 레일 압력이 낮으면 압력 조절 밸브를 닫고 레일 압력이 증가하도록 한다.

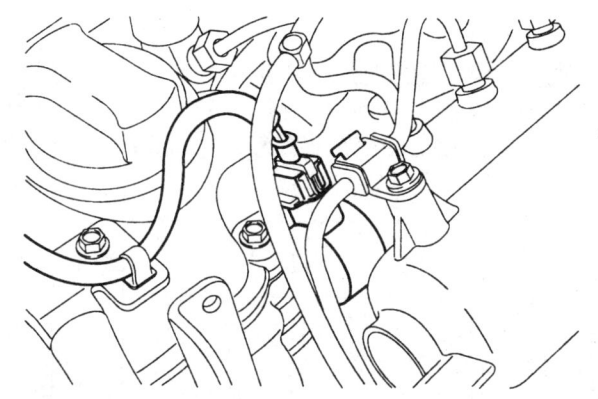

AWJF300V

제원

온도 ℃ (°F)	저항 (Ω)
20 (68)	3.42 ~ 3.78

회로도

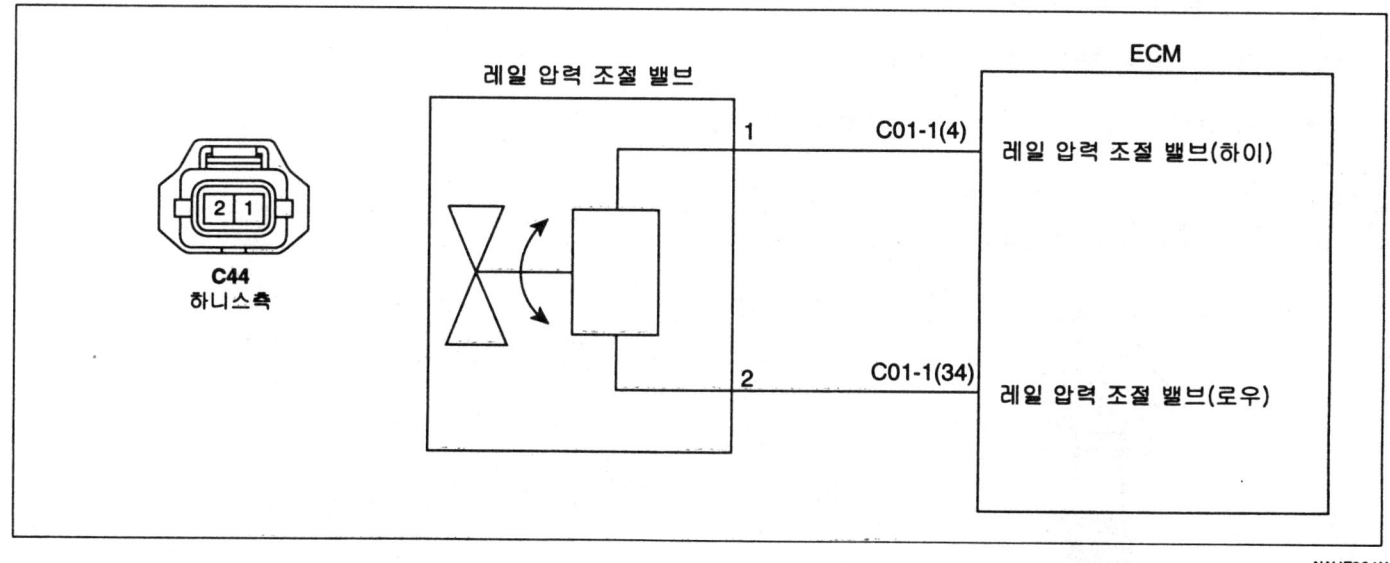

AWJF301X

FL -78 연료 장치

파형

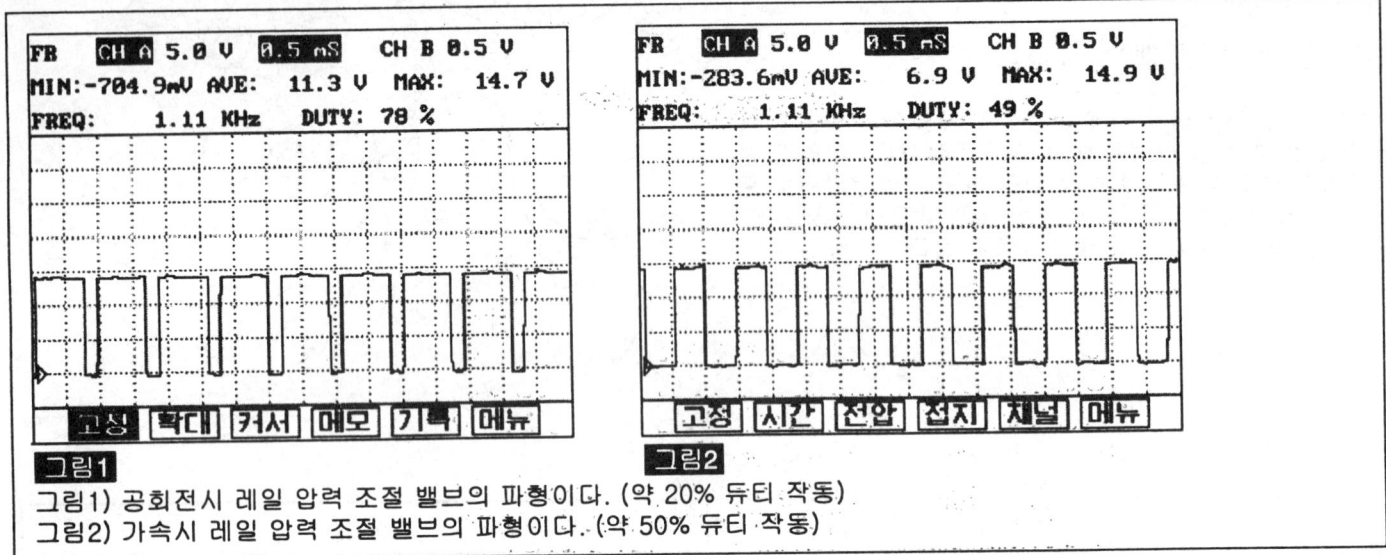

그림1) 공회전시 레일 압력 조절 밸브의 파형이다. (약 20% 듀티 작동)
그림2) 가속시 레일 압력 조절 밸브의 파형이다. (약 50% 듀티 작동)

단품 점검

1. 점화 스위치를 OFF 시킨다.

2. 레일 압력 조절 밸브 커넥터를 분리한다.

3. 단품측 커넥터의 터미널 1과 2사이의 저항을 측정한다.

저항 : 3.42 ~ 3.78Ω (19 ~ 25℃)

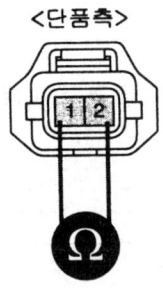

4. "제원" 값을 참조하여 저항값이 정상인지 확인한다.

디젤 제어 시스템

EGR 솔레노이드 밸브

EGR 솔레노이드 밸브 KC600BEB

EGR 시스템은 연소실 온도 증가로 인한 Nox가 증가하는 것을 방지하기 위해 사용된다.
ECM은 엔진 운전 영역에 따라 EGR 밸브를 제어하여 흡기 포트로 유입되는 배기 가스량을 조절한다.

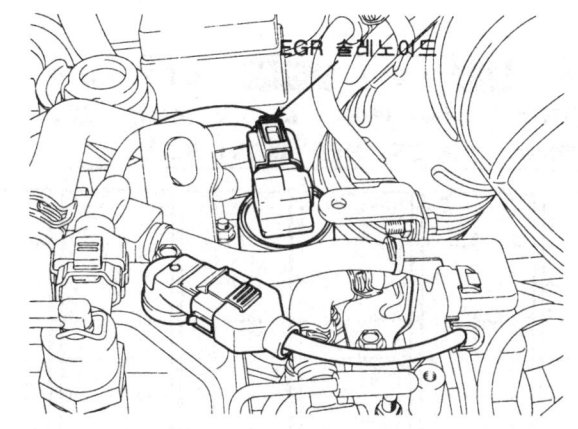

제원

온도 ℃(℉)	저항 (Ω)
19 ~ 25℃(66.2 ~ 77℉)	7.3 ~ 8.3

회로도

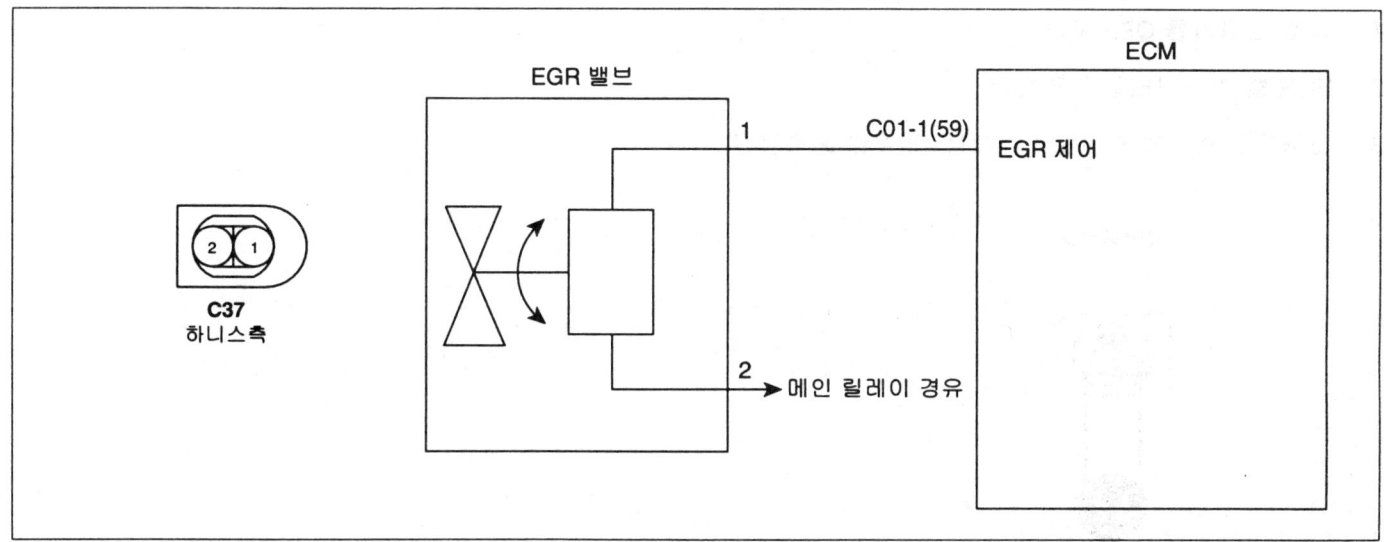

파형

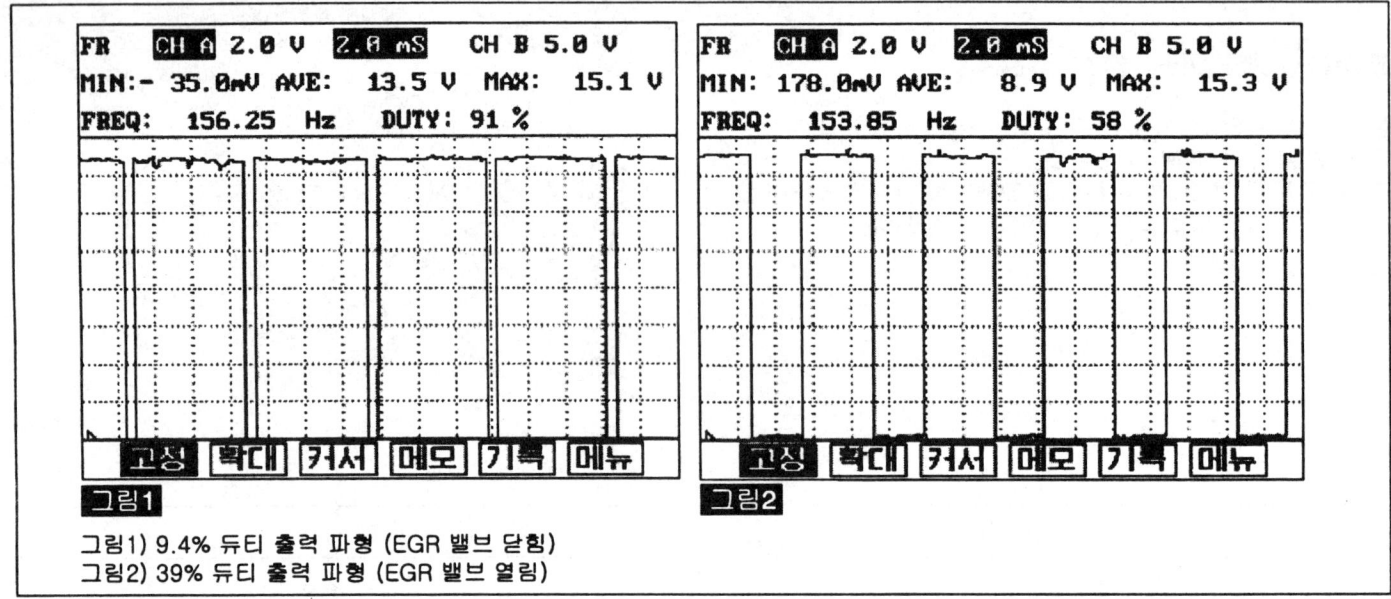

그림1) 9.4% 듀티 출력 파형 (EGR 밸브 닫힘)
그림2) 39% 듀티 출력 파형 (EGR 밸브 열림)

단품 점검

1. 점화 스위치를 OFF 시킨다.

2. EGR 밸브 커넥터를 분리한다.

3. 단품측 커넥터의 터미널 1과 2사이의 저항을 측정한다.

<단품측>

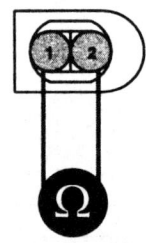

4. "제원"값을 참조하여 저항값이 정상인지 확인한다.

스로틀 플랩 제어 밸브

스로틀 플랩 솔레노이드 K57B73D1

스로틀 플랩 액츄에이터는 진공 펌프에서 생성된 진공을 ECM의 듀티 제어를 통해 연결 혹은 차단하여, 시동 OFF 시 발생되는 오버런 현상 (시동키를 OFF하여도 엔진의 회전 관성 및 인젝터 노즐의 연료 누설에 의해 엔진이 바로 정지하지 않고 수초간 엔진이 회전하는 현상)을 방지하기 위해 시동 OFF 시점에 스로틀 플랩 액츄에이터를 작동시켜 흡입 공기를 차단시킨다.

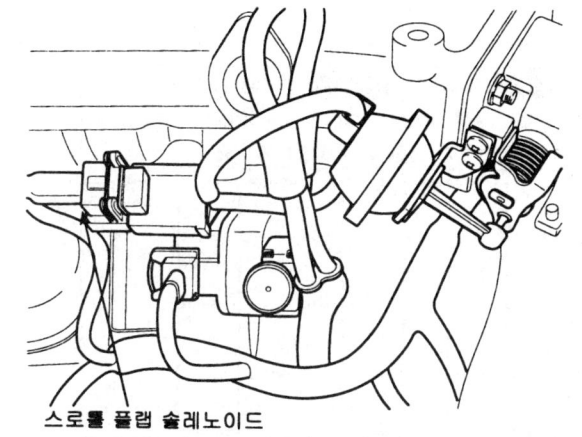

스로틀 플랩 솔레노이드

제원

온도 ℃ (°F)	저항 (Ω)
20 (68)	28.3 ~ 31.1

회로도

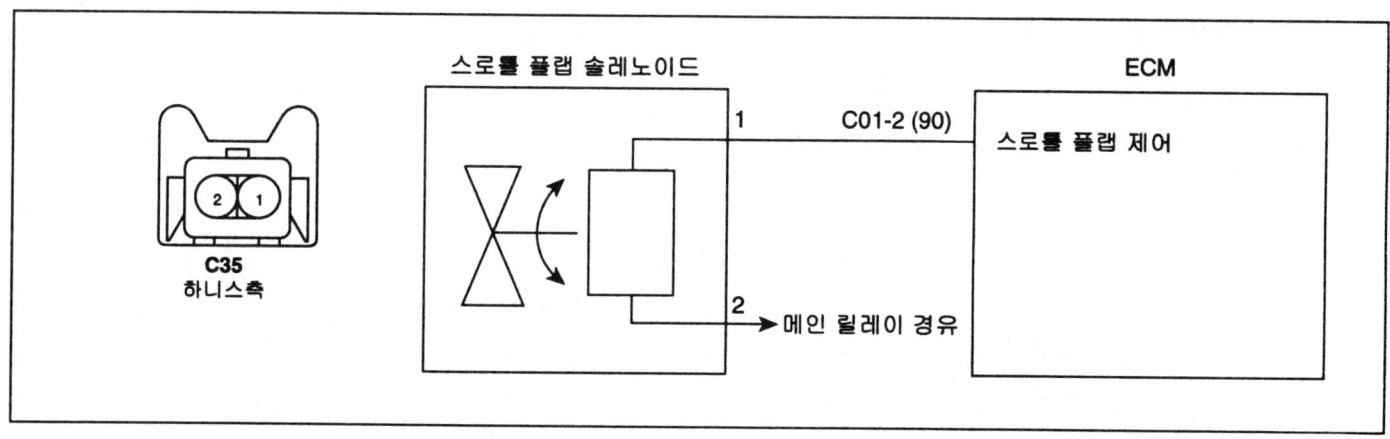

연료 장치

파형

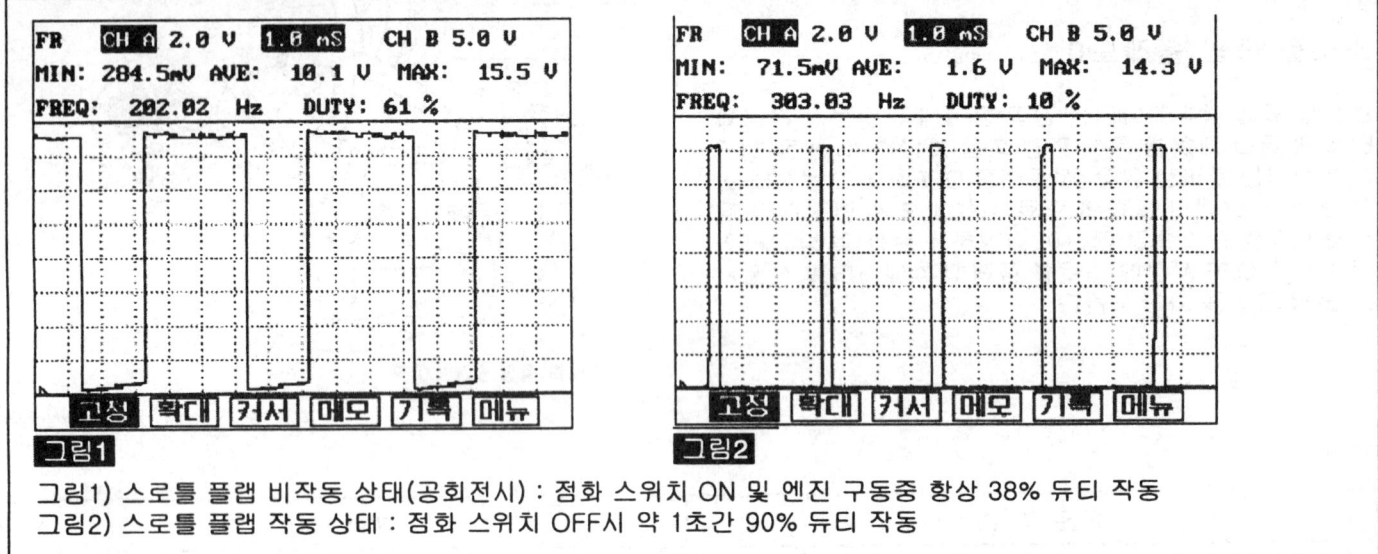

그림1) 스로틀 플랩 비작동 상태(공회전시) : 점화 스위치 ON 및 엔진 구동중 항상 38% 듀티 작동
그림2) 스로틀 플랩 작동 상태 : 점화 스위치 OFF시 약 1초간 90% 듀티 작동

단품 점검

1. 점화 스위치를 OFF시킨다.

2. 스로틀 플랩 솔레노이드 컨넥터를 분리시킨다.

3. 스로틀 플랩 솔레노이드 컨넥터 단자 1번과 2 사이의 저항을 측정한다.

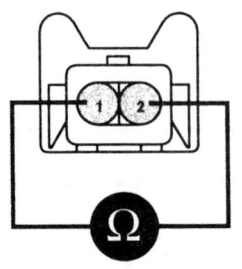

4. 제원값을 참조하여 저항값이 정상인지 확인한다.

디젤 제어 시스템

가변 스월 액츄에이터

가변 스월 액츄에이터   K697DD93

저속 구간에서 흡기 포트를 통하는 혼합기 속도가 느려 연료/공기의 혼합이 충분치 못해 흡기 포트를 둘로 나누어 저속시에는 한쪽을 닫고, 흡입 속도를 올려 연소실에 와류를 생성 시킨다.
가변 스월 액츄에이터는 스월 밸브 위치를 감지하는 포지션 센서와 스월 밸브를 작동시키는 모터로 구성된다.

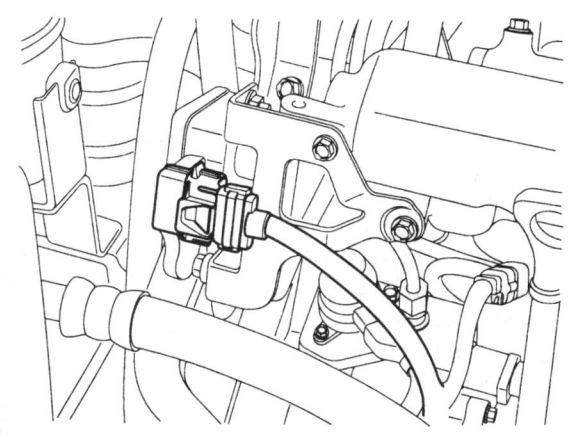

AWJF300W

작동원리

구분	저·중 부하	고부하
엔진 회전수	3000rpm 이하	3000rpm 이상
밸브 동작	닫힘	열림
작동도	AWJF302A	AWJF302B
고장 발생시	가변 스월 밸브 완전히 열림	

※ 학습치 초기화 : 스월 밸브에 이물질 흡착으로 인한 스월 밸브 구동 모터 손상을 방지하기 위해, 점화 스위치 OFF 시, 가변 스월 밸브를 작동시켜 스월 밸브가 1~2회 완전히 열렸다가 닫히도록 하여 스월 밸브의 최소 및 최대 위치를 학습하도록 한다.
(이그니션 OFF시, 미세 작동음 발생)

제원

구분	온도 ℃ (℉)	저항 (Ω)
구동 모터	20 (68)	3.2 ~ 4.4
포지션 센서	20 (68)	3.44 ~ 5.16

FL-84 연료 장치

회로도

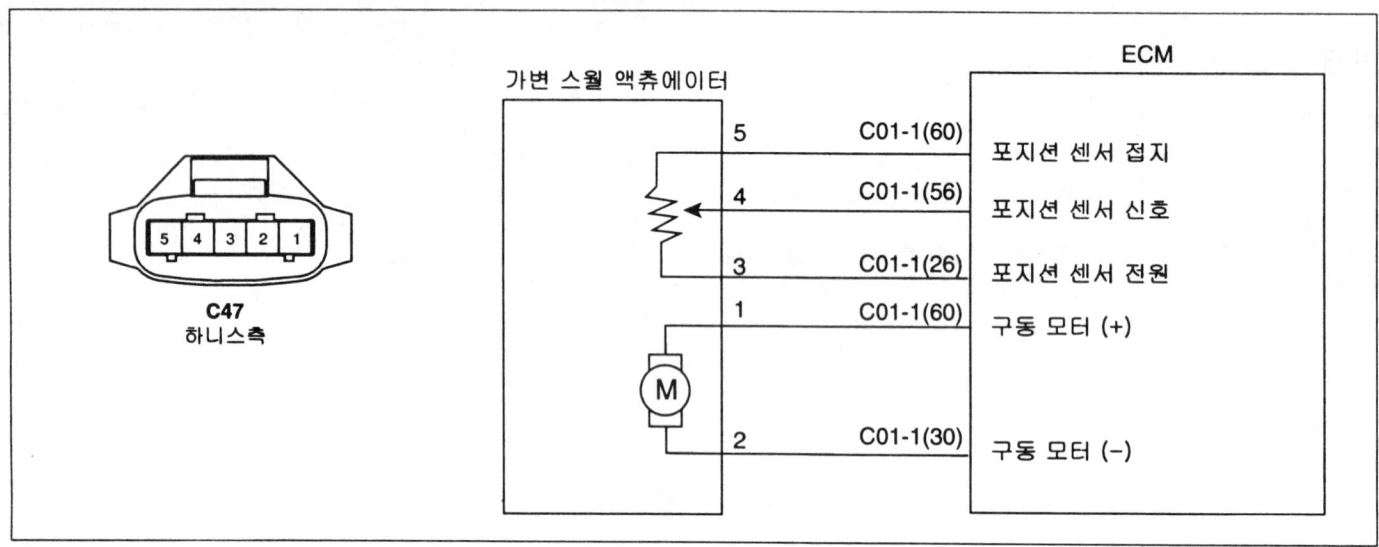

파형

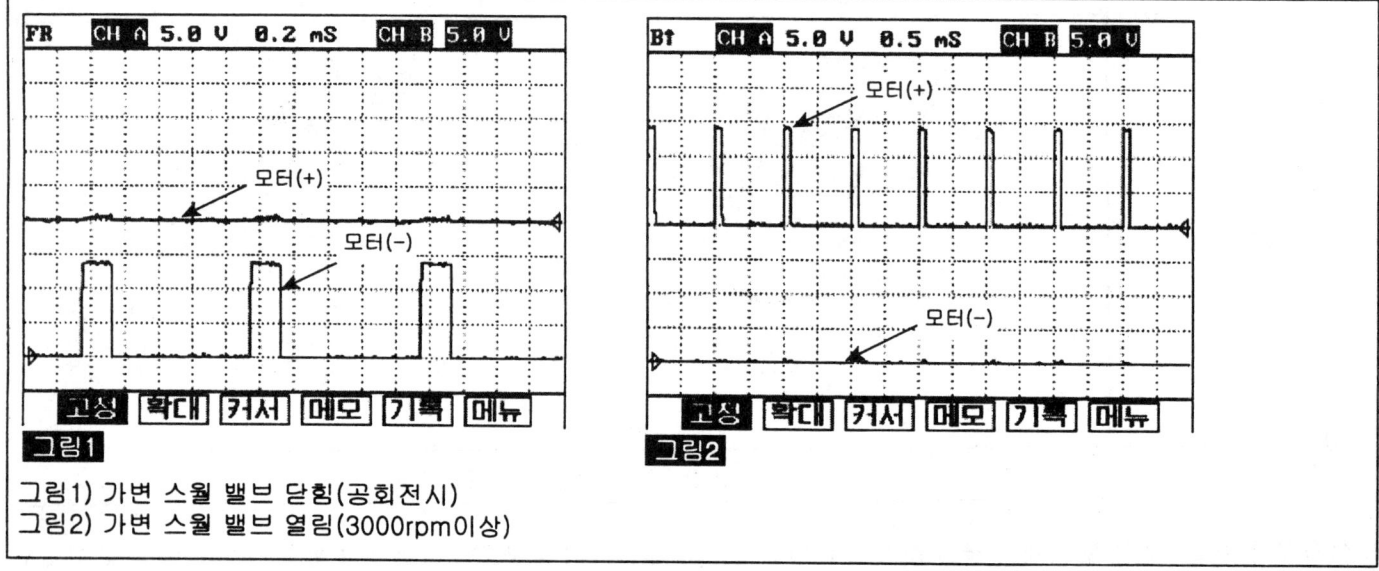

그림1) 가변 스월 밸브 닫힘(공회전시)
그림2) 가변 스월 밸브 열림(3000rpm이상)

단품 점검

1. 점화 스위치를 OFF시킨다.

2. 가변 스월 액츄에이터 커넥터를 분리시킨다.

3. 스월 밸브에 이물질이 끼어있는지 확인한다.

4. 가변 스월 액츄에이터 커넥터 (단품측) 1번 단자에 12V 전압을 가하고 2번 단자를 접지시키고 스월 밸브 작동 상태 (모터 구동 여부)를 확인한다.

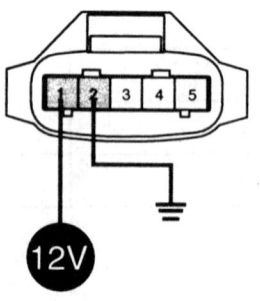

5. 단품 측 커넥터 1번 단자와 2번 단자 사이의 저항을 측정한다.

디젤 제어 시스템

기준치 : 3.2 ~ 4.4Ω (20℃)

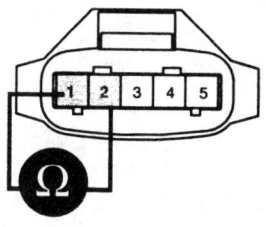

AWJF302E

6. 단품측 컨넥터 4번 단자와 5번 단자 사이의 저항을 측정한다.

기준치 : 3.44 ~ 5.16Ω (20℃)

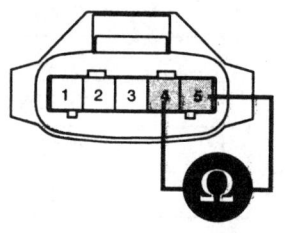

AWJF302F

연료 온도 센서

연료 온도 센서 K2A9DD6D

연료 온도 센서 (FTS)는 부특성 써미스터로 연료 공급 라인 (연료필터와 고압 펌프 사이)에 장착되어 공급되는 연료 온도를 검출한다.
연료 온도 값은 ECM에 입력되고 ECM은 이 값을 이용하여 연료량 보정 및 과도한 온도 상승 (120℃ 이상)을 방지하기 위해 연료 분사량을 제한하여 엔진 출력을 조절한다. 이는 연료 온도 상승으로 인한 연료 라인의 베이퍼 록 현상과 유막 (점도) 파괴로 인한 윤활 성능의 저하로 고압 펌프 및 인젝터 등 연료 계통의 손상을 방지하기 위함이다.

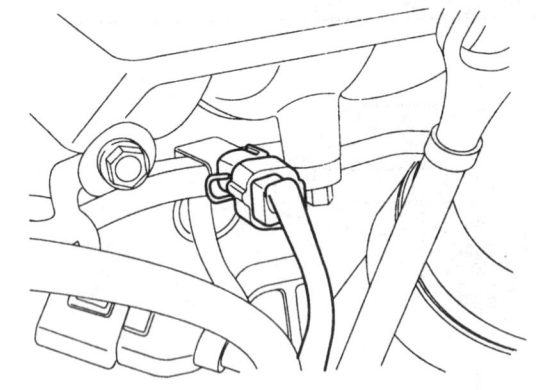

제원

온도 (℃)	저항치 (kΩ)	온도 (℃)	저항치 (kΩ)
-30	27	80	0.30 ~ 0.32
-20	15.67	85	0.269
-10	9.45	90	0.231
0	5.89	95	0.205
20	2.27 ~ 2.73	100	0.176
40	1.17	105	0.158
50	0.826	110	0.137
60	0.597	120	0.112
70	0.434	130	0.088

회로도

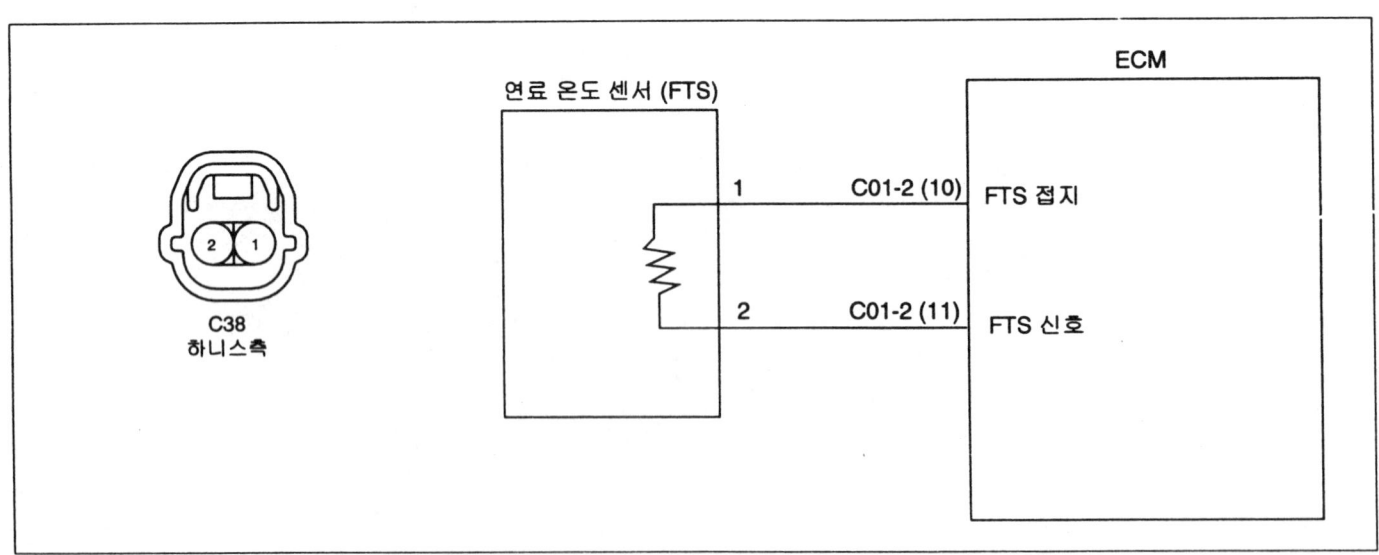

디젤 제어 시스템

파형

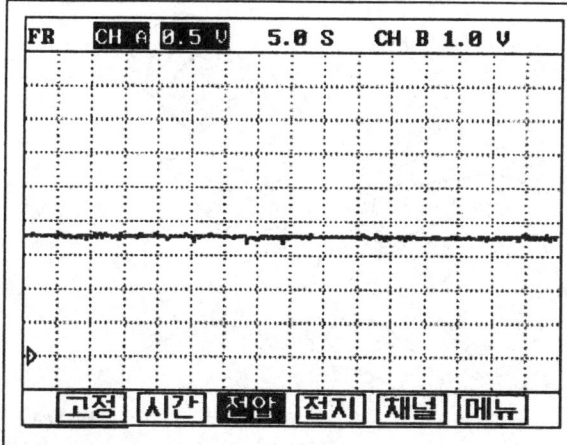

좌측의 파형은 연료 온도가 50℃일때의 파형으로 연료 온도가 올라 갈수록 출력 전압이 낮아지고 내려갈수록 출력 전압이 높아진다.

단품 점검

1. 점화 스위치 OFF 시킨다.

2. 연료 온도 센서 커넥터를 분리시킨다.

3. 연료 온도 센서 커넥터의 1번과 2번 터미널 사이의 저항을 측정한다.

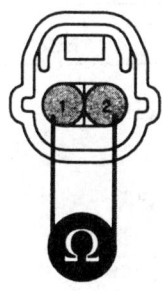

4. "제원"값을 참조하여 저항이 제원값과 상이한지 확인한다.

산소센서

산소 센서 KABF4C8D

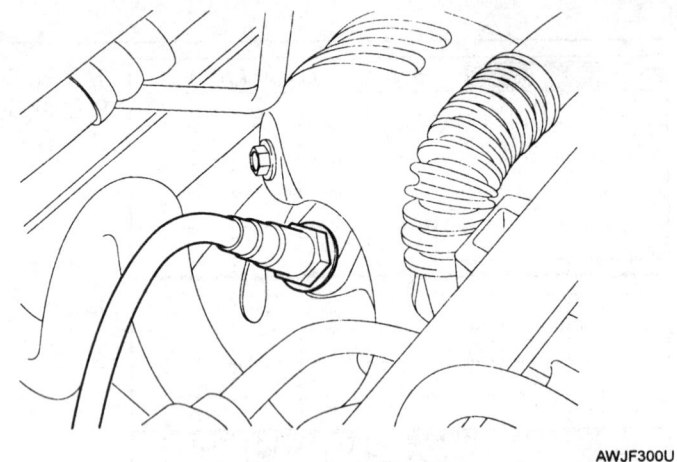

배기 매니폴더에 장착된 산소 센서는 배기 가스중의 산소 농도를 검출하여 연료량 보정을 통해 정밀한 EGR 제어를 하도록 한다. 또한 엔진 최대 부하시 농후한 혼합비로 인한 흑연을 제한하는 역할을 한다. 혼합기가희박 (람다 (λ) 1.0 이상)시에는 ECM은 펌핑 전류를 흘려주어 산소센서를 활성화 하여 람다값이 1.0 (펌핑 전류 : 0)이 되도록 한다. 혼합기가 농후 (람다 (λ) 1.0 이상) 시에는 ECM은 펌핑 전류를 산소 센서로 부터 흘려 받아 산소 센서의 활성화를 감소시켜 람다값이 1.0 (펌핑 전류 : 0)이 되도록 한다. ECM은 펌핑 전류값의 양을 가지고 배기 가스에 포함된 산소의 농도를 검출한다. 산소 센서 내부에는 산소 센서가 정상 작동 온도 (450℃ ~ 600℃)까지 빠르게 올려주기 위한 히터가 내장되어 있다.

제원

λ 값	0.65	0.70	0.80	0.90	1.01	1.18	1.43	1.70	2.42	공기
펌핑 전류	-2.22	-1.82	-1.11	-0.50	0.00	0.33	0.67	0.94	1.38	2.54

회로도

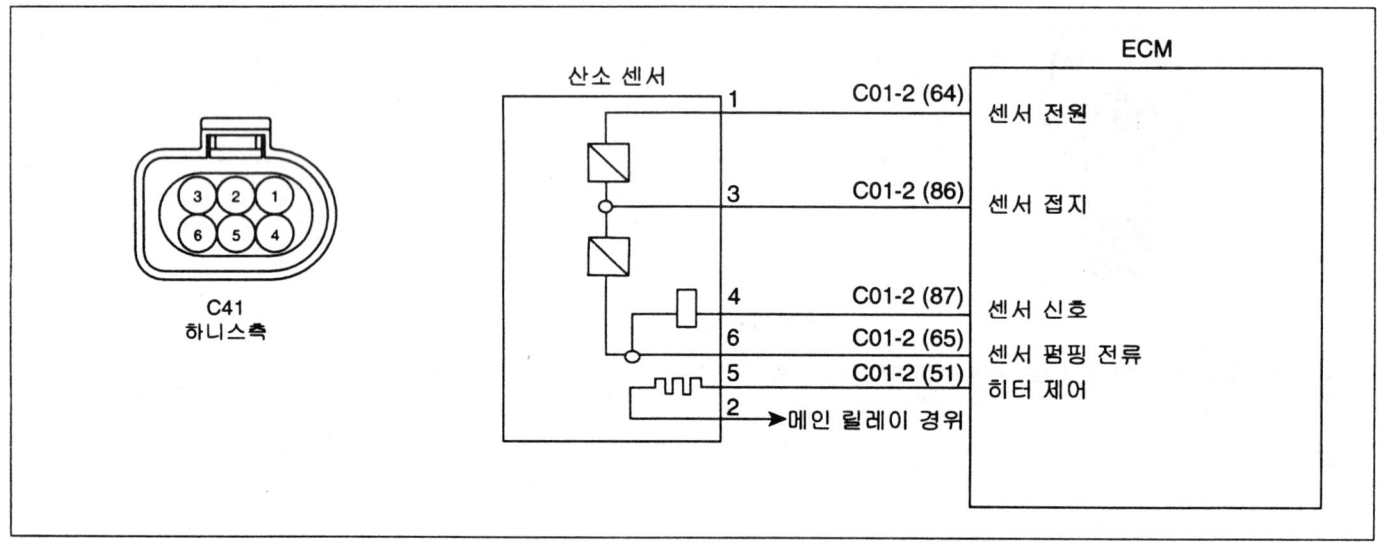

디젤 제어 시스템

파형

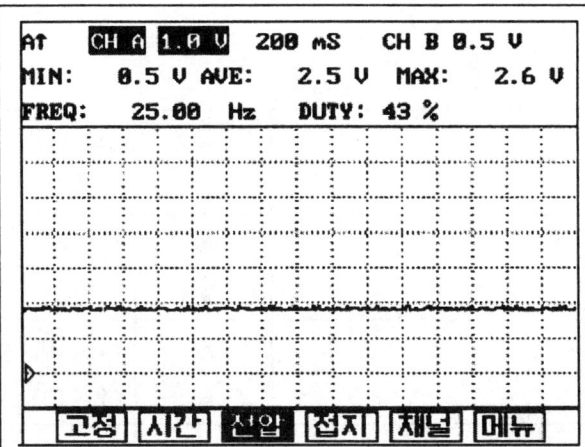

이 파형은 점화 스위치 ON이고 엔진 구동시 나타나는 산소 센서 출력 파형신호이다.

고장진단

자기 진단 고장 코드 KAE1FE82

고장코드	설 명	경고등	페이지
P0031	산소센서 히터 회로-제어값 낮음	▲	FL-94
P0032	산소센서 히터 회로-제어값 높음	▲	FL-100
P0047	VGT 액츄에이터 회로 이상 - 신호 낮음	▲	FL-103
P0048	VGT 액츄에이터 회로 이상 - 신호 높음	▲	FL-110
P0069	부스트 압력 센서 - 성능 이상	▲	FL-114
P0087	엔진 회전수별 압력이 너무 낮음(레일 압력 조절기)	○	FL-119
P0088	레일 연료 압력 과다(레일 압력 조절기)	○	FL-123
P0089	레일 압력 조절기 회로 이상 - 과전류	○	FL-124
P0091	레일 압력 조절기 회로 이상 - 신호 낮음	○	FL-129
P0092	레일 압력 조절기 회로 이상 - 신호 높음	○	FL-132
P0097	흡기 온도 센서 회로 이상 - 신호 낮음	▲	FL-135
P0098	흡기 온도 센서 회로 이상 - 신호 높음	▲	FL-140
P0101	공기량 측정 센서 회로 이상 - 성능 이상	○	FL-144
P0102	공기량 측정 센서 회로 신호 값 낮음	○	FL-151
P0103	공기량 측정 센서 회로 신호 값 높음	○	FL-156
P0107	대기압 센서 회로 신호 값 낮음	▲	FL-161
P0108	대기압 센서 회로 신호 값 높음	▲	FL-164
P0112	흡기온 센서 회로 신호 값 낮음	▲	FL-166
P0113	흡기온 센서 회로 신호 값 높음	▲	FL-171
P0117	냉각 수온 센서 회로 신호 값 낮음	▲	FL-175
P0118	냉각 수온 센서 회로 신호 값 높음	▲	FL-181
P0182	연료 온도 센서 회로 - 입력값 낮음	▲	FL-185
P0183	연료 온도 센서 회로 - 입력값 높음	▲	FL-190
P0192	레일 압력 센서 회로 신호 값 낮음	○	FL-194
P0193	레일 압력 센서 회로 신호 값 높음	○	FL-201
P0201	실린더 #1 - 인젝터 이상	○	FL-206
P0202	실린더 #2 - 인젝터 이상	○	FL-206
P0203	실린더 #3 - 인젝터 이상	○	FL-206
P0204	실린더 #4 - 인젝터 이상	○	FL-206
P0237	부스트 압력 센서 회로 이상 - 신호 낮음	▲	FL-212

고장진단

P0238	부스트 압력 센서 회로 이상 - 신호 높음	▲	FL-218
P0252	연료 압력 조절기 회로 이상 - 과전류	○	FL-222
P0253	연료 압력 조절기 회로 이상 - 신호 낮음	○	FL-228
P0254	연료 압력 조절기 회로 이상 - 신호 높음	○	FL-231
P0262	인젝터 회로 신호 값 높음 - 실린더 1	○	FL-234
P0265	인젝터 회로 신호 값 높음 - 실린더 2	○	FL-234
P0268	인젝터 회로 신호 값 높음 - 실린더 3	○	FL-234
P0271	인젝터 회로 신호 값 높음 - 실린더 4	○	FL-234
P0335	크랭크 샤프트 포지션 센서 회로 이상	○	FL-241
P0336	크랭크 샤프트 포지션 센서 이상 - 비정상 출력값	○	FL-249
P0340	캠 샤프트 포지션 센서 회로 이상	○	FL-254
P0341	캠 샤프트 포지션 센서 이상 - 비정상 출력값	○	FL-261
P0381	글로우 램프 회로 이상	▲	FL-265
P0489	EGR 엑츄에이터 회로 이상 - 신호 낮음	○	FL-270
P0490	EGR 엑츄에이터 회로 이상 - 신호 높음	○	FL-277
P0501	차속 센서 회로 이상 - 비정상 출력값	▲	FL-280
P0504	브레이크 스위치 이상	▲	FL-288
P0532	에어컨 냉매 압력센서 "A" 회로 - 신호 낮음	▲	FL-294
P0533	에어컨 냉매 압력센서 "A" 회로 - 신호 높음	▲	FL-299
P0562	배터리 전압 이상 - 신호 값 낮음	▲	FL-303
P0563	배터리 전압 이상 - 신호 값 높음	▲	FL-309
P0602	ECM(EEPROM) 이상 - 프로그래밍 이상	▲	FL-313
P0605	ECM(EEPROM) ROM 오장착	▲	FL-315
P0606	ECM/PCM 프로세서(ECM셀프 테스트 이상)	○	FL-317
P0611	인젝터 회로 이상	○	FL-320
P062D	인젝터 뱅크 1이상(인젝터 부스트 전압1 이상)	○	FL-326
P062E	인젝터 뱅크 2이상(인젝터 부스트 전압2 이상)	○	FL-328
P0642	센서 공급 전원 "A" - 입력 신호 낮음	▲	FL-329
P0643	센서 공급 전원 "A" - 입력 신호 높음	▲	FL-334
P0646	A/C 콤프레셔 릴레이 제어 회로 - 신호 낮음	▲	FL-337
P0647	A/C 콤프레셔 릴레이 제어 회로 - 신호 높음	▲	FL-343
P0650	엔진 체크 경고등 이상	▲	FL-347
P0652	센서 공급 전원 "B" - 입력 신호 낮음	▲	FL-351
P0653	센서 공급 전원 "B" - 입력 신호 높음	▲	FL-356

P0670	글로우 릴레이 회로 이상	▲	FL-359
P0685	메인 릴레이 회로 이상	▲	FL-366
P0698	센서 공급 전원 "C" - 입력 신호 낮음	▲	FL-373
P0699	센서 공급 전원 "C" - 입력 신호 높음	▲	FL-378
P0700	TCM으로 부터 MIL 점등 요청	○	FL-381
P0701	TCM 고장 상태	▲	FL-382
P0820	중립 기어 스위치 이상	▲	FL-383
P0830	클러치 스위치 이상	▲	FL-388
P1145	오버런 모니터링 이상	▲	FL-393
P1185	레일 연료 압력 과다	○	FL-395
P1186	엔진 회전수별 압력이 너무 낮음	○	FL-399
P1586	MT/AT 식별(ENCODING) 실패	▲	FL-400
P1587	MT/AT 별 CAN 통신 이상	▲	FL-403
P1588	MT/AT 인식 라인 이상	▲	FL-405
P1634	냉각수 보조 히터	▲	FL-407
P1652	이그니션 스위치 이상	▲	FL-414
P1670	인젝터 클래스 입력 이상	○	FL-418
P1671	체크 섬 이상	○	FL-421
P1692	이모빌라이저 램프 이상	▲	FL-422
P2009	가변 스월 액츄에이터 모터 회로 이상 - 신호 낮음	▲	FL-426
P2010	가변 스월 액츄에이터 모터 회로 이상 - 신호 높음	▲	FL-433
P2015	가변 스월 액츄에이터 모터 위치 이상	▲	FL-437
P2016	가변 스월 액츄에이터 위치 센서 이상 - 신호 낮음	▲	FL-441
P2017	가변 스월 액츄에이터 위치 센서 이상 - 신호 높음	▲	FL-445
P2111	스로틀 플랩 액츄에이터 회로 이상 - 신호 높음	▲	FL-450
P2112	스로틀 플랩 액츄에이터 회로 이상 - 신호 낮음	▲	FL-456
P2123	스로틀/엑셀 페달 위치 센서D - 입력 신호 높음	○	FL-459
P2128	스로틀/엑셀 페달 위치 센서E - 입력 신호 높음	○	FL-466
P2138	엑셀 페달 위치 센서(APS) 1/2 비동기화	○	FL-470
P2238	산소센서 신호 이상 - 펌핑 전류 감지 회로 신호 낮음	▲	FL-475
P2239	산소센서 신호 이상 - 펌핑 전류 감지 회로 신호 높음	▲	FL-484
P2251	산소센서 신호 이상 - 기준 접지 회로 단선	▲	FL-490
P2264	연료 필터 수분 경고 램프 작동	▲	FL-496
P2299	스로틀/엑셀 페달 위치 센서와 브레이크 신호 이중 입력	▲	FL-502

고장진단

U0001	CAN 통신 이상	▲	FL-510
U0100	ECM측 통신선 또는 ECM이상	▲	FL-517
U0101	ECM - TCM간 CAN 통신 이상	▲	FL-521
U0122	ECM - TCS간 CAN 통신 이상	▲	FL-525
U0416	TCS로부터 비정상 토크 증가 요구 입력	▲	FL-529

○ : 엔진 경고등 ON & DTC 기억
▲ : 엔진 경고등 OFF & DTC 기억

DTC P0031 산소센서 히터 회로-제어값 낮음 (뱅크 1 / 센서 1)

부품 위치

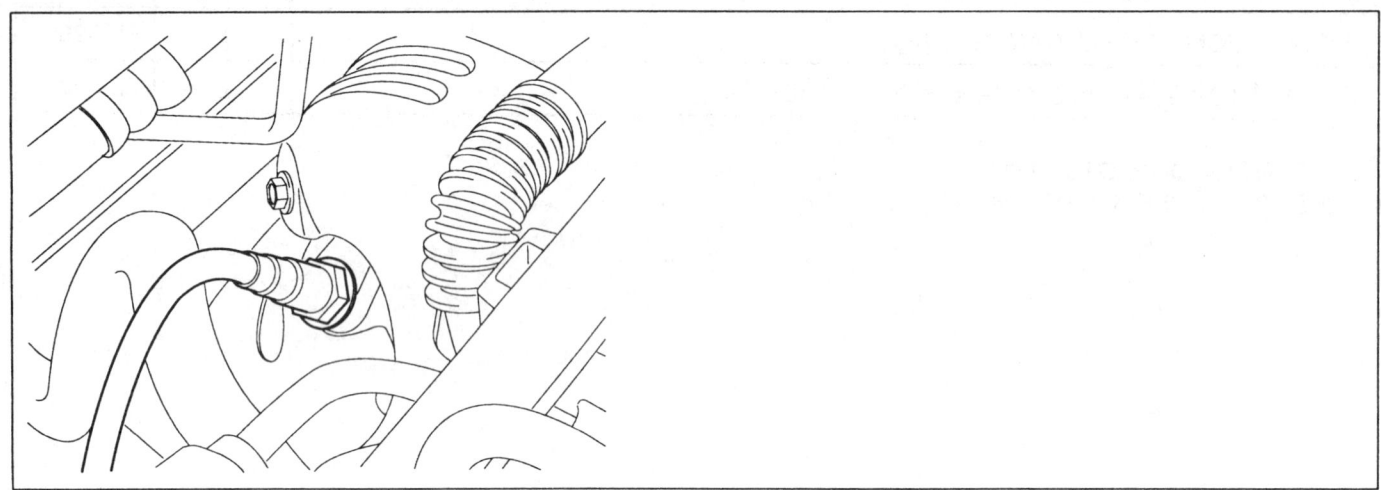

기능 및 역할

배기 매니폴드에 장착된 산소센서는 리니어 산소 센서로 배기 가스 중의 산소 농도를 검출하여 연료량 보정을 통해 정밀한 EGR 제어를 가능하게 한다. 또한 엔진 최대 부하시 농후한 혼합비에 의한 흑연을 제한(Smoke Limitation) 하는 역할을 수행한다. ECM 은 현재 리니어 산소 센서가 검출한 람다(λ)값을 람다 1.0 에 맞추기 위해 펌핑전류를 제어한다.
[혼합기 희박(람다 1.0 이상 : 1.1) : ECM 은 펌핑 전류를 산소 센서로 흘려주어(+펌핑전류) 산소센서를 활성화하여 람다 1.0 (0.0 펌핑전류) 의 특성을 나타내도록 한다. 이때 산소 센서로 흘려준 펌핑 전류량을 가지고 ECM 은 배기가스에 포함된 산소 농도를 검출 한다.]
[혼합기 농후(람다 1.0 이하 : 0.9) : ECM 은 펌핑 전류를 산소 센서로 부터 뺏어와(-펌핑전류) 산소센서의 활성화를 감소시켜 람다 1.0 (0.0 펌핑전류) 의 특성을 나타내도록 한다. 이때 산소 센서 부터 뺏어온 펌핑 전류량을 가지고 ECM 은 배기가스에 포함된 산소 농도를 검출 한다.]

이러한 일련의 작업들은 산소센서가 정상 작동 온도(450℃~600℃)에서 가장 신속하고 원활하게 수행되며, 산소 센서를 정상 작동 온도로 빠르게 올려주고, 유지하기 위한 히터(열선)를 내장하고 있다.
히터 열선은 ECM 에 의해 PWM 으로 제어된다. 히터 열선이 차가워지면 저항값이 낮아져 전류값은 증가하고, 열선의 온도가 높으면 저항값이 증가하여 전류가 낮아지는 것을 이용 산소 센서의 온도를 감지, 산소 센서 히터 작동량을 결정한다.

고장 코드 설명

P0031 코드는 산소 센서 히터 제어 조건에서 산소 센서 히터 제어 회로가 2.0초 이상 단선 혹은 단락(접지측) 발생된 경우에 발생하는 고장 코드로 산소 센서 히터 제어선의 단선, 단락(접지측), 산소 센서 히터 단품의 내부 단선 경우이다.

고장판정 조건

항 목	감지 조건		고장 예상 부위
검출 방법	• 전압 모니터링		
검출 조건	• 엔진 구동		
판정값	• 산소 센서 히터 제어 회로가 GND 로 단락 • 산소 센서 히터 제어 회로 단선		• 산소 센서 히터 회로 • 산소 센서 단품
검출 시간	• 2.0 sec		
페일세이프 (Fail Safe)	연료 차단	비실행	
	EGR 금지	비실행	
	연료 제한	비실행	
	체크 램프	비점등	

제원

온도(℃)	산소 센서 히터 저항(Ω)	온도(℃)	산소 센서 히터 저항(Ω)	산소 센서 히터 제어 Hz
20	9.2	400	17.7	100 Hz
100	10.7	500	19.2	
200	13.1	600	20.7	
300	14.6	700	22.5	

FL -96
연료 장치

부분 회로도 K70458E9

[회로도]

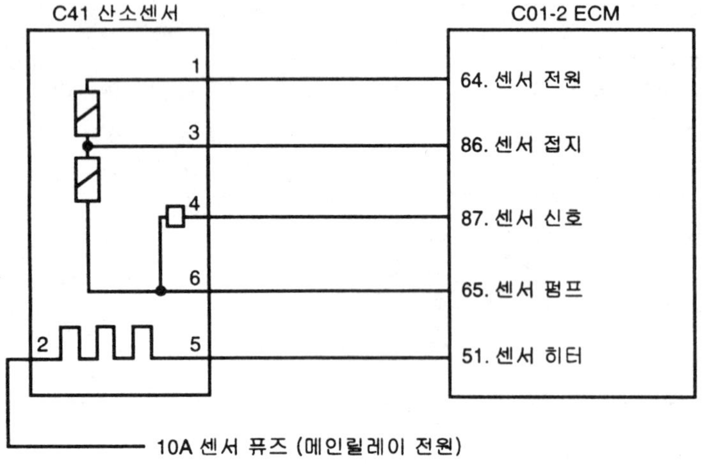

C41 산소센서		C01-2 ECM
1	—	64. 센서 전원
3	—	86. 센서 접지
4	—	87. 센서 신호
6	—	65. 센서 펌프
2, 5	—	51. 센서 히터

— 10A 센서 퓨즈 (메인릴레이 전원)

[커넥터 정보]

터미널	연결	기능
1	C01-2 64번 단자	센서 전원
2	10A 센서 퓨즈	메인릴레이 전원
3	C01-2 86번 단자	센서 접지
4	C01-2 87번 단자	센서 신호
5	C01-2 51번 단자	센서 히터
6	C01-2 65번 단자	센서 펌프

[커넥터]

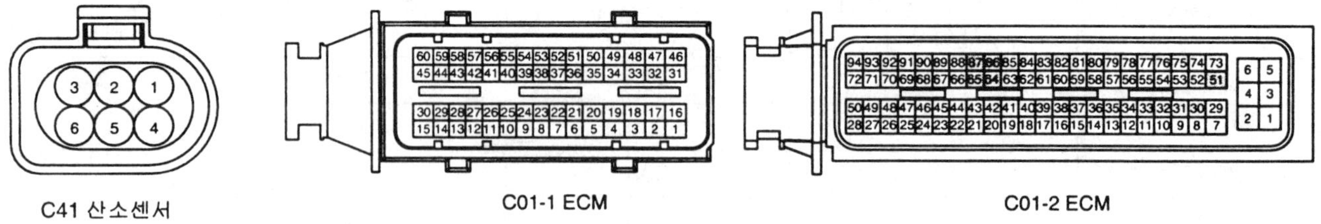

C41 산소센서 / C01-1 ECM / C01-2 ECM

AWJF009T

기준 파형 및 데이터 K52E26CD

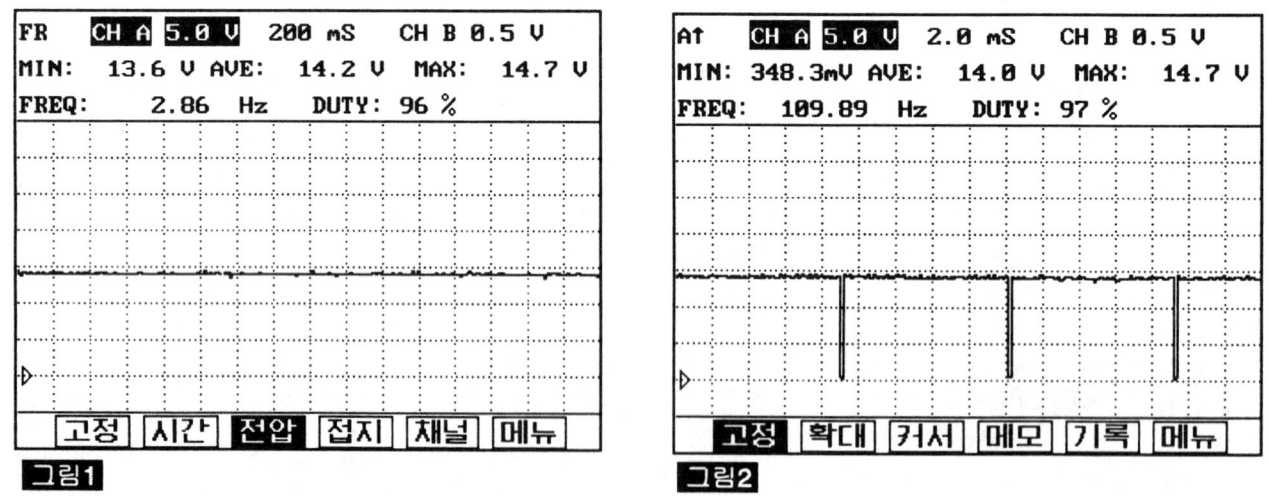

그림1) 산소 센서 히터 전원 파형 모습으로 배터리 전압을 나타낸다.
그림2) 아이들시 산소 센서 히터 제어 파형을 나타낸다.

AWJF001A

고장진단 FL-97

커넥터 및 터미널 점검 KAD7C339

1. 전기장치는 수많은 하네스와 커넥터로 구성되며, 이러한 커넥터들의 접촉 불량은 여러가지 다양한 문제를 유발 시키고, 부품을 손상 시키기도 한다.

2. 다음 점검 절차를 수행한다.

    1) 하네스와 터미널의 손상을 점검한다. : 터미널의 접촉 저항, 산화, 변형을 점검한다.

    2) ECM 과 단품 커넥터의 접속 상태를 확인한다. : 터미널 단자의 이탈, 록킹 장치의 손상, 터미널과 와이어링의 연결 상태를 점검한다.

    📖 참고
    점검이 필요한 커넥터의 수컷측 핀을 탈거하여, 암컷측 터미널에 삽입 접촉 상태를 점검한다. (점검 후 탈거한 핀을 정위치에 바르게 장착한다.)

3. 문제 부위가 확인되는가?

    YES
    ▶ 문제 부위를 수리후 "고장수리 확인" 절차를 수행한다.

    NO
    ▶ "전원선 점검" 절차를 수행한다.

전원선 점검 K69AA587

1. IG KEY "OFF", 엔진을 정지한다.
2. 산소 센서 커넥터를 탈거한다.
3. IG KEY "ON"
4. 산소 센서 커넥터 2번 단자의 전압을 점검한다.

규정값 : 11.0V~13.0V (메인 릴레이 ON 전원)

5. 규정 전압이 검출되는가?

    YES
    ▶ "제어선 점검" 을 실시한다.

    NO
    ▶ 메인 릴레이 전원 회로 및 엔진 룸 퓨즈 & 릴레이 박스 10A 센서 퓨즈의 단선을 수리 후 "고장수리 확인" 절차를 수행한다.

제어선 점검 K3298C0F

1. 산소 센서 히터 제어선 전압 점검

    1) IG KEY "OFF", 엔진을 정지한다.
    2) 산소 센서 커넥터를 탈거한다.
    3) IG KEY "ON"

4) 산소 센서 커넥터 5번 단자의 전압을 점검한다.

규정값 : 2.0V~2.5V

5) 규정 전압이 검출되는가?

YES

▶ "단품 점검"을 실시한다.

NO

▶ 전압이 검출 되지 않을 경우 : 아래 "2. 산소 센서 히터 제어선 단선 점검"을 실시한다.
▶ 높은 전압이 검출될 경우 : 단락(전원측) 발생 부위를 찾아 수리 후 "고장수리 확인" 절차를 수행한다.

2. 산소 센서 히터 제어선 단선 점검

1) IG KEY "OFF", 엔진을 정지한다.
2) 산소 센서 커넥터와 ECM 커넥터를 탈거한다.
3) 산소 센서 커넥터 5번 단자와 ECM 커넥터 51번 단자간 통전 시험을 실시한다.

규정값 : 통전(1.0Ω 이하)

4) 산소 센서 히터 제어선의 통전 상태는 정상적인가?

YES

▶ 단락(접지측) 발생 부위를 찾아 수리 후 "고장수리 확인인" 절차를 수행한다.

NO

▶ 산소 센서 히터 제어선의 단선 부위를 찾아 수리 후 "고장수리 확인" 절차를 수행한다.

단품점검 KC9D2BDF

1. 산소 센서 단품 히터 코일 저항 점검

1) IG KEY "OFF", 엔진을 정지한다.
2) 산소 센서 커넥터를 탈거한다.
3) 산소 센서 단품측 커넥터 2번과 5번 단자간 통전 시험을 실시한다.

규정값 : 일반 정보의 "규정값" 항목을 참조한다.

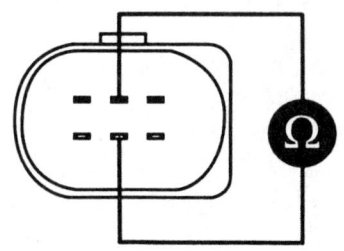

고장진단

4) 산소 센서 히터 코일의 저항값은 정상적인가?

YES

▶ "고장수리 확인" 절차를 수행한다.

NO

▶ 산소 센서를 교환 후 "고장수리 확인" 절차를 수행한다.

고장수리 확인   K7B9D253

본 진단 가이드를 사용해서 발생된 문제를 수리한 뒤, 고장이 완전히 해결되었는지 확인하는 과정이 필요하다.

1. 스캔툴을 연결한 후, 자기진단을 실시하여 고장 코드를 확인한다.
2. 저장된 고장코드를 스캔툴을 이용하여 소거한다.
3. 고장 판정 조건중의 검출 조건에 따라 차량을 주행한다.
4. 스캔툴로 자기 진단을 실시하여 고장 코드가 발생 되었는지 확인한다.
5. 고장 코드가 발생되는가 ?

YES

▶ 해당되는 고장 코드 수리 절차로 이동한다.

NO

▶ 고장 수리가 완료되어 시스템이 정상적으로 작동한다.

DTC P0032 산소센서 히터 회로-제어값 높음 (뱅크 1 / 센서 1)

부품 위치

DTC P0031 참조.

기능 및 역할

DTC P0031 참조.

고장 코드 설명

P0032 코드는 산소 센서 히터 제어 조건에서 산소 센서 히터 제어 회로가 2.0초 이상 단락(전원측) 발생된 경우에 발생하는 고장 코드로 산소 센서 히터 제어선의 단락(전원측), 산소 센서 히터 단품의 내부 단락 경우이다.

고장판정 조건

항목	감지 조건			고장 예상 부위
검출 방법	• 전압 모니터링			
검출 조건	• 엔진 구동			
판정값	• 산소 센서 히터 제어 회로 단락(전원측)			• 산소 센서 히터 회로
검출 시간	• 2.0 sec			• 산소 센서 단품
페일세이프 (Fail Safe)	연료 차단	비실행		
	EGR 금지	비실행		
	연료 제한	비실행		
	체크 램프	비점등		

제원

온도(℃)	산소 센서 히터 저항(Ω)	온도(℃)	산소 센서 히터 저항(Ω)	산소 센서 히터 제어 Hz
20	9.2	400	17.7	100 Hz
100	10.7	500	19.2	
200	13.1	600	20.7	
300	14.6	700	22.5	

부분 회로도

DTC P0031 참조.

기준 파형 및 데이터

DTC P0031 참조.

고장진단

커넥터 및 터미널 점검 K7348A3A

DTC P0031 참조.

전원선 점검 K2DA05B1

1. IG KEY "OFF", 엔진을 정지한다.
2. 산소 센서 커넥터를 탈거한다.
3. IG KEY "ON"
4. 산소 센서 커넥터 2번 단자의 전압을 점검한다.

규정값 : 11.0V~13.0V (메인 릴레이 ON 전원)

---

5. 규정 전압이 검출되는가?

   YES

   ▶ "제어선 점검"을 실시한다.

   NO

   ▶ 메인 릴레이 전원 회로 및 엔진 룸 퓨즈 & 릴레이 박스 10A 센서 퓨즈의 단선을 수리 후 "고장수리 확인" 절차를 수행한다.

제어선 점검 K1CA2F8B

1. 산소 센서 히터 제어선 전압 점검

   1) IG KEY "OFF", 엔진을 정지한다.
   2) 산소 센서 커넥터를 탈거한다.
   3) IG KEY "ON"
   4) 산소 센서 커넥터 5번 단자의 전압을 점검한다.

규정값 : 2.0V~2.5V

---

   5) 규정 전압이 검출되는가?

   YES

   ▶ "단품 점검"을 실시한다.

   NO

   ▶ 전압이 검출 되지 않을 경우 : 아래 "2. 산소 센서 히터 제어선 단선 점검"을 실시한다.
   ▶ 높은 전압이 검출될 경우 : 단락(전원측) 발생 부위를 찾아 수리 후 "고장수리 확인" 절차를 수행한다.

2. 산소 센서 히터 제어선 단선 점검

   1) IG KEY "OFF", 엔진을 정지한다.
   2) 산소 센서 커넥터와 ECM 커넥터를 탈거한다.

3) 산소 센서 커넥터 5번 단자와 ECM 커넥터 51번 단자간 통전 시험을 실시한다.

규정값 : 통전(1.0Ω 이하)

4) 산소 센서 히터 제어선의 통전 상태는 정상적인가?

YES

▶ 단락(접지측) 발생 부위를 찾아 수리 후 "고장수리 확인" 절차를 수행한다.

NO

▶ 산소 센서 히터 제어선의 단선 부위를 찾아 수리 후 "고장수리 확인" 절차를 수행한다.

단품점검 K904D2E6

1. 산소 센서 단품 히터 코일 저항 점검

   1) IG KEY "OFF", 엔진을 정지한다.
   2) 산소 센서 커넥터를 탈거한다.
   3) 산소 센서 단품측 커넥터 2번과 5번 단자간 통전 시험을 실시한다.

규정값 : 일반 정보의 "규정값" 항목을 참조한다.

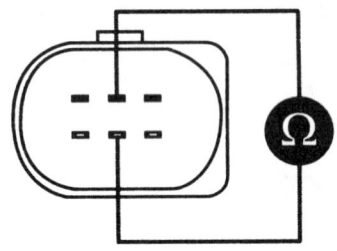

AWJF001E

   4) 산소 센서 히터 코일의 저항값은 정상적인가?

YES

▶ "고장수리 확인" 절차를 수행한다.

NO

▶ 산소 센서를 교환 후 "고장수리 확인" 절차를 수행한다.

고장수리 확인 KD76F18A

DTC P0031 참조.

고장진단 FL -103

DTC P0047 VGT 액츄에이터 회로 이상 - 신호 낮음

부품 위치 K6999CE5

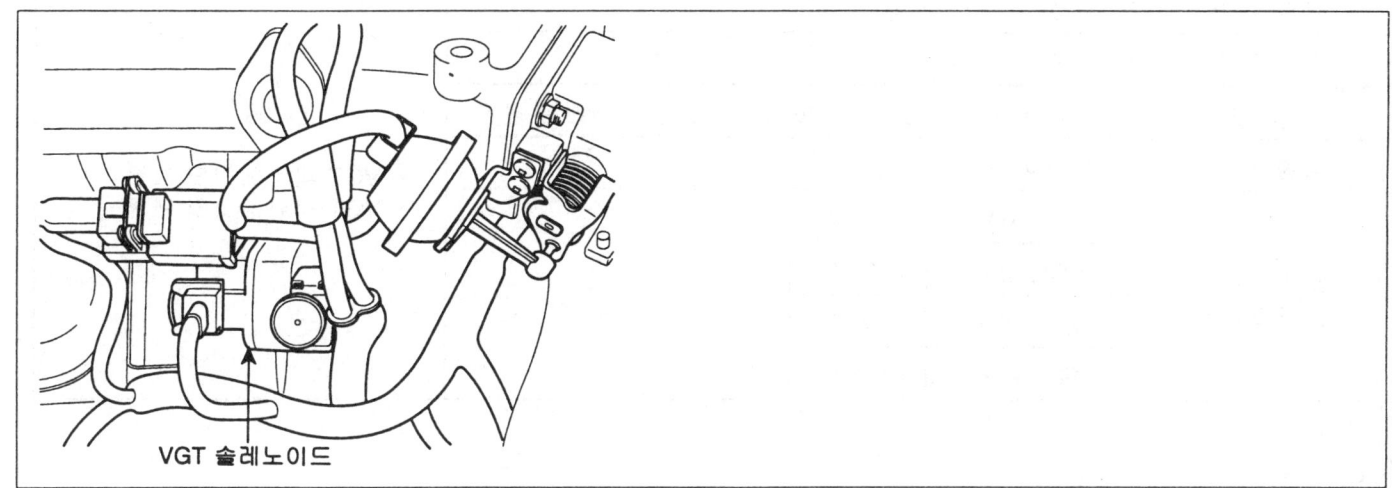

VGT 솔레노이드

AWJF001I

기능 및 역할 K8B6344B

VGT(Variable Geometric Turbocharger)는 배기 가스가 터보 차져의 임페러를 통과하는 단면적을 가변 제어하여 낮은 rpm 영역에서 터보 차져의 효율을 증대 시키고 중 고속 영역에서는 최적의 터보 효율을 유지 시키는 장치로 저속 영역에서 터보랙(Turbo lag) 현상을 완화하며, 엔진 출력을 향상 시킨다.

ECM 은 엔진 회전수와, APS신호, MAFS, 부스트 압력 센서 정보를 입력 받아 최적의 과급 상태로 제어하기 위해 VGT 액츄에이터를 듀티 제어하여, 배기 가스 유로를 조절하는 진공 다이아프램을 작동시킨다.

AWJF001J

고장 코드 설명 KF48B8E7

P0047 코드는 VGT 액츄에이터 회로의 전류값이 "0" 인 상태가 1.0초이상 검출되는 경우에 발생되는 고장 코드로 VGT 액츄에이터 회로의 단선 혹은 단락(접지측), 단품 내부 단선의 경우이다.

고장판정 조건

항 목	감지 조건		고장 예상 부위
검출 방법	• 신호 모니터링		
검출 조건	• 엔진 구동 상태		
판정값	• GND로 단락된 경우, 와이어링 결선이 단선된 경우		• VGT 액츄에이터 회로
검출 시간	• 1000ms		• VGT 액츄에이터 단품
페일세이프 (Fail Safe)	연료 차단	비실행	
	EGR 금지	실행	
	연료 제한	실행	
	체크 램프	비점등	

제원

VGT 액츄에이터 단품 저항	VGT 액츄에이터 작동 Hz	VGT 액츄에이터 작동 듀티
14.7 ~ 16.1Ω (20℃)	300Hz	아이들시 75%, 가속량에 따라 감소

부분 회로도

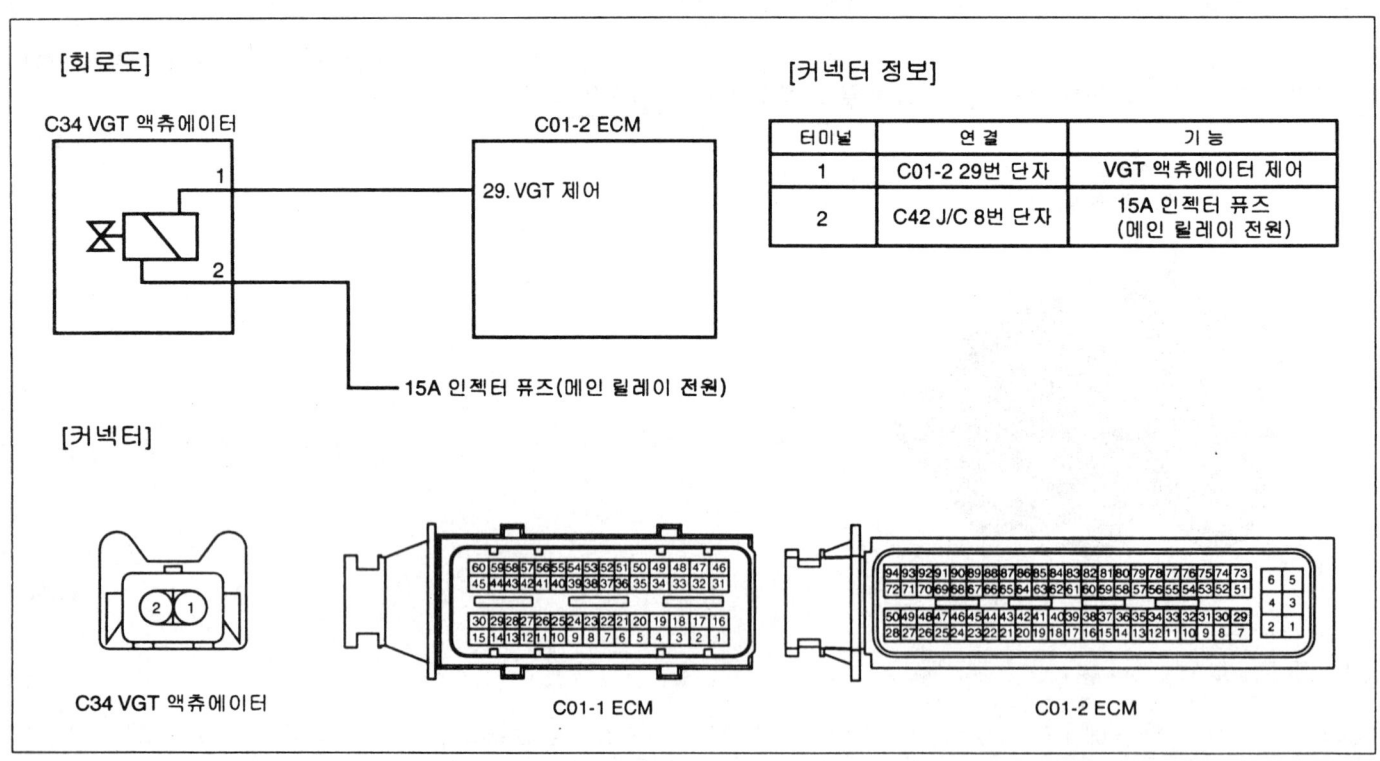

기준 파형 및 데이터 KAA58E0E

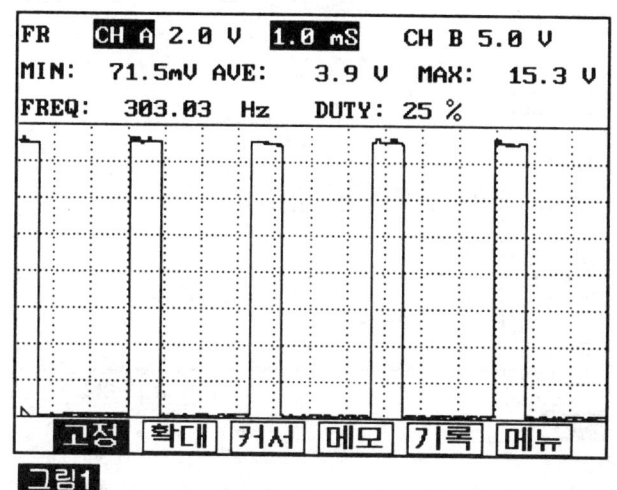
그림1

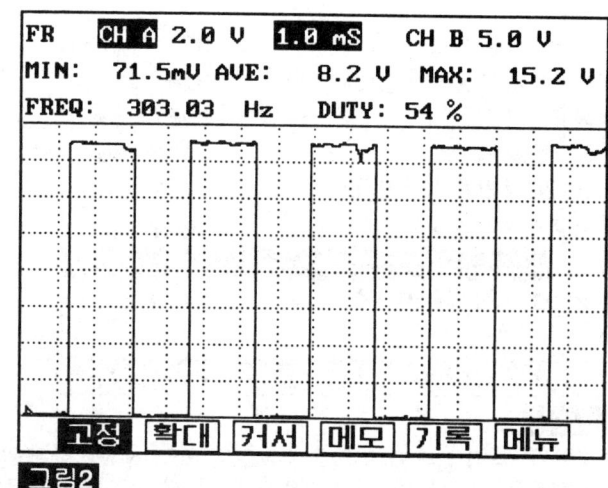
그림2

그림1) 아이들시 VGT 액츄에이터의 75% 듀티 파형으로 가속에 따 부스트 압력이 증가함에 따라 듀티는 감소한다.
그림2) 가속시 감소된 VGT 액츄에이터 듀티 파형

스캔툴 데이터 분석 KBD06417

1. 자기진단 커넥터에 스캔툴을 연결한다.

2. 엔진을 정상작동 온도 까지 워밍업 한다.

3. 전기 장치 및 에어컨을 OFF 한다.

4. 스캔툴에 표시되는 "부스트 압력 센서" 항목을 점검한다.

규정값 : 아이들시 1028hpa ± 100hpa(VGT액츄에이터 : 75%)

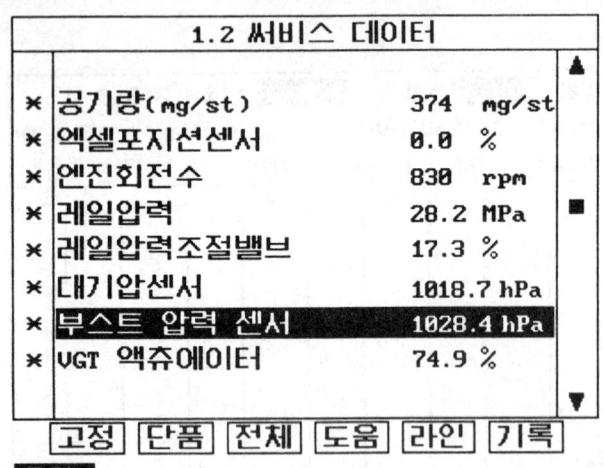
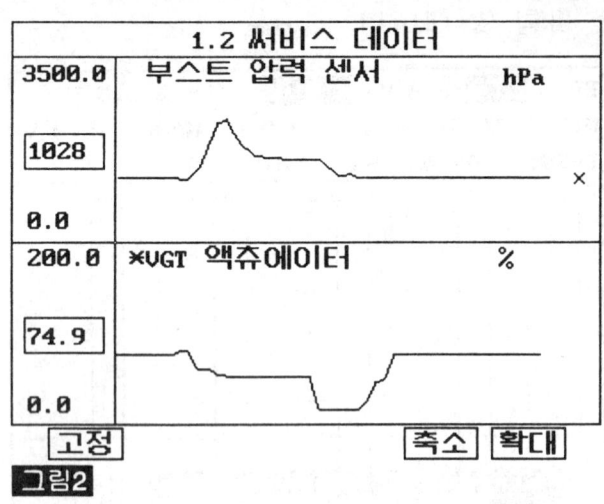

그림1) 엔진 워밍업후 아이들시 "부스트 압력 센서" 항목을 점검한다.
엔진을 시동하여 부스트 압력 센서 출력값을 점검한다. 아이들 시 1028hpa ± 100hpa(약 1기압) 의 출력을 나타낸다.

그림 2) 가속시 VGT 액츄에이터 듀티가 감소하며, 부스트 압력 센서의 압력은 증가하게 된다. 부스트 압력센서 압력이 일정이상 증가하게 되면 VGT 액츄에이터의 작동 듀티는 더 이상 감소하지 않고 일정하게 유지된다.
이 때 엑셀페달을 OFF하면, VGT액츄에이터 듀티는 9.8%로 급격하게 떨어지고, 엔진회전수가 아이들 영역으로 낮아지면, 75%로 복원된다.

AWJF004Q

커넥터 및 터미널 점검 KFFFBFBC

1. 전기장치는 수 많은 하네스와 커넥터로 구성되며, 이러한 커넥터들의 접촉 불량은 여러가지 다양한 문제를 유발 시키고, 부품을 손상 시키기도 한다.

2. 다음 점검 절차를 수행한다.

    1) 하네스와 터미널의 손상을 점검한다. : 터미널의 접촉 저항, 산화, 변형을 점검한다.

    2) ECM 과 단품 커넥터의 접속 상태를 확인한다. : 터미널 단자의 이탈, 록킹 장치의 손상, 터미널과 와이어링의 연결 상태를 점검한다.

    > 참고
    > 점검이 필요한 커넥터의 수컷측 핀을 탈거하여, 암컷측 터미널에 삽입 접촉 상태를 점검한다. (점검 후 탈거한 핀을 정위치에 바르게 장착한다.)

3. 문제 부위가 확인되는가?

    YES
    ▶ 문제 부위를 수리후 "고장수리 확인" 절차를 수행한다.

    NO
    ▶ "전원선 점검" 절차를 수행한다.

전원선 점검 K8B78FB6

1. 전원선 전압 점검

    1) IG KEY "OFF", 엔진을 정지한다.

    2) VGT 액츄에이터 커넥터를 탈거한다.

고장진단　　　　　　　　　　　　　　　　　　　　　　　　　　　　　　　　　　　　　FL -107

　　3) IG KEY "ON"

　　4) VGT 액츄에이터 커넥터 2번 단자의 전압을 점검한다.

규정값 : 11.5V~13.0V

　　5) 규정 전압이 검출되는가?

　　　YES

　　　▶ "제어선 점검" 을 실시한다.

　　　NO

　　　▶ 엔진룸 퓨즈 & 릴레이 박스의 15A 인젝터 퓨즈 및 관련 회로의 문제 부위를 수리 후 "고장수리 확인" 절차를 수행한다.

제어선 점검　KF4E85C7

1. 제어선 모니터링 전압 점검

　　1) IG KEY "OFF", 엔진을 정지한다.

　　2) VGT 액츄에이터 커넥터를 탈거한다.

　　3) IG KEY "ON"

　　4) VGT 액츄에이터 커넥터 1번 단자의 전압을 점검한다.

규정값 : 3.2V~3.7V

　　5) 규정 전압이 검출되는가?

　　　YES

　　　▶ "단품 점검" 을 실시한다.

　　　NO

　　　▶ 전압이 검출 되지 않을 경우 : 아래 "2. 제어선 단선 점검"을 실시한다.
　　　▶ 높은 전압이 검출될 경우 : 단락(전원측) 발생 부위를 찾아 수리 후 "고장수리 확인" 절차를 수행한다.

2. 제어선 단선 점검

　　1) IG KEY "OFF", 엔진을 정지한다.

　　2) VGT 액츄에이터 커넥터와 ECM 커넥터를 탈거한다.

　　3) VGT 액츄에이터 1번 단자와 ECM 커넥터 29번 단자간 통전 시험을 실시한다.

규정값 : 통전(1.0Ω 이하)

　　4) 통전 시험은 정상적인가?

　　　YES

　　　▶ 단락(접지측) 발생 부위를 찾아 수리 후 "고장수리 확인" 절차를 수행한다.

NO

▶ 단선 발생 부위를 찾아 수리 후 "고장수리 확인" 절차를 수행한다.

단품점검

1. VGT 액츄에이터 단품 저항 점검

    1) IG KEY "OFF", 엔진을 정지한다.

    2) VGT 액츄에이터 커넥터를 탈거한다.

    3) VGT 액츄에이터 단품의 1번과 2번 단자 저항을 점검한다.

규정값 : 14.7 ~ 16.1Ω (20℃)

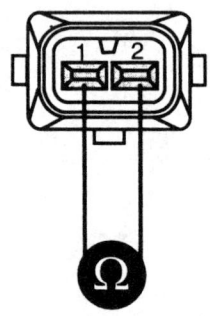

4) VGT 액츄에이터 단품 저항은 정상적인가?

YES

▶ 아래 "2.VGT 액츄에이터 작동 점검" 을 실시한다.

NO

▶ VGT 액츄에이터를 교환 후 "고장수리 확인" 절차를 수행한다.

2. VGT 액츄에이터 작동 점검

    1) IG KEY "ON", 엔진을 구동한다.

    2) 엔진 워밍업 후 아이들시 VGT 액츄에이터 작동 듀티가 75% 임을 확인한다.

    3) VGT 진공 액츄에이터 측 진공 호스를 탈거 후 진공이 느껴지는지 점검한다.

    4) 엔진을 급가속 후 감속시(VGT 액츄에이터 작동 듀티 9.8%) 진공이 느껴지는지 점검한다.

규정값 :
VGT 액츄에이터 듀티 75% : 진공 발생
VGT 액츄에이터 듀티 9.8% : 진공 미발생

5) 각 VGT 액츄에이터 작동 듀티에 따라 진공의 연결 및 차단이 정상적인가?

고장진단

YES

▶ "고장수리 확인" 절차를 수행한다.

NO

▶ VGT 액츄에이터를 교환 후 "고장수리 확인" 절차를 수행한다.

고장수리 확인 KC1ACE39

본 진단 가이드를 사용해서 발생된 문제를 수리한 뒤, 고장이 완전히 해결되었는지 확인하는 과정이 필요하다.

1. 스캔툴을 연결한 후, 자기진단을 실시하여 고장 코드를 확인한다.
2. 저장된 고장코드를 스캔툴을 이용하여 소거한다.
3. 고장 판정 조건중의 검출 조건에 따라 차량을 주행한다.
4. 스캔툴로 자기 진단을 실시하여 고장 코드가 발생 되었는지 확인한다.
5. 고장 코드가 발생되는가 ?

YES

▶ 해당되는 고장 코드 수리 절차로 이동한다.

NO

▶ 고장 수리가 완료되어 시스템이 정상적으로 작동한다.

DTC P0048 VGT 액츄에이터 회로 이상 - 신호 높음

부품 위치

DTC P0047 참조.

기능 및 역할

DTC P0047 참조.

고장 코드 설명

P0048 코드는 VGT 액츄에이터 제어 회로에 과도한 전류가 1.0초 이상 검출되는 경우에 발생되는 고장 코드로 VGT 액츄에이터 제어 회로의 단락(전원측) 혹은 VGT 액츄에이터 단품 내부 단락의 경우이다.

고장판정 조건

항 목	감지 조건		고장 예상 부위
검출 방법	• 신호 모니터링		
검출 조건	• 엔진 구동 상태 (액츄에이터 구동 조건에서만 모니터링 실시)		
판정값	• 배터리측으로 단락이 발생한 경우		• VGT 액츄에이터 회로
검출 시간	• 1000ms		• VGT 액츄에이터 단품
페일세이프 (Fail Safe)	연료 차단	비실행	
	EGR 금지	실행	
	연료 제한	실행	
	체크 램프	비점등	

제원

VGT 액츄에이터 단품 저항	VGT 액츄에이터 작동 Hz	VGT 액츄에이터 작동 듀티
14.7 ~ 16.1Ω (20℃)	300Hz	아이들시 75%, 가속량에 따라 감소

부분 회로도

DTC P0047 참조.

기준 파형 및 데이터

DTC P0047 참조.

스캔툴 데이터 분석

DTC P0047 참조.

고장진단

컨넥터 및 터미널 점검 KD8700F3

DTC P0047 참조.

전원선 점검 KAF83263

1. 전원선 전압 점검

    1) IG KEY "OFF", 엔진을 정지한다.

    2) VGT 액츄에이터 커넥터를 탈거한다.

    3) IG KEY "ON"

    4) VGT 액츄에이터 커넥터 2번 단자의 전압을 점검한다.

    규정값 : 11.5V~13.0V

    5) 규정 전압이 검출되는가?

        YES

        ▶ "제어선 점검" 을 실시한다.

        NO

        ▶ 엔진룸 퓨즈 & 릴레이 박스의 15A 인젝터 퓨즈 및 관련 회로의 문제 부위를 수리 후 "고장수리 확인" 절차를 수행한다.

제어선 점검 K59038E0

1. 제어선 모니터링 전압 점검

    1) IG KEY "OFF", 엔진을 정지한다.

    2) VGT 액츄에이터 커넥터를 탈거한다.

    3) IG KEY "ON"

    4) VGT 액츄에이터 커넥터 1번 단자의 전압을 점검한다.

    규정값 : 3.2V~3.7V

    5) 규정 전압이 검출되는가?

        YES

        ▶ "단품 점검" 을 실시한다.

        NO

        ▶ 전압이 검출 되지 않을 경우 : 아래 "2. 제어선 단선 점검"을 실시한다.
        ▶ 높은 전압이 검출될 경우 : 단락(전원측) 발생 부위를 찾아 수리 후 "고장수리 확인" 절차를 수행한다.

2. 제어선 단선 점검

    1) IG KEY "OFF", 엔진을 정지한다.

FL -112

연료 장치

    2) VGT 액츄에이터 커넥터와 ECM 커넥터를 탈거한다.

    3) VGT 액츄에이터 1번 단자와 ECM 커넥터 29번 단자간 통전 시험을 실시한다.

규정값 : 통전(1.0Ω 이하)

    4) 통전 시험은 정상적인가?

        YES

        ▶ 단락(접지측) 발생 부위를 찾아 수리 후 "고장수리 확인" 절차를 수행한다.

        NO

        ▶ 단선 발생 부위를 찾아 수리 후 "고장수리 확인" 절차를 수행한다.

단품점검   K15A14CB

1. VGT 액츄에이터 단품 저항 점검

    1) IG KEY "OFF", 엔진을 정지한다.

    2) VGT 액츄에이터 커넥터를 탈거한다.

    3) VGT 액츄에이터 단품의 1번과 2번 단자 저항을 점검한다.

규정값 : 14.7 ~ 16.1Ω (20℃)

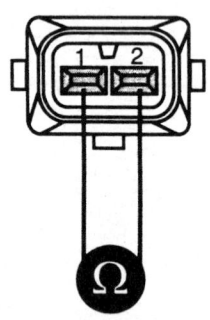

AFGF007E

    4) VGT 액츄에이터 단품 저항은 정상적인가?

        YES

        ▶ 아래 "2.VGT 액츄에이터 작동 점검" 을 실시한다.

        NO

        ▶ VGT 액츄에이터를 교환 후 "고장수리 확인" 절차를 수행한다.

2. VGT 액츄에이터 작동 점검

    1) IG KEY "ON", 엔진을 구동한다.

    2) 엔진 워밍업 후 아이들시 VGT 액츄에이터 작동 듀티가 75% 임을 확인한다.

고장진단 FL -113

3) VGT 진공 액츄에이터 측 진공 호스를 탈거 후 진공이 느껴지는지 점검한다.

4) 엔진을 급가속 후 감속시(VGT 액츄에이터 작동 듀티 9.8%) 진공이 느껴지는지 점검한다.

규정값 : VGT 액츄에이터 듀티 75% : 진공 발생
VGT 액츄에이터 듀티 9.8% : 진공 미발생

5) 각 VGT 액츄에이터 작동 듀티에 따라 진공의 연결 및 차단이 정상적인가?

YES

▶ "고장수리 확인" 절차를 수행한다.

NO

▶ VGT 액츄에이터를 교환 후 "고장수리 확인" 절차를 수행한다.

고장수리 확인 KBC36ED0

DTC P0047 참조.

DTC P0069 부스트 압력 센서 - 성능 이상

부품 위치 K7BD121A

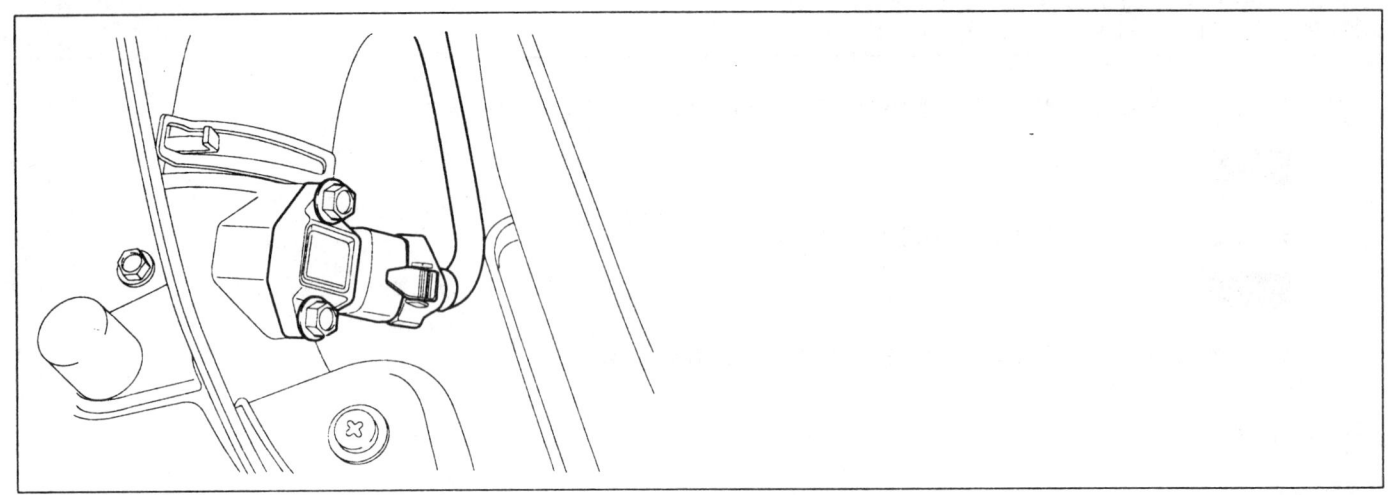

기능 및 역할 K971602F

부스트 압력 센서는 터보 차져와 흡기 다기관 사이에 장착되어 터보차져에 의해 과급된 흡기 다기관 내의 압력을 검출한다. ECM 은 흡기 다기관 내의 압력과 흡입 공기량 센서에서 검출된 흡입 공기량, 흡기온 센서 정보를 이용 정밀한 공기량을 계측하여 EGR 작동량을 보정하며, VGT 액츄에이터의 작동량을 결정한다. 또한 터보 차져의 이상으로 발생할 수 있는 지나치게 높은 과급압력에 엔진이 손상되는 것을 방지하기 위해 흡기다기관의 과도한 압력 검출시 엔진 출력을 제한하여 엔진을 보호하는 역할을 수행한다.

고장 코드 설명 KCEA85BE

P0069 코드는 엔진 회전수 100RPM 이하 즉 IG KEY ON 조건에서 2.0초간 부스트 압력 센서 출력값이 대기압 센서 출력값 에서 300hpa 이상 차이가 발생 할 경우 발생 되는 고장 코드로 부스트 압력 센서 단품의 출력 특성 이상의 경우 이다.

고장판정 조건 K9F1D300

항목	감지 조건			고장 예상 부위
검출 방법	• 전압 모니터링			
검출 조건	• IG KEY "ON" (100RPM 이하조건)			
판정값	• |부스트 압력 - 대기압| 값이 300hpa 이상			
검출 시간	• 2.0 sec			• 부스트 압력 센서 회로
페일세이프 (Fail Safe)	연료 차단	비실행	• 고장시 기본값은 1000 hpa	• 부스트 압력 센서 단품
	EGR 금지	실행		
	연료 제한	실행		
	체크 램프	비점등		

고장진단

제원

압력 [Kpa]	20	100	190	250
출력 전압 [V]	0.4±0.077	1.878±0.063	3.541±0.063	4.650±0.077

부분 회로도

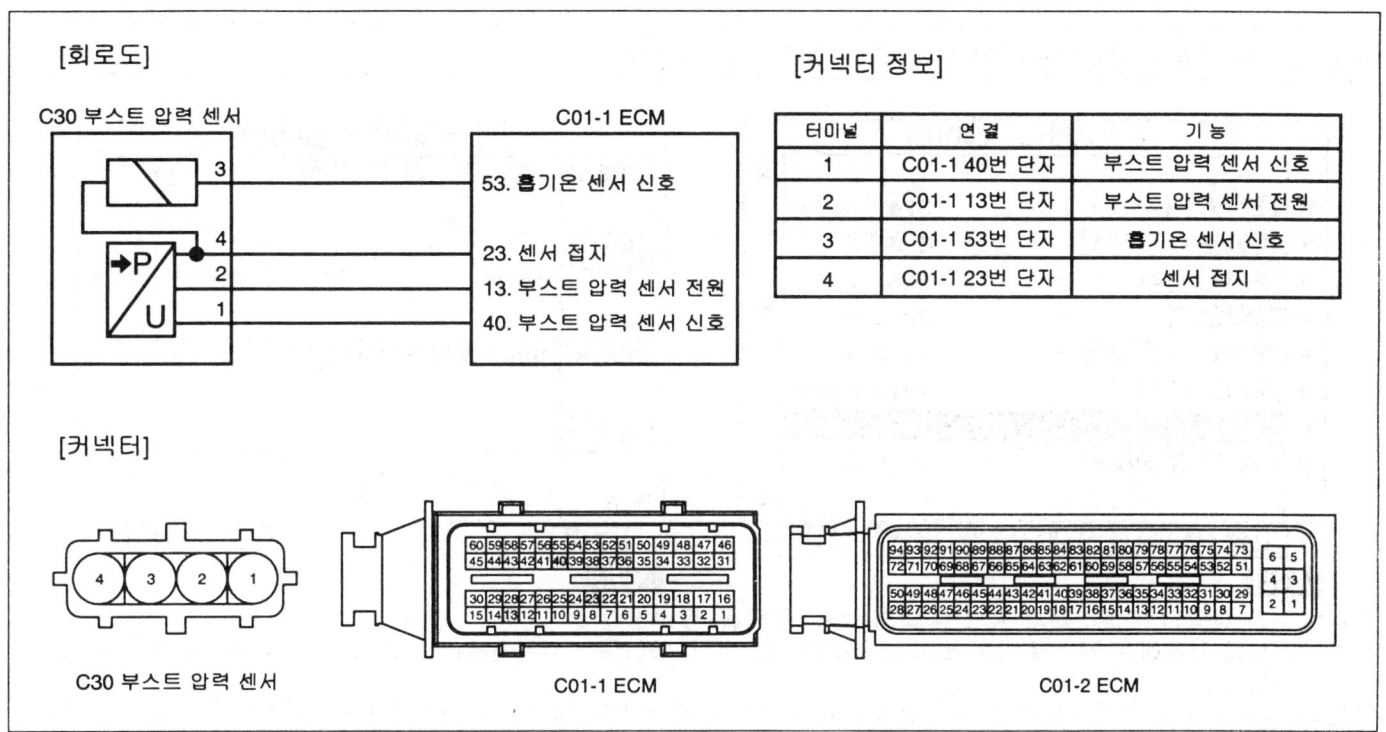

기준 파형 및 데이터

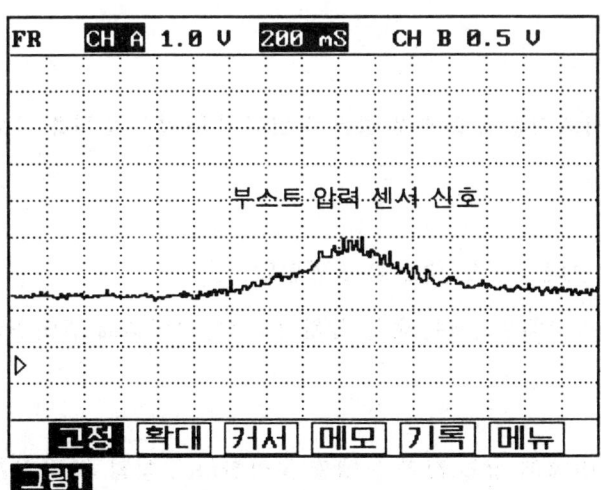

그림1

그림1) 아이들 상태에서 가속하면서 측정한 부스트 압력 센서 파형으로 가속시 출력값이 증가하는 모습을 나타낸다.

스캔툴 데이터 분석 K40FF96D

1. 자기진단 커넥터에 스캔툴을 연결한다.

2. 엔진을 정상작동 온도 까지 워밍업 한다.

3. 전기 장치 및 에어컨을 OFF 한다.

4. 스캔툴에 표시되는 "부스트 압력 센서" 항목을 점검한다.

규정값 : 아이들시 1028hpa ± 100hpa(VGT액츄에이터 : 75%)

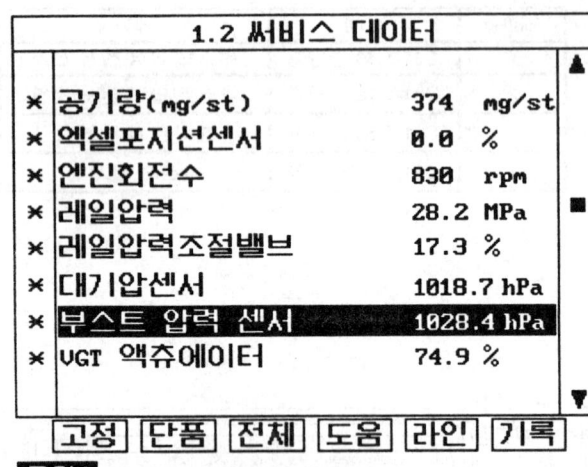
그림1

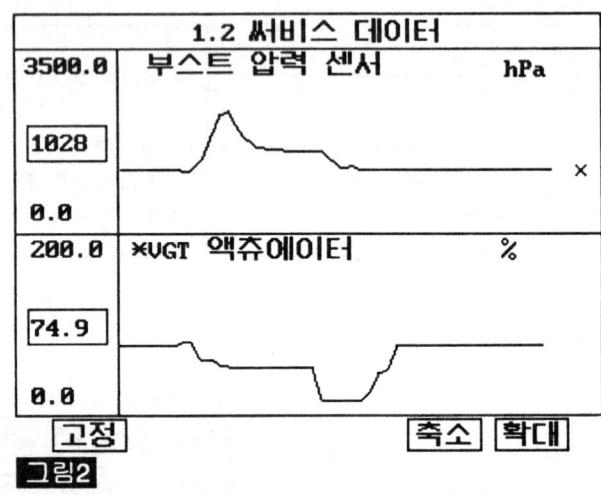
그림2

그림1) 엔진 워밍업후 아이들시 "부스트 압력 센서" 항목을 점검한다.
엔진을 시동하여 부스트 압력 센서 출력값을 점검한다. 아이들 시 1028hpa ± 100hpa(약 1기압) 의 출력을 나타낸다.

그림 2) 가속시 VGT 액츄에이터 듀티가 감소하며, 부스트 압력 센서의 압력은 증가하게 된다. 부스트 압력센서 압력이 일정이상 증가하게 되면 VGT 액츄에이터의 작동 듀티는 더 이상 감소하지 않고 일정하게 유지된다.
이 때 엑셀페달을 OFF하면, VGT액츄에이터 듀티는 9.8%로 급격하게 떨어지고, 엔진회전수가 아이들 영역으로 낮아지면, 75%로 복원된다.

AWJF004Q

커넥터 및 터미널 점검 K695068C

1. 전기장치는 수 많은 하네스와 커넥터로 구성되며, 이러한 커넥터들의 접촉 불량은 여러가지 다양한 문제를 유발 시키고, 부품을 손상 시키기도 한다.

2. 다음 점검 절차를 수행한다.

   1) 하네스와 터미널의 손상을 점검한다. : 터미널의 접촉 저항, 산화, 변형을 점검한다.

   2) ECM 과 단품 커넥터의 접속 상태를 확인한다. : 터미널 단자의 이탈, 록킹 장치의 손상, 터미널과 와이어링의 연결 상태를 점검한다.

   📖 참고
   점검이 필요한 커넥터의 수컷측 핀을 탈거하여, 암컷측 터미널에 삽입 접촉 상태를 점검한다. (점검 후 탈거한 핀을 정위치에 바르게 장착한다.)

3. 문제 부위가 확인되는가?

   YES

   ▶ 문제 부위를 수리후 "고장수리 확인" 절차를 수행한다.

고장진단

NO
▶ "전원선 점검" 절차를 수행한다.

단품점검 K7C764CD

1. 부스트 압력 센서 육안 점검

    1) IG KEY "OFF", 엔진을 정지한다.
    2) 부스트 압력 센서 커넥터를 탈거한다.
    3) 부스트 압력 센서 터미널 단자의 부식 및 오염 여부를 점검한다.
    4) 부스트 압력 센서 장착 상태 및 오링의 누설, 압력 감지 홀의 카본 누적 여부를 점검한다.
    5) 부스트 압력 센서의 문제가 발견되는가?

        YES
        ▶ 필요시 부스트 압력 센서를 교환 후 "고장수리 확인" 절차를 수행한다.

        NO
        ▶ 아래 "2. IG KEY "ON" 시 부스트 압력 센서 출력값 점검"을 실시한다.

2. IG KEY "ON" 시 부스트 압력 센서 출력값 점검

    1) IG KEY "OFF", 엔진을 정지한다.
    2) 자기진단 터미널에 스캔툴을 연결한다.
    3) IG KEY "ON"
    4) 스캔툴의 센서 데이터중 "대기압 센서" 와 "부스트 압력 센서" 항목을 활성화한다.
    5) IG KEY "ON" 시 "대기압 센서" 출력값과 "부스트 압력 센서" 출력값이 거의 일치하는지 점검한다.

규정값 : 스캔툴 진단의 "스캔툴 데이터 분석" 항목을 참조한다.

    6) 부스트 압력 센서의 문제가 발견되는가?

        YES
        ▶ "고장수리 확인" 절차를 수행한다.

        NO
        ▶ 부스트 압력 센서를 교환 후 "고장수리 확인" 절차를 수행한다.

고장수리 확인 K9DA5522

본 진단 가이드를 사용해서 발생된 문제를 수리한 뒤, 고장이 완전히 해결되었는지 확인하는 과정이 필요하다.

1. 스캔툴을 연결한 후, 자기진단을 실시하여 고장 코드를 확인한다.
2. 저장된 고장코드를 스캔툴을 이용하여 소거한다.
3. 고장 판정 조건중의 검출 조건에 따라 차량을 주행한다.

4. 스캔툴로 자기 진단을 실시하여 고장 코드가 발생 되었는지 확인한다.

5. 고장 코드가 발생되는가 ?

   YES

   ▶ 해당되는 고장 코드 수리 절차로 이동한다.

   NO

   ▶ 고장 수리가 완료되어 시스템이 정상적으로 작동한다.

고장진단

DTC P0087 엔진 회전수별 압력이 너무 낮음 (레일압력조절기)

부품 위치 KF6D46F3

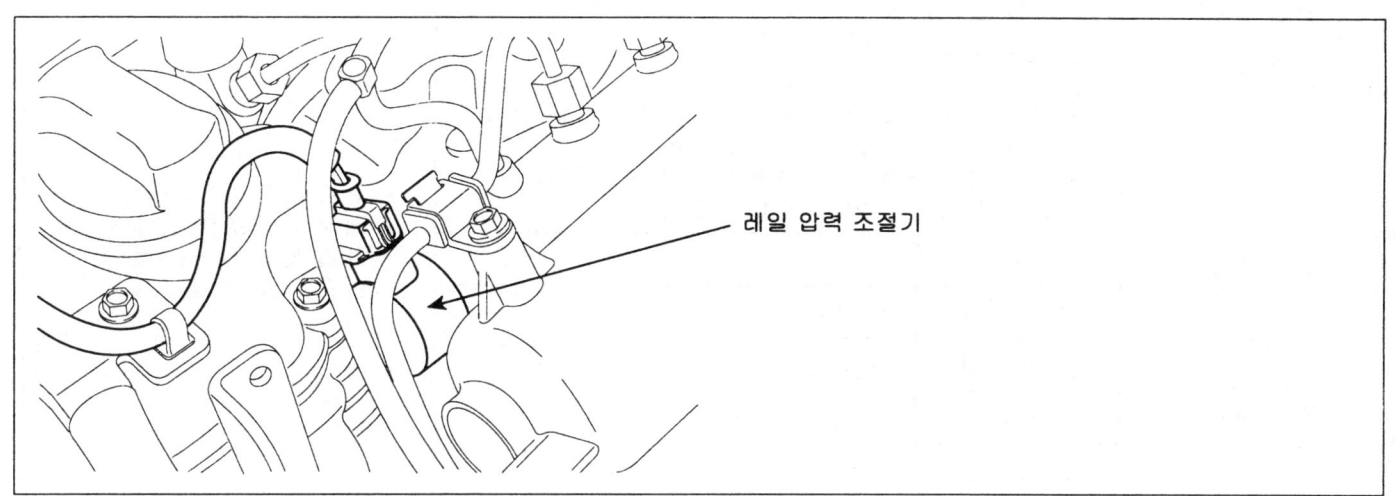

레일 압력 조절기

AWJF001F

기능 및 역할 KCC18D2A

커먼레일 디젤 엔진의 ECM은 현재 엔진 회전수와 부하 상태에 따른 최적의 레일 압력 제어를 위해, 레일압력 센서 신호를 입력 받아 연료압력 조절기(MPROP-고압펌프에 장착)와 레일 압력 조절기(PCV-커먼레일에 장착) 전류를 제어한다. 하지만 기계적 혹은 전기적 문제로 인해 ECM에서 제어 하려고 하는 목표 레일 압력 범위를 벗어나는 문제 발생시 ECM은 엔진의 이상 제어를 방지하기위해 연료량를 제한하여, 림폼모드로 진입 시키고 고장 코드를 발생 시킨다. 즉 레일압력 모니터링 이상 고장 코드는 저압 연료의 공급 상태 및 고압펌프, 연료 압력 조절기, 레일압력 조절기등의 기계적인 작동 상태를 레일압력 센서 출력값과 연료압력 조절기, 레일압력 조절기 전류량을 통해 간접적으로 진단하는 고장 코드로 정비사의 종합적인 연료 장치 구성의 이해를 요한다.

고장 코드 설명 K60A6C17

P0087 코드는 레일압력조절기(PCV)에 의해 레일 압력이 제어 되는 영역에서 계측된 레일 압력이 목표 레일압력 보다 250bar 이상 낮은 상태가 1.0초 이상 유지 되거나, 레일압 최소 제한값(200bar) 이하 검출시 경우 발생하는 고장 코드로 ECM의 제어 목표량 보다 적은 량의 연료가 커먼레일에 공급되거나, 커먼레일에 공급된 연료의 리턴 과다, 연료압력 센서의 낮은 전압으로의 고착 요인을 점검해 보아야 한다.

고장판정 조건 K6FB6D53

항목	감지 조건			고장 예상 부위
검출 방법	• 전압 모니터링			
검출 조건	• 엔진 구동			
판정값	• 레일 압력 조절기(PCV) 작동 구간에서 실제 레일 압력이 목표 레일압력보다 250bar 낮음 • 레일 압력 조절기(PCV) 작동 구간에서 레일 압 최소 제한값(200bar) 이하 검출			• 연료 압력 조절기(닫힘 고착) • 레일 압력 조절기(열림 고착) • 레일 압력 센서(낮은 전압으로 출력 고정)
검출 시간	• 1.0sec			
페일세이프 (Fail Safe)	연료 차단	비실행		
	EGR 금지	비실행		
	연료 제한	실행		
	체크 램프	점등		

스캔툴 데이터 분석 K77C34B7

1. 레일 압력 데이터 점검

    1) 자기진단 커넥터에 스캔툴을 연결한다.

    2) 엔진을 정상작동 온도 까지 워밍업 한다.

    3) 전기 장치 및 에어컨을 OFF 한다.

    4) 스캔툴에 표시되는 "레일 압력", "레일압력목표값", "연료측정(MPROP)", "레일압력조절밸브" 항목을 점검한다.

규정값 : 아이들시 연료압력 : 레일압력 목표값과 거의 일치해야함.
레일압력 목표값 : 28 ± 5 Mpa
레일압력조절밸브 : 20 ± 5%
연료측정(MPROP) : 40 ± 5%

```
           1.2 써비스 데이터       03/38
   ✕ 공기량(mg/st)        349  mg/st
   ✕ 엑셀포지션센서 1     762  mV
   ✕ 엔진회전수           831  rpm
   ✕ 레일압력             28.5 MPa
   ✕ 레일압력목표값       28.5 MPa
   ✕ 연료측정(MPROP)      38.3 %
   ✕ 레일압력조절밸브     19.5 %
   ✕ 연료분사량           4.3  mcc

   [고정][단품][전체][도움][라인][기록]
```
그림1

그림1) 엔진 워밍업후 아이들시 "레일 압력" 항목을 점검한다.

고장진단

엔진을 시동하여 "레일압력" 데이터가 "레일압력목표값"에 거의 일치하는지 점검한다. 이때 "레일압력조절밸브" 및 "연료측정(MPROP)" 항목의 데이터를 유심히 살펴 보아야 한다. 비록 레일 압력이 목표 레일압력에 일치하였다 하더라도 레일압력조절밸브 및 연료측정(MPROP) 데이터가 규정값에서 벗어나 있다면 ECM에서 예측하지 못하는 연료 장치의 마모, 누설, 고착이 진행중임을 의미한다.

2. 가속시(부하 조건) 레일 압력 데이터 점검

   1) 자기진단 커넥터에 스캔툴을 연결한다.

   2) 엔진을 정상작동 온도 까지 워밍업 한다.

   3) 전기 장치 및 에어컨을 OFF 한다.

   4) 스캔툴에 표시되는 "연료측정(MPROP)", "레일압력", "레일압력조절밸브" 항목을 점검한다.

규정값 :

	아이들(무부하)	가속시(스톨테스트)	분석
연료측정(MPROP)	38 ± 5%	32 ± 5%	듀티 감소
레일압력	28.5 ± 5 Mpa	145 ± 10 Mpa	압력 증가
레일압력조절밸브	19 ± 5%	48 ± 5%	듀티 증가

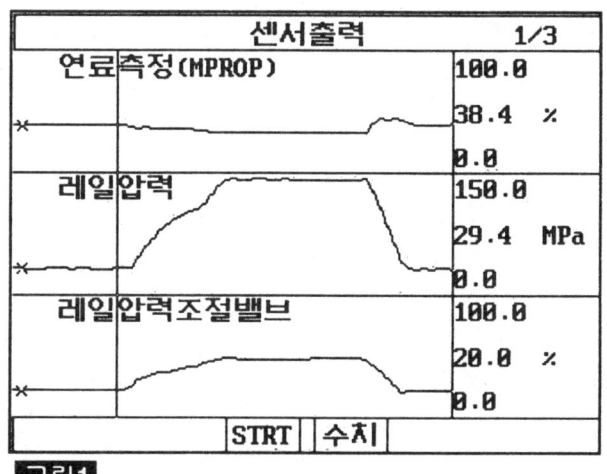
그림1

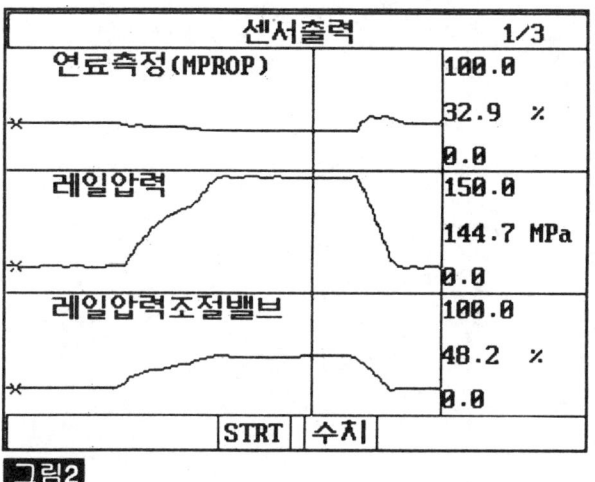
그림2

그림2) 그래프에 나타난 커서의 위치는 아이들 상태의 데이터를 나타낸다.
그림3) 가속(스톨 테스트) 시 데이터 변화를 나타낸다.

참고

고압펌프에 장착된 연료 압력조절기(연료측정 MPROP)는 아이들시 약 38%의 듀티를 나타내며, 가속시 레일압력을 상승시키기 위해 듀티가 약 32%로 낮아진다. 듀티의 감소는 전류가 감소한 것을 의미한다.
→ 전류가 감소하면 고압 펌프에서 커먼레일로 압송되는 연료량이 증가한다.)

커먼레일에 장착된 레일압력조절밸브는 아이들시 약 19%의 듀티를 나타내며, 가속시 레일압력을 상승시키기 위해 듀티가 약 48%까지 상승한다. 듀티의 증가는 전류가 증가한 것을 의미한다.
→ 전류가 증가하면 커먼레일에 공급된 연료의 리턴량이 감소하여, 커먼레일의 압력이 상승한다.)

고장수리 확인

본 진단 가이드를 사용해서 발생된 문제를 수리한 뒤, 고장이 완전히 해결되었는지 확인하는 과정이 필요하다.

1. 스캔툴을 연결한 후, 자기진단을 실시하여 고장 코드를 확인한다.

2. 저장된 고장코드를 스캔툴을 이용하여 소거한다.
3. 고장 판정 조건중의 검출 조건에 따라 차량을 주행한다.
4. 스캔툴로 자기 진단을 실시하여 고장 코드가 발생 되었는지 확인한다.
5. 고장 코드가 발생되는가 ?

   YES

   ▶ 해당되는 고장 코드 수리 절차로 이동한다.

   NO

   ▶ 고장 수리가 완료되어 시스템이 정상적으로 작동한다.

고장진단

DTC P0088 레일 연료 압력 과다 (레일압력조절기)

부품 위치

DTC P0087 참조.

기능 및 역할

DTC P0087 참조.

고장 코드 설명

P0088 코드는 레일 압력 조절기(PCV)에 의해 레일 압력이 제어 되는 영역에서 계측된 레일 압력이 목표 레일압력 보다 200bar 이상 높은 상태가 유지되거나, 레일 압력이 최대 제한값 이상 상승 한 경우 발생하는 고장 코드로 ECM 의 제어 목표량 보다 많은 량의 연료가 커먼레일에 공급되거나, 커먼레일에 공급된 연료의 리턴 불량, 연료압력 센서의 높은 전 압으로의 고착 요인을 점검해 보아야 한다.

고장판정 조건

항목	감지 조건			고장 예상 부위
검출 방법	• 전압 모니터링			
검출 조건	• 엔진 구동			
판정값	• 레일 압력 조절기(PCV) 작동 구간에서 실제 레일 압력이 목표 레일압력보다 **200bar** 높음 - **400ms** • 레일 압력 조절기(PCV) 작동 구간에서 실제 레일 압력이 제한값 **1750bar** 보다 높음 - **120ms**			• 연료 압력 조절기(열림 고착) • 레일 압력 조절기(닫힘 고착) • 레일 압력 센서(높은 전압으로 출력 고정)
검출 시간	• 판정값 참조			
페일세이프 (Fail Safe)	연료 차단	비실행		
	EGR 금지	비실행		
	연료 제한	실행		
	체크 램프	점등		

스캔툴 데이터 분석

DTC P0087 참조.

고장수리 확인

DTC P0087 참조.

DTC P0089 레일 압력 조절기 회로 이상 - 과전류

부품 위치

DTC P0087 참조.

기능 및 역할

커먼레일에 설치되어 있는 레일압력 조절기는 초기 시동시 빠른 레일 압력 상승 및 급감속시와 같이 레일 압력의 빠른 해제 필요시 커먼레일에 공급된 연료의 리턴량을 제어 하여, 보다 원활하고 신속한 레일압력 제어를 가능하게 한다.

레일 압력 조절기의 전류가 증가 할 수록 커먼레일에 공급된 연료의 리턴량이 감소하여 커먼레일의 압력이 상승되며, 전류가 감소 할 수록 커먼 레일에 공급된 연료의 리턴량이 증가하여 커먼레일의 압력은 낮아진다.

고장 코드 설명

P0089 코드는 레일 압력 조절기(커먼레일에 장착) 제어 회로에 과도한 전류가 0.22초 이상 검출되는 경우에 발생되는 고장 코드로 연료 압력 조절기 제어 회로의 단락(전원측) 혹은 연료 압력 조절기 단품 내부 단락의 경우이다.

고장판정 조건

항 목	감지 조건		고장 예상 부위
검출 방법	• 전압 모니터링		
검출 조건	• IG KEY "ON"		
판정값	• 배터리측으로 단락이 발생한 경우 (레일 압력 조절기 제어 회로)		
검출 시간	• 220ms		• 레일압력 조절기 회로 • 레일압력 조절기 단품
페일세이프 (Fail Safe)	연료 차단	비실행	
	EGR 금지	비실행	
	연료 제한	실행	
	체크 램프	점등	

제원

레일압력 조절기 저항	작동 주파수
3.42 ~ 3.78Ω (20℃)	1000Hz(1KHz)

고장진단

부분 회로도 KC306EFE

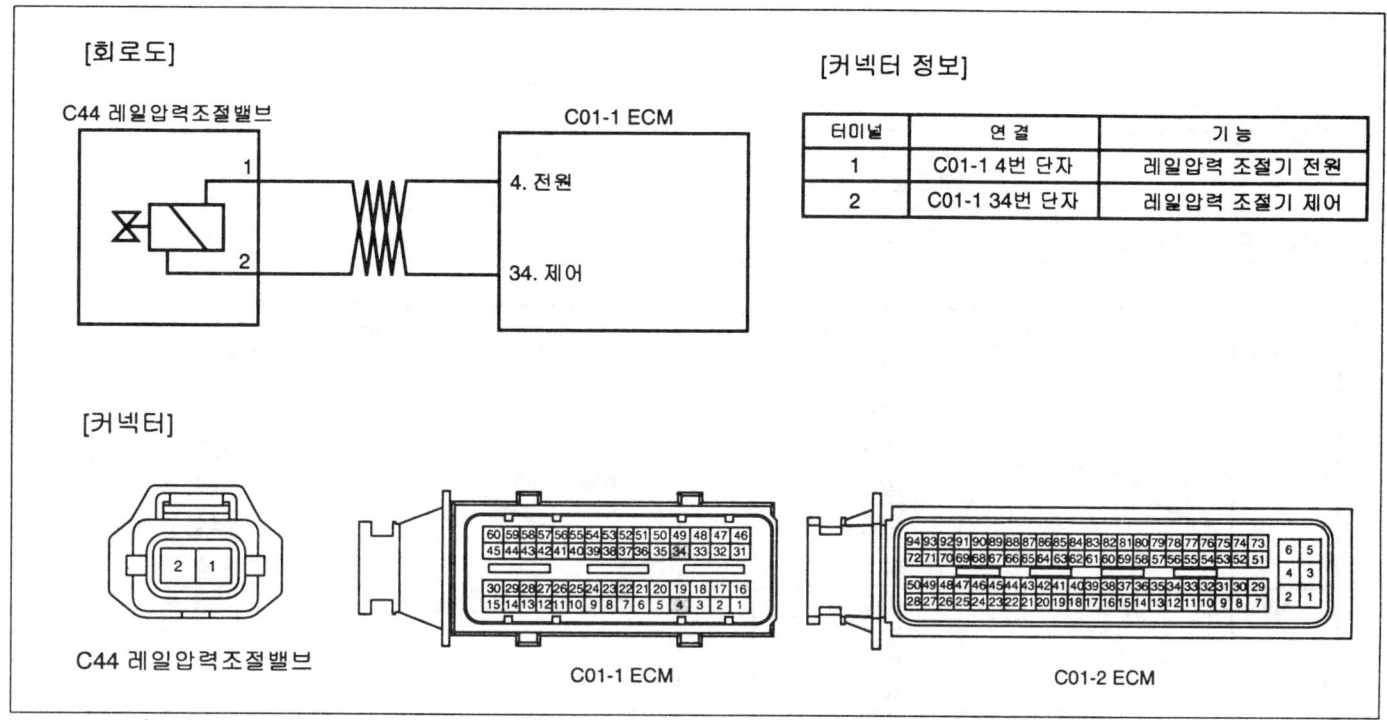

기준 파형 및 데이터 K17153F6

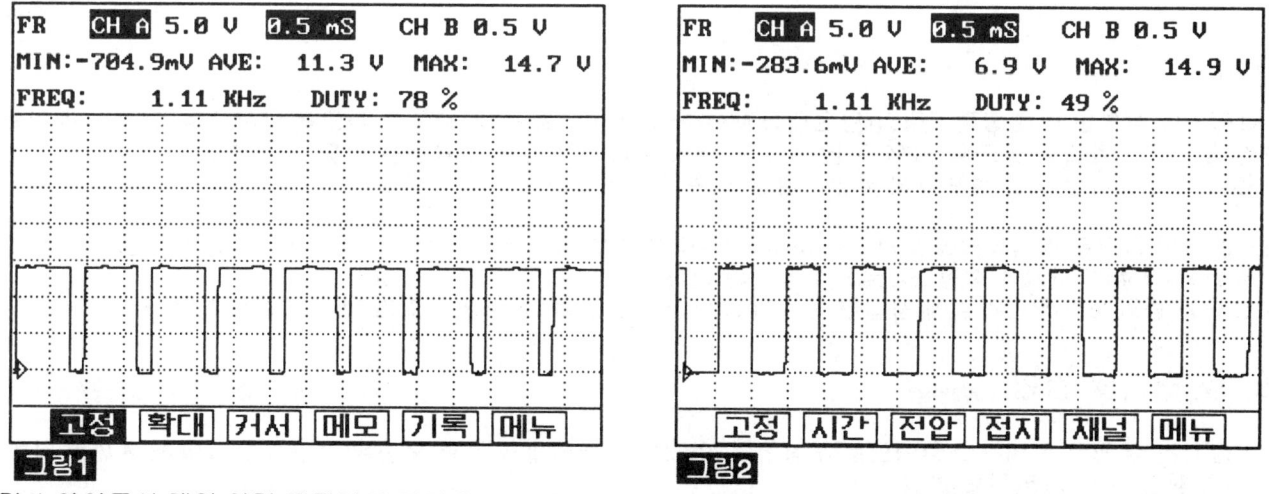

그림1) 아이들시 레일 압력 조절기의 파형을 나타낸다. 아이들시 약 20% 정도의 듀티를 가진다.
그림2) 가속시 레일 압력 조절기의 파형을 나타낸다. 엔진 부하 증가시 약 50% 정도의 듀티를 가진다.
(가속에 따라 레일압력이 증가하면서 레일 압력 조절기 듀티(전류량)은 증가한다.)

스캔툴 데이터 분석 KB68BA0D

1. 자기진단 커넥터에 스캔툴을 연결한다.

2. 엔진을 정상작동 온도 까지 워밍업 한다.

3. 전기 장치 및 에어컨을 OFF 한다.

4. 스캔툴에 표시되는 "연료측정(MPROP)", "레일압력", "레일압력조절밸브" 항목을 점검한다.

규정값 :

	아이들(무부하)	가속시(스톨테스트)	분석
연료측정(MPROP)	38 ± 5%	32 ± 5%	듀티 감소
레일압력	28.5 ± 5 Mpa	145 ± 10 Mpa	압력 증가
레일압력조절밸브	19 ± 5%	48 ± 5%	듀티 증가

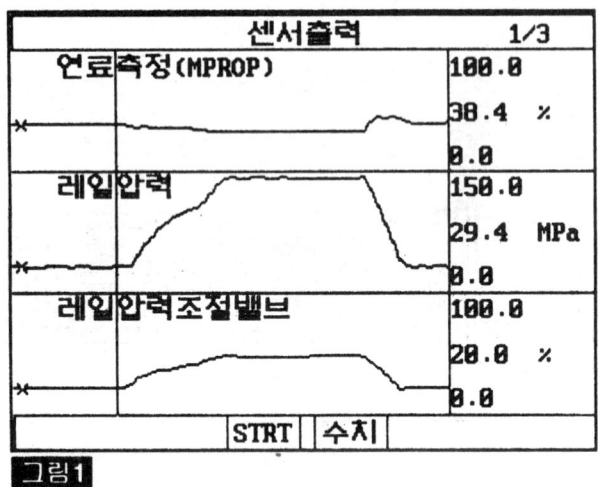
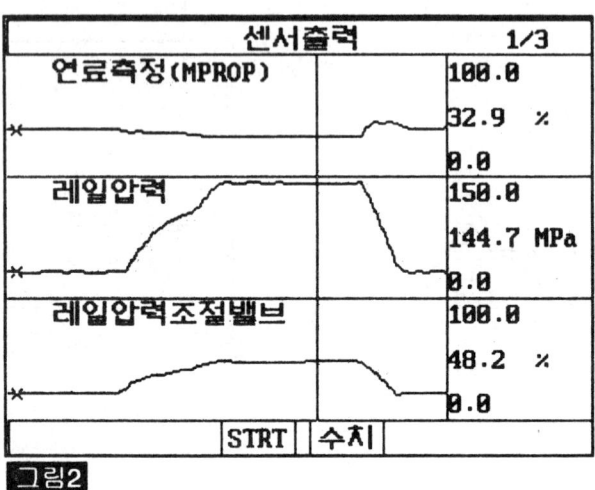

그림1) 그래프에 나타난 커서의 위치는 아이들 상태의 데이터를 나타낸다.
그림2) 가속(스톨 테스트) 시 데이터 변화를 나타낸다.

참고
고압펌프에 장착된 연료 압력조절기(연료측정 MPROP)는 아이들시 약 38%의 듀티를 나타내며, 가속시 레일압력을 상승시키기 위해 듀티가 약 32%로 낮아진다. 듀티의 감소는 전류가 감소한 것을 의미한다.
→ 전류가 감소하면 고압 펌프에서 커먼레일로 압송되는 연료량이 증가한다.)

커먼레일에 장착된 레일압력조절밸브는 아이들시 약 19%의 듀티를 나타내며, 가속시 레일압력을 상승시키기 위해 듀티가 약 48%까지 상승한다. 듀티의 증가는 전류가 증가한 것을 의미한다.
→ 전류가 증가하면 커먼레일에 공급된 연료의 리턴량이 감소하여, 커먼레일의 압력이 상승한다.)

컨넥터 및 터미널 점검

1. 전기장치는 수 많은 하네스와 커넥터로 구성되며, 이러한 커넥터들의 접촉 불량은 여러가지 다양한 문제를 유발 시키고, 부품을 손상 시키기도 한다.

2. 다음 점검 절차를 수행한다.

   1) 하네스와 터미널의 손상을 점검한다. : 터미널의 접촉 저항, 산화, 변형을 점검한다.

   2) ECM과 단품 커넥터의 접속 상태를 확인한다. : 터미널 단자의 이탈, 록킹 장치의 손상, 터미널과 와이어링의 연결 상태를 점검한다.

   참고
   점검이 필요한 커넥터의 수컷측 핀을 탈거하여, 암컷측 터미널에 삽입 접촉 상태를 점검한다. (점검 후 탈거한 핀을 정위치에 바르게 장착한다.)

3. 문제 부위가 확인되는가?

고장진단

YES

▶ 문제 부위를 수리후 "고장수리 확인" 절차를 수행한다.

NO

▶ "전원선 점검" 절차를 수행한다.

전원선 점검   KDB45D42

1. 전원선 전압 점검

    1) IG KEY "OFF", 엔진을 정지한다.

    2) 레일 압력 조절기 커넥터를 탈거한다.

    3) IG KEY "ON"

    4) 레일 압력 조절기 커넥터 1번 단자의 전압을 점검한다.

규정값 : 11.5V~13.0V

    5) 규정 전압이 검출되는가?

    YES

    ▶ "제어선 점검"을 실시한다.

    NO

    ▶ 레일 압력 조절기 커넥터 1번 단자와 ECM 커넥터 4번 단자간 단선을 수리 후 "고장수리 확인" 절차를 수행한다.

제어선 점검   KE1F68A0

1. 제어선 모니터링 전압 점검

    1) IG KEY "OFF", 엔진을 정지한다.

    2) 레일 압력 조절기 커넥터를 탈거한다.

    3) IG KEY "ON"

    4) 레일 압력 조절기 커넥터 2번 단자의 전압을 점검한다.

규정값 : 3.2V~3.7V

    5) 규정 전압이 검출되는가?

    YES

    ▶ "단품 점검"을 실시한다.

    NO

    ▶ 전압이 검출 되지 않을 경우 : "2. 제어선 단선 점검"을 실시한다.
    ▶ 높은 전압이 검출될 경우 : 단락(전원측) 발생 부위를 찾아 수리 후 "고장수리 확인" 절차를 수행한다.

2. 제어선 단선 점검

   1) IG KEY "OFF", 엔진을 정지한다.

   2) 레일 압력 조절기 커넥터와 ECM 커넥터를 탈거한다.

   3) 레일 압력 조절기 커넥터 2번 단자와 ECM 커넥터 34번 단자간 통전 시험을 실시한다.

규정값 : 통전(1.0Ω 이하)

   4) 통전 시험은 정상적인가?

   YES

   ▶ 레일 압력 조절기 제어 회로의 단락(접지측) 발생 부위를 찾아 수리 후 "고장수리 확인" 절차를 수행한다.

   NO

   ▶ 레일 압력 조절기 제어 회로의 단선 발생 부위를 찾아 수리 후 "고장수리 확인" 절차를 수행한다.

단품점검   K1D2F5A9

1. 레일압력 조절기 단품 저항 점검

   1) IG KEY "OFF", 엔진을 정지한다.

   2) 레일 압력 조절기 커넥터를 탈거한다.

   3) 레일압력 조절기 단품의 저항을 점검한다.

규정값 : 3.42 ~ 3.78Ω (20℃)

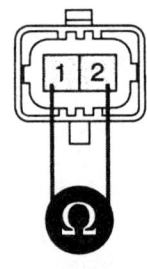

AFGF007M

   4) 레일압력 조절기 단품의 저항은 정상적인가?

   YES

   ▶ "고장수리 확인" 절차를 수행한다.

   NO

   ▶ 커먼레일 어셈블리를 교환 후 "고장수리 확인" 절차를 수행한다.

고장수리 확인   K37843C5

DTC P0087 참조.

고장진단

DTC P0091 레일 압력 조절기 회로 이상 - 신호 낮음

부품 위치

DTC P0087 참조.

기능 및 역할

DTC P0089 참조.

고장 코드 설명

P0091 코드는 레일압력 조절기(커먼 레일에 장착) 회로의 전류값이 "0" 인 상태가 0.11초이상 검출되는 경우에 발생되는 고장 코드로 레일 압력 조절기 회로의 단선 혹은 단락(접지측), 단품 내부 단선의 경우이다.

고장판정 조건

항 목	감지 조건		고장 예상 부위
검출 방법	전압 모니터링		
검출 조건	IG KEY "ON"		
판정값	GND 로 단락된 경우, 와이어링 결선이 단선된 경우		
검출 시간	110ms		• 레일압력 조절기 회로
페일세이프 (Fail Safe)	연료 차단	비실행	• 레일압력 조절기 단품
	EGR 금지	비실행	
	연료 제한	실행	
	체크 램프	점등	

제원

레일압력 조절기 저항	작동 주파수
3.42 ~ 3.78 Ω (20℃)	1000Hz(1KHz)

부분 회로도

DTC P0089 참조.

기준 파형 및 데이터

DTC P0089 참조.

스캔툴 데이터 분석

DTC P0089 참조.

커넥터 및 터미널 점검   KF224995

DTC P0089 참조.

전원선 점검   KD399147

1. 전원선 전압 점검

    1) IG KEY "OFF", 엔진을 정지한다.

    2) 레일 압력 조절기 커넥터를 탈거한다.

    3) IG KEY "ON"

    4) 레일 압력 조절기 커넥터 1번 단자의 전압을 점검한다.

    규정값 : 11.5V~13.0V

    5) 규정 전압이 검출되는가?

    YES

    ▶ "제어선 점검" 을 실시한다.

    NO

    ▶ 레일 압력 조절기 커넥터 1번 단자와 ECM 커넥터 4번 단자간 단선을 수리 후 "고장수리 확인" 절차를 수행한다.

제어선 점검   K4696440

1. 제어선 모니터링 전압 점검

    1) IG KEY "OFF", 엔진을 정지한다.

    2) 레일 압력 조절기 커넥터를 탈거한다.

    3) IG KEY "ON"

    4) 레일 압력 조절기 커넥터 2번 단자의 전압을 점검한다.

    규정값 : 3.2V~3.7V

    5) 규정 전압이 검출되는가?

    YES

    ▶ "단품 점검" 을 실시한다.

    NO

    ▶ 전압이 검출 되지 않을 경우 : "2. 제어선 단선 점검"을 실시한다.
    ▶ 높은 전압이 검출될 경우 : 단락(전원측) 발생 부위를 찾아 수리 후 "고장수리 확인" 절차를 수행한다.

2. 제어선 단선 점검

    1) IG KEY "OFF", 엔진을 정지한다.

고장진단　　　　　　　　　　　　　　　　　　　　　　　　　　　　FL -131

2) 레일 압력 조절기 커넥터와 ECM 커넥터를 탈거한다.

3) 레일 압력 조절기 커넥터 2번 단자와 ECM 커넥터 34번 단자간 통전 시험을 실시한다.

규정값 : 통전(1.0Ω 이하)

4) 통전 시험은 정상적인가?

YES

▶ 레일 압력 조절기 제어 회로의 단락(접지측) 발생 부위를 찾아 수리 후 "고장수리 확인" 절차를 수행한다.

NO

▶ 레일 압력 조절기 제어 회로의 단선 발생 부위를 찾아 수리 후 "고장수리 확인" 절차를 수행한다.

단품점검　K795CD99

1. 레일압력 조절기 단품 저항 점검

　　1) IG KEY "OFF", 엔진을 정지한다.

　　2) 레일 압력 조절기 커넥터를 탈거한다.

　　3) 레일압력 조절기 단품의 저항을 점검한다.

규정값 : 3.42 ~ 3.78 Ω (20℃)

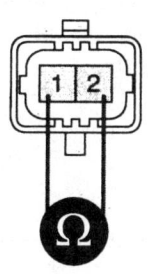

AFGF007M

4) 레일압력 조절기 단품의 저항은 정상적인가?

YES

▶ "고장수리 확인" 절차를 수행한다.

NO

▶ 커먼레일 어셈블리를 교환 후 "고장수리 확인" 절차를 수행한다.

고장수리 확인　KD572D4C

DTC P0087 참조.

DTC P0092 레일 압력 조절기 회로 이상 - 신호 높음

부품 위치

DTC P0089 참조.

기능 및 역할

DTC P0089 참조.

고장 코드 설명

P0092 코드는 레일 압력 조절기(커먼 레일에 장착) 전원 회로에 과도한 전류가 0.14초 이상 검출되는 경우에 발생되는 고장 코드로 레일압력 조절기 전원 회로의 단락(전원측) 혹은 레일 압력 조절기 단품 내부 단락의 경우이다.

고장판정 조건

항목	감지 조건		고장 예상 부위
검출 방법	• 전압 모니터링		
검출 조건	• IG KEY "ON"		
판정값	• 배터리측으로 단락이 발생한 경우 (레일 압력 조절기 전원 회로)		
검출 시간	• 140ms		• 레일압력 조절기 회로 • 레일압력 조절기 단품
페일세이프 (Fail Safe)	연료 차단	비실행	
	EGR 금지	비실행	
	연료 제한	실행	
	체크 램프	점등	

제원

레일압력 조절기 저항	작동 주파수
3.42 ~ 3.78 Ω (20℃)	1000Hz(1KHz)

부분 회로도

DTC P0089 참조.

기준 파형 및 데이터

DTC P0089 참조.

스캔툴 데이터 분석

DTC P0089 참조.

고장진단

커넥터 및 터미널 점검 K3D1F3DB

DTC P0089 참조.

전원선 점검 K9F4AB7D

1. 전원선 전압 점검

    1) IG KEY "OFF", 엔진을 정지한다.

    2) 레일 압력 조절기 커넥터를 탈거한다.

    3) IG KEY "ON"

    4) 레일 압력 조절기 커넥터 1번 단자의 전압을 점검한다.

    규정값 : 11.5V~13.0V

    5) 규정 전압이 검출되는가?

        YES

        ▶ "제어선 점검"을 실시한다.

        NO

        ▶ 레일 압력 조절기 커넥터 1번 단자와 ECM 커넥터 4번 단자간 단선을 수리 후 "고장수리 확인" 절차를 수행한다.

제어선 점검 KFE27CCE

1. 제어선 모니터링 전압 점검

    1) IG KEY "OFF", 엔진을 정지한다.

    2) 레일 압력 조절기 커넥터를 탈거한다.

    3) IG KEY "ON"

    4) 레일 압력 조절기 커넥터 2번 단자의 전압을 점검한다.

    규정값 : 3.2V~3.7V

    5) 규정 전압이 검출되는가?

        YES

        ▶ "단품 점검"을 실시한다.

        NO

        ▶ 전압이 검출 되지 않을 경우 : "2. 제어선 단선 점검"을 실시한다.
        ▶ 높은 전압이 검출될 경우 : 단락(전원측) 발생 부위를 찾아 수리 후 "고장수리 확인" 절차를 수행한다.

2. 제어선 단선 점검

    1) IG KEY "OFF", 엔진을 정지한다.

2) 레일 압력 조절기 커넥터와 ECM 커넥터를 탈거한다.

3) 레일 압력 조절기 커넥터 2번 단자와 ECM 커넥터 34번 단자간 통전 시험을 실시한다.

규정값 : 통전(1.0Ω 이하)

4) 통전 시험은 정상적인가?

YES

▶ 레일 압력 조절기 제어 회로의 단락(접지측) 발생 부위를 찾아 수리 후 "고장수리 확인" 절차를 수행한다.

NO

▶ 레일 압력 조절기 제어 회로의 단선 발생 부위를 찾아 수리 후 "고장수리 확인" 절차를 수행한다.

단품점검

1. 레일압력 조절기 단품 저항 점검

    1) IG KEY "OFF", 엔진을 정지한다.

    2) 레일 압력 조절기 커넥터를 탈거한다.

    3) 레일압력 조절기 단품의 저항을 점검한다.

규정값 : 3.42 ~ 3.78 Ω (20℃)

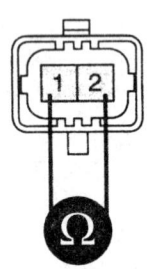

4) 레일압력 조절기 단품의 저항은 정상적인가?

YES

▶ "고장수리 확인" 절차를 수행한다.

NO

▶ 커먼레일 어셈블리를 교환 후 "고장수리 확인" 절차를 수행한다.

고장수리 확인

DTC P0087 참조.

고장진단　　　　　　　　　　　　　　　　　　　　　　　　　　　　　　　　　　FL-135

DTC P0097 흡기온 센서 회로 이상 - 신호 낮음

부품 위치

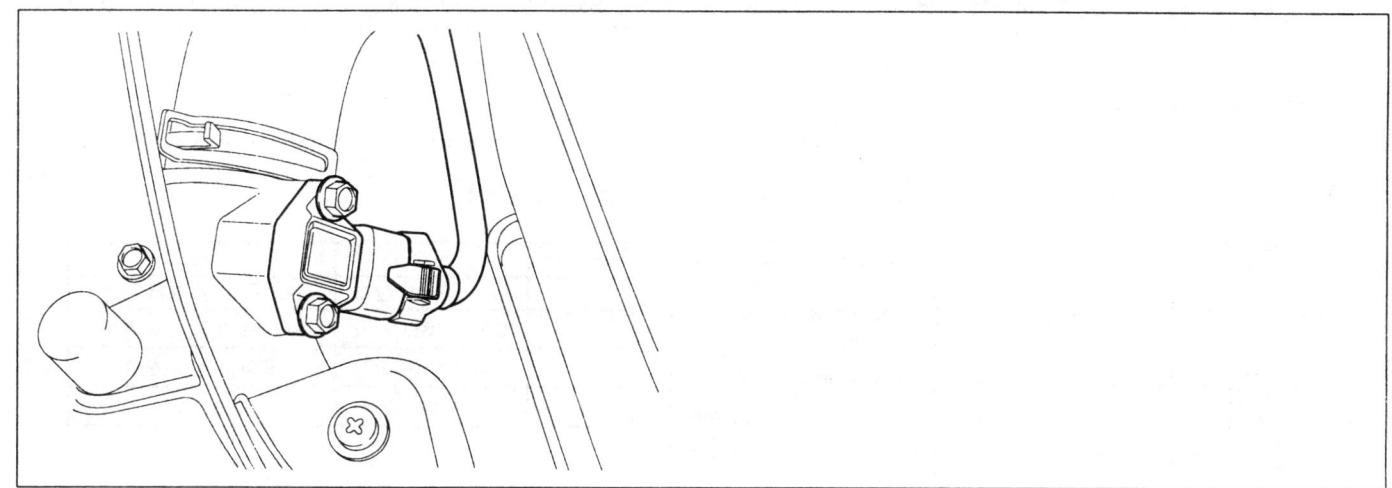

기능 및 역할

흡기온 센서는 부특성 써미스터로 흡입 공기량 센서와 부스트 압력 센서 내부에 내장되어 엔진에 흡입되는 공기 온도를 검출한다. EURO-4 디젤 엔진은 터보 차져의 전(흡입 공기량 센서 내장), 후(부스트 압력 센서 내장)에 흡기온 센서가 장착되어 흡입 공기 온도와 터보차져 및 인터쿨러를 거친 공기온도를 함께 계측하여 보다 정밀한 흡입 공기량 계측에 활용한다. ECM 은 흡기 온도 정보를 통해 EGR 제어의 보정 역할과 흡입 공기 온도에 따른 연료량 보정 제어를 수행한다. (전자제어 디젤 엔진에서 흡입공기량 센서의 역할인 EGR FEED BACK 의 정확한 제어를 위해 공기 온도에 따른 밀도 계산이 중요하다.)

고장 코드 설명

P0097 코드는 흡기온 센서(부스트압력센서 내장) 출력의 최소치인 73mV 이하의 전압이 2.0초간 검출될 경우 발생되는 고장 코드로 흡기온 센서 출력 회로 단락(접지측)의 경우이다.

고장판정 조건

항목	감지 조건		고장 예상 부위
검출 방법	• 전압 모니터링		
검출 조건	• IG KEY "ON"		
판정값	• 출력신호 최소값 이하(73mV 이하인 경우)		
검출 시간	• 2.0 sec		• 흡기온 센서 회로
페일세이프 (Fail Safe)	연료 차단	비실행	• 흡기온 센서 단품
	EGR 금지	비실행	
	연료 제한	비실행	
	체크 램프	비점등	

제원

온도	-40℃	-20℃	0℃	20℃	40℃	60℃	80℃
저항치	35.14~43.76KΩ	12.66~15.12KΩ	5.12~5.89KΩ	2.29~2.55KΩ	1.10~1.24KΩ	0.57~0.65KΩ	0.31~0.37KΩ

부분 회로도

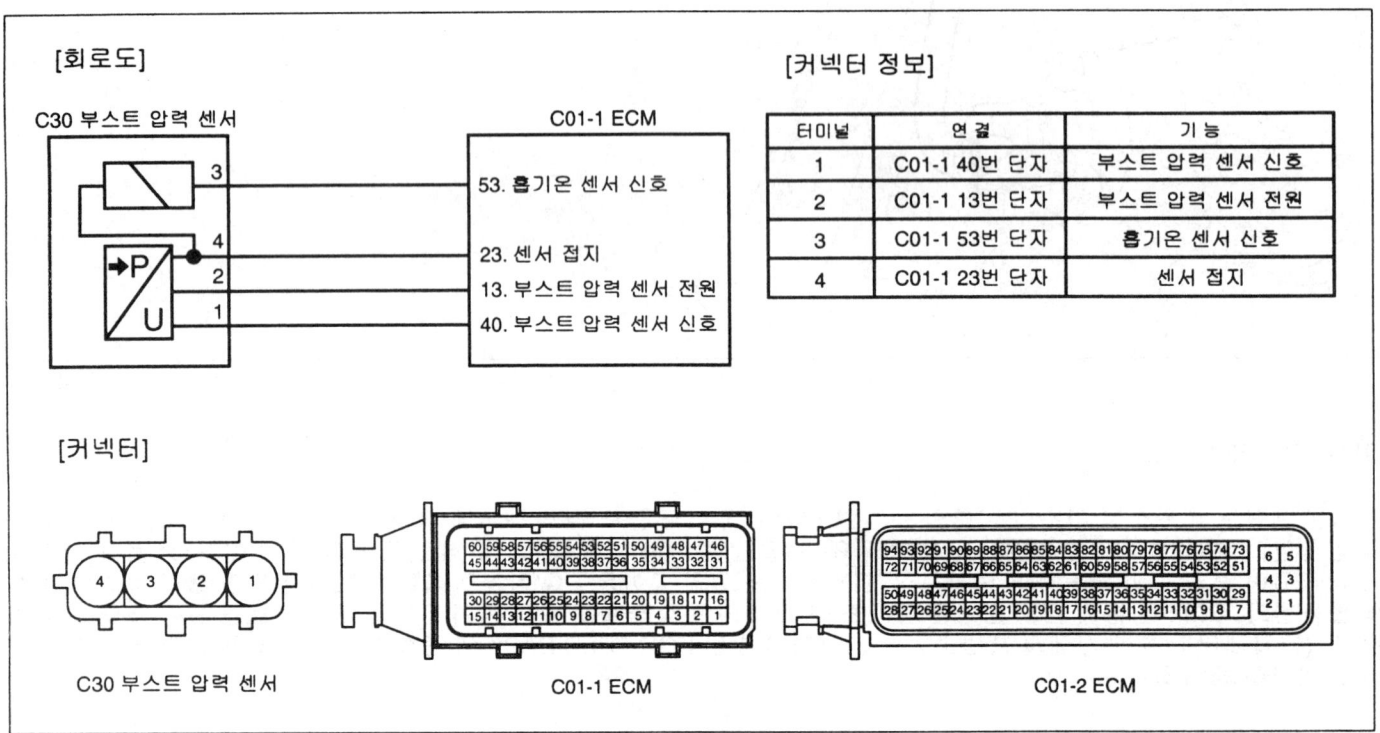

기준 파형 및 데이터

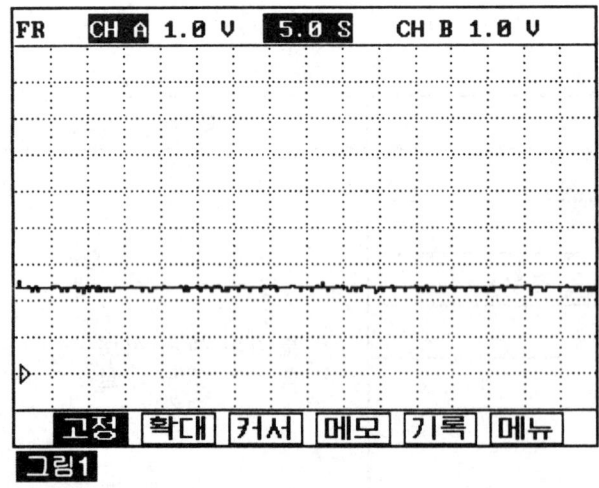

그림1) 25℃ 일때 흡기온 센서 출력 파형으로 온도가 상승 할수록 전압이 낮아지는 모습을 인다.

고장진단 FL -137

스캔툴 데이터 분석 K64F9FAB

1. 자기진단 커넥터에 스캔툴을 연결한다.

2. 엔진을 정상작동 온도 까지 워밍업 한다.

3. 전기 장치 및 에어컨을 OFF 한다.

4. 스캔툴에 표시되는 "흡기온센서" 항목을 점검한다.

규정값 : 현재 흡기 온도를 표시함

```
        1.2 써비스 데이터
✶ 공기량(mg/st)        374  mg/st
✶ 엑셀포지션센서        0.0  %
✶ 흡기온센서           37.1 °C
✶ 냉각수온 센서        84.8 °C
✶ 엔진회전수           830  rpm
✶ 레일압력             28.2 MPa
✶ 레일압력조절밸브     17.3 %
✶ EGR 액츄에이터       9.4  %

 [고정][단품][전체][도움][라인][기록]
```
그림1

그림1) 현재 엔진 상태에 따라 상이한 지시값을 나타내는지 점검한다.

AWJF001Z

커넥터 및 터미널 점검 K5A1C5EB

1. 전기장치는 수 많은 하네스와 커넥터로 구성되며, 이러한 커넥터들의 접촉 불량은 여러가지 다양한 문제를 유발 시키고, 부품을 손상 시키기도 한다.

2. 다음 점검 절차를 수행한다.

    1) 하네스와 터미널의 손상을 점검한다. : 터미널의 접촉 저항, 산화, 변형을 점검한다.

    2) ECM 과 단품 커넥터의 접속 상태를 확인한다. : 터미널 단자의 이탈, 록킹 장치의 손상, 터미널과 와이어링의 연결 상태를 점검한다.

    [U] 참고
    점검이 필요한 커넥터의 수컷측 핀을 탈거하여, 암컷측 터미널에 삽입 접촉 상태를 점검한다. (점검 후 탈거한 핀을 정위치에 바르게 장착한다.)

3. 문제 부위가 확인되는가?

    YES
    ▶ 문제 부위를 수리후 "고장수리 확인" 절차를 수행한다.

    NO
    ▶ "신호선 점검" 절차를 수행한다.

신호선 점검 KBE7B8C7

1. 신호선 전압 점검

    1) IG KEY "OFF", 엔진을 정지한다.

    2) 부스트 압력 센서 커넥터를 탈거한다.

    3) IG KEY "ON"

    4) 부스트 압력 센서 커넥터 3번 단자의 전압을 점검한다.

규정값 : 4.8V~5.1V

    5) 규정 전압이 검출되는가?

        YES

        ▶ "단품 점검" 을 실시한다.

        NO

        ▶ 아래 "2.신호선 단락(접지측) 점검" 을 실시한다.

2. 신호선 단락(접지측) 점검

    1) IG KEY "OFF", 엔진을 정지한다.

    2) 부스트 압력 센서 커넥터와 ECM 커넥터를 탈거한다.

    3) 부스트 압력 센서 커넥터 3번 단자와 차체 접지간 통전 시험을 실시한다.

규정값 : 비통전(무한대Ω)

    4) 신호 회로의 접지측 절연 상태는 정상적인가?

        YES

        ▶ "단품 점검" 을 실시한다.

        NO

        ▶ 단락(접지측) 발생 부위를 찾아 수리 후 "고장수리 확인" 절차를 수행한다.

단품점검 K7E18253

1. IG KEY "OFF", 엔진을 정지한다.

2. 부스트 압력 센서 커넥터를 탈거한다.

3. 제원의 온도별 저항 특성표를 참조하여 흡기온 센서 단품 3번 과 4번 단자 저항값을 점검한다.

규정값 : 일반 정보의 규정값 참조

고장진단 FL -139

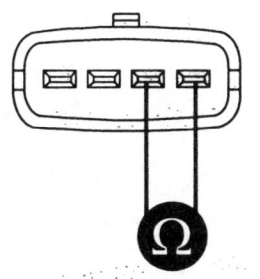

AFGF002A

4. 흡기온 센서의 온도별 저항값은 정상적인가?

   YES

   ▶ "고장수리 확인" 절차를 수행한다.

   NO

   ▶ 부스트 압력 센서 어셈블리를 교환 후 "고장수리 확인" 절차를 수행한다.

고장수리 확인   K4AA4CD9

본 진단 가이드를 사용해서 발생된 문제를 수리한 뒤, 고장이 완전히 해결되었는지 확인하는 과정이 필요하다.

1. 스캔툴을 연결한 후, 자기진단을 실시하여 고장 코드를 확인한다.
2. 저장된 고장코드를 스캔툴을 이용하여 소거한다.
3. 고장 판정 조건중의 검출 조건에 따라 차량을 주행한다.
4. 스캔툴로 자기 진단을 실시하여 고장 코드가 발생 되었는지 확인한다.
5. 고장 코드가 발생되는가 ?

   YES

   ▶ 해당되는 고장 코드 수리 절차로 이동한다.

   NO

   ▶ 고장 수리가 완료되어 시스템이 정상적으로 작동한다.

DTC P0098 흡기온 센서 회로 이상 - 신호 높음

부품 위치

DTC P0097 참조.

기능 및 역할

DTC P0097 참조.

고장 코드 설명

P0098 코드는 흡기온 센서(부스트압력센서 내장) 출력의 최대치인 4965mV 이상의 전압이 2.0초간 검출될 경우 발생되는 고장 코드로 흡기온 센서 출력 회로의 단선, 단락(전원측), 접지 회로 단선의 경우이다.

고장판정 조건

항 목	감지 조건		고장 예상 부위
검출 방법	• 전압 모니터링		
검출 조건	• IG KEY "ON"		
판정값	• 출력신호 최소값 이하(4965mV 이하인 경우)		• 흡기온 센서 회로
검출 시간	• 2.0 sec		• 흡기온 센서 단품
페일세이프 (Fail Safe)	연료 차단	비실행	
	EGR 금지	비실행	
	연료 제한	비실행	
	체크 램프	비점등	

제원

온도	-40℃	-20℃	0℃	20℃	40℃	60℃	80℃
저항치	35.14~43.76KΩ	12.66~15.12KΩ	5.12~5.89KΩ	2.29~2.55KΩ	1.10~1.24KΩ	0.57~0.65KΩ	0.31~0.37KΩ

부분 회로도

DTC P0097 참조.

기준 파형 및 데이터

DTC P0097 참조.

스캔툴 데이터 분석

DTC P0097 참조.

고장진단

커넥터 및 터미널 점검 K0557988

DTC P0097 참조.

신호선 점검 KDC72161

1. 신호선 전압 점검

    1) IG KEY "OFF", 엔진을 정지한다.

    2) 부스트 압력 센서 커넥터를 탈거한다.

    3) IG KEY "ON"

    4) 부스트 압력 센서 커넥터 3번 단자의 전압을 점검한다.

    규정값 : 4.8V~5.1V

    5) 규정 전압이 검출되는가?

        YES

        ▶ "접지선 점검" 을 실시한다.

        NO

        ▶ 아래 "2.신호선 단선 점검" 을 실시한다.

2. 신호선 단선 점검

    1) IG KEY "OFF", 엔진을 정지한다.

    2) 부스트 압력 센서 커넥터와 ECM 커넥터를 탈거한다.

    3) 부스트 압력 센서 커넥터 3번 단자와 ECM 커넥터 53번 단자간 통전 시험을 실시한다.

    규정값 : 통전(1.0Ω 이하)

    4) 통전 시험은 정상 적인가?

        YES

        ▶ 아래 "3.신호선 단락(전원측) 점검" 을 실시한다.

        NO

        ▶ 단선 발생 부위를 찾아 수리 후 "고장수리 확인" 절차를 수행한다.

3. 신호선 단락(전원측) 점검

    1) IG KEY "OFF", 엔진을 정지한다.

    2) 부스트 압력 센서 커넥터와 ECM 커넥터를 탈거한다.

    3) IG KEY "ON"

    4) 부스트 압력 센서 커넥터 3번 단자의 전압을 점검한다.

규정값 : 0.0V~0.1V

5) 양단 커넥터가 분리된 상태에서 회로에 이상 전압이 검출 되는가?

YES

▶ 단락(전원측) 발생 부위를 찾아 수리 후 "고장수리 확인" 절차를 수행한다.

NO

▶ "접지선 점검" 절차를 수행한다.

접지선 점검 KC98A7FB

1. IG KEY "OFF", 엔진을 정지한다.
2. 부스트 압력 센서 커넥터를 탈거한다.
3. IG KEY "ON"
4. 부스트 압력 센서 커넥터 3번 단자의 전압을 확인한다. [TEST "A"]
5. 부스트 압력 센서 커넥터 3번 단자와 4번 단자간 전압을 점검한다. [TEST "B"]
   (3번 단자 : + 프로브 검침 , 4번 단자 : - 프로브 검침)

규정값 : [TEST "A"] 전압 - [TEST "B"] 전압 = 200mV 이내

6. 접지선의 접지 상태는 정상적인가?

YES

▶ "단품 점검"을 실시한다.

NO

▶ "B" 전압이 검출 되지 않을 경우 : 접지 회로의 단선을 수리 후 "고장수리 확인" 절차를 수행한다.
▶ "A" 와 "B" 전압 차이가 200mV 이상일 경우 : 접지 회로의 저항 과다 요인을 수정 후 "고장수리 확인" 절차를 수행한다.

단품점검 K0600063

1. IG KEY "OFF", 엔진을 정지한다.
2. 부스트 압력 센서 커넥터를 탈거한다.
3. 제원의 온도별 저항 특성표를 참조하여 흡기온 센서 단품 3번 과 4번 단자 저항값을 점검한다.

규정값 : 일반 정보의 규정값 참조

고장진단 FL -143

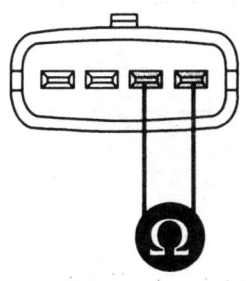

AFGF002A

4. 흡기온 센서의 온도별 저항값은 정상적인가?

   YES

   ▶ "고장수리 확인" 절차를 수행한다.

   NO

   ▶ 부스트 압력 센서 어셈블리를 교환 후 "고장수리 확인" 절차를 수행한다.

고장수리 확인   KEFDDAA4

DTC P0097 참조.

DTC P0101 공기량 측정 센서(MAFS) 회로 이상-성능이상

부품 위치 K3B25975

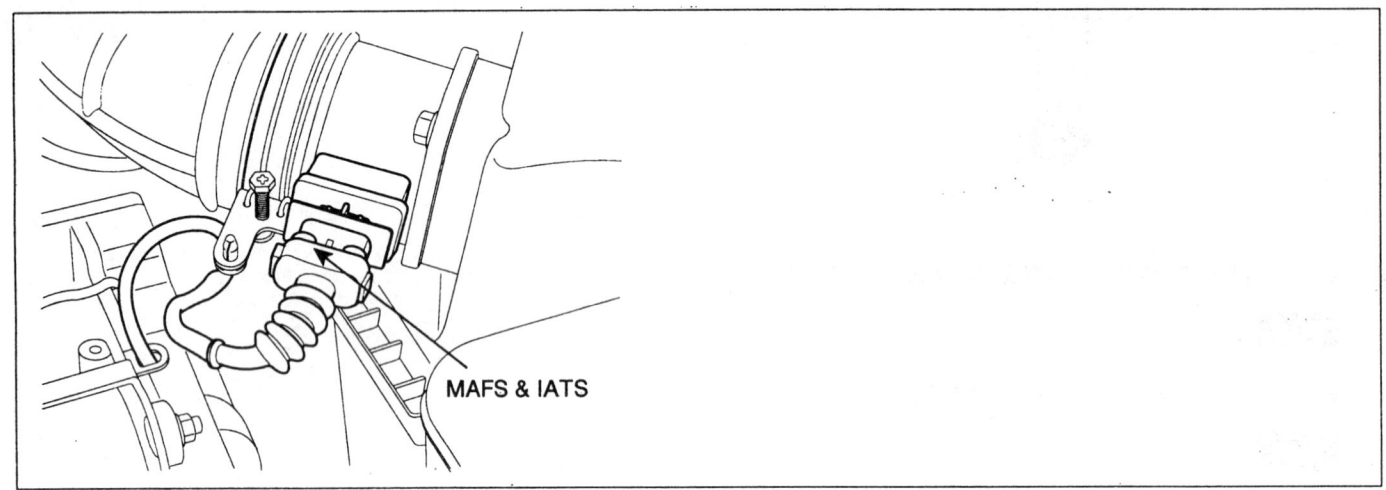

MAFS & IATS

기능 및 역할 KD1D75AF

흡입 공기량 센서는 디지털 방식의 공기량 센서로 엔진에 흡입되는 공기량을 계측 하여 주파수(Hz) 신호로 출력한다. ECM은 계측된 흡입 공기량 정보를 이용하여 EGR 시스템을 피드백 제어한다. (가솔린 엔진에서 계측된 흡입 공기량에 의해 연료 분사량이 결정되는 것과 다르다)
EEGR 액츄에이터 작동으로 EGR 가스(산소를 포함하지 않은 가스)가 연소실에 유입되면 그 만큼 흡입 공기량 센서를 통해 엔진에 유입되는 공기(산소를 포함한 공기)량이 줄어들게 된다. 즉 EEGR 액츄에이터 작동에따른 흡입 공기량 센서의 출력 변화를 통해 재 순환된 EGR 가스량을 검출한다.

> **참고**
> NOx 는 고온의 연소 조건에서 질소와 산소의 결합으로 생성된다.
> 연소실에 재순환 되는 EGR 가스(산소를 포함 하지 않은 가스)를 제어해서 연료의 완전 연소에 필요한 최소한의 흡입 공기만 연소실 내로 유입된다. 이것으로 연소 후 질소와 결합 될 수 있는 잉여 산소를 남지 않게 하여 NOx 를 감소 시킨다.

고장 코드 설명 K583F30A

P0101 코드는 흡입공기량 센서 출력 전압이 4.8V 이상으로 1초 이상 검출될 경우 발생되는 고장 코드로 흡입공기량 센서 신호 회로의 단선, 단락(전원측) 및 접지 회로 단선의 경우이다.

고장진단

FL -145

고장판정 조건   KE03F5BF

항 목	감지 조건		고장 예상 부위
검출 방법	• 전압 모니터링		
검출 조건	• 엔진 구동		
판정값	• 흡입공기량 센서 선의 배터리측 단락		• 흡입 공기량 센서 회로
검출 시간	• 1.0 sec.		• 흡입 공기량 센서 단품
페일세이프 (Fail Safe)	연료 차단	비실행	
	EGR 금지	실행	
	연료 제한	실행	
	체크 램프	점등	

규정값   KBC1CE7C

흡입 공기량 (Kg/h)	출력 주파수 (KHz)		편차 [%]
	20℃	80℃	
8	1.97		±3
10	2.01	2.01	±2
40	2.50	2.50	±2
105	3.20	3.20	±2
220	4.30		±2
480	7.80	7.80	±2
560	9.50		±3

부분 회로도

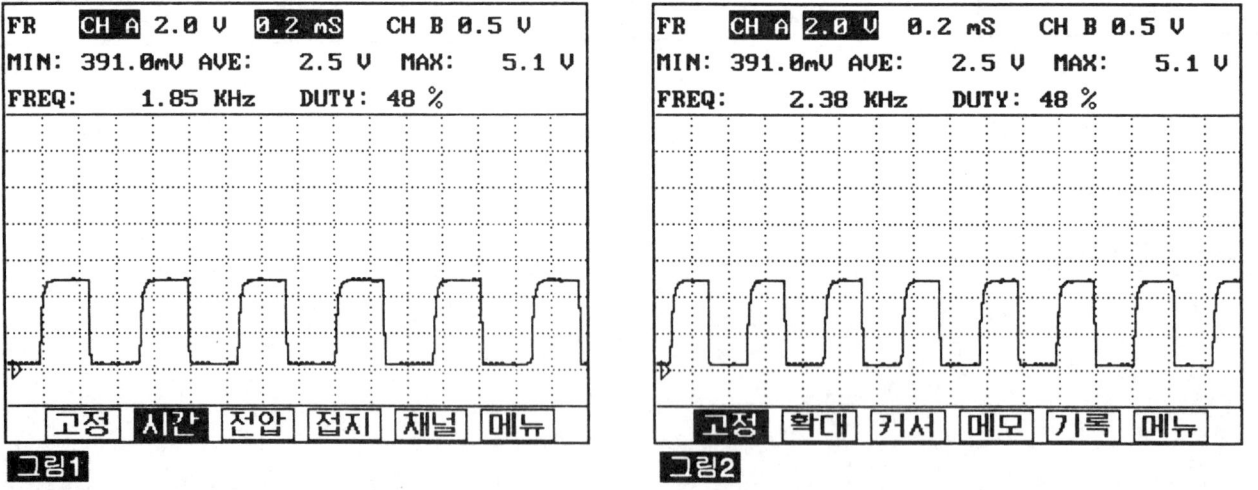

기준 파형 및 데이터

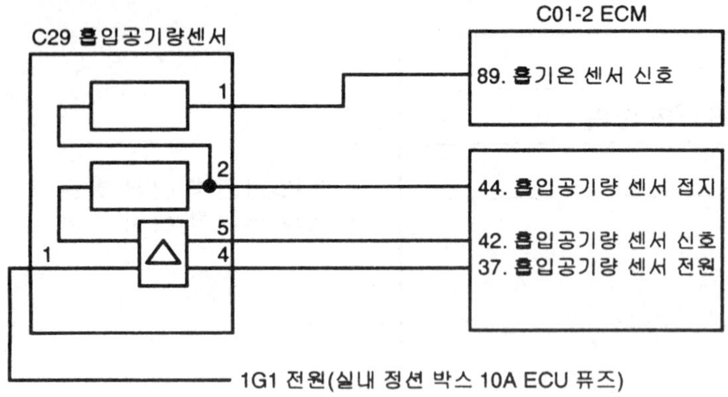

그림1) IG KEY "ON" 시 흡입공기량 센서 출력 파형 모습으로 약 50% 듀티를 가지는 디지털 신호가 1.8KHz 로 출력된다.
그림2) 아이들시 (엔진 회전수 830rpm, EGR 액츄에이터 9.4%, 실린더별 공기량 340mg/st) 흡입공기량 센서 출력 파형 모습으로 약 50% 듀티를 가지는 디지털 신호가 2.0KHz~2.5Khz 사이에서 출력된다.

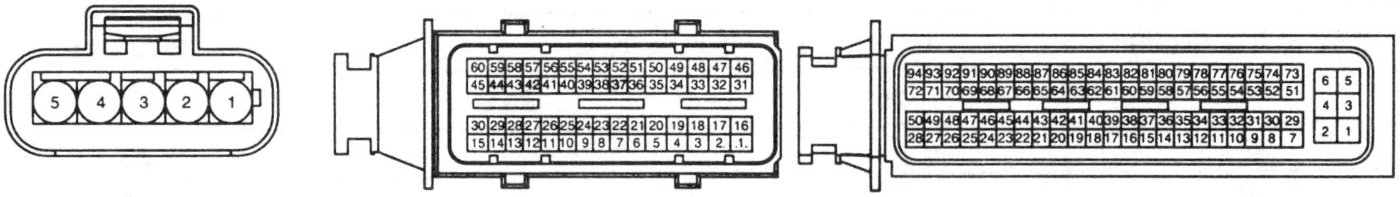

참고
엔진 회전수 증가에 따라 출력 주파수가 증가한다.

고장진단

스캔툴 데이터 분석 K7137A35

1. 자기진단 커넥터에 스캔툴을 연결한다.
2. 엔진을 정상작동 온도 까지 워밍업 한다.
3. 전기 장치 및 에어컨을 OFF 한다.
4. 스캔툴에 표시되는 "흡입 공기량 센서" 항목을 점검한다.

규정값 : EEGR 액츄에이터 미작동(9.4%) 아이들시 : 340mg/st ± 50 mg/st
EEGR 액츄에이터 작동(50%) 아이들시 : 200ms/st ± 50 mg/st

1.2 써비스 데이터 03/38		1.2 써비스 데이터 03/38	
공기량(mg/st)	349 mg/st	공기량(mg/st)	205.6mg/st
엑셀포지션센서 1	762 mV	엑셀포지션센서 1	762 mV
엔진회전수	831 rpm	엔진회전수	831 rpm
레일압력	28.5 MPa	레일압력	28.5 MPa
레일압력목표값	28.5 MPa	레일압력목표값	28.5 MPa
EGR 액츄에이터	9.4 %	EGR 액츄에이터	49.8 %
연료분사량	4.3 mcc	연료분사량	4.3 mcc
배터리전압		배터리전압	

그림1 **그림2**

그림1) 열간 아이들 EEGR 미작동(EEGR 액츄에이터 9.4%) 시 흡입 공기량 센서의 출력이 340mg/st ± 50mg/st 을 나타내는지 점검한다.
그림2) 열간 아이들 EEGR 작동(EEGR 액츄에이터 50%) 시 흡입 공기량 센서의 출력이 200mg/st ± 50mg/st 을 나타내는지 점검한다.

AWJF0021

※ 아이들 EEGR 미 작동 구간에서 급 가속후 감속시 EEGR 액츄에이터가 작동하며, 시간이 지날수록 EEGR 액츄에이터 작동 듀티가 감소한다. 이러한 제어는 약 3분간 유지 되며, 3분 경과후 EEGR 액츄에이터는 OFF (듀티 9.4%) 된다.

커넥터 및 터미널 점검 K0C38759

1. 전기장치는 수 많은 하네스와 커넥터로 구성되며, 이러한 커넥터들의 접촉 불량은 여러가지 다양한 문제를 유발 시키고, 부품을 손상 시키기도 한다.
2. 다음 점검 절차를 수행한다.

    1) 하네스와 터미널의 손상을 점검한다. : 터미널의 접촉 저항, 산화, 변형을 점검한다.
    2) ECM 과 단품 커넥터의 접속 상태를 확인한다. : 터미널 단자의 이탈, 록킹 장치의 손상, 터미널과 와이어링의 연결 상태를 점검한다.

    > 참고
    > 점검이 필요한 커넥터의 수컷측 핀을 탈거하여, 암컷측 터미널에 삽입 접촉 상태를 점검한다. (점검 후 탈거한 핀을 정위치에 바르게 장착한다.)

3. 문제 부위가 확인되는가?

YES

▶ 문제 부위를 수리후 "고장수리 확인" 절차를 수행한다.

NO

▶ "전원선 점검" 절차를 수행한다.

전원선 점검   K62C2885

1. 전원선 전압 점검

    1) IG KEY "OFF", 엔진을 정지한다.

    2) 흡입 공기량 센서 커넥터를 탈거한다.

    3) IG KEY "ON"

    4) 흡입 공기량 센서 커넥터 1번과 4번 단자의 전압을 점검한다.

규정값 : 4번 단자 : 4.8V~5.1V (센서 전원)
1번 단자 : 11.5V~13.0V (IG 전원)

---

    5) 규정 전압이 검출되는가?

    YES

    ▶ "신호선 점검" 을 실시한다.

    NO

    ▶ 4번 단자 전압이 검출 되지 않을 경우 :
    ☞ 흡입 공기량 센서 커넥터 4번 단자와 ECM 커넥터 37번 단자간 단선 부위를 찾아 수리 후 "고장수리 확인" 절차를 수행한다.
    ▶ 1번 단자 전압이 검출 되지 않을 경우 :
    ☞ 실내 정션 박스 10A ECU 퓨즈의 단선 및 관련 회로의 단선 부위를 찾아 수리 후 "고장수리 확인" 절차를 수행한다.

신호선 점검   KDB41486

1. 신호선 전압 점검

    1) IG KEY "OFF", 엔진을 정지한다.

    2) 흡입 공기량 센서 커넥터를 탈거한다.

    3) IG KEY "ON"

    4) 흡입 공기량 센서 커넥터 5번 단자의 전압을 점검한다.

규정값 : 4.8~5.1V

---

    5) 규정 전압이 검출되는가?

    YES

    ▶ "접지선 점검" 절차를 수행한다.

고장진단　　　　　　　　　　　　　　　　　　　　　　　　　　　　　　　　　　　　　FL -149

NO

▶ 신호선의 단락(전원측)발생 부위를 찾아 수리 후 "고장수리 확인" 절차를 수행한다.

접지선 점검　K96A07BC

1. IG KEY "OFF", 엔진을 정지한다.
2. 흡입 공기량 센서 커넥터를 탈거한다.
3. IG KEY "ON"
4. 흡입 공기량 센서 커넥터 4번 단자와 차체 접지간 전압을 점검한다. [TEST "A"]
5. 흡입 공기량 센서 커넥터 4번 단자와 2번 단자간 전압을 점검한다. [TEST "B"]
   (4번 단자 : + 프로브 검침 , 2번 단자 : - 프로브 검침)

규정값 : [TEST "A"] 전압 - [TEST "B"] 전압 = 200mV 이내

6. 접지선의 접지 상태는 정상적인가?

YES

▶ "단품 점검"을 실시한다.

NO

▶ "B" 전압이 검출 되지 않을 경우 : 접지 회로의 단선을 수리 후 "고장수리 확인" 절차를 수행한다.
▶ "A" 와 "B" 전압 차이가 200mV 이상일 경우 : 접지 회로의 저항 과다 요인을 수정 후 "고장수리 확인" 절차를 수행한다.

단품점검　KF2E83E1

1. IG KEY "OFF", 엔진을 정지한다.
2. 흡입공기량 센서의 장착 방향 지시 화살표의 방향을 확인한다.
3. 에어클리너 필터의 오염 상태를 점검한다.
4. IG KEY "ON", 엔진을 구동한다.
5. 엔진 웜업후 아이들 RPM 을 유지한다.
6. 흡입계통 (인터쿨러 호스의 누설, 손상 여부의 확인) 의 누설 여부를 확인한다.
7. VGT의 작동 상태가 정상임을 확인한다. (VGT 액츄에이터의 진공 작동 상태 및 VGT 다이아프램, 유닛슨 링의 고착 상태를 점검한다.)
8. EEGR 액츄에이터가 작동하지 않음을 확인한다.
   (가속 후 3분이 경과하면 EEGR 액츄에이터가 9.4% 출력되며 작동을 중지한다. 필요시 EEGR 액츄에이터 커넥터를 탈거한다.)
9. 스캔툴을 이용하여 엔진 회전수가 830 RPM 을 유지할때, 흡입공기량 센서의 출력값을 점검한다. (스캔툴 데이터 분석 참조)
10. 엔진 급 가속 후 아이들 상태(EEGR 액츄에이터 50% 작동)에서 흡입공기량 센서의 출력값을 점검한다.

규정값 : EEGR 액츄에이터 미작동(9.4%) 아이들시 : 340mg/st ± 50 mg/st
EEGR 액츄에이터 작동(50%) 아이들시 : 200ms/st ± 50 mg/st

11. 흡입공기량 센서의 출력값은 정상적인가?

    YES

    ▶ "고장수리 확인" 절차를 수행한다.

    NO

    ▶ 흡입 공기량 센서 어셈블리를 교환 후 "고장수리 확인" 절차를 수행한다.

고장수리 확인   K0DA2A2D

본 진단 가이드를 사용해서 발생된 문제를 수리한 뒤, 고장이 완전히 해결되었는지 확인하는 과정이 필요하다.

1. 스캔툴을 연결한 후, 자기진단을 실시하여 고장 코드를 확인한다.
2. 저장된 고장코드를 스캔툴을 이용하여 소거한다.
3. 고장 판정 조건중의 검출 조건에 따라 차량을 주행한다.
4. 스캔툴로 자기 진단을 실시하여 고장 코드가 발생 되었는지 확인한다.
5. 고장 코드가 발생되는가 ?

    YES

    ▶ 해당되는 고장 코드 수리 절차로 이동한다.

    NO

    ▶ 고장 수리가 완료되어 시스템이 정상적으로 작동한다.

고장진단   FL -151

DTC P0102 공기량 측정 센서(MAFS) 회로 이상-입력값 낮음

부품 위치   K4A5ABC2

DTC P0101 참조.

기능 및 역할   K6F6E67F

DTC P0101 참조.

고장 코드 설명   K420584A

P0102 코드는 흡입공기량 센서 출력 전압이 0.2V 이하(1200Hz 이하)로 1초이상 검출될 경우 발생되는 고장 코드로 흡입공기량 센서의 전원 회로 단선, 신호 회로 단선/단락(접지측)의 경우이다.

고장판정 조건   K51ACF94

항목	감지 조건			고장 예상 부위
검출 방법	• 전압 모니터링			
검출 조건	• 엔진 구동			
판정값	• 출력 신호 최소값 이하(1200Hz 이하인 경우)			
검출 시간	• 1.0 sec.			• 흡입 공기량 센서 회로
페일세이프 (Fail Safe)	연료 차단	비실행		• 흡입 공기량 센서 단품
	EGR 금지	실행		
	연료 제한	실행		
	체크 램프	점등		

규정값   K3A5A09B

흡입 공기량 (Kg/h)	출력 주파수 (KHz)		편차 [%]
	20℃	80℃	
8	1.97		±3
10	2.01	2.01	±2
40	2.50	2.50	±2
105	3.20	3.20	±2
220	4.30		±2
480	7.80	7.80	±2
560	9.50		±3

부분 회로도   KF349B71

DTC P0101 참조.

기준 파형 및 데이터 KD0C8605

DTC P0101 참조.

스캔툴 데이터 분석 K20ACA50

DTC P0101 참조.

커넥터 및 터미널 점검 K02E3D57

DTC P0101 참조.

전원선 점검 K11329F3

1. 전원선 전압 점검

    1) IG KEY "OFF", 엔진을 정지한다.

    2) 흡입 공기량 센서 커넥터를 탈거한다.

    3) IG KEY "ON"

    4) 흡입 공기량 센서 커넥터 1번과 4번 단자의 전압을 점검한다.

    규정값 : 4번 단자 : 4.8V~5.1V (센서 전원)
    1번 단자 : 11.5V~13.0V (IG 전원)

    5) 규정 전압이 검출되는가?

    YES

    ▶ "신호선 점검" 을 실시한다.

    NO

    ▶ 4번 단자 전압이 검출 되지 않을 경우 :
    ☞ 흡입 공기량 센서 커넥터 4번 단자와 ECM 커넥터 37번 단자간 단선 부위를 찾아 수리 후 "고장수리 확인" 절차를 수행한다.
    ▶ 1번 단자 전압이 검출 되지 않을 경우 :
    ☞ 실내 정션 박스 10A ECU 퓨즈의 단선 및 관련 회로의 단선 부위를 찾아 수리 후 "고장수리 확인" 절차를 수행한다.

신호선 점검 K18C8F7C

1. 신호선 전압 점검

    1) IG KEY "OFF", 엔진을 정지한다.

    2) 흡입 공기량 센서 커넥터를 탈거한다.

    3) IG KEY "ON"

    4) 흡입 공기량 센서 커넥터 5번 단자의 전압을 점검한다.

    규정값 : 4.8~5.1V

고장진단

5) 규정 전압이 검출되는가?

YES

▶ "접지선 점검" 절차를 수행한다.

NO

▶ 아래 "2. 신호선 단선 점검"을 실시한다.

2. 신호선 단선 점검

1) IG KEY "OFF", 엔진을 정지한다.
2) 흡입 공기량 센서 커넥터와 ECM 커넥터를 탈거한다.
3) 흡입 공기량 센서 커넥터 5번 단자와 ECM 커넥터 42번 단자간 통전 시험을 실시한다.

규정값 : 통전(1.0Ω 이하)

4) 신호선의 통전 시험은 정상적인가?

YES

▶ 아래 "3. 신호선의 단락(접지측) 점검"을 실시한다.

NO

▶ 단선 발생 부위를 찾아 수리 후 "고장수리 확인" 절차를 수행한다.

3. 신호선 단락(접지측) 점검

1) IG KEY "OFF", 엔진을 정지한다.
2) 흡입 공기량 센서 커넥터와 ECM 커넥터를 탈거한다.
3) 흡입 공기량 센서 커넥터 5번 단자와 차체 접지간 통전 시험을 실시한다.

규정값 : 비통전(무한대Ω)

4) 신호선의 접지측 절연 상태는 정상적인가?

YES

▶ "접지선 점검" 절차를 수행한다.

NO

▶ 단락(접지측) 발생 부위를 찾아 수리 후 "고장수리 확인" 절차를 수행한다.

접지선 점검 K0390C91

1. IG KEY "OFF", 엔진을 정지한다.
2. 흡입 공기량 센서 커넥터를 탈거한다.
3. IG KEY "ON"

4. 흡입 공기량 센서 커넥터 4번 단자와 차체 접지간 전압을 점검한다. [TEST "A"]

5. 흡입 공기량 센서 커넥터 4번 단자와 2번 단자간 전압을 점검한다. [TEST "B"]
   (4번 단자 : + 프로브 검침 , 2번 단자 : - 프로브 검침)

규정값 : [TEST "A"] 전압 - [TEST "B"] 전압 = 200mV 이내

6. 접지선의 접지 상태는 정상적인가?

   YES

   ▶ "단품 점검"을 실시한다.

   NO

   ▶ "B" 전압이 검출 되지 않을 경우 : 접지 회로의 단선을 수리 후 "고장수리 확인" 절차를 수행한다.
   ▶ "A" 와 "B" 전압 차이가 200mV 이상일 경우 : 접지 회로의 저항 과다 요인을 수정 후 "고장수리 확인" 절차를 수행한다.

단품점검 KD9E1C39

1. IG KEY "OFF", 엔진을 정지한다.

2. 흡입공기량 센서의 장착 방향 지시 화살표의 방향을 확인한다.

3. 에어클리너 필터의 오염 상태를 점검한다.

4. IG KEY "ON", 엔진을 구동한다.

5. 엔진 웜업후 아이들 RPM 을 유지한다.

6. 흡입계통 (인터쿨러 호스의 누설, 손상 여부의 확인) 의 누설 여부를 확인한다.

7. VGT의 작동 상태가 정상임을 확인한다. (VGT 액츄에이터의 진공 작동 상태 및 VGT 다이아프램, 유닛슨 링의 고착 상태를 점검한다.)

8. EEGR 액츄에이터가 작동하지 않음을 확인한다.
   (가속 후 3분이 경과하면 EEGR 액츄에이터가 9.4% 출력되며 작동을 중지한다. 필요시 EEGR 액츄에이터 커넥터를 탈거한다.)

9. 스캔툴을 이용하여 엔진 회전수가 830 RPM 을 유지할때, 흡입공기량 센서의 출력값을 점검한다. (스캔툴 데이터 분석 참조)

10. 엔진 급 가속 후 아이들 상태(EEGR 액츄에이터 50% 작동)에서 흡입공기량 센서의 출력값을 점검한다.

규정값 : EEGR 액츄에이터 미작동(9.4%) 아이들시 : 340mg/st ± 50 mg/st
        EEGR 액츄에이터 작동(50%) 아이들시 : 200ms/st ± 50 mg/st

11. 흡입공기량 센서의 출력값은 정상적인가?

    YES

    ▶ "고장수리 확인" 절차를 수행한다.

    NO

    ▶ 흡입 공기량 센서 어셈블리를 교환 후 "고장수리 확인" 절차를 수행한다.

고장수리 확인

DTC P0101 참조.

DTC P0103 공기량 측정 센서(MAFS) 회로 이상-입력값 높음

부품 위치

DTC P0101 참조.

기능 및 역할

DTC P0101 참조.

고장 코드 설명

P0103 코드는 흡입공기량 센서 출력이 14100Hz으로 1초 이상 검출될 경우 발생되는 고장 코드로 흡입공기량 센서 단품의 과다 출력 및 흡입공기량 센서 회로의 접촉 불량 발생 경우이다.

고장판정 조건

항 목	감지 조건		고장 예상 부위
검출 방법	• 전압 모니터링		
검출 조건	• 엔진 구동		
판정값	• 출력 신호 최대값 이상(14100Hz 이상인 경우)		• 흡입 공기량 센서 회로
검출 시간	• 1.0 sec.		• 흡입 공기량 센서 단품
페일세이프 (Fail Safe)	연료 차단	비실행	
	EGR 금지	실행	
	연료 제한	실행	
	체크 램프	점등	

규정값

흡입 공기량 (Kg/h)	출력 주파수 (KHz)		편차 [%]
	20℃	80℃	
8	1.97		±3
10	2.01	2.01	±2
40	2.50	2.50	±2
105	3.20	3.20	±2
220	4.30		±2
480	7.80	7.80	±2
560	9.50		±3

부분 회로도

DTC P0101 참조.

고장진단 FL-157

기준 파형 및 데이터 K9A653DE

DTC P0101 참조.

스캔툴 데이터 분석 K60158D3

DTC P0101 참조.

컨넥터 및 터미널 점검 K770EBB5

DTC P0101 참조.

전원선 점검 K7983A0D

1. 전원선 전압 점검

    1) IG KEY "OFF", 엔진을 정지한다.

    2) 흡입 공기량 센서 커넥터를 탈거한다.

    3) IG KEY "ON"

    4) 흡입 공기량 센서 커넥터 1번과 4번 단자의 전압을 점검한다.

규정값 : 4번 단자 : 4.8V~5.1V (센서 전원)
1번 단자 : 11.5V~13.0V (IG 전원)

    5) 규정 전압이 검출되는가?

    YES

    ▶ "신호선 점검" 을 실시한다.

    NO

    ▶ 4번 단자 전압이 검출 되지 않을 경우 :
    ☞ 흡입 공기량 센서 커넥터 4번 단자와 ECM 커넥터 37번 단자간 단선 부위를 찾아 수리 후 "고장수리 확인" 절차를 수행한다.
    ▶ 1번 단자 전압이 검출 되지 않을 경우 :
    ☞ 실내 정션 박스 10A ECU 퓨즈의 단선 및 관련 회로의 단선 부위를 찾아 수리 후 "고장수리 확인" 절차를 수행한다.

신호선 점검 KDAB517F

1. 신호선 전압 점검

    1) IG KEY "OFF", 엔진을 정지한다.

    2) 흡입 공기량 센서 커넥터를 탈거한다.

    3) IG KEY "ON"

    4) 흡입 공기량 센서 커넥터 5번 단자의 전압을 점검한다.

규정값 : 4.8~5.1V

5) 규정 전압이 검출되는가?

YES

▶ "접지선 점검" 절차를 수행한다.

NO

▶ 아래 "2. 신호선 단선 점검" 을 실시한다.

2. 신호선 단선 점검

   1) IG KEY "OFF", 엔진을 정지한다.
   2) 흡입 공기량 센서 커넥터와 ECM 커넥터를 탈거한다.
   3) 흡입 공기량 센서 커넥터 5번 단자와 ECM 커넥터 42번 단자간 통전 시험을 실시한다.

규정값 : 통전(1.0Ω 이하)

   4) 신호선의 통전 시험은 정상적인가?

   YES

   ▶ 아래 "3. 신호선의 단락(접지측) 점검" 을 실시한다.

   NO

   ▶ 단선 발생 부위를 찾아 수리 후 "고장수리 확인" 절차를 수행한다.

3. 신호선 단락(접지측) 점검

   1) IG KEY "OFF", 엔진을 정지한다.
   2) 흡입 공기량 센서 커넥터와 ECM 커넥터를 탈거한다.
   3) 흡입 공기량 센서 커넥터 5번 단자와 차체 접지간 통전 시험을 실시한다.

규정값 : 비통전(무한대Ω)

   4) 신호선의 접지측 절연 상태는 정상적인가?

   YES

   ▶ "접지선 점검" 절차를 수행한다.

   NO

   ▶ 단락(접지측) 발생 부위를 찾아 수리 후 "고장수리 확인" 절차를 수행한다.

접지선 점검 K0CBEEEB

1. IG KEY "OFF", 엔진을 정지한다.
2. 흡입 공기량 센서 커넥터를 탈거한다.
3. IG KEY "ON"

고장진단 FL-159

4. 흡입 공기량 센서 커넥터 4번 단자와 차체 접지간 전압을 점검한다. [TEST "A"]

5. 흡입 공기량 센서 커넥터 4번 단자와 2번 단자간 전압을 점검한다. [TEST "B"]
   (4번 단자 : + 프로브 검침 , 2번 단자 : - 프로브 검침)

규정값 : [TEST "A"] 전압 - [TEST "B"] 전압 = 200mV 이내

6. 접지선의 접지 상태는 정상적인가?

   YES

   ▶ "단품 점검"을 실시한다.

   NO

   ▶ "B" 전압이 검출 되지 않을 경우 : 접지 회로의 단선을 수리 후 "고장수리 확인" 절차를 수행한다.
   ▶ "A" 와 "B" 전압 차이가 200mV 이상일 경우 : 접지 회로의 저항 과다 요인을 수정 후 "고장수리 확인" 절차를 수행한다.

단품점검 K8B67C94

1. IG KEY "OFF", 엔진을 정지한다.

2. 흡입공기량 센서의 장착 방향 지시 화살표의 방향을 확인한다.

3. 에어클리너 필터의 오염 상태를 점검한다.

4. IG KEY "ON", 엔진을 구동한다.

5. 엔진 웜업후 아이들 RPM 을 유지한다.

6. 흡입계통 (인터쿨러 호스의 누설, 손상 여부의 확인) 의 누설 여부를 확인한다.

7. VGT의 작동 상태가 정상임을 확인한다. (VGT 액츄에이터의 진공 작동 상태 및 VGT 다이아프램, 유닛슨 링의 고착 상태를 점검한다.)

8. EEGR 액츄에이터가 작동하지 않음을 확인한다.
   (가속 후 3분이 경과하면 EEGR 액츄에이터가 9.4% 출력되며 작동을 중지한다. 필요시 EEGR 액츄에이터 커넥터를 탈거한다.)

9. 스캔툴을 이용하여 엔진 회전수가 830 RPM 을 유지할때, 흡입공기량 센서의 출력값을 점검한다. (스캔툴 데이터 분석 참조)

10. 엔진 급 가속 후 아이들 상태(EEGR 액츄에이터 50% 작동)에서 흡입공기량 센서의 출력값을 점검한다.

규정값 : EEGR 액츄에이터 미작동(9.4%) 아이들시 : 340mg/st ± 50 mg/st
         EEGR 액츄에이터 작동(50%) 아이들시 : 200ms/st ± 50 mg/st

11. 흡입공기량 센서의 출력값은 정상적인가?

    YES

    ▶ "고장수리 확인" 절차를 수행한다.

    NO

    ▶ 흡입 공기량 센서 어셈블리를 교환 후 "고장수리 확인" 절차를 수행한다.

고장수리 확인

DTC P0101 참조.

DTC P0107 대기 압력센서(BPS) 회로-입력값 낮음

부품 위치

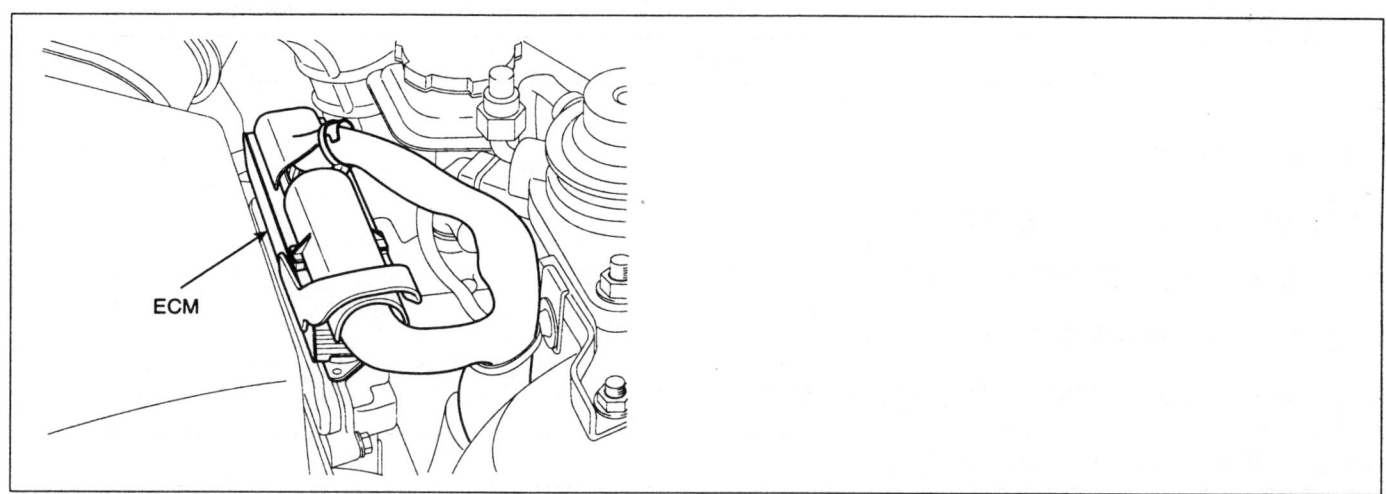

기능 및 역할

대기압 센서는 ECM 내부에 내장되어 현재 차량이 위치해 있는 장소의 대기압력을 검출하는 센서이다.
대기압 센서는 공기의 밀도(산소량)를 계산하여, 흡입 공기량센서, 흡기온 센서와 함께 정밀한 흡입 공기량 검출에 사용된다.
이는 고지대 운행시 공기 밀도(산소량) 차이에 의한 연료량 보정 및 EGR 제어에 중요한 역할을 하며, FAIL 시 900hpa 로 제어된다.

고장 코드 설명

P0107 코드는 대기압 센서 출력의 최소치인 250mV 이하의 전압이 0.4초간 검출될 경우 발생되는 고장 코드로 ECM 내부 센서 불량의 경우이다.

고장판정 조건

항 목	감지 조건			고장 예상 부위
검출 방법	• 전압 모니터링			
검출 조건	• IG KEY "ON"			
판정값	• 출력 신호 최소값 이하(250mV 이하인 경우)			
검출 시간	• 0.4sec			
페일세이프 (Fail Safe)	연료 차단	비실행	• 고장시 1000hpa 판정	• 대기압 센서(ECM 단품)
	EGR 금지	실행		
	연료 제한	실행		
	체크 램프	비점등		

FL -162 연료 장치

제원 K24FA615

단위별 1기압 비교

hpa (헥토파스칼)	mb	mmHg
1013	1013	760

스캔툴 데이터 분석 K0489C2C

1. 자기진단 커넥터에 스캔툴을 연결한다.
2. 엔진을 정상작동 온도 까지 워밍업 한다.
3. 전기 장치 및 에어컨을 OFF 한다.
4. 스캔툴에 표시되는 "대기압센서" 항목을 점검한다.

규정값 : 현재 대기압(약 1기압) 을 표시

```
        1.2 써비스 데이터
  * 공기량(mg/st)        374   mg/st
  * 엑셀포지션센서       0.0   %
  * 엔진회전수           830   rpm
  * 레일압력             28.2  MPa
  * 레일압력조절밸브     17.3  %
  * 대기압센서           1018.7 hPa
  * 부스트 압력 센서     1028.4 hPa
  * VGT 액츄에이터       74.9  %

  [고정][단품][전체][도움][라인][기록]
```

그림1

그림1) 현재 차량이 위치해 있는 곳의 대기압을 나타내며, 차량이 고지대로 이동 할수록 기압이 낮아지는 데이터를 표출한다.
보통 해수면의 위치를 1기압으로 판단하며, 정상적인 조건에서 1기압이 아닌 상이한 지시값을 나타내는지 점검한다.

단품점검 K2C5BADB

1. ECM 단품 점검

    1) IG KEY "OFF", 엔진을 정지 한다.
    2) 차량에서 ECM 을 탈거한다.
    3) 양품 ECM을 장착하여, 정상 여부를 확인한다.
    4) 문제가 조치되면 ECM 을 교환한다.

고장수리 확인 KC4138E4

본 진단 가이드를 사용해서 발생된 문제를 수리한 뒤, 고장이 완전히 해결되었는지 확인하는 과정이 필요하다.

고장진단

1. 스캔툴을 연결한 후, 자기진단을 실시하여 고장 코드를 확인한다.
2. 저장된 고장코드를 스캔툴을 이용하여 소거한다.
3. 고장 판정 조건중의 검출 조건에 따라 차량을 주행한다.
4. 스캔툴로 자기 진단을 실시하여 고장 코드가 발생 되었는지 확인한다.
5. 고장 코드가 발생되는가 ?

    YES
    ▶ 해당되는 고장 코드 수리 절차로 이동한다.

    NO
    ▶ 고장 수리가 완료되어 시스템이 정상적으로 작동한다.

DTC P0108 대기 압력센서(BPS) 회로-입력값 높음

부품 위치

DTC P0107 참조.

기능 및 역할

DTC P0107 참조.

고장 코드 설명

P0108 코드는 대기압 센서 출력의 최대치인 4.85V 이상의 전압이 0.4초간 검출될 경우 발생되는 고장 코드로 ECM 내부 센서 불량의 경우이다.

고장판정 조건

항목	감지 조건			고장 예상 부위
검출 방법	• 전압 모니터링			
검출 조건	• IG KEY "ON"			
판정값	• 출력 신호 최대치 이상(4.85V 이상인 경우)			• 대기압 센서(ECM 단품)
검출 시간	• 0.4sec			
페일세이프 (Fail Safe)	연료 차단	비실행	• 고장시 1000hpa 판정	
	EGR 금지	실행		
	연료 제한	실행		
	체크 램프	비점등		

제원

단위별 1기압 비교

hpa (헥토파스칼)	mb	mmHg
1013	1013	760

스캔툴 데이터 분석

DTC P0107 참조.

단품점검

1. ECM 단품 점검

    1) IG KEY "OFF", 엔진을 정지 한다.

    2) 차량에서 ECM을 탈거한다.

    3) 양품 ECM을 장착하여, 정상 여부를 확인한다.

고장진단

4) 문제가 조치되면 ECM 을 교환한다.

고장수리 확인 K8BF454A

DTC P0107 참조.

DTC P0112 흡기 온도 센서(IATS) 회로 이상-입력값 낮음

부품 위치

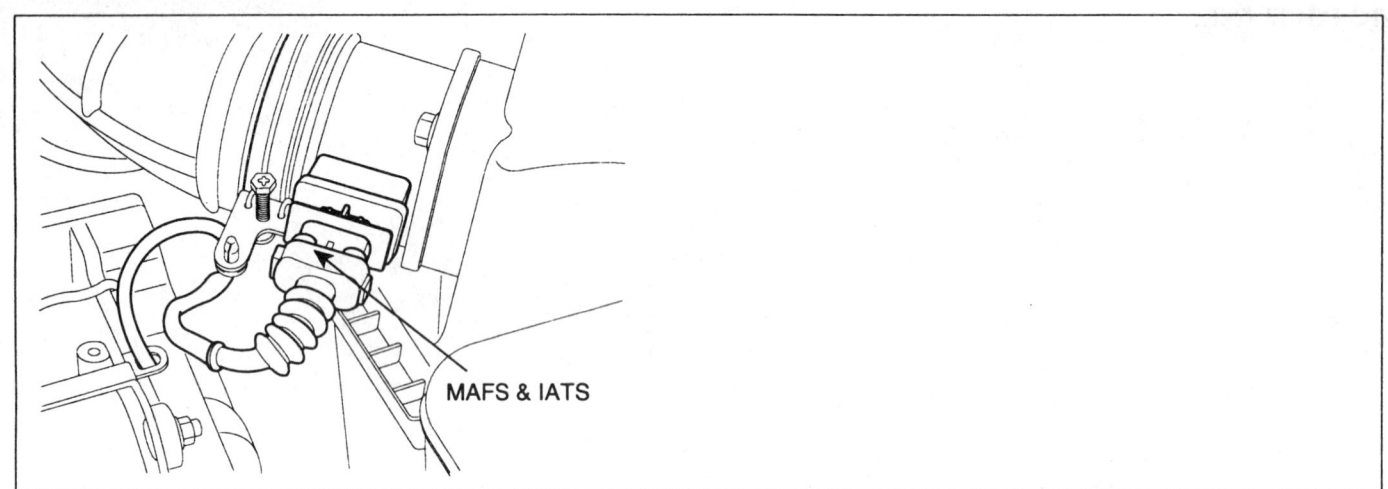

MAFS & IATS

기능 및 역할

흡기온 센서는 부특성 써미스터로 흡입 공기량 센서와 부스트 압력 센서 내부에 내장되어 엔진에 흡입되는 공기 온도를 검출한다. EURO-4 디젤 엔진은 터보 차져의 전(흡입 공기량 센서 내장), 후(부스트 압력 센서 내장)에 흡기온 센서가 장착되어 흡입 공기 온도와 터보차져 및 인터쿨러를 거친 공기온도를 함께 계측하여 보다 정밀한 흡입 공기량 계측에 활용한다. ECM 은 흡기 온도 정보를 통해 EGR 제어의 보정 역할과 흡입 공기 온도에 따른 연료량 보정 제어를 수행한다. (전자제어 디젤 엔진에서 흡입공기량 센서의 역할인 EGR FEED BACK 의 정확한 제어를 위해 공기 온도에 따른 밀도 계산이 중요하다.)

고장 코드 설명

P0112 코드는 흡기온 센서(AFS 내장) 출력의 최소치인 73mV 이하의 전압이 2.0초간 검출될 경우 발생되는 고장 코드로 흡기온 센서 출력 회로 단락(접지측)의 경우이다.

고장판정 조건

항 목	감지 조건			고장 예상 부위
검출 방법	• 전압 모니터링			
검출 조건	• IG KEY "ON"			
판정값	• 출력 신호 최소값 이하(73mV 이하인 경우)			
검출 시간	• 2.0 sec.			
페일세이프 (Fail Safe)	연료 차단	비실행	• 고장시 50℃ 로 판정	• 흡기온 센서 회로 • 흡기온 센서 단품
	EGR 금지	비실행		
	연료 제한	비실행		
	체크 램프	비점등		

고장진단

제원 K9EE9F9B

온도	-40℃	-20℃	0℃	20℃	40℃	60℃	80℃
저항치	35.14~43.76KΩ	12.66~15.12KΩ	5.12~5.89KΩ	2.29~2.55KΩ	1.10~1.24KΩ	0.57~0.65KΩ	0.31~0.37KΩ

부분 회로도 K1E50AE1

[회로도]

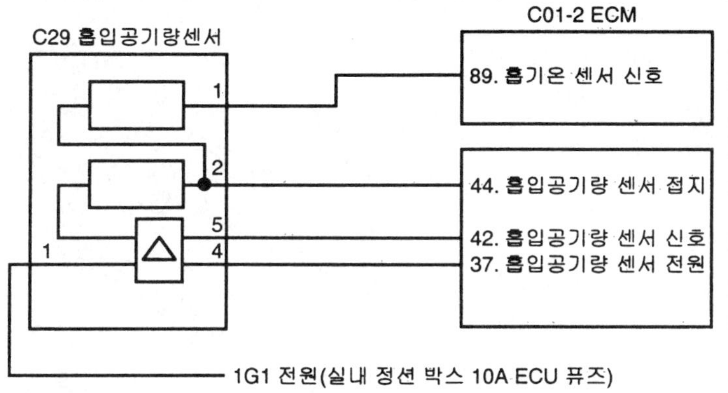

C29 흡입공기량센서 — C01-2 ECM
- 1 → 89. 흡기온 센서 신호
- 2 → 44. 흡입공기량 센서 접지
- 5 → 42. 흡입공기량 센서 신호
- 4 → 37. 흡입공기량 센서 전원
- 1 → 1G1 전원(실내 정션 박스 10A ECU 퓨즈)

[커넥터 정보]

터미널	연결	기능
1	C42 J/C 5번 단자	1G1 전원
2	C01-1 44번 단자	흡입공기량 센서 접지
3	C01-2 89번 단자	흡기온 센서 신호
4	C01-1 37번 단자	흡입공기량 센서 전원
5	C01-1 42번 단자	흡입공기량 센서 신호

[커넥터]

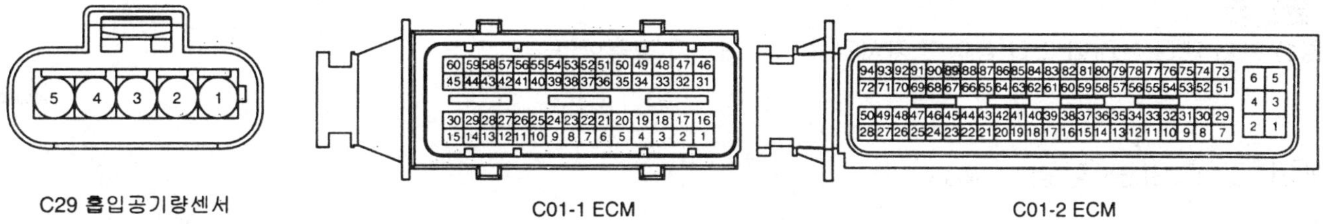

C29 흡입공기량센서 / C01-1 ECM / C01-2 ECM

기준 파형 및 데이터 KBEDA925

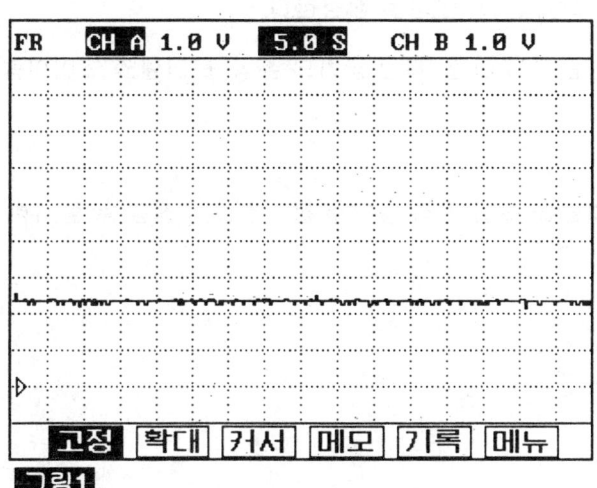

그림1) 25℃ 일때 흡기온 센서 출력 파형으로 온도가 상승 할수록 전압이 낮아지는 모습을 보인다.

연료 장치

스캔툴 데이터 분석   KCF60B07

1. 자기진단 커넥터에 스캔툴을 연결한다.

2. 엔진을 정상작동 온도 까지 워밍업 한다.

3. 전기 장치 및 에어컨을 OFF 한다.

4. 스캔툴에 표시되는 "흡기온센서" 항목을 점검한다.

규정값 : 현재 흡기 온도를 표시함

```
           1.2 써비스 데이터
  × 공기량(mg/st)         374  mg/st
  × 엑셀포지션센서        0.0  %
  × 흡기온센서            37.1 °C
  × 냉각수온 센서         84.8 °C
  × 엔진회전수            830  rpm
  × 레일압력              28.2 MPa
  × 레일압력조절밸브      17.3 %
  × EGR 액츄에이터         9.4 %
  [고정][단품][전체][도움][라인][기록]
```
그림1
그림1) 현재 엔진 상태에 따라 상이한 지시값을 나타내는지 점검한다.

AWJF002S

커넥터 및 터미널 점검   KB52D2F6

1. 전기장치는 수 많은 하네스와 커넥터로 구성되며, 이러한 커넥터들의 접촉 불량은 여러가지 다양한 문제를 유발 시키고, 부품을 손상 시키기도 한다.

2. 다음 점검 절차를 수행한다.

   1) 하네스와 터미널의 손상을 점검한다. : 터미널의 접촉 저항, 산화, 변형을 점검한다.

   2) ECM 과 단품 커넥터의 접속 상태를 확인한다. : 터미널 단자의 이탈, 록킹 장치의 손상, 터미널과 와이어링의 연결 상태를 점검한다.

   [U] 참고
   점검이 필요한 커넥터의 수컷측 핀을 탈거하여, 암컷측 터미널에 삽입 접촉 상태를 점검한다. (점검 후 탈거한 핀을 정위치에 바르게 장착한다.)

3. 문제 부위가 확인되는가?

   YES
   ▶ 문제 부위를 수리후 "고장수리 확인" 절차를 수행한다.

   NO
   ▶ "신호선 점검" 절차를 수행한다.

고장진단 FL -169

신호선 점검 KE8BFA7D

1. 신호선 전압 점검

    1) IG KEY "OFF", 엔진을 정지한다.

    2) 부스트 압력 센서 커넥터를 탈거한다.

    3) IG KEY "ON"

    4) 부스트 압력 센서 커넥터 3번 단자의 전압을 점검한다.

규정값 : 4.8V~5.1V

   5) 규정 전압이 검출되는가?

   YES

   ▶ "단품 점검" 을 실시한다.

   NO

   ▶ 아래 "2.신호선 단락(접지측) 점검" 을 실시한다.

2. 신호선 단락(접지측) 점검

    1) IG KEY "OFF", 엔진을 정지한다.

    2) 부스트 압력 센서 커넥터와 ECM 커넥터를 탈거한다.

    3) 부스트 압력 센서 커넥터 3번 단자와 차체 접지간 통전 시험을 실시한다.

규정값 : 비통전(무한대Ω)

   4) 신호 회로의 접지측 절연 상태는 정상적인가?

   YES

   ▶ "단품 점검" 을 실시한다.

   NO

   ▶ 단락(접지측) 발생 부위를 찾아 수리 후 "고장수리 확인" 절차를 수행한다.

단품점검 K605EA3C

1. IG KEY "OFF", 엔진을 정지한다.

2. 흡입공기량 센서 커넥터를 탈거한다.

3. 제원의 온도별 저항 특성표를 참조하여 흡기온 센서 단품 3번 과 2번 단자 저항값을 점검한다.

규정값 : 일반 정보의 규정값 참조

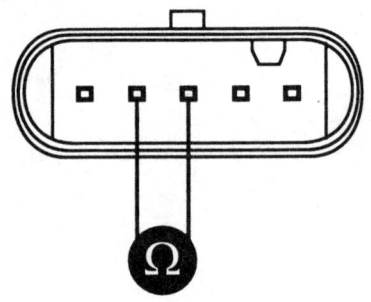

4. 흡기온 센서의 온도별 저항값은 정상적인가?

   YES
   ▶ "고장수리 확인" 절차를 수행한다.

   NO
   ▶ 흡입공기량센서 어셈블리를 교환 후 "고장수리 확인" 절차를 수행한다.

고장수리 확인

본 진단 가이드를 사용해서 발생된 문제를 수리한 뒤, 고장이 완전히 해결되었는지 확인하는 과정이 필요하다.

1. 스캔툴을 연결한 후, 자기진단을 실시하여 고장 코드를 확인한다.
2. 저장된 고장코드를 스캔툴을 이용하여 소거한다.
3. 고장 판정 조건중의 검출 조건에 따라 차량을 주행한다.
4. 스캔툴로 자기 진단을 실시하여 고장 코드가 발생 되었는지 확인한다.
5. 고장 코드가 발생되는가 ?

   YES
   ▶ 해당되는 고장 코드 수리 절차로 이동한다.

   NO
   ▶ 고장 수리가 완료되어 시스템이 정상적으로 작동한다.

고장진단   FL -171

DTC P0113 흡기 온도 센서(IATS) 회로 이상-입력값 높음

부품 위치 K16DA195

DTC P0112 참조.

기능 및 역할 K6613541

DTC P0112 참조.

고장 코드 설명 KFD73A89

P0113 코드는 흡기온 센서 출력의 최대치인 4886mV 이상의 전압이 2.0초간 검출될 경우 발생되는 고장 코드로 흡기온 센서 출력 회로의 단선, 단락(전원측), 접지 회로 단선의 경우이다.

고장판정 조건 KF668BAA

항 목	감지 조건		고장 예상 부위
검출 방법	• 전압 모니터링		
검출 조건	• IG KEY "ON"		
판정값	• 출력 신호 최대값 이상(4886mV 이상인 경우)		
검출 시간	• 2.0 sec.		• 흡기온 센서 회로
페일세이프 (Fail Safe)	연료 차단	비실행	• 흡기온 센서 단품
	EGR 금지	비실행	• 고장시 50℃ 로 판정
	연료 제한	비실행	
	체크 램프	비점등	

제원 KDCD14D9

온도	-40℃	-20℃	0℃	20℃	40℃	60℃	80℃
저항치	35.14~43.76KΩ	12.66~15.12KΩ	5.12~5.89KΩ	2.29~2.55KΩ	1.10~1.24KΩ	0.57~0.65KΩ	0.31~0.37KΩ

부분 회로도 KB5EA7DD

DTC P0112 참조.

기준 파형 및 데이터 KB441E74

DTC P0112 참조.

스캔툴 데이터 분석 KF903478

DTC P0112 참조.

커넥터 및 터미널 점검 KE0D3D3E

DTC P0112 참조.

신호선 점검 K8DF623D

1. 신호선 전압 점검

    1) IG KEY "OFF", 엔진을 정지한다.

    2) 부스트 압력 센서 커넥터를 탈거한다.

    3) IG KEY "ON"

    4) 부스트 압력 센서 커넥터 3번 단자의 전압을 점검한다.

    규정값 : 4.8V~5.1V

    5) 규정 전압이 검출되는가?

    YES

    ▶ "접지선 점검"을 실시한다.

    NO

    ▶ 아래 "2.신호선 단선 점검"을 실시한다.

2. 신호선 단선 점검

    1) IG KEY "OFF", 엔진을 정지한다.

    2) 흡입공기량 센서 커넥터와 ECM 커넥터를 탈거한다.

    3) 흡입공기량 센서 커넥터 3번 단자와 ECM 커넥터 89번 단자간 통전 시험을 실시한다.

    규정값 : 통전(1.0Ω 이하)

    4) 통전 시험은 정상 적인가?

    YES

    ▶ 아래 "3.신호선 단락(전원측) 점검"을 실시한다.

    NO

    ▶ 단선 발생 부위를 찾아 수리 후 "고장수리 확인" 절차를 수행한다.

3. 신호선 단락(전원측) 점검

    1) IG KEY "OFF", 엔진을 정지한다.

    2) 부스트 압력 센서 커넥터와 ECM 커넥터를 탈거한다.

    3) IG KEY "ON"

    4) 흡입공기량 센서 커넥터 3번 단자의 전압을 점검한다.

고장진단   FL -173

규정값 : 0.0V~0.1V

    5) 양단 커넥터가 분리된 상태에서 회로에 이상 전압이 검출 되는가?

       YES

      ▶ 단락(전원측) 발생 부위를 찾아 수리 후 "고장수리 확인" 절차를 수행한다.

       NO

      ▶ "접지선 점검" 절차를 수행한다.

접지선 점검 KB307D26

1. IG KEY "OFF", 엔진을 정지한다.
2. 흡입공기량 센서 커넥터를 탈거한다.
3. IG KEY "ON"
4. 흡입공기량 센서 커넥터 3번 단자의 전압을 확인한다. [TEST "A"]
5. 흡입공기량 센서 커넥터 3번 단자와 2번 단자간 전압을 점검한다. [TEST "B"]
   (3번 단자 : + 프로브 검침 , 2번 단자 : - 프로브 검침)

규정값 : [TEST "A"] 전압 - [TEST "B"] 전압 = 200mV 이내

6. 접지선의 접지 상태는 정상적인가?

   YES

  ▶ "단품 점검"을 실시한다.

   NO

  ▶ "B" 전압이 검출 되지 않을 경우 : 접지 회로의 단선을 수리 후 "고장수리 확인" 절차를 수행한다.
  ▶ "A" 와 "B" 전압 차이가 200mV 이상일 경우 : 접지 회로의 저항 과다 요인을 수정 후 "고장수리 확인" 절차를 수행한다.

단품점검 K3C46A45

1. IG KEY "OFF", 엔진을 정지한다.
2. 흡입공기량 센서 커넥터를 탈거한다.
3. 제원의 온도별 저항 특성표를 참조하여 흡기온 센서 단품 3번 과 2번 단자 저항값을 점검한다.

규정값 : 일반 정보의 규정값 참조

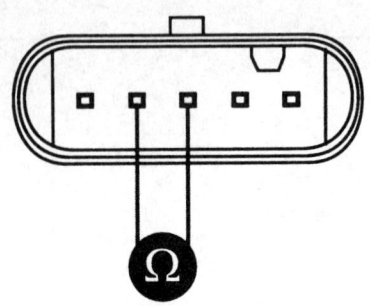

AWJF002V

4. 흡기온 센서의 온도별 저항값은 정상적인가?

   YES

   ▶ "고장수리 확인" 절차를 수행한다.

   NO

   ▶ 흡입공기량센서 어셈블리를 교환 후 "고장수리 확인" 절차를 수행한다.

고장수리 확인 K0E9080B

DTC P0112 참조.

고장진단

DTC P0117 냉각 수온 센서(ECTS) 회로 이상-입력값 낮음

부품 위치   K5D54C72

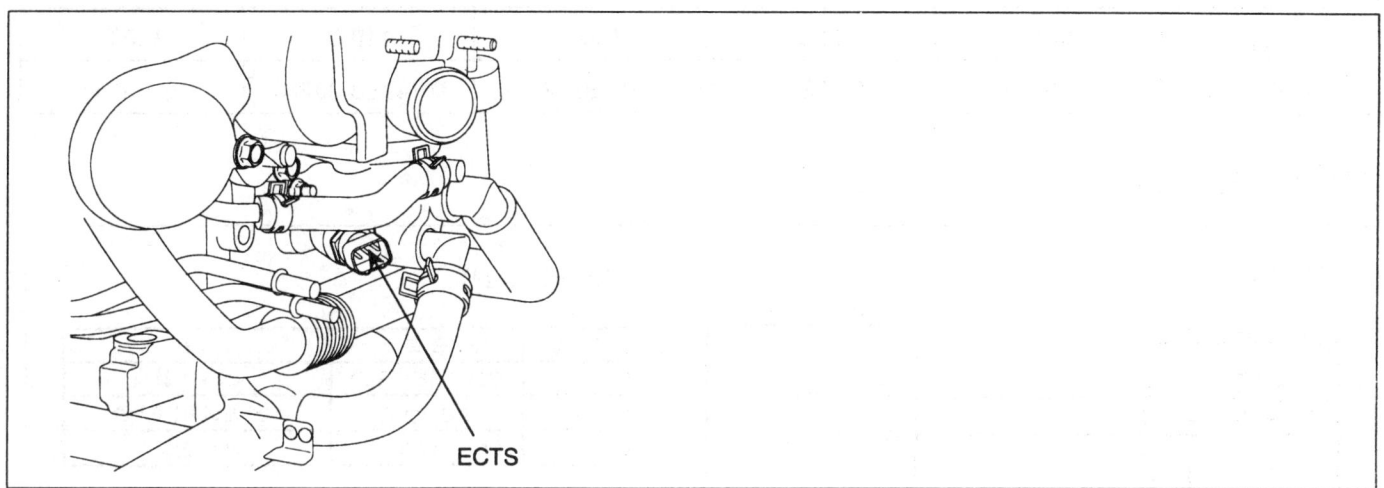

기능 및 역할   K829F516

냉각 수온 센서는 부특성 써미스터로 실린더 헤드의 냉각수 라인에 설치되어 엔진 냉각수 온도를 검출한다. 이 냉각 수온 정보를 통해 ECM은 연료량 보정 및 냉각휀 제어, 예열 장치 작동 시간 제어를 수행한다. 특히 냉간시 연료 보정에 절대적인 역할을 하므로 냉각수온 센서 고장시 냉시동성에 큰 영향을 미치게 된다. 또한 냉각수온 센서 FAIL시 엔진이 가동중이라면 ECM은 냉각수온을 80℃ 로 간주하여 연료량을 제어하며, 크랭킹시는 -10℃ 로 간주하여 연료량을 제어한다. 그외 냉각수온에 의해 제어되는 냉각휀은 엔진 과열 방지를 위해 엔진 시동중 상시 작동(HIGH-MODE)시키며, 보조히터는 작동시키지 않는다.

고장 코드 설명   KDCCF3E0

P0117 코드는 냉각수온 센서 출력의 최소치인 225mV 이하의 전압이 2.0초간 검출될 경우 발생되는 고장 코드로 냉각수온 센서 출력 회로 단락(접지측)의 경우이다.

고장판정 조건   K6D26B51

항 목	감지 조건			고장 예상 부위
검출 방법	• 전압 모니터링			
검출 조건	• IG KEY "ON"			
판정값	• 출력 신호 최소값 이하(225mV 이하인 경우)			
검출 시간	• 2.0 sec.			
페일세이프 (Fail Safe)	연료 차단	비실행	• 냉각수온에 따른 에어컨 컨덴서 팬 제어 작동 중지 • 보조히터 작동 금지 • 냉각 팬 상시 HIGH-MODE 구동 • 엔진 구동중 : 80℃ 고정 , 크랭킹 이전 : -10℃ 고정	• 냉각수온 센서 회로 • 냉각수온 센서 단품
	EGR 금지	실행		
	연료 제한	비실행		
	체크 램프	비점등		

제원 K604009B

온도	영하 40℃	영하 20℃	0℃	20℃	40℃
저항치	48.14 kΩ	15.48±1.35 kΩ	5.790 kΩ	2.45±0.14 kΩ	1.148 kΩ
온도	60℃	80℃	100℃	110℃	120℃
저항치	0.586 kΩ	0.322 kΩ	0.188 kΩ	0.147±0.002 kΩ	0.116 kΩ

부분 회로도 KBB5E80F

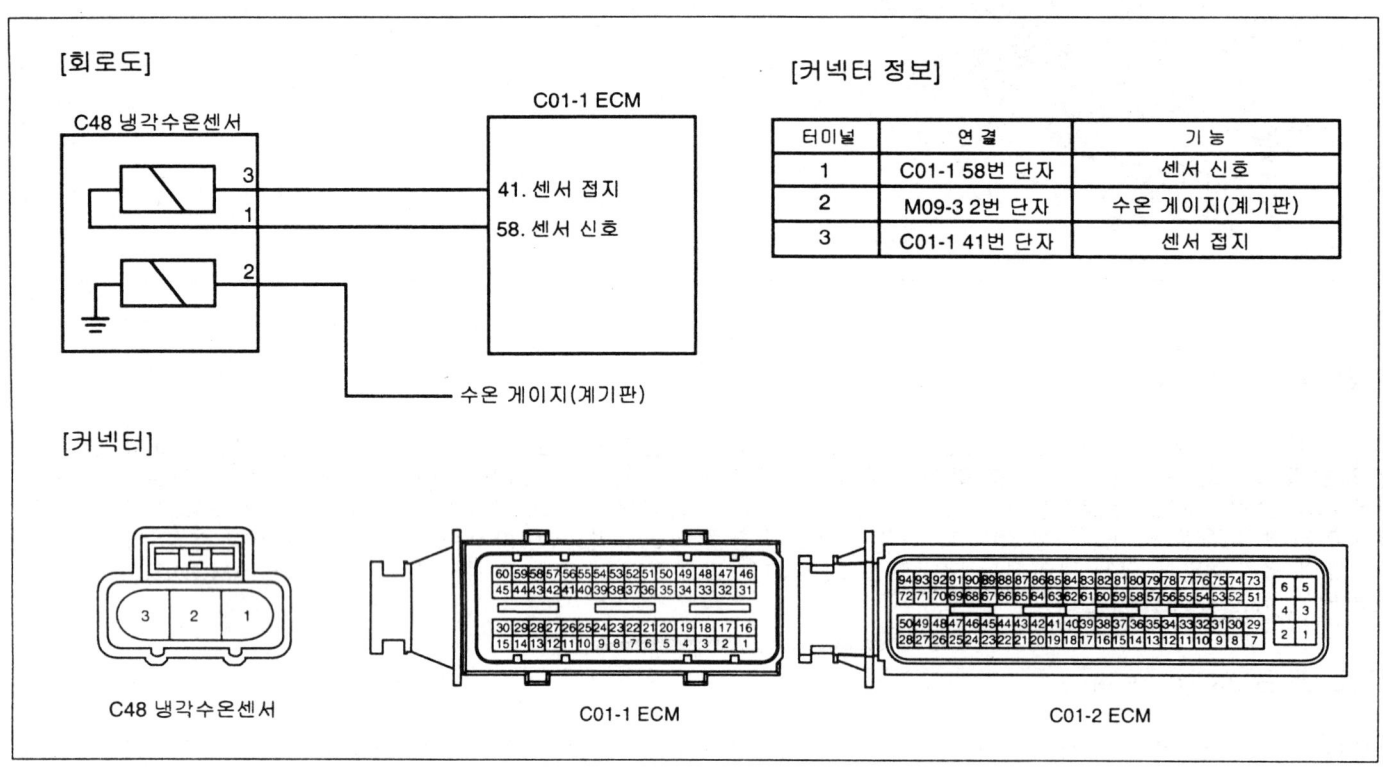

[커넥터 정보]

터미널	연결	기능
1	C01-1 58번 단자	센서 신호
2	M09-3 2번 단자	수온 게이지(계기판)
3	C01-1 41번 단자	센서 접지

고장진단

기준 파형 및 데이터 K4E1A0BD

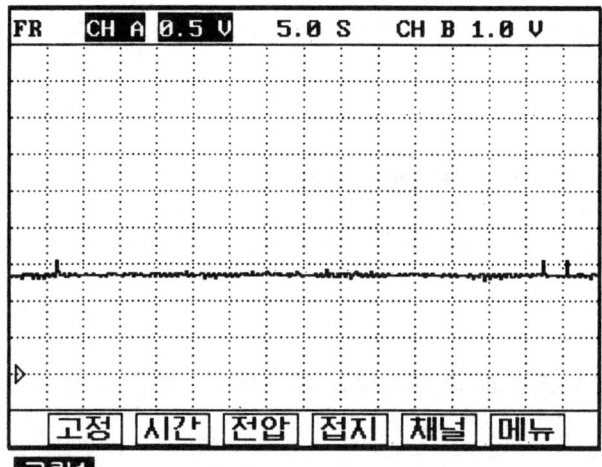

그림1

그림1) 80℃ 일때 냉각수온 센서 출력 파형으로 온도가 상승 할수록 전압이 낮아지는 모습을 보인다.

AWJF003A

스캔툴 데이터 분석 KAF33AFF

1. 자기진단 커넥터에 스캔툴을 연결한다.
2. 엔진을 정상작동 온도 까지 워밍업 한다.
3. 전기 장치 및 에어컨을 OFF 한다.
4. 스캔툴에 표시되는 "냉각수온 센서" 항목을 점검한다.

규정값 : 현재 냉각수 온도를 표시함

```
        1.2 써비스 데이터
 ✱ 공기량(mg/st)        374   mg/st
 ✱ 엑셀포지션센서       0.0   %
 ✱ 흡기온센서           37.1  ℃
 ✱ 냉각수온 센서        84.8  ℃
 ✱ 엔진회전수           830   rpm
 ✱ 레일압력             28.2  MPa
 ✱ 레일압력조절밸브     17.3  %
 ✱ EGR 액쥬에이터       9.4   %

  고정  단품  전체  도움  라인  기록
```

그림1

그림1) 현재 엔진 상태에 따라 상이한 지시값을 나타내지 않는지 점검하며, 엔진 구동중 갑자기 80℃로 고정 되지 않는지,
IG KEY "ON" 시 -10℃ 로 고정 되지 않는지 점검한다. 80℃ 혹은 -10℃ 로 고정 되는 것은 냉각수온 센서의 고장을 의미한다.
냉각수온 센서의 고장이 감지되면, 엔진의 과열을 방지하기 위해 냉각팬은 상시 구동한다.

AWJF003B

커넥터 및 터미널 점검   KADA4D1F

1. 전기장치는 수 많은 하네스와 커넥터로 구성되며, 이러한 커넥터들의 접촉 불량은 여러가지 다양한 문제를 유발 시키고, 부품을 손상 시키기도 한다.

2. 다음 점검 절차를 수행한다.

    1) 하네스와 터미널의 손상을 점검한다. : 터미널의 접촉 저항, 산화, 변형을 점검한다.

    2) ECM 과 단품 커넥터의 접속 상태를 확인한다. : 터미널 단자의 이탈, 록킹 장치의 손상, 터미널과 와이어링의 연결 상태를 점검한다.

    📖 참고
    점검이 필요한 커넥터의 수컷측 핀을 탈거하여, 암컷측 터미널에 삽입 접촉 상태를 점검한다. (점검 후 탈거한 핀을 정위치에 바르게 장착한다.)

3. 문제 부위가 확인되는가?

    YES
    ▶ 문제 부위를 수리후 "고장수리 확인" 절차를 수행한다.

    NO
    ▶ "신호선 점검" 절차를 수행한다.

신호선 점검   K087F142

1. 신호선 전압 점검

    1) IG KEY "OFF", 엔진을 정지한다.

    2) 냉각수온 센서 커넥터를 탈거한다.

    3) IG KEY "ON"

    4) 냉각수온 센서 커넥터 1번 단자의 전압을 점검한다.

    규정값 : 4.8V~5.1V

    5) 규정 전압이 검출되는가?

    YES
    ▶ "단품 점검" 을 실시한다.

    NO
    ▶ 아래 "2.신호선 단락(접지측) 점검" 을 실시한다.

2. 신호선 단락(접지측) 점검

    1) IG KEY "OFF", 엔진을 정지한다.

    2) 냉각수온 센서 커넥터와 ECM 커넥터를 탈거한다.

    3) 냉각수온 센서 커넥터 1번 단자와 차체 접지간 통전 시험을 실시한다.

고장진단

규정값 : 비통전(무한대Ω)

4) 신호 회로의 접지측 절연 상태는 정상적인가?

YES

▶ "단품 점검"을 실시한다.

NO

▶ 단락(접지측) 발생 부위를 찾아 수리 후 "고장수리 확인" 절차를 수행한다.

단품점검 KB967B82

1. IG KEY "OFF", 엔진을 정지한다.
2. 냉각수온 센서 커넥터를 탈거한다.
3. 제원의 온도별 저항 특성표를 참조하여 냉각수온 센서 단품 1번 과 3번 단자 저항값을 점검한다.

규정값 : 제원 참조

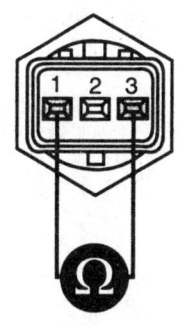

AWJF003E

4. 냉각수온 센서의 온도별 저항값은 정상적인가?

YES

▶ "고장수리 확인" 절차를 수행한다.

NO

▶ 냉각수온 센서 교환 후 "고장수리 확인" 절차를 수행한다.

고장수리 확인 KF2CBAD3

본 진단 가이드를 사용해서 발생된 문제를 수리한 뒤, 고장이 완전히 해결되었는지 확인하는 과정이 필요하다.

1. 스캔툴을 연결한 후, 자기진단을 실시하여 고장 코드를 확인한다.
2. 저장된 고장코드를 스캔툴을 이용하여 소거한다.
3. 고장 판정 조건중의 검출 조건에 따라 차량을 주행한다.
4. 스캔툴로 자기 진단을 실시하여 고장 코드가 발생 되었는지 확인한다.

5. 고장 코드가 발생되는가 ?

   YES

   ▶ 해당되는 고장 코드 수리 절차로 이동한다.

   NO

   ▶ 고장 수리가 완료되어 시스템이 정상적으로 작동한다.

고장진단

DTC P0118 냉각 수온 센서(ECTS) 회로 이상-입력값 높음

부품 위치

DTC P0117 참조.

기능 및 역할

DTC P0117 참조.

고장 코드 설명

P0118 코드는 냉각수온 센서 출력의 최대치인 4965mV 이상의 전압이 2.0초간 검출될 경우 발생되는 고장 코드로 냉각수온 센서 출력 회로 단선, 단락(전원측), 접지 회로 단선의 경우이다.

고장판정 조건

항목		감지 조건		고장 예상 부위
검출 방법		• 전압 모니터링		
검출 조건		• IG KEY "ON"		
판정값		• 출력 신호 최대값 이상(4965mV 이상인 경우)		
검출 시간		• 2.0 sec.		
페일세이프 (Fail Safe)	연료 차단	비실행	• 냉각수온에 따른 에어컨 컨덴서 팬 제어 작동 중지 • 보조히터 작동 금지 • 냉각팬 상시 HIGH-MODE 구동 • 엔진 구동중 : 80℃ 고정 , 크랭킹 이전 : -10℃ 고정	• 냉각수온 센서 회로 • 냉각수온 센서 단품
	EGR 금지	실행		
	연료 제한	비실행		
	체크 램프	비점등		

제원

온도	영하 40℃	영하 20℃	0℃	20℃	40℃
저항치	48.14 kΩ	15.48±1.35 kΩ	5.790 kΩ	2.45±0.14 kΩ	1.148 kΩ
온도	60℃	80℃	100℃	110℃	120℃
저항치	0.586 kΩ	0.322 kΩ	0.188 kΩ	0.147±0.002 kΩ	0.116 kΩ

부분 회로도

DTC P0117 참조.

기준 파형 및 데이터

DTC P0117 참조.

스캔툴 데이터 분석   KF1D04F2

DTC P0117 참조.

커넥터 및 터미널 점검   KF023CE3

DTC P0117 참조.

신호선 점검   KC4FF988

1. 신호선 전압 점검

    1) IG KEY "OFF", 엔진을 정지한다.
    2) 냉각수온 센서 커넥터를 탈거한다.
    3) IG KEY "ON"
    4) 냉각수온 센서 커넥터 1번 단자의 전압을 점검한다.

    규정값 : 4.8V~5.1V

    5) 규정 전압이 검출되는가?

        YES
        ▶ "접지선 점검" 을 실시한다.

        NO
        ▶ 아래 "2.신호선 단선 점검" 을 실시한다.

2. 신호선 단선 점검

    1) IG KEY "OFF", 엔진을 정지한다.
    2) 냉각수온 센서 커넥터와 ECM 커넥터를 탈거한다.
    3) 냉각수온 센서 커넥터 1번 단자와 ECM 커넥터 58번 단자간 통전 시험을 실시한다.

    규정값 : 통전(1.0Ω 이하)

    4) 통전 시험은 정상적인가?

        YES
        ▶ 아래 "3.신호선 단락(전원측)점검" 을 실시한다.

        NO
        ▶ 단선 발생 부위를 찾아 수리 후 "고장수리 확인" 절차를 수행한다.

3. 신호선 단락(전원측) 점검

    1) IG KEY "OFF", 엔진을 정지한다.
    2) 냉각수온 센서 커넥터와 ECM 커넥터를 탈거한다.

고장진단

3) IG KEY "ON"

4) 냉각수온 센서 커넥터 1번 단자의 전압을 점검한다.

규정값 : 0.0V~0.1V

5) 양단 커넥터가 분리된 상태에서 회로에 이상 전압이 검출 되는가?

YES

▶ 단락(전원측) 발생 부위를 찾아 수리 후 "고장수리 확인" 절차를 수행한다.

NO

▶ "접지선 점검" 절차를 수행한다.

접지선 점검 K5245329

1. IG KEY "OFF", 엔진을 정지한다.

2. 냉각수온 센서 커넥터를 탈거한다.

3. IG KEY "ON"

4. 냉각수온 센서 커넥터 1번 단자의 전압을 확인한다. [TEST "A"]

5. 냉각수온 센서 커넥터 1번 단자와 3번 단자간 전압을 점검한다. [TEST "B"]
   (1번 단자 : + 프로브 검침 , 3번 단자 : - 프로브 검침)

규정값 : [TEST "A"] 전압 - [TEST "B"] 전압 = 200mV 이내

6. 접지선의 접지 상태는 정상적인가?

YES

▶ "단품 점검"을 실시한다.

NO

▶ "B" 전압이 검출 되지 않을 경우 : 접지 회로의 단선을 수리 후 "고장수리 확인" 절차를 수행한다.
▶ "A" 와 "B" 전압 차이가 200mV 이상일 경우 : 접지 회로의 저항 과다 요인을 수정 후 "고장수리 확인" 절차를 수행한다.

단품점검 K23922B9

1. IG KEY "OFF", 엔진을 정지한다.

2. 냉각수온 센서 커넥터를 탈거한다.

3. 제원의 온도별 저항 특성표를 참조하여 냉각수온 센서 단품 1번 과 3번 단자 저항값을 점검한다.

규정값 : 제원 참조

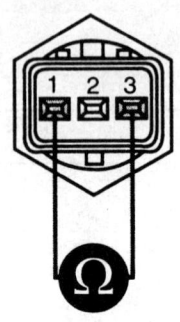

AWJF003E

4. 냉각수온 센서의 온도별 저항값은 정상적인가?

   YES

   ▶ "고장수리 확인" 절차를 수행한다.

   NO

   ▶ 냉각수온 센서 교환 후 "고장수리 확인" 절차를 수행한다.

고장수리 확인   K449E078

DTC P0117 참조.

DTC P0182 연료 온도 센서 (FTS) 회로-입력값 낮음

부품 위치

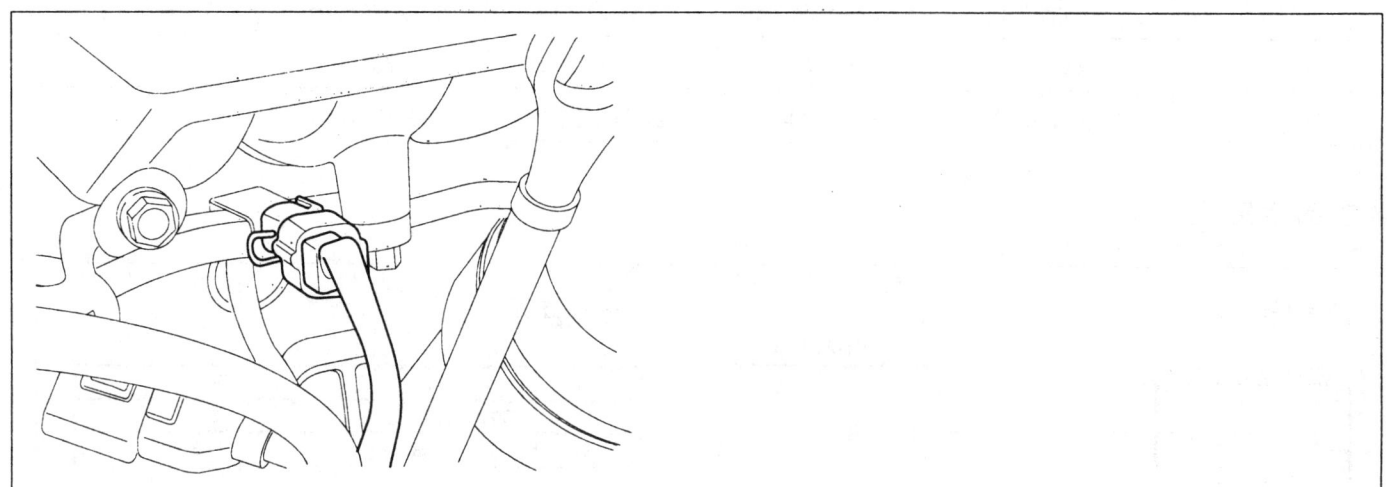

기능 및 역할

연료 온도 센서는 부특성 써미스터로 연료 공급 라인에 장착되어 고압 펌프에 공급되는 연료 온도를 검출한다. 연료 온도 정보는 연료 온도에 따른 연료량 보정 및 연료 온도가 120℃ 이상 상승하는 것을 방지 하기위해 연료 분사량을 제한(엔진 출력을 제한)한다. 이는 연료 온도 상승시 발생할 수 있는 연료 라인의 베이퍼록 현상과 경유의 유막(점도) 파괴 현상으로 인한 윤활 성능의 급격한 저하로 고압 펌프 및 인젝터등 연료 계통에 손상이 발생하는것을 방지하기 위함이다.

고장 코드 설명

P0182 코드는 연료 온도 센서 출력의 최소치인 53mV(0.053V) 이하의 전압이 2.0초간 검출될 경우 발생되는 고장 코드로 연료온도 센서 출력 회로 단락(접지측)의 경우에 해당한다.

고장판정 조건

항목	감지 조건		고장 예상 부위
검출 방법	• 전압 모니터링		
검출 조건	• IG KEY "ON"		
판정값	• 출력 신호 최소값 이하(53mV 이하인 경우)		
검출 시간	• 2.0 sec.		• 연료온도 센서 회로
페일세이프 (Fail Safe)	연료 차단	비실행	• 연료온도 센서 단품
	EGR 금지	비실행	
	연료 제한	비실행	
	체크 램프	비점등	

제원

온도	-30℃	-20℃	-10℃	0℃	20℃
저항치	22.22~31.78kΩ	13.24~18.10kΩ	8.16~10.74kΩ	5.18~6.60kΩ	2.27~2.73kΩ
온도	40℃	50℃	60℃	70℃	
저항치	1.059~1.281kΩ	0.748~0.904kΩ	0.538~0.650kΩ	0.392~0.476kΩ	

부분 회로도

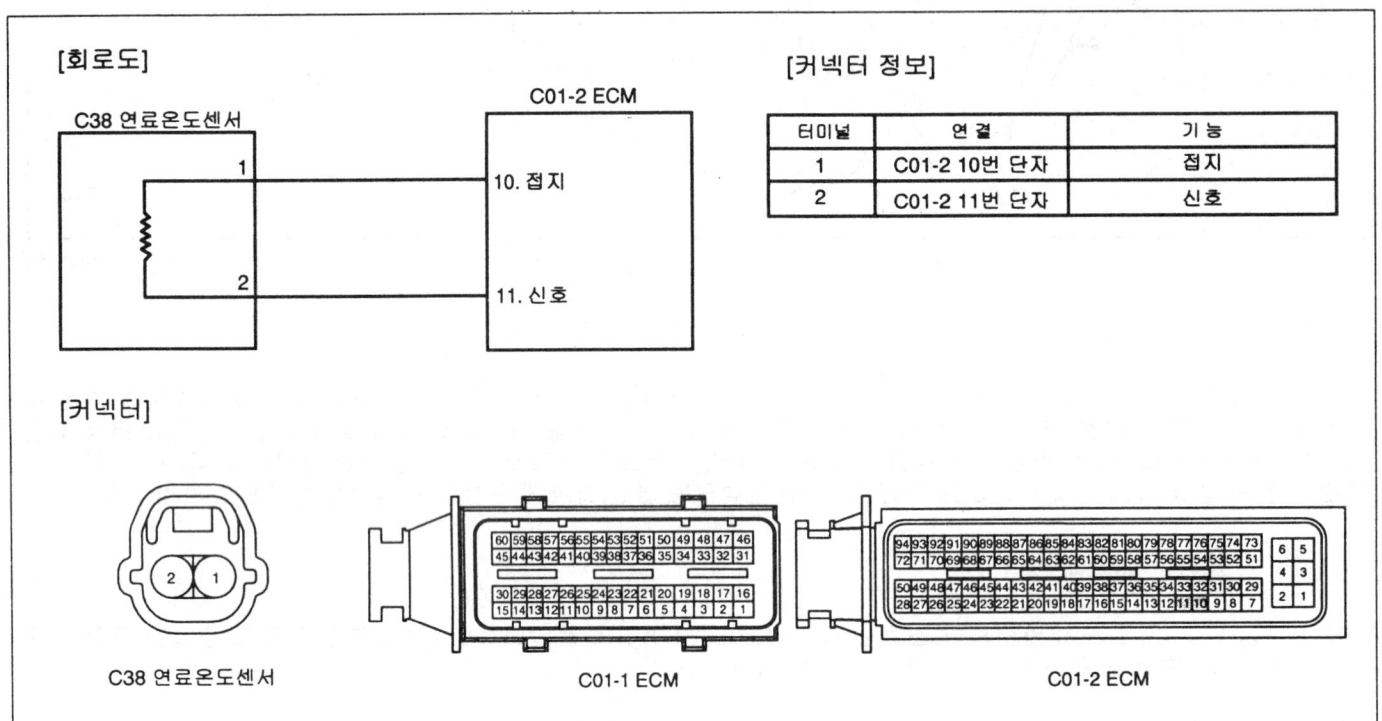

기준 파형 및 데이터

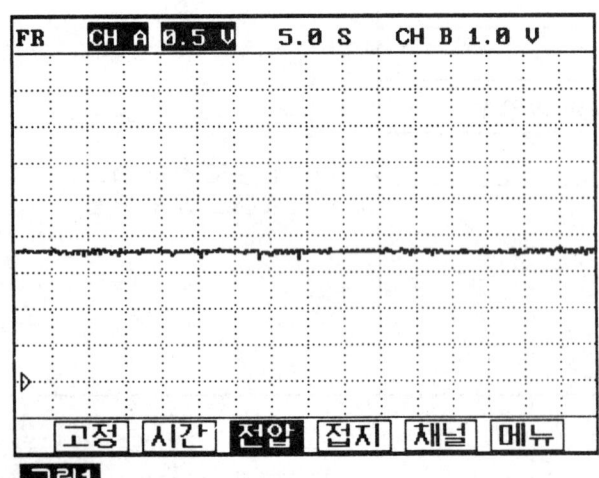

그림1) 50℃ 일때 연료온도 센서 출력 파형으로 온도가 상승 할수록 전압이 낮아지는 모습을 보인다.

고장진단　　　　　　　　　　　　　　　　　　　　　　　　　　　　　　　　FL -187

스캔툴 데이터 분석　K1AA4624

1. 자기진단 커넥터에 스캔툴을 연결한다.

2. 엔진을 정상작동 온도 까지 워밍업 한다.

3. 전기 장치 및 에어컨을 OFF 한다.

4. 스캔툴에 표시되는 "연료온도 센서" 항목을 점검한다.

규정값 : 현재 냉각수 온도를 표시함

```
        1.2 써비스 데이터
✱ 공기량(mg/st)        346   mg/st
✱ 엑셀포지션센서 1     728   mV
✱ 엔진회전수           830   rpm
✱ 차속센서             0     km/h
✱ 연료온도센서         45.2  ℃
✱ 레일압력             28.5  MPa
✱ 레일압력조절밸브     16.4  %
✱ 연료분사량           4.3   mcc

  [고정][단품][전체][도움][라인][기록]
```
그림1

그림1) 현재 엔진 상태에 따라 상이한 지시값을 나타내지 않는지 점검한다.

AWJF003K

커넥터 및 터미널 점검　K68111C5

1. 전기장치는 수 많은 하네스와 커넥터로 구성되며, 이러한 커넥터들의 접촉 불량은 여러가지 다양한 문제를 유발 시키고, 부품을 손상 시키기도 한다.

2. 다음 점검 절차를 수행한다.

    1) 하네스와 터미널의 손상을 점검한다. : 터미널의 접촉 저항, 산화, 변형을 점검한다.

    2) ECM 과 단품 커넥터의 접속 상태를 확인한다. : 터미널 단자의 이탈, 록킹 장치의 손상, 터미널과 와이어링의 연결 상태를 점검한다.

    [U] 참고

    점검이 필요한 커넥터의 수컷측 핀을 탈거하여, 암컷측 터미널에 삽입 접촉 상태를 점검한다. (점검 후 탈거한 핀을 정위치에 바르게 장착한다.)

3. 문제 부위가 확인되는가?

    YES

    ▶ 문제 부위를 수리후 "고장수리 확인" 절차를 수행한다.

    NO

    ▶ "신호선 점검" 절차를 수행한다.

신호선 점검 KCF460B6

1. 신호선 전압 점검

    1) IG KEY "OFF", 엔진을 정지한다.

    2) 연료온도 센서 커넥터를 탈거한다.

    3) IG KEY "ON"

    4) 연료온도 센서 커넥터 2번 단자의 전압을 점검한다.

    규정값 : 4.8V~5.1V

    5) 규정 전압이 검출되는가?

        YES
        ▶ "단품 점검" 을 실시한다.

        NO
        ▶ 아래 "2.신호선 단락(접지측) 점검" 을 실시한다.

2. 신호선 단락(접지측) 점검

    1) IG KEY "OFF", 엔진을 정지한다.

    2) 연료온도 센서 커넥터와 ECM 커넥터를 탈거한다.

    3) 연료온도 센서 커넥터 2번 단자와 차체 접지간 통전 시험을 실시한다.

    규정값 : 비통전(무한대Ω)

    4) 신호 회로의 접지측 절연 상태는 정상적인가?

        YES
        ▶ "단품 점검" 을 실시한다.

        NO
        ▶ 단락(접지측) 발생 부위를 찾아 수리 후 "고장수리 확인" 절차를 수행한다.

단품점검 K5A9A83A

1. IG KEY "OFF", 엔진을 정지한다.

2. 연료온도 센서 커넥터를 탈거한다.

3. 제원의 온도별 저항 특성표를 참조하여 연료온도 센서 단품 1번 과 2번 단자 저항값을 점검한다.

규정값 : 제원 참조

고장진단

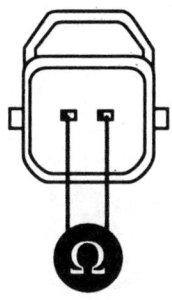

4. 연료온도 센서의 온도별 저항값은 정상적인가?

YES

▶ "고장수리 확인" 절차를 수행한다.

NO

▶ 연료온도 센서 교환 후 "고장수리 확인" 절차를 수행한다.

고장수리 확인

본 진단 가이드를 사용해서 발생된 문제를 수리한 뒤, 고장이 완전히 해결되었는지 확인하는 과정이 필요하다.

1. 스캔툴을 연결한 후, 자기진단을 실시하여 고장 코드를 확인한다.
2. 저장된 고장코드를 스캔툴을 이용하여 소거한다.
3. 고장 판정 조건중의 검출 조건에 따라 차량을 주행한다.
4. 스캔툴로 자기 진단을 실시하여 고장 코드가 발생 되었는지 확인한다.
5. 고장 코드가 발생되는가 ?

YES

▶ 해당되는 고장 코드 수리 절차로 이동한다.

NO

▶ 고장 수리가 완료되어 시스템이 정상적으로 작동한다.

DTC P0183 연료 온도 센서 (FTS) 회로-입력값 높음

부품 위치 K97FB082

DTC P0182 참조.

기능 및 역할 K208449F

DTC P0182 참조.

고장 코드 설명 K7CA2CA2

P0183 코드는 연료온도 센서 출력의 최대치인 4912mV 이상의 전압이 2.0초간 검출될 경우 발생되는 고장 코드로 연료 온도 센서 출력 회로의 단선, 단락(전원측), 접지 회로 단선의 경우이다.

고장판정 조건 K1C6F77E

항 목	감지 조건		고장 예상 부위
검출 방법	• 전압 모니터링		
검출 조건	• IG KEY "ON"		
판정값	• 출력 신호 최대값 이상(4912mV 이상인 경우)		• 연료온도 센서 회로
검출 시간	• 2.0 sec.		• 연료온도 센서 단품
페일세이프 (Fail Safe)	연료 차단	비실행	
	EGR 금지	비실행	
	연료 제한	비실행	
	체크 램프	비점등	

제원 K521094B

온도	-30℃	-20℃	-10℃	0℃	20℃
저항치	22.22~31.78kΩ	13.24~18.10kΩ	8.16~10.74kΩ	5.18~6.60kΩ	2.27~2.73kΩ
온도	40℃	50℃	60℃	70℃	
저항치	1.059~1.281kΩ	0.748~0.904kΩ	0.538~0.650kΩ	0.392~0.476kΩ	

부분 회로도 K379CC0F

DTC P0182 참조.

기준 파형 및 데이터 KE0BC128

DTC P0182 참조.

고장진단

스캔툴 데이터 분석 K2B93376

DTC P0182 참조.

커넥터 및 터미널 점검 K2B54D30

DTC P0182 참조.

신호선 점검 KCE82856

1. 신호선 전압 점검

    1) IG KEY "OFF", 엔진을 정지한다.
    2) 연료온도 센서 커넥터를 탈거한다.
    3) IG KEY "ON"
    4) 연료온도 센서 커넥터 2번 단자의 전압을 점검한다.

    규정값 : 4.8V~5.1V

    5) 규정 전압이 검출되는가?

        YES
        ▶ "접지선 점검" 을 실시한다.

        NO
        ▶ 아래 "2.신호선 단선 점검" 을 실시한다.

2. 신호선 단선 점검

    1) IG KEY "OFF", 엔진을 정지한다.
    2) 연료온도 센서 커넥터와 ECM 커넥터를 탈거한다.
    3) 연료온도 센서 커넥터 2번 단자와 ECM 커넥터 11번 단자간 통전 시험을 실시한다.

    규정값 : 통전(1.0Ω 이하)

    4) 통전 시험은 정상적인가?

        YES
        아래 "3.신호선 단락(전원측)점검" 을 실시한다.

        NO
        단선 발생 부위를 찾아 수리 후 "고장수리 확인" 절차를 수행한다.

3. 신호선 단락(전원측) 점검

    1) IG KEY "OFF", 엔진을 정지한다.
    2) 연료온도 센서 커넥터와 ECM 커넥터를 탈거한다.

3) IG KEY "ON"

4) 연료온도 센서 커넥터 2번 단자의 전압을 점검한다.

규정값 : 0.0V~0.1V

5) 양단 커넥터가 분리된 상태에서 회로에 이상 전압이 검출 되는가?

YES

▶ 단락(전원측) 발생 부위를 찾아 수리 후 "고장수리 확인" 절차를 수행한다.

NO

▶ "접지선 점검" 절차를 수행한다.

접지선 점검   K143AB5C

1. IG KEY "OFF", 엔진을 정지한다.

2. 연료온도 센서 커넥터를 탈거한다.

3. IG KEY "ON"

4. 연료온도 센서 커넥터 2번 단자의 전압을 확인한다. [TEST "A"]

5. 연료온도 센서 커넥터 1번 단자와 2번 단자간 전압을 점검한다. [TEST "B"]
   (2번 단자 : + 프로브 검침 , 1번 단자 : - 프로브 검침)

규정값 : [TEST "A"] 전압 - [TEST "B"] 전압 = 200mV 이내

6. 접지선의 접지 상태는 정상적인가?

YES

▶ "단품 점검"을 실시한다.

NO

▶ "B" 전압이 검출 되지 않을 경우 : 접지 회로의 단선을 수리 후 "고장수리 확인" 절차를 수행한다.
▶ "A" 와 "B" 전압 차이가 200mV 이상일 경우 : 접지 회로의 저항 과다 요인을 수정 후 "고장수리 확인" 절차를 수행한다.

단품점검   K9BD4E2E

1. IG KEY "OFF", 엔진을 정지한다.

2. 연료온도 센서 커넥터를 탈거한다.

3. 제원의 온도별 저항 특성표를 참조하여 연료온도 센서 단품 1번 과 2번 단자 저항값을 점검한다.

규정값 : 제원 참조

고장진단

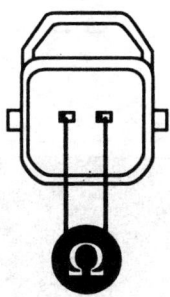

4. 연료온도 센서의 온도별 저항값은 정상적인가?

YES

▶ "고장수리 확인" 절차를 수행한다.

NO

▶ 연료온도 센서 교환 후 "고장수리 확인" 절차를 수행한다.

고장수리 확인

DTC P0182 참조.

DTC P0192 레일 압력 센서 (RPS) 회로-입력값 낮음

부품 위치

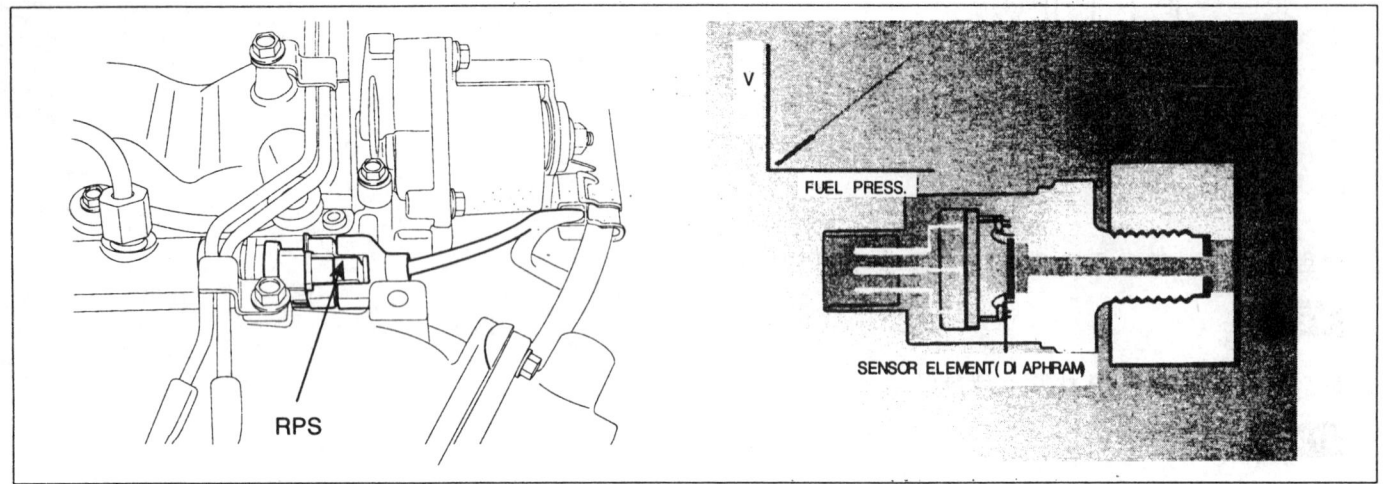

기능 및 역할

레일 압력 센서는 피에조 압전 소자로 구성되어 커먼레일 내부의 연료 압력을 검출한다.

ECM 은 레일 압력 센서 신호를 이용 엔진 상태에 따른 최적연료 분사량을 결정한다. 또한 레일 압력 센서 신호는 레일 압력을 특정 엔진 상황에 최적으로 제어하기 위해 레일 압력 조절기의 피드백 신호로 사용된다.

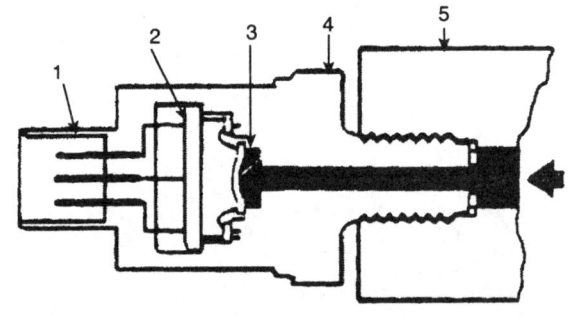

1. 커넥터
2. 측정회로
3. 센서 엘리먼트(다이어프램)
4. 레일압력센서 ASS'Y
5. 연료레일

고장 코드 설명

P0192 코드는 레일 압력 센서 출력의 최소값인 254mV 이하의 전압이 0.2초간 검출될 경우 발생되는 고장 코드로 레일 압력 센서 전원 회로 단선 및 신호 회로 단락(접지측)의 경우이다.

고장진단

고장판정 조건

항 목	감지 조건			고장 예상 부위
검출 방법	• 전압 모니터링			
검출 조건	• 엔진 구동			
판정값	• 출력 신호 최소값 이하 (254mV 이하인 경우)			• 레일 압력 센서 회로
검출 시간	• 200ms			• 레일 압력 센서 단품
페일세이프 (Fail Safe)	연료 차단	비실행	• 고장시 기본값 : 330bar 로 고정	
	EGR 금지	비실행		
	연료 제한	실행		
	체크 램프	점등		

제원

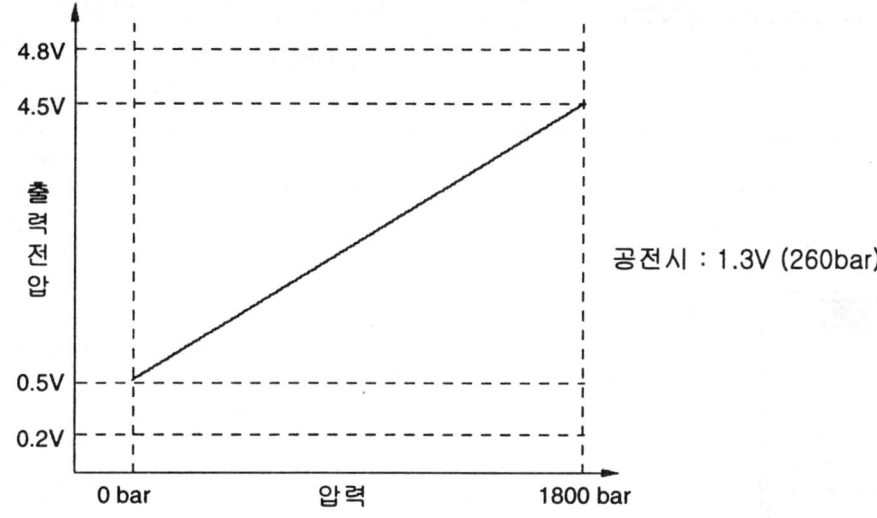

부분 회로도 K388F1C9

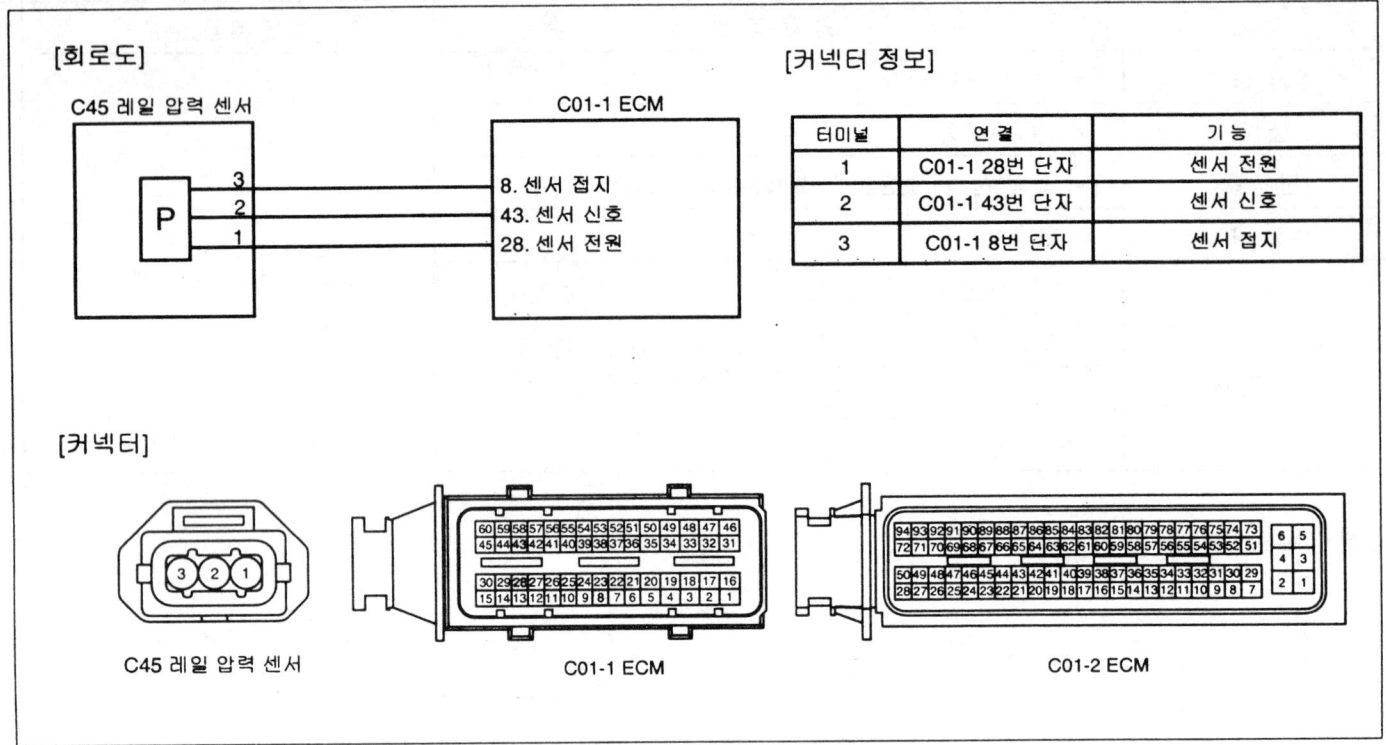

기준 파형 및 데이터 KEB9B211

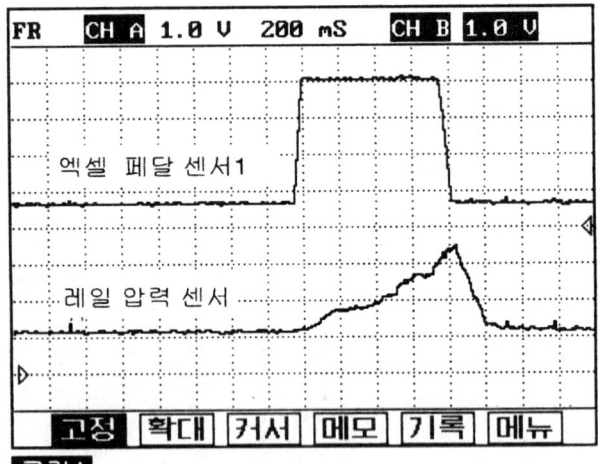

그림1
그림1) 엑셀 페달 센서1과 레일 압력 센서를 동시에 측정한 파형으로, 급 가속시 레일 압력 센서 출력이 상승되는 모습을 확인할 수 있다.

스캔툴 데이터 분석 K105FE1E

1. 자기진단 커넥터에 스캔툴을 연결한다.

2. 엔진을 정상작동 온도 까지 워밍업 한다.

3. 전기 장치 및 에어컨을 OFF 한다.

고장진단

4. 스캔툴에 표시되는 "연료측정(MPROP)", "레일압력", "레일압력조절밸브" 항목을 점검한다.

규정값 :

	아이들(무부하)	가속시(스톨테스트)	분석
연료측정(MPROP)	38 ± 5%	32 ± 5%	듀티 감소
레일압력	28.5 ± 5 Mpa	145 ± 10 Mpa	압력 증가
레일압력조절밸브	19 ± 5%	48 ± 5%	듀티 증가

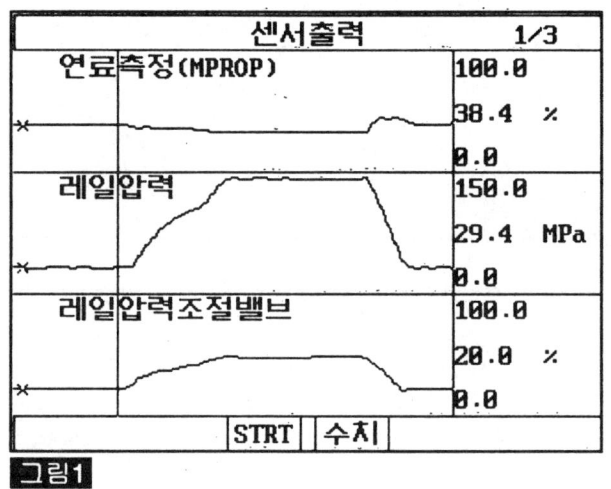
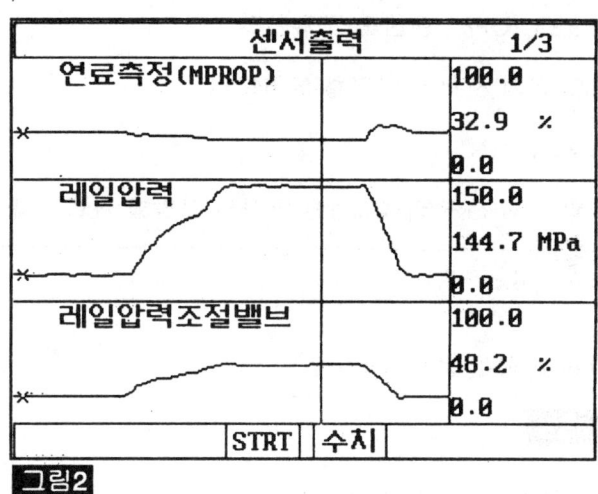

그림1) 그래프에 나타난 커서의 위치는 아이들 상태의 데이터를 나타낸다.
그림2) 가속(스톨 테스트) 시 데이터 변화를 나타낸다.

참고

고압펌프에 장착된 연료 압력조절기(연료측정 MPROP)는 아이들시 약 *38%* 의 듀티를 나타내며, 가속시 레일압력을 상승시키기 위해 듀티가 약 *32%* 로 낮아진다. 듀티의 감소는 전류가 감소한 것을 의미한다.
→ 전류가 감소하면 고압 펌프에서 커먼레일로 압송되는 연료량이 증가한다.)

커먼레일에 장착된 레일압력조절밸브는 아이들시 약 *19%* 의 듀티를 나타내며, 가속시 레일압력을 상승시키기 위해 듀티가 약 *48%* 까지 상승한다. 듀티의 증가는 전류가 증가한 것을 의미한다.
→ 전류가 증가하면 커먼레일에 공급된 연료의 리턴량이 감소하여, 커먼레일의 압력이 상승한다.)

컨넥터 및 터미널 점검

1. 전기장치는 수 많은 하네스와 커넥터로 구성되며, 이러한 커넥터들의 접촉 불량은 여러가지 다양한 문제를 유발 시키고, 부품을 손상 시키기도 한다.

2. 다음 점검 절차를 수행한다.

   1) 하네스와 터미널의 손상을 점검한다. : 터미널의 접촉 저항, 산화, 변형을 점검한다.

   2) ECM 과 단품 커넥터의 접속 상태를 확인한다. : 터미널 단자의 이탈, 록킹 장치의 손상, 터미널과 와이어링의 연결 상태를 점검한다.

   참고
   점검이 필요한 커넥터의 수컷측 핀을 탈거하여, 암컷측 터미널에 삽입 접촉 상태를 점검한다. (점검 후 탈거한 핀을 정위치에 바르게 장착한다.)

3. 문제 부위가 확인되는가?

YES

▶ 문제 부위를 수리후 "고장수리 확인" 절차를 수행한다.

NO

▶ "전원선 점검" 절차를 수행한다.

전원선 점검   K6C6A921

1. IG KEY "OFF", 엔진을 정지한다.

2. 레일 압력 센서 커넥터를 탈거한다.

3. IG KEY "ON"

4. 레일 압력 센서 커넥터 1번 단자의 전압을 점검한다.

규정값 : 4.8V~5.1V

5. 규정 전압이 검출되는가?

   YES

   ▶ "신호선 점검" 을 실시한다.

   NO

   ▶ 레일 압력 센서 전원 회로의 단선을 수리 후 "고장수리 확인" 절차를 수행한다.
   [레일 압력 센서 커넥터 1번 단자 부터 ECM 커넥터 28 번 단자간 단선을 점검한다.]

신호선 점검   K9E0DDA5

1. 신호선 전압 점검

   1) IG KEY "OFF", 엔진을 정지한다.

   2) 레일 압력 센서 커넥터를 탈거한다.

   3) IG KEY "ON"

   4) 레일 압력 센서 커넥터 2번 단자의 전압을 점검한다.

규정값 : 4.8V~5.1V

   5) 규정 전압이 검출되는가?

      YES

      ▶ "단품 점검" 을 실시한다.

      NO

      ▶ 레일 압력 센서 신호선의 단락(접지측) 부위를 찾아 수리 후 "고장수리 확인" 절차를 수행한다.

고장진단 FL-199

단품점검 KF75CD88

1. 레일 압력 센서 육안 점검

    1) IG KEY "OFF", 엔진을 정지한다.
    2) 레일 압력 센서 커넥터를 탈거한다.
    3) 레일 압력 센서 터미널 단자의 부식 및 오염 여부를 점검한다.
    4) 커먼 레일의 레일 압력 센서 장착 토크 및 오일 누유 여부를 점검한다.
    5) 레일 압력 센서의 문제가 발견되는가?

        YES
        ▶ 필요시 레일 압력 센서를 교환 후 "고장수리 확인" 절차를 수행한다.

        NO
        ▶ 아래 "레일 압력 센서 파형 점검"을 실시한다.

2. 레일 압력 센서 파형 점검

    1) IG KEY "ON", 엔진을 정지한다.
    2) 레일 압력 센서 커넥터를 장착한다.
    3) 레일 압력 센서 커넥터 2번 단자에 오실로 스코프를 연결한다.
    4) 엔진 시동 후 아이들 상태 및 가속 상태의 파형을 점검한다.

규정값 : 일반 정보의 "기준 파형" 항목을 참조한다.

    5) 레일 압력 센서 파형이 정상적으로 출력되는가?

        YES
        ▶ "고장수리 확인" 절차를 수행한다.

        NO
        ▶ 레일 압력 센서를 교환 후 "고장수리 확인" 절차를 수행한다.

고장수리 확인 K4C6DCB9

본 진단 가이드를 사용해서 발생된 문제를 수리한 뒤, 고장이 완전히 해결되었는지 확인하는 과정이 필요하다.

1. 스캔툴을 연결한 후, 자기진단을 실시하여 고장 코드를 확인한다.
2. 저장된 고장코드를 스캔툴을 이용하여 소거한다.
3. 고장 판정 조건중의 검출 조건에 따라 차량을 주행한다.
4. 스캔툴로 자기 진단을 실시하여 고장 코드가 발생 되었는지 확인한다.
5. 고장 코드가 발생되는가 ?

YES

▶ 해당되는 고장 코드 수리 절차로 이동한다.

NO

▶ 고장 수리가 완료되어 시스템이 정상적으로 작동한다.

DTC P0193 레일 압력 센서 (RPS) 회로-입력값 높음

부품 위치

DTC P0192 참조.

기능 및 역할

DTC P0192 참조.

고장 코드 설명

P0193 코드는 레일 압력 센서 출력의 최대값인 4750mV 이상의 전압이 0.2초간 검출될 경우 발생되는 고장 코드로 레일 압력 센서 신호 회로 및 센서 접지 회로 단선/단락의 경우이다.

고장판정 조건

항 목	감지 조건			고장 예상 부위
검출 방법	• 전압 모니터링			
검출 조건	• 엔진 구동			
판정값	• 출력 신호 최대값 이상 (4750mV 이상인 경우)			
검출 시간	• 200ms			• 레일 압력 센서 회로 • 레일 압력 센서 단품
페일세이프 (Fail Safe)	연료 차단	비실행	• 고장시 기본값 : 330bar 로 고정	
	EGR 금지	비실행		
	연료 제한	실행		
	체크 램프	점등		

제원

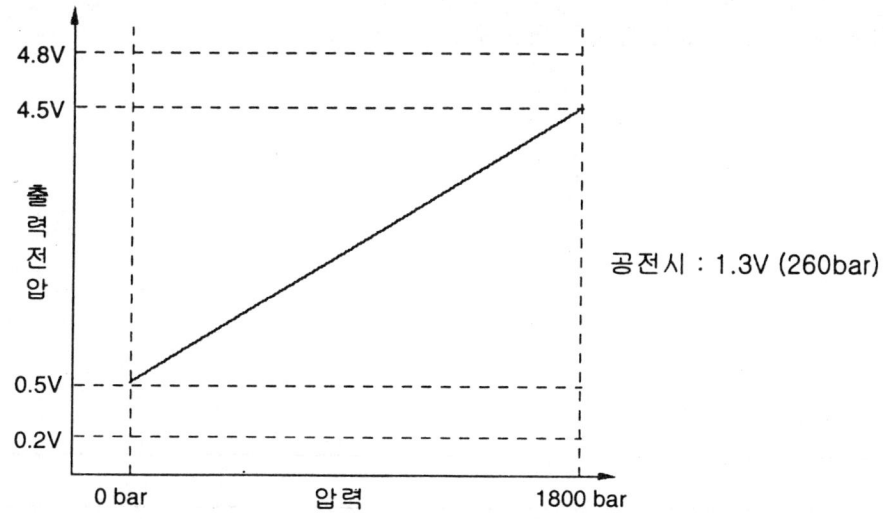

부분 회로도　KD7891EF

DTC P0192 참조.

기준 파형 및 데이터　KED725BC

DTC P0192 참조.

스캔툴 데이터 분석　KEDA651C

DTC P0192 참조.

컨넥터 및 터미널 점검　K09C3922

DTC P0192 참조.

전원선 점검　KAA011B8

1. IG KEY "OFF", 엔진을 정지한다.
2. 레일 압력 센서 커넥터를 탈거한다.
3. IG KEY "ON"
4. 레일 압력 센서 커넥터 1번 단자의 전압을 점검한다.

규정값 : 4.8V~5.1V

5. 규정 전압이 검출되는가?

    YES
    ▶ "신호선 점검"을 실시한다.

    NO
    ▶ 레일 압력 센서 전원 회로의 단선을 수리 후 "고장수리 확인" 절차를 수행한다.
    [레일 압력 센서 커넥터 1번 단자 부터 ECM 커넥터 28번 단자간 단선을 점검한다.]

신호선 점검　K1B6A8CD

1. 신호선 전압 점검

    1) IG KEY "OFF", 엔진을 정지한다.
    2) 레일 압력 센서 커넥터를 탈거한다.
    3) IG KEY "ON"
    4) 레일 압력 센서 커넥터 2번 단자의 전압을 점검한다.

    규정값 : 4.8V~5.1V

    5) 규정 전압이 검출되는가?

고장진단

YES

▶ "접지선 점검"을 실시한다.

NO

▶ 아래 "신호선 단선 점검"을 실시한다.

2. 신호선 단선 점검

   1) IG KEY "OFF", 엔진을 정지한다.
   2) 레일 압력 센서 커넥터와 ECM 커넥터를 탈거한다.
   3) 레일 압력 센서 커넥터 2번 단자와 ECM 커넥터 43번 단자간 통전 시험을 실시한다.

규정값 : 통전(1.0Ω 이하)

   4) 통전 시험은 정상적인가?

   YES

   ▶ 아래 "신호선 단락(전원측) 점검"을 실시한다.

   NO

   ▶ 레일 압력 센서 신호선의 단선을 수리 후 "고장수리 확인" 절차를 수행한다.
   [레일 압력 센서 2번 단자와 ECM 커넥터 43번 단자간 회로를 점검한다.]

3. 신호선 단락(전원측) 점검

   1) IG KEY "OFF", 엔진을 정지한다.
   2) 레일 압력 센서 커넥터와 ECM 커넥터를 탈거한다.
   3) IG KEY "ON"
   4) 레일 압력 센서 커넥터 2번 단자의 전압을 측정한다.

규정값 : 0.0V~0.1V

   5) 양단 커넥터가 분리된 신호선에 이상 전압이 검출되는가?

   YES

   ▶ 단락(전원측) 발생 부위를 찾아 수리 후 "고장수리 확인" 절차를 수행한다.

   NO

   ▶ "단품 점검"을 실시한다.

접지선 점검 K1074963

1. IG KEY "OFF", 엔진을 정지한다.
2. 레일 압력 센서 커넥터를 탈거한다.
3. IG KEY "ON"

4. 레일 압력 센서 커넥터 2번 단자의 전압을 확인한다. [TEST "A"]

5. 레일 압력 센서 커넥터 2번 단자와 3번 단자간 전압을 점검한다. [TEST "B"]
   (2번 단자 : + 프로브 검침 , 3번 단자 : - 프로브 검침)

규정값 : [TEST "A"] 전압 - [TEST "B"] 전압 = 200mV 이내

6. 접지선의 접지 상태는 정상적인가?

   YES

   ▶ "단품 점검"을 실시한다.

   NO

   ▶ "B" 전압이 검출 되지 않을 경우 : 접지 회로의 단선을 수리 후 "고장수리 확인" 절차를 수행한다.
   ▶ "A" 와 "B" 전압 차이가 200mV 이상일 경우 : 접지 회로의 저항 과다 요인을 수정 후 "고장수리 확인" 절차를 수행한다.

단품점검   KCDCB81E

1. 레일 압력 센서 육안 점검

   1) IG KEY "OFF", 엔진을 정지한다.

   2) 레일 압력 센서 커넥터를 탈거한다.

   3) 레일 압력 센서 터미널 단자의 부식 및 오염 여부를 점검한다.

   4) 커먼 레일의 레일 압력 센서 장착 토크 및 오일 누유 여부를 점검한다.

   5) 레일 압력 센서의 문제가 발견되는가?

      YES

      ▶ 필요시 레일 압력 센서를 교환 후 "고장수리 확인" 절차를 수행한다.

      NO

      ▶ 아래 "레일 압력 센서 파형 점검"을 실시한다.

2. 레일 압력 센서 파형 점검

   1) IG KEY "ON", 엔진을 정지한다.

   2) 레일 압력 센서 커넥터를 장착한다.

   3) 레일 압력 센서 커넥터 2번 단자에 오실로 스코프를 연결한다.

   4) 엔진 시동 후 아이들 상태 및 가속 상태의 파형을 점검한다.

규정값 : 일반 정보의 "기준 파형" 항목을 참조한다.

   5) 레일 압력 센서 파형이 정상적으로 출력되는가?

      YES

      ▶ "고장수리 확인" 절차를 수행한다.

NO
▶ 레일 압력 센서를 교환 후 "고장수리 확인" 절차를 수행한다.

고장수리 확인   K15126ED

DTC P0192 참조.

DTC P0201	실린더 #1-인젝터 이상
DTC P0202	실린더 #2-인젝터 이상
DTC P0203	실린더 #3-인젝터 이상
DTC P0204	실린더 #4-인젝터 이상

부품 위치

기능 및 역할

인젝터는 ECM 에서 결정된 연료량을 고압으로 압축된 연소실에 미립 형태로 무화 시켜 분사하는 기능을 수행하며, 분사된 연료는 연소 과정을 통해 동력을 발생시킨다.

커먼레일 디젤 엔진의 연료 압력을 최대 1600bar 까지 상승시키는 목적은 연료를 미립화 하기위함이며, 연료의 미립화는 연소 효율의 증가로 매연감소, 엔진의 고출력, 연비 향상으로 이어진다. 또한 1600bar 의 유압을 솔레노이드로 제어하기 위해 유압 서보방식을 사용하고 있으며, 솔레노이드 구동 전압을 80V 로 승압시켜 전류제어로 인젝터 솔레노이드를 구동한다. 인젝터 솔레노이드는 인젝터 내부 니들 밸브 양단 챔버에 걸린 고압중 B 챔버의 유압을 해제시켜 니들 밸브가 유압의 힘으로 들어 올려져 분사되는 형태로 작동하며, A와 B 챔버에 동일한 유압이 걸리면 스프링의 힘으로 니들 밸브가 닫혀 연료 분사를 중지한다.

연료 분사를 기계식 인젝터가 아닌 전자제어 인젝터를 적용 함으로써 파일럿 분사 및 사후 분사, 분사 시간과 분사량을 독립적으로 제어가 가능해지므로 엔진 성능의 비약적인 향상을 가져온다.

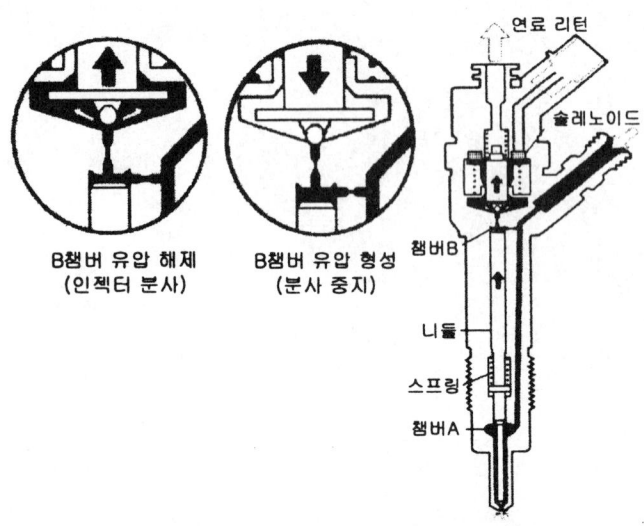

고장진단

고장 코드 설명 KEABAA33

P0201,P0202,P0203,P0204 코드는 1번~4번의 각각 실린더 인젝터 구동 조건에서 인젝터 전원 및 제어 회로에 전류가 검출되지 않는 경우에 발생하는 고장 코드로 이는 인젝터 회로의 단선 혹은 인젝터 단품 코일 단선의 경우이다.

고장판정 조건 KFD4A691

항목	감지 조건			고장 예상 부위
검출 방법	• 전류 모니터링			
검출 조건	• IG KEY "ON"			
판정값	• 인젝터 회로 단선시 발생			• 인젝터 회로 단선
검출 시간	• 즉시			• 인젝터 단품
페일세이프 (Fail Safe)	연료 차단	비실행		
	EGR 금지	비실행		
	연료 제한	실행		
	체크 램프	점등		

제원 K0013B02

인젝터 단품 저항	인젝터 구동 전압	인젝터 구동 전류	인젝터 제어 방식
0.255Ω ±0.04 (20℃).	80V	피크전류 : 18±1A 홀드인전류 : 12±1A 재충전전류 : 7A	전류제어

부분 회로도

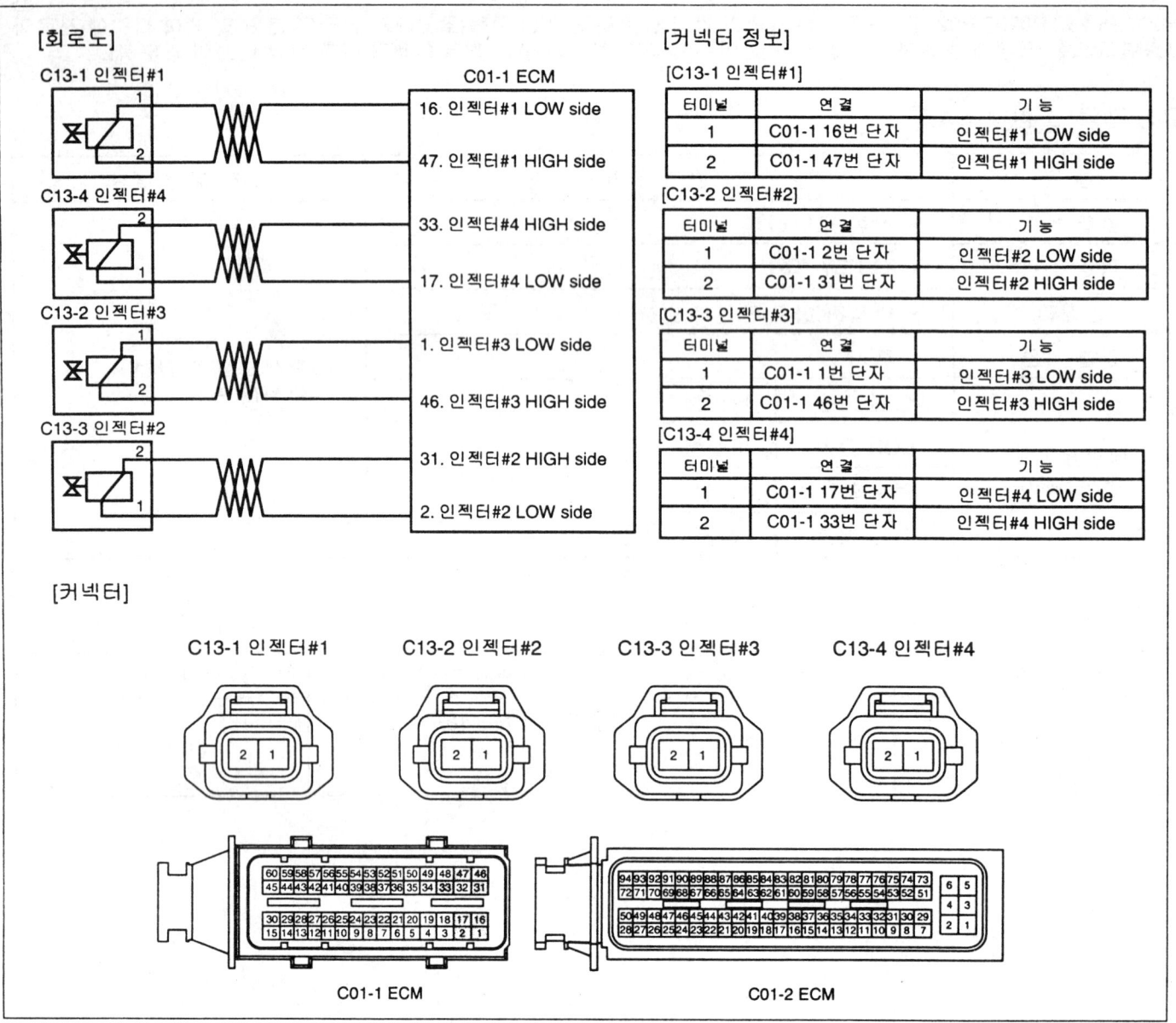

고장진단

기준 파형 및 데이터 K75CC3E3

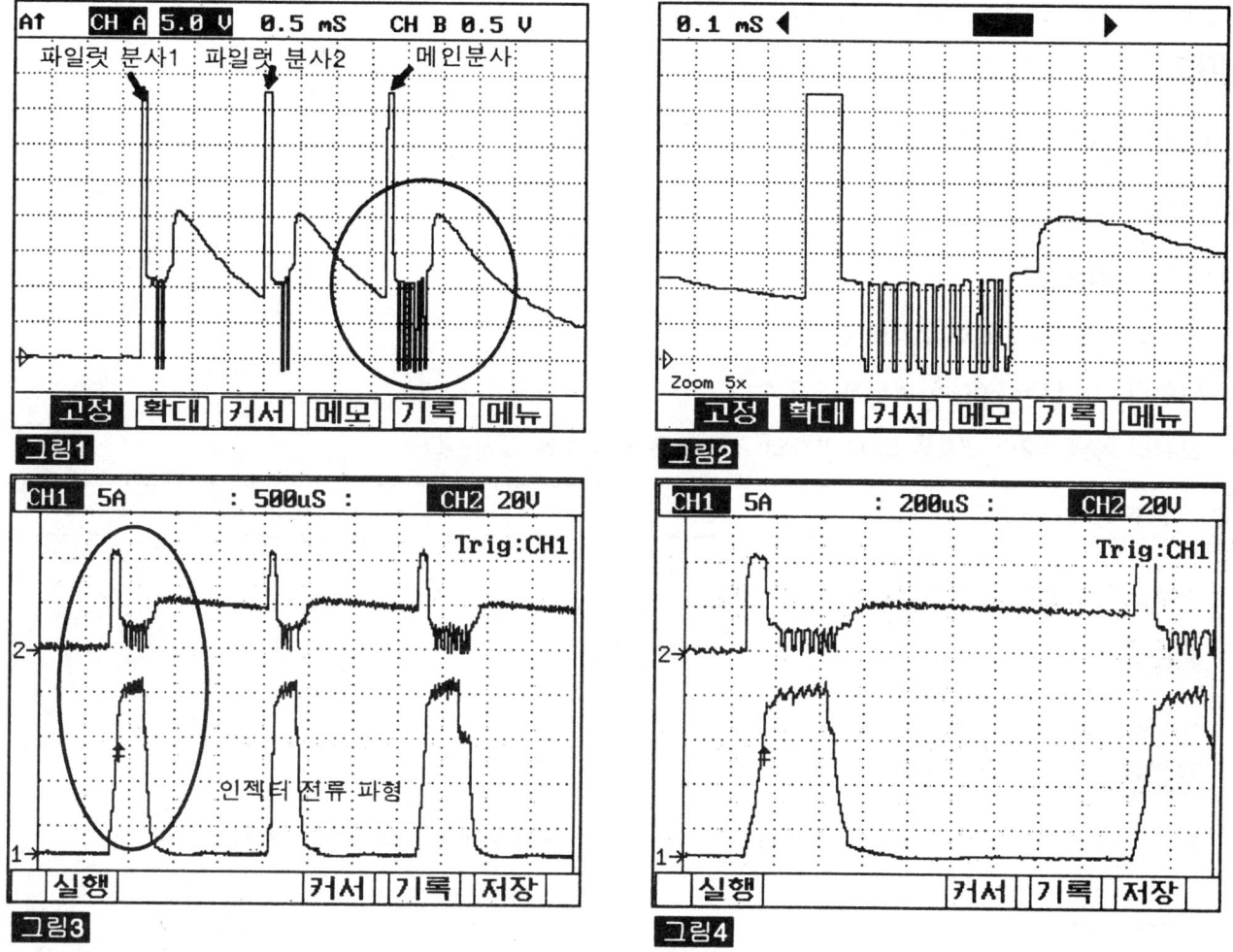

그림1) 인젝터 Low side 의 인젝터 작동 파형으로, 2회의 파일럿 분사와 1회의 메인 분사가 이루어 진다.
그림2) 그림 1)의 메인 분사 부분을 확대한 모습.
그림3) 스코프 메타의 전류 프로브를 이용 인젝터 전압 파형과 전류 파형을 동시에 측정한 파형이다.
그림4) 그림3) 의 파일럿 분사 부분을 확대한 모습

컨넥터 및 터미널 점검 K1AA2534

1. 전기장치는 수 많은 하네스와 커넥터로 구성되며, 이러한 커넥터들의 접촉 불량은 여러가지 다양한 문제를 유발 시키고, 부품을 손상 시키기도 한다.

2. 다음 점검 절차를 수행한다.

    1) 하네스와 터미널의 손상을 점검한다. : 터미널의 접촉 저항, 산화, 변형을 점검한다.

    2) ECM 과 단품 커넥터의 접속 상태를 확인한다. : 터미널 단자의 이탈, 록킹 장치의 손상, 터미널과 와이어링의 연결 상태를 점검한다.

    > 참고
    > 점검이 필요한 커넥터의 수컷측 핀을 탈거하여, 암컷측 터미널에 삽입 접촉 상태를 점검한다. (점검 후 탈거한 핀을 정위치에 바르게 장착한다.)

3. 문제 부위가 확인되는가?

YES

▶ 문제 부위를 수리후 "고장수리 확인" 절차를 수행한다.

NO

▶ "전원선 점검" 절차를 수행한다.

전원선 점검   K1C1D522

1. 전원선(High side) 단선 점검

    1) IG KEY "OFF", 엔진을 정지한다.

    2) 인젝터 커넥터와 ECM 커넥터를 탈거한다.

    3) 인젝터 커넥터 2번 단자와 ECM 커넥터 단자간 통전 시험을 실시한다.

규정값 : 통전 (1.0Ω 이하)

   4) 인젝터 전원선의 통전 시험은 정상적인가?

YES

▶ "제어선 점검" 을 실시한다.

NO

▶ 인젝터 전원 회로의 단선 발생 부위를 찾아 수리 후 "고장수리 확인" 절차를 수행한다.

제어선 점검   KF328B6C

1. 제어선(Low side) 단선 점검

    1) IG KEY "OFF", 엔진을 정지한다.

    2) 인젝터 커넥터와 ECM 커넥터를 탈거한다.

    3) 인젝터 커넥터 1번 단자와 ECM 커넥터 단자간 통전 시험을 실시한다.

규정값 : 통전 (1.0Ω 이하)

   4) 인젝터 제어선의 통전 시험은 정상적인가?

YES

▶ "단품 점검" 을 실시한다.

NO

▶ 인젝터 제어선의 단선 발생 부위를 찾아 수리 후 "고장수리 확인" 절차를 수행한다.

단품점검   K587C71B

1. 인젝터 단품 저항 점검

고장진단

1) IG KEY "OFF", 엔진을 정지한다.

2) 인젝터 커넥터를 탈거한다.

3) 인젝터 단품의 1번과 2번 단자의 저항을 점검한다.

규정값 : 0.255Ω ±0.04 (20℃).

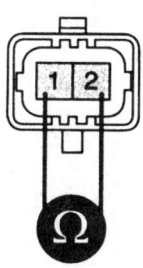

4) 인젝터 솔레노이드 저항값은 정상적인가?

YES

▶ "고장수리 확인" 절차를 수행한다.

NO

▶ 인젝터를 교환 후 "고장수리 확인" 절차를 수행한다.

참고

인젝터 교환시 필히 해당 인젝터의 IQA 코드를 ECM 에 재 입력 해야함.
스캔툴의 "인젝터 데이터 입력" 기능을 활용하여, 교환된 인젝터의 IQA 코드를 입력한다. 자세한 내용은 P1670 과 P1671 을 참고한다.

고장수리 확인

본 진단 가이드를 사용해서 발생된 문제를 수리한 뒤, 고장이 완전히 해결되었는지 확인하는 과정이 필요하다.

1. 스캔툴을 연결한 후, 자기진단을 실시하여 고장 코드를 확인한다.
2. 저장된 고장코드를 스캔툴을 이용하여 소거한다.
3. 고장 판정 조건중의 검출 조건에 따라 차량을 주행한다.
4. 스캔툴로 자기 진단을 실시하여 고장 코드가 발생 되었는지 확인한다.
5. 고장 코드가 발생되는가 ?

YES

▶ 해당되는 고장 코드 수리 절차로 이동한다.

NO

▶ 고장 수리가 완료되어 시스템이 정상적으로 작동한다.

DTC P0237 부스트 압력 센서 회로 이상 - 신호 낮음

부품 위치

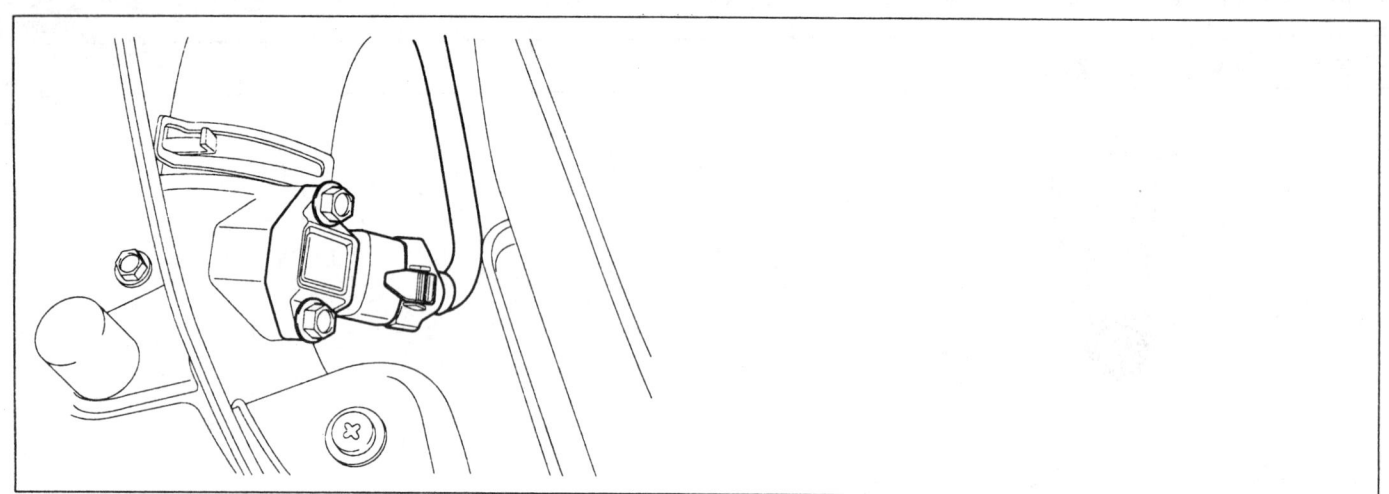

기능 및 역할

부스트 압력 센서는 터보 차져와 흡기 다기관 사이에 장착되어 터보차져에 의해 과급된 흡기 다기관 내의 압력을 검출한다. ECM은 흡기 다기관 내의 압력과 흡입 공기량 센서에서 검출된 흡입 공기량, 흡기온 센서 정보를 이용 정밀한 공기량을 계측하여 EGR 작동량을 보정하며, VGT 액츄에이터의 작동량을 결정한다. 또한 터보 차져의 이상으로 발생할 수 있는 지나치게 높은 과급압력에 엔진이 손상되는 것을 방지하기 위해 흡기다기관의 과도한 압력 검출시 엔진 출력을 제한하여 엔진을 보호하는 역할을 수행한다.

고장 코드 설명

P0237 코드는 부스트 압력 센서 출력의 최소치인 200mV 이하의 전압이 2.0초간 검출될 경우 발생되는 고장 코드로 부스트 압력 센서 전원 회로의 단선 및 신호 회로 단락(접지측)의 경우이다.

고장판정 조건

항 목	감지 조건		고장 예상 부위
검출 방법	• 전압 모니터링		
검출 조건	• IG KEY "ON"		
판정값	• 출력신호 최소값 이하(200mV 이하인 경우)		
검출 시간	• 2.0 sec		• 부스트 압력 센서 회로
페일세이프 (Fail Safe)	연료 차단	비실행	• 부스트 압력 센서 단품
	EGR 금지	실행	• 고장시 기본값은 1000 hpa
	연료 제한	실행	
	체크 램프	비점등	

고장진단

제원

압력 [Kpa]	20	100	190	250
출력 전압 [V]	0.4±0.077	1.878±0.063	3.541±0.063	4.650±0.077

부분 회로도

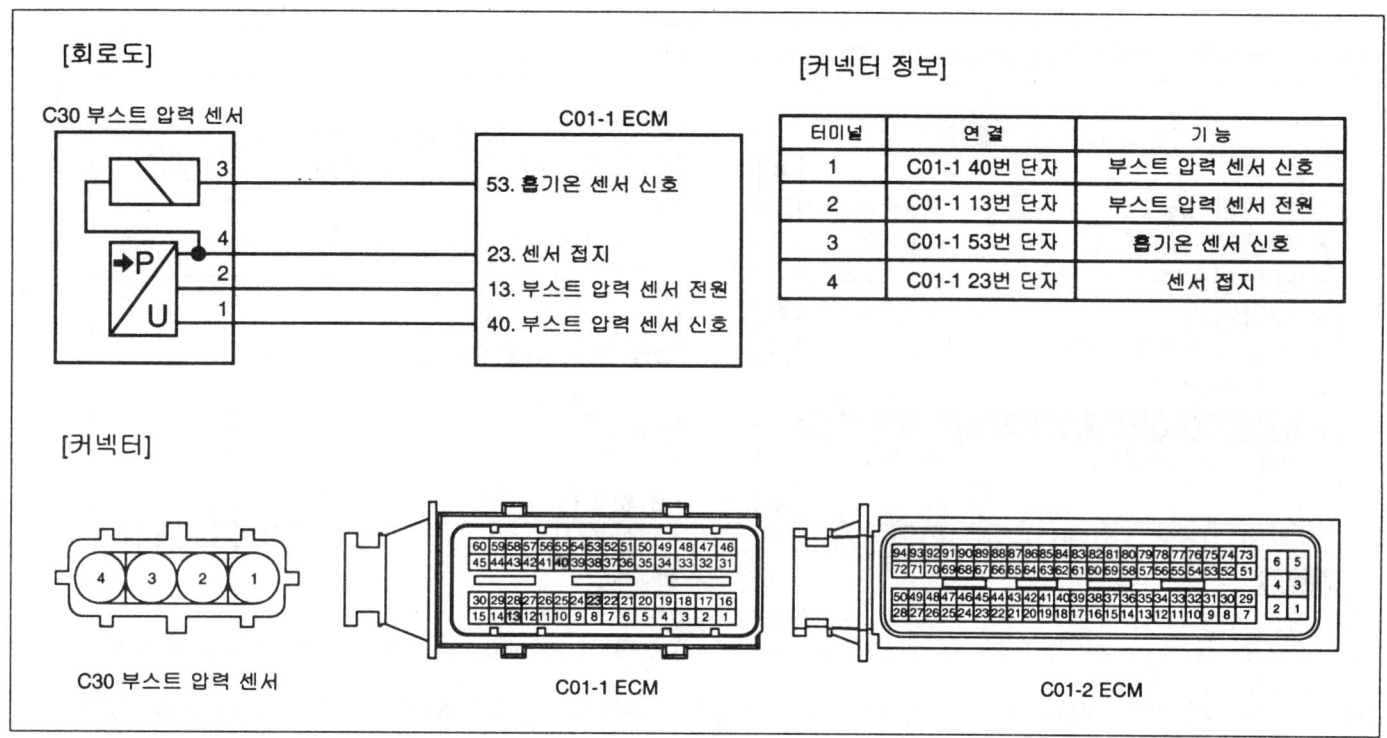

기준 파형 및 데이터

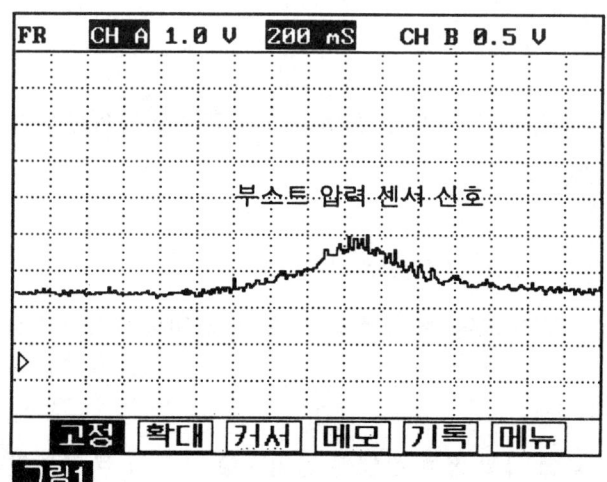

그림1) 아이들 상태에서 가속하면서 측정한 부스트 압력 센서 파형으로 가속시 출력값이 증가하는 모습을 나타낸다.

스캔툴 데이터 분석 KEE2065D

1. 자기진단 커넥터에 스캔툴을 연결한다.
2. 엔진을 정상작동 온도 까지 워밍업 한다.
3. 전기 장치 및 에어컨을 OFF 한다.
4. 스캔툴에 표시되는 "부스트 압력 센서" 항목을 점검한다.

규정값 : 아이들시 1028hpa ± 100hpa(VGT액츄에이터 : 75%)

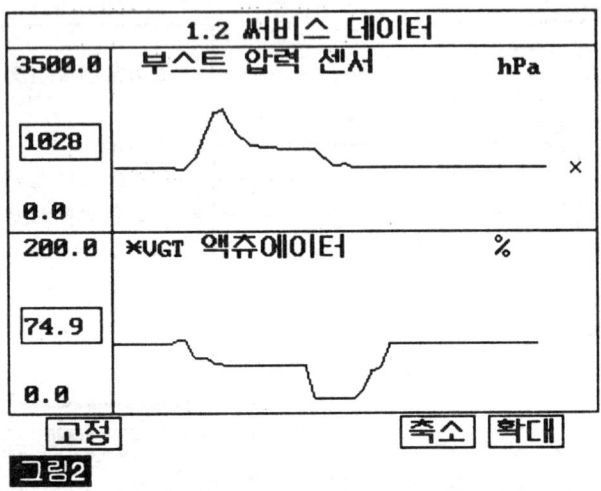

그림1) 엔진 워밍업후 아이들시 "부스트 압력 센서" 항목을 점검한다.
엔진을 시동하여 부스트 압력 센서 출력값을 점검한다. 아이들 시 1028hpa ± 100hpa(약 1기압) 의 출력을 나타낸다.

그림 2) 가속시 VGT 액츄에이터 듀티가 감소하며, 부스트 압력 센서의 압력은 증가하게 된다. 부스트 압력센서 압력이 일정이상 증가하게 되면 VGT 액츄에이터의 작동 듀티는 더 이상 감소하지 않고 일정하게 유지된다.
이 때 엑셀페달을 OFF하면, VGT액츄에이터 듀티는 9.8%로 급격하게 떨어지고, 엔진회전수가 아이들 영역으로 낮아지면, 75%로 복원된다.

AWJF004Q

커넥터 및 터미널 점검 K9509205

1. 전기장치는 수 많은 하네스와 커넥터로 구성되며, 이러한 커넥터들의 접촉 불량은 여러가지 다양한 문제를 유발 시키고, 부품을 손상 시키기도 한다.

2. 다음 점검 절차를 수행한다.

   1) 하네스와 터미널의 손상을 점검한다. : 터미널의 접촉 저항, 산화, 변형을 점검한다.

   2) ECM 과 단품 커넥터의 접속 상태를 확인한다. : 터미널 단자의 이탈, 록킹 장치의 손상, 터미널과 와이어링의 연결 상태를 점검한다.

   📖 참고
   점검이 필요한 커넥터의 수컷측 핀을 탈거하여, 암컷측 터미널에 삽입 접촉 상태를 점검한다. (점검 후 탈거한 핀을 정위치에 바르게 장착한다.)

3. 문제 부위가 확인되는가?

   YES

   ▶ 문제 부위를 수리후 "고장수리 확인" 절차를 수행한다.

고장진단

NO
▶ "전원선 점검" 절차를 수행한다.

전원선 점검 KD32D3BC

1. IG KEY "OFF", 엔진을 정지한다.
2. 부스트 압력 센서 커넥터를 탈거한다.
3. IG KEY "ON"
4. 부스트 압력 센서 커넥터 2번 단자의 전압을 점검한다.

규정값 : 4.8V~5.1V

5. 규정 전압이 검출되는가?

YES
▶ "신호선 점검"을 실시한다.

NO
▶ 부스트 압력 센서 전원선의 단선을 수리 후 "고장수리 확인" 절차를 수행한다.

신호선 점검 KDD5975F

1. 신호선 단선 점검

   1) IG KEY "OFF", 엔진을 정지한다.
   2) 부스트 압력 센서 커넥터와 ECM 커넥터를 탈거한다.
   3) 부스트 압력 센서 커넥터 1번 단자와 ECM 커넥터 40번 단자간 통전 시험을 실시한다.

규정값 : 통전 (1.0Ω 이하)

   4) 신호선의 통전 시험은 정상적인가?

   YES
   ▶ "2. 신호선 단락(접지측) 점검"을 실시한다.

   NO
   ▶ 부스트 압력 센서 신호선의 단선 부위를 찾아 수리 후 "고장수리 확인" 절차를 수행한다.

2. 신호선 단락(접지측) 점검

   1) IG KEY "OFF", 엔진을 정지한다.
   2) 부스트 압력 센서 커넥터와 ECM 커넥터를 탈거한다.
   3) 부스트 압력 센서 커넥터 1번 단자와 차체 접지간 통전 시험을 실시한다.

규정값 : 비통전 (무한대Ω)

4) 신호선의 절연 상태는 정상적인가?

YES

▶ "단품 점검"을 실시한다.

NO

▶ 부스트 압력 센서 신호선의 단락(접지측) 부위를 찾아 수리 후 "고장수리 확인" 절차를 수행한다.

단품점검   K2594511

1. 부스트 압력 센서 육안 점검

    1) IG KEY "OFF", 엔진을 정지한다.
    2) 부스트 압력 센서 커넥터를 탈거한다.
    3) 부스트 압력 센서 터미널 단자의 부식 및 오염 여부를 점검한다.
    4) 부스트 압력 센서 장착 상태 및 오링의 누설, 압력 감지 홀의 카본 누적 여부를 점검한다.
    5) 부스트 압력 센서의 문제가 발견되는가?

    YES

    ▶ 필요시 부스트 압력 센서를 교환 후 "고장수리 확인" 절차를 수행한다.

    NO

    ▶ 아래 "2. VGT 터보 차져 및 흡기 계통 누설 점검"을 실시한다.

2. VGT 터보 차져 및 흡기 계통 누설 점검

    1) IG KEY "OFF", 엔진을 정지한다.
    2) VGT 터보 차져 어셈블리의 다이아프램에 연결된 VGT 작동 로드가 최 하단에 위치하는지 점검한다.
    3) IG KEY "ON", 엔진을 구동한다.
    4) 시동이 걸리는 순간 VGT 작동 로드가 약 10mm 정도 윗 방향으로 당겨 올려지는지 점검한다.
    5) 엔진을 가속 혹은 감속하며, VGT 작동 로드가 상하로 움직이는지 점검한다.
    6) 가속시 흡기 호스에서 흡입 공기의 누설이 발생하는지 점검한다.
       (가속시 흡기 호스가 적당히 부풀어 오르는지 점검한다.)
    7) VGT 터보 차져 및 흡기 호스의 문제가 발견되는가?

    YES

    ▶ VGT 작동 로드가 움직이지 않는다.
    ☞ VGT 액츄에이터 진공 호스의 결선 상태 및 VGT 액츄에이터 작동 상태를 점검(P0048의 단품 점검 항목 참조) 후 이상이 없다면 VGT 액츄에이터의 가변 제어부 고착으로 판단하여 VGT 터보 차져 어셈블리를 교환한다.
    ▶ 흡입 공기 누설된다.
    ☞ 흡기 호스의 손상 여부 및 밴드 클램프의 조임 상태를 확인 후 문제 부위를 조치한다.

    상기 문제 부위가 조치 되면 "고장수리 확인" 절차를 수행한다.

고장진단

NO
▶ 아래 "3. 부스트 압력 센서 파형 점검"을 실시한다.

3. 부스트 압력 센서 파형 점검

   1) IG KEY "ON", 엔진을 정지한다.
   2) 부스트 압력 센서 커넥터를 장착한다.
   3) 부스트 압력 센서 커넥터 1번 단자에 오실로 스코프를 연결한다.
   4) 엔진 시동 후 아이들 상태 및 가속 상태의 파형을 점검한다.

규정값 : 일반 정보의 "기준 파형" 항목을 참조한다.

   5) 부스트 압력 센서 파형이 정상적으로 출력되는가?

   YES
   ▶ "고장수리 확인" 절차를 수행한다.

   NO
   ▶ 부스트 압력 센서를 교환 후 "고장수리 확인" 절차를 수행한다.

고장수리 확인   K4DE47DE

본 진단 가이드를 사용해서 발생된 문제를 수리한 뒤, 고장이 완전히 해결되었는지 확인하는 과정이 필요하다.

1. 스캔툴을 연결한 후, 자기진단을 실시하여 고장 코드를 확인한다.
2. 저장된 고장코드를 스캔툴을 이용하여 소거한다.
3. 고장 판정 조건중의 검출 조건에 따라 차량을 주행한다.
4. 스캔툴로 자기 진단을 실시하여 고장 코드가 발생 되었는지 확인한다.
5. 고장 코드가 발생되는가 ?

   YES
   ▶ 해당되는 고장 코드 수리 절차로 이동한다.

   NO
   ▶ 고장 수리가 완료되어 시스템이 정상적으로 작동한다.

DTC P0238 부스트 압력 센서 회로 이상 - 신호 높음

부품 위치

DTC P0237 참조.

기능 및 역할

DTC P0237 참조.

고장 코드 설명

P0238코드는 부스트 압력 센서 출력의 최대값인 4900mV 이상의 전압이 2.0초간 검출될 경우 발생되는 고장 코드로 부스트 압력 센서 회로의 단락 (전원측) 및 접지 회로 단선의 경우이다.

고장판정 조건

항 목	감지 조건			고장 예상 부위
검출 방법	전압 모니터링			
검출 조건	IG KEY "ON"			
판정값	출력신호 최대값 이상(4900mV 이상인 경우)			부스트 압력 센서 회로
검출 시간	2.0 sec			부스트 압력 센서 단품
페일세이프 (Fail Safe)	연료 차단	비실행	고장시 기본값은 1000 hpa	
	EGR 금지	실행		
	연료 제한	실행		
	체크 램프	비점등		

제원

압력 [Kpa]	20	100	190	250
출력 전압 [V]	0.4±0.077	1.878±0.063	3.541±0.063	4.650±0.077

부분 회로도

DTC P0237 참조.

기준 파형 및 데이터

DTC P0237 참조.

스캔툴 데이터 분석

DTC P0237 참조.

고장진단

커넥터 및 터미널 점검 K83817BB

DTC P0237 참조.

전원선 점검 K2960180

1. IG KEY "OFF", 엔진을 정지한다.
2. 부스트 압력 센서 커넥터를 탈거한다.
3. IG KEY "ON"
4. 부스트 압력 센서 커넥터 2번 단자의 전압을 점검한다.

규정값 : 4.8V~5.1V

5. 규정 전압이 검출되는가?

   YES
   ▶ "신호선 점검"을 실시한다.

   NO
   ▶ 센서 전원 전압이 높은 문제 발생 : P0653회로 점검을 참조한다.

신호선 점검 KC15A5D5

1. 신호선 단선 점검

   1) IG KEY "OFF", 엔진을 정지한다.
   2) 부스트 압력 센서 커넥터를 탈거한다.
   3) IG KEY "ON"
   4) 부스트 압력 센서 커넥터 1번 단자의 전압을 점검한다.

   규정값 : 0.1V 이내

   5) 규정 전압이 검출되는가?

      YES
      ▶ "접지선 점검" 절차를 수행한다.

      NO
      ▶ 신호선의 단락(전원측)발생 부위를 찾아 수리 후 "고장수리 확인" 절차를 수행한다.

접지선 점검 K90D3EB5

1. IG KEY "OFF", 엔진을 정지한다.
2. 부스트 압력 센서 커넥터를 탈거한다.
3. IG KEY "ON"

4. 부스트 압력 센서 커넥터 2번 단자와 차체 접지간 전압을 점검한다. [TEST "A"]

5. 부스트 압력 센서 커넥터 2번 단자와 4번 단자간 전압을 점검한다. [TEST "B"]
  (2번 단자 : + 프로브 검침 , 4번 단자 : - 프로브 검침)

규정값 : [TEST "A"] 전압 - [TEST "B"] 전압 = 200mV 이내

6. 접지선의 접지 상태는 정상적인가?

   YES
   ▶ "단품 점검"을 실시한다.

   NO
   ▶ "B" 전압이 검출 되지 않을 경우 : 접지 회로의 단선을 수리 후 "고장수리 확인" 절차를 수행한다.
   ▶ "A" 와 "B" 전압 차이가 200mV 이상일 경우 : 접지 회로의 저항 과다 요인을 수정 후 "고장수리 확인" 절차를 수행한다.

단품점검   K1CEBC2F

1. 부스트 압력 센서 육안 점검

   1) **IG KEY "OFF"**, 엔진을 정지한다.
   2) 부스트 압력 센서 커넥터를 탈거한다.
   3) 부스트 압력 센서 터미널 단자의 부식 및 오염 여부를 점검한다.
   4) 부스트 압력 센서 장착 상태 및 오링의 누설, 압력 감지 홀의 카본 누적 여부를 점검한다.
   5) 부스트 압력 센서의 문제가 발견되는가?

      YES
      ▶ 필요시 부스트 압력 센서를 교환 후 "고장수리 확인" 절차를 수행한다.

      NO
      ▶ 아래 "2. VGT 터보 차져 및 흡기 계통 누설 점검"을 실시한다.

2. VGT 터보 차져 및 흡기 계통 누설 점검

   1) **IG KEY "OFF"**, 엔진을 정지한다.
   2) VGT 터보 차져 어셈블리의 다이아프램에 연결된 VGT 작동 로드가 최 하단에 위치하는지 점검한다.
   3) **IG KEY "ON"**, 엔진을 구동한다.
   4) 시동이 걸리는 순간 VGT 작동 로드가 약 10mm 정도 윗 방향으로 당겨 올려지는지 점검한다.
   5) 엔진을 가속 혹은 감속하며, VGT 작동 로드가 상하로 움직이는지 점검한다.
   6) 가속시 흡기 호스에서 흡입 공기의 누설이 발생하는지 점검한다.
      (가속시 흡기 호스가 적당히 부풀어 오르는지 점검한다.)
   7) VGT 터보 차져 및 흡기 호스의 문제가 발견되는가?

고장진단　　　　　　　　　　　　　　　　　　　　　　　　　　　　　　　　　　　　FL -221

YES

▶ VGT 작동 로드가 움직이지 않는다.
☞ VGT 액츄에이터 진공 호스의 결선 상태 및 VGT 액츄에이터 작동 상태를 점검(P0048의 단품 점검 항목 참조) 후 이상이 없다면 VGT 액츄에이터의 가변 제어부 고착으로 판단하여 VGT 터보 차져 어셈블리를 교환한다.
▶ 흡입 공기 누설된다.
☞ 흡기 호스의 손상 여부 및 밴드 클램프의 조임 상태를 확인 후 문제 부위를 조치한다.

상기 문제 부위가 조치 되면 "고장수리 확인" 절차를 수행한다.

NO

▶ 아래 "3. 부스트 압력 센서 파형 점검"을 실시한다.

3. 부스트 압력 센서 파형 점검

   1) IG KEY "ON", 엔진을 정지한다.

   2) 부스트 압력 센서 커넥터를 장착한다.

   3) 부스트 압력 센서 커넥터 1번 단자에 오실로 스코프를 연결한다.

   4) 엔진 시동 후 아이들 상태 및 가속 상태의 파형을 점검한다.

규정값 : 일반 정보의 "기준 파형" 항목을 참조한다.

---

   5) 부스트 압력 센서 파형이 정상적으로 출력되는가?

   YES

   ▶ "고장수리 확인" 절차를 수행한다.

   NO

   ▶ 부스트 압력 센서를 교환 후 "고장수리 확인" 절차를 수행한다.

고장수리 확인　KB63316C

DTC P0237 참조.

DTC P0252 연료 압력 조절기 회로 이상 - 과전류

부품 위치

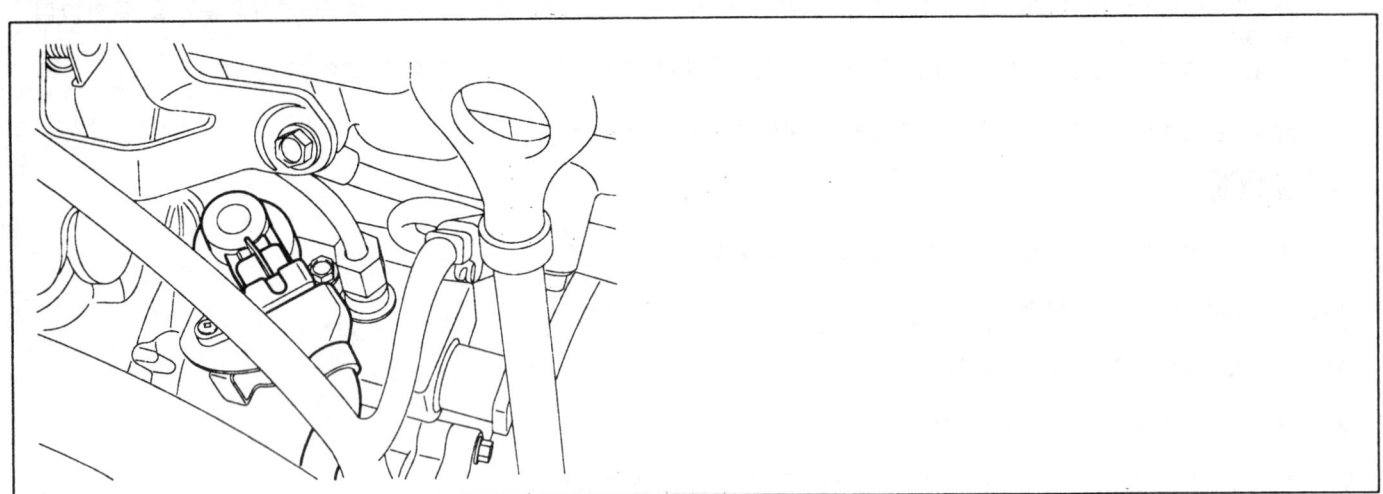

기능 및 역할

고압 펌프에 설치되어 있는 연료압력 조절기는 일반 주행 모드에서 커먼레일에 공급되는 연료 량을 조절하여 커먼레일의 압력을 제어한다. ECM 은 레일압력 센서 신호와 엔진 회전수, 엑셀 페달 센서 신호를 감지하여, 레일압력을 현재 운행 조건에 최적으로 제어하기 위해 레일 압력 조절기 작동 전류를 조절(듀티 제어)한다.

연료 압력 조절기의 전류가 감소 할 수록 보다 많은 연료가 커먼 레일에 공급되어 레일 압력이 상승되며, 전류가 증가 할 수록 커먼 레일에 공급되는 연료 량이 줄어들어 레일 압력이 낮아진다. 이에 연료 압력 조절기 회로가 단선되거나 커넥터가 분리되었을 경우와 같이 연료 압력 조절기의 전류가 "0" 이 되는 경우에는, 커먼레일에 최대 유량이 공급되어 커먼 레일의 압력은 최대로 상승한다.

고장 코드 설명

P0252 코드는 연료 압력 조절기(고압 펌프에 장착) 제어 회로에 과도한 전류가 0.22초 이상 검출되는 경우에 발생되는 고장 코드로 연료 압력 조절기 제어 회로의 단락(전원측) 혹은 연료 압력 조절기 단품 내부 단락의 경우이다.

고장판정 조건

항목	감지 조건		고장 예상 부위
검출 방법	• 전압 모니터링		
검출 조건	• IG KEY "ON"		
판정값	• 배터리측으로 단락이 발생한 경우 (연료 압력 조절기 제어 회로)		• 레일압력 조절기 회로
검출 시간	• 220ms		• 레일압력 조절기 단품
페일세이프 (Fail Safe)	연료 차단	비실행	
	EGR 금지	비실행	
	연료 제한	실행	
	체크 램프	점등	

고장진단

제원 KC22D27E

연료 압력 조절기 저항	작동 주파수
2.9 ~ 3.15 Ω (20℃)	185 Hz

부분 회로도 KFAD677B

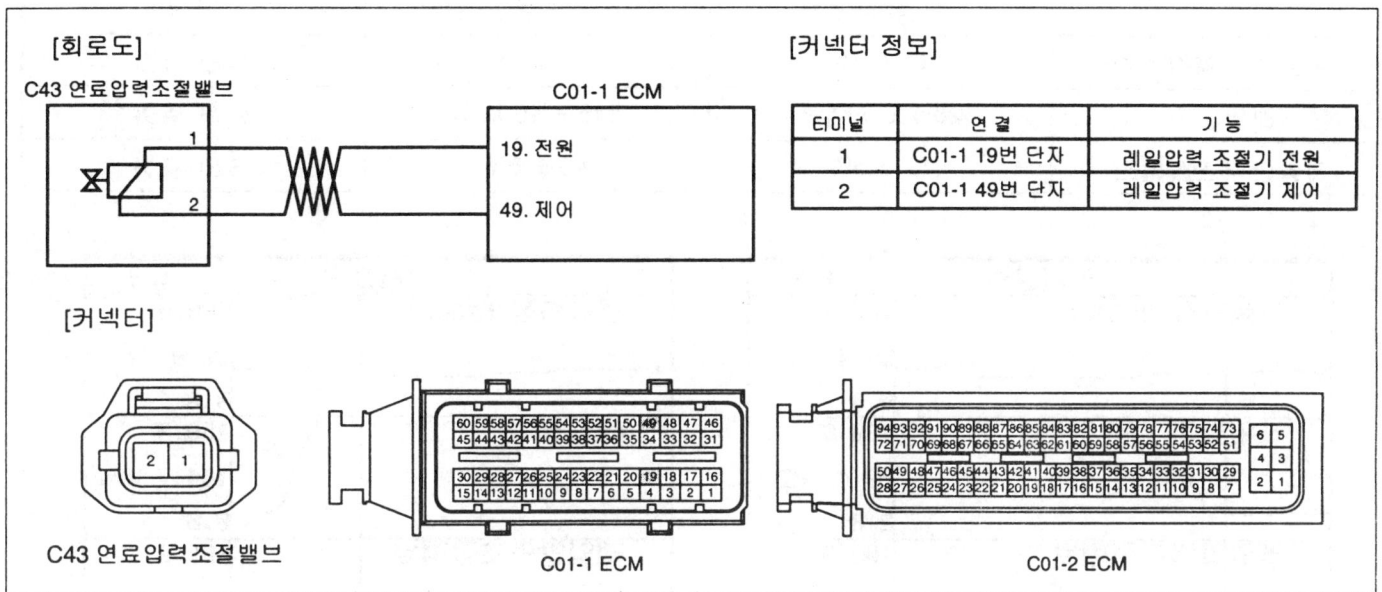

기준 파형 및 데이터 K84E7609

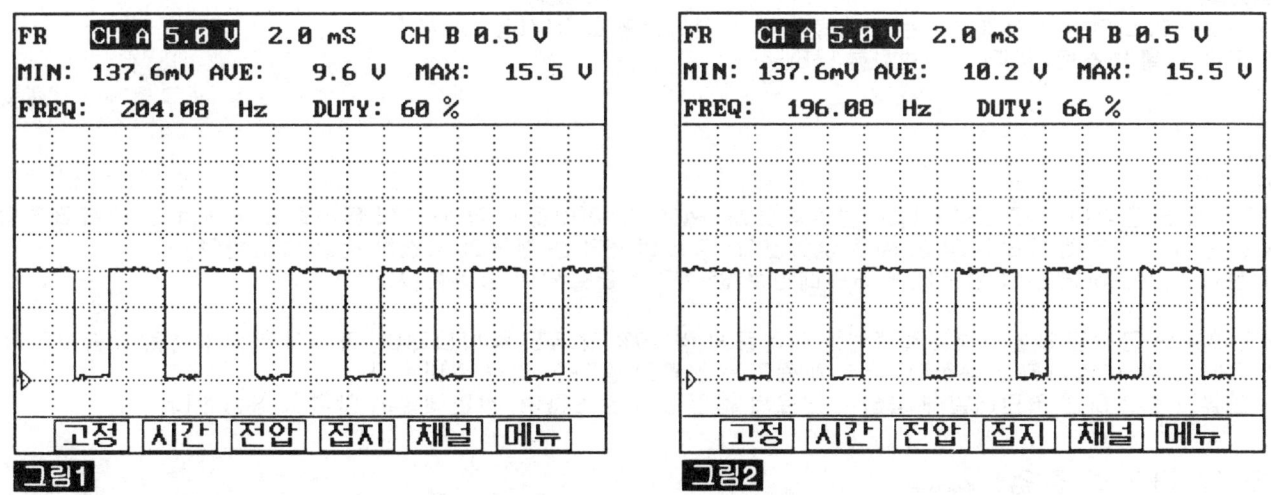

그림1) 아이들시 연료 압력 조절기의 파형을 나타낸다. 아이들시 약 38% 정도의 듀티를 가진다.
그림2) 가속시 연료 압력 조절기의 파형을 나타낸다. 엔진 부하 증가시 약 32% 정도의 듀티를 가진다.
   (가속에 따라 레일압력이 증가하면서 연료 압력 조절기 듀티(전류량)은 감소한다.)

스캔툴 데이터 분석 KE01785E

1. 자기진단 커넥터에 스캔툴을 연결한다.

2. 엔진을 정상작동 온도 까지 워밍업 한다.

3. 전기 장치 및 에어컨을 OFF 한다.

4. 스캔툴에 표시되는 "연료측정(MPROP)", "레일압력", "레일압력조절밸브" 항목을 점검한다.

규정값 :

	아이들(무부하)	가속시(스톨테스트)	분석
연료측정(MPROP)	38 ± 5%	32 ± 5%	듀티 감소
레일압력	28.5 ± 5 Mpa	145 ± 10 Mpa	압력 증가
레일압력조절밸브	19 ± 5%	48 ± 5%	듀티 증가

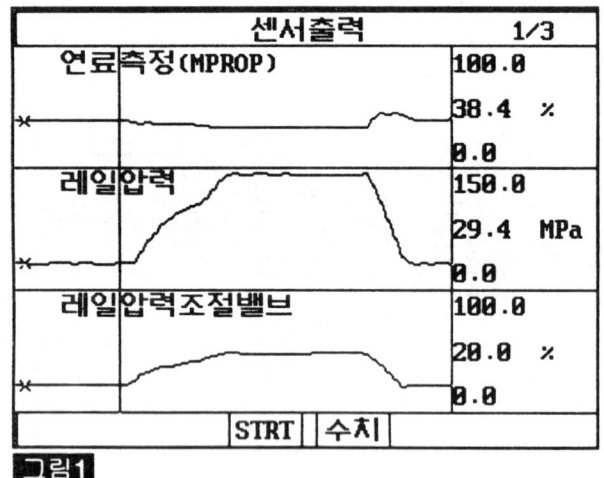 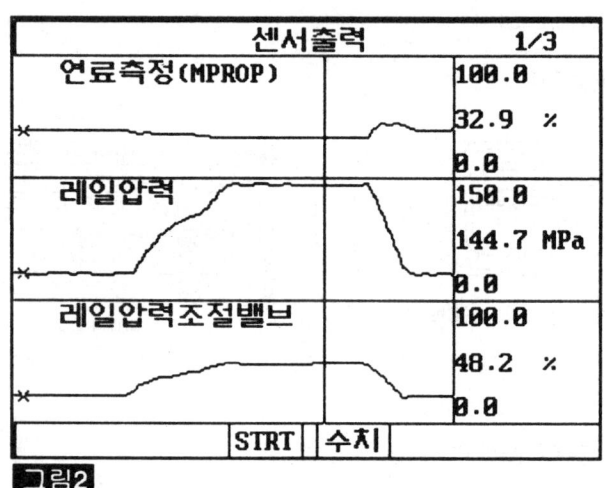

그림1) 그래프에 나타난 커서의 위치는 아이들 상태의 데이터를 나타낸다.
그림2) 가속(스톨 테스트) 시 데이터 변화를 나타낸다.

참고

고압펌프에 장착된 연료 압력조절기(연료측정 MPROP)는 아이들시 약 **38%** 의 듀티를 나타내며, 가속시 레일압력을 상승시키기 위해 듀티가 약 **32%** 로 낮아진다. 듀티의 감소는 전류가 감소한 것을 의미한다.
→ 전류가 감소하면 고압 펌프에서 커먼레일로 압송되는 연료량이 증가한다.)

커먼레일에 장착된 레일압력조절밸브는 아이들시 약 **19%** 의 듀티를 나타내며, 가속시 레일압력을 상승시키기 위해 듀티가 약 **48%** 까지 상승한다. 듀티의 증가는 전류가 증가한 것을 의미한다.
→ 전류가 증가하면 커먼레일에 공급된 연료의 리턴량이 감소하여, 커먼레일의 압력이 상승한다.)

컨넥터 및 터미널 점검

1. 전기장치는 수 많은 하네스와 커넥터로 구성되며, 이러한 커넥터들의 접촉 불량은 여러가지 다양한 문제를 유발 시키고, 부품을 손상 시키기도 한다.

2. 다음 점검 절차를 수행한다.

    1) 하네스와 터미널의 손상을 점검한다. : 터미널의 접촉 저항, 산화, 변형을 점검한다.

    2) ECM 과 단품 커넥터의 접속 상태를 확인한다. : 터미널 단자의 이탈, 록킹 장치의 손상, 터미널과 와이어링의 연결 상태를 점검한다.

고장진단
FL -225

> **참고**
> 점검이 필요한 커넥터의 수컷측 핀을 탈거하여, 암컷측 터미널에 삽입 접촉 상태를 점검한다. (점검 후 탈거한 핀을 정위치에 바르게 장착한다.)

3. 문제 부위가 확인되는가?

   YES
   ▶ 문제 부위를 수리후 "고장수리 확인" 절차를 수행한다.

   NO
   ▶ "전원선 점검" 절차를 수행한다.

전원선 점검 K05E0514

1. 전원선 전압 점검

   1) IG KEY "OFF", 엔진을 정지한다.
   2) 연료 압력 조절기 커넥터를 탈거한다.
   3) IG KEY "ON"
   4) 연료 압력 조절기 커넥터 1번 단자의 전압을 점검한다.

   규정값 : 11.5V~13.0V

   5) 규정 전압이 검출되는가?

   YES
   ▶ "제어선 점검" 을 실시한다.

   NO
   ▶ 연료 압력 조절기 커넥터 1번 단자와 ECM 커넥터 19번 단자간 단선을 수리 후 "고장수리 확인" 절차를 수행한다.

제어선 점검 K4CDAAA9

1. 제어선 모니터링 전압 점검

   1) IG KEY "OFF", 엔진을 정지한다.
   2) 연료 압력 조절기 커넥터를 탈거한다.
   3) IG KEY "ON"
   4) 연료 압력 조절기 커넥터 2번 단자의 전압을 점검한다.

   규정값 : 3.2V~3.7V

   5) 규정 전압이 검출되는가?

YES

▶ "단품 점검"을 실시한다.

NO

▶ 전압이 검출 되지 않을 경우 : "2. 제어선 단선 점검"을 실시한다.
▶ 높은 전압이 검출될 경우 : 단락(전원측) 발생 부위를 찾아 수리 후 "고장수리 확인" 절차를 수행한다.

2. 제어선 단선 점검

   1) IG KEY "OFF", 엔진을 정지한다.
   2) 연료 압력 조절기 커넥터와 ECM 커넥터를 탈거한다.
   3) 연료 압력 조절기 커넥터 2번 단자와 ECM 커넥터 49번 단자간 통전 시험을 실시한다.

규정값 : 통전(1.0Ω 이하)

   4) 통전 시험은 정상적인가?

YES

▶ 연료 압력 조절기 제어 회로의 단락(접지측) 발생 부위를 찾아 수리 후 "고장수리 확인" 절차를 수행한다.

NO

▶ 연료 압력 조절기 제어 회로의 단선 발생 부위를 찾아 수리 후 "고장수리 확인" 절차를 수행한다.

단품점검   KC3A7111

1. 연료 압력 조절기 단품 저항 점검

   1) IG KEY "OFF", 엔진을 정지한다.
   2) 연료 압력 조절기 커넥터를 탈거한다.
   3) 연료 압력 조절기 단품의 저항을 점검한다.

규정값 : 2.9 ~ 3.15 Ω (20℃)

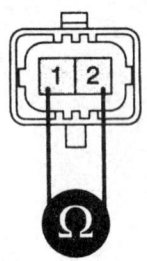

AFGF007M

   4) 연료 압력 조절기 단품의 저항은 정상적인가?

YES

▶ "고장수리 확인" 절차를 수행한다.

고장진단

NO

▶ 고압 펌프 어셈블리를 교환 후 "고장수리 확인" 절차를 수행한다.

고장수리 확인   KE6D4412

본 진단 가이드를 사용해서 발생된 문제를 수리한 뒤, 고장이 완전히 해결되었는지 확인하는 과정이 필요하다.

1. 스캔툴을 연결한 후, 자기진단을 실시하여 고장 코드를 확인한다.
2. 저장된 고장코드를 스캔툴을 이용하여 소거한다.
3. 고장 판정 조건중의 검출 조건에 따라 차량을 주행한다.
4. 스캔툴로 자기 진단을 실시하여 고장 코드가 발생 되었는지 확인한다.
5. 고장 코드가 발생되는가 ?

YES

▶ 해당되는 고장 코드 수리 절차로 이동한다.

NO

▶ 고장 수리가 완료되어 시스템이 정상적으로 작동한다.

DTC P0253 연료 압력 조절기 회로 이상 - 신호 낮음

부품 위치 KD30A5A9

DTC P0252 참조.

기능 및 역할 KF25C8C3

DTC P0252 참조.

고장 코드 설명 K668EB45

P0253 코드는 레일압력 조절기(고압 펌프에 장착) 제어 회로의 전류값이 "0" 인 상태가 0.22초이상 검출되는 경우에 발생되는 고장 코드로 레일 압력 조절기 제어 회로의 단선 혹은 단락(접지측), 단품 내부 단선의 경우이다.

고장판정 조건 K73C8A47

항 목	감지 조건		고장 예상 부위
검출 방법	• 전압 모니터링		
검출 조건	• IG KEY "ON"		
판정값	• GND 로 단락된 경우, 와이어링 결선이 단선된 경우		
검출 시간	• 220ms		• 레일압력 조절기 회로
페일세이프 (Fail Safe)	연료 차단	비실행	• 레일압력 조절기 단품
	EGR 금지	비실행	
	연료 제한	실행	
	체크 램프	점등	

제원 K055C204

연료 압력 조절기 저항	작동 주파수
2.9 ~ 3.15 Ω (20℃)	185 Hz

부분 회로도 K45AF86D

DTC P0252 참조.

기준 파형 및 데이터 KA672DFF

DTC P0252 참조.

스캔툴 데이터 분석 K4FCA120

DTC P0252 참조.

고장진단

커넥터 및 터미널 점검 KF8363F7

DTC P0252 참조.

전원선 점검 KB670A97

1. 전원선 전압 점검

    1) IG KEY "OFF", 엔진을 정지한다.

    2) 연료 압력 조절기 커넥터를 탈거한다.

    3) IG KEY "ON"

    4) 연료 압력 조절기 커넥터 1번 단자의 전압을 점검한다.

규정값 : 11.5V~13.0V

---

   5) 규정 전압이 검출되는가?

   YES

   ▶ "제어선 점검" 을 실시한다.

   NO

   ▶ 연료 압력 조절기 커넥터 1번 단자와 ECM 커넥터 19번 단자간 단선을 수리 후 "고장수리 확인" 절차를 수행한다.

제어선 점검 K1B5DBF6

1. 제어선 모니터링 전압 점검

    1) IG KEY "OFF", 엔진을 정지한다.

    2) 연료 압력 조절기 커넥터를 탈거한다.

    3) IG KEY "ON"

    4) 연료 압력 조절기 커넥터 2번 단자의 전압을 점검한다.

규정값 : 3.2V~3.7V

---

   5) 규정 전압이 검출되는가?

   YES

   ▶ "단품 점검" 을 실시한다.

   NO

   ▶ 전압이 검출 되지 않을 경우 : "2. 제어선 단선 점검"을 실시한다.
   ▶ 높은 전압이 검출될 경우 : 단락(전원측) 발생 부위를 찾아 수리 후 "고장수리 확인" 절차를 수행한다.

2. 제어선 단선 점검

    1) IG KEY "OFF", 엔진을 정지한다.

2) 연료 압력 조절기 커넥터와 ECM 커넥터를 탈거한다.

3) 연료 압력 조절기 커넥터 2번 단자와 ECM 커넥터 49번 단자간 통전 시험을 실시한다.

규정값 : 통전(1.0Ω 이하)

4) 통전 시험은 정상적인가?

YES

▶ 연료 압력 조절기 제어 회로의 단락(접지측) 발생 부위를 찾아 수리 후 "고장수리 확인" 절차를 수행한다.

NO

▶ 연료 압력 조절기 제어 회로의 단선 발생 부위를 찾아 수리 후 "고장수리 확인" 절차를 수행한다.

단품점검

1. 연료 압력 조절기 단품 저항 점검

    1) IG KEY "OFF", 엔진을 정지한다.

    2) 연료 압력 조절기 커넥터를 탈거한다.

    3) 연료 압력 조절기 단품의 저항을 점검한다.

규정값 : 2.9 ~ 3.15 Ω (20℃)

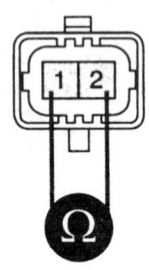

4) 연료 압력 조절기 단품의 저항은 정상적인가?

YES

▶ "고장수리 확인" 절차를 수행한다.

NO

▶ 고압 펌프 어셈블리를 교환 후 "고장수리 확인" 절차를 수행한다.

고장수리 확인

DTC P0252 참조.

고장진단　　　　　　　　　　　　　　　　　　　　　　　　　　　　　　　　FL -231

DTC P0254 연료 압력 조절기 회로 이상 - 신호 높음

부품 위치 KF6EA323

DTC P0252 참조.

기능 및 역할 K3A67BE2

DTC P0252 참조.

고장 코드 설명 KE0AEA00

P0254 코드는 연료 압력 조절기(고압 펌프에 장착) 전원 회로에 과도한 전류가 0.22초 이상 검출되는 경우에 발생되는 고장 코드로 연료 압력 조절기 전원 회로의 단락(전원측) 혹은 연료 압력 조절기 단품 내부 단락의 경우이다.

고장판정 조건 K539F936

항 목	감지 조건		고장 예상 부위
검출 방법	• 전압 모니터링		
검출 조건	• IG KEY "ON"		
판정값	• 배터리측으로 단락이 발생한 경우 (연료 압력 조절기 전원 회로)		
검출 시간	• 220ms		• 연료 압력 조절기 회로 • 연료 압력 조절기 단품
페일세이프 (Fail Safe)	연료 차단	비실행	
	EGR 금지	비실행	
	연료 제한	실행	
	체크 램프	점등	

제원 K294B9D9

연료 압력 조절기 저항	작동 주파수
2.9 ~ 3.15 Ω (20℃)	185 Hz

부분 회로도 K2FB08F0

DTC P0252 참조.

기준 파형 및 데이터 K49126AE

DTC P0252 참조.

스캔툴 데이터 분석 K6A9D785

DTC P0252 참조.

커넥터 및 터미널 점검   K2E9B7B1

DTC P0252 참조.

전원선 점검   KA9A6606

1. 전원선 전압 점검

    1) IG KEY "OFF", 엔진을 정지한다.

    2) 연료 압력 조절기 커넥터를 탈거한다.

    3) IG KEY "ON"

    4) 연료 압력 조절기 커넥터 1번 단자의 전압을 점검한다.

    규정값 : 11.5V~13.0V

    5) 규정 전압이 검출되는가?

    YES

    ▶ "제어선 점검" 을 실시한다.

    NO

    ▶ 연료 압력 조절기 커넥터 1번 단자와 ECM 커넥터 19번 단자간 단선을 수리 후 "고장수리 확인" 절차를 수행한다.

제어선 점검   K46102AD

1. 제어선 모니터링 전압 점검

    1) IG KEY "OFF", 엔진을 정지한다.

    2) 연료 압력 조절기 커넥터를 탈거한다.

    3) IG KEY "ON"

    4) 연료 압력 조절기 커넥터 2번 단자의 전압을 점검한다.

    규정값 : 3.2V~3.7V

    5) 규정 전압이 검출되는가?

    YES

    ▶ "단품 점검" 을 실시한다.

    NO

    ▶ 전압이 검출 되지 않을 경우 : "2. 제어선 단선 점검"을 실시한다.
    ▶ 높은 전압이 검출될 경우 : 단락(전원측) 발생 부위를 찾아 수리 후 "고장수리 확인" 절차를 수행한다.

2. 제어선 단선 점검

    1) IG KEY "OFF", 엔진을 정지한다.

고장진단

  2) 연료 압력 조절기 커넥터와 ECM 커넥터를 탈거한다.

  3) 연료 압력 조절기 커넥터 2번 단자와 ECM 커넥터 49번 단자간 통전 시험을 실시한다.

규정값 : 통전(1.0Ω 이하)

  4) 통전 시험은 정상적인가?

  YES

  ▶ 연료 압력 조절기 제어 회로의 단락(접지측) 발생 부위를 찾아 수리 후 "고장수리 확인" 절차를 수행한다.

  NO

  ▶ 연료 압력 조절기 제어 회로의 단선 발생 부위를 찾아 수리 후 "고장수리 확인" 절차를 수행한다.

단품점검 K764AA16

1. 연료 압력 조절기 단품 저항 점검

  1) IG KEY "OFF", 엔진을 정지한다.

  2) 연료 압력 조절기 커넥터를 탈거한다.

  3) 연료 압력 조절기 단품의 저항을 점검한다.

규정값 : 2.9 ~ 3.15 Ω (20℃)

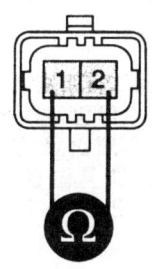

AFGF007M

  4) 연료 압력 조절기 단품의 저항은 정상적인가?

  YES

  ▶ "고장수리 확인" 절차를 수행한다.

  NO

  ▶ 고압 펌프 어셈블리를 교환 후 "고장수리 확인" 절차를 수행한다.

고장수리 확인 KC52E907

DTC P0252 참조.

DTC P0262	실린더 #1-인젝터 회로-신호 높음
DTC P0265	실린더 #2-인젝터 회로-신호 높음
DTC P0268	실린더 #3-인젝터 회로-신호 높음
DTC P0271	실린더 #4-인젝터 회로-신호 높음

부품 위치

기능 및 역할

인젝터는 ECM 에서 결정된 연료량을 고압으로 압축된 연소실에 미립 형태로 무화 시켜 분사하는 기능을 수행하며, 분사된 연료는 연소 과정을 통해 동력을 발생시킨다.

커먼레일 디젤 엔진의 연료 압력을 최대 1600bar 까지 상승시키는 목적은 연료를 미립화 하기위함이며, 연료의 미립화는 연소 효율의 증가로 매연감소, 엔진의 고출력, 연비 향상으로 이어진다. 또한 1600bar 의 유압을 솔레노이드로 제어하기 위해 유압 서보방식을 사용하고 있으며, 솔레노이드 구동 전압을 80V 로 승압시켜 전류제어로 인젝터 솔레노이드를 구동한다. 인젝터 솔레노이드는 인젝터 내부 니들 밸브 양단 챔버에 걸린 고압중 B 챔버의 유압을 해제시켜 니들 밸브가 유압의 힘으로 들어 올려져 분사되는 형태로 작동하며, A와 B 챔버에 동일한 유압이 걸리면 스프링의 힘으로 니들 밸브가 닫혀 연료 분사를 중지한다.

연료 분사를 기계식 인젝터가 아닌 전자제어 인젝터를 적용 함으로써 파일럿 분사 및 사후 분사, 분사 시간과 분사량을 독립적으로 제어가 가능해지므로 엔진 성능의 비약적인 향상을 가져온다.

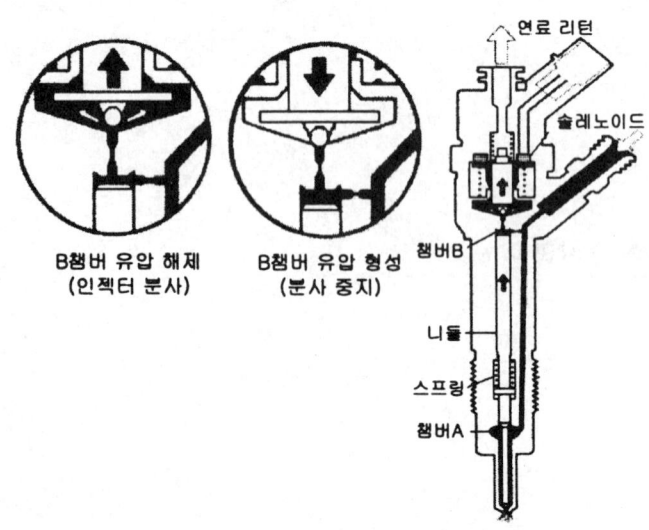

고장진단

고장 코드 설명 KD5180BC

이 코드는 인젝터 구동 조건에서 인젝터 전원 회로(High side)와 제어 회로(Low side)간 단락 혹은 제어 회로(Low side)의 배터리측 단락의 경우에 발생하는 고장 코드로 인젝터 회로의 단락에 의한 과전류 검출 및 인젝터 내부 코일 단락의 경우이다.

고장판정 조건 K4488D0E

항목	감지 조건		고장 예상 부위
검출 방법	• 전류 모니터링		
검출 조건	• IG KEY "ON"		
판정값	• 인젝터 회로 단락		
검출 시간	• 즉시		• 인젝터 회로 단락
페일세이프 (Fail Safe)	연료 차단	실행	• 인젝터 단품
	EGR 금지	비실행	
	연료 제한	비실행	
	체크 램프	점등	

제원 KCA02B04

인젝터 단품 저항	인젝터 구동 전압	인젝터 구동 전류	인젝터 제어 방식
0.255Ω ±0.04 (20℃).	80V	피크전류 : 18±1A 홀드인전류 : 12±1A 재충전전류 : 7A	전류제어

부분 회로도

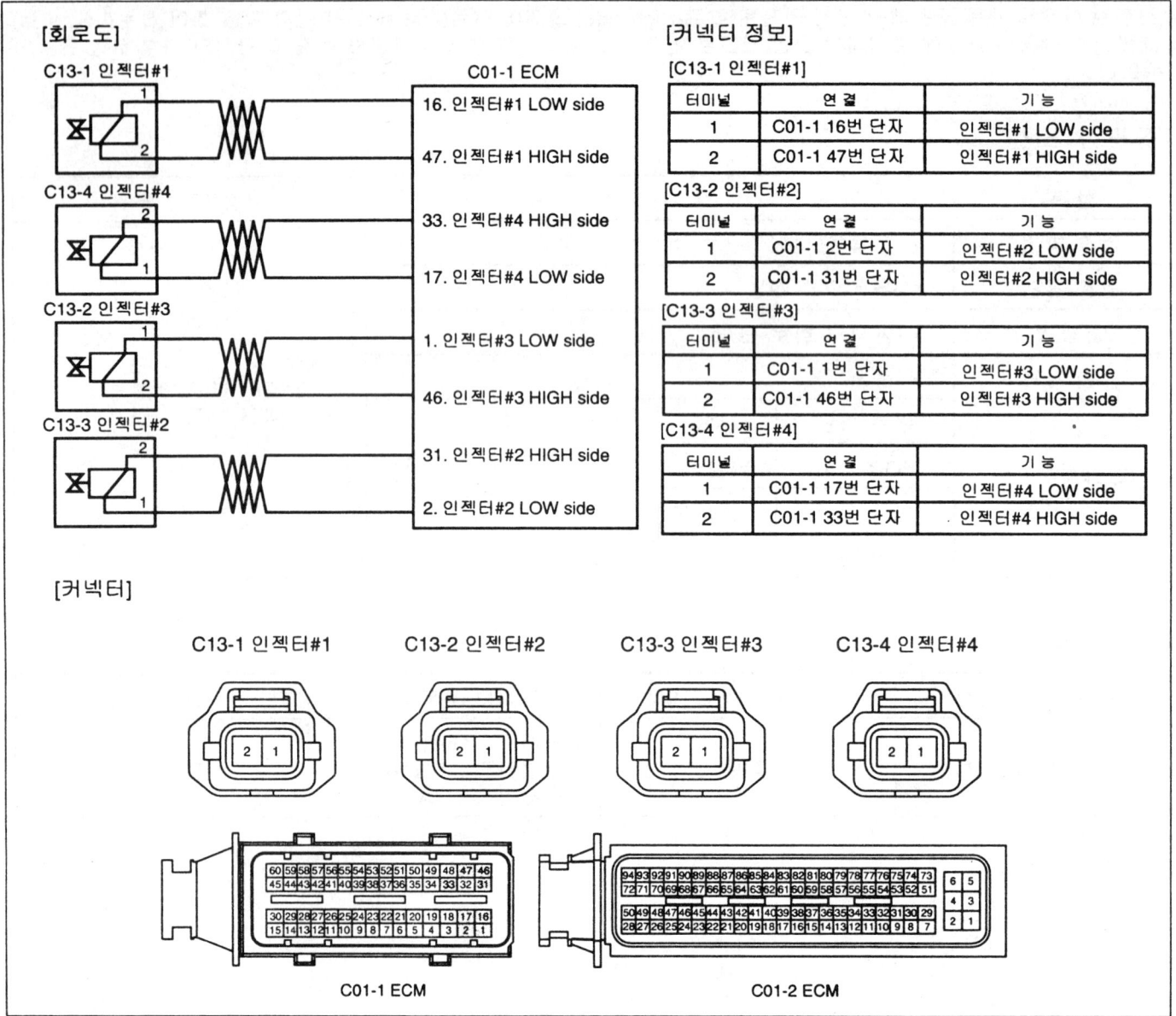

고장진단

기준 파형 및 데이터 K1F933B0

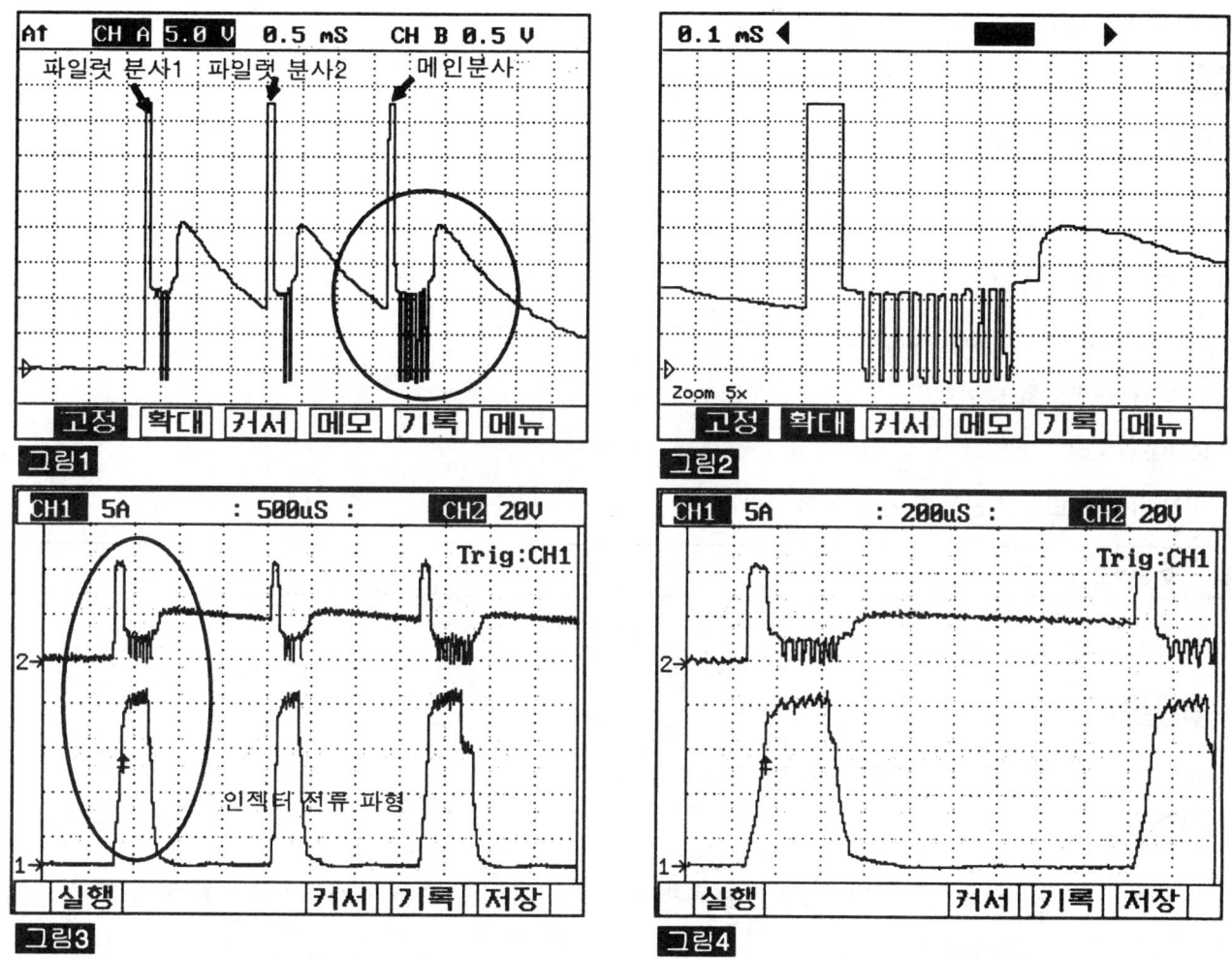

그림1) 인젝터 Low side 의 인젝터 작동 파형으로, 2회의 파일럿 분사와 1회의 메인 분사가 이루어 진다.
그림2) 그림 1)의 메인 분사 부분을 확대한 모습.
그림3) 스코프 메타의 전류 프로브를 이용 인젝터 전압 파형과 전류 파형을 동시에 측정한 파형이다.
그림4) 그림3) 의 파일럿 분사 부분을 확대한 모습

컨넥터 및 터미널 점검 K95EE5B9

1. 전기장치는 수 많은 하네스와 커넥터로 구성되며, 이러한 커넥터들의 접촉 불량은 여러가지 다양한 문제를 유발 시키고, 부품을 손상 시키기도 한다.

2. 다음 점검 절차를 수행한다.

   1) 하네스와 터미널의 손상을 점검한다. : 터미널의 접촉 저항, 산화, 변형을 점검한다.

   2) ECM 과 단품 커넥터의 접속 상태를 확인한다. : 터미널 단자의 이탈, 록킹 장치의 손상, 터미널과 와이어링의 연결 상태를 점검한다.

   참고
   점검이 필요한 커넥터의 수컷측 핀을 탈거하여, 암컷측 터미널에 삽입 접촉 상태를 점검한다. (점검 후 탈거한 핀을 정위치에 바르게 장착한다.)

3. 문제 부위가 확인되는가?

YES

▶ 문제 부위를 수리후 "고장수리 확인" 절차를 수행한다.

NO

▶ "전원선 점검" 절차를 수행한다.

전원선 점검   KCFE994C

1. 전원선 단락(접지측) 점검

    1) IG KEY "OFF", 엔진을 정지한다.

    2) 인젝터 커넥터를 탈거한다.

    3) IG KEY "ON"

    4) 인젝터 커넥터 2번 단자의 전압을 점검한다.

    규정값 : 2.0V~2.5V

    5) 인젝터 전원선의 전압은 정상적인가?

    YES

    ▶ 아래 "2. 전원선과 제어선간 단락 점검" 을 실시한다.

    NO

    ▶ 인젝터 전원 회로의 단락(접지측) 발생 부위를 찾아 수리 후 "고장수리 확인 절차를 수행한다.

2. 전원선과 제어선간 단락 점검

    1) IG KEY "OFF", 엔진을 정지한다.

    2) 인젝터 커넥터와 ECM 커넥터를 탈거한다.

    3) 인젝터 커넥터 1번 단자와 2번 단자간 통전 시험을 실시한다.

    규정값 : 비통전 (무한대Ω)

    4) 인젝터 전원선과 제어선간 절연 상태는 정상적인가?

    YES

    ▶ "제어선 점검" 절차를 수행한다.

    NO

    ▶ 인젝터 전원선과 제어선의 단락 발생부위를 찾아 수리 후 "고장수리 확인" 절차를 수행한다.

제어선 점검   K5C823D7

1. 제어선 단락(전원측) 점검

    1) IG KEY "OFF", 엔진을 정지한다.

고장진단

2) 인젝터 커넥터를 탈거한다.

3) IG KEY "ON"

4) 인젝터 커넥터 1번 단자의 전압을 점검한다.

규정값 : 0.4V~0.5V

5) 인젝터 제어선의 전압은 정상적인가?

YES

▶ "단품 점검" 절차를 수행한다.

NO

▶ 인젝터 제어 회로의 단락(전원측) 발생 부위를 찾아 수리 후 "고장수리 확인" 절차를 수행한다.

단품점검 KC30005F

1. 인젝터 단품 저항 점검

    1) IG KEY "OFF", 엔진을 정지한다.

    2) 인젝터 커넥터를 탈거한다.

    3) 인젝터 단품의 1번과 2번 단자의 저항을 점검한다.

규정값 : 0.255Ω ±0.04 (20℃).

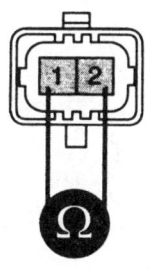

AFGF007M

4) 인젝터 솔레노이드 저항값은 정상적인가?

YES

▶ "고장수리 확인" 절차를 수행한다.

NO

▶ 인젝터를 교환 후 "고장수리 확인" 절차를 수행한다.

📖 참고

인젝터 교환시 필히 해당 인젝터의 *IQA* 코드를 *ECM* 에 재 입력 해야함.
스캔툴의 "인젝터 데이터 입력" 기능을 활용하여, 교환된 인젝터의 *IQA* 코드를 입력한다. 자세한 내용은 *P1670* 과 *P1671* 을 참고한다.

고장수리 확인 K7F23951

본 진단 가이드를 사용해서 발생된 문제를 수리한 뒤, 고장이 완전히 해결되었는지 확인하는 과정이 필요하다.

1. 스캔툴을 연결한 후, 자기진단을 실시하여 고장 코드를 확인한다.
2. 저장된 고장코드를 스캔툴을 이용하여 소거한다.
3. 고장 판정 조건중의 검출 조건에 따라 차량을 주행한다.
4. 스캔툴로 자기 진단을 실시하여 고장 코드가 발생 되었는지 확인한다.
5. 고장 코드가 발생되는가 ?

   YES

   ▶ 해당되는 고장 코드 수리 절차로 이동한다.

   NO

   ▶ 고장 수리가 완료되어 시스템이 정상적으로 작동한다.

고장진단

DTC P0335 크랭크 샤프트 포지션 센서(CKPS) 회로 이상

부품 위치

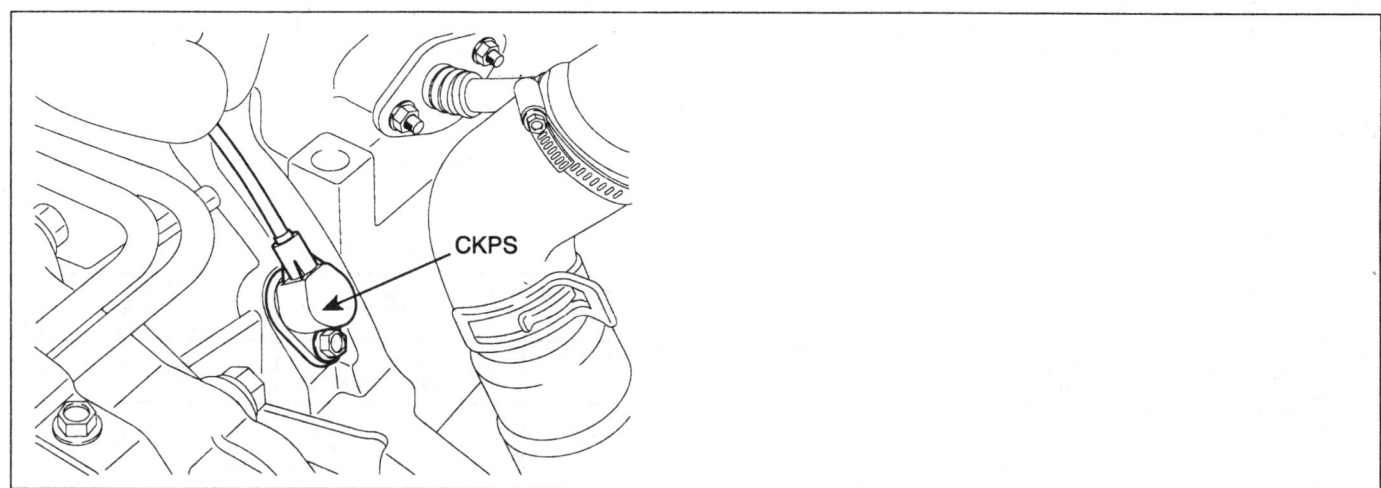

기능 및 역할

크랭크 샤프트 포지션 센서는 마그네틱 인덕티브 센서 방식으로 변속기 하우징에 설치 되어 플라이 휠의 톤휠 위치를 검출 한다. 톤휠은 58개의 돌기와 2개의 참조점으로 크랭크 1회전을 60등분 하여 돌기 하나당 6도씩 크랭크 위치를 검출 한다. 크랭크 포지션 센서는 엔진의 회전수와 크랭크 각도를 계산하여, 엑셀페달 센서와 함께 기본 연료 분사량과 분사 시기를 결정하는 중요한 센서로 엔진 시동에 절대적인 상관 관계를 가진다.

고장 코드 설명

P0335 코드는 캠 샤프트 포지션 센서 신호는 출력되나, 크랭크 샤프트 포지션 센서의 출력이 발생하지 않는 경우가 0.7 초간 유지 되는 경우로, 크랭크 샤프트 포지션 센서 회로 및 단품 불량의 경우이다. 엔진 구동중 크랭크 샤프트 포지션 센서 출력이 발생하지 않으면 캠샤프트 포지션 센서 신호를 이용하여 엔진 회전수를 검출한다.

고장판정 조건

항목	감지 조건		고장 예상 부위
검출 방법	• 신호 모니터링		
검출 조건	• 엔진 구동		
판정값	• 캠 샤프트 포지션 센서는 출력되나, 크랭크 샤프트 포지션 센서 출력이 발생하지 않는 경우		• 크랭크 샤프트 포지션 센서 회로 • 크랭크 샤프트 포지션 센서 단품 • 크랭크 샤프트 톤휠의 이상 변형
검출 시간	• 700ms		
페일세이프 (Fail Safe)	연료 차단	실행	
	EGR 금지	비실행	
	연료 제한	비실행	
	체크 램프	점등	

제원

센서 방식	출력 신호 특성	에어 갭	저 RPM 최소 감지 전압	고 RPM 최소 감지 전압
마그네틱 방식	교류 파형 발생	1.8mm	230mV	2769 mV

부분 회로도

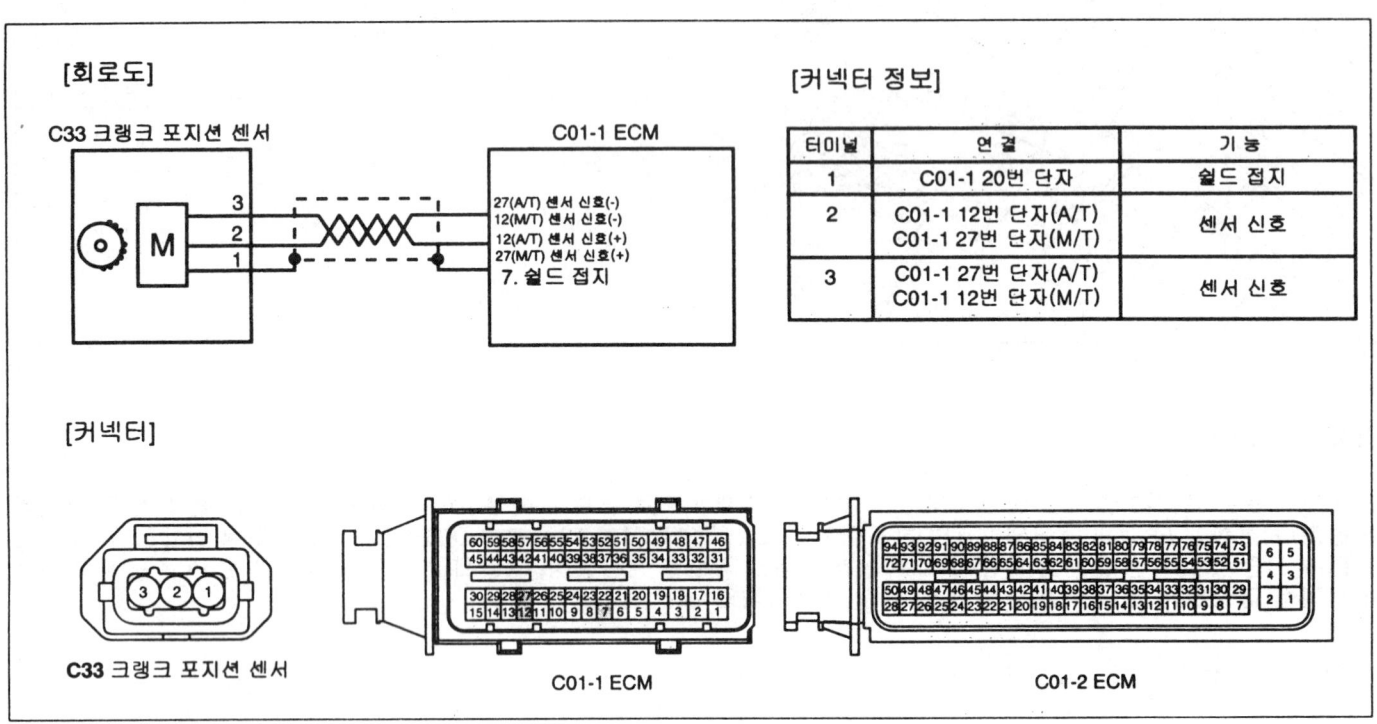

고장진단

기준 파형 및 데이터

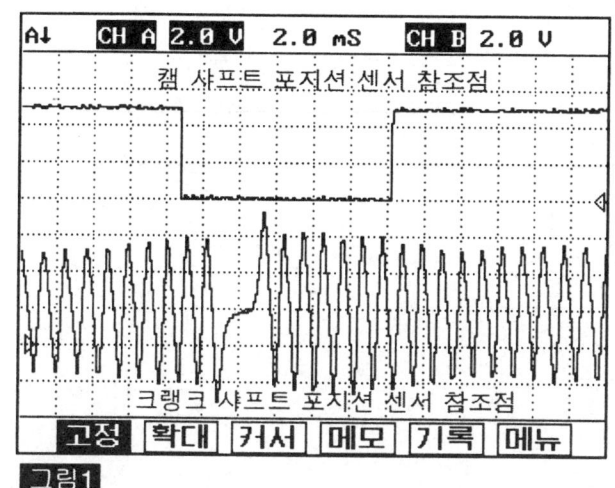
그림1

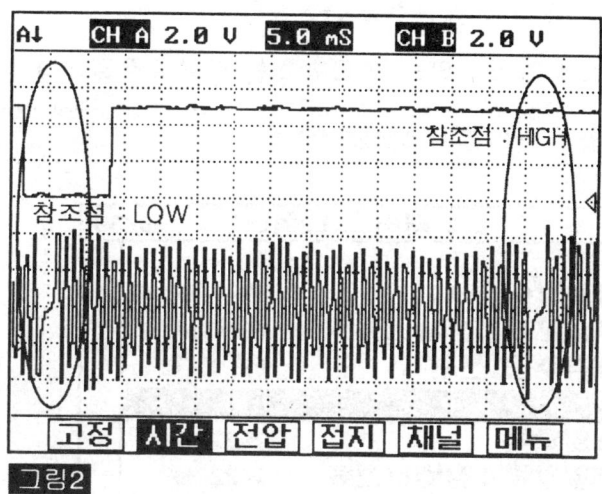
그림2

그림1) 캠 샤프트 포지션 센서와 크랭크 샤프트 포지션 센서를 동시에 측정한 파형으로 캠 샤프트 포지션 센서 참조점과 크랭크 샤프트 포지션 참조점을 나타낸다.

그림2) 캠 샤프트 포지션 센서와 크랭크 샤프트 포지션 센서를 동시에 측정한 파형으로 크랭크 샤프트 포지션 센서 참조점 2회 발생하는 동안 샤프트 포지션 센서 출력이 1회 발생된다. 또한 크랭크 샤프트 포지션 센서 참조점에서 캠 샤프트 포지션 참조점이 LOW 출력과 HIGH 출력이 순차적으로 나타난다.
(크랭크 샤프트 포지션 센서 참조점에서 캠 샤프트 포지션 센서 참조점 LOW, HIGH 신호를 기준으로 기통을 판별하여 분사 순서를 판별한다.)

※ 파형 분석 참고

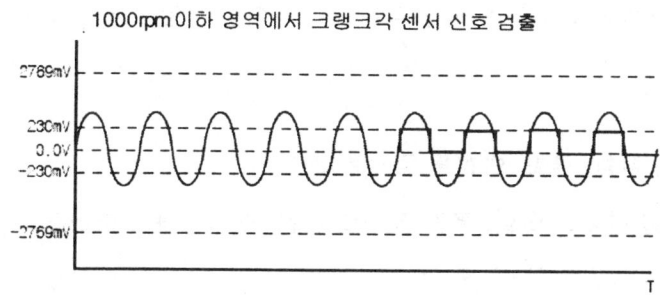

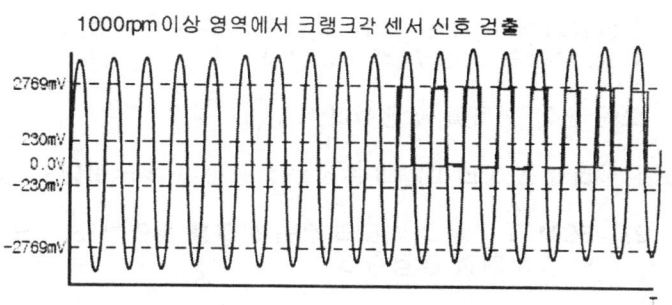

1. 크랭크 포지션 센서는 엔진 회전수(톤휠이 센서를 통해 지나가는 속도)에 따라 출력 전압이 변화 된다.
   (속도가 느리면 낮은 전압이 유도되고, 속도가 빠르면 높은 전압이 유도된다.)

2. 크랭크 포지션 센서는 크랭킹과 같이 낮은 회전수 부터 5000rpm 이상의 고속 회전을 모두 감지해야 하는 특성을 가진다. 만일 낮은 회전수에서 신호 감지를 용이하게 하기위해 감지 최소 전압을 낮게 설정할 경우 출력 전압이 상승하는 높은 회전수 영역에서 발생 할 수 있는 이상 신호 혹은 회로를 타고 유입되는 전기적 노이즈를 크랭크 시그날로 오 인식 할 우려가 있기 때문에 낮은 회전수 영역과 높은 회전수 영역에서의 최소 신호 감지 전압을 다르게 설정한다.

3. ECM 은 위의 파형과 같은 아날로그 신호를 A/D 컨버터를 이용 디지털 신호로 변환한다. 이때 크랭크 시그날의 최소 감지 전압 이상의 전압 과 0.0V 이하의 "-" 전압은 신호 감지에 의미가 없으며, 신호가 감지되는 주기(Hz) 를 이용 엔진의 회전수를 감지한다.

스캔툴 데이터 분석

1. 자기진단 커넥터에 스캔툴을 연결한다.

2. 엔진을 정상작동 온도 까지 워밍업 한다.

3. 전기 장치 및 에어컨을 OFF 한다.

4. 스캔툴에 표시되는 "엔진회전수" 항목을 점검한다.

규정값 : 아이들시 830±50RPM

```
        1.2 써비스 데이터        09/38
  ✕ 공기량(mg/st)        374  mg/st
  ✕ 엑셀포지션센서 1     762  mV
  ✕ 냉각수온 센서        82.9 °C
  ✕ 엔진회전수           830  rpm
  ✕ 레일압력             262.2bar
  ✕ 레일압력조절밸브전류 1422 mA
  ✕ EGR 액츄에이터       5.3  %
  ✕ 연료분사량           4.8  mcc
  [고정][단품][전체][도움][라인][기록]
```

그림1

그림1) 엔진 워밍업후 "엔진회전수" 항목을 유심히 점검하며, 엔진의 부조 및 엔진 회전수 불안정, 혹은 시동 꺼짐 현상이 발생하는지 점검한다.

컨넥터 및 터미널 점검

1. 전기장치는 수 많은 하네스와 커넥터로 구성되며, 이러한 커넥터들의 접촉 불량은 여러가지 다양한 문제를 유발 시키고, 부품을 손상 시키기도 한다.

2. 다음 점검 절차를 수행한다.

   1) 하네스와 터미널의 손상을 점검한다. : 터미널의 접촉 저항, 산화, 변형을 점검한다.

   2) ECM 과 단품 커넥터의 접속 상태를 확인한다. : 터미널 단자의 이탈, 록킹 장치의 손상, 터미널과 와이어링의 연결 상태를 점검한다.

   📝 참고

   점검이 필요한 커넥터의 수컷측 핀을 탈거하여, 암컷측 터미널에 삽입 접촉 상태를 점검한다. (점검 후 탈거한 핀을 정위치에 바르게 장착한다.)

3. 문제 부위가 확인되는가?

   YES

   ▶ 문제 부위를 수리후 "고장수리 확인" 절차를 수행한다.

   NO

   ▶ "신호선 점검" 절차를 수행한다.

신호선 점검

1. 신호선 전압 점검

고장진단

1) IG KEY "OFF", 엔진을 정지한다.
2) 크랭크 샤프트 포지션 센서 커넥터를 탈거한다.
3) IG KEY "ON"
4) 크랭크 샤프트 포지션 센서 커넥터 2과 3번 단자의 전압을 점검한다.

규정값 : 2.4V~2.6V

5) 규정 전압이 검출되는가?

YES

▶ "3.신호선간 단락 점검"을 실시한다.

NO

▶ 아래 "신호선 단선 점검"을 실시한다.

2. 신호선 단선 점검

   1) IG KEY "OFF", 엔진을 정지한다.
   2) 크랭크 샤프트 포지션 센서 커넥터와 ECM 커넥터를 탈거한다.
   3) 크랭크 샤프트 포지션 센서 커넥터 2번 단자와 ECM 커넥터 12번(A/T), 27번(M/T) 단자간 통전 시험을 실시한다.
   4) 크랭크 샤프트 포지션 센서 커넥터 3번 단자와 ECM 커넥터 27번(A/T), 12번(M/T)번 단자간 통전 시험을 실시한다.

규정값 : 통전(1.0Ω 이하)

   5) 통전 시험은 정상적인가?

   YES

   ▶ 아래 "신호선간 단락 점검"을 실시한다.

   NO

   ▶ 단선 발생 회로의 단선 부위를 수리 후 "고장수리 확인" 절차를 수행한다.

3. 신호선간 단락 점검

   1) IG KEY "OFF", 엔진을 정지한다.
   2) 크랭크 샤프트 포지션 센서 커넥터와 ECM 커넥터를 탈거한다.
   3) 크랭크 샤프트 포지션 센서 커넥터 2번 단자와 3번 단자간 통전 시험을 실시한다.

규정값 : 비통전(무한대Ω)

   4) 신호선간 절연 상태는 정상적인가?

   YES

   ▶ 아래 "신호선 단락(접지측) 점검"을 실시한다.

FL -246　　　　　　　　　　　　　　　　　　　　　　　　　　　　연료 장치

NO

▶ 신호선간 단락 발생 부위를 찾아 수리 후 "고장수리 확인" 절차를 수행한다.

4. 신호선 단락(접지측) 점검

   1) IG KEY "OFF", 엔진을 정지한다.

   2) 크랭크 샤프트 포지션 센서 커넥터와 ECM 커넥터를 탈거한다.

   3) 크랭크 샤프트 포지션 센서 커넥터 1번 단자(쉴드 접지)와 2번, 3번 단자(크랭크 신호) 간 통전 시험을 실시한다.

규정값 : 비통전(무한대Ω)

   4) 신호선의 절연 상태는 정상적인가?

   YES

   ▶ "접지선 점검"을 실시한다.

   NO

   ▶ 신호선과 쉴드 접지간 단락(접지측)을 수리 후 "고장수리 확인" 절차를 수행한다.

접지선 점검　KBC7C990

1. IG KEY "OFF", 엔진을 정지한다.

2. 크랭크 샤프트 포지션 센서 커넥터를 탈거한다.

3. 크랭크 샤프트 포지션 센서 커넥터 1번 단자와 차체 접지간 통전 시험을 실시한다.

규정값 : 통전(1.0Ω 이하)

4. 쉴드 접지선의 접지 상태는 정상적인가?

   YES

   ▶ "단품 점검"을 실시한다.

   NO

   ▶ 쉴드 접지 회로의 단선 혹은 접촉 불량을 수리 후 "고장수리 확인" 절차를 수행한다.

단품점검　K0FE0B2F

1. 크랭크 샤프트 포지션 센서 단품 저항 점검

   1) IG KEY "OFF", 엔진을 정지한다.

   2) 크랭크 샤프트 포지션 센서 커넥터를 탈거한다.

   3) 크랭크 샤프트 포지션 센서 단품 커넥터 2,3번 단자간 저항을 점검한다.

규정값 : 860Ω ±10% (20℃)

고장진단 FL-247

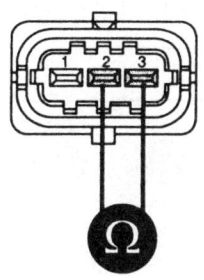

4) 저항값은 정상적인가?

YES

▶ 아래 "크랭크 샤프트 포지션 센서 단품 단락(접지측) 점검" 절차를 수행한다.

NO

▶ 크랭크 샤프트 포지션 센서를 교환 후 "고장수리 확인" 절차를 수행한다.

2. 크랭크 샤프트 포지션 센서 단품 단락(접지측) 점검

   1) IG KEY "OFF", 엔진을 정지한다.
   2) 크랭크 샤프트 포지션 센서 커넥터를 탈거한다.
   3) 크랭크 샤프트 포지션 센서 단품 커넥터 1,3번 단자간 저항을 점검한다.

규정값 : 비통전 (무한대 Ω)

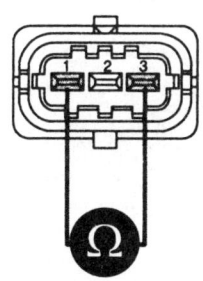

4) 단품 내부의 절연 상태는 정상적인가?

YES

▶ 아래 "크랭크 샤프트 포지션 센서 파형 점검" 절차를 수행한다.

NO

▶ 크랭크 샤프트 포지션 센서를 교환 후 "고장수리 확인" 절차를 수행한다.

3. 크랭크 샤프트 포지션 센서 파형 점검

   1) IG KEY "OFF", 엔진을 정지한다.
   2) 크랭크 샤프트 포지션 센서 커넥터를 장착한다.
   3) 크랭크 샤프트 포지션 센서 커넥터 3번(A/T), 2번(M/T) 단자에 오실로 스코프를 연결한다.

4) 엔진을 시동 혹은 크랭킹 하며, 크랭크 샤프트 포지션 센서 파형이 정상적으로 출력되는지 점검한다.

규정값 : 일반 정보의 "기준 파형" 항목을 참조한다.

5) 크랭크 샤프트 포지션 센서 파형이 정상적으로 출력되는가?

YES

▶ "고장수리 확인" 절차를 수행한다.

NO

▶ 크랭크 샤프트 포지션 센서를 교환 후 "고장수리 확인" 절차를 수행한다.

고장수리 확인   KE8BB750

본 진단 가이드를 사용해서 발생된 문제를 수리한 뒤, 고장이 완전히 해결되었는지 확인하는 과정이 필요하다.

1. 스캔툴을 연결한 후, 자기진단을 실시하여 고장 코드를 확인한다.
2. 저장된 고장코드를 스캔툴을 이용하여 소거한다.
3. 고장 판정 조건중의 검출 조건에 따라 차량을 주행한다.
4. 스캔툴로 자기 진단을 실시하여 고장 코드가 발생 되었는지 확인한다.
5. 고장 코드가 발생되는가 ?

YES

▶ 해당되는 고장 코드 수리 절차로 이동한다.

NO

▶ 고장 수리가 완료되어 시스템이 정상적으로 작동한다.

고장진단

FL -249

DTC P0336 크랭크 샤프트 포지션 센서(CKPS) 회로-성능이상

부품 위치 KC40C042

DTC P0335 참조.

기능 및 역할 K25A52F5

DTC P0335 참조.

고장 코드 설명 KA2CDE72

P0336 코드는 크랭크 샤프트 포지션 센서에서 검출된 엔진 회전수가 6000RPM 이상이거나, 크랭크 신호 판정 펄스가 비정상적인 경우에 발생하는 고장 코드로 크랭크 샤프트 포지션 센서 회로의 순간 적인 접촉 불량 및 단품 불량, 혹은 플라이 휠에 장착된 톤휠의 이상 변형을 점검한다.

고장판정 조건 KEDA6753

항 목	감지 조건		고장 예상 부위
검출 방법	• 신호 모니터링		
검출 조건	• 엔진 구동		• 크랭크 샤프트 포지션 센서 회로 • 크랭크 샤프트 포지션 센서 단품 • 크랭크 샤프트 톤휠의 이상 변형
판정값	• 크랭크 샤프트 포지션 센서에서 검출된 엔진 회전수가 6000RPM 이상 • 크랭크 신호 판정 펄스가 비정상적인 경우		
검출 시간	• 즉시		
페일세이프 (Fail Safe)	연료 차단	실행	
	EGR 금지	비실행	
	연료 제한	비실행	
	체크 램프	점등	

제원 K52068C8

센서 방식	출력 신호 특성	에어갭	저 RPM 최소 감지 전압	고 RPM 최소 감지 전압
마그네틱 방식	교류 파형 발생	1.8mm	230mV	2769 mV

부분 회로도 KBBGA4DC

DTC P0335 참조.

기준 파형 및 데이터 K8BB611A

DTC P0335 참조.

연료 장치

스캔툴 데이터 분석   K63021EE

DTC P0335 참조.

컨넥터 및 터미널 점검   K6E920D8

DTC P0335 참조.

신호선 점검   K9F2F03D

1. 신호선 전압 점검

    1) IG KEY "OFF", 엔진을 정지한다.

    2) 크랭크 샤프트 포지션 센서 커넥터를 탈거한다.

    3) IG KEY "ON"

    4) 크랭크 샤프트 포지션 센서 커넥터 2과 3번 단자의 전압을 점검한다.

    규정값 : 2.4V~2.6V

    5) 규정 전압이 검출되는가?

        YES

        ▶ "3.신호선간 단락 점검"을 실시한다.

        NO

        ▶ 아래 "신호선 단선 점검"을 실시한다.

2. 신호선 단선 점검

    1) IG KEY "OFF", 엔진을 정지한다.

    2) 크랭크 샤프트 포지션 센서 커넥터와 ECM 커넥터를 탈거한다.

    3) 크랭크 샤프트 포지션 센서 커넥터 2번 단자와 ECM 커넥터 12번(A/T), 27번(M/T) 단자간 통전 시험을 실시한다.

    4) 크랭크 샤프트 포지션 센서 커넥터 3번 단자와 ECM 커넥터 27번(A/T), 12번(M/T)번 단자간 통전 시험을 실시한다.

    규정값 : 통전(1.0Ω 이하)

    5) 통전 시험은 정상적인가?

        YES

        ▶ 아래 "신호선간 단락 점검"을 실시한다.

        NO

        ▶ 단선 발생 회로의 단선 부위를 수리 후 "고장수리 확인" 절차를 수행한다.

3. 신호선간 단락 점검

    1) IG KEY "OFF", 엔진을 정지한다.

고장진단

2) 크랭크 샤프트 포지션 센서 커넥터와 ECM 커넥터를 탈거한다.
3) 크랭크 샤프트 포지션 센서 커넥터 2번 단자와 3번 단자간 통전 시험을 실시한다.

규정값 : 비통전(무한대Ω)

4) 신호선간 절연 상태는 정상적인가?

YES

▶ 아래 "신호선 단락(접지측) 점검"을 실시한다.

NO

▶ 신호선간 단락 발생 부위를 찾아 수리 후 "고장수리 확인" 절차를 수행한다.

4. 신호선 단락(접지측) 점검

1) IG KEY "OFF", 엔진을 정지한다.
2) 크랭크 샤프트 포지션 센서 커넥터와 ECM 커넥터를 탈거한다.
3) 크랭크 샤프트 포지션 센서 커넥터 1번 단자(쉴드 접지)와 2번, 3번 단자(크랭크 신호) 간 통전 시험을 실시한다.

규정값 : 비통전(무한대Ω)

4) 신호선의 절연 상태는 정상적인가?

YES

▶ "접지선 점검"을 실시한다.

NO

▶ 신호선과 쉴드 접지간 단락(접지측)을 수리 후 "고장수리 확인" 절차를 수행한다.

접지선 점검 K08823BC

1. IG KEY "OFF", 엔진을 정지한다.
2. 크랭크 샤프트 포지션 센서 커넥터를 탈거한다.
3. 크랭크 샤프트 포지션 센서 커넥터 1번 단자와 차체 접지간 통전 시험을 실시한다.

규정값 : 통전(1.0Ω 이하)

4. 쉴드 접지선의 접지 상태는 정상적인가?

YES

▶ "단품 점검"을 실시한다.

NO

▶ 쉴드 접지 회로의 단선 혹은 접촉 불량을 수리 후 "고장수리 확인" 절차를 수행한다.

단품점검 K2593B1B

1. 크랭크 샤프트 포지션 센서 단품 저항 점검

    1) IG KEY "OFF", 엔진을 정지한다.

    2) 크랭크 샤프트 포지션 센서 커넥터를 탈거한다.

    3) 크랭크 샤프트 포지션 센서 단품 커넥터 2,3번 단자간 저항을 점검한다.

규정값 : 860Ω ±10% (20℃)

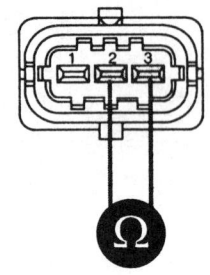

AWJF006A

4) 저항값은 정상적인가?

    YES

    ▶ 아래 "크랭크 샤프트 포지션 센서 단품 단락(접지측) 점검" 절차를 수행한다.

    NO

    ▶ 크랭크 샤프트 포지션 센서를 교환 후 "고장수리 확인" 절차를 수행한다.

2. 크랭크 샤프트 포지션 센서 단품 단락(접지측) 점검

    1) IG KEY "OFF", 엔진을 정지한다.

    2) 크랭크 샤프트 포지션 센서 커넥터를 탈거한다.

    3) 크랭크 샤프트 포지션 센서 단품 커넥터 1,3번 단자간 저항을 점검한다.

규정값 : 비통전 (무한대 Ω)

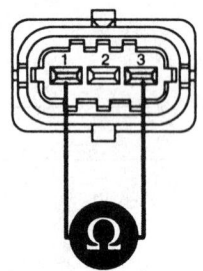

AWJF006B

4) 단품 내부의 절연 상태는 정상적인가?

고장진단　　　　　　　　　　　　　　　　　　　　　　　　　　　　　　　　　　　　FL -253

YES

▶ 아래 "크랭크 샤프트 포지션 센서 파형 점검" 절차를 수행한다.

NO

▶ 크랭크 샤프트 포지션 센서를 교환 후 "고장수리 확인" 절차를 수행한다.

3. 크랭크 샤프트 포지션 센서 파형 점검

　1) IG KEY "OFF", 엔진을 정지한다.

　2) 크랭크 샤프트 포지션 센서 커넥터를 장착한다.

　3) 크랭크 샤프트 포지션 센서 커넥터 3번(A/T), 2번(M/T) 단자에 오실로 스코프를 연결한다.

　4) 엔진을 시동 혹은 크랭킹 하며, 크랭크 샤프트 포지션 센서 파형이 정상적으로 출력되는지 점검한다.

규정값 : 일반 정보의 "기준 파형" 항목을 참조한다.

　5) 크랭크 샤프트 포지션 센서 파형이 정상적으로 출력되는가?

YES

▶ "고장수리 확인" 절차를 수행한다.

NO

▶ 크랭크 샤프트 포지션 센서를 교환 후 "고장수리 확인" 절차를 수행한다.

고장수리 확인　K23565FE

DTC P0335 참조.

DTC P0340 캠샤프트 포지션 센서(CMPS) 회로 이상 (뱅크1)

부품 위치 KD0F328B

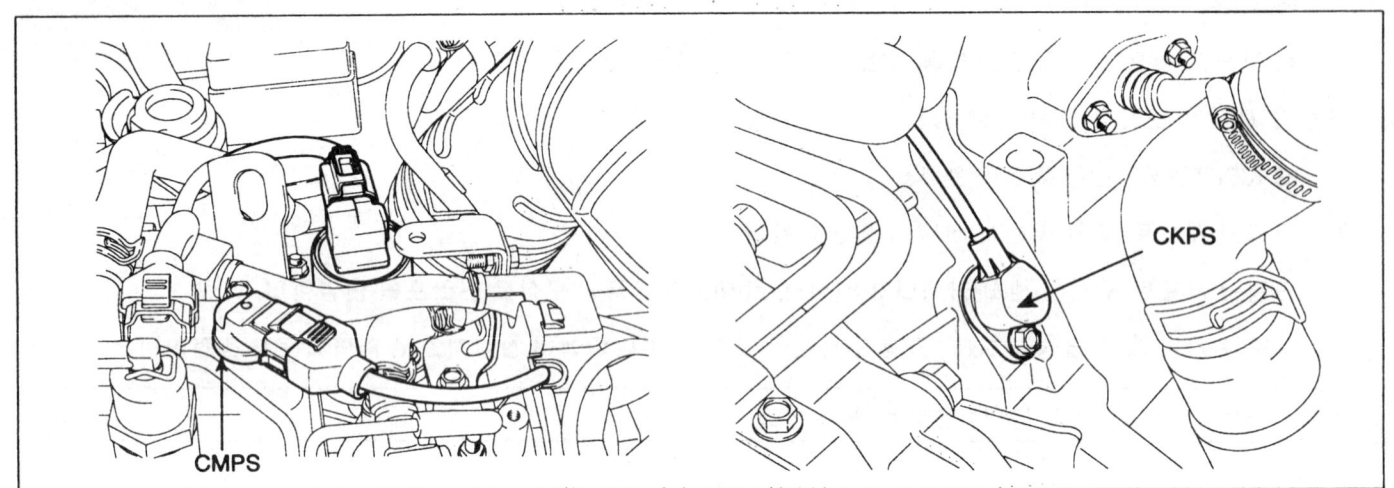

기능 및 역할 K1B0DDE2

캠 샤프트 포지션 센서는 홀 센서 방식으로 배기 캠샤프트 끝단에 설치된 돌기를 검출하여 캠샤프트의 회전을 감지한다. (캠 샤프트 1회전 당 1회의 신호가 발생)캠 샤프트는 크랭크 샤프트 2회전에 1회 회전하므로 크랭크 샤프트 포지션 센서의 참조점이 2번 발생할때, 캠 샤프트 포지션 센서 출력은 1회 발생된다. ECM 은 이 신호를 입력 받아 엔진의 기통 판별 및 크랭크각을 연산하여, 인젝터 분사 순서와 분사 시기를 결정한다.

고장 코드 설명 KDB8BBBA

P0340 코드는 크랭크 샤프트 포지션 센서 신호는 출력되나, 캠 샤프트 포지션 센서의 출력이 발생하지 않는 경우가 0.7 초간 유지 되는 경우로, 캠 샤프트 포지션 센서 회로 및 단품 불량의 경우이다.

고장판정 조건 KF29DA15

항목	감지 조건			고장 예상 부위
검출 방법	• 신호 모니터링			
검출 조건	• 엔진 구동			
판정값	• 크랭크 신호는 출력되나 캠 신호는 출력되지 않는 경우			
검출 시간	• 700ms			• 캠 샤프트 포지션 센서 회로
페일세이프 (Fail Safe)	연료 차단	비실행	• 스타팅시 시동 불가	• 캠 샤프트 포지션 센서 단품
	EGR 금지	비실행		
	연료 제한	실행		
	체크 램프	점등		

고장진단

제원

센서 방식	신호 출력	에어 갭	LOW 신호 감지 조건	HIGH 신호 감지 조건
홀 효과 방식	0V~5V 디지털 신호 출력	1.25mm	2.0V 이하	3.8V 이상

부분 회로도

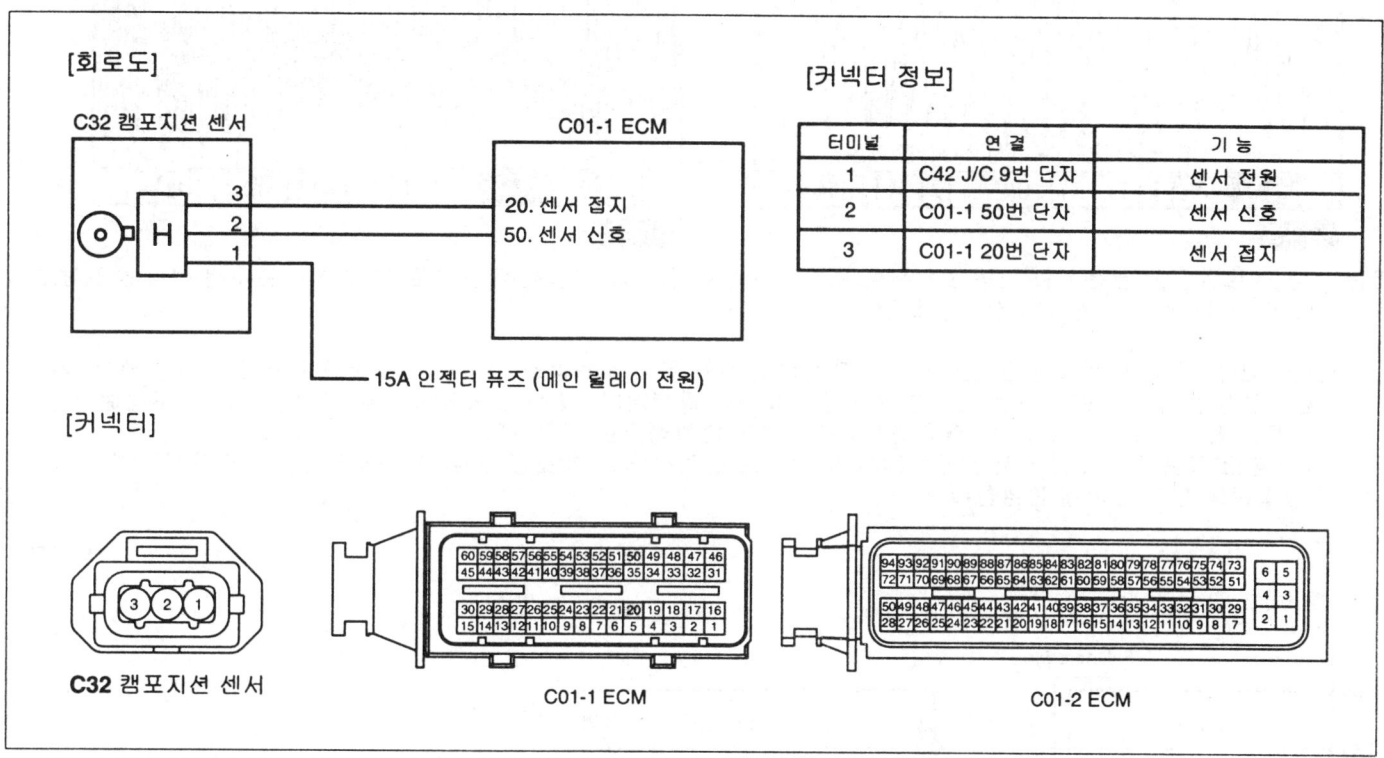

기준 파형 및 데이터 K28A5DA7

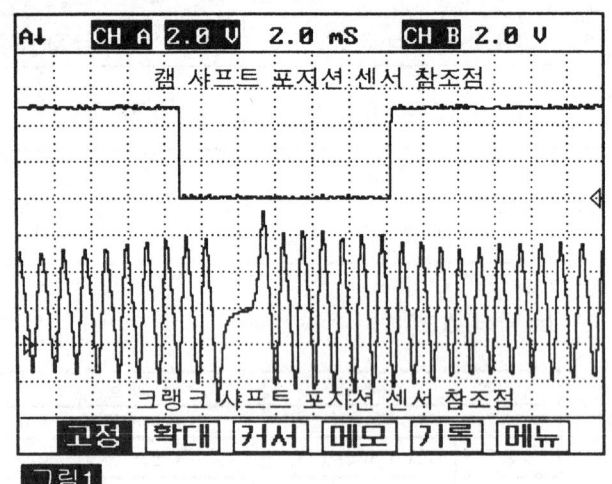
그림1

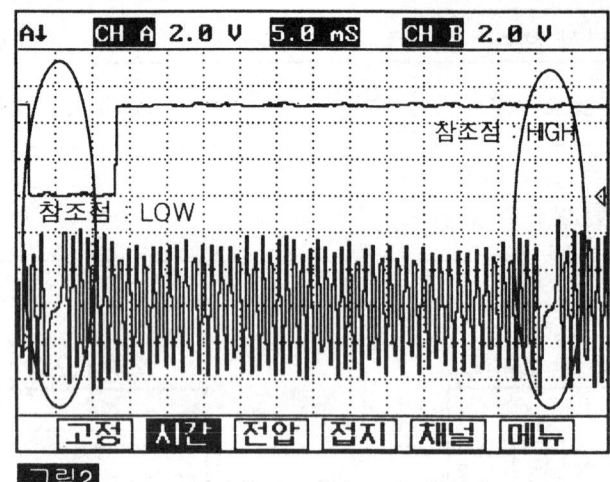
그림2

그림1) 캠 샤프트 포지션 센서와 크랭크 샤프트 포지션 센서를 동시에 측정한 파형으로 캠 샤프트 포지션 센서 참조점과 크랭크 샤프트 포지션 참조점을 나타낸다.

그림2) 캠 샤프트 포지션 센서와 크랭크 샤프트 포지션 센서를 동시에 측정한 파형으로 크랭크 샤프트 포지션 센서 참조점 2회 발생하는 동안 샤프트 포지션 센서 출력이 1회 발생된다. 또한 크랭크 샤프트 포지션 센서 참조점에서 캠 샤프트 포지션 참조점이 LOW 출력과 HIGH 출력이 순차적으로 나타난다.
(크랭크 샤프트 포지션 센서 참조점에서 캠 샤프트 포지션 센서 참조점 LOW, HIGH 신호를 기준으로 기통을 판별하여 분사 순서를 판별한다.)

※ 파형 분석 참고

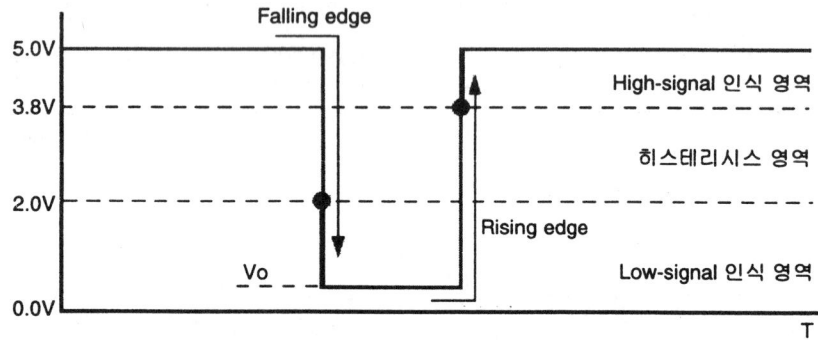

1. ECM 은 High signal 의 캠 샤프트 포지션 센서 신호가 2.0V 이하로 낮아지면 Low signal 로 인식하며, Low 상태의 시그날은 3.8V 이상 전압상승 시 High signal 로 인식한다.

2. Low signal의 최소 전압 Vo 는 홀센서 내부 저항에 의해 0.0V 까지 낮아지지 않는다. 파형 점검중 Low signal 의 최소 전압이 0.6V 이상을 나타낸다면 캠 포지션 센서 단품 내부의 저항 과다, 혹은 접지 회로의 저항 과다를 점검한다.

스캔툴 데이터 분석 KAA2E9E5

1. 자기진단 커넥터에 스캔툴을 연결한다.

2. 엔진을 정상작동 온도 까지 워밍업 한다.

3. 전기 장치 및 에어컨을 OFF 한다.

4. 스캔툴에 표시되는 "엔진회전수" 항목을 점검한다.

고장진단   FL-257

규정값 : 아이들시 830±50RPM

```
          1.2 써비스 데이터        09/38
   ✕ 공기량(mg/st)           374  mg/st
   ✕ 엑셀포지션센서 1         762  mV
   ✕ 냉각수온 센서            82.9 °C
   ✕ 엔진회전수              830  rpm
   ✕ 레일압력                262.2bar
   ✕ 레일압력조절밸브전류     1422 mA
   ✕ EGR 액츄에이터           5.3  %
   ✕ 연료분사량              4.8  mcc

   [고정][단품][전체][도움][라인][기록]
```
그림1

그림1) 엔진 워밍업후 "엔진회전수" 항목을 유심히 점검하며, 엔진의 부조 및 엔진 회전수 불안정, 혹은 시동 꺼짐 현상이 발생하는지 점검한다.

AWJF006G

컨넥터 및 터미널 점검 K85F430A

1. 전기장치는 수 많은 하네스와 커넥터로 구성되며, 이러한 커넥터들의 접촉 불량은 여러가지 다양한 문제를 유발 시키고, 부품을 손상 시키기도 한다.

2. 다음 점검 절차를 수행한다.

    1) 하네스와 터미널의 손상을 점검한다. : 터미널의 접촉 저항, 산화, 변형을 점검한다.

    2) ECM 과 단품 커넥터의 접속 상태를 확인한다. : 터미널 단자의 이탈, 록킹 장치의 손상, 터미널과 와이어링의 연결 상태를 점검한다.

   [U] 참고

   점검이 필요한 커넥터의 수컷측 핀을 탈거하여, 암컷측 터미널에 삽입 접촉 상태를 점검한다. (점검 후 탈거한 핀을 정위치에 바르게 장착한다.)

3. 문제 부위가 확인되는가?

   YES

   ▶ 문제 부위를 수리후 "고장수리 확인" 절차를 수행한다.

   NO

   ▶ "전원선 점검" 절차를 수행한다.

전원선 점검 KEF44BB4

1. IG KEY "OFF", 엔진을 정지한다.

2. 캠 샤프트 포지션 센서 커넥터를 탈거한다.

3. IG KEY "ON"

4. 캠 샤프트 포지션 센서 커넥터 1번 단자의 전압을 점검한다.

규정값 : 11.0V~13.0V (메인 릴레이 ON 전원)

5. 규정 전압이 검출되는가?

   YES

   ▶ "신호선 점검"을 실시한다.

   NO

   ▶ 메인 릴레이 전원 회로 및 퓨즈의 단선을 수리 후 "고장수리 확인" 절차를 수행한다.
   [엔진룸 정션 박스 15A 연료 분사기 퓨즈 및 관련 회로의 단선를 점검한다.]
   ※ 퓨즈 교환 후 퓨즈가 다시 손상 된다면 메인 릴레이 전원 회로의 단락(접지측) 부위를 찾아 수리한다.

신호선 점검 KB8C8A06

1. CMPS 신호선 전압 점검

   1) IG KEY "OFF", 엔진을 정지한다.

   2) 캠 샤프트 포지션 센서 커넥터를 탈거한다.

   3) IG KEY "ON"

   4) 캠 샤프트 포지션 센서 커넥터 2번 단자의 전압을 점검한다.

규정값 : 4.8V~5.1V

   5) 규정 전압이 검출되는가?

   YES

   ▶ "접지선 점검"을 실시한다.

   NO

   ▶ 아래 "신호선 단선 점검" 을 실시한다.

2. 신호선 단선 점검

   1) IG KEY "OFF", 엔진을 정지한다.

   2) 캠 샤프트 포지션 센서 커넥터와 ECM 커넥터를 탈거한다.

   3) 캠 샤프트 포지션 센서 커넥터 2번 단자와 ECM 커넥터 50번 단자간 통전 시험을 실시한다.

규정값 : 통전(1.0Ω 이하)

   4) 통전 시험은 정상적인가?

   YES

   ▶ 아래 "신호선 단락(접지측) 점검"을 실시한다.

고장진단

NO

▶ 캠 샤프트 포지션 센서 2번 단자와 ECM 커넥터 50번 단자 회로의 단선을 수리 후 "고장수리 확인" 절차를 수행한다.

3. 신호선 단락(접지측) 점검

   1) IG KEY "OFF", 엔진을 정지한다.

   2) 캠 샤프트 포지션 센서 커넥터와 ECM 커넥터를 탈거한다.

   3) 캠 샤프트 포지션 센서 커넥터 2번 단자와 차체 접지간 통전 시험을 실시한다.

규정값 : 비통전 (무한대 Ω)

   4) 신호선의 절연 상태는 정상적인가?

   YES

   ▶ "단품 점검"을 실시한다.

   NO

   ▶ 신호선의 단락(접지측)을 수리 후 "고장수리 확인" 절차를 수행한다.

접지선 점검

1. IG KEY "OFF", 엔진을 정지한다.

2. 캠 샤프트 포지션 센서 커넥터를 탈거한다.

3. IG KEY "ON"

4. 캠 샤프트 포지션 센서 커넥터 2번 단자의 전압을 확인한다. [TEST "A"]

5. 캠 샤프트 포지션 센서 커넥터 2번 단자와 3번 단자간 전압을 점검한다. [TEST "B"]
   (2번 단자 : + 프로브 검침 , 3번 단자 : - 프로브 검침)

규정값 : [TEST "A"] 전압 - [TEST "B"] 전압 = 200mV 이내

6. 접지선의 접지 상태는 정상적인가?

   YES

   ▶ "단품 점검"을 실시한다.

   NO

   ▶ "B" 전압이 검출 되지 않을 경우 : 접지 회로의 단선을 수리 후 "고장수리 확인" 절차를 수행한다.
   ▶ "A" 와 "B" 전압 차이가 200mV 이상일 경우 : 접지 회로의 저항 과다 요인을 수정 후 "고장수리 확인" 절차를 수행한다.

단품점검

1. 캠 샤프트 검출 돌기 점검

   1) IG KEY "OFF", 엔진을 정지한다.

2) 캠 샤프트 포지션 센서 커넥터를 탈거한다.

3) 캠 샤프트 포지션 센서를 탈거한다.

4) 캠 샤프트 포지션 센서 장착 홀을 통해 캠 샤프트 검출 돌기 상태를 점검한다.

5) 캠 샤프트 검출 돌기의 이상 변형이 관찰 되는가?

YES

▶ 캠 샤프트 어셈블리 혹은 실린더 헤드 어셈블리를 교환 후 "고장수리 확인" 절차를 수행한다.

NO

▶ 아래 "캠 포지션 센서 파형 점검"을 실시한다.

2. 캠 샤프트 포지션 센서 파형 점검

1) IG KEY "ON", 엔진을 정지한다.

2) 캠 샤프트 포지션 센서 커넥터를 장착한다.

3) 캠 샤프트 포지션 센서 커넥터 2번 단자에 오실로 스코프를 연결한다.

4) 엔진을 시동 혹은 크랭킹 하며, 캠 샤프트 포지션 센서 파형이 정상적으로 출력되는지 점검한다.

규정값 : 일반 정보의 "기준 파형" 항목을 참조한다.

5) 캠 샤프트 포지션 센서 파형이 정상적으로 출력되는가?

YES

▶ "고장수리 확인" 절차를 수행한다.

NO

▶ 캠 샤프트 포지션 센서를 교환 후 "고장수리 확인" 절차를 수행한다.

고장수리 확인 KB1CBB0D

본 진단 가이드를 사용해서 발생된 문제를 수리한 뒤, 고장이 완전히 해결되었는지 확인하는 과정이 필요하다.

1. 스캔툴을 연결한 후, 자기진단을 실시하여 고장 코드를 확인한다.
2. 저장된 고장코드를 스캔툴을 이용하여 소거한다.
3. 고장 판정 조건중의 검출 조건에 따라 차량을 주행한다.
4. 스캔툴로 자기 진단을 실시하여 고장 코드가 발생 되었는지 확인한다.
5. 고장 코드가 발생되는가 ?

YES

▶ 해당되는 고장 코드 수리 절차로 이동한다.

NO

▶ 고장 수리가 완료되어 시스템이 정상적으로 작동한다.

고장진단　　　　　　　　　　　　　　　　　　　　　　　　　　　　　　　　FL -261

DTC P0341 캠샤프트 포지션 센서(CMPS) 회로-성능이상 (뱅크1)

부품 위치　K522A929

DTC P0340 참조.

기능 및 역할　K89F01EA

DTC P0340 참조.

고장 코드 설명　K817D73D

P0341 코드의 경우 크랭크 샤프트 4회전 동안 크랭크 샤프트 포지션 센서에서 검출된 회전수대비 캠 샤프트 포지션 센서에서 검출된 회전수의 상관관계가 비정상 일 경우, 즉 크랭크 샤프트 포지션 센서 참조점 4회 발생동안 캠 샤프트 포지션 센서 출력이 2회 미만 혹은 초과 발생의 경우로, 이는 캠포지션 센서 회로의 순간적인 접촉 불량 및 접지측 단락, 캠 포지션 센서 단품 불량의 경우이다.

고장판정 조건　K49970ED

항 목	감 지 조 건			고장 예상 부위
검출 방법	• 신호 모니터링			
검출 조건	• 엔진 구동			
판정 값	• 캠 신호에 의한 회전수와 크랭크 신호에 의한 회전수의 상관 관계 비정상			
검출 시간	• 700ms			• 캠 샤프트 포지션 센서 회로 • 캠 샤프트 포지션 센서 단품
페일세이프 (Fail Safe)	연료 차단	비실행		
	EGR 금지	비실행		
	연료 제한	실행		
	체크 램프	점등		

제원　K7CDF3F5

센서 방식	신호 출력	에어 갭	LOW 신호 감지 조건	HIGH 신호 감지 조건
홀 효과 방식	0V~5V 디지털 신호 출력	1.25mm	2.0V 이하	3.8V 이상

부분 회로도　K2D6557F

DTC P0340 참조.

기준 파형 및 데이터　KB215803

DTC P0340 참조.

스캔툴 데이터 분석 K1B648A7

DTC P0340 참조.

컨넥터 및 터미널 점검 K01211CE

DTC P0340 참조.

전원선 점검 KEBF522B

1. IG KEY "OFF", 엔진을 정지한다.
2. 캠 샤프트 포지션 센서 커넥터를 탈거한다.
3. IG KEY "ON"
4. 캠 샤프트 포지션 센서 커넥터 1번 단자의 전압을 점검한다.

규정값 : 11.0V~13.0V (메인 릴레이 ON 전원)

5. 규정 전압이 검출되는가?

   YES
   ▶ "신호선 점검" 을 실시한다.

   NO
   ▶ 메인 릴레이 전원 회로 및 퓨즈의 단선을 수리 후 "고장수리 확인" 절차를 수행한다.
   [엔진룸 정션 박스 15A 연료 분사기 퓨즈 및 관련 회로의 단선를 점검한다.]
   ※ 퓨즈 교환 후 퓨즈가 다시 손상 된다면 메인 릴레이 전원 회로의 단락(접지측) 부위를 찾아 수리한다.

신호선 점검 K925FCA7

1. CMPS 신호선 전압 점검

   1) IG KEY "OFF", 엔진을 정지한다.
   2) 캠 샤프트 포지션 센서 커넥터를 탈거한다.
   3) IG KEY "ON"
   4) 캠 샤프트 포지션 센서 커넥터 2번 단자의 전압을 점검한다.

   규정값 : 4.8V~5.1V

   5) 규정 전압이 검출되는가?

      YES
      ▶ "접지선 점검"을 실시한다.

      NO
      ▶ 아래 "신호선 단선 점검" 을 실시한다.

2. 신호선 단선 점검

고장진단 FL -263

    1) IG KEY "OFF", 엔진을 정지한다.

    2) 캠 샤프트 포지션 센서 커넥터와 ECM 커넥터를 탈거한다.

    3) 캠 샤프트 포지션 센서 커넥터 2번 단자와 ECM 커넥터 50번 단자간 통전 시험을 실시한다.

규정값 : 통전(1.0Ω 이하)

    4) 통전 시험은 정상적인가?

YES

▶ 아래 "신호선 단락(접지측) 점검"을 실시한다.

NO

▶ 캠 샤프트 포지션 센서 2번 단자와 ECM 커넥터 50번 단자 회로의 단선을 수리 후 "고장수리 확인" 절차를 수행한다.

3. 신호선 단락(접지측) 점검

    1) IG KEY "OFF", 엔진을 정지한다.

    2) 캠 샤프트 포지션 센서 커넥터와 ECM 커넥터를 탈거한다.

    3) 캠 샤프트 포지션 센서 커넥터 2번 단자와 차체 접지간 통전 시험을 실시한다.

규정값 : 비통전 (무한대 Ω)

    4) 신호선의 절연 상태는 정상적인가?

YES

▶ "단품 점검"을 실시한다.

NO

▶ 신호선의 단락(접지측)을 수리 후 "고장수리 확인" 절차를 수행한다.

접지선 점검 KB0EBFAB

1. IG KEY "OFF", 엔진을 정지한다.

2. 캠 샤프트 포지션 센서 커넥터를 탈거한다.

3. IG KEY "ON"

4. 캠 샤프트 포지션 센서 커넥터 2번 단자의 전압을 확인한다. [TEST "A"]

5. 캠 샤프트 포지션 센서 커넥터 2번 단자와 3번 단자간 전압을 점검한다. [TEST "B"]
   (2번 단자 : + 프로브 검침 , 3번 단자 : - 프로브 검침)

규정값 : [TEST "A"] 전압 - [TEST "B"] 전압 = 200mV 이내

6. 접지선의 접지 상태는 정상적인가?

YES

▶ "단품 점검"을 실시한다.

NO

▶ "B" 전압이 검출 되지 않을 경우 : 접지 회로의 단선을 수리 후 "고장수리 확인" 절차를 수행한다.
▶ "A" 와 "B" 전압 차이가 **200mV** 이상일 경우 : 접지 회로의 저항 과다 요인을 수정 후 "고장수리 확인" 절차를 수행한다.

단품점검 KCDD94AD

1. 캠 샤프트 검출 돌기 점검

    1) **IG KEY "OFF"**, 엔진을 정지한다.
    2) 캠 샤프트 포지션 센서 커넥터를 탈거한다.
    3) 캠 샤프트 포지션 센서를 탈거한다.
    4) 캠 샤프트 포지션 센서 장착 홀을 통해 캠 샤프트 검출 돌기 상태를 점검한다.
    5) 캠 샤프트 검출 돌기의 이상 변형이 관찰 되는가?

        YES

        ▶ 캠 샤프트 어셈블리 혹은 실린더 헤드 어셈블리를 교환 후 "고장수리 확인" 절차를 수행한다.

        NO

        ▶ 아래 "캠 포지션 센서 파형 점검"을 실시한다.

2. 캠 샤프트 포지션 센서 파형 점검

    1) **IG KEY "ON"**, 엔진을 정지한다.
    2) 캠 샤프트 포지션 센서 커넥터를 장착한다.
    3) 캠 샤프트 포지션 센서 커넥터 2번 단자에 오실로 스코프를 연결한다.
    4) 엔진을 시동 혹은 크랭킹 하며, 캠 샤프트 포지션 센서 파형이 정상적으로 출력되는지 점검한다.

    규정값 : 일반 정보의 "기준 파형" 항목을 참조한다.

    5) 캠 샤프트 포지션 센서 파형이 정상적으로 출력되는가?

        YES

        ▶ "고장수리 확인" 절차를 수행한다.

        NO

        ▶ 캠 샤프트 포지션 센서를 교환 후 "고장수리 확인" 절차를 수행한다.

고장수리 확인 K23F6C66

DTC P0340 참조.

고장진단

DTC P0381 글로우 램프 회로 이상

부품 위치

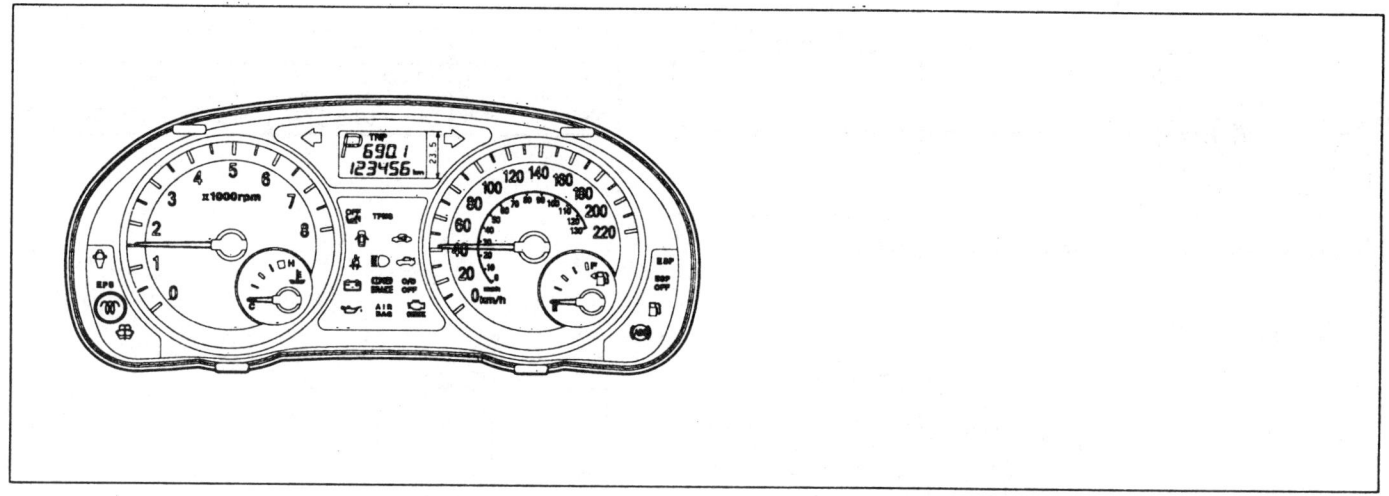

기능 및 역할

글로우 플러그는 냉간시 연소실을 전기 열선으로 가열하여 연료 무화 및 냉간 착화성을 향상 시켜 냉시동성 및 냉간 시동 후 발생되는 매연을 줄여주는 역할을 한다. ECM은 냉각수온 센서와 배터리 전압, IG KEY ON 신호를 바탕으로 글로우 플러그에 전원을 공급하는 글로우 릴레이의 구동 및 구동 시간을 제어한다. 또한 ECM은 운전자에게 계기판의 글로우 지시등을 통해 글로우 플러그의 전원 공급 상태를 표시한다.

고장 코드 설명

P0381 코드는 글로우 지시등 ON 조건에서 글로우 램프 제어 회로에 1.0초 이상 과도한 전류가 검출되거나, 단선 혹은 단락(접지측) 경우 처럼 전류가 전혀 검출되지 않는 경우에 발생되는 고장코드로 글로우 램프 제어 회로 및 램프 단품의 필라멘트 단선의 경우이다.

고장판정 조건

항목	감지 조건		고장 예상 부위
검출 방법	• 전압 모니터링		
검출 조건	• IG KEY "ON" (램프 구동 조건에서만 모니터링 실시)		
판정값	• 배터리측으로 단락이 발생된 경우 • GND로 단락된 경우, 와이어링 결선이 단선된 경우		• 글로우 지시등 내부 단선 • 글로우 지시등 회로
검출 시간	• 1.0sec		
페일세이프 (Fail Safe)	연료 차단	비실행	
	EGR 금지	비실행	
	연료 제한	비실행	
	체크 램프	비점등	

부분 회로도 KA4EDB07

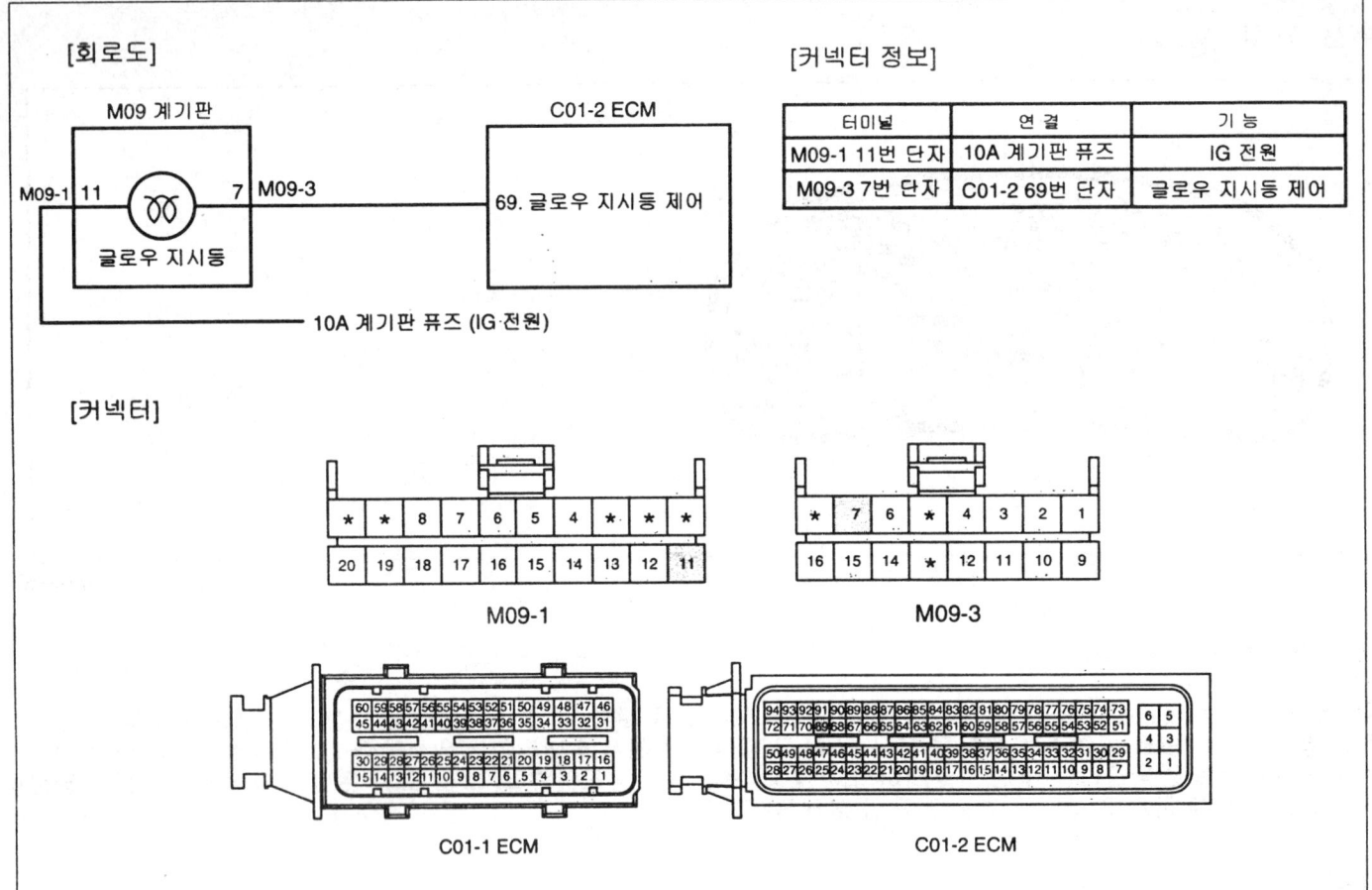

스캔툴 데이터 분석 KD5534B0

1. 자기진단 커넥터에 스캔툴을 연결한다.
2. 엔진을 정상작동 온도 까지 워밍업 한다.
3. 전기 장치 및 에어컨을 OFF 한다.
4. 스캔툴의 "액츄에이터 검사" 항목을 선택한다.

규정값 : 강제 구동시 램프 점등됨.

고장진단

```
┌─────────────────────────────────┐
│        1.5 액츄에이터 검사         │
│ ┌─────────────────────────────┐ │
│ │ 예열등                       │ │
│ ├──────┬──────────────────────┤ │
│ │작동 시간│ [정지]키 작동시까지    │ │
│ │작동 방법│ 강제구동              │ │
│ │작동 조건│ 시동키 ON            │ │
│ │      │ 엔진정지상태           │ │
│ └──────┴──────────────────────┘ │
│                                 │
│   준비되면 [시작] 키를 누르십시오 !  │
│                                 │
│ [시작] [정지]                    │
└─────────────────────────────────┘
```
그림1

그림1) 글로우 지시등의 강제 구동 시험을 통해 빠르고 정확하게 문제를 진단할수 있다.

컨넥터 및 터미널 점검

1. 전기장치는 수많은 하네스와 커넥터로 구성되며, 이러한 커넥터들의 접촉 불량은 여러가지 다양한 문제를 유발 시키고, 부품을 손상 시키기도 한다.

2. 다음 점검 절차를 수행한다.

    1) 하네스와 터미널의 손상을 점검한다. : 터미널의 접촉 저항, 산화, 변형을 점검한다.

    2) ECM과 단품 커넥터의 접속 상태를 확인한다. : 터미널 단자의 이탈, 록킹 장치의 손상, 터미널과 와이어링의 연결 상태를 점검한다.

    참고
    점검이 필요한 커넥터의 수컷측 핀을 탈거하여, 암컷측 터미널에 삽입 접촉 상태를 점검한다. (점검 후 탈거한 핀을 정위치에 바르게 장착한다.)

3. 문제 부위가 확인되는가?

    YES
    ▶ 문제 부위를 수리후 "고장수리 확인" 절차를 수행한다.

    NO
    ▶ "제어선 점검" 절차를 수행한다.

제어선 점검

1. 제어선 전압 점검

    1) IG KEY "OFF", 엔진을 정지한다.

    2) ECM 커넥터를 탈거한다.

    3) IG KEY "ON"

    4) ECM 커넥터 69번 단자의 전압을 점검한다.

규정값 : 10.8V~13.0V

    5)   규정 전압이 검출되는가?

       YES

       ▶ 아래 "2. 글로우 지시등 제어 회로 강제 접지 시험" 을 실시한다.

       NO

       ▶ 글로우 지시등 필라멘트의 단선 여부를 점검한다. (단품 점검 참조)

2. 글로우 지시등 제어 회로 강제 접지 시험

    1)   IG KEY "OFF", 엔진을 정지한다.

    2)   ECM 커넥터를 탈거한다.

    3)   IG KEY "ON"

    4)   ECM 커넥터 69번 단자를 차체와 접지시킨다.

규정값 : 글로우 지시등 점등됨.

    5)   글로우 지시등이 점등 되는가?

       YES

       ▶ "고장수리 확인" 절차를 수행한다.

       NO

       ▶ 글로우 지시등 제어 회로의 단락(전원측) 부위를 찾아 수리 후 "고장수리 확인" 절차를 수행한다.

단품점검 KB76065B

1. IG KEY "OFF", 엔진을 정지한다.
2. 계기판을 탈거 후 글로우 지시등을 탈거한다.
3. 글로우 지시등의 필라멘트를 점검한다.
4. 글로우 지시등에 임의의 12V 전원을 공급하여 램프를 점등 시킨다.

규정값 : 전원 공급시 램프 점등됨.

5. 글로우 지시등은 점등되는가?

       YES

       ▶ "고장수리 확인" 절차를 수행한다.

       NO

       ▶ 글로우 지시등을 교환 후 "고장수리 확인" 절차를 수행한다.

고장수리 확인 K1984218

본 진단 가이드를 사용해서 발생된 문제를 수리한 뒤, 고장이 완전히 해결되었는지 확인하는 과정이 필요하다.

1. 스캔툴을 연결한 후, 자기진단을 실시하여 고장 코드를 확인한다.
2. 저장된 고장코드를 스캔툴을 이용하여 소거한다.
3. 고장 판정 조건중의 검출 조건에 따라 차량을 주행한다.
4. 스캔툴로 자기 진단을 실시하여 고장 코드가 발생 되었는지 확인한다.
5. 고장 코드가 발생되는가 ?

    YES
    ▶ 해당되는 고장 코드 수리 절차로 이동한다.

    NO
    ▶ 고장 수리가 완료되어 시스템이 정상적으로 작동한다.

DTC P0489 EGR 액츄에이터 회로 이상 - 신호 낮음

부품 위치

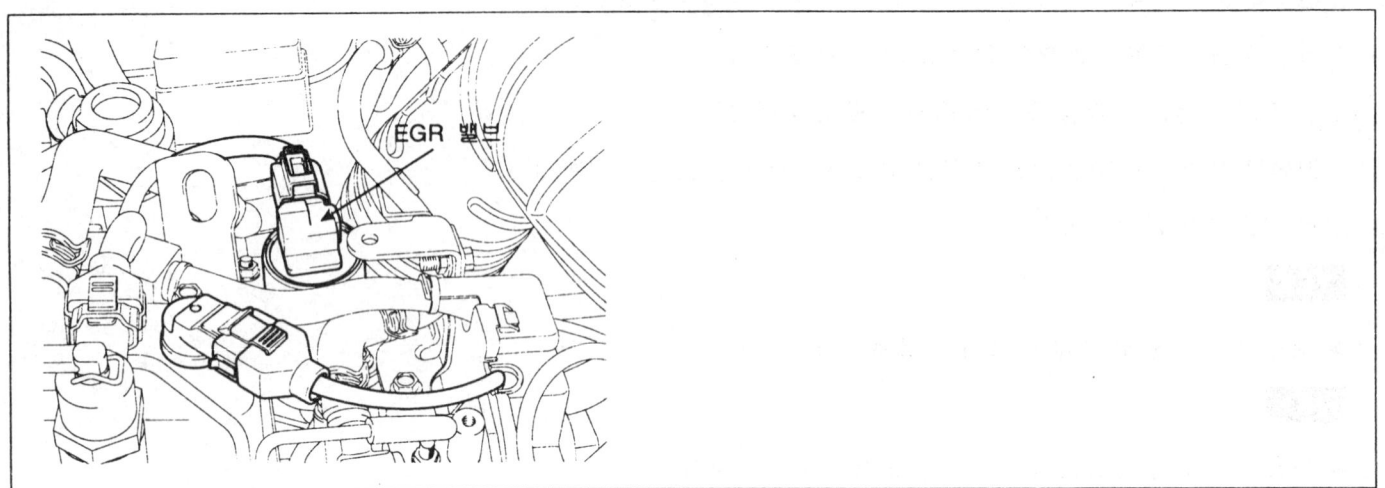

기능 및 역할

리니어 솔레노이드 방식의 전자 EGR 액츄에이터(EEGR)는 ECM 제어에 의해 EEGR 밸브를 직접 구동한다. ECM은 계측된 흡입 공기량 정보를 이용하여 EGR 시스템을 피드백 제어한다. (가솔린 엔진에서 계측된 흡입 공기량에 의해 연료 분사량이 결정되는 것과 다르다) EEGR 액츄에이터 작동으로 EGR 가스(산소를 포함하지 않은 가스)가 연소실에 유입되면 그 만큼 흡입 공기량 센서를 통해 엔진에 유입되는 공기(산소를 포함한 공기)량이 줄어들게 된다. 즉 EEGR 액츄에이터 작동에따른 흡입 공기량 센서의 출력 변화를 통해 재 순환된 EGR 가스량을 검출한다.

> **참고**
> NOx 는 고온의 연소 조건에서 질소와 산소의 결합으로 생성된다. 연소실에 재순환 되는 EGR 가스(산소를 포함 하지 않은 가스)를 제어해서 연료의 완전 연소에 필요한 최소한의 흡입 공기만 연소실 내로 유입된다. 이것으로 연소 후 질소와 결합 될 수 있는 잉여 산소를 남지 않게 하여 NOx 를 감소 시킨다.

고장 코드 설명

P0489 코드는 EEGR 액츄에이터 회로의 전류값이 "0" 인 상태가 0.5초이상 검출되는 경우에 발생되는 고장 코드로 EEGR 액츄에이터 회로의 단선 혹은 단락(접지측), 단품 내부 단선의 경우이다.

고장진단

고장판정 조건

항목	감지 조건		고장 예상 부위
검출 방법	• 신호 모니터링		
검출 조건	• 엔진 구동 상태		
판정값	• GND로 단락된 경우, 와이어링 결선이 단선된 경우		• EEGR 액츄에이터 회로
검출 시간	• 500ms		• EEGR 액츄에이터 단품
페일세이프 (Fail Safe)	연료 차단	비실행	
	EGR 금지	실행	
	연료 제한	비실행	
	체크 램프	점등	

제원

EEGR 액츄에이터 단품 저항	EEGR 액츄에이터 작동 Hz	EEGR 액츄에이터 작동 듀티
14.7 ~ 16.1Ω (20℃)	142Hz	5%(닫힘)~39%(열림)

부분 회로도

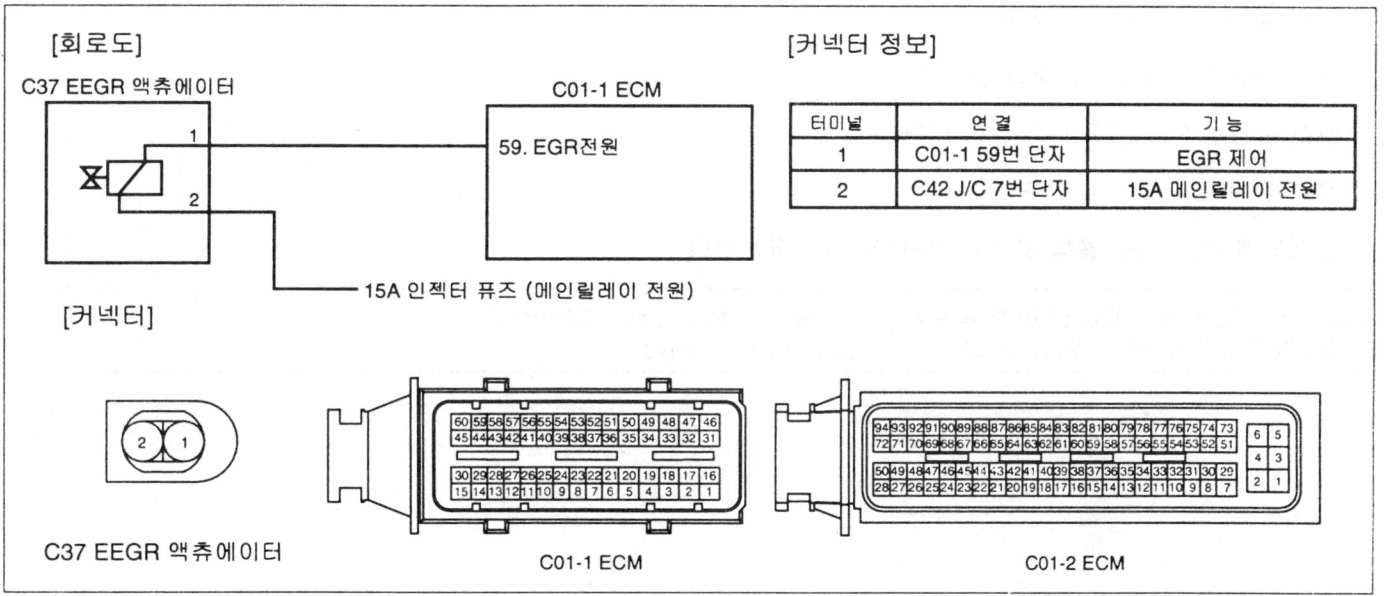

기준 파형 및 데이터 K5A47643

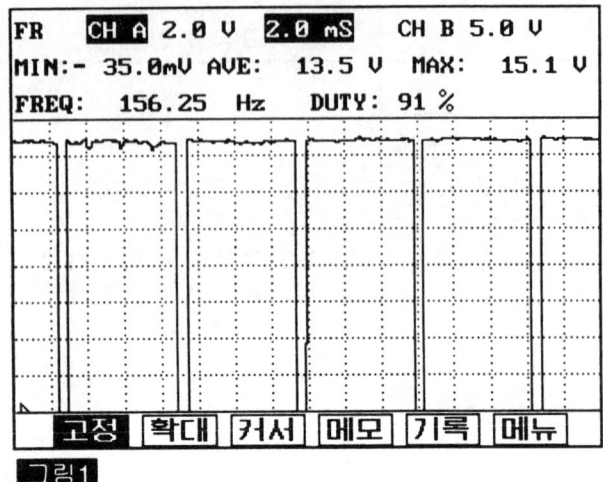
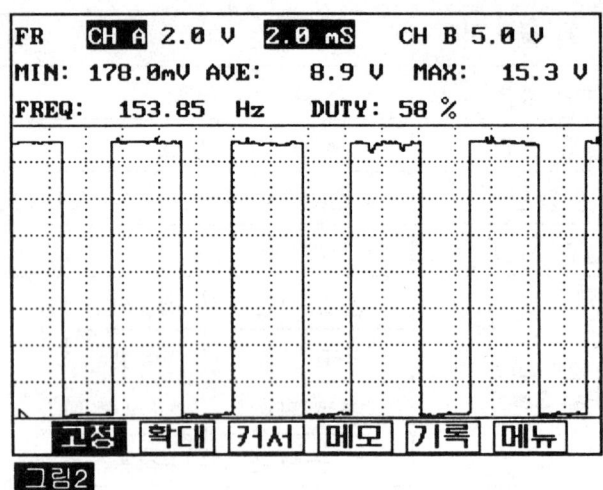

그림 1) EEGR 액츄에이터의 9.4% 듀티 출력 파형(EEGR 밸브가 열리지 않는 상태)
그림 2) EEGR 액츄에이터의 39% 듀티 출력 파형(EEGR 밸브가 열린 상태)

AWJF006T

> **참고**
> EEGR 미작동 구간에서 9% 듀티를 출력하는 것은 EEGR 액츄에이터를 구동 시키려는 목적보다 EEGR 액츄에이터 회로의 진단을 목적으로 한다.

스캔툴 데이터 분석 K520B3E9

1. 자기진단 커넥터에 스캔툴을 연결한다.
2. 엔진을 정상작동 온도 까지 워밍업 한다.
3. 전기 장치 및 에어컨을 OFF 한다.
4. 스캔툴에 표시되는 "흡입 공기량 센서" 항목을 점검한다.

규정값 : EEGR 액츄에이터 미작동(9.4%) 아이들시 : 340mg/st ± 50 mg/st
EEGR 액츄에이터 작동(50%) 아이들시 : 200ms/st ± 50 mg/st

고장진단

FL-273

1.2 써비스 데이터 03/38	1.2 써비스 데이터 03/38
※ 공기량(mg/st) 349 mg/st	※ 공기량(mg/st) 205.6 mg/st
※ 엑셀포지션센서 1 762 mV	※ 엑셀포지션센서 1 762 mV
※ 엔진회전수 831 rpm	※ 엔진회전수 831 rpm
※ 레일압력 28.5 MPa	※ 레일압력 28.5 MPa
※ 레일압력목표값 28.5 MPa	※ 레일압력목표값 28.5 MPa
※ EGR 액츄에이터 9.4 %	※ EGR 액츄에이터 49.8 %
※ 연료분사량 4.3 mcc	※ 연료분사량 4.3 mcc
배터리전압	배터리전압
[고정][단품][전체][도움][라인][기록]	[고정][단품][전체][도움][라인][기록]
그림1	그림2

그림1) 열간 아이들 EEGR 미작동(EEGR 액츄에이터 9.4%) 시 흡입 공기량 센서의 출력이 340mg/st ± 50mg/st 을 나타 내는지 점검한다.

그림2) 열간 아이들 EEGR 작동(EEGR 액츄에이터 50%) 시 흡입 공기량 센서의 출력이 200mg/st ± 50mg/st 을 나타내 는지 점검한다.

※ 아이들 EEGR 미 작동 구간에서 급 가속후 감속시 EEGR 액츄에이터가 작동하며, 시간이 지날수록 EEGR 액 츄에이터 작동 듀티가 감소한다. 이러한 제어는 약 3분간 유지 되며, 3분 경과후 EEGR 액츄에이터는 OFF (듀티 9.4%) 된다.

컨넥터 및 터미널 점검

1. 전기장치는 수 많은 하네스와 커넥터로 구성되며, 이러한 커넥터들의 접촉 불량은 여러가지 다양한 문제를 유발 시 키고, 부품을 손상 시키기도 한다.

2. 다음 점검 절차를 수행한다.

    1) 하네스와 터미널의 손상을 점검한다. : 터미널의 접촉 저항, 산화, 변형을 점검한다.

    2) ECM 과 단품 커넥터의 접속 상태를 확인한다. : 터미널 단자의 이탈, 록킹 장치의 손상, 터미널과 와이어링의 연결 상태를 점검한다.

    > 참고
    > 점검이 필요한 커넥터의 수컷측 핀을 탈거하여, 암컷측 터미널에 삽입 접촉 상태를 점검한다. (점검 후 탈거한 핀 을 정위치에 바르게 장착한다.)

3. 문제 부위가 확인되는가?

    YES

    ▶ 문제 부위를 수리후 "고장수리 확인" 절차를 수행한다.

    NO

    ▶ "전원선 점검" 절차를 수행한다.

전원선 점검

1. 전원선 전압 점검

    1) IG KEY "OFF", 엔진을 정지한다.

2) EEGR 액츄에이터 커넥터를 탈거한다.

3) IG KEY "ON"

4) EEGR 액츄에이터 커넥터 2번 단자의 전압을 점검한다.

규정값 : 11.5V~13.0V

5) 규정 전압이 검출되는가?

YES

▶ "제어선 점검" 을 실시한다.

NO

▶ 엔진룸 퓨즈 & 릴레이 박스의 15A 인젝터 퓨즈 및 관련 회로의 문제 부위를 수리 후 "고장수리 확인" 절차를 수행한다.

제어선 점검 K26457BE

1. 제어선 모니터링 전압 점검

    1) IG KEY "OFF", 엔진을 정지한다.

    2) EEGR 액츄에이터 커넥터를 탈거한다.

    3) IG KEY "ON"

    4) EEGR 액츄에이터 커넥터 1번 단자의 전압을 점검한다.

규정값 : 3.2V~3.7V

   5) 규정 전압이 검출되는가?

YES

▶ "단품 점검" 을 실시한다.

NO

▶ 전압이 검출 되지 않을 경우 : 아래 "2. 제어선 단선 점검"을 실시한다.
▶ 높은 전압이 검출될 경우 : 단락(전원측) 발생 부위를 찾아 수리 후 "고장수리 확인" 절차를 수행한다.

2. 제어선 단선 점검

    1) IG KEY "OFF", 엔진을 정지한다.

    2) EEGR 액츄에이터 커넥터와 ECM 커넥터를 탈거한다.

    3) EEGR 액츄에이터 1번 단자와 ECM 커넥터 59번 단자간 통전 시험을 실시한다.

규정값 : 통전(1.0Ω 이하)

   4) 통전 시험은 정상적인가?

고장진단

YES

▶ 단락(접지측) 발생 부위를 찾아 수리 후 "고장수리 확인" 절차를 수행한다.

NO

▶ 단선 발생 부위를 찾아 수리 후 "고장수리 확인" 절차를 수행한다.

단품점검 KE030CF2

1. EEGR 액츄에이터 단품 저항 점검

    1) IG KEY "OFF", 엔진을 정지한다.

    2) EEGR 액츄에이터 커넥터를 탈거한다.

    3) EEGR 액츄에이터 단품 1번과 2번 단자간 저항을 점검한다.

규정값 : 14.7 ~ 16.1Ω (20℃)

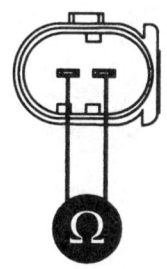

4) EEGR 액츄에이터 단품 저항은 정상적인가?

YES

▶ "고장수리 확인" 절차를 수행한다.

NO

▶ EEGR 액츄에이터를 교환 후 "고장수리 확인" 절차를 수행한다.

고장수리 확인 KFBF2BC1

본 진단 가이드를 사용해서 발생된 문제를 수리한 뒤, 고장이 완전히 해결되었는지 확인하는 과정이 필요하다.

1. 스캔툴을 연결한 후, 자기진단을 실시하여 고장 코드를 확인한다.
2. 저장된 고장코드를 스캔툴을 이용하여 소거한다.
3. 고장 판정 조건중의 검출 조건에 따라 차량을 주행한다.
4. 스캔툴로 자기 진단을 실시하여 고장 코드가 발생 되었는지 확인한다.
5. 고장 코드가 발생되는가 ?

YES

▶ 해당되는 고장 코드 수리 절차로 이동한다.

NO

▶ 고장 수리가 완료되어 시스템이 정상적으로 작동한다.

고장진단　　　　　　　　　　　　　　　　　　　　　　　　　　　　　　　　　　　FL -277

DTC P0490 EGR 액츄에이터 회로 이상 - 신호 높음

부품 위치

DTC P0489 참조.

기능 및 역할

DTC P0489 참조.

고장 코드 설명

P0490 코드는 EEGR 액츄에이터 제어 회로에 과도한 전류가 0.5초 이상 검출되는 경우에 발생되는 고장 코드로 EEGR 액츄에이터 제어 회로의 단락(전원측) 혹은 EEGR 액츄에이터 단품 내부 단락의 경우이다.

고장판정 조건

항목	감지 조건		고장 예상 부위
검출 방법	• 신호 모니터링		
검출 조건	• 엔진 구동 상태		
판정값	•		• EEGR 액츄에이터 회로
검출 시간	• 500ms		• EEGR 액츄에이터 단품
페일세이프 (Fail Safe)	연료 차단	비실행	
	EGR 금지	실행	
	연료 제한	비실행	
	체크 램프	점등	

제원

EEGR 액츄에이터 단품 저항	EEGR 액츄에이터 작동 Hz	EEGR 액츄에이터 작동 듀티
14.7 ~ 16.1Ω (20℃)	142Hz	5%(닫힘)~39%(열림)

부분 회로도

DTC P0489 참조.

기준 파형 및 데이터

DTC P0489 참조.

스캔툴 데이터 분석

DTC P0489 참조.

커넥터 및 터미널 점검   KD2FA06E

DTC P0489 참조.

전원선 점검   K77BCDBC

1. 전원선 전압 점검

    1) IG KEY "OFF", 엔진을 정지한다.

    2) EEGR 액츄에이터 커넥터를 탈거한다.

    3) IG KEY "ON"

    4) EEGR 액츄에이터 커넥터 2번 단자의 전압을 점검한다.

    규정값 : 11.5V~13.0V

    5) 규정 전압이 검출되는가?

    YES

    ▶ "제어선 점검" 을 실시한다.

    NO

    ▶ 엔진룸 퓨즈 & 릴레이 박스의 15A 인젝터 퓨즈 및 관련 회로의 문제 부위를 수리 후 "고장수리 확인" 절차를 수행한다.

제어선 점검   KBE58822

1. 제어선 모니터링 전압 점검

    1) IG KEY "OFF", 엔진을 정지한다.

    2) EEGR 액츄에이터 커넥터를 탈거한다.

    3) IG KEY "ON"

    4) EEGR 액츄에이터 커넥터 1번 단자의 전압을 점검한다.

    규정값 : 3.2V~3.7V

    5) 규정 전압이 검출되는가?

    YES

    ▶ "단품 점검" 을 실시한다.

    NO

    ▶ 전압이 검출 되지 않을 경우 : 아래 "2. 제어선 단선 점검"을 실시한다.
    ▶ 높은 전압이 검출될 경우 : 단락(전원측) 발생 부위를 찾아 수리 후 "고장수리 확인" 절차를 수행한다.

2. 제어선 단선 점검

    1) IG KEY "OFF", 엔진을 정지한다.

고장진단

FL-279

2) EEGR 액츄에이터 커넥터와 ECM 커넥터를 탈거한다.

3) EEGR 액츄에이터 1번 단자와 ECM 커넥터 59번 단자간 통전 시험을 실시한다.

규정값 : 통전(1.0Ω 이하)

4) 통전 시험은 정상적인가?

YES

▶ 단락(접지측) 발생 부위를 찾아 수리 후 "고장수리 확인" 절차를 수행한다.

NO

▶ 단선 발생 부위를 찾아 수리 후 "고장수리 확인" 절차를 수행한다.

단품점검 K75178D3

1. EEGR 액츄에이터 단품 저항 점검

    1) IG KEY "OFF", 엔진을 정지한다.

    2) EEGR 액츄에이터 커넥터를 탈거한다.

    3) EEGR 액츄에이터 단품 1번과 2번 단자간 저항을 점검한다.

규정값 : 14.7 ~ 16.1Ω (20℃)

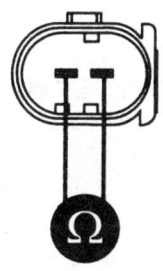

AWJF006X

4) EEGR 액츄에이터 단품 저항은 정상적인가?

YES

▶ "고장수리 확인" 절차를 수행한다.

NO

▶ EEGR 액츄에이터를 교환 후 "고장수리 확인" 절차를 수행한다.

고장수리 확인 K658245C

DTC P0489 참조.

DTC P0501 차속 속도 센서(VSS) 회로-성능이상

부품 위치

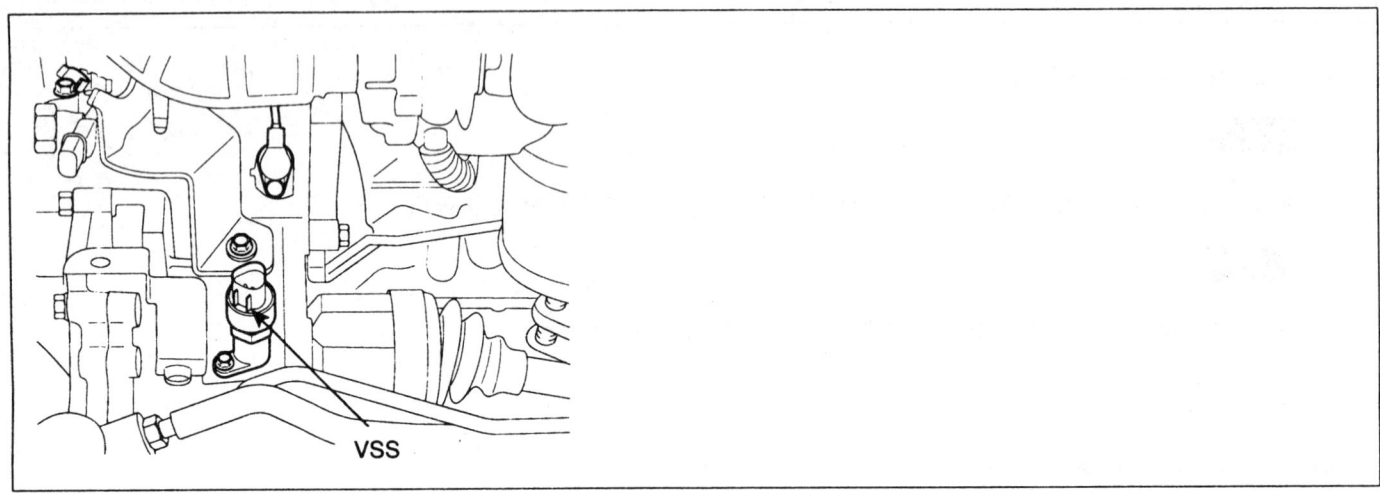

기능 및 역할

- 수동 변속기 차량 -
차속 센서는 홀 센서 방식으로 변속기에 설치되어있는 디퍼렌셜 기어의 회전 속도를 감지하여, 차량 속도를 검출한다. 이 차속 센서는 ECM에 차속 정보를 입력하여, 현재 엔진 회전수와 차량속도를 비교하여 주행 변속단을 연산, 최적의 연료량 계산을 위한 보정 신호로 사용된다. 또한 차량의 계기판(속도계) 신호와, 에어컨 컨트롤 모듈, BCM 등에 차속 정보가 사용된다.

- 자동 변속기 차량 -
자동 변속기 차량은 별도의 차속 센서가 존재하지 않으며, 자동 변속기에 설치된 "INPUT 스피드" 센서와 "OUTPUT 스피드 센서" 신호를 이용하여 TCM에서 차속을 연산한다. TCM에서 연산된 차속은 E52 커넥터 53번 단자를 통해 기존의 차속 센서와 동일하게 ECM 및 계기판, 에어컨 컨트롤 모듈, BCM 에 차속 정보를 제공한다.

고장 코드 설명

P0501 코드는 차속센서 신호에 의해 계산된 차속이 240Kph 이상으로 0.5초 이상 신호가 입력되거나, 엔진 회전수가 4000RPM 이상이고 연료 분사량이 38.5cc 이상인 조건에서 차속이 13.8Kph 이하인 조건이 1초 이상 유지시 고장 코드가 발생한다.

고장진단

고장판정 조건 KC34560B

항 목	감지 조건			고장 예상 부위
검출 방법	신호 모니터링			
검출 조건	차량 주행 상태			
판정값	ECM에 의해 계산된 차속이 240Kph 이상인 경우 - 0.5sec 엔진 회전수가 4000rpm 이상, 연료 분사량이 38.5cc 이상에서 차속 13.8Kph 이하인 경우 - 1.0sec			차속 센서 회로 차속 센서 단품
검출 시간	판정값 참조			
페일세이프 (Fail Safe)	연료 차단	비실행	클러치 에러 모니터링 금지 정속주행 금지(옵션 사항) 배터리 전압 부족시 아이들 보정 안함	
	EGR 금지	비실행		
	연료 제한	비실행		
	체크 램프	비점등		

제원 K011654B

센서 방식	LOW 신호 전압	HIGH 신호 전압	신호 듀티
M/T : 홀 센서 방식 A/T : TCM 구동 방식	1.5V 이하	3.5V 이상	50±5%

FL -282 연료 장치

부분 회로도 KBA21A6F

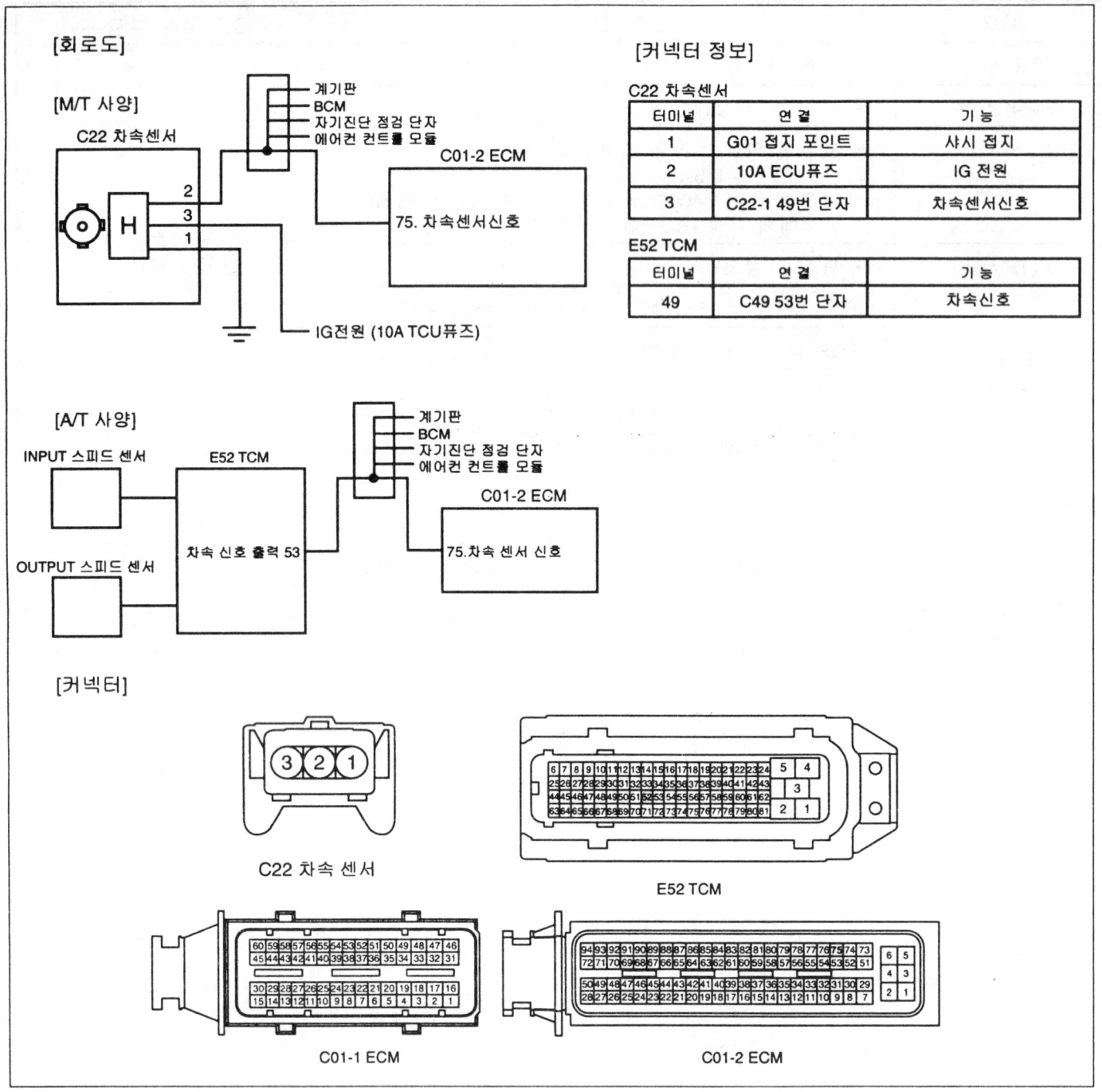

고장진단

기준 파형 및 데이터 K23C4FB7

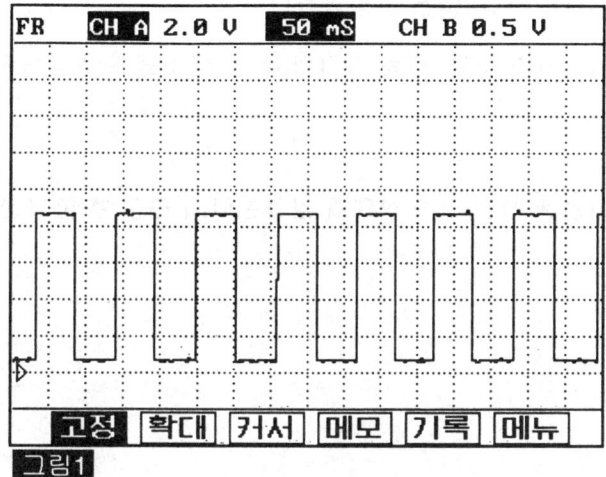

그림1) 차속 센서의 출력 파형 모습으로 50% 듀티를 가지는 LOW 0.8V, HIGH : 10V 의 디지털 파형이 출력된다. ECM은 이 신호의 ON,OFF 주기 (Hz) 를 검출하여, 차속을 검출한다.

스캔툴 데이터 분석 K42ABA0E

1. 자기진단 커넥터에 스캔툴을 연결한다.

2. 엔진을 정상작동 온도 까지 워밍업 한다.

3. 전기 장치 및 에어컨을 OFF 한다.

4. 스캔툴에 표시되는 "차속 센서" 항목을 점검한다.

규정값 : 차량 주행 속도를 표시함

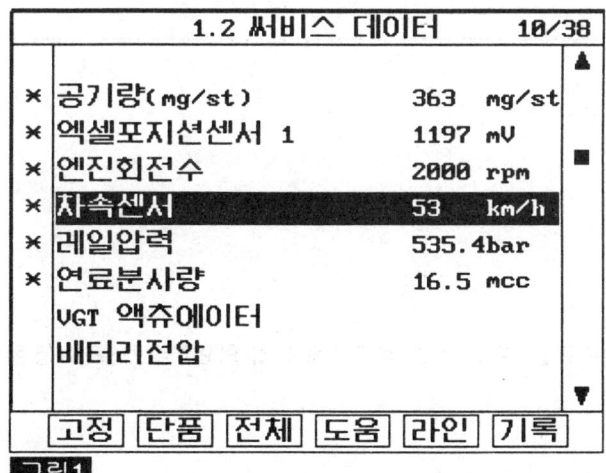

그림1) 현재 차량 실재 속도와 스캔툴에 지시되는 차속 정보가 일치하는지 점검한다.

컨넥터 및 터미널 점검 K766BC63

1. 전기장치는 수 많은 하네스와 커넥터로 구성되며, 이러한 커넥터들의 접촉 불량은 여러가지 다양한 문제를 유발 시키고, 부품을 손상 시키기도 한다.

2. 다음 점검 절차를 수행한다.

    1) 하네스와 터미널의 손상을 점검한다. : 터미널의 접촉 저항, 산화, 변형을 점검한다.

    2) ECM 과 단품 커넥터의 접속 상태를 확인한다. : 터미널 단자의 이탈, 록킹 장치의 손상, 터미널과 와이어링의 연결 상태를 점검한다.

    참고
    점검이 필요한 커넥터의 수컷측 핀을 탈거하여, 암컷측 터미널에 삽입 접촉 상태를 점검한다. (점검 후 탈거한 핀을 정위치에 바르게 장착한다.)

3. 문제 부위가 확인되는가?

    YES
    ▶ 문제 부위를 수리후 "고장수리 확인" 절차를 수행한다.

    NO
    ▶ M/T 사양 : "전원선 점검" 절차를 수행한다.
    A/T 사양 : "신호선 점검" 절차를 수행한다.

전원선 점검 KE00AFD3

1. 전원선 전압 점검

    1) IG KEY "OFF", 엔진을 정지한다.

    2) 차속 센서 커넥터를 탈거한다.

    3) IG KEY "ON"

    4) 차속 센서 커넥터 2번 단자의 전압을 점검한다.

규정값 : 11.5V~13.0V

---

    5) 규정 전압이 검출되는가?

    YES
    ▶ "신호선 점검" 을 실시한다.

    NO
    ▶ 실내 정션 박스 10A TCU 퓨즈 및 관련 회로의 단선 부위를 찾아 수리 후 "고장수리 확인" 절차를 수행한다.

신호선 점검 K07B9659

[M/T 사양]

1. 센서측 신호선 전압 점검

    1) IG KEY "OFF", 엔진을 정지한다.

    2) 차속 센서 커넥터를 탈거한다.

    3) IG KEY "ON"

고장진단

4) 차속 센서 커넥터 3번 단자의 전압을 점검한다.

규정값 : 8.0V~11.5V

5) 규정 전압이 검출되는가?

YES

▶ 아래 "2. ECM 측 신호선 단선 점검" 을 실시한다.

NO

▶ 조인트 커넥터 EC03 의 12번 단자 관련 회로의 접촉 불량 및 단선을 수리 후 "고장수리 확인" 절차를 수행한다.

[A/T 사양]

1. TCM측 신호선 전압 점검

   1) IG KEY "OFF", 엔진을 정지한다.

   2) TCM 커넥터를 탈거한다.

   3) IG KEY "ON"

   4) 차속 센서 커넥터 53번 단자의 전압을 점검한다.

규정값 : 8.0V~11.5V

   5) 규정 전압이 검출되는가?

   YES

   ▶ 아래 "2. ECM 측 신호선 단선 점검" 을 실시한다.

   NO

   ▶ 조인트 커넥터 EC03 의 12번 단자 관련 회로의 접촉 불량 및 단선을 수리 후 "고장수리 확인" 절차를 수행한다.

2. ECM 측 신호선 단선 점검

   1) IG KEY "OFF", 엔진을 정지한다.

   2) 차속 센서 커넥터와 ECM 커넥터를 탈거한다.

   3) IG KEY "ON"

   4) ECM 커넥터 75번 단자의 전압을 점검한다.

규정값 : 8.0V~11.5V

   5) 규정 전압이 검출되는가?

   YES

   ▶ M/T 사양 : → "접지선 점검" 절차를 수행한다.
   ▶ A/T 사양 : → 자동 변속기 코드별 진단 가이드 "P0722 출력축 속도 센서 단선" , "P0717 입력축 속도 센서 단선" , "P0716 입력축 속도 센서 고속 이상" 을 참조하여 고장을 진단 한다.

NO

▶ 조인트 커넥터 EC03 의 12번 단자 관련 회로의 접촉 불량 및 단선을 수리 후 "고장수리 확인" 절차를 수행한다.

접지선 점검 K1F3DBD1

1. IG KEY "OFF", 엔진을 정지한다.
2. 차속 센서 커넥터를 탈거한다.
3. IG KEY "ON"
4. 차속 센서 커넥터 3번 단자와 차체 접지간 전압을 점검한다. [TEST "A"]
5. 차속 센서 커넥터 3번 단자와 1번 단자간 전압을 점검한다. [TEST "B"]
   (3번 단자 : + 프로브 검침 , 1번 단자 : - 프로브 검침)

규정값 : [TEST "A"] 전압 - [TEST "B"] 전압 = 200mV 이내

6. 접지선의 접지 상태는 정상적인가?

   YES

   ▶ "단품 점검"을 실시한다.

   NO

   ▶ "B" 전압이 검출 되지 않을 경우 : 접지 회로의 단선을 수리 후 "고장수리 확인" 절차를 수행한다.
   ▶ "A" 와 "B" 전압 차이가 200mV 이상일 경우 : 접지 회로의 저항 과다 요인을 수정 후 "고장수리 확인" 절차를 수행한다.

단품점검 K26CF7D2

1. IG KEY "OFF", 엔진을 정지한다.
2. 차속센서 커넥터를 탈거한다.
3. 차속센서와 드리븐 기어 어셈블리를 탈거한다.
4. 차속센서 드리븐 기어의 회전 상태를 점검한다.
5. 차속센서 커넥터를 장착 후 IG KEY "ON" 한다.
6. 드리븐 기어를 손으로 회전시킨다.

규정값 : 드리븐 기어 회전시 계기판 및 차속 관련 계통의 차속 시그날 발생됨.

7. 차속센서 신호가 발생하는가?

   YES

   ▶ "고장수리 확인" 절차를 수행한다.

   NO

   ▶ 차속센서를 교환 후 "고장수리 확인" 절차를 수행한다.

고장진단

고장수리 확인 KA75D598

본 진단 가이드를 사용해서 발생된 문제를 수리한 뒤, 고장이 완전히 해결되었는지 확인하는 과정이 필요하다.

1. 스캔툴을 연결한 후, 자기진단을 실시하여 고장 코드를 확인한다.
2. 저장된 고장코드를 스캔툴을 이용하여 소거한다.
3. 고장 판정 조건중의 검출 조건에 따라 차량을 주행한다.
4. 스캔툴로 자기 진단을 실시하여 고장 코드가 발생 되었는지 확인한다.
5. 고장 코드가 발생되는가 ?

    YES
    ▶ 해당되는 고장 코드 수리 절차로 이동한다.

    NO
    ▶ 고장 수리가 완료되어 시스템이 정상적으로 작동한다.

DTC P0504 브레이크 스위치 이상

부품 위치

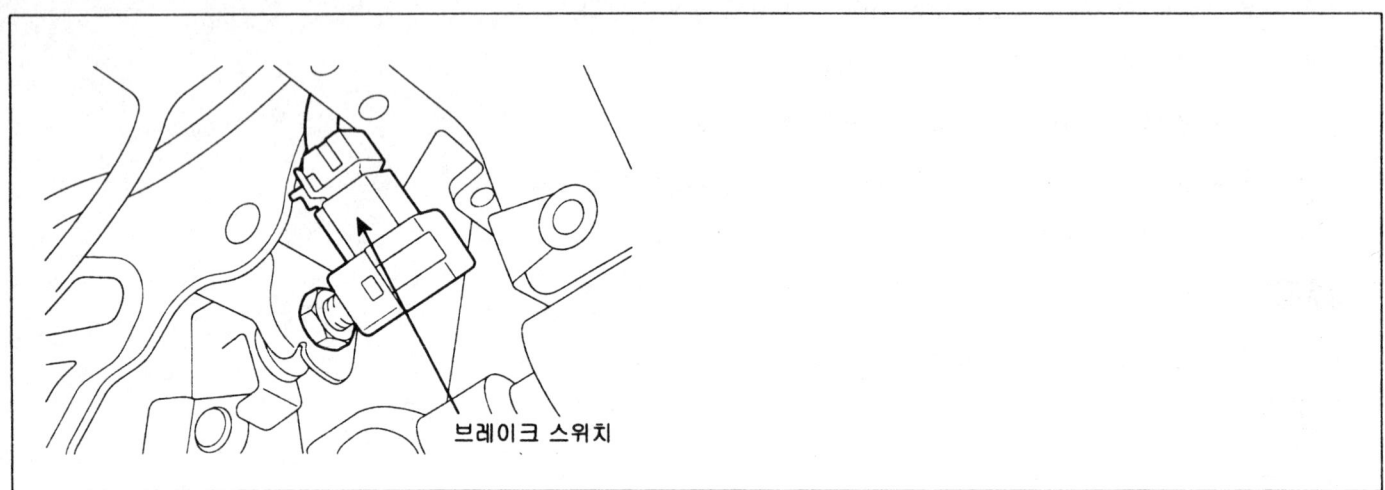

브레이크 스위치

기능 및 역할

브레이크 스위치는 브레이크 패달에 연동되어 브레이크의 작동 상태를 ECM 에 전달한다. 차량 주행중 엑셀 페달 센서 이상으로 운전자의 가속의지 보다 높은 출력이 발생 될 경우(APS의 높은 출력으로의 고착 혹은 오신호로 인해) 운전자는 브레이크 페달을 밟게된다. 이처럼, APS의 출력전압이 높은 경우에, ECM에 운전자의 감속의지가 전달되면(브레이크를 밟았을 경우), ECM은 APS가 고장난 것으로 판단하여 엔진을 림프홈 모드로 진입시킨다. 림프홈 모드로 진입하게 되면, 엔진 RPM은 1200RPM 으로 고정되어, 엔진의 출력이 제한된다. 차량이 림프홈 모드로 진입된 상태에서 정상적인 엑셀 페달 센서 신호가 감지되면 림프홈 모드는 즉시 해제된다. APS의 고장을 판별하는 안전 장치의 목적을 가진 브레이크 스위치는 스위치1과 2로 나뉘어 브레이크 스위치 신호의 신뢰성을 확보한다.

고장 코드 설명

P0504 코드의 경우 정상적인 브레이크 신호는 페달 OFF 시 스위치1는 OFF, 스위치2는 ON 의 특성을 가지며, 페달 ON 시 스위치1은 ON, 스위치2는 OFF 의 특성을 가진다. 이렇듯 서로 상반된 신호를 출력하는 스위치1,2 의 출력이 모두 ON 또는 OFF 의 출력이 나오게 되는 경우 브레이크 스위치의 이상으로 판단한다.

고장판정 조건

항목	감지 조건		고장 예상 부위
검출 방법	신호 모니터링		
검출 조건	IG KEY "ON"		
판정값	브레이크 스위치 1 혹은 2 신호선의 단선		
검출 시간	30 초		브레이크 스위치 단품
페일세이프 (Fail Safe)	연료 차단	비실행	브레이크 페달 높이 이상
	EGR 금지	비실행	브레이크 스위치 회로
	연료 제한	비실행	
	체크 램프	비점등	

고장진단

제원

조건	브레이크 페달 OFF		브레이크 페달 ON	
스위치 작동	스위치1	스위치2	스위치1	스위치2
	OFF	ON	ON	OFF

부분 회로도

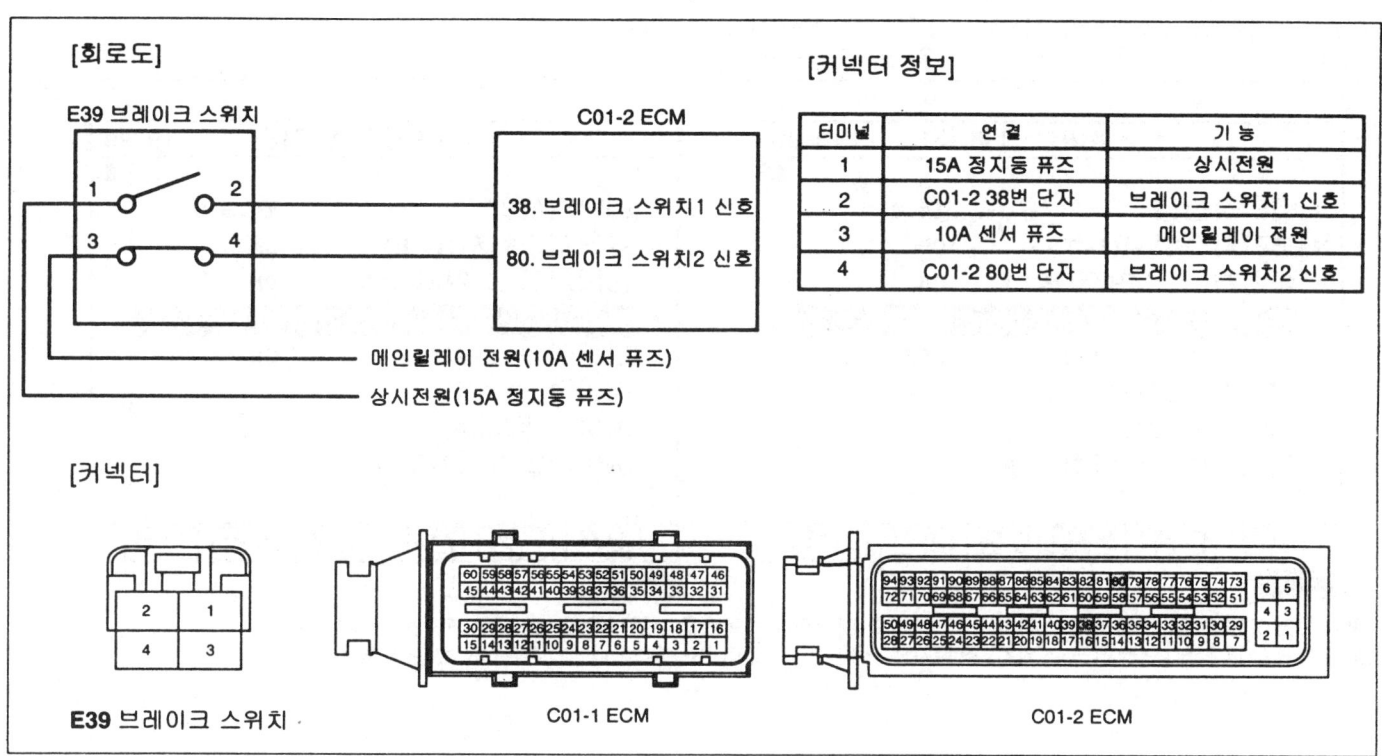

기준 파형 및 데이터

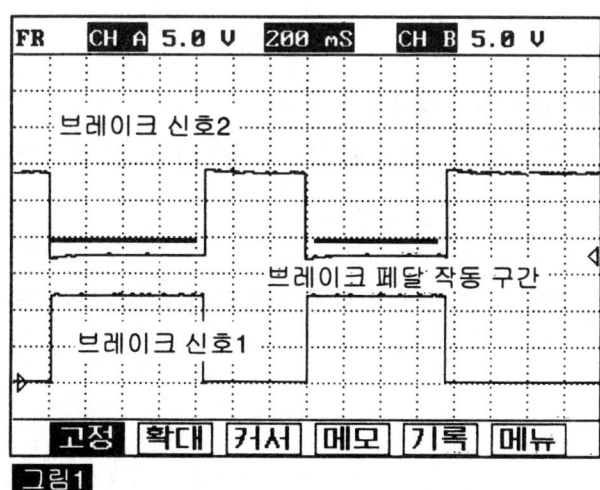

그림1) 브레이크 작동시 브레이크 신호 1과 2 신호를 측정한 파형으로 서로 상반된 모습을 볼수있다.

스캔툴 데이터 분석 K5FD83AC

1. 자기진단 커넥터에 스캔툴을 연결한다.

2. 엔진을 정상작동 온도 까지 워밍업 한다.

3. 전기 장치 및 에어컨을 OFF 한다.

4. 스캔툴에 표시되는 "브레이크 스위치1" 과 "브레이크 스위치2" 항목을 점검한다.

규정값 : 브레이크 페달 미작동시 : 브레이크 스위치 1,2 : OFF
브레이크 페달 작동시 : 브레이크 스위치 1,2 : ON

1.2 써비스 데이터 18/38		1.2 써비스 데이터 18/38
✱ 배터리전압 14.4 V ✱ 클러치스위치(M/T) ON ✱ 중립기어 스위치(M/T) ON ✱ **브레이크 스위치1 OFF** ✱ 브레이크 스위치2 OFF 　에어컨 스위치 　에어컨 릴레이 　에어컨압력스위치-MID ［고정］［단품］［전체］［도움］［라인］［기록］ 그림1		✱ 배터리전압 14.3 V ✱ 클러치스위치(M/T) ON ✱ 중립기어 스위치(M/T) ON ✱ **브레이크 스위치1 ON** ✱ 브레이크 스위치2 ON 　에어컨 스위치 　에어컨 릴레이 　에어컨압력스위치-MID ［고정］［단품］［전체］［도움］［라인］［기록］ 그림2

그림1) 브레이크 페달(브레이크 스위치) 비작동시의 데이터 (브레이크 스위치 1과 2 모두 OFF 를 표시함)
그림2) 브레이크 페달(브레이크 스위치) 작동시의 데이터 (브레이크 스위치 1과 2 모두 ON 을 표시함)

AWJF007L

커넥터 및 터미널 점검 K2912518

1. 전기장치는 수 많은 하네스와 커넥터로 구성되며, 이러한 커넥터들의 접촉 불량은 여러가지 다양한 문제를 유발 시키고, 부품을 손상 시키기도 한다.

2. 다음 점검 절차를 수행한다.

    1) 하네스와 터미널의 손상을 점검한다. : 터미널의 접촉 저항, 산화, 변형을 점검한다.

    2) ECM 과 단품 커넥터의 접속 상태를 확인한다. : 터미널 단자의 이탈, 록킹 장치의 손상, 터미널과 와이어링의 연결 상태를 점검한다.

    [i] 참고
    점검이 필요한 커넥터의 수컷측 핀을 탈거하여, 암컷측 터미널에 삽입 접촉 상태를 점검한다. (점검 후 탈거한 핀을 정위치에 바르게 장착한다.)

3. 문제 부위가 확인되는가?

    YES
    ▶ 문제 부위를 수리후 "고장수리 확인" 절차를 수행한다.

    NO
    ▶ "전원선 점검" 절차를 수행한다.

고장진단

전원선 점검 K2B0B2BD

1. 브레이크 스위치1 상시 전원 점검

    1) IG KEY "OFF", 엔진을 정지한다.

    2) 브레이크 스위치 커넥터를 탈거한다.

    3) 브레이크 스위치 커넥터 1번 단자의 전압을 점검한다.

    규정값 : 11.5V~13.0V

    4) 규정 전압이 검출되는가?

    YES

    ▶ 아래 "2.브레이크 스위치2 메인릴레이 전원 점검" 을 실시한다.

    NO

    ▶ 엔진룸 정션 박스 15A 정지등 퓨즈 및 관련 회로의 단선을 수리 후 "고장수리 확인" 절차를 수행한다.

2. 브레이크 스위치2 메인릴레이 전원 점검

    1) IG KEY "OFF", 엔진을 정지한다.

    2) 브레이크 스위치 커넥터를 탈거한다.

    3) IG KEY "ON"

    4) 브레이크 스위치 커넥터 3번 단자의 전압을 점검한다.

    규정값 : 11.5V~13.0V

    5) 규정 전압이 검출되는가?

    YES

    ▶ "신호선 점검" 을 실시한다.

    NO

    ▶ 엔진룸 정션 박스 15A 연료분사기 퓨즈 및 관련 회로의 단선을 수리 후 "고장수리 확인" 절차를 수행한다.

신호선 점검 KC2E212A

1. 브레이크 스위치 신호선 전압 점검

    1) IG KEY "OFF", 엔진을 정지한다.

    2) 브레이크 스위치 커넥터장착 상태에서 ECM 커넥터를 탈거한다.

    3) 엔진룸 정션 박스의 메인 릴레이를 탈거하여 메인 릴레이 터미널 1번과 5번 단자를 점프 와이어로 연결한다.

    4) 브레이크 페달을 작동 시키며, ECM 커넥터 38번과 80번 단자의 전압을 측정한다.

규정값 :

	브레이크 페달 미작동	브레이크 페달 작동
브레이크 스위치 1 (38번 단자)	0.0V~0.1V	11.5V~13.0V
브레이크 스위치 2 (80번 단자)	11.5V~13.0V	0.0V~0.1V

    5) 규정 전압이 검출되는가?

YES

▶ "고장수리 확인" 절차를 수행한다.

NO

▶ "단품 점검" 실시 후 단품에 이상이 없다면 "2.신호선 단선 점검" 절차를 수행한다.

2. 신호선 단선 점검

    1) IG KEY "OFF", 엔진을 정지한다.

    2) 브레이크 스위치 커넥터와 ECM 커넥터를 탈거한다.

    3) 브레이크 스위치 커넥터 2번 단자와 ECM 커넥터 38번 단자간 통전 시험을 실시한다. (브레이크 스위치 1회로)

    4) 브레이크 스위치 커넥터 4번 단자와 ECM 커넥터 80번 단자간 통전 시험을 실시한다. (브레이크 스위치 2회로)

규정값 : 통전(1.0Ω 이하)

    5) 통전 시험은 정상적인가?

YES

▶ 단락 발생 부위를 찾아 수리 후 "고장수리 확인" 절차를 수행한다.

NO

▶ 단선 발생 부위를 찾아 수리 후 "고장수리 확인" 절차를 수행한다.

단품점검   KCD59E19

1. IG KEY "OFF", 엔진을 정지한다.
2. 브레이크 스위치 커넥터를 탈거한다.
3. 브레이크 페달을 작동 시키면서 브레이크 스위치 단품의 1번과 2번 단자의 통전 시험을 실시한다. (브레이크 스위치 1)
4. 브레이크 페달을 작동 시키면서 브레이크 스위치 단품의 3번과 4번 단자의 통전 시험을 실시한다. (브레이크 스위치 2)

규정값 :

브레이크 페달 OFF		브레이크 페달 ON	
스위치 1	스위치 2	스위치 1	스위치 2
비통전	통전	통전	비통전

고장진단

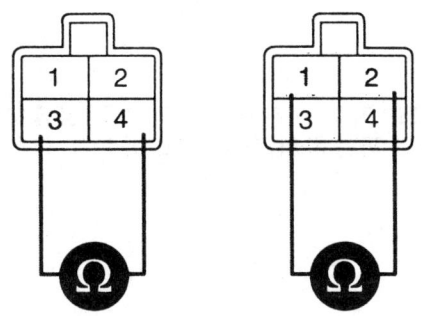

5. 브레이크 스위치의 작동 상태는 정상적인가?

   YES
   ▶ "고장수리 확인" 절차를 수행한다.

   NO
   ▶ 브레이크 페달 높이 및 조정 상태를 점검 후 이상이 없으면 브레이크 스위치 단품을 교환 하고 "고장수리 확인" 절차를 수행한다.

고장수리 확인

본 진단 가이드를 사용해서 발생된 문제를 수리한 뒤, 고장이 완전히 해결되었는지 확인하는 과정이 필요하다.

1. 스캔툴을 연결한 후, 자기진단을 실시하여 고장 코드를 확인한다.
2. 저장된 고장코드를 스캔툴을 이용하여 소거한다.
3. 고장 판정 조건중의 검출 조건에 따라 차량을 주행한다.
4. 스캔툴로 자기 진단을 실시하여 고장 코드가 발생 되었는지 확인한다.
5. 고장 코드가 발생되는가 ?

   YES
   ▶ 해당되는 고장 코드 수리 절차로 이동한다.

   NO
   ▶ 고장 수리가 완료되어 시스템이 정상적으로 작동한다.

DTC P0532 에어컨 냉매 압력센서 "A" 회로-신호낮음

기능 및 역할

에어컨 압력 센서는 피에조 압전 소자 방식으로 에어컨 냉매의 압력을 검출한다. 기존 스위치 방식의 압력 검출보다 선형적인 압력 검출이 가능하여 보다 최적화된 에어컨 컴프레서 구동 및 팬 제어가 가능하며, 이로 인하여 연비 향상에 도움을 준다.

에어컨 압력 센서 고장시 에어컨 컴프레서 구동이 금지된다.

고장 코드 설명

P0532 코드는 에어콘 압력 센서 출력의 최소값인 0.3V 이하의 전압이 0.6초간 검출될 경우 발생되는 고장 코드로 에어콘 압력 센서 전원 회로 단선 및 신호 회로 단락(접지측)의 경우이다.

고장판정 조건

항 목	감지 조건			고장 예상 부위
검출 방법	전압 모니터링			
검출 조건	엔진 구동			
판정값	출력 신호 최소값 이하 (300mV 이하인 경우)			
검출 시간	600ms			• 에어컨 압력 센서 회로
페일세이프 (Fail Safe)	연료 차단	비실행		• 에어컨 압력 센서 단품
	EGR 금지	비실행		
	연료 제한	비실행		
	체크 램프	비점등		

제원

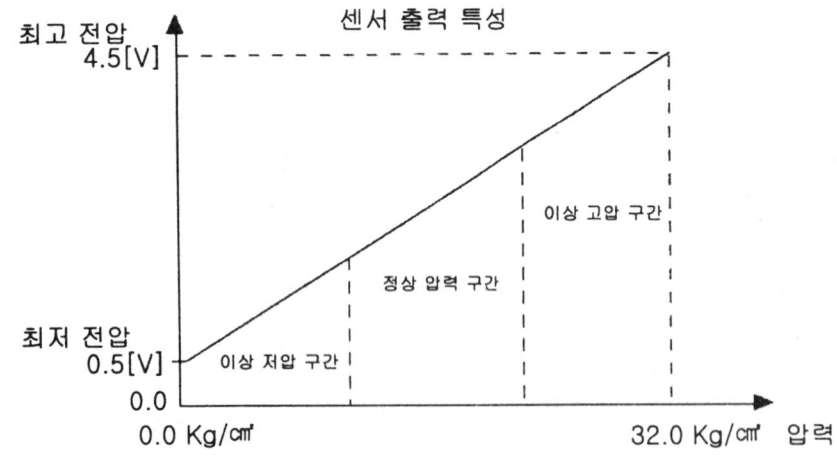

센서 출력 특성

고장진단

부분 회로도 KD349111

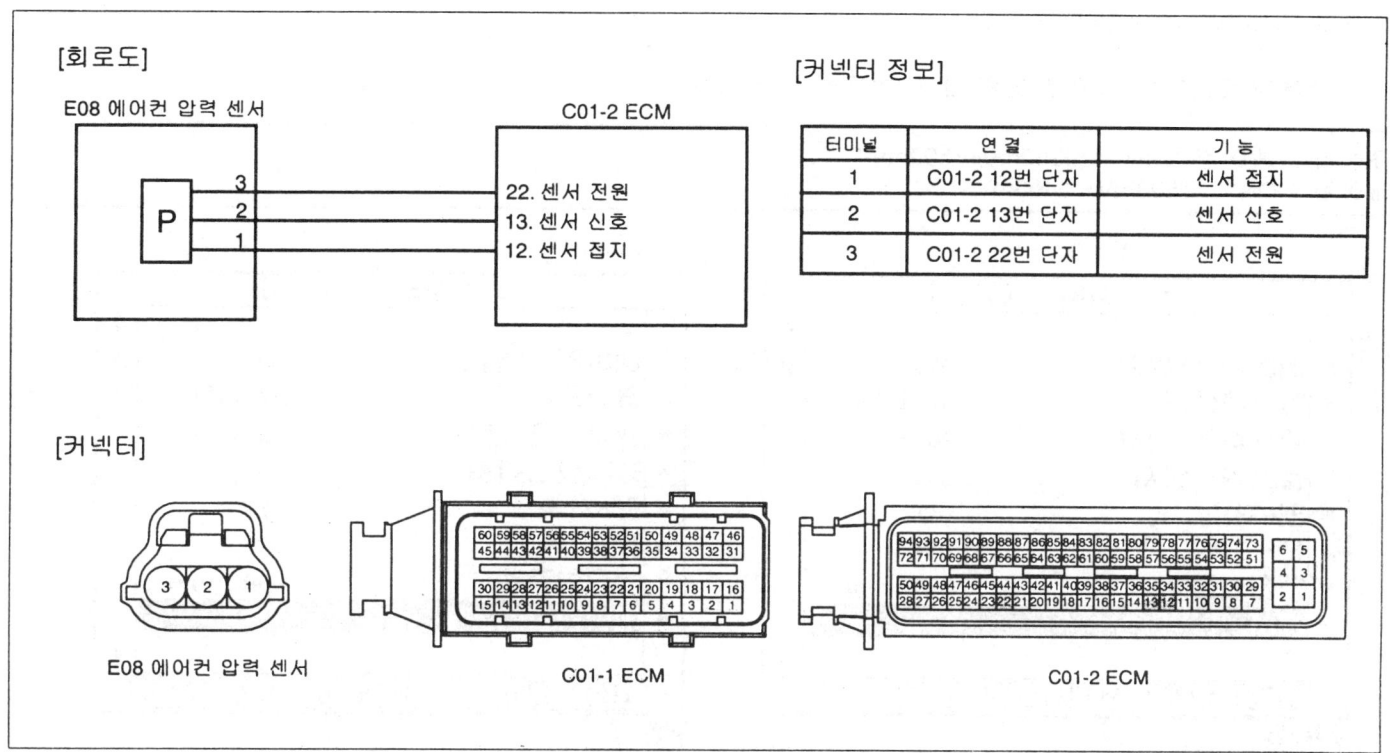

기준 파형 및 데이터 K9C4EE94

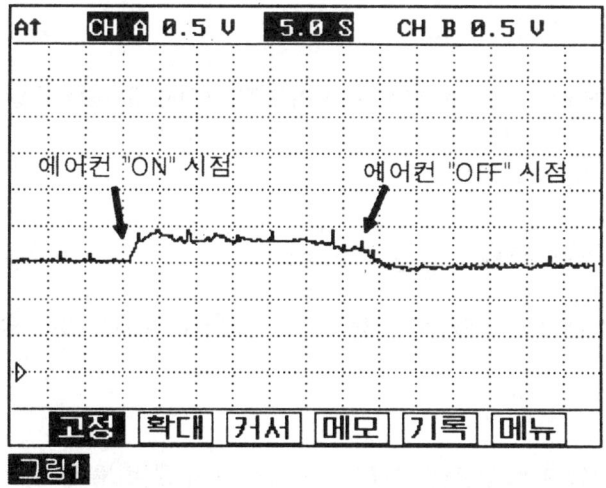

그림1) 에어컨 스위치 작동(에어컨 컴프레셔 작동)에 따른 에어컨 압력 센서의 출력값 파형이다.

> **참고**
> 에어컨 시스템에 충전 되어있는 냉매량 및 기후 날씨 조건에 따라 출력 전압의 변화가 발생한다. "규정값"에 표시된 정상 압력 구간내에서 에어컨 컴프레셔 작동에 따라 정상적인 압력 변화가 발생하는지 점검한다.

스캔툴 데이터 분석 K9051770

1. 자기진단 커넥터에 스캔툴을 연결한다.

2. 엔진을 정상작동 온도 까지 워밍업 한다.

3. 전기 장치 및 에어컨을 OFF 한다.

4. 스캔툴에 표시되는 "에어컨 압력 센서" 항목을 점검한다.

규정값 : 에어컨 "OFF" : 1200mV~1500mV
에어컨 " ON" : 1500mV~ 2400mV

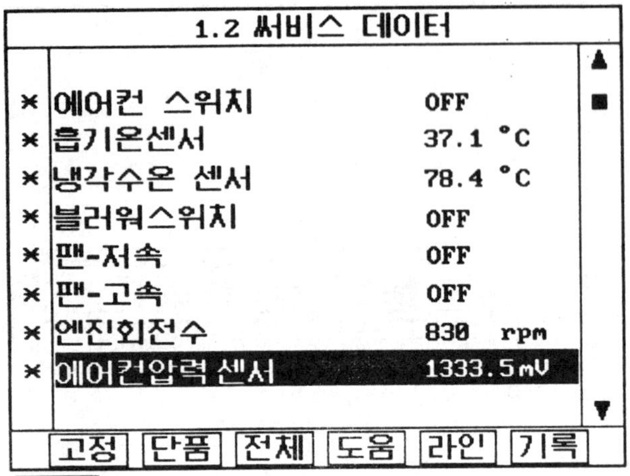

```
    1.2 써비스 데이터              1.2 써비스 데이터
* 에어컨 스위치      OFF        * 에어컨 스위치      ON
* 흡기온센서        37.1 °C     * 흡기온센서        37.1 °C
* 냉각수온 센서     78.4 °C     * 냉각수온 센서     78.4 °C
* 블러워스위치      OFF        * 블러워스위치      ON
* 팬-저속          OFF         * 팬-저속           OFF
* 팬-고속          OFF         * 팬-고속           OFF
* 엔진회전수       830 rpm     * 엔진회전수        830 rpm
* 에어컨압력 센서  1333.5mV    * 에어컨압력 센서   1834.5mV
  [고정][단품][전체][도움][라인][기록]   [고정][단품][전체][도움][라인][기록]
  그림1                        그림2
```

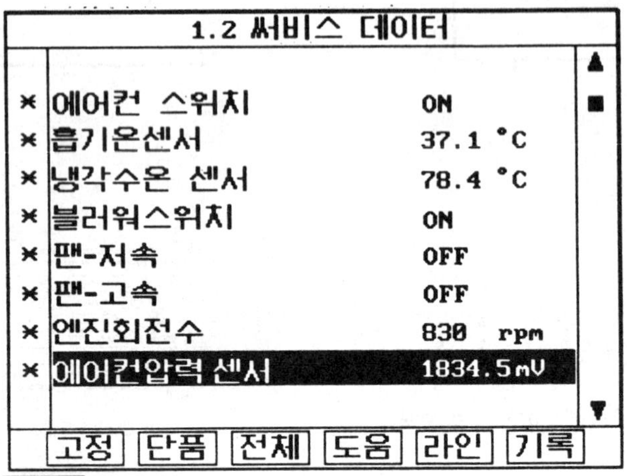

그림1) 아이들 에어컨 "OFF" 상태의 데이터로 에어컨 압력 센서 출력값이 1300mV 를 나타낸다.
그림2) 아이들 에어컨 "ON" 상태의 데이터로 에어컨 컴프레셔 작동과 함께 에어컨 압력 센서 출력값이 증가한다.

컨넥터 및 터미널 점검

1. 전기장치는 수 많은 하네스와 커넥터로 구성되며, 이러한 커넥터들의 접촉 불량은 여러가지 다양한 문제를 유발 시키고, 부품을 손상 시키기도 한다.

2. 다음 점검 절차를 수행한다.

    1) 하네스와 터미널의 손상을 점검한다. : 터미널의 접촉 저항, 산화, 변형을 점검한다.

    2) ECM 과 단품 커넥터의 접속 상태를 확인한다. : 터미널 단자의 이탈, 록킹 장치의 손상, 터미널과 와이어링의 연결 상태를 점검한다.

    참고
    점검이 필요한 커넥터의 수컷측 핀을 탈거하여, 암컷측 터미널에 삽입 접촉 상태를 점검한다. (점검 후 탈거한 핀을 정위치에 바르게 장착한다.)

3. 문제 부위가 확인되는가?

    YES

    ▶ 문제 부위를 수리후 "고장수리 확인" 절차를 수행한다.

    NO

    ▶ "전원선 점검" 절차를 수행한다.

고장진단

전원선 점검 K648FE2B

1. IG KEY "OFF", 엔진을 정지한다.
2. 에어컨 압력 센서 커넥터를 탈거한다.
3. IG KEY "ON"
4. 에어컨 압력 센서 커넥터 3번 단자의 전압을 점검한다.

규정값 : 4.8V~5.1V

5. 규정 전압이 검출되는가?

   YES

   ▶ "신호선 점검" 을 실시한다.

   NO

   ▶ 에어컨 압력 센서 전원 회로의 단선을 수리 후 "고장수리 확인" 절차를 수행한다.
   [에어컨 압력 센서 커넥터 3번 단자 부터 ECM 커넥터 22 번 단자간 단선을 점검한다.]

신호선 점검 K5776D97

1. 신호선 전압 점검

   1) IG KEY "OFF", 엔진을 정지한다.
   2) 에어컨 압력 센서 커넥터를 탈거한다.
   3) IG KEY "ON"
   4) 에어컨 압력 센서 커넥터 2번 단자의 전압을 점검한다.

   규정값 : 4.8V~5.1V

   5) 규정 전압이 검출되는가?

      YES

      ▶ "단품 점검" 을 실시한다.

      NO

      ▶ 에어컨 압력 센서 신호선의 단락(접지측) 부위를 찾아 수리 후 "고장수리 확인" 절차를 수행한다.

단품점검 KE6D60E3

1. 에어컨 압력 센서 육안 점검

   1) IG KEY "OFF", 엔진을 정지한다.
   2) 에어컨 압력 센서 커넥터를 탈거한다.
   3) 에어컨 압력 센서 터미널 단자의 부식 및 오염 여부를 점검한다.
   4) 에어컨 압력 센서 장착 토크 및 에어컨 냉매의 누출 여부를 점검한다.

5) 에어컨 압력 센서의 문제가 발견되는가?

YES

▶ 필요시 에어컨 압력 센서를 교환 후 "고장수리 확인" 절차를 수행한다.

NO

▶ 아래 "에어컨 압력 센서 파형 점검"을 실시한다.

2. 에어컨 압력 센서 파형 점검

1) **IG KEY "ON"**, 엔진을 정지한다.
2) 에어컨 압력 센서 커넥터를 장착한다.
3) 에어컨 압력 센서 커넥터 2번 단자에 오실로 스코프를 연결한다.
4) 엔진 시동 후 에어컨을 "ON" 하여 에어컨 압력 센서 파형을 점검한다.

규정값 : 일반 정보의 "기준 파형" 항목을 참조한다.

5) 에어컨 압력 센서 파형이 정상적으로 출력되는가?

YES

▶ "고장수리 확인" 절차를 수행한다.

NO

▶ 에어컨 압력 센서를 교환 후 "고장수리 확인" 절차를 수행한다.

고장수리 확인 K1FBC891

본 진단 가이드를 사용해서 발생된 문제를 수리한 뒤, 고장이 완전히 해결되었는지 확인하는 과정이 필요하다.

1. 스캔툴을 연결한 후, 자기진단을 실시하여 고장 코드를 확인한다.
2. 저장된 고장코드를 스캔툴을 이용하여 소거한다.
3. 고장 판정 조건중의 검출 조건에 따라 차량을 주행한다.
4. 스캔툴로 자기 진단을 실시하여 고장 코드가 발생 되었는지 확인한다.
5. 고장 코드가 발생되는가 ?

YES

▶ 해당되는 고장 코드 수리 절차로 이동한다.

NO

▶ 고장 수리가 완료되어 시스템이 정상적으로 작동한다.

고장진단

DTC P0533 에어컨 냉매 압력센서 "A" 회로-신호높음

기능 및 역할

DTC P0532 참조.

고장 코드 설명

P0533 코드는 에어콘 압력 센서 출력의 최대값인 4800mV(4.8V) 이상의 전압이 0.6초간 검출될 경우 발생되는 고장 코드로 레일압력 센서 신호 회로 및 센서 접지 회로 단선/단락의 경우이다.

고장판정 조건

항 목	감지 조건			고장 예상 부위
검 출 방 법	• 전압 모니터링			
검 출 조 건	• 엔진 구동			
판 정 값	• 출력 신호 최대값 이상 (4800mV 이상인 경우)			
검 출 시 간	• 600ms			• 에어컨 압력 센서 회로
페일세이프 (Fail Safe)	연료 차단	비실행		• 에어컨 압력 센서 단품
	EGR 금지	비실행		
	연료 제한	비실행		
	체크 램프	비점등		

제원

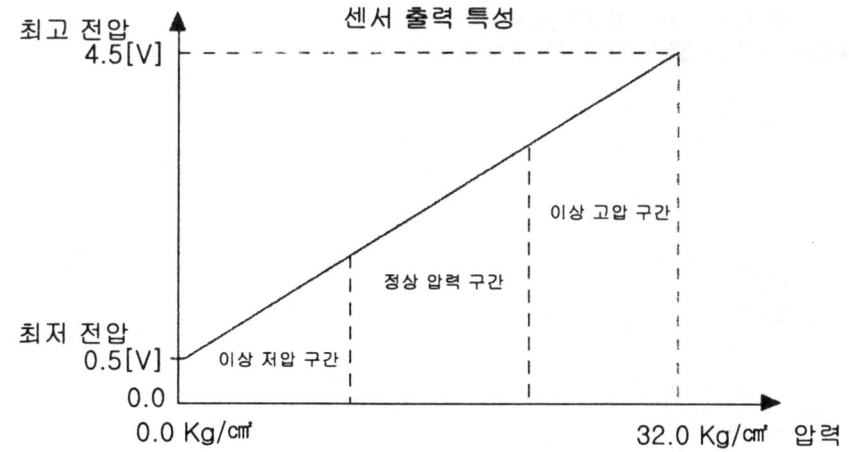

센서 출력 특성

부분 회로도

DTC P0532 참조.

기준 파형 및 데이터   K4B4A2C2

DTC P0532 참조.

스캔툴 데이터 분석   KB095CC6

DTC P0532 참조.

커넥터 및 터미널 점검   K5A3D2E8

DTC P0532 참조.

전원선 점검   K90F1C75

1. IG KEY "OFF", 엔진을 정지한다.
2. 에어컨 압력 센서 커넥터를 탈거한다.
3. IG KEY "ON"
4. 에어컨 압력 센서 커넥터 3번 단자의 전압을 점검한다.

규정값 : 4.8V~5.1V

5. 규정 전압이 검출되는가?

   YES

   ▶ "신호선 점검" 을 실시한다.

   NO

   ▶ 에어컨 압력 센서 전원 회로의 단선을 수리 후 "고장수리 확인" 절차를 수행한다.
   [에어컨 압력 센서 커넥터 3번 단자 부터 ECM 커넥터 22 번 단자간 단선을 점검한다.]

신호선 점검   K8EE43FC

1. 신호선 전압 점검

   1) IG KEY "OFF", 엔진을 정지한다.
   2) 에어컨 압력 센서 커넥터를 탈거한다.
   3) IG KEY "ON"
   4) 에어컨 압력 센서 커넥터 2번 단자의 전압을 점검한다.

   규정값 : 4.8V~5.1V

   5) 규정 전압이 검출되는가?

      YES

      ▶ "접지선 점검"을 실시한다.

고장진단　　　　　　　　　　　　　　　　　　　　　　　　　　　　　　　　FL -301

NO

▶ 아래 "2. 신호선 단선 점검"을 실시한다.

2. 신호선 단선 점검

　1) IG KEY "OFF", 엔진을 정지한다.

　2) 에어컨 압력 센서 커넥터와 ECM 커넥터를 탈거한다.

　3) 에어컨 압력 센서 커넥터 2번 단자와 ECM 커넥터 10번 단자간 통전 시험을 실시한다.

규정값 : 통전(1.0Ω 이하)

　4) 통전 시험은 정상적인가?

YES

▶ 아래 "3. 신호선 단락(전원측) 점검"을 실시한다.

NO

▶ 에어컨 압력 센서 신호선의 단선을 수리 후 "고장수리 확인" 절차를 수행한다.

3. 신호선 단락(전원측) 점검

　1) IG KEY "OFF", 엔진을 정지한다.

　2) 에어컨 압력 센서 커넥터와 ECM 커넥터를 탈거한다.

　3) IG KEY "ON"

　4) 에어컨 압력 센서 커넥터 2번 단자의 전압을 측정한다.

규정값 : 0.0V~0.1V

　5) 양단 커넥터가 분리된 신호선에 이상 전압이 검출되는가?

YES

▶ 단락(전원측) 발생 부위를 찾아 수리 후 "고장수리 확인" 절차를 수행한다.

NO

▶ "단품 점검"을 실시한다.

단품점검　K2FE0C0E

1. 에어컨 압력 센서 육안 점검

　1) IG KEY "OFF", 엔진을 정지한다.

　2) 에어컨 압력 센서 커넥터를 탈거한다.

　3) 에어컨 압력 센서 터미널 단자의 부식 및 오염 여부를 점검한다.

　4) 에어컨 압력 센서 장착 토크 및 에어컨 냉매의 누출 여부를 점검한다.

5) 에어컨 압력 센서의 문제가 발견되는가?

   YES
   ▶ 필요시 에어컨 압력 센서를 교환 후 "고장수리 확인" 절차를 수행한다.

   NO
   ▶ 아래 "에어컨 압력 센서 파형 점검"을 실시한다.

2. 에어컨 압력 센서 파형 점검

   1) **IG KEY "ON"**, 엔진을 정지한다.
   2) 에어컨 압력 센서 커넥터를 장착한다.
   3) 에어컨 압력 센서 커넥터 2번 단자에 오실로 스코프를 연결한다.
   4) 엔진 시동 후 에어컨을 **"ON"** 하여 에어컨 압력 센서 파형을 점검한다.

   규정값 : 일반 정보의 "기준 파형" 항목을 참조한다.

   5) 에어컨 압력 센서 파형이 정상적으로 출력되는가?

   YES
   ▶ "고장수리 확인" 절차를 수행한다.

   NO
   ▶ 에어컨 압력 센서를 교환 후 "고장수리 확인" 절차를 수행한다.

고장수리 확인   KA9A1D94

DTC P0532 참조.

고장진단

DTC P0562 시스템 전원 낮음

부품 위치

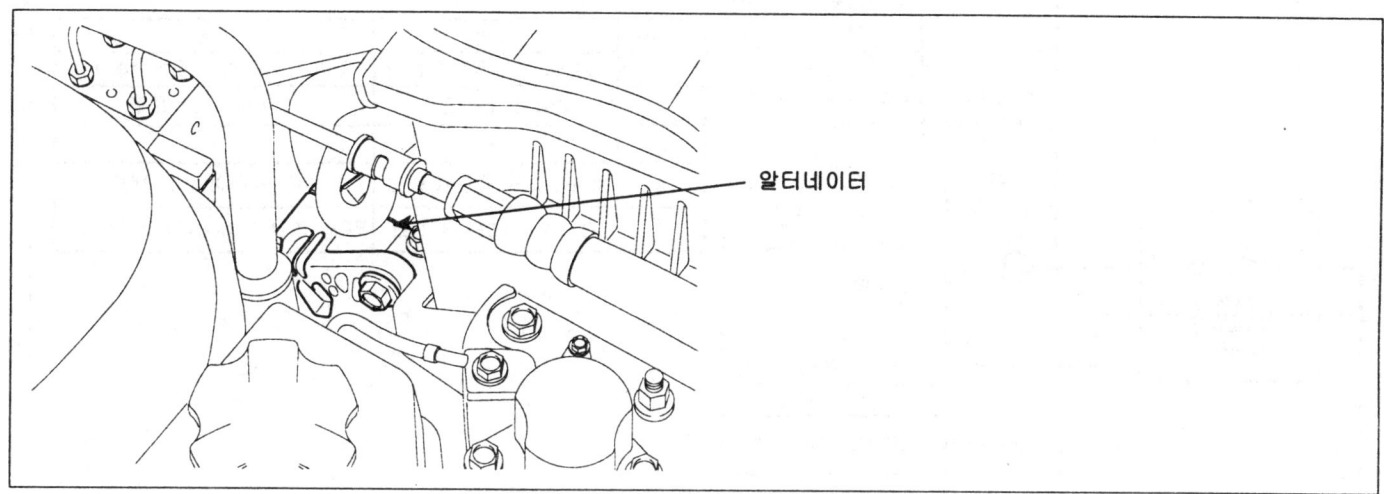

알터네이터

기능 및 역할

정상적인 차량에서 배터리 전압은 11.5V~14.5V 까지 변동되며, 특히 크랭킹시는 9.8V 까지 전압 강하가 일어나므로 12V 전원을 사용하는 액츄에이터들은 약 5V 정도의 전원 전압 변화가 생기게 된다. 특히 인젝터나 레일압력 조절기, EEGR 액츄에이터와 같이 정밀한 제어를 요구하는 액츄에이터 들의 경우 배터리 전압 변화에 따라 제어 특성치가 변하기도 한다. 이러한 전압 변화에 따른 액츄에이터의 특성치 변화를 보정하기 위해 ECM 은 배터리 전압 변화를 감지하여 전압 변화에 따른 액츄에이터 작동량 보정을 실시한다.

고장 코드 설명

P0562 코드는 배터리 전압이 6V 이하인 조건이 5초 이상 유지될 경우 발생되는 고장 코드로 충전계통(알터네이터 단품 및 충전 회로) 을 점검해 보아야 한다.
▶ ECM 은 메인 릴레이를 통해 공급되는 ECM(C01-2) 커넥터 1,3,5 번 단자의 전압을 모니터링 하여 배터리 전압을 검출한다.

고장판정 조건

항목	감지 조건		고장 예상 부위
검출 방법	• 전압 모니터링		
검출 조건	• IG KEY "ON"		
판정값	• 배터리 전압이 6V 이하인 경우		
검출 시간	• 5초		• 충전 회로
페일세이프 (Fail Safe)	연료 차단	비실행	• 알터네이터 단품
	EGR 금지	비실행	
	연료 제한	비실행	
	체크 램프	비점등	

FL -304

부분 회로도 KEA8341F

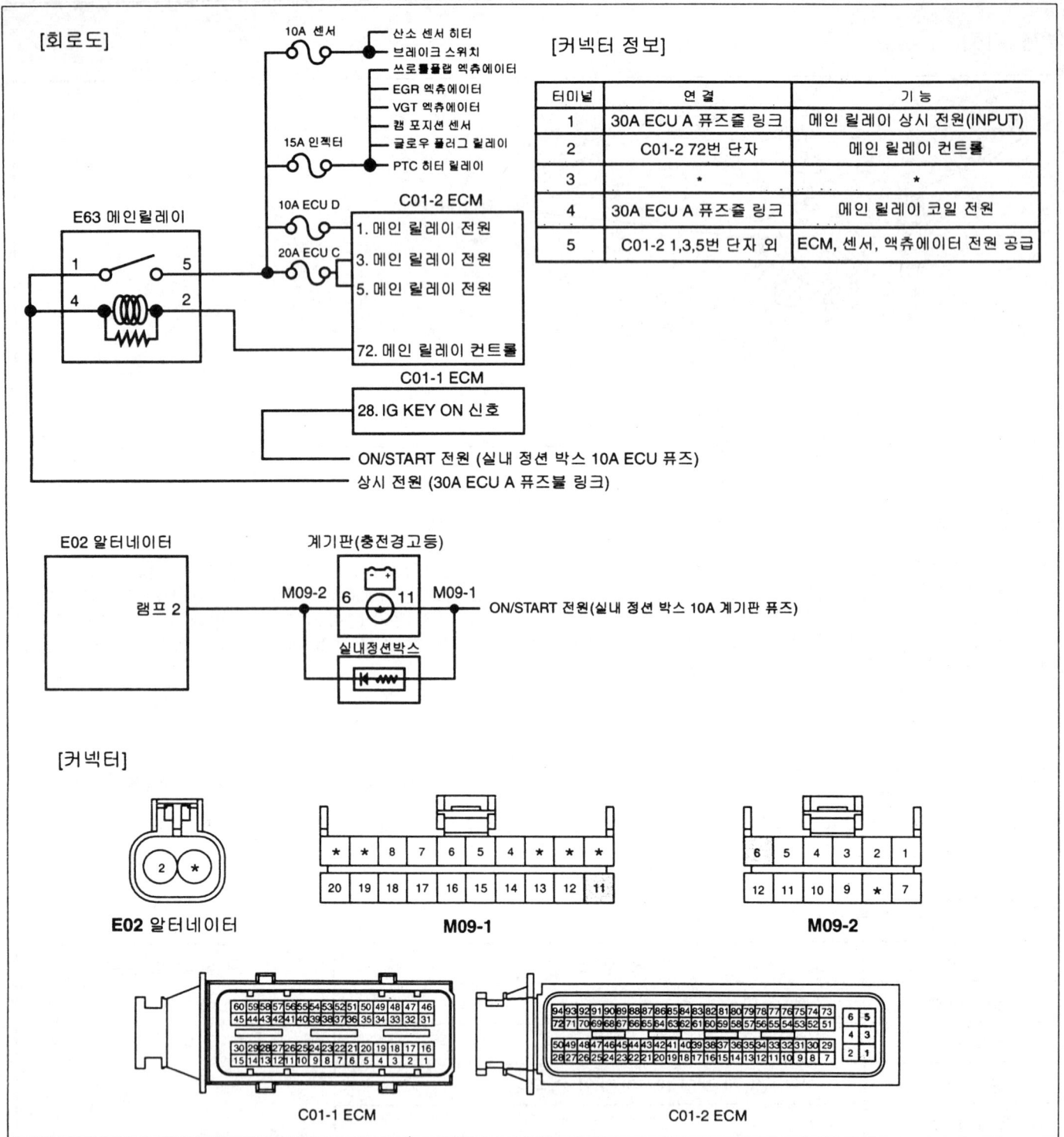

고장진단

기준 파형 및 데이터 K200D2F8

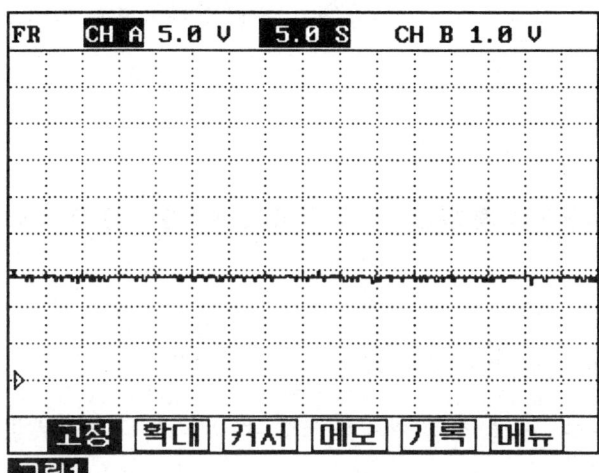

그림1) 엔진 구동중 알터네이터의 충전 전압 파형으로 헤드램프 및 열선, 에어컨 과 같은 전기 장치를 작동 시키면서 배터리 전압이 심하게 낮아지는지 점검한다.

스캔툴 데이터 분석 K966C04B

1. 자기진단 커넥터에 스캔툴을 연결한다.

2. 엔진을 정상작동 온도 까지 워밍업 한다.

3. 전기 장치 및 에어컨을 OFF 한다.

4. 스캔툴에 표시되는 "배터리 전압" 항목을 점검한다.

규정값 : 무부하 아이들 상태(830RPM) 12.5V~14.5V

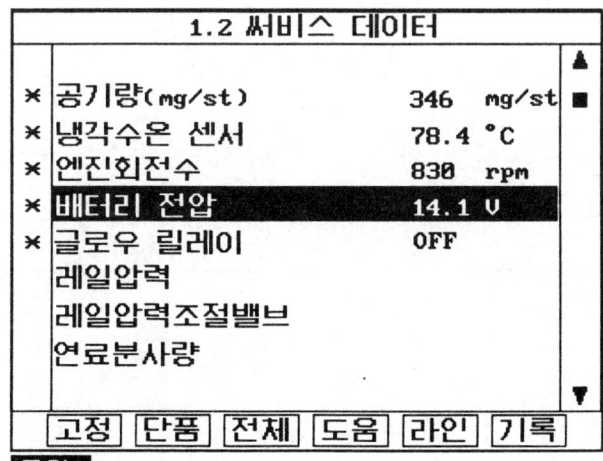

그림1) 엔진 워밍업후 아이들 및 가속시 "배터리 전압"의 출력 데이터로 각정 전기장치를 작동 시키면서 전압이 상승하는지 점검하면서, 아래와 같은 현상이 나타나는지 점검한다.

※ 발전기 충전 불량 발생 차량의 특징

1. 아이들시 램프류의 밝기가 어둡다가 가속시 밝아짐

2. 아이들에 가까운 운전 영역(저속 주행)에서 간헐적 엔진회전수가 심하게 떨어지며, 시동이 꺼지기도함.

3. 원활한 크랭킹이 곤란하다. (크랭킹시 계기판의 경고등 류의 밝기가 지나치게 어두워지며, 크랭킹 상태가 힘이 없다.)

4. 운행중 계기판에 충전 경고등이 점등된다.

컨넥터 및 터미널 점검

1. 전기장치는 수 많은 하네스와 커넥터로 구성되며, 이러한 커넥터들의 접촉 불량은 여러가지 다양한 문제를 유발 시키고, 부품을 손상 시키기도 한다.

2. 다음 점검 절차를 수행한다.

   1) 하네스와 터미널의 손상을 점검한다. : 터미널의 접촉 저항, 산화, 변형을 점검한다.

   2) ECM 과 단품 커넥터의 접속 상태를 확인한다. : 터미널 단자의 이탈, 록킹 장치의 손상, 터미널과 와이어링의 연결 상태를 점검한다.

   참고
   점검이 필요한 커넥터의 수컷측 핀을 탈거하여, 암컷측 터미널에 삽입 접촉 상태를 점검한다. (점검 후 탈거한 핀을 정위치에 바르게 장착한다.)

3. 문제 부위가 확인되는가?

   YES
   ▶ 문제 부위를 수리후 "고장수리 확인" 절차를 수행한다.

   NO
   ▶ "전원선 점검" 절차를 수행한다.

전원선 점검

1. 알터네이터 커넥터 전원 공급 점검

   1) IG KEY "ON", 엔진을 정지한다.

   2) 알터네이터 커넥터를 탈거한다.

   3) 알터네이터 커넥터 2번 단자의 전압을 측정한다.

규정값 : 10.5V~12.0V

   4) 규정 전압이 검출되는가?

   YES
   ▶ 아래 "2. 충전 경고등 작동 상태 점검"을 실시한다.

   NO
   ▶ 2번 단자의 전압이 검출되지 않는경우
   - 계기판의 충전 경고등과 경고등 레지스터를 점검 후 관련 회로의 단선을 수리 후 "고장수리 확인" 절차를 수행한다.

2. 충전 경고등 작동 상태 점검

고장진단

1) IG KEY "ON", 엔진을 정지한다.

2) 알터네이터 커넥터를 탈거 한다.

3) 알터네이터 커넥터 2번 단자를 점프 와이어를 이용 차체에 접지 시킨다.

규정값 : 차체 접지시 충전 경고등 점등

4) 충전 경고등이 점등되는가?

YES

▶ 3.알터네이터 B+ 케이블 전압 강하 점검을 실시한다.

NO

▶ 충전 경고등 램프 필라멘트의 단선 여부를 점검 후 램프를 교환한다. 수리 완료 후 "고장수리 확인" 절차를 수행 한다.

3. 알터네이터 B+ 케이블 전압 강하 점검

1) IG KEY "ON", 엔진을 구동한다.

2) 알터네이터 B+ 단자와 배터리+ 단자간 전압 차이를 점검한다.
(멀티 메타의 + 단자는 알터네이터 B+ 단자를 검침하고, 멀티 메타의 - 단자는 배터리 + 단자를 검침한다.)

규정값 : 0.2V 이내 (200mV 이내)

3) 알터네이터 B+ 케이블의 전압 강하는 정상적인가?

YES

▶ "단품 점검"을 실시한다.

NO

▶ 알터네이터 B+ 케이블 터미널의 부식 및 열화를 점검하고 필요시 케이블을 교환 후 "고장수리 확인" 절차를 수행한다.

단품점검   K0E366DA

1. IG KEY "OFF", 엔진을 정지한다.

2. 알터네이터를 구동하는 벨트의 장력을 점검한다.

3. 배터리 터미널 및 퓨즈 블링크, 알터네이터 B+ 단자의 헐거움, 부식 상태를 점검한다.

4. 엔진을 시동한다.

5. 헤드램프, 뒷유리 열선, 블로워 모터 등의 전기 장치를 작동한다.

6. 엔진 회전수 2000 RPM 이상에서 배터리 전압을 측정한다.

규정값 : 12.5V~14.5V

7. 규정 전압이 검출되는가?

YES

▶ "고장수리 확인" 절차를 수행한다.

NO

▶ 알터네이터를 교환 후 "고장수리 확인" 절차를 수행한다.

고장수리 확인 KF0B6321

본 진단 가이드를 사용해서 발생된 문제를 수리한 뒤, 고장이 완전히 해결되었는지 확인하는 과정이 필요하다.

1. 스캔툴을 연결한 후, 자기진단을 실시하여 고장 코드를 확인한다.
2. 저장된 고장코드를 스캔툴을 이용하여 소거한다.
3. 고장 판정 조건중의 검출 조건에 따라 차량을 주행한다.
4. 스캔툴로 자기 진단을 실시하여 고장 코드가 발생 되었는지 확인한다.
5. 고장 코드가 발생되는가 ?

YES

▶ 해당되는 고장 코드 수리 절차로 이동한다.

NO

▶ 고장 수리가 완료되어 시스템이 정상적으로 작동한다.

고장진단   FL -309

DTC P0563 시스템 전원 높음

부품 위치 KC63225E

DTC P0562 참조.

기능 및 역할 K32ECEB3

DTC P0562 참조.

고장 코드 설명 KEDBFCDE

P0563 코드는 배터리 전압이 **17.5V** 이상인 조건이 **5초** 이상 유지될 경우 발생되는 고장 코드로 충전계통 알터네이터 단품(알터네이터의 과충전)을 점검해 보아야 한다.
▶ ECM 은 메인 릴레이를 통해 공급되는 ECM(C01-2) 커넥터 1,3,5 번 단자의 전압을 모니터링 하여 배터리 전압을 검출한다.

고장판정 조건 K3AD4567

항 목	감지 조건		고장 예상 부위
검출 방법	• 전압 모니터링		
검출 조건	• IG KEY "ON"		
판정값	• 배터리 전압이 17.5V 이상인 경우		
검출 시간	• 5초		• 충전 회로
페일세이프 (Fail Safe)	연료 차단	비실행	• 알터네이터 단품
	EGR 금지	비실행	
	연료 제한	비실행	
	체크 램프	비점등	

부분 회로도 KE624402

DTC P0562 참조.

기준 파형 및 데이터 K1CE68CA

DTC P0562 참조.

스캔툴 데이터 분석 KC14B5C5

1. 자기진단 커넥터에 스캔툴을 연결한다.
2. 엔진을 정상작동 온도 까지 워밍업 한다.
3. 전기 장치 및 에어컨을 OFF 한다.
4. 스캔툴에 표시되는 "배터리 전압" 항목을 점검한다.

규정값 : 무부하 아이들 상태: 12.5V~14.5V

```
        1.2 써비스 데이터
  × 공기량(mg/st)        346  mg/st
  × 냉각수온 센서         78.4 °C
  × 엔진회전수            830  rpm
  × 배터리 전압           14.1 V
  × 글로우 릴레이         OFF
    레일압력
    레일압력조절밸브
    연료분사량

  [고정][단품][전체][도움][라인][기록]
```

그림1

그림1) 엔진 워밍업후 아이들 및 가속시 "배터리 전압"의 출력 데이터로 각정 전기장치를 작동 시키면서 전압이 상승하는지 점검하면서, 아래와 같은 현상이 나타나는지 점검한다.

※ 발전기 과충전 발생 차량의 특징

1. 배터리 전해액이 넘쳐흘러 배터리와 배터리 주변의 부식 발생 여부를 확인.

2. 차량 시동 상태에서 배터리 충전시 발생되는 수소 가스 냄새가 심하게 발생하는지 여부 확인.

3. 차량 주행시 간헐적으로 계기판의 조명, 미등, 헤드램프의 밝기가 환하게 밝아진다.

컨넥터 및 터미널 점검

DTC P0562 참조.

전원선 점검

1. 알터네이터 커넥터 전원 공급 점검

    1) IG KEY "ON", 엔진을 정지한다.

    2) 알터네이터 커넥터를 탈거한다.

    3) 알터네이터 커넥터 2번 단자의 전압을 측정한다.

규정값 : 10.5V~12.0V

    4) 규정 전압이 검출되는가?

       YES
       ▶ 아래 "2. 충전 경고등 작동 상태 점검"을 실시한다.

       NO
       ▶ 2번 단자의 전압이 검출되지 않는경우
       - 계기판의 충전 경고등과 경고등 레지스터를 점검 후 관련 회로의 단선을 수리 후 "고장수리 확인" 절차를 수행한다.

2. 충전 경고등 작동 상태 점검

고장진단

1) IG KEY "ON", 엔진을 정지한다.
2) 알터네이터 커넥터를 탈거 한다.
3) 알터네이터 커넥터 2번 단자를 점프 와이어를 이용 차체에 접지 시킨다.

규정값 : 차체 접지시 충전 경고등 점등

4) 충전 경고등이 점등되는가?

   YES

   ▶ 3.알터네이터 B+ 케이블 전압 강하 점검을 실시한다.

   NO

   ▶ 충전 경고등 램프 필라멘트의 단선 여부를 점검 후 램프를 교환한다. 수리 완료 후 "고장수리 확인" 절차를 수행 한다.

3. 알터네이터 B+ 케이블 전압 강하 점검

   1) IG KEY "ON", 엔진을 구동한다.
   2) 알터네이터 B+ 단자와 배터리+ 단자간 전압 차이를 점검한다.
      (멀티 메타의 + 단자는 알터네이터 B+ 단자를 검침하고, 멀티 메타의 - 단자는 배터리 + 단자를 검침한다.)

규정값 : 0.2V 이내 (200mV 이내)

   3) 알터네이터 B+ 케이블의 전압 강하는 정상적인가?

      YES

      ▶ "단품 점검"을 실시한다.

      NO

      ▶ 알터네이터 B+ 케이블 터미널의 부식 및 열화를 점검하고 필요시 케이블을 교환 후 "고장수리 확인" 절차를 수행한다.

단품점검 K19D6E2C

1. IG KEY "OFF", 엔진을 정지한다.
2. 알터네이터를 구동하는 벨트의 장력을 점검한다.
3. 배터리 터미널 및 퓨즈 블링크, 알터네이터 B+ 단자의 헐거움, 부식 상태를 점검한다.
4. 엔진을 시동한다.
5. 헤드램프, 뒷유리 열선, 블로워 모터 등의 전기 장치를 작동한다.
6. 엔진 회전수 2000 RPM 이상에서 배터리 전압을 측정한다.

규정값 : 12.5V~14.5V

7. 규정 전압이 검출되는가?

YES

▶ "고장수리 확인" 절차를 수행한다.

NO

▶ 알터네이터를 교환 후 "고장수리 확인" 절차를 수행한다.

고장수리 확인   KA6E9A6C

DTC P0562 참조.

고장진단

DTC P0602 ECM(EEPROM) 이상 - 프로그래밍 이상

부품 위치 K19802E1

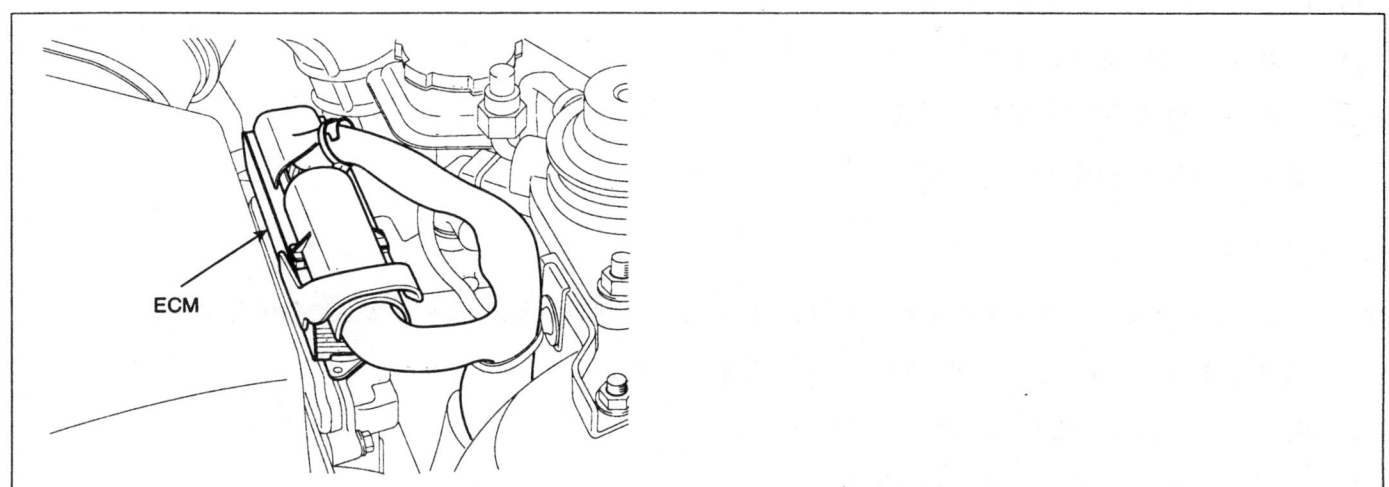

기능 및 역할 K2F14574

ECM 은 전원을 공급받아 활성화되어 크랭크 포지션 센서, 엑셀페달 센서와 같은 각종 센서들의 신호를 입력 받는다. 이러한 입력 신호 값들을 기준으로 마이크로 컨트롤러와 EEPROM 에 저장된 제어 LOGIC 의 비교 연산을 통해 인젝터 와 각종 솔레노이드, 릴레이를 구동하여 엔진을 제어한다. 또한 제어의 신뢰도를 위해, ECM 자체의 셀프 테스트(SELF TEST) 및 각종 센서,엑츄에이터들의 진단을 수행하며 주행 성능에 심각한 문제 발생시 운전자 및 정비사에게 고장 정보 를 표출한다. 경우에 따라서 잘못된 제어에의한 위험 상황을 방지하기 위해 시스템을 차단 시키는 기능을 수행한다.

고장 코드 설명 K73BF813

P0602 코드의 경우 ECM 내부의 EEPROM 에 데이터 쓰기가 불가능한 경우로, 이는 ECM 내부 불량(ECM 내부 하드웨 어 고장)의 경우이다.

고장판정 조건 K254FF09

항목	감지 조건		고장 예상 부위
검출 방법	• EEP ROM 모니터링		
검출 조건	• 엔진 구동		
판정값	• EEP ROM 에 데이터 쓰기가 불가능한 경우		
검출 시간	• 즉시		• ECM 단품 불량
페일세이프 (Fail Safe)	연료 차단	실행	
	EGR 금지	비실행	
	연료 제한	비실행	
	체크 램프	비점등	

단품점검 KB54CBAC

1. ECM 단품 점검

    1) IG KEY "OFF", 엔진을 정지 한다.

    2) 차량에서 ECM 을 탈거한다.

    3) 양품 ECM을 장착하여, 정상 여부를 확인한다.

    4) 문제가 조치되면 ECM 을 교환한다.

고장수리 확인 KD7E18EF

본 진단 가이드를 사용해서 발생된 문제를 수리한 뒤, 고장이 완전히 해결되었는지 확인하는 과정이 필요하다.

1. 스캔툴을 연결한 후, 자기진단을 실시하여 고장 코드를 확인한다.
2. 저장된 고장코드를 스캔툴을 이용하여 소거한다.
3. 고장 판정 조건중의 검출 조건에 따라 차량을 주행한다.
4. 스캔툴로 자기 진단을 실시하여 고장 코드가 발생 되었는지 확인한다.
5. 고장 코드가 발생되는가 ?

    YES

    ▶ 해당되는 고장 코드 수리 절차로 이동한다.

    NO

    ▶ 고장 수리가 완료되어 시스템이 정상적으로 작동한다.

DTC P0605 ECM(EEPROM) ROM 오장착

부품 위치

DTC P0602 참조.

기능 및 역할

DTC P0602 참조.

고장 코드 설명

P0605 코드의 경우 ECM 내부의 마이크로 컨트롤러와 EEPROM 의 상호 통신 불량 및 이종품 ECM 장착의 경우에 발생하는 고장 코드이다.

고장판정 조건

항목	감지 조건			고장 예상 부위
검출 방법	• EEP ROM 모니터링			
검출 조건	• 엔진 구동			
판정값	• (EEP ROM 통신에러):마이크로 컨트롤러와 EEP ROM(데이터 영역)의 상호 통신 불량 • 각 데이터 영역 활성화가 비정상적인 경우 • 옵션 사양에 대한 자동학습 오류(에어컨/이모빌라이져/크루즈콘트롤)			• ECM 및 ECM 과 통신하는 모듈의 이종 사양 • ECM 단품 불량
검출 시간	• 즉시			
페일세이프 (Fail Safe)	연료 차단	실행		
	EGR 금지	비실행		
	연료 제한	비실행		
	체크 램프	비점등		

단품점검

1. ECM 단품 점검

    1) IG KEY "OFF", 엔진을 정지 한다.

    2) 차량에서 ECM 을 탈거한다.

    3) 양품 ECM을 장착하여, 정상 여부를 확인한다.

    4) 문제가 조치되면 ECM 을 교환한다.

고장수리 확인

본 진단 가이드를 사용해서 발생된 문제를 수리한 뒤, 고장이 완전히 해결되었는지 확인하는 과정이 필요하다.

1. 스캔툴을 연결한 후, 자기진단을 실시하여 고장 코드를 확인한다.

2. 저장된 고장코드를 스캔툴을 이용하여 소거한다.
3. 고장 판정 조건중의 검출 조건에 따라 차량을 주행한다.
4. 스캔툴로 자기 진단을 실시하여 고장 코드가 발생 되었는지 확인한다.
5. 고장 코드가 발생되는가 ?

YES

▶ 해당되는 고장 코드 수리 절차로 이동한다.

NO

▶ 고장 수리가 완료되어 시스템이 정상적으로 작동한다.

고장진단
FL -317

DTC P0606 ECM/PCM 프로세서(ECM 셀프 테스트 이상)

부품 위치 KA8CB9FF

DTC P0602 참조.

기능 및 역할 K6DC62FE

DTC P0602 참조.

고장 코드 설명 K542181A

P0606 코드의 경우 ECM 내부 램 영역의 읽기/쓰기 에러 발생, 0.2초마다 반복되는 엑셀포지션 센서2의 그라운드 체크 이상, A/D 컨버터 기준 전압인 센서공급전원1,2 의 전압이 4.7V 이하이거나 5.16V 이상인 경우에 발생되는 고장 코드로, 이는 ECM 내부 불량의 경우이다.

고장판정 조건 K5DE1DA7

항목	감지 조건			고장 예상 부위
검출 방법	• 신호 모니터링			
검출 조건	• 엔진 구동			
판정값	• 램 영역의 읽기/쓰기 에러 - 100ms • 엑셀 페달 센서2 그라운드 체크 에러 - 500ms • A/D 컨버터 기준전압 이상 - 100ms			• ECM 단품 불량
검출 시간	• 고장 판정 조건의 각 항목 참조			
페일세이프 (Fail Safe)	연료 차단	실행		
	EGR 금지	비실행		
	연료 제한	비실행		
	체크 램프	점등		

기준 파형 및 데이터 K4965F2B

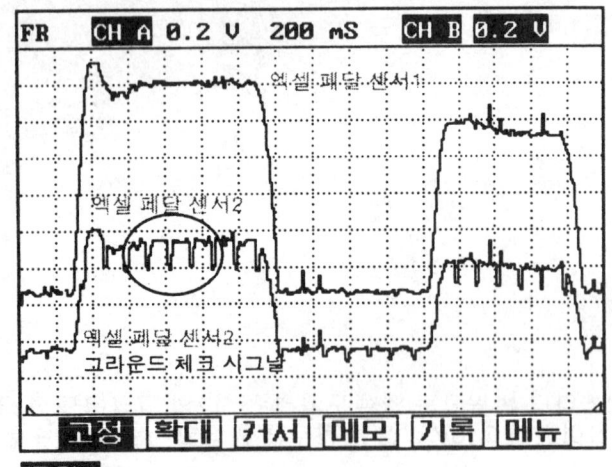
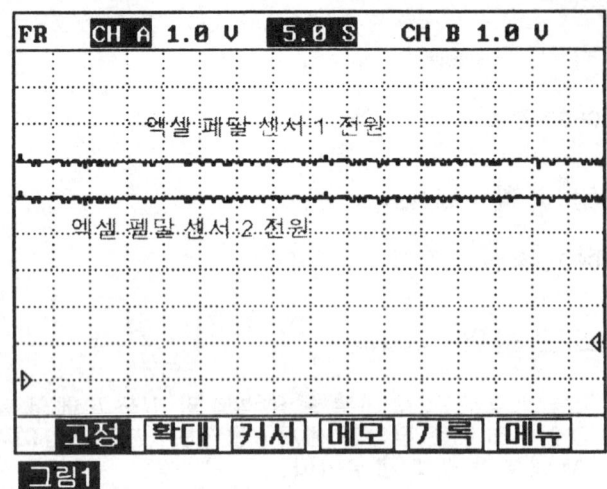

그림1) 엑셀 페달 센서2 신호의 그라운드 첵크 시그날은 ECM 이 엑셀 페달 센서2 를 점검하는 신호로 200msec 주기로 엑셀포지션 센서 2 출력값을 200.39mV 이하로 떨어뜨린다. 만일 200.39mV 이하로 엑셀 페달 센서 2 출력 전압이 떨어지지 않는다면 ECM 은 엑셀 페달 센서 2 의 접지 회로 이상으로 판단 관련 고장 코드를 발생 시킨다.
※ 엑셀 페달 센서 2 파형의 그라운드 체크 시그날 파형에서 200.39mV 이하로 낮아지는 파형은 실제로 검출 되지 않는다.

그림2) 엑셀 페달 센서 1 전원과 엑셀 페달 센서 2 전원을 동시에 점검한 파형으로 ECM 내부 A/D 컨버터 기준 전압인 5V 센서 전원 전압이 4.8V~5.16V 사이를 유지하는지 점검한다.

AWJF008I

단품점검 K12DD34A

1. ECM 단품 점검

    1) IG KEY "OFF", 엔진을 정지 한다.

    2) 차량에서 ECM 을 탈거한다.

    3) 양품 ECM을 장착하여, 정상 여부를 확인한다.

    4) 문제가 조치되면 ECM 을 교환한다.

고장수리 확인 K7A3EEF4

본 진단 가이드를 사용해서 발생된 문제를 수리한 뒤, 고장이 완전히 해결되었는지 확인하는 과정이 필요하다.

1. 스캔툴을 연결한 후, 자기진단을 실시하여 고장 코드를 확인한다.

2. 저장된 고장코드를 스캔툴을 이용하여 소거한다.

3. 고장 판정 조건중의 검출 조건에 따라 차량을 주행한다.

4. 스캔툴로 자기 진단을 실시하여 고장 코드가 발생 되었는지 확인한다.

5. 고장 코드가 발생되는가 ?

    YES

    ▶ 해당되는 고장 코드 수리 절차로 이동한다.

NO

▶ 고장 수리가 완료되어 시스템이 정상적으로 작동한다.

DTC P0611 인젝터 회로 이상

부품 위치 K37FB5E9

기능 및 역할 K0169033

인젝터는 ECM 에서 결정된 연료량을 고압으로 압축된 연소실에 미립 형태로 무화 시켜 분사하는 기능을 수행하며, 분사된 연료는 연소 과정을 통해 동력을 발생시킨다.

커먼레일 디젤 엔진의 연료 압력을 최대 1600bar 까지 상승시키는 목적은 연료를 미립화 하기위함이며, 연료의 미립화는 연소 효율의 증가로 매연감소, 엔진의 고출력, 연비 향상으로 이어진다. 또한 1600bar 의 유압을 솔레노이드로 제어하기 위해 유압 서보방식을 사용하고 있으며, 솔레노이드 구동 전압을 80V 로 승압시켜 전류제어로 인젝터 솔레노이드를 구동한다. 인젝터 솔레노이드는 인젝터 내부 니들 밸브 양단 챔버에 걸린 고압중 B 챔버의 유압을 해제시켜 니들 밸브가 유압의 힘으로 들어 올려져 분사되는 형태로 작동하며, A와 B 챔버에 동일한 유압이 걸리면 스프링의 힘으로 니들 밸브가 닫혀 연료 분사를 중지한다.

연료 분사를 기계식 인젝터가 아닌 전자제어 인젝터를 적용 함으로써 파일럿 분사 및 사후 분사, 분사 시간과 분사량을 독립적으로 제어가 가능해지므로 엔진 성능의 비약적인 향상을 가져온다.

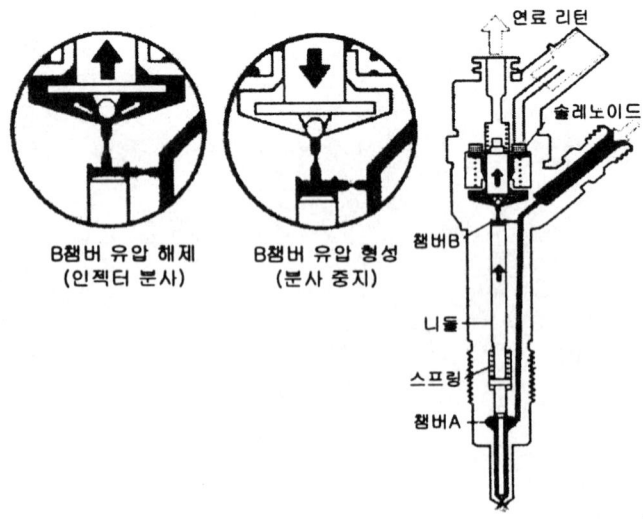

고장진단

고장 코드 설명 KD8B74BB

P0611 코드는 2개 이상의 인젝터 회로에 문제가 발생되어 실린더 판별이 어려운 경우 발생하는 고장 코드로 모든 실린더의 인젝터 회로 점검을 수행해야 한다.

고장판정 조건 KCCC9CB5

항 목	감지 조건			고장 예상 부위
검출 방법	• 전류 모니터링			
검출 조건	• IG KEY "ON"			
판정값	• 2개 이상의 인젝터 회로 이상으로 실린더 판별 불가			
검출 시간	• 즉시			• 인젝터 회로 단락
페일세이프 (Fail Safe)	연료 차단	실행		• 인젝터 단품
	EGR 금지	비실행		
	연료 제한	비실행		
	체크 램프	점등		

제원 KA421C55

인젝터 단품 저항	인젝터 구동 전압	인젝터 구동 전류	인젝터 제어 방식
0.255Ω ±0.04 (20℃).	80V	피크전류 : 18±1A 홀드인전류 : 12±1A 재충전전류 : 7A	전류제어

FL -322
연료 장치

부분 회로도 K02F8BE3

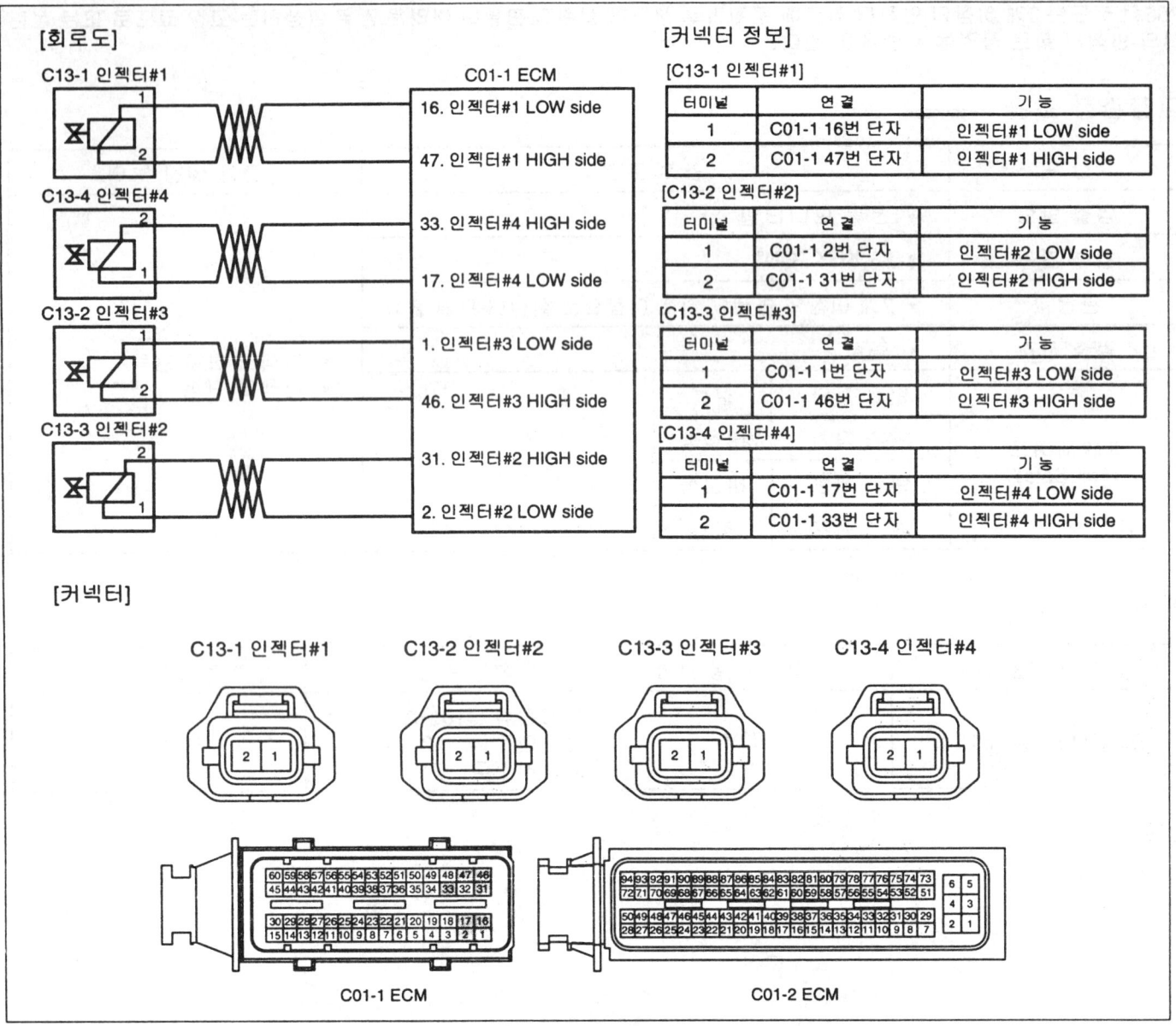

고장진단

기준 파형 및 데이터 KE435E7A

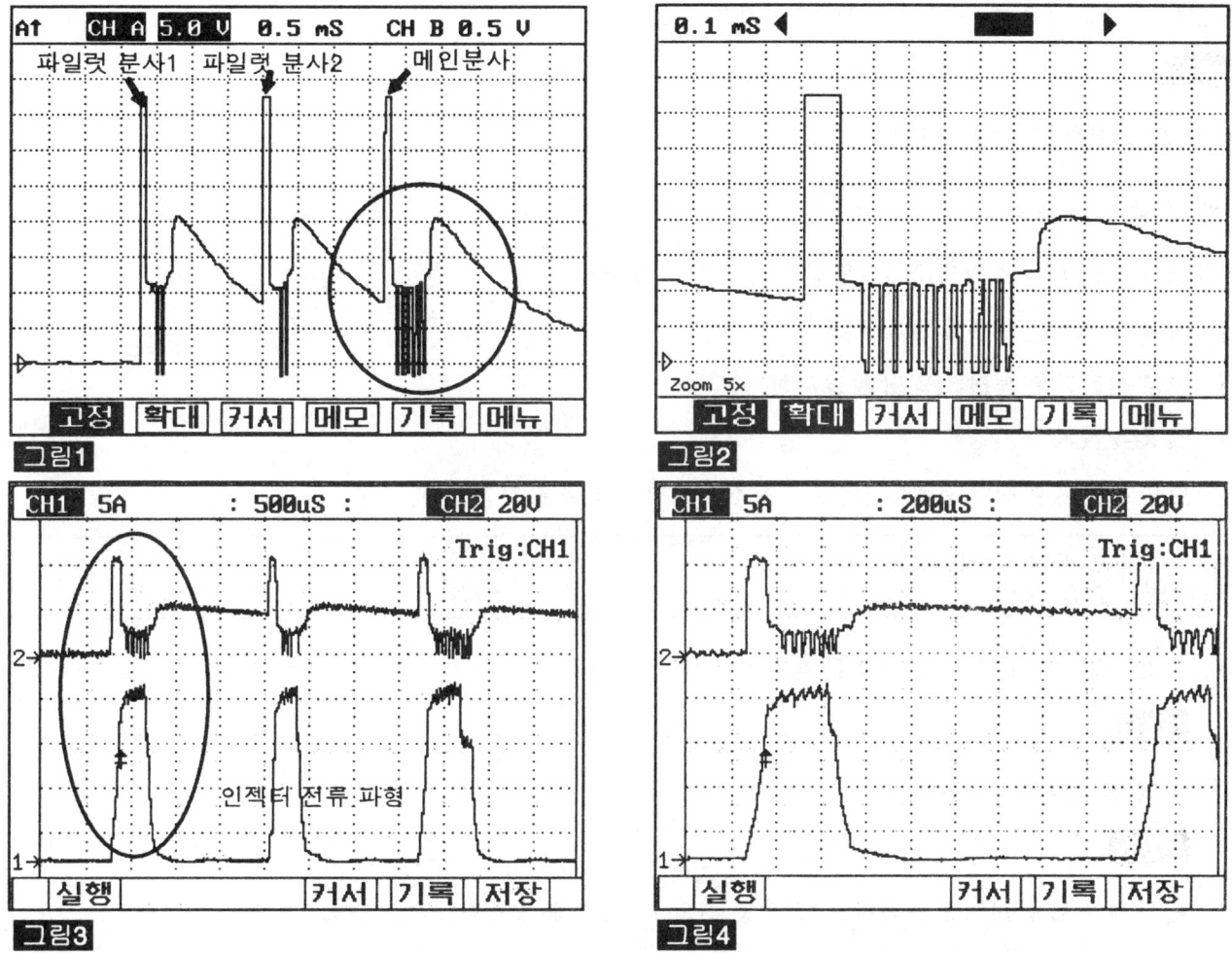

그림1) 인젝터 Low side 의 인젝터 작동 파형으로, 2회의 파일럿 분사와 1회의 메인 분사가 이루어 진다.
그림2) 그림 1)의 메인 분사 부분을 확대한 모습.
그림3) 스코프 메타의 전류 프로브를 이용 인젝터 전압 파형과 전류 파형을 동시에 측정한 파형이다.
그림4) 그림3) 의 파일럿 분사 부분을 확대한 모습

커넥터 및 터미널 점검 K20DA13F

1. 전기장치는 수 많은 하네스와 커넥터로 구성되며, 이러한 커넥터들의 접촉 불량은 여러가지 다양한 문제를 유발 시키고, 부품을 손상 시키기도 한다.

2. 다음 점검 절차를 수행한다.

    1) 하네스와 터미널의 손상을 점검한다. : 터미널의 접촉 저항, 산화, 변형을 점검한다.

    2) **ECM** 과 단품 커넥터의 접속 상태를 확인한다. : 터미널 단자의 이탈, 록킹 장치의 손상, 터미널과 와이어링의 연결 상태를 점검한다.

    > 참고
    > 점검이 필요한 커넥터의 수컷측 핀을 탈거하여, 암컷측 터미널에 삽입 접촉 상태를 점검한다. (점검 후 탈거한 핀을 정위치에 바르게 장착한다.)

3. 문제 부위가 확인되는가?

YES

▶ 문제 부위를 수리후 "고장수리 확인" 절차를 수행한다.

NO

▶ "전원선 점검" 절차를 수행한다.

전원선 점검 K8E49B3D

1. 인젝터 커넥터 터미널 전압 점검 (문제 발생 실린더 분석)

    1) IG KEY "OFF", 엔진을 정지한다.

    2) 모든 실린더 인젝터 커넥터를 탈거한다.

    3) IG KEY "ON"

    4) 모든 실린더 인젝터 커넥터 1번 단자와 2번 단자의 전압을 점검한다.

규정값 : 1번 터미널 : 0.4V~0.5V
2번 터미널 : 2.0V~2.5V

---

   5) 각 실린더 인젝터 터미널 전압은 정상적인가?

   YES

   ▶ "단품 점검" 실시한다.

   NO

   ▶ 문제 발생 실린더에 해당하는 "코드별 진단 가이드" 를 참조한다.

   1번 실린더 문제 발생 :
   인젝터 회로의 단선 점검은 P0201을 참조한다.
   인젝터 회로의 단락 점검은 P0262 를 참조한다.

   2번 실린더 문제 발생 :
   인젝터 회로의 단선 점검은 P0202 를 참조한다.
   인젝터 회로의 단락 점검은 P0265 를 참조한다.

   3번 실린더 문제 발생 :
   인젝터 회로의 단선 점검은 P0203 을 참조한다.
   인젝터 회로의 단락 점검은 P0268 을 참조한다.

   4번 실린더 문제 발생 :
   인젝터 회로의 단선 점검은 P0204 를 참조한다.
   인젝터 회로의 단락 점검은 P0271 을 참조한다.

단품점검 K0FA1671

1. 인젝터 단품 저항 점검

    1) IG KEY "OFF", 엔진을 정지한다.

    2) 인젝터 커넥터를 탈거한다.

    3) 인젝터 단품의 1번과 2번 단자의 저항을 점검한다.

고장진단

규정값 : 0.255Ω ±0.04 (20℃).

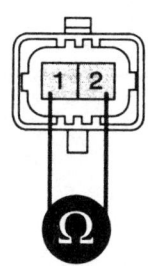

AFGF007M

4) 인젝터 솔레노이드 저항값은 정상적인가?

YES

▶ "고장수리 확인" 절차를 수행한다.

NO

▶ 인젝터를 교환 후 "고장수리 확인" 절차를 수행한다.

📖 참고

인젝터 교환시 필히 해당 인젝터의 *IQA* 코드를 *ECM* 에 재 입력 해야함.
스캔툴의 "인젝터 데이터 입력" 기능을 활용하여, 교환된 인젝터의 *IQA* 코드를 입력한다. 자세한 내용은 *P1670* 과 *P1671* 을 참고한다.

고장수리 확인 K52167D4

본 진단 가이드를 사용해서 발생된 문제를 수리한 뒤, 고장이 완전히 해결되었는지 확인하는 과정이 필요하다.

1. 스캔툴을 연결한 후, 자기진단을 실시하여 고장 코드를 확인한다.
2. 저장된 고장코드를 스캔툴을 이용하여 소거한다.
3. 고장 판정 조건중의 검출 조건에 따라 차량을 주행한다.
4. 스캔툴로 자기 진단을 실시하여 고장 코드가 발생 되었는지 확인한다.
5. 고장 코드가 발생되는가 ?

YES

▶ 해당되는 고장 코드 수리 절차로 이동한다.

NO

▶ 고장 수리가 완료되어 시스템이 정상적으로 작동한다.

DTC P062D 인젝터 뱅크 1 이상 (인젝터 부스트 전압 1 이상)

부품 위치

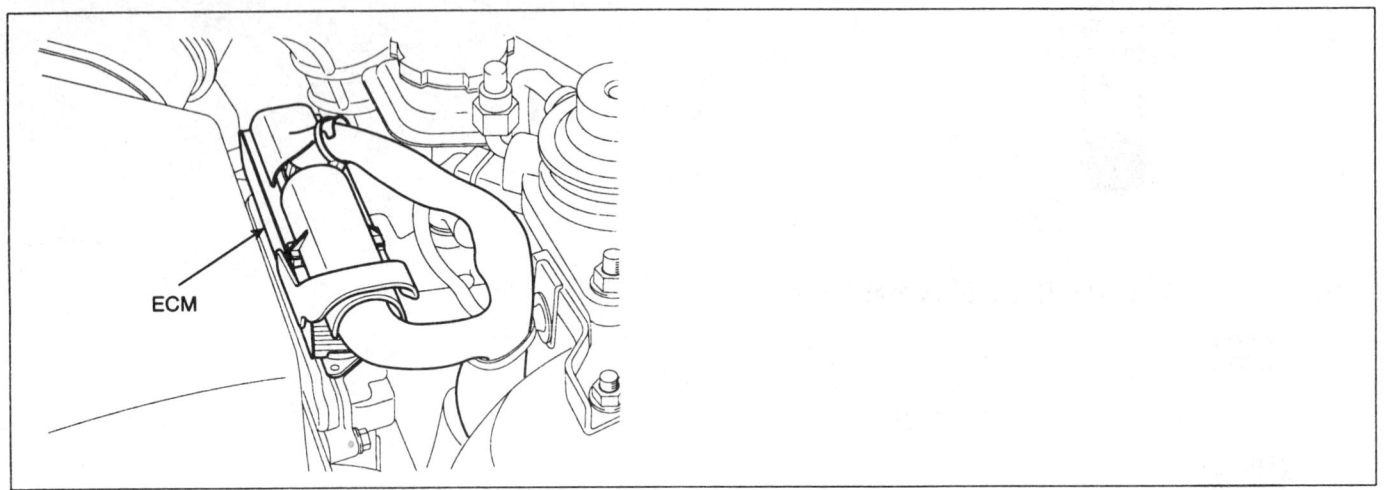

기능 및 역할

ECM 내부에는 인젝터 구동용 전압 승압기가 두개 내장되어 있다. 기존 EURO3 디젤 엔진의 경우 1회의 파일럿 인젝션과 메인 인젝션 구동만을 실시하여 하나의 전압 승압기로 인젝터 제어가 가능하였으나, EURO4 디젤 엔진의 경우 2회의 파일럿 인젝션과 메인 인젝션 그리고 CPF 적용 여부에 따라 2회의 포스트 인젝션(사후 분사) 제어가 추가로 실행되어 두개의 인젝터 전압 승압기를 필요로 한다.

고장 코드 설명

P062D 코드는 ECM 내부의 인젝터 제어용 승압 계통 1의 문제 발생시 발생되는 고장 코드로, 이는 ECM 내부 승압 계통 불량이다.
※ 배터리 전압이 낮은 경우 고장코드 오 검출 가능성있으므로 배터리 전압 관련 고장 코드 및 충전 계통의 상태를 먼저 확인한다.

고장판정 조건

항목	감지 조건		고장 예상 부위
검출 방법	• 전압 모니터링		
검출 조건	• 엔진 구동		
판정값	• 인젝터 전압 제어용 파워스테이지 또는 CPU 회로 이상		
검출 시간	• 즉시		• ECM 내부 이상
페일세이프 (Fail Safe)	연료 차단	실행	
	EGR 금지	비실행	
	연료 제한	비실행	
	체크 램프	점등	

고장진단

단품점검

1. ECM 단품 점검

    1) IG KEY "OFF", 엔진을 정지 한다.

    2) 차량에서 ECM 을 탈거한다.

    3) 양품 ECM을 장착하여, 정상 여부를 확인한다.

    4) 문제가 조치되면 ECM 을 교환한다.

고장수리 확인

본 진단 가이드를 사용해서 발생된 문제를 수리한 뒤, 고장이 완전히 해결되었는지 확인하는 과정이 필요하다.

1. 스캔툴을 연결한 후, 자기진단을 실시하여 고장 코드를 확인한다.
2. 저장된 고장코드를 스캔툴을 이용하여 소거한다.
3. 고장 판정 조건중의 검출 조건에 따라 차량을 주행한다.
4. 스캔툴로 자기 진단을 실시하여 고장 코드가 발생 되었는지 확인한다.
5. 고장 코드가 발생되는가 ?

    YES

    ▶ 해당되는 고장 코드 수리 절차로 이동한다.

    NO

    ▶ 고장 수리가 완료되어 시스템이 정상적으로 작동한다.

DTC P062E 인젝터 뱅크 2 이상 (인젝터 부스트 전압 2 이상)

부품 위치

DTC P062D 참조.

기능 및 역할

DTC P062D 참조.

고장 코드 설명

P062E 코드는 ECM 내부의 인젝터 제어용 승압 계통 2의 문제 발생시 발생되는 고장 코드로, 이는 ECM 내부 승압 계통 불량이다.
※ 배터리 전압이 낮은 경우 고장코드 오 검출 가능성있으므로 배터리 전압 관련 고장 코드 및 충전 계통의 상태를 먼저 확인한다.

고장판정 조건

항 목	감지 조건		고장 예상 부위
검출 방법	• 전압 모니터링		
검출 조건	• 엔진 구동		
판정값	• 인젝터 전압 제어용 파워스테이지 또는 CPU 회로 이상		
검출 시간	• 즉시		• ECM 내부 이상
페일세이프 (Fail Safe)	연료 차단	실행	
	EGR 금지	비실행	
	연료 제한	비실행	
	체크 램프	점등	

단품점검

1. ECM 단품 점검

    1) IG KEY "OFF", 엔진을 정지 한다.

    2) 차량에서 ECM 을 탈거한다.

    3) 양품 ECM을 장착하여, 정상 여부를 확인한다.

    4) 문제가 조치되면 ECM 을 교환한다.

고장수리 확인

DTC P062D 참조.

DTC P0642 센서 공급 전원 "A"-입력신호 낮음

부품 위치

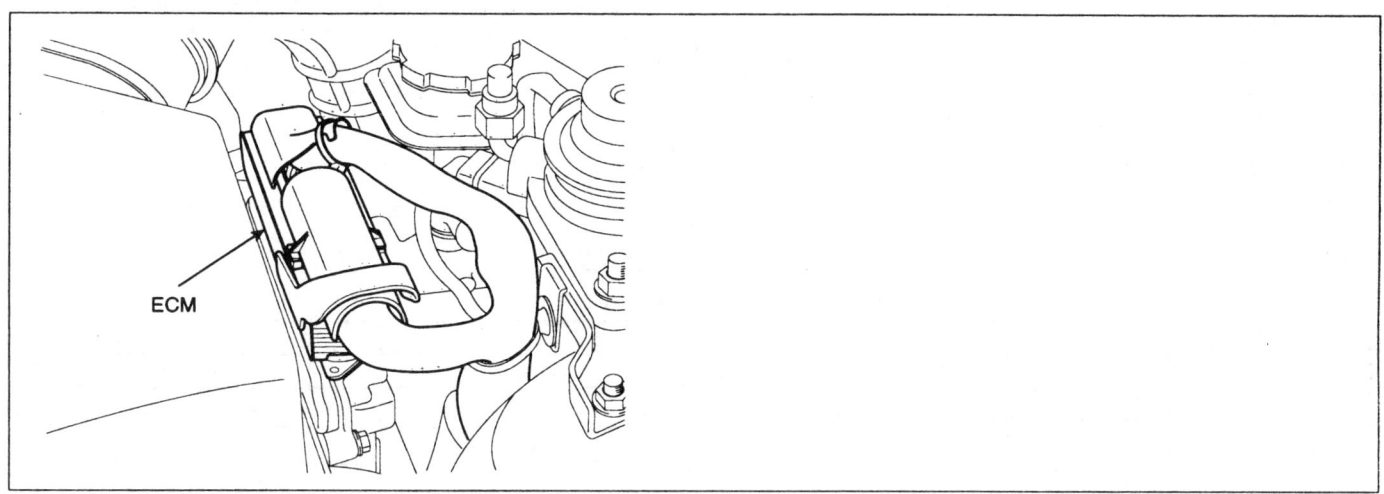

기능 및 역할

ECM 은 전원을 공급받아 활성화되어 크랭크 포지션 센서, 엑셀포지션 센서와 같은 각종 센서들의 신호를 입력 받는다. 이러한 입력 신호 값들을 기준으로 마이크로 컨트롤러와 EEPROM 에 저장된 제어 LOGIC 의 비교 연산을 통해 인젝터와 각종 솔레노이드, 릴레이를 구동하여 엔진을 제어한다. 또한 제어의 신뢰도를 위해, ECM 자체의 셀프 테스트(SELF TEST) 및 각종 센서, 엑츄에이터들의 진단을 수행하며 주행 성능에 심각한 문제 발생시 운전자 및 정비사에게 고장 정보를 표출한다. 경우에 따라서 잘못된 제어에의한 위험 상황을 방지하기 위해 시스템을 차단 시키는 기능을 수행한다.

고장 코드 설명

P0642 코드는 ECM 에서 발생된 센서 공급 전원1의 5V 전압이 최소값인 4700mV 이하로 0.1초 이상 검출 될 경우 발생하는 고장 코드로 센서 전원선의 접지측 단락 및 ECM 내부 전원 전압 계통의 문제이다.

고장판정 조건

항목		감지 조건		고장 예상 부위
검출 방법		• 전압 모니터링		
검출 조건		• IG KEY "ON"		
판정값		• 최소값 이하 (4700mV 이하인 경우)		• 흡입 공기량 센서 전원 회로
검출 시간		• 100ms		• 엑셀 페달 센서 1 전원 회로
페일세이프 (Fail Safe)	연료 차단	비실행	• 림프홈 (엔진 회전수 1200RPM 고정)	• ECM 단품
	EGR 금지	비실행		
	연료 제한	실행		
	체크 램프	비점등		

제원 K8C05B15

센서 전원 1	센서 전원 2	센서 전원 3
흡입 공기량 센서, 엑셀 페달 센서 1 4830mV~5158mV	부스트 압력 센서, 레일압력 센서, 엑셀 페달 센서 2 4830mV~5158mV	에어컨 압력 센서, 스월액츄에이터 위치 센서 4830mV~5158mV

부분 회로도 K09B8E09

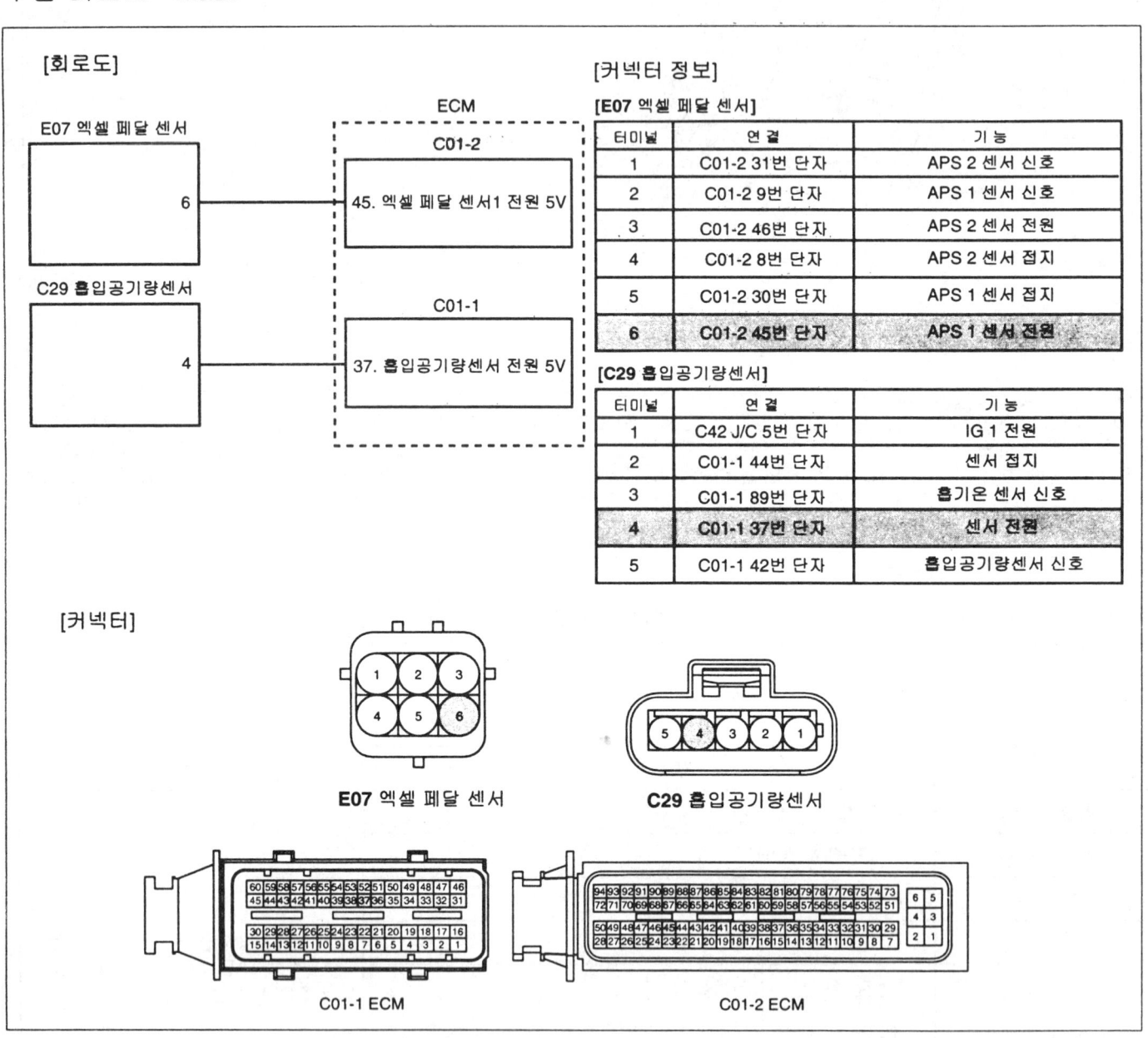

고장진단

기준 파형 및 데이터 KDA2D4CB

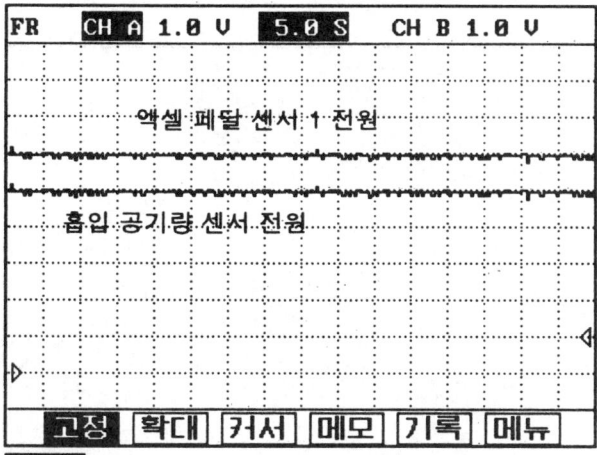

그림1

그림1) 엑셀 페달 센서 1 전원과 흡입 공기량 센서 전원을 동시에 측정한 파형으로 IG KEY "ON" 및 엔진 구동시 4.8~5.1V 를 유지하는지 점검한다.

AWJF008L

컨넥터 및 터미널 점검 K7AE3186

1. 전기장치는 수 많은 하네스와 커넥터로 구성되며, 이러한 커넥터들의 접촉 불량은 여러가지 다양한 문제를 유발 시키고, 부품을 손상 시키기도 한다.

2. 다음 점검 절차를 수행한다.

    1) 하네스와 터미널의 손상을 점검한다. : 터미널의 접촉 저항, 산화, 변형을 점검한다.

    2) ECM 과 단품 커넥터의 접속 상태를 확인한다. : 터미널 단자의 이탈, 록킹 장치의 손상, 터미널과 와이어링의 연결 상태를 점검한다.

    참고
    점검이 필요한 커넥터의 수컷측 핀을 탈거하여, 암컷측 터미널에 삽입 접촉 상태를 점검한다. (점검 후 탈거한 핀을 정위치에 바르게 장착한다.)

3. 문제 부위가 확인되는가?

    YES
    ▶ 문제 부위를 수리후 "고장수리 확인" 절차를 수행한다.

    NO
    ▶ "전원선 점검" 절차를 수행한다.

전원선 점검 K1801E13

1. 전원선 전압 점검

    1) IG KEY "OFF", 엔진을 정지한다.

    2) 흡입 공기량 센서 커넥터와 엑셀 페달 센서 커넥터를 탈거한다.

    3) IG KEY "ON"

4) 흡입 공기량 센서 커넥터 4번 단자와 엑셀 페달 센서 커넥터 6번 단자의 전압을 점검한다.

규정값 : 4.8V~5.1V

5) 규정 전압이 검출되는가?

YES

▶ "단품 점검"을 실시한다.

NO

▶ 아래 "2. 전원선 단락(접지측) 점검"을 실시한다.

2. 전원선 단락(접지측) 점검

1) IG KEY "OFF", 엔진을 정지한다.
2) 흡입 공기량 센서 커넥터와 엑셀 페달 센서 커넥터, ECM 커넥터를 탈거한다.
3) 흡입 공기량 센서 커넥터 4번 단자와 엑셀 페달 센서 커넥터 6번 단자의 차체 접지간 통전 시험을 실시한다.

규정값 : 비통전 (무한대 Ω)

4) 센서 전원선의 접지측 절연 상태는 정상적인가?

YES

▶ 회로의 절연 상태가 정상이며, ECM에서 출력되는 센서 전원 전압이 낮다면 ECM을 교환 후 "고장수리 확인" 절차를 수행한다.

NO

▶ 단락(접지측) 발생 부위를 찾아 수리 후 "고장수리 확인" 절차를 수행한다.

단품점검   KDED9438

1. IG KEY "OFF", 엔진을 정지한다.
2. 흡입 공기량 센서 커넥터와 엑셀 페달 센서 커넥터를 탈거한다.
3. IG KEY "ON" 후 센서 커넥터 전원 전압이 정상임을 확인한다.
4. 흡입 공기량 센서 커넥터와 엑셀 페달 센서 커넥터를 순서대로 장착한다.

규정값 : 흡입 공기량 센서 커넥터와 엑셀 페달 센서 커넥터 장착시 센서 전원 전압에 변화가 없어야함.
(센서 커넥터 연결시 전원 전압의 변화가 발생한다면, 센서 내부의 단락 발생을 의미한다.)

5. 센서 커넥터 연결 상태에서 센서 전원 전압의 변화가 발생하는가?

YES

▶ 해당 센서(흡입 공기량 센서 혹은 엑셀 페달 센서)를 교환 한다.

NO

▶ "고장수리 확인" 절차를 수행한다.

고장진단

고장수리 확인   K1316EDD

본 진단 가이드를 사용해서 발생된 문제를 수리한 뒤, 고장이 완전히 해결되었는지 확인하는 과정이 필요하다.

1. 스캔툴을 연결한 후, 자기진단을 실시하여 고장 코드를 확인한다.
2. 저장된 고장코드를 스캔툴을 이용하여 소거한다.
3. 고장 판정 조건중의 검출 조건에 따라 차량을 주행한다.
4. 스캔툴로 자기 진단을 실시하여 고장 코드가 발생 되었는지 확인한다.
5. 고장 코드가 발생되는가 ?

    YES
    ▶ 해당되는 고장 코드 수리 절차로 이동한다.

    NO
    ▶ 고장 수리가 완료되어 시스템이 정상적으로 작동한다.

DTC P0643 센서 공급 전원 "A"-입력신호 높음

부품 위치

DTC P0642 참조.

기능 및 역할

DTC P0642 참조.

고장 코드 설명

P0643 코드는 ECM 에서 발생된 센서 공급 전원1의 5V 전압이 최대값인 5158mV 이상으로 0.1초 이상 검출될 경우 발생하는 고장 코드로 센서 전원선의 전원측 단락 및 ECM 내부 전원 전압 계통의 문제이다.

고장판정 조건

항목	감지 조건			고장 예상 부위
검출 방법	• 전압 모니터링			
검출 조건	• IG KEY "ON"			
판정값	• 최대값 이상 (5158mV 이상인 경우)			• 흡입 공기량 센서 전원 회로
검출 시간	• 100ms			• 엑셀 페달 센서 1 전원 회로
페일세이프 (Fail Safe)	연료 차단	비실행	• 림프홈 (엔진 회전수 1200RPM 고정)	• ECM 단품
	EGR 금지	비실행		
	연료 제한	실행		
	체크 램프	비점등		

제원

센서 전원 1	센서 전원 2	센서 전원 3
흡입 공기량 센서, 엑셀 페달 센서 1 4830mV~5158mV	부스트 압력 센서, 레일압력 센서, 엑셀 페달 센서 2 4830mV~5158mV	에어컨 압력 센서, 스월액츄에이터 위치 센서 4830mV~5158mV

부분 회로도

DTC P0642 참조.

기준 파형 및 데이터

DTC P0642 참조.

컨넥터 및 터미널 점검

DTC P0642 참조.

고장진단

전원선 점검 K9AA84D9

1. 전원선 전압 점검

    1) IG KEY "OFF", 엔진을 정지한다.

    2) 흡입 공기량 센서 커넥터와 엑셀 페달 센서 커넥터를 탈거한다.

    3) IG KEY "ON"

    4) 흡입 공기량 센서 커넥터 4번 단자와 엑셀 페달 센서 커넥터 6번 단자의 전압을 점검한다.

규정값 : 4.8V~5.1V

---

    5) 규정 전압이 검출되는가?

    YES

    ▶ "단품 점검" 을 실시한다.

    NO

    ▶ 아래 "2. 전원선 단락(전원측) 점검" 을 실시한다.

2. 전원선 단락(전원측) 점검

    1) IG KEY "OFF", 엔진을 정지한다.

    2) 흡입 공기량 센서 커넥터와 엑셀 페달 센서 커넥터, ECM 커넥터를 탈거한다.

    3) IG KEY "ON"

    4) 흡입 공기량 센서 커넥터 4번 단자와 엑셀 페달 센서 커넥터 6번 단자의 전압을 점검한다.

규정값 : 0.0V~0.1V

---

    5) 커넥터 양단이 분리된 상태에서 회로에 이상 전압이 검출 되는가?

    YES

    ▶ 단락(전원측) 발생 부위를 찾아 수리 후 "고장수리 확인" 절차를 수행한다.

    NO

    ▶ 회로의 절연 상태가 정상이며, ECM 에서 출력되는 센서 전원 전압이 높다면 ECM 을 교환 후 "고장수리 확인" 절차를 수행한다.

단품점검 K0341DBA

1. IG KEY "OFF", 엔진을 정지한다.

2. 흡입 공기량 센서 커넥터와 엑셀 페달 센서 커넥터를 탈거한다.

3. IG KEY "ON" 후 센서 커넥터 전원 전압이 정상임을 확인한다.

4. 흡입 공기량 센서 커넥터와 엑셀 페달 센서 커넥터를 순서대로 장착한다.

규정값 : 흡입 공기량 센서 커넥터와 엑셀 페달 센서 커넥터 장착시 센서 전원 전압에 변화가 없어야함.
(센서 커넥터 연결시 전원 전압의 변화가 발생한다면, 센서 내부의 단락 발생을 의미한다.)

5. 센서 커넥터 연결 상태에서 센서 전원 전압의 변화가 발생하는가?

   YES

   ▶ 해당 센서(흡입 공기량 센서 혹은 엑셀 페달 센서)를 교환 한다.

   NO

   ▶ "고장수리 확인" 절차를 수행한다.

고장수리 확인   K66D4E0F

DTC P0642 참조.

고장진단

DTC P0646 A/C 콤프레셔 릴레이 제어 회로-신호 낮음

기능 및 역할

에어컨 릴레이는 에어컨 컴프레서에 전원을 공급 및 차단하는 역할을 하며 ECM에 의해 제어된다. ECM은 에어컨 에어컨 스위치 및 에어컨 압력 센서 신호를 입력 받아 에어컨 릴레이를 구동 및 차단한다. ECM은 에어컨 릴레이를 제어하여 1).엔진 급가속시 가속성능 확보를 위하여 가속순간 에어컨 컴프레서를 OFF시키고, 2).에어컨 컴프레서 작동시 발생하는 엔진의 부하 변동에 능동적으로 대처하기 위해 아이들-업 기능을 수행한다.

고장 코드 설명

P0646 코드는 에어컨 릴레이 제어 회로의 전류값이 "0"인 상태가 1.0초이상 검출되는 경우에 발생되는 고장 코드로 에어컨 릴레이 회로의 단선 혹은 단락(접지측), 에어컨 릴레이 단품 내부 단선의 경우이다.

고장판정 조건

항목	감지 조건			고장 예상 부위
검출 방법	• 전압 모니터링			
검출 조건	• IG KEY "ON"			
판정값	• GND로 단락된 경우, 와이어링 결선이 단선된 경우			
검출 시간	• 1.0sec			• 에어컨 릴레이 회로
페일세이프 (Fail Safe)	연료 차단	비실행		• 에어컨 릴레이 단품
	EGR 금지	비실행		
	연료 제한	비실행		
	체크 램프	비점등		

부분 회로도 KA463146

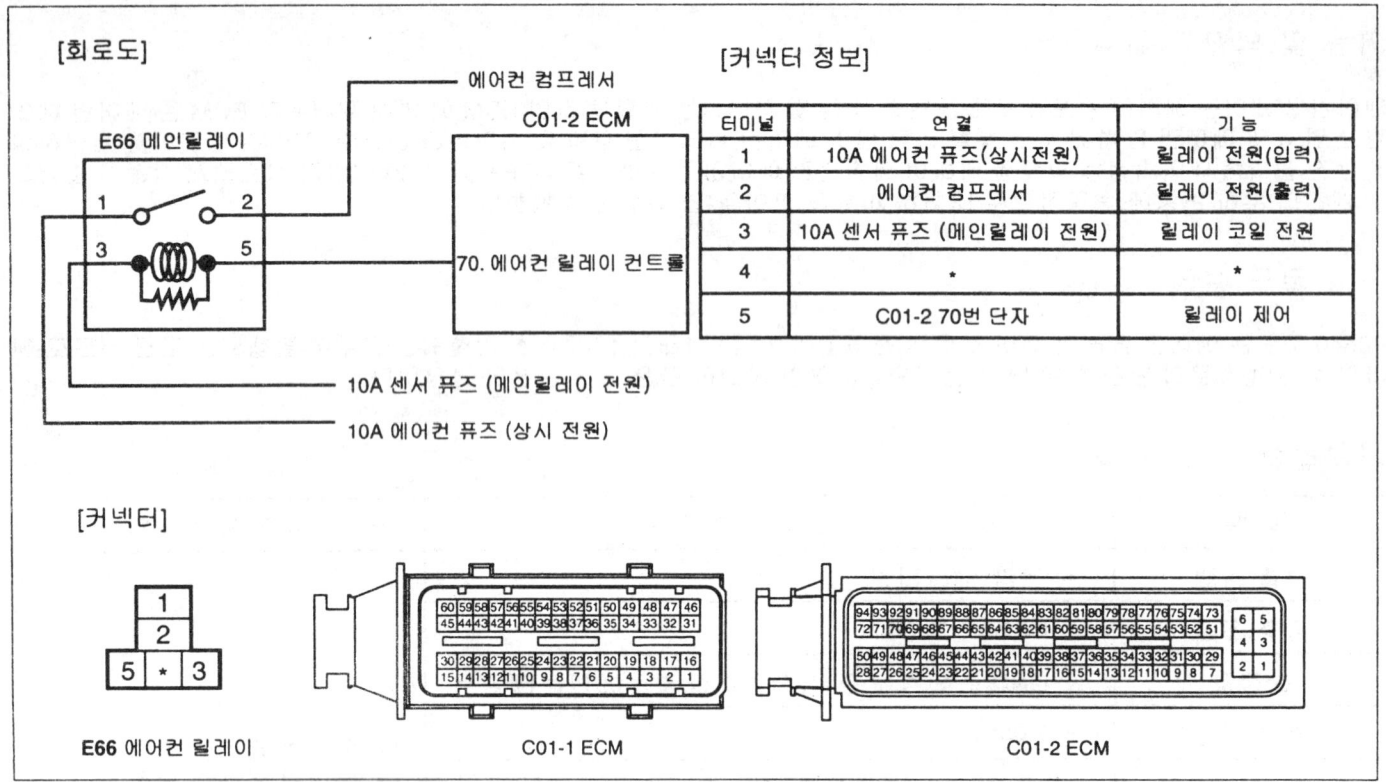

스캔툴 데이터 분석 K9E6224C

1. 자기진단 커넥터에 스캔툴을 연결한다.
2. 엔진을 정상작동 온도 까지 워밍업 한다.
3. 전기 장치 및 에어컨을 OFF 한다.
4. 에어컨을 "ON" "OFF" 를 반복하며 스캔툴에 표시되는 "에어컨 릴레이" 항목을 점검한다.

규정값 : 에어컨 스위치 "ON" : 에어컨 릴레이 "ON" (에어컨 압력 센서에 의해 에어컨 컴프레서가 주기적으로 ON, OFF 됨)
에어컨 스위치 "OFF" : 에어컨 릴레이 "OFF"

고장진단　　FL -339

```
┌─────────────────────────────────┐    ┌─────────────────────────────────┐
│        1.2 써비스 데이터          │    │    1.5 액츄에이터 검사    01/10  │
├─────────────────────────────────┤    ├─────────────────────────────────┤
│ × 공기량(mg/st)      346  mg/st │    │ 에어컨컴프레셔                   │
│ × 엔진회전수          830  rpm  │    │ 작동 시간  [정지]키 작동시까지   │
│ × 레일압력           28.5 MPa   │    │ 작동 방법  강제구동              │
│ × 팬-저속             ON        │    │ 작동 조건  시동키 ON             │
│ × 에어컨 스위치       ON        │    │            엔진정지상태          │
│ × 에어컨 릴레이       ON        │    │                                  │
│ × 에어컨압력센서    1038.5mV    │    │ 준비되면 [시작] 키를 누르십시오! │
│   블러워스위치                  │    │                                  │
├─────────────────────────────────┤    ├─────────────────────────────────┤
│ 고정|단품|전체|도움|라인|기록   │    │ 시작|정지                        │
└─────────────────────────────────┘    └─────────────────────────────────┘
  그림1                                   그림2
```

그림1) 에어컨 스위치에 따른 에어컨 릴레이의 작동 상태를 나타낸다. 에어컨 스위치 작동시 에어컨 컴프레서가 정상적으로 작동하는지 점검한다.

그림2) 스캔툴의 "액츄에이터 검사" 항목을 이용하여 에어컨 릴레이의 작동 여부와 에어컨 컴프레서의 작동 여부를 점검한다.

컨넥터 및 터미널 점검

1. 전기장치는 수 많은 하네스와 커넥터로 구성되며, 이러한 커넥터들의 접촉 불량은 여러가지 다양한 문제를 유발 시키고, 부품을 손상 시키기도 한다.

2. 다음 점검 절차를 수행한다.

   1) 하네스와 터미널의 손상을 점검한다. : 터미널의 접촉 저항, 산화, 변형을 점검한다.

   2) ECM 과 단품 커넥터의 접속 상태를 확인한다. : 터미널 단자의 이탈, 록킹 장치의 손상, 터미널과 와이어링의 연결 상태를 점검한다.

   📖 **참고**
   점검이 필요한 커넥터의 수컷측 핀을 탈거하여, 암컷측 터미널에 삽입 접촉 상태를 점검한다. (점검 후 탈거한 핀을 정위치에 바르게 장착한다.)

3. 문제 부위가 확인되는가?

   YES
   ▶ 문제 부위를 수리후 "고장수리 확인" 절차를 수행한다.

   NO
   ▶ "전원선 점검" 절차를 수행한다.

전원선 점검

1. 상시 전원선 전압 점검

   1) IG KEY "OFF", 엔진을 정지한다.

   2) 에어컨 릴레이를 탈거한다.

   3) 에어컨 릴레이 터미널 1번 단자의 전압을 점검한다.

규정값 : 11.5V~13.0V

    4) 규정 전압이 검출되는가?

       YES

      ▶ 아래 "2. IG KEY "ON" 전원선 전압 점검" 을 실시한다.

       NO

      ▶ 엔진룸 퓨즈 & 릴레이 박스 10A 에어컨 휴즈 및 관련 회로 단선을 수리 후 "고장수리 확인" 절차를 수행한다.

2. IG KEY "ON" 전원선 전압 점검

    1) IG KEY "OFF", 엔진을 정지한다.

    2) 에어컨 릴레이를 탈거한다.

    3) IG KEY "ON"

    4) 에어컨 릴레이 터미널 3번 단자의 전압을 점검한다.

규정값 : 11.5V~13.0V

    5) 규정 전압이 검출되는가?

       YES

      ▶ "제어선 점검" 을 실시한다.

       NO

      ▶ 엔진룸 퓨즈 & 릴레이 박스 10A 센서 휴즈 및 관련 회로 단선을 수리 후 "고장수리 확인" 절차를 수행한다.

제어선 점검   K82E6389

1. 제어선 모니터링 전압 점검

    1) IG KEY "OFF", 엔진을 정지한다.

    2) 에어컨 릴레이를 탈거한다.

    3) IG KEY "ON"

    4) 에어컨 릴레이 터미널 5번 단자의 전압을 점검한다.

규정값 : 3.2V~3.7V

    5) 규정 전압이 검출되는가?

       YES

      ▶ "단품 점검" 을 실시한다.

       NO

      ▶ 전압이 검출 되지 않을 경우 : 아래 "2. 제어선 단선 점검"을 실시한다.

고장진단

▶ 높은 전압이 검출될 경우 : 단락(전원측) 발생 부위를 찾아 수리 후 "고장수리 확인" 절차를 수행한다.

2. 제어선 단선 점검

   1) IG KEY "OFF", 엔진을 정지한다.

   2) 에어컨 릴레이와 ECM 커넥터를 탈거한다.

   3) 에어컨 릴레이 터미널 5번 단자와 ECM 커넥터 70번 단자간 통전 시험을 실시한다.

규정값 : 통전(1.0Ω 이하)

   4) 통전 시험은 정상적인가?

   YES

   ▶ 단락(접지측) 발생 부위를 찾아 수리 후 "고장수리 확인" 절차를 수행한다.

   NO

   ▶ 단선 발생 부위를 찾아 수리 후 "고장수리 확인" 절차를 수행한다.

단품점검 K108E6C1

1. 에어컨 릴레이 단품 저항 점검

   1) IG KEY "OFF", 엔진을 정지한다.

   2) 에어컨 릴레이를 탈거한다.

   3) 에어컨 릴레이의 코일 저항을 점검한다.

규정값 : 85±5 Ω (20℃)

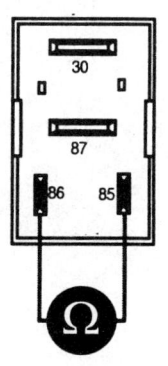

AWJF008Z

   4) 에어컨 릴레이 코일 저항은 정상적인가?

   YES

   ▶ 아래 "2. 에어컨 릴레이 단품 작동 점검"을 실시한다.

   NO

   ▶ 에어컨 릴레이를 교환 후 "고장수리 확인" 절차를 수행한다.

2. 에어컨 릴레이 단품 작동 점검

   1) IG KEY "OFF", 엔진을 정지한다.

   2) 에어컨 릴레이를 탈거한다.

   3) 에어컨 릴레이 코일측(85번, 86번)에 임의의 B+ 전원과 접지를 공급한다.

   4) 에어컨 릴레이 30번 87번 단자간 통전 시험을 실시한다.

규정값 : 전원 공급시 : 통전 (1.0Ω 이하)
전원 차단시 : 비통전 (무한대Ω)

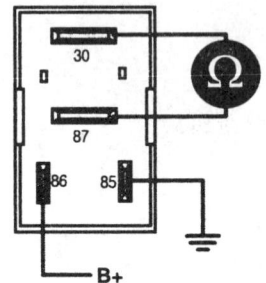

   5) 전원 공급 상태에 따라 30번 87번 단자의 통전 시험은 정상적인가?

   YES

   ▶ "고장수리 확인" 절차를 수행한다.

   NO

   ▶ 에어컨 릴레이를 교환 후 "고장수리 확인" 절차를 수행한다.

   ※ 상기 작동 점검을 2~3회 반복 실시한다.

고장수리 확인

본 진단 가이드를 사용해서 발생된 문제를 수리한 뒤, 고장이 완전히 해결되었는지 확인하는 과정이 필요하다.

1. 스캔툴을 연결한 후, 자기진단을 실시하여 고장 코드를 확인한다.

2. 저장된 고장코드를 스캔툴을 이용하여 소거한다.

3. 고장 판정 조건중의 검출 조건에 따라 차량을 주행한다.

4. 스캔툴로 자기 진단을 실시하여 고장 코드가 발생 되었는지 확인한다.

5. 고장 코드가 발생되는가 ?

   YES

   ▶ 해당되는 고장 코드 수리 절차로 이동한다.

   NO

   ▶ 고장 수리가 완료되어 시스템이 정상적으로 작동한다.

고장진단　　　　　　　　　　　　　　　　　　　　　　　　　　　　　　　　FL -343

DTC P0647 A/C 콤프레셔 릴레이 제어 회로-신호 높음

기능 및 역할

DTC P0646 참조.

고장 코드 설명

P0647 코드는 에어컨 릴레이 제어 회로에 과도한 전류가 1.0초 이상 검출되는 경우에 발생되는 고장 코드로 에어컨 릴레이 제어 회로의 단락(전원측) 혹은 에어컨 릴레이 단품 내부 단락의 경우이다.

고장판정 조건

항 목	감지 조건		고장 예상 부위
검출 방법	• 전압 모니터링		
검출 조건	• IG KEY "ON" (릴레이 구동 조건에서만 모니터링 실시)		
판정값	• 배터리측으로 단락이 발생한 경우		
검출 시간	• 1.0sec		• 에어컨 릴레이 회로
페일세이프 (Fail Safe)	연료 차단	비실행	• 에어컨 릴레이 단품
	EGR 금지	비실행	
	연료 제한	비실행	
	체크 램프	비점등	

부분 회로도

DTC P0646 참조.

스캔툴 데이터 분석

DTC P0646 참조.

컨넥터 및 터미널 점검

DTC P0646 참조.

전원선 점검

1. 상시 전원선 전압 점검

    1) IG KEY "OFF", 엔진을 정지한다.

    2) 에어컨 릴레이를 탈거한다.

    3) 에어컨 릴레이 터미널 1번 단자의 전압을 점검한다.

규정값 : 11.5V~13.0V

    4) 규정 전압이 검출되는가?

YES

▶ 아래 "2. IG KEY "ON" 전원선 전압 점검" 을 실시한다.

NO

▶ 엔진룸 퓨즈 & 릴레이 박스 10A 에어컨 휴즈 및 관련 회로 단선을 수리 후 "고장수리 확인" 절차를 수행한다.

2. IG KEY "ON" 전원선 전압 점검

   1) IG KEY "OFF", 엔진을 정지한다.
   2) 에어컨 릴레이를 탈거한다.
   3) IG KEY "ON"
   4) 에어컨 릴레이 터미널 3번 단자의 전압을 점검한다.

   규정값 : 11.5V~13.0V

   5) 규정 전압이 검출되는가?

   YES

   ▶ "제어선 점검" 을 실시한다.

   NO

   ▶ 엔진룸 퓨즈 & 릴레이 박스 10A 센서 휴즈 및 관련 회로 단선을 수리 후 "고장수리 확인" 절차를 수행한다.

제어선 점검   KB7238FD

1. 제어선 모니터링 전압 점검

   1) IG KEY "OFF", 엔진을 정지한다.
   2) 에어컨 릴레이를 탈거한다.
   3) IG KEY "ON"
   4) 에어컨 릴레이 터미널 5번 단자의 전압을 점검한다.

   규정값 : 3.2V~3.7V

   5) 규정 전압이 검출되는가?

   YES

   ▶ "단품 점검" 을 실시한다.

   NO

   ▶ 전압이 검출 되지 않을 경우 : 아래 "2. 제어선 단선 점검"을 실시한다.
   ▶ 높은 전압이 검출될 경우 : 단락(전원측) 발생 부위를 찾아 수리 후 "고장수리 확인" 절차를 수행한다.

2. 제어선 단선 점검

   1) IG KEY "OFF", 엔진을 정지한다.

고장진단

2) 에어컨 릴레이와 ECM 커넥터를 탈거한다.

3) 에어컨 릴레이 터미널 5번 단자와 ECM 커넥터 70번 단자간 통전 시험을 실시한다.

규정값 : 통전(1.0Ω 이하)

4) 통전 시험은 정상적인가?

YES

▶ 단락(접지측) 발생 부위를 찾아 수리 후 "고장수리 확인" 절차를 수행한다.

NO

▶ 단선 발생 부위를 찾아 수리 후 "고장수리 확인" 절차를 수행한다.

단품점검 KC3F8B10

1. 에어컨 릴레이 단품 저항 점검

    1) IG KEY "OFF", 엔진을 정지한다.

    2) 에어컨 릴레이를 탈거한다.

    3) 에어컨 릴레이의 코일 저항을 점검한다.

규정값 : 85±5 Ω (20℃)

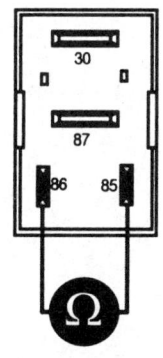

4) 에어컨 릴레이 코일 저항은 정상적인가?

YES

▶ 아래 "2. 에어컨 릴레이 단품 작동 점검"을 실시한다.

NO

▶ 에어컨 릴레이를 교환 후 "고장수리 확인" 절차를 수행한다.

2. 에어컨 릴레이 단품 작동 점검

    1) IG KEY "OFF", 엔진을 정지한다.

    2) 에어컨 릴레이를 탈거한다.

3) 에어컨 릴레이 코일측(85번, 86번)에 임의의 B+ 전원과 접지를 공급한다.

4) 에어컨 릴레이 30번 87번 단자간 통전 시험을 실시한다.

규정값 : 전원 공급시 : 통전 (1.0Ω 이하)
전원 차단시 : 비통전 (무한대Ω)

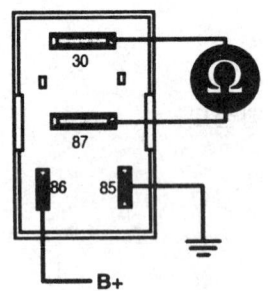

5) 전원 공급 상태에 따라 30번 87번 단자의 통전 시험은 정상적인가?

YES

▶ "고장수리 확인" 절차를 수행한다.

NO

▶ 에어컨 릴레이를 교환 후 "고장수리 확인" 절차를 수행한다.

※ 상기 작동 점검을 2~3회 반복 실시한다.

고장수리 확인

DTC P0646 참조.

DTC P0650 엔진 경고등 (MIL) 회로 이상

부품 위치 KD88E97C

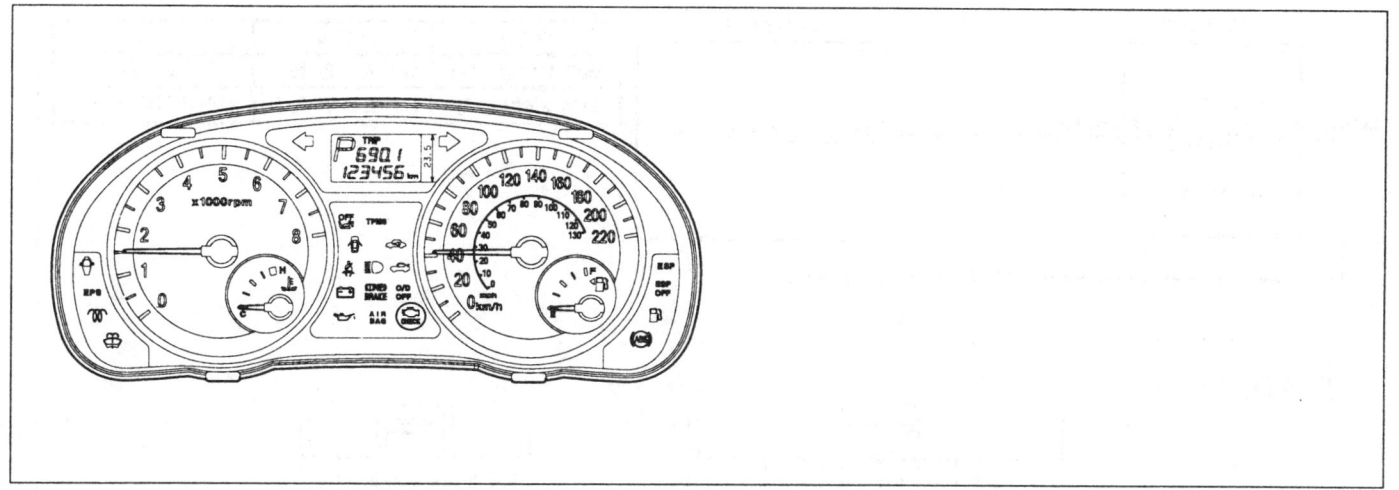

기능 및 역할 K58AF841

ECM 은 각 센서와 엑츄에이터 회로의 이상 및 엔진 주행 성능의 이상, TCM 계통의 이상 또한, ECM 스스로의 문제를 모니터링 하여 문제 발생시 계기판의 엔진 체크 램프를 점등하여 운전자에게 알려준다. 일반적으로 정상적인 차량의 경우 IG KEY ON 시 점등되어, 시동 ON 후 수 초 이내에 소등된다. 주행중 엔진 체크 램프가 점등된다면, 엔진 성능 계통 및 자동 변속 계통의 진단을 실시하여야 한다.

고장 코드 설명 KB1870A7

P0650 코드는 엔진 체크 램프 ON 조건에서 엔진 체크 램프 제어 회로에 1.0초 이상 과도한 전류가 검출되거나, 단선 혹은 단락(접지측) 경우 처럼 전류가 전혀 검출되지 않는 경우에 발생되는 고장코드로 엔진 체크 램프 제어 회로 및 램프 단품의 필라멘트 단선의 경우이다.

고장판정 조건 K8952AE6

항목	감지 조건		고장 예상 부위
검출 방법	• 전압 모니터링		
검출 조건	• IG KEY "ON" (램프 구동 조건에서만 모니터링 실시)		
판정값	• 배터리측으로 단락이 발생된 경우 • GND 로 단락된 경우, 와이어링 결선이 단선된 경우		• 엔진 체크 램프 단선 • 엔진 체크 램프 회로
검출 시간	• 1.0sec		
페일세이프 (Fail Safe)	연료 차단	비실행	
	EGR 금지	비실행	
	연료 제한	비실행	
	체크 램프	비점등	

FL -348 연료 장치

부분 회로도 K4E354CD

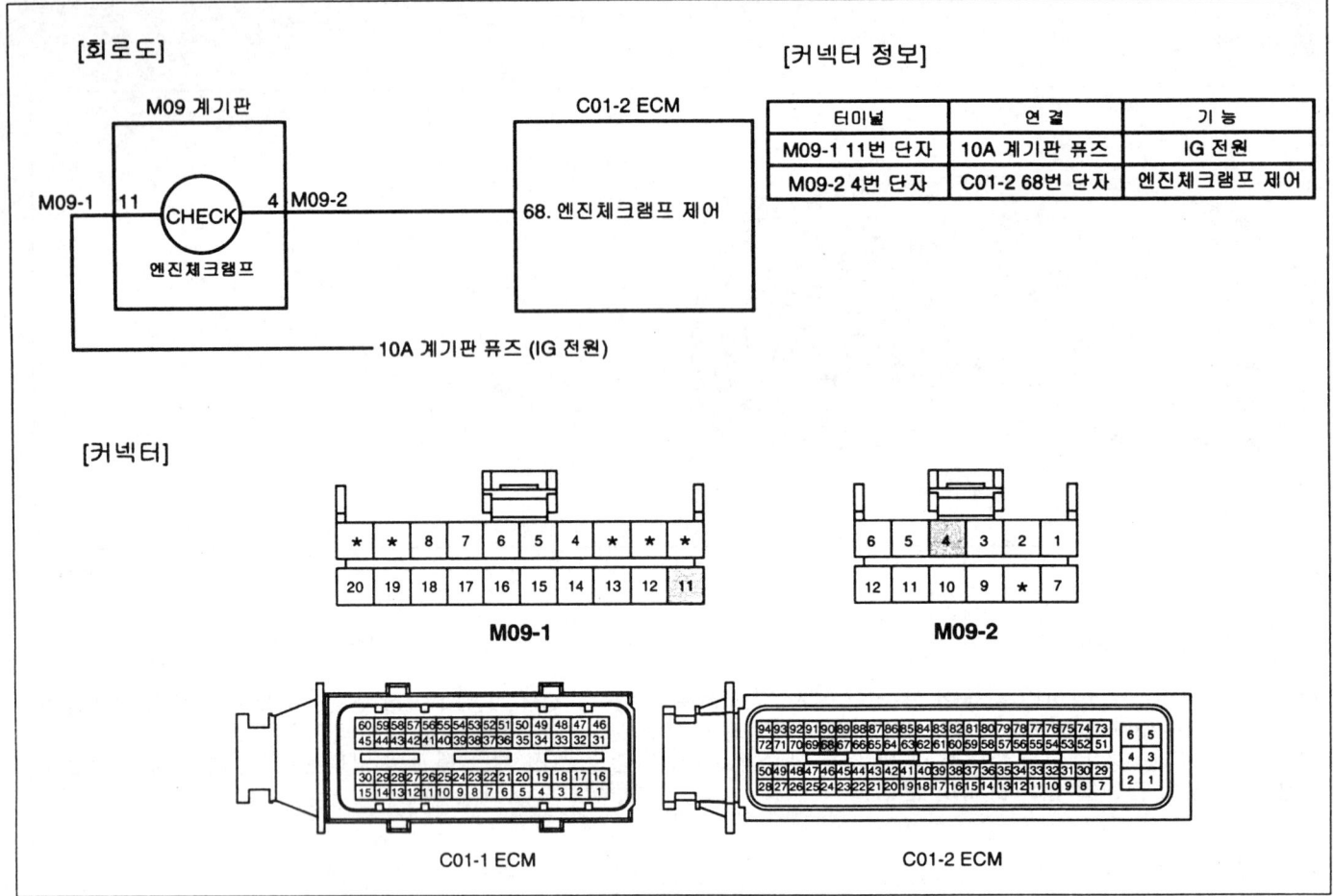

컨넥터 및 터미널 점검 K34A8B65

1. 전기장치는 수 많은 하네스와 커넥터로 구성되며, 이러한 커넥터들의 접촉 불량은 여러가지 다양한 문제를 유발 시키고, 부품을 손상 시키기도 한다.

2. 다음 점검 절차를 수행한다.

   1) 하네스와 터미널의 손상을 점검한다. : 터미널의 접촉 저항, 산화, 변형을 점검한다.

   2) ECM 과 단품 커넥터의 접속 상태를 확인한다. : 터미널 단자의 이탈, 록킹 장치의 손상, 터미널과 와이어링의 연결 상태를 점검한다.

   📖 참고
   점검이 필요한 커넥터의 수컷측 핀을 탈거하여, 암컷측 터미널에 삽입 접촉 상태를 점검한다. (점검 후 탈거한 핀을 정위치에 바르게 장착한다.)

3. 문제 부위가 확인되는가?

   YES
   ▶ 문제 부위를 수리후 "고장수리 확인" 절차를 수행한다.

고장진단

NO

▶ "제어선 점검" 절차를 수행한다.

제어선 점검 K32332AB

1. 제어선 전압 점검

    1) IG KEY "OFF", 엔진을 정지한다.

    2) ECM 커넥터를 탈거한다.

    3) IG KEY "ON"

    4) ECM 커넥터 68번 단자의 전압을 점검한다.

    규정값 : 10.8V~13.0V

    5) 규정 전압이 검출되는가?

    YES

    ▶ 아래 "2. 엔진 경고등 제어 회로 강제 접지 시험" 을 실시한다.

    NO

    ▶ 엔진 경고등 필라멘트의 단선 여부를 점검한다. (단품 점검 참조)
    ▶ 계기판 커넥터(M09-2) 4번 단자부터 ECM 커넥터(C01-2) 68번 단자간 단선 부위를 찾아 수리 후 "고장수리 확인" 절차를 수행한다.

2. 엔진 경고등 제어 회로 강제 접지 시험

    1) IG KEY "OFF", 엔진을 정지한다.

    2) ECM 커넥터를 탈거한다.

    3) IG KEY "ON"

    4) ECM 커넥터 68번 단자를 차체와 접지시킨다.

    규정값 : 엔진 경고등 점등됨

    5) 엔진 경고등이 점등되는가?

    YES

    ▶ "고장수리 확인" 절차를 수행한다.

    NO

    ▶ 엔진 경고등 제어 회로의 단락(전원측) 부위를 찾아 수리 후 "고장수리 확인" 절차를 수행한다.

단품점검 K27AE93A

1. IG KEY "OFF", 엔진을 정지한다.

2. 계기판을 탈거 후 엔진 경고등을 탈거한다.

3. 엔진 경고등의 필라멘트를 점검한다.

4. 엔진 경고등에 임의의 12V 전원을 공급하여 램프를 점등시킨다.

규정값 : 전원 공급시 램프 점등됨.

5. 엔진 경고등이 점등되는가?

YES

▶ "고장수리 확인" 절차를 수행한다.

NO

▶ 엔진 경고등을 교환 후 "고장수리 확인" 절차를 수행한다.

고장수리 확인

본 진단 가이드를 사용해서 발생된 문제를 수리한 뒤, 고장이 완전히 해결되었는지 확인하는 과정이 필요하다.

1. 스캔툴을 연결한 후, 자기진단을 실시하여 고장 코드를 확인한다.
2. 저장된 고장코드를 스캔툴을 이용하여 소거한다.
3. 고장 판정 조건중의 검출 조건에 따라 차량을 주행한다.
4. 스캔툴로 자기 진단을 실시하여 고장 코드가 발생 되었는지 확인한다.
5. 고장 코드가 발생되는가 ?

YES

▶ 해당되는 고장 코드 수리 절차로 이동한다.

NO

▶ 고장 수리가 완료되어 시스템이 정상적으로 작동한다.

DTC P0652 센서 공급 전원 "B" - 입력신호 낮음

부품 위치

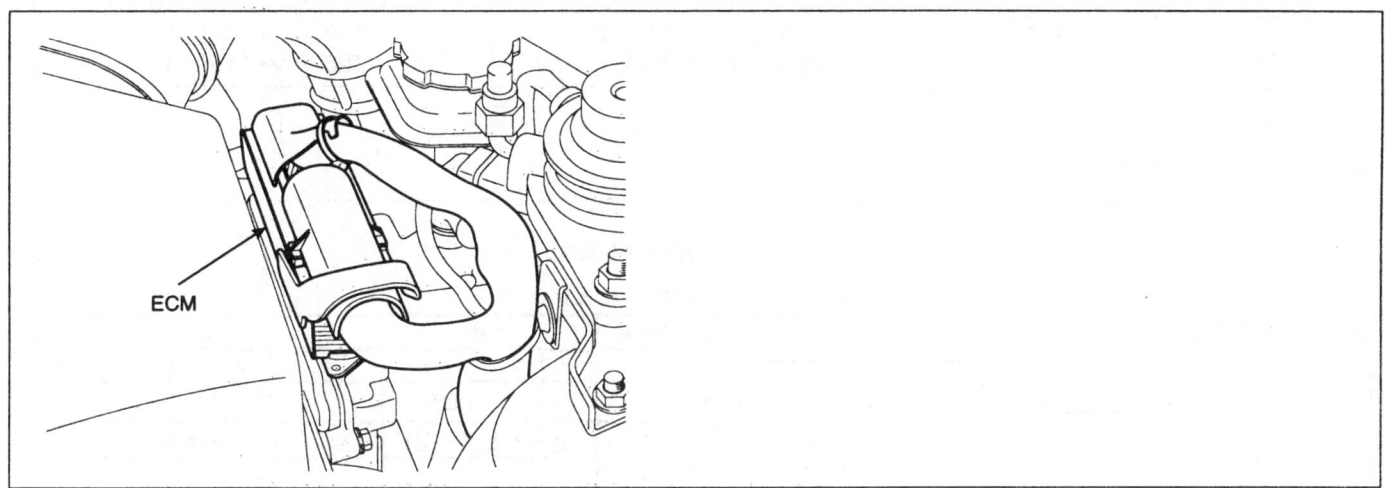

기능 및 역할

ECM은 전원을 공급받아 활성화되어 크랭크 포지션 센서, 엑셀페달 센서와 같은 각종 센서들의 신호를 입력 받는다. 이러한 입력 신호 값들을 기준으로 마이크로 컨트롤러와 EEPROM에 저장된 제어 LOGIC의 비교 연산을 통해 인젝터와 각종 솔레노이드, 릴레이를 구동하여 엔진을 제어한다. 또한 제어의 신뢰도를 위해, ECM 자체의 셀프 테스트(SELF TEST) 및 각종 센서, 액츄에이터들의 진단을 수행하며 주행 성능에 심각한 문제 발생시 운전자 및 정비사에게 고장 정보를 표출한다. 경우에 따라서 잘못된 제어에의한 위험 상황을 방지하기 위해 시스템을 차단 시키는 기능을 수행한다.

고장 코드 설명

P0652코드는 ECM에서 발생된 센서 공급 전원2의 5V 전압이 최소값인 4700mV 이하로 0.1초 이상 검출 될 경우 발생하는 고장 코드로 센서 전원선의 접지측 단락 및 ECM 내부 전원 전압 계통의 문제이다.

고장판정 조건

항목	감지 조건			고장 예상 부위
검출 방법	• 전압 모니터링			
검출 조건	• IG KEY "ON"			
판정값	• 최소값 이하 (4700mV 이하인 경우)			• 레일 압력 센서 전원 회로
검출 시간	• 100ms			• 엑셀 페달 센서 2 전원 회로
페일세이프 (Fail Safe)	연료 차단	비실행	• 림프홈 (엔진 회전수 1200RPM 고정)	• 부스트압력 센서 전원 회로 • ECM 단품
	EGR 금지	비실행		
	연료 제한	실행		
	체크 램프	비점등		

제원

센서 전원 1	센서 전원 2	센서 전원 3
흡입 공기량 센서, 엑셀 페달 센서 1 4830mV~5158mV	부스트 압력 센서, 레일압력 센서, 엑셀 페달 센서 2 4830mV~5158mV	에어컨 압력 센서, 스윌액츄에이터 위치 센서 4830mV~5158mV

부분 회로도

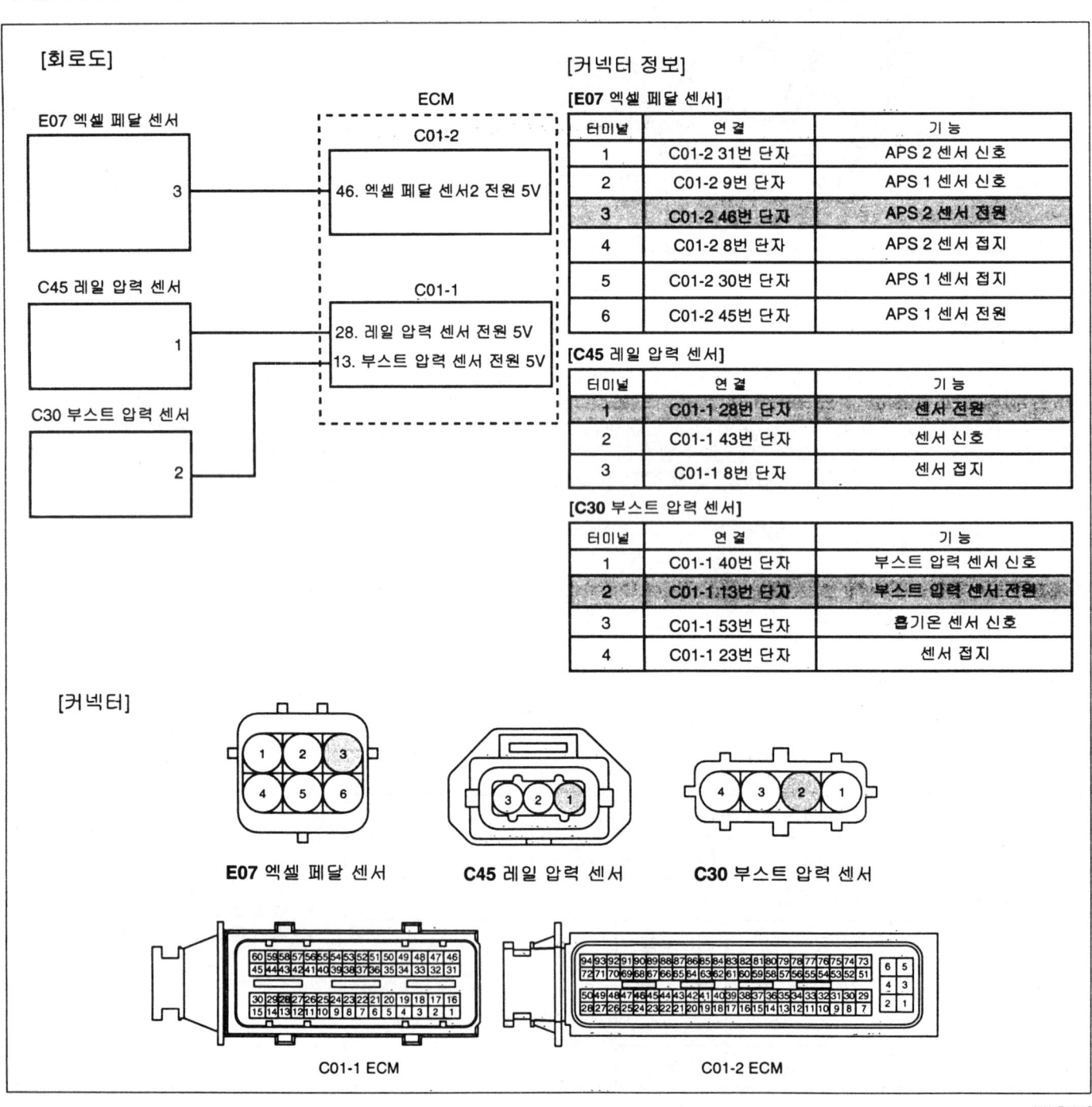

기준 파형 및 데이터

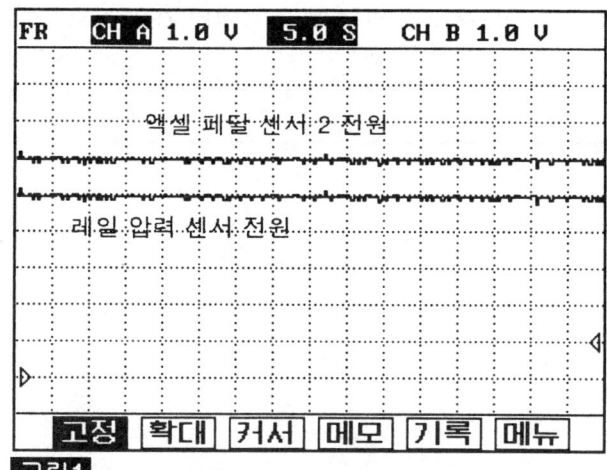
그림1

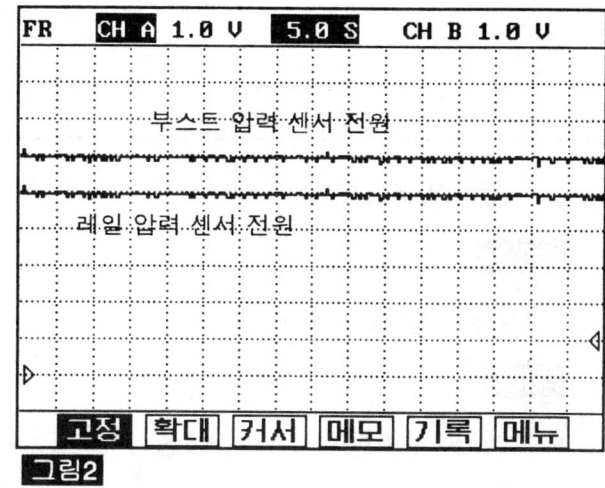
그림2

그림1) 엑셀 페달 센서 2 전원과 레일 압력 센서 전원을 동시에 측정한 파형으로 IG KEY "ON" 및 엔진 구동시 4.8~5.1V 를 유지하는지 점검한다.

그림2) 부스트 압력 센서 전원과 레일 압력 센서 전원을 동시에 측정한 파형으로 IG KEY "ON" 및 엔진 구동시 4.8~5.1V 를 유지하는지 점검한다.

커넥터 및 터미널 점검

1. 전기장치는 수 많은 하네스와 커넥터로 구성되며, 이러한 커넥터들의 접촉 불량은 여러가지 다양한 문제를 유발 시키고, 부품을 손상 시키기도 한다.

2. 다음 점검 절차를 수행한다.

   1) 하네스와 터미널의 손상을 점검한다. : 터미널의 접촉 저항, 산화, 변형을 점검한다.

   2) ECM 과 단품 커넥터의 접속 상태를 확인한다. : 터미널 단자의 이탈, 록킹 장치의 손상, 터미널과 와이어링의 연결 상태를 점검한다.

   참고
   점검이 필요한 커넥터의 수컷측 핀을 탈거하여, 암컷측 터미널에 삽입 접촉 상태를 점검한다. (점검 후 탈거한 핀을 정위치에 바르게 장착한다.)

3. 문제 부위가 확인되는가?

   YES
   ▶ 문제 부위를 수리후 "고장수리 확인" 절차를 수행한다.

   NO
   ▶ "전원선 점검" 절차를 수행한다.

전원선 점검

1. 전원선 전압 점검

   1) IG KEY "OFF", 엔진을 정지한다.

   2) 레일압력 센서 커넥터와 엑셀 페달 센서 커넥터, 부스트 압력 센서 커넥터를 탈거한다.

3) IG KEY "ON"

4) 레일압력 센서 커넥터 1번 단자와 엑셀 페달 센서 커넥터 3번 단자, 부스트 압력 센서 커넥터 2번 단자의 전압을 점검한다.

규정값 : 4.8V~5.1V

5) 규정 전압이 검출되는가?

YES

▶ "단품 점검"을 실시한다.

NO

▶ 아래 "2. 전원선 단락(접지측) 점검"을 실시한다.

2. 전원선 단락(접지측) 점검

1) IG KEY "OFF", 엔진을 정지한다.

2) 레일압력 센서 커넥터와 엑셀 페달 센서 커넥터, 부스트 압력 센서 커넥터, ECM 커넥터를 탈거한다.

3) 레일 압력 센서 커넥터 1번 단자와 엑셀 페달 센서 커넥터 3번 단자, 부스트 압력 센서 커넥터 2번 단자의 차체 접지간 통전 시험을 실시한다.

규정값 : 비통전 (무한대 Ω)

4) 센서 전원선의 접지측 절연 상태는 정상적인가?

YES

▶ 회로의 절연 상태가 정상이며, ECM에서 출력되는 센서 전원 전압이 낮다면 ECM을 교환 후 "고장수리 확인" 절차를 수행한다.

NO

▶ 단락(접지측) 발생 부위를 찾아 수리 후 "고장수리 확인" 절차를 수행한다.

단품점검   K7E4FD97

1. IG KEY "OFF", 엔진을 정지한다.

2. 레일압력 센서 커넥터와 엑셀 페달 센서 커넥터, 부스트 압력 센서 커넥터를 탈거한다.

3. IG KEY "ON" 후 센서 커넥터 전원 전압이 정상임을 확인한다.

4. 레일 압력 센서 커넥터와 엑셀 페달 센서 커넥터, 부스트 압력 센서 커넥터를 순서대로 장착한다.

규정값 : 레일 압력 센서 커넥터와 엑셀 페달 센서 커넥터, 부스트 압력 센서 장착시 센서 전원 전압에 변화가 없어야함.
(센서 커넥터 연결시 전원 전압의 변화가 발생한다면, 센서 내부의 단락 발생을 의미한다.)

5. 센서 커넥터 연결 상태에서 센서 전원 전압의 변화가 발생하는가?

YES

▶ 해당 센서(레일 압력 센서 혹은 엑셀 페달 센서, 부스트 압력 센서)를 교환 한다.

고장진단

NO

▶ "고장수리 확인" 절차를 수행한다.

고장수리 확인 K3C4BD13

본 진단 가이드를 사용해서 발생된 문제를 수리한 뒤, 고장이 완전히 해결되었는지 확인하는 과정이 필요하다.

1. 스캔툴을 연결한 후, 자기진단을 실시하여 고장 코드를 확인한다.
2. 저장된 고장코드를 스캔툴을 이용하여 소거한다.
3. 고장 판정 조건중의 검출 조건에 따라 차량을 주행한다.
4. 스캔툴로 자기 진단을 실시하여 고장 코드가 발생 되었는지 확인한다.
5. 고장 코드가 발생되는가 ?

YES

▶ 해당되는 고장 코드 수리 절차로 이동한다.

NO

▶ 고장 수리가 완료되어 시스템이 정상적으로 작동한다.

DTC P0653 센서 공급 전원 "B" - 입력신호 높음

부품 위치

DTC P0652 참조.

기능 및 역할

DTC P0652 참조.

고장 코드 설명

P0653 코드는 ECM에서 발생된 센서 공급 전원2의 5V 전압이 최대값인 5158mV 이상으로 0.1초 이상 검출 될 경우 발생하는 고장 코드로 센서 전원선의 전원측 단락 및 ECM 내부 전원 전압 계통의 문제이다.

고장판정 조건

항목	감지 조건			고장 예상 부위
검출 방법	전압 모니터링			
검출 조건	• IG KEY "ON"			
판정값	• 최대값 이상 (5158mV 이상인 경우)			• 레일 압력 센서 전원 회로
검출 시간	• 100ms			• 엑셀 페달 센서 2 전원 회로
페일세이프 (Fail Safe)	연료 차단	비실행	• 림프홈 (엔진 회전수 1200RPM 고정)	• 부스트압력 센서 전원 회로
	EGR 금지	비실행		• ECM 단품
	연료 제한	실행		
	체크 램프	비점등		

제원

센서 전원 1	센서 전원 2	센서 전원 3
흡입 공기량 센서, 엑셀 페달 센서 1 4830mV~5158mV	부스트 압력 센서, 레일압력 센서, 엑셀 페달 센서 2 4830mV~5158mV	에어컨 압력 센서, 스월액츄에이터 위치 센서 4830mV~5158mV

부분 회로도

DTC P0652 참조.

기준 파형 및 데이터

DTC P0652 참조.

컨넥터 및 터미널 점검

DTC P0652 참조.

고장진단　　　　　　　　　　　　　　　　　　　　　　　　　　　　　　　　　　　　FL -357

전원선 점검　K0F96E48

1. 전원선 전압 점검

    1) IG KEY "OFF", 엔진을 정지한다.

    2) 레일압력 센서 커넥터와 엑셀 페달 센서 커넥터, 부스트 압력 센서 커넥터를 탈거한다.

    3) IG KEY "ON"

    4) 레일압력 센서 커넥터 1번 단자와 엑셀 페달 센서 커넥터 3번 단자, 부스트 압력 센서 커넥터 2번 단자의 전압을 점검한다.

    규정값 : 4.8V~5.1V

    5) 규정 전압이 검출되는가?

    YES

    ▶ "단품 점검" 을 실시한다.

    NO

    ▶ 아래 "2. 전원선 단락(전원측) 점검" 을 실시한다.

2. 전원선 단락(전원측) 점검

    1) IG KEY "OFF", 엔진을 정지한다.

    2) 레일압력 센서 커넥터와 엑셀 페달 센서 커넥터, 부스트 압력 센서 커넥터, ECM 커넥터를 탈거한다.

    3) IG KEY "ON"

    4) 레일압력 센서 커넥터 1번 단자와 엑셀 페달 센서 커넥터 3번 단자, 부스트 압력 센서 커넥터 2번 단자의 전압을 점검한다.

    규정값 : 0.0V~0.1V

    5) 커넥터 양단이 분리된 상태에서 회로에 이상 전압이 검출 되는가?

    YES

    ▶ 단락(전원측) 발생 부위를 찾아 수리 후 "고장수리 확인" 절차를 수행한다.

    NO

    ▶ 회로의 절연 상태가 정상이며, ECM 에서 출력되는 센서 전원 전압이 높다면 ECM 을 교환 후 "고장수리 확인" 절차를 수행한다.

단품점검　K1E62C48

1. IG KEY "OFF", 엔진을 정지한다.

2. 레일압력 센서 커넥터와 엑셀 페달 센서 커넥터, 부스트 압력 센서 커넥터를 탈거한다.

3. IG KEY "ON" 후 센서 커넥터 전원 전압이 정상임을 확인한다.

4. 레일 압력 센서 커넥터와 엑셀 페달 센서 커넥터, 부스트 압력 센서 커넥터를 순서대로 장착한다.

규정값 : 레일 압력 센서 커넥터와 엑셀 페달 센서 커넥터, 부스트 압력 센서 장착시 센서 전원 전압에 변화가 없어야함.
(센서 커넥터 연결시 전원 전압의 변화가 발생한다면, 센서 내부의 단락 발생을 의미한다.)

5. 센서 커넥터 연결 상태에서 센서 전원 전압의 변화가 발생하는가?

   YES

   ▶ 해당 센서(레일 압력 센서 혹은 엑셀 페달 센서, 부스트 압력 센서)를 교환 한다.

   NO

   ▶ "고장수리 확인" 절차를 수행한다.

고장수리 확인

DTC P0652 참조.

고장진단

DTC P0670 글로우 릴레이 회로 이상

기능 및 역할

글로우 플러그는 냉간시 연소실을 전기 열선으로 가열하여 연료 무화 및 냉간 착화성을 향상 시켜 냉시동성 및 냉간 시 동 후 발생되는 매연을 줄여주는 역할을 한다. ECM 은 냉각수온 센서와 배터리 전압, IG KEY ON 신호를 바탕으로 글로 우 플러그에 전원을 공급하는 글로우 릴레이의 구동 및 구동 시간을 제어한다. 또한 ECM 은 운전자에게 계기판의 글로 우 지시등을 통해 글로우 플러그의 전원 공급 상태를 표시한다.

고장 코드 설명

P0670 코드는 글로우 릴레이 ON 조건에서 글로우 릴레이 제어 회로에 1.0초 이상 과도한 전류가 검출되거나, 단선 혹은 단락(접지측) 경우 처럼 전류가 전혀 검출되지 않는 경우에 발생되는 고장코드로 글로우 릴레이 제어 회로 및 글로우 릴레이 단품의 코일 단선의 경우이다.

고장판정 조건

항 목	감지 조건			고장 예상 부위
검출 방법	• 전압 모니터링			
검출 조건	• IG KEY "ON" (램프 구동 조건에서만 모니터링 실시)			
판정값	• 배터리측으로 단락이 발생된 경우 • GND 로 단락된 경우, 와이어링 결선이 단선된 경우			
검출 시간	• 1.0sec			• 글로우 릴레이 회로 • 글로우 릴레이 단품
페일세이프 (Fail Safe)	연료 차단	비실행		
	EGR 금지	비실행		
	연료 제한	비실행		
	체크 램프	비점등		

제원

※ 온도에 따른 릴레이 구동 시간

	영하 20℃	영하 10℃	영상 10℃	영상 20℃
10V	16초	10초	4초	2.0초
14.9V	16초	10초	4초	2.0초

부분 회로도 K8FEAF9A

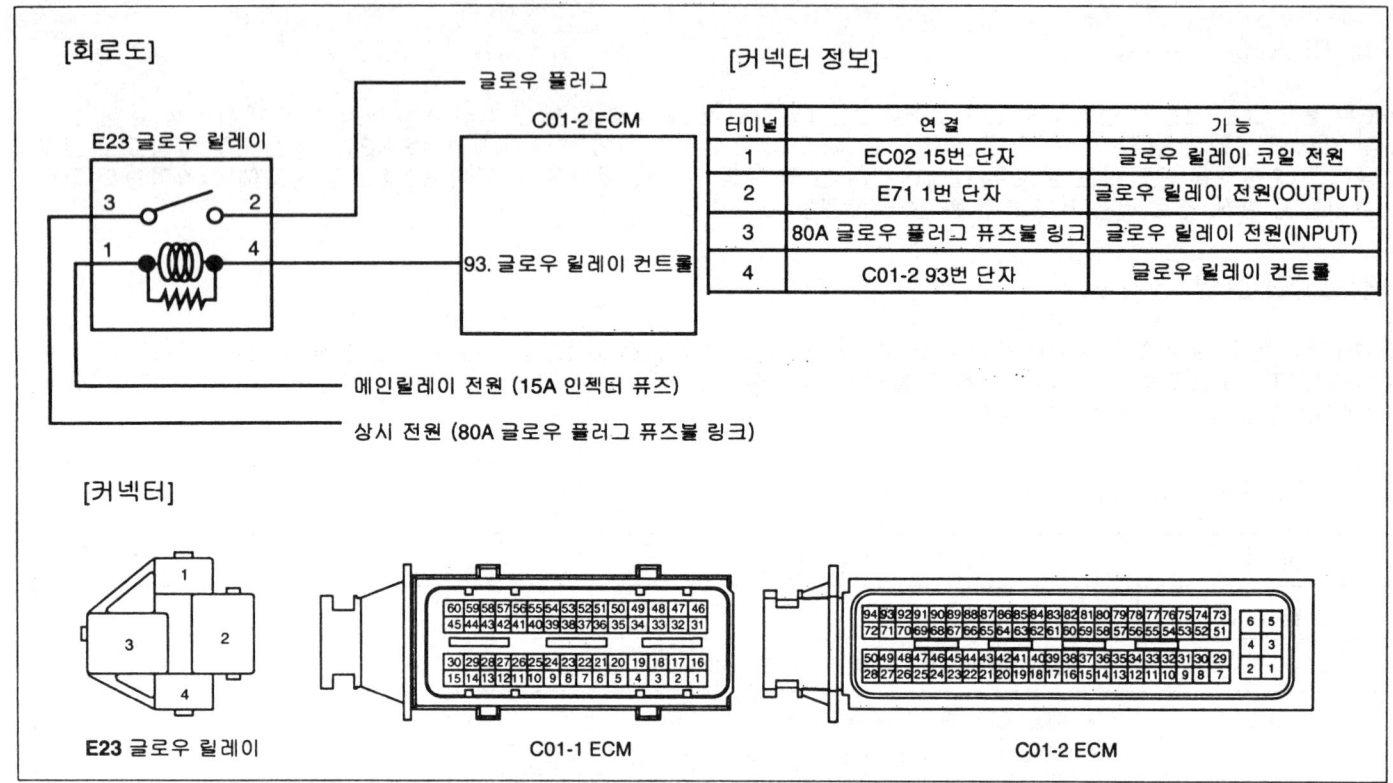

스캔툴 데이터 분석 KE521168

1. 자기진단 커넥터에 스캔툴을 연결한다.
2. 엔진을 정상작동 온도 까지 워밍업 한다.
3. 전기 장치 및 에어컨을 OFF 한다.
4. 스캔툴에 표시되는 "글로우 릴레이" 항목을 점검한다.

규정값 : IG KEY "ON" 시 냉각수 온도와 배터리 전압에 따라 작동 후 OFF로 변환됨. (규정값 참조)

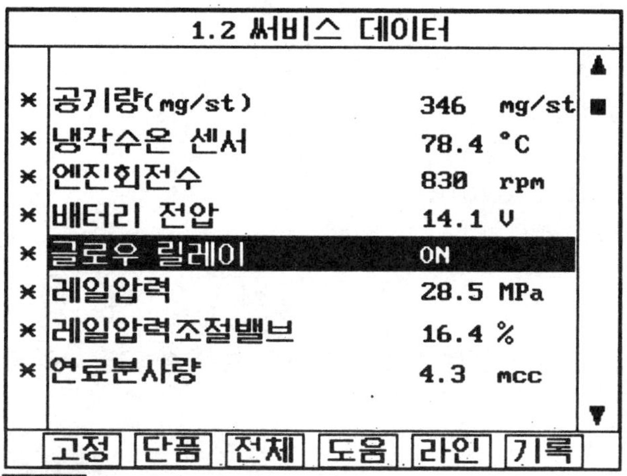

고장진단

FL -361

1.2 써비스 데이터	
✱ 공기량(mg/st)	346 mg/st
✱ 냉각수온 센서	78.4 °C
✱ 엔진회전수	830 rpm
✱ 배터리 전압	14.1 V
✱ 글로우 릴레이	ON
✱ 레일압력	28.5 MPa
✱ 레일압력조절밸브	16.4 %
✱ 연료분사량	4.3 mcc

| 고정 | 단품 | 전체 | 도움 | 라인 | 기록 |

그림1

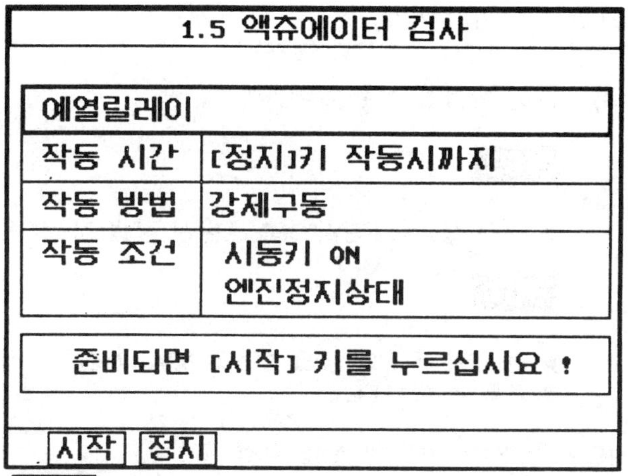

1.5 액츄에이터 검사	
예열릴레이	
작동 시간	[정지]키 작동시까지
작동 방법	강제구동
작동 조건	시동키 ON 엔진정지상태
준비되면 [시작] 키를 누르십시요 !	

| 시작 | 정지 |

그림2

그림 1) 글로우 릴레이의 작동 상태를 나타내나, 글로우 릴레이는 일반 상온에서 2~3초 이내로 작동 후 OFF 되므로 데이터 분석이 어렵다.

그림 2) 스캔툴의 "액츄에이터 검사" 항목을 이용하여 글로우 릴레이의 작동 여부와 글로우 플러그의 전원 공급 여부를 점검한다.

AWJF009H

커넥터 및 터미널 점검 K02CEC99

1. 전기장치는 수 많은 하네스와 커넥터로 구성되며, 이러한 커넥터들의 접촉 불량은 여러가지 다양한 문제를 유발 시키고, 부품을 손상 시키기도 한다.

2. 다음 점검 절차를 수행한다.

   1) 하네스와 터미널의 손상을 점검한다. : 터미널의 접촉 저항, 산화, 변형을 점검한다.

   2) ECM 과 단품 커넥터의 접속 상태를 확인한다. : 터미널 단자의 이탈, 록킹 장치의 손상, 터미널과 와이어링의 연결 상태를 점검한다.

   📖 참고
   점검이 필요한 커넥터의 수컷측 핀을 탈거하여, 암컷측 터미널에 삽입 접촉 상태를 점검한다. (점검 후 탈거한 핀을 정위치에 바르게 장착한다.)

3. 문제 부위가 확인되는가?

   YES
   ▶ 문제 부위를 수리후 "고장수리 확인" 절차를 수행한다.

   NO
   ▶ "전원선 점검" 절차를 수행한다.

전원선 점검 K9F8DB15

1. 상시 전원선 전압 점검

   1) IG KEY "OFF", 엔진을 정지한다.

   2) 글로우 릴레이를 탈거한다.

   3) 글로우 릴레이 터미널 3번 단자의 전압을 점검한다.

규정값 : 11.5V~13.0V

4) 규정 전압이 검출되는가?

YES

▶ 아래 "2. IG KEY "ON" 전원선 전압 점검" 을 실시한다.

NO

▶ 엔진룸 퓨즈블링크 박스의 80A 글로우 플러그 퓨즈블링크 및 관련 회로의 단선을 수리 후 "고장수리 확인" 절차를 수행한다.

2. IG KEY "ON" 전원선 전압 점검

   1) IG KEY "OFF", 엔진을 정지한다.
   2) 글로우 릴레이를 탈거한다.
   3) IG KEY "ON"
   4) 글로우 릴레이 터미널 1번 단자의 전압을 점검한다.

규정값 : 11.5V~13.0V

5) 규정 전압이 검출되는가?

YES

▶ "제어선 점검" 을 실시한다.

NO

▶ 엔진룸 퓨즈 & 릴레이 박스 15A 인젝터 퓨즈 및 관련 회로의 단선을 수리 후 "고장수리 확인" 절차를 수행한다.

제어선 점검 KAA0D34C

1. 제어선 모니터링 전압 점검

   1) IG KEY "OFF", 엔진을 정지한다.
   2) 글로우 릴레이를 탈거한다.
   3) IG KEY "ON"
   4) 글로우 릴레이 터미널 4번 단자의 전압을 점검한다.

규정값 : 3.2V~3.7V

5) 규정 전압이 검출되는가?

YES

▶ "단품 점검" 절차를 수행한다.

고장진단
FL -363

NO
▶ 전압이 검출 되지 않을 경우 : 아래 "2. 제어선 단선 점검"을 실시한다.
▶ 높은 전압이 검출될 경우 : 단락(전원측) 발생 부위를 찾아 수리 후 "고장수리 확인" 절차를 수행한다.

2. 제어선 단선 점검

   1) IG KEY "OFF", 엔진을 정지한다.
   2) 글로우 릴레이와 ECM 커넥터를 탈거한다.
   3) 글로우 릴레이 터미널 4번 단자와 ECM 커넥터 93번 단자간 통전 시험을 실시한다.

규정값 : 통전(1.0Ω 이하)

   4) 통전 시험은 정상적인가?

YES
▶ 단락(접지측) 발생 부위를 찾아 수리 후 "고장수리 확인" 절차를 수행한다.

NO
▶ 단선 발생 부위를 찾아 수리 후 "고장수리 확인" 절차를 수행한다.

단품점검 KEE21865

1. 글로우 릴레이 단품 저항 점검

   1) IG KEY "OFF", 엔진을 정지한다.
   2) 글로우 릴레이를 탈거한다.
   3) 글로우 릴레이의 코일 저항을 점검한다.

규정값 : 55±5 Ω (20℃)

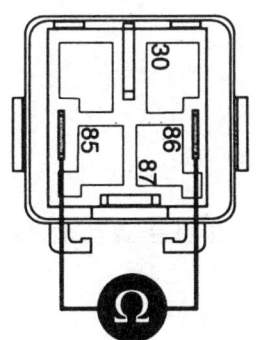

AWJF009M

   4) 글로우 릴레이 코일 저항은 정상적인가?

YES
▶ 아래 "2. 글로우 릴레이 단품 작동 점검" 을 실시한다.

NO

▶ 글로우 릴레이를 교환 후 "고장수리 확인" 절차를 수행한다.

2. 글로우 릴레이 단품 작동 점검

   1) IG KEY "OFF", 엔진을 정지한다.

   2) 글로우 릴레이를 탈거한다.

   3) 글로우 릴레이 코일측(85번, 86번)에 임의의 B+ 전원과 접지를 공급한다.

   4) 글로우 릴레이 30번 87번 단자간 통전 시험을 실시한다.

규정값 : 전원 공급시 : 통전 (1.0Ω 이하)
전원 차단시 : 비통전 (무한대Ω)

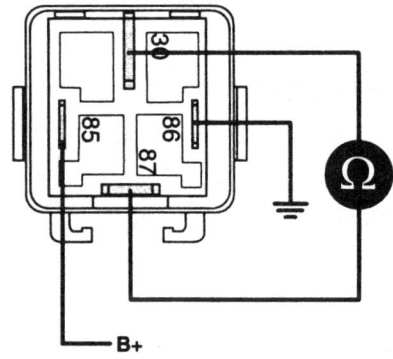

AWJF009N

   5) 전원 공급 상태에 따라 30번 87번 단자의 통전 시험은 정상적인가?

YES

▶ "고장수리 확인" 절차를 수행한다.

NO

▶ 글로우 릴레이를 교환 후 "고장수리 확인" 절차를 수행한다.

※ 상기 테스트를 2~3회 반복 실시한다.

고장수리 확인   K6F0E4ED

본 진단 가이드를 사용해서 발생된 문제를 수리한 뒤, 고장이 완전히 해결되었는지 확인하는 과정이 필요하다.

1. 스캔툴을 연결한 후, 자기진단을 실시하여 고장 코드를 확인한다.

2. 저장된 고장코드를 스캔툴을 이용하여 소거한다.

3. 고장 판정 조건중의 검출 조건에 따라 차량을 주행한다.

4. 스캔툴로 자기 진단을 실시하여 고장 코드가 발생 되었는지 확인한다.

5. 고장 코드가 발생되는가 ?

YES

▶ 해당되는 고장 코드 수리 절차로 이동한다.

NO

▶ 고장 수리가 완료되어 시스템이 정상적으로 작동한다.

DTC P0685 메인 릴레이 회로 이상

부품 위치

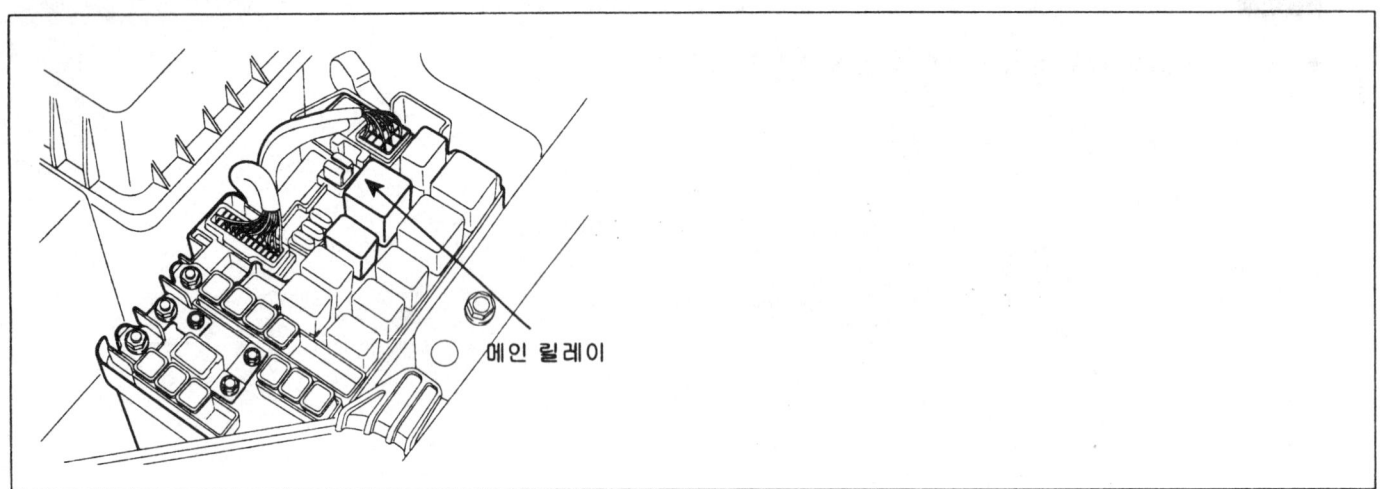

메인 릴레이

기능 및 역할

메인 릴레이는 ECM C01-1 커넥터 28번 단자에 IG KEY "ON" 신호 입력시 작동하여, ECM 및 캠샤프트 포지션 센서, EEGR 액츄에이터, 스로틀 플랩 액츄에이터, 보조히터 릴레이, 브레이크 스위치등에 전원을 공급하며, 특히 ECM으로 공급된 전원은 인젝터와 레일 압력 조절기 전원 및 ECM 작동의 기본 전원으로 사용된다. 또한 엔진 정지시 IG KEY "ON" 신호가 "OFF" 되면, ECM 은 인젝터의 구동을 중지시켜 시동이 꺼지며, 약 5초 후 메인 릴레이를 "OFF"시켜 시스템을 종료한다. 이렇듯 엔진 시동에 직접적인 역할을 담당하는 릴레이인 만큼 세심한 점검이 필요하다.

고장 코드 설명

P0685 코드는 IG KEY "OFF" 신호가 입력되면 인젝터를 중지 시켜 시동을 "OFF" 하며, 이후 시스템을 종료하기 위해 After-run(ECM 내부 시스템 종료 작업) 을 수행한다. 이때 메인 릴레이의 전원이 너무 늦게 차단되거나, After-run 수행 완료전 전원이 차단되는 경우 발생시 ECM 은 메인 릴레이의 이상을 판단한다.

고장진단

고장판정 조건 KFC2E720

항 목	감지 조건		고장 예상 부위
검출 방법	• 전압 모니터링		
검출 조건	• IG KEY "ON"		
판정값	• 메인 릴레이가 IG KEY "ON"/OFF 신호에 비해 너무 빨리 붙거나 떨어지는 경우 (메인 릴레이가 After-run 완료 후 2초 이후에 떨어지는 경우 메인 릴레이가 After-run 완료 전에 떨어지는 경우가 3회 발생)		• 메인 릴레이 회로 • 메인 릴레이 단품
검출 시간	• 즉시		
페일세이프 (Fail Safe)	연료 차단	비실행	
	EGR 금지	비실행	
	연료 제한	비실행	
	체크 램프	비점등	

제원 K20F74D1

메인 릴레이 코일 저항	73±10 Ω (20℃)

부분 회로도 KA2460C4

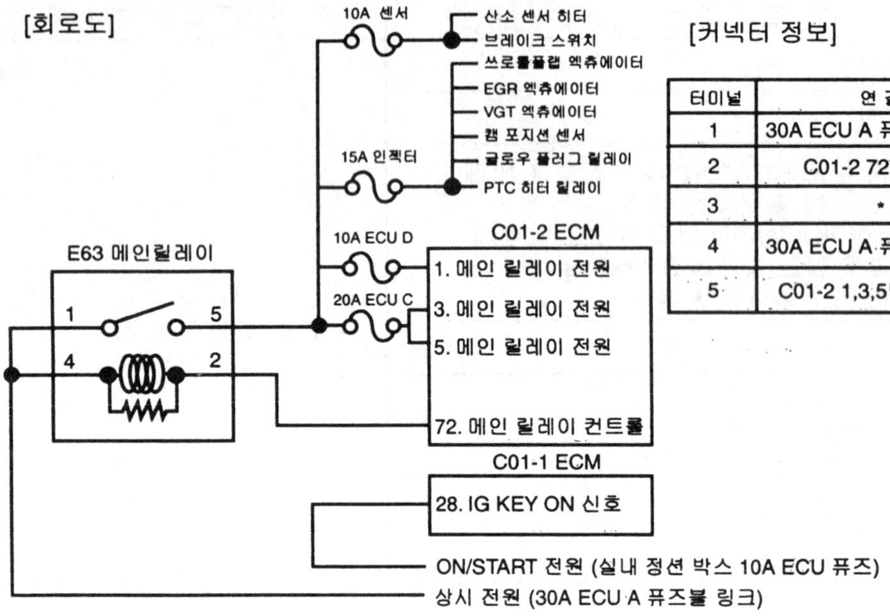

[회로도]

- 10A 센서 → 산소 센서 히터, 브레이크 스위치, 쓰로틀플랩 액츄에이터, EGR 액츄에이터, VGT 액츄에이터, 캠 포지션 센서, 글로우 플러그 릴레이
- 15A 인젝터 → PTC 히터 릴레이

E63 메인릴레이 (단자 1, 2, 4, 5)

C01-2 ECM
- 10A ECU D, 20A ECU C
- 1. 메인 릴레이 전원
- 3. 메인 릴레이 전원
- 5. 메인 릴레이 전원
- 72. 메인 릴레이 컨트롤

C01-1 ECM
- 28. IG KEY ON 신호

ON/START 전원 (실내 정션 박스 10A ECU 퓨즈)
상시 전원 (30A ECU A 퓨즈불 링크)

[커넥터 정보]

터미널	연결	기능
1	30A ECU A 퓨즈줄 링크	메인 릴레이 상시 전원(INPUT)
2	C01-2 72번 단자	메인 릴레이 컨트롤
3	*	*
4	30A ECU A 퓨즈줄 링크	메인 릴레이 코일 전원
5	C01-2 1,3,5번 단자 외	ECM, 센서, 액츄에이터 전원 공급

[커넥터]

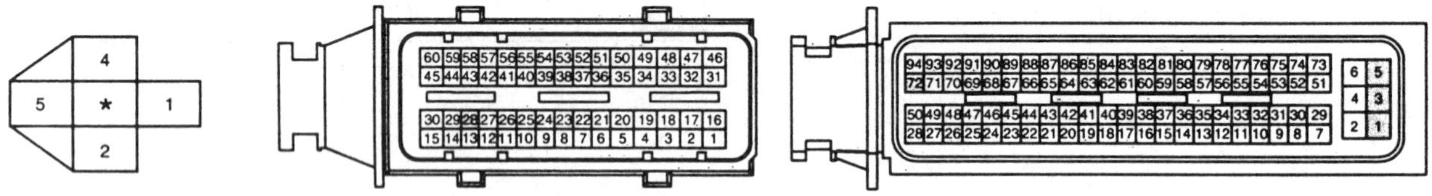

E63 메인릴레이 / C01-1 ECM / C01-2 ECM

기준 파형 및 데이터 K0C8D246

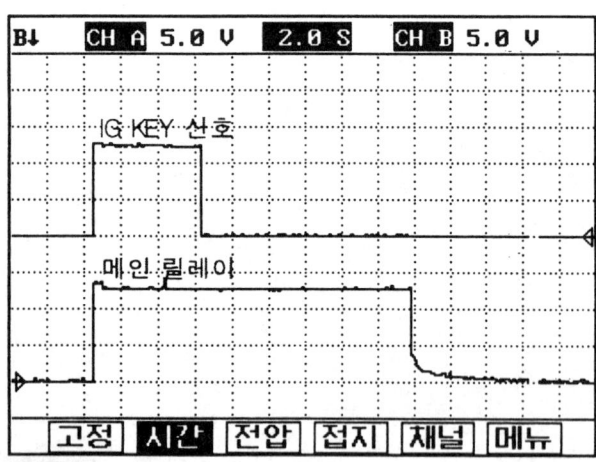

그림1

그림1) 메인 릴레이는 IG KEY "ON" (C01-1 28번 단자 ON 신호) 과 동시에 작동하여, IG KEY "OFF" 시점을 기준으로 약 12초 후 OFF 된다.

고장진단

커넥터 및 터미널 점검 KD8C00D7

1. 전기장치는 수많은 하네스와 커넥터로 구성되며, 이러한 커넥터들의 접촉 불량은 여러가지 다양한 문제를 유발 시키고, 부품을 손상 시키기도 한다.

2. 다음 점검 절차를 수행한다.

    1) 하네스와 터미널의 손상을 점검한다. : 터미널의 접촉 저항, 산화, 변형을 점검한다.

    2) ECM 과 단품 커넥터의 접속 상태를 확인한다. : 터미널 단자의 이탈, 록킹 장치의 손상, 터미널과 와이어링의 연결 상태를 점검한다.

    📖 참고

    점검이 필요한 커넥터의 수컷측 핀을 탈거하여, 암컷측 터미널에 삽입 접촉 상태를 점검한다. (점검 후 탈거한 핀을 정위치에 바르게 장착한다.)

3. 문제 부위가 확인되는가?

    YES

    ▶ 문제 부위를 수리후 "고장수리 확인" 절차를 수행한다.

    NO

    ▶ "전원선 점검" 절차를 수행한다.

전원선 점검 K9D7BFE0

1. 전원선 전압 점검

    1) IG KEY "OFF", 엔진을 정지한다.

    2) 메인 릴레이를 탈거한다.

    3) 메인 릴레이 터미널 1번 단자와 4번 단자의 전압을 점검한다.

규정값 : 11.5V~13.0V

    4) 규정 전압이 검출되는가?

    YES

    ▶ 아래 "전원 공급선(릴레이→액츄에이터) 점검" 을 실시한다.

    NO

    ▶ 엔진룸 퓨즈 & 릴레이 박스 30A ECU A 퓨즈블 링크 및 관련 회로의 문제 부위를 수리 후 "고장수리 확인" 절차를 수행한다.

2. 전원 공급선(릴레이→액츄에이터)점검

    1) IG KEY "OFF", 엔진을 정지한다.

    2) 메인 릴레이와 ECM 커넥터를 탈거한다.

    3) 메인 릴레이 터미널 1번 단자와 5번 단자를 점프 배선을 이용 점프시킨다.

    4) ECM 커넥터 1번, 3번, 5번 단자의 전압을 점검한다.

규정값 : 11.5V~13.0V

    5) 규정 전압이 검출되는가?

      YES

      ▶ "제어선 점검" 을 실시한다.

      NO

      ▶ 엔진룸 퓨즈 & 릴레이 박스의 ECU C, ECU D 퓨즈블 링크의 단선 및 관련 회로 단선 발생 부위를 찾아 수리 후 "고장수리 확인" 절차를 수행한다.

제어선 점검 K05D64C2

1. 제어선 단선 점검

    1) IG KEY "OFF", 엔진을 정지한다.

    2) 메인 릴레이와 ECM 커넥터를 탈거한다.

    3) 메인 릴레이 터미널 2번 단자와 ECM 커넥터 72번 단자간 통전 시험을 실시한다.

규정값 : 통전(1.0Ω 이하)

    4) 통전 시험은 정상적인가?

      YES

      ▶ 아래 "2. 제어선 단락(접지측) 점검" 을 실시한다.

      NO

      ▶ 단선 발생 부위를 찾아 수리 후 "고장수리 확인" 절차를 수행한다.

2. 제어선 단락(접지측) 점검

    1) IG KEY "OFF", 엔진을 정지한다.

    2) 메인 릴레이와 ECM 커넥터를 탈거한다.

    3) 메인 릴레이 터미널 2번 단자와 차체 접지간 통전 시험을 실시한다.

규정값 : 비통전 (무한대 Ω)

    4) 메인 릴레이 제어 회로의 접지측 절연 상태는 정상적인가?

      YES

      ▶ 아래 "3.제어선 단락(전원측) 점검"을 실시한다.

      NO

      ▶ 단락(접지측) 발생 회로의 단락 부위를 찾아 수리 후 "고장수리 확인" 절차를 수행한다.

3. 제어선 단락(전원측) 점검

고장진단

1) IG KEY "OFF", 엔진을 정지한다.
2) 메인 릴레이와 ECM 커넥터를 탈거한다.
3) IG KEY "ON"
4) 메인 릴레이 터미널 2번 단자의 전압을 점검한다.

규정값 : 0.0V~0.1V

5) 양단 커넥터가 분리된 상태에서 회로에 이상 전압이 검출되는가?

YES

▶ 단락(전원측) 발생 부위를 찾아 수리 후 "고장수리 확인" 절차를 수행한다.

NO

▶ "단품 점검"을 실시한다.

단품점검   KB863CAB

1. 메인 릴레이 단품 저항 점검

   1) IG KEY "OFF", 엔진을 정지한다.
   2) 메인 릴레이를 탈거한다.
   3) 메인 릴레이의 85, 86번 단자간 코일 저항을 점검한다.

규정값 : 73±10 Ω (20℃)

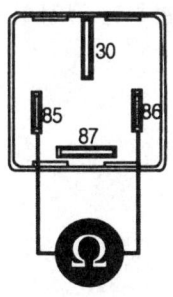

AWJF009W

   4) 메인 릴레이 코일 저항은 정상적인가?

YES

▶ 아래 "2. 메인 릴레이 단품 작동 점검" 을 실시한다.

NO

▶ 메인 릴레이를 교환 후 "고장수리 확인" 절차를 수행한다.

2. 메인 릴레이 단품 작동 점검

   1) IG KEY "OFF", 엔진을 정지한다.
   2) 메인 릴레이를 탈거한다.

3) 메인 릴레이 코일측(85번, 86번)에 임의의 B+ 전원과 접지를 공급한다.

4) 메인 릴레이 30번 87번 단자간 통전 시험을 실시한다.

규정값 : 전원 공급시 : 통전 (1.0Ω 이하)
전원 차단시 : 비통전 (무한대Ω)

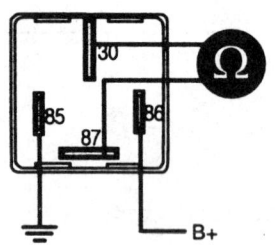

5) 전원 공급 상태에 따라 30번 87번 단자의 통전 시험은 정상적인가?

YES

▶ "고장수리 확인" 절차를 수행한다.

NO

▶ 메인 릴레이를 교환 후 "고장수리 확인" 절차를 수행한다.

※ 상기 테스트를 2~3회 반복 실시한다.

고장수리 확인

본 진단 가이드를 사용해서 발생된 문제를 수리한 뒤, 고장이 완전히 해결되었는지 확인하는 과정이 필요하다.

1. 스캔툴을 연결한 후, 자기진단을 실시하여 고장 코드를 확인한다.
2. 저장된 고장코드를 스캔툴을 이용하여 소거한다.
3. 고장 판정 조건중의 검출 조건에 따라 차량을 주행한다.
4. 스캔툴로 자기 진단을 실시하여 고장 코드가 발생 되었는지 확인한다.
5. 고장 코드가 발생되는가 ?

YES

▶ 해당되는 고장 코드 수리 절차로 이동한다.

NO

▶ 고장 수리가 완료되어 시스템이 정상적으로 작동한다.

고장진단

DTC P0698 센서 공급 전원 "C" - 입력신호 낮음

부품 위치

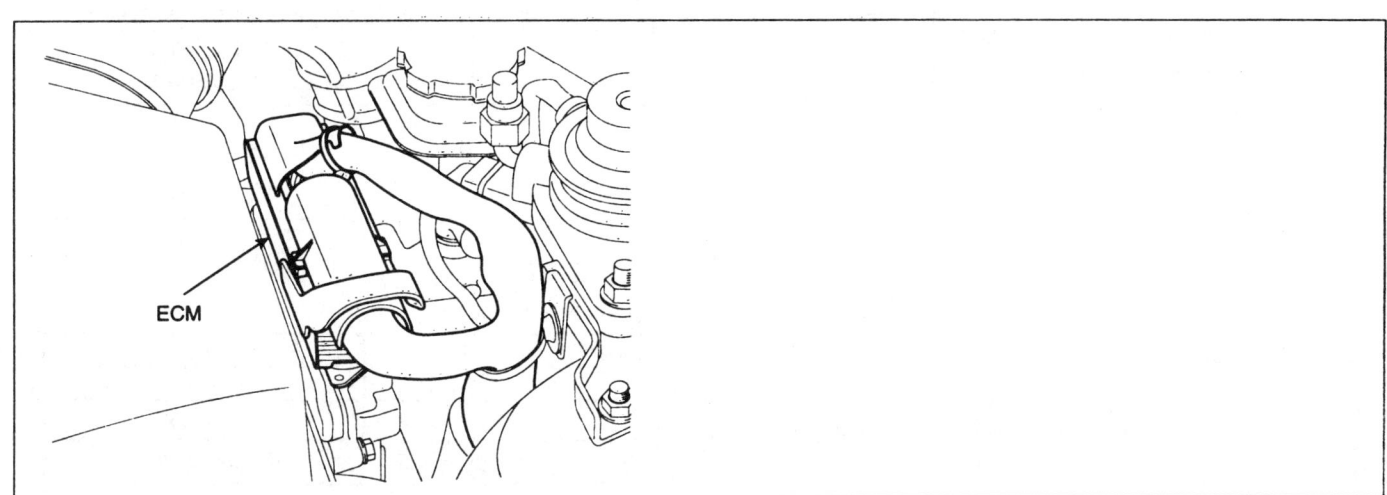

기능 및 역할

ECM 은 전원을 공급받아 활성화되어 크랭크 포지션 센서, 엑셀페달 센서와 같은 각종 센서들의 신호를 입력 받는다. 이러한 입력 신호 값들을 기준으로 마이크로 컨트롤러와 EEPROM 에 저장된 제어 LOGIC 의 비교 연산을 통해 인젝터와 각종 솔레노이드, 릴레이를 구동하여 엔진을 제어한다. 또한 제어의 신뢰도를 위해, ECM 자체의 셀프 테스트(SELF TEST) 및 각종 센서, 액츄에이터들의 진단을 수행하며 주행 성능에 심각한 문제 발생시 운전자 및 정비사에게 고장 정보를 표출한다. 경우에 따라서 잘못된 제어에의한 위험 상황을 방지하기 위해 시스템을 차단 시키는 기능을 수행한다.

고장 코드 설명

P0698 코드는 ECM 에서 발생된 센서 공급 전원3의 5V 전압이 최소값인 4700mV 이하로 0.1초 이상 검출 될 경우 발생하는 고장 코드로 센서 전원선의 접지측 단락 및 ECM 내부 전원 전압 계통의 문제이다.

고장판정 조건

항목	감지 조건			고장 예상 부위
검출 방법	• 전압 모니터링			• 에어컨 압력 센서 전원 회로 • 가변 스월 액츄에이터 위치 센서 전원 회로 • ECM 단품
검출 조건	• IG KEY "ON"			
판정값	• 최소값 이하 (4700mV 이하인 경우)			
검출 시간	• 100ms			
페일세이프 (Fail Safe)	연료 차단	비실행	• 림프홈 (엔진 회전수 1200RPM 고정)	
	EGR 금지	비실행		
	연료 제한	실행		
	체크 램프	비점등		

제원 KA43CD3C

센서 전원 1	센서 전원 2	센서 전원 3
흡입 공기량 센서, 엑셀 페달 센서 1 4830mV~5158mV	부스트 압력 센서, 레일압력 센서, 엑셀 페달 센서 2 4830mV~5158mV	에어컨 압력 센서, 스월액츄에이터 위치 센서 4830mV~5158mV

부분 회로도 KF217353

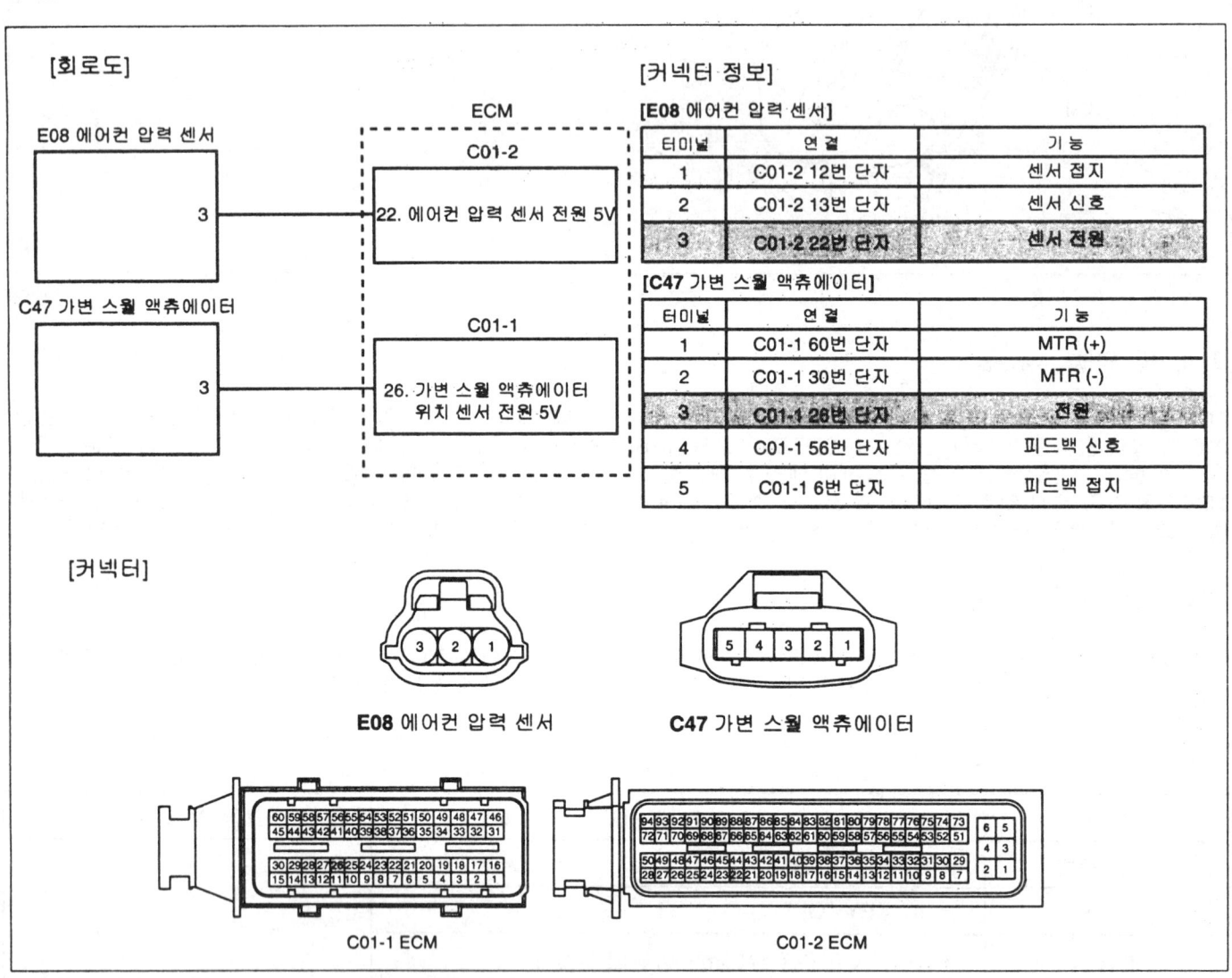

고장진단 FL -375

기준 파형 및 데이터

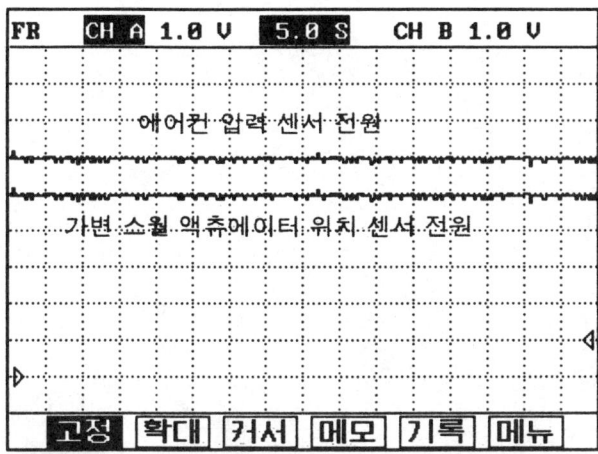

그림1

그림1) 에어컨 압력 센서 전원과 가변 스월 액츄에이터 위치 센서 전원을 동시에 측정한 파형으로 IG KEY "ON" 및 엔진 구동시 4.8~5.1V 를 유지하는지 점검한다.

컨넥터 및 터미널 점검

1. 전기장치는 수 많은 하네스와 커넥터로 구성되며, 이러한 커넥터들의 접촉 불량은 여러가지 다양한 문제를 유발 시키고, 부품을 손상 시키기도 한다.

2. 다음 점검 절차를 수행한다.

    1) 하네스와 터미널의 손상을 점검한다. : 터미널의 접촉 저항, 산화, 변형을 점검한다.

    2) ECM 과 단품 커넥터의 접속 상태를 확인한다. : 터미널 단자의 이탈, 록킹 장치의 손상, 터미널과 와이어링의 연결 상태를 점검한다.

    📖 참고

    점검이 필요한 커넥터의 수컷측 핀을 탈거하여, 암컷측 터미널에 삽입 접촉 상태를 점검한다. (점검 후 탈거한 핀을 정위치에 바르게 장착한다.)

3. 문제 부위가 확인되는가?

    YES

    ▶ 문제 부위를 수리후 "고장수리 확인" 절차를 수행한다.

    NO

    ▶ "전원선 점검" 절차를 수행한다.

전원선 점검

1. 전원선 전압 점검

    1) IG KEY "OFF", 엔진을 정지한다.

    2) 에어컨 압력 센서 커넥터와 가변 스월 액츄에이터 커넥터를 탈거한다.

    3) IG KEY "ON"

4) 에어컨 압력 센서 커넥터 3번 단자와 가변 스월 액츄에이터 커넥터 3번 단자의 전압을 점검한다.

규정값 : 4.8V~5.1V

5) 규정 전압이 검출되는가?

YES

▶ "단품 점검"을 실시한다.

NO

▶ 아래 "2. 전원선 단락(접지측) 점검"을 실시한다.

2. 전원선 단락(접지측) 점검

1) IG KEY "OFF", 엔진을 정지한다.
2) 에어컨 압력 센서 커넥터와 가변 스월 액츄에이터 커넥터, ECM 커넥터를 탈거한다.
3) 에어컨 압력 센서 커넥터 3번 단자와 가변 스월 액츄에이터 커넥터 3번 단자의 차체 접지간 통전 시험을 실시한다.

규정값 : 비통전 (무한대 Ω)

4) 센서 전원선의 접지측 절연 상태는 정상적인가?

YES

▶ 회로의 절연 상태가 정상이며, ECM 에서 출력되는 센서 전원 전압이 낮다면 ECM 을 교환 후 "고장수리 확인" 절차를 수행한다.

NO

▶ 단락(접지측) 발생 부위를 찾아 수리 후 "고장수리 확인" 절차를 수행한다.

단품점검 KD2CD724

1. IG KEY "OFF", 엔진을 정지한다.
2. 에어컨 압력 센서 커넥터와 가변 스월 액츄에이터 커넥터를 탈거한다.
3. IG KEY "ON" 후 센서 커넥터 전원 전압이 정상임을 확인한다.
4. 에어컨 압력 센서 커넥터와 가변 스월 액츄에이터 커넥터를 순서대로 장착한다.

규정값 : 에어컨 압력 센서 커넥터와 가변 스월 액츄에이터 커넥터 장착시 센서 전원 전압에 변화가 없어야함.
(센서 커넥터 연결시 전원 전압의 변화가 발생한다면, 센서 내부의 단락 발생을 의미한다.)

5. 센서 커넥터 연결 상태에서 센서 전원 전압의 변화가 발생하는가?

YES

▶ 해당 센서(에어컨 압력 센서 혹은 가변 스월 액츄에이터)를 교환 한다.

고장진단

NO

▶ "고장수리 확인" 절차를 수행한다.

고장수리 확인   K7BC05ED

본 진단 가이드를 사용해서 발생된 문제를 수리한 뒤, 고장이 완전히 해결되었는지 확인하는 과정이 필요하다.

1. 스캔툴을 연결한 후, 자기진단을 실시하여 고장 코드를 확인한다.
2. 저장된 고장코드를 스캔툴을 이용하여 소거한다.
3. 고장 판정 조건중의 검출 조건에 따라 차량을 주행한다.
4. 스캔툴로 자기 진단을 실시하여 고장 코드가 발생 되었는지 확인한다.
5. 고장 코드가 발생되는가 ?

YES

▶ 해당되는 고장 코드 수리 절차로 이동한다.

NO

▶ 고장 수리가 완료되어 시스템이 정상적으로 작동한다.

DTC P0699 센서 공급 전원 "C" - 입력신호 높음

부품 위치

DTC P0698 참조.

기능 및 역할

DTC P0698 참조.

고장 코드 설명

P0699 코드는 ECM 에서 발생된 센서 공급 전원3의 5V 전압이 최대값인 5158mV 이상으로 0.1초 이상 검출될 경우 발생하는 고장 코드로 센서 전원선의 전원측 단락 및 ECM 내부 전원 전압 계통의 문제이다.

고장판정 조건

항 목		감지 조건		고장 예상 부위
검출 방법		• 전압 모니터링		
검출 조건		• IG KEY "ON"		
판정값		• 최대값 이상 (5158mV 이상인 경우)		• 에어컨 압력 센서 전원 회로
검출 시간		• 100ms		• 가변 스월 액츄에이터 위치 센서 전원 회로
페일세이프 (Fail Safe)	연료 차단	비실행	• 림프홈 (엔진 회전수 1200RPM 고정)	• ECM 단품
	EGR 금지	비실행		
	연료 제한	실행		
	체크 램프	비점등		

제원

센서 전원 1	센서 전원 2	센서 전원 3
흡입 공기량 센서, 엑셀 페달 센서 1 4830mV~5158mV	부스트 압력 센서, 레일압력 센서, 엑셀 페달 센서 2 4830mV~5158mV	에어컨 압력 센서, 스월액츄에이터 위치 센서 4830mV~5158mV

부분 회로도

DTC P0698 참조.

기준 파형 및 데이터

DTC P0698 참조.

컨넥터 및 터미널 점검

DTC P0698 참조.

고장진단

전원선 점검 K06EDFF1

1. 전원선 전압 점검

    1) IG KEY "OFF", 엔진을 정지한다.

    2) 에어컨 압력 센서 커넥터와 가변 스월 액츄에이터 커넥터를 탈거한다.

    3) IG KEY "ON"

    4) 에어컨 압력 센서 커넥터 3번 단자와 가변 스월 액츄에이터 커넥터 3번 단자의 전압을 점검한다.

규정값 : 4.8V~5.1V

    5) 규정 전압이 검출되는가?

    YES

    ▶ "단품 점검"을 실시한다.

    NO

    ▶ 아래 "2. 전원선 단락(전원측) 점검"을 실시한다.

2. 전원선 단락(전원측) 점검

    1) IG KEY "OFF", 엔진을 정지한다.

    2) 에어컨 압력 센서 커넥터와 가변 스월 액츄에이터 커넥터, ECM 커넥터를 탈거한다.

    3) IG KEY "ON"

    4) 에어컨 압력 센서 커넥터 3번 단자와 가변 스월 액츄에이터 커넥터 3번 단자의 전압을 점검한다.

규정값 : 0.0V~0.1V

    5) 커넥터 양단이 분리된 상태에서 회로에 이상 전압이 검출 되는가?

    YES

    ▶ 단락(전원측) 발생 부위를 찾아 수리 후 "고장수리 확인" 절차를 수행한다.

    NO

    ▶ 회로의 절연 상태가 정상이며, ECM 에서 출력되는 센서 전원 전압이 높다면 ECM 을 교환 후 "고장수리 확인" 절차를 수행한다.

단품점검 K0F11624

1. IG KEY "OFF", 엔진을 정지한다.

2. 에어컨 압력 센서 커넥터와 가변 스월 액츄에이터 커넥터를 탈거한다.

3. IG KEY "ON" 후 센서 커넥터 전원 전압이 정상임을 확인한다.

4. 에어컨 압력 센서 커넥터와 가변 스월 액츄에이터 커넥터를 순서대로 장착한다.

규정값 : 에어컨 압력 센서 커넥터와 가변 스월 액츄에이터 커넥터 장착시 센서 전원 전압에 변화가 없어야함.
(센서 커넥터 연결시 전원 전압의 변화가 발생한다면, 센서 내부의 단락 발생을 의미한다.)

5. 센서 커넥터 연결 상태에서 센서 전원 전압의 변화가 발생하는가?

   YES

   ▶ 해당 센서(에어컨 압력 센서 혹은 가변 스월 액츄에이터)를 교환 한다.

   NO

   ▶ "고장수리 확인" 절차를 수행한다.

고장수리 확인 KBFC5650

DTC P0698 참조.

고장진단

DTC P0700 TCM으로 부터 MIL 점등 요청

기능 및 역할 KEE83218

ECM 과 TCM 은 보다 능동적인 제어를 위해 CAN 통신을 통해 여러 가지 정보를 주고 받는다. 하지만 TCM 측은 TCM 관련 센서(인풋 스피드 센서, 아웃풋 스피드 센서, 인히비터 스위치등….) 및 각종 액츄에이터(변속 솔레노이드 밸브 등….)의 문제 발생시 3속으로 변속단이 고정되기는 하나 TCM 경고등과 같이 운전자에게 직접적으로 TCM 의 문제를 나타내주는 장치가 마련되어있지 않다. 이에 파워트레인의 문제 발생시 엔진 측으로 신호를 전송하여, 엔진 체크 램프를 점등 시켜 운전자에게 파워트레인 계통(A/T 계통)의 문제 발생 상황을 나타내 준다.

고장 코드 설명 K99D9883

P0700 코드는 TCM 측(자동 변속기 계통)의 에러 발생시 운전자에게 엔진 체크 램프를 통해 TCM의 문제를 알려주는 고장 코드로 엔진의 문제가 아닌 자동 변속기 계통을 진단해야한다.

고장판정 조건 K93E74D5

항 목	감지 조건			고장 예상 부위
검출 방법	• 신호 모니터링			
검출 조건	• 엔진 구동			
판정값	• TCM 측으로 부터의 엔진 경고등 점등 요구 발생			
검출 시간	• 즉시			• TCM 계통의 문제 발생
페일세이프 (Fail Safe)	연료 차단	비실행		
	EGR 금지	비실행		
	연료 제한	비실행		
	체크 램프	점등		

고장수리 확인 K6524C71

본 진단 가이드를 사용해서 발생된 문제를 수리한 뒤, 고장이 완전히 해결되었는지 확인하는 과정이 필요하다.

1. 스캔툴을 연결한 후, 자기진단을 실시하여 고장 코드를 확인한다.
2. 저장된 고장코드를 스캔툴을 이용하여 소거한다.
3. 고장 판정 조건중의 검출 조건에 따라 차량을 주행한다.
4. 스캔툴로 자기 진단을 실시하여 고장 코드가 발생 되었는지 확인한다.
5. 고장 코드가 발생되는가 ?

   YES

   ▶ 해당되는 고장 코드 수리 절차로 이동한다.

   NO

   ▶ 고장 수리가 완료되어 시스템이 정상적으로 작동한다.

DTC P0701 TCU 고장 상태

기능 및 역할

ECM 과 TCM 은 보다 능동적인 제어를 위해 CAN 통신을 통해 여러 가지 정보를 주고 받는다. 하지만 TCM 측은 TCM 관련 센서(인풋 스피드 센서, 아웃풋 스피드 센서, 인히비터 스위치등….) 및 각종 액츄에이터(변속 솔레노이드 밸브 등….)의 문제 발생시 3속으로 변속단이 고정되기는 하나 TCM 경고등과 같이 운전자에게 직접적으로 TCM 의 문제를 나타내주는 장치가 마련되어있지 않다. 이에 파워트레인의 문제 발생시 엔진 측으로 신호를 전송하여, 엔진 체크 램프를 점등 시켜 운전자에게 파워트레인 계통(A/T 계통)의 문제 발생 상황을 나타내 준다.

고장 코드 설명

P0701 코드는 ECM 이 CAN 통신을 통해 TCM의 고장을 감지한 경우 발생하는 고장 코드로 TCM의 작동 여부를 진단 해야한다.

고장판정 조건

항목	감지 조건			고장 예상 부위
검출 방법	• 신호 모니터링			
검출 조건	• 엔진 구동			
판정값	• TCM 고장 상태			
검출 시간	• 즉시			• TCM 고장
페일세이프 (Fail Safe)	연료 차단	비실행		
	EGR 금지	비실행		
	연료 제한	비실행		
	체크 램프	비점등		

고장수리 확인

본 진단 가이드를 사용해서 발생된 문제를 수리한 뒤, 고장이 완전히 해결되었는지 확인하는 과정이 필요하다.

1. 스캔툴을 연결한 후, 자기진단을 실시하여 고장 코드를 확인한다.
2. 저장된 고장코드를 스캔툴을 이용하여 소거한다.
3. 고장 판정 조건중의 검출 조건에 따라 차량을 주행한다.
4. 스캔툴로 자기 진단을 실시하여 고장 코드가 발생 되었는지 확인한다.
5. 고장 코드가 발생되는가 ?

   YES
   ▶ 해당되는 고장 코드 수리 절차로 이동한다.

   NO
   ▶ 고장 수리가 완료되어 시스템이 정상적으로 작동한다.

고장진단

DTC P0820 중립 기어 스위치 이상

기능 및 역할

중립 기어 스위치는 수동 변속기 차량에 설치되어 운전자의 기어 삽입 의지(차량 주행 의지)를 감지한다. 수동 변속기 차량은 차속과 엔진 회전수 신호를 연산하여 차량의 기어단수를 인식하여, 변속단수에 따라 흑연(Black Smoke) 제한 연료량 값을 제어한다. (1단 보다는 2단, 3단의 고 기어단수로 갈수록 최대 분사 가능 연료를 크게하여 출력을 증대 시킴) 차속과 엔진 회전수에 의해 기어단수를 인식하기 위해서는, ECM 이 인식 가능한 최소 차속인 2Km/h이상의 차속이 발생해야 한다. 정지 후 출발시 2Km/h에 도달하기 전까지는 중립 기어에 해당하는 연료량 맵을 취 할 수 밖에 없고, 이런 현상은 특히 등판로와 같이 고출력을 요하는 구간에서 더욱 두드러지게 나타난다. 이러한 문제를 해결하기 위해 중립 기어 스위치를 설치, 운전자의 차량 발진 의지(기어삽입 상태)를 감지하여 즉시 1단 기어에 해당하는 연료량 맵을 취할 수 있도록 한다.

> **참고**
> 무부하 급가속시 발생하는 흑연을 줄이기 위해, 무부하 시의 연료 분사량은 *1*단 기어일때의 *70%*정도로 제한된다.

고장 코드 설명

P0820 코드는 차량 정지 상태에서 기어가 중립이 아닌 조건으로 인식되었으나, 클러치 신호가 입력되지 않고 엔진 회전수가 600rpm 이상인 조건 혹은 시동 후 80Km/h 이상 차속이 증가 했음에도 불구하고 계속 중립 신호가 인식되는 조건이 3초 이상 유지시 고장 코드가 발생한다. 이는 중립 기어 스위치 회로의 단선 혹은 단락(전원측, 접지측) 경우에 해당한다.

고장판정 조건

항 목	감지 조건		고장 예상 부위
검출 방법	• 신호 모니터링		
검출 조건	• 차량 주행 상태		
판정값	• 배터리측으로 단락이 발생된 경우 • GND 로 단락된 경우, 와이어링 결선이 단선된 경우		• 중립 기어 스위치 단품 • 중립 기어 스위치 회로
검출 시간	• 3.0sec		
페일세이프 (Fail Safe)	연료 차단	비실행	
	EGR 금지	비실행	
	연료 제한	비실행	
	체크 램프	비점등	

제원

신호 전압	기어 중립 상태	기어 중립 이외의 상태
11.0V~13.5V	0.0V~0.2V(LOW)	11.0V~13.5V(HIGH)

부분 회로도

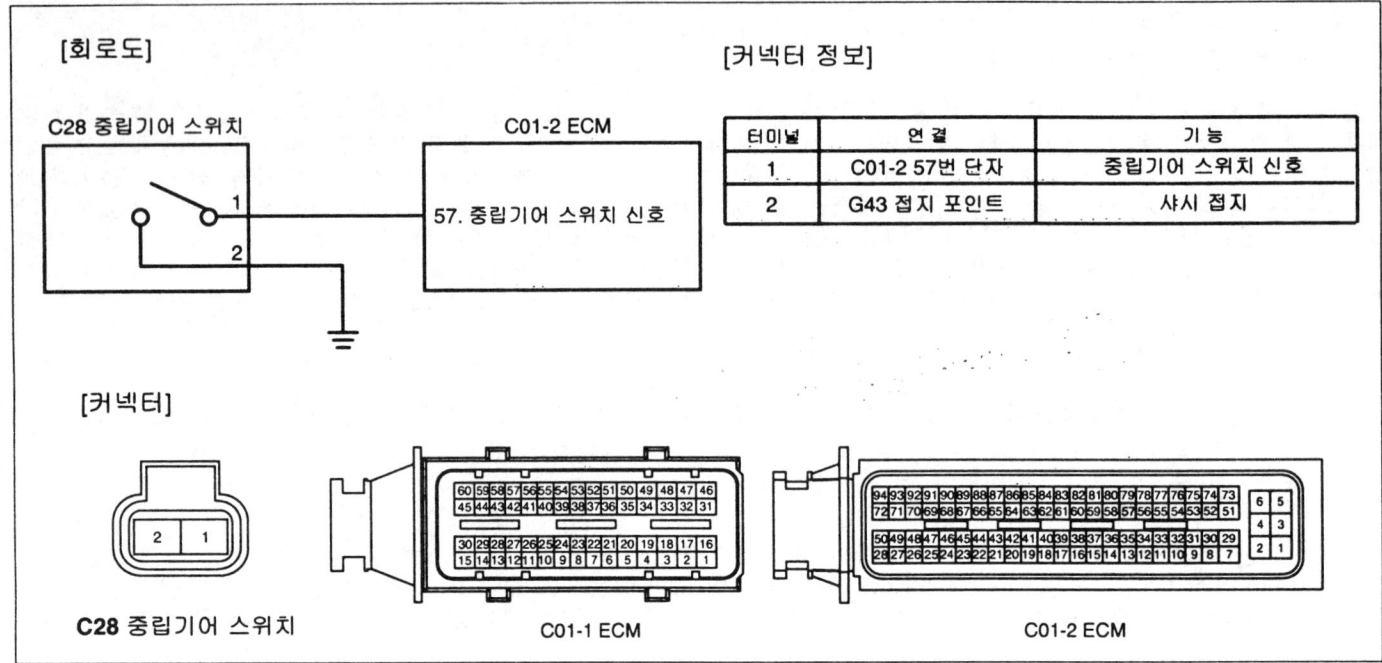

기준 파형 및 데이터

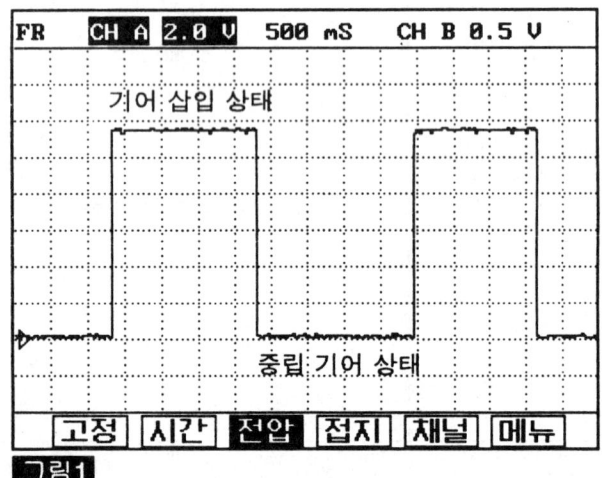

그림1) 중립 기어 상태의 전압은 0V 이며, 중립 이외의 기어 삽입시 12V 의 전압을 나타낸다.

스캔툴 데이터 분석

1. 자기진단 커넥터에 스캔툴을 연결한다.

2. 엔진을 정상작동 온도 까지 워밍업 한다.

3. 전기 장치 및 에어컨을 OFF 한다.

4. 스캔툴에 표시되는 "중립기어 스위치(M/T)" 항목을 점검한다.

고장진단

규정값 : 기어 중립 : ON
기어 삽입 : OFF

```
     1.2 써비스 데이터         18/38
  ✕ 배터리전압              14.3 V
  ✕ 클러치스위치(M/T)        ON
  ✕ 중립기어 스위치(M/T)     ON
  ✕ 브레이크 스위치1        ON
  ✕ 브레이크 스위치2        ON
    에어컨 스위치
    에어컨 릴레이
    에어컨압력스위치-MID

  [고정][단품][전체][도움][라인][기록]
```
그림1

그림1) 쉬프트 레버를 작동 시키며, 1단 기어 삽입과 해제를 반복 작동 하여 "중립기어 스위치 (M/T)" 항목의 ON,OFF 상태가 정상적으로 변하는지 점검한다.

컨넥터 및 터미널 점검

1. 전기장치는 수 많은 하네스와 커넥터로 구성되며, 이러한 커넥터들의 접촉 불량은 여러가지 다양한 문제를 유발 시키고, 부품을 손상 시키기도 한다.

2. 다음 점검 절차를 수행한다.

    1) 하네스와 터미널의 손상을 점검한다. : 터미널의 접촉 저항, 산화, 변형을 점검한다.

    2) ECM 과 단품 커넥터의 접속 상태를 확인한다. : 터미널 단자의 이탈, 록킹 장치의 손상, 터미널과 와이어링의 연결 상태를 점검한다.

    > **참고**
    > 점검이 필요한 커넥터의 수컷측 핀을 탈거하여, 암컷측 터미널에 삽입 접촉 상태를 점검한다. (점검 후 탈거한 핀을 정위치에 바르게 장착한다.)

3. 문제 부위가 확인되는가?

    YES
    ▶ 문제 부위를 수리후 "고장수리 확인" 절차를 수행한다.

    NO
    ▶ "신호선 점검" 절차를 수행한다.

신호선 점검

1. 중립 기어 스위치 전압 점검

    1) IG KEY "ON", 엔진을 정지한다.

    2) 중립 기어 스위치 커넥터를 탈거한다.

3) 중립 기어 스위치 커넥터 1번 단자의 전압을 점검한다.

규정값 : 11.5V~13.0V

4) 규정 전압이 검출되는가?

YES

▶ "접지선 점검" 을 실시한다.

NO

▶ 아래 "2.중립 기어 스위치 신호선 단선 점검" 을 실시한다.

2. 중립 기어 스위치 신호선 단선 점검

1) IG KEY "OFF", 엔진을 정지한다.
2) 중립 기어 스위치 커넥터와 ECM 커넥터를 탈거한다.
3) 중립 기어 스위치 커넥터 1번 단자와 ECM 커넥터 57번 단자간 통전 시험을 실시한다.

규정값 : 통전 (1.0Ω 이하)

4) 중립 기어 스위치 신호선의 통전 시험은 정상적인가?

YES

▶ 중립 기어 스위치 신호선의 단락(접지측) 부위를 찾아 수리 후 "고장수리 확인" 절차를 수행한다.

NO

▶ 단선 발생 부위를 찾아 수리 후 "고장수리 확인" 절차를 수행한다.

접지선 점검　K31CE64B

1. IG KEY "OFF", 엔진을 정지한다.
2. 중립 기어 스위치 커넥터를 탈거한다.
3. IG KEY "ON"
4. 중립 기어 스위치 커넥터 1번 단자와 차체 접지간 전압을 점검한다. [TEST "A"]
5. 중립 기어 스위치 커넥터 1번 단자와 2번 단자간 전압을 점검한다. [TEST "B"]
   (1번 단자 : + 프로브 검침 , 2번 단자 : - 프로브 검침)

규정값 : [TEST "A"] 전압 - [TEST "B"] 전압 = 200mV 이내

6. 접지선의 접지 상태는 정상적인가?

YES

▶ "단품 점검"을 실시한다.

고장진단

NO

▶ "B" 전압이 검출 되지 않을 경우 : 접지 회로의 단선을 수리 후 "고장수리 확인" 절차를 수행한다.
▶ "A" 와 "B" 전압 차이가 200mV 이상일 경우 : 접지 회로의 저항 과다 요인을 수정 후 "고장수리 확인" 절차를 수행한다.

단품점검 K2F73097

1. IG KEY "OFF", 엔진을 정지한다.
2. 중립 기어 스위치 커넥터를 탈거한다.
3. 쉬프트 레버를 작동 시키면서 중립 기어 스위치 단품의 1번과 2번 단자의 통전 시험을 실시한다.

규정값 : 기어 중립 : 통전 (1.0Ω 이하)
기어 삽입 : 비통전 (무한대 Ω)

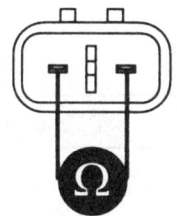

AWJF010K

4. 쉬프트 레버 작동에 따른 통전 시험은 정상적인가?

YES

▶ "고장수리 확인" 절차를 수행한다.

NO

▶ 중립 기어 스위치를 교환 후 "고장수리 확인" 절차를 수행한다.

고장수리 확인 K95C7B0D

본 진단 가이드를 사용해서 발생된 문제를 수리한 뒤, 고장이 완전히 해결되었는지 확인하는 과정이 필요하다.

1. 스캔툴을 연결한 후, 자기진단을 실시하여 고장 코드를 확인한다.
2. 저장된 고장코드를 스캔툴을 이용하여 소거한다.
3. 고장 판정 조건중의 검출 조건에 따라 차량을 주행한다.
4. 스캔툴로 자기 진단을 실시하여 고장 코드가 발생 되었는지 확인한다.
5. 고장 코드가 발생되는가 ?

YES

▶ 해당되는 고장 코드 수리 절차로 이동한다.

NO

▶ 고장 수리가 완료되어 시스템이 정상적으로 작동한다.

DTC P0830 클러치 스위치 이상

기능 및 역할 K896019E

클러치 스위치는 클러치 패달에 연동되어 클러치의 작동을 ECM 에 전달한다. 차량 주행시 운전자가 클러치 페달을 밟게 되면, 엔진은 부하상태에서 무부하 상태로 진입하게 된다. 그러나 ECM은 발생되는 차속센서 신호에 의해 차량이 주행상태인 것으로 판단하여, 무부하 상태인 엔진을 부하상태의 엔진 제어 조건으로 제어한다. 이로인해, 엔진상태에 따른 연료량 제어가 수행되지 못하여 엔진 회전수가 불안해 지고 매연이 발생하게 된다. 클러치 스위치는 운전자의 클러치 작동을 감지하여, 클러치 페달 조작에 의한 엔진의 순간적인 부하변동에 ECM이 능동적으로 대처할 수 있도록 해준다. 또한 차속, 엔진 회전수 정보와 함께 현재 기어 변속단을 검출하는 신호로도 사용된다.

고장 코드 설명 K88F1267

P0830 코드는 차량 주행중 기어단 변경 후 2초 동안 클러치 변화가 없을 경우, 혹은 차속이 10Km/h 이상 엔진 회전수 1000rpm 이상 조건에서 기어 단수 변속이 4회 일어나는 동안 클러치 신호가 없을 경우에도 클러치 스위치의 에러로 판단한다. 이는 클러치 스위치 단품 불량 및 회로 단선 단락, 클러치 페달 높이 조정 불량의 경우이다.
※ ECM 은 엔진 회전수와 차속 센서 신호를 이용 기어 변속단을 연산한다.

고장판정 조건 K7631A22

항목	감지 조건			고장 예상 부위
검출 방법	• 신호 모니터링			
검출 조건	• 엔진 구동 (차량 주행중)			
판정값	• 주행중 기어단 변경 후 2초 동안 클러치 스위치 변화가 없을 경우 • 차속 10Km/h, 1000rpm 이상 조건에서 기어 단수가 4회 변화 일어나는 동안 클러치 스위치 신호의 변화가 없을 경우			• 클러치 스위치 단품 • 클러치 페달 높이 이상 • 클러치 스위치 회로
검출 시간	• 즉시			
페일세이프 (Fail Safe)	연료 차단	비실행		
	EGR 금지	비실행		
	연료 제한	비실행		
	체크 램프	비점등		

제원 KA15A347

조건	클러치 페달 ON	클러치 페달 OFF
스위치 작동	스위치 ON	스위치 OFF

고장진단

부분 회로도 K7E0A1D6

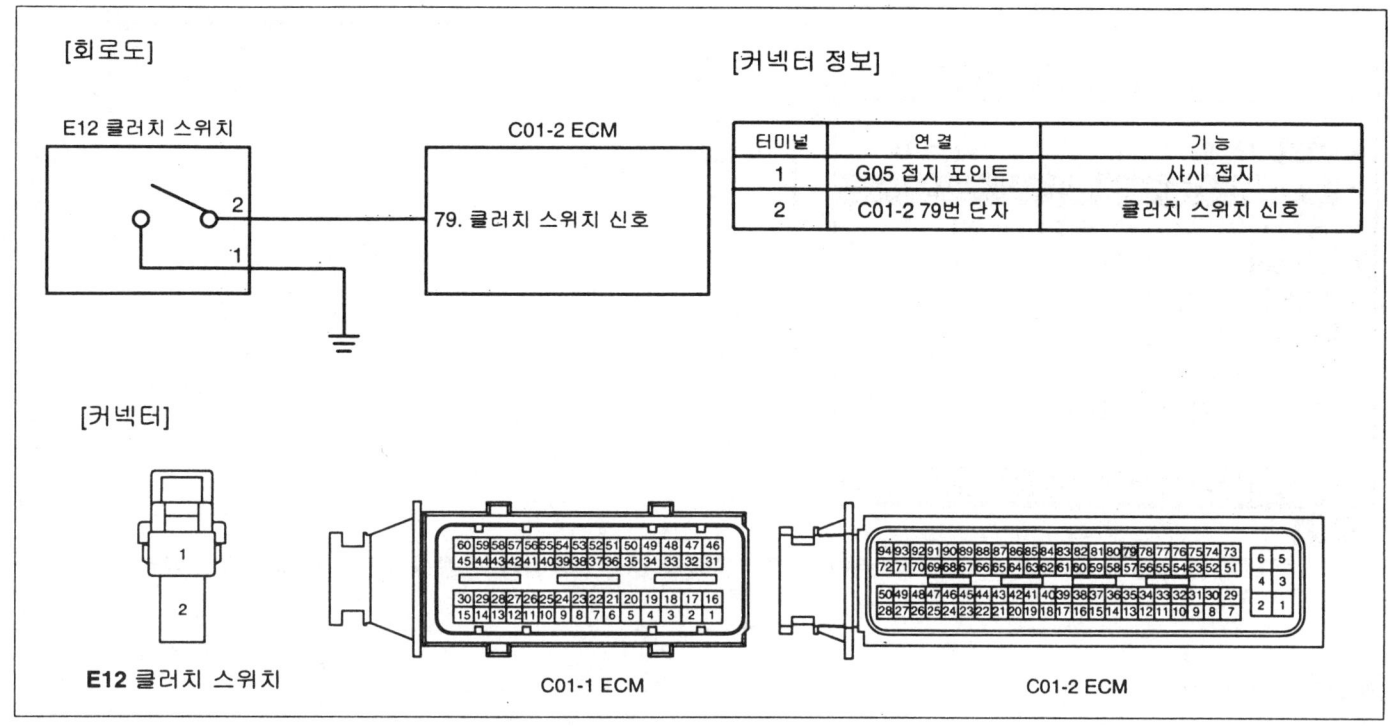

기준 파형 및 데이터 KDFF0573

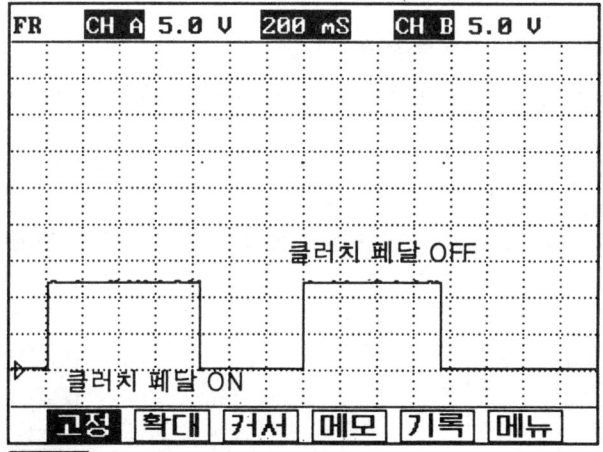

그림1) 클러치 페달 작동시 클러치 스위치의 파형을 나타낸다. 클러치 페달을 밟으면 0V, 클러치 페달을 OFF 하면 12V의 출력을 나타낸다.

스캔툴 데이터 분석 K3781957

1. 자기진단 커넥터에 스캔툴을 연결한다.
2. 엔진을 정상작동 온도 까지 워밍업 한다.
3. 전기 장치 및 에어컨을 OFF 한다.
4. 스캔툴에 표시되는 "클러치스위치(M/T)" 항목을 점검한다.

규정값 : 클러치 페달 미작동시 : 클러치스위치(M/T) : OFF
클러치 페달 작동시 : 클러치 스위치(M/T) : ON

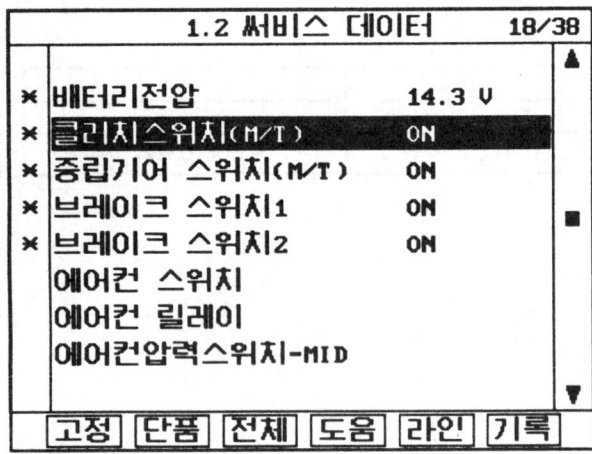

그림1
그림1) 클러치 페달을 작동해 가며 "클러치스위치(M/T)" 항목의 ON,OFF 상태가 정상적으로 변하는지 점검한다.

AWJF010O

커넥터 및 터미널 점검 K8B1F790

1. 전기장치는 수 많은 하네스와 커넥터로 구성되며, 이러한 커넥터들의 접촉 불량은 여러가지 다양한 문제를 유발 시키고, 부품을 손상 시키기도 한다.

2. 다음 점검 절차를 수행한다.

    1) 하네스와 터미널의 손상을 점검한다. : 터미널의 접촉 저항, 산화, 변형을 점검한다.

    2) ECM 과 단품 커넥터의 접속 상태를 확인한다. : 터미널 단자의 이탈, 록킹 장치의 손상, 터미널과 와이어링의 연결 상태를 점검한다.

    > 참고
    > 점검이 필요한 커넥터의 수컷측 핀을 탈거하여, 암컷측 터미널에 삽입 접촉 상태를 점검한다. (점검 후 탈거한 핀을 정위치에 바르게 장착한다.)

3. 문제 부위가 확인되는가?

    YES
    ▶ 문제 부위를 수리후 "고장수리 확인" 절차를 수행한다.

    NO
    ▶ "신호선 점검" 절차를 수행한다.

신호선 점검 K53CE1F6

1. 클러치 스위치 풀업 전압 점검

    1) IG KEY "OFF", 엔진을 정지한다.

    2) 클러치 스위치 커넥터를 탈거한다.

    3) IG KEY "ON"

고장진단 FL-391

    4) 클러치 스위치 커넥터 2번 단자의 전압을 점검한다.

규정값 : 11.5V~13.0V

    5) 규정 전압이 검출되는가?

    YES

    ▶ "접지선 점검"을 실시한다.

    NO

    ▶ 아래 "2.클러치 스위치 신호선 단선 점검"을 실시한다.

2. 클러치 스위치 신호선 단선 점검

    1) IG KEY "OFF", 엔진을 정지한다.

    2) 클러치 스위치 커넥터와 ECM 커넥터를 탈거한다.

    3) 클러치 스위치 커넥터 2번 단자와 ECM 커넥터 79번 단자간 통전 시험을 실시한다.

규정값 : 통전 (1.0Ω 이하)

    4) 클러치 스위치 신호선의 통전 시험은 정상적인가?

    YES

    ▶ 클러치 스위치 신호선의 단락(접지측) 부위를 찾아 수리 후 "고장수리 확인" 절차를 수행한다.

    NO

    ▶ 단선 발생 부위를 찾아 수리 후 "고장수리 확인" 절차를 수행한다.

접지선 점검   K2F2700E

1. IG KEY "OFF", 엔진을 정지한다.

2. 클러치 스위치 커넥터를 탈거한다.

3. 클러치 스위치 커넥터 1번 단자와 차체 접지간 통전 시험을 실시한다.

규정값 : 통전(1.0Ω 이하)

4. 접지선의 접지 상태는 정상적인가?

    YES

    ▶ "단품 점검"을 실시한다.

    NO

    ▶ 접지 회로의 단선 혹은 접촉 불량을 수리 후 "고장수리 확인" 절차를 수행한다.

단품점검 KE773A68

1. IG KEY "OFF", 엔진을 정지한다.
2. 클러치 스위치 커넥터를 탈거한다.
3. 클러치 페달을 작동 시키면서 클러치 스위치 단품의 1번과 2번 단자의 통전 시험을 실시한다.

규정값 : 클러치 페달 ON : 통전 (1.0Ω 이하)
클러치 페달 OFF : 비통전 (무한대 Ω)

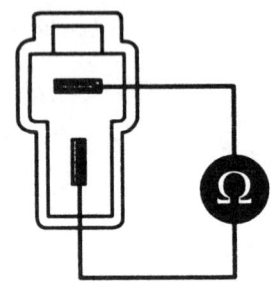

4. 클러치 페달 작동에 따른 통전 시험은 정상적인가?

YES

▶ "고장수리 확인" 절차를 수행한다.

NO

▶ 클러치 페달 높이 및 조정 상태를 확인 후 이상이 없으면 클러치 스위치를 교환하고 "고장수리 확인" 절차를 수행한다.

고장수리 확인 K6938D84

본 진단 가이드를 사용해서 발생된 문제를 수리한 뒤, 고장이 완전히 해결되었는지 확인하는 과정이 필요하다.

1. 스캔툴을 연결한 후, 자기진단을 실시하여 고장 코드를 확인한다.
2. 저장된 고장코드를 스캔툴을 이용하여 소거한다.
3. 고장 판정 조건중의 검출 조건에 따라 차량을 주행한다.
4. 스캔툴로 자기 진단을 실시하여 고장 코드가 발생 되었는지 확인한다.
5. 고장 코드가 발생되는가?

YES

▶ 해당되는 고장 코드 수리 절차로 이동한다.

NO

▶ 고장 수리가 완료되어 시스템이 정상적으로 작동한다.

고장진단

DTC P1145 오버런 모니터링 이상

부품 위치

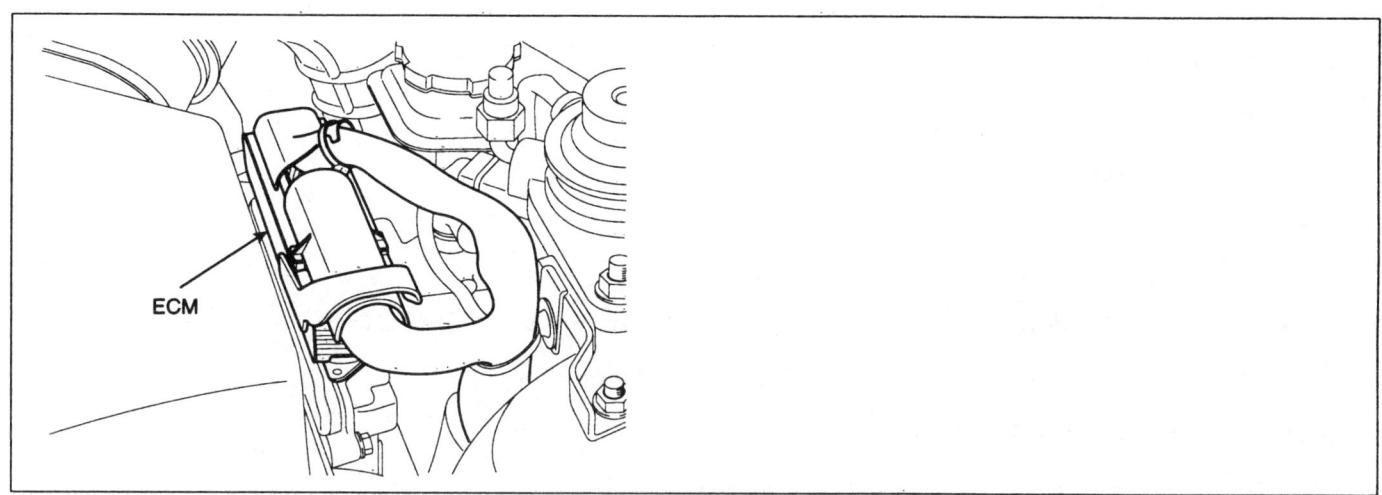

기능 및 역할

ECM 은 전원을 공급받아 활성화되어 크랭크 포지션 센서, 엑셀페달 센서와 같은 각종 센서들의 신호를 입력 받는다. 이러한 입력 신호 값들을 기준으로 마이크로 컨트롤러와 EEPROM 에 저장된 제어 LOGIC 의 비교 연산을 통해 인젝터와 각종 솔레노이드, 릴레이를 구동하여 엔진을 제어한다. 또한 제어의 신뢰도를 위해, ECM 자체의 셀프 테스트(SELF TEST) 및 각종 센서, 액츄에이터들의 진단을 수행하며 주행 성능에 심각한 문제 발생시 운전자 및 정비사에게 고장 정보를 표출한다. 경우에 따라서 잘못된 제어에의한 위험 상황을 방지하기 위해 시스템을 차단 시키는 기능을 수행한다.

고장 코드 설명

P1145 코드는 차량 가속 후 악셀 페달을 OFF 하였으나 (차량 타력주행 상태), 인젝터 연료 차단(FUEL CUT)이 일어나지 않고 인젝터가 구동되어 연료가 분사되는 경우 발생하는 고장 코드로 ECM 내부 인젝터 구동 계통의 전원 차단 능력 상실의 경우이다.

고장판정 조건

항 목	감지 조건			고장 예상 부위
검출 방법	• 소프트 웨어 모니터링			
검출 조건	• 차량 주행 상태			
판정값	• 차량 오버런이 수초간 지속되는 경우 (운전자의 의도와 상관 없이 연료가 분사되는 경우)			
검출 시간	• 즉시			• ECM 내부 이상
페일세이프 (Fail Safe)	연료 차단	실행		
	EGR 금지	비실행		
	연료 제한	비실행		
	체크 램프	비점등		

단품점검

1. ECM 단품 점검

    1) IG KEY "OFF", 엔진을 정지 한다.

    2) 차량에서 ECM 을 탈거한다.

    3) 양품 ECM을 장착하여, 정상 여부를 확인한다.

    4) 문제가 조치되면 ECM 을 교환한다.

고장수리 확인

본 진단 가이드를 사용해서 발생된 문제를 수리한 뒤, 고장이 완전히 해결되었는지 확인하는 과정이 필요하다.

1. 스캔툴을 연결한 후, 자기진단을 실시하여 고장 코드를 확인한다.
2. 저장된 고장코드를 스캔툴을 이용하여 소거한다.
3. 고장 판정 조건중의 검출 조건에 따라 차량을 주행한다.
4. 스캔툴로 자기 진단을 실시하여 고장 코드가 발생 되었는지 확인한다.
5. 고장 코드가 발생되는가 ?

    YES

    ▶ 해당되는 고장 코드 수리 절차로 이동한다.

    NO

    ▶ 고장 수리가 완료되어 시스템이 정상적으로 작동한다.

DTC P1185 레일 연료 압력 과다

부품 위치

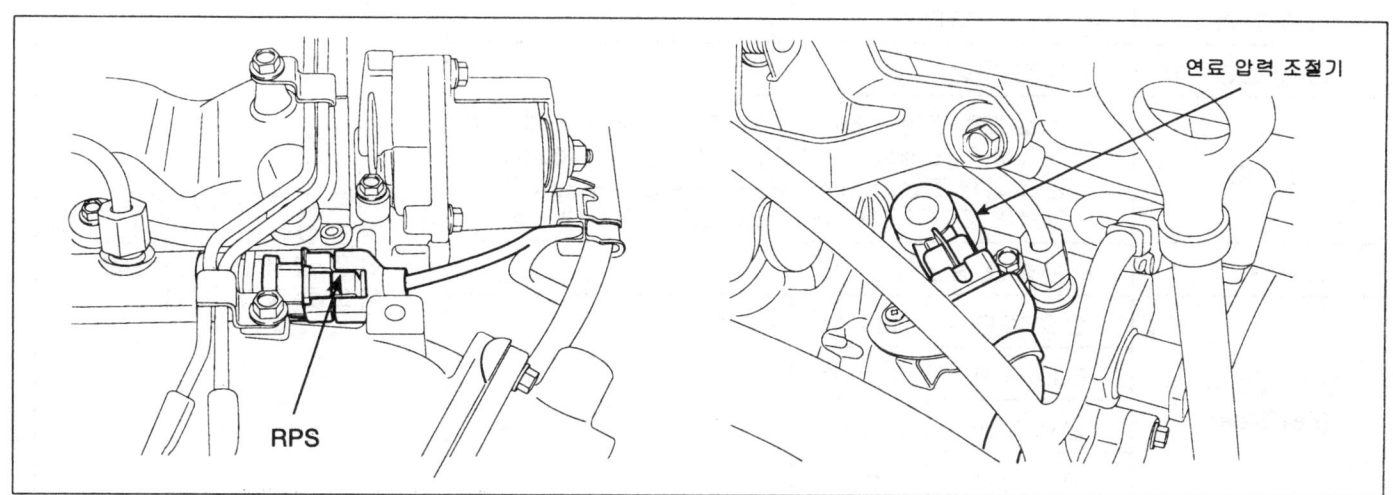

기능 및 역할

커먼레일 디젤 엔진의 ECM은 현재 엔진 회전수와 부하 상태에 따른 최적의 레일 압력 제어를 위해, 레일압력 센서 신호를 입력 받아 연료압력 조절기(MPROP-고압펌프에 장착)와 레일 압력 조절기(PCV-커먼레일에 장착) 전류를 제어한다. 하지만 기계적 혹은 전기적 문제로 인해 ECM에서 제어 하려고 하는 목표 레일 압력 범위를 벗어나는 문제 발생시 ECM은 엔진의 이상 제어를 방지하기위해 연료량를 제한하여, 림폼모드로 진입 시키고 고장 코드를 발생 시킨다. 즉 레일압력 모니터링 이상 고장 코드는 저압 연료의 공급 상태 및 고압펌프, 연료 압력 조절기, 레일압력 조절기등의 기계적인 작동 상태를 레일압력 센서 출력값과 연료압력 조절기, 레일압력 조절기 전류량을 통해 간접적으로 진단하는 고장 코드로 정비사의 종합적인 연료 장치 구성의 이해를 요한다.

고장 코드 설명

P1185 코드는 연료압력조절기(MPROP)에 의해 레일 압력이 제어 되는 영역에서 계측된 레일 압력이 목표 레일압력 보다 200bar 이상 높은 상태가 유지되거나, 레일 압력이 최대 제한값 이상 상승 한 경우 발생하는 고장 코드로 ECM의 제어 목표량 보다 많은 량의 연료가 커먼레일에 공급되거나, 커먼레일에 공급된 연료의 리턴 불량, 연료압력 센서의 높은 전압으로의 고착 요인을 점검해 보아야 한다.

고장판정 조건 K3221266

항 목	감지 조건		고장 예상 부위
검출 방법	• 전압 모니터링		• 연료 압력 조절기(열림 고착) • 레일 압력 조절기(닫힘 고착) • 레일 압력 센서(높은 전압으로 출력 고정)
검출 조건	• 엔진 구동		
판정값	• 연료 압력 조절기(MPROP) 작동 구간에서 실제 레일 압력이 목표 레일압력 보다 200bar 높음 - 400ms • 연료 압력 조절기(MPROP) 작동 구간에서 실제 레일 압력이 제한값 1750,000 hpa 보다 높음 - 120ms		
검출 시간	• 판정값 참조		
페일세이프 (Fail Safe)	연료 차단	비실행	
	EGR 금지	비실행	
	연료 제한	실행	
	체크 램프	점등	

스캔툴 데이터 분석 K3339B21

1. 레일 압력 데이터 점검

   1) 자기진단 커넥터에 스캔툴을 연결한다.

   2) 엔진을 정상작동 온도 까지 워밍업 한다.

   3) 전기 장치 및 에어컨을 OFF 한다.

   4) 스캔툴에 표시되는 "레일 압력", "레일압력목표값", "연료측정(MPROP)", "레일압력조절밸브" 항목을 점검한다.

규정값 : 아이들시 연료압력 : 레일압력 목표값과 거의 일치해야함.
레일압력 목표값 : 28 ± 5 Mpa
레일압력조절밸브 : 20 ± 5%
연료측정(MPROP) : 40 ± 5%

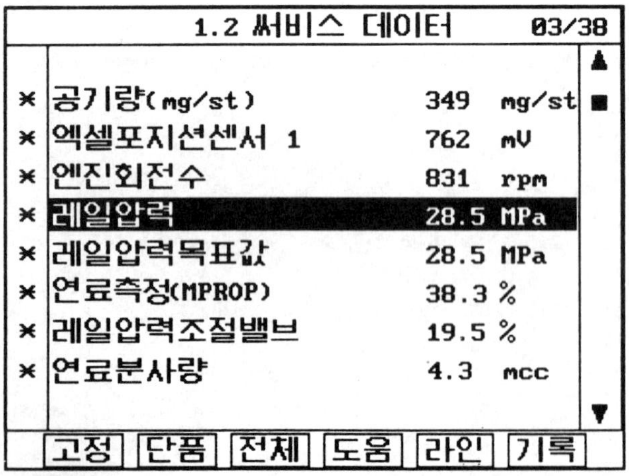

1.2 써비스 데이터 03/38
* 공기량(mg/st) 349 mg/st
* 엑셀포지션센서 1 762 mV
* 엔진회전수 831 rpm
* 레일압력 28.5 MPa
* 레일압력목표값 28.5 MPa
* 연료측정(MPROP) 38.3 %
* 레일압력조절밸브 19.5 %
* 연료분사량 4.3 mcc
고정 단품 전체 도움 라인 기록

그림1

그림1) 엔진 워밍업후 아이들시 "레일 압력" 항목을 점검한다.

AWJF001G

고장진단

엔진을 시동하여 "레일압력" 데이터가 "레일압력목표값"에 거의 일치하는지 점검한다. 이때 "레일압력조절밸브" 및 "연료측정(MPROP)" 항목의 데이터를 유심히 살펴 보아야 한다. 비록 레일 압력이 목표 레일압력에 일치하였다 하더라도 레일압력조절밸브 및 연료측정(MPROP) 데이터가 규정값에서 벗어나 있다면 ECM에서 예측하지 못하는 연료 장치의 마모, 누설, 고착이 진행중임을 의미한다.

2. 가속시(부하 조건) 레일 압력 데이터 점검

   1) 자기진단 커넥터에 스캔툴을 연결한다.

   2) 엔진을 정상작동 온도 까지 워밍업 한다.

   3) 전기 장치 및 에어컨을 OFF 한다.

   4) 스캔툴에 표시되는 "연료측정(MPROP)", "레일압력", "레일압력조절밸브" 항목을 점검한다.

규정값 :

	아이들(무부하)	가속시(스톨테스트)	분석
연료측정(MPROP)	38 ± 5%	32 ± 5%	듀티 감소
레일압력	28.5 ± 5 Mpa	145 ± 10 Mpa	압력 증가
레일압력조절밸브	19 ± 5%	48 ± 5%	듀티 증가

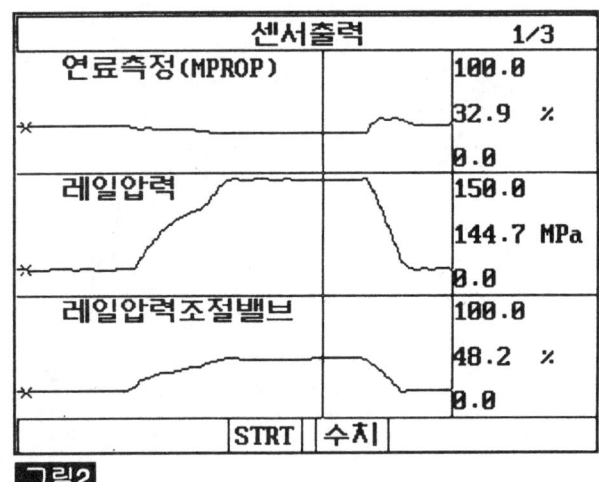

그림2) 그래프에 나타난 커서의 위치는 아이들 상태의 데이터를 나타낸다.
그림3) 가속(스톨 테스트) 시 데이터 변화를 나타낸다.

🛈 참고

고압펌프에 장착된 연료 압력조절기(연료측정 MPROP)는 아이들시 약 *38%*의 듀티를 나타내며, 가속시 레일압력을 상승시키기 위해 듀티가 약 *32%*로 낮아진다. 듀티의 감소는 전류가 감소한 것을 의미한다.
→ 전류가 감소하면 고압 펌프에서 커먼레일로 압송되는 연료량이 증가한다.)

커먼레일에 장착된 레일압력조절밸브는 아이들시 약 *19%*의 듀티를 나타내며, 가속시 레일압력을 상승시키기 위해 듀티가 약 *48%*까지 상승한다. 듀티의 증가는 전류가 증가한 것을 의미한다.
→ 전류가 증가하면 커먼레일에 공급된 연료의 리턴량이 감소하여, 커먼레일의 압력이 상승한다.)

고장수리 확인

본 진단 가이드를 사용해서 발생된 문제를 수리한 뒤, 고장이 완전히 해결되었는지 확인하는 과정이 필요하다.

1. 스캔툴을 연결한 후, 자기진단을 실시하여 고장 코드를 확인한다.

2. 저장된 고장코드를 스캔툴을 이용하여 소거한다.

3. 고장 판정 조건중의 검출 조건에 따라 차량을 주행한다.

4. 스캔툴로 자기 진단을 실시하여 고장 코드가 발생 되었는지 확인한다.

5. 고장 코드가 발생되는가 ?

   YES

   ▶ 해당되는 고장 코드 수리 절차로 이동한다.

   NO

   ▶ 고장 수리가 완료되어 시스템이 정상적으로 작동한다.

고장진단

DTC P1186 엔진 회전수별 압력이 너무 낮음

부품 위치

DTC P1185 참조.

기능 및 역할

DTC P1185 참조.

고장 코드 설명

P1186 코드는 연료압력조절기(MPROP)에 의해 레일 압력이 제어 되는 영역에서 계측된 레일 압력이 목표 레일압력 보다 200bar 이상 낮은 상태가 1.0초 이상 유지될 경우 발생하는 고장 코드로 ECM 의 제어 목표량 보다 적은 량의 연료가 커먼레일에 공급되거나, 커먼레일에 공급된 연료의 리턴 과다, 연료압력 센서의 낮은 전압으로의 고착 요인을 점검해 보아야 한다.

고장판정 조건

항목	감지 조건			고장 예상 부위
검출 방법	• 전압 모니터링			
검출 조건	• 엔진 구동			
판정값	• 연료 압력 조절기(MPROP) 작동 구간에서 실제 레일 압력이 목표 레일압력보다 200bar 낮음			• 연료 압력 조절기(닫힘 고착)
검출 시간	• 1.0sec			• 레일 압력 조절기(열림 고착)
페일세이프 (Fail Safe)	연료 차단	비실행		• 레일 압력 센서(낮은 전압으로 출력 고정)
	EGR 금지	비실행		
	연료 제한	실행		
	체크 램프	점등		

스캔툴 데이터 분석

DTC P1185 참조.

고장수리 확인

DTC P1185 참조.

DTC P1586 MT/AT 식별(ENCODING) 실패

부품 위치

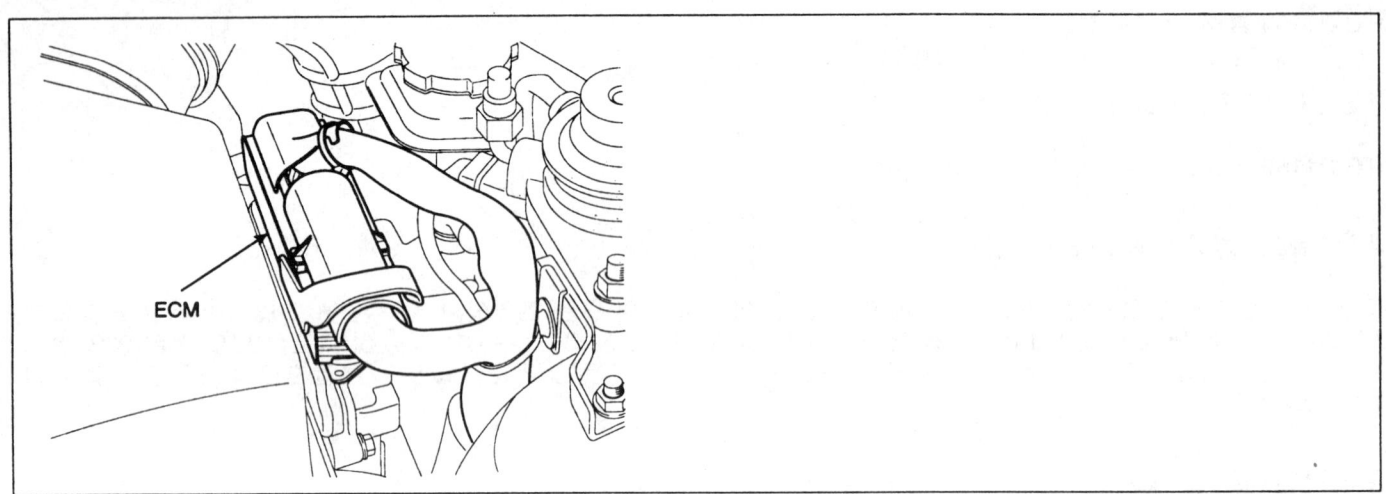

기능 및 역할

ECM 의 일원화(A/T, M/T ECM 구분없이 사용)를 위해 하나의 ECM 에 A/T 차량의 연료량 제어 맵과 M/T 차량의 연료량 제어 맵을 함께 입력하여, 장착되는 차량의 사양에 맞도록 외부에서 설정이 가능하도록 되어있다. ECM 이 차량에 장착되면, 와이어링에 설치 되어있는 (ECM 커넥터 C01-2 의 81번 단자) 접지 라인의 접지(Ground) 혹은 단선(OPEN) 여부에 따라 A/T, M/T 사양을 자동으로 학습한다. (매 IG KEY "ON" 시 학습) 만약 A/T, M/T 학습이 완료 되지 않거나, 학습 오류 발생시 정상적인 엔진 출력이 발생하지 않으며, 계기판의 글로우 램프가 점멸 한다.

A/T 차량 : ECM 커넥터 C01-2 81번 단자 접지(Ground)
M/T 차량 : ECM 커넥터 C01-2 81번 단자 단선(OPEN-와이어링이 존재하지 않음)

고장 코드 설명

P1586 코드는 IG KEY "ON" 시 ECM C01-2 81번 단자의 접지 혹은 단선 여부에 따라 인식한 A/T, M/T 정보를 ECM 내부 EEPROM 에 저장 및 읽어오지 못하는 경우 발생하는 고장코드로 ECM 단품 불량의 경우이다.

고장판정 조건

항목	감지 조건		고장 예상 부위
검출 방법	• 소프트웨어 모니터링		
검출 조건	• IG KEY "ON"		
판정값	• A/T, M/T 학습 오류(ECM 내부 저장 영역에 쓰기 및 읽기 불가)		
검출 시간	• 4.0sec		• ECM 단품 불량
페일세이프 (Fail Safe)	연료 차단	비실행	
	EGR 금지	비실행	• 글로우 램프 점멸
	연료 제한	비실행	
	체크 램프	비점등	

고장진단

부분 회로도 KA82493B

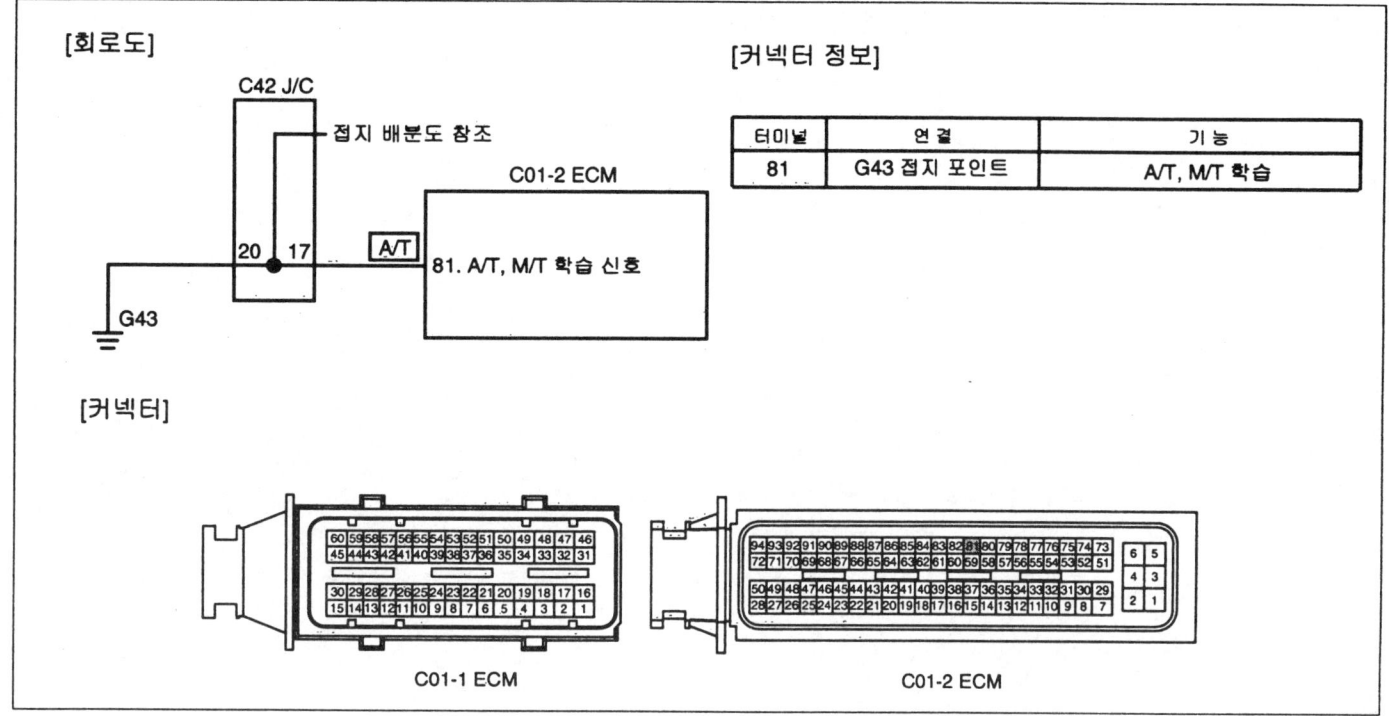

단품점검 KE50516F

1. ECM 단품 점검

    1) IG KEY "OFF", 엔진을 정지 한다.

    2) 차량에서 ECM 을 탈거한다.

    3) 양품 ECM을 장착하여, 정상 여부를 확인한다.

    4) 문제가 조치되면 ECM 을 교환한다.

고장수리 확인 K0BA6831

본 진단 가이드를 사용해서 발생된 문제를 수리한 뒤, 고장이 완전히 해결되었는지 확인하는 과정이 필요하다.

1. 스캔툴을 연결한 후, 자기진단을 실시하여 고장 코드를 확인한다.

2. 저장된 고장코드를 스캔툴을 이용하여 소거한다.

3. 고장 판정 조건중의 검출 조건에 따라 차량을 주행한다.

4. 스캔툴로 자기 진단을 실시하여 고장 코드가 발생 되었는지 확인한다.

5. 고장 코드가 발생되는가 ?

    YES

    ▶ 해당되는 고장 코드 수리 절차로 이동한다.

NO

▶ 고장 수리가 완료되어 시스템이 정상적으로 작동한다.

고장진단

DTC P1587 MT/AT 별 CAN 통신 이상

부품 위치 KC5D576C

DTC P1586 참조.

기능 및 역할 K726648D

DTC P1586 참조.

고장 코드 설명 KAF3F3D4

P1587 코드는 차량의 ECM 상태가 A/T로 인식된 상태이나, TCM 측으로 부터 CAN 통신 신호가 입력되지 않는 경우, 혹은 M/T 로 인식된 상태에서 CAN 통신에 의해 TCM측으로 부터 신호가 입력되는 경우에 발생하는 고장 코드로 A/T, M/T 자동 인식 단자가 차량 사양에 따라 정상적인지 확인 후 문제가 없다면, CAN 통신 회로의 접촉 불량 및 TCM 의 CAN 통신 문제를 점검한다.

고장판정 조건 K686E7DF

항목	감지 조건			고장 예상 부위
검출 방법	• 전압 모니터링			
검출 조건	• 엔진 구동			
판정값	• A/T, M/T 인식 상태와 반대되는 TCM 신호(CAN 통신) 입력시			• A/T, M/T 인식 단자 회로 • CAN 통신 회로 • TCM 단품 • ECM 단품
검출 시간	• 1.0sec			
페일세이프 (Fail Safe)	연료 차단	비실행	• 글로우 램프 점멸	
	EGR 금지	비실행		
	연료 제한	비실행		
	체크 램프	비점등		

부분 회로도 KDA8C7C4

DTC P1586 참조.

컨넥터 및 터미널 점검 K24EFF6A

1. 전기장치는 수 많은 하네스와 커넥터로 구성되며, 이러한 커넥터들의 접촉 불량은 여러가지 다양한 문제를 유발 시키고, 부품을 손상 시키기도 한다.

2. 다음 점검 절차를 수행한다.

   1) 하네스와 터미널의 손상을 점검한다. : 터미널의 접촉 저항, 산화, 변형을 점검한다.

   2) ECM 과 단품 커넥터의 접속 상태를 확인한다. : 터미널 단자의 이탈, 록킹 장치의 손상, 터미널과 와이어링의 연결 상태를 점검한다.

> 📖 **참고**
> 점검이 필요한 커넥터의 수컷측 핀을 탈거하여, 암컷측 터미널에 삽입 접촉 상태를 점검한다. (점검 후 탈거한 핀을 정위치에 바르게 장착한다.)

3. 문제 부위가 확인되는가?

   YES

   ▶ 문제 부위를 수리후 "고장수리 확인" 절차를 수행한다.

   NO

   ▶ "접지선 점검" 절차를 수행한다.

전원선 점검

1. IG KEY "OFF", 엔진을 정지한다.
2. ECM 커넥터를 탈거한다.
3. ECM 커넥터 C01-2 81번 단자와 차체 접지간 통전 시험을 실시한다.

규정값 : 통전(1.0Ω 이하)

4. A/T, M/T 자동 인식 단자의 접지 상태는 정상적인가?

   YES

   ▶ "CAN 통신선 진단" 절차를 수행한다.
   CAN 통신선 진단은 "U0101" 코드별 진단 가이드 내용을 참조한다.

   NO

   ▶ C42 조인트 커넥터 17번, 20번 단자 및 G43접지 포인트 관련 회로의 접촉 불량 및 단선을 수리 후 "고장수리 확인" 절차를 수행한다.

고장수리 확인

DTC P1586 참조.

고장진단　　　　　　　　　　　　　　　　　　　　　　　　　　　　　　　　FL -405

DTC P1588 MT/AT 인식 라인 이상

부품 위치   K5905929

DTC P1586 참조.

기능 및 역할   KB1A1DA4

DTC P1586 참조.

고장 코드 설명   K8CDF0E6

P1586 코드는 엔진 구동중 A/T, M/T 자동 인식 단자(ECM C01-2 81번 단자)의 신호에 변화가 있을경우 발생하는 고장 코드로 A/T 차량의 경우 자동 인식 단자의 접지 회로 단선 발생 경우이며, M/T 차량은 반대로 접지가 된 경우이다. 주로 A/T 차량에서 발생하는 고장 코드로 A/T, M/T 자동 인식 단자 회로의 접지 상태를 점검한다.

고장판정 조건   K39AF026

항 목	감지 조건			고장 예상 부위
검출 방법	• 전압 모니터링			
검출 조건	• 엔진 구동			
판정값	• 엔진 구동중 A/T, M/T 자동 인식 단자 신호가 변경될 경우			
검출 시간	• 1.0sec			• A/T, M/T 인식 단자 회로 • ECM 단품
페일세이프 (Fail Safe)	연료 차단	비실행	• 글로우 램프 점멸	
	EGR 금지	비실행		
	연료 제한	비실행		
	체크 램프	비점등		

부분 회로도   K3097049

DTC P1586 참조.

커넥터 및 터미널 점검   K83B42F1

DTC P1587 참조.

접지선 점검   KEF7054E

1. IG KEY "OFF", 엔진을 정지한다.

2. ECM 커넥터를 탈거한다.

3. ECM 커넥터 C01-2 81번 단자와 차체 접지간 통전 시험을 실시한다.

규정값 : 통전(1.0Ω 이하)

4. A/T, M/T 자동 인식 단자의 접지 상태는 정상적인가?

   YES

   ▶ "단품 점검" 절차를 수행한다.

   NO

   ▶ C42 조인트 커넥터 17번, 20번 단자 및 G43접지 포인트 관련 회로의 접촉 불량 및 단선을 수리 후 "고장수리 확인" 절차를 수행한다.

단품점검   KF9D0744

1. ECM 단품 점검

   1) IG KEY "OFF", 엔진을 정지 한다.

   2) 차량에서 ECM 을 탈거한다.

   3) 양품 ECM을 장착하여, 정상 여부를 확인한다.

   4) 문제가 조치되면 ECM 을 교환한다.

고장수리 확인   K58AE067

DTC P1586 참조.

고장진단

DTC P1634 냉각수 보조 히터

부품 위치

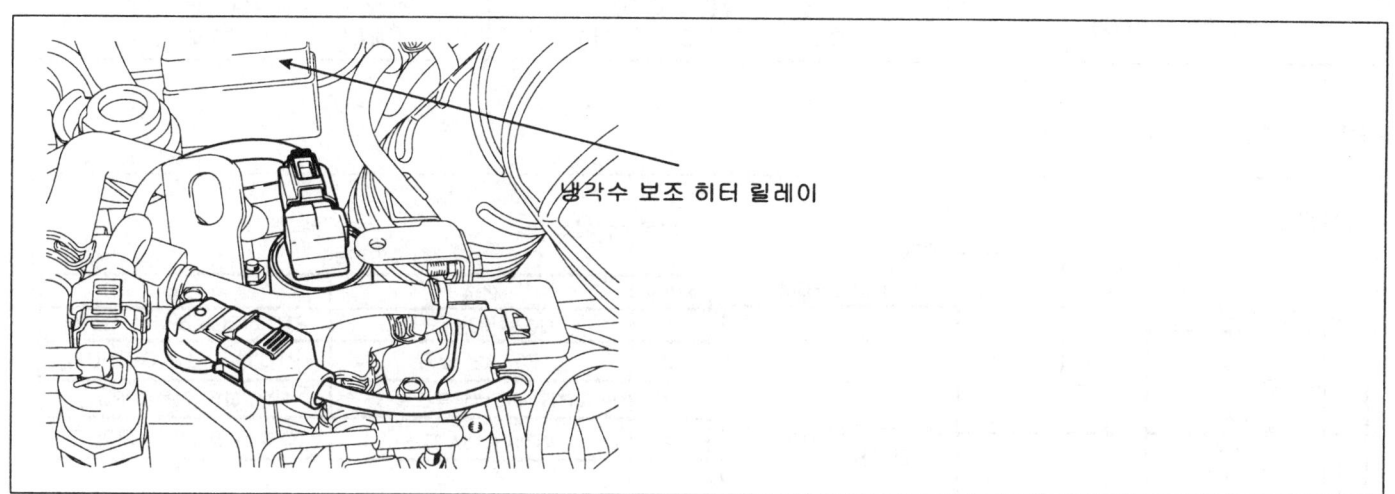
냉각수 보조 히터 릴레이

기능 및 역할

전자제어 디젤 엔진의 경우 엔진의 열효율이 뛰어나 연소 후 발생된 열이 실린더 내벽으로 손실되는 량이 가솔린 엔진보다 매우 적다. 이는 그만큼 열효율이 좋아 엔진의 고출력 및 저연비화를 나타내기도 하지만 냉각수 온도가 늦게 상승하므로, 운전자에게 좋은 난방 성능을 충족 시켜 줄 수 없다. 이에 실내 히터 코어 장착 부위에 전기식 히터(PTC 히터)를 설치하여 신속하게 더운 공기가 토출 될 수 있도록 하며, 그 열기로 인하여 히터 코어에 유입된 냉각수를 데워준다. ECM은 흡기온 5℃ 이하, 냉각수온 70℃ 이하조건에서 엔진회전수가 700RPM 이상인 조건에서 히터 릴레이 1과 2를 제어한다.

※ 히터 릴레이 제어 금지 조건 : 냉각수온 70℃ 이상, 엔진회전수 700RPM 이하(배터리 방전을 방지)

고장 코드 설명

P1634 코드는 히터 릴레이 작동 조건에서 제어 회로에 과도한 전류가 1.0초 이상 검출되거나 전류가 전혀 검출되지 않는 경우에 발생되는 고장 코드로 히터 릴레이 제어 회로의 단선 및 단락(전원측,접지측) 혹은 히터 릴레이 단품의 문제 경우이다.

고장판정 조건

항목	감지 조건		고장 예상 부위
검출 방법	• 전압 모니터링		
검출 조건	• IG KEY "ON" (릴레이 구동 조건에서만 모니터링 실시)		
판정 값	• 배터리측으로 단락이 발생한 경우		
검출 시간	• 1.0 sec.		• PTC 히터 릴레이#1 제어회로
페일세이프 (Fail Safe)	연료 차단	비실행	• 히터 릴레이 단품
	EGR 금지	비실행	
	연료 제한	비실행	
	체크 램프	비점등	

제 원

히터릴레이 코일저항	히터 릴레이 작동 온도	히터 릴레이 작동 조건
52±5Ω (20℃)	냉각수 70℃ 이하 (흡기온 센서 5℃ 이하)	엔진 회전수 700RPM 이상 (배터리 전압 8.9V 이상)

부분 회로도

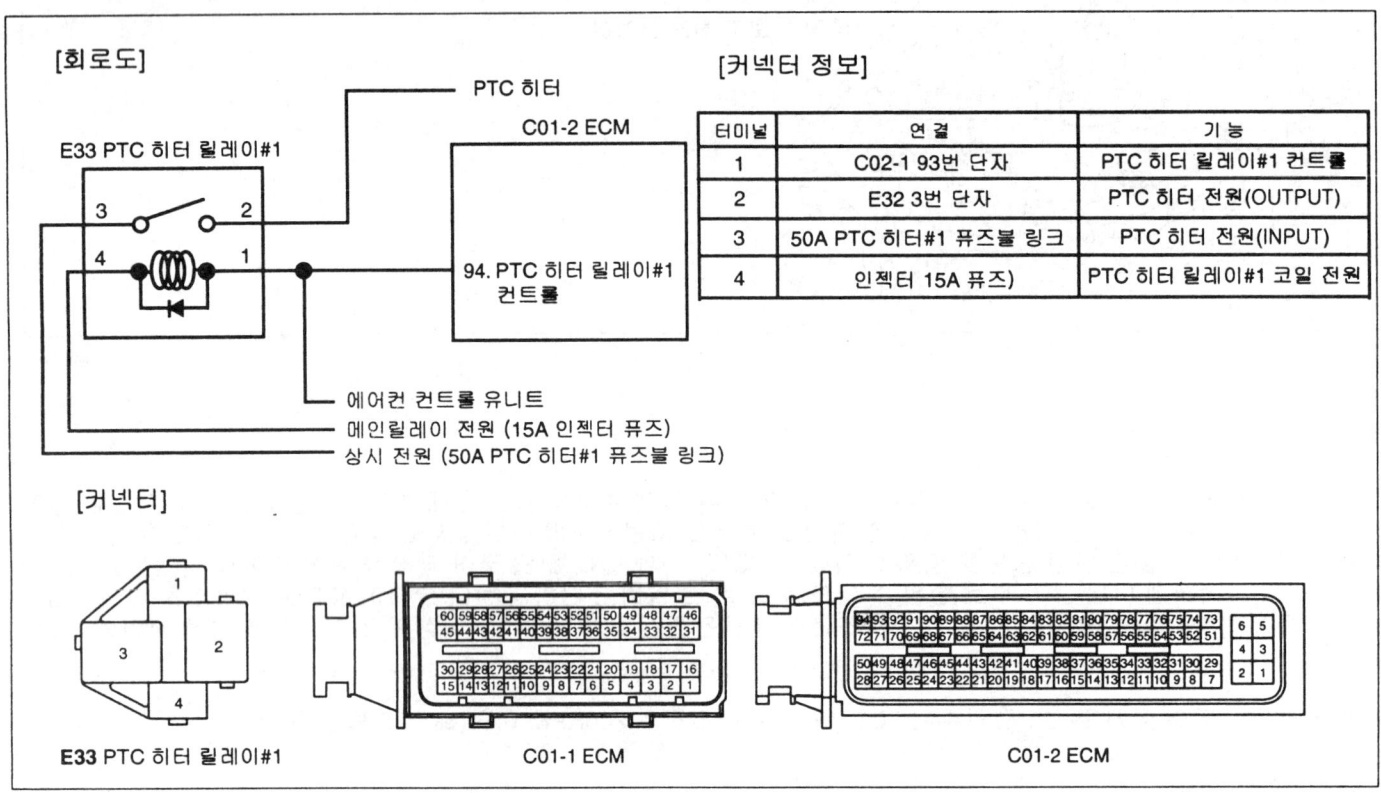

스캔툴 데이터 분석

1. 자기진단 커넥터에 스캔툴을 연결한다.

2. 엔진을 시동한다. (흡기온 5℃ 이하, 냉각수온 70℃ 이하 조건)

3. 블로워 스위치 "ON"

4. 스캔툴에 표시되는 "냉각수보조히터릴레이" 항목을 점검한다.
   (초기 시동시 "냉각수보조히터릴레이" 항목이 "ON" 을 나타내며, 엔진이 워밍업 되면서 "OFF" 로 전환 되는지 확인한다.)

규정값 : 냉각수온 70℃ 이하(흡기온 5℃ 이하) : 냉각수보조히터릴레이 ON
냉각수온 70℃ 이상 : 냉각수보조히터릴레이 OFF

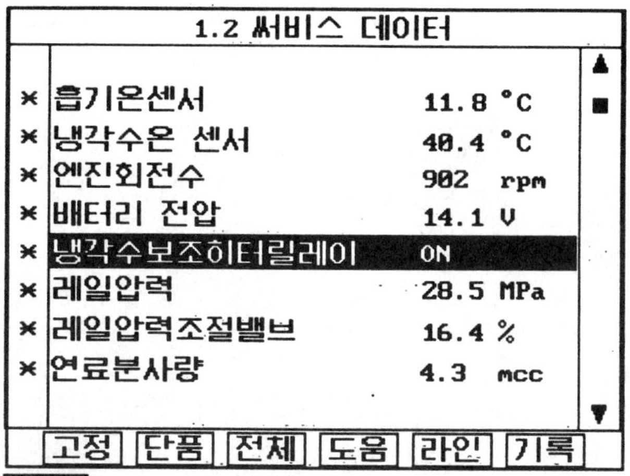

고장진단

그림1
```
1.2 써비스 데이터
* 흡기온센서         11.8 °C
* 냉각수온 센서      40.4 °C
* 엔진회전수         902 rpm
* 배터리 전압        14.1 V
* 냉각수보조히터릴레이  ON
* 레일압력           28.5 MPa
* 레일압력조절밸브    16.4 %
* 연료분사량         4.3 mcc
[고정][단품][전체][도움][라인][기록]
```

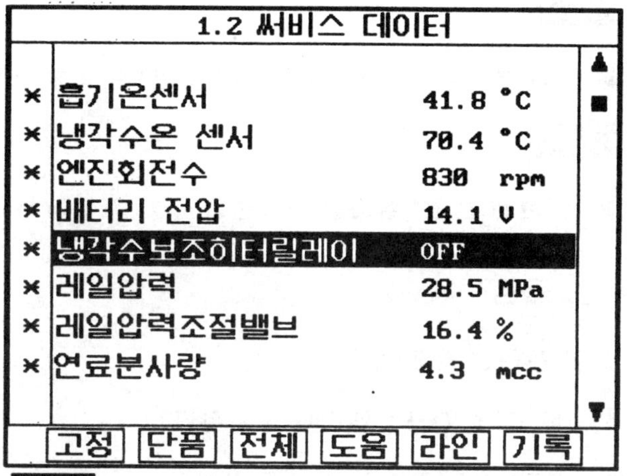

그림2
```
1.2 써비스 데이터
* 흡기온센서         41.8 °C
* 냉각수온 센서      70.4 °C
* 엔진회전수         830 rpm
* 배터리 전압        14.1 V
* 냉각수보조히터릴레이  OFF
* 레일압력           28.5 MPa
* 레일압력조절밸브    16.4 %
* 연료분사량         4.3 mcc
[고정][단품][전체][도움][라인][기록]
```

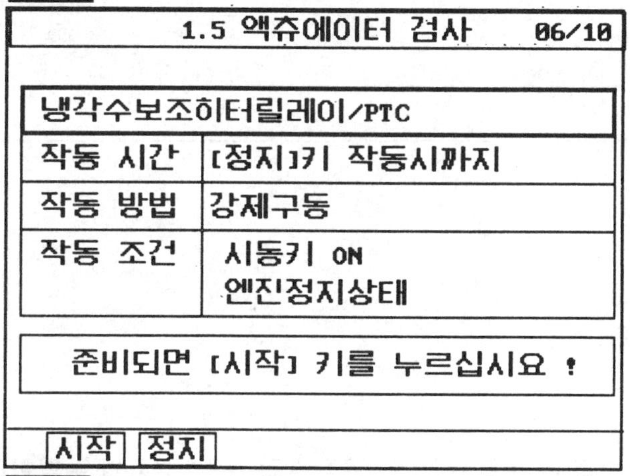

그림3
```
1.5 액츄에이터 검사       06/10

냉각수보조히터릴레이/PTC
작동 시간  [정지]키 작동시까지
작동 방법  강제구동
작동 조건  시동키 ON
          엔진정지상태

준비되면 [시작] 키를 누르십시오 !

[시작][정지]
```

그림1) 냉각수보조히터릴레이는 흡기온이 5℃ 이하, 냉각수온 70℃ 이하 조건을 만족해야 구동되며, 냉각수온이 70℃에 도달 하기 까지 "ON" 상태를 유지한다.

그림2) 냉각수온이 70℃를 넘으면서 "OFF" 된다.

그림3) 보조히터릴레이 구동 조건에서 벗어난 경우 다시 보조히터 릴레이 구동 조건을 만족하기 위해 차량을 냉각시키기 어려운 조건에서 스캔툴의 "액츄에이터" 구동 기능을 이용하여 릴레이 작동여부를 판단한다.

컨넥터 및 터미널 점검

1. 전기장치는 수 많은 하네스와 커넥터로 구성되며, 이러한 커넥터들의 접촉 불량은 여러가지 다양한 문제를 유발 시키고, 부품을 손상 시키기도 한다.

2. 다음 점검 절차를 수행한다.

   1) 하네스와 터미널의 손상을 점검한다. : 터미널의 접촉 저항, 산화, 변형을 점검한다.

   2) ECM 과 단품 커넥터의 접속 상태를 확인한다. : 터미널 단자의 이탈, 록킹 장치의 손상, 터미널과 와이어링의 연결 상태를 점검한다.

   > 참고
   > 점검이 필요한 커넥터의 수컷측 핀을 탈거하여, 암컷측 터미널에 삽입 접촉 상태를 점검한다. (점검 후 탈거한 핀을 정위치에 바르게 장착한다.)

3. 문제 부위가 확인되는가?

YES

▶ 문제 부위를 수리후 "고장수리 확인" 절차를 수행한다.

NO

▶ "전원선 점검" 절차를 수행한다.

전원선 점검   K5D96220

1. 상시 전원선 전압 점검

    1) IG KEY "OFF", 엔진을 정지한다.

    2) PTC 히터 릴레이#1 을 탈거한다.

    3) PTC 히터 릴레이#1 터미널 3번 단자의 전압을 점검한다.

    규정값 : 11.5V~13.0V

    4) 규정 전압이 검출되는가?

    YES

    ▶ 아래 "2. IG KEY "ON" 전원선 전압 점검" 을 실시한다.

    NO

    ▶ 퓨즈블 링크 박스 50A PTC 히터#1 퓨즈블 링크 및 회로의 단선을 수리 후 "고장수리 확인" 절차를 수행한다.

2. IG KEY "ON" 전원선 전압 점검

    1) IG KEY "ON", 엔진을 정지한다.

    2) PTC 히터 릴레이#1 을 탈거한다.

    3) IG KEY "ON"

    4) PTC 히터 릴레이#1 터미널 4번 단자의 전압을 점검한다.

    규정값 : 11.5V~13.0V

    5) 규정 전압이 검출되는가?

    YES

    ▶ "제어선 점검" 을 실시한다.

    NO

    ▶ 엔진룸 퓨즈 & 릴레이 박스의 15A 인젝터 퓨즈 및 관련 회로의 단선을 수리 후 "고장수리 확인" 절차를 수행한다.

제어선 점검   KC9F618C

1. 제어선 모니터링 전압 점검

고장진단

1) IG KEY "ON", 엔진을 정지한다.

2) PTC 히터 릴레이#1 을 탈거한다.

3) IG KEY "ON"

4) PTC 히터 릴레이#1 터미널 1번 단자의 전압을 점검한다.

규정값 : 8.0V~10.0V

5) 규정 전압이 검출되는가?

YES

▶ "단품 점검" 을 실시한다.

NO

▶ 전압이 검출 되지 않을 경우 : 아래 "2. 제어선 단선 점검"을 실시한다.
▶ 높은 전압이 검출될 경우 : 단락(전원측) 발생 부위를 찾아 수리 후 "고장수리 확인" 절차를 수행한다.

2. 제어선 단선 점검

1) IG KEY "OFF", 엔진을 정지한다.

2) PTC 히터 릴레이#1 과 ECM 커넥터를 탈거한다.

3) PTC 히터 릴레이#1 터미널 1번 단자와 ECM 커넥터 94번 단자간 통전 시험을 실시한다.

규정값 : 통전(1.0Ω 이하)

4) 통전 시험은 정상적인가?

YES

▶ 단락(접지측) 발생 부위를 찾아 수리 후 "고장수리 확인" 절차를 수행한다.

NO

▶ 단선 발생 부위를 찾아 수리 후 "고장수리 확인" 절차를 수행한다.

단품점검   K1FB8E8E

1. PTC 히터 릴레이# 1 단품 저항 점검

1) IG KEY "OFF", 엔진을 정지한다.

2) PTC 히터 릴레이#1 을 탈거한다.

3) PTC 히터 릴레이#1단품 코일 저항을 점검한다.

규정값 : 52±5 Ω (20℃)

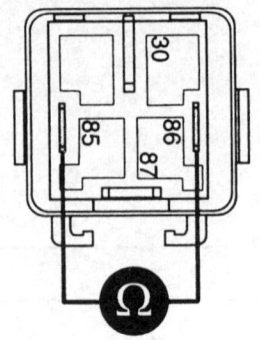

4) PTC 히터 릴레이#1 코일 저항은 정상적인가?

YES

▶ 아래 "2. PTC 히터 릴레이#1 단품 작동 점검"을 실시한다.

NO

▶ PTC 히터 릴레이#1 을 교환 후 "고장수리 확인" 절차를 수행한다.

2. PTC 히터 릴레이# 1 단품 작동 점검

1) IG KEY "OFF", 엔진을 정지한다.

2) PTC 히터 릴레이#1 을 탈거한다.

3) PTC 히터 릴레이#1 코일측(85번, 86번)에 임의의 B+ 전원과 접지를 공급한다.

4) PTC 히터 릴레이#1 30번 87번 단자간 통전 시험을 실시한다.

규정값 : 전원 공급시 : 통전 (1.0Ω 이하)
전원 차단시 : 비통전 (무한대Ω)

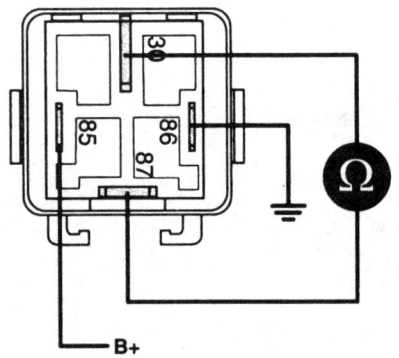

5) 전원 공급 상태에 따라 30번 87번 단자의 통전 시험은 정상적인가?

YES

▶ "고장수리 확인" 절차를 수행한다.

NO

▶ PTC 히터 릴레이#1 를 교환 후 "고장수리 확인" 절차를 수행한다.

고장진단

※ 상기 작동 점검을 2~3회 반복 실시한다.

고장수리 확인 KE1A0C00

본 진단 가이드를 사용해서 발생된 문제를 수리한 뒤, 고장이 완전히 해결되었는지 확인하는 과정이 필요하다.

1. 스캔툴을 연결한 후, 자기진단을 실시하여 고장 코드를 확인한다.
2. 저장된 고장코드를 스캔툴을 이용하여 소거한다.
3. 고장 판정 조건중의 검출 조건에 따라 차량을 주행한다.
4. 스캔툴로 자기 진단을 실시하여 고장 코드가 발생 되었는지 확인한다.
5. 고장 코드가 발생되는가 ?

    YES
    ▶ 해당되는 고장 코드 수리 절차로 이동한다.

    NO
    ▶ 고장 수리가 완료되어 시스템이 정상적으로 작동한다.

DTC P1652 이그니션 스위치 이상

부품 위치

기능 및 역할

운전자가 IG KEY를 작동시키면, IG KEY 스위치는 ECM C01-1 커넥터 28번 단자에 IG KEY "ON" 신호를 입력한다. 이 신호에 의해 ECM 은 초기화(부팅)되어 메인 릴레이가 구동하게 된다. 메인 릴레이는 ECM 및 각종 센서와 엑츄에이터에 전원을 공급하여 엔진 시동이 가능하도록 한다. 또한 엔진 정지시 IG KEY "ON" 신호가 "OFF" 되면, ECM 은 인젝터의 구동을 중지시켜 시동이 꺼지며, 약 12초 후 메인 릴레이를 "OFF"시켜 시스템을 종료한다.

고장 코드 설명

P1652 코드는 IG KEY ON 신호를 입력 받은 ECM 이 초기화(부팅) 되는 과정(약 25ms 소요) 중 IG KEY ON 신호가 OFF 되는 조건 발생시 IG KEY 스위치 에러로 판정하여 고장 코드를 발생 시킨다. (매 IG KEY ON 최기화 과정에서 1회만 모니터링) 이는 IG KEY ON 신호 회로의 접촉 불량의 경우이다.

고장판정 조건

항 목	감지 조건		고장 예상 부위
검출 방법	• 전압 모니터링		
검출 조건	• IG KEY "ON"		
판정값	• IG KEY "ON" 후 IG 라인을 통해 ECM 에 입력되는 신호가 없는 경우		
검출 시간	• 즉시		• IG KEY "ON" 신호 회로 • IG KEY 스위치
페일세이프 (Fail Safe)	연료 차단	비실행	
	EGR 금지	비실행	
	연료 제한	비실행	
	체크 램프	비점등	

고장진단

부분 회로도 KD54E2C9

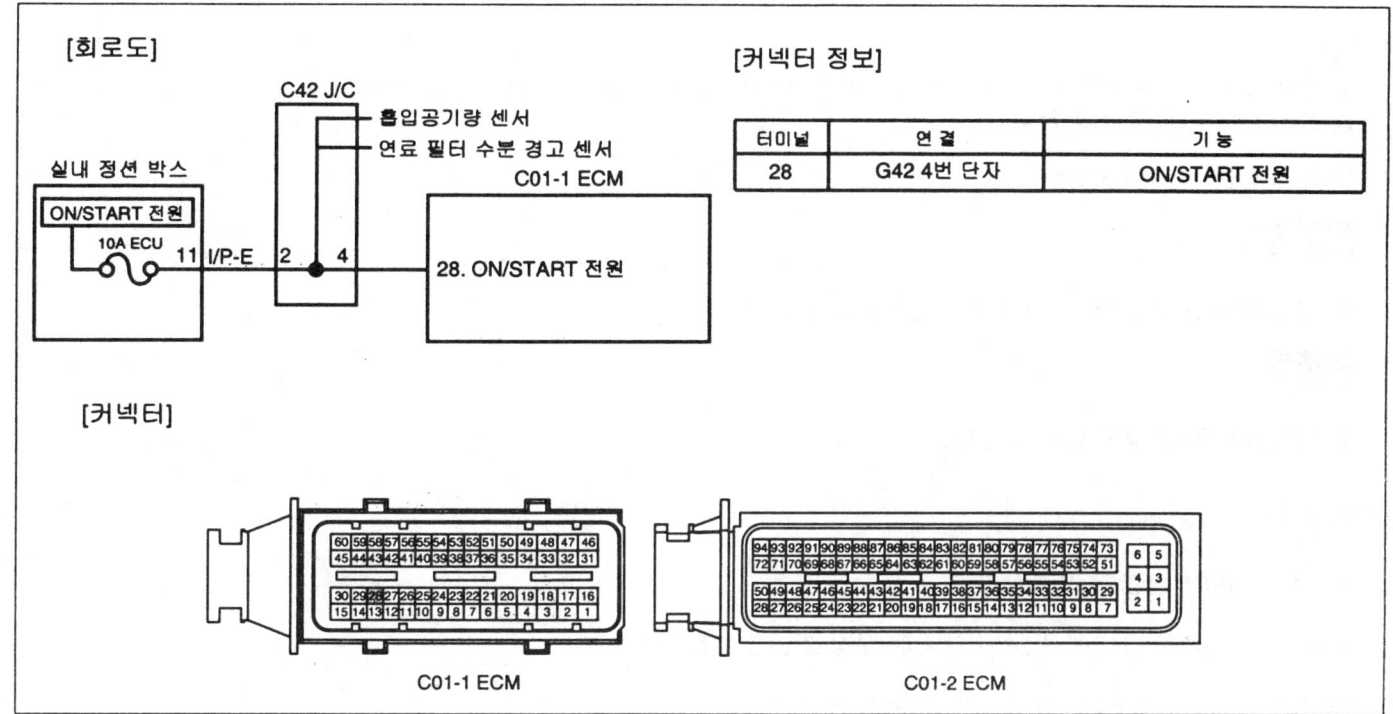

기준 파형 및 데이터 K9EBAF6D

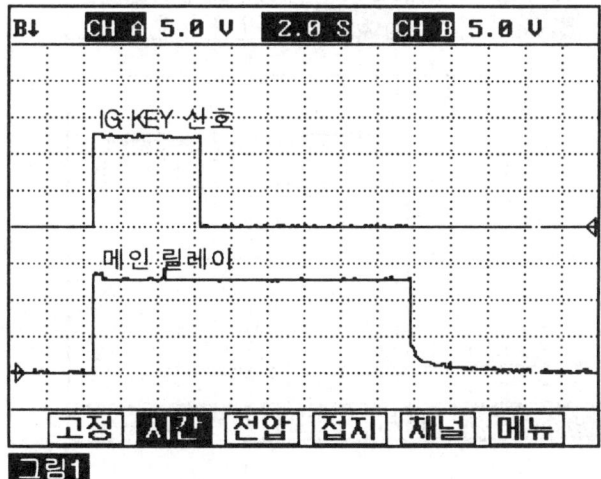

그림1) IG KEY "ON" 신호와 메인 릴레이 작동 파형을 나타낸 파형으로 IG KEY "ON" 시점의 접촉 불량 발생 여부를 점검해 보아야 한다.

커넥터 및 터미널 점검 K2D77EEE

1. 전기장치는 수 많은 하네스와 커넥터로 구성되며, 이러한 커넥터들의 접촉 불량은 여러가지 다양한 문제를 유발 시키고, 부품을 손상 시키기도 한다.

2. 다음 점검 절차를 수행한다.

   1) 하네스와 터미널의 손상을 점검한다. : 터미널의 접촉 저항, 산화, 변형을 점검한다.

2) ECM 과 단품 커넥터의 접속 상태를 확인한다. : 터미널 단자의 이탈, 록킹 장치의 손상, 터미널과 와이어링의 연결 상태를 점검한다.

참고

점검이 필요한 커넥터의 수컷측 핀을 탈거하여, 암컷측 터미널에 삽입 접촉 상태를 점검한다. (점검 후 탈거한 핀을 정위치에 바르게 장착한다.)

3. 문제 부위가 확인되는가?

YES

▶ 문제 부위를 수리후 "고장수리 확인" 절차를 수행한다.

NO

▶ "신호선 점검" 절차를 수행한다.

신호선 점검 KEC7FB12

1. IG KEY "OFF", 엔진을 정지한다.
2. ECM 커넥터장착 상태에서 28번 단자에 오실로 스코프를 설치한다.
3. IG KEY "ON" 시 IG KEY "ON" 신호 파형을 점검한다.

규정값 : IG KEY "ON" 시점에서 접촉 불량 파형 발생이 없어야함.

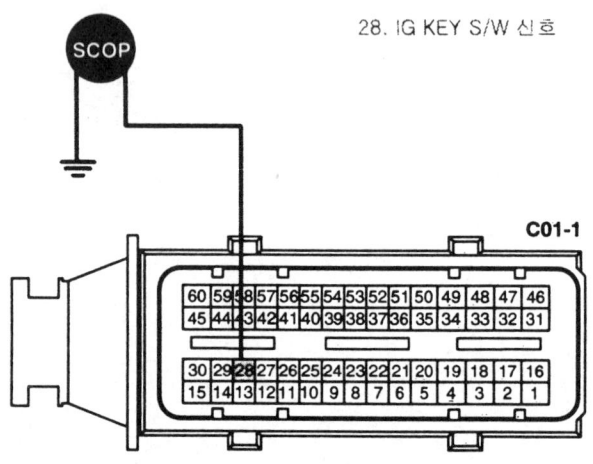
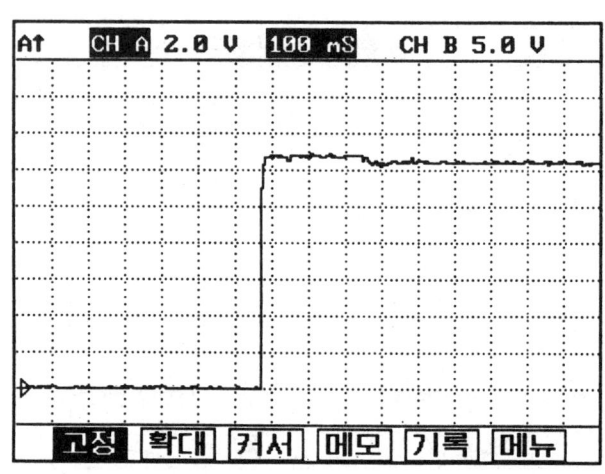

4. IG KEY "ON" 구간에서 이상 파형이 발생하는가?

YES

▶ IG KEY S/W 및 실내 정션 박스 10A ECU 퓨즈 및, C42조인트 커넥터 2번, 4번 단자 관련 회로의 접촉 문제 부위를 수리 후 "고장수리 확인" 절차를 수행한다.

NO

▶ "고장수리 확인" 절차를 수행한다.

※ 상기 점검을 수회 반복하여 점검한다.

고장진단

고장수리 확인 KCCB1563

본 진단 가이드를 사용해서 발생된 문제를 수리한 뒤, 고장이 완전히 해결되었는지 확인하는 과정이 필요하다.

1. 스캔툴을 연결한 후, 자기진단을 실시하여 고장 코드를 확인한다.
2. 저장된 고장코드를 스캔툴을 이용하여 소거한다.
3. 고장 판정 조건중의 검출 조건에 따라 차량을 주행한다.
4. 스캔툴로 자기 진단을 실시하여 고장 코드가 발생 되었는지 확인한다.
5. 고장 코드가 발생되는가 ?

   YES
   ▶ 해당되는 고장 코드 수리 절차로 이동한다.

   NO
   ▶ 고장 수리가 완료되어 시스템이 정상적으로 작동한다.

DTC P1670 인젝터 클래스 입력 이상

부품 위치 K83A09F7

AWJF013Z

기능 및 역할 K33E6AFD

IQA (Injector Quantity Adjustment) 는 인젝터 제작시 발생하는 양산 허용 범위 내의 분사 편차를 인젝터 마다 7개의 조합으로 이루어진 고유 코드를 부여하여 인젝터간 연료 분사량 편차를 보정하는것을 의미한다.

각 실린더에 장착된 인젝터의 IQA 코드를 ECM 에 입력하여 ECM 은 각 실린더에 장착된 인젝터의 연료 분사량 편차를 인식한다. 이 정보는 ECM 에 입력되어있는 각 IQA 코드별 연료량 분사 맵을 통해 모든 인젝터가 균일한 연료 분사 특성을 갖도록 연료 분사량을 보정한다.

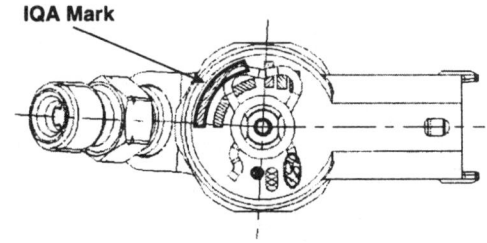

AWJF011M

고장 코드 설명 KB20E256

P1670 코드는 인젝터 내부 인젝터 IQA 정보가 저장된 EEP ROM 영역에서의 인젝터 IQA 입력 혹은 저장 오류 발생시 발생되는 고장 코드로 ECM 내부 불량의 경우이다.

고장진단

고장판정 조건

항 목	감지 조건		고장 예상 부위
검출 방법	• EEP ROM 모니터링		
검출 조건	• IG KEY "ON"		
판정값	• 인젝터 IQA 코드 입력 혹은 저장 오류 발생시		
검출 시간	• 즉시		• ECM 내부 이상
페일세이프 (Fail Safe)	연료 차단	비실행	
	EGR 금지	비실행	• 엔진 체크 램프 점멸
	연료 제한	비실행	
	체크 램프	점등	

단품점검

1. 인젝터 IQA 데이터 입력 상태 점검

    1) IG KEY "ON", 엔진을 정지한다.

    2) 스캔툴을 이용 "엔진 제어" 의 " 인젝터 데이터 입력 " 으로 진입한다.

    3) 현재 엔진에 장착된 인젝터 IQA 데이터를 확인한다.

    4) ECM 에 입력 되어있는 IQA 데이터와 엔진에 장착된 인젝터 IQA 데이터가 일치하는지 점검한다.

규정값 : 장착된 인젝터 IQA 데이터와 ECM 에 입력 되어있는 IQA 데이터가 일치해야함.

```
       인젝터 데이터 입력
       인젝터 데이터 입력창
 1번 실린더 | 567MYS6
 2번 실린더 | 8HH4416
 3번 실린더 | 7PY26SB
 4번 실린더 | 7IY66A

 - 입력방법은 F1~F4키로 원하는
   실린더를 선택하고 방향키로 원하는
   입력값을 입력후[ENT]키를 누릅니다

 |CYL1||CYL2||CYL3||CYL4|
```

5) ECM 에 입력된 인젝터 IQA 데이터 값은 정상적으로 표출 되는가?

YES

▶ "고장수리 확인" 절차를 수행한다.

NO

▶ 인젝터 IQA 데이터 입력을 재 시도 후 문제가 조치 되지 않는다면, ECM 을 교환한다.

> **참고**
> ECM 교환시 스캔툴을 이용하여 엔진에 장착된 인젝터 데이터값을 정확히 입력한다.
> 만일 이 절차가 수행되지 않을 경우 계기판의 엔진 체크 램프가 점멸하며, 정상적인 엔진 출력이 발생되지 않는다.

고장수리 확인

본 진단 가이드를 사용해서 발생된 문제를 수리한 뒤, 고장이 완전히 해결되었는지 확인하는 과정이 필요하다.

1. 스캔툴을 연결한 후, 자기진단을 실시하여 고장 코드를 확인한다.
2. 저장된 고장코드를 스캔툴을 이용하여 소거한다.
3. 고장 판정 조건중의 검출 조건에 따라 차량을 주행한다.
4. 스캔툴로 자기 진단을 실시하여 고장 코드가 발생 되었는지 확인한다.
5. 고장 코드가 발생되는가 ?

YES

▶ 해당되는 고장 코드 수리 절차로 이동한다.

NO

▶ 고장 수리가 완료되어 시스템이 정상적으로 작동한다.

DTC P1671 채크 섬 이상

부품 위치

DTC P1670 참조.

기능 및 역할

DTC P1670 참조.

고장 코드 설명

P1671 코드는 ECM 초기화시 인젝터 IQA 정보가 입력되지 않은 경우에 발생하는 고장 코드로, 각 실린더에 장착된 인젝터 IQA 코드를 ECM 에 입력한다.

고장판정 조건

항목	감지 조건			고장 예상 부위
검출 방법	• EEP ROM 모니터링			
검출 조건	• IG KEY "ON"			
판정값	• ECM 에 IQA 코드 미입력 시			
검출 시간	• 즉시			• IQA 미입력
페일세이프 (Fail Safe)	연료 차단	비실행	• 엔진 체크 램프 점멸	
	EGR 금지	비실행		
	연료 제한	비실행		
	체크 램프	점등		

단품점검

DTC P1670 참조.

고장수리 확인

DTC P1670 참조.

DTC P1692 이모빌라이저 램프

부품 위치

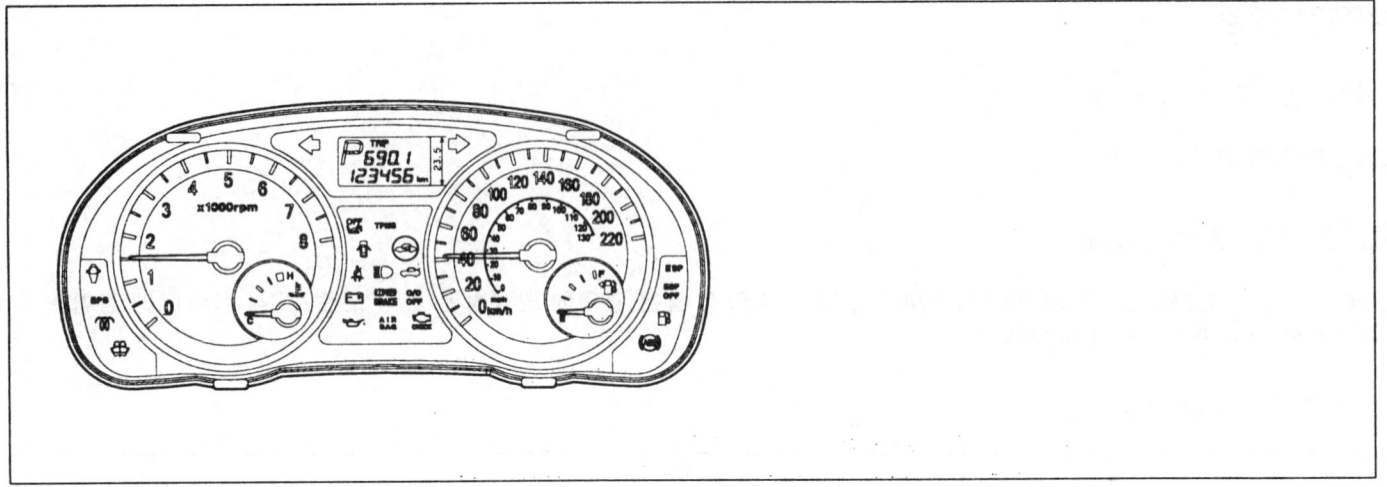

기능 및 역할

SMARTRA 방식의 이모빌라이저는 ECM에 등록된 고유의 키(트랜스폰더-키 속에 내장)를 인식해야만 시동이 가능하도록 하여 차량 도난을 방지하는 장치이다. 이모빌라이저 모듈은 운전자가 키홀에 삽입한 키가 인증된 키임을 확인 후 통신을 통해 ECM 에 시동 허가 신호를 전송한다. 만일 키홀에 인증된 키가 아닌 다른키나, 키 신호가 감지 되지 않은 상태로 엔진 시동이 시도되는 경우(도난 상황) ECM 에 시동 금지 명령을 발송하여, 인젝터의 구동을 중지시켜 시동이 불가능하도록 한다. 운전자는 이모빌라이저 시스템의 인증 여부를 계기판의 이모빌라이저 램프를 통해 알 수 있다. 경고등은 성공적인 인증 후 엔진이 시동될 때 까지 "ON" 상태로 유지된다. IG "ON" 후 이모빌라이저 경고등은 30초 동안 "ON" 상태를 유지한 후 "OFF" 된다. 이모빌라이저 시스템에 이상이 있거나 키 인증에 실패하면 5회 깜박인 후 "OFF"된다.
*SMARTRA(스마트라) : SMARt TRansponder Antenna

고장 코드 설명

P1692 코드는 이모빌라이저 램프 ON 조건에서 이모빌라이저 램프 제어 회로에 1.0초 이상 과도한 전류가 검출되거나, 단선 혹은 단락(접지측) 경우처럼 전류가 전혀 검출되지 않는 경우에 발생되는 고장코드로 이모빌라이저 램프 제어 회로 및 램프 단품의 필라멘트 단선의 경우이다.

고장진단

고장판정 조건

항 목	감지 조건		고장 예상 부위
검출 방법	전압 모니터링		
검출 조건	IG KEY "ON" (램프 구동 조건에서만 모니터링 실시)		
판정값	• 배터리측으로 단락이 발생된 경우 • GND 로 단락된 경우, 와이어링 결선이 단선된 경우		• 이모빌라이저 램프 내부 단선 • 이모빌라이저 램프 회로
검출 시간	1.0sec		
페일세이프 (Fail Safe)	연료 차단	비실행	
	EGR 금지	비실행	
	연료 제한	비실행	
	체크 램프	비점등	

부분 회로도

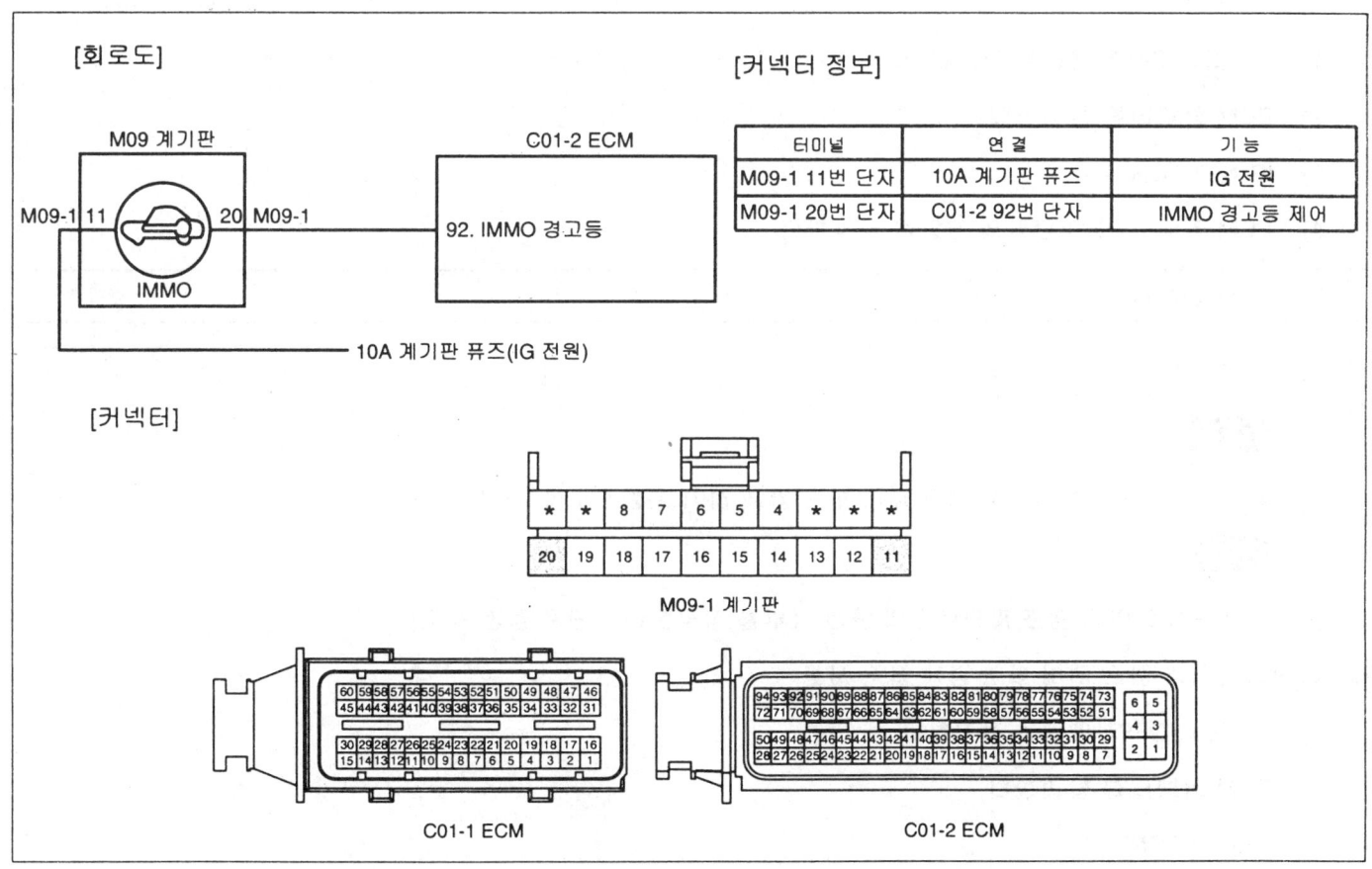

커넥터 및 터미널 점검

1. 전기장치는 수 많은 하네스와 커넥터로 구성되며, 이러한 커넥터들의 접촉 불량은 여러가지 다양한 문제를 유발 시키고, 부품을 손상 시키기도 한다.

2. 다음 점검 절차를 수행한다.

1) 하네스와 터미널의 손상을 점검한다. : 터미널의 접촉 저항, 산화, 변형을 점검한다.

2) ECM 과 단품 커넥터의 접속 상태를 확인한다. : 터미널 단자의 이탈, 록킹 장치의 손상, 터미널과 와이어링의 연결 상태를 점검한다.

> **참고**
> 점검이 필요한 커넥터의 수컷측 핀을 탈거하여, 암컷측 터미널에 삽입 접촉 상태를 점검한다. (점검 후 탈거한 핀을 정위치에 바르게 장착한다.)

3. 문제 부위가 확인되는가?

   YES
   ▶ 문제 부위를 수리후 "고장수리 확인" 절차를 수행한다.

   NO
   ▶ "제어선 점검" 절차를 수행한다.

제어선 점검   KB4F5CDB

1. 제어선 전압 점검

   1) IG KEY "OFF", 엔진을 정지한다.
   2) ECM 커넥터를 탈거한다.
   3) IG KEY "ON"
   4) ECM 커넥터 92번 단자의 전압을 점검한다.

   규정값 : 10.8V~13.0V

   5) 규정 전압이 검출되는가?

   YES
   ▶ 아래 "2. 이모빌라이저 램프 제어 회로 강제 접지 시험" 을 실시한다.

   NO
   ▶ 이모빌라이저 램프 필라멘트의 단선 여부를 점검한다. (단품 점검 참조)

2. 이모빌라이저 램프 제어 회로 강제 접지 시험

   1) IG KEY "OFF", 엔진을 정지한다.
   2) ECM 커넥터를 탈거한다.
   3) IG KEY "ON"
   4) ECM 커넥터 92번 단자를 차체와 접지시킨다.

   규정값 : 이모빌라이저 램프 점등됨.

   5) 이모빌라이저 램프가 점등 되는가?

고장진단

YES

▶ "고장수리 확인" 절차를 수행한다.

NO

▶ 이모빌라이저 램프 제어 회로의 단락(전원측) 부위를 찾아 수리 후 "고장수리 확인" 절차를 수행한다.

단품점검 KB2108A4

1. IG KEY "OFF", 엔진을 정지한다.
2. 계기판을 탈거 후 이모빌라이저 램프를 탈거한다.
3. 이모빌라이저 램프의 필라멘트를 점검한다.
4. 이모빌라이저 램프에 임의의 12V 전원을 공급하여 램프를 점등 시킨다.

규정값 : 전원 공급시 램프 점등됨.

5. 이모빌라이저 램프는 점등되는가?

YES

▶ "고장수리 확인" 절차를 수행한다.

NO

▶ 이모빌라이저 램프를 교환 후 "고장수리 확인" 절차를 수행한다.

고장수리 확인 KB69C406

본 진단 가이드를 사용해서 발생된 문제를 수리한 뒤, 고장이 완전히 해결되었는지 확인하는 과정이 필요하다.

1. 스캔툴을 연결한 후, 자기진단을 실시하여 고장 코드를 확인한다.
2. 저장된 고장코드를 스캔툴을 이용하여 소거한다.
3. 고장 판정 조건중의 검출 조건에 따라 차량을 주행한다.
4. 스캔툴로 자기 진단을 실시하여 고장 코드가 발생 되었는지 확인한다.
5. 고장 코드가 발생되는가 ?

YES

▶ 해당되는 고장 코드 수리 절차로 이동한다.

NO

▶ 고장 수리가 완료되어 시스템이 정상적으로 작동한다.

DTC P2009 가변 스월 액츄에이터 모터 회로 이상 - 신호 낮음

부품 위치

기능 및 역할

가변 스월 액츄에이터는 DC 모터와 모터의 위치를 검출하는 모터 위치 센서(포텐션 메타)로 구성된다. 가변 스월 액츄에이터는 흡입 유속이 느린 아이들 및 3000rpm 이하 영역에서 실린더로 유입되는 두개의 흡기 포트중 하나의 흡기 포트를 닫아 연소실에 유입되는 흡입 공기의 유속을 증가 시키고 스월 효과를 발생시킨다. 또한 엔진 회전수가 3000rpm 이상 상승하면 엔진에 흡입되는 흡입 공기의 유속이 빨라 스월 효과를 기대하기 어렵고 보다 원활한 흡입 공기 유입을 위해 스월 밸브를 개방한다.

엔진 시동 "OFF" 시 스월 밸브 및 샤프트에 이물질이 부착되어 고착되는 것을 방지하고 스월 밸브의 최대 열림, 닫힘 위치를 학습 하기 위해 2회 전개와 전폐를 반복한다.

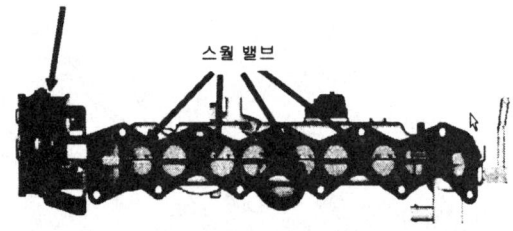

고장 코드 설명

P2009 코드는 가변 스월 액츄에이터 구동 모터의 (+) 출력단자의 단락(접지측) 이 감지되거나 단선의 경우 발생하는 고장 코드로 모터 열림과 닫힘에 따라 (+),(-) 가 서로 바뀌어 구동되므로 모터의 (+),(-) 회로 모두를 점검해야 한다.

고장진단

고장판정 조건

항 목	감지 조건			고장 예상 부위
검출 방법	전압 모니터링			
검출 조건	엔진 구동			
판정값	모터 출력단자의 단락(접지측) 모터 회로 단선			
검출 시간	200ms			가변 스월 밸브 모터 회로
페일세이프 (Fail Safe)	연료 차단	비실행	가변 스월 액츄에이터 고장시 스월 밸브 개방	
	EGR 금지	비실행		
	연료 제한	비실행		
	체크 램프	비점등		

제원

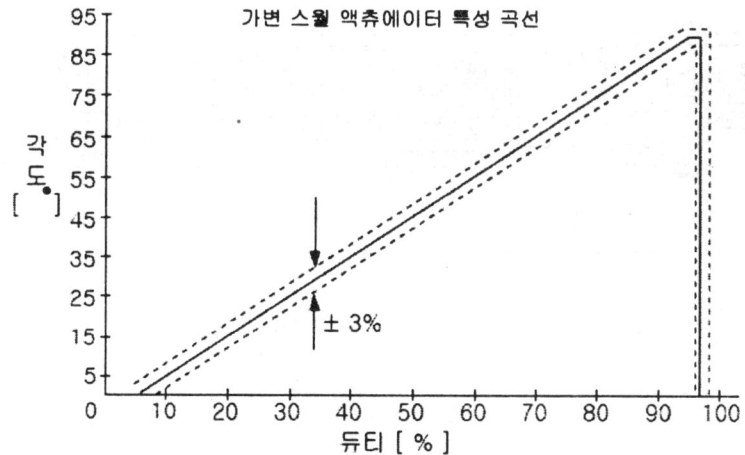

가변 스월 액츄에이터 특성 곡선

부분 회로도

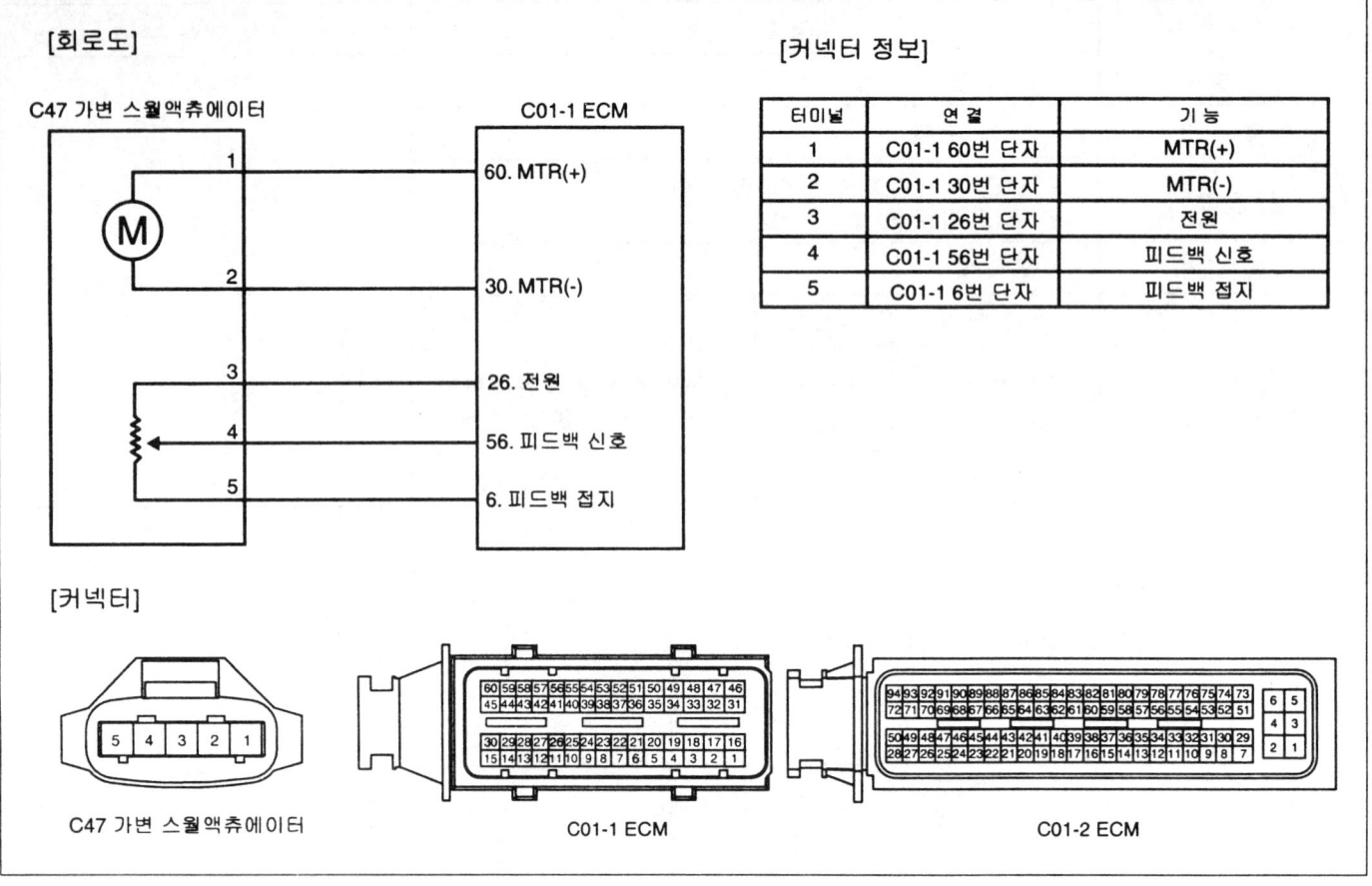

고장진단

기준 파형 및 데이터 KC71920C

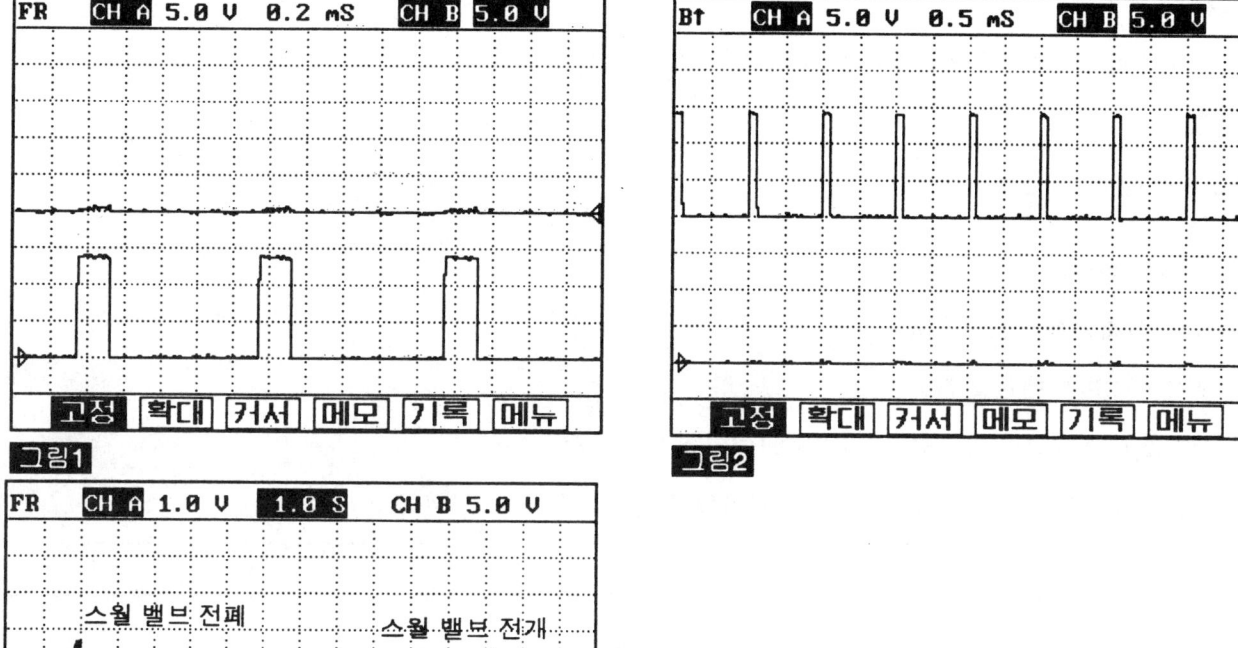

그림1) 아이들시 가변 스월 밸브각 닫혀 있는 상태의 모터 파형으로 1번 단자는 (+), 2번단자는 (-) 출력을 나타낸다.

그림2) 3000RPM 이상 가속하여 가변 스월 밸브 개방 상태의 모터 파형으로 1번 단자는(-), 2번 단자는 (+) 출력을 나타낸다.

그림3) 시동 "OFF" 시 가변 스월 액츄에이터의 모터 위치센서 파형으로 스월 밸브가 닫혀있을때 4.3V, 스월 밸브가 열려있을때 0.3V 의 전압을 나타낸다.
파형에서 처럼 시동 "OFF" 시 스월 밸브가 2회 전개와 전폐를 반복한다.

AWJF011Y

커넥터 및 터미널 점검 KE89C2C2

1. 전기장치는 수 많은 하네스와 커넥터로 구성되며, 이러한 커넥터들의 접촉 불량은 여러가지 다양한 문제를 유발 시키고, 부품을 손상 시키기도 한다.

2. 다음 점검 절차를 수행한다.

    1) 하네스와 터미널의 손상을 점검한다. : 터미널의 접촉 저항, 산화, 변형을 점검한다.

    2) ECM 과 단품 커넥터의 접속 상태를 확인한다. : 터미널 단자의 이탈, 록킹 장치의 손상, 터미널과 와이어링의 연결 상태를 점검한다.

    > 참고
    > 점검이 필요한 커넥터의 수컷측 핀을 탈거하여, 암컷측 터미널에 삽입 접촉 상태를 점검한다. (점검 후 탈거한 핀을 정위치에 바르게 장착한다.)

3. 문제 부위가 확인되는가?

   YES

   ▶ 문제 부위를 수리후 "고장수리 확인" 절차를 수행한다.

   NO

   ▶ "제어선 점검" 절차를 수행한다.

제어선 점검 K3A4A223

1. 제어선 단락(접지측) 점검

   1) IG KEY "OFF", 엔진을 정지한다.
   2) 가변 스월 액츄에이터 커넥터와 ECM 커넥터를 탈거한다.
   3) 가변 스월 액츄에이터 커넥터 1번, 2번 단자와 차체 접지간 통전 시험을 실시한다.

   규정값 : 비통전(무한대Ω)

   4) 가변 스월 액츄에이터 모터 회로의 절연 상태는 정상적인가?

   YES

   ▶ 아래 "2.모터 회로 단선 점검"을 실시한다.

   NO

   ▶ 가변 스월 액츄에이터 모터 회로의 단락(접지측) 발생 부위를 찾아 수리 후 "고장수리 확인" 절차를 수행한다.

2. 모터 회로 단선 점검

   1) IG KEY "OFF", 엔진을 정지한다.
   2) 가변 스월 액츄에이터 커넥터와 ECM 커넥터를 탈거한다.
   3) 가변 스월 액츄에이터 1번 단자와 ECM 커넥터 60번 단자간 통전 시험을 실시한다.
   4) 가변 스월 액츄에이터 2번 단자와 ECM 커넥터 30번 단자간 통전 시험을 실시한다.

   규정값 : 통전(1.0Ω 이하)

   5) 가변 스월 액츄에이터 모터 제어 선의 통전 시험은 정상적인가?

   YES

   ▶ "단품 점검"을 실시한다.

   NO

   ▶ 단선 발생 부위를 찾아 수리 후 "고장수리 확인" 절차를 수행한다.

단품점검 K9245FC3

1. 모터 코일 저항 점검

고장진단

FL -431

   1) IG KEY "OFF", 엔진을 정지한다.
   2) 가변 스월 액츄에이터 커넥터를 탈거한다.
   3) 가변 스월 액츄에이터 단품 1번 과 2번 단자 저항값을 점검한다.

규정값 : 15.0 ± 3 Ω (20℃)

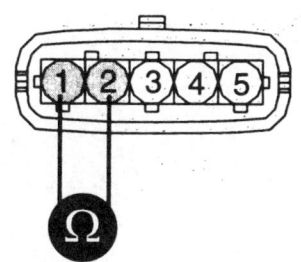

   4) 가변 스월 액츄에이터 모터 코일의 저항은 정상적인가?

   YES

   ▶ "2. 모터 작동 점검" 절차를 수행한다.

   NO

   ▶ 가변 스월 액츄에이터 어셈블리를 교환한다.

2. 모터 작동 점검

   1) IG KEY "ON" , 엔진을 구동한다.
   2) 엔진을 시동하여 아이들 상태를 유지한다.
   3) 2채널 오실로스코프를 이용 가변 스월 액츄에이터 1번 과 2번 단자의 파형을 점검한다.
   4) 엔진을 3000RPM 이상 가속하여 가변 스월 액츄에이터를 작동(열림) 시킨다.

규정값 : 기준 파형과 데이터 "그림1)", " 그림2)" 참조

   5) 가변 스월 액츄에이터의 작동은 정상적인가?

   YES

   ▶ "고장수리 확인" 절차를 수행한다.

   NO

   ▶ 가변 스월 액츄에이터 어셈블리를 교환후 "고장수리 확인" 절차를 수행한다.

고장수리 확인

본 진단 가이드를 사용해서 발생된 문제를 수리한 뒤, 고장이 완전히 해결되었는지 확인하는 과정이 필요하다.

1. 스캔툴을 연결한 후, 자기진단을 실시하여 고장 코드를 확인한다.
2. 저장된 고장코드를 스캔툴을 이용하여 소거한다.

3. 고장 판정 조건중의 검출 조건에 따라 차량을 주행한다.

4. 스캔툴로 자기 진단을 실시하여 고장 코드가 발생 되었는지 확인한다.

5. 고장 코드가 발생되는가 ?

   YES

   ▶ 해당되는 고장 코드 수리 절차로 이동한다.

   NO

   ▶ 고장 수리가 완료되어 시스템이 정상적으로 작동한다.

DTC P2010 가변 스월 액츄에이터 모터 회로 이상 - 신호 높음

부품 위치

DTC P2009 참조.

기능 및 역할

DTC P2009 참조.

고장 코드 설명

P2010 코드는 가변 스월 액츄에이터 구동 모터의 (+) 출력단자의 단락(전원측)이 감지된 경우 발생하는 고장 코드로 모터 열림과 닫힘에 따라 (+),(-)가 서로 바뀌어 구동되므로 모터의 (+),(-) 회로 모두를 점검해야 한다.

고장판정 조건

항목	감지 조건			고장 예상 부위
검출 방법	• 전압 모니터링			
검출 조건	• 엔진 구동			
판정값	• 모터 출력단자의 단락(전원측)			
검출 시간	• 200ms			• 가변 스월 밸브 모터 회로
페일세이프 (Fail Safe)	연료 차단	비실행	• 가변 스월 액츄에이터 고장시 스월 밸브 개방	
	EGR 금지	비실행		
	연료 제한	비실행		
	체크 램프	비점등		

제원

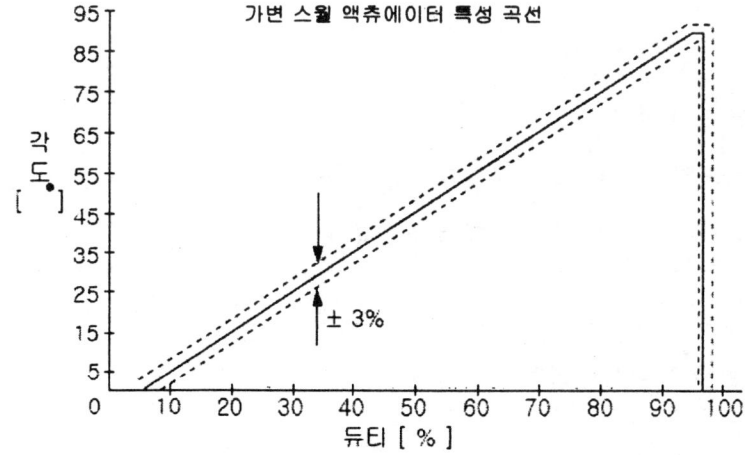

가변 스월 액츄에이터 특성 곡선

부분 회로도

DTC P2009 참조.

기준 파형 및 데이터

DTC P2009 참조.

컨넥터 및 터미널 점검

DTC P2009 참조.

제어선 점검

1. 제어선 전압 점검

    1) IG KEY "OFF", 엔진을 정지한다.

    2) 가변 스월 액츄에이터 커넥터를 탈거한다.

    3) IG KEY "ON"

    4) 가변 스월 액츄에이터 커넥터 1번과 2번 단자의 전압을 점검한다.

    규정값 : 0.0V~0.1V

    5) 가변 스월 액츄에이터 모터 회로에 이상 전압이 검출되는가?

    YES

    ▶ 가변 스월 액츄에이터 모터 회로의 단락(전원측) 발생 부위를 찾아 수리 후 "고장수리 확인" 절차를 수행한다.

    NO

    ▶ 아래 "2.모터 회로 단선 점검" 을 실시한다.

2. 모터 회로 단선 점검

    1) IG KEY "OFF", 엔진을 정지한다.

    2) 가변 스월 액츄에이터 커넥터와 ECM 커넥터를 탈거한다.

    3) 가변 스월 액츄에이터 1번 단자와 ECM 커넥터 60번 단자간 통전 시험을 실시한다.

    4) 가변 스월 액츄에이터 2번 단자와 ECM 커넥터 30번 단자간 통전 시험을 실시한다.

    규정값 : 통전(1.0Ω 이하)

    5) 가변 스월 액츄에이터 모터 제어 선의 통전 시험은 정상적인가?

    YES

    ▶ "단품 점검" 을 실시한다.

고장진단 FL -435

NO

▶ 단선 발생 부위를 찾아 수리 후 "고장수리 확인" 절차를 수행한다.

단품점검 K782C90F

1. 모터 코일 저항 점검

    1) IG KEY "OFF", 엔진을 정지한다.

    2) 가변 스월 액츄에이터 커넥터를 탈거한다.

    3) 가변 스월 액츄에이터 단품 1번 과 2번 단자 저항값을 점검한다.

규정값 : 15.0 ± 3 Ω (20℃)

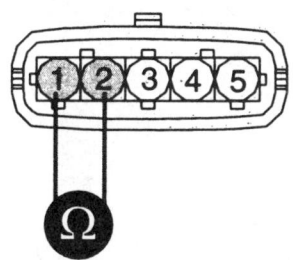

AWJF013I

    4) 가변 스월 액츄에이터 모터 코일의 저항은 정상적인가?

    YES

    ▶ "2. 모터 작동 점검" 절차를 수행한다.

    NO

    ▶ 가변 스월 액츄에이터 어셈블리를 교환한다.

2. 모터 작동 점검

    1) IG KEY "ON" , 엔진을 구동한다.

    2) 엔진을 시동하여 아이들 상태를 유지한다.

    3) 2체널 오실로스코프를 이용 가변 스월 액츄에이터 1번 과 2번 단자의 파형을 점검한다.

    4) 엔진을 3000RPM 이상 가속하여 가변 스월 액츄에이터를 작동(열림) 시킨다.

규정값 : 기준 파형과 데이터 "그림1)", " 그림2)" 참조

    5) 가변 스월 액츄에이터의 작동은 정상적인가?

    YES

    ▶ "고장수리 확인" 절차를 수행한다.

NO

▶ 가변 스월 액츄에이터 어셈블리를 교환후 "고장수리 확인" 절차를 수행한다.

고장수리 확인 K46C062D

DTC P2009 참조.

고장진단

DTC P2015 가변 스월 액츄에이터 모터 위치 이상

부품 위치

DTC P2009 참조.

기능 및 역할

DTC P2009 참조.

고장 코드 설명

P2015 코드는 ECM이 모터 구동(스월 밸브 전폐, 전개) 신호를 출력하였으나, 3초 이내에 가변 스월 액츄에이터 위치 센서 신호가 ECM이 목표한 개도에 진입하지 못한 경우 발생하는 고장 코드로 가변 스월 밸브 샤프트의 고착 및 링크 기구의 이탈, 혹은 가변 스월 밸브 위치 센서의 출력값 고정 여부를 점검한다.

고장판정 조건

항목	감지 조건		고장 예상 부위
검출 방법	• 전압 모니터링		
검출 조건	• IG KEY "ON"		
판정값	• 가변 스월 밸브 작동 모터가 기구적으로 고착된 경우		
검출 시간	• 3.0sec		• 가변 스월 밸브 샤프트고착
페일세이프 (Fail Safe)	연료 차단	비실행	• 가변 스월 밸브 링크 기구이탈
	EGR 금지	비실행	• 가변 스월 밸브 위치 센서단품
	연료 제한	비실행	• 가변 스월 액츄에이터 고장시 스월 밸브 개방
	체크 램프	비점등	

제원

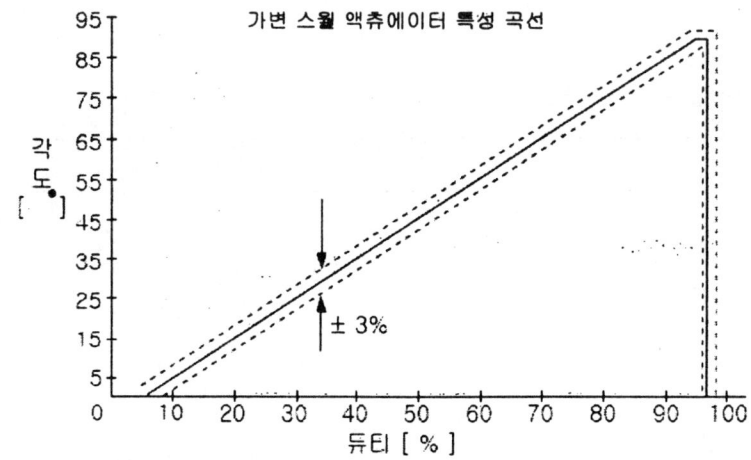

부분 회로도 K646D88B

DTC P2009 참조.

기준 파형 및 데이터 K4DE0F17

DTC P2009 참조.

단품점검 KF134AC7

1. 가변 스월 액츄에이터 링크 기구 작동 점검

    1) IG KEY "OFF", 엔진을 정지한다.

    2) 약 20초간 대기하여, 메인 릴레이가 "OFF" 되는 것을 확인한다.

    3) 가변 스월 액츄에이터 커넥터를 탈거한다.

    4) 가변 스월 액츄에이터 링크 기구를 손으로 서서히 눌러 작동 시켜 보면서, 샤프트의 고착 및 걸림 링크 기구의 이상을 점검한다.

    규정값 : 가변 스월 액츄에이터 링크 기구가 원활이 작동해야함.

    5) 가변 스월 액츄에이터 샤프트 및 링크 기구가 원활이 작동하는가?

    YES

    ▶ 아래 "2. 모터 코일 저항 점검" 절차를 수행한다.

    NO

    ▶ 고착 및 걸림 발생 부품(흡기 매니폴드 어셈블리 혹은 스월 액츄에이터)을 교환 후 "고장수리 확인" 절차를 수행한다.

2. 모터 코일 저항 점검

    1) IG KEY "OFF", 엔진을 정지한다.

    2) 가변 스월 액츄에이터 커넥터를 탈거한다.

    3) 가변 스월 액츄에이터 단품 1번과 2번 단자 저항값을 점검한다.

    규정값 : 15.0 ± 3 Ω (20℃)

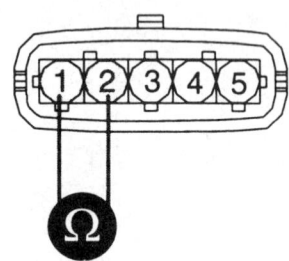

    4) 가변 스월 액츄에이터 모터 코일의 저항은 정상적인가?

고장진단

YES

▶ 아래 "3. 가변 스월 액츄에이터 위치 센서 저항 점검" 절차를 수행한다.

NO

▶ 가변 스월 액츄에이터 어셈블리를 교환후 "고장수리 확인" 절차를 수행한다.

3. 가변 스월 액츄에이터 위치 센서 저항 점검

   1) IG KEY "OFF", 엔진을 정지한다.
   2) 가변 스월 액츄에이터 커넥터를 탈거한다.
   3) 아래 터미널 저항값 도표를 참조하여 가변 스월 액츄에이터 단품 3번, 4번, 5번 단자 저항값을 점검한다.

규정값 : 터미널 저항값 도표

	저항측정단자	저항값 (KΩ 20℃)		특 성	단품 커넥터 형상
		밸브 전개	밸브 전폐		
가변스월액츄에이터 위치 센서	3(전원)-5(접지)	4.47±0.1KΩ	4.47±0.1KΩ	변화없음	
	3(전원)-4(신호)	4.81±0.1KΩ	0.85±0.1KΩ	저항감소	
	4(신호)-5(접지)	0.75±0.1KΩ	4.71±0.1KΩ	저항증가	

   4) 가변 스월 액츄에이터 위치 센서의 저항값은 정상적인가?

YES

▶ 아래 "4. 모터 작동 점검" 절차를 수행한다.

NO

▶ 가변 스월 액츄에이터 어셈블리를 교환후 "고장수리 확인" 절차를 수행한다.

4. 모터 작동 점검

   1) IG KEY "ON", 엔진을 구동한다.
   2) 엔진을 시동하여 아이들 상태를 유지한다.
   3) 2체널 오실로 스코프를 이용 가변 스월 액츄에이터 1번과 2번 단자의 파형을 점검한다.
   4) 엔진을 3000RPM 이상 가속하여 가변 스월 액츄에이터를 작동(열림) 시킨다.

규정값 : 기준 파형과 데이터 "그림1)", "그림2)" 참조

   5) 가변 스월 액츄에이터의 작동은 정상적인가?

YES

▶ 아래 "5. 가변 스월 액츄에이터 위치 센서 작동 점검" 절차를 수행한다.

NO

▶ 가변 스월 액츄에이터 어셈블리를 교환후 "고장수리 확인" 절차를 수행한다.

5. 가변 스월 액츄에이터 위치 센서 작동 점검

   1) IG KEY "ON", 엔진을 구동한다.

   2) 엔진을 시동하여 아이들 상태를 유지한다.

   3) 오실로 스코프를 이용 가변 스월 액츄에이터 4번 단자의 파형을 점검한다.

   4) 엔진 시동을 "OFF" 하여 가변 스월 액츄에이터 작동 종료 학습 상태의 파형을 점검한다.

   규정값 : 기준 파형과 데이터 "그림3)" 참조

   5) 가변 스월 액츄에이터 및 위치 센서의 작동은 정상적인가?

   YES

   ▶ "고장수리 확인" 절차를 수행한다.

   NO

   ▶ 가변 스월 액츄에이터 어셈블리를 교환후 "고장수리 확인" 절차를 수행한다.

고장수리 확인 K76A9C72

DTC P2009 참조.

DTC P2016 가변 스월 액츄에이터 위치 센서 이상 - 신호 낮음

부품 위치

DTC P2009 참조.

기능 및 역할

DTC P2009 참조.

고장 코드 설명

P2016 코드는 가변 스월 밸브 위치 센서 출력 전압이 0.18V 이하로 0.6초간 검출될 경우 발생하는 고장 코드로 가변 스월 밸브 위치 센서 전원선의 단선 혹은 신호선의 단락(접지측) 경우이다.

고장판정 조건

항 목	감지 조건		고장 예상 부위
검출 방법	전압 모니터링		
검출 조건	IG KEY "ON"		
판정값	출력 신호 최소값 이하(180mV 이하인 경우)		가변 스월 밸브 위치 센서회로
검출 시간	600ms		가변 스월 밸브 위치 센서단품
페일세이프 (Fail Safe)	연료 차단	비실행	가변 스월 액츄에이터 고장시 스월 밸브 개방
	EGR 금지	비실행	
	연료 제한	비실행	
	체크 램프	비점등	

제원

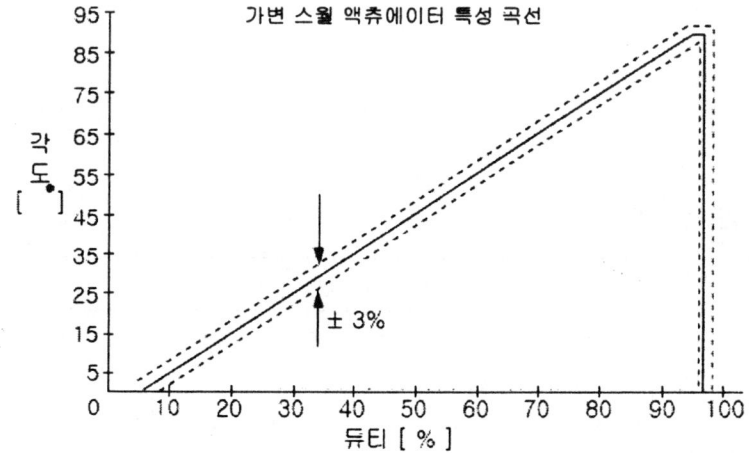

부분 회로도 K662D88E

DTC P2009 참조.

기준 파형 및 데이터 K24ABB70

DTC P2009 참조.

커넥터 및 터미널 점검 KD8F7047

1. 전기장치는 수 많은 하네스와 커넥터로 구성되며, 이러한 커넥터들의 접촉 불량은 여러가지 다양한 문제를 유발 시키고, 부품을 손상 시키기도 한다.

2. 다음 점검 절차를 수행한다.

    1) 하네스와 터미널의 손상을 점검한다. : 터미널의 접촉 저항, 산화, 변형을 점검한다.

    2) ECM 과 단품 커넥터의 접속 상태를 확인한다. : 터미널 단자의 이탈, 록킹 장치의 손상, 터미널과 와이어링의 연결 상태를 점검한다.

    > 참고
    > 점검이 필요한 커넥터의 수컷측 핀을 탈거하여, 암컷측 터미널에 삽입 접촉 상태를 점검한다. (점검 후 탈거한 핀을 정위치에 바르게 장착한다.)

3. 문제 부위가 확인되는가?

    YES
    ▶ 문제 부위를 수리후 "고장수리 확인" 절차를 수행한다.

    NO
    ▶ "전원선 점검" 절차를 수행한다.

전원선 점검 KD4A5FAB

1. 전원선 전압 점검

    1) IG KEY "OFF", 엔진을 정지한다.

    2) 가변 스월 액츄에이터 커넥터를 탈거한다.

    3) IG KEY "ON"

    4) 가변 스월 액츄에이터 커넥터 3번 단자의 전압을 점검한다.

규정값 : 4.8V~5.1V

    5) 규정 전압이 검출되는가?

    YES
    ▶ "신호선 점검" 을 실시한다.

    NO
    ▶ 가변 스월 액츄에이터 위치 센서 전원선의 단선 발생 부위를 찾아 수리 후 "고장수리 확인" 절차를 수행한다.

고장진단

신호선 점검 K8860CBE

1. 신호선 전압 점검

    1) IG KEY "OFF", 엔진을 정지한다.

    2) 가변 스월 액츄에이터 커넥터를 탈거한다.

    3) IG KEY "ON"

    4) 가변 스월 액츄에이터 커넥터 4번 단자의 전압을 점검한다.

규정값 : 4.8V~5.1V

---

    5) 규정 전압이 검출되는가?

        YES

        ▶ "단품 점검" 을 실시한다.

        NO

        ▶ 아래 "2. 신호선 단락 (접지측) 점검" 을 실시한다.

2. 신호선 단락(접지측) 점검

    1) IG KEY "OFF", 엔진을 정지한다.

    2) 가변 스월 액츄에이터 커넥터와 ECM 커넥터를 탈거한다.

    3) 가변 스월 액츄에이터 커넥터 4번 단자와 차체 접지간 통전 시험을 실시한다.

규정값 : 비통전(무한대Ω)

---

    4) 가변 스월 액츄에이터 위치 센서 신호선의 절연 상태는 정상적인가?

        YES

        ▶ "단품 점검" 을 실시한다.

        NO

        ▶ 가변 스월 액츄에이터 위치 센서 신호선의 단락(접지측) 발생 부위를 찾아 수리 후 "고장수리 확인" 절차를 수행한다.

단품점검 KD40FE74

1. 가변 스월 액츄에이터 위치 센서 저항 점검

    1) IG KEY "OFF", 엔진을 정지한다.

    2) 가변 스월 액츄에이터 커넥터를 탈거한다.

    3) 아래 터미널 저항값 도표를 참조하여 가변 스월 액츄에이터 단품 3번, 4번, 5번 단자 저항값을 점검한다.

규정값 : 터미널 저항값 도표

	저항측정단자	저항값 (KΩ 20℃)		특 성	단품 커넥터 형상
		밸브 전개	밸브 전폐		
가변스월액츄에이터 위치 센서	3(전원)-5(접지)	4.47±0.1KΩ	4.47±0.1KΩ	변화없음	
	3(전원)-4(신호)	4.81±0.1KΩ	0.85±0.1KΩ	저항감소	
	4(신호)-5(접지)	0.75±0.1KΩ	4.71±0.1KΩ	저항증가	

4) 가변 스월 액츄에이터 위치 센서의 저항값은 정상적인가?

YES

▶ 아래 "2. 가변 스월 액츄에이터 위치 센서 작동 점검" 절차를 수행한다.

NO

▶ 가변 스월 액츄에이터 어셈블리를 교환후 "고장수리 확인" 절차를 수행한다.

2. 가변 스월 액츄에이터 위치 센서 작동 점검

1) IG KEY "ON" , 엔진을 구동한다.

2) 엔진을 시동하여 아이들 상태를 유지한다.

3) 오실로 스코프를 이용 가변 스월 액츄에이터 4번 단자의 파형을 점검한다.

4) 엔진 시동을 "OFF" 하여 가변 스월 액츄에이터 작동 종료 학습 상태의 파형을 점검한다.

규정값 : 기준 파형과 데이터 "그림3)" 참조

5) 가변 스월 액츄에이터 및 위치 센서의 작동은 정상적인가?

YES

▶ "고장수리 확인" 절차를 수행한다.

NO

▶ 가변 스월 액츄에이터 어셈블리를 교환후 "고장수리 확인" 절차를 수행한다.

고장수리 확인

DTC P2009 참조.

고장진단   FL -445

DTC P2017 가변 스월 액츄에이터 위치 센서 이상 - 신호 높음

부품 위치 K2CFD078

DTC P2009 참조.

기능 및 역할 KDC7BD4F

DTC P2009 참조.

고장 코드 설명 KEFEC656

P2017 코드는 가변 스월 밸브 위치 센서 출력 전압이 4.9V 이상으로 0.6초간 검출될 경우 발생하는 고장 코드로 가변 스월 밸브 위치 센서의 신호선 단선 및 접지선 단선 혹은 전원선 및 신호선의 단락(전원측) 경우이다.

고장판정 조건 K496B64F

항 목	감지 조건		고장 예상 부위
검출 방법	• 전압 모니터링		
검출 조건	• IG KEY "ON"		
판정값	• 출력 신호 최대값 이상(4900mV 이상인 경우)		
검출 시간	• 600ms		• 가변 스월 밸브 위치 센서회로
페일세이프 (Fail Safe)	연료 차단	비실행	• 가변 스월 밸브 위치 센서단품
	EGR 금지	비실행	• 가변 스월 액츄에이터 고장시 스월 밸브 개방
	연료 제한	비실행	
	체크 램프	비점등	

제원 KCF1FEA7

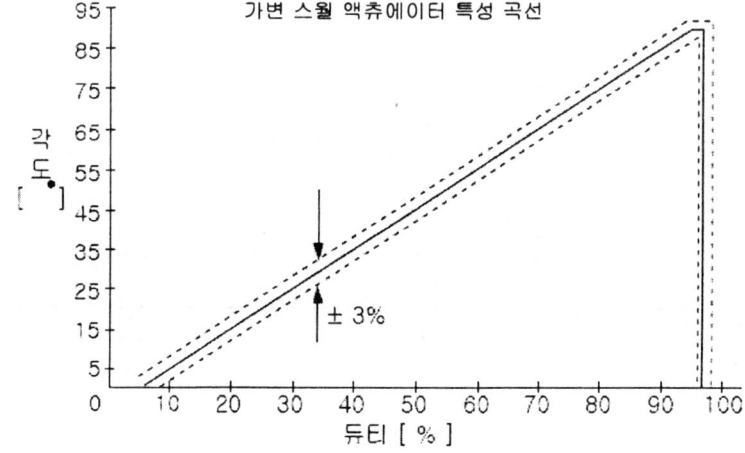

AWJF011V

부분 회로도   K1CD6A6A

DTC P2009 참조.

기준 파형 및 데이터   K74FE392

DTC P2009 참조.

커넥터 및 터미널 점검   KAB01C03

1. 전기장치는 수 많은 하네스와 커넥터로 구성되며, 이러한 커넥터들의 접촉 불량은 여러가지 다양한 문제를 유발 시키고, 부품을 손상 시키기도 한다.

2. 다음 점검 절차를 수행한다.

    1) 하네스와 터미널의 손상을 점검한다. : 터미널의 접촉 저항, 산화, 변형을 점검한다.

    2) ECM 과 단품 커넥터의 접속 상태를 확인한다. : 터미널 단자의 이탈, 록킹 장치의 손상, 터미널과 와이어링의 연결 상태를 점검한다.

    참고
    점검이 필요한 커넥터의 수컷측 핀을 탈거하여, 암컷측 터미널에 삽입 접촉 상태를 점검한다. (점검 후 탈거한 핀을 정위치에 바르게 장착한다.)

3. 문제 부위가 확인되는가?

    YES
    ▶ 문제 부위를 수리후 "고장수리 확인" 절차를 수행한다.

    NO
    ▶ "전원선 점검" 절차를 수행한다.

전원선 점검   K9F8503F

1. 전원선 전압 점검

    1) IG KEY "OFF", 엔진을 정지한다.

    2) 가변 스월 액츄에이터 커넥터를 탈거한다.

    3) IG KEY "ON"

    4) 가변 스월 액츄에이터 커넥터 3번 단자의 전압을 점검한다.

    규정값 : 4.8V~5.1V

    5) 규정 전압이 검출되는가?

        YES
        ▶ "신호선 점검" 을 실시한다.

        NO
        ▶ 가변 스월 액츄에이터 위치 센서 전원선의 단선 발생 부위를 찾아 수리 후 "고장수리 확인" 절차를 수행한다.

고장진단

신호선 점검 KB06B79C

1. 신호선 전압 점검

    1) IG KEY "OFF", 엔진을 정지한다.

    2) 가변 스월 액츄에이터 커넥터를 탈거한다.

    3) IG KEY "ON"

    4) 가변 스월 액츄에이터 커넥터 4번 단자의 전압을 점검한다.

    규정값 : 4.8V~5.1V

    5) 규정 전압이 검출되는가?

        YES

        ▶ "접지선 점검" 을 실시한다.

        NO

        ▶ 아래 "2. 신호선 단선 점검" 을 실시한다.

2. 신호선 단선 점검

    1) IG KEY "OFF", 엔진을 정지한다.

    2) 가변 스월 액츄에이터 커넥터와 ECM 커넥터를 탈거한다.

    3) 가변 스월 액츄에이터 커넥터 4번 단자와 ECM 커넥터 56번 단자간 통전 시험을 실시한다.

    규정값 : 통전(1.0Ω 이하)

    4) 가변 스월 액츄에이터 위치 센서 신호선의 통전 상태는 정상적인가?

        YES

        ▶ "접지선 점검" 을 실시한다.

        NO

        ▶ 가변 스월 액츄에이터 위치 센서 신호선의 단선 발생 부위를 찾아 수리 후 "고장수리 확인" 절차를 수행한다.

접지선 점검 KB09050F

1. IG KEY "OFF", 엔진을 정지한다.

2. 냉각수온 센서 커넥터를 탈거한다.

3. IG KEY "ON"

4. 가변 스월 액츄에이터 커넥터 3번 단자의 전압을 확인한다. [TEST "A"]

5. 가변 스월 액츄에이터 커넥터 3번 단자와 5번 단자간 전압을 점검한다. [TEST "B"]
   (3번 단자 : + 프로브 검침 , 5번 단자 : - 프로브 검침)

규정값 : [TEST "A"] 전압 - [TEST "B"] 전압 = 200mV 이내

6. 접지선의 접지 상태는 정상적인가?

   YES

   ▶ "단품 점검"을 실시한다.

   NO

   ▶ "B" 전압이 검출 되지 않을 경우 : 접지 회로의 단선을 수리 후 "고장수리 확인" 절차를 수행한다.
   ▶ "A" 와 "B" 전압 차이가 200mV 이상일 경우 : 접지 회로의 저항 과다 요인을 수정 후 "고장수리 확인" 절차를 수행한다.

단품점검   KC837A5F

1. 가변 스월 액츄에이터 위치 센서 저항 점검

   1) IG KEY "OFF", 엔진을 정지한다.

   2) 가변 스월 액츄에이터 커넥터를 탈거한다.

   3) 아래 터미널 저항값 도표를 참조하여 가변 스월 액츄에이터 단품 3번, 4번, 5번 단자 저항값을 점검한다.

규정값 : 터미널 저항값 도표

	저항측정단자	저항값 (KΩ 20℃)		특 성	단품 커넥터 형상
		밸브 전개	밸브 전폐		
가변스월액츄에이터 위치 센서	3(전원)-5(접지)	4.47±0.1KΩ	4.47±0.1KΩ	변화없음	
	3(전원)-4(신호)	4.81±0.1KΩ	0.85±0.1KΩ	저항감소	
	4(신호)-5(접지)	0.75±0.1KΩ	4.71±0.1KΩ	저항증가	AWJF013K

   4) 가변 스월 액츄에이터 위치 센서의 저항값은 정상적인가?

   YES

   ▶ 아래 "2. 가변 스월 액츄에이터 위치 센서 작동 점검" 절차를 수행한다.

   NO

   ▶ 가변 스월 액츄에이터 어셈블리를 교환후 "고장수리 확인" 절차를 수행한다.

2. 가변 스월 액츄에이터 위치 센서 작동 점검

   1) IG KEY "ON" , 엔진을 구동한다.

   2) 엔진을 시동하여 아이들 상태를 유지한다.

   3) 오실로 스코프를 이용 가변 스월 액츄에이터 4번 단자의 파형을 점검한다.

   4) 엔진 시동을 "OFF" 하여 가변 스월 액츄에이터 작동 종료 학습 상태의 파형을 점검한다.

규정값 : 기준 파형과 데이터 "그림3)" 참조

   5) 가변 스월 액츄에이터 및 위치 센서의 작동은 정상적인가?

고장진단

YES

▶ "고장수리 확인" 절차를 수행한다.

NO

▶ 가변 스월 액츄에이터 어셈블리를 교환후 "고장수리 확인" 절차를 수행한다.

고장수리 확인   K9D02F94

DTC P2009 참조.

DTC P2111 스로틀 플랩 엑츄에이터 회로 이상 - 신호 높음

부품 위치

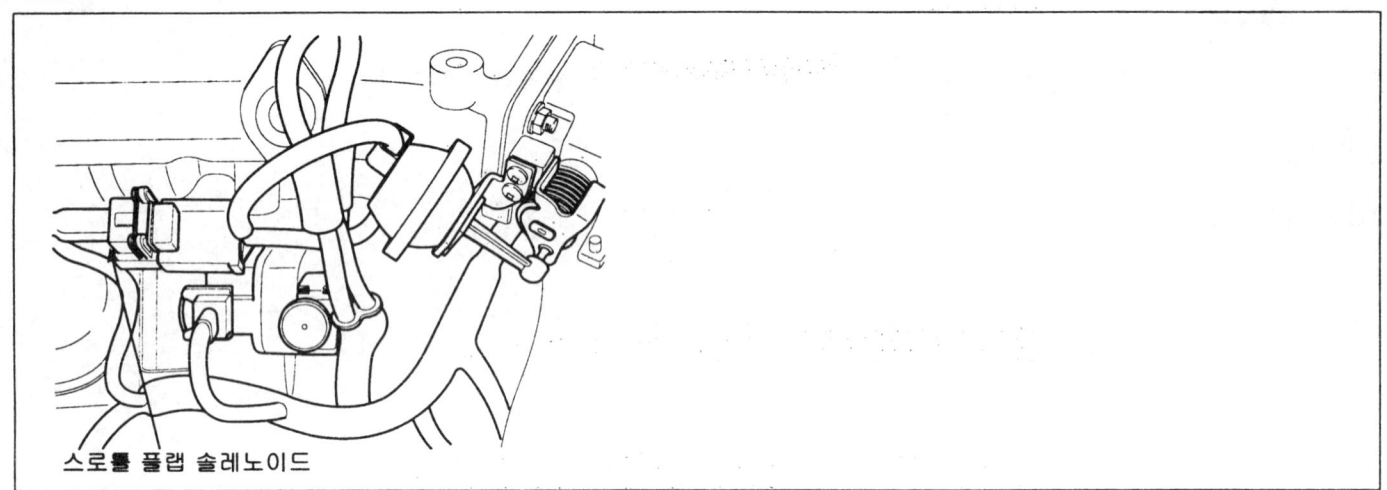

스로틀 플랩 솔레노이드

기능 및 역할

스로틀 플랩 액츄에이터는 캠샤프트 끝단에 설치되어있는 진공 펌프에서 생성된 진공을 ECM 의 듀티 제어를 통해 연결 혹은 차단하여, 시동 OFF 시 스로틀 플랩 밸브를 제어한다. 스로틀 플랩 밸브는 디젤 엔진의 오버런 현상(시동키를 OFF 하여도 엔진의 회전 관성 및 인젝터 노즐의 연료 누설에 의해 엔진이 바로 정지 하지 않고 수초간 엔진이 회전하는 현상)을 방지하기 위해 시동 OFF 시 흡입 공기를 차단하는 역할을 한다. 이는 시동 OFF 시점에서 스로틀 플랩 밸브가 1회 작동하는 것으로 작동 상태를 간단히 점검 할 수 있다.

고장 코드 설명

P2111 코드는 스로틀 플랩 액츄에이터 제어 회로에 과도한 전류가 0.11초 이상 검출되는 경우에 발생되는 고장 코드로 스로틀 플랩 액츄에이터 제어 회로의 단락(전원측) 혹은 스로틀 플랩 액츄에이터 단품 내부 단락의 경우이다.

고장판정 조건

항목		감지 조건	고장 예상 부위
검출 방법		• 전압 모니터링	
검출 조건		• IG KEY "ON"	
판정값		• 배터리측으로 단락이 발생한 경우	
검출 시간		• 110ms	• 스로틀 플랩 액츄에이터 회로
페일세이프 (Fail Safe)	연료 차단	비실행	• 스로틀 플랩 액츄에이터 단품
	EGR 금지	실행	
	연료 제한	비실행	
	체크 램프	비점등	

고장진단

제원

스로틀 플랩 액츄에이터 단품 저항	스로틀 플랩 액츄에이터 작동 Hz	스로틀 플랩 액츄에이터 작동 듀티
28.3 ~ 31.1Ω (20℃)	300Hz	38%(진공해제)~90%(진공 작동)

부분 회로도

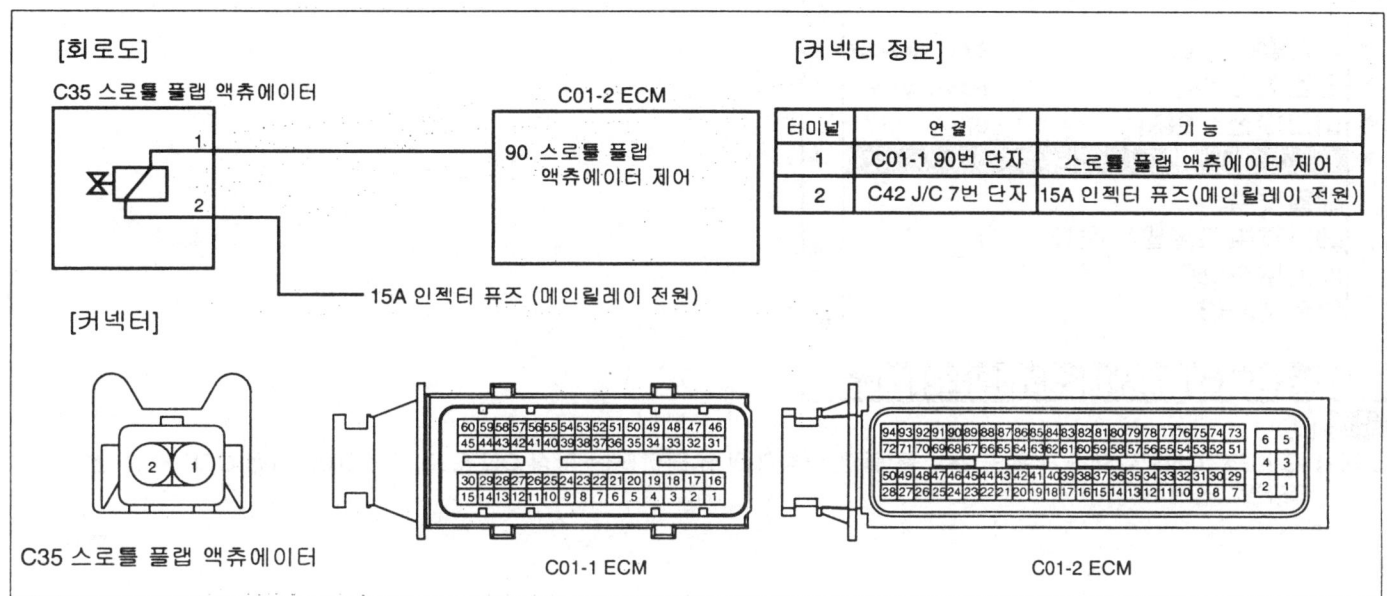

기준 파형 및 데이터

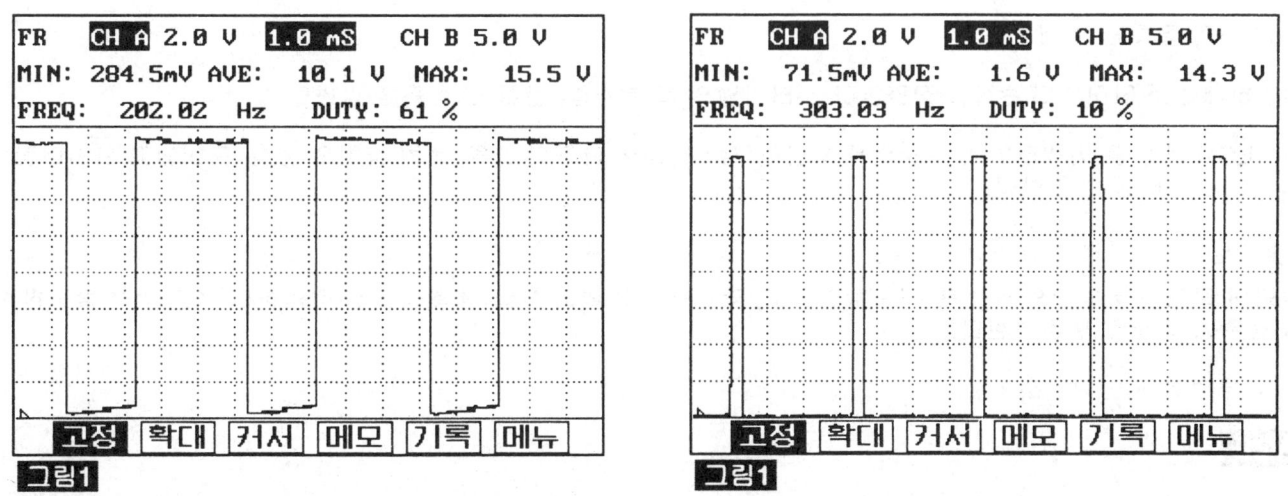

그림1) 스로틀 플랩 비작동시(아이들) 파형으로 IG KEY "ON" 및 시동중 항상 38%의 출력 듀티를 발생한다.
그림2) 스로틀 플랩 작동시(시동 "OFF") 파형으로 IG KEY "OFF" 시 약 1초간 90% 출력 듀티를 발생한다.

스캔툴 데이터 분석

1. 자기진단 커넥터에 스캔툴을 연결한다.

2. 엔진을 정상작동 온도 까지 워밍업 한다.

3. 전기 장치 및 에어컨을 OFF 한다.

4. 스캔툴에 표시되는 "스로틀 플랩 액츄에이터" 항목을 점검한다.

규정값 : 스로틀 플랩 액츄에이터 미작동시 ON
스로틀 플랩 액츄에이터 작동시 OFF

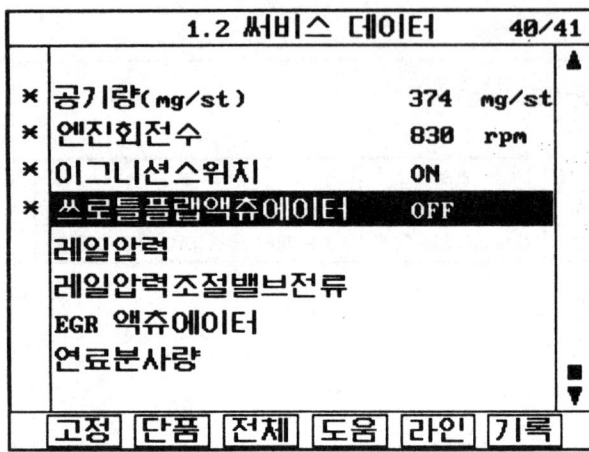

그림1) IG KEY "ON" 및 엔진시동 중 스로틀 플랩 액츄에이터 데이터는 항상 ON 으로 표시되며, 시동 OFF 시 순간 OFF 로 전환된다.

커넥터 및 터미널 점검

1. 전기장치는 수 많은 하네스와 커넥터로 구성되며, 이러한 커넥터들의 접촉 불량은 여러가지 다양한 문제를 유발 시키고, 부품을 손상 시키기도 한다.

2. 다음 점검 절차를 수행한다.

   1) 하네스와 터미널의 손상을 점검한다. : 터미널의 접촉 저항, 산화, 변형을 점검한다.

   2) ECM 과 단품 커넥터의 접속 상태를 확인한다. : 터미널 단자의 이탈, 록킹 장치의 손상, 터미널과 와이어링의 연결 상태를 점검한다.

   참고
   점검이 필요한 커넥터의 수컷측 핀을 탈거하여, 암컷측 터미널에 삽입 접촉 상태를 점검한다. (점검 후 탈거한 핀을 정위치에 바르게 장착한다.)

3. 문제 부위가 확인되는가?

   YES
   ▶ 문제 부위를 수리후 "고장수리 확인" 절차를 수행한다.

   NO
   ▶ "전원선 점검" 절차를 수행한다.

전원선 점검

1. 전원선 전압 점검

고장진단

1) IG KEY "OFF", 엔진을 정지한다.
2) 스로틀 플랩 액츄에이터 커넥터를 탈거한다.
3) IG KEY "ON"
4) 스로틀 플랩 액츄에이터 커넥터 2번 단자의 전압을 점검한다.

규정값 : 11.5V~13.0V

5) 규정 전압이 검출되는가?

YES

▶ "제어선 점검" 을 실시한다.

NO

▶ 엔진룸 퓨즈 & 릴레이 박스 15A 인젝터 퓨즈 및 관련 회로의 단선을 수리 후 "고장수리 확인" 절차를 수행한다.

제어선 점검   K2BB82E7

1. 제어선 모니터링 전압 점검

   1) IG KEY "OFF", 엔진을 정지한다.
   2) 스로틀 플랩 액츄에이터 커넥터를 탈거한다.
   3) IG KEY "ON"
   4) 스로틀 플랩 액츄에이터 커넥터 1번 단자의 전압을 점검한다.

   규정값 : 3.2V~3.7V

   5) 규정 전압이 검출되는가?

   YES

   ▶ "단품 점검" 을 실시한다.

   NO

   ▶ 전압이 검출 되지 않을 경우 : 아래 "2. 제어선 단선 점검"을 실시한다.
   ▶ 높은 전압이 검출될 경우 : 스로틀 플랩 액츄에이터 제어선의 단락(전원측) 발생 부위를 찾아 수리 후 "고장수리 확인" 절차를 수행한다.

2. 제어선 단선 점검

   1) IG KEY "OFF", 엔진을 정지한다.
   2) 스로틀 플랩 액츄에이터 커넥터와 ECM 커넥터를 탈거한다.
   3) 스로틀 플랩 액츄에이터 1번 단자와 ECM 커넥터 90번 단자간 통전 시험을 실시한다.

   규정값 : 통전(1.0Ω 이하)

   4) 통전 시험은 정상적인가?

YES

▶ 스로틀 플랩 액츄에이터 제어선의 단락(접지측) 발생 부위를 찾아 수리 후 "고장수리 확인" 절차를 수행한다.

NO

▶ 스로틀 플랩 액츄에이터 제어선의 단선 발생 부위를 찾아 수리 후 "고장수리 확인" 절차를 수행한다.

단품점검 K05FB687

1. 스로틀 플랩 액츄에이터 단품 저항 점검

    1) IG KEY "OFF", 엔진을 정지한다.

    2) 스로틀 플랩 액츄에이터 커넥터를 탈거한다.

    3) 스로틀 플랩 액츄에이터 단품의 저항을 점검한다.

규정값 : 23.8 ~ 31.3Ω (20℃)

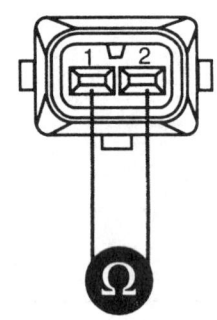

AFGF007E

    4) 스로틀 플랩 액츄에이터 단품 저항은 정상적인가?

YES

▶ "고장수리 확인" 절차를 수행한다.

NO

▶ 스로틀 플랩 액츄에이터를 교환 후 "고장수리 확인" 절차를 수행한다.

고장수리 확인 KFD95322

본 진단 가이드를 사용해서 발생된 문제를 수리한 뒤, 고장이 완전히 해결되었는지 확인하는 과정이 필요하다.

1. 스캔툴을 연결한 후, 자기진단을 실시하여 고장 코드를 확인한다.
2. 저장된 고장코드를 스캔툴을 이용하여 소거한다.
3. 고장 판정 조건중의 검출 조건에 따라 차량을 주행한다.
4. 스캔툴로 자기 진단을 실시하여 고장 코드가 발생 되었는지 확인한다.
5. 고장 코드가 발생되는가 ?

YES

▶ 해당되는 고장 코드 수리 절차로 이동한다.

NO

▶ 고장 수리가 완료되어 시스템이 정상적으로 작동한다.

DTC P2112 스로틀 플랩 엑츄에이터 회로 이상 - 신호 낮음

부품 위치

DTC P2111 참조.

기능 및 역할

DTC P2111 참조.

고장 코드 설명

P2112 코드는 스로틀 플랩 액츄에이터 제어 회로의 전류값이 "0" 인 상태가 0.11초이상 검출되는 경우에 발생되는 고장 코드로 스로틀 플랩 액츄에이터 제어 회로의 단선 혹은 단락(접지측), 단품 내부 단선의 경우이다.

고장판정 조건

항목	감지 조건		고장 예상 부위
검출 방법	• 전압 모니터링		
검출 조건	• IG KEY "ON"		
판정값	• GND 로 단락된 경우, 와이어링 결선이 단선된 경우		• 스로틀 플랩 액츄에이터 회로
검출 시간	• 110ms		• 스로틀 플랩 액츄에이터 단품
페일세이프 (Fail Safe)	연료 차단	비실행	
	EGR 금지	실행	
	연료 제한	비실행	
	체크 램프	비점등	

제원

스로틀 플랩 액츄에이터 단품 저항	스로틀 플랩 액츄에이터 작동 Hz	스로틀 플랩 액츄에이터 작동 듀티
23.8 ~ 31.3Ω (20℃)	300Hz	38%(진공해제)~90%(진공 작동)

부분 회로도

DTC P2111 참조.

기준 파형 및 데이터

DTC P2111 참조.

스캔툴 데이터 분석

DTC P2111 참조.

고장진단

커넥터 및 터미널 점검 KF129BFD

DTC P2111 참조.

전원선 점검 K592DC71

1. 전원선 전압 점검

    1) IG KEY "OFF", 엔진을 정지한다.

    2) 스로틀 플랩 액츄에이터 커넥터를 탈거한다.

    3) IG KEY "ON"

    4) 스로틀 플랩 액츄에이터 커넥터 2번 단자의 전압을 점검한다.

    규정값 : 11.5V~13.0V

    5) 규정 전압이 검출되는가?

    YES

    ▶ "제어선 점검"을 실시한다.

    NO

    ▶ 엔진룸 퓨즈 & 릴레이 박스 15A 인젝터 퓨즈 및 관련 회로의 단선을 수리 후 "고장수리 확인" 절차를 수행한다.

제어선 점검 K1246CD1

1. 제어선 모니터링 전압 점검

    1) IG KEY "OFF", 엔진을 정지한다.

    2) 스로틀 플랩 액츄에이터 커넥터를 탈거한다.

    3) IG KEY "ON"

    4) 스로틀 플랩 액츄에이터 커넥터 1번 단자의 전압을 점검한다.

    규정값 : 3.2V~3.7V

    5) 규정 전압이 검출되는가?

    YES

    ▶ "단품 점검"을 실시한다.

    NO

    ▶ 전압이 검출 되지 않을 경우 : 아래 "2. 제어선 단선 점검"을 실시한다.
    ▶ 높은 전압이 검출될 경우 : 스로틀 플랩 액츄에이터 제어선의 단락(전원측) 발생 부위를 찾아 수리 후 "고장수리 확인" 절차를 수행한다.

2. 제어선 단선 점검

    1) IG KEY "OFF", 엔진을 정지한다.

2) 스로틀 플랩 액츄에이터 커넥터와 ECM 커넥터를 탈거한다.

3) 스로틀 플랩 액츄에이터 1번 단자와 ECM 커넥터 90번 단자간 통전 시험을 실시한다.

규정값 : 통전(1.0Ω 이하)

4) 통전 시험은 정상적인가?

YES

▶ 스로틀 플랩 액츄에이터 제어선의 단락(접지측) 발생 부위를 찾아 수리 후 "고장수리 확인" 절차를 수행한다.

NO

▶ 스로틀 플랩 액츄에이터 제어선의 단선 발생 부위를 찾아 수리 후 "고장수리 확인" 절차를 수행한다.

단품점검 K857EDAD

1. 스로틀 플랩 액츄에이터 단품 저항 점검

   1) IG KEY "OFF", 엔진을 정지한다.

   2) 스로틀 플랩 액츄에이터 커넥터를 탈거한다.

   3) 스로틀 플랩 액츄에이터 단품의 저항을 점검한다.

규정값 : 23.8 ~ 31.3Ω (20℃)

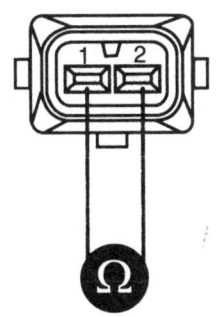

AFGF007E

4) 스로틀 플랩 액츄에이터 단품 저항은 정상적인가?

YES

▶ "고장수리 확인" 절차를 수행한다.

NO

▶ 스로틀 플랩 액츄에이터를 교환 후 "고장수리 확인" 절차를 수행한다.

고장수리 확인 KE3798E9

DTC P2111 참조.

고장진단

DTC P2123 스로틀/엑셀위치센서D-입력신호높음

부품 위치

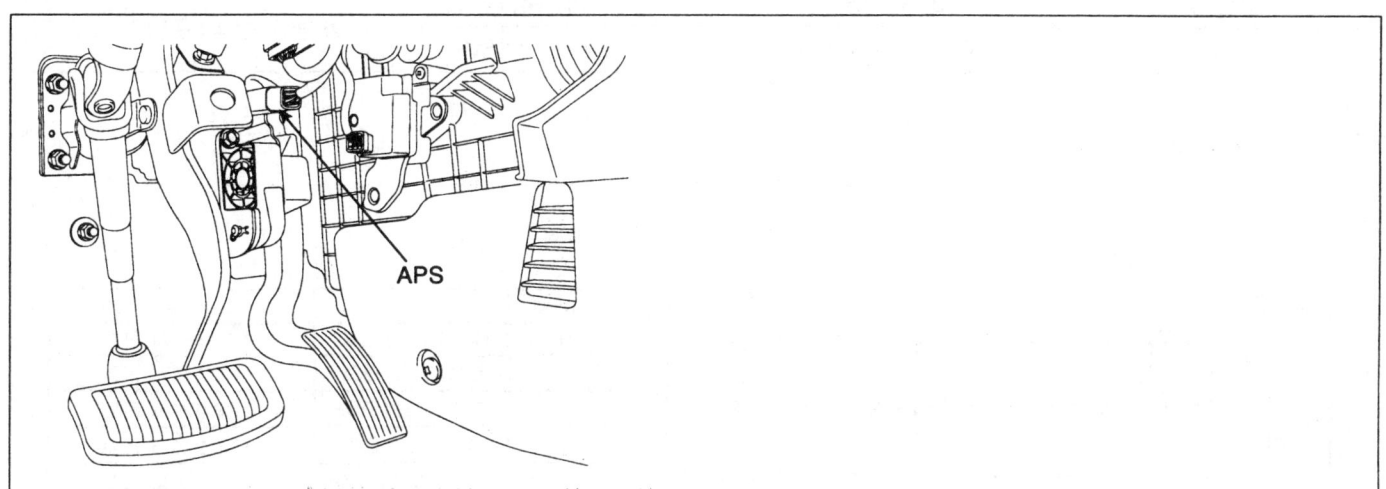

기능 및 역할

엑셀 페달 센서는 TPS(스로틀 포지션 센서)와 동일한 원리로 운전자의 가속의지를 ECM에 전달해 현재 가속상태에 따른 연료량을 결정하는데 가장 중요한 센서이다. 이렇듯 중요한 센서인 만큼 신뢰도가 중요하므로, 주 신호인 엑셀 페달 센서1과 엑셀 페달 센서1을 감시하는 엑셀 페달 센서2로 나뉘어 있다. 엑셀 페달 센서 1과 2는 서로 독립된 전원과 접지로 구성되어 있으며, 엑셀 페달 센서2는 엑셀 페달 센서1의 1/2 출력을 발생하여, 엑셀 페달 센서1과 2의 전압 비율이 일정이상 벗어날 경우 에러로 판정하여, 림프 홈 모드로 진입된다. 림프 홈 모드로 진입시 엑셀 페달 센서 오신호에 의한 엔진 과다 출력 발생을 방지하기 위해 엔진 회전수를 1200RPM으로 고정시켜 최소한의 주행만 가능하다.

고장 코드 설명

P2123 코드는 엑셀 페달 센서1 출력의 최대치인 4900mV 이상의 전압이 0.18초간 검출될 경우 발생되는 고장 코드로 엑셀 페달 센서1 전원 및 신호선의 전원측 단락, 혹은 센서 접지 회로의 단선 발생 경우이다.

고장판정 조건

항목	감지 조건			고장 예상 부위
검출 방법	• 전압 모니터링			
검출 조건	• IG KEY "ON"			
판정값	• 출력 신호 최대값 이상 (4900mV 이상인 경우)			
검출 시간	• 180ms			
페일세이프 (Fail Safe)	연료 차단	비실행	• 고장시 기본값은 0% • 림프 홈 아이들 (1200RPM) 고정 • 차속/엔진 회전수에 의한 에어컨 작동 중지 • 정속 주행 불가(크루즈 컨트롤 옵션 사항)	• 엑셀 페달 센서1 회로 • 엑셀 페달 센서 단품
	EGR 금지	비실행		
	연료 제한	실행		
	체크 램프	점등		

제원 K6057DD2

	엑셀 페달 미작동	엑셀 페달 완전 개방	센서 형식
APS 1	0.7V~0.8V	3.8V~4.4V	가변 저항식(포텐션 미터)
APS 2	0.275V~0.475V	1.75V~2.35V	

부분 회로도 K3427F39

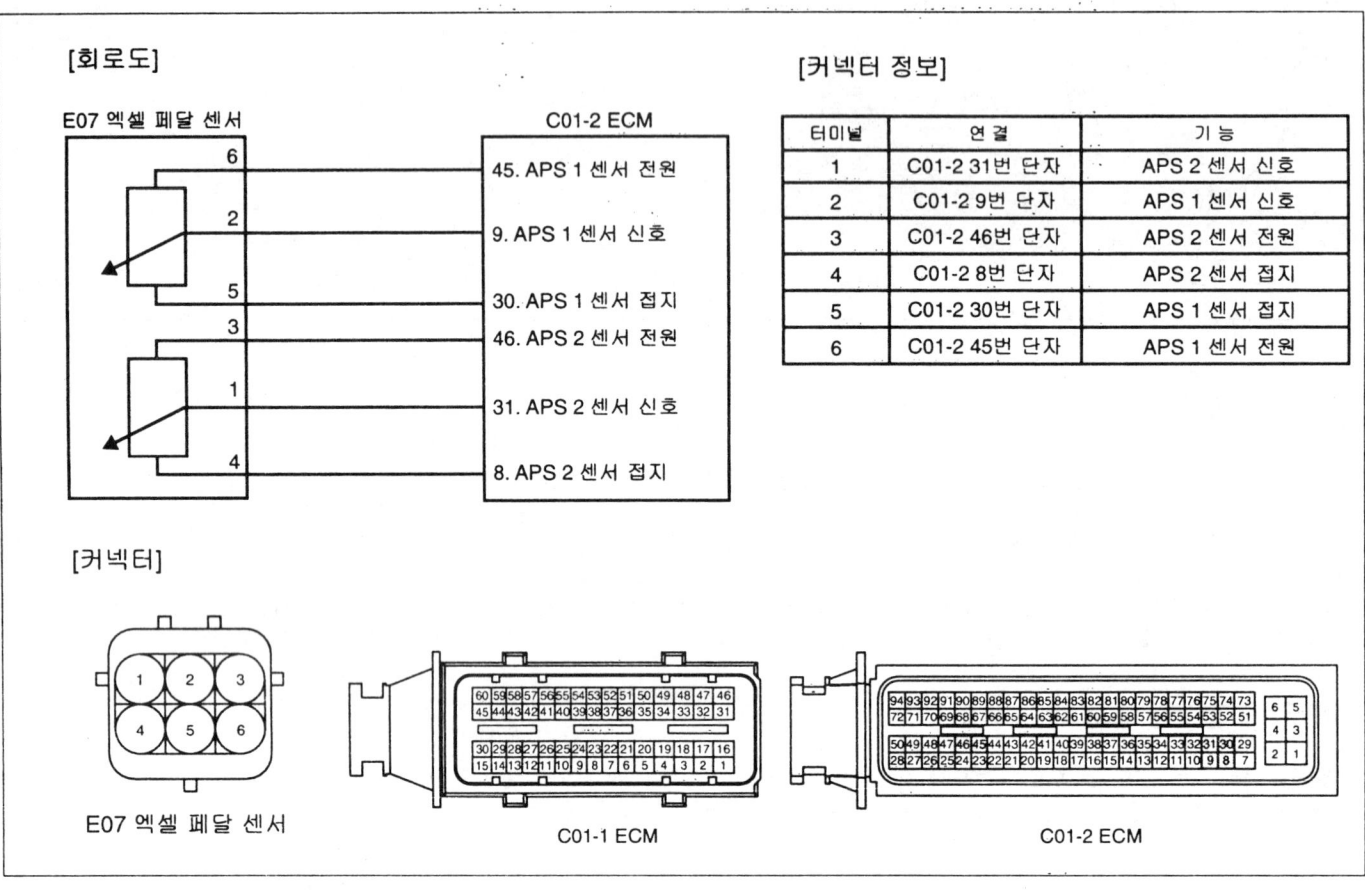

고장진단

기준 파형 및 데이터   K8C21F69

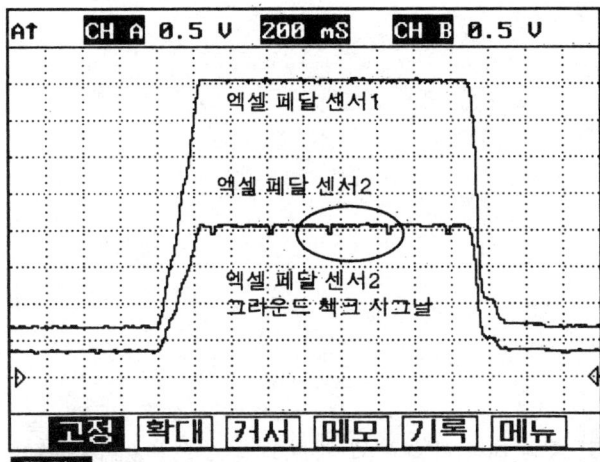

그림1) 엑셀 페달 센서1과 엑셀 페달 센서2 를 동시에 측정한 파형으로, 엑셀 페달 센서1의 출력값 대비 엑셀 페달 센서2 출력값이 1/2 비율을 나타내는지를 점검한다.

> **참고**
>
> 엑셀 페달 센서2 신호의 그라운드 첵크 시그날은 *ECM* 이 엑셀 페달 센서2 를 점검하는 신호로 *200msec* 주기로 엑셀 페달 센서 2 출력값을 *200.39mV* 이하로 떨어뜨린다. 만일 *200.39mV* 이하로 엑셀 페달 센서 2 출력 전압이 떨어지지 않는다면 *ECM* 은 엑셀 포지션센서 2의 접지 회로 이상으로 판단 관련 고장 코드를 발생 시킨다.
> ※ 엑셀 페달 센서 2 파형의 그라운드 체크 시그날 파형에서 *200.39mV* 이하로 낮아지는 파형은 실제로 검출 되지 않는다.

스캔툴 데이터 분석   K4817115

1. 자기진단 커넥터에 스캔툴을 연결한다.
2. 엔진을 정상작동 온도 까지 워밍업 한다.
3. 전기 장치 및 에어컨을 OFF 한다.
4. 스캔툴에 표시되는 "엑셀포지션센서", 엑셀 포지션센서 1", "엑셀포지션센서 2" 항목을 점검한다.

규정값 : 아이들시(0%) 엑셀포지션센서 1 : 600mV~830mV
엑셀포지션센서 2 : 엑셀포지션센서 1의 1/2 값

```
┌─────────────────────────────────┐
│         1.2 써비스 데이터         │
│ × 공기량(mg/st)      374  mg/st │
│ × 엑셀포지션센서     0.0  %     │
│ × 엑셀포지션센서 1   669  mV    │
│ × 엑셀포지션센서 2   347  mV    │
│ × 엔진회전수         830  rpm   │
│ × 레일압력           28.2 MPa   │
│ × 레일압력조절밸브   17.3 %     │
│ × 연료분사량         4.8  mcc   │
│ [고정][단품][전체][도움][라인][기록] │
└─────────────────────────────────┘
```

그림1

그림1) 열간 아이들시 엑셀 페달 센서 출력 데이터로 가속시 출력값이 증가 하는지 여부와 엑셀 페달 센서1 출력 전압 대비 엑셀 페달 센서2의 전압이 1/2 값을 지시하는지 점검한다.

AWJF012L

컨넥터 및 터미널 점검   K59F6951

1. 전기장치는 수 많은 하네스와 커넥터로 구성되며, 이러한 커넥터들의 접촉 불량은 여러가지 다양한 문제를 유발 시키고, 부품을 손상 시키기도 한다.

2. 다음 점검 절차를 수행한다.

    1) 하네스와 터미널의 손상을 점검한다. : 터미널의 접촉 저항, 산화, 변형을 점검한다.

    2) ECM 과 단품 커넥터의 접속 상태를 확인한다. : 터미널 단자의 이탈, 록킹 장치의 손상, 터미널과 와이어링의 연결 상태를 점검한다.

    > 📖 참고
    > 점검이 필요한 커넥터의 수컷측 핀을 탈거하여, 암컷측 터미널에 삽입 접촉 상태를 점검한다. (점검 후 탈거한 핀을 정위치에 바르게 장착한다.)

3. 문제 부위가 확인되는가?

    YES

    ▶ 문제 부위를 수리후 "고장수리 확인" 절차를 수행한다.

    NO

    ▶ "전원선 점검" 절차를 수행한다.

전원선 점검   K77B58AE

1. IG KEY "OFF", 엔진을 정지한다.

2. 엑셀 페달 센서 커넥터를 탈거한다.

3. IG KEY "ON"

4. 엑셀 페달 센서 커넥터 6번 단자의 전압을 점검한다.

규정값 : 4.8V~5.1V

고장진단

5. 규정 전압이 검출되는가?

   YES

   ▶ "신호선 점검"을 실시한다.

   NO

   ▶ 규정 전압 보다 높은 전압이 검출 된다면, 엑셀 페달 센서 1 전원 회로의 단락(전원측) 부위를 찾아 수리한다. 수리 완료 후 "고장수리 확인" 절차를 수행한다.

신호선 점검   K51B90A3

1. 신호선 단선 점검

   1) IG KEY "OFF", 엔진을 정지한다.

   2) 엑셀 페달 센서 커넥터와 ECM 커넥터를 탈거한다.

   3) 엑셀 페달 센서 커넥터 2번 단자와 ECM 커넥터 9번 단자간 통전 시험을 실시한다.

   규정값 : 통전(1.0Ω 이하)

   4) 통전 시험은 정상적인가?

   YES

   ▶ 아래 "신호선 단락(전원측) 점검"을 실시한다.

   NO

   ▶ 단선 발생 부위를 찾아 수리 후 "고장수리 확인" 절차를 수행한다.

2. 신호선 단락(전원측) 점검

   1) IG KEY "OFF", 엔진을 정지한다.

   2) 엑셀 페달 센서 커넥터와 ECM 커넥터를 탈거한다.

   3) IG KEY "ON"

   4) 엑셀 페달 센서 커넥터 2번 단자의 전압을 점검한다.

   규정값 : 0.0V~0.1V

   5) 양단 커넥터가 분리된 상태에서 회로에 이상 전압이 검출 되는가?

   YES

   ▶ 단락(전원측) 발생 부위를 찾아 수리 후 "고장수리 확인" 절차를 수행한다.

   NO

   ▶ "접지선 점검"을 실시한다.

접지선 점검 K7597356

1. IG KEY "OFF", 엔진을 정지한다.
2. 엑셀 페달 센서 커넥터를 탈거한다.
3. IG KEY "ON"
4. 엑셀 페달 센서 커넥터 6번 단자의 전압을 확인한다. [TEST "A"]
5. 엑셀 페달 센서 커넥터 6번 단자와 5번 단자간 전압을 점검한다. [TEST "B"]
    (6번 단자 : + 프로브 검침 , 5번 단자 : - 프로브 검침)

규정값 : [TEST "A"] 전압 - [TEST "B"] 전압 = 200mV 이내

6. 접지선의 접지 상태는 정상적인가?

    YES

    ▶ "단품 점검"을 실시한다.

    NO

    ▶ "B" 전압이 검출 되지 않을 경우 : 접지 회로의 단선을 수리 후 "고장수리 확인" 절차를 수행한다.
    ▶ "A" 와 "B" 전압 차이가 200mV 이상일 경우 : 접지 회로의 저항 과다 요인을 수정 후 "고장수리 확인" 절차를 수행한다.

단품점검 K808C973

1. IG KEY "OFF", 엔진을 정지한다.
2. 엑셀 페달 센서 커넥터를 탈거한다.
3. 아래 단품 단자별 저항 특성표를 참조하여 단자별 저항을 점검한다.

규정값 : 단자별 저항 특성표

	저항측정단자	저항값 (KΩ 20℃)		특 성	단품 커넥터 형상
		페달 미작동	페달 완전 개방		
엑셀 페달 센서 1	6(전원)-5(접지)	1.0±0.1KΩ	1.0±0.1KΩ	변화없음	
	6(전원)-2(신호)	1.8±0.1KΩ	1.1±0.1KΩ	저항감소	
	2(신호)-5(접지)	1.1±0.1KΩ	1.8±0.1KΩ	저항증가	
엑셀 페달 센서 2	3(전원)-4(접지)	2.0±0.1KΩ	2.0±0.1KΩ	변화없음	
	3(전원)-1(신호)	2.9±0.1KΩ	2.1±0.1KΩ	저항감소	
	1(신호)-4(접지)	1.1±0.1KΩ	1.8±0.1KΩ	저항증가	

4. 엑셀 페달 센서 단품의 단자별 저항값은 정상적인가?

    YES

    ▶ "고장수리 확인" 절차를 수행한다.

고장진단   FL -465

NO

▶ 엑셀 페달 센서 교환 후 "고장수리 확인" 절차를 수행한다.

고장수리 확인   K1FD12E3

본 진단 가이드를 사용해서 발생된 문제를 수리한 뒤, 고장이 완전히 해결되었는지 확인하는 과정이 필요하다.

1. 스캔툴을 연결한 후, 자기진단을 실시하여 고장 코드를 확인한다.
2. 저장된 고장코드를 스캔툴을 이용하여 소거한다.
3. 고장 판정 조건중의 검출 조건에 따라 차량을 주행한다.
4. 스캔툴로 자기 진단을 실시하여 고장 코드가 발생 되었는지 확인한다.
5. 고장 코드가 발생되는가 ?

YES

▶ 해당되는 고장 코드 수리 절차로 이동한다.

NO

▶ 고장 수리가 완료되어 시스템이 정상적으로 작동한다.

DTC P2128 스로틀/엑셀위치센서E-입력신호높음

부품 위치

DTC P2123 참조.

기능 및 역할

DTC P2123 참조.

고장 코드 설명

P2128 코드는 엑셀 페달 센서2 출력의 최대치인 2463mV 이상의 전압이 0.18초간 검출 될 경우 발생되는 고장 코드로 엑셀 페달 센서2 전원 및 신호선의 전원측 단락 혹은 센서 접지 회로의 단선 발생 경우이다.

고장판정 조건

항목		감지 조건	고장 예상 부위
검출 방법		• 전압 모니터링	
검출 조건		• IG KEY "ON"	
판정값		• 출력 신호 최대값 이상 (2463mV 이상인 경우)	
검출 시간		• 180ms	• 엑셀 페달 센서2 회로
페일세이프 (Fail Safe)	연료 차단	비실행	• 고장시 기본값은 0% • 림프 홈 아이들 (1200RPM) 고정 • 차속/엔진 회전수에 의한 에어컨 작동 중지 • 정속 주행 불가(크루즈 컨트롤 옵션 사항)
	EGR 금지	비실행	• 엑셀 페달 센서 단품
	연료 제한	실행	
	체크 램프	점등	

제원

	엑셀 페달 미작동	엑셀 페달 완전 개방	센서 형식
APS 1	0.7V~0.8V	3.8V~4.4V	가변 저항식(포텐션 미터)
APS 2	0.275V~0.475V	1.75V~2.35V	

부분 회로도

DTC P2123 참조.

기준 파형 및 데이터

DTC P2123 참조.

스캔툴 데이터 분석

DTC P2123 참조.

고장진단　　　　　　　　　　　　　　　　　　　　　　　　　FL -467

컨넥터 및 터미널 점검　K4F1A200

DTC P2123 참조.

전원선 점검　K6D15610

1. IG KEY "OFF", 엔진을 정지한다.
2. 엑셀 페달 센서 커넥터를 탈거한다.
3. IG KEY "ON"
4. 엑셀 페달 센서 커넥터 3번 단자의 전압을 점검한다.

규정값 : 4.8V~5.1V

5. 규정 전압이 검출되는가?

YES

▶ "신호선 점검" 을 실시한다.

NO

▶ 규정 전압 보다 높은 전압이 검출 된다면, 엑셀 페달 센서 2 전원 회로의 단락(전원측) 부위를 찾아 수리한다. 수리 완료 후 "고장수리 확인" 절차를 수행한다.

신호선 점검　KC778BF2

1. 신호선 단선 점검

    1) IG KEY "OFF", 엔진을 정지한다.
    2) 엑셀 페달 센서 커넥터와 ECM 커넥터를 탈거한다.
    3) 엑셀 페달 센서 커넥터 1번 단자와 ECM 커넥터 31번 단자간 통전 시험을 실시한다.

규정값 : 통전(1.0Ω 이하)

    4) 통전 시험은 정상적인가?

    YES

    ▶ 아래 "신호선 단락(전원측) 점검"을 실시한다.

    NO

    ▶ 단선 발생 부위를 찾아 수리 후 "고장수리 확인" 절차를 수행한다.

2. 신호선 단락(전원측) 점검

    1) IG KEY "OFF", 엔진을 정지한다.
    2) 엑셀 페달 센서 커넥터와 ECM 커넥터를 탈거한다.
    3) IG KEY "ON"
    4) 엑셀 페달 센서 커넥터 1번 단자의 전압을 점검한다.

규정값 : 0.0V~0.1V

5) 양단 커넥터가 분리된 상태에서 회로에 이상 전압이 검출 되는가?

YES

▶ 단락(전원측) 발생 부위를 찾아 수리 후 "고장수리 확인" 절차를 수행한다.

NO

▶ "접지선 점검"을 실시한다.

접지선 점검 K87AE2D1

1. IG KEY "OFF", 엔진을 정지한다.
2. 엑셀 페달 센서 커넥터를 탈거한다.
3. IG KEY "ON"
4. 엑셀 페달 센서 커넥터 3번 단자의 전압을 확인한다. [TEST "A"]
5. 엑셀 페달 센서 커넥터 3번 단자와 4번 단자간 전압을 점검한다. [TEST "B"]
   (3번 단자 : + 프로브 검침 , 4번 단자 : - 프로브 검침)

규정값 : [TEST "A"] 전압 - [TEST "B"] 전압 = 200mV 이내

6. 접지선의 접지 상태는 정상적인가?

YES

▶ "단품 점검"을 실시한다.

NO

▶ "B" 전압이 검출 되지 않을 경우 : 접지 회로의 단선을 수리 후 "고장수리 확인" 절차를 수행한다.
▶ "A" 와 "B" 전압 차이가 200mV 이상일 경우 : 접지 회로의 저항 과다 요인을 수정 후 "고장수리 확인" 절차를 수행한다.

단품점검 K1E70371

1. IG KEY "OFF", 엔진을 정지한다.
2. 엑셀 페달 센서 커넥터를 탈거한다.
3. 아래 단품 단자별 저항 특성표를 참조하여 단자별 저항을 점검한다.

고장진단

규정값 : 단자별 저항 특성표

	저항측정단자	저 항 값 (KΩ 20℃)		특 성	단품 커넥터 형상
		페달 미작동	페달 완전 개방		
엑셀 페달 센서 1	6(전원)-5(접지)	1.0±0.1KΩ	1.0±0.1KΩ	변화없음	
	6(전원)-2(신호)	1.8±0.1KΩ	1.1±0.1KΩ	저항감소	
	2(신호)-5(접지)	1.1±0.1KΩ	1.8±0.1KΩ	저항증가	
엑셀 페달 센서 2	3(전원)-4(접지)	2.0±0.1KΩ	2.0±0.1KΩ	변화없음	
	3(전원)-1(신호)	2.9±0.1KΩ	2.1±0.1KΩ	저항감소	
	1(신호)-4(접지)	1.1±0.1KΩ	1.8±0.1KΩ	저항증가	

4. 엑셀 페달 센서 단품의 단자별 저항값은 정상적인가?

YES

▶ "고장수리 확인" 절차를 수행한다.

NO

▶ 엑셀 페달 센서 교환 후 "고장수리 확인" 절차를 수행한다.

고장수리 확인

DTC P2123 참조.

DTC P2138 엑셀 페달 위치 센서 (APS) 1/2 비동기화

부품 위치

DTC P2123 참조.

기능 및 역할

DTC P2123 참조.

고장 코드 설명

P2138 코드의 경우 엑셀 페달 센서1, 2 출력값을 비교하여 각 스로틀 개도량에 따른 엑셀 페달 센서 1,2 출력 전압의 차이가 1/2 값이 아닌 전압이 0.24초 이상 출력되는 경우 발생하게된다. 즉 엑셀 페달 센서 1과 2 의 미세한 접촉 불량 및 엑셀 페달 센서 단품 저항 특성값의 세심한 점검이 필요하다.

고장판정 조건

항목	감지 조건			고장 예상 부위
검출 방법	전압 모니터링			
검출 조건	IG KEY "ON" (엑셀 페달 밟을 경우)			
판정값	• 엑셀 페달 센서1,2 가 1.8~6% 시 엑셀 페달 센서 1,2 전압의 차값이 308mV 이상 • 엑셀 페달 센서1,2 가 7% 이상에서 엑셀 페달 센서 1,2 전압의 차값이 406mV 이상			• 엑셀 페달 센서1 회로 • 엑셀 페달 센서2 회로 • 엑셀 페달 센서 단품
검출 시간	240ms			
페일세이프 (Fail Safe)	연료 차단	비실행	• 고장시 기본값은 0% • 림프 홈 아이들 (1200RPM) 고정 • 차속/엔진 회전수에 의한 에어컨 작동 중지 • 정속 주행 불가(크루즈 컨트롤 옵션 사항)	
	EGR 금지	비실행		
	연료 제한	실행		
	체크 램프	점등		

제원

	엑셀 페달 미작동	엑셀 페달 완전 개방	센서 형식
APS 1	0.7V~0.8V	3.8V~4.4V	가변 저항식(포텐션 미터)
APS 2	0.275V~0.475V	1.75V~2.35V	

부분 회로도

DTC P2123 참조.

기준 파형 및 데이터

DTC P2123 참조.

고장진단

FL -471

스캔툴 데이터 분석

DTC P2123 참조.

커넥터 및 터미널 점검

DTC P2123 참조.

전원선 점검

1. IG KEY "OFF", 엔진을 정지한다.

2. 엑셀 페달 센서 커넥터를 탈거한다.

3. IG KEY "ON"

4. 엑셀 페달 센서 커넥터 6번과 3번 단자의 전압을 점검한다.

규정값 : 4.8V~5.1V

5. 규정 전압이 검출되는가?

   YES

   ▶ "신호선 점검"을 실시한다.

   NO

   ▶ 규정 전압이 검출되지 않는 회로의 문제 부위를 찾아 수리 후 "고장수리 확인" 절차를 수행한다.
   센서 전원 전압이 높은 문제 발생 : P0643회로 점검을 참조한다. (APS1)
   P0653 회로 점검을 참조한다.(APS2)
   센서 전원 전압이 낮은 문제 발생 : P0642 회로 점검을 참조한다.(APS1)
   P0652 회로 점검을 참조한다.(APS2)

신호선 점검

1. 신호선 단선 점검

   1) IG KEY "OFF", 엔진을 정지한다.

   2) 엑셀 페달 센서 커넥터와 ECM 커넥터를 탈거한다.

   3) 엑셀 페달 센서 커넥터 2번 단자와 ECM 커넥터 9번 단자간 통전 시험을 실시한다. (엑셀 페달 센서 1)
      엑셀 페달 센서 커넥터 1번 단자와 ECM 커넥터 31번 단자간 통전 시험을 실시한다. (엑셀 페달 센서 2)

   규정값 : 통전(1.0Ω 이하)

   4) 통전 시험은 정상적인가?

      YES

      ▶ 아래 "신호선 단락 점검"을 실시한다.

      NO

      ▶ 단선 발생 부위를 찾아 수리 후 "고장수리 확인" 절차를 수행한다.

2. 신호선 단락 점검 (엑셀 페달 센서 1)

   1) IG KEY "OFF", 엔진을 정지한다.

   2) 엑셀 페달 센서 커넥터와 ECM 커넥터를 탈거한다.

   3) IG KEY "ON"

   4) 엑셀 페달 센서 커넥터 2번 단자와 차체 접지간 통전 시험을 실시한다. (접지측 단락 점검)
      엑셀 페달 센서 커넥터 2번 단자의 전압을 점검한다. (전원측 단락 점검)

규정값 : 접지측 단락 점검 : 비통전 (무한대Ω)
전원측 단락 점검: 0.0V~0.1V

---

   5) 엑셀 페달 센서 1 신호선의 절연 상태는 정상적인가?

   YES

   ▶ 아래 "3.신호선 단락 점검(엑셀 페달 센서 2)" 을 실시한다.

   NO

   ▶ 단락 발생 회로의 단락 부위를 찾아 수리 후 "고장수리 확인" 절차를 수행한다.

3. 신호선 단락 점검 (엑셀 페달 센서 2)

   1) IG KEY "OFF", 엔진을 정지한다.

   2) 엑셀 페달 센서 커넥터와 ECM 커넥터를 탈거한다.

   3) IG KEY "ON"

   4) 엑셀 페달 센서 커넥터 1번 단자와 차체 접지간 통전 시험을 실시한다. (접지측 단락 점검)
      엑셀 페달 센서 커넥터 1번 단자의 전압을 점검한다. (전원측 단락 점검)

규정값 : 접지측 단락 점검 : 비통전 (무한대Ω)
전원측 단락 점검: 0.0V~0.1V

---

   5) 엑셀 페달 센서 2 신호선의 절연 상태는 정상적인가?

   YES

   ▶ "접지선 점검" 을 실시한다.

   NO

   ▶ 단락 발생 회로의 단락 부위를 찾아 수리 후 "고장수리 확인" 절차를 수행한다.

접지선 점검

1. 엑셀 페달 센서 1 접지 점검

   1) IG KEY "OFF", 엔진을 정지한다.

   2) 엑셀 페달 센서 커넥터를 탈거한다.

   3) IG KEY "ON"

고장진단

4) 엑셀 페달 센서 커넥터 6번 단자의 전압을 확인한다. [TEST "A"]

5) 엑셀 페달 센서 커넥터 6번 단자와 5번 단자간 전압을 점검한다. [TEST "B"]
(6번 단자 : + 프로브 검침 , 5번 단자 : - 프로브 검침)

규정값 : [TEST "A"] 전압 - [TEST "B"] 전압 = 200mV 이내

6) 접지선의 접지 상태는 정상적인가?

YES

▶ 아래 "2. 엑셀 패달 센서 2 접지 점검" 을 실시한다.

NO

▶ "B" 전압이 검출 되지 않을 경우 : 접지 회로의 단선을 수리 후 "고장수리 확인" 절차를 수행한다.
▶ "A" 와 "B" 전압 차이가 200mV 이상일 경우 : 접지 회로의 저항 과다 요인을 수정 후 "고장수리 확인" 절차를 수행한다.

2. 엑셀 페달 센서 2 접지 점검

1) IG KEY "OFF", 엔진을 정지한다.

2) 엑셀 페달 센서 커넥터를 탈거한다.

3) IG KEY "ON"

4) 엑셀 페달 센서 커넥터 3번 단자의 전압을 확인한다. [TEST "A"]

5) 엑셀 페달 센서 커넥터 3번 단자와 4번 단자간 전압을 점검한다. [TEST "B"]
(3번 단자 : + 프로브 검침 , 4번 단자 : - 프로브 검침)

규정값 : [TEST "A"] 전압 - [TEST "B"] 전압 = 200mV 이내

6) 접지선의 접지 상태는 정상적인가?

YES

▶ "단품 점검"을 실시한다.

NO

▶ "B" 전압이 검출 되지 않을 경우 : 접지 회로의 단선을 수리 후 "고장수리 확인" 절차를 수행한다.
▶ "A" 와 "B" 전압 차이가 200mV 이상일 경우 : 접지 회로의 저항 과다 요인을 수정 후 "고장수리 확인" 절차를 수행한다.

단품점검   K5B4306E

1. IG KEY "OFF", 엔진을 정지한다.

2. 엑셀 페달 센서 커넥터를 탈거한다.

3. 아래 단품 단자별 저항 특성표를 참조하여 단자별 저항을 점검한다.

규정값 : 단자별 저항 특성표

	저항측정단자	저 항 값 (KΩ 20℃)		특 성	단품 커넥터 형상
		페달 미작동	페달 완전 개방		
엑셀 페달 센서 1	6(전원)-5(접지)	1.0±0.1KΩ	1.0±0.1KΩ	변화없음	
	6(전원)-2(신호)	1.8±0.1KΩ	1.1±0.1KΩ	저항감소	
	2(신호)-5(접지)	1.1±0.1KΩ	1.8±0.1KΩ	저항증가	
엑셀 페달 센서 2	3(전원)-4(접지)	2.0±0.1KΩ	2.0±0.1KΩ	변화없음	
	3(전원)-1(신호)	2.9±0.1KΩ	2.1±0.1KΩ	저항감소	
	1(신호)-4(접지)	1.1±0.1KΩ	1.8±0.1KΩ	저항증가	

4. 엑셀 페달 센서 단품의 단자별 저항값은 정상적인가?

YES

▶ "수리 결과 확인" 절차를 수행한다.

NO

▶ 엑셀 페달 센서 교환 후 "수리 결과 확인" 절차를 수행한다.

고장수리 확인

DTC P2123 참조.

고장진단

DTC P2238 산소 센서 신호 이상-펌핑 전류 감지 회로 신호 낮음(뱅크1, 센서1)

부품 위치

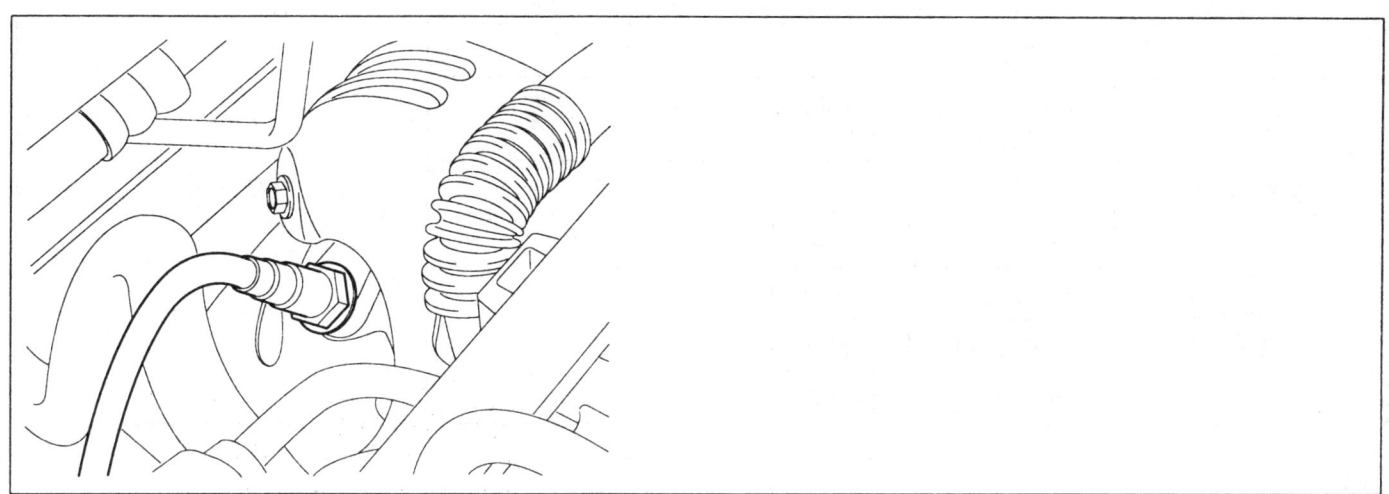

기능 및 역할

배기 매니폴드에 장착된 산소센서는 리니어 산소 센서로 배기 가스 중의 산소 농도를 검출하여 연료량 보정을 통해 정밀한 EGR 제어를 가능하게 한다. 또한 엔진 최대 부하시 농후한 혼합비에 의한 흑연을 제한(Smoke Limitation) 하는 역할을 수행한다. ECM 은 현재 리니어 산소 센서가 검출한 람다(λ)값을 람다 1.0 에 맞추기 위해 펌핑전류를 제어한다. 혼합기 희박(람다 1.0 이상 : 1.1) : ECM 은 펌핑 전류를 산소 센서로 흘려주어(+펌핑전류) 산소센서를 활성화하여 람다 1.0 (0.0 펌핑전류) 의 특성을 나타내도록 한다. 이때 산소 센서로 흘려준 펌핑 전류량을 가지고 ECM 은 배기가스에 포함된 산소 농도를 검출 한다. 혼합기 농후(람다 1.0 이하 : 0.9) : ECM 은 펌핑 전류를 산소 센서로 부터 뺏어와(-펌핑전류) 산소센서의 활성화를 감소시켜 람다 1.0 (0.0 펌핑전류) 의 특성을 나타내도록 한다. 이때 산소 센서 부터 뺏어온 펌핑 전류량을 가지고 ECM 은 배기가스에 포함된 산소 농도를 검출 한다.

이러한 일련의 작업들은 산소센서가 정상 작동 온도(450℃~600℃) 에서 가장 신속하고 원활하게 수행되며, 산소 센서를 정상 작동 온도로 빠르게 올려주고, 유지하기 위한 히터(열선)를 내장하고 있다. 히터 열선은 ECM 에 의해 PWM 으로 제어된다. 히터 열선이 차가워지면 저항값이 낮아져 전류값은 증가하고, 열선의 온도가 높으면 저항값이 증가하여 전류가 낮아지는 것을 이용 산소 센서의 온도를 감지, 산소 센서 히터 작동량을 결정한다.

고장 코드 설명

P2238 코드는 산소 센서 신호선(4번 단자), 센서 접지선(3번 단자), 센서 전원선(1번 단자), 센서 펌핑 전류선(6번 단자) 단락(접지측) 혹은 센서 접지선 단선의 경우 발생하는 고장코드로 산소 센서 회로의 문제이다.

고장판정 조건 KEF19045

항 목	감지 조건			고장 예상 부위
검출 방법	• 전압 모니터링			
검출 조건	• 엔진 구동			
판정값	• 산소 센서 회로 단락(접지측) 단락 • 산소 센서 회로 단선			• 산소 센서 회로 • 산소 센서 단품
검출 시간	• 2.0 sec			
페일세이프 (Fail Safe)	연료 차단	비실행		
	EGR 금지	비실행		
	연료 제한	비실행		
	체크 램프	비점등		

제원 K0C07D90

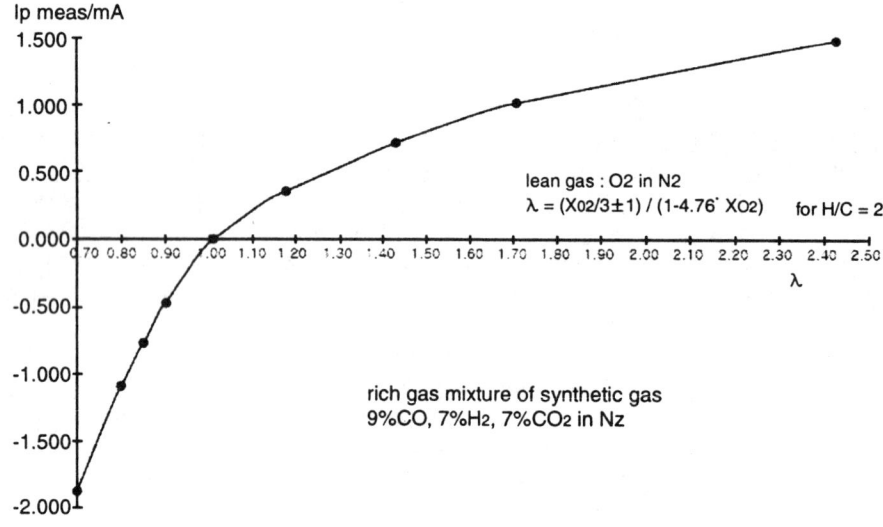

λ 값	0.65	0.70	0.80	0.90	1.01	1.18	1.43	1.70	2.42	공기
펌핑 전류	-2.22	-1.82	-1.11	-0.50	0.00	0.33	0.67	0.94	1.38	2.54

고장진단

부분 회로도 K80CC938

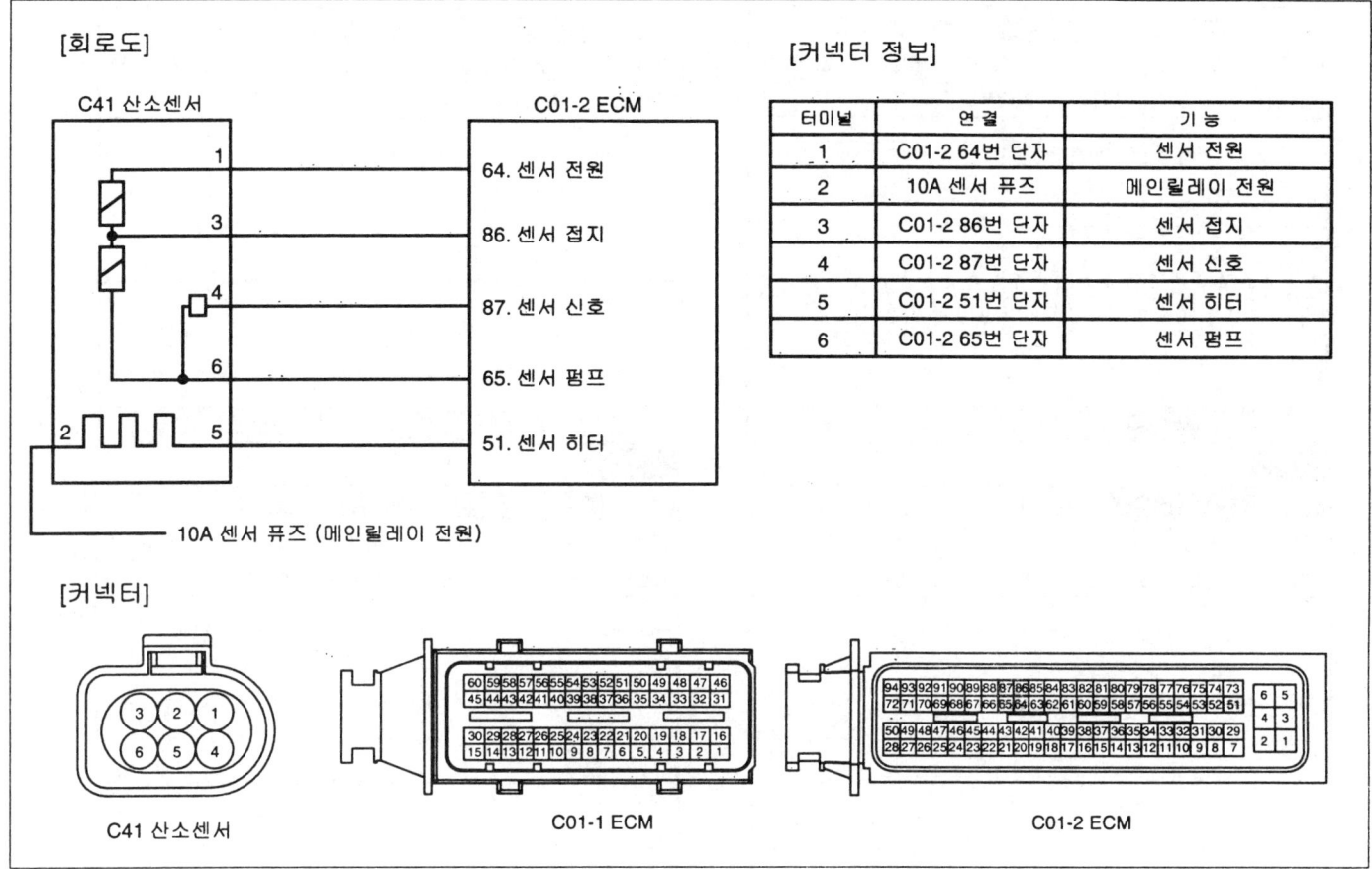

기준 파형 및 데이터 K65ECBFE

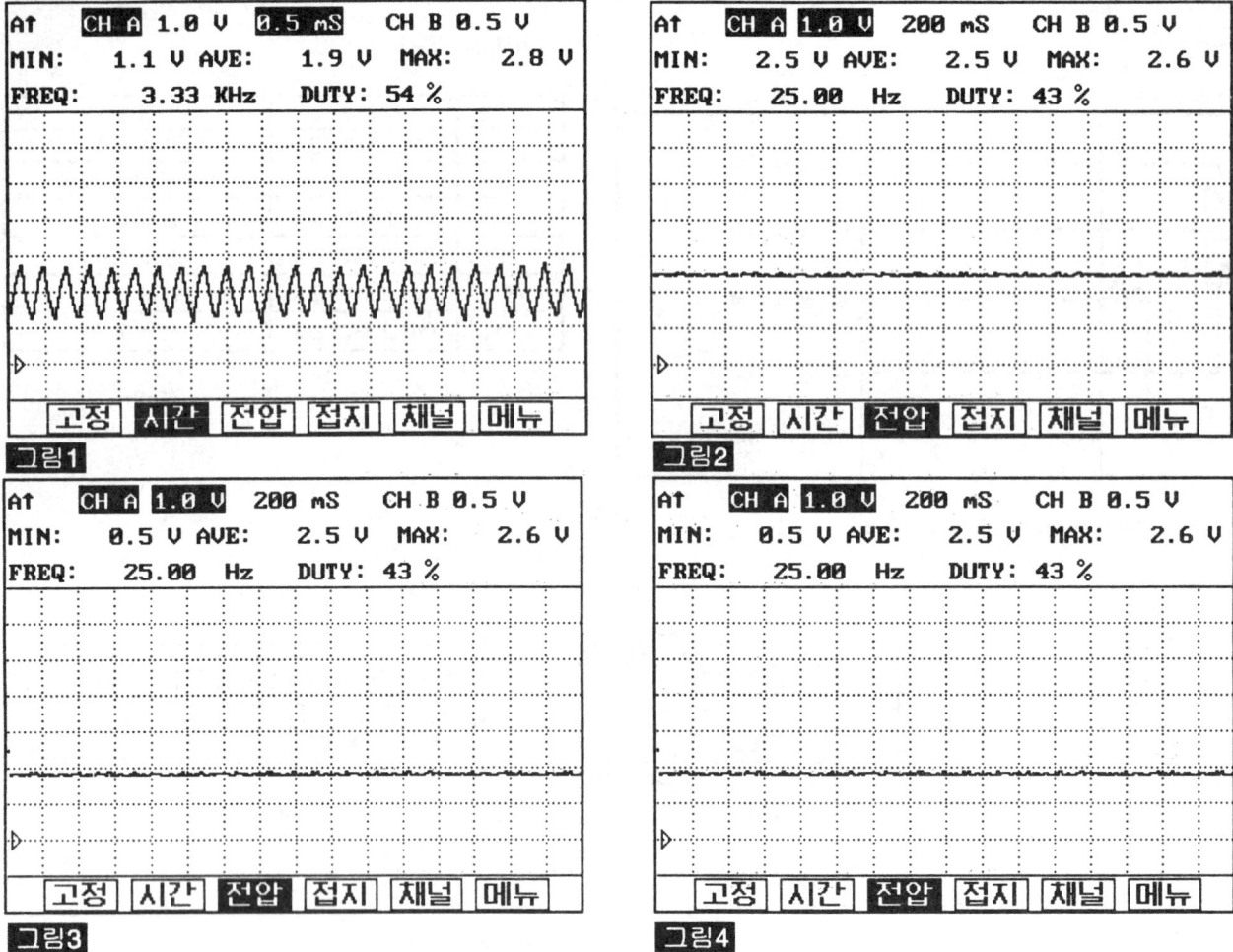

그림1) IG KEY "ON" 및 엔진 구동중 산소 센서 전원(1번 단자) 파형으로 약 1V~3V 사이를 주기적으로 반복하는 파형이 출력된다.
그림2) IG KEY "ON" 및 엔진 구동중 산소 센서 접지(3번 단자) 파형으로 2.5V 의 전압을 나타낸다.
그림3) IG KEY "ON" 및 엔진 구동중 산소 센서 신호(4번 단자) 파형으로 850mV 의 전압을 나타낸다.
   (아이들 및 가속시에도 850mV 유지)
그림4) IG KEY "ON" 및 엔진 구동중 산소 센서 펌프(6번 단자) 파형으로 850mV 의 전압을 나타낸다.
   (아이들 및 가속시에도 850mV 유지)

컨넥터 및 터미널 점검 KFEBF029

1. 전기장치는 수 많은 하네스와 커넥터로 구성되며, 이러한 커넥터들의 접촉 불량은 여러가지 다양한 문제를 유발 시키고, 부품을 손상 시키기도 한다.

2. 다음 점검 절차를 수행한다.

    1) 하네스와 터미널의 손상을 점검한다. : 터미널의 접촉 저항, 산화, 변형을 점검한다.

    2) ECM 과 단품 커넥터의 접속 상태를 확인한다. : 터미널 단자의 이탈, 록킹 장치의 손상, 터미널과 와이어링의 연결 상태를 점검한다.

    참고
    점검이 필요한 커넥터의 수컷측 핀을 탈거하여, 암컷측 터미널에 삽입 접촉 상태를 점검한다. (점검 후 탈거한 핀을 정위치에 바르게 장착한다.)

고장진단

3. 문제 부위가 확인되는가?

YES

▶ 문제 부위를 수리후 "고장수리 확인" 절차를 수행한다.

NO

▶ "전원선 점검" 절차를 수행한다.

전원선 점검   KC73FDC3

1. 센서 전원선 전압 & 파형 점검

   1) IG KEY "OFF", 엔진을 정지한다.
   2) 산소 센서 커넥터를 탈거한다.
   3) IG KEY "ON"
   4) 산소 센서 커넥터 1번 단자의 전압을 점검한다.
   5) 산소 센서 커넥터 1번 단자의 파형을 점검한다.

규정값 : 전압 점검 : 2.0 V
파형 점검 : "일반 정보" 의 "기준 파형과 데이터" 그림1) 번과 같은 파형이 검출됨.

   6) 산소센서 센서 전원은 정상적인가?

   YES

   ▶ "신호선 점검" 을 실시한다.

   NO

   ▶ 산소 센서 전원선에서 전압이 검출되지 않는다면 아래 "2. 센서 전원선 단선 점검" 절차를 수행한다.
   ▶ 산소 센서 전원선에서 높은 전압이 검출 된다면 산소 센서 전원선의 단락(전원측)을 수리 후 "고장수리 확인" 절차를 수행한다.

2. 센서 전원선 단선 점검

   1) IG KEY "OFF", 엔진을 정지한다.
   2) 산소 센서 커넥터와 ECM 커넥터를 탈거한다.
   3) 산소 센서 커넥터 1번 단자와 ECM 커넥터 64번 단자간 통전 시험을 실시한다.

규정값 : 통전(1.0Ω 이하)

   4) 산소센서 센서 전원선의 통전 상태는 정상적인가?

   YES

   ▶ 산소 센서 전원선의 단락(접지측) 발생 부위를 찾아 수리 후 "고장수리 확인" 절차를 수행한다.

   NO

   ▶ 산소 센서 전원선의 단선 부위를 찾아 수리 후 "고장수리 확인" 절차를 수행한다.

신호선 점검 K9597396

1. 센서 신호선 전압 점검

    1) IG KEY "OFF", 엔진을 정지한다.

    2) 산소 센서 커넥터를 탈거한다.

    3) IG KEY "ON"

    4) 산소 센서 커넥터 4번 단자의 전압을 점검한다.

    규정값 : 0.8V~0.9 V

    5) 산소센서 센서 신호선의 전압은 정상적인가?

       YES

       ▶ "3. 센서 펌프선 점검" 을 실시한다.

       NO

       ▶ 산소 센서 신호선에서 전압이 검출되지 않는다면 아래 "2. 센서 신호선 단선 점검" 절차를 수행한다.
       ▶ 산소 센서 신호선에서 높은 전압이 검출 된다면 산소 센서 신호선의 단락(전원측) 을 수리 후 "고장수리 확인" 절차를 수행한다.

2. 센서 신호선 단선 점검

    1) IG KEY "OFF", 엔진을 정지한다.

    2) 산소 센서 커넥터와 ECM 커넥터를 탈거한다.

    3) 산소 센서 커넥터 4번 단자와 ECM 커넥터 87번 단자간 통전 시험을 실시한다.

    규정값 : 통전(1.0Ω 이하)

    4) 산소센서 센서 신호선의 통전 상태는 정상적인가?

       YES

       ▶ 산소 센서 신호선의 단락(접지측) 발생 부위를 찾아 수리 후 "고장수리 확인" 절차를 수행한다.

       NO

       ▶ 산소 센서 신호선의 단선 부위를 찾아 수리 후 "고장수리 확인" 절차를 수행한다.

3. 센서 펌프선 전압 점검

    1) IG KEY "OFF", 엔진을 정지한다.

    2) 산소 센서 커넥터를 탈거한다.

    3) IG KEY "ON"

    4) 산소 센서 커넥터 6번 단자의 전압을 점검한다.

    규정값 : 0.8V~0.9 V

고장진단 FL-481

5) 산소센서 센서 펌프선의 전압은 정상적인가?

YES

▶ "접지선 점검"을 실시한다.

NO

▶ 산소 센서 펌프선에서 전압이 검출되지 않는다면 아래 "4. 센서 펌프선 단선 점검" 절차를 수행한다.
▶ 산소 센서 펌프선에서 높은 전압이 검출 된다면 산소 센서 펌프선의 단락(전원측)을 수리 후 "고장수리 확인" 절차를 수행한다.

4. 센서 펌프선 단선 점검

   1) IG KEY "OFF", 엔진을 정지한다.

   2) 산소 센서 커넥터와 ECM 커넥터를 탈거한다.

   3) 산소 센서 커넥터 6번 단자와 ECM 커넥터 65번 단자간 통전 시험을 실시한다.

규정값 : 통전(1.0Ω 이하)

   4) 산소센서 센서 펌프선의 통전 상태는 정상적인가?

   YES

   ▶ 산소 센서 펌프선의 단락(접지측) 발생 부위를 찾아 수리 후 "고장수리 확인" 절차를 수행한다.

   NO

   ▶ 산소 센서 펌프선의 단선 부위를 찾아 수리 후 "수리 결과 확인" 절차를 수행한다.

접지선 점검 K4AF3656

1. 센서 접지선 전압 점검

   1) IG KEY "OFF", 엔진을 정지한다.

   2) 산소 센서 커넥터를 탈거한다.

   3) IG KEY "ON"

   4) 산소 센서 커넥터 3번 단자의 전압을 점검한다.

규정값 : 2.3V~2.7V

   5) 산소센서 센서 접지선의 전압은 정상적인가?

   YES

   ▶ "단품점검" 절차를 수행한다.

   NO

   ▶ 산소 센서 접지선에서 전압이 검출되지 않는다면 아래 "2. 센서 접지선 단선 점검" 절차를 수행한다.
   ▶ 산소 센서 접지선에서 높은 전압이 검출 된다면 산소 센서 접지선의 단락(전원측)을 수리 후 "고장수리 확인" 절차를 수행한다.

2. 센서 접지선 단선 점검

   1) IG KEY "OFF", 엔진을 정지한다.

   2) 산소 센서 커넥터와 ECM 커넥터를 탈거한다.

   3) 산소 센서 커넥터 3번 단자와 ECM 커넥터 86번 단자간 통전 시험을 실시한다.

규정값 : 통전(1.0Ω 이하)

   4) 산소센서 센서 접지선의 통전 상태는 정상적인가?

   YES

   ▶ 산소 센서 접지선의 단락(접지측) 발생 부위를 찾아 수리 후 "고장수리 확인" 절차를 수행한다.

   NO

   ▶ 산소 센서 접지선의 단선 부위를 찾아 수리 후 "고장수리 확인" 절차를 수행한다.

단품점검 K046CBC2

1. 산소 센서 육안 점검

   1) IG KEY "OFF", 엔진을 정지한다.

   2) 산소 센서 커넥터를 탈거한다.

   3) 다음 항목들에 대해 육안 점검을 실시한다.
      a. 산소 센서 터미널 내부의 부식 및 수분 유입 여부를 점검한다.
      b. 산소 센서 단품 와이어링의 피복 손상, 단선 여부를 점검한다.
      c. 산소 센서 단품의 장착 토크(풀림 여부)를 점검한다.
      d. 산소 센서를 탈거하여 산소 감지 부위의 변형, 막힘, 녹아내림 여부를 점검한다.

규정값 : 점검 사항에 대해 문제가 없다.

   4) 산소센서 단품의 문제점이 발견되는가?

   YES

   ▶ 산소 센서를 교환 후 "고장수리 확인" 절차를 수행한다.

   NO

   ▶ 아래 참고 내용을 참조한다.

   📖 참고

   디젤 엔진은 연소 특성상 일반적인 무부하 및 운행 조건에서 초희박 연소가 이루어 진다. 이로 인하여 가솔린 엔진의 리니어 산소센서와는 다르게 엔진 가속 및 부하 변동에 따른 산소 센서 신호 변화가 거의 나타나지 않으며, 펌핑 전류역시 최대 **3mA** 로 일반적인 계측기(전류계)로는 계측이 불가능하다. 회로 점검에 문제가 없고 단품 육안 점검상 특별한 문제가 발견 되지 않았으나, 지속적으로 고장 코드가 검출 된다면 산소 센서를 교환 한다.

고장수리 확인 K15258D2

본 진단 가이드를 사용해서 발생된 문제를 수리한 뒤, 고장이 완전히 해결되었는지 확인하는 과정이 필요하다.

고장진단

1. 스캔툴을 연결한 후, 자기진단을 실시하여 고장 코드를 확인한다.
2. 저장된 고장코드를 스캔툴을 이용하여 소거한다.
3. 고장 판정 조건중의 검출 조건에 따라 차량을 주행한다.
4. 스캔툴로 자기 진단을 실시하여 고장 코드가 발생 되었는지 확인한다.
5. 고장 코드가 발생되는가 ?

    YES
    ▶ 해당되는 고장 코드 수리 절차로 이동한다.

    NO
    ▶ 고장 수리가 완료되어 시스템이 정상적으로 작동한다.

DTC P2239 산소 센서 신호 이상-펌핑 전류 감지 회로 신호 높음(뱅크1, 센서1)

부품 위치

DTC P2238 참조.

기능 및 역할

DTC P2238 참조.

고장 코드 설명

P2239 코드는 산소 센서 신호선(4번 단자), 센서 접지선(3번 단자), 센서 전원선(1번 단자), 센서 펌핑 전류선(6번 단자) 단락(전원측) 혹은 센서 접지선 단선의 경우 발생하는 고장코드로 산소 센서 회로의 문제이다.

고장판정 조건

항 목	감지 조건			고장 예상 부위
검출 방법	• 전압 모니터링			
검출 조건	• 엔진 구동			
판정값	• 산소 센서 회로 단락(전원측) 단락 • 산소 센서 회로 단선			• 산소 센서 회로 • 산소 센서 단품
검출 시간	• 2.0 sec			
페일세이프 (Fail Safe)	연료 차단	비실행		
	EGR 금지	비실행		
	연료 제한	비실행		
	체크 램프	비점등		

제원

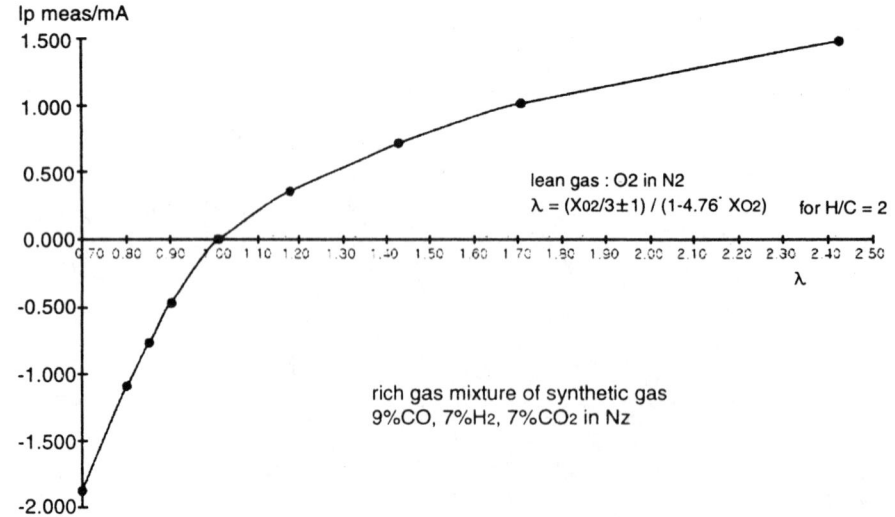

고장진단   FL -485

λ 값	0.65	0.70	0.80	0.90	1.01	1.18	1.43	1.70	2.42	공기
펌핑전류	-2.22	-1.82	-1.11	-0.50	0.00	0.33	0.67	0.94	1.38	2.54

부분 회로도 KA661868

DTC P2238 참조.

기준 파형 및 데이터 K18D764B

DTC P2238 참조.

커넥터 및 터미널 점검 KA3E0C6D

DTC P2238 참조.

전원선 점검 K07BB6F1

1. 센서 전원선 전압 & 파형 점검

    1) IG KEY "OFF", 엔진을 정지한다.

    2) 산소 센서 커넥터를 탈거한다.

    3) IG KEY "ON"

    4) 산소 센서 커넥터 1번 단자의 전압을 점검한다.

    5) 산소 센서 커넥터 1번 단자의 파형을 점검한다.

규정값 : 전압 점검 : 2.0 V
파형 점검 : "일반 정보" 의 "기준 파형과 데이터" 그림1) 번과 같은 파형이 검출됨.

   6) 산소센서 센서 전원은 정상적인가?

   YES

   ▶ "신호선 점검" 을 실시한다.

   NO

   ▶ 산소 센서 전원선에서 전압이 검출되지 않는다면 아래 "2. 센서 전원선 단선 점검" 절차를 수행한다.
   ▶ 산소 센서 전원선에서 높은 전압이 검출 된다면 산소 센서 전원선의 단락(전원측) 을 수리 후 "고장수리 확인" 절차를 수행한다.

2. 센서 전원선 단선 점검

    1) IG KEY "OFF", 엔진을 정지한다.

    2) 산소 센서 커넥터와 ECM 커넥터를 탈거한다.

    3) 산소 센서 커넥터 1번 단자와 ECM 커넥터 64번 단자간 통전 시험을 실시한다.

규정값 : 통전(1.0Ω 이하)

4) 산소센서 센서 전원선의 통전 상태는 정상적인가?

YES

▶ 산소 센서 전원선의 단락(접지측) 발생 부위를 찾아 수리 후 "고장수리 확인" 절차를 수행한다.

NO

▶ 산소 센서 전원선의 단선 부위를 찾아 수리 후 "고장수리 확인" 절차를 수행한다.

신호선 점검　K30CD6B6

1. 센서 신호선 전압 점검

    1) IG KEY "OFF", 엔진을 정지한다.

    2) 산소 센서 커넥터를 탈거한다.

    3) IG KEY "ON"

    4) 산소 센서 커넥터 4번 단자의 전압을 점검한다.

규정값 : 0.8V~0.9 V

    5) 산소센서 센서 신호선의 전압은 정상적인가?

    YES

    ▶ "3. 센서 펌프선 점검"을 실시한다.

    NO

    ▶ 산소 센서 신호선에서 전압이 검출되지 않는다면 아래 "2. 센서 신호선 단선 점검" 절차를 수행한다.
    ▶ 산소 센서 신호선에서 높은 전압이 검출 된다면 산소 센서 신호선의 단락(전원측)을 수리 후 "고장수리 확인" 절차를 수행한다.

2. 센서 신호선 단선 점검

    1) IG KEY "OFF", 엔진을 정지한다.

    2) 산소 센서 커넥터와 ECM 커넥터를 탈거한다.

    3) 산소 센서 커넥터 4번 단자와 ECM 커넥터 87번 단자간 통전 시험을 실시한다.

규정값 : 통전(1.0Ω 이하)

    4) 산소센서 센서 신호선의 통전 상태는 정상적인가?

    YES

    ▶ 산소 센서 신호선의 단락(접지측) 발생 부위를 찾아 수리 후 "고장수리 확인" 절차를 수행한다.

    NO

    ▶ 산소 센서 신호선의 단선 부위를 찾아 수리 후 "고장수리 확인" 절차를 수행한다.

3. 센서 펌프선 전압 점검

고장진단

1) IG KEY "OFF", 엔진을 정지한다.

2) 산소 센서 커넥터를 탈거한다.

3) IG KEY "ON"

4) 산소 센서 커넥터 6번 단자의 전압을 점검한다.

규정값 : 0.8V~0.9 V

5) 산소센서 센서 펌프선의 전압은 정상적인가?

YES

▶ "접지선 점검" 을 실시한다.

NO

▶ 산소 센서 펌프선에서 전압이 검출되지 않는다면 아래 "4. 센서 펌프선 단선 점검" 절차를 수행한다.
▶ 산소 센서 펌프선에서 높은 전압이 검출 된다면 산소 센서 펌프선의 단락(전원측)을 수리 후 "고장수리 확인" 절차를 수행한다.

4. 센서 펌프선 단선 점검

1) IG KEY "OFF", 엔진을 정지한다.

2) 산소 센서 커넥터와 ECM 커넥터를 탈거한다.

3) 산소 센서 커넥터 6번 단자와 ECM 커넥터 65번 단자간 통전 시험을 실시한다.

규정값 : 통전(1.0Ω 이하)

4) 산소센서 센서 펌프선의 통전 상태는 정상적인가?

YES

▶ 산소 센서 펌프선의 단락(접지측) 발생 부위를 찾아 수리 후 "고장수리 확인" 절차를 수행한다.

NO

▶ 산소 센서 펌프선의 단선 부위를 찾아 수리 후 "고장수리 확인" 절차를 수행한다.

접지선 점검   K2638EAC

1. 센서 접지선 전압 점검

1) IG KEY "OFF", 엔진을 정지한다.

2) 산소 센서 커넥터를 탈거한다.

3) IG KEY "ON"

4) 산소 센서 커넥터 3번 단자의 전압을 점검한다.

규정값 : 2.3V~2.7V

5) 산소센서 센서 접지선의 전압은 정상적인가?

YES

▶ "단품점검" 절차를 수행한다.

NO

▶ 산소 센서 접지선에서 전압이 검출되지 않는다면 아래 "2. 센서 접지선 단선 점검" 절차를 수행한다.
▶ 산소 센서 접지선에서 높은 전압이 검출 된다면 산소 센서 접지선의 단락(전원측) 을 수리 후 "고장수리 확인" 절차를 수행한다.

2. 센서 접지선 단선 점검

   1) IG KEY "OFF", 엔진을 정지한다.

   2) 산소 센서 커넥터와 ECM 커넥터를 탈거한다.

   3) 산소 센서 커넥터 3번 단자와 ECM 커넥터 86번 단자간 통전 시험을 실시한다.

규정값 : 통전(1.0Ω 이하)

   4) 산소센서 센서 접지선의 통전 상태는 정상적인가?

   YES

   ▶ 산소 센서 접지선의 단락(접지측) 발생 부위를 찾아 수리 후 "고장수리 확인" 절차를 수행한다.

   NO

   ▶ 산소 센서 접지선의 단선 부위를 찾아 수리 후 "수리 결과 확인" 절차를 수행한다.

단품점검 K626BE0D

1. 산소 센서 육안 점검

   1) IG KEY "OFF", 엔진을 정지한다.

   2) 산소 센서 커넥터를 탈거한다.

   3) 다음 항목들에 대해 육안 점검을 실시한다.
      a. 산소 센서 터미널 내부의 부식 및 수분 유입 여부를 점검한다.
      b. 산소 센서 단품 와이어링의 피복 손상, 단선 여부를 점검한다.
      c. 산소 센서 단품의 장착 토크(풀림 여부) 를 점검한다.
      d. 산소 센서를 탈거하여 산소 감지 부위의 변형, 막힘, 녹아내림 여부를 점검한다.

규정값 : 점검 사항에 대해 문제가 없다.

   4) 산소센서 단품의 문제점이 발견되는가?

   YES

   ▶ 산소 센서를 교환 후 "고장수리 확인" 절차를 수행한다.

   NO

   ▶ 아래 참고 내용을 참조한다.

고장진단

> **참고**
> 디젤 엔진은 연소 특성상 일반적인 무부하 및 운행 조건에서 초희박 연소가 이루어 진다. 이로 인하여 가솔린 엔진의 리니어 산소센서와는 다르게 엔진 가속 및 부하 변동에 따른 산소 센서 신호 변화가 거의 나타나지 않으며, 펌핑 전류역시 최대 *3mA* 로 일반 적인 계측기(전류계) 로는 계측이 불가능하다. 회로 점검에 문제가 없고 단품 육안 점검상 특별한 문제가 발견 되지 않았으나, 지속적으로 고장 코드가 검출 된다면 산소 센서를 교환 한다.

고장수리 확인

DTC P2238 참조.

DTC P2251 산소 센서 신호 이상-기준 접지 회로 단선(뱅크1, 센서1)

부품 위치

DTC P2238 참조.

기능 및 역할

DTC P2238 참조.

고장 코드 설명

P2251 코드는 센서 접지선(3번 단자) 단선의 경우 발생하는 고장코드로 산소 센서 회로의 문제이다.

고장판정 조건

항목	감지 조건			고장 예상 부위
검출 방법	• 전압 모니터링			
검출 조건	• 엔진 구동			
판정값	• 산소 센서 접지선 단선			
검출 시간	• 2.0 sec			• 산소 센서 회로
페일세이프 (Fail Safe)	연료 차단	비실행		• 산소 센서 단품
	EGR 금지	비실행		
	연료 제한	비실행		
	체크 램프	비점등		

제원

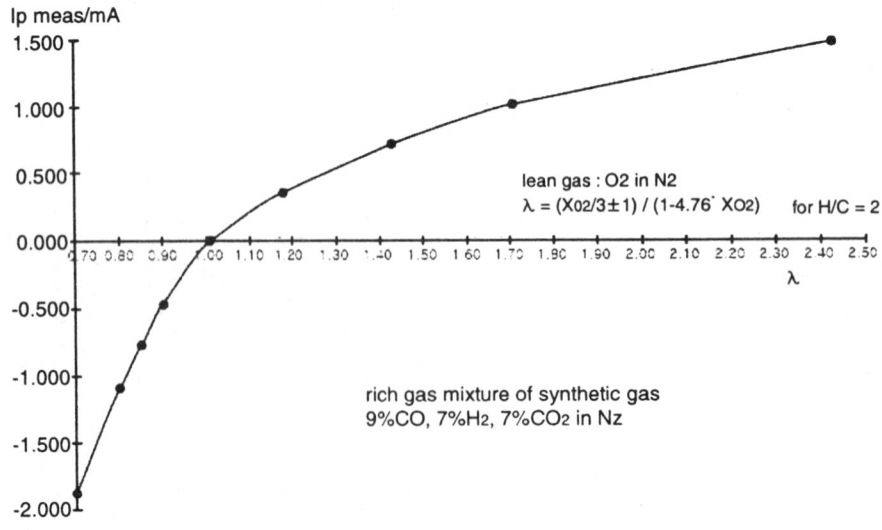

고장진단

λ 값	0.65	0.70	0.80	0.90	1.01	1.18	1.43	1.70	2.42	공기
펌핑전류	-2.22	-1.82	-1.11	-0.50	0.00	0.33	0.67	0.94	1.38	2.54

부분 회로도 K44000D4

DTC P2238 참조.

기준 파형 및 데이터 KCAD7066

DTC P2238 참조.

컨넥터 및 터미널 점검 K4E666F6

DTC P2238 참조.

전원선 점검 KA0A90F4

1. 센서 전원선 전압 & 파형 점검

    1) IG KEY "OFF", 엔진을 정지한다.

    2) 산소 센서 커넥터를 탈거한다.

    3) IG KEY "ON"

    4) 산소 센서 커넥터 1번 단자의 전압을 점검한다.

    5) 산소 센서 커넥터 1번 단자의 파형을 점검한다.

규정값 : 전압 점검 : 2.0 V
파형 점검 : "일반 정보" 의 "기준 파형과 데이터" 그림1) 번과 같은 파형이 검출됨.

   6) 산소센서 센서 전원은 정상적인가?

   YES

   ▶ "신호선 점검" 을 실시한다.

   NO

   ▶ 산소 센서 전원선에서 전압이 검출되지 않는다면 아래 "2. 센서 전원선 단선 점검" 절차를 수행한다.
   ▶ 산소 센서 전원선에서 높은 전압이 검출 된다면 산소 센서 전원선의 단락(전원측) 을 수리 후 "고장수리 확인" 절차를 수행한다.

2. 센서 전원선 단선 점검

    1) IG KEY "OFF", 엔진을 정지한다.

    2) 산소 센서 커넥터와 ECM 커넥터를 탈거한다.

    3) 산소 센서 커넥터 1번 단자와 ECM 커넥터 64번 단자간 통전 시험을 실시한다.

규정값 : 통전(1.0Ω 이하)

4) 산소센서 센서 전원선의 통전 상태는 정상적인가?

YES

▶ 산소 센서 전원선의 단락(접지측) 발생 부위를 찾아 수리 후 "고장수리 확인" 절차를 수행한다.

NO

▶ 산소 센서 전원선의 단선 부위를 찾아 수리 후 "고장수리 확인" 절차를 수행한다.

신호선 점검 K3C61D6D

1. 센서 신호선 전압 점검

    1) IG KEY "OFF", 엔진을 정지한다.

    2) 산소 센서 커넥터를 탈거한다.

    3) IG KEY "ON"

    4) 산소 센서 커넥터 4번 단자의 전압을 점검한다.

    규정값 : 0.8V~0.9 V

    5) 산소센서 센서 신호선의 전압은 정상적인가?

    YES

    ▶ "3. 센서 펌프선 점검" 을 실시한다.

    NO

    ▶ 산소 센서 신호선에서 전압이 검출되지 않는다면 아래 "2. 센서 신호선 단선 점검" 절차를 수행한다.
    ▶ 산소 센서 신호선에서 높은 전압이 검출 된다면 산소 센서 신호선의 단락(전원측) 을 수리 후 "고장수리 확인" 절차를 수행한다.

2. 센서 신호선 단선 점검

    1) IG KEY "OFF", 엔진을 정지한다.

    2) 산소 센서 커넥터와 ECM 커넥터를 탈거한다.

    3) 산소 센서 커넥터 4번 단자와 ECM 커넥터 87번 단자간 통전 시험을 실시한다.

    규정값 : 통전(1.0Ω 이하)

    4) 산소센서 센서 신호선의 통전 상태는 정상적인가?

    YES

    ▶ 산소 센서 신호선의 단락(접지측) 발생 부위를 찾아 수리 후 "고장수리 확인" 절차를 수행한다.

    NO

    ▶ 산소 센서 신호선의 단선 부위를 찾아 수리 후 "고장수리 확인" 절차를 수행한다.

3. 센서 펌프선 전압 점검

고장진단

FL-493

   1) IG KEY "OFF", 엔진을 정지한다.
   2) 산소 센서 커넥터를 탈거한다.
   3) IG KEY "ON"
   4) 산소 센서 커넥터 6번 단자의 전압을 점검한다.

규 정 값 : 0.8V~0.9 V

   5) 산소센서 센서 펌프선의 전압은 정상적인가?

   YES

   ▶ "접지선 점검" 을 실시한다.

   NO

   ▶ 산소 센서 펌프선에서 전압이 검출되지 않는다면 아래 "4. 센서 펌프선 단선 점검" 절차를 수행한다.
   ▶ 산소 센서 펌프선에서 높은 전압이 검출 된다면 산소 센서 펌프선의 단락(전원측) 을 수리 후 "고장수리 확인" 절차를 수행한다.

4. 센서 펌프선 단선 점검

   1) IG KEY "OFF", 엔진을 정지한다.
   2) 산소 센서 커넥터와 ECM 커넥터를 탈거한다.
   3) 산소 센서 커넥터 6번 단자와 ECM 커넥터 65번 단자간 통전 시험을 실시한다.

규 정 값 : 통전(1.0Ω 이하)

   4) 산소센서 센서 펌프선의 통전 상태는 정상적인가?

   YES

   ▶ 산소 센서 펌프선의 단락(접지측) 발생 부위를 찾아 수리 후 "고장수리 확인" 절차를 수행한다.

   NO

   ▶ 산소 센서 펌프선의 단선 부위를 찾아 수리 후 "고장수리 확인" 절차를 수행한다.

접지선 점검   K7E22593

1. 센서 접지선 전압 점검

   1) IG KEY "OFF", 엔진을 정지한다.
   2) 산소 센서 커넥터를 탈거한다.
   3) IG KEY "ON"
   4) 산소 센서 커넥터 3번 단자의 전압을 점검한다.

규 정 값 : 2.3V~2.7V

   5) 산소센서 센서 접지선의 전압은 정상적인가?

YES

▶ "단품점검" 절차를 수행한다.

NO

▶ 산소 센서 접지선에서 전압이 검출되지 않는다면 아래 "2. 센서 접지선 단선 점검" 절차를 수행한다.
▶ 산소 센서 접지선에서 높은 전압이 검출 된다면 산소 센서 접지선의 단락(전원측)을 수리 후 "고장수리 확인" 절차를 수행한다.

2. 센서 접지선 단선 점검

   1) IG KEY "OFF", 엔진을 정지한다.

   2) 산소 센서 커넥터와 ECM 커넥터를 탈거한다.

   3) 산소 센서 커넥터 3번 단자와 ECM 커넥터 86번 단자간 통전 시험을 실시한다.

   규정값 : 통전(1.0Ω 이하)

   4) 산소센서 센서 접지선의 통전 상태는 정상적인가?

   YES

   ▶ 산소 센서 접지선의 단락(접지측) 발생 부위를 찾아 수리 후 "고장수리 확인" 절차를 수행한다.

   NO

   ▶ 산소 센서 접지선의 단선 부위를 찾아 수리 후 "고장수리 확인" 절차를 수행한다.

단품점검 K73A56AF

1. 산소 센서 육안 점검

   1) IG KEY "OFF", 엔진을 정지한다.

   2) 산소 센서 커넥터를 탈거한다.

   3) 다음 항목들에 대해 육안 점검을 실시한다.
      a. 산소 센서 터미널 내부의 부식 및 수분 유입 여부를 점검한다.
      b. 산소 센서 단품 와이어링의 피복 손상, 단선 여부를 점검한다.
      c. 산소 센서 단품의 장착 토크(풀림 여부)를 점검한다.
      d. 산소 센서를 탈거하여 산소 감지 부위의 변형, 막힘, 녹아내림 여부를 점검한다.

   규정값 : 점검 사항에 대해 문제가 없다.

   4) 산소센서 단품의 문제점이 발견되는가?

   YES

   ▶ 산소 센서를 교환 후 "고장수리 확인" 절차를 수행한다.

   NO

   ▶ 아래 참고 내용을 참조한다.

참고

디젤 엔진은 연소 특성상 일반적인 무부하 및 운행 조건에서 초희박 연소가 이루어 진다. 이로 인하여 가솔린 엔진의 리니어 산소센서와는 다르게 엔진 가속 및 부하 변동에 따른 산소 센서 신호 변화가 거의 나타나지 않으며, 펌핑 전류역시 최대 $3mA$ 로 일반 적인 계측기(전류계) 로는 계측이 불가능하다. 회로 점검에 문제가 없고 단품 육안 점검상 특별한 문제가 발견 되지 않았으나, 지속적으로 고장 코드가 검출 된다면 산소 센서를 교환 한다.

고장수리 확인

DTC P2238 참조.

DTC P2264 연료 필터 수분 경고 램프 작동

부품 위치

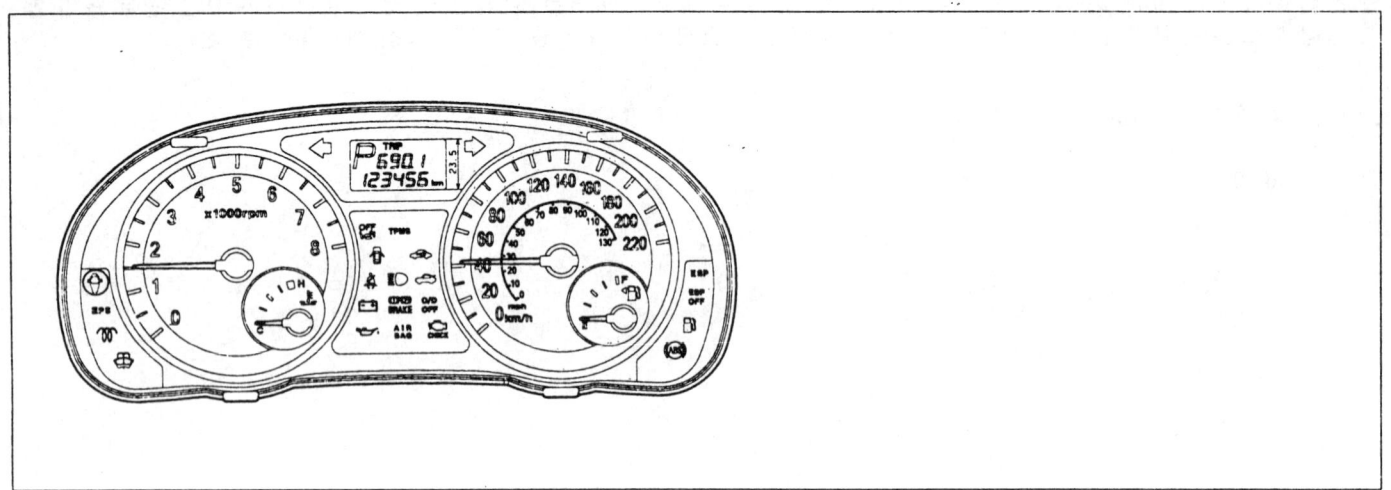

기능 및 역할

디젤 연료 장치의 연료 필터에는 수분을 분리해 주는 구조로 되어 있으며, 연료 필터내 일정량의 수분이 포집되면 연료 필터 하단에 설치된 "연료 필터 수분 경고 센서" 에 의해 계기판의 "수분 경고등" 이 점등된다.
특히 커먼레일 디젤 엔진의 경우 연료에 포함된 수분은 고압 펌프 및 인젝터등 정밀한 제어를 요하는 부품에 윤활 불량 및 부식을 발생시켜 연료 장치에 악영향을 미치고 엔진 부조등의 현상을 일으키므로 이를 조기에 운전자에게 지시하여 연료 필터에 포집된 수분을 배출 하도록 계기판의 "수분 경고등" 을 점등 시키고 엔진의 출력도 함께 제한된다.

> **참고**
> 수분 경고 센서는 정전 용량 방식의 센서로 접지(Earth)되어 있는 필터 내부에 물이 찰 경우 센서 전극(수분 감지 부위) 을 통해 차체로 접지 되어 필터내 물 포집 상태를 감지한다.

수분 감지 부위

고장 코드 설명

P2264 코드는 연료 필터 수분 경고 센서가 4초이상 작동시 발생하는 코드로 계기판의 수분 경고등 점등과 함께 엔진 출력이 제한되는 현상이 발생한다.

고장진단

이는 연료중 포함된 수분으로 부터 엔진을 보호하기 위한 조치로 신속히 필터내 수분 제거 작업이 이루어 져야한다. 혹 수분 제거 작업 완료 후에도 동일 코드 가 발생한다면, 수분 경고 센서 신호선의 단락(전원측) 및 수분 경고 센서 단품의 문제를 점검한다.

고장판정 조건

항목	감지 조건			고장 예상 부위
검출 방법	• 전압 모니터링			
검출 조건	• IG KEY "ON"			
판정값	• 수분 경고 센서 회로에 신호 전압 검출			• 연료 필터내 수분 포집 (필터내 수준 제거 작업 실시)
검출 시간	• 4.0 sec			• 수분 경고 회로 단락(전원측)
페일세이프 (Fail Safe)	연료 차단	비실행		• 수분 경고 센서 단품
	EGR 금지	비실행		
	연료 제한	실행		
	체크 램프	비점등		

부분 회로도

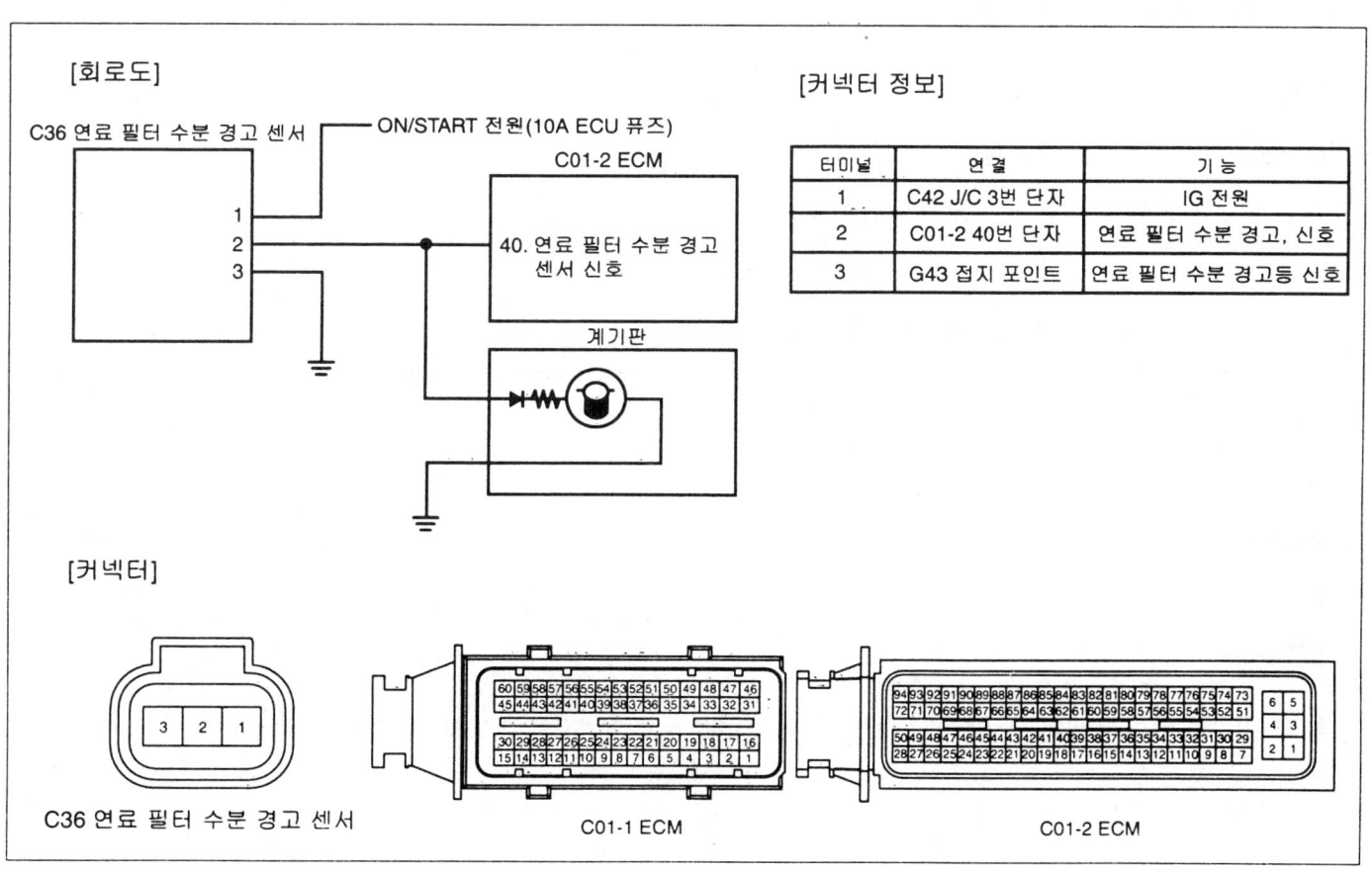

터미널 및 커넥터 점검   KB1EAEA8

1. 전기장치는 수 많은 하네스와 커넥터로 구성되며, 이러한 커넥터들의 접촉 불량은 여러가지 다양한 문제를 유발 시키고, 부품을 손상 시키기도 한다.

2. 다음 점검 절차를 수행한다.

    1) 하네스와 터미널의 손상을 점검한다. : 터미널의 접촉 저항, 산화, 변형을 점검한다.

    2) ECM 과 단품 커넥터의 접속 상태를 확인한다. : 터미널 단자의 이탈, 록킹 장치의 손상, 터미널과 와이어링의 연결 상태를 점검한다.

    > 참고
    > 점검이 필요한 커넥터의 수컷측 핀을 탈거하여, 암컷측 터미널에 삽입 접촉 상태를 점검한다. (점검 후 탈거한 핀을 정위치에 바르게 장착한다.)

3. 문제 부위가 확인되는가?

    YES

    ▶ 문제 부위를 수리후 "고장수리 확인" 절차를 수행한다.

    NO

    ▶ "전원선 점검 " 절차를 수행한다.

전원선 점검   K2310A8C

1. IG KEY "OFF", 엔진을 정지한다.

2. 연료 필터에 장착된 수분 경고 센서 커넥터를 탈거한다.

3. IG KEY "ON"

4. 수분 경고 센서 커넥터 1번 단자의 전압을 점검한다.

규정값 : 11.0V~12.5V

5. 규정 전압이 검출되는가?

    YES

    ▶ "신호선 점검" 을 실시한다.

    NO

    ▶ 실내 정션 박스 10A ECU 퓨즈 및 관련 회로의 단선을 수리 후 "고장수리 확인" 절차를 수행한다.

신호선 점검   KC7050FE

1. 신호선 전압 점검

    1) IG KEY "OFF", 엔진을 정지한다.

    2) 연료 필터에 장착된 수분 경고 센서 커넥터를 탈거한다.

    3) IG KEY "ON"

고장진단

4) 수분 경고 센서 커넥터 2번 단자의 전압을 점검한다.

규정값 : 0.0V~0.1V

5) 규정 전압이 검출되는가?

YES

▶ 아래 "2. 수분 경고등 강제 구동 시험"을 실시한다.

NO

▶ 수분 경고 센서 신호선의 단락(전원측)을 수리 후 "고장수리 확인" 절차를 수행한다.

2. 수분 경고등 강제 구동 시험

   1) IG KEY "OFF", 엔진을 정지한다.
   2) 연료 필터에 장착된 수분 경고 센서 커넥터를 탈거한다.
   3) IG KEY "ON"
   4) 수분 경고 센서 커넥터 1번 단자와 2번 단자를 점프 와이어를 이용 점프 시킨다.

규정값 : 계기판의 수분 경고등 점등 및 ECM 커넥터 C01-2 번 40번 단자에 12V 배터리 전압 검출

   5) 계기판의 수분 경고등이 점등되며, ECM 커넥터 40번 단자에 배터리 전압이 검출 되는가?

YES

▶ "접지선 점검"을 실시한다.

NO

▶ 계기판의 수분 경고등 필라멘트의 단선 및 관련 회로의 단선을 수리 후 "고장수리 확인" 절차를 수행한다.

접지선 점검 KD67D34F

1. IG KEY "OFF", 엔진을 정지한다.
2. 연료 필터에 장착된 수분 경고 센서 커넥터를 탈거한다.
3. 수분 경고 센서 커넥터 3번 단자와 차체 접지간 통전 시험을 실시한다.

규정값 : 통전(1.0Ω 이하)

4. 통전 시험은 정상적인가?

YES

▶ "단품 점검"을 실시한다.

NO

▶ 수분 경고 센서 접지 회로의 단선 및 접촉 불량을 수리 후 "고장수리 확인" 절차를 수행한다.

FL -500   연료 장치

단품점검   K9DAF49F

1. 연료 필터내 수분 유입 확인

    1) IG KEY "OFF", 엔진을 정지한다.

    2) 차량에서 연료 필터 어셈블리를 탈거한다. (연료 필터 탈거시 수직으로 세워진 상태를 유지 하도록 주의해서 탈거한다.)

    3) 비이커와 같은 필터에서 배출될 연료를 받을 수 있는 깨끗한 용기를 준비한다.

    4) 수분 분리 센서를 탈거하여 필터내 연료와 물을 비이커에 받는다.

    규정값 : 필터에서 배출된 연료에 다량의 물이 포함되어 있지 않아야함.

    5) 필터내 연료에 다량의 물이 포함되어있는가?

    YES

    ▶ 차량 주행 거리 및 필터 사용 기간을 확인하여, 필요시 연료 필터를 교환한다. 또한 필터내 유입된 물의 양이 지나치게 많다면 연료 탱크 내부를 청소한다.
    필터 교환 및 연료 탱크 내부 청소 작업 완료 후 "고장수리 확인" 절차를 수행한다.

    NO

    ▶ 아래 "2. 수분 경고 센서 단품 점검" 을 수행한다.

2. 수분 경고 센서 단품 점검

    1) IG KEY "OFF", 엔진을 정지한다.

    2) 차량에서 연료 필터 어셈블리를 탈거한다.

    3) 비이커와 같은 필터에서 배출될 연료를 받을 수 있는 깨끗한 용기를 준비한다.

    4) 탈거된 연료 필터에서 수분 경고 센서를 탈거한다.

    5) 탈거된 수분 경고 센서를 차량의 와이어링 커넥터에 연결한다.

    6) IG KEY "ON"

    7) 수분 경고 센서의 수분 감지 부위를 차체 접지에 접촉한다.

    규정값 : 수분 감지 부위 차체 접촉시 계기판의 수분 경고등 점등됨.

    8) 수분 경고 센서의 작동 상태는 정상적인가?

    YES

    ▶ "고장수리 확인" 절차를 수행한다.

    NO

    ▶ 수분 경고 센서 교환 후 "고장수리 확인" 절차를 수행한다.

고장수리 확인   K3DEC31E

본 진단 가이드를 사용해서 발생된 문제를 수리한 뒤, 고장이 완전히 해결되었는지 확인하는 과정이 필요하다.

고장진단

1. 스캔툴을 연결한 후, 자기진단을 실시하여 고장 코드를 확인한다.
2. 저장된 고장코드를 스캔툴을 이용하여 소거한다.
3. 고장 판정 조건중의 검출 조건에 따라 차량을 주행한다.
4. 스캔툴로 자기 진단을 실시하여 고장 코드가 발생 되었는지 확인한다.
5. 고장 코드가 발생되는가 ?

    YES

    ▶ 해당되는 고장 코드 수리 절차로 이동한다.

    NO

    ▶ 고장 수리가 완료되어 시스템이 정상적으로 작동한다.

DTC P2299 스로틀/엑셀위치센서와 브레이크 신호 이중 입력

부품 위치

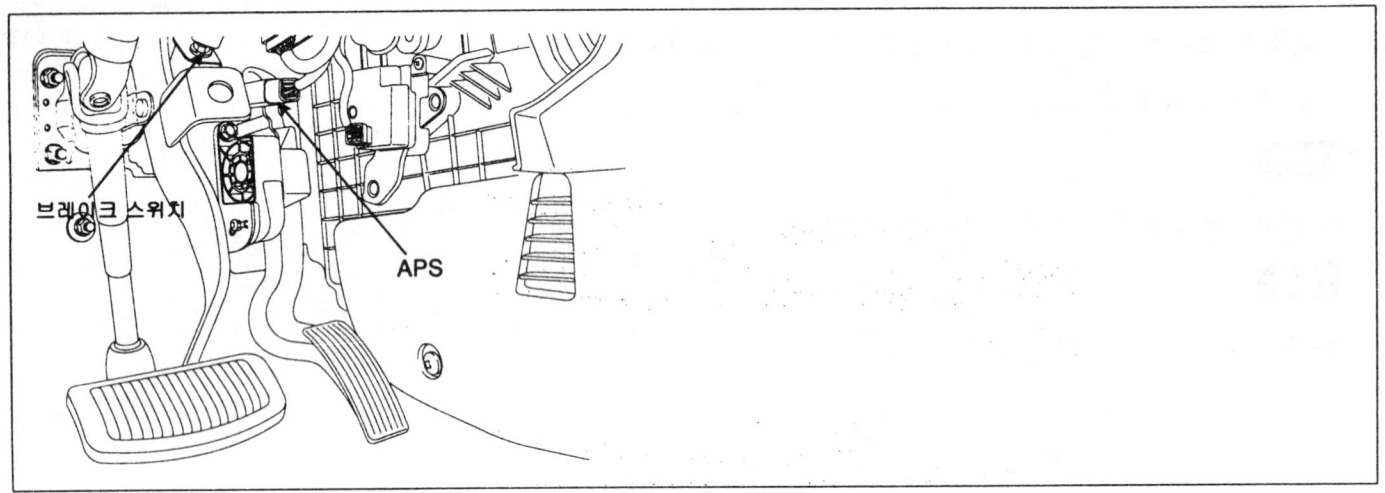

기능 및 역할

브레이크 스위치는 엑셀 페달 센서의 이상을 모니터링 하는 기능을 수행한다. 차량 주행중 엑셀 페달 센서 이상으로 운전자의 가속의지 보다 높은 출력이 발생 될 경우(APS의 높은 출력으로의 고착) 혹은 오신호로 인해 엔진 출력이 과도하게 발생할 경우 운전자는 브레이크 페달을 밟게된다. 이처럼, APS의 출력전압이 높은 조건에서, 운전자의 감속의지가 ECM에 전달되면(브레이크를 밟았을 경우), ECM은 APS가 고장난 것으로 판단하여 엔진을 림프홈 모드로 진입시킨다. 엔진이 림프홈 모드로 진입하게 되면, 엔진 회전수는 1200RPM 으로 고정되어, 엔진의 출력을 제한하고, 이후 정상적인 엑셀 페달 센서 신호가 감지되면 림프홈 모드를 즉시 해제한다.

고장 코드 설명

P2299 코드는 엔진 회전수 870RPM, 차속 2Km/h이상 조건에서 엑셀 페달 센서를 5% 이상 밟은것이 감지되었으나, 0.5초 이상 브레이크 신호가 입력된 경우, 즉시 고장코드 발생과 함께 림프 모드로 진입된다. 이후 정상 적인 엑셀 페달 센서 및 브레이크 스위치 신호 입력시 림프홈 모드가 해제 된다. 이는 엑셀 페달 센서의 출력 전압 상승 요인과 운전자의 페달 조작에 의해 나타날 수 있으므로 엑셀 페달 센서의 세심한 점검 및 운전자의 페달 조작 습관을 확인한다.

고장진단

고장판정 조건

항목	감지 조건	고장 예상 부위
검출 방법	• 전압 모니터링	
검출 조건	• 엔진 구동 (엔진 회전수 870 RPM 이상, 차속 2Km/h 이상)	
판정값	• 엑셀 페달 센서 출력값 5% 이상 조건에서 브레이크 페달 신호 입력 (엑셀/브레이크 페달이 떨어지거나, 초당 200%로 엑셀 페달 밟는 경우 해제)	• 엑셀 페달 센서1 회로 • 엑셀 페달 센서2 회로 • 엑셀 페달 센서 단품
검출 시간	• 500ms	
페일세이프 (Fail Safe)	연료 차단 : 비실행 EGR 금지 : 비실행 연료 제한 : 실행 체크 램프 : 비점등	• 고장시 기본값은 0% • 림프 홈 아이들 (1200RPM) 고정 • 차속/엔진 회전수에 의한 에어컨 작동 중지 • 정속 주행 불가(크루즈 컨트롤 옵션 사항)	

부분 회로도

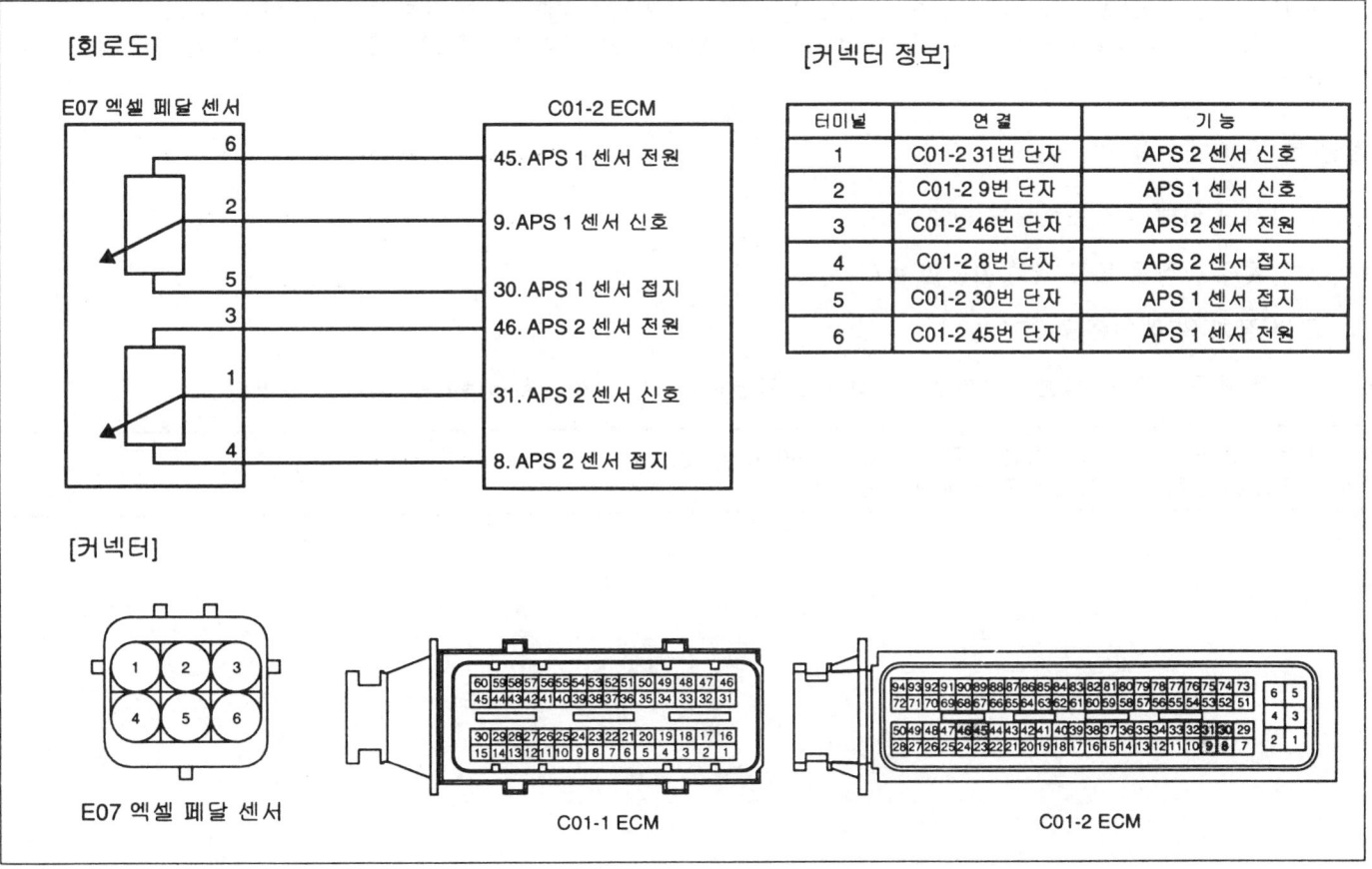

기준 파형 및 데이터 K8127731

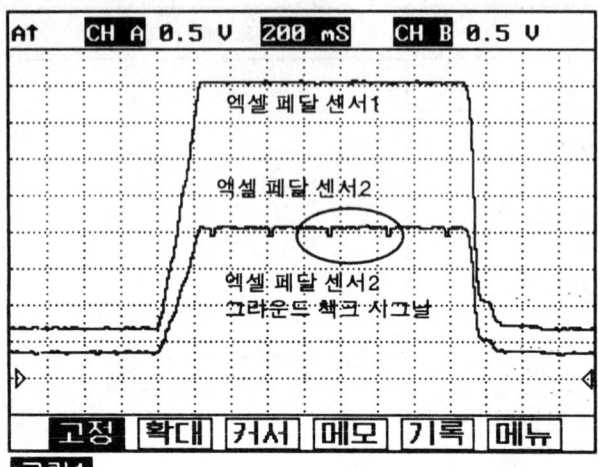

그림1) 엑셀 페달 센서1과 엑셀 페달 센서2 를 동시에 측정한 파형으로, 엑셀 페달 센서1의 출력값 대비 엑셀 페달 센서2 출력값이 1/2 비율을 나타내는지를 점검한다.

AWJF012K

참고

엑셀 페달 센서2 신호의 그라운드 첵크 시그날은 *ECM* 이 엑셀 페달 센서2 를 점검하는 신호로 *200msec* 주기로 엑셀 페달 센서 2 출력값을 *200.39mV* 이하로 떨어뜨린다. 만일 *200.39mV* 이하로 엑셀 페달 센서 2 출력 전압이 떨어지지 않는다면 *ECM* 은 엑셀 포지션센서 2의 접지 회로 이상으로 판단 관련 고장 코드를 발생 시킨다.
※ 엑셀 페달 센서 2 파형의 그라운드 체크 시그날 파형에서 *200.39mV* 이하로 낮아지는 파형은 실제로 검출 되지 않는다.

스캔툴 데이터 분석 K8EE5454

1. 자기진단 커넥터에 스캔툴을 연결한다.
2. 엔진을 정상작동 온도 까지 워밍업 한다.
3. 전기 장치 및 에어컨을 OFF 한다.
4. 스캔툴에 표시되는 "엑셀포지션센서", 엑셀 포지션센서 1", "엑셀포지션센서 2" 항목을 점검한다.

규정값 : 아이들시(0%) 엑셀포지션센서 1 : 600mV~830mV
엑셀포지션센서 2 : 엑셀포지션센서 1의 1/2 값

고장진단　　　　　　　　　　　　　　　　　　　　　　　　　　　　　　　　　　　FL-505

```
            1.2 써비스 데이터
   ✱ 공기량(mg/st)         374   mg/st
   ✱ 엑셀포지션센서        0.0   %
   ✱ 엑셀포지션센서 1      669   mV
   ✱ 엑셀포지션센서 2      347   mV
   ✱ 엔진회전수            830   rpm
   ✱ 레일압력              28.2  MPa
   ✱ 레일압력조절밸브      17.3  %
   ✱ 연료분사량            4.8   mcc

   [고정][단품][전체][도움][라인][기록]
```
그림1
그림1) 열간 아이들시 엑셀 페달 센서 출력 데이터로 가속시 출력값이 증가 하는지 여부와 엑셀 페달 센서1 출력 전압 대비 엑셀 페달 센서2의 전압이 1/2 값을 지시하는지 점검한다.

AWJF012L

커넥터 및 터미널 점검 KD6DD1ED

1. 전기장치는 수 많은 하네스와 커넥터로 구성되며, 이러한 커넥터들의 접촉 불량은 여러가지 다양한 문제를 유발 시키고, 부품을 손상 시키기도 한다.

2. 다음 점검 절차를 수행한다.

    1) 하네스와 터미널의 손상을 점검한다. : 터미널의 접촉 저항, 산화, 변형을 점검한다.

    2) ECM 과 단품 커넥터의 접속 상태를 확인한다. : 터미널 단자의 이탈, 록킹 장치의 손상, 터미널과 와이어링의 연결 상태를 점검한다.

    📖 참고
    점검이 필요한 커넥터의 수컷측 핀을 탈거하여, 암컷측 터미널에 삽입 접촉 상태를 점검한다. (점검 후 탈거한 핀을 정위치에 바르게 장착한다.)

3. 문제 부위가 확인되는가?

    YES
    ▶ 문제 부위를 수리후 "고장수리 확인" 절차를 수행한다.

    NO
    ▶ "전원선 점검" 절차를 수행한다.

전원선 점검 K4F88862

1. IG KEY "OFF", 엔진을 정지한다.

2. 엑셀 페달 센서 커넥터를 탈거한다.

3. IG KEY "ON"

4. 엑셀 페달 센서 커넥터 6번과 3번 단자의 전압을 점검한다.

규정값 : 4.8V~5.1V

5. 규정 전압이 검출되는가?

   YES

   ▶ "신호선 점검"을 실시한다.

   NO

   ▶ 규정 전압이 검출되지 않는 회로의 문제 부위를 찾아 수리 후 "고장수리 확인" 절차를 수행한다.
   센서 전원 전압이 높은 문제 발생 : P0643회로 점검을 참조한다. (APS1)
   P0653 회로 점검을 참조한다.(APS2)
   센서 전원 전압이 낮은 문제 발생 : P0642 회로 점검을 참조한다.(APS1)
   P0652 회로 점검을 참조한다.(APS2)

신 호 선 점 검   K3CC2018

1. 신호선 단선 점검

   1) IG KEY "OFF", 엔진을 정지한다.

   2) 엑셀 페달 센서 커넥터와 ECM 커넥터를 탈거한다.

   3) 엑셀 페달 센서 커넥터 2번 단자와 ECM 커넥터 9번 단자간 통전 시험을 실시한다. (엑셀 페달 센서 1)
      엑셀 페달 센서 커넥터 1번 단자와 ECM 커넥터 31번 단자간 통전 시험을 실시한다. (엑셀 페달 센서 2)

   규정값 : 통전(1.0Ω 이하)

   4) 통전 시험은 정상적인가?

      YES

      ▶ 아래 "신호선 단락 점검"을 실시한다.

      NO

      ▶ 단선 발생 부위를 찾아 수리 후 "고장수리 확인" 절차를 수행한다.

2. 신호선 단락 점검 (엑셀 페달 센서 1)

   1) IG KEY "OFF", 엔진을 정지한다.

   2) 엑셀 페달 센서 커넥터와 ECM 커넥터를 탈거한다.

   3) IG KEY "ON"

   4) 엑셀 페달 센서 커넥터 2번 단자와 차체 접지간 통전 시험을 실시한다. (접지측 단락 점검)
      엑셀 페달 센서 커넥터 2번 단자의 전압을 점검한다. (전원측 단락 점검)

   규정값 : 접지측 단락 점검 : 비통전 (무한대Ω)
   전원측 단락 점검 : 0.0V~0.1V

   5) 엑셀 페달 센서 1 신호선의 절연 상태는 정상적인가?

      YES

      ▶ 아래 "3.신호선 단락 점검(엑셀 페달 센서 2)"을 실시한다.

고장진단

NO

▶ 단락 발생 회로의 단락 부위를 찾아 수리 후 "고장수리 확인" 절차를 수행한다.

3. 신호선 단락 점검 (엑셀 페달 센서 2)

   1) IG KEY "OFF", 엔진을 정지한다.

   2) 엑셀 페달 센서 커넥터와 ECM 커넥터를 탈거한다.

   3) IG KEY "ON"

   4) 엑셀 페달 센서 커넥터 1번 단자와 차체 접지간 통전 시험을 실시한다. (접지측 단락 점검)
      엑셀 페달 센서 커넥터 1번 단자의 전압을 점검한다. (전원측 단락 점검)

규정값 : 접지측 단락 점검 : 비통전 (무한대Ω)
전원측 단락 점검: 0.0V~0.1V

   5) 엑셀 페달 센서 2 신호선의 절연 상태는 정상적인가?

   YES

   ▶ "접지선 점검" 을 실시한다.

   NO

   ▶ 단락 발생 회로의 단락 부위를 찾아 수리 후 "고장수리 확인" 절차를 수행한다.

접지선 점검 KB770B72

1. 엑셀 페달 센서 1 접지 점검

   1) IG KEY "OFF", 엔진을 정지한다.

   2) 엑셀 페달 센서 커넥터를 탈거한다.

   3) IG KEY "ON"

   4) 엑셀 페달 센서 커넥터 6번 단자의 전압을 확인한다. [TEST "A"]

   5) 엑셀 페달 센서 커넥터 6번 단자와 5번 단자간 전압을 점검한다. [TEST "B"]
      (6번 단자 : + 프로브 검침 , 5번 단자 : - 프로브 검침)

규정값 : [TEST "A"] 전압 - [TEST "B"] 전압 = 200mV 이내

   6) 접지선의 접지 상태는 정상적인가?

   YES

   ▶ 아래 "2. 엑셀 페달 센서 2 접지 점검" 을 실시한다.

   NO

   ▶ "B" 전압이 검출 되지 않을 경우 : 접지 회로의 단선을 수리 후 "고장수리 확인" 절차를 수행한다.
   ▶ "A" 와 "B" 전압 차이가 200mV 이상일 경우 : 접지 회로의 저항 과다 요인을 수정 후 "고장수리 확인" 절차를 수행한다.

2. 엑셀 페달 센서 2 접지 점검

1) IG KEY "OFF", 엔진을 정지한다.

2) 엑셀 페달 센서 커넥터를 탈거한다.

3) IG KEY "ON"

4) 엑셀 페달 센서 커넥터 3번 단자의 전압을 확인한다. [TEST "A"]

5) 엑셀 페달 센서 커넥터 3번 단자와 4번 단자간 전압을 점검한다. [TEST "B"]
(3번 단자 : + 프로브 검침 , 4번 단자 : - 프로브 검침)

규정값 : [TEST "A"] 전압 - [TEST "B"] 전압 = 200mV 이내

6) 접지선의 접지 상태는 정상적인가?

YES

▶ "단품 점검"을 실시한다.

NO

▶ "B" 전압이 검출 되지 않을 경우 : 접지 회로의 단선을 수리 후 "고장수리 확인" 절차를 수행한다.
▶ "A" 와 "B" 전압 차이가 200mV 이상일 경우 : 접지 회로의 저항 과다 요인을 수정 후 "고장수리 확인" 절차를 수행한다.

단품점검 K709EA0A

1. IG KEY "OFF", 엔진을 정지한다.

2. 엑셀 페달 센서 커넥터를 탈거한다.

3. 아래 단품 단자별 저항 특성표를 참조하여 단자별 저항을 점검한다.

규정값 : 단자별 저항 특성표

	저항측정단자	저항 값 (KΩ 20℃)		특 성	단품 커넥터 형상
		페달 미작동	페달 완전 개방		
엑셀 페달 센서 1	6(전원)-5(접지)	1.0±0.1KΩ	1.0±0.1KΩ	변화없음	
	6(전원)-2(신호)	1.8±0.1KΩ	1.1±0.1KΩ	저항감소	
	2(신호)-5(접지)	1.1±0.1KΩ	1.8±0.1KΩ	저항증가	
엑셀 페달 센서 2	3(전원)-4(접지)	2.0±0.1KΩ	2.0±0.1KΩ	변화없음	
	3(전원)-1(신호)	2.9±0.1KΩ	2.1±0.1KΩ	저항감소	
	1(신호)-4(접지)	1.1±0.1KΩ	1.8±0.1KΩ	저항증가	

AWJF012Q

4. 엑셀 페달 센서 단품의 단자별 저항값은 정상적인가?

YES

▶ "고장수리 확인" 절차를 수행한다.

고장진단

NO

▶ 엑셀 페달 센서 교환 후 "고장수리 확인" 절차를 수행한다.

고장수리 확인 KF97683A

본 진단 가이드를 사용해서 발생된 문제를 수리한 뒤, 고장이 완전히 해결되었는지 확인하는 과정이 필요하다.

1. 스캔툴을 연결한 후, 자기진단을 실시하여 고장 코드를 확인한다.
2. 저장된 고장코드를 스캔툴을 이용하여 소거한다.
3. 고장 판정 조건중의 검출 조건에 따라 차량을 주행한다.
4. 스캔툴로 자기 진단을 실시하여 고장 코드가 발생 되었는지 확인한다.
5. 고장 코드가 발생되는가 ?

YES

▶ 해당되는 고장 코드 수리 절차로 이동한다.

NO

▶ 고장 수리가 완료되어 시스템이 정상적으로 작동한다.

DTC U0001 CAN (CONTROL AREA NETWORK) 통신 이상

부품 위치 K5268EB6

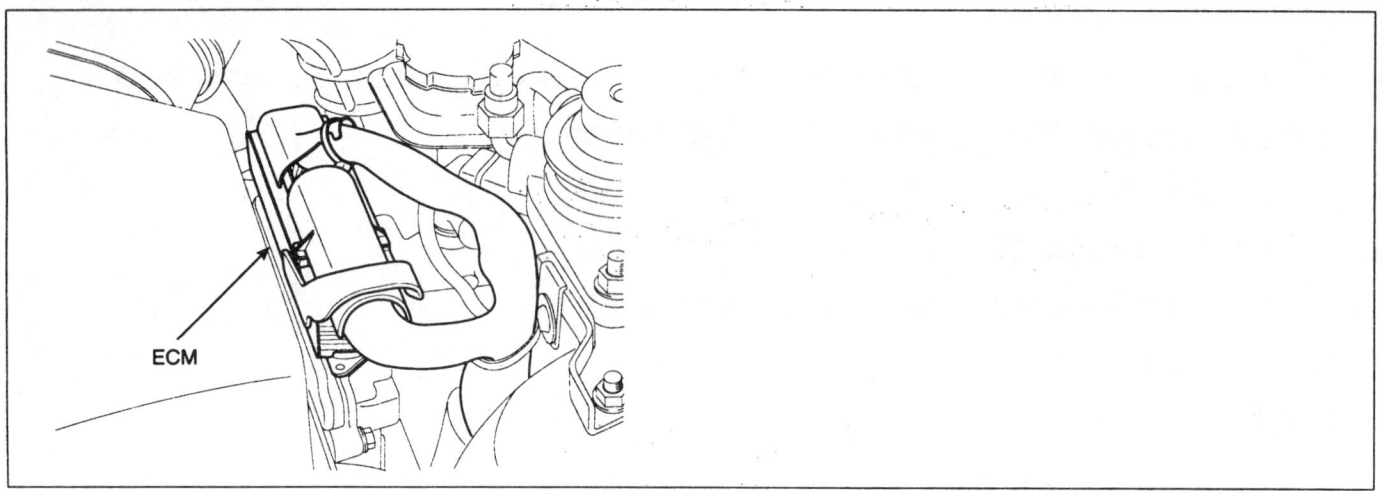

기능 및 역할 K4FB03CB

차량이 전자제어화 되면서 차량에 다수의 컨트롤 유닛이 적용되게 되며, 이러한 유닛들은 수많은 센서들에 의해 정보를 입력 받아 각각 제어를 수행하게 된다. 이에 각 컨트롤 유닛 간 늘어나는 센서들의 공용화 및 다양한 정보 공유의 필요성이 대두 되었으며, 스파크 발생에 의한 전기적 외부 노이즈에 강하면서 고속 통신이 가능한 CAN 통신 방식이 차량의 파워트레인(엔진, 자동변속, ABS, TCS, ECS 등) 제어에 사용되고 있다.CAN 통신을 통하여, ECM 과 TCM 은 엔진 회전수, 엑셀 페달 센서, 변속단, 토크저감 등의 신호를 공유하여, 차량의 능동적인 제어를 수행한다.

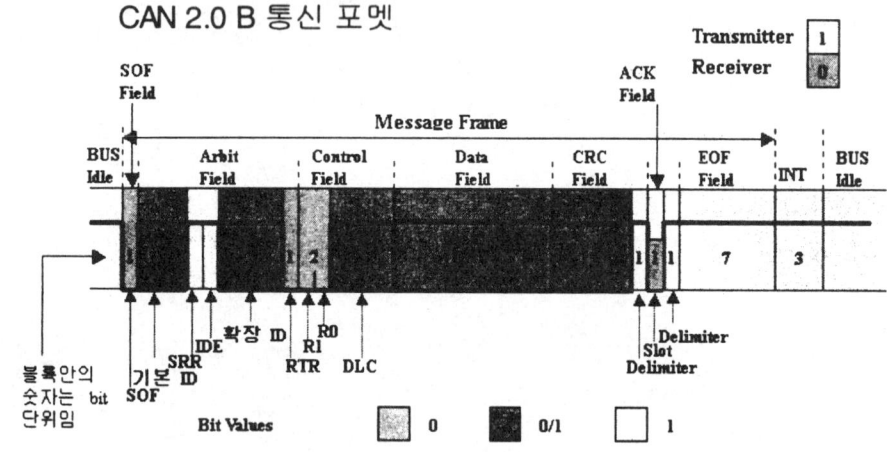

고장 코드 설명 K029F1FF

U0001 코드는 CAN 통신 회로의 단선 혹은 단락으로 인해 0.1초 이상 CAN 통신선을 통한 신호 전달이 불가능 할 경우 발생하는 고장 코드로 CAN 통신 회로(CAN BUS) 및 ECM, TCM 모듈 단품의 통신 신호 발생 여부를 점검해 보아야 한다.

고장진단

고장판정 조건 K46B8C16

항 목	감지 조건		고장 예상 부위
검출 방법	• 신호 모니터링		
검출 조건	• IG KEY "ON"		
판정값	• CAN BUS 에러		
검출 시간	• 100ms		• CAN 통신선 회로
페일세이프 (Fail Safe)	연료 차단	비실행	• CAN 통신 모듈 단품
	EGR 금지	비실행	
	연료 제한	비실행	
	체크 램프	비점등	

제원 KF3FF0CD

통신포멧	DIGITAL "0"		DIGITAL "1"(BUS IDLE)		CAN 통신선 종단 저항	
	HIGH	LOW	HIGH	LOW	ECM 내부	실내 정션 박스 내부
CAN 2.0B	3.5V	1.5V	2.5V	2.5V	120Ω (20℃)	120Ω (20℃)

FL -512

부분 회로도 K8C73F97

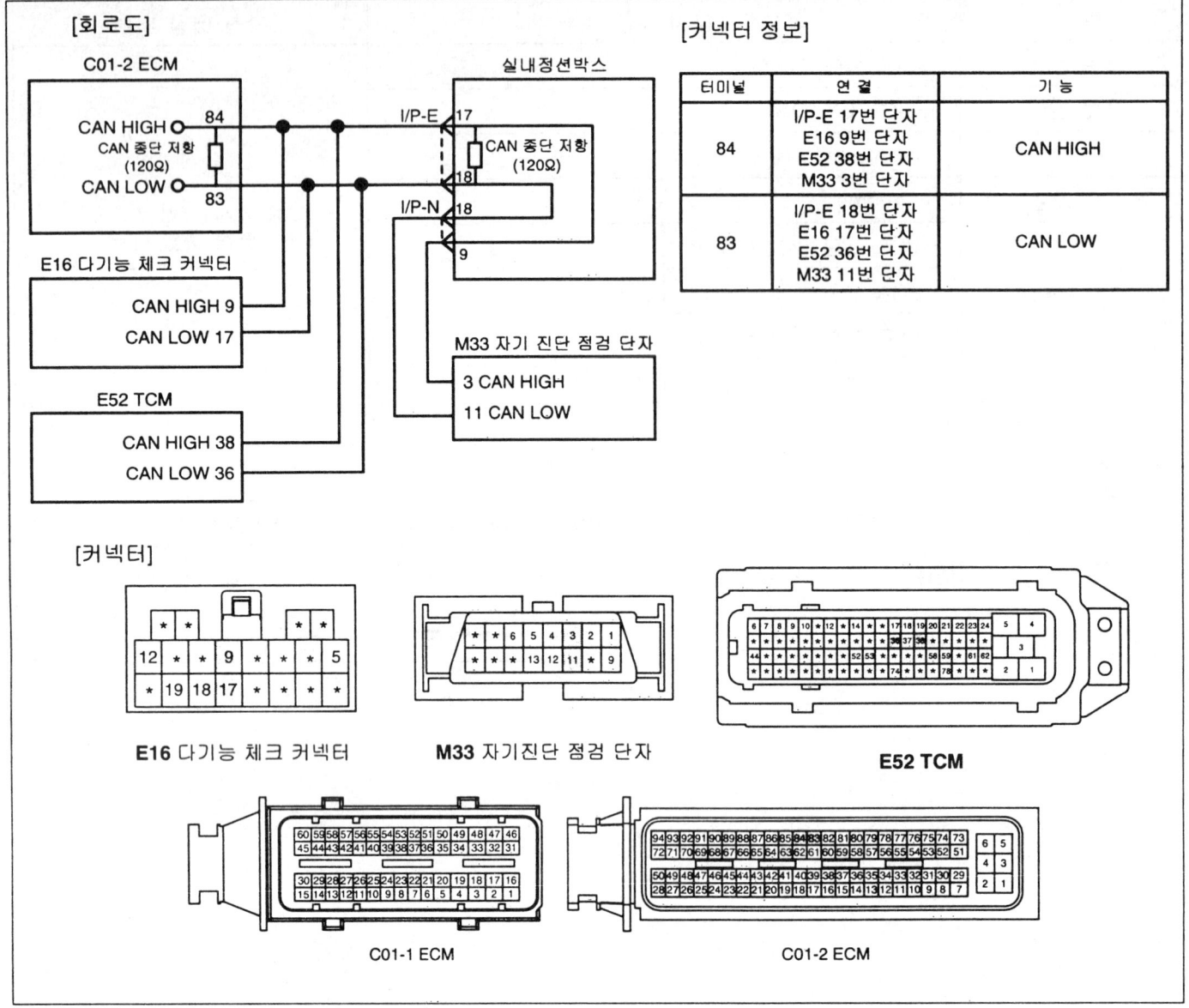

AWJF013S

고장진단

기준 파형 및 데이터

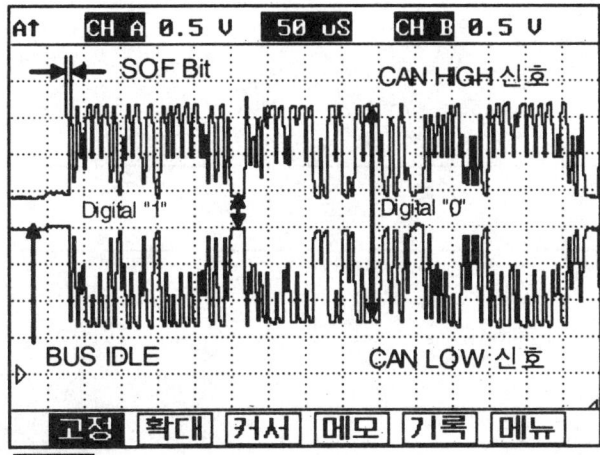

그림1) CAN 통신 파형의 모습

CAN 통신선의 파형 점검은 CAN HIGH 와 LOW 를 동시에 점검하는 것이 중요하다. CAN 신호는 2.5V 를 기준으로 하는 BUS IDLE 상태(DIGITAL "1")에서 HIGH 신호는 3.5V로 상승, LOW 신호는 1.5V 로 하강하여 HIGH와 LOW 시그널의 전압차 2V가 발생하게 되면 "0" 을 감지하게 된다. 또한 HIGH 와 LOW 시그널이 좌측의 파형 처럼 2.5V를 기준, 서로 상반된 전압을 가지는지를 모니터링하여, 현제 CAN 신호가 정상적으로 전송 되었는지를 감시한다.
CAN 통신에서 6BIT 이상의 연속된 "0" 신호는 에러 발생을 의미한다. 1BIT 는 프레임의 시작을 알리는 "SOF"(START OF FRAME) 가 발생한 시간을 구하면 쉽게 판별 할 수 있다. CAN 통신 파형 점검중 연속으로 6BIT 이상의 "0" 시그널이 발생하는지 확인한다.

컨넥터 및 터미널 점검

1. 전기장치는 수 많은 하네스와 커넥터로 구성되며, 이러한 커넥터들의 접촉 불량은 여러가지 다양한 문제를 유발 시키고, 부품을 손상 시키기도 한다.

2. 다음 점검 절차를 수행한다.

    1) 하네스와 터미널의 손상을 점검한다. : 터미널의 접촉 저항, 산화, 변형을 점검한다.

    2) ECM 과 단품 커넥터의 접속 상태를 확인한다. : 터미널 단자의 이탈, 록킹 장치의 손상, 터미널과 와이어링의 연결 상태를 점검한다.

    참고
    점검이 필요한 커넥터의 수컷측 핀을 탈거하여, 암컷측 터미널에 삽입 접촉 상태를 점검한다. (점검 후 탈거한 핀을 정위치에 바르게 장착한다.)

3. 문제 부위가 확인되는가?

    YES
    ▶ 문제 부위를 수리후 "고장수리 확인" 절차를 수행한다.

    NO
    ▶ "신호선 점검" 절차를 수행한다.

신호선 점검

1. CAN 버스 종단 저항 점검

1) IG KEY "OFF", 엔진을 정지한다.

2) 자기진단 점검 단자의 3번과 11번 단자의 저항을 점검한다.

3) ECM 커넥터를 탈거한다.

4) ECM 커넥터 탈거 후 저항을 점검한다.

규정값 : ECM 과 TCM 커넥터 모두 연결 상태 : 60 ± 3Ω
ECM 과 TCM 커넥터 탈거 상태 : 120 ± 3Ω

---

5) CAN 버스 종단 저항값은 정상적인가?

YES

▶ 아래 "2. CAN 버스 단락(접지측) 점검" 을 실시한다.

NO

▶ 커넥터 연결, 탈거 상태 모두 10Ω 이하일 경우 CAN 통신 버스간 단락 발생 부위를 찾아 수리 후 "고장수리 확인" 절차를 수행한다.
▶ 커넥터 연결, 탈거 상태 모두 120Ω 일 경우 "4. CAN 통신 버스 통전 시험" 을 실시한다.
▶ 커넥터 연결, 탈거 상태 모두 무한대Ω 일 경우 자기진단 점검 단자 부터 실내 정션 박스간 CAN 통신 회로의 단선을 수리 한다.

2. CAN 통신 버스 단락(접지측)점검

1) IG KEY "OFF", 엔진을 정지한다.

2) ECM 커넥터와 TCM 커넥터를 탈거한다.

3) 자기 진단 점검 단자 3번 단자와 차체 접지간 통전 상태를 점검한다. (CAN HIGH)

4) 자기 진단 점검 단자 11번 단자와 차체 접지간 통전 상태를 점검한다. (CAN LOW)

규정값 : 비통전 (무한대 Ω)

---

5) CAN 버스의 접지측 절연 상태는 정상적인가?

YES

▶ 아래 "3. CAN 통신 버스 단락(전원측) 점검" 을 실시한다.

NO

▶ 회로의 단락(접지측)을 수리 후 "고장수리 확인" 절차를 수행한다.

3. CAN 통신 버스 단락(전원측)점검

1) IG KEY "OFF", 엔진을 정지한다.

2) ECM 커넥터와 TCM 커넥터를 탈거한다.

3) IG KEY "ON"

4) 자기 진단 점검 단자 3번 단자의 전압을 점검한다. (CAN HIGH)

5) 자기 진단 점검 단자 11번 단자의 전압을 점검한다. (CAN LOW)

고장진단

규정값 : 0.0V~0.1V

6) 양단 커넥터가 분리된 상태에서 회로에 이상 전압이 검출되는가?

YES

▶ 단락(전원측) 발생 부위를 찾아 수리 후 "고장수리 확인" 절차를 수행한다.

NO

▶ 아래 "4. CAN 통신 버스 통전 시험"을 실시한다.

4. CAN 통신 버스 통전 시험

1) IG KEY "OFF", 엔진을 정지한다.

2) ECM 커넥터와 TCM 커넥터를 탈거한다.

3) 자기 진단 점검 단자 3번 단자와 각 모듈의 CAN HIGH 단자간 통전 상태를 점검한다.
(CAN HIGH : ECM 커넥터 84번 단자, TCM 커넥터 38번 단자, 다기능 체크 커넥터 9번 단자)

4) 자기 진단 점검 단자 11번 단자와 각 모듈의 CAN LOW 단자간 통전 상태를 점검한다.
(CAN LOW : ECM 커넥터 83번 단자, TCM 커넥터 36번 단자, 다기능 체크 커넥터 17번 단자)

규정값 : 통전(1.0Ω 이하)

5) CAN 버스의 통전 상태는 정상적인가?

YES

▶ "단품 점검" 절차를 수행한다.

NO

▶ CAN 통신 회로의 단선 발생 부위를 찾아 수리 후 "고장수리 확인" 절차를 수행한다.

단품점검 K25C56F0

1. CAN 통신 파형 발생 점검

1) IG KEY "OFF", 엔진을 정지한다.

2) 자기 진단 점검 단자의 3번(CAN HIGH)과 11번(CAN LOW) 단자에 2채널 스코프를 연결한다.

3) CAN 버스에 ECM 만 연결 후 IG KEY 를 "ON" 한다.

4) CAN 버스에 TCM 만 연결 후 IG KEY 를 "ON" 한다.

규정값 : IG KEY "ON" 시 "기준 파형과 데이터" 와 같은 통신 파형이 발생됨
※ 기준 파형과 달리 CAN High 와 Low 신호 모두 2.5V 로 고정 되거나, High 신호는 3.5V, Low 신호는 1.5V 로 고정된다면 연결된 모듈의 통신 불량 상태를 의미한다.

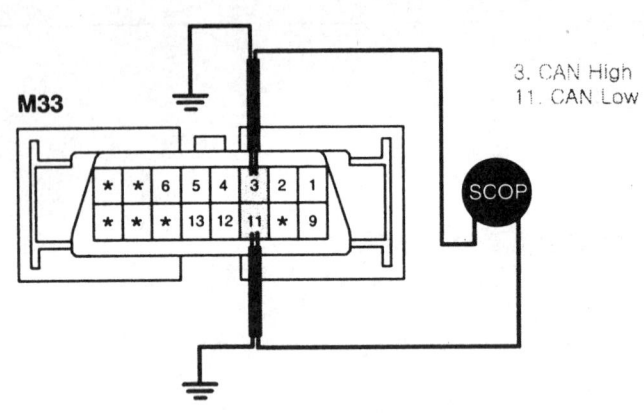 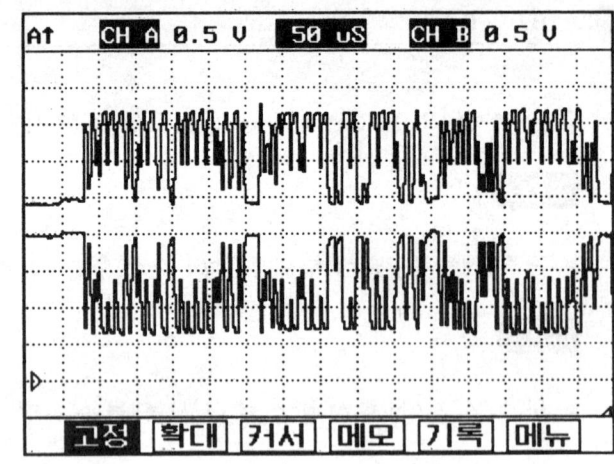

AWJF013Y

5) 각 모듈에서 정상적인 통신 파형이 발생되는가?

YES

▶ "고장수리 확인" 절차를 수행한다.

NO

▶ 불량 통신 파형을 출력하는 모듈을 교환 후 "고장수리 확인" 절차를 수행한다.

고장수리 확인 KB59DBB7

본 진단 가이드를 사용해서 발생된 문제를 수리한 뒤, 고장이 완전히 해결되었는지 확인하는 과정이 필요하다.

1. 스캔툴을 연결한 후, 자기진단을 실시하여 고장 코드를 확인한다.
2. 저장된 고장코드를 스캔툴을 이용하여 소거한다.
3. 고장 판정 조건중의 검출 조건에 따라 차량을 주행한다.
4. 스캔툴로 자기 진단을 실시하여 고장 코드가 발생 되었는지 확인한다.
5. 고장 코드가 발생되는가 ?

YES

▶ 해당되는 고장 코드 수리 절차로 이동한다.

NO

▶ 고장 수리가 완료되어 시스템이 정상적으로 작동한다.

고장진단

DTC U0100 ECU측 통신선 또는 ECU 이상

부품 위치

DTC U0001 참조.

기능 및 역할

DTC U0001 참조.

고장 코드 설명

U0100 코드는 0.5초 이상 CAN 통신선(CAN BUS)를 통한 신호 전달이 발생하지 않은 경우 발생하는 고장 코드로 CAN 통신선 및 CAN 통신 모듈 단품 불량의 경우이다.

고장판정 조건

항 목	감지 조건		고장 예상 부위
검출 방법	신호 모니터링		
검출 조건	IG KEY "ON"		
판정값	CAN 라인을 통한 신호 전달이 없는 경우		
검출 시간	500ms		• CAN 통신선 회로
페일세이프 (Fail Safe)	연료 차단	비실행	• CAN 통신 모듈 단품
	EGR 금지	비실행	
	연료 제한	비실행	
	체크 램프	비점등	

제원

통신포맷	DIGITAL "0"		DIGITAL "1"(BUS IDLE)		CAN 통신선 종단 저항	
	HIGH	LOW	HIGH	LOW	ECM 내부	실내 정션 박스 내부
CAN 2.0B	3.5V	1.5V	2.5V	2.5V	120Ω (20℃)	120Ω (20℃)

부분 회로도

DTC U0001 참조.

기준 파형 및 데이터

DTC U0001 참조.

컨넥터 및 터미널 점검

DTC U0001 참조.

신호선 점검 K378311E

1. CAN 버스 종단 저항 점검

    1) IG KEY "OFF", 엔진을 정지한다.

    2) 자기진단 점검 단자의 3번과 11번 단자의 저항을 점검한다.

    3) ECM 커넥터를 탈거한다.

    4) ECM 커넥터 탈거 후 저항을 점검한다.

    규정값 : ECM 과 TCM 커넥터 모두 연결 상태 : 60 ± 3Ω
    ECM 과 TCM 커넥터 탈거 상태 : 120 ± 3Ω

    5) CAN 버스 종단 저항값은 정상적인가?

    YES

    ▶ 아래 "2. CAN 버스 단락(접지측) 점검" 을 실시한다.

    NO

    ▶ 커넥터 연결, 탈거 상태 모두 10Ω 이하일 경우 CAN 통신 버스간 단락 발생 부위를 찾아 수리 후 "고장수리 확인" 절차를 수행한다.
    ▶ 커넥터 연결, 탈거 상태 모두 120Ω 일 경우 "4. CAN 통신 버스 통전 시험" 을 실시한다.
    ▶ 커넥터 연결, 탈거 상태 모두 무한대Ω 일 경우 자기진단 점검 단자 부터 실내 정션 박스간 CAN 통신 회로 의 단선을 수리 한다.

2. CAN 통신 버스 단락(접지측)점검

    1) IG KEY "OFF", 엔진을 정지한다.

    2) ECM 커넥터와 TCM 커넥터를 탈거한다.

    3) 자기 진단 점검 단자 3번 단자와 차체 접지간 통전 상태를 점검한다. (CAN HIGH)

    4) 자기 진단 점검 단자 11번 단자와 차체 접지간 통전 상태를 점검한다. (CAN LOW)

    규정값 : 비통전 (무한대 Ω)

    5) CAN 버스의 접지측 절연 상태는 정상적인가?

    YES

    ▶ 아래 "3. CAN 통신 버스 단락(전원측) 점검" 을 실시한다.

    NO

    ▶ 회로의 단락(접지측)을 수리 후 "고장수리 확인" 절차를 수행한다.

3. CAN 통신 버스 단락(전원측)점검

    1) IG KEY "OFF", 엔진을 정지한다.

    2) ECM 커넥터와 TCM 커넥터를 탈거한다.

    3) IG KEY "ON"

고장진단

4) 자기 진단 점검 단자 3번 단자의 전압을 점검한다. (CAN HIGH)

5) 자기 진단 점검 단자 11번 단자의 전압을 점검한다. (CAN LOW)

규정값 : 0.0V~0.1V

6) 양단 커넥터가 분리된 상태에서 회로에 이상 전압이 검출되는가?

YES

▶ 단락(전원측) 발생 부위를 찾아 수리 후 "고장수리 확인" 절차를 수행한다.

NO

▶ 아래 "4. CAN 통신 버스 통전 시험"을 실시한다.

4. CAN 통신 버스 통전 시험

1) IG KEY "OFF", 엔진을 정지한다.

2) ECM 커넥터와 TCM 커넥터를 탈거한다.

3) 자기 진단 점검 단자 3번 단자와 각 모듈의 CAN HIGH단자간 통전 상태를 점검한다.
   (CAN HIGH : ECM 커넥터 84번 단자, TCM 커넥터 38번 단자, 다기능 체크 커넥터 9번 단자)

4) 자기 진단 점검 단자 11번 단자와 각 모듈의 CAN LOW 단자간 통전 상태를 점검한다.
   (CAN LOW : ECM 커넥터 83번 단자, TCM 커넥터 36번 단자, 다기능 체크 커넥터 17번 단자)

규정값 : 통전(1.0Ω 이하)

5) CAN 버스의 통전 상태는 정상적인가?

YES

▶ "단품 점검" 절차를 수행한다.

NO

▶ CAN 통신 회로의 단선 발생 부위를 찾아 수리 후 "고장수리 확인" 절차를 수행한다.

단품점검   KE423DE0

1. CAN 통신 파형 발생 점검

1) IG KEY "OFF", 엔진을 정지한다.

2) 자기 진단 점검 단자의 3번(CAN HIGH)과 11번(CAN LOW) 단자에 2체널 스코프를 연결한다.

3) CAN 버스에 ECM 만 연결 후 IG KEY 를 "ON" 한다.

4) CAN 버스에 TCM 만 연결 후 IG KEY 를 "ON" 한다.

규정값 : IG KEY "ON" 시 "기준 파형과 데이터" 와 같은 통신 파형이 발생됨
※ 기준 파형과 달리 CAN High 와 Low 신호 모두 2.5V 로 고정 되거나, High 신호는 3.5V, Low 신호는 1.5V 로 고정된다면 연결된 모듈의 통신 불량 상태를 의미한다.

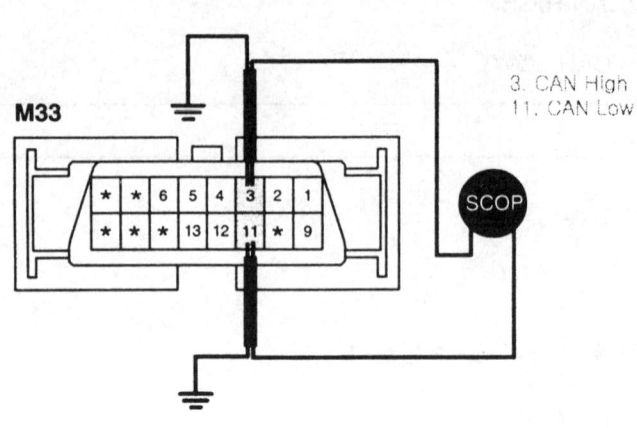
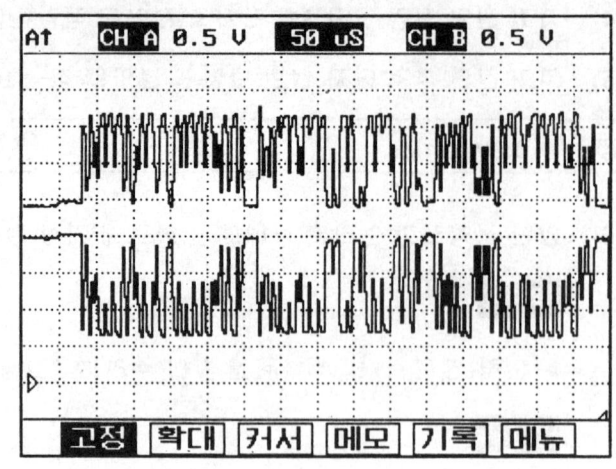

5) 각 모듈에서 정상적인 통신 파형이 발생되는가?

YES

▶ "고장수리 확인" 절차를 수행한다.

NO

▶ 불량 통신 파형을 출력하는 모듈을 교환 후 "고장수리 확인" 절차를 수행한다.

고장수리 확인 K93F7B89

DTC U0001 참조.

고장진단 FL-521

DTC U0101 ECM - TCM 간 CAN 통신 이상

부품 위치

DTC U0001 참조.

기능 및 역할

DTC U0001 참조.

고장 코드 설명

U0101 코드는 ECM 이 TCM 에게 정보를 요구하는 신호를 전송하였으나, TCM 로 부터 응답 신호가 입력되지 않는 조건이 0.5초 지속되는 경우 발생하는 고장 코드로 CAN BUS 에서 TCM 모듈 사이의 CAN 통신 회로 및 TCM 모듈 단품 불량의 경우이다.

고장판정 조건

항목	감지 조건		고장 예상 부위
검출 방법	• 신호 모니터링		
검출 조건	• IG KEY "ON"		
판정값	• ECM - TCS1 간 CAN 통신 에러		• CAN 통신선 회로
검출 시간	• 500ms		• CAN 통신 모듈 단품
페일세이프 (Fail Safe)	연료 차단	비실행	
	EGR 금지	비실행	
	연료 제한	비실행	
	체크 램프	비점등	

제원

통신포멧	DIGITAL "0"		DIGITAL "1"(BUS IDLE)		CAN 통신선 종단 저항	
	HIGH	LOW	HIGH	LOW	ECM 내부	실내 정션 박스 내부
CAN 2.0B	3.5V	1.5V	2.5V	2.5V	120Ω (20℃)	120Ω (20℃)

부분 회로도

DTC U0001 참조.

기준 파형 및 데이터

DTC U0001 참조.

커넥터 및 터미널 점검 K1F20D1D

DTC U0001 참조.

신호선 점검 K4F6B6FB

1. CAN 버스 종단 저항 점검

    1) IG KEY "OFF", 엔진을 정지한다.

    2) 자기진단 점검 단자의 3번과 11번 단자의 저항을 점검한다.

    3) ECM 커넥터를 탈거한다.

    4) ECM 커넥터 탈거 후 저항을 점검한다.

    규정값 : ECM 과 TCM 커넥터 모두 연결 상태 : 60 ± 3Ω
    ECM 과 TCM 커넥터 탈거 상태 : 120 ± 3Ω

    5) CAN 버스 종단 저항값은 정상적인가?

    YES

    ▶ 아래 "2. CAN 버스 단락(접지측) 점검" 을 실시한다.

    NO

    ▶ 커넥터 연결, 탈거 상태 모두 10Ω 이하일 경우 CAN 통신 버스간 단락 발생 부위를 찾아 수리 후 "고장수리 확인" 절차를 수행한다.
    ▶ 커넥터 연결, 탈거 상태 모두 120Ω 일 경우 "4. CAN 통신 버스 통전 시험" 을 실시한다.
    ▶ 커넥터 연결, 탈거 상태 모두 무한대Ω 일 경우 자기진단 점검 단자 부터 실내 정션 박스간 CAN 통신 회로의 단선을 수리 한다.

2. CAN 통신 버스 단락(접지측)점검

    1) IG KEY "OFF", 엔진을 정지한다.

    2) ECM 커넥터와 TCM 커넥터를 탈거한다.

    3) 자기 진단 점검 단자 3번 단자와 차체 접지간 통전 상태를 점검한다. (CAN HIGH)

    4) 자기 진단 점검 단자 11번 단자와 차체 접지간 통전 상태를 점검한다. (CAN LOW)

    규정값 : 비통전 (무한대 Ω)

    5) CAN 버스의 접지측 절연 상태는 정상적인가?

    YES

    ▶ 아래 "3. CAN 통신 버스 단락(전원측) 점검" 을 실시한다.

    NO

    ▶ 회로의 단락(접지측)을 수리 후 "고장수리 확인" 절차를 수행한다.

3. CAN 통신 버스 단락(전원측)점검

    1) IG KEY "OFF", 엔진을 정지한다.

고장진단　　　　　　　　　　　　　　　　　　　　　　　　　　　　　　FL -523

2) ECM 커넥터와 TCM 커넥터를 탈거한다.

3) IG KEY "ON"

4) 자기 진단 점검 단자 3번 단자의 전압을 점검한다. (CAN HIGH)

5) 자기 진단 점검 단자 11번 단자의 전압을 점검한다. (CAN LOW)

규정값 : 0.0V~0.1V

6) 양단 커넥터가 분리된 상태에서 회로에 이상 전압이 검출되는가?

YES

▶ 단락(전원측) 발생 부위를 찾아 수리 후 "고장수리 확인" 절차를 수행한다.

NO

▶ 아래 "4. CAN 통신 버스 통전 시험"을 실시한다.

4. CAN 통신 버스 통전 시험

1) IG KEY "OFF", 엔진을 정지한다.

2) ECM 커넥터와 TCM 커넥터를 탈거한다.

3) 자기 진단 점검 단자 3번 단자와 각 모듈의 CAN HIGH 단자간 통전 상태를 점검한다.
(CAN HIGH : ECM 커넥터 84번 단자, TCM 커넥터 38번 단자, 다기능 체크 커넥터 9번 단자)

4) 자기 진단 점검 단자 11번 단자와 각 모듈의 CAN LOW 단자간 통전 상태를 점검한다.
(CAN LOW : ECM 커넥터 83번 단자, TCM 커넥터 36번 단자, 다기능 체크 커넥터 17번 단자)

규정값 : 통전(1.0Ω 이하)

5) CAN 버스의 통전 상태는 정상적인가?

YES

▶ "단품 점검" 절차를 수행한다.

NO

▶ CAN 통신 회로의 단선 발생 부위를 찾아 수리 후 "고장수리 확인" 절차를 수행한다.

단품점검　K0A8501B

1. CAN 통신 파형 발생 점검

1) IG KEY "OFF", 엔진을 정지한다.

2) 자기 진단 점검 단자의 3번(CAN HIGH)과 11번(CAN LOW) 단자에 2채널 스코프를 연결한다.

3) CAN 버스에 ECM 만 연결 후 IG KEY 를 "ON" 한다.

4) CAN 버스에 TCM 만 연결 후 IG KEY 를 "ON" 한다.

FL -524

연료 장치

규정값 : IG KEY "ON" 시 "기준 파형과 데이터" 와 같은 통신 파형이 발생됨
※ 기준 파형과 달리 CAN High 와 Low 신호 모두 2.5V 로 고정 되거나, High 신호는 3.5V, Low 신호는 1.5V 로 고정된다면 연결된 모듈의 통신 불량 상태를 의미한다.

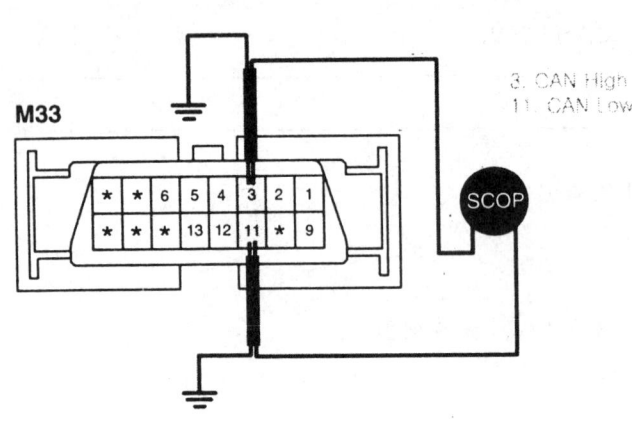
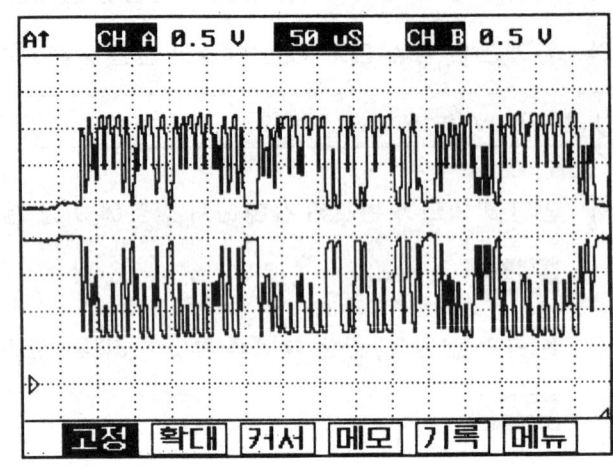

5) 각 모듈에서 정상적인 통신 파형이 발생되는가?

YES

▶ "고장수리 확인" 절차를 수행한다.

NO

▶ 불량 통신 파형을 출력하는 모듈을 교환 후 "고장수리 확인" 절차를 수행한다.

고장수리 확인 K892C904

DTC U0001 참조.

고장진단

DTC U0122 ECM -TCS 간 CAN 통신 이상

부품 위치 K6DCC6C1

DTC U0001 참조.

기능 및 역할 KBB3BFEA

DTC U0001 참조.

고장 코드 설명 K73D14B4

U0122 코드는 ECM 이 TCS 에게 정보를 요구하는 신호를 전송하였으나, TCS 로 부터 응답 신호가 입력되지 않는 조건이 0.5초 지속되는 경우 발생하는 고장 코드로 CAN BUS 에서 TCS 모듈 사이의 CAN 통신 회로 및 TCS 모듈 단품 불량의 경우이다.

고장판정 조건 KF7A3B21

항목	감지 조건			고장 예상 부위
검출 방법	• 신호 모니터링			
검출 조건	• IG KEY "ON"			
판정값	• ECM - TCS1 간 CAN 통신 에러			
검출 시간	• 500ms			• CAN 통신선 회로
페일세이프 (Fail Safe)	연료 차단	비실행		• CAN 통신 모듈 단품
	EGR 금지	비실행		
	연료 제한	비실행		
	체크 램프	비점등		

제원 KA45F519

통신포멧	DIGITAL "0"		DIGITAL "1"(BUS IDLE)		CAN 통신선 종단 저항	
	HIGH	LOW	HIGH	LOW	ECM 내부	실내 정션 박스 내부
CAN 2.0B	3.5V	1.5V	2.5V	2.5V	120Ω (20℃)	120Ω (20℃)

부분 회로도 KC1B1812

DTC U0001 참조.

기준 파형 및 데이터 K757B921

DTC U0001 참조.

커넥터 및 터미널 점검 K4CABFF5

DTC U0001 참조.

신호선 점검 K208F14B

1. CAN 버스 종단 저항 점검

    1) IG KEY "OFF", 엔진을 정지한다.

    2) 자기진단 점검 단자의 3번과 11번 단자의 저항을 점검한다.

    3) ECM 커넥터를 탈거한다.

    4) ECM 커넥터 탈거 후 저항을 점검한다.

    규정값 : ECM 과 TCM 커넥터 모두 연결 상태 : 60 ± 3Ω
    ECM 과 TCM 커넥터 탈거 상태 : 120 ± 3Ω

    5) CAN 버스 종단 저항값은 정상적인가?

    YES

    ▶ 아래 "2. CAN 버스 단락(접지측) 점검" 을 실시한다.

    NO

    ▶ 커넥터 연결, 탈거 상태 모두 10Ω 이하일 경우 CAN 통신 버스간 단락 발생 부위를 찾아 수리 후 "고장수리 확인" 절차를 수행한다.
    ▶ 커넥터 연결, 탈거 상태 모두 120Ω 일 경우 "4. CAN 통신 버스 통전 시험" 을 실시한다.
    ▶ 커넥터 연결, 탈거 상태 모두 무한대Ω 일 경우 자기진단 점검 단자 부터 실내 정션 박스간 CAN 통신 회로의 단선을 수리 한다.

2. CAN 통신 버스 단락(접지측)점검

    1) IG KEY "OFF", 엔진을 정지한다.

    2) ECM 커넥터와 TCM 커넥터를 탈거한다.

    3) 자기 진단 점검 단자 3번 단자와 차체 접지간 통전 상태를 점검한다. (CAN HIGH)

    4) 자기 진단 점검 단자 11번 단자와 차체 접지간 통전 상태를 점검한다. (CAN LOW)

    규정값 : 비통전 (무한대 Ω)

    5) CAN 버스의 접지측 절연 상태는 정상적인가?

    YES

    ▶ 아래 "3. CAN 통신 버스 단락(전원측) 점검" 을 실시한다.

    NO

    ▶ 회로의 단락(접지측)을 수리 후 "고장수리 확인" 절차를 수행한다.

3. CAN 통신 버스 단락(전원측)점검

    1) IG KEY "OFF", 엔진을 정지한다.

고장진단

2) ECM 커넥터와 TCM 커넥터를 탈거한다.

3) IG KEY "ON"

4) 자기 진단 점검 단자 3번 단자의 전압을 점검한다. (CAN HIGH)

5) 자기 진단 점검 단자 11번 단자의 전압을 점검한다. (CAN LOW)

규정값 : 0.0V~0.1V

---

6) 양단 커넥터가 분리된 상태에서 회로에 이상 전압이 검출되는가?

YES

▶ 단락(전원측) 발생 부위를 찾아 수리 후 "고장수리 확인" 절차를 수행한다.

NO

▶ 아래 "4. CAN 통신 버스 통전 시험"을 실시한다.

4. CAN 통신 버스 통전 시험

1) IG KEY "OFF", 엔진을 정지한다.

2) ECM 커넥터와 TCM 커넥터를 탈거한다.

3) 자기 진단 점검 단자 3번 단자와 각 모듈의 CAN HIGH단자간 통전 상태를 점검한다.
(CAN HIGH : ECM 커넥터 84번 단자, TCM 커넥터 38번 단자, 다기능 체크 커넥터 9번 단자)

4) 자기 진단 점검 단자 11번 단자와 각 모듈의 CAN LOW 단자간 통전 상태를 점검한다.
(CAN LOW : ECM 커넥터 83번 단자, TCM 커넥터 36번 단자, 다기능 체크 커넥터 17번 단자)

규정값 : 통전(1.0Ω 이하)

---

5) CAN 버스의 통전 상태는 정상적인가?

YES

▶ "단품 점검" 절차를 수행한다.

NO

▶ CAN 통신 회로의 단선 발생 부위를 찾아 수리 후 "고장수리 확인" 절차를 수행한다.

단품점검

1. CAN 통신 파형 발생 점검

1) IG KEY "OFF", 엔진을 정지한다.

2) 자기 진단 점검 단자의 3번(CAN HIGH)과 11번(CAN LOW) 단자에 2체널 스코프를 연결한다.

3) CAN 버스에 ECM 만 연결 후 IG KEY 를 "ON" 한다.

4) CAN 버스에 TCM 만 연결 후 IG KEY 를 "ON" 한다.

규정값 : IG KEY "ON" 시 "기준 파형과 데이터" 와 같은 통신 파형이 발생됨
※ 기준 파형과 달리 CAN High 와 Low 신호 모두 2.5V 로 고정 되거나, High 신호는 3.5V, Low 신호는 1.5V 로 고정된다면 연결된 모듈의 통신 불량 상태를 의미한다.

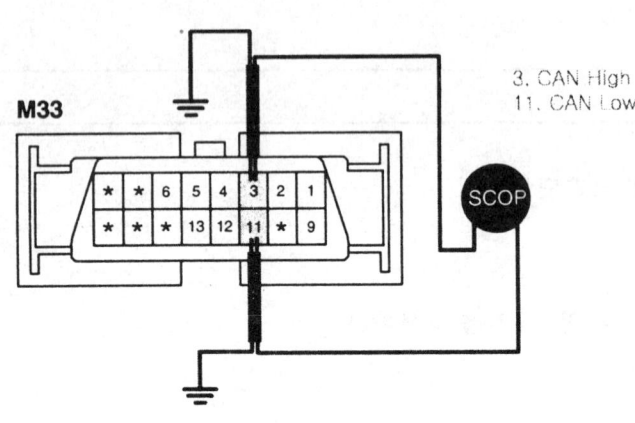
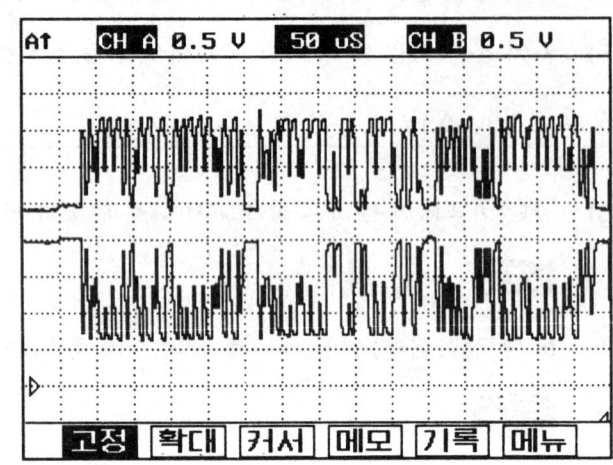

5) 각 모듈 에서 정상적인 통신 파형이 발생되는가?

YES

▶ "고장수리 확인" 절차를 수행한다.

NO

▶ 불량 통신 파형을 출력하는 모듈을 교환 후 "고장수리 확인" 절차를 수행한다.

고장수리 확인 KA0EB375

DTC U0001 참조.

고장진단

DTC U0416 TCS 로 부터 비정상 토크 증가 요구 입력

부품 위치 KF36617C

DTC U0001 참조.

기능 및 역할 KD00D58D

DTC U0001 참조.

고장 코드 설명 K45C9D92

U0416 코드는 ECM 에 TCS 로 부터 비정상적인 토크 증가를 요구하는 신호가 0.5초 이상 입력 될 경우 발생되는 고장 코드로 CAN 통신 회로 및 TCS 모듈 단품 점검을 실시한다.

고장판정 조건 K3FD4A1F

항 목	감지 조건			고장 예상 부위
검출 방법	신호 모니터링			
검출 조건	IG KEY "ON"			
판정값	TCS 로 부터의 토크 증가 요구량이 비정상 적일 경우			
검출 시간	500ms			CAN 통신선 회로
페일세이프 (Fail Safe)	연료 차단	비실행		CAN 통신 모듈 단품
	EGR 금지	비실행		
	연료 제한	비실행		
	체크 램프	비점등		

제원 K62805AB

통신포멧	DIGITAL "0"		DIGITAL "1"(BUS IDLE)		CAN 통신선 종단 저항	
	HIGH	LOW	HIGH	LOW	ECM 내부	실내 정션 박스 내부
CAN 2.0B	3.5V	1.5V	2.5V	2.5V	120Ω (20℃)	120Ω (20℃)

부분 회로도 K6816D70

DTC U0001 참조.

기준 파형 및 데이터 KCA0019A

DTC U0001 참조.

컨넥터 및 터미널 점검 K32AD859

DTC U0001 참조.

FL -530
연료 장치

신호선 점검 KE9FF6EB

1. CAN 버스 종단 저항 점검

    1) IG KEY "OFF", 엔진을 정지한다.

    2) 자기진단 점검 단자의 3번과 11번 단자의 저항을 점검한다.

    3) ECM 커넥터를 탈거한다.

    4) ECM 커넥터 탈거 후 저항을 점검한다.

    규정값 : ECM 과 TCM 커넥터 모두 연결 상태 : 60 ± 3Ω
    ECM 과 TCM 커넥터 탈거 상태 : 120 ± 3Ω
    ---

    5) CAN 버스 종단 저항값은 정상적인가?

        YES

        ▶ 아래 "2. CAN 버스 단락(접지측) 점검" 을 실시한다.

        NO

        ▶ 커넥터 연결, 탈거 상태 모두 10Ω 이하일 경우 CAN 통신 버스간 단락 발생 부위를 찾아 수리 후 "고장수리 확인" 절차를 수행한다.
        ▶ 커넥터 연결, 탈거 상태 모두 120Ω 일 경우 "4. CAN 통신 버스 통전 시험" 을 실시한다.
        ▶ 커넥터 연결, 탈거 상태 모두 무한대Ω 일 경우 자기진단 점검 단자 부터 실내 정션 박스간 CAN 통신 회로의 단선을 수리 한다.

2. CAN 통신 버스 단락(접지측)점검

    1) IG KEY "OFF", 엔진을 정지한다.

    2) ECM 커넥터와 TCM 커넥터를 탈거한다.

    3) 자기 진단 점검 단자 3번 단자와 차체 접지간 통전 상태를 점검한다. (CAN HIGH)

    4) 자기 진단 점검 단자 11번 단자와 차체 접지간 통전 상태를 점검한다. (CAN LOW)

    규정값 : 비통전 (무한대 Ω)
    ---

    5) CAN 버스의 접지측 절연 상태는 정상적인가?

        YES

        ▶ 아래 "3. CAN 통신 버스 단락(전원측) 점검" 을 실시한다.

        NO

        ▶ 회로의 단락(접지측)을 수리 후 "고장수리 확인" 절차를 수행한다.

3. CAN 통신 버스 단락(전원측)점검

    1) IG KEY "OFF", 엔진을 정지한다.

    2) ECM 커넥터와 TCM 커넥터를 탈거한다.

    3) IG KEY "ON"

고장진단　　　　　　　　　　　　　　　　　　　　　　　　　　　　　　　FL -531

4) 자기 진단 점검 단자 3번 단자의 전압을 점검한다. (CAN HIGH)

5) 자기 진단 점검 단자 11번 단자의 전압을 점검한다. (CAN LOW)

규정값 : 0.0V~0.1V

6) 양단 커넥터가 분리된 상태에서 회로에 이상 전압이 검출되는가?

YES

▶ 단락(전원측) 발생 부위를 찾아 수리 후 "고장수리 확인" 절차를 수행한다.

NO

▶ 아래 "4. CAN 통신 버스 통전 시험"을 실시한다.

4. CAN 통신 버스 통전 시험

1) IG KEY "OFF", 엔진을 정지한다.

2) ECM 커넥터와 TCM 커넥터를 탈거한다.

3) 자기 진단 점검 단자 3번 단자와 각 모듈의 CAN HIGH 단자간 통전 상태를 점검한다.
(CAN HIGH : ECM 커넥터 84번 단자, TCM 커넥터 38번 단자, 다기능 체크 커넥터 9번 단자)

4) 자기 진단 점검 단자 11번 단자와 각 모듈의 CAN LOW 단자간 통전 상태를 점검한다.
(CAN LOW : ECM 커넥터 83번 단자, TCM 커넥터 36번 단자, 다기능 체크 커넥터 17번 단자)

규정값 : 통전(1.0Ω 이하)

5) CAN 버스의 통전 상태는 정상적인가?

YES

▶ "단품 점검" 절차를 수행한다.

NO

▶ CAN 통신 회로의 단선 발생 부위를 찾아 수리 후 "고장수리 확인" 절차를 수행한다.

단품점검　K33E7BD4

1. CAN 통신 파형 발생 점검

1) IG KEY "OFF", 엔진을 정지한다.

2) 자기 진단 점검 단자의 3번(CAN HIGH)과 11번(CAN LOW) 단자에 2채널 스코프를 연결한다.

3) CAN 버스에 ECM 만 연결 후 IG KEY 를 "ON" 한다.

4) CAN 버스에 TCM 만 연결 후 IG KEY 를 "ON" 한다.

규정값 : IG KEY "ON" 시 "기준 파형과 데이터" 와 같은 통신 파형이 발생됨
※ 기준 파형과 달리 CAN High 와 Low 신호 모두 2.5V 로 고정 되거나, High 신호는 3.5V, Low 신호는 1.5V 로 고정된다면 연결된 모듈의 통신 불량 상태를 의미한다.

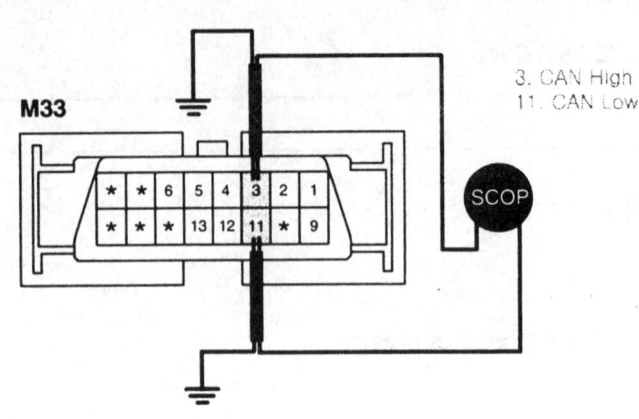
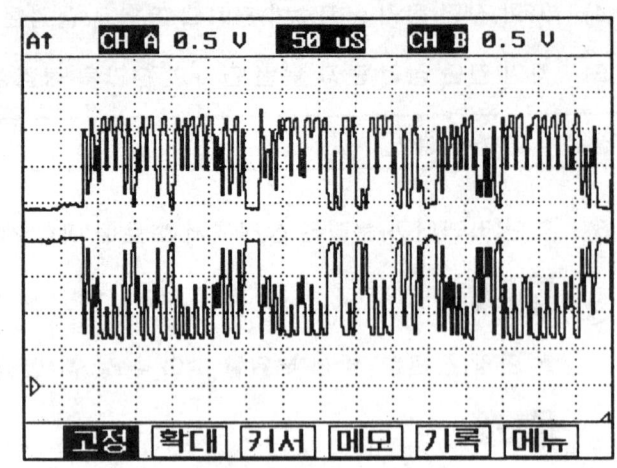

5) 각 모듈에서 정상적인 통신 파형이 발생되는가?

YES

▶ "고장수리 확인" 절차를 수행한다.

NO

▶ 불량 통신 파형을 출력하는 모듈을 교환 후 "고장수리 확인" 절차를 수행한다.

고장수리 확인

DTC U0001 참조.

디젤 연료 공급 장치

구성 부품 K0B99FB7

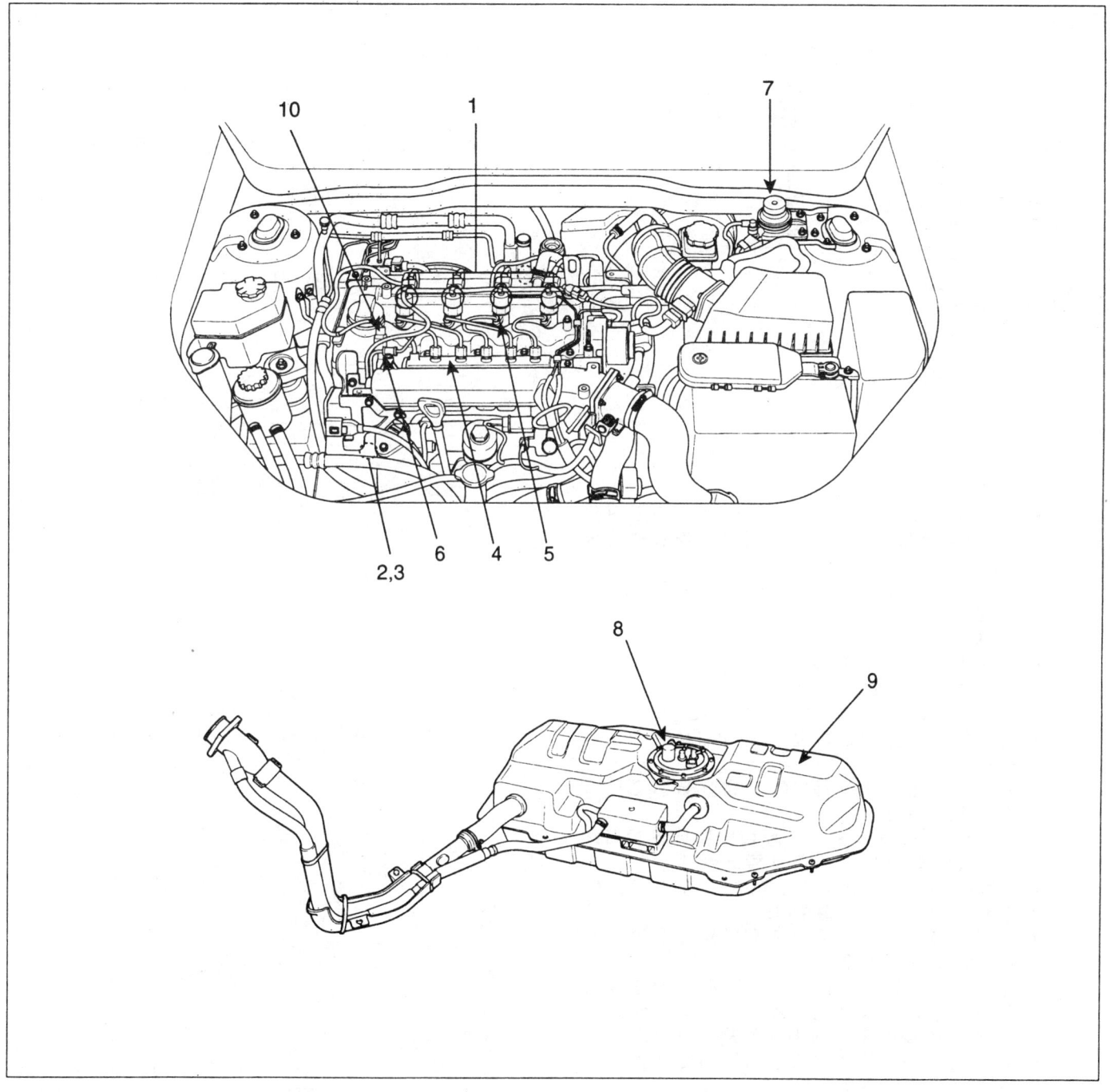

1. 인젝터
2. 고압 펌프
3. 연료 압력 조절 밸브
4. 커먼 레일
5. 고압 파이프 (인젝터←커먼 레일)
6. 고압 파이프(커먼 레일←고압 펌프)
7. 연료 필터
8. 연료 센더
9. 연료 탱크
10. 레일 압력 조절 밸브

인젝터

인젝터 K513D120

구성 부품

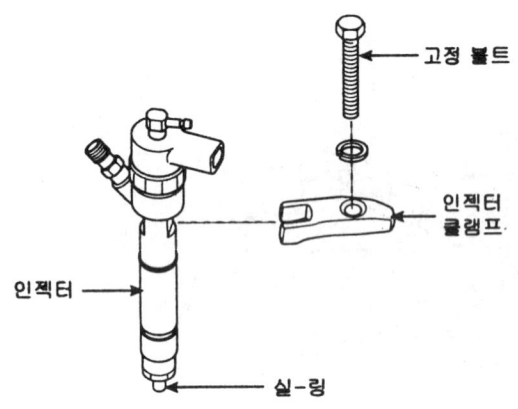

주의
- 커먼 레일 레일 연료 분사 시스템은 극도로 높은 압력 **(1600 bar)** 하에서 작동함으로 주의를 요한다.
- 엔진 작동 중이나, 시동을 끈 후 **30**초 동안은 커먼 레일 연료 분사 시스템과 관련된 어떠한 작업도 해서는 안된다.
- 항상 작업 안전 사항을 지켜야 한다.
- 작업 영역을 청결하게 유지해야 하며, 커먼 레일 구성 부품은 항상 청결하게 취급한다.
- 특별한 상황을 제외 하고는, 인젝터를 분리하지 않는다.
- 연료 시스템 조립시 내부에 이물질 유입 없도록 주의해서 조립한다.
- 연료 인젝터, 파이프, 호스등 이물질 유입 방지용 보호캡은 장착 바로 직전에 탈거한다.
- 인젝터 탈장착시 인젝터 접촉부는 세척하고, O-링은 새것으로 교환해준다.
- 인젝터 O-링 가스케트에 디젤유를 도포한 다음 실린더 헤드에 삽입한다.
- 실린더 헤드에 인젝터를 삽입할 때 수직 방향으로 충격등의 손상이 없도록 정확히 삽입한다.
- 고압 연료 파이프는 재 사용하지 않는다.
- 고압 연료 파이프 조립시 플레어 너트와 상대 부품과 수직으로 체결한다.

세척 KBCBDFCE

인젝터를 다시 사용할 때는 반드시 다음의 세척 작업을 해야 한다.
1. 깨끗한 용기에 인젝터를 수직방향으로 하고, 세척작업을 한다.
2. 필요할 경우에는 깨끗한 천으로 인젝터 바디, 노즐부 실링의 먼지, 찌꺼기를 제거한다.

탈거 KAE2EB2D

1. 시동을 끈다.
2. 배터리의 (-) 단자를 분리한다.
3. 인젝터 커넥터(A)를 뽑는다.

주의
- 커넥터는 시동이 꺼진 상태에서 분리/연결 작업을 해야한다.
- 커넥터 장착 작업 시, 삽입된 소리를 반드시 확인한다.
- 커넥터를 구부리거나, 무리하게 집어 넣지 말아야 한다.

4. 고압 연료 파이프(B) (레일-인젝터)를 분리한다.

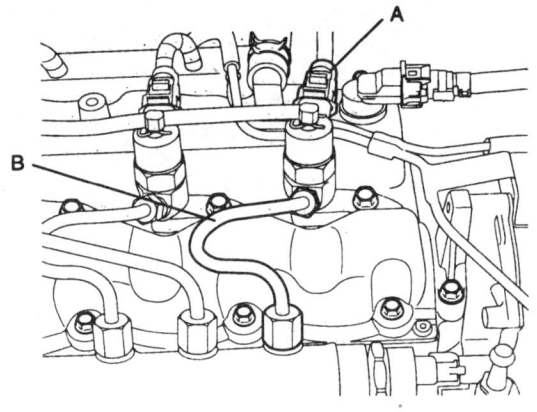

5. 고정 클립(D)을 먼저 뽑고, 인젝터 리턴 라인(C)을 탈거한다.

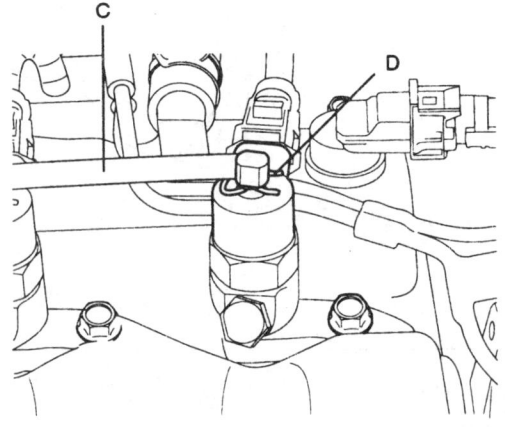

6. 인젝터 클램프 고정 볼트를 풀고, 인젝터를 탈거한다.

주의
인젝터 탈거시, 인젝터의 노즐이 긁히거나 충격이 가해지지 않도록 수직으로 인젝터를 뽑아낸다.

디젤 연료 공급 장치

> 📝 **참고**
> 인젝터가 실린더안에 고착되었을 경우, SST(09351-4A200, 09351-2A100)를 이용하여 탈거한다.

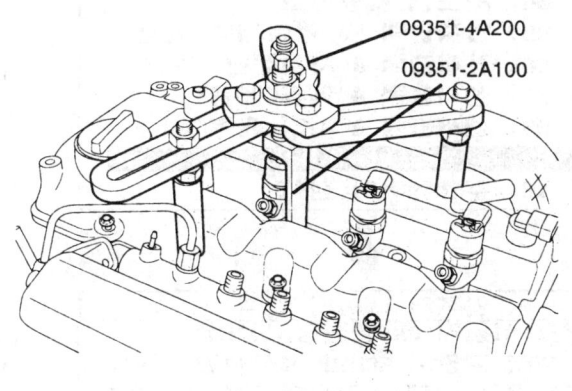

장착 KBBA3B6D

1. 새로운 실링을 끼운다. (필요한 경우, 그리스를 소량 사용한다)

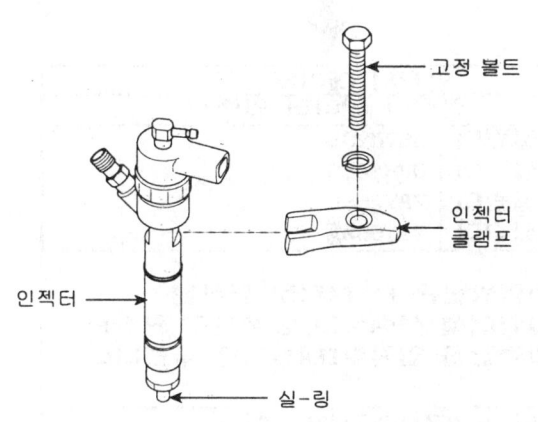

> ⚠️ **주의**
> 기존의 인젝터를 다시 장착할 때는 인젝터 클램프 볼트와 실링은 반드시 새것으로 교체한다.

2. 인젝터를 장착한다. 이 때 인젝터 노즐이 손상되지 않도록 주의한다. 그리고 인젝터 클램프를 끼운다.

3. 인젝터 클램프 장착 볼트를 손으로 가조립한다.

4. 고압 연료 파이프를 손으로 가조립한다.

5. 인젝터 클램프 고정 볼트를 조인다.

   조임 토크
   인젝터 클램프 볼트 : 2.8 ~ 3.0 kgf·m

6. 인젝터 쪽과 연료 레일 쪽 연료 파이프의 플레어 너트를 특수공구 (09314-27110, 09314-27130)를 이용하여 정확한 토크로 조인다.

   조임 토크
   연료 튜브 장착 : 2.5-2.9 kgf·m

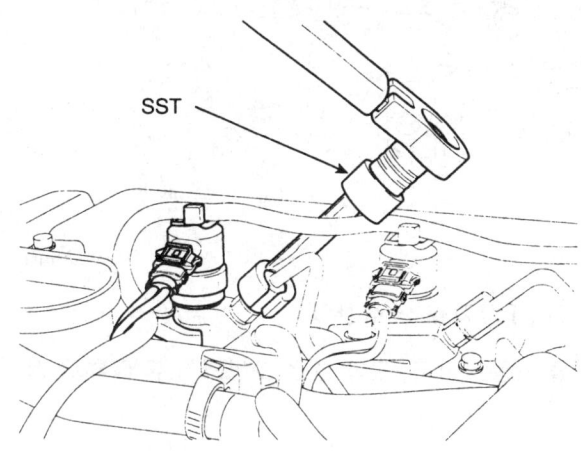

> ⚠️ **주의**
> - 고압 연료 라인 장착시, 무리한 힘을 가하거나, 허가 되지 않은 도구를 사용하지 않는다.
> - 반드시 인젝터를 정위치에 단단히 고정시킨후, 연료 라인을 장착한다.
> - 실링 가장자리의 훼손을 피하고, 탈거 작업 중 고압 연료 라인이 헐거워지는 것을 방지하기 위하여, 반드시 허가된 조임 토크로 장착 작업을 한다.

7. 리턴 호스(A)을 고정한다. 절대로 고정 클립(B) 없이 장착하지 말아야 한다.

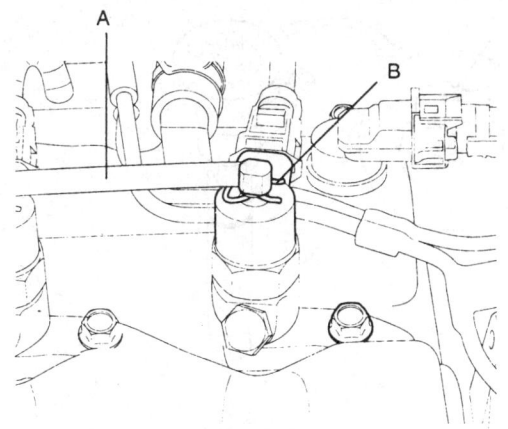

> ⚠️ **주의**
> 고정 클립은 반드시 새것으로 교체한다.

8. 고정 클립 장착 상태를 점검한다.

9. 인젝터 커넥터(C)를 끼운다.

FL -536   연료 장치

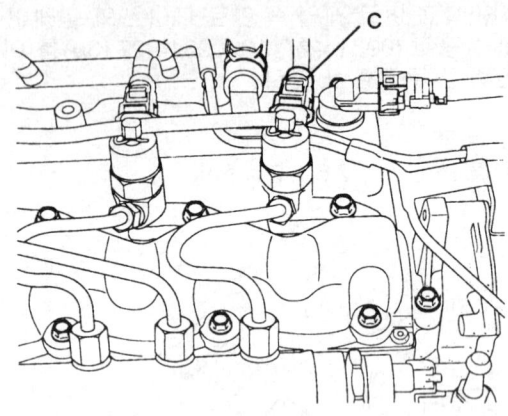

AFGF301M

10. 배터리 (-) 단자를 연결한다.

11. 엔진을 시동시키고, 고압 연료 라인의 누유 여부를 점검한다.

⚠ 주의

정확한 조임 토크로 작업했음에도 불구하고, 커먼 레일 연료 분사 시스템에 누유가 발생하면 해당 구성 부품을 교체해야 한다.

교환   K136CFED

1. '탈거" 절차에 따라 인젝터를 탈거한다.

2. 새로운 인젝터를 "장착" 절차에 따라 장착한다.

3. 새로 장착된 인젝터 데이터(7자리)를 확인한다

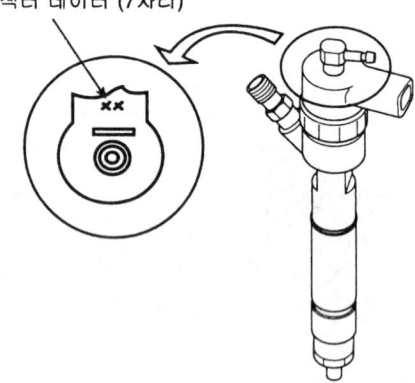

AWJF331A

4. 진단장비를 이용하여 아래와 같이 인젝터 데이터를 ECM에 입력시킨다.

```
         진단기능 선택           9/11
       차   종 : 프라이드(05~)
       제어장치 : 엔진제어 디젤

       04. 시스템 사양정보
       05. 압축압력 및 연료계통 점검
       06. 센서출력 & 자기진단
       07. 센서출력 & 액츄에이터
       08. 센서출력 & 미터/출력
       09. 인젝터 데이터 입력
       10. 주행데이터 검색
```

```
         인젝터 데이터 입력
 * 조건: 시동키 ON(엔진정지상태)
 1. 인젝터 교환시 ECM의 정상적인 연료
    컨트롤을 위해서 인젝터 고유 데이터
    입력이 반드시 이루어져야 합니다.
 2. 입력방밥은 F1~F4키로 원하는
    실린더를 선택하고 방향키로 원하는
    입력값을 입력후[ENT]키를 누릅니다
 3. 입력완료후 IG OFF후 10초이상대기한
    후 다시 진단 하십시오

       [ENTER]키를 누르시오.
```

```
         인젝터 데이터 입력
         인젝터 데이터 입력창
 1번 실린더 | 567MYS6
 2번 실린더 | 8HH4416
 3번 실린더 | 7PY26SB
 4번 실린더 | 7IY66AC

 - 입력방밥은 F1~F4키로 원하는
   실린더를 선택하고 방향키로 원하는
   입력값을 입력후[ENT]키를 누릅니다

 | CYL1 | CYL2 | CYL3 | CYL4 |
```

```
         인젝터 데이터 입력
         인젝터 데이터 입력창
 1번 실린더 | 567MYS6
 2번 실린더 | 8HH4416
 3번 실린더 | 7PY26SB
 4번 실린더 | 7IY66AC

              쓰기 성공

 | CYL1 | CYL2 | CYL3 | CYL4 |
```

AWJF324A

디젤 연료 공급 장치

> ⚠️ **주의**
> 아래와 같이 화면상에 "쓰기 실패"라는 문구가 뜨면, 각 기통의 인젝터 데이터(7자리)를 잘못 입력한 것이므로 상기의 절차에 따라 각 기통의 인젝터를 재 입력한다.

```
┌─────────────────────────────┐
│      인젝터 데이터 입력     │
│      인젝터 데이터 입력창   │
├─────────────┬───────────────┤
│ 1번 실린더  │ 567MYS6       │
│ 2번 실린더  │ 8HH4416       │
│ 3번 실린더  │ 7PY26SB       │
│ 4번 실린더  │ 7IY66AC       │
├─────────────┴───────────────┤
│                             │
│         쓰기 실패           │
│                             │
├─────┬─────┬─────┬─────┬─────┤
│CYL1 │CYL2 │CYL3 │CYL4 │     │
└─────┴─────┴─────┴─────┴─────┘
```
AWJF325A

점검 KFEFFEAB

하이스캔의 인젝터 테스트 모드를 이용하여 인젝터의 고장을 점검한다.

테스트 주요 기능

- 압축 압력 테스트 (연료분사 중지, 엔진 정지)
- 아이들 속도 비교 테스트 (파워 밸런싱 중지)
- 분사 보정 비교 테스트 (파워 밸런싱 작동)

테스트 절차

1. 하이스캔을 연결한 후, 차종을 선택하고 "압축 압력 및 연료 계통 점검" 을 선택한 후, [ENTER]키를 누른다.
2. ECM가 테스트 모드를 지원하는 사양인지 여부를 확인하기 위해 ECM 사양 정보를 아래와 같이 표출한다.

```
┌─────────────────────────────┐
│   압축압력 및 연료계통 점검 │
├─────────────────────────────┤
│        시스템 사양 정보     │
│        P/N : 39100-272000   │
│        S/W : 66S2MD01       │
│                             │
│    본 차량의 시스템 사양확인결과 │
│    압축압력 및 연료계통점검기능을 │
│      (정상적으로 지원합니다.) │
│                             │
│      [ENTER]키를 누르시오   │
└─────────────────────────────┘
         <지원 사양>
```
AWJF327A

```
┌─────────────────────────────┐
│   압축압력 및 연료계통 점검 │
├─────────────────────────────┤
│        시스템 사양 정보     │
│        P/N : 39100-27220    │
│        S/W : 64SAD012       │
│                             │
│    본 차량의 시스템 사양확인결과 │
│    압축압력 및 연료계통점검기능을 │
│      (지원하지 않습니다.)   │
│                             │
│      [ESC]키를 누르시오     │
└─────────────────────────────┘
        <미지원 사양>
```
AWJF328A

3. [ENTER]키를 누르면, 지원 사양일 경우 다음과 같은 세부 매뉴가 표출되는데, "01. 압축 압력 테스트" 를 선택한 후, [ENTER]키를 누른다.

```
┌─────────────────────────────┐
│   압축압력 및 연료계통 점검 │
├─────────────────────────────┤
│ ■ 01. 압축압력 테스트       │
│   02. 아이들 속도 비교 테스트│
│   03. 분사보정 목표량 비교 테스트│
│                             │
│                             │
└─────────────────────────────┘
```
AFAF320A

4. 다음과 같은 안내 사항 및 검사 조건이 나오면 차량을 검사 조건에 일치 시키고 크랭킹한 후, 크랭킹 중단 메세지가 나오면 중단한다. [ENTER] 키를 누른다.

```
┌─────────────────────────────┐
│      01. 압축압력 테스트    │
├─────────────────────────────┤
│ 이테스트는 연료가 분사되지 않는 상태에서 │
│ 각 실린더별 엔진회전수를 비교함으로써 │
│ 압축압력, 즉 기계적결함을 점검하는데 │
│ 사용됩니다.                 │
│   * 검사조건                │
│      - 변속레버 : 파킹 또는 중립 │
│      - 엔진 : 정지 (IG ON)  │
│      - 모든 전기부하 : OFF  │
│ 준비가 되었으면 크랭킹하시고, 크랭킹 │
│ 중단메세지가 나오면 중단하십시오. │
│                             │
│      [ENTER]키를 누르시오.  │
└─────────────────────────────┘
```
AFAF321A

5. F1(분석) 키를 누르면 각 실린더의 RPM을 일정동안 자동 기록한 기록 화면이 표출된다.

0.1 압축압력 테스트			
■실린더별 엔진 회전수(RPM)			
1번	2번	3번	4번
356	355	355	355
356	356	357	356
356	356	356	355
356	356	356	356
357	356	355	356
356	355	355	355
355	356	355	355
분석			

크랭킹을 중단하라는 메세지가 표출되면 크랭킹을 중단 할 것

AFAF322A

[U] 참고
크랭킹을 실행하더라도 엔진 시동은 걸리지 않는다.

01. 압축압력 테스트			
■실린더별 엔진 회전수(RPM)			
1번	2번	3번	4번
356	355	355	355
356	356	357	356
356	356	356	355
356	356	356	356
357	356	355	356
356	355	355	355
355	356	355	355
◀ ▶		평균	도움

기록 데이터 검색할때 사용

AFAF323A

6. "F4(평균)"을 누르면 다음과 같이 각 실린더별 저장 데이터 평균값을 그래프로 표출해 주며, "F5(도움)" 를 누르면 안내 설명이 표출된다.

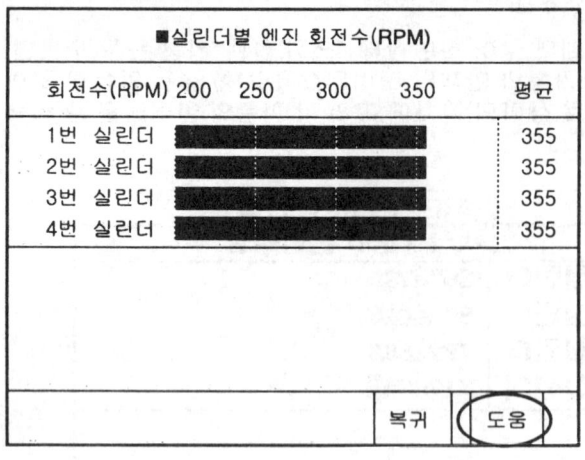

01. 압축압력 테스터
만약 특정 실린더에 압축압력에 이상이 있다면 실린더의 회전수가 차이가 납니다. 즉, 각 실린더의 회전수를 비교하여 상대적으로 압축압력이 불량한 실린더를 판별 할 수 있습니다.   복귀

AFAF324A

7. "ESC"를 누르고 "02. 아이들 속도 비교 테스트"를 선택한후, [ENTER] 키를 누른다.
8. 아래와 같은 안내 사항 및 검사 조건에 따라 차량 상태를 일치 시킨 후, [ENTER] 키를 누른다.

02. 아이들 속도 비교 테스트
이 테스트는 각 인젝터에 연료보정 기능 없이 동일한 통전시간을 주고 각 실린더의 회전속도를 상대 비교하는데 사용됩니다. * 검사조건 　- 압축압력검사시 : 정상 　- 변속레버 : 파킹 또는 중립 　- 엔진 : 공회전 　- 모든 전기부하 : OFF 준비가 끝나면 [ENTER]키를 누르시오.

AFAF325A

9. 각 실린더의 RPM을 일정시간 자동 기록하며, F1(분석) 키를 누르면 기록 화면이 표출된다.

디젤 연료 공급 장치

02. 아이들 속도 비교 테스트			
■실린더별 엔진 회전수(RPM)			
1번	2번	3번	4번
790	800	752	770
796	798	756	772
794	800	752	770
794	802	754	772
794	802	754	770
794	802	756	774
792	802	752	772
검사결과를 분석하십시오.			
(분석)			

02. 아이들 속도 비교 테스트			
■실린더별 엔진 회전수(RPM)			
1번	2번	3번	4번
784	774	788	764
786	778	788	766
786	776	788	766
788	780	790	768
784	776	786	764
788	780	792	770
786	776	788	766
◀	▶	(평균)	도움

AFAF326A

10. "F4(평균)"을 누르면 아래와 같이 각 실린더별 저장 데이터 평균값을 그래프로 표출해 주며, "F5(도움)"을 누르면 안내 설명이 표출된다.

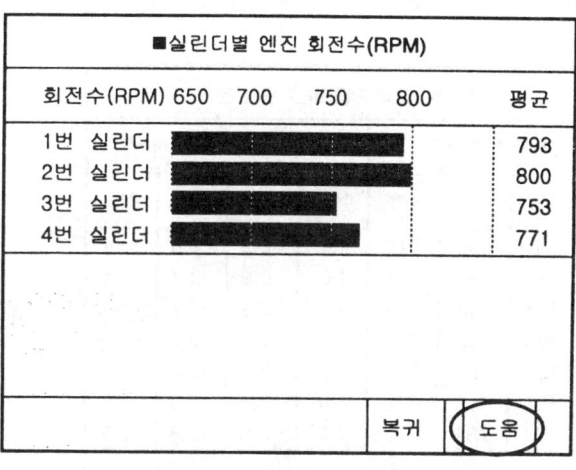

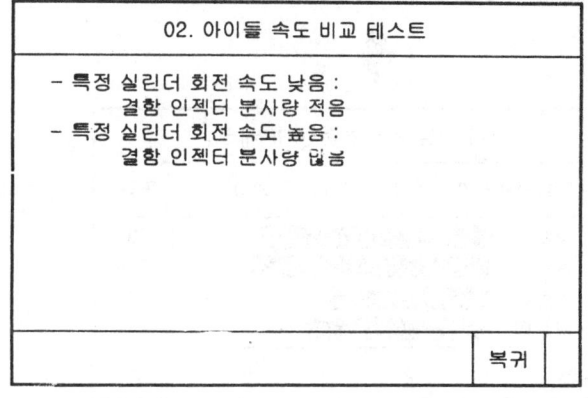

AFAF327A

11. "ESC"를 누르고 연료량 보정(파워 밸런싱) 비교 테스트를 하기 위해 "03. 분사보정 비교 테스트"를 선택한 후, [ENTER] 키를 누른다.
12. 아래와 같은 안내 사항 및 검사 조건에 따라 차량 상태를 일치 시킨후, [ENTER]를 누른다.

03. 분사보정 목표량 비교 테스트
이 테스트는 실린더 파워밸런싱 기능이 작동되고 있는 상태에서의 각 실린더의 연료보정 상태를 비교하는데 사용됩니다.

* 검사조건
  - 압축압력검사시 : 정상
  - 변속레버 : 파킹 또는 중립
  - 엔진 : 공회전
  - 모든 전기부하 : OFF

준비가 끝나면 [ENTER]키를 누르시오.

AFAF328A

13. 각 실린더의 연료 보정량과 RPM을 일정시간 자동 기록한다.
    "F1(분석)" 키를 누르면 기록 화면이 표출되고

"F4(평균)"을 누르면 저장 데이터가 표출된다.

03. 분사보정 목표량 비교 테스트							
엔진회전수(RPM)				분사보정 목표량(mm³)			
1번	2번	3번	4번	1번	2번	3번	4번
792	800	758	774	4.0	-2.9	-2.8	-2.4
788	798	760	774	4.0	-2.9	-2.7	-2.4
794	802	758	776	4.0	-2.9	-2.7	-2.4
792	798	758	774	4.0	-2.8	-2.7	-2.4
788	798	758	772	4.0	-2.8	-2.6	-2.4
794	802	758	772	4.0	-2.8	-2.8	-2.5
790	798	754	770	4.0	-2.9	-2.8	-2.5
검사결과를 분석하십시오.							
분석							

■실린더별 엔진 회전수(RPM)

회전수(RPM)	650	700	750	800	평균
1번 실린더					791
2번 실린더					799
3번 실린더					757
4번 실린더					773
보정량(mm³)	-4	-2	0	2	평균
1번 보정량					4.0
2번 보정량					-2.8
3번 보정량					-2.7
4번 보정량					-2.3
				복귀	도움

AFAF329A

14. "F5(도움)"를 누르면 다음과 같이 안내 설명이 표출된다.

```
03. 분사보정 목표량 비교 테스트

매우 미세한 연료분사 보정량을 크게 확대하여
그래프로 나타낸것이므로 유의하십시오.
(+) 방향은 연료보정증가, 반대로 (-) 방향은
연료보정 감소를 나타내고 있는 상태임
 - 분사보정량 증가 : 연료분사량이 적은경우
 - 분사보정량 감소 : 연료분사량이 많은 경우

* 결함으로 추정되고 인젝터를 교환 후,
  3가지 TEST를 다시 실시하여 정상 상태를
  반드시 확인하십시오.
```

AFAF330A

15. 결함으로 추정되는 인젝터를 교환한 후, 처음부터 다시 테스트를 실시하여 데이터를 확인한다.

터미널 사이의 저항 측정

1. 인젝터에 있는 커넥터를 분리한다.

2. 터미널 사이 저항을 측정한다.
   규정치 :
   $0.22 \sim 0.30\Omega$ (20 ~ 70℃)

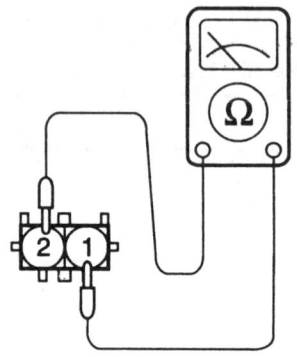

LFAC220F

3. 커넥터를 인젝터에 연결한다.

세척   K97B637C

인젝터를 다시 사용할 때는 반드시 다음의 세척 작업을 해야 한다.
1. 깨끗한 용기에 인젝터를 수직방향으로 하고, 세척작업을 한다.
2. 필요할 경우에는 깨끗한 천으로 인젝터 바디, 노즐부 실링의 먼지, 찌꺼기를 제거한다.

커먼 레일

탈거 KADDCCF4

> ⚠ 주의
> - 커먼 레일 연료 분사 시스템은 극도로 높은 압력 **(1600 bar)** 하에서 작동함으로 주의를 요한다.
> - 엔진 작동 중이나, 시동을 끈 후 **30**초 동안은 커먼 레일 연료 분사 시스템과 관련된 어떠한 작업도 해서는 안된다.
> - 항상 작업 안전 사항을 지켜야 한다.
> - 작업 영역을 청결하게 유지해야 하며, 커먼 레일 구성 부품은 항상 청결하게 취급한다.
> - 특별한 상황을 제외 하고는, 인젝터를 분리하지 않는다.
> - 연료 시스템 조립시 내부에 이물질 유입 없도록 주의해서 조립한다.
> - 연료 인젝터, 튜브 호스등 이물질 유입 방지용 보호캡은 장착 바로 직전에 탈거한다.
> - 인젝터 탈장착시 인젝터 접촉부는 세척하고, **O-링**은 새것으로 교환해준다.
> - 인젝터 **O-링** 가스케트에 디젤유를 도포한 다음 실린더 헤드에 삽입한다.
> - 실린더 헤드에 인젝터를 삽입할 때 수직 방향으로 충격등의 손상이 없도록 정확히 삽입한다.
> - 고압 연료 튜브는 재 사용하지 않는다.
> - 고압 연료 튜브 조립시 플레어 너트와 상대 부품과 수직으로 체결한다.

1. 점화 스위치를 OFF시키고 배터리(-) 단자를 분리시킨 다음, 30초간 기다린다.

2. 고압 연료 파이프 (A) (인젝터-커먼레일)를 분리한다.

3. 고압 연료 파이프 (B) (고압펌프-커먼레일)를 분리한다.

4. 리턴 라인(C)을 분리한다.

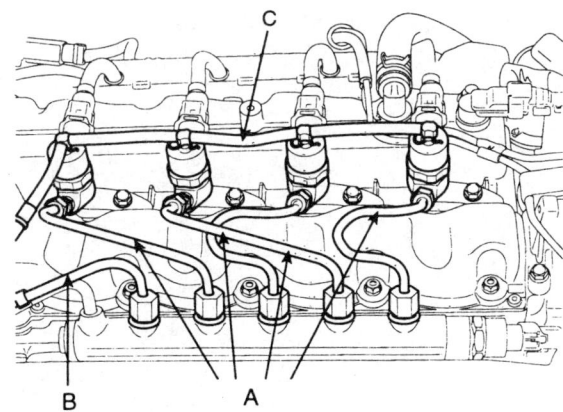

5. 레일 압력 센서 (RPS: Rail Pressure Sensor) 와 레일 압력 조절 밸브 커넥터를 뽑는다.

6. 흡기 매니폴더를 탈거한다("EM"그룹 참조).

7. 2개의 장착 볼트(F)를 풀고, 레일(E)을 탈거한다

> ⚠ 주의
> 레일에 잔류한 연료가 누유될 수 있으므로 주의한다.

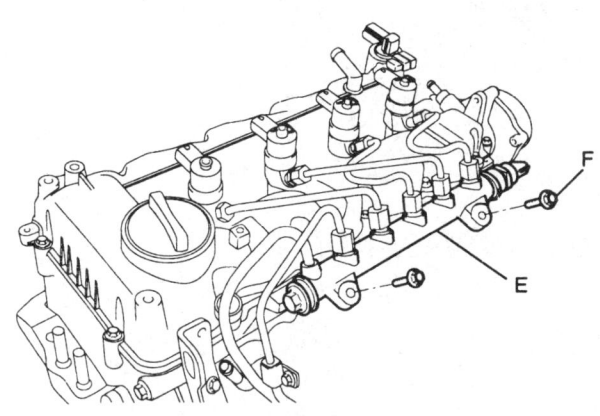

장착 KB31E94C

1. 2개의 장착 볼트(B)로 레일(A)을 장착한다.

   조임 토크
   레일 장착 볼트 : 1.5 - 2.2 kgf·m

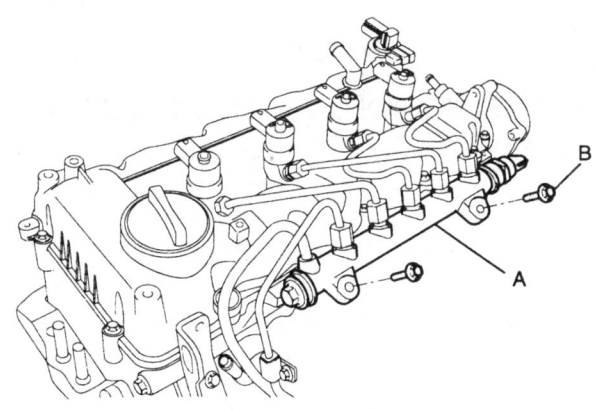

2. 흡기 매니폴더를 장착한다 (그룹: EM 그룹 참조).

3. 레일 압력 센서와 레일 압력 조절 밸브 커넥터를 연결한다.

4. 고압 연료 튜브 (레일-인젝터, 고압 펌프-레일)를 특수공구 (09314-27110, 09314-27120)를 이용하여 정확한 토크로 장착한다.

   조임 토크
   연료 튜브 고정 : 2.5 ~2.9 kgf·m

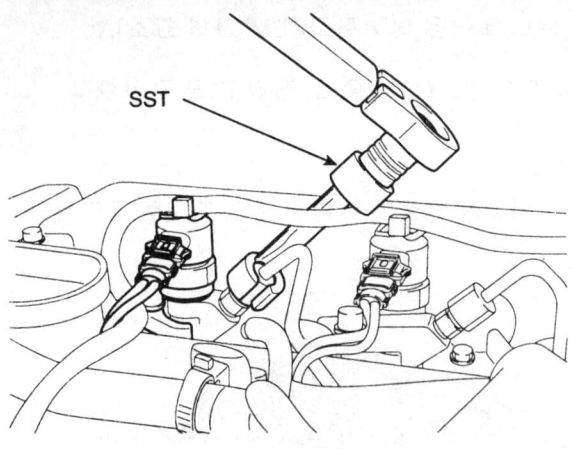

5. 리턴 라인(C)을 연결한다.

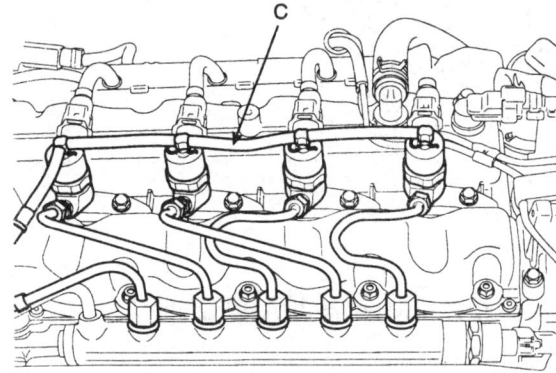

6. 배터리(-) 단자를 연결시킨다.

7. 시동을 걸고 연료 라인에 누유가 있는지 확인한다.

디젤 연료 공급 장치

고압연료펌프

탈거 KFB0A0FB

⚠️ 주의
- 엔진 구동중이나 엔진 정지 후, **30**초가 지날때까지 절대로 인젝션 시스템에 관련된 작업을 하지 않는다.
- 항상 작업중 청결을 유지한다.

1. 점화 스위치를 OFF시킨다.
2. 배터리(-) 케이블을 분리시키고 30초간 기다린다.
3. 연료 압력 조절 밸브 와이어링 커넥터를 분리 한다.
4. 고압 연료 펌프와 커먼레일 사이에 연결된 고압 파이프(A)를 탈거한다.

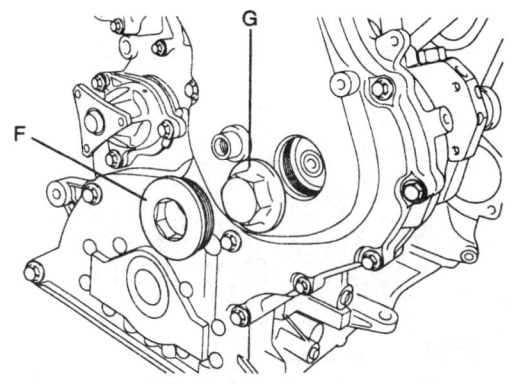

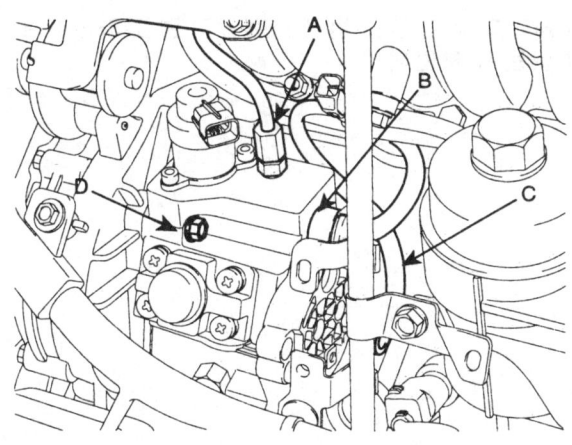

5. 리턴 호스(B)와 연료 필터와 연결된 호스(C)를 탈거한다.
6. 고압 펌프 장착 볼트(D) 3개를 푼다.
7. 드라이브 벨트를 탈거한다.("EM" 그룹 참조)
8. 타이밍 체인 커버 플러그(F)를 탈거한 후, 고압 펌프 스프라켓 너트(G)를 푼다.

9. 고압 펌프 스프로켓 스톱퍼(H) (SST:09331-2A000)을 시계방향으로 돌리면서 장착한다.

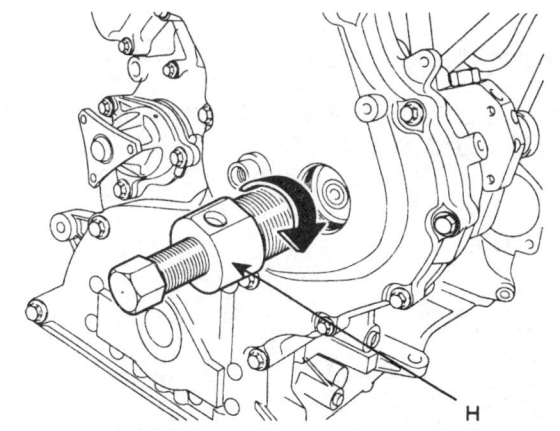

10. 고압 펌프 리무버(I)와 스프라켓 스톱퍼(J)를 2개의 고정 볼트(K)로 고정시킨다.
11. 고압 펌프 리무버(I)를 세개의 장착 볼트로 장착한다.
12. 고압 펌프 리무버 볼트(L)를 고압 펌프가 밀려 나올때까지 시계방향으로 돌린다.

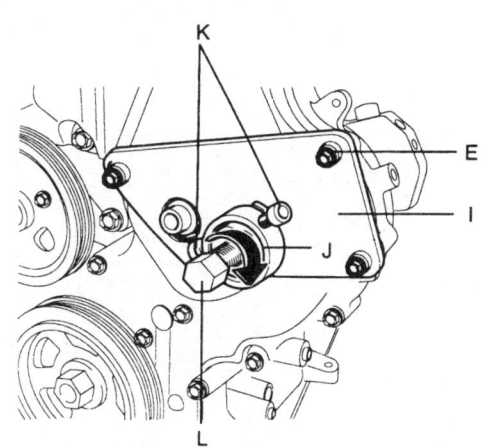

장착

1. 고압 펌프 어셈블리를 3개의 장착 볼트(D)로 장착시킨다.

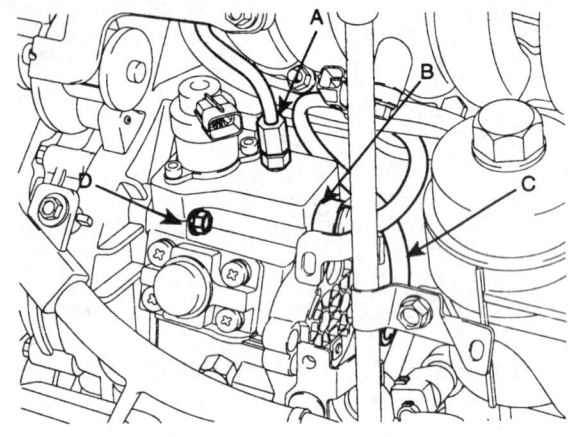

2. 드라이브 벨트를 장착한다.("EM" 그룹 참조)

3. 고압 펌프 스프라켓너트(F)를 장착한 후, 타이밍 체인 커버 플러그(G)를 장착한다.

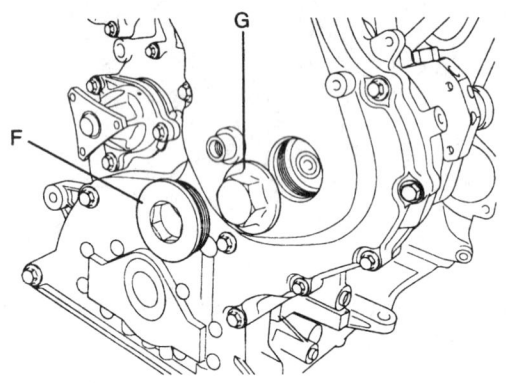

4. 리턴 호스(B)와 연료필터와 연결된 호스(C)를 연결한다.

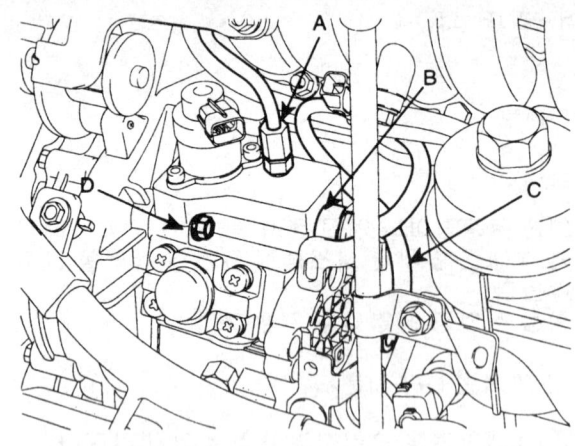

5. 고압 펌프와 커먼레일 사이를 연결하는 고압 파이프(A)를 연결한다.

6. 배터리(-) 단자를 연결 시킨다.

7. 엔진 시동을 걸고 고압 펌프와 연결된 연료 라인에 누유가 없는지 확인한다.

디젤 연료 공급 장치

연료필터

구성 부품 KCCA4B6E

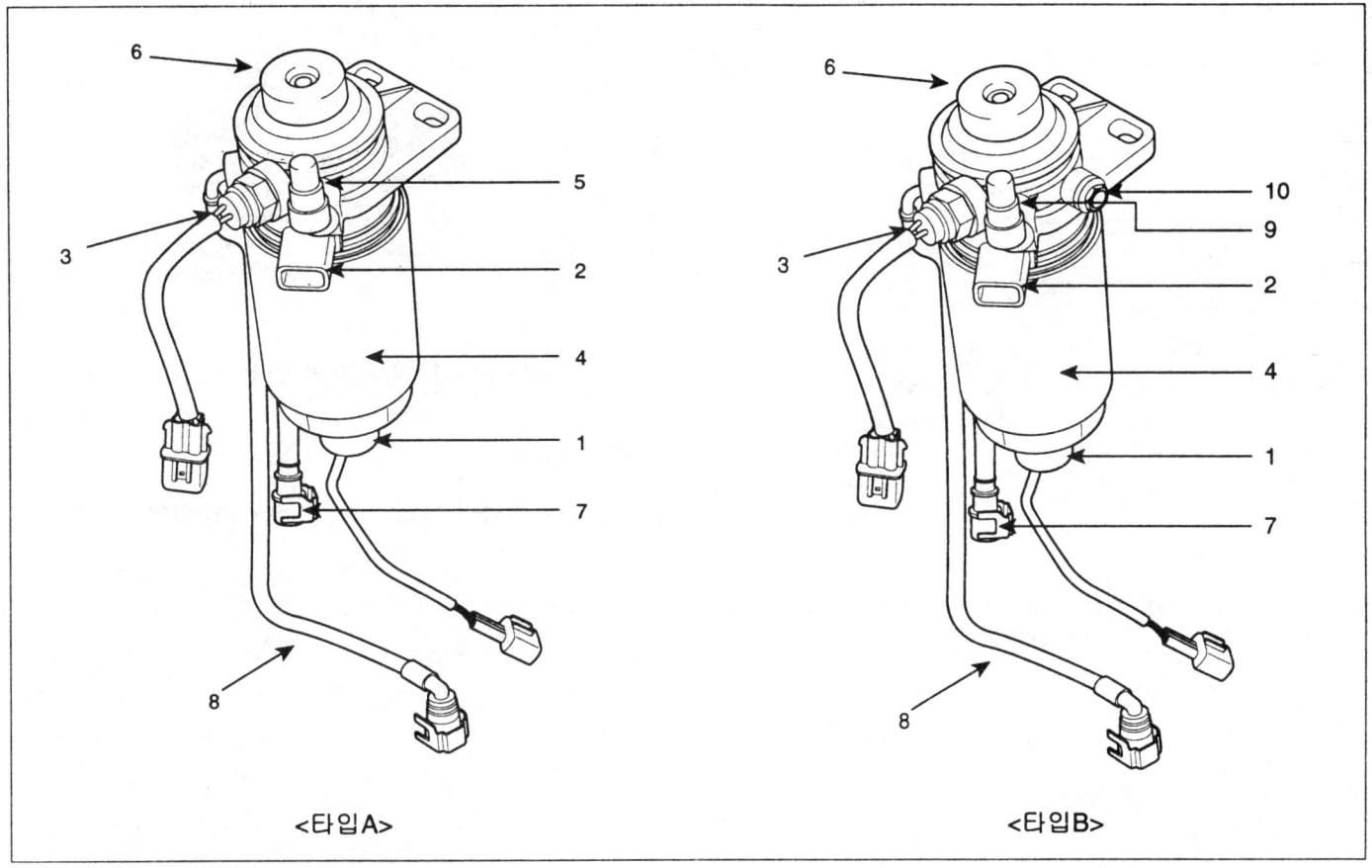

<타입A>   <타입B>

1. 연료 수분 센서
2. 히터
3. 서머 스위치
4. 연료 필터 여과지
5. 에어 플러그
6. 수동 펌프
7. 인렛 (Inlet) 호스
8. 아웃렛 (Outlet) 호스
9. 에어 플러그 (공장용)
10. 에어 플러그 (서비스용)

AWJF302S

분해 KF3D897F

1. 시동 스위치를 OFF시킨다.

2. 배터리(-) 단자를 분리 시키고 30초간 기다린다.

3. 2개의 장착 볼트(A)를 푼다.

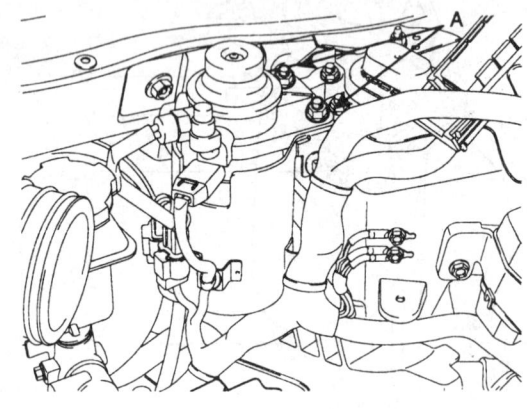

4. 히터 커넥터(B), 연료 수분센서 커넥터(C) 그리고 서머 스위치 커넥터(D)를 탈거한다.

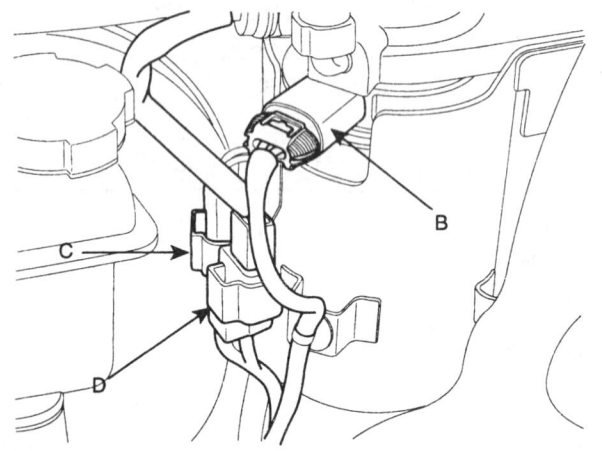

5. 에어 클리너 어셈블리를 탈거한다. ("EM" 그룹 참조)

6. 연료 인렛 호스(E)와 아웃렛 호스(F) 퀵 커넥터를 탈거한다.

> ⚠ 주의
> 연료라인에 남아있는 연료가 세는 것을 방지하기위해 호스 연결 부위에 타올을 덮는다.

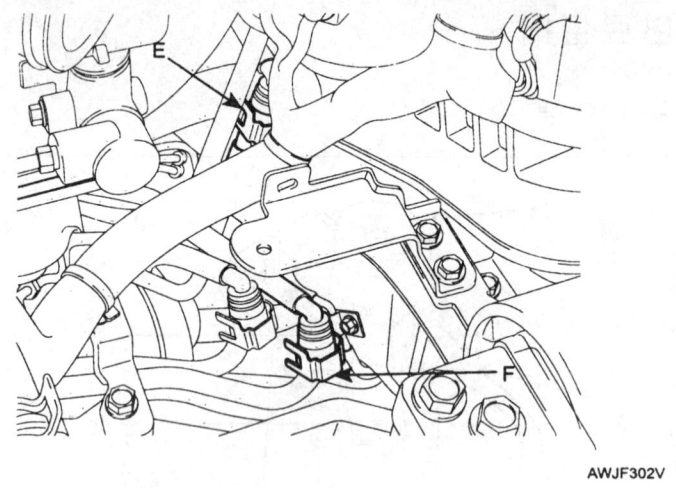

7. 연료 필터 어셈블리를 탈거한다.

장착 KC65F5F6

1. 연료 인렛 호스(A)와 아웃렛 호스(B)를 연결한다.

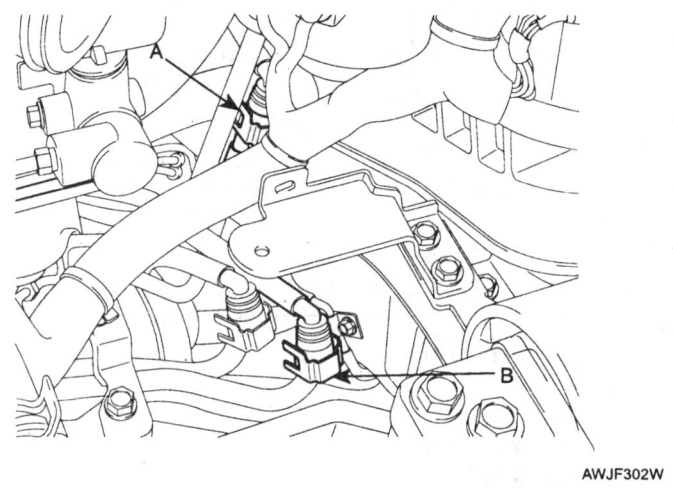

2. 에어 클리너 어셈블리를 장착한다. ("EM" 그룹 참조)

3. 히터 커넥터(C), 연료 수분센서 커넥터(D) 그리고 서머 스위치(E) 커넥터를 연결한다.

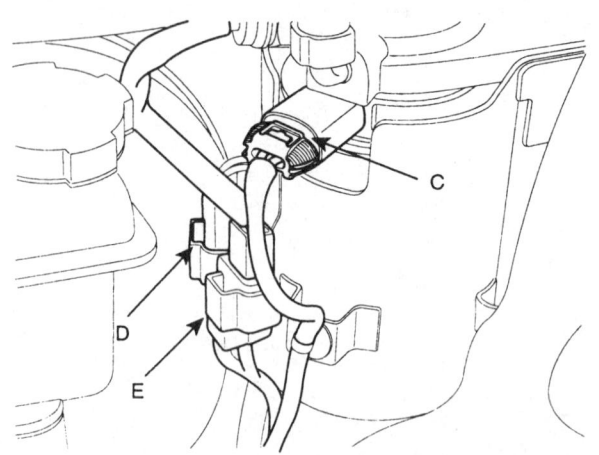

디젤 연료 공급 장치

4. 2개의 연료 필터 장착 볼트(F)를 조인다.

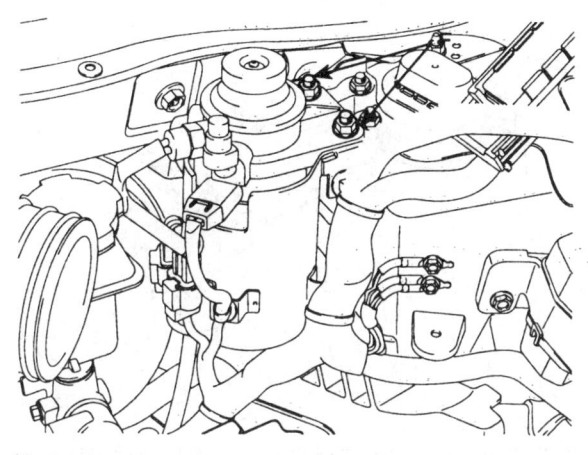

5. 배터리(-) 단자를 연결 시킨다.

6. 엔진 시동을 걸고 연료 필터와 연결된 연료 라인에 누유가 있는지 확인한다.

점검

> **참고**
> 필터를 점검해야 하는 경우
> a. 정비 작업상 탱크의 연료를 빼내어 보충한 경우
> b. 연료 필터를 교환한 경우
> c. 연료 호스(고압 및 저압 파이프)를 탈거한 경우

1. 연료 필터 물빼기
   연료 필터 수분 경고등이 점등된 경우에는 필터안에 물이 차있는 것이므로 다음순서에 의해 물을 빼낸다.

   1) 드레인 플러그(K)를 푼다.

   2) 물을 다 빼낸 다음 다시 드레인 플러그(K)를 잠근다.

   ⚠ **주의**
   물빼기 또는 연료 필터 교환 작업 후, 수분 경고등이 소등되어 있는지 반드시 확인한다.
   만약, 상기 작업 이후에도 수분 경고등 점등이 지속되면 수분 경고등 관련 와이어링을 점검한다.

2. 연료 필터 공기 빼기

   1) 타입A : 에어 플러그(I) 커넥터를 탈거한다.
      타입B : 에어 플러그 볼트(I)를 탈거한다.

   2) 에어 플러그(I) 구멍 주위를 헝겊등으로 덮고, 연료가 나올때까지 수동 펌프(J)를 누른다.

   3) 거품이 다 빠지면 에어 플러그(I)를 장착 후, 수동 펌프(J)의 조작이 무거워질 때까지 펌프질을 반복한다.

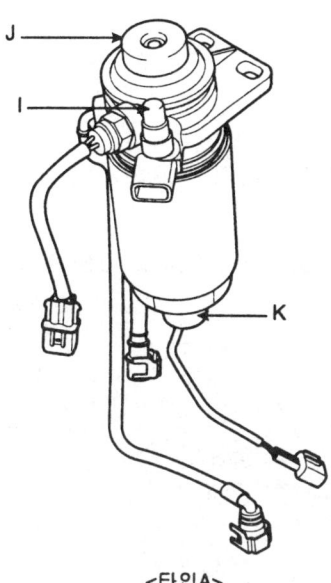

\<타입A\>

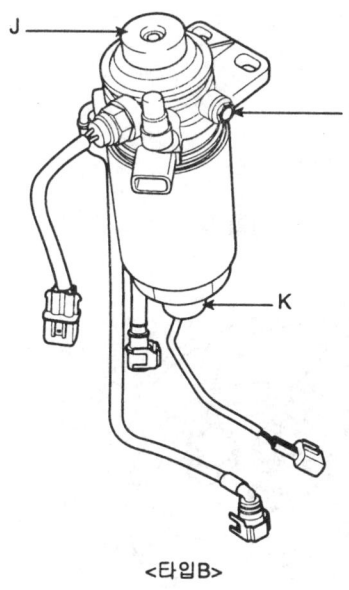

\<타입B\>

연료탱크

탈거 K04EDF4C

1. 점화 스위치를 OFF시키고 배터리(-) 단자를 분리시킨다.

2. 뒷 좌석 쿠션을 탈거한다("바디"그룹 참조).

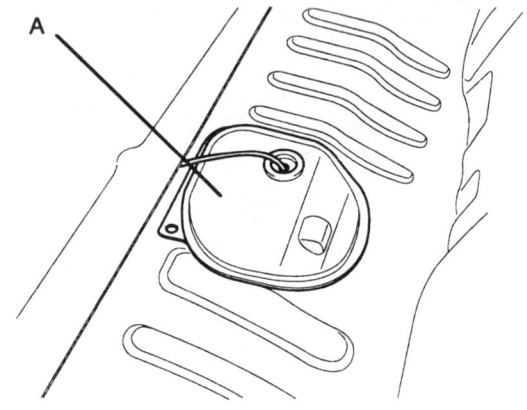

3. 서비스 커버(A)를 연다.

4. 연료 센더 커넥터(B)를 탈거한다.

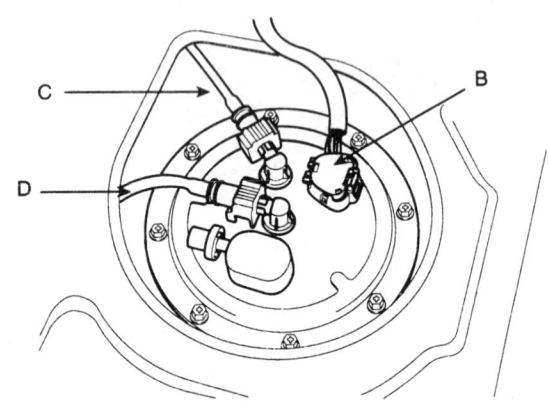

5. 연료 공급 호스 (C)와 리턴 호스 (D)를 분리한다.

6. 차량을 들어 올린 후, 잭으로 연료 탱크를 지지한다.

7. 메인 머플러를 탈거한다("엔진 기계 시스템"그룹 참조).

8. 브레이크 호스 장착 볼트를 탈거한다.

9. 연료 주입 호스 (F), 레벨링 호스 (G)를 분리한다.

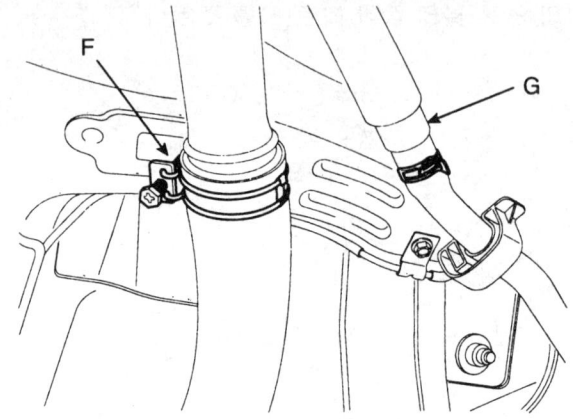

10. 연료 탱크 2개의 장착 볼트(A) 및 2개의 너트 (B)를 풀고, 연료 탱크를 탈거한다.

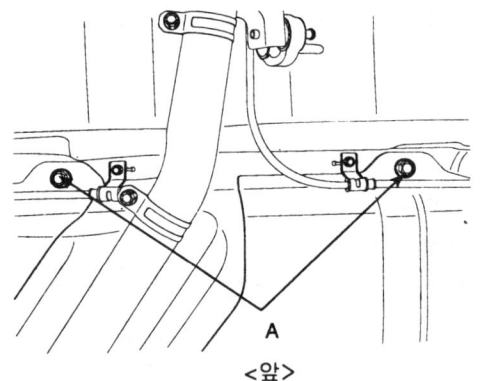

<앞>

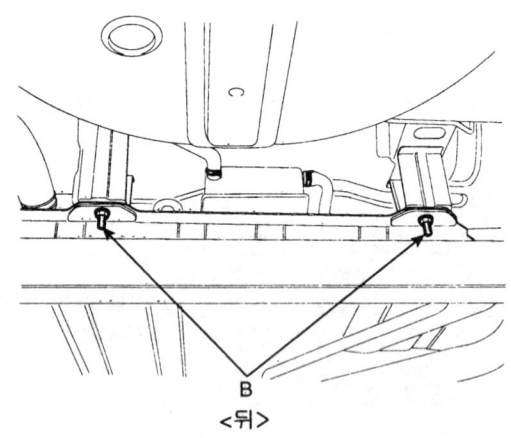

<뒤>

클러치 시스템

일반사항
- 제원 CH-2
- 정비기준 CH-2
- 체결토크 CH-3
- 윤활유 CH-3
- 특수공구 CH-3
- 고장 진단법 CH-4

클러치 시스템
- 구성부품 CH-6
- 차상점검 CH-7
- 클러치 커버 및 디스크
  - 구성부품 CH-9
  - 탈거 CH-10
  - 점검 CH-10
  - 장착 CH-11
- 클러치 마스터 실린더
  - 구성부품 CH-13
  - 탈거 CH-14
  - 분해 CH-15
  - 점검 CH-15
  - 조립 CH-15
  - 장착 CH-16
- 클러치 페달
  - 구성부품 CH-17
  - 탈거 CH-18
  - 점검 CH-18
  - 장착 CH-18
- 클러치 릴리즈 실린더
  - 구성부품 CH-20
  - 탈거 CH-21
  - 분해 CH-21
  - 점검 CH-21
  - 조립 CH-22
  - 장착 CH-22

일반사항

제원

항 목		제 원
적용 엔진		디젤 U1.5
클러치 작동방법		유압식
클러치 디스크	형 식	건식 단판 디스크식
	페이싱 직경 (외경 x 내경)	240 x 150 (mm)
클러치 커버 형식		다이아프램 스프링 스트랩
클러치 릴리스 실린더 내경		20.64 mm
클러치 마스터 실린더 내경		15.87 mm

정비기준

항 목	규정치	한계치
클러치 페달의 높이	163.9 mm	
클러치 페달의 자유 유격	6~13 mm	
디스크 두께	8.7±0.3 mm	
클러치 페달의 행정	145 mm	
클러치 리벳의 가라앉음		1.1 mm
다이어프램 스프링 끝의 높이차		0.5 mm
클러치 릴리스 실린더와 피스톤과의 간극		0.15 mm
클러치 마스터 실린더와 피스톤과의 간극		0.15 mm

일반사항

체결토크

항목	단위 (kgf.cm)
클러치 페달과 페달 서포트 멤버	250 ~ 350
클러치 페달 서포트 멤버와 마스터 실린더	190 ~ 200
클러치 커버 어셈블리	120 ~ 150
클러치 튜브 홀레어 너트	120 ~ 160
클러치 튜브 브라켓	150 ~ 220
클러치 릴리스 실린더	150 ~ 220
클러치 릴리스 실린더와 유니언 볼트	250 ~ 400
클러치 릴리스 포크 너트	270 ~ 400
롤 로드 써포트 브라켓 와셔 볼트	600 ~ 800
클러치 릴리스 베어링 와셔 볼트	60 ~ 80
이그니션 록 스위치 너트	80 ~ 100

윤활유

항목	규정 윤활유	용량
클러치 릴리스 베어링과 클러치 릴리스 포크 펄크럼 접촉부위, 클러치 릴리스 베어링 내측면	CASMOLY L9508	필요량
클러치 릴리스 실린더의 내면 및 피스톤의 외면과 컵	브레이크액 DOT3 또는 DOT4	
클러치 디스크 스플라인의 내면	CASMOLY L9508	
클러치 마스터 실린더의 내면과 피스톤 어셈블리의 외경	브레이크액 DOT3 또는 DOT4	
클러치 마스터 실린더 푸시로드, 클레비스 핀과 와셔	휠 베어링 그리스 SAE J310, NGLI NO.2	
클러치 페달 샤프트 및 부싱	사시 그리스 SAE J310, NGLI NO.1	
릴리스 포크와 릴리스 실린더 푸시로드의 접촉 부위, 입력 샤프트 스플라인	CASMOLY L9508	

특수공구 KC4DC6D2

공구 (품번 및 품명)	형상	용도
09411-25000 클러치 디스크 가이드		플라이 휠 및 디스크의 센터 구멍맞춤

고장 진단법

현 상	가능한 원인	정 비
클러치가 미끄러진다. • 가속중 차량의 속도가 엔진 속도와 일치하지 않는다. • 차의 가속이 되지 않는다. • 언덕 주행중에 출력부족	페달의 자유유격이 부족함	조 정
	클러치 디스크 페이싱의 마모가 과도함	수리 혹은 필요시 부품교환
	클러치 디스크 페이싱에 오일이나 그리스가 묻음	교 환
	압력판 혹은 플라이·휠이 손상됨	교 환
	압력 스프링이 약화 혹은 손실됨	교 환
	유압장치의 불량	수리 혹은 교환
기어 변속이 어렵다. (기어변속시 기어에서 소음이 난다.)	페달의 자유유격이 과도함	조 정
	유압계통에 오일이 누설, 공기가 유입, 혹은 막힘	수리 혹은 필요시 부품교환
	클러치 디스크가 심하게 떨림	교 환
	클러치 디스크 스플라인이 심하게 마모, 부식됨	교 환
클러치 소음	클러치를 사용치 않을때	클러치 페달의 자유유격이 부족함	조 정
		클러치 디스크 페이싱의 마모가 과도함	교 환
	클러치가 분리된 후 소음이 들린다.	릴리스 베어링이 마모 혹은 손상됨	교 환
	클러치가 분리될 때 소음이 난다.	베어링의 섭동부에 그리스가 부족함	수 리
		클러치 어셈블리 혹은 베어링의 장착이 불량함	수 리
	클러치를 부분적으로 밟아 차량이 갑자기 주춤거릴때 소음이 난다.	파일롯트 부싱이 손상됨	교 환
페달이 잘 작동되지 않는다.	클러치 페달의 윤활이 불량함	수 리
	클러치 디스크 스플라인의 윤활이 불충분함	수 리
	클러치 릴리스 레버 샤프트의 윤활이 불충분함	수 리
	프론트 베어링 리테이너의 윤활이 불충분함	수 리
변속이 되지 않거나 변속하기가 힘들다.	클러치 페달의 자유유격이 과도함	페달의 자유유격을 조정
	클러치 릴리스 실린더가 불량함	릴리스 실린더 수리
	디스크의 마모, 런아웃이 과도하고 라이닝이 파손됨	수리 혹은 필요부품 교환
	입력축의 스팔라인 혹은 클러치 디스크가 오염되었거나 깎임	필요한 부위를 수리
	클러치 압력판 파손	클러치 커버 교환

일반사항

현 상	가능한 원인	정 비
클러치가 미끄러진다.	클러치 디스크가 마모 혹은 손상됨	교환
	압력판이 불량함	클러치 커버 교환
	디스크 페이싱에 오일이나 그리스가 묻음	교환
	유압장치의 불량	수리 혹은 교환
클러치가 덜거덕 거린다.	클러치 디스크 라이닝의 마모 혹은 오일이 묻음	교환
	압력판의 결함	교환
	클러치 다이어프램 스프링의 굽음	교환
	토션 스프링의 마모 혹은 파손	디스크 교환
	엔진 장착이 느슨함	교환
클러치에서 소음이 발생한다.	클러치 페달 부싱의 손상	교환
	내부 하우징의 느슨함	수리
	릴리스 베어링의 마모 혹은 오염	교환
	릴리스 포크 또는 링케이지가 걸림	수리

클러치 시스템

구성부품

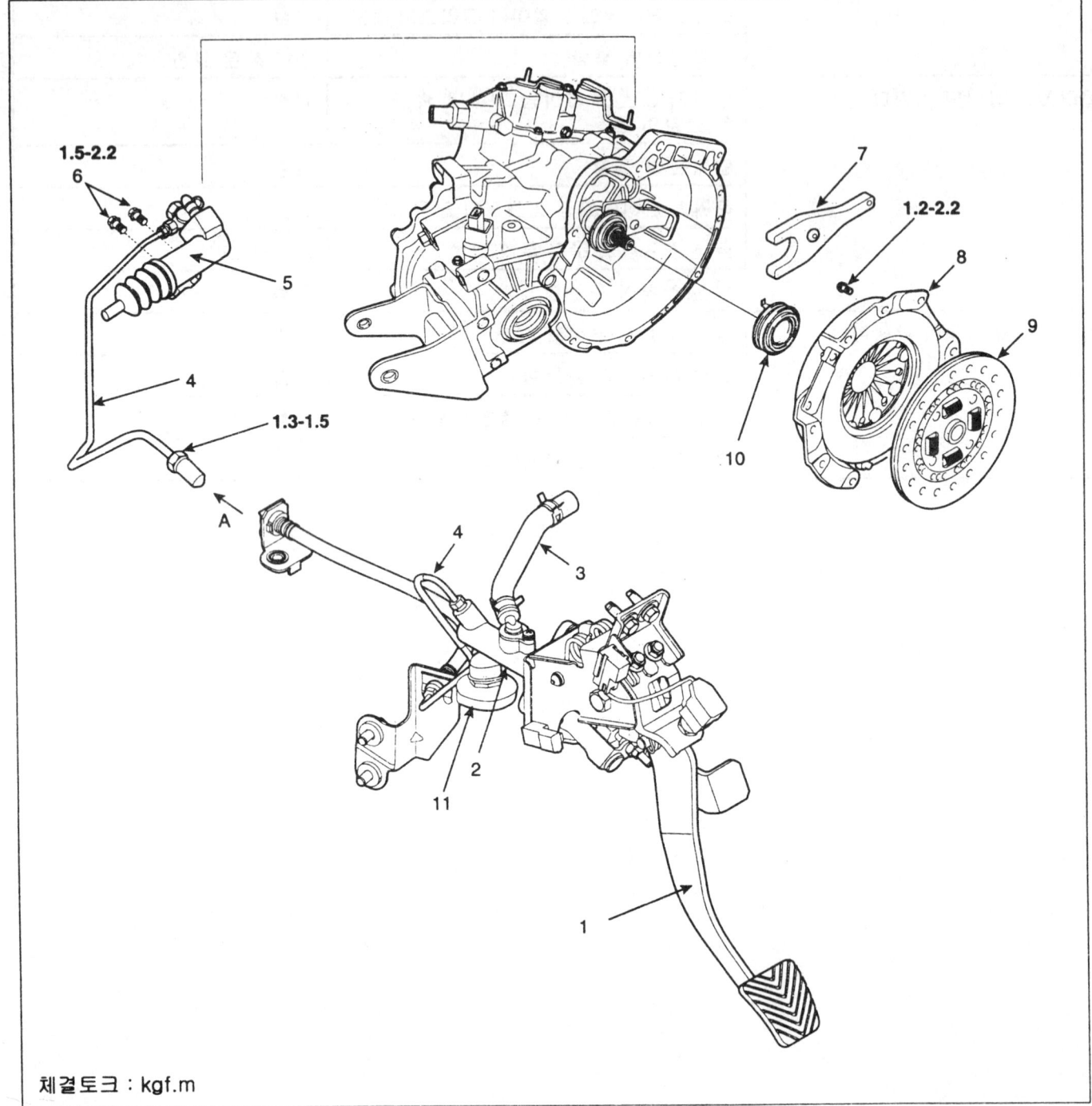

체결토크 : kgf.m

1. 클러치 페달
2. 마스터 실린더
3. 리저브 호스
4. 클러치 튜브
5. 클러치 릴리스 실린더
6. 볼트
7. 클러치 릴리스 포크
8. 클러치 커버
9. 클러치 디스크
10. 클러치 릴리스 베어링
11. 댐퍼

클러치 시스템

차상점검

클러치 페달

1. 클러치 페달의 높이와 클러치 페달의 유격 (페달 패드면에서 측정)을 측정한다.

클러치 페달 유격 (A): 6~13 mm
클러치 페달 높이 (B): 163.9mm

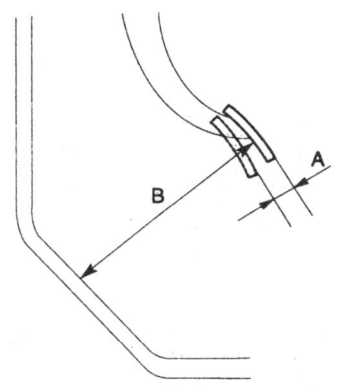

2. 클러치 페달의 높이나 클러치 페달의 유격이 규정치 내에 있지 않으면 다음 순서로 조정한다.
   a. 볼트를 돌려 페달의 높이를 규정치내로 조정하고 록크 너트를 완전히 조인다.

📖 참고

페달의 높이가 규정치 보다 낮으면 볼트를 풀고 푸시 로드를 돌려 조정한다. 조정 후에 볼트가 페달 스톱 퍼와 *0.5-1.0mm Gap* 유지 할 때까지 조인후 록크 너트로 잠근다.

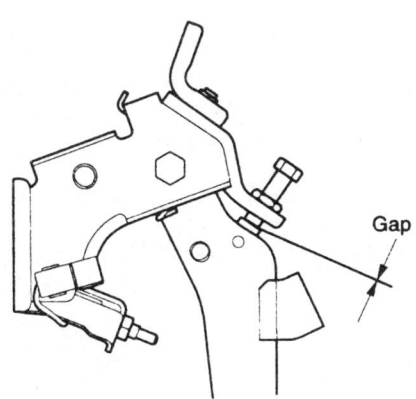

   b. 푸시로드를 돌려 클러치 페달의 유격을 규정치로 조정하고 푸시로드를 록크너트로 잠근다.

📖 참고

클러치 페달의 높이나 클러치 페달의 유격을 조정할 때 푸시로드가 마스터 실린더 쪽으로 밀리지 않도록 주의한다.

   c. 클러치 페달의 자유유격이나 클러치가 분리되었을 때 클러치 페달과 토우보드 사이의 거리가 규정과 일치하지 않을때는 유압계통에 공기가 유입 되었거나 마스터 실린더 혹은 클러치에 이상이 있는 것이므로 공기 빼기 작업을 실시하거나 마스터 실린더 혹은 클러치를 분해하여검사한다.

공기빼기

클러치 튜브, 클러치 호스, 클러치 마스터 실린더를 탈거 할 때만 혹은 클러치 페달이 스폰지 현상을 나타낼때는 계통의 공기빼기 작업을 실시한다.

규정액: 브레이크 액 DOT3 또는 DOT4

⚠️ 주의

규정된 브레이크액을 사용해야 하며 규정액과 기타 액을 혼합 사용하는것을 금한다.

1. 클러치 릴리스 실린더(A)에서 블리드 스크류(B)를 느슨하게 한다.

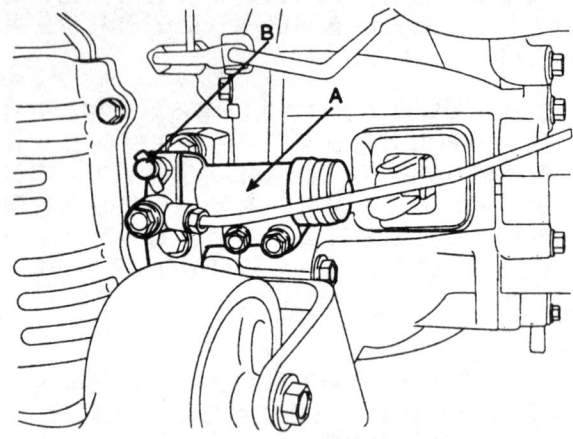

2. 공기가 배출될 때까지 클러치 페달을 아래로 밟는다.

3. 공기빼기가 완료될 때까지 페달을 밟는다.

4. 규정된 브레이크액을 클러치 마스터 실린더에 채운다.

⚠ 주의

- 공기빼기 작업시 페달은 항상 "A"점까지 완전히 복원시킨후 재조작해야하며 급속하게 반복조작하면 안된다.
- 페달을 그림의 B와 C구간 사이에서 급속하게 반복 조작할 경우 유압 클러치 장치의 특성상 릴리스 실린더의 푸시로드가 밀려 나올수 있으므로 주의해야 한다.

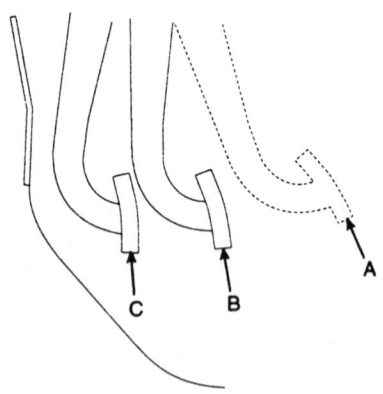

클러치 커버 및 디스크

구성부품

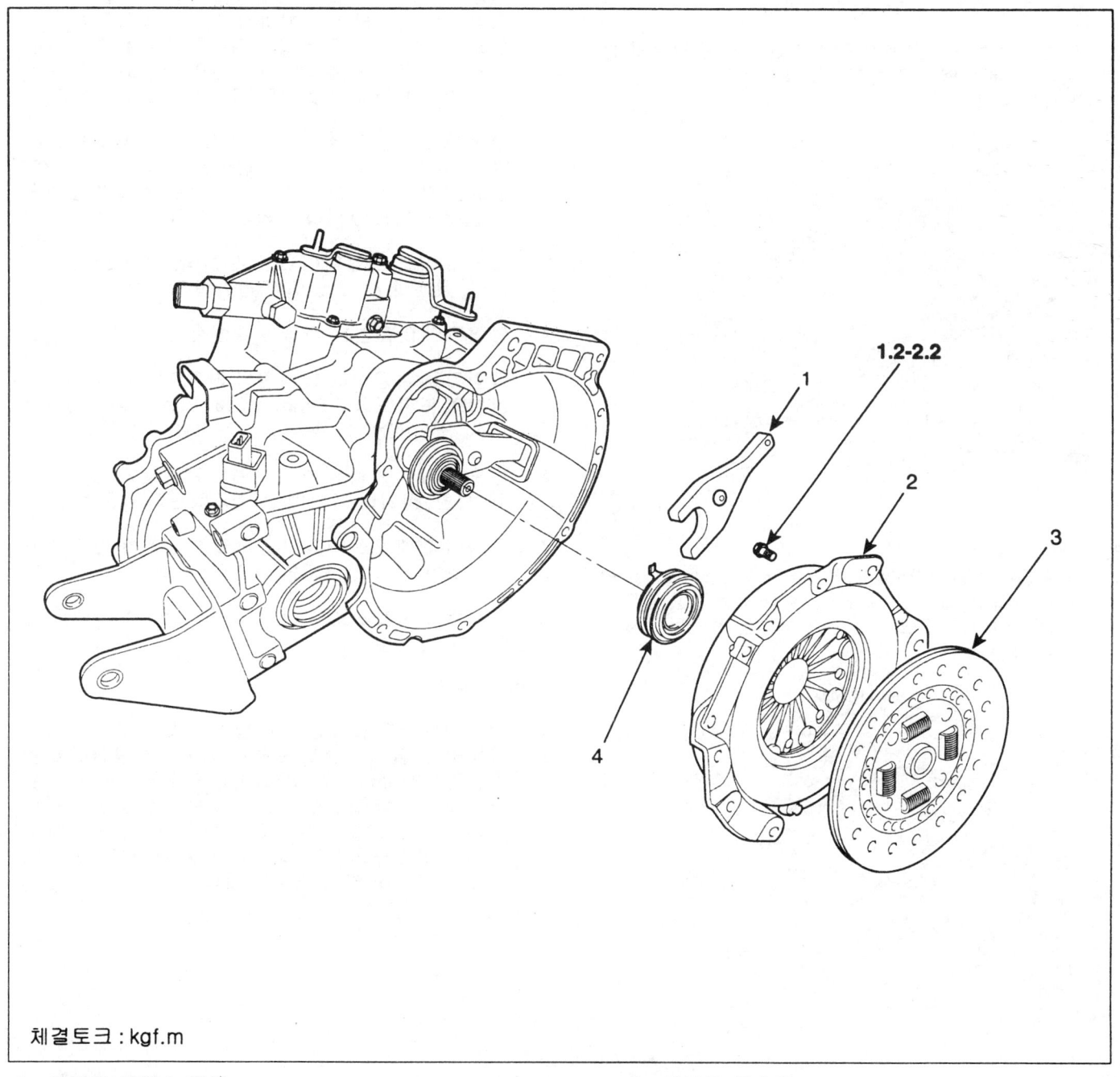

체결토크 : kgf.m

1. 클러치 릴리스 포크
2. 클러치 디스크 커버
3. 클러치 디스크
4. 클러치 릴리스 베어링

탈거 K5CCDEEF

1. 트랜스액슬 분리를 위하여 첫번째 클러치유와 트랜스 액슬 기어 오일을 빼내고 에어클리너, 조인트, 마운팅 브라켓트, 배선등을 분리한다.

2. 트랜스액슬과 엔진을 연결하고 있는 각종 볼트를 탈거 후 트랜스 액슬을 탈거한다. (수동변속기 그룹 탈거장착 참조)

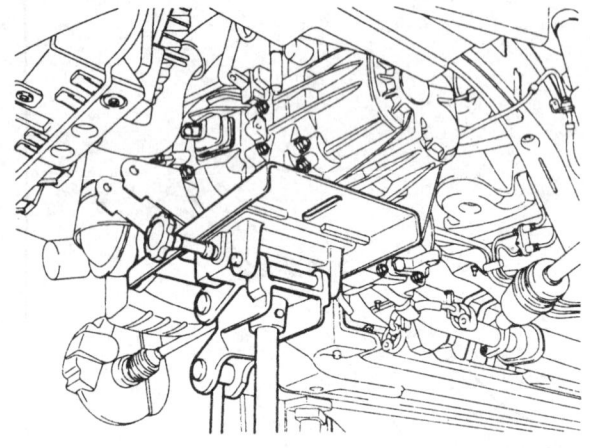

KKNF002B

3. 클러치 탈거
특수공구(09411-25000)을 사용하여 센터 스플라인에 집어 넣어 클러치 디스크가 떨어지는 것을 방지한다.(클러치 디스크와 릴리스 베어링은 솔벤트로 세척하지 않는다.)

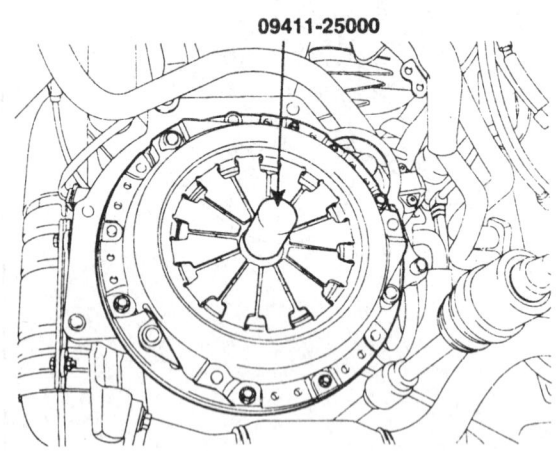

KKNF002C

4. 플라이 휠과 디스크 커버에 장착된 볼트를 탈거한다. 커버가 구부러지는 것을 막기 위해 6개의 체결볼트를 대각선 방향 순서로 한번에 1-2회전씩 풀면서 탈거한다.

⚠ 주의

클러치 디스크와 릴리스 베어링을 세척 솔밴트로 딱지 말 것.

점검 K3C23F45

클러치 디스크 커버

1. 진공 브러시 혹은 마른걸레등을 사용하여 클러치 하우징에서 먼지를 제거해야하며 절대 압축공기는 사용해서는 안된다. 엔진리어 베어링 오일씰 혹은 트랜스밋션 프론트 오일씰에서 오일이 누설되지 않는가를 점검하여 누설이 있으면 그 즉시 수리해야한다.

2. 압력판의 마찰면은 전 디스크 접촉면이 균일해야하며, 만일 한 부위가 심하게 접촉한 흔적이 있고 180°떨어진 부위에 가볍게 접촉한 흔적이 있다면 압력판이 잘못 장착되었거나 끌리는것이다.

3. 플라이 휠의 마찰면이 과도한 변색, 부분소손, 작은 균열, 깊은 홈집, 파임이 있는가를 확인한다.

4. 압력판의 마찰면은 적절한 솔벤트로 닦는다.

5. 직각자를 사용하여 압력판의 편평도를 검사하여 마찰부의 편평도가 0.5 mm 이내에 있는가를 확인하고 변색, 소손, 홈이나 깍임이 없는가를 점검한다.

6. 눈으로 커버 외측 장착 프랜지의 편평을 점검하고 홈집, 깍임, 휨이나 그밖에 손상이 없는지를 점검한다.

7. 플라이 휠에 있는 3개의 다우웰이 완전히 조여져 있는지와 손상이 없는지를 점검한다.

8. 클러치 어셈블리를 이상과 같이 점검하여 상태가 불량하면 교환한다.

클러치 디스크

1. 디스크를 취급할때는 페이싱은 만지지 않고 작업해야하며, 만일 그리스나 오일이 페이싱에 묻거나 리벳 헤드가 0.3 mm 미만이면 페이싱을 교환해야 한다. 트랜스밋션 입력 샤프트에 있는 허브 스프링 및 스플라인은 과도한 마모의 흔적이 없어야 한다. 또한 페이싱 사이의스프링들은 파손되지 않아야하며 모든 리벳들은 완전히 박혀 있어야 한다.

클러치 시스템

2. 트랜스밋션 입력 샤프트에 있는 허브 스프링 및 스플라인은 과도한 마모의 흔적이 없어야 한다. 또한 페이싱 사이의 스프링들은 파손되지 않아야하며 모든 리벳들은 완전히 박혀 있어야 한다.

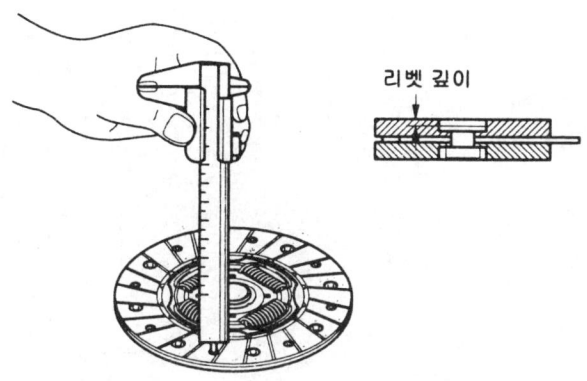

클러치 릴리스 베어링

1. 릴리스 베어링은 그리스가 채워져 있으므로 세척 솔벤트나 오일로 청소하면 안된다.

2. 베어링의 고착, 손상, 비정상적인 소음을 점검하며 다이어프램 스프링 접촉부위의 마모를 검사한다. 릴리스 포크 접촉부위가 비정상적으로 마모되었으면 베어링을 교환한다.

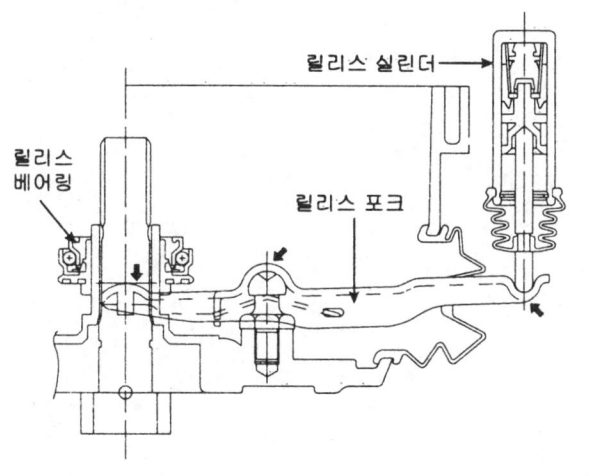

3. 클러치 릴리스 포크는 베어링과의 접촉부위에 비정상적인 마모가 있으면 릴리스 포크를 교환한다.

장착

1. 디스크와 커버를 장착하기 위하여 적정량(0.2g)의 다목적 그리스 CASMOLY L9508을 디스크의 스플라인부에 골고루 도포한다.

⚠ 주의

클러치를 설치할 때, 그리스를 각 부품에 도포해야 하지만 적정량이상 도포하지 않도록 주의한다. 클러치 슬립이나 진동이 발생할 수 있다.

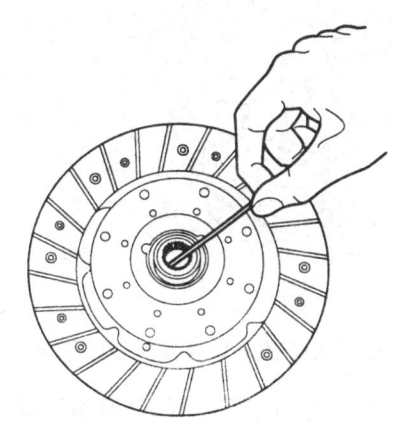

2. 클러치 디스크 가이드(094110-25000)을 사용하여 클러치 디스크 어셈블리를 플라이휠에 장착한다.
이 때 제작사 각인이 된 쪽이 압력판쪽을 향하도록 하여야 한다.

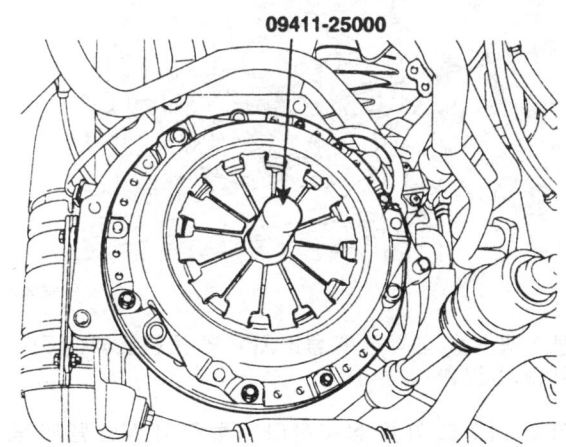

3. 클러치 커버 어셈블리를 플라이휠에 가조립하고 6개의 체결볼트를 대각선 방향 순서로 한번에 1-2회전씩 조이며 장착한다.

체결토크 : 1.2 ~ 2.2 kgf.m

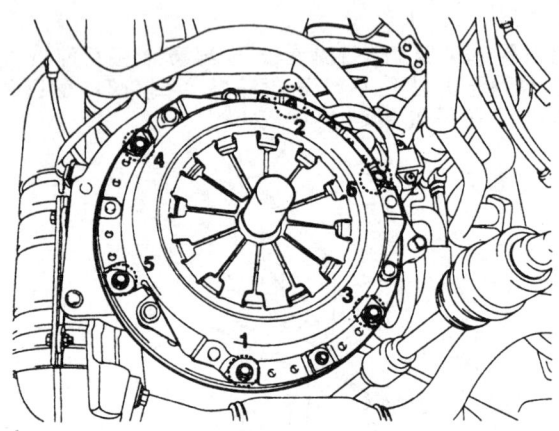

4. 클러치 디스크 가이드(094110-25000)을 탈거한다.

5. 트랜스 액슬을 엔진에 장착하고 각종 볼트를 장착한다.

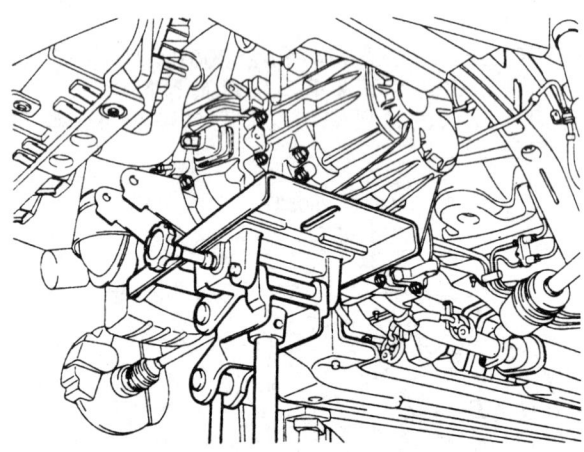

6. 트랜스액슬을 장착한후 클러치유와 트랜스액슬 기어 오일을 주입한다.

7. 클러치 공기빼기를 실시한다. (클러치 시스템의 공기빼기 참조)

클러치 마스터 실린더

구성부품

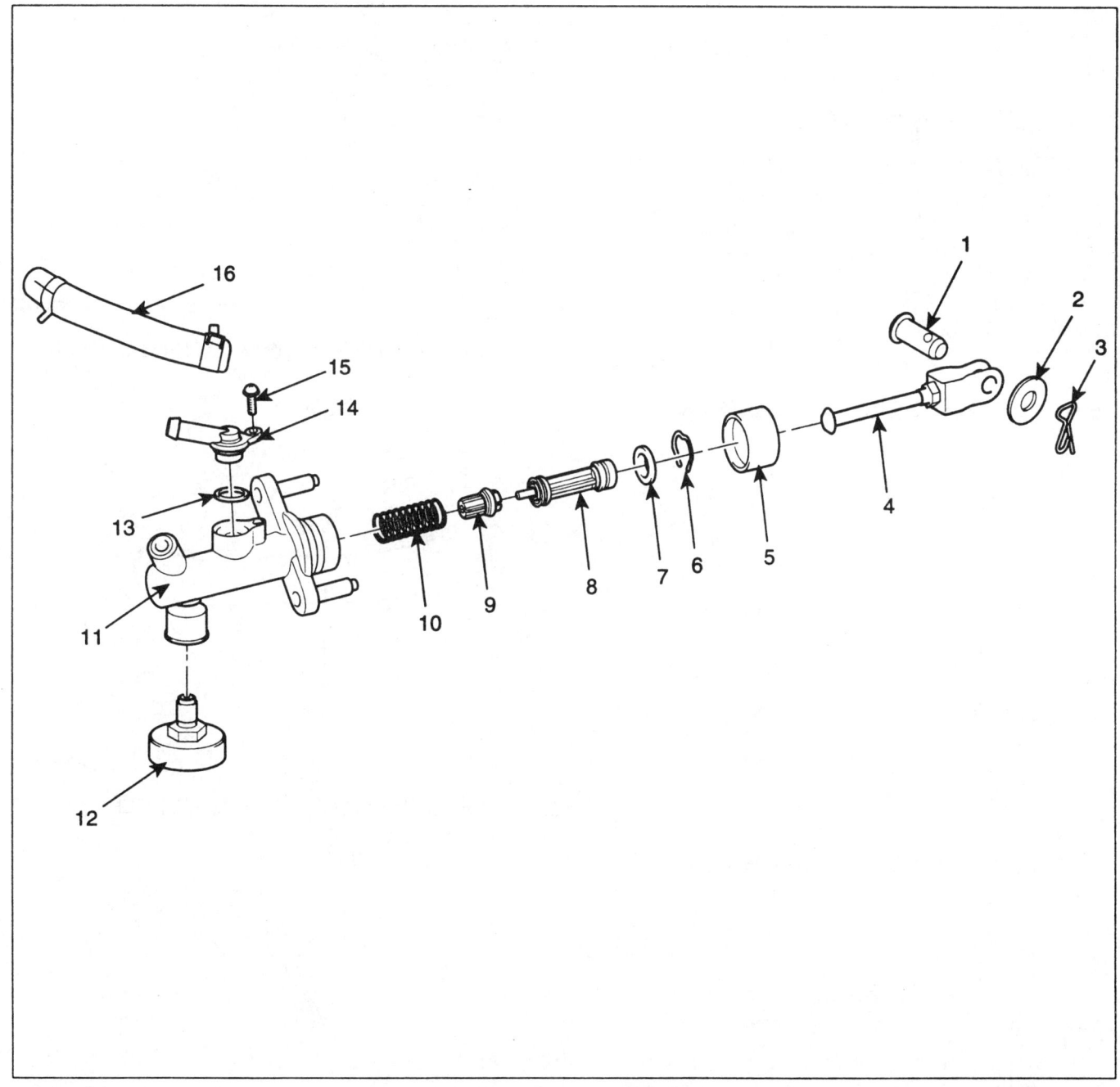

1. 클레비스 핀
2. 와셔
3. 코터 핀
4. 로드 앗세이
5. 부트
6. 철사키
7. 플레이트
8. 피스톤 앗세이
9. 스프링 시트
10. 스프링
11. 바디 앗세이
12. 메탈 댐퍼
13. O-링
14. 니플
15. 볼트
16. 플렉시블 호스

탈거 K40C4A40

1. 블리드 플러그(A)를 통해서 클러치유를 배출시킨다.

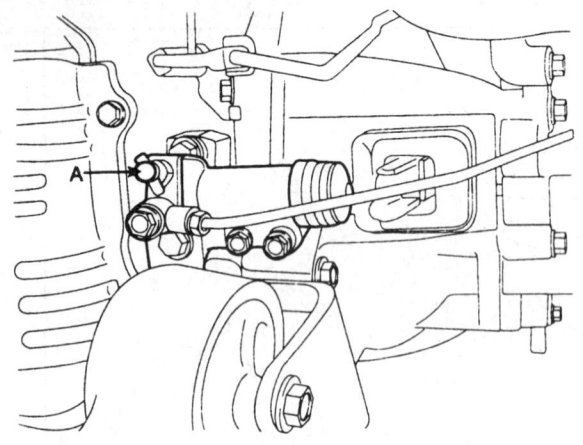

2. 클레비스 핀(A), 코터 핀(C), 와셔(B)를 분리시킨다.

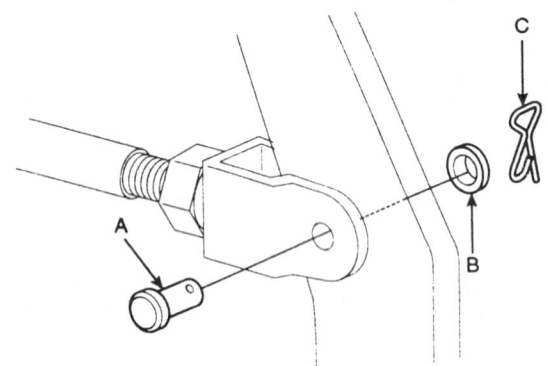

3. 연료 필터 마운팅 브라켓 너트(A)를 탈거한다. (너트 3개)

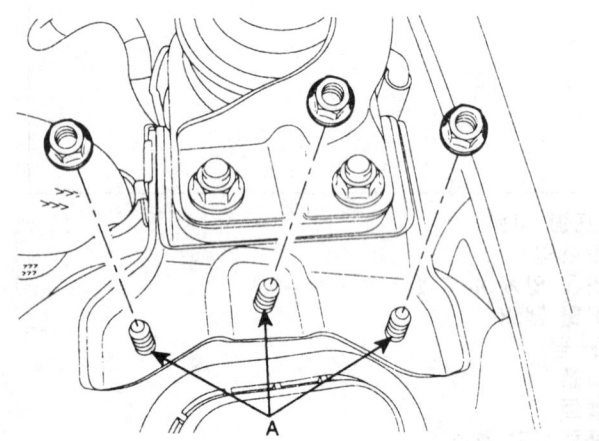

4. 클러치 튜브(A)를 분리한다. (마스터 실린더 측)

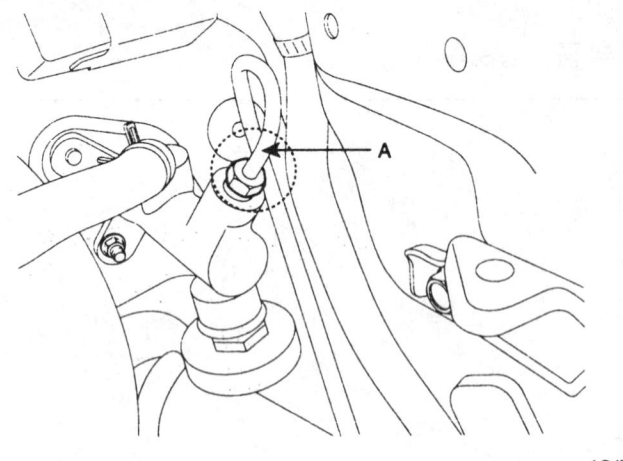

5. 플렉시블 호스(A)를 분리한다.(브레이크 리저버측)

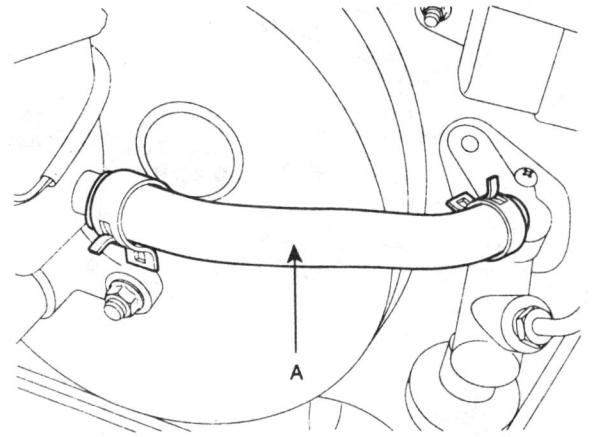

6. 마스터 실린더 마운팅 너트(A)를 분리한다.

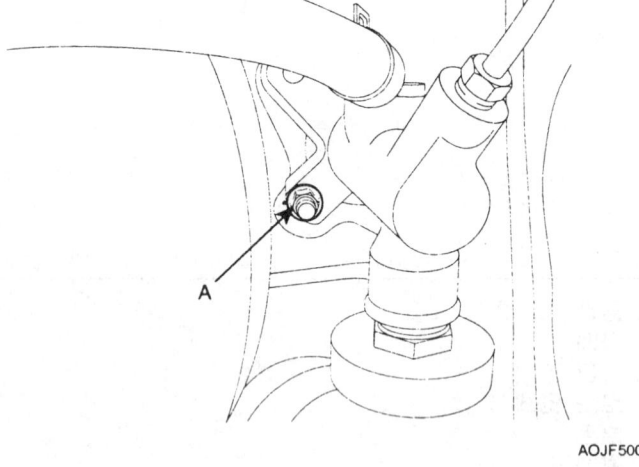

클러치 시스템

분해 K9AAECC7

1. 피스톤 스톱링을 분리한다.

2. 피스톤 어셈블리에서 푸시로드를 빼낸다.

3. 부트, 피스톤, 스프링, 철사키를 분리한다.

   📖 참고
   - 마스터 실린더 바디에서 피스톤 어셈블리를 빼낸다.
   - 피스톤 어셈블리는 분해하지 않는다.

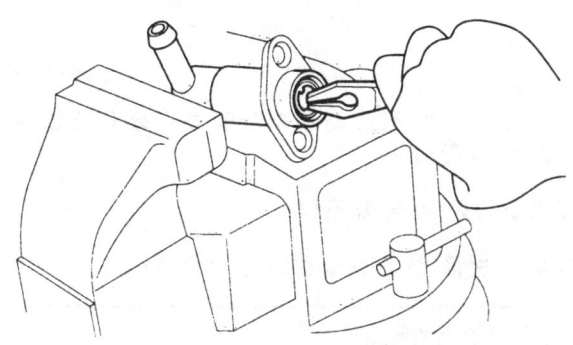

점검 K30D67A1

1. 클러치 호스와 튜브의 균열과 막힘을 점검한다

2. 실린더 보디 내측의 녹, 물때를 점검한다.

3. 피스톤 부트의 마모와 변형을 점검한다.

4. 피스톤의 녹과 물때를 점검한다.

5. 클러치 튜브 연결부의 막힘을 점검한다.

6. 마이크로 미터로 피스톤의 외경을 실린더 게이지로 마스터 실린더 내경을 측정한다.

   ⚠️ 주의
   수직방향으로 마스터 실린더의 3곳 (상부, 중앙, 하부)에서 내경을 측정한다.

7. 마스터 실린더와 피스톤과의 간극이 규정보다 크게 되면 피스톤과 실린더 어셈블리를 교환한다.

   한계치 : 0.15 mm

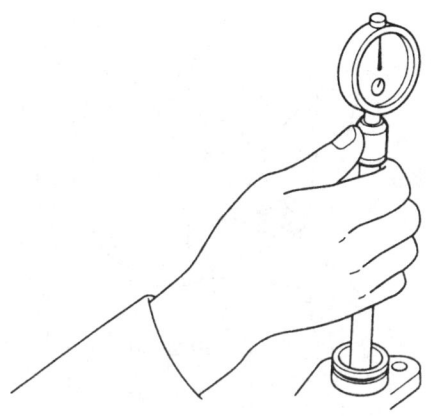

조립 KEBCAB87

1. 마스터 실린더 보디의 내면과 피스톤 어셈블리 둘레에 규정된 브레이크 액을 도포한다.

2. 피스톤 어셈블리를 장착한다.

3. 푸시로드를 장착한다.

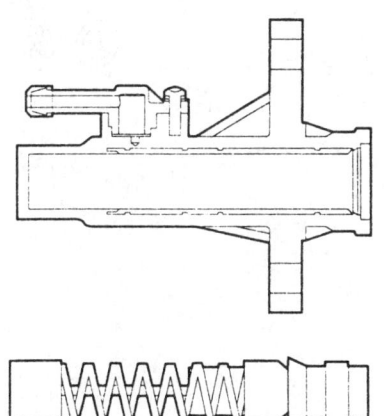

장착 KAE275DD

1. 마스터실린더(A)를 장착한다.

   체결토크 : 0.9~1.4kgf.m

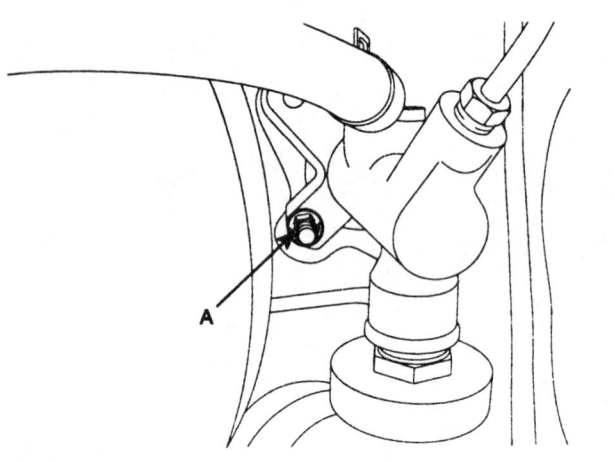

2. 클레비스 핀과 와셔에 규정 그리스를 도포한다.

   휠베어링 그리스 : SAE J310 NLGI NO.2

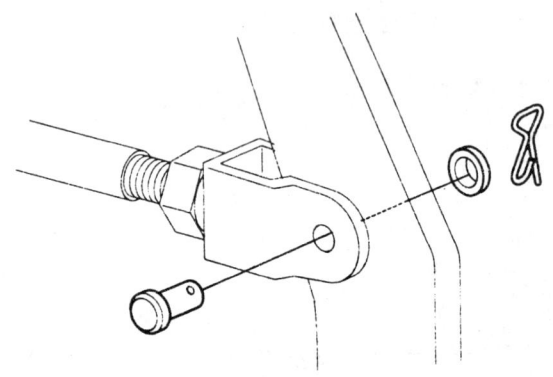

3. 클러치 페달에 푸시로드(A)를 연결한다.

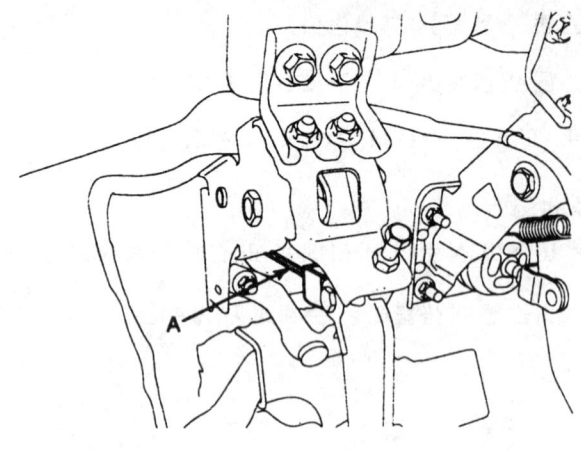

4. 브레이크 리저브 탱크의 플렉시블 호스를 마스터 실린더에 연결한다.

5. 브레이크유를 가득 채운다.

6. 클러치 튜브를 마스터 실린더에 연결한다.

   체결토크 : 1.2~1.6kgf.m

7. 연료 필터를 장착한다.

8. 시스템내에 공기빼기 작업을 한다.

클러치 시스템

클러치 페달

구성부품 KCAFC3CD

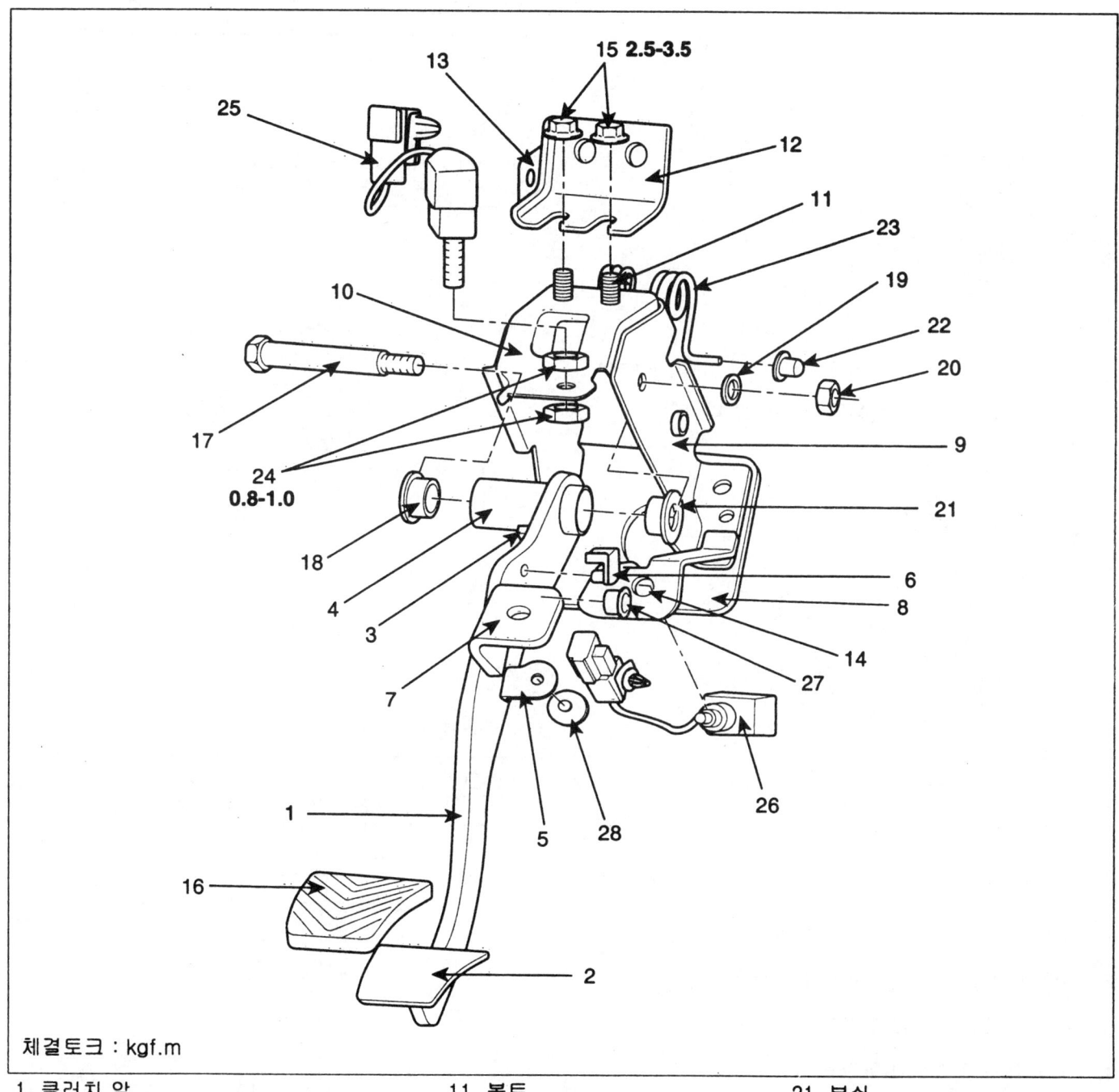

체결토크 : kgf.m

1. 클러치 암
2. 페달 플레이트
3. 레버
4. 파이프
5. 브라켓
6. 페달 스토퍼
7. 암브라켓
8. 플레이트
9. 클러치 멤버
10. 스위치 브라켓
11. 볼트
12. 코울 브라켓
13. 코울 플레이트
14. 스토퍼 브라켓
15. 너트
16. 페달 패드
17. 볼트
18. 부쉬
19 스프링 와셔
20. 너트
21. 부쉬
22. 부쉬
23. 턴 오버 스프링
24. 너트
25. 이그니션 록 스위치
26. 이그티션 록 스위치
27. 부쉬
28. 페달 스토퍼

탈거

1. 코터(A), 와셔(B), 클레비스 핀(C)을 탈거한다.

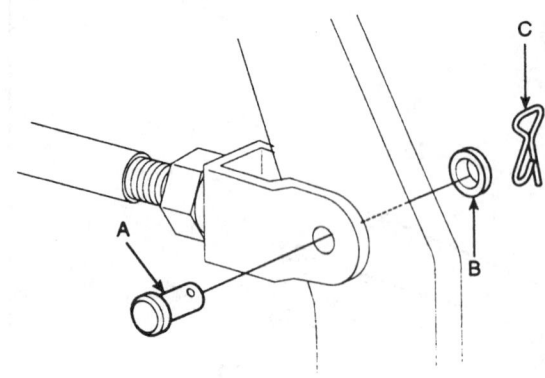

2. 클러치 페달 장착볼트(A)와 너트(B)를 탈거한다.

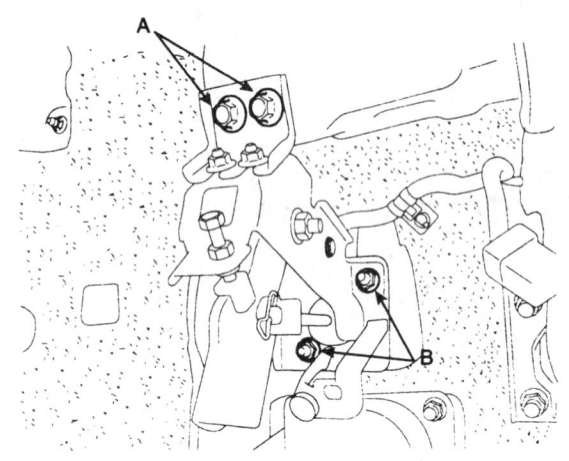

점검

1. 페달 샤프트와 부싱의 마모를 점검한다.
2. 클러치 페달의 휨과 비틀림을 점검한다.
3. 리턴 스프링의 손상과 약화를 점검한다.
4. 페달 패드의 손상과 마모를 점검한다.

이그니션 록크 스위치 검사

1. 커넥터를 분리한다.
2. 커넥터 터미널 1과 2가 확실히 통전되었는지 점검한다.

조건 \ 단자	1	2
작동(ON)	o——	——o
해체(OFF)		

기준값
Full stroke (A) : 12.0 ± 0.3mm
ON-OFF 전환점 (B) : 2.0 ± 0.3mm

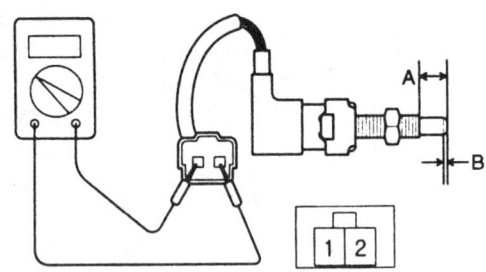

장착

1. 부싱에 다목적 그리스를 도포한다.

규정그리스
섀시그리스 : SAE J310a, NLGI NO.1

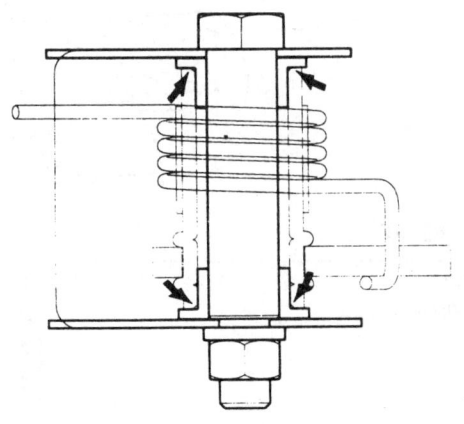

클러치 시스템

2. 클러치 페달 마운팅 볼트(A)와 너트(B)를 장착한다.

체결토크 : 2.5~3.5kgf.m

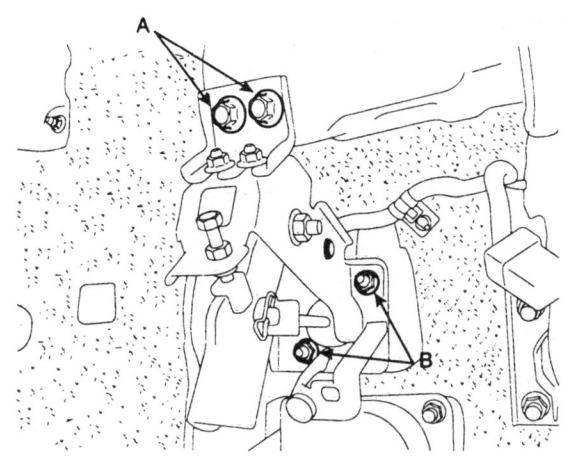

3. 핀에 다목적 그리스를 도포한다.

규정그리스
휠베어링 그리스 : SAE J310 NLGI NO.2

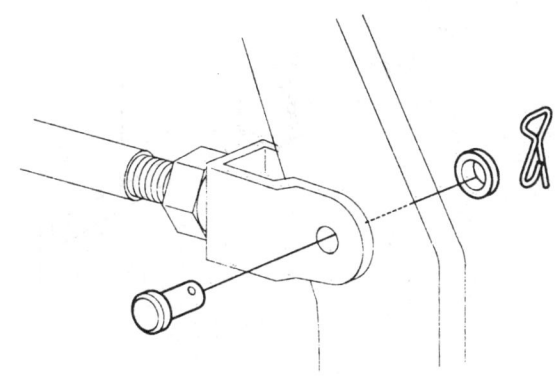

4. 푸시로드를 클러치 페달에 장착시킨다.

5. 페달의 높이를 기준치에 맞도록 푸시로드의 토크 너트로 조정한다.
   푸시로드를 페달방향으로 당긴 상태에서 페달의 유격을 기준치에 맞도록 조정하여 고정할 것

기준치 :
높이(B): 163.9 mm
유격(A): 6~13 mm

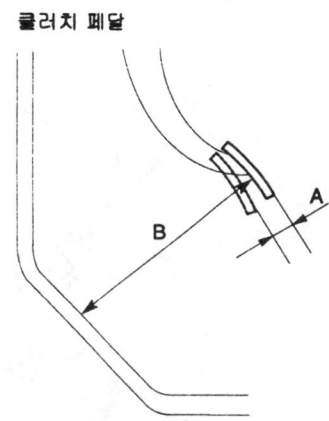

클러치 페달

클러치 릴리즈 실린더

구성부품

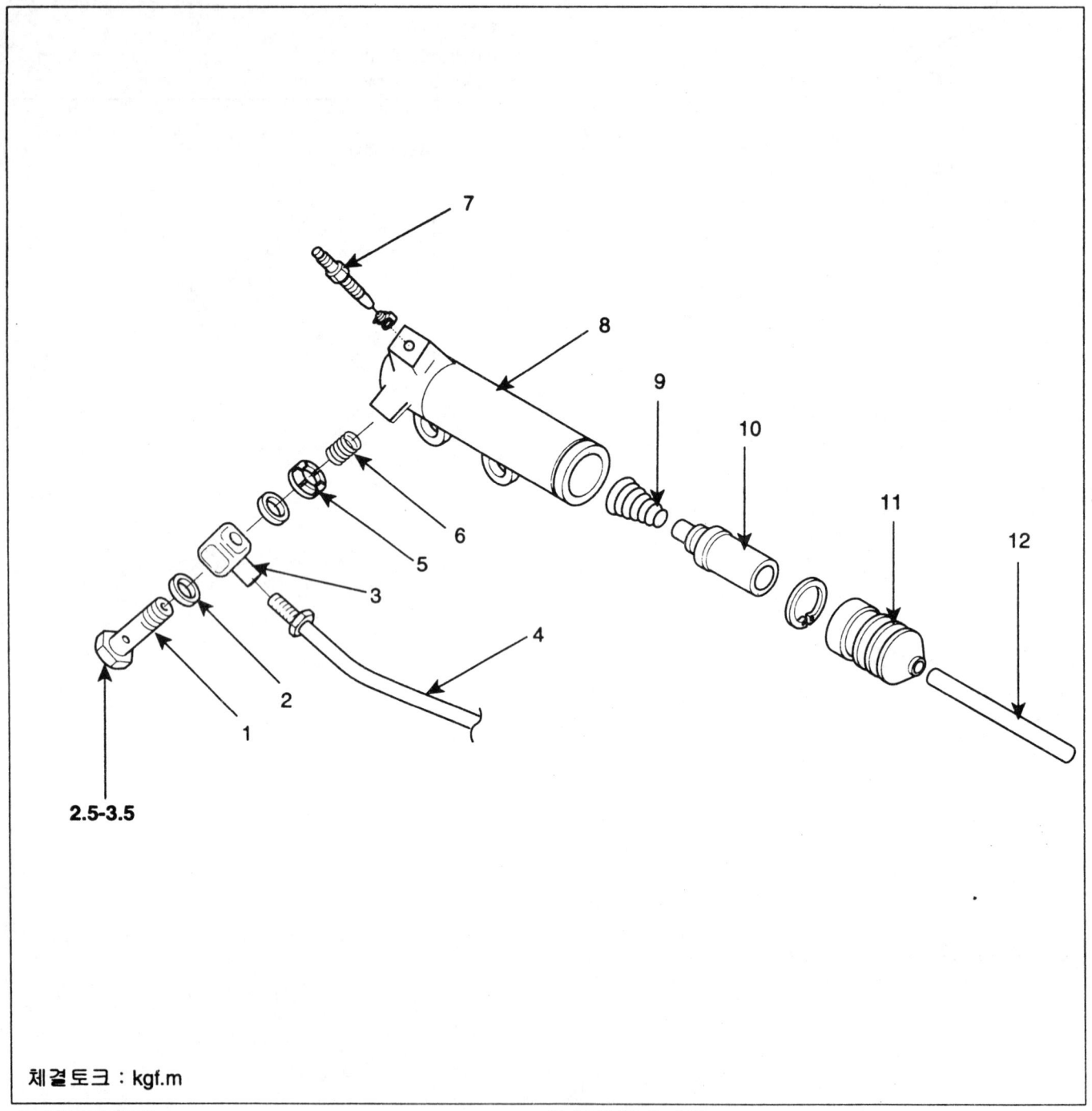

체결토크 : kgf.m

1. 유니언 볼트
2. 가스켓
3. 튜브 조인트
4. 클러치 튜브
5. 밸브 플레이트
6. 밸브 스프링
7. 브리더 스크류
8. 릴리즈 실린더
9. 리턴 스프링
10. 피스톤
11. 부트
12. 푸시 로드

클러치 시스템

탈거

1. 클러치 튜브(A)를 탈거한다.

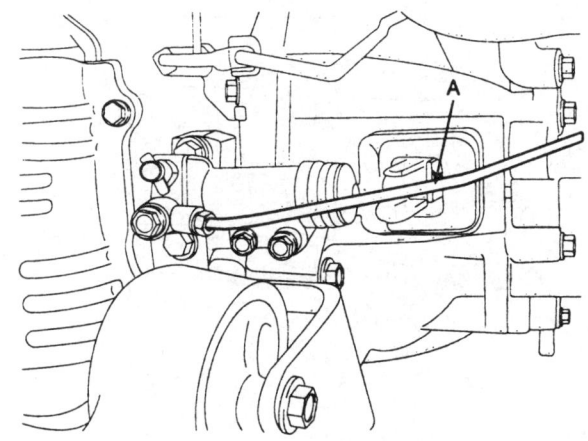

2. 릴리스 실린더 장착볼트를 탈거한다.

분해

1. 밸브 플레이트, 스프링, 푸시로드, 부트등을 탈거한다.
2. 릴리스실린더에 열려있는 피스톤 구멍에 이물질을 제거한다.
3. 압축 공기를 사용하여 릴리스 실린더에서 피스톤을 탈거한다.

⚠ 주의
- 피스톤이 빠져 분실되는것을 방지하기 위해서 헝겊으로 막는다.
- 브레이크 액이 뿌려지는 것을 방지하기 위해서 압축공기를 서서히 가한다.

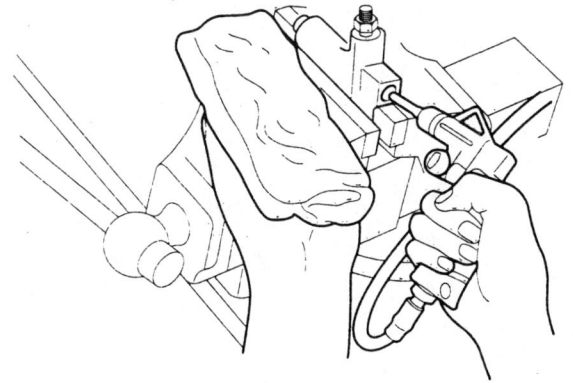

점검

1. 클러치 릴리스 실린더에서의 액누설을 점검한다.
2. 클러치 릴리스 실린더 부트의 손상을 점검한다.
3. 클러치 릴리스 실린더 내면의 긁힘, 불균일한 마모를 점검한다.
4. 실린더 게이지를 사용하여 실린더 내면의 3곳 (상부, 중앙, 하부)를 측정하고 실린더 내경과 피스톤의 외경이 한계치를 넘으면 릴리스 실린더 어셈블리를 교환한다.

클러치 릴리스 실린더와 피스톤과의 간극 : 0.15mm

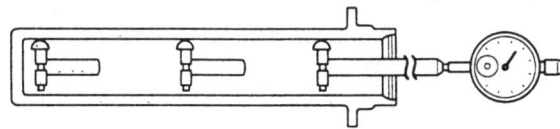

조립 K9ADF17C

1. 릴리스 실린더 내측과 피스톤 및 피스톤 컵의 외측에 규정된 브레이크 액을 도포하고 피스톤 컵 어셈블리 를 실린더 내측으로 민다.

규정액: 브레이크 액 DOT3 또는 DOT4

2. 밸브 플레이트(A), 스프링(B), 푸시로드(C) 및 부트(D) 를 장착한다.

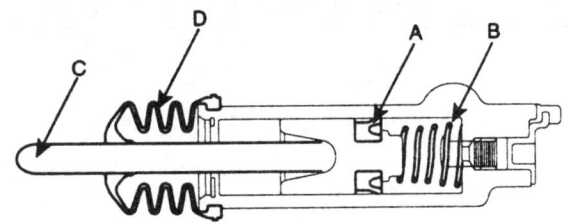

2. 클러치 릴리스 실린더(A)와 클러치 튜브(B)를 장착한 다.

체결토크 : 2.5~4.0 kgf.m

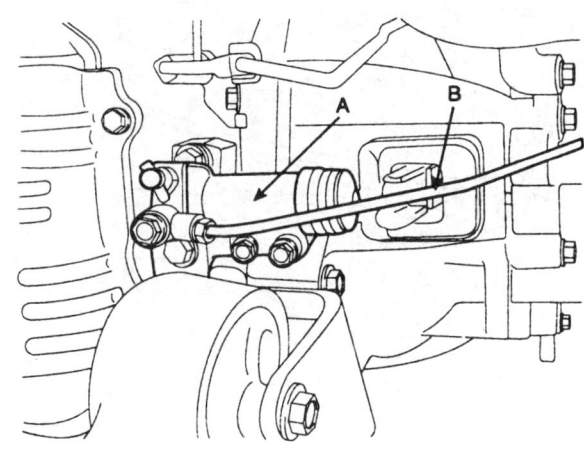

장착 KFCB931F

1. 릴리스 포크와 실린더 푸시로드가 접촉하는 부위에 규정된 그리스를 도포한다.

규정 그리스: CASMOLY L9508

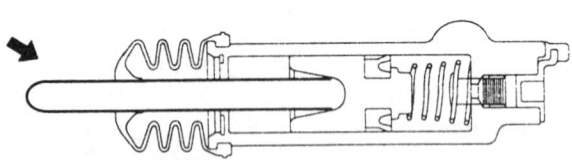

수동변속기
(M5CF2)

일반사항
- 제원 MT-2
- 정비기준 MT-2
- 체결토크 MT-3
- 윤활유 MT-3
- 특수공구 MT-4
- 고장진단법 MT-4

수동변속기
- 차상점검
  - 변속기 기어오일 MT-5
  - 백업 등 스위치 MT-6
  - 중립 스위치 MT-7
  - 드라이브 샤프트 오일씰 MT-8
- 수동변속기
  - 부품위치 MT-9
  - 구성부품 MT-11
  - 탈거 MT-12
  - 장착 MT-18

수동변속기 분해/조립 내용은 2005MY 수동변속기(M5CF2) 정비지침서(Pub. NO: MTMS-KO53B)을 참조하십시오.

일반사항

제원

적용 엔진		U1.5 디젤
모델		M5CF2
기어비	1단	3.615
	2단	1.962
	3단	1.257
	4단	0.905
	5단	0.702
	후진	3.583
종 감속비		3.471

정비기준

항목	기준치(mm)
입력축 리어 베어링 엔드 플레이	0.00-0.05L
출력축 베어링 엔드 플레이 (70kgf 하중)	0.05T-0.10T
입력축 프론트 베어링 엔드 플레이	0.00-0.05L
디퍼렌셜 베어링 엔드 플레이 (70kgf 하중)	0.15T-0.20T
디퍼렌셜 피니언 백래쉬	0.025L-0.150L

일반사항

체결토크

항목	kgf.m
릴리스 실린더 튜브너트	1.3-1.7
릴리스 실린더 볼트	1.5-2.2
릴리스 실린더 아이볼트	1.5-2.2
컨트롤 쉬프트 컴플리트 볼트	3.0-3.5
오일 드레인 플러그	6.0-8.0
오일 필터 플러그	6.0-8.0
포펫 볼	3.0-3.5
클러치 하우징 장착볼트	4.3-5.5
스피도메터 드리븐 기어	0.3-0.5
리버스 아이들러 기어	4.3-5.5
리버스 쉬프트 레버 앗세이 볼트	1.5-2.2
인풋 샤프트 베어링 리테이너	1.5-2.2
쉬프트 컨트롤 케이블 브라켓	1.5-2.2
리어 롤 써포트 브라켓 볼트	5.0-6.5
리어 롤 스토퍼 인슐레이터 볼트 및 너트	7.0-9.5
프런트 롤 스토퍼 인슐레이터 볼트 및 너트	7.0-9.5
프런트 롤 써포트 브라켓 볼트	5.0-6.5
트랜스 액슬 마운팅 서브 브라켓 너트	5.0-6.5
트랜스 액슬 마운팅 서브 브라켓 볼트	5.0-6.5
트랜스 액슬 마운팅 인슐레이터 볼트 및 너트	7.0-9.5
디퍼렌셜 드라이브 기어 씰 볼트	13.0-14.0
클러치 릴리스 레버 펄크롬 볼트	5.5-6.0

윤활유

항목	규정 윤활유	용량
변속기 기어 오일	SAE 75W/85 API GL-4 TGO-7(MS517-14) ZIC G-F TOP 75W/85 HD GEAR OIL XLS 75W/85	2.0ℓ
공기 빼기	MS721-38	필요양
변속기 하우징	MS721-40 또는 MS721-38	필요양
릴리스 포크 및 베어링 표면	그리스 (CASMOLY L9508)	필요양

수동변속기 (M5CF2)

특수공구 KF4FD21D

공구 (품번 및 품명)	형상	용도
09200-38001 엔진 서포트 픽쳐	LKGF001M	변속기 탈거 및 장착
09452-21200 오일씰 인스톨러	LKGF001L	디퍼렌셜 오일씰 장착

고장진단법 K23ED3B6

현 상	가 능 한 원 인	정 비
떨림, 소음	변속기와 엔진 장착이 풀리거나 손상됨	마운트를 조이거나 교환
	샤프트의 엔드 플레이가 부적당함	엔드 플레이 조정
	기어가 손상, 마모	기어 교환
	저질, 혹은 등급이 다른 오일을 사용함	규정된 오일로 교환
	오일 수준이 낮음	오일을 보충
	엔진 공회전 속도가 규정과 일치하지 않음	공회전 속도 조정
오일 누설	오일 씰 혹은 O-링이 파손 혹은 손상됨	오일 씰 혹은 O-링 교환
	부적당한 씰런트를 사용함	규정 씰런트로 재봉합
기어 변속이 힘들다.	컨트롤 케이블의 고장	컨트롤 게이블 교환
	싱크로나이저 링과 기어콘의 접촉이 불량, 마모	수리 혹은 교환
	싱크로나이저 스프링이 약화됨	싱크로나이저 스프링 교환
	등급이 다른 오일을 사용함	규정 오일로 교환
기어가 빠진다.	기어 변속포크가 마모되었거나 포펫트 스프링의 부러짐	변속 포크 혹은 포펫트 스프링 교환
	싱크로나이저 허브와 슬리브 스플라인 사이의 간극이 너무 큼	싱크로나이저 허브와 슬리브를 교환

수동변속기

차상점검 KAC2E28D

변속기 기어오일

점검

각 구성부품의 기어 오일 누유를 점검한다.
필터 플러그를 탈거하여 기어오일 레벨을 점검한다.
기어오일이 오염 되었다면 새로운 오일로 교환한다.

1. 오일 필러 플러그(A)를 탈거한다.

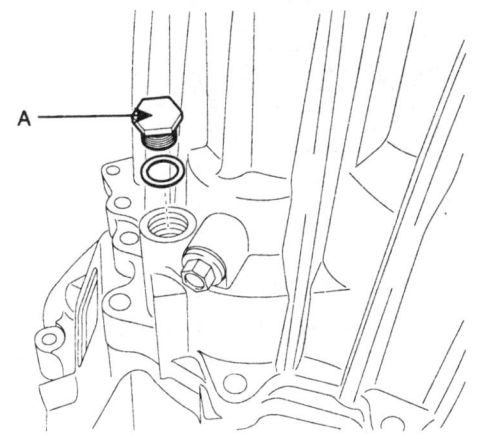

2. 손으로 레벨을 점검한다.
   필요시 오일을 보충하여 오일레벨이 홀까지 채워져야 한다.

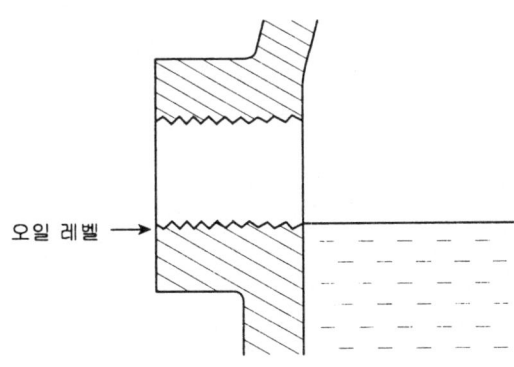

3. 필러 플러그를 장착한다.

체결토크 : 6.0-8.0 Kgf.m

교환

1. 차량을 평편한 곳에 주차시키고 차량을 리프트로 들어올린다.

2. 드레인 플러그를 풀고 오일을 빼낸다.

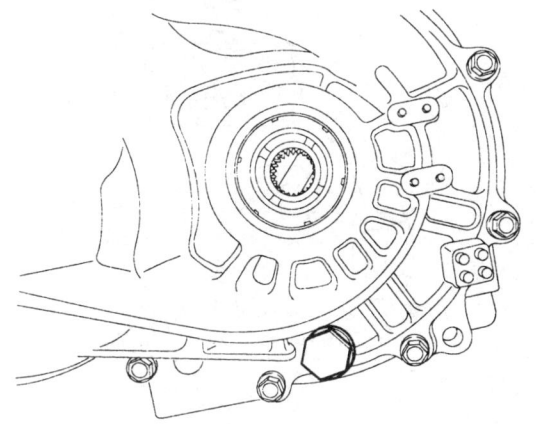

3. 드레인 플러그를 새로운 와서와 함께 장착한다.

드레인 플러그 체결토크: 6.0~8.0 kgf.m

4. 필러 플러그 홀을 통해 규정 오일을 주입한다.

   규정 오일: **SAE 75W/85, API GL-4**
   규정 오일양: **2.0 리터**

백업 등 스위치

점검

1. 연결 커넥터(A)를 탈거한다.

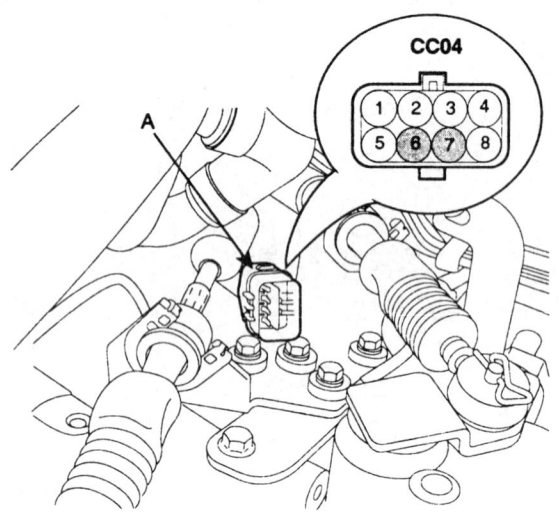

2. 핀 번호 6번과 7번 사이의 통전을 실시한다. 변속레버를 후진으로 했을때 통전이 된다. 통전이 되지 않을 경우 다음 단계로 간다.

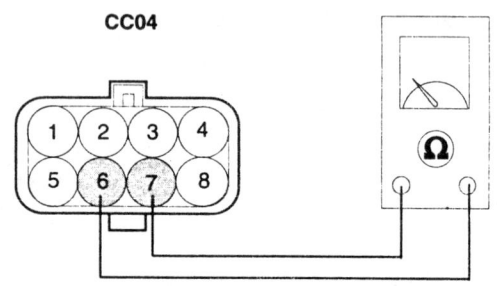

3. 백업 등 스위치 커넥터(A)를 분리한다.

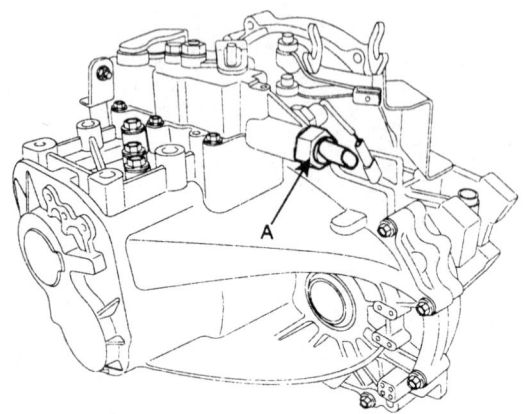

4. 핀 번호 1과 2사이의 통전을 실시한다. 변속레버를 후진으로 했을때 통전이 된다.

조건	1	2
R 레인지	●	●
기타		

*ON-OFF 변환점에서 0.5mm 이상 유지되어야 백업 등이 ON된다.

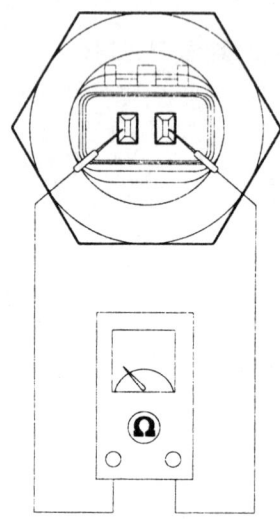

5. 필요시 백업 등 스위치를 수리 또는 교환한다.

수동변속기

중립 스위치

점검

1. 연결 커넥터(A)를 탈거한다.

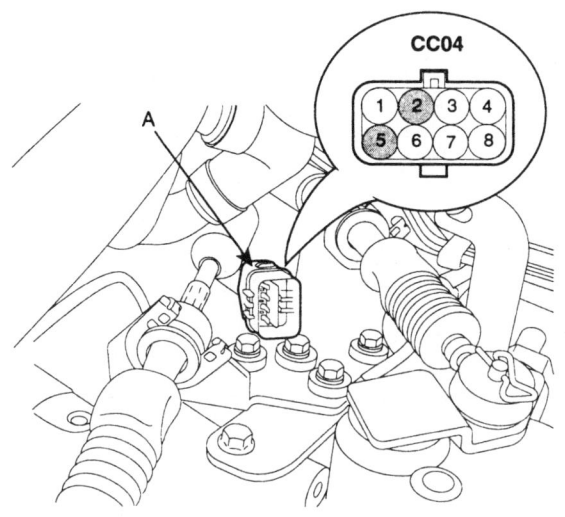

ANJF003D

2. 핀 번호 2번과 5번 사이의 통전을 실시한다. 변속레버를 중립으로 했을때 통전이 된다. 통전이 되지 않을 경우 다음 단계로 간다.

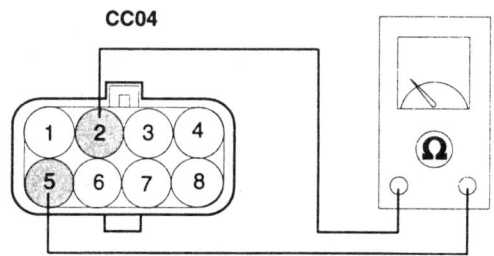

ANJF003A

3. 중립 스위치 커넥터(A)를 탈거한다.

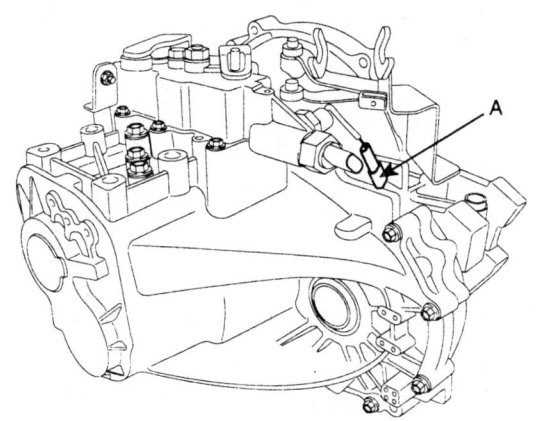

ANJF003B

4. 단품측 커넥터 핀 번호 1번과 2번 사이의 통전을 실시한다. 변속레버를 중립으로 했을때 통전이 된다.

조건	1	2
중립	●	●
기타		

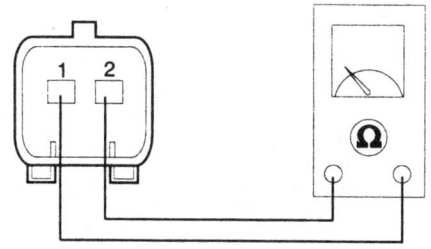

ANJF003C

5. 필요시 중립 스위치를 수리 또는 교환한다.

드라이브 샤프트 오일씰

교환

1. 변속기로부터 드라이브 샤프트를 분리한다.(DS 그룹 참조)

2. 스크류를 사용하여 오일씰을 탈거한다.

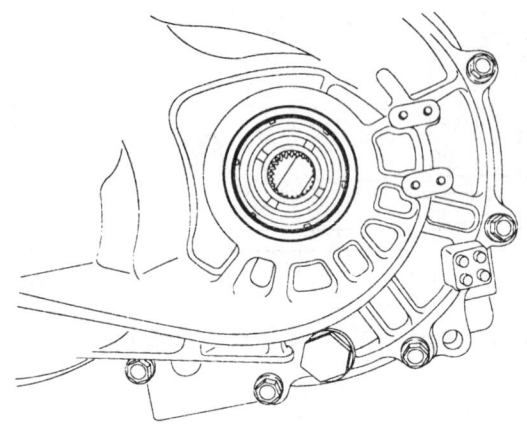

AMGF001B

3. 특수 공구(09452-21200)를 이용하여 드라이브 샤프트 오일씰을 변속기에 장착한다.

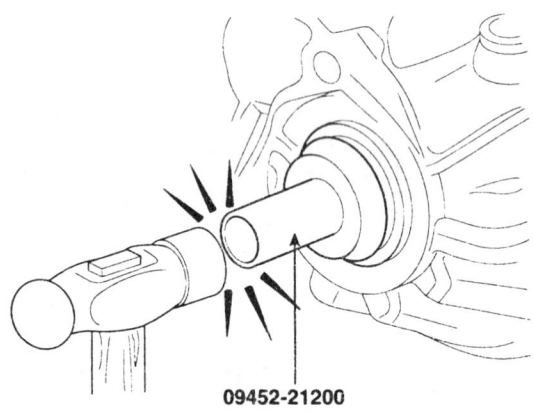

09452-21200

LKGF002E

수동변속기

부품위치   KDAE2A48

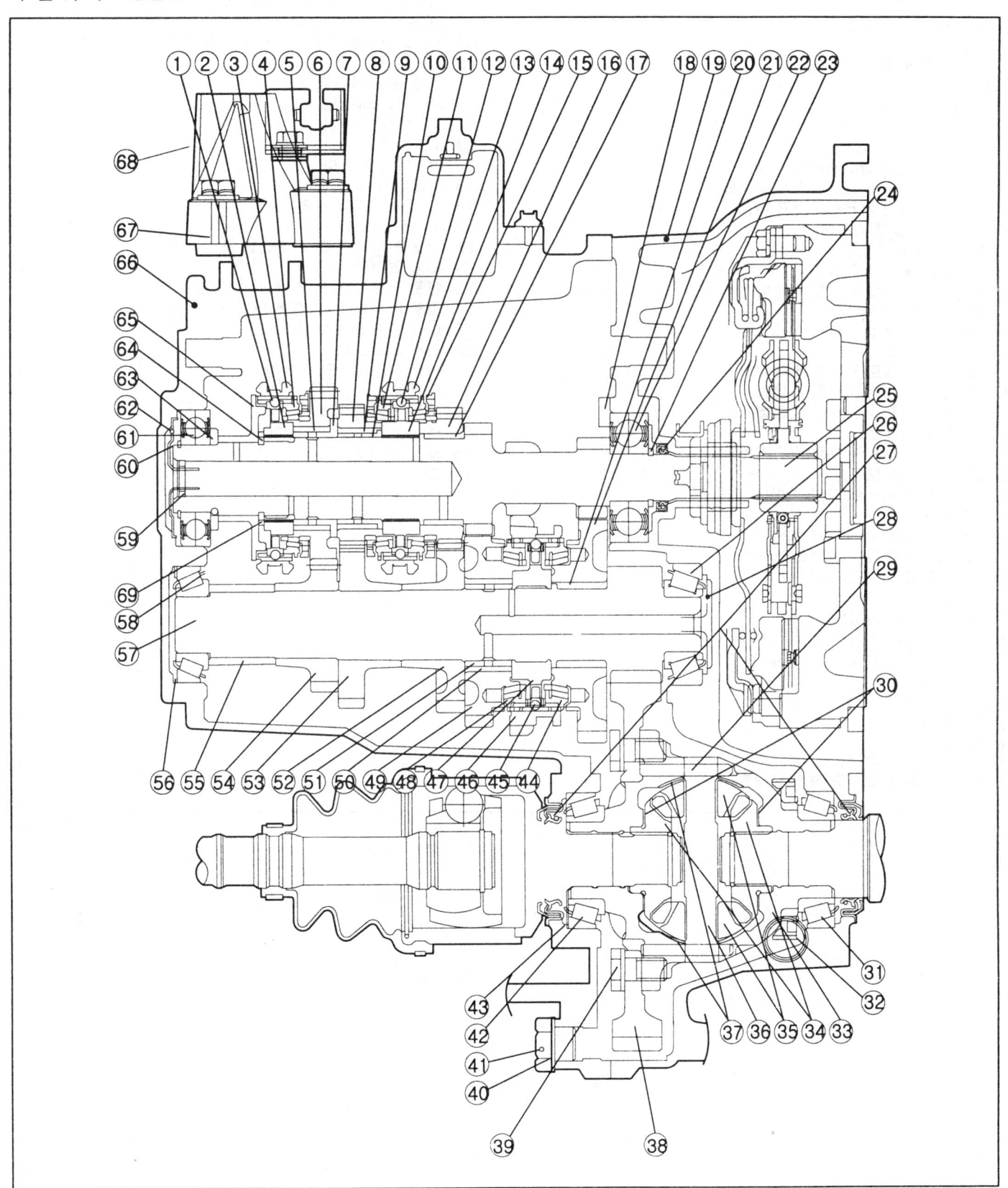

1. 5단 싱크로나이저 키 앗세이
2. 5단 싱크로나이저 허브
3. 5단 싱크로나이저 슬리브
4. 5단 싱크로 링
5. 니들 롤러 베어링
6. 5단 기어
7. 5단 기어 슬리브
8. 4단 기어
9. 니들 롤러 베어링
10. 4단 기어 슬리브
11. 4단 싱크로 링
12. 4단 싱크로나이저 키 앗세이
13. 3단 & 4단 싱크러나이저 슬리브
14. 3단 & 4단 싱크로나이저 허브
15. 3단 더블콘 앗세이
16. 3단 기어
17. 니들 롤러 베어링
18. 인풋 샤프트 베어링 리테이너
19. 클러치 하우징
20. 니들 롤러 베어링
21. 1단 기어
22. 인풋 샤프트 프론트 베어링
23. 인풋 샤프트 프론트 스냅링
24. 인풋 샤프트 프론트 오일씰
25. 인풋 샤프트
26. 아웃풋 샤프트 프론트 테이퍼 롤러 베어링
27. 디퍼렌셜 오일씰
28. 아웃풋 샤프트 오일 가이드
29. 록 핀
30. 디퍼렌셜 기어 스페이서
31. 디퍼렌셜 테이퍼 롤러 베어링
32. 스피도미터 드라이브 기어
33. 디퍼렌셜 케이스
34. 디퍼렌셜 사이드 기어
35. 디퍼렌셜 피니온 기어
36. 피니언 샤프트
37. 와셔
38. 디퍼렌셜 기어
39. 씨일 볼트
40. 가스켓
41. 마그네틱 플러그
42. 디퍼렌셜 테이퍼 롤러 베어링
43. 스페이서
44. 1단 트리플콘 앗세이
45. 1단 싱크로나이저 키
46. 1단&2단 싱크로나이저 슬리브
47. 1단&2단 싱크로나이저 허브
48. 2단 트리플콘 앗세이(1단 트리플콘 앗세이와 공용)
49. 2단 기어
50. 니들 롤러 베어링
51. 2단 기어 슬리브
52. 3단 아웃풋 기어
53. 4단 아웃풋 기어
54. 5단 아웃풋 기어
55. 스페이서
56. 아웃풋 베어링 스페이서
57. 아웃풋 샤프트
58. 아웃풋 샤프트 리어 테이퍼 롤러 베어링
59. 오일 가이드 링
60. 인풋 샤프트 리어 스냅링
61. 인풋 샤프트 리어 볼 베어링
62. 인풋 샤프트 오일 가이드
63. 스러스트 와셔
64. 인풋 샤프트 5단 스페이서
65. 스페이서
66. 트랜스 액슬 케이스
67. 트랜스 액슬 써포트 브라켓 볼트
68. 트랜스 액슬 써포트 브라켓
69. 링

수동변속기

구성부품 KC325BCC

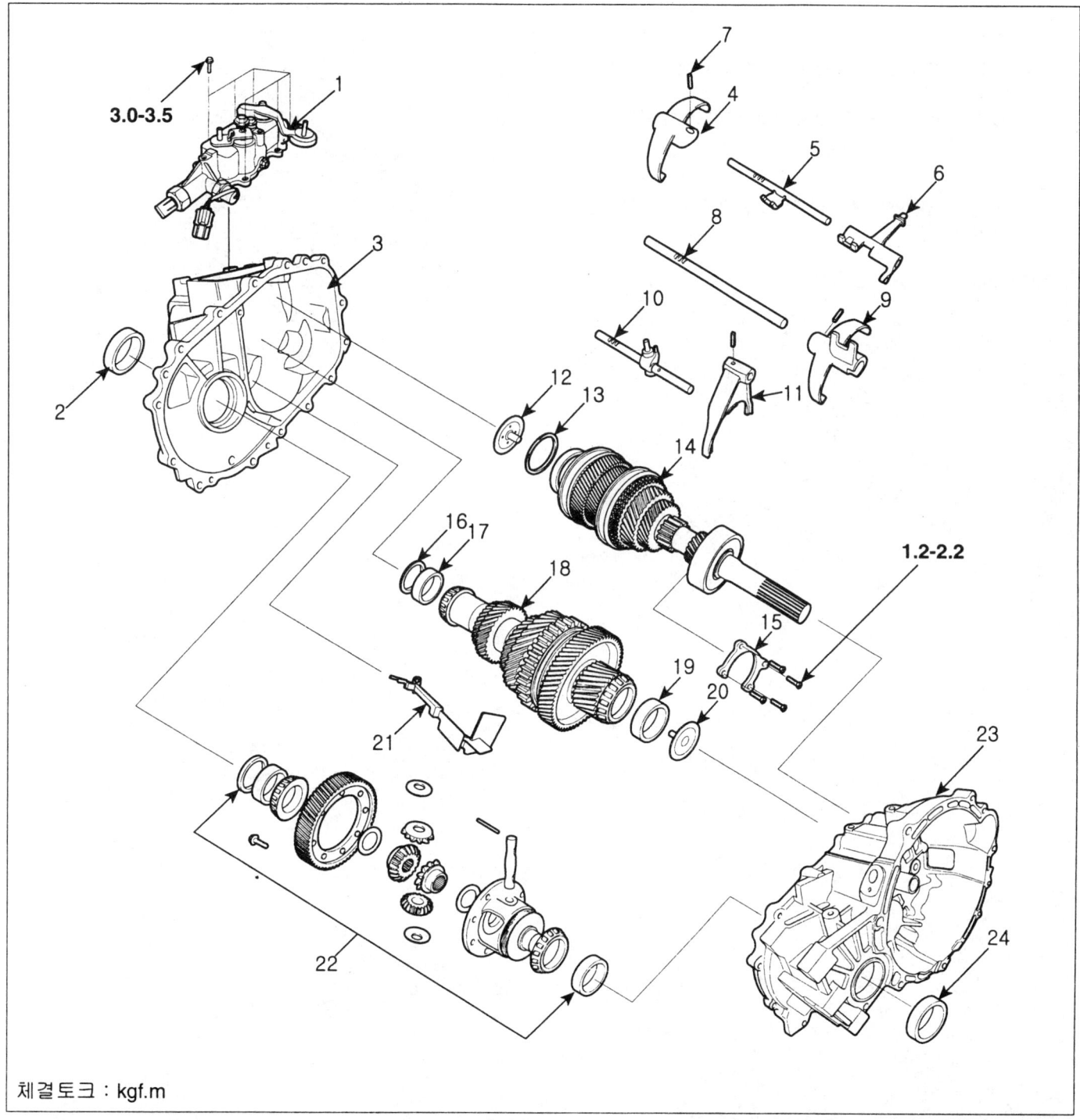

체결토크 : kgf.m

1. 컨트롤 쉬프트 컴플리트
2. 오일씰
3. 트랜스액슬 케이스
4. 5단 쉬프트 포크
5. 5단 쉬프트 레일
6. 리버스 쉬프트 러그
7. 스프링 핀
8. 3단&4단 쉬프트 레일
9. 3단&4단 쉬프트 러그 및 포크
10. 1단&2단 쉬프트 레일
11. 1단&2단 쉬프트 포크
12. 인풋 샤프트 오일 가이드
13. 스냅링
14. 인풋 샤프트 앗세이
15. 인풋 샤프트 베어링 리테이너
16. 스페이서
17. 아웃풋 샤프트 리어 아웃터 레이스
18. 아웃풋 샤프트 앗세이
19. 아웃풋 샤프트 프론트 아웃터 레이스
20. 아웃풋 샤프트 오일 가이드
21. 오일 가이드
22. 디퍼렌셜 앗세이
23. 클러치 하우징
24. 오일씰

탈거 K2F9CDEA

> ⚠️ **주의**
> - 차체 도장부의 손상을 방지하기 위해 펜더 커버를 사용한다.
> - 커넥터가 손상되지 않도록 주의하여 탈거한다.

> 📖 **참고**
> - 배선 및 호스의 잘못된 연결을 방지하기 위해 표시를 해 둔다.

1. 배터리(A)를 탈거한다.

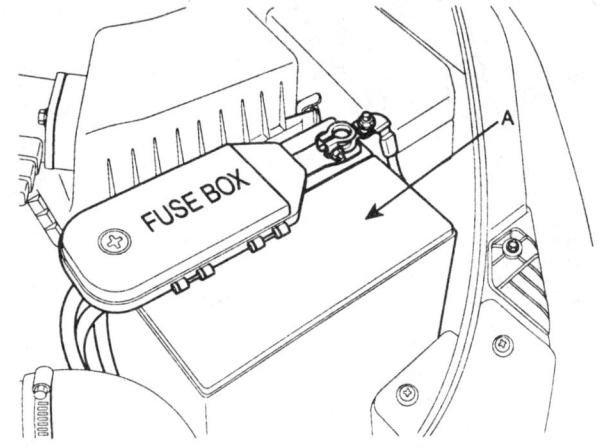

2. 흡기 에어호스 및 에어 클리너 어셈블리를 탈거한다.

    1) 에어 플로우 센서(AFS) 커넥터(A)를 탈거한다.

    2) 에어클리너 어퍼 커버(B)를 탈거한다.

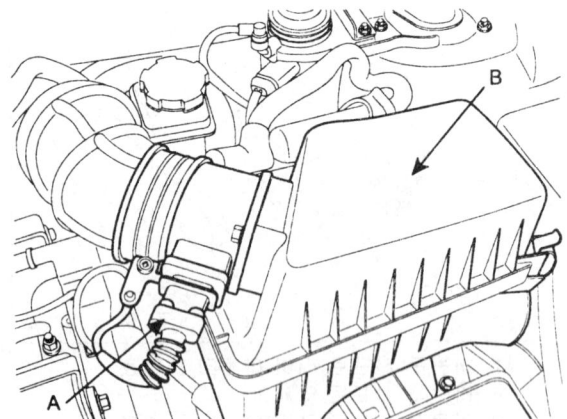

    3) ECM 커넥터(A)와 ECM 커넥터(B)(A/T)를 탈거한다.

    4) 에어클리너 엘리먼트와 로워 커버(C)를 탈거한다.

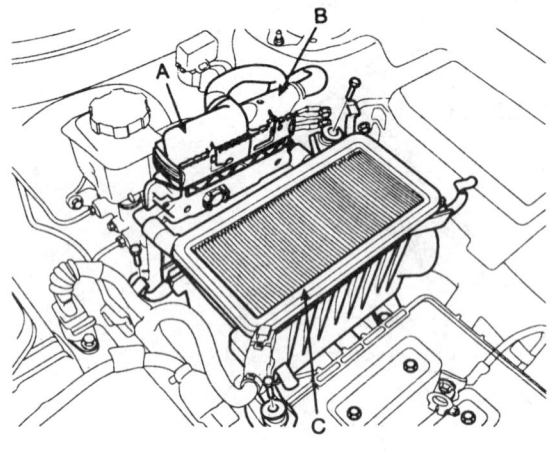

    5) 에어 인테이크 호스(A)를 탈거한다.

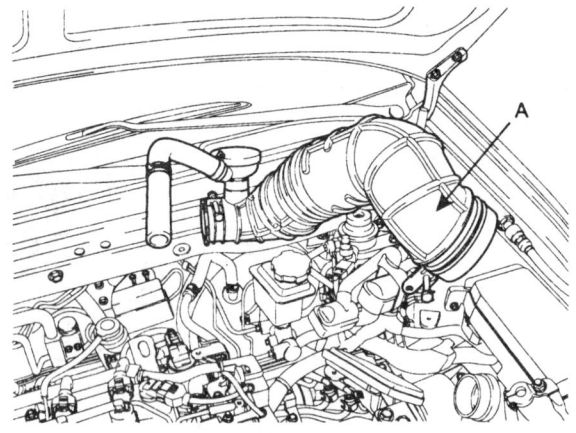

3. 배터리 트레이(A)를 탈거한다.

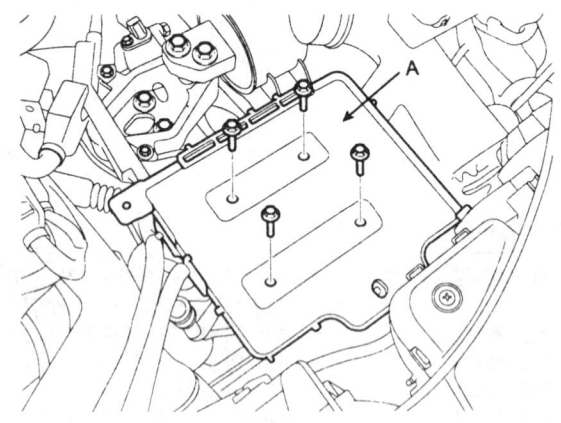

수동변속기

4. 트랜스액슬 하우징과 차체 접지 케이블(A)를 탈거한다.

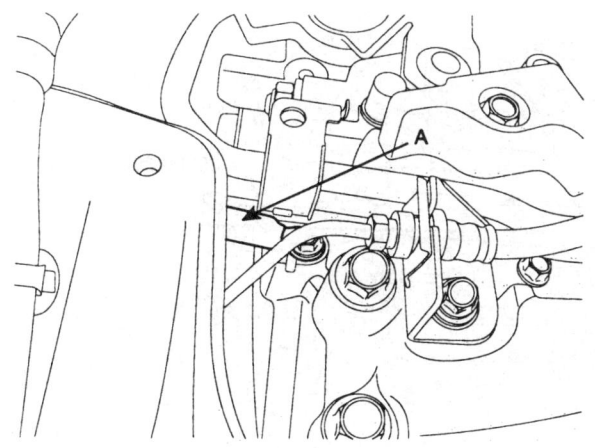

5. 연료 호스 고정 브라켓 볼트(A)를 푼 후 연료 호스를 변속기에서 분리한다. (볼트 2개)

6. 트랜스액슬상에 장착된 튜브 브라켓(B)를 탈거한다. (볼트1개)

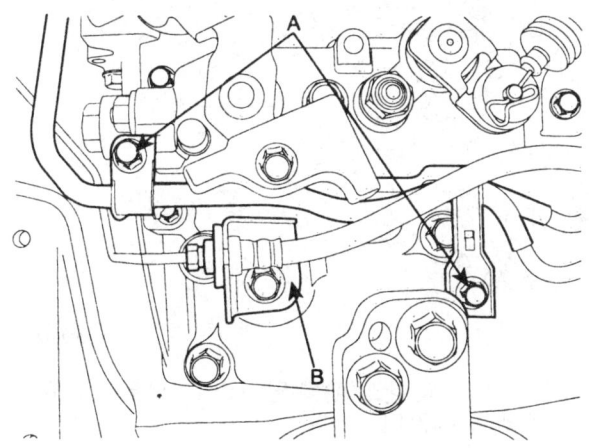

7. 차체에 장착된 플렉시블 호스 고정 브라켓을 탈거한다. (볼트 2개)

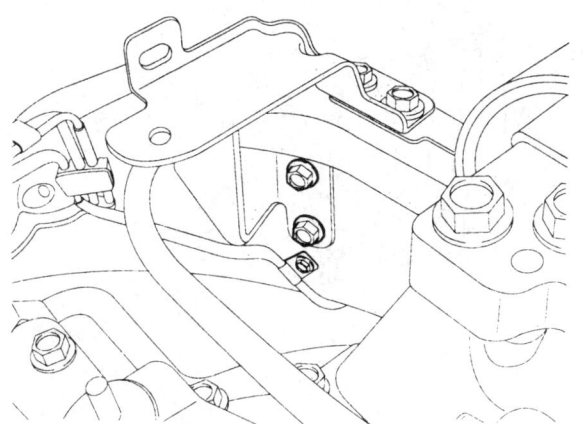

8. 클러치 릴리스 실린더(A)를 탈거한다.

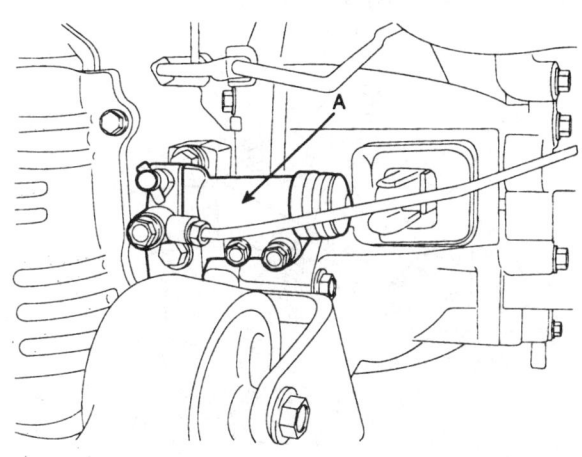

9. 트랜스액슬 컨트롤 케이블(A)를 탈거한다.

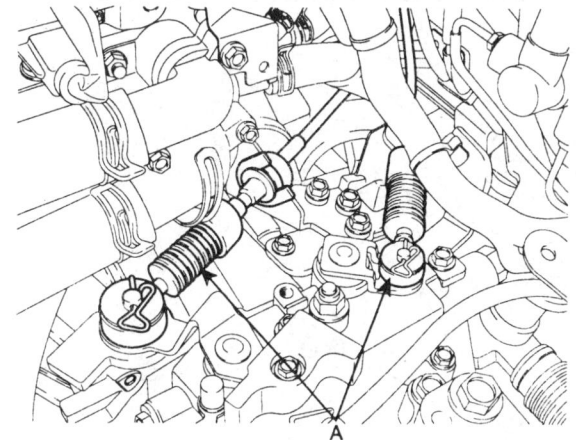

10. 차속 센서 커넥터(A)를 탈거한다.

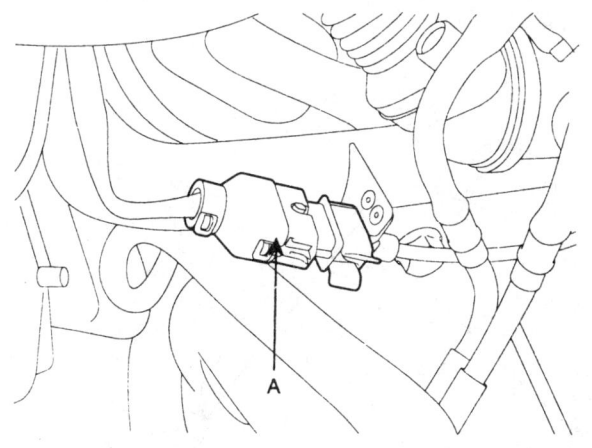

11. 백램프 스위치, 중립 스위치 및 출력축 속도 센서 커넥터의 연결 커넥터(A)를 탈거한다.

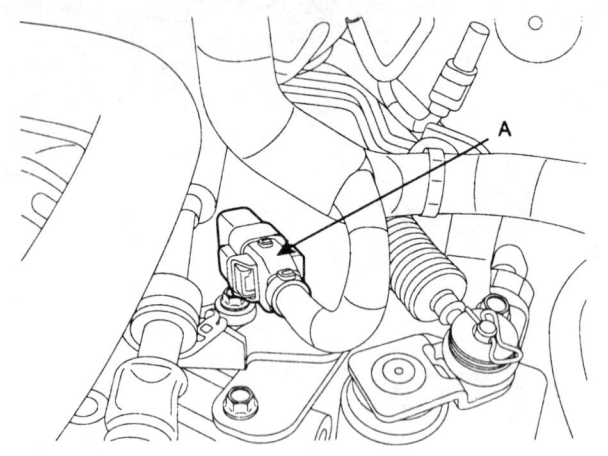

12. 스타터 모더 마운팅 볼트(A)를 탈거한다.(볼트 2개)

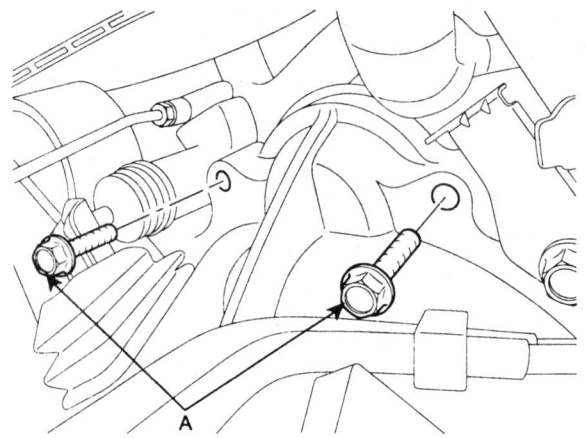

13. 엔진에 대한 트랜스액슬 어퍼 마운팅 볼트(A)를 탈거한다.(볼트 2개)

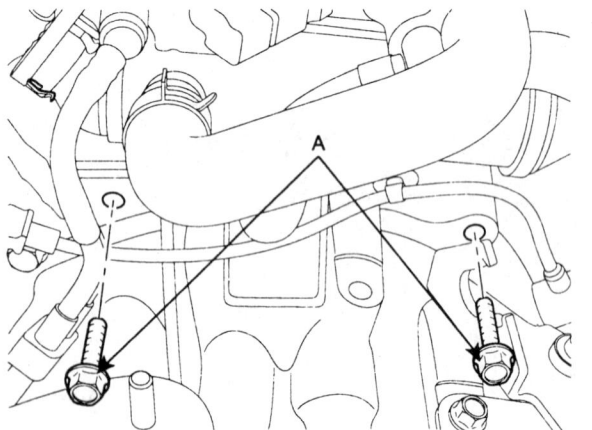

14. 특수공구(09200-38001)를 설치하고 엔진 서포트 픽쳐와 어뎁터를 장착한다.

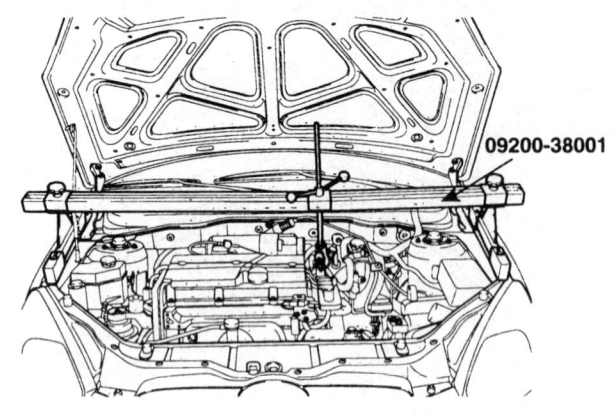

15. 트랜스액슬 마운팅 서포트 브라켓(A)을 탈거한다.

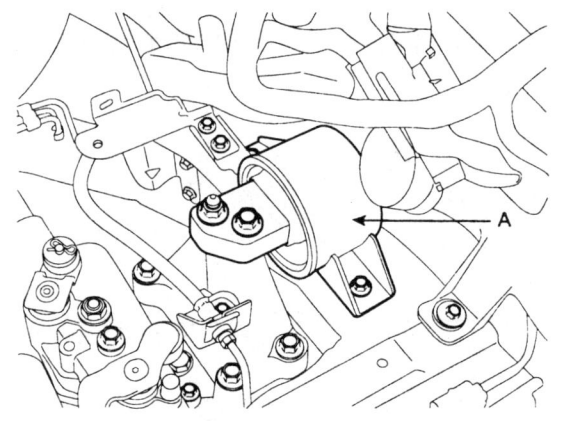

16. 파워 스티어링 오일호스(A)를 탈거하고, 파워 스티어링 오일을 배출시킨다.

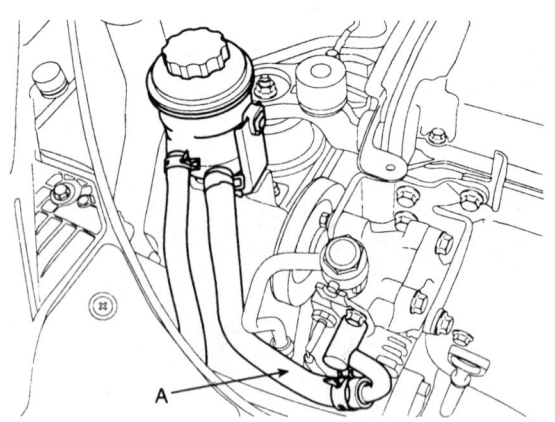

수동변속기

17. 스티어링 컬럼 샤프트 볼트(A)를 탈거한다.

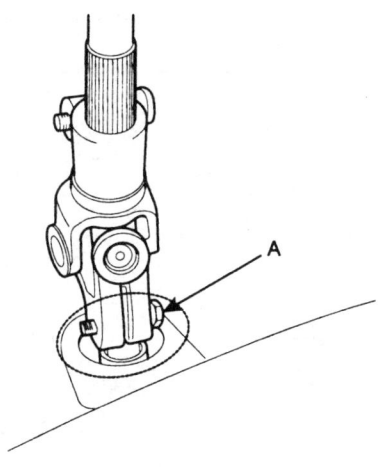

18. 차량을 올린다.
19. 언더커버(A)를 탈거한다.

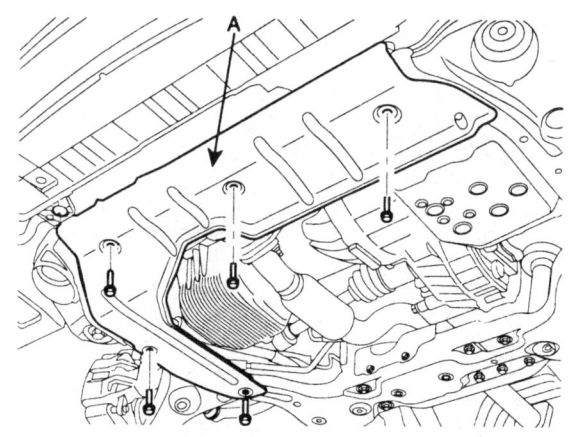

20. 프론트 타이어를 탈거한다.
21. 드레인 플러그(A)를 푼 후 트랜스액슬 기어 오일을 빼낸다.

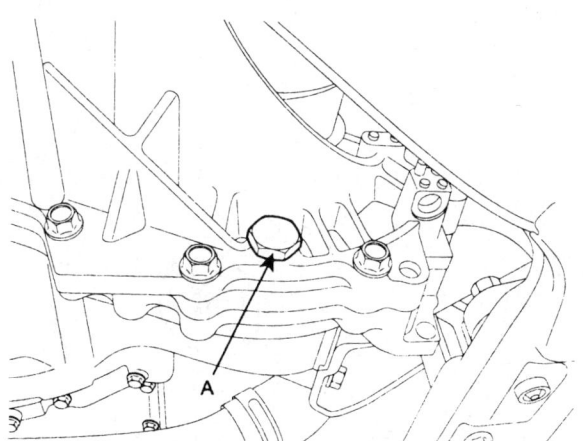

22. 파워 스티어링 리턴호스(A)를 탈거한다.

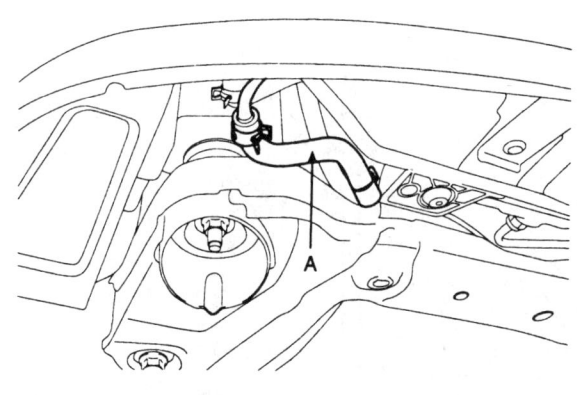

23. 타이로드 엔드 핀(B)와 너트(C)를 제거한 후 타이로드 엔드(A)를 분리한다.

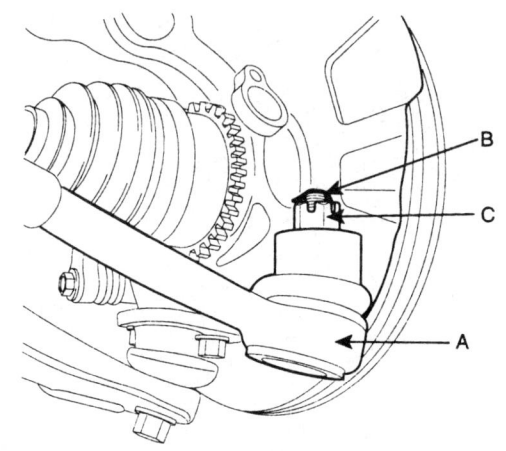

24. 너클에서 로어암 고정볼트(A)를 탈거한다.(볼트2개)

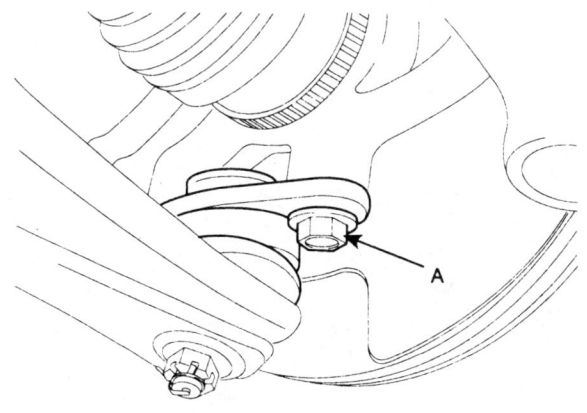

25. 스테빌라이저 컨트롤 링크 너트(A)를 탈거한다.

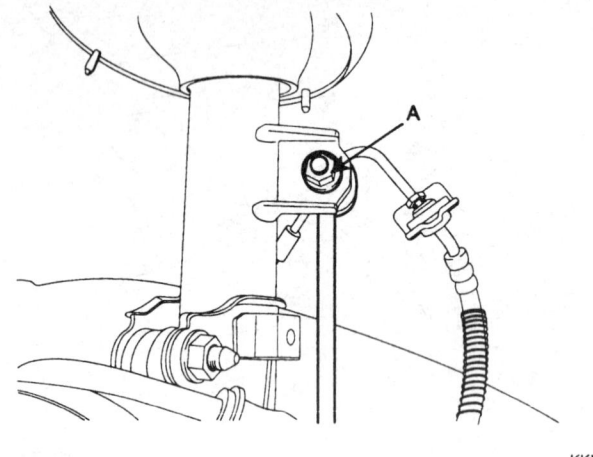

26. 트랜스액슬에서 드라이브 샤프트(A)를 탈거한다.

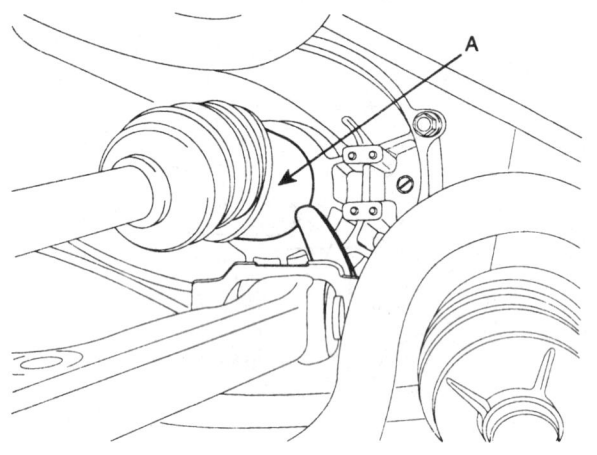

27. 프론트 롤 스톱퍼 인슐레이터 볼트(A)를 탈거한다.

체결토크: 7.0~9.5 kgf.m

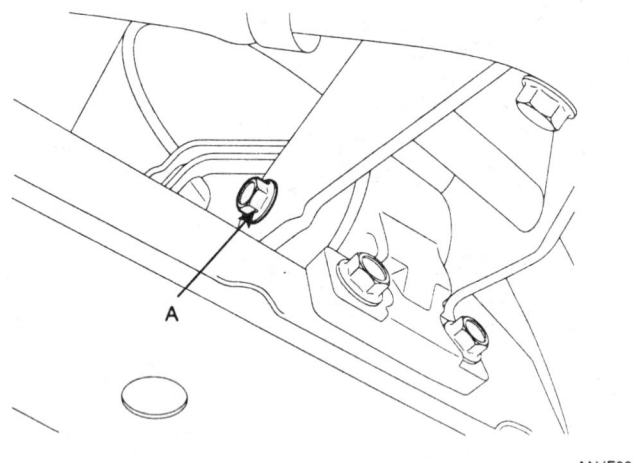

28. 리어 롤 스톱퍼 인슐레이터 볼트(A)를 탈거한다.

체결토크: 7.0~9.5 kgf.m

29. 인터쿨러 로워 호스(A)를 탈거한다.

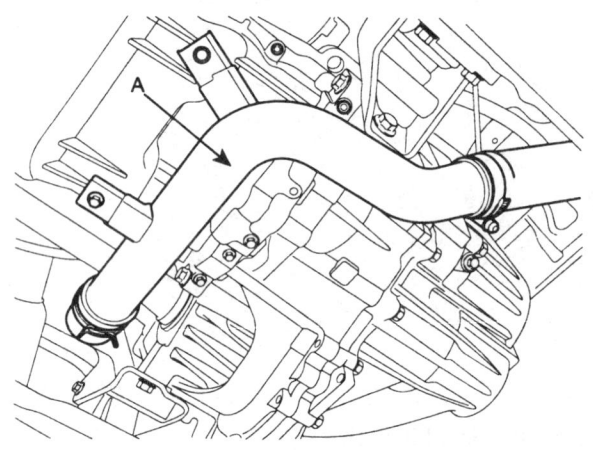

30. 배기 파이프 마운팅 러버(A)를 서브 프레임으로부터 탈거한다.

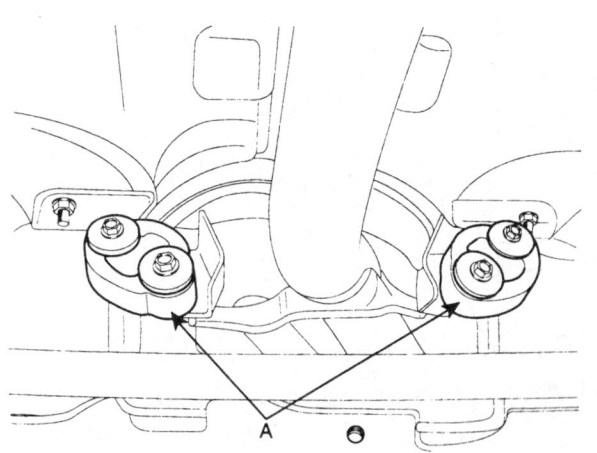

수동변속기

31. 플로워 잭을 이용하여 엔진 및 트랜스액슬 어셈블리를 지지한다.

    📘 참고

    서브 프레임 장착볼트를 탈거한 후에 트랜스 액슬 어셈블리가 아래로 떨어질수 있으므로 플로워 잭으로 안전하게 지지한다. 트랜스 액슬 어셈블리를 탈거하기 전에 호스 및 커넥터가 확실히 탈거 되었는지 확인한다.

32. 서브프레임 볼트와 너트를 탈거한다.

    체결토크:
    볼트(A): 4.0~5.5 kgf.m
    너트(B): 16.0~18.0 kgf.m

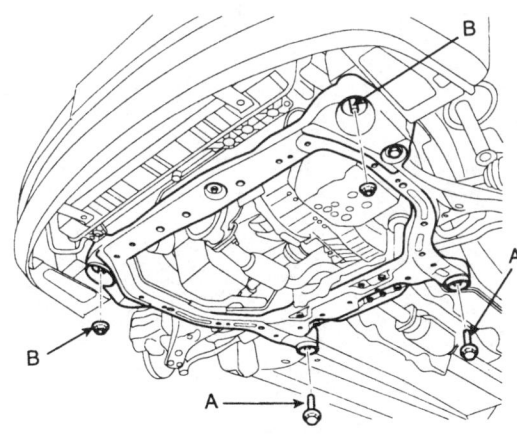

33. 트랜스액슬 하우징 가이드(A)를 탈거한다.

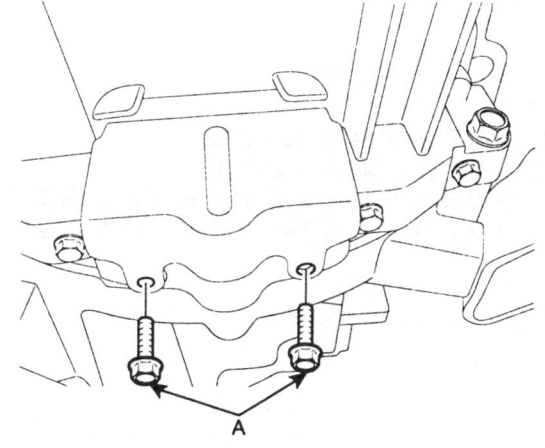

34. 엔진에 대한 트랜스액슬 마운팅 볼트(A)를 탈거한다.

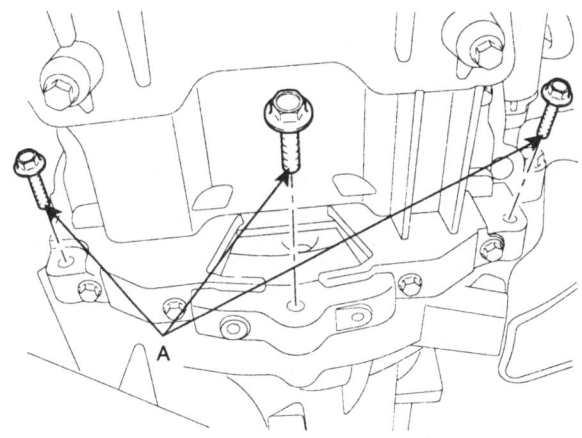

35. 차량을 들어 올리면서 트랜스 액슬 어셈블리를 차상에서 탈거한다.

    ⚠️ 주의

    엔진 및 트랜스액슬 어셈블리 탈거시 기타 주변장치에 손상이 가지 않도록 주의한다.

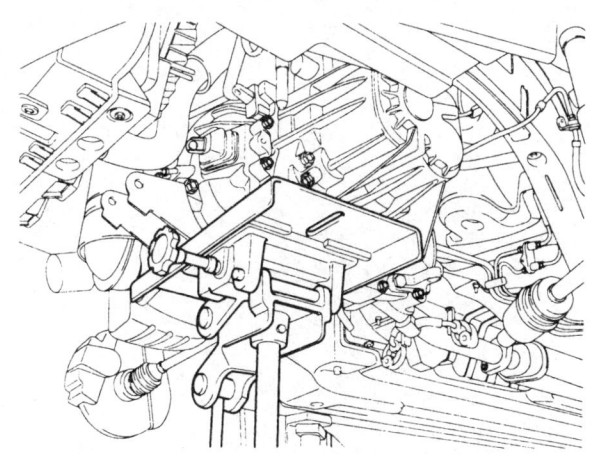

장 착 K6BA4C70

장착은 분리의 역순으로 한다.
아래의 사항을 점검한다.
- 쉬프트 케이블을 점검 및 조정한다.
- 트랜스액슬의 오일을 채워넣는다.
- 배터리 단자와 케이블 단자를 샌드페이퍼로 깨끗이 닦는다 그리고 부식을 방지하기 위해 그리스를 도포한다.

자동변속기 (A4CF2)

일반사항
- 제원 AT-2
- 정비기준 AT-3
- 체결토크 AT-3
- 윤활유 AT-4
- 실런트 AT-4
- 특수공구 AT-5

자동변속기
- 개요 AT-6
- 유압 제어 시스템 AT-14
- 자동 변속기 각종 제어 AT-33
- TCM 하니스 커넥터 AT-34
- 정비 점검 및 교환 AT-42
- 고장진단 코드별 진단 절차
  - P0707 .... AT-47
  - P0708 .... AT-53
  - P0712 .... AT-56
  - P0713 .... AT-62
  - P0716 .... AT-65
  - P0717 .... AT-73
  - P0722 .... AT-75
  - P0731 .... AT-81
  - P0732 .... AT-88
  - P0733 .... AT-93
  - P0734 .... AT-99
  - P0736 .... AT-103
  - P0741 .... AT-109
  - P0742 .... AT-112
  - P0743 .... AT-115
  - P0748 .... AT-123
  - P0750 .... AT-130
  - P0755 .... AT-137
  - P0760 .... AT-143
  - P0765 .... AT-150
  - U0001 .... AT-156
- 자동변속기
  - 구성부품 AT-160
  - 탈거 AT-164
  - 장착 AT-170

자동변속기 컨트롤 시스템
- 솔레노이드 밸브
  - 개요 AT-171
  - 탈거 AT-173
  - 장착 AT-173
- VFS(VARIABLE FORCE SOLENOID)밸브
  - 개요 AT-174
  - 탈거 AT-175
  - 장착 AT-175
- 입력축 속도센서
  - 개요 AT-176
  - 탈거 AT-177
  - 장착 AT-177
- 출력축 속도센서
  - 개요 AT-178
  - 탈거 AT-179
  - 장착 AT-179
- 변속기 오일 온도 센서
  - 개요 AT-180
  - 탈거 AT-181
  - 장착 AT-182
- 인히비터 스위치(트랜스 액슬 레인지 스위치)
  - 개요 AT-183
  - 탈거 AT-184
  - 장착 AT-184

자동변속기 분해/조립 내용은 2005MY 자동변속기(A4CF2) 정비지침서(Pub. NO: ATMS-KO53B)을 참조하십시오.

일반사항

제원

모델	A4CF2
적용 엔진	U-1.5 디젤
T/con	3요소 2상 1단
T/con size (Φ)	236
O/PUMP 형식	파라코이드
T/M CASE 형식	분리형
구성요소	클러치 : 3개
	브레이크 : 2개
	OWC : 1개
유성기어	단순 유성 기어 : 2개
변속비 1속	2.919
변속비 2속	1.551
변속비 3속	1.000
변속비 4속	0.713
변속비 후진	2.480
최종 감속비	3.333
유압 밸런스 피스톤	3개
스톨 스피드	2,500~3,000 rpm
어큐뮬레이터	4개
솔레노이드 밸브	6개 (PWM:5개, VFS:1개)
기어 시프트 포지션	7 레인지 (P,R,N,D,2,L)
오일 필터	1개

일반사항

정비기준

항목	기준치 (mm)
출력축 엔드 플레이	0 ~ 0.09L
브레이크 리액션 플레이트 엔드 플레이	0 ~ 0.16L
로우 & 리버스 브레이크 엔드 플레이	1.15 ~ 1.45
세컨드 브레이크 엔드 플레이	0.85 ~ 1.15
언더 드라이브 선 기어 엔드 플레이	0.25L ~ 0.45L
입력축 엔드 플레이	0.6L ~ 1.1L
디퍼렌셜 케이스 엔드 플레이	0.045T ~ 0.105T
디퍼렌셜 사이드 기어와 피니언의 백래쉬	0.025L ~ 0.150L

체결토크

항목	체결토크 (kgf.m)
컨트롤 케이블 브라켓	1.9 ~ 2.3
아이볼트	2.8 ~ 3.4
오일쿨러 피드튜브	1.9 ~ 2.3
오일 필터	1.0 ~ 1.2
입력축 속도 센서	1.0 ~ 1.2
출력축 속도 센서	1.0 ~ 1.2
매뉴얼 컨트롤 레버	1.7 ~ 2.1
인히비터 스위치	1.0 ~ 1.2
오일 팬	1.0 ~ 1.2
밸브 바디 장착 볼트	1.0 ~ 1.2
매뉴얼 컨트롤 샤프트 디텐트	0.8 ~ 1.0
매뉴얼 밸브 레버	0.9 ~ 1.2
파킹 로드 가이드	0.8 ~ 1.0
리어 커버	2.0 ~ 2.7
컨버터 하우징	4.3 ~ 5.5
오일 펌프	2.0 ~ 2.7
트랜스퍼 드라이브 기어	0.8 ~ 1.2
트랜스퍼 드라이브 기어 로크 너트	18 ~ 21
오일 방출 플러그	3.5 ~ 4.5
디퍼렌셜 드라이브 기어	13 ~ 14
프레셔 체크 플러그	0.8 ~ 1.0

항목	체결토크 (kgf.m)
프론트 롤 스톱퍼 브라켓 크로스 멤버 볼트	5.0 ~ 6.5
프론트 롤 스톱퍼 인슐레이터 볼트 및 너트	5.0 ~ 6.5
프론트 롤 스톱퍼 브라켓 변속기 볼트	5.0 ~ 6.5
리어 롤 스톱퍼 브라켓 크로스 멤버 볼트	5.0 ~ 6.5
리어 롤 스톱퍼 인슐레이터 볼트 및 너트	5.0 ~ 6.5
리어 롤 스톱퍼 브라켓 변속기 볼트	5.0 ~ 6.5
자동변속기 마운팅 서브 브라켓 변속기 볼트	5.0 ~ 6.5
자동변속기 마운팅 브라켓 볼트	5.0 ~ 6.5
자동변속기 마운팅 인슐레이터 볼트	7.0 ~ 9.5

윤활유

항목	규정 윤활유	용량
자동변속기 오일	다이아몬드 ATF SP-III 또는 SK ATF SP-III	6.2ℓ (4속)

실런트

항목	기준 실런트
리어 커버 토크 컨버터 하우징 밸브 바디 커버	LOCTITE (주) FMD-546
트랜스미션 케이스 사이드 커버	Three Bond(주)의 TB1389 또는 LOCTITE(주) 518

일반사항 AT -5

특수공구   KFBEDFD6

공구 (품번 및 품명)	형상	용도
09200-38001 엔진 서포트	AKGF020A	변속기 탈거 및 장착

자동변속기

개요

차량에 장착되는 U1.5 디젤 엔진에는 신규로 A4CF2 변속기가 장착된다.
U1.5엔진에 장착되는 A4CF2 변속기는 내구성과 효율성이 대폭 향상되었다.
주요 특징으로는 내구성 향상을 위해서 원심 밸런스 장치를 장착했으며, 전 THROTTLE 및 전 변속단에서 라인압을 가변시키는 풀 라인압 가변 제어를 실시한다. 또한 롱 트래블 댐퍼 클러치를 사용해서 연비와 댐퍼 클러치 작동시 변속감을 향상시켰다.
전자제어 시스템에서는 토크저감 제어와 각종 지능형 변속단 제어, 학습 제어의 효과적 적용으로 변속감 및 내구성을 향상 시켰다.

자동 변속기 구조

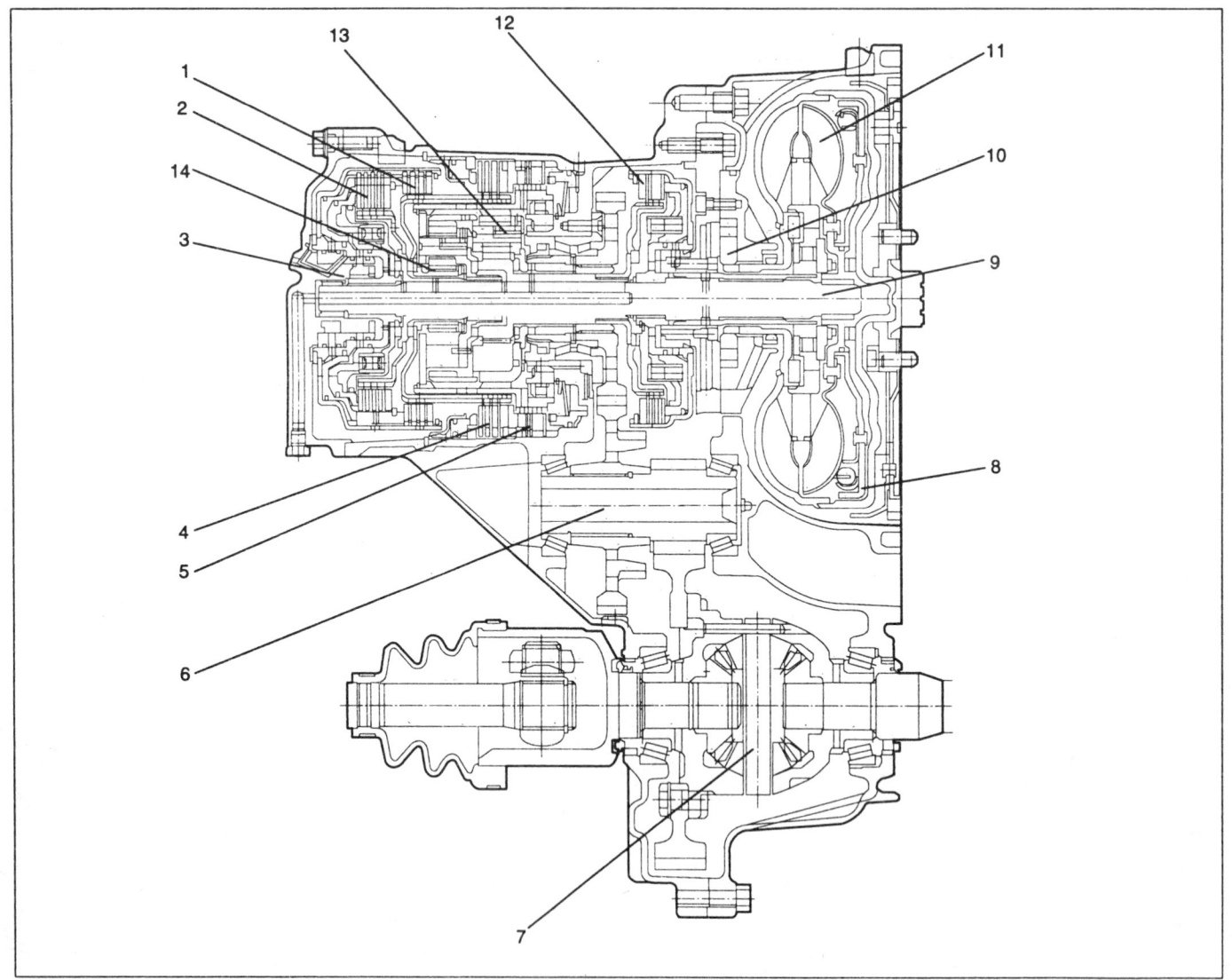

1. 리버스 클러치
2. 오버 드라이브 클러치
3. 리어 커버
4. 세컨드 브레이크
5. 로우&리버스 브레이크
6. **출력축**
7. 차동장치
8. 댐퍼 클러치
9. 인풋 샤프트
10. 오일펌프
11. 토크 컨버터
12. 언더 드라이브 클러치
13. 출력 플래너터리 캐리어
14. 오버 드라이브 플래너터리 캐리어

자동변속기

자동 변속기 주요 특징

항목	내용
구성품	풀 라인압 가변 제어를 실시해서 연비 향상 시켰다.
	롱 트래블 댐퍼 클러치를 장착해서 엔진 회전수 변동 감쇄 능력 향상과 연비를 향상 시켰다. (17~20°)
	오일 펌프를 기존의 트로코이드 방식에서 파라코이드 방식으로 개선해서 가공성과 저RPM영역에서 체적 효율 개선했다.
	로우 & 리버스 브레이크에 디스크 타입 리턴 스프링을 장착해서 내구성 향상 및 전장을 축소했다.
	클러치 내부에 원심 밸러스 기구를 장착하여 내구성 및 변속 제어성능을 향상시켰다.
	저소음 기어 및 치면 그라인딩을 적용해서 소음 및 내구성을 향상시켰다.
전자 제어 시스템	유압 설정치가 엔진 토크와 연동해서 안정적인 변속감 향상이 가능하다.
	엔진 토크 저감 제어의 효과적 적용으로 변속감 및 내구력이 향상되었다.
	변속시 1↔3, 2↔4속의 스킵 시프트(SKIP SHIFT)가 가능하다.
	N→R제어시 L/R 브레이크를 제어하는 반력측 제어가 아닌 리버스 클러치를 제어하는 입력측 제어를 실시하여 N→R 변속감이 향상되었다.
	댐퍼 클러치 직결제어 영역의 확장으로 연비가 향상되었다.
	TLE6288 전류 제어 칩을 TCM 내부에 장착하여 온도 및 전압 변화에 유압 특성을 안정적으로 제어하기 위해 솔레노이드 제어 전류를 조절한다.
	절연 필름안에 전선과 같이 얇고 평평한 구리를 이용하여 회로를 구성하는 FPC (Flexible Printed Circuit)의 하니스를 장착했다.
	차속 센서 신호를 받지 않고 TCM에서 계기판으로 주파수를 변경해서 속도계를 작동시킨다.

기계 시스템

주요 구성 부품 구조 및 기능

토크 컨버터 (TORQUE CONVERTER)

토크 컨버터는 엔진의 동력을 변속기에 전달해주는 동력 장치로써 3요소, 2상, 1단 형태로 구성되어 있다.
토크 컨버터 유동 단면 형상을 라운드형에서 편평형으로 변경해서 전장을 축소했다.
내부에 장착된 댐퍼 클러치는 엔진 회전수 변동 감쇄능력 향상과 연비 향상을 위해서 댐퍼 클러치 최대 작동 각을 12°에서 18°로 증대 시켰다.

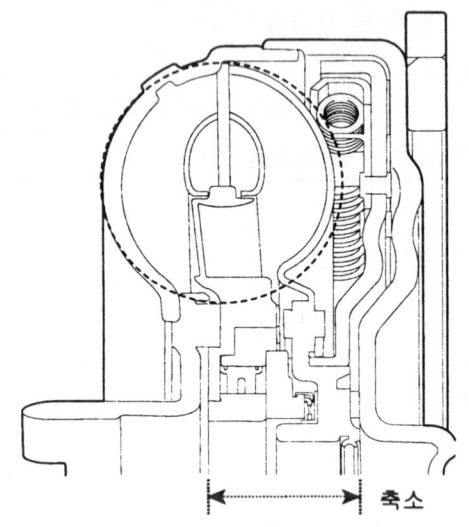 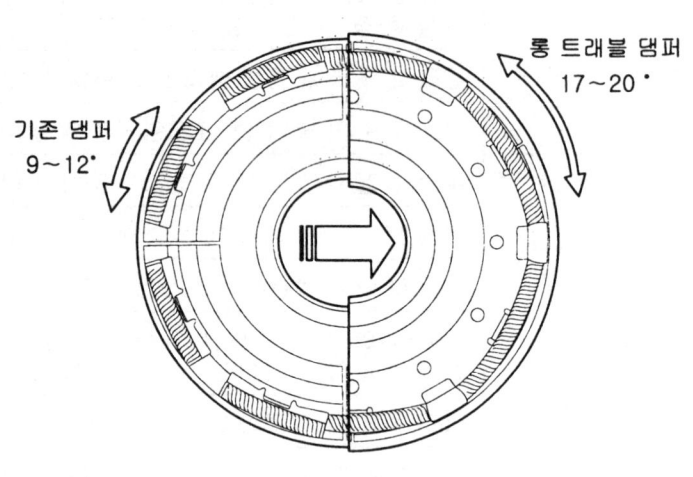

AKGF021B

오일 펌프

오일 펌프의 재질을 알루미늄 (리액션 샤프트 서포트)을 사용해서 중량을 저감하였으며 내부 파라코이드 치형을 사용해서 가공성과 저 RPM영역에서 체적 효율 개선했다.

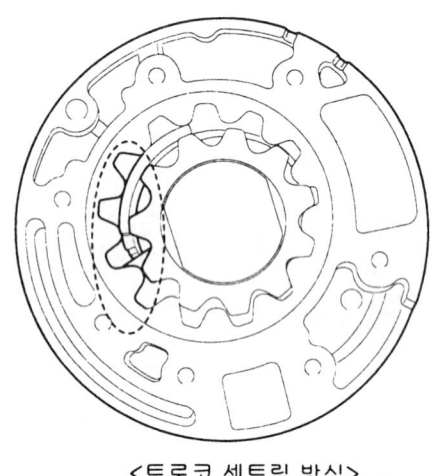 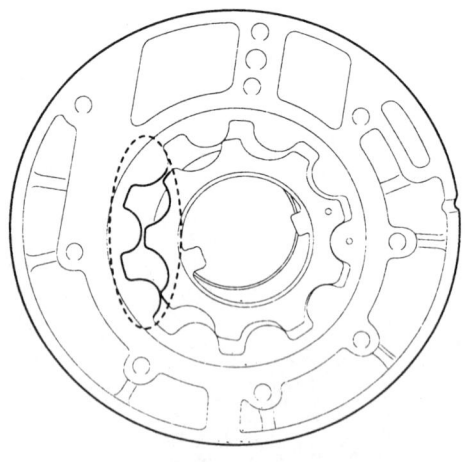

<트로코 센트릭 방식>   <파라코이트 방식>

AKGF021C

브레이크

A4CF2 자동 변속기에는 로우 & 리버스 브레이크와 세컨드 브레이크 2조를 사용하고, 로우 & 리버스 브레이크는 1속시 로우 & 리버스 애뉼러스 기어 및 오버 드라이브 플래너터리 캐리어를 케이스에 고정한다.
특징으로는 디스크 타입 리턴 스프링을 장착해서 균일한 스프링 작동력으로 마찰재 슬립을 방지하여 내구성 향상 및 전장 축소시켰다.
세컨드 브레이크는 2속시 오버 드라이브 선기어를 케이스에 고정한다.

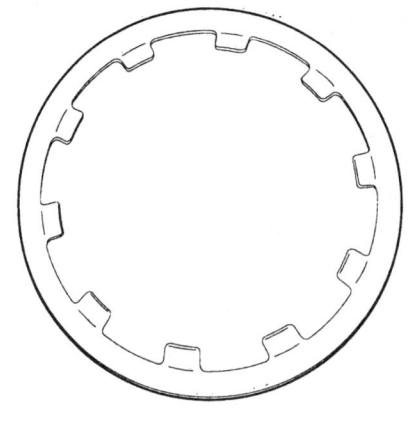 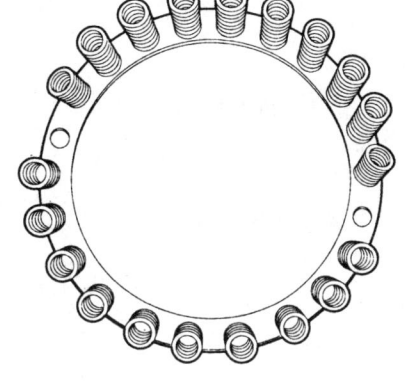

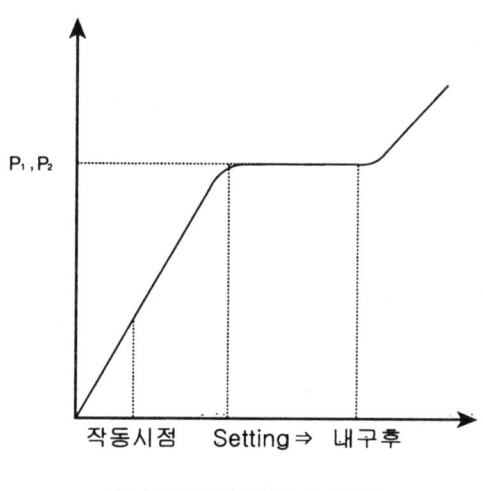

<디스크 타입 리턴 스프링>

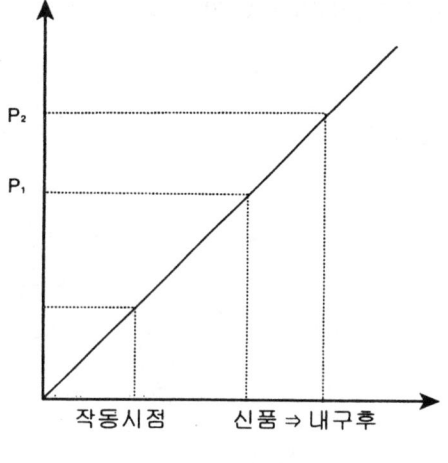

<코일 타입 리턴 스프링>

클러치

변속기구는 3조의 다판식 클러치와 원웨이 클러치를 사용한다. 각 클러치의 리테이너는 정밀 판금 부품으로 이루어져 생산성과 경량화를 실현하였다.
내부에는 원심 밸런스 기구를 두었는데 원리는 고속 회전 시 피스톤 유압실에 잔류하는 오일이 원심력을 받아 피스톤을 밀게 되나 피스톤과 리턴 스프링 리테이너 간에 충만 되어 있는 오일에는 원심력이 발생되어 쌍방의 힘이 상쇄되어 피스톤이 움직이지 않게 되어 클러치 내에 내구성 및 변속 제어성을 향상시켰다.

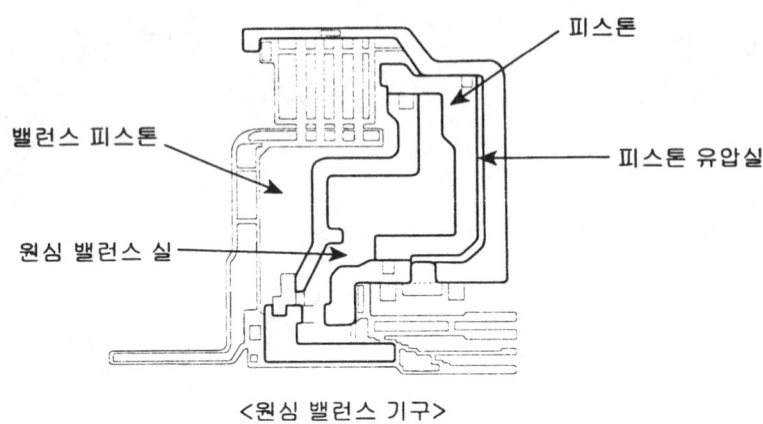

<원심 밸런스 기구>

1. 언더 드라이브 클러치(UNDER DRIVE CLUTCH)

언더 드라이브 클러치는 1,2,3속에 작동되며 입력축의 구동력을 언더 드라이브 선기어에 전달한다.
언더 드라이브 클러치 구성 부품을 아래 그림과 같이 작동 유압은 피스톤과 리테이너간에 작동하여 피스톤을 클러치 디스크로 밀어 붙여 구동력을 리테이너로부터 허브로 전달한다.

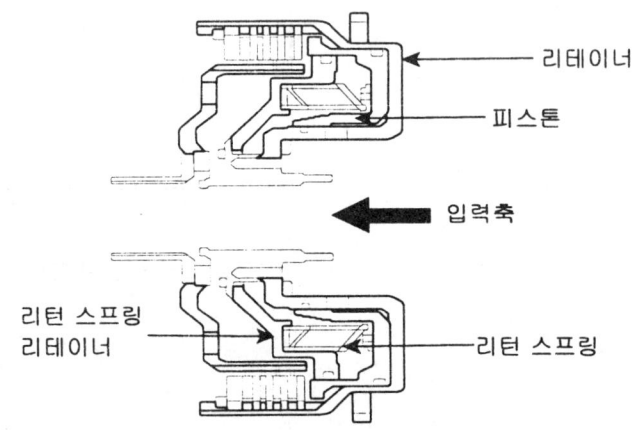

<언더 드라이브 클러치 작동 원리>

2. 리버스 클러치, 오버 드라이브 클러치

리버스 클러치는 후진시 작동하여 입력축의 구동력을 리버스 선기어로 전달한다.
오버 드라이브 클러치는 3, 4에서 작동하여 입력축의 구동력을 오버 드라이브 플레너터리 캐리어 및 로우 & 리버스 애뉼러스 기어로 전달 한다.
구성은 아래 그림과 같이 오버 드라이브의 리테이너의 리버스 클러치 피스톤의 작동을 겸한다.
리버스 클러치의 작동 유압은 리버스 클러치 리테이너와 오버 드라이브 클러치 리테이너 사이에 작용하여 오버 드라이브 클러치 전체를 움직여 리테이너를 통해 허브로 전달한다.

리버스, OD 클러치 내부 구조

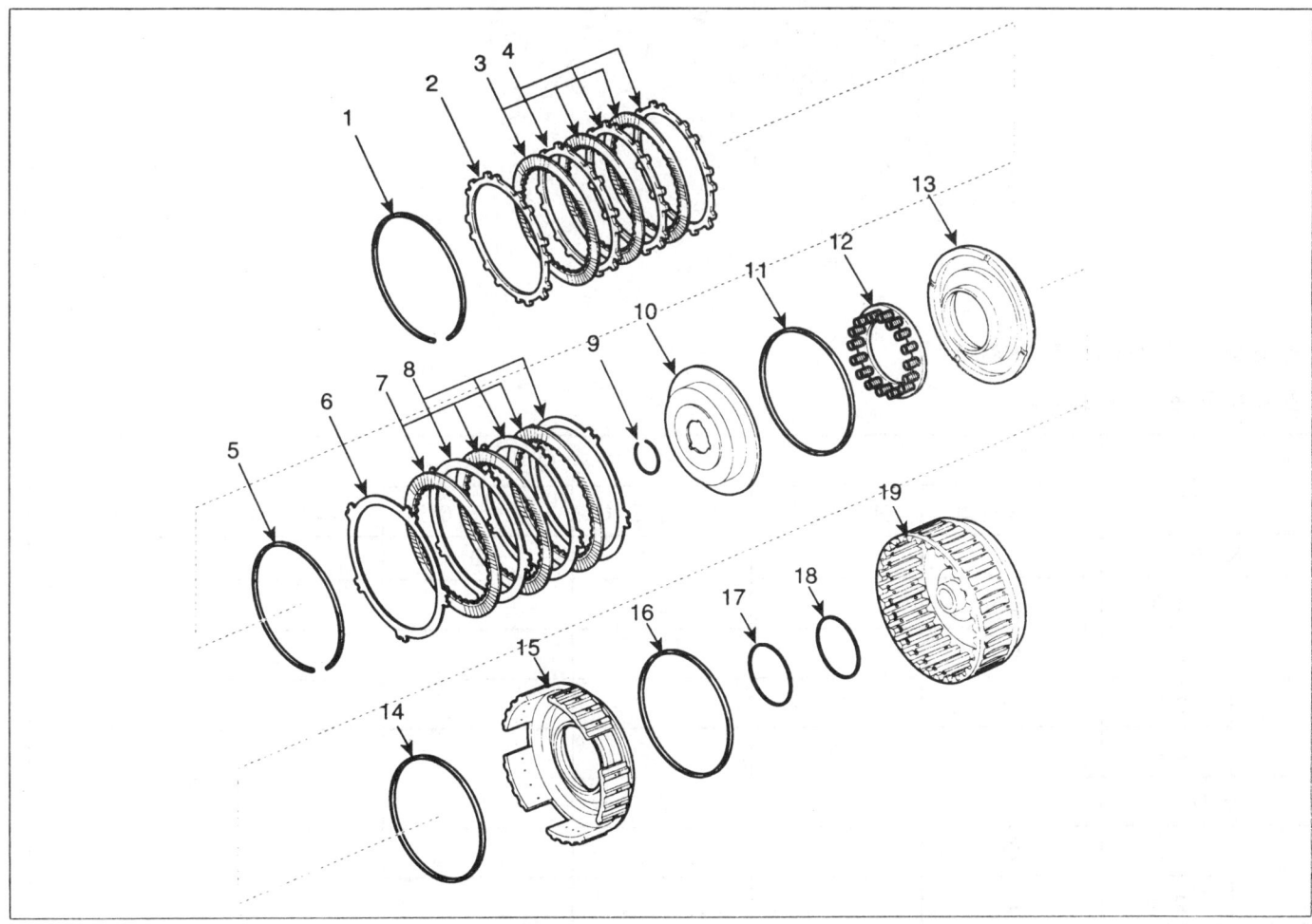

1. 스냅링
2. 클러치 리액션 플레이트
3. 클러치 디스크
4. 클러치 플레이트
5. 스냅링
6. 클러치 리액션 플레이트
7. 클러치 디스크
8. 클러치 플레이트
9. 스냅링
10. 스프링 리테이너
11. D-링
12. 리턴 스프링
13. 오버 드라이브 클러치 피스톤
14. D-링
15. 리버스 클러치 피스톤
16. D-링
17. D-링
18. D-링
19. 리버스 클러치 리테이너

AKGF022C

파킹 시스템

A4CF2 파킹 시스템에는 캠 타입의 파킹 시스템이 장착된다.
기존의 신세대 변속기에 장착된 롤러 타입은 파킹으로 작동시 롤러의 이동을 위한 궤적을 위해 서포트가 있어 다소 복잡한 구조이나, 캠 타입은 별도의 서포트가 필요가 없어 제작성과 구조가 간단하다. 단지 캠의 유동을 방지하기 위한 가이드가 필요하다.

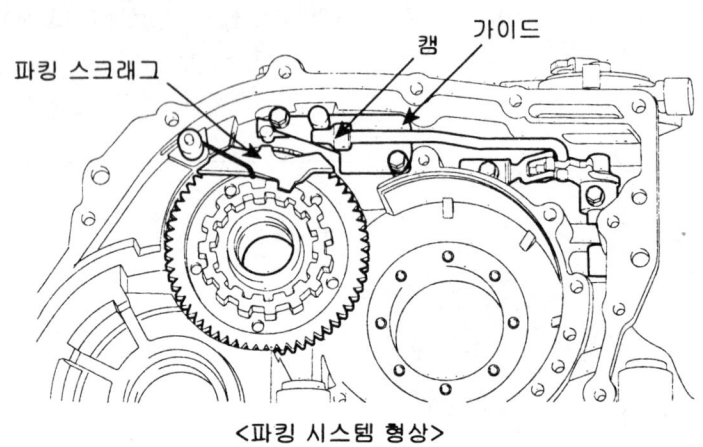

<파킹 시스템 형상>

동력 전달 경로 (POWER TRAIN)

레인지별 작동 요소와 기능

변속단		작동 요소					
		UD 클러치	OD 클러치	REV 클러치	L/R 브레이크	2-4 브레이크	OWC
N, P					O		
D	1속	O					O
	2속	O				O	
	3속	O	O				
	4속		O			O	
후진				O	O		
2	1속	O					O
	2속	O				O	
L		O			O		O

자동변속기

스톨 테스트를 통한 작동 요소 점검

스톨 테스트는 최대한 안전한 상태에서 행한다.(차량 안전 조치 시행)

스톨 테스트는 최대 5초 이내에서 행하며 실시 후 반드시 2~3분 동안 재실행 금지한다

레인지	조건	예상 원인
R슬립	후진	D레인지 정상 시는 REV 예상 D레인지 불량 시 L/R 예상
D1속 슬립	D레인지 1속/ 스포츠 모드 1속	후진 불량 시 L/R불량 후진 정상 시 UD 예상
D3속 슬립	3속 고정 조건 연출	3속 슬립 시 OD예상 (단, 1속과 2속은 정상 시)
전,후진 슬립	D레인지, R레인지	토크 컨버터 예상 오일펌프, 밸브바디 내 매뉴얼 밸브 계통 예상 구동 장치 불량 예상

※ 작동 예상 표에 의한 진단
위 도표의 작동을 보면 반드시 해당 변속단이 수행되려면 두가지 작동 요소에 의해서 변속단이 설정됨을 알수있다. 즉, 클러치나 브레이크가 작동하여 변속단이 설정 되는데 도표에서 보면 두가지 요소가 다른 변속단과의 연관성이 있는 부분을 참고로 한다.

예) D레인지 2속시 UD, 2 ND 작동하며, 3속시 UD, OD가 작동한다.
즉 2속과 3속에서 UD(언더 드라이브 클러치)가 공통으로 작동하므로 UD불량시 2속과 3속에서 불량한 현상이 나올 수 있다.
D레인지 1속시 UD, L/R 작동하며 후진시 REV, L/R이 작동한다.
즉, 후진과 D1속 시 공통 작동 요소는 L/R이므로 L/R이 불량하면 후진 및 D레인지 1속에도 영향을 미친다. 그러므로 후진 시만 불량하다면 L/R 계통은 아닐 수 있다.

규정 스톨 회전수

스톨 회전수 : 1,800 ~ 2,200rpm

유압 제어 시스템

유압 제어 장치의 주요 특징

유압 제어의 특징으로는 먼저 라인압 가변 제어로써 기존의 A4AF3 변속기는 4단을 제외 하고는 각 변속 단에서 THROTTLE 변화에 대해 라인압은 일정하게 제어 했으나, A4CF2 변속기는 VFS (Variable Force Solenoid)를 적용함으로써 THROTTLE 및 전 변속단에서 라인압을 4.5~10.5bar까지 가변시켜 연비 및 양호한 변속 품질이 향상 되었다.

그리고 밸브 바디 내부에 감압 밸브(Reducing Valve)를 두어 기존 HIVEC 변속기처럼 라인압을 사용 솔레노이드 제어압을 만드는 방식이 아닌, 리듀싱 압을 사용하여 솔레노이드 제어압을 만드는 방식이다.

밸브 바디 내부의 스풀 밸브 재질을 기존의 Steel에서 알루미늄으로 재질을 변경해서 고온시 밸브 바디와 스풀 밸브 사이의 열팽창으로인한 누유를 감소시킨다.

또한 전자제어 계통에 고장 발생시에도 스위치 밸브, 솔레노이드 밸브, 페일 세이프 밸브의 작동에 의해서 3속 및 후진 주행이 가능하게 하였다. 오일 점검시도 P, N레인지 모두에서 가능하도록 설계하였다.

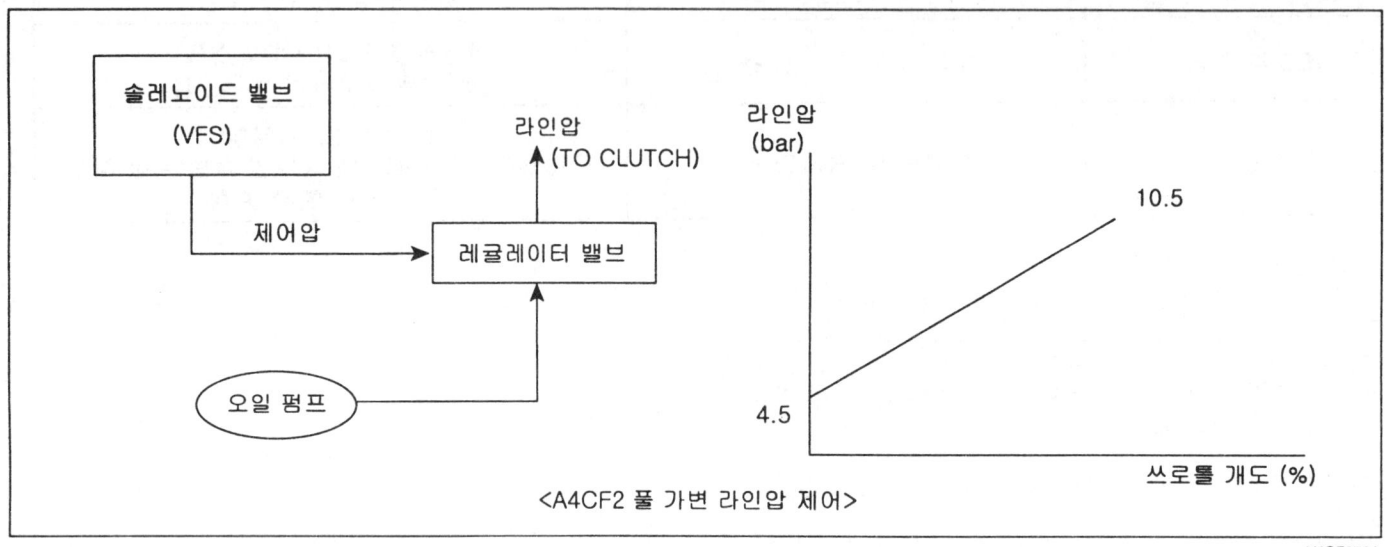

<A4CF2 풀 가변 라인압 제어>

자동변속기

유압 회로 구성

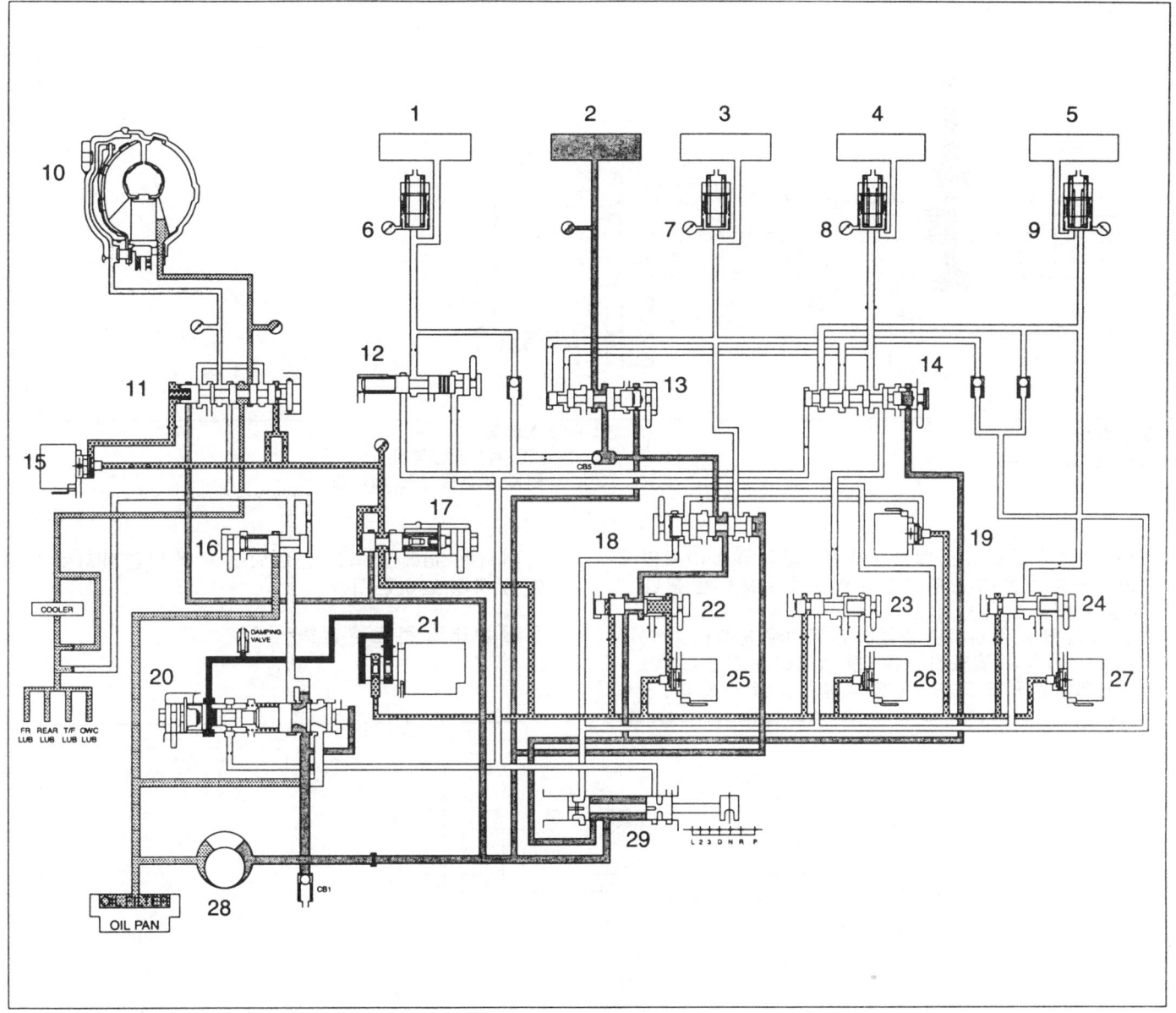

1. 리버스 클러치
2. 로우 & 리버스 브레이크
3. 오버 드라이브 클러치
4. 2-4 브레이크
5. 언더 드라이브 클러치
6. 리버스 클러치 어큐뮬레이터
7. 오버 드라이브 클러치 어큐뮬레이터
8. 2-4 브레이크 어큐뮬레이터
9. 언더 드라이브 클러치 어큐뮬레이터
10. 토크 컨버터
11. 댐퍼 클러치 컨트롤 밸브
12. N-R 컨트롤 밸브
13. 페일 세이프 밸브 - A
14. 페일 세이프 밸브 - B
15. PCSV-D
16. 토크 컨버터 압력 제어 밸브
17. 리듀싱 밸브
18. OD & L/R 스위치 밸브 PCSV-C
19. ON/OFF 솔레노이드 밸브
20. 레귤레이터 밸브
21. VFS 밸브
22. 압력 컨트롤 밸브-A
23. 압력 컨트롤 밸브-B
24. 압력 컨트롤 밸브-C
25. PCSV-A
26. PCSV-B
27. PCSV-C
28. 오일 펌프
29. 매뉴얼 밸브

유압 제어 시스템의 구성 요소 및 작동

1. 레귤레이터 밸브

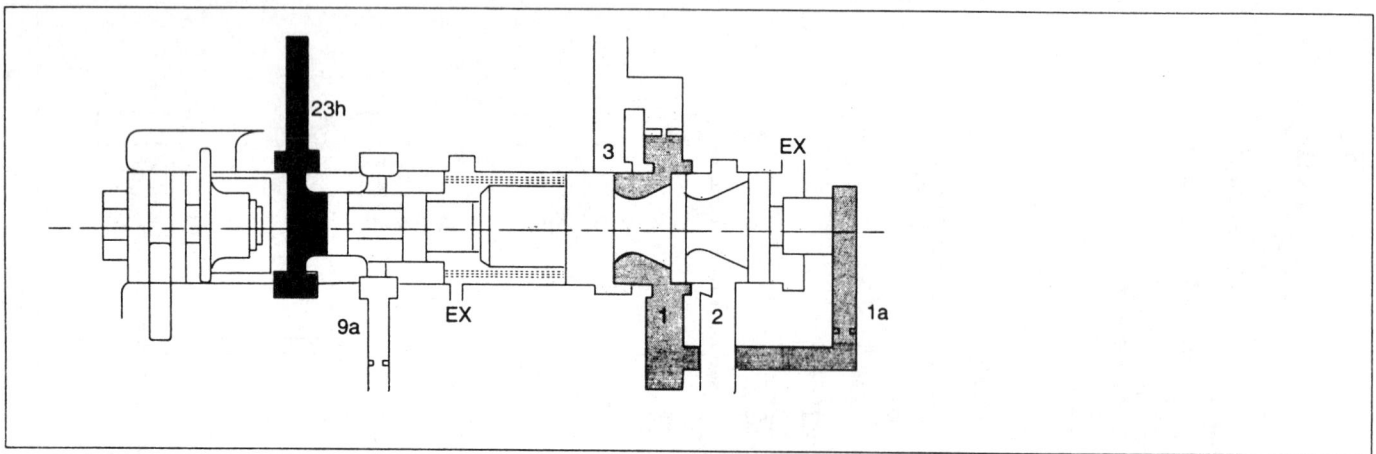

1 : 라인 압력
1a : 라인압 되먹임부
2 : EX PORT
3 : T/CON압력
9a : R시 라인압이 입력됨
23h : 라인압 제어용 VFS 제어압

AKGF023C

라인압력을 조절하는 밸브로써 1번 압력이 높아지면 1a에 의해 스풀이 왼쪽으로 움직여 1번 포트를 통해 유량을 배출한다.
23h에 압력이 존재하면 스풀이 왼쪽으로 움직이기 위해 더 큰 압력이 필요하므로 1번 압력이 높아진다. 따라서, 23h 압력에 의해 1번 압력을 조절할 수 있다. R단에서는 9a에 압력이 인가되어 위와 마찬가지로 1번 압력이 높아진다.

2. 토크 컨버터 컨트롤 밸브

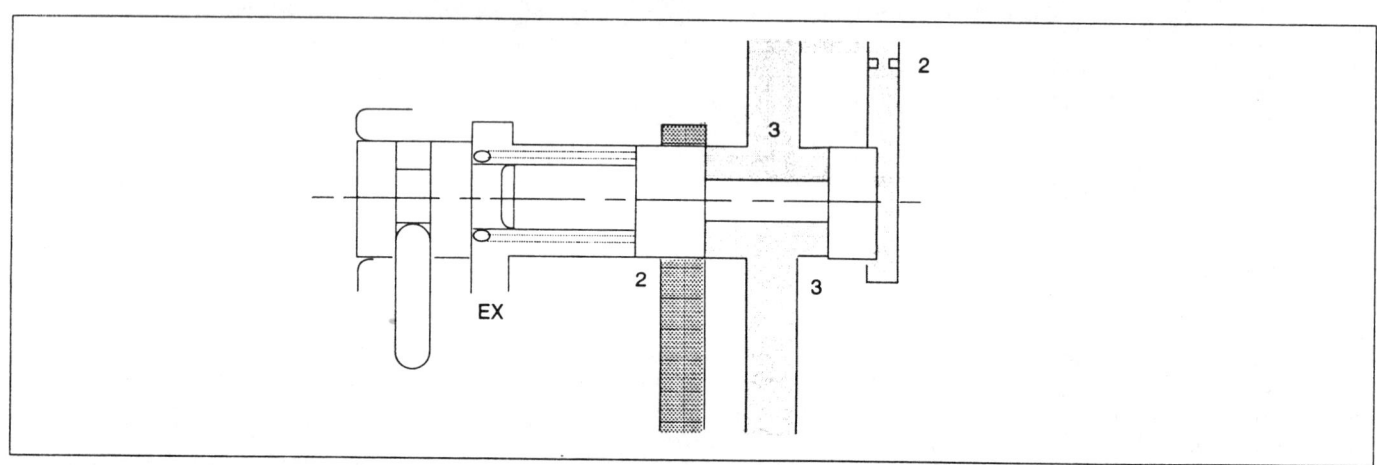

2 : EX PORT
3 : T/CON압력

AKGF023D

토크 컨버터 입력 압력을 조절하는 역할을 수행하며, 원리는 3번 압력이 높아지면 3a에 의해 스풀이 왼쪽으로 움직여 2번 포트로 유량을 배출하여 설정된 압력을 유지하게 된다.

자동변속기 AT-17

3. 리듀싱 밸브

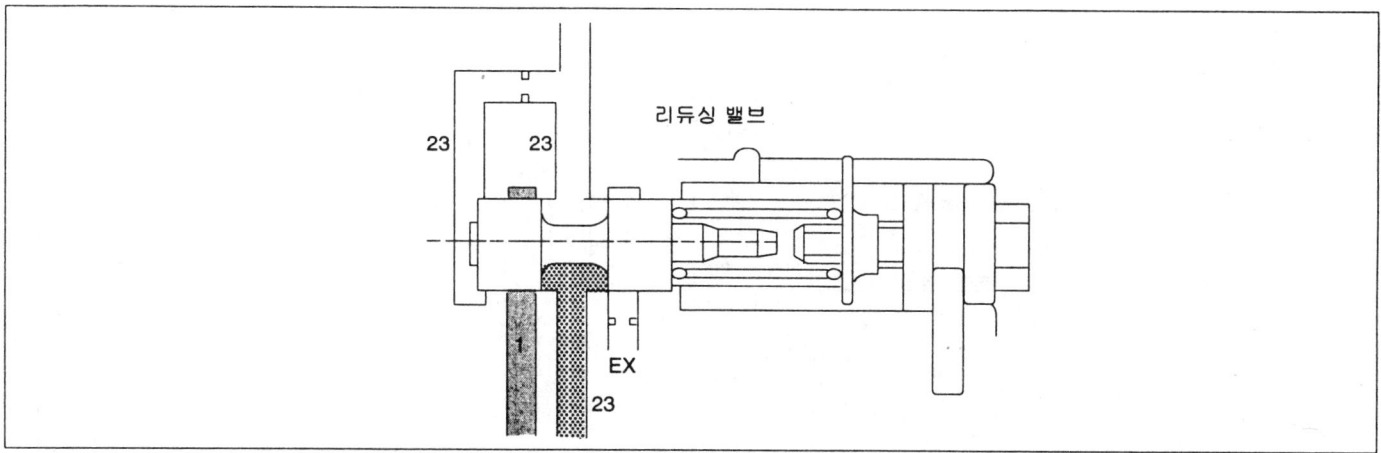

1 : 라인 압력
23 : 리듀싱 압력(솔레노이드 공급 압력)

솔레노이드 공급 압력을 형성하는 역할을 수행하며, 원리는 23번 압력이 높아지면 되먹임되는 23에 의해 스풀이 오른쪽으로 움직여 먼저 1번 포트를 닫고, 더 높아지면 EX로 유량을 빼내어 설정된 압력을 유지한다.

4. 압력 제어 밸브

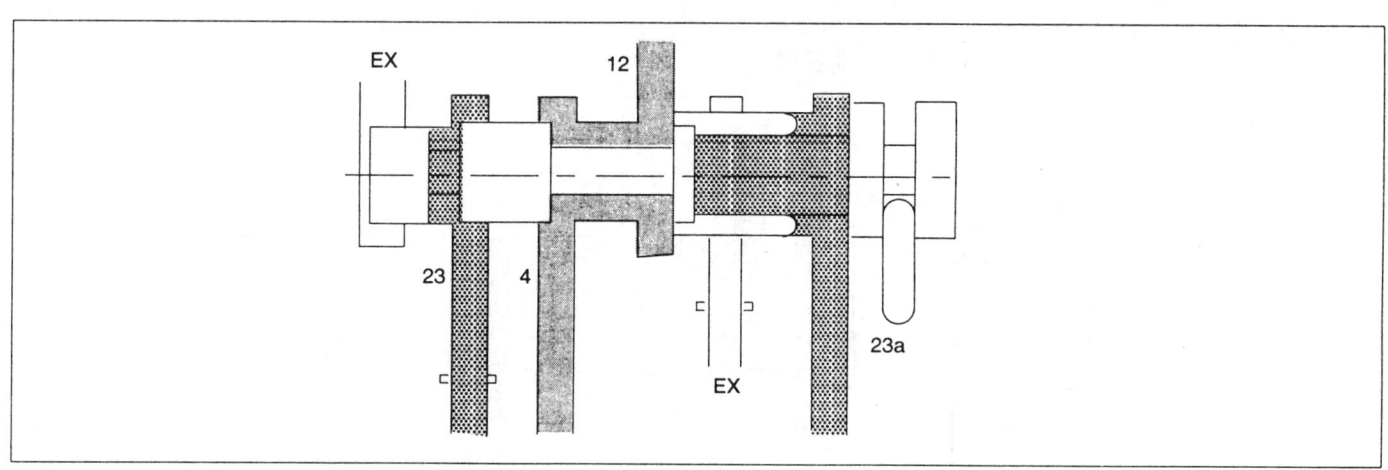

4 : P, N, D시 형성 되는 라인 압력
12 : 클러치/브레이크 제어 압력 (10,11과 동일)
23 : 리듀싱 압력
23a : PCSV-A에 의해 형성되는 제어압력

클러치 브레이크 압력을 조절하는 역할을 수행하며 23a번 압력이 주어지면 12번 유로에는 주어진 23a 압력에 따른 설정된 압력이 형성된다. 만약 12번 압력이 더 높아지면 EX로 유량을 빼내고 낮으면 4번 유로를 열어 설정된 압력을 유지한다. 클러치/ 브레이크를 접속 시킬 경우 23a번 압력은 변속이 진행됨에 따라 라인압이 된다.

5. N-R 제어 밸브

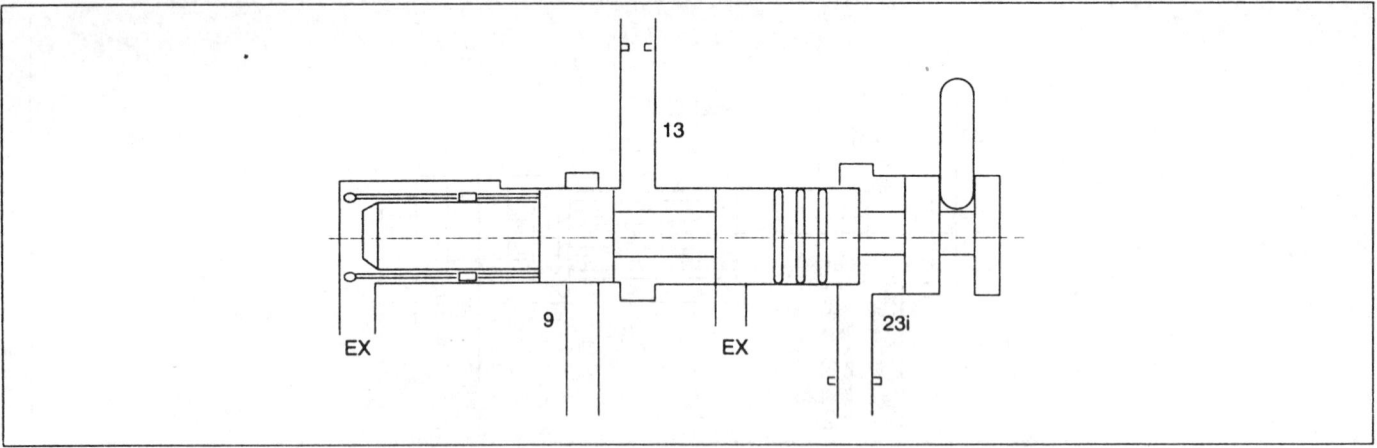

9 : R시 형성되는 라인 압력
13 : REV 클러치 압력
23 l : PCSV-B에 의해 형성되는 제어 압력

REV 클러치 압력을 제어하며 원리는 23 l번 압력이 주어지면 13번 유로에는 주어진 23 l압력에 따른 설정된 압력이 형성된다. 만약 13번 압력이 더 높아지면 EX로 유량을 빼내고, 낮으면 9번 유로를 열어 설정된 압력을 유지한다. REV 클러치를 접속시킬 경우 23 l번 압력은 변속이 진행됨에 따라 높아지게 된다.

6. OD & L/R 스위치 밸브

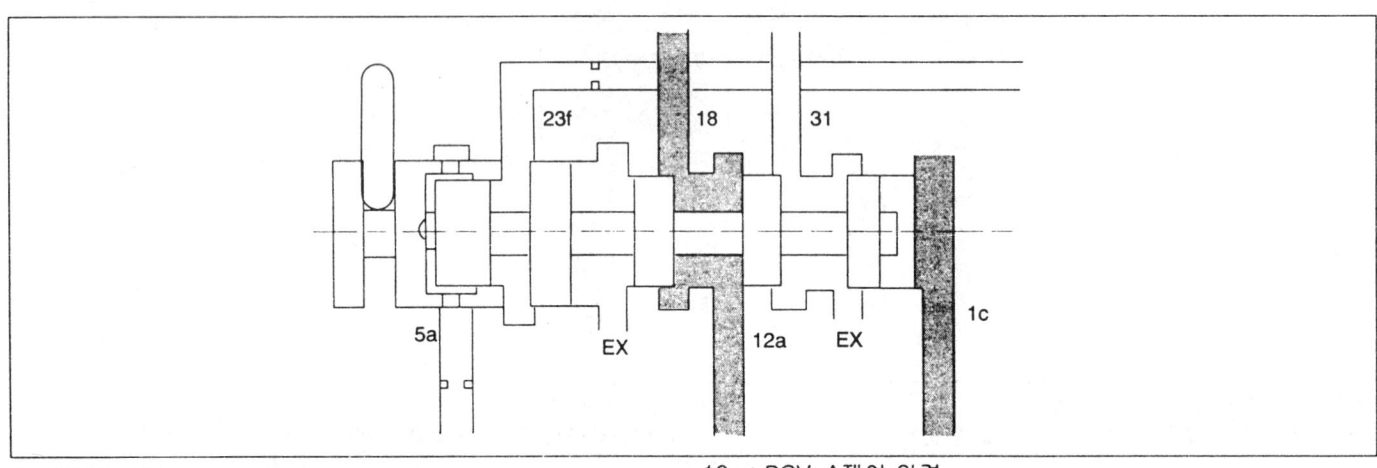

1c : 라인 압력
5a : D시 형성되는 라인 압력
18 : L/R 브레이크 압력
12a : PCV-A제어 압력
23f : ON/OFF SOL에 의해 형성되는 제어압력
31 : OD 클러치 압력

제어압에 따라 입력 유로(12a)를 출력 유로(18,31)중 하나로 연결한다. 작동 원리는 5a번과 23f번 압력이 동시에 들어오면 힘평형에 의해 스풀이 오른 쪽으로 움직인다.

자동변속기

7. 페일 세이프 밸브 - A

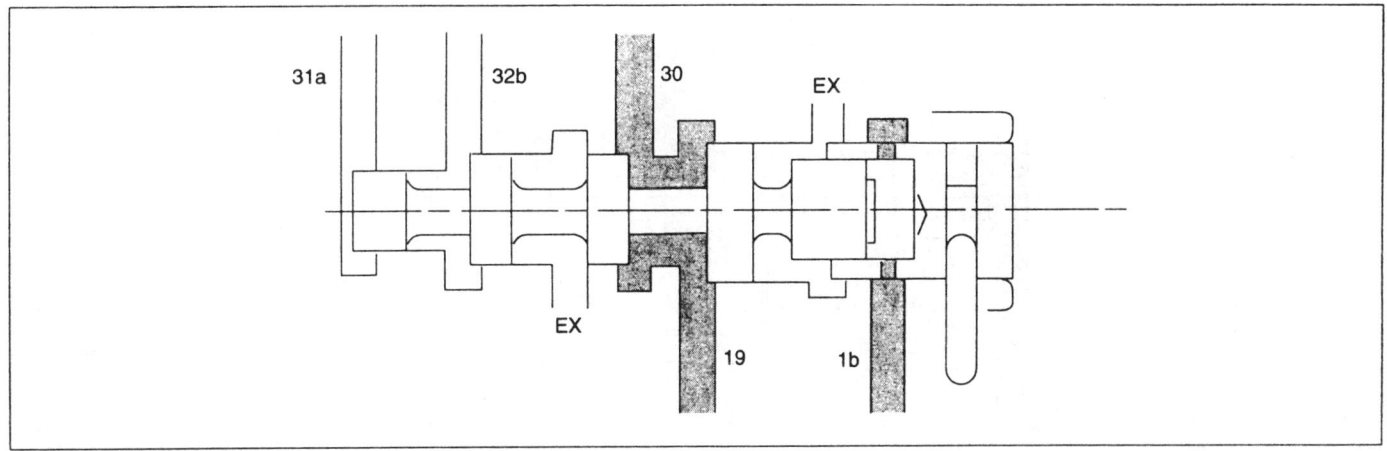

1b: 라인 압력
19: 18과 9중 큰압력
30: L/R 브레이크 압력
31a: OD클러치 압력
32b: 2-4브레이크 압력

AKGF023I

L/R 브레이크 압력을 특정 조건에서 해제시키는 역할을 하며, 작동 원리는 31a와 32b 둘중 하나의 압력이 존재할 때, 19압력이 어느 수준에 도달하면 스풀이 오른쪽으로 움직여 30번 유로를 EX와 연결한다. 31a와 32b 압력이 둘다 존재하면(D4 상태), 19압력에 관계없이 30번 유로를 해제 시킨다.

8. 페일 세이프 밸브 - B

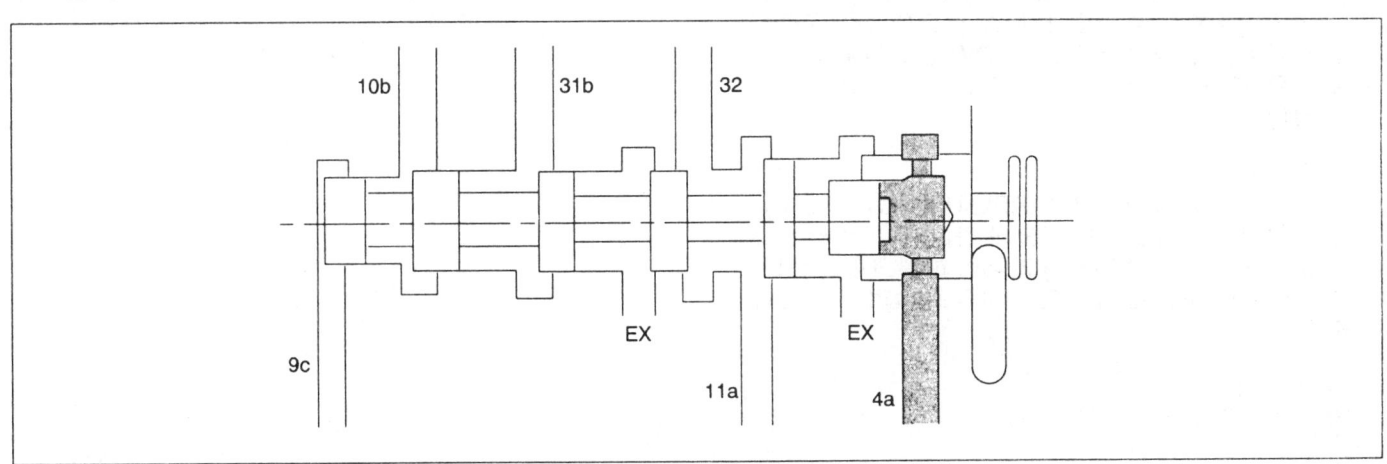

4a: P, N, D시 형성되는 라인 압력
9c: R시 형성되는 라인 압력
10b: UD 클러치 압력
11a: PCV B 출력 압력
31b: OD 클러치 압력
32: 2-4 브레이크 압력

AKGF023J

2-4 브레이크 압력(32)을 특정 조건에서 해제 시키는 역할을 하며, 작동 원리는 10b와 31b 둘다 압력이 존재할 때, 32압력이 어느 수준에 도달하면 스풀이 오른쪽으로 움직여 32번 유로를 EX와 연결한다. R시에는 9C압력만 존재하여 항상 스풀이 오른쪽 위치에 있다.

9. 댐퍼 클러치 제어 밸브

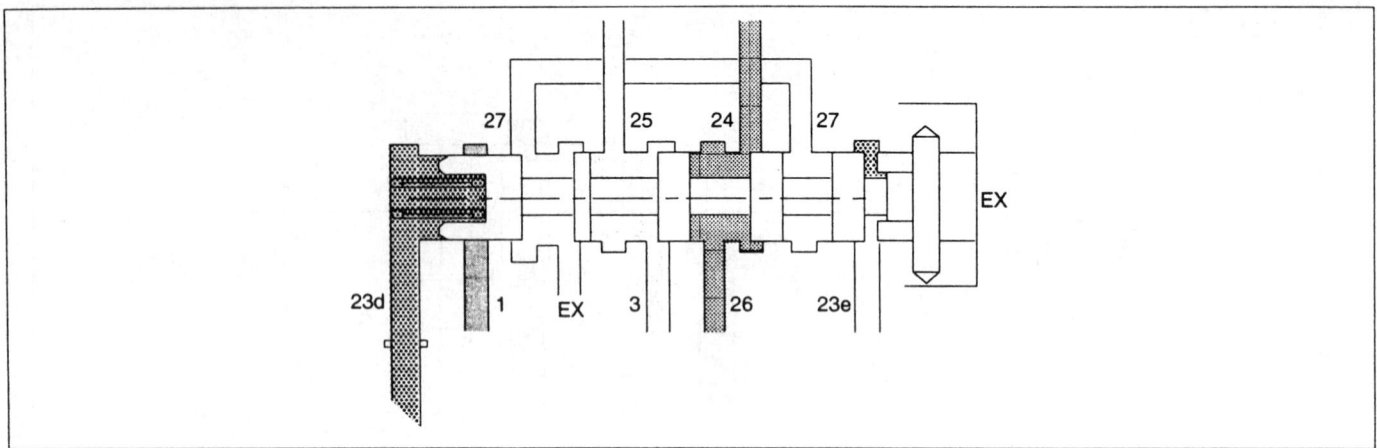

23e : 리듀싱 압력
23d : PCSV- B에 의해 형성되는 제어압력
24 : D/C 직결 유로 (DA압)
25 : D/C 해제 유로 (DR압)
26 : T/CON에서 COOLER 로 가는 유로

토크 컨버터의 댐퍼 클러치를 제어하는 역할을 하며 23d번 압력에 따른 설정된 압력이 형성된다. 27번 압력이 형성될 때에는 이미 27번과 24번, 25번과 EX, 3번과 26번은 연결되어 있다. 만약에 27번 압력이 더 높아 지면 EX로 유량을 빼내고, 낮으면 1번 유로를 열어 설정된 압력을 유지한다. D/C 클러치를 접속시킬 경우 23d번 압력은 변속이 진행됨에 따라 낮아지게 된다.

10. 체크 보올
매뉴얼 밸브에 의한 클러치(REV, UD, OD) 해제시 별도의 해제 유로제공하는 역할을 하며, 작동원리는 매뉴얼 밸브에 의해 9번(5번) 압력이 해제되면, 압력이 설정된 압력 이상일 경우 볼이 아래로 밀려 유량이 배출된다.

11. 댐핑 밸브
VFS 제어압의 압력 맥동 저감

12. 라인 릴리프 밸브
라인 압력의 최대치를 제한하며, 작동원리는 라인압이 설정된 압력 이상이 되면 볼이 아래로 밀려 유량이 배출된다.

13. 어큐뮬레이터
어큐뮬레이터는 클러치/브레이크 제어 압력(REV, UD, OD, 24)의 맥동 저감 역할을 한다.

자동변속기

유압 회로도

N레인지, P레인지

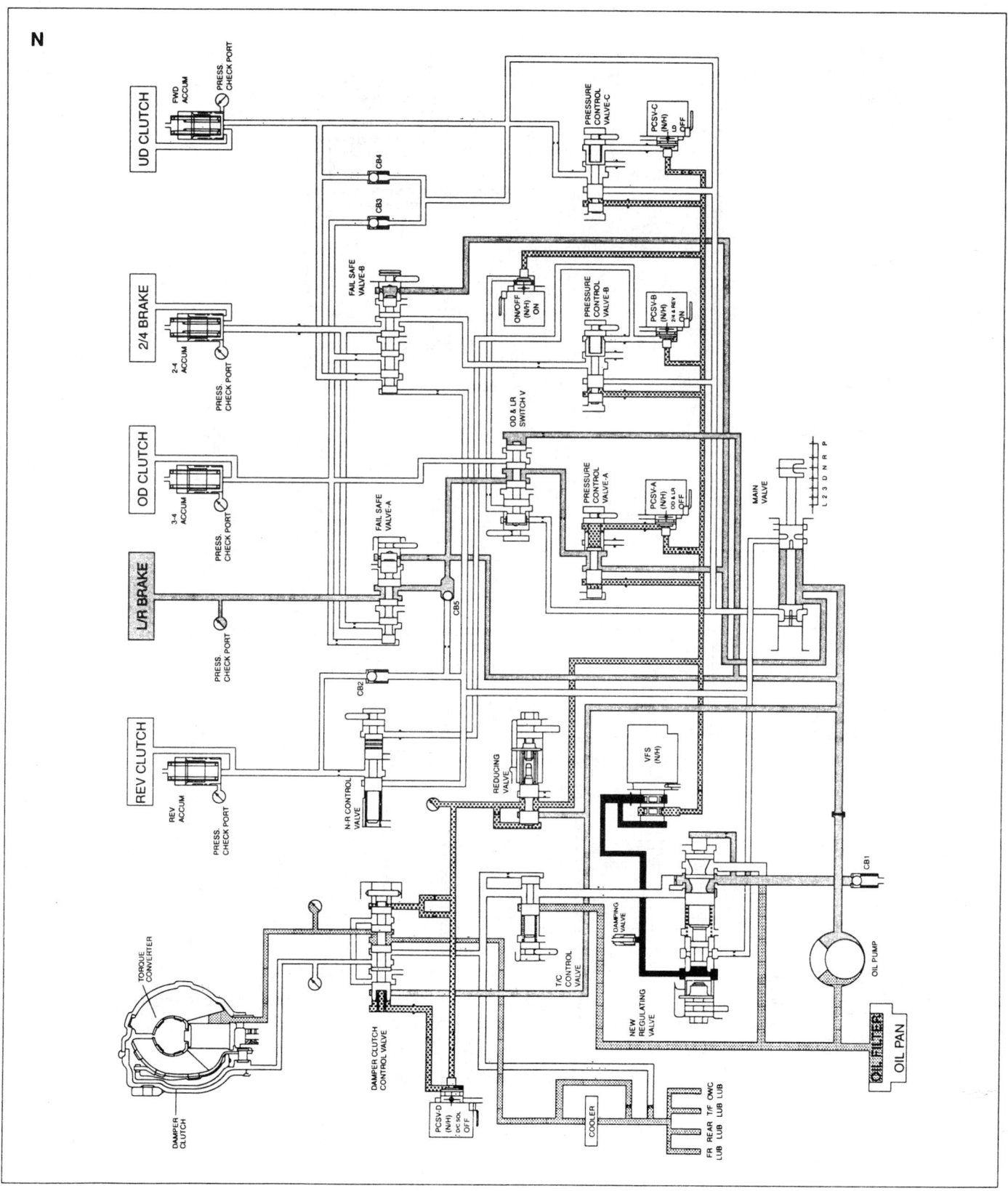

자동변속기 (A4CF2)

D레인지 **1**속

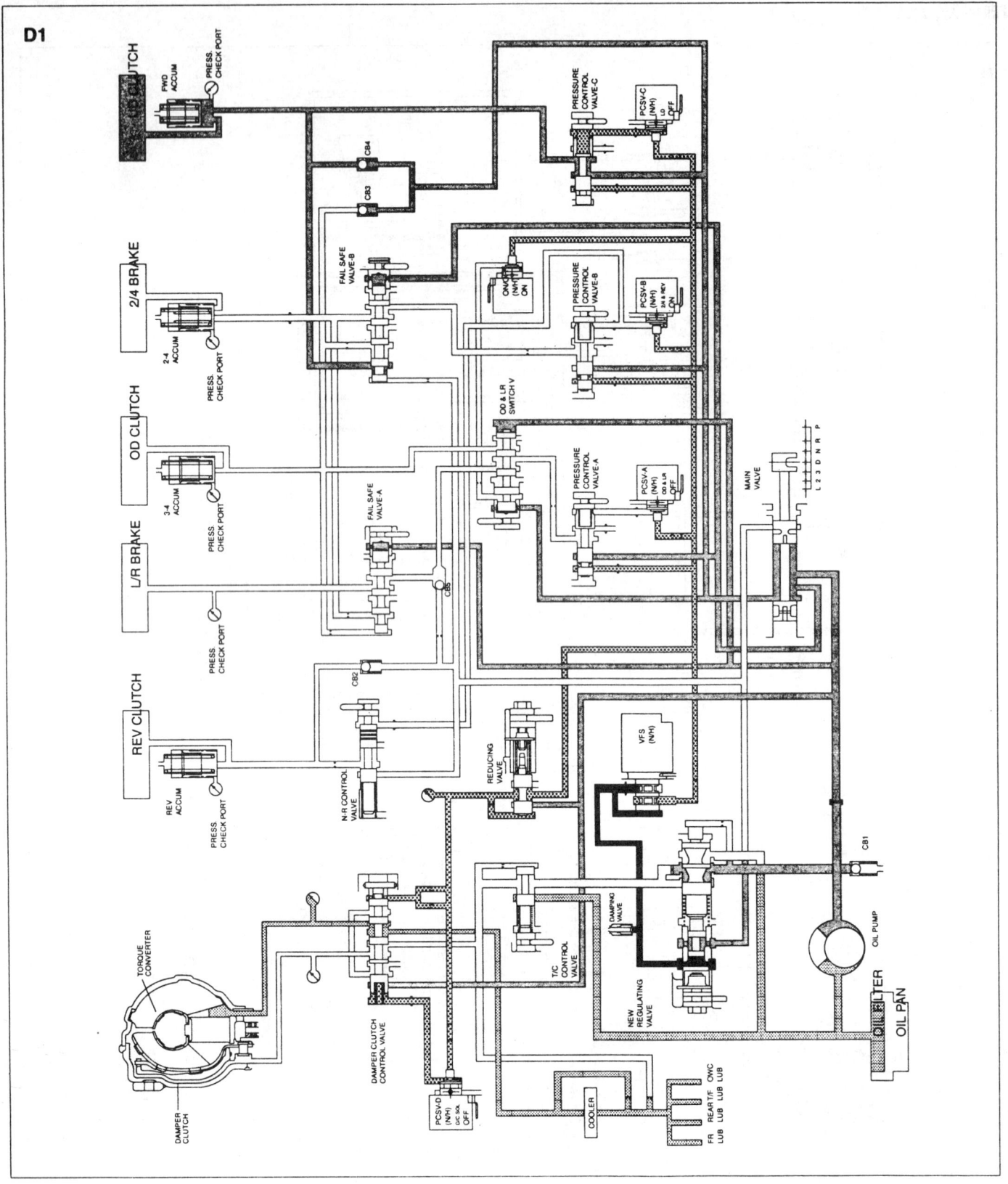

자동변속기

D레인지 2속

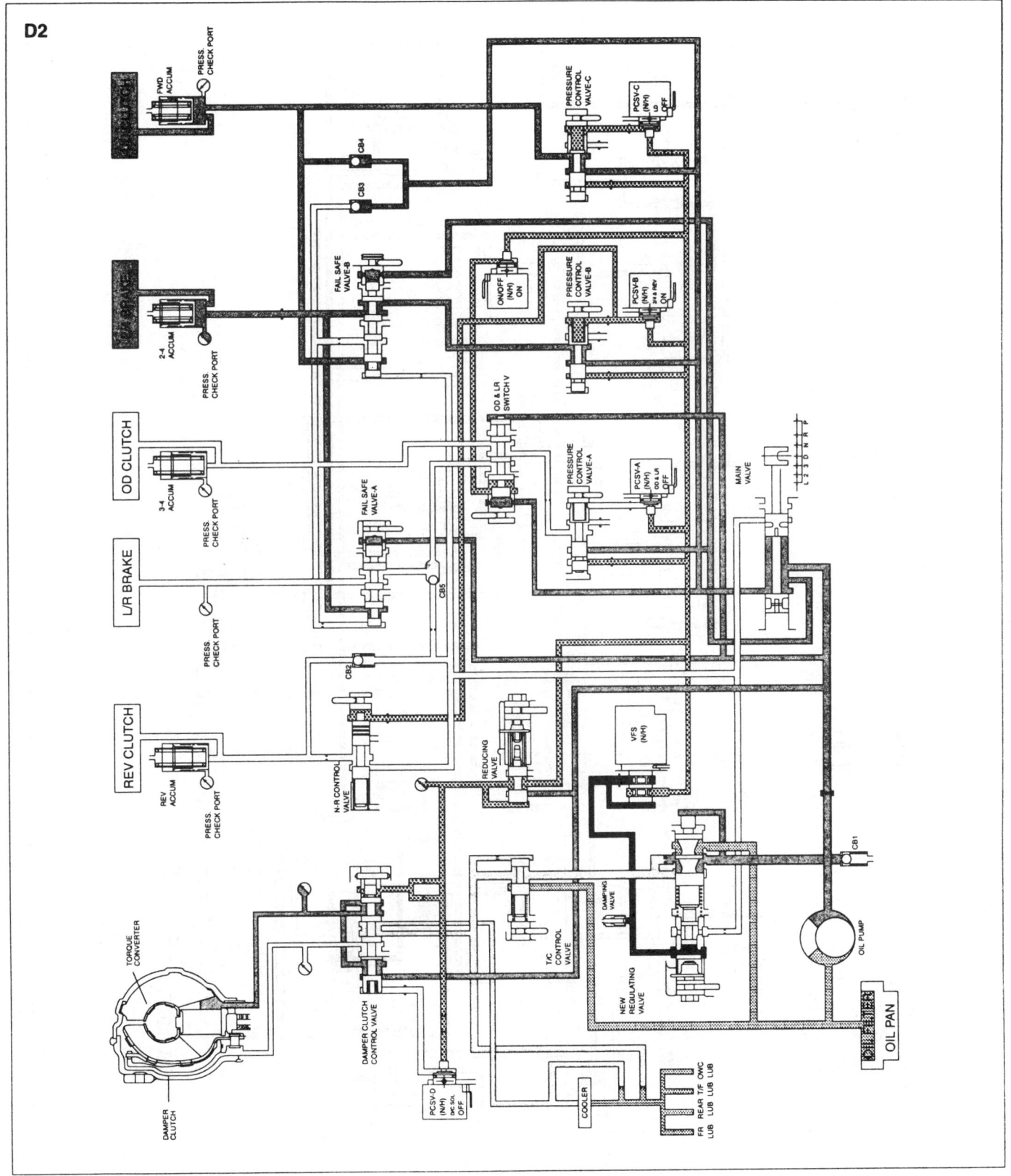

D레인지 3속

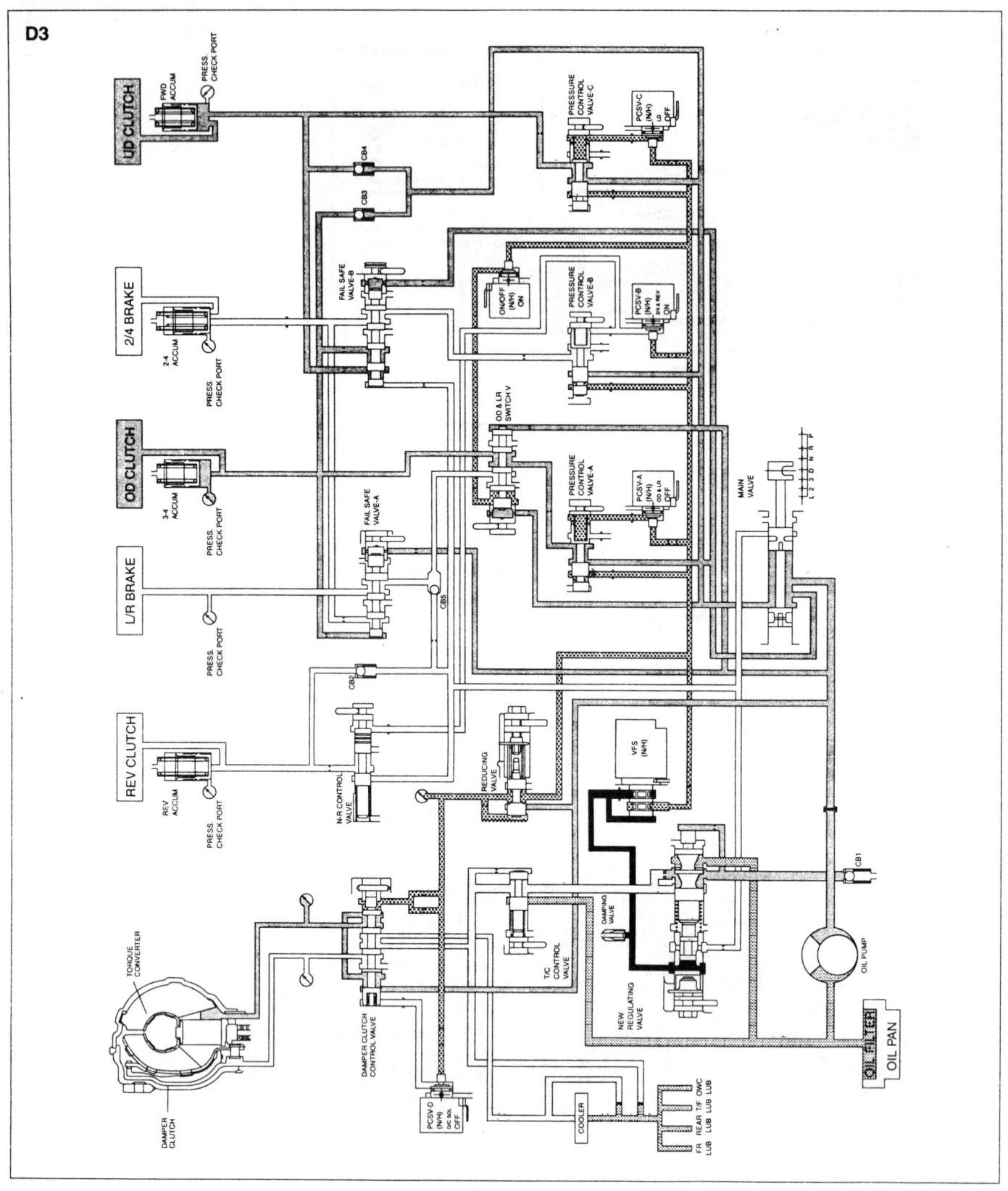

자동변속기

D 레인지 4속

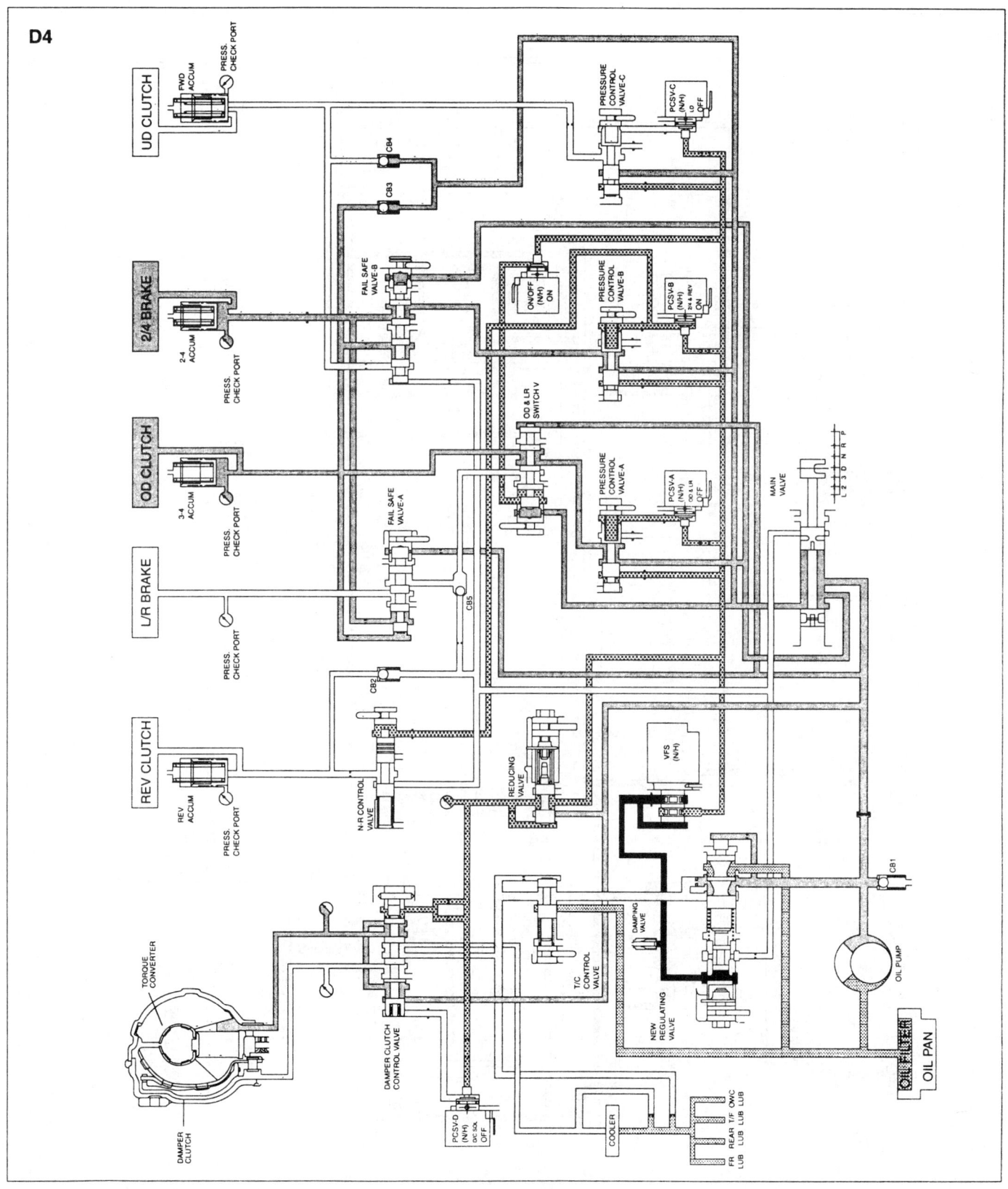

AKGF024E

AT -26 자동변속기 (A4CF2)

R 레인지

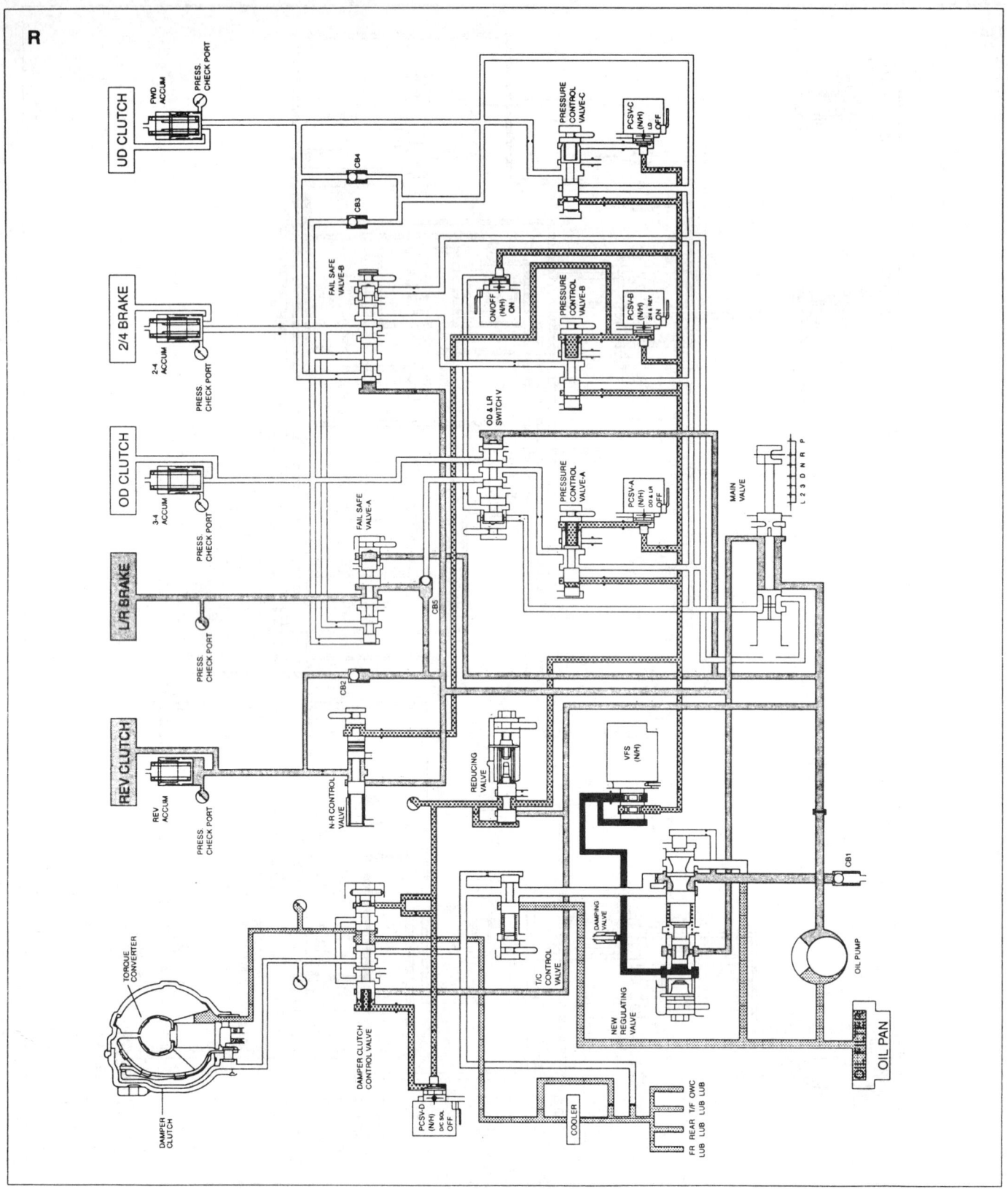

자동변속기

L 레인지

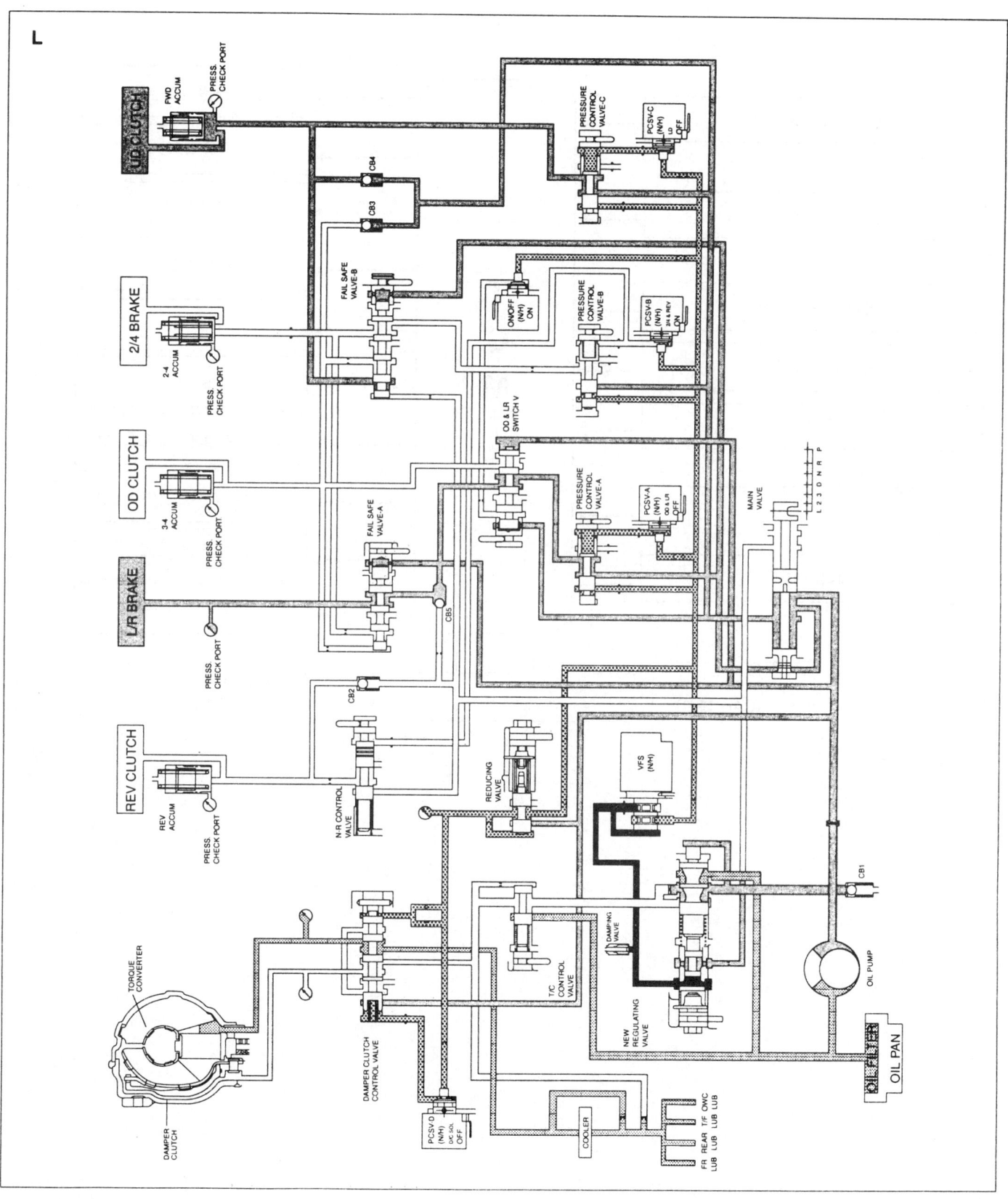

AKGF024G

전자 제어 시스템

전자 제어 시스템 구성도

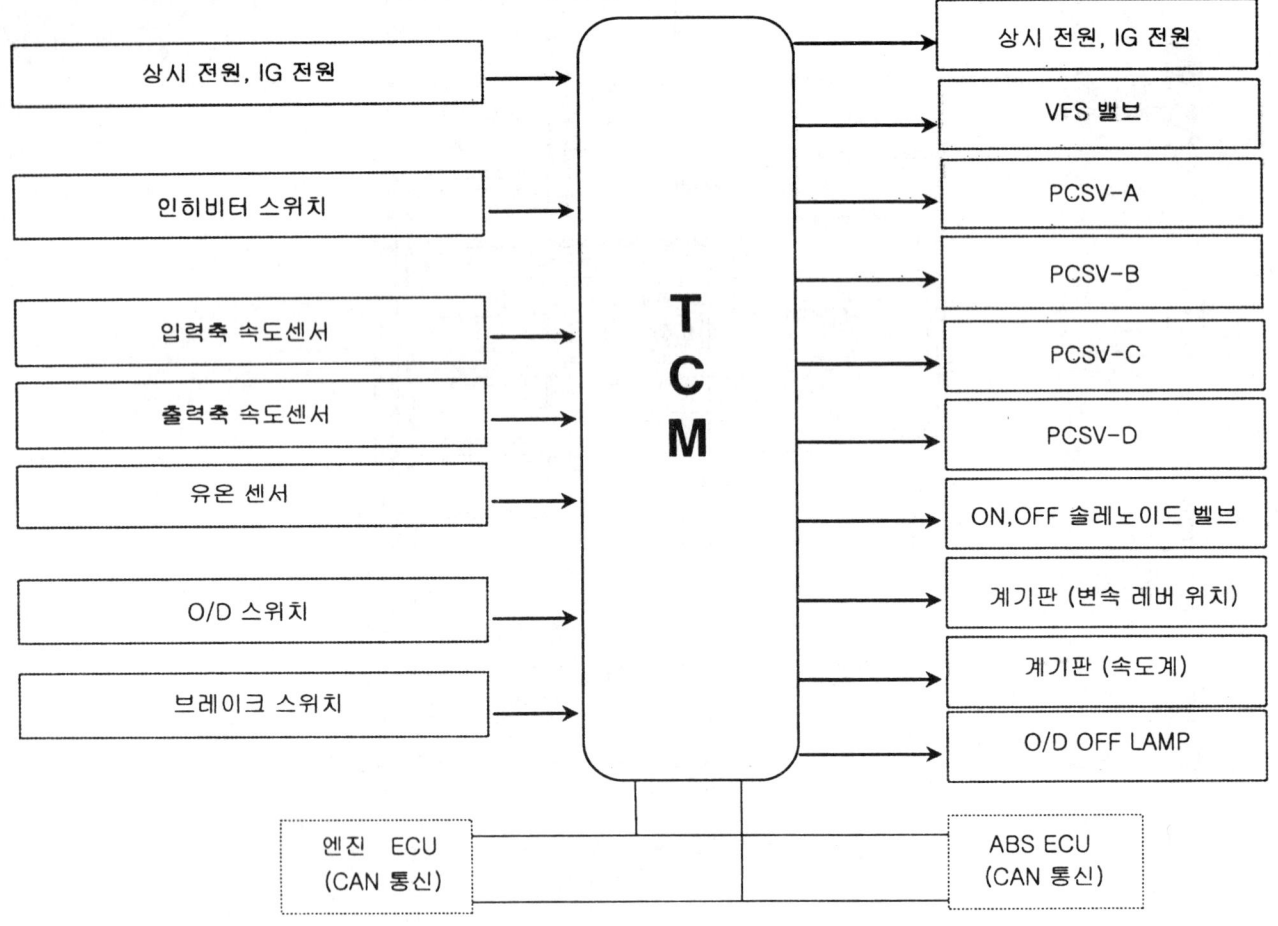

AKGF025A

입력 신호 및 출력 신호의 종류와 기능

명칭	기능
입력축 속도센서	입력축 회전수(TURBINE RPM)을 OD/RVS 리테이너 부에서 검출
출력축 속도센서	출력축 회전수를 (T/F DRIVE GEAR RPM) T/F 드라이브 기어부에서 검출
엔진 회전 속도	엔진 회전수를 ECM에서 CAN 통신을 통해 받는다.
APS	페달 밟은 량을 포텐션 메타로 검출해서 CAN 통신을 통해 받는다.
유온 센서	자동 변속기 오일의 온도를 써미스터로 검출한다.
오버 드라이브 스위치	오버 드라이브(4단 기어)의 선택 상태를 검출하는 스위치
브레이크 스위치	브레이크의 작동을 브레이크 페달부의 점점식 스위치로 검출한다.
인히비터 스위치	선택 레버의 위치를 접점식 스위치로 검출한다.
ON/OFF 솔레노이드 밸브(SCSV-A)	변속 제어를 위해서 유로를 제어하는 밸브
VFS 솔레노이드 밸브	전 THROTTLE 및 전 변속 단에서 라인압을 4.5~10.5bar 까지 가변 시킨다.
PCSV-A(SCSV-B)	변속 제어를 위해서 OD 또는 L/R 유압을 제어하는 밸브
PCSV-B(SCSV-C)	변속 제어를 위해서 2-4 또는 REV 유압을 제어하는 밸브
PCSV-C(SCSV-D)	변속 제어를 위해서 UD 유압을 제어하는 밸브
PCSV-D(TCC)	댐퍼 클러치 제어를 위한 댐퍼 클러치 제어 밸브로의 유압을 조압
토크 저감 요구 신호	토크 저감 요구를 엔진 ECM에 CAN 통신을 통해 송신한다.
클러스터	현재의 변속레버의 위치와 차량 속도를 보내어 램프와 적산 거리계,속도계를 작동 시킨다.

TCM

A4CF2에 장착되는 TCM은 엔진 ECM와 분리된 TCM를 사용하며, 서로의 정보는 CAN 통신을 통해 전달한다.

항목	BOSCH TCM
H/W 특징	분리형(TCM Only)
듀티 구동	Chopping 방식
지능형 변속단 제어	패턴 절환형
데이터 변경 자유도	자유도 높음
주요 유압 제어 요소	터빈 토크, 차속
유온 보정 제어	각 변속단별, 작동 요소별 독립
직결 제어 영역	넓음

● TLE6288 전류 제어 칩

기존의 PWM 솔레노이드 및 구동단 특성이 입력전압과 온도에 따라 변화하는 저항값에 따라 유압이 다르게 나타나기 때문에 이에 대한 보상을 실시해 왔다. 이때의 구동단은 각각의 솔레노이드에 따라 독립적으로 구성되며 이는 CPU에서 출력되는 PWM 신호를 조합하여 솔레노이드를 구동하는 신호를 만든다. 그러나 신 알파 에서는 온도 및 전압 변화에 일정하게 솔레노이드 제어전류를 조절할 수 있게끔 유압 특성을 안정적으로 나타날 수 있도록 PWM 솔레노이드 신호를 조합하는 방식이 아닌 전류제어를 통하여 솔레노이드 구동신호를 만들어내는 TLE6288 전류 제어 칩을 TCM 내부에 사용하여 구동 단을 구성하였다. 여기서 신 알파용 솔레노이드 밸브 제어신호는 Peak 신호와 Hold 신호로 구분할 수 있는데 각 신호는 다음과 같은 역할을 한다.

1. Peak : 솔레노이드 플런저를 빨리 움직이고자 인가하는 12V 신호
2. Hold : 당겨진 솔레노이드 플런저를 계속 잡고 있도록 인가하는 신호

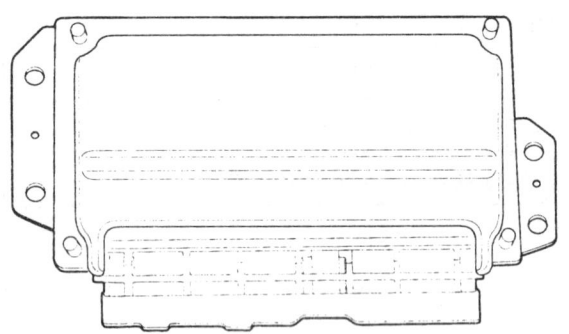

AKGF026B

자동변속기

FPC (FLEXIBLE PRINTED CIRCUIT) 하니스

신알파 ATM용 하니스에 적용된 FPC는 초기 ROUN TYPE 시의 문제점 (장착성 및 작업성)을 개선한 타입으로 유연성과 얇은 두께는 TM 부의 협소한 공간에 최적의 레이아웃 가능케 하고 중량 및 노이즈를 감소 시켰다. 또한 유온 센서를 FPC에 SUB화 시켰다.

* FPC는 Flexible Printed Circuit의 약자로서 절연 필름 (Polyester Polylmid) 안에 전선과 같이 얇고 평평한 구리를 이용하여 회로를 구성하는 타입으로 두께가 얇고 3차원 레이아웃 구성이 가능하여 매우 유동적이지만 일단 회로를 구성하고 나면 회로 수정이 불가능하다는 단점을 가지고 있다.

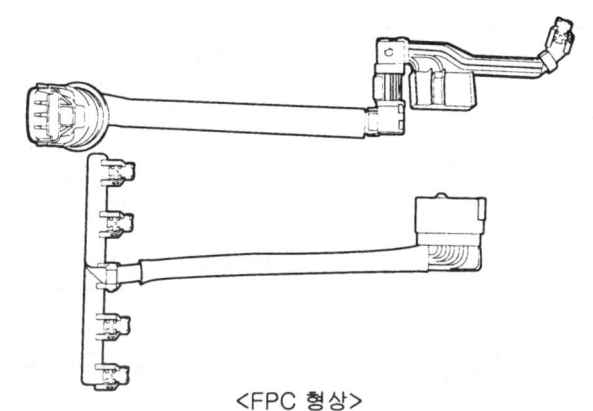

\<FPC 형상\>

항목	기존 Round Wire 타입	FPC 타입
중량(g)	96.6	72
공간 활용도	낮음	높음
TM 장착성	나쁨	우수
제품 유연성	높음	낮음
설계 변경 대응	보통	낮음
품질(단선,눌림)발생	높음	낮음
SOL부 체결성	낮음 (진동에 불리)	우수
치수 안정성	불안정	안정 (공차 거의 없음)

CAN 통신

개요	Controller Area Network의 약자로 좁은 범위의 구역에서 서로 네트워크를 형성한 각각의 개체가 통일된 통신 언어를 구사한 통신 방법이다. 이는 우선적인 컨트롤러가 입, 출력과 관련된 신호값을 우선 측정하고 인식하여 다른 컨트롤러로 하여금 인식하기 편리한 통신언어를 사용하여 아주 빠른 속도로 전송하는 것이다. 현재 차량에 적용된 CAN통신 라인은 HIGH 라인과 LOW 라인의 2개의 배선으로 구축되어 있으며, LOW라인이 지배적인 방식을 사용하며 2라인의 전압을 상호 비교, 인식하여 데이터 프레임으로 인식한다.
통신 속도	500 KBit/s

CAN 통신 구성도

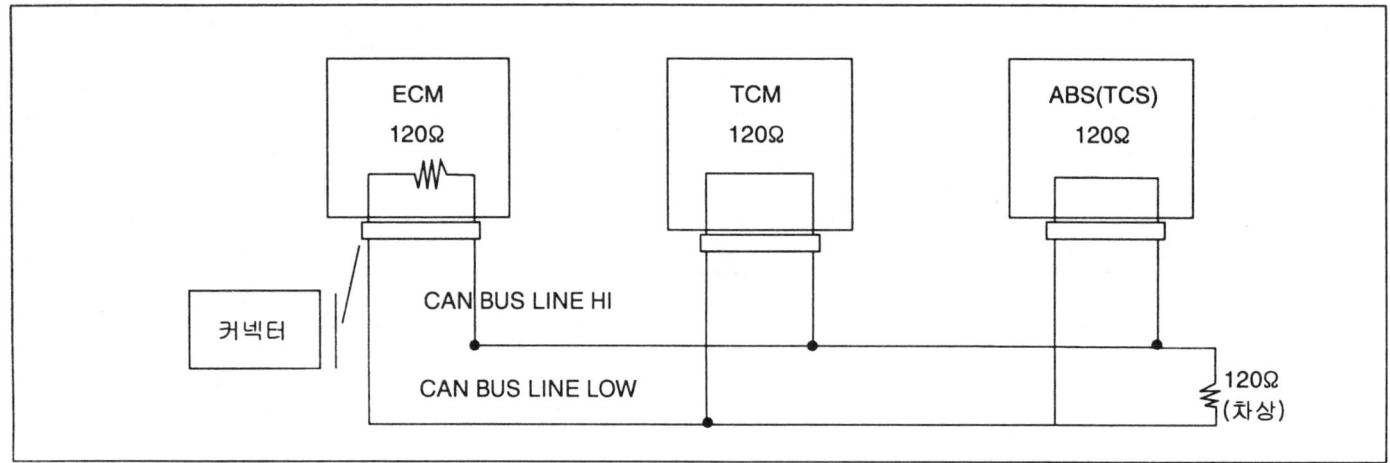

AKGF030A

엔진 ECM- TCM CAN 통신 에러시 조치 내용

번호	항목	에러시 조치 내용
1	엔진 회전수	3,000 RPM
2	엔진 토크	80%
3	차속	0 Km/h
4	A/C 스위치	OFF
5	엔진 수온	70°C
6	TPS	50%
7	변속단 유지 신호	OFF

자동 변속기 각종 제어

학습 제어

Bosch 시스템의 각 변속단에 대한 기본적인 제어 패턴의 구조를 보여준다. 한 개의 변속단은 총 8개의 Phase로 분리되어 각 영역에 대해 제어방법을 규정할 수 있는데 규정된 신호는 동시에 각 제어요소로 인가된다. 이러한 시스템 구조에 적합하도록 학습제어는 신세대 변속기에서처럼 TIMING 제어를 통한 압력을 맞춰나가는 방법이 아니라 압력을 직접 보상하는 구조로 학습제어를 실시한다. 즉 발생된 목표 제어치에 대해 미리 작성된 보상 MAP으로부터 압력 보상값을 계산하여 직접 압력을 보상하는 학습제어를 실시하고자 하는 것이다.

POWER-ON 2-3 UP-SHIFT 제어

Power-on 2-3 Up-shift시 제어유압의 상태에 따라서 터빈의 비이상적인 증가가 나타나는 Flare 현상이 나타난다. 이러한 현상은 결합측 요소의 유압이 입력토크를 충분히 견딜 수 있도록 상승하지 못한 상태에서 해방측 요소의 유압이 먼저 해제될 경우 중립상태가 나타나 이때 터빈의 회전수가 비이상적으로 상승하게 되는 것이다.
이러한 문제점을 해결하기 위하여 해방측 요소의 유압을 입력 토크 상태에 따라서 적절히 제어하다가 입력측 요소의 유압이 적절히 상승하는 시점에서 해방측 유압을 해제하여 변속이 안정적으로 이루어질 수 있도록 하고자 하는 것이다.
본 제어는 해방측과 결합측의 시간제어를 별도로 수행하는 것이 아니라 동일한 시간으로 구간을 분리하여 구간별 유압을 해방측과 결합측을 함께 제어하는 구조를 갖는다. 즉 해방측 제어시작 시간과 결합측 제어시작 시간이 상대적으로 움직이는 구조가 아니라 시시간을 구간별로 정해진 상태에서 제어유압만을 입력토크별로 맵화하여 동일 시점에 유압을 제어하도록 한다.

흡기온 및 고지 보정 제어

1. 엔진 흡기온이 높은 경우에는 흡입되는 공기의 밀도가 떨어짐으로 해서 엔진의 출력이 저하된다.

2. 대기압이 낮은 고지에서도 흡입되는 공기의 밀도가 떨어짐으로 엔진 출력이 저하된다.

3. 저하된 엔진 토크만큼 보정한 유압이 출력되도록 보정한다.

4. 이 제어는 모든 변속단에 동일하게 적용된다.

고유온 제어

1. 자동 변속기 오일의 온도가 고온(120°C이상)이 되면 고유온 제어를 행한다.

2. 고유온 제어는 변속 선도를 표준 변속 패턴보다 고속측으로 이동한다.

3. 즉, 저단 영역을 더 많이 확보 함으로써 토크 컨버터의 부하가 줄어들어 슬립이 감소되어 오일의 온도를 감소시킨다.

AT -34 자동변속기 (A4CF2)

TCM 하니스 커넥터 KBE5F6E2

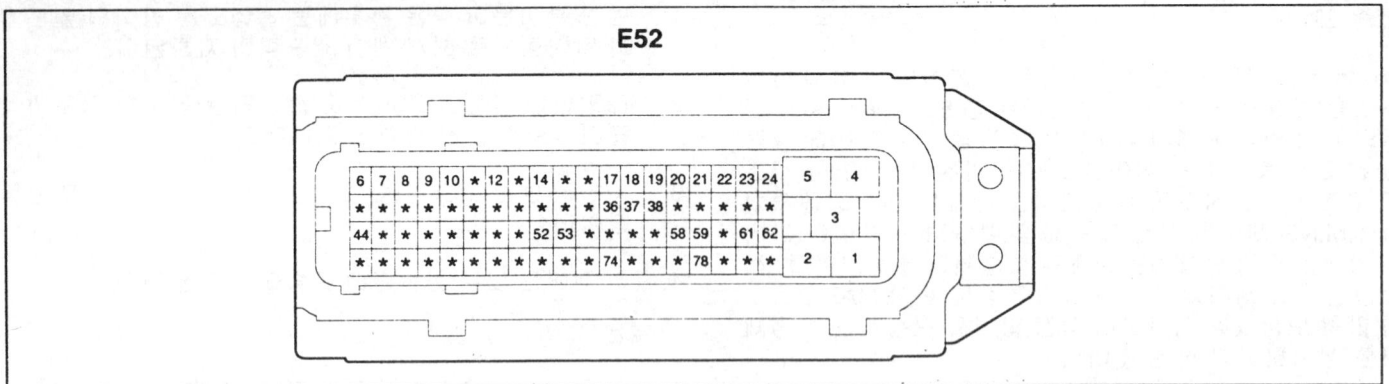

TCM 입출력 단자 전압표

GND 기준 : TCM GND (3, 4번 핀)

No.	신호명	조건	입출력신호 형식	입출력신호 레벨	GS12020측 정치	비고
1	V_IG	IG Off / IG On	DC전압	GND LEVEL / 0.08 mV	0.08 mV / 11.90 V	
		IG ON 아이들 / 아이들시 IG Off			14.05V / -0.3mV	
		배선 단선		DTC Spec : No_Code		
2	V_IG	IG Off / IG On	DC전압	GND LEVEL / V_BAT	0.08 mV / 11.90 V	
		IG ON 아이들 / 아이들시 IG Off			14.05V / -0.3mV	
		배선 단선		DTC Spec : No_Code		
3	GND_PWR1	아이들	DC 전압		0V	
		배선 단선		DTC Spec : No_Code		
4	GND_PWR1	아이들	DC 전압		0V	
		배선 단선		DTC Spec : No_Code		
5	GND_ACTUATOR	아이들	DC 전압		76mV	
		배선 단선		DTC Spec : No_Code		

자동변속기

No.	신호명	조건	입출력신호 형식	입출력신호 레벨	GS12020측 정치	비고
6	PSCV-A(SCSV-B)	변속시	DC 전압	HI : V_BAT-0.8V LO: MAX. -3.0V Vpeak : typ -12V	13V -1.26V -13.7V	50Hz 전류제어 및 측정 Typ. Peak-max Currnet : 1.2A Typ. Hold-max Current : 0.7A
6	PSCV-A(SCSV-B)	배선 단선	DC 전압	DTC Spec : P0755		
7	PSCV-B(SCSV-C)	변속시	DC 전압	HI : V_BAT-0.8V LO: MAX. -3.0V Vpeak : typ -12V	13V -1.26V -13.7V	50Hz 전류제어 및 측정 Typ. Peak-max Currnet : 1.2A Typ. Hold-max Current : 0.7A
7	PSCV-B(SCSV-C)	배선 단선	DC 전압	DTC Spec : P0760		
8	PSCV-C(SCSV-D)	변속시	DC 전압	HI : V_BAT-0.8V LO: MAX. -3.0V Vpeak : typ -12V	13V -1.26V -13.7V	50Hz 전류제어 및 측정 Typ. Peak-max Currnet : 1.2A Typ. Hold-max Current : 0.7A
8	PSCV-C(SCSV-D)	배선 단선	DC 전압	DTC Spec : P0765		
9	DCSV	제어시	DC 전압	HI : V_BAT-0.8V LO: MAX. -3.0V Vpeak : typ -12V	13V -1.26V -14.0V	50Hz 전류제어 및 측정 Typ. Peak-max Currnet : 1.2A Typ. Hold-max Current : 0.7A
9	DCSV	배선 단선	DC 전압	DTC Spec : P0743		
10	솔레노이드 On-Off. (SCSV-A)	변속시	DC 전압	HI : V_BAT-0.8V LO: MAX. -3.0V	12.9V -1.30V	전류제어 및 측정 Typ. Typ max Current : 0.7A
10	솔레노이드 On-Off. (SCSV-A)	배선 단선	DC 전압	DTC Spec : P0750		
12	전원 (Permanent)	Standby current (IG Key Off) IG. OFF IG. ON 아이들	DC전류 DC 전압	Max. 2mA V_BAT	0.3mA 11.90V 14.25V	
12	전원 (Permanent)	배선 단선		DTC Spec : No_Code		
14	VFS	제어	DC 전압	HI : V_BAT-0.8V Vpeak : Max. -47V Frequency	12.0 V - 2.10V 1KHZ	사용 영역 전류제어 및 측정
14	VFS	배선 단선	DC 전압	DTC Spec : P0748		
18	인히비터 스위치 (L)	L 레인지 기타	DC 전압	HI :min.3.5V LO:max 1.5V	13.59 V 0.106V	
18	인히비터 스위치 (L)	배선단선	DC 전압	DTC Spec : P0707		

No.	신호명	조건	입출력신호 형식	입출력신호 레벨	GS12020측 정치	비고
19	인히비터 스위치 (2)	2 레인지 기타	DC 전압	HI :min.3.5V LO:max 1.5V	13.88 V 0.022V	
		배선단선		DTC Spec : P0707		
21	인히비터 스위치 (D)	D 레인지 기타	DC 전압	HI :min.3.5V LO:max 1.5V	13.92 V 0.0015V	
		배선단선		DTC Spec : P0707		
22	인히비터 스위치 (N)	N 레인지 기타	DC 전압	HI :min.3.5V LO:max 1.5V	13.92 V -0.7mV	
		배선단선		DTC Spec : P0707		
23	인히비터 스위치 (R)	R 레인지 기타	DC 전압	HI :min.3.5V LO:max 1.5V	13.92 V -20mV	
		배선단선		DTC Spec : P0707		
24	인히비터 스위치 (P)	P 레인지 기타	DC 전압	HI :min.3.5V LO:max 1.5V	13.96 V -0.72mV	
		배선단선		DTC Spec : P0707		
36	CAN_LO	Recessive Dominant	펄스	2.0 ~ 3.0 V 0.5~2.25 V	2.55 V 1.36 V	
		배선 단선		DTC Spec : U0001		
37	CAN_HI	Recessive Dominant	펄스	2.0 ~ 3.0 V 2.75~4.5 V	2.22 V 3.32 V	
		배선 단선		DTC Spec : U0001		
38	K-Line	GST 통신시	펄스	송신시 HI : V_BAT * 80%↑ LO : V_BAT * 20%↓ 수신시 HI : V_BAT * 70%↑ LO : V_BAT * 30%↓		
		배선 단선		DTC Spec : No_Code		
44	GND_AC-TUATOR	아이들	DC 전압		76mV	
		배선 단선		DTC Spec : No_Code		
51	2/L Gear Information (ACC)	레인지 2,L,P,N	DC 전압	Low max 0.6V	-100mV	ACC적용 사양 High Level 사양에 따라 다름
		배선 단선		DTC Spec : No_Code		

자동변속기

No.	신호명	조건	입출력신호 형식	입출력신호 레벨	GS12020측 정치	비 고
52	계기판	레인지 2,L	펄스	Low max 0.6V	High :12.4V	Freq. : 50Hz 레인지 2 : 72.5% 레인지 L : 12.5% High Level 사양에 따라 다름
		배선 단선		DTC Spec : No_Code		
58	유온 센서	아이들	Analog	0.17V ~ 4.45V	1.183V (@72°C)	
		배선 단선		DTC Spec : P0713		
59	출력축 센서 접지	아이들	DC 전압		20.6mV	
		배선 단선		DTC 확인 : P0722		
61	출력축 속도 센서 (NAB)	770[RPM]	펄스	HI :min.3.5V LO:max 1.5V	12.4V 187Hz	
		배선 단선		DTC Spec : P0722		
62	입력축(터빈) 속도 센서 (NTU)	1180[RPM]	펄스	HI :min.3.5V LO:max 1.5V	12.4V 332Hz	
		배선 단선		DTC Spec : P0717		
74	접지(유온 센서)	IG ON 아이들	DC 전압		20.6mV	
		배선 단선		DTC Spec : No_Code		
78	입력축 센서 접지 (NTU Hall Sensor)	IG ON 아이들	DC 전압		20.6mV	
		배선 단선		DTC 확인 : P0722		

자기진단

● 자기진단 실시요령
자기진단 실행조건
- 변속레버가 P 또는 N 레인지에 위치한다.
- 차량 정지상태로 한다.
진단 장비를 이용한 자기진단

1. 주행성 문제가 제기되었을 경우, 아래와 같은 절차를 밟아나간다.

2. 하이 스캔 장비를 데이터 링크 커넥터(이하 DLC라 함)에 연결한다.(세부 사항에 대해서는 하이스캔 장비의 사용자 매뉴얼을 참조한다.)

3. 점화키를 ON으로 하고 장비를 켠 후, 기능 선택 화면에서 '01. 차량통신'을 선택한다.

4. 제조회사, 차종, 제어장치를 선택한다.(제어장치는 '02.자동변속'을 선택한다.)

5. 고장이 감지되었을 경우, 고장 진단 코드(DTC)가 나타난다.

6. 고장코드가 엔진이나 연료와 관계되는 내용일 경우, 코드가 지시하는 엔진이나 연료계통 부위를 점검한다.(FL 그룹 참고)

⚠ 주의

멀티 테스터기를 이용한 자기진단은 불가능하고 진단장비로만 진단이 가능하다.

고장 CODE의 소거
1. 자연 소거
   최신 자기진단 코드가 기억된 시점에서부터 엔진 warm-up이 된 상태에서 ATF 온도가 상승해서 50°C에 도달한 횟수가 40회가 되면 기억하고 있는 자기진단 코드번호를 전부 소거한다.
2. 강제 소거
3. 진단장비(HI-SCAN)를 이용한 소거(하기진단 만족시)
   IG KEY ON
   엔진 회전수 검출무(엔진시동이 안걸린 상태)
   출력축 속도센서로부터 검출무(차량 정지 상태)
   차속 센서로부터 검출무(차량 정지 상태)
4. 밧데리 터미널 15초 이상 탈거시킨다.
5. 백업퓨즈 15초 이상 탈거시킨다.

📝 참고
- 표시순서
  페일세이프 항목, 자기진단 항목순으로 표시되며 각 항목의 고장이 복수일 경우 코드순으로 반복 표시된다.
- 고장 항목 기억
  자기진단 항목은 8개, 페일세이프 항목은 3개가 기억된다.
  기억가능한 개수를 초과했을 때는 자기진단 항목, 페일 세이프 항목이 공히 발생된 순으로부터 오래된 것을 소거하여 새로운 코드를 기억한다.

동일 코드의 기억은 1회만 한다.

7. 소거 버튼(Hi-DS scanner 인 경우 'F1'키)를 눌러서 고장 코드를 소거한다. 차량상태를 지시하는 메시지가 뜨면 그대로 실행한 후 엔터키를 눌러서 소거를 완료한다.

📝 참고

FREEZE FRAME DATA가 지원되는 차량일 경우에는 차량상태를 지시하는 메시지가 다를 수 있다.

8. 고장코드를 소거한 다음, 코드가 발생한 순간의 데이터와 비슷한 조건으로 차량을 몇 분간 주행해 본 다음, 다시 고장코드를 점검한다. 만일 자동변속기 관련 고장코드가 다시 발생하면, 고장코드 점검 목차를 참고하고, 그렇지 않다면, 회로상의 일시적인 문제일 수 있으니, 회로상의 핀이나 터미널의 접속상태를 점검해 본다.

자동변속기

고장코드 리스트

번호	고장코드	항목명	관련 페이지
1	P0707	인히비터 스위치 단선 또는 접지 단락(신호 없음)	AT-47
2	P0708	인히비터 스위치 배터리 단락 또는 스위치간 단락 (2중 신호)	AT-53
3	P0712	유온센서 접지 단락	AT-56
4	P0713	유온센서 단락, 단선	AT-62
5	P0716	입력축 속도센서 고속 이상	AT-65
6	P0717	입력축 속도센서 단선	AT-73
7	P0722	출력축 속도센서 단선	AT-75
8	P0731	1속 기어 동기 어긋남	AT-81
9	P0732	2속 기어 동기 어긋남	AT-88
10	P0733	3속 기어 동기 어긋남	AT-93
11	P0734	4속 기어 동기 어긋남	AT-99
12	P0736	후진 기어 동기 어긋남	AT-103
13	P0741	댐퍼 클러치 슬립	AT-109
14	P0742	댐퍼 클러치 고착	AT-112
15	P0743	댐퍼 클러치 솔레노이드 밸브(DCCSV) 단선, 단락	AT-115
16	P0748	리니어 솔레노이드 밸브(VFS) 단선, 단락	AT-123
17	P0750	쉬프트 컨트롤 솔레노이드 밸브(SCSV-A 또는 ON/OFF) 단선, 단락	AT-130
18	P0755	쉬프트 컨트롤 솔레노이드 밸브(SCSV-B 또는 PCSV-A) 단선, 단락	AT-137
19	P0760	쉬프트 컨트롤 솔레노이드 밸브(SCSV-C 또는 PCSV-B) 단선, 단락	AT-143
20	P0765	쉬프트 컨트롤 솔레노이드 밸브(SCSV-D 또는 PCSV-C) 단선, 단락	AT-150
21	U0001	CAN BUS OFF	AT-156

고장 코드별 판정 조건

번호	항목	고장 코드	내용	고장 판정 조건	TCM 조치
1	유온 센서	P0712	GND 단락	검출 전압이 0.1V 이하를 (1초이상) 출력시	유온을 80°C로 고정
		P0713	B+ 단락단선	B+단락 :검출 전압이 4.8V 이상 단선 : 검출 번압이 4.547V 이상	
2	입력축 속도 센서	P0716	고속 이상	8000 RPM 이상의 높은 값 출력	3-2속 HOLD (Limp Home Mode)
		P0717	단선	주행 중 신호 없음 (0 RPM)	
3	출력축 속도 센서	P0722	단선	주행 중 신호 없음 (0 RPM)	
4	브레이크 스위치	P0703	B+ 단락	40 KPH 이상 주행 중 브레이크 스위치가 스로틀 9.4% 밟은 상태를 30초이상 지속해도 ON으로 인식	CAN신호 참고,안될 경우 스로틀 0이면 브레이크 ON으로 인식
5	DCC SOL	P0743	단선,GND(-) 단락	전압 8~16V 사이에 단선 또는 GND(-) 단락 상태를 1초 이상 지속시	3속 HOLD (All SOL OFF Limp Home Mode)
	VFS	P0746			
	ON/OFF SOL (SCSV-A)	P0750			
	PCSV-A SOL (PCSV-B)	P0755			
	PCSV-B SOL (PCSV-C)	P0760			
	PCSV-C SOL (PCSV-D)	P0765			
6	DCC SOL	P0741	댐퍼 클러치 항시 슬립	댐퍼 클러치 컨트롤 솔레노이드 밸브의 드라이브 DUTY율이 5초 이상 지속적으로 100%가 출력되어도 엔진과 터빈 사이의 회전차이가 100RPM 이상 발생하는 경우	댐퍼 클러치 비직결
		P0742	댐퍼 클러치 고착	변속 레버가 D, 2, L에 있고 변속 3초 경과 이후의 무변속 상태로 스로틀 14.9%이상 밟고, 출력축 속도가 1000rpm 이상이며 토크 컨버터 슬립량이 5rpm이하가 5초동안 지속될 때	
7	1속 제어	P0731	각단 동기 어긋남	출력축 속도센서 출력값×각단 기어비의 값이 입력축 속도 센서의 출력값과 같아야 하나 동일하지 않고 200 rpm이상이 차이가 날 고장으로 인식된다	3속 HOLD (All SOL OFF Limp Home Mode)
	2속 제어	P0732			
	3속 제어	P0733			
	4속 제어	P0734			
	후진 제어	P0736			

자동변속기

번호	항목	고장 코드	내용	고장 판정 조건	TCM 조치
9	인히비터 스위치	P0707	단선,GND(-) 단락	인히비터 스위치의 신호가 없는 상태를 30초 이상 연속적으로 지속 될경우	IG-ON 시 불량판정하면 3속 HOLD, 그 이후는 고장 판정 이전단을 현재 단으로 인식
		P0708	B + 단락	인히비터 스위치에서 2종류 이상의 신호가 30초 이상 연속적으로 지속된다.	
10	CAN BUS OFF (TCM 혹은 회로이상)	U0001	CAN BUS OFF	주행중 CAN 신호 이상이 1초이상 발생	CAN 통신을 통한 입력값을 고정값으로 설정한다. 엔진 RPM = 3000 RPM 엔진토크 = 80% 차속 = 0 km/h 에어콘 = Off 엔진온도 = 70°C 스로틀 개도 = 50% MIL 램프 = Off TCS로의 변속금지 = Off

정비 점검 및 교환 K1B2BEBC

자동변속기 오일

점검

1. 기어를 "N" 또는 "P" 위치에 두고 엔진이 정규 아이들 회전수인 것을 확인한다.(주차 브레이크 당긴 것을 확인할 것)

2. ATF온도가 통상온도 (70~80°C)가 될 때까지 주행한다.

3. 선택레버를 각 위치에서 순환시킨 후, "N" 또는 "P" 위치에 둔다.

4. 오일 레벨 게이지 주변부의 오염물을 제거한 후 오일 레버 게이지를 닦고 ATF의 상태를 점검한다.

   > 참고
   > ATF가 타는 냄새가 날 때는 부시(메탈) 및 마찰재료 등의 미세한 가루에 의해 더러워져 있기 때문에 트랜스액슬의 오버홀 및 쿨러라인의 세정이 필요하다.

5. ATF레벨이 오일 레벨 게이지의 "HOT" 중간에 있는지 점검한다. ATF량이 적을 때는 "HOT" 증간이 되도록 보충한다.
   자동 변속기 오일 : 순정품 다이아몬드 ATF SP-III 또는 SK ATF SP-III.
   자동 변속기 오일량 : 6.2리터(참조용일 뿐임. 게이지로 양 조절할 것.)

   > 참고
   > a. ATF량이 적을 때는 오일 펌프가 ATF와 함께 공기를 흡입하여 유압 라인 안에 기포를 만들기 때문에 유압이 저하되어 변속의 지체나 클러치 및 브레이크의 슬립이 일어나는 원인이 된다.
   > b. ATF량이 과다하면 기어가 ATF를 끌어 올려 거품이 생기기 때문에 ATF량이 적을 때와 동일한 현상이 발생한다.
   > c. 양쪽 모두의 경우 기포가 오버 히트나 ATF를 산화시키는 원인이 되며 밸브, 클러치 및 브레이크가 정상으로 작동할 수 없게 된다. 또한 ATF가 거품이 일어나면 변속기의 에어브리더 또는 오일 필터 튜브로 ATF가 흘러 넘치고 이것은 누유와는 다른 것이다.

6. 오일 레벨 게이지를 확실히 끼워 넣는다.

7. 자동 변속기 오버홀시 또는 오일의 열화 및 오염이 심할 때(가속 운전 했을 때) ATF를 교환 할 때는 메인 필터는 완전히 교환한다.

교환

ATF 체인저가 있는 경우는 ATF 체인저를 사용하여 교환한다.
ATF 체인저가 없는 경우는 하기의 요령으로 한다.

1. 변속기와 오일 쿨러 사이를 연결하고 있는 호스를 빼낸다.

2. 엔진을 시동하여 ATF를 방출한다.
   운전조건 : "N" 또는 "P" 레인지, 아이들링

   ⚠ 주의
   엔진의 시동후 1분 이내로 정지할 것. 그 이전에 ATF의 배출이 끝날 경우는 그 시점에서 엔진을 정지할 것.

3. 변속기 케이스 하부의 드레인 플러그(A)를 빼내어 ATF를 방출한다.

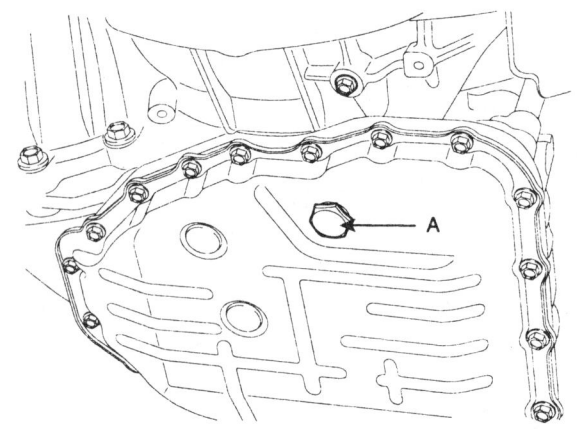

AKGF032W

자동변속기

4. 드레인 플러그에 가스켓을 끼워 설치하고 기준 토크로 조인다.

   체결토크 : 3.5~4.5kgf.m

5. 신품 ATF를 오일 주유 튜브로 주입한다.

   ⚠ 주의

   5ℓ 가 다들어가지 않을 경우 주입을 중단할 것.

6. 2항의 작업을 다시 한번 실시한다.

   📘 참고

   사용된 이전 오일의 상태를 점검한다.
   오염되어 있는 경우는 **5, 6**항을 다시 한번 실시한다.

7. 신품 ATF를 오일 주유 튜브로 주입한다.

8. 1항에서 빼어낸 호스를 조립하고 오일 레벨 게이지를 확실히 끼워 넣는다.

9. 엔진을 시동하여 **10**분간 아이들 운전한다.

10. 선택레버를 각 위치에서 순환시킨후 "N" 또는 "P" 위치에 넣는다.

11. ATF온도가 통상온도 (70~80°C)가 될 때까지 주행하고 ATF량을 재점검한다. ATF레벨은 "HOT" 중간이 되어야 한다.

    📘 참고

    "COLD" 레벨은 어디까지나 참고로 하고 *"HOT"* 레벨을 기준으로 한다.

12. 오일 레벨 게이지를 오일 주유 튜브에 확실히 끼워 넣는다.

    📘 참고

    *ATF*에는 타오일*(*엔진오일, 부동액등*)*과 구분하기 위하여 붉은 염료가 추가되어 있어서 초기에는 *ATF* 색깔이 투명한 적색이고, 주행거리가 증가함에 따라 *ATF* 색깔은 점점 검붉은색으로 변하게 되고 연한갈색을 나타내는 경향이 있음. 또한, 붉은 염료는 영구적인 것이 아니기 때문에 *ATF* 색깔이 *ATF*품질을 나타내는 척도는 아닙니다. 따라서 *ATF* 색깔로 *ATF*교환여부를 판단해서는 안됨. 단 *ATF*상태가 하기와 같을 경우는 자동변속기를 점검할 필요성이 있습니다.

    - ATF 색깔이 진한 갈색이나 검은색일 경우
    - ATF에서 심한 탄냄새가 날 경우
    - 오일 레벨 게이지에 마모된 금속 부스러기가 묻혀나오거나 만져질 경우

컨버터의 스톨시험 (STALL TEST)

스톨시험은 선택레버가 "D"혹은 "R"위치에 있고 스로틀을 완전 개방시켰을때 최대 엔진속도를 측정하여 토크 컨버터 오버 런닝 클러치의 작동과 트랜스액슬 클러치류와 브레이크류의 체결 성능을 점검하는데 이용한다.

> 📖 참고
> 차량이 갑자기 움직일수 있으므로 이 시험중 차량의 앞뒤에는 사람이 서 있지 않도록 한다.

1. 트랜스미션액의 온도가 정상 작동온도(80-90℃)가 되고 엔진 냉각수 온도가 정상 작동온도(80~90℃)가 되었을때 트랜스미션액의 수준을 점검한다.
2. 뒷바퀴 양쪽에 굄목을 설치한다.
3. 주차 브레이크를 당기고 브레이크 페달을 완전히 밟는다.
4. 엔진의 시동을 건다.
5. 선택레버를 "D"에 놓고서 아이들 페달을 완전히 밟은 상태로 엔진의 최대속도를 측정한다. 이때 필요이상으로 스로틀을 완전히 열고 있거나 5초이상 지속시키지 않는다. 만일 스톨 시험을 다시 행해야 할때는 선택레버를 중립에 놓고 엔진을 1,000rpm으로 2분 정도 운전하며 트랜스미션액을 식힌후에 재시험한다.

스톨 속도 : 2500-3000rpm

레인지	조건	예상 원인
R슬립	후진	D 레인지 정상 시는 REV 예상 D 레인지 불량 시 L/R 예상
D1속 슬립	D레인지 1속 / 스포츠 모드 1속	후진 불량 시 L/R 불량 후진 정상 시 UD 예상
D3속 슬립	3속 고정 조건 연출	3속 슬립 시 OD 예상 (단, 1속과 2속은 정상 시)
전,후진 슬립	D레인지, R레인지	토크 컨버터 예상 오일펌프, 밸브바디 내 매뉴얼 밸브 계통 예상 구동 장치 불량 예상

레인지별 작동 요소와 기능

변속단		UD 클러치	OD 클러치	REV 클러치	L/R 브레이크	2-4 브레이크	OWC
N, P					O		
D	1속	O					O
	2속	O				O	
	3속	O	O				
	4속		O			O	
후진				O	O		
2	1속	O					O
	2속	O				O	
L		O			O		O

자동변속기

오일 압력시험

1. 트랜스액슬을 완전히 워밍-업 시킨다.

2. 잭으로 차량을 들어올려 앞바퀴가 돌아 갈 수 있게 한다.

3. 오일 압력 게이지 (09452-21500)와 어댑터 (09452-21000)를 각 오일압력 배출구에 연결한다.

4. 다양한 조건에서 오일압력을 점검하여 측정치가 "규정압력표"에 있는 규정 범위내에 있는가를 확인한다. 오일압력이 규정범위를 벗어나면 "오일압력이 정상이 아닐때 DTC 고장진단 절차" 를 참고로 하여 수리한다.

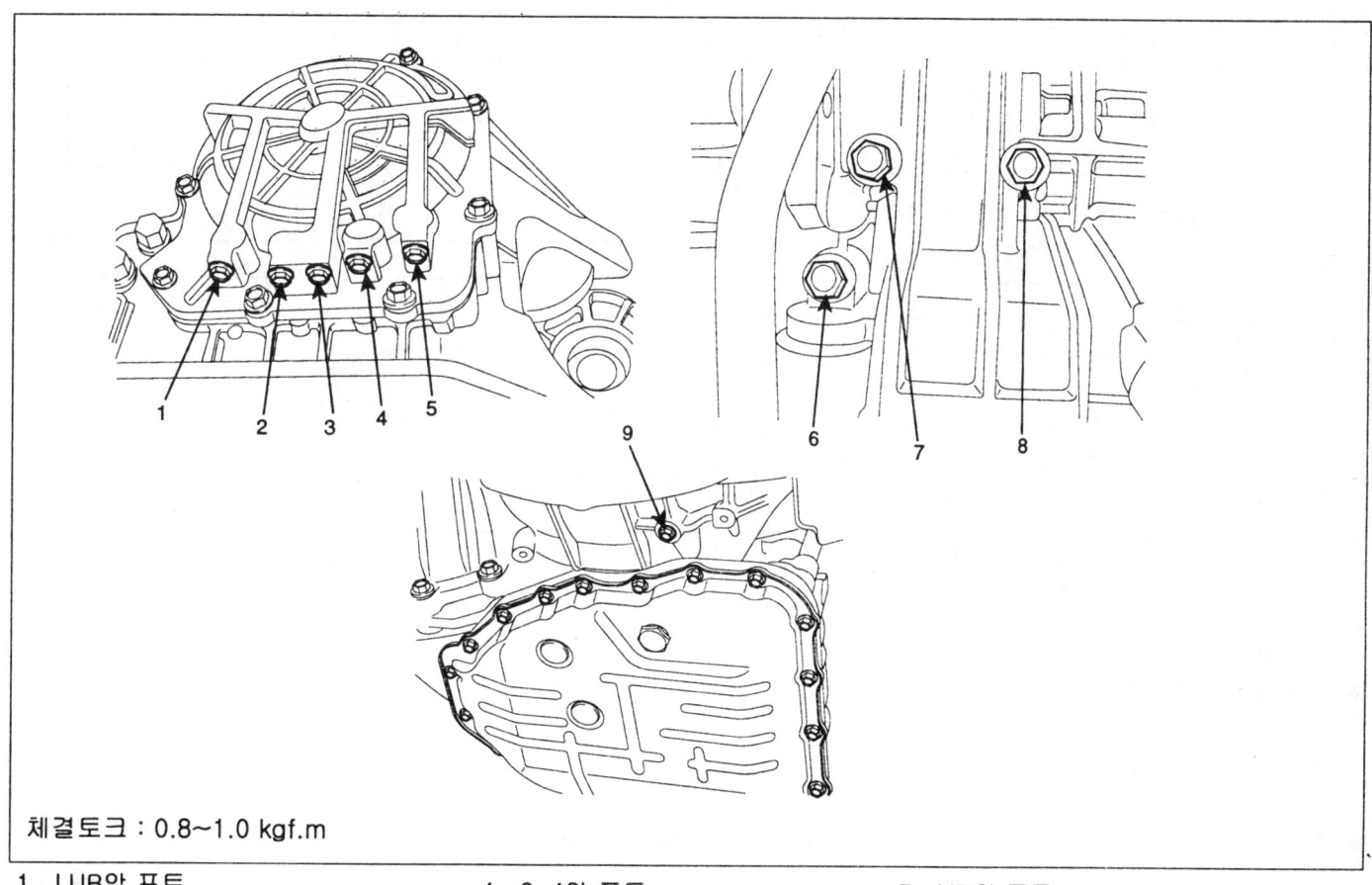

체결토크 : 0.8~1.0 kgf.m

1. LUB압 포트
2. RED압 포트
3. OD압 포트
4. 2-4압 포트
5. REV압 포트
6. DA압 포트
7. UD압 포트
8. LR압 포트
9. DR압 포트

자동변속기 (A4CF2)

규정 오일 압력표

순서	매뉴얼 밸브위치	조작					측정요소	유압(kgf/㎠)				
		PCSV-A	PCSV-B	PCSV-C	PCSV-D	ON/OFF		LR	2-4(2ND)	UD	OD	REV
1	D	0	100	0	0	ON	LR	10.5±0.2	0	10.5±0.2	0	↑
2	↑	50	↑	↑	↑	↑	↑	5.3±0.4	↑	↑	↑	↑
3	↑	75	↑	↑	↑	↑	↑	1.0±0.3	↑	↑	↑	↑
4	↑	100	↑	↑	↑	↑	↑	0	↑	↑	↑	↑
5	↑	↑	0	↑	100	OFF	2-4(2ND)	0	10.5±0.2	↑	↑	↑
6	↑	↑	50	↑	↑	↑	↑	↑	5.3±0.4	↑	↑	↑
7	↑	↑	75	↑	↑	↑	↑	↑	0.9±0.3	↑	↑	↑
8	↑	↑	100	↑	↑	↑	↑	↑	0	↑	↑	↑
9	↑	0	↑	↑	↑	↑	OD	↑	↑	↑	10.5±0.2	↑
10	↑	50	↑	↑	↑	↑	↑	↑	↑	↑	5.6±0.4	↑
11	↑	75	↑	↑	↑	↑	↑	↑	↑	↑	1.0±0.3	↑
12	↑	100	↑	↑	↑	↑	↑	↑	↑	↑	0	↑
13	↑	↑	↑	0	0	↑	UD	↑	↑	10.5±0.2	↑	↑
14	↑	↑	↑	50	↑	↑	↑	↑	↑	5.6±0.4	↑	↑
15	↑	↑	↑	75	↑	↑	↑	↑	↑	1.0±0.3	↑	↑
16	↑	0	↑	100	↑	↑	↑	↑	↑	0	↑	↑
17	R	↑	0	↑	↑	ON	REV	17.7±0.8	↑	↑	↑	17.7±0.8
18	↑	↑	50	↑	↑	↑	↑	↑	↑	↑	↑	8.7±0.8
19	↑	↑	75	↑	↑	↑	↑	↑	↑	↑	↑	0.9±0.5
20	↑	↑	100	↑	↑	↑	↑	↑	↑	↑	↑	0

[측정조건]
- 오일펌프 회전속도 : 2500rpm
- LPCSV 듀티율 : 0%

주) 표중 0으로 표시된 압력은 0.1kgf/㎠이상 발생해서는 안됨.

※ 위의 값들은 절대값이 아닌 차량의 측정 환경과 조건 및 모델에 따라 달라질수 있음.

DTC P0707 변속레버 스위치 - 신호값 입력 낮음

부품 위치 KAFF4DB1

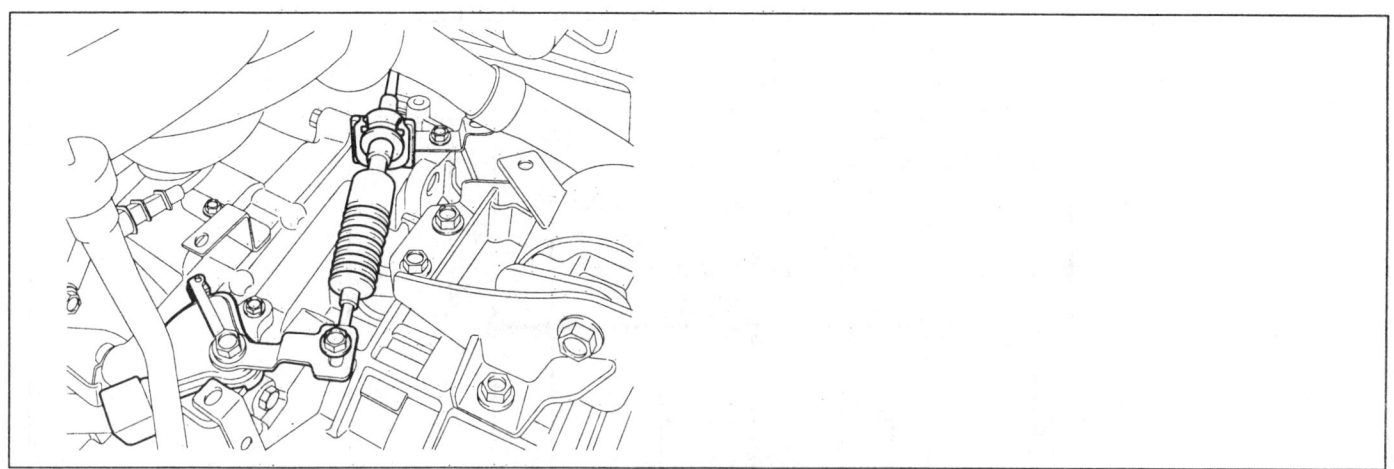

AKGF101A

기능 및 역할 K3FA2CF4

변속레버 스위치는 셀렉트 레버의 위치 정보를 12V(배터리 전압)를 이용하여 TCM으로 신호를 전송한다.
변속 레버의 위치를 접점식 스위치로 검출하여 파킹(P), 중립(N)에서만 시동이 가능하게 하며 후진 선택시에 후진등을 점등시키는 역할을 한다.

고장 코드 설명 KBB9EED2

변속 레버 스위치로부터 25초 이상 신호의 출력이 없으면 TCM은 이 고장코드를 출력한다.

고장 판정 조건 KDFC80DA

항목	판정조건	고장 예상 원인
검출방법	• 신호 없음 감지	• 회로 단선 • 변속 레버 스위치 불량 • TCM(PCM) 이상
검출조건	• 항상	
판정값	• 인히비터 스위치의 신호가 없는 상태를 25초 이상 지속	
검출시간	• 25초 이상	
페일세이프	• 변속 레버 스위치 신호검출에 대해서는 아래를 우선적으로 실시 - IG-ON 시 불량판정하면 3속 HOLD, 그 이후는 고장 판정 이전단을 현재 단으로 인식 - 변속레버 스위치로부터의 신호를 검출하지 않은 경우 및 복수의 신호를 동시에 검출한 경우는 그상태로 되기 직전의 신호로 제어를 계속할 것. 그후 정상 복귀한 경우 복귀후의 검출 신호를 근거로 제어할 것 - "N" 및 "D" 동시입력시는 "N"으로 판정한다	

회로도

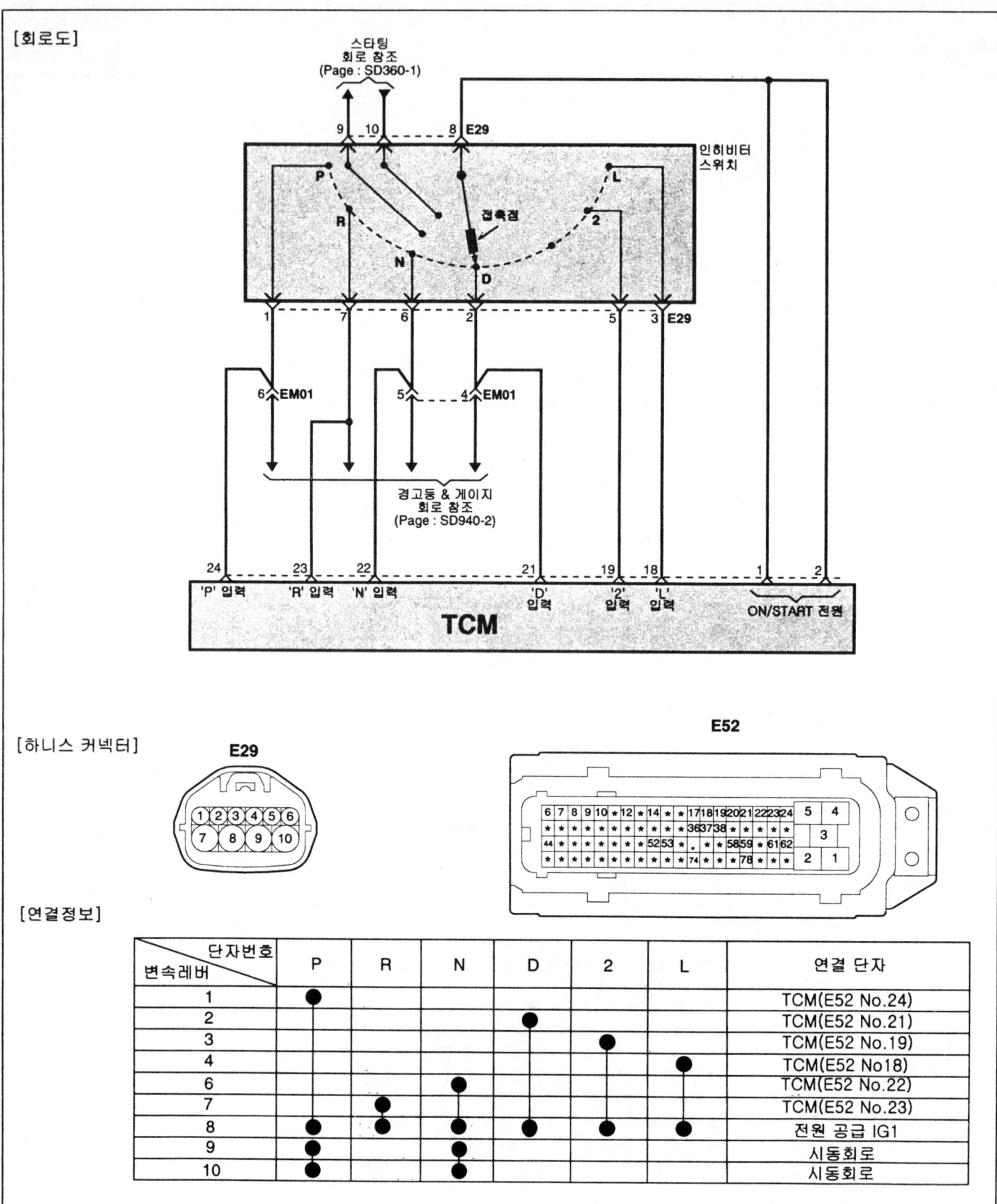

자동변속기

스캔툴 데이터 분석 KF60EEE0

1. 스캔 툴을 연결한다.

2. Ignition "ON" & Engine "OFF".

3. 써비스 데이터 항목중의 "변속레버 스위치" 항목을 선택한다.

4. 변속 레버를 "P"레인지부터 "L" 레인지까지 이동한다.

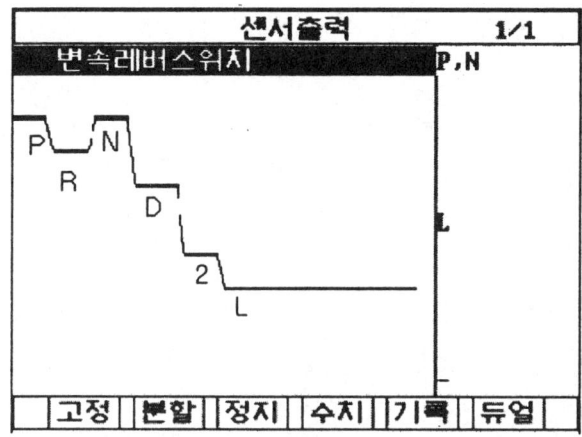

AKGF101C

5. "변속레버 스위치"의 작동상태가 위의 기준 데이터와 일치하는가?

   YES

   ▶ 고장 원인은 센서와 PCM/TCM의 커넥터간의 접촉불량과 같은 일시적인 고장이거나 이미 수리가 되었거나 혹은 PCM/TCM의 메모리에 기억된 고장 코드가 지워지지 않은 것이다.
   그러므로 커넥터의 전체적인 상태(헐거움,접촉 불량,부식,오염,다른 커넥터와의 간섭,파손등)를 확인하고 필요에 의해 교환 또는 수리하고 "고장 수리 확인" 절차로 이동한다.

   NO

   ▶ "커넥터 및 터미널" 절차로 이동한다.

커넥터 및 터미널 점검 K1FFB1A3

1. 전자제어장치는 수 많은 하니스와 커넥터로 구성되어 있다. 그러므로, 전자제어장치와 관련된 많은 고장의 원인이 터미널의 접촉불량에 의해 발생되고있다. 이러한 고장은 여러가지 다양한 고장을 유발시키고, 부품을 손상시키기도 한다.

2. 커넥터의 느슨함, 접촉불량, 구부러짐, 부식, 오염, 변형 또는 손상을 전체적으로 점검한다.

3. 문제 부위가 확인되는가?

   YES

   ▶ 반드시 수리한 후 "고장 수리 확인" 절차로 이동한다.

   NO

   ▶ "전원선 점검" 절차로 이동한다.

AT -50　　　　　　　　　　　　　　　　　　자동변속기 (A4CF2)

전원선 점검　KEBE32BC

1. "변속레버 스위치"를 탈거한다.
2. Ignition "ON" & Engine "OFF".
3. 센서 하니스 측 "8"번 단자와 차체 접지간의 전압을 측정한다.

정상값 : 약 B+

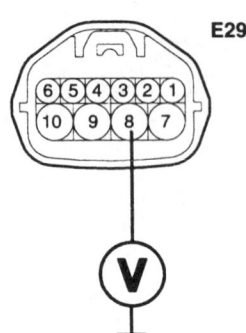

1. P 레인지
2. D 레인지
3. 2 레인지
4. L 레인지
6. N 레인지
7. R 레인지
8. 전원 공급 IG1
9. 시동 회로
10. 시동 회로

4. 측정된 전압값이 정상값과 일치하는가?

YES

▶ "제어선 점검" 절차로 이동한다.

NO

▶ 하니스의 단선 여부를 점검한다. 반드시 수리 후 "고장 수리 확인" 절차로 이동한다.

제어선 점검　KCB0EA4F

1. Ignition "OFF".
2. "변속레버 스위치"와 PCM/TCM 측의 커넥터를 탈거한다.
3. 센서 하니스측의 각 단과 PCM/TCM 측의 각 단의 저항을 아래와 같이 측정한다.

정상값 :

변속레버 스위치 하니스 측의 각 핀 번호	E29 No1	E29 No2	E29 No3	E29 No4	E29 No6	E29 No7
TCM(PCM)하니스 측의 각 핀 번호	E52 No24	E52 No21	E52 No19	E52 No18	E52 No22	E52 No23
기준값	0Ω	0Ω	0Ω	0Ω	0Ω	0Ω

자동변속기

4. 측정된 저항값이 정상값과 일치하는가?

YES

▶ "단품 점검" 절차로 이동한다.

NO

▶ 하니스의 단선 여부를 점검한다. 반드시 수리 후 "고장 수리 확인" 절차로 이동한다.

단품 점검 KBCDECC1

1. Ignition "OFF".
2. "변속레버 스위치"를 탈거한다.
3. 센서 각 단자간의 저항을 측정한다.

정상값 : 약 0 Ω

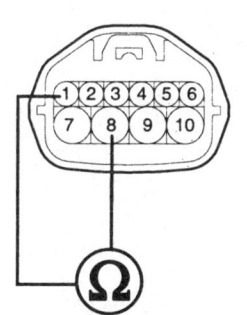

E29
단품측 커넥터

1. P 레인지
2. D 레인지
3. 2 레인지
4. L 레인지
6. N 레인지
7. R 레인지
8. 전원 공급 IG1
9. 시동 회로
10. 시동 회로

[변속 레버 스위치 단품 점검 표]

핀번호 레버위치	P	R	N	D	2	L
1	●					
2				●		
3					●	
4						●
6			●			
7		●				
8	●	●	●	●	●	●
9	●		●			
10	●		●			

4. 측정된 저항값이 정상값과 일치하는가?

YES

▶ 정상품의 시험용 PCM/TCM으로 교환 한후 정상적으로 작동되는지 확인한다.
만일 정상적으로 작동 된다면 PCM/TCM을 신품으로 교환하고 "고장 수리 확인"절차로 이동한다.

NO

▶"변속레버 스위치"를 신품으로 교환 후 "고장 수리 확인" 절차로 이동한다.

고장 수리 확인   K3893DB1

본 진단 가이드를 사용해서 발생된 문제를 수리한 뒤, 고장이 완전히 해결되었는지 확인하는 과정이 필요하다.

1. 스캔툴을 연결한 후, 자기진단을 실시하여 고장 코드를 확인한다.
2. 저장된 고장코드를 스캔툴을 이용하여 소거한다.
3. 고장판정조건중의 검출조건에 따라 차량을 주행한다.
4. 스캔툴로 자기 진단을 실시하여 고장 코드가 발생되었는지 확인한다.
5. 고장 코드가 발생되는가?

YES

▶ 해당되는 고장 코드 수리 절차로 이동한다.

NO

▶ 고장 수리가 완료되어 시스템이 정상적으로 작동한다.

자동변속기

DTC P0708 변속레버 스위치 - 신호값 입력 높음

부품 위치

DTC P0707 참조.

기능 및 역할

DTC P0707 참조.

고장 코드 설명

DTC P0707 참조.

고장 판정 조건

항목	판정조건	고장 예상 원인
검출방법	• 다중 신호 검출	• 회로 단락 • 변속 레버 스위치 이상 • PCM/TCM 이상
검출조건	• 항상	
판정값	• 인히비터 스위치에서 2종류 이상의 신호가 25초 이상 연속적으로 지속된 경우	
검출시간	• 25초 이상 지속	
페일세이프	• 변속 레버 스위치 신호검출에 대해서는 아래를 우선적으로 실시 - IG-ON 시 불량판정하면 3속 HOLD, 그 이후는 고장 판정 이전단을 현재단으로 인식 - 변속레버 스위치로부터의 신호를 검출하지 않은 경우 및 복수의 신호를 동시에 검출한 경우는 그상태로 되기 직전의 신호로 제어를 계속할 것. 그후 정상 복귀한 경우 복귀후의 검출 신호를 근거로 제어할 것 - "N" 및 "D" 동시입력시는 "N"으로 판정한다	

회로도

DTC P0707 참조.

스캔툴 데이터 분석

DTC P0707 참조.

커넥터 및 터미널 점검

DTC P0707 참조.

AT -54 자동변속기 (A4CF2)

전원선 점검 K79AFD7A

1. "변속레버 스위치" 의 커넥터를 탈거한다.
2. Ignition "ON" & Engine "OFF".
3. 센서 하니스측의 커넥터와 차체 접지간의 전압을 측정한다.

정상값 :

핀 번호	1	2	3	4	6	7	8	9	10
규정 값	0 V	0 V	0 V	0 V	0 V	0 V	12 V	0 V	0 V

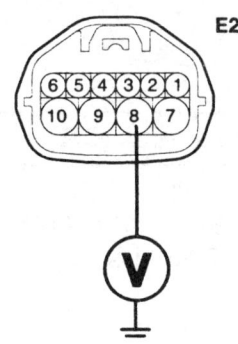

1. P 레인지
2. D 레인지
3. 2 레인지
4. L 레인지
6. N 레인지
7. R 레인지
8. 전원 공급 IG1
9. 시동 회로
10. 시동 회로

ALJF001E

4. 측정된 전압값이 정상값과 일치하는가?

YES

▶ "신호선 점검" 절차로 이동한다.

NO

▶ 하니스의 단선 여부를 점검한다. 반드시 수리 후 "고장 수리 확인" 절차로 이동한다.

자동변속기

신호선 점검 K33DF4A6

1. Ignition "OFF".
2. "변속레버 스위치" 와 "TCM(PCM)" 의 커넥터를 분리한다.
3. 센서 하니스의 각 단자의 저항을 측정하여 단자간 단락을 점검한다.

정상값 : 무한대

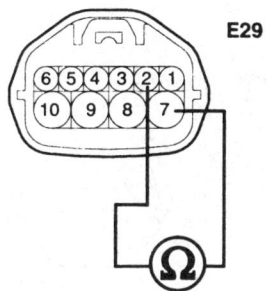

1. P 레인지
2. D 레인지
3. 2 레인지
4. L 레인지
6. N 레인지
7. R 레인지
8. 전원 공급 IG1
9. 시동 회로
10. 시동 회로

4. 측정된 저항값이 정상값과 일치하는가?

YES

▶ "단품 점검" 절차로 이동한다.

NO

▶ 하니스간의 단락 여부를 점검한다. 반드시 수리 후 "고장 수리 확인" 절차로 이동한다.

단품 점검 K98C05F0

DTC P0707 참조.

고장 수리 확인 K7CF0DA2

DTC P0707 참조.

DTC P0712 유온센서 - 신호값 입력 낮음

부품 위치

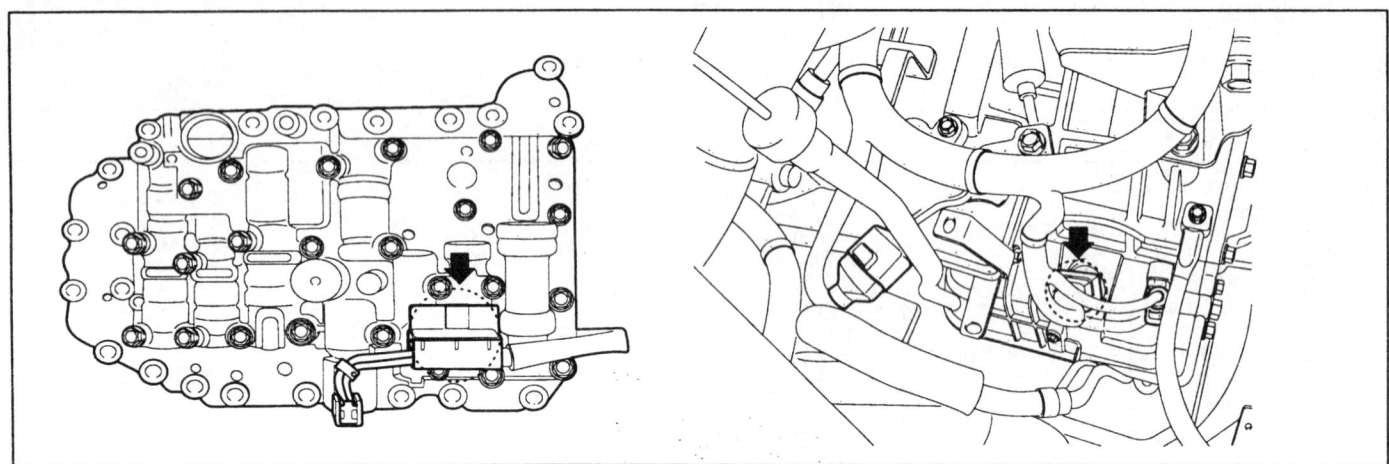

기능 및 역할

유온센서는 밸브 바디내에 장착된다.
이 센서는 온도 변화에 의해 저항값이 변하는 서미스터가 사용된다.
TCM은 기준 전압으로 5V를 제공하고 출력전압은 ATF의 온도에 따라 변화한다.
유온센서의 정보는 댐퍼 클러치 작동 및 비작동 영역 검출, 유온 가변 제어, 변속 시 유압 제어등 중요한 정보로 사용된다.

고장 코드 설명

ATF 온도센서의 출력값이 1초 이상 서미스터의 저항에 의해 발생 되는 전압값 보다 낮을때 TCM은 이 고장코드를 출력한다.
TCM은 ATF의 온도를 80°C로 고정, 간주한다.

고장 판정 조건

항목	판정 조건	고장 예상 원인
검출 방법	• 단락 감지	• 회로 단선 단락 • 유온 센서 이상 • PCM/TCM 이상
검출 조건	• 항상	
판정값	• 검출 전압이 0.1V 이하를 (1초이상) 출력시	
검출 시간	• 1초 이상 지속	
페일 세이프	• IG-KEY OFF 까지 학습제어 및 Intelligent shift 금지 • 유온은 80°C로 간주	

자동변속기

정 상 값

온도(°C)	저항 값(KΩ)	전압 값(V)	온도(°C)	저항 값(KΩ)	전압 값(V)
-40	140.5	4.447	80	1.085	0.932
-20	47.95	4.207	100	0.63	0.591
0	18.6	3.725	120	0.385	0.381
20	8.05	2.996	140	0.25	0.255
40	3.85	2.176	160	0.16	0.166
60	1.975	1.453			

회 로 도

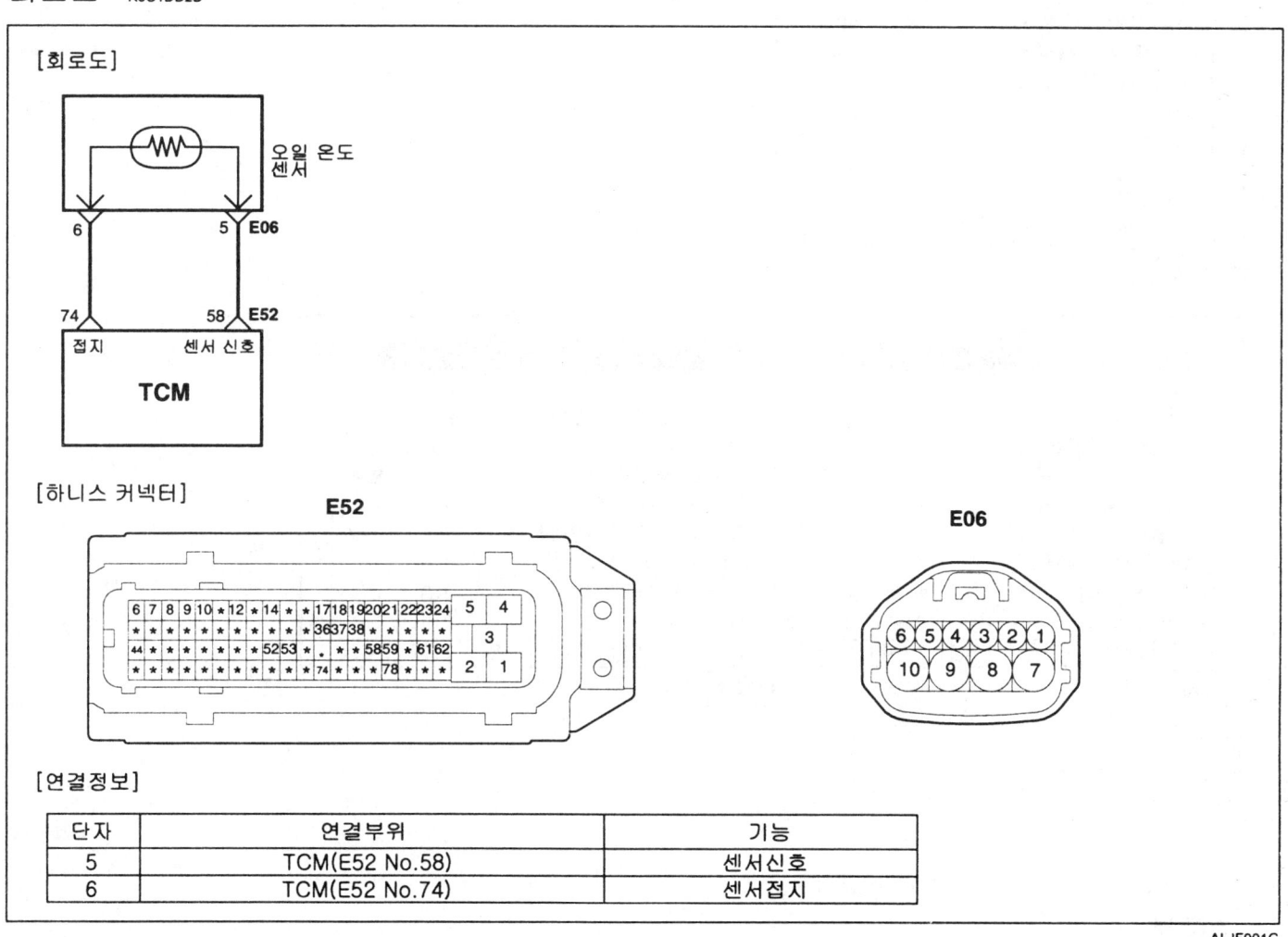

스캔툴 데이터 분석 K2F58E89

1. 스캔 툴을 연결한다
2. Engine "ON".
3. 써비스 데이터 항목중 "유온 센서" 항목을 선택한다.

정상값 : 실제의 유온 표시(서서히 증가)

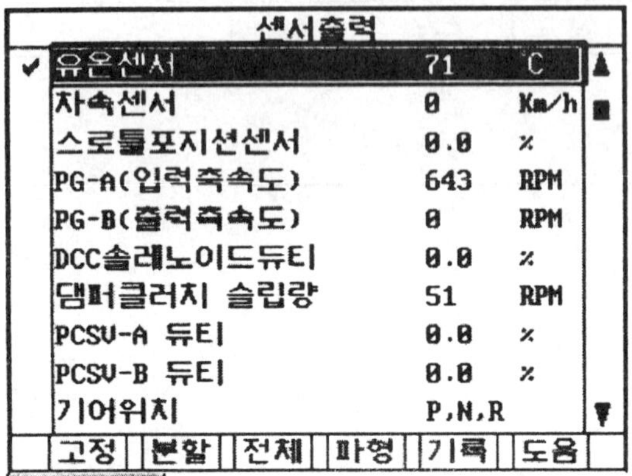

센서출력		
✔ 유온센서	71	℃
차속센서	0	Km/h
스로틀포지션센서	0.0	%
PG-A(입력축속도)	643	RPM
PG-B(출력축속도)	0	RPM
DCC솔레노이드듀티	0.0	%
댐퍼클러치 슬립량	51	RPM
PCSV-A 듀티	0.0	%
PCSV-B 듀티	0.0	%
기어위치	P,N,R	

고정 | 분할 | 전체 | 파형 | 기록 | 도움

FIG.1)

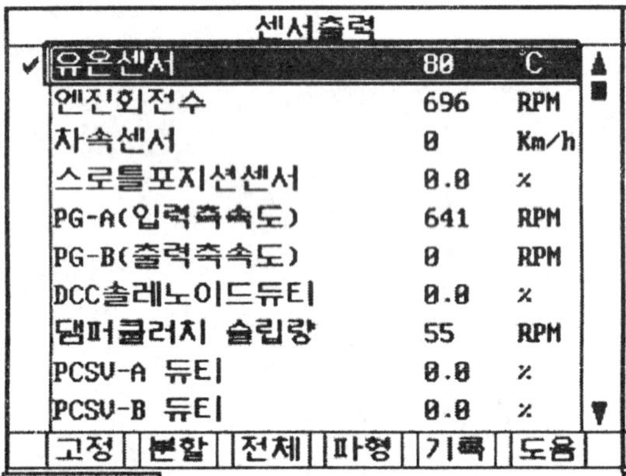

센서출력		
✔ 유온센서	80	℃
엔진회전수	696	RPM
차속센서	0	Km/h
스로틀포지션센서	0.0	%
PG-A(입력축속도)	641	RPM
PG-B(출력축속도)	0	RPM
DCC솔레노이드듀티	0.0	%
댐퍼클러치 슬립량	55	RPM
PCSV-A 듀티	0.0	%
PCSV-B 듀티	0.0	%

고정 | 분할 | 전체 | 파형 | 기록 | 도움

FIG.2)

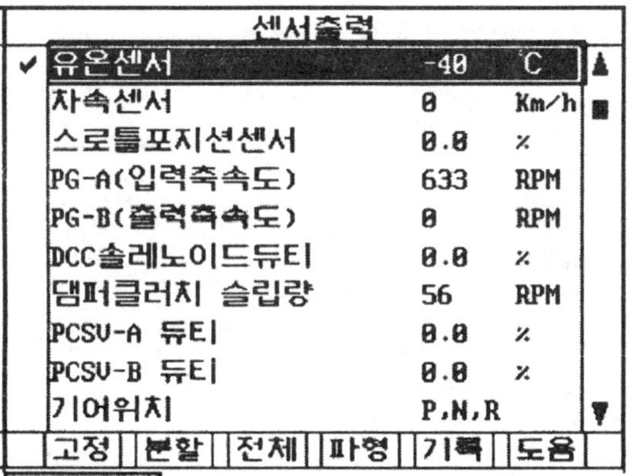

센서출력		
✔ 유온센서	-40	℃
차속센서	0	Km/h
스로틀포지션센서	0.0	%
PG-A(입력축속도)	633	RPM
PG-B(출력축속도)	0	RPM
DCC솔레노이드듀티	0.0	%
댐퍼클러치 슬립량	56	RPM
PCSV-A 듀티	0.0	%
PCSV-B 듀티	0.0	%
기어위치	P,N,R	

고정 | 분할 | 전체 | 파형 | 기록 | 도움

FIG.3)

FIG.1) 정상
FIG.2) 유온 센서 단락
FIG.3) 유온 센서 단선

AKGF103C

4. "유온 센서"의 출력값이 기준값과 일치하는가?

YES

▶ 고장 원인은 센서와 PCM/TCM의 커넥터간의 접촉불량과 같은 일시적인 고장이거나 이미 수리가 되었거나 혹은 PCM/TCM의 메모리에 기억된 고장 코드가 지워지지 않은 것이다.
그러므로 커넥터의 전체적인 상태(헐거움,접촉 불량,부식,오염,다른 커넥터와의 간섭,파손등)를 확인하고 필요에 의해 교환 또는 수리하고 "고장 수리 확인" 절차로 이동한다.

NO

▶ "커넥터 및 터미널 점검" 절차로 이동한다.

자동변속기

커넥터 및 터미널 점검 K7FCB9B5

1. 전자제어장치는 수 많은 하니스와 커넥터로 구성되어 있다. 그러므로, 전자제어장치와 관련된 많은 고장의 원인이 터미널의 접촉불량에 의해 발생되고있다. 이러한 고장은 여러가지 다양한 고장을 유발시키고, 부품을 손상시키기도 한다.

2. 커넥터의 느슨함, 접촉불량, 구부러짐, 부식, 오염, 변형 또는 손상을 전체적으로 점검한다.

3. 문제 부위가 확인되는가?

   YES
   ▶ 반드시 수리 후 "고장 수리 확인" 절차로 이동한다.

   NO
   ▶ "신호선 점검" 절차로 이동한다.

신호선 점검 KC3BFF6D

1. Ignition "ON" & Engine "OFF".
2. "유온 센서" 커넥터를 탈거한다.
3. 센서 하니스측의 "5"번 단자와 차체 접지간의 전압을 측정한다.

정상값 : 약 5 V

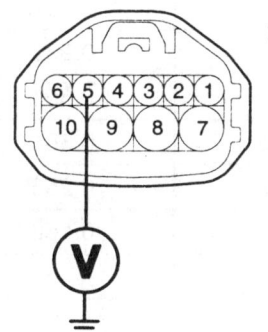

5. 유온 센서
6. 센서 접지

4. 측정된 전압값이 정상값과 일치하는가?

   YES
   ▶ "단품 점검" 절차로 이동한다.

   NO
   ▶ 하니스의 단락 여부를 점검한다. 반드시 수리한 후 "고장 수리 확인" 절차로 이동한다.

AT -60 자동변속기 (A4CF2)

단품 점검 KEAFBC48

1. "유온 센서" 점검

    1) Ignition "OFF".

    2) "유온 센서"의 커넥터를 탈거한다.

    3) "유온 센서"의 "5"번과 "6"번 단자 사이의 저항을 측정한다.

정상값 : "기준값" 참조

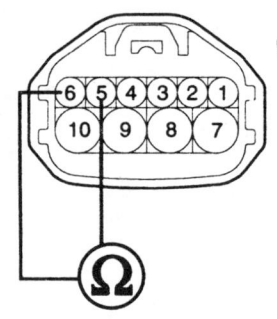

5. 유온 센서
6. 센서 접지

[기준값]

온도(°C)	저항 값(KΩ)	전압 값(V)	온도(°C)	저항 값(KΩ)	전압 값(V)
-40	140.5	4.447	80	1.085	0.932
-20	47.95	4.207	100	0.63	0.591
0	18.6	3.725	120	0.385	0.381
20	8.05	2.996	140	0.25	0.255
40	3.85	2.176	160	0.16	0.166
60	1.975	1.453			

   4) 측정된 저항값이 정상값과 일치하는가?

   YES

   ▶ "PCM/TCM 점검" 절차로 이동한다.

   NO

   ▶ "유온 센서" 교환 후 "고장 수리 확인" 절차로 이동한다.

2. PCM/TCM 점검

    1) Ignition "ON" & Engine "OFF".

    2) "유온 센서"의 커넥터를 연결한다.

    3) 스캔 툴을 연결하고 시뮬레이션 기능을 선택한다.

    4) "유온 센서"의 신호선에 일정 전압(0→5V)을 인가하여 시뮬레이션을 실시한다.

자동변속기

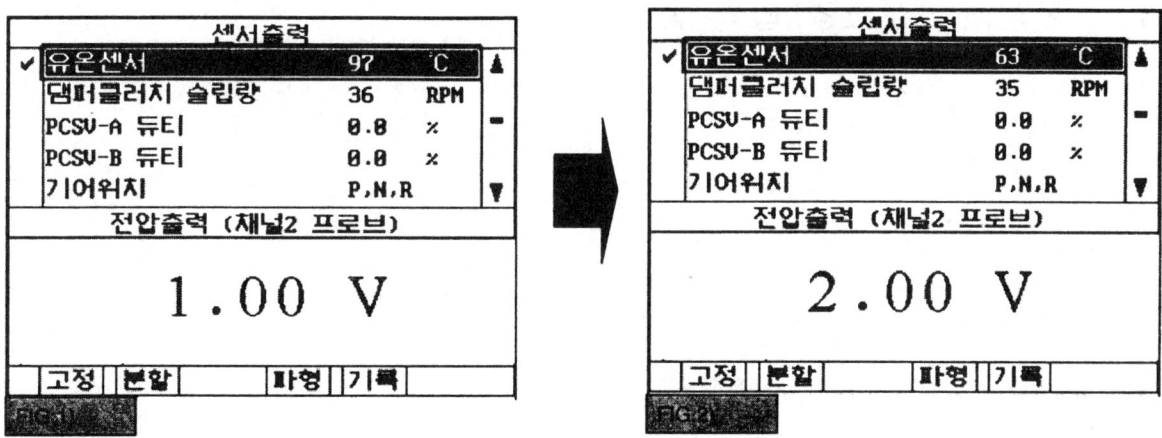

FIG.1) 인가 전압 1.02V → 97 ℃
FIG.2) 인가 전압 2.02V → 63 ℃

※ 위의 값들은 차량의 상태나 조건 혹은 모델에 따라 달라질수 있음.

5) "유온 센서"의 출력값이 시뮬레이션 시 인가된 전압에 따라 유효한 값으로 변하는가?

   YES

   ▶ 커넥터의 전체적인 상태(헐거움,접촉 불량,부식,오염,다른 커넥터와의 간섭,파손등)를 확인하고 필요에 의해 교환 또는 수리하고 "고장 수리 확인" 절차로 이동한다.

   NO

   ▶ 정상품의 시험용 PCM/TCM으로 교환 한후 정상적으로 작동되는지 확인한다.
   만일 정상적으로 작동 된다면 PCM/TCM을 신품으로 교환하고 "고장 수리 확인"절차로 이동한다.

고장 수리 확인

본 진단 가이드를 사용해서 발생된 문제를 수리한 뒤, 고장이 완전히 해결되었는지 확인하는 과정이 필요하다.

1. 스캔툴을 연결한 후, 자기진단을 실시하여 고장 코드를 확인한다.
2. 저장된 고장코드를 스캔툴을 이용하여 소거한다.
3. 고장판정조건중의 검출조건에 따라 차량을 주행한다.
4. 스캔툴로 자기 진단을 실시하여 고장 코드가 발생되었는지 확인한다.
5. 고장 코드가 발생되는가?

   YES

   ▶ 해당되는 고장 코드 수리 절차로 이동한다.

   NO

   ▶ 고장 수리가 완료되어 시스템이 정상적으로 작동한다.

DTC P0713 유온센서 - 신호값 입력 높음

부품 위치

DTC P0712 참조.

기능 및 역할

DTC P0712 참조.

고장 코드 설명

DTC P0712 참조.

고장 판정 조건

항목		판정 조건	고장 예상 원인
검출 방법		• 전압 범위 점검	• 회로 단선 단락 • 유온 센서 이상 • PCM/TCM 이상
검출 조건	조건1)	• B+ 단락 : 검출 전압이 4.5V 이상	
	조건2)	• 단선 : 검출 전압이 4.547V 이상	
판정값		• -	
검출 시간		• 1초 이상 지속	
페일 세이프		• IG-KEY OFF 까지 학습제어 및 Intelligent shift 금지 • 유온은 80°C로 간주	

정상값

DTC P0712 참조.

회로도

DTC P0712 참조.

스캔툴 데이터 분석

DTC P0712 참조.

커넥터 및 터미널 점검

DTC P0712 참조.

자동변속기

신호선 점검 K0685E93

1. Ignition "ON" & Engine "OFF".
2. "유온 센서" 커넥터를 탈거한다
3. 센서 하니스측의 "5"번 단자와 차체 접지간의 전압을 측정한다.

정상값 : 약 5V

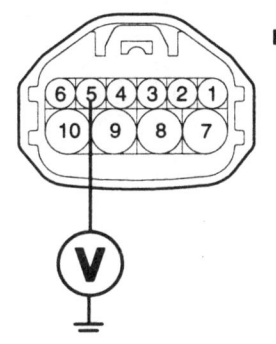

5.유온 센서
6.센서 접지

4. 측정된 전압값이 정상값과 일치하는가?

YES

▶ "접지선 점검" 절차로 이동한다.

NO

▶ 하니스의 단락 여부를 점검한다. 반드시 수리한 후 "고장 수리 확인" 절차로 이동한다.

접지선 점검 KAE5D9A0

1. Ignition "OFF".
2. "유온 센서" 의 커넥터를 탈거한다.
3. 센서 하니스 측의 "6"번 단자와 차체 접지간의 저항을 측정한다.

정상값 : 약 0Ω

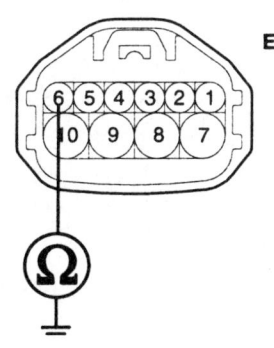

5.유온 센서
6.센서 접지

4. 측정된 저항값이 정상값과 일치하는가?

   YES

   ▶ "단품 점검" 절차로 이동한다.

   NO

   ▶ 하니스의 단선 여부를 점검한다. 반드시 수리한 후 "고장 수리 확인" 절차로 이동한다.

단품 점검   K6ACAE5D

DTC P0712 참조.

고장 수리 확인   K0FF26EA

DTC P0712 참조.

자동변속기

DTC P0716 입력축 속도센서 작동범위/성능이상

부품 위치

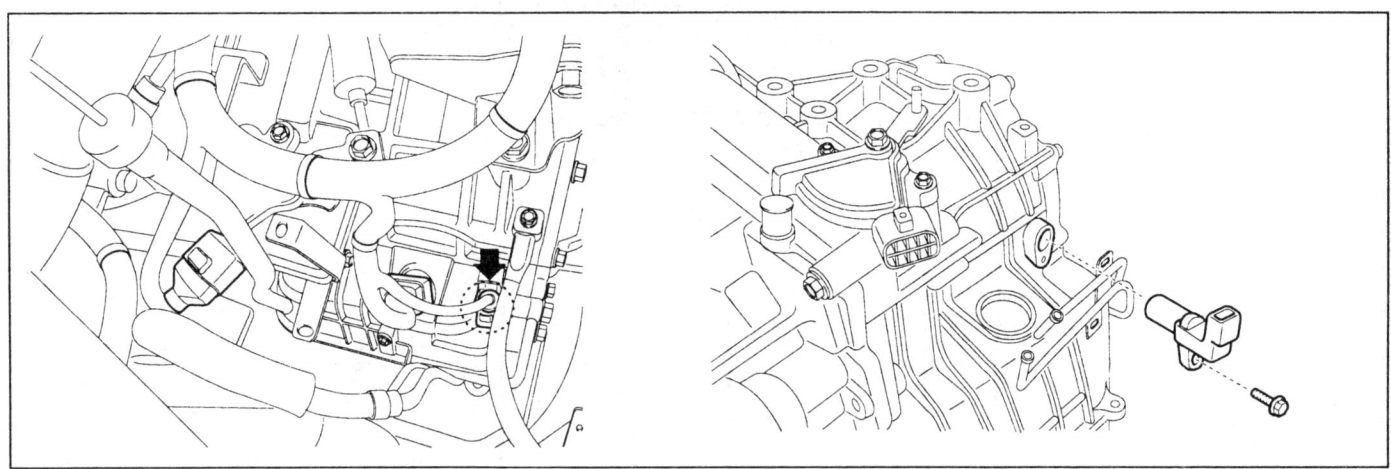

기능 및 역할

변속 시 유압 제어를 위해 입력축 회전수(터빈 회전수)를 OD 클러치 리테이너에서 검출한다.
센서 본체와 커넥터를 이원화 하였고 이에 따라 출력축과 입력축의 센서가 별도로 구분된다.
또한 신뢰성의 향상을 위해 단자는 2계통화 하였다.

고장 코드 설명

입력축 속도 센서(PG-A)로 부터 신호가 8000RPM 이상 감지되었을 경우 TCM은 이 고장코드를 출력한다.
TCM에 이 고장코드가 감지되면 페일 세이프 모드로 전환된다.

고장 판정 조건

항목	판정 조건	고장 예상 원인
검출 방법	• 전압 범위 감지	• 관련 배선 이상
검출 조건	• 배터리 전압 > 9V	• 입력축 속도 센서 이상
판정값	• 8000 RPM 이상 검출	• PCM/TCM 이상
검출 시간	• 1초 이상 지속	
페일 세이프	• 판정 조건 1회에서 고장코드 출력하고, 4회에서 IG-KEY OFF까지 고장시의 솔레노이드를 통전 상태로 한다(D,3속, 2,L:2속) 단, 변속레버를 이용한 변속은 가능(2 ↔ 3)	

정상값

입력축 & 출력축 속도 센서
- 형식 : 홀 센서(Hall sensor)
- 소비 전류 : 22mA(MAX)
- 정격 전압 : DC 12V
- 센서 본체와 커넥터를 이원화 하였고 이에 따라 출력축과 입력축의 센서가 별도로 구분됨.
 또한 신뢰성의 향상을 위해 단자는 2계통화 하였다.

자동변속기 (A4CF2)

회로도

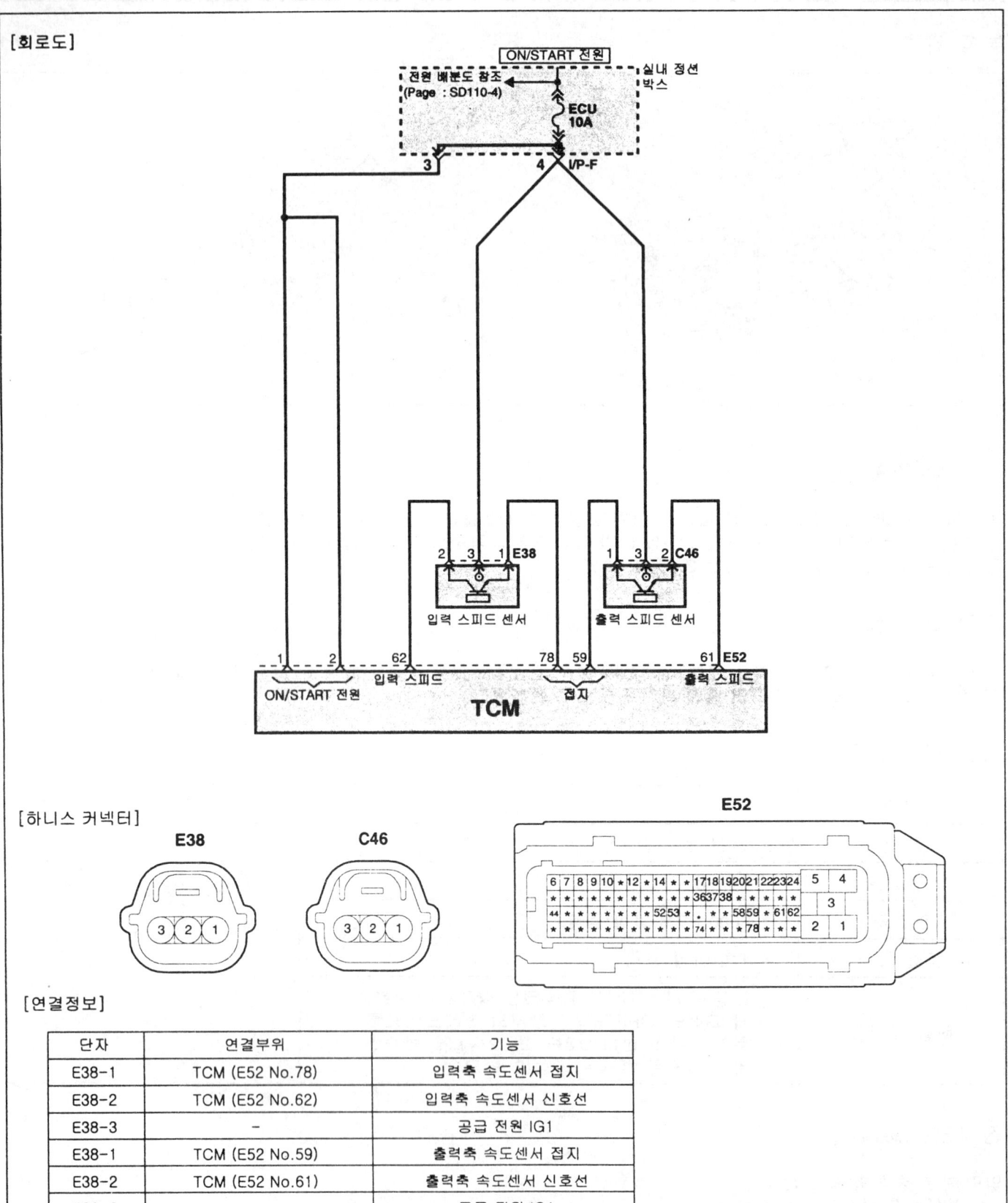

자동변속기

기준 파형 및 데이터   KA97398A

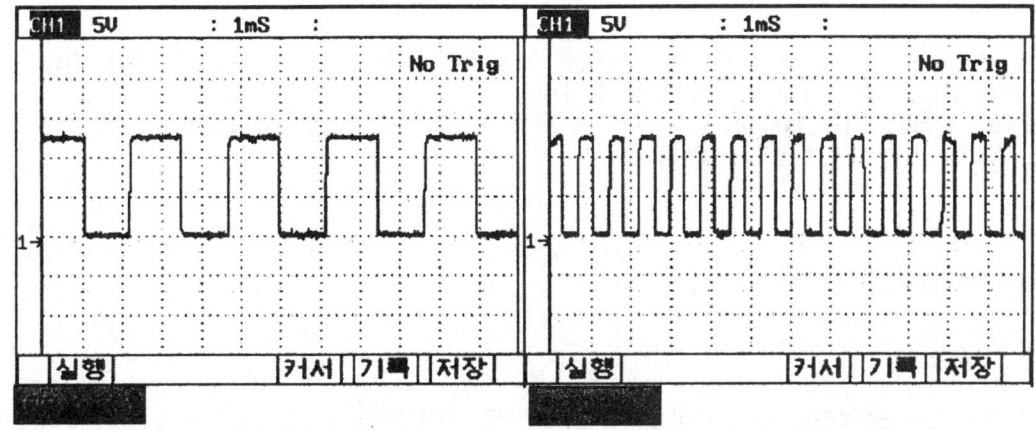

FIG.1) 입력축 속도 센서 저속
FIG.2) 입력축 속도 센서 고속

AKGF106C

스캔툴 데이터 분석   KB46F992

1. 스캔 툴을 연결한다.

2. Engine "ON".

3. 써비스 데이터 항목중의 "입력축 속도 센서" 항목을 선택한다.

4. "N" 레인지 상태에서 엔진의 속도를 서서히 증가한다.

정상값 : 엔진의 속도에 따라 서서히 증가

FIG.1) 아이들 시
FIG.2) 가속 시

AKGF106D

5. "입력축 속도센서"의 출력값이 기준값과 같이 유효한 범위내에서 변화하는가?

   YES

   ▶ 고장 원인은 센서와 PCM/TCM의 커넥터간의 접촉불량과 같은 일시적인 고장이거나 이미 수리가 되었거나 혹은 PCM/TCM의 메모리에 기억된 고장 코드가 지워지지 않은 것이다.
   그러므로 커넥터의 전체적인 상태(헐거움,접촉 불량,부식,오염,다른 커넥터와의 간섭,파손등)를 확인하고 필요에 의해 교환 또는 수리하고 "고장 수리 확인" 절차로 이동한다.

   NO

   ▶ "커넥터 및 터미널 점검" 절차로 이동한다.

커넥터 및 터미널 점검 KC153EBB

1. 전자제어장치는 수 많은 하니스와 커넥터로 구성되어 있다. 그러므로, 전자제어장치와 관련된 많은 고장의 원인이 터미널의 접촉불량에 의해 발생되고있다. 이러한 고장은 여러가지 다양한 고장을 유발시키고, 부품을 손상시키기도 한다.

2. 커넥터의 느슨함, 접촉불량, 구부러짐, 부식, 오염, 변형 또는 손상을 전체적으로 점검한다.

3. 문제 부위가 확인되는가?

   YES

   ▶ 문제 원인을 수리하고 "고장 수리 확인" 절차로 이동한다.

   NO

   ▶ "신호선 점검" 절차로 이동한다.

신호선 점검 K4D9BF58

1. Ignition "ON" & Engine "OFF".
2. "입력축 속도센서"의 커넥터를 탈거한다.
3. 센서 하니스측의 "2"번 단자와 차체 접지간의 전압을 측정한다.

정상값 : 약 12V

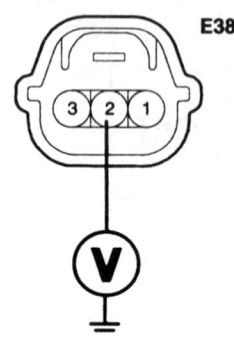

1. 센서 접지
2. 신호선
3. 공급 전원 IG1

자동변속기

4. 측정된 전압값이 정상값과 일치하는가?

   YES

   ▶ "전원선 점검" 절차로 이동한다.

   NO

   ▶ 하니스의 단선 혹은 단락을 점검한다. 문제 원인을 수리한 후 "고장 수리 확인" 절차로 이동한다.
   ▶ 만일 신호선에 이상이 없다면, "단품 점검" 절차의 "PCM/TCM 점검"으로 이동한다.

진원선 점검 KCEEC0DE

1. Ignition "ON" & Engine "OFF".

2. "입력축 속도센서"의 커넥터를 점검한다.

3. 센서 하니스측의 "3"번 단자와 차체 접지간의 전압을 측정한다.

정상값 : 약 B+

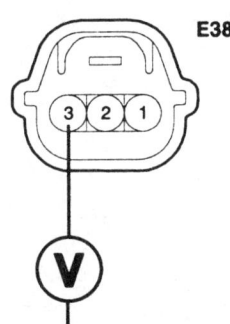

1. 센서 접지
2. 신호선
3. 공급 전원 IG1

ALJF001N

4. 측정된 전압값이 정상값과 일치하는가?

   YES

   ▶ "접지선 점검" 절차로 이동한다.

   NO

   ▶ 하니스의 단선 여부를 점검한다. 문제 원인을 수리한 후 "고장 수리 확인"로 이동한다.

접지선 점검 KBA6BAD8

1. Ignition "ON" & Engine "OFF".

2. "입력축 속도센서"의 커넥터를 탈거한다.

3. 센서 하니스측 "1"번 단자와 차체 접지간의 저항을 측정한다.

정상값 : 약 0Ω

AT -70   자동변속기 (A4CF2)

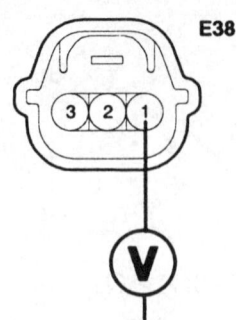

1. 센서 접지
2. 신호선
3. 공급 전원 IG1

ALJF001O

4. 측정된 저항값이 정상값과 일치하는가?

YES

▶ "단품 점검" 절차로 이동한다.

NO

▶ 하니스의 단선 여부를 점검한다. 문제 원인을 수리한 후 "고장 수리 확인" 절차로 이동한다.
▶ 만일 신호선에 이상이 없다면, "단품 점검" 절차의 "PCM/TCM 점검" 절차로 이동한다.

단품 점검   K45C6C5C

1. "입력축 속도센서" 점검

   1) Ignition "OFF".

   2) "입력축 속도센서"의 커넥터를 탈거한다.

   3) 센서측 터미널"1","2" 그리고 "2","3" 그리고 "1","3" 단자의 저항을 측정한다.

   정상값 : "기준값" 참조

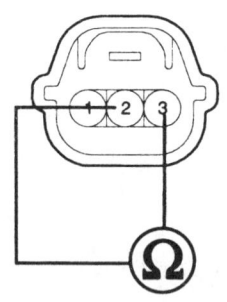

E38
단품측 커넥터

1. 센서 접지
2. 신호선
3. 공급 전원 IG1

ALJF001P

   4) 측정된 저항값이 정상값과 일치하는가?

자동변속기

[기준값]

항목		기준값
전류		22 mA
에어 갭	입력축 속도센서	1.3 mm
	출력축 속도센서	1.3 mm
저항	입력축 속도센서	Above 4 MΩ
	출력축 속도센서	Above 4 MΩ
전압	최대값	4.8V 이상
	최소값	0.8V 이하

YES

▶ 아래와 같이 " PCM/TCM 점검 " 절차로 이동한다.

NO

▶ "입력축 속도센서"를 교환한 후 "고장 수리 확인" 절차로 이동한다.

2. PCM/TCM 점검

   1) Ignition "ON" & Engine "OFF".

   2) "입력축 속도센서"의 커넥터를 연결한다.

   3) 스캔 툴을 연결하고 시뮬레이션 기능을 선택한다.

   4) "입력축 속도센서" 의 신호선에 일정 주파수를 인가하여 시뮬레이션을 실시한다.

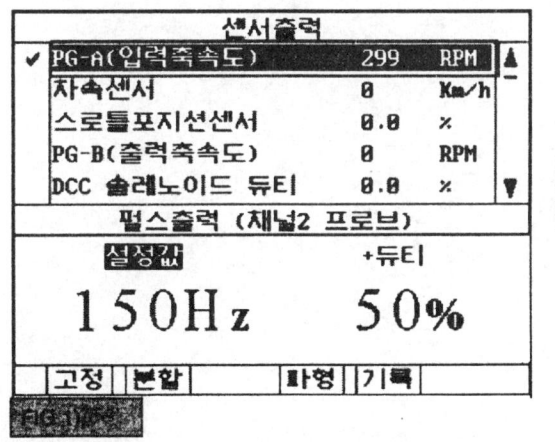

FIG.1) 150Hz 인가시 → 299rpm
FIG.2) 250Hz 인가시 → 497rpm

※ 위의 값들은 차량의 상태나 조건 혹은 모델에 따라 달라질수 있음.

5) "입력축 속도센서"의 출력값이 시뮬레이션 시 인가된 주파수에 따라 유효한 값으로 변하는가?

YES

▶ 커넥터의 전체적인 상태(헐거움,접촉 불량,부식,오염,다른 커넥터와의 간섭,파손등)를 확인하고 필요에 의해 교환 또는 수리하고 "고장 수리 확인" 절차로 이동한다.

NO

▶ 정상품의 시험용 PCM/TCM으로 교환 한후 정상적으로 작동되는지 확인한다.
만일 정상적으로 작동 된다면 PCM/TCM을 신품으로 교환하고 "고장 수리 확인"절차로 이동한다.

고장 수리 확인

본 진단 가이드를 사용해서 발생된 문제를 수리한 뒤, 고장이 완전히 해결되었는지 확인하는 과정이 필요하다.

1. 스캔툴을 연결한 후, 자기진단을 실시하여 고장 코드를 확인한다.
2. 저장된 고장코드를 스캔툴을 이용하여 소거한다.
3. 고장판정조건중의 검출조건에 따라 차량을 주행한다.
4. 스캔툴로 자기 진단을 실시하여 고장 코드가 발생되었는지 확인한다.
5. 고장 코드가 발생되는가?

YES

▶ 해당되는 고장 코드 수리 절차로 이동한다.

NO

▶ 고장 수리가 완료되어 시스템이 정상적으로 작동한다.

자동변속기 AT-73

DTC P0717 입력축 속도센서 - 신호값 없음

부품 위치

DTC P0716 참조.

기능 및 역할

DTC P0716 참조.

고장 코드 설명

입력축 속도 센서(PG-A)로 부터 신호가 감지되지 않을 경우 TCM은 이 고장코드를 출력한다.
TCM에 이 고장코드가 감지되면 페일 세이프 모드로 전환된다.

고장 판정 조건

항목	판정 조건	고장 예상 원인
검출 방법	• 전압 범위 감지	• 신호 회로 단선 • 전원 회로 단선 • 센서 접지 회로 단선 • 입력축 속도 센서 이상 • PCM/TCM 이상
검출 조건	• 배터리 전압 > 9V • 인히비터 S/W: D, 2, L • Output speed > 1000 rpm • 엔진 rpm > 3000 rpm (단 기어가 1단일 때)	
판정값	• 신호 무 입력	
검출 시간	• 1초 이상 지속	
페일 세이프	• 판정 조건 1회에서 고장코드 출력하고, 4회에서 IG-KEY OFF까지 고장시의 솔레노이드를 통전 상태로 한다(D,3속, 2,L:2속)단, 변속레버를 이용한 변속은 가능(2 ↔ 3)	

정상값

DTC P0716 참조.

회로도

DTC P0716 참조.

기준 파형 및 데이터

DTC P0716 참조.

스캔툴 데이터 분석

DTC P0716 참조.

커넥터 및 터미널 점검

DTC P0716 참조.

신호선 점검

DTC P0716 참조.

진원선 점검

DTC P0716 참조.

접지선 점검

DTC P0716 참조.

단품 점검

DTC P0716 참조.

고장 수리 확인

DTC P0716 참조.

자동변속기

DTC P0722 출력축 속도센서 - 신호값 없음

부품 위치

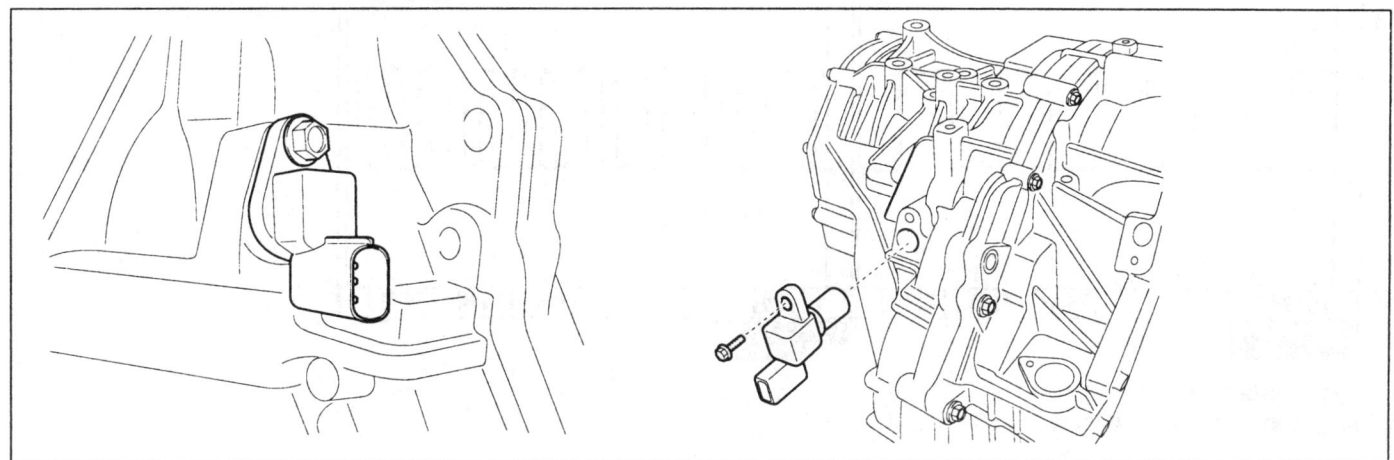

기능 및 역할

출력축 속도 센서는 변속기 출력축의 트랜스퍼 드라이브 기어의 회전수를 연산한다.
출력축 속도 센서는 트랜스퍼 드라이브 기어가 회전시 발생되는 전기신호의 주파수를 연산하여 TCM으로 입력시킨다.
이 값은 TPS와 함께 최상의 변속단을 결정하는 주 신호로 사용된다.

고장 판정 조건

항목	판정 조건	고장 예상 원인
검출 방법	• 전압 범위 감지	• 신호 회로 단선 • 전원 회로 단선 • 센서 접지 회로 단선 • 출력축 속도 센서 이상 • PCM/TCM 이상
검출 조건	• 기어단수 = 1 • 인히비터 S/W : D, 2, L • Input speed > 1500 rpm • 엔진 rpm > 3000 rpm • TPS > 14.9%	
판정값	• 신호 무 입력	
검출 시간	• 5.6초 이상 지속	
페일 세이프	• IG-KEY OFF까지 고장시의 솔레노이드를 통전 상태로 한다.(D,3속, 2,L:2속) 단, 변속레버를 이용한 변속은 가능(2 ↔ 3)	

정상값

DTC P0716 참조.

회로도

DTC P0716 참조.

기준 파형 및 데이터

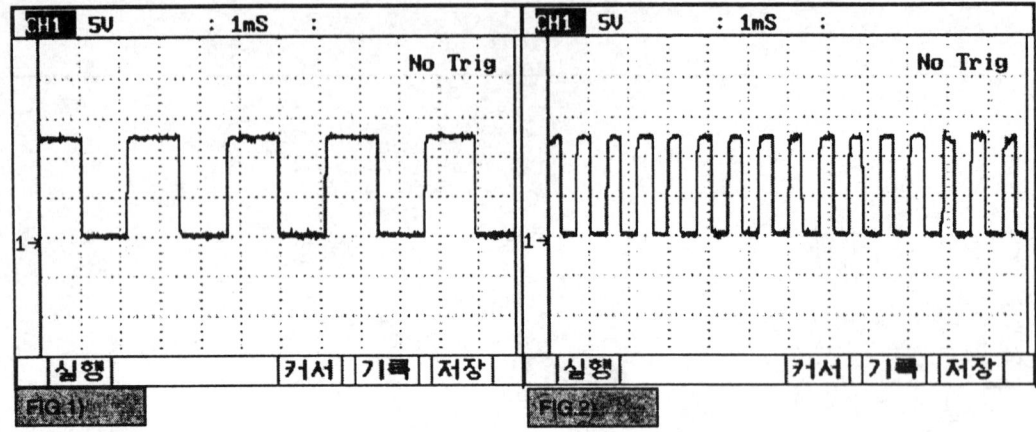

FIG.1) 출력축 속도 센서 저속
FIG.2) 출력축 속도 센서 고속

스캔툴 데이터 분석

1. 스캔 툴을 연결한다.
2. Engine "ON".
3. 써비스 데이터 항목중의 "입력축 속도 센서" 항목을 선택한다.
4. "D" 레인지 상태에서 서서히 속도를 증가시킨다.

정상값 : 주행 상태에 따라 서서히 증가

센서출력			센서출력	
✓ PG-B(출력축속도)	460 RPM		✓ PG-B(출력축속도)	3134 RPM
엔진회전수	895 RPM		엔진회전수	2236 RPM
차속센서	14 Km/h		차속센서	99 Km/h
스로틀포지션센서	0.0 %		스로틀포지션센서	16.1 %
PG-A(입력축속도)	799 RPM		PG-A(입력축속도)	2233 RPM
DCC 솔레노이드 듀티	0.0 %		DCC 솔레노이드 듀티	43.1 %
댐퍼클러치슬립량	96 RPM		댐퍼클러치슬립량	3 RPM
PCSV-A SOLENOID DUTY	99.6 %		PCSV-A SOLENOID DUTY	0.0 %
PCSV-B SOLENOID DUTY	99.6 %		PCSV-B SOLENOID DUTY	0.0 %
PCSV-C SOLENOID DUTY	0.0 %		PCSV-C SOLENOID DUTY	99.6 %

FIG.1) 저속
FIG.2) 고속

5. "출력축 속도센서"의 출력값이 기준값과 같이 유효한 범위내에서 변화하는가?

YES

▶ 고장 원인은 센서와 PCM/TCM의 커넥터간의 접촉불량과 같은 일시적인 고장이거나 이미 수리가 되었거나 혹은 PCM/TCM의 메모리에 기억된 고장 코드가 지워지지 않은 것이다.

자동변속기

그러므로 커넥터의 전체적인 상태(헐거움,접촉 불량,부식,오염,다른 커넥터와의 간섭,파손등)를 확인하고 필요에 의해 교환 또는 수리하고 "고장 수리 확인" 절차로 이동한다.

NO

▶ "커넥터 및 터미널 점검" 절차로 이동한다.

커넥터 및 터미널 점검 K68820EF

DTC P0716 참조.

신호선 점검 K0ABFB00

1. Ignition "ON" & Engine "OFF".
2. "출력축 속도센서"의 커넥터를 탈거한다.
3. 센서 하니스측의 "2"번 단자와 차체 접지간의 전압을 측정한다.

정상값 : 약 12V

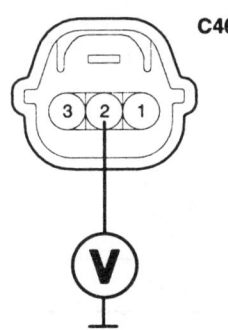

1. 센서 접지
2. 신호선
3. 공급 전원 IG1

ALJF001Q

4. 측정된 전압값이 정상값과 일치하는가?

YES

▶ "전원선 점검" 절차로 이동한다.

NO

▶ 하니스의 단선 혹은 단락을 점검한다. 문제 원인을 수리한 후 "고장 수리 확인" 절차로 이동한다.
▶ 만일 신호선에 이상이 없다면, "단품 점검" 절차의 " PCM/TCM 점검"으로 이동한다.

전원선 점검 K8C5FF5A

1. Ignition "ON" & Engine "OFF".
2. "출력축 속도센서"의 커넥터를 점검한다.
3. 센서 하니스측의 "3"번 단자와 차체 접지간의 전압을 측정한다.

정상값 : 약 B+

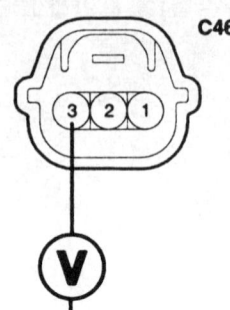

1. 센서 접지
2. 신호선
3. 공급 전원 IG1

4. 측정된 전압값이 정상값과 일치하는가?

YES

▶ "접지선 점검" 절차로 이동한다.

NO

▶ 하니스의 단선 여부를 점검한다. 문제 원인을 수리한 후 "고장 수리 확인" 로 이동한다.

접지선 점검

1. Ignition "ON" & Engine "OFF".
2. "출력축 속도센서" 의 커넥터를 탈거한다.
3. 센서 하니스측 "1"번 단자와 차체 접지간의 저항을 측정한다.

정상값 : 약 0Ω

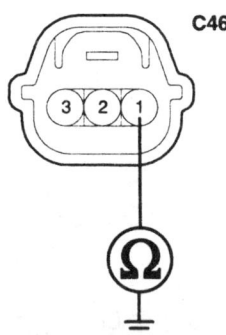

1. 센서 접지
2. 신호선
3. 공급 전원 IG1

4. 측정된 저항값이 정상값과 일치하는가?

YES

▶ "단품 점검" 절차로 이동한다.

NO

▶ 하니스의 단선 여부를 점검한다. 문제 원인을 수리한 후 "고장 수리 확인" 절차로 이동한다.
▶ 만일 신호선에 이상이 없다면, "단품 점검" 절차의 "PCM/TCM 점검" 절차로 이동한다.

자동변속기 AT-79

단품 점검 K7FEFE6B

1. "출력축 속도센서" 점검

   1) Ignition "OFF".

   2) "출력축 속도센서"의 커넥터를 탈거한다.

   3) 센서측 터미널"1","2" 그리고 "2","3" 그리고 "1","3" 단자의 저항을 측정한다.

정상값 : " 기준값" 참조

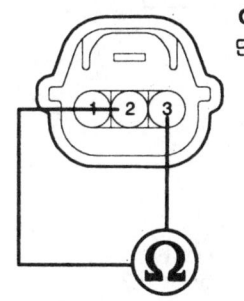

C46
단품 센서측

1. 센서 접지
2. 신호선
3. 공급 전원 IG1

   4) 측정된 저항값이 정상값과 일치하는가?

[기준값]

항목	기준값	
전류	22 mA	
에어 갭	입력축 속도센서	1.3 mm
	출력축 속도센서	1.3 mm
저항	입력축 속도센서	Above 4 MΩ
	출력축 속도센서	Above 4 MΩ
전압	최대값	4.8V 이상
	최소값	0.8V 이하

YES

▶ 아래와 같이 " PCM/TCM 점검 " 절차로 이동한다.

NO

▶ "출력축 속도센서"를 교환한 후 "고장 수리 확인" 절차로 이동한다.

2. PCM/TCM 점검

   1) Ignition "ON" & Engine "OFF".

   2) "출력축 속도센서"의 커넥터를 연결한다.

   3) 스캔 툴을 연결하고 시뮬레이션 기능을 선택한다.

   4) "출력축 속도센서"의 신호선에 일정 주파수를 인가하여 시뮬레이션을 실시한다.

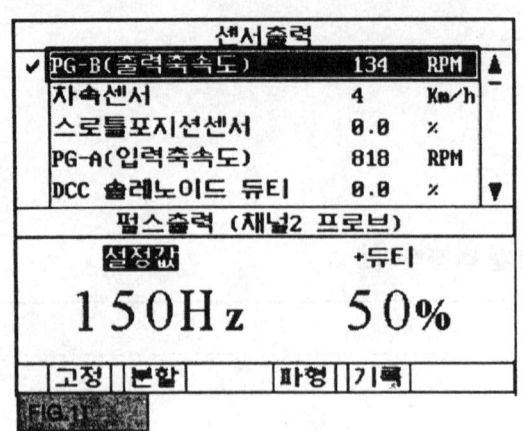 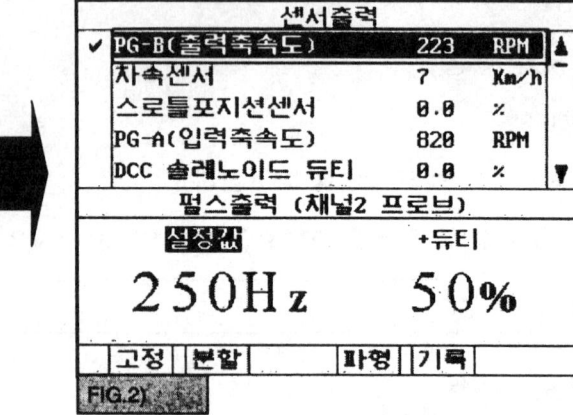

FIG.1) 150Hz 인가시 → 134rpm
FIG.2) 250Hz 인가시 → 223rpm

※ 위의 값들은 차량의 상태나 조건 혹은 모델에 따라 달라질수 있음.

5) "출력축 속도센서"의 출력값이 시뮬레이션 시 인가된 주파수에 따라 유효한 값으로 변하는가?

YES

▶ 커넥터의 전체적인 상태(헐거움,접촉 불량,부식,오염,다른 컨넥터와의 간섭,파손등)를 확인하고 필요에 의해 교환 또는 수리하고 "고장 수리 확인" 절차로 이동한다.

NO

▶ 정상품의 시험용 PCM/TCM으로 교환 한후 정상적으로 작동되는지 확인한다.
만일 정상적으로 작동 된다면 PCM/TCM을 신품으로 교환하고 "고장 수리 확인"절차로 이동한다.

고장 수리 확인

DTC P0716 참조.

자동변속기

DTC P0731 1속 동기 불량

부품 위치

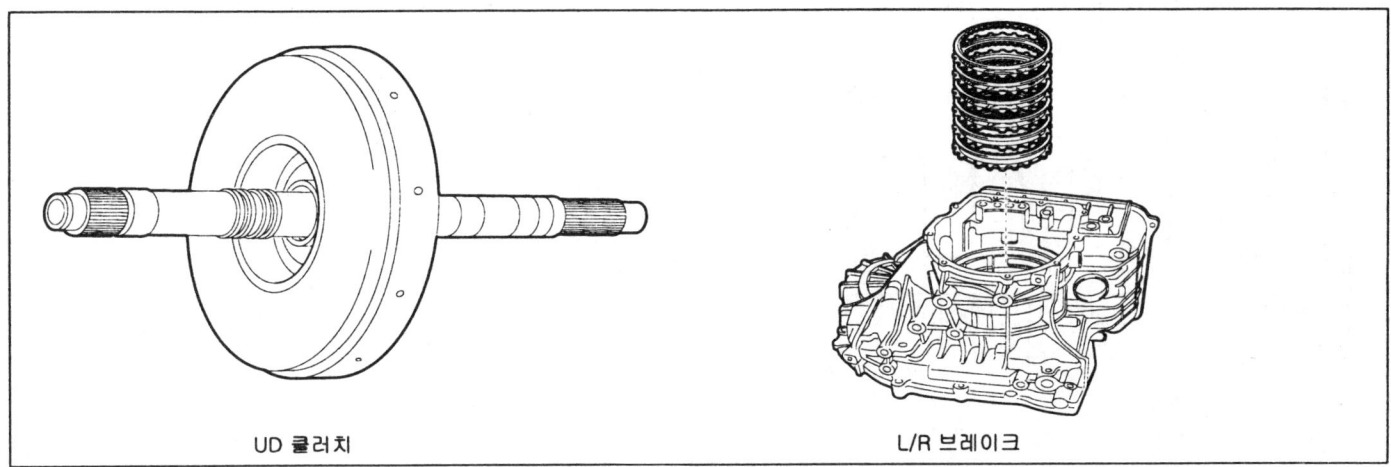

UD 클러치   L/R 브레이크

기능 및 역할

1속의 기어비를 곱한 출력축 속도의 값과 1속이 체결된 상태의 입력축 속도의 값은 거의 동일해야 한다.
예를 들어 출력축 속도의 값이 1000rpm이고 1속의 기어비가 2.919이면 입력축 속도는 2,919rpm이다.

고장 코드 설명

이 코드는 1속의 기어비를 곱한 출력축의 회전수와 입력축의 회전수가 일치하지 않으면 출력된다.
이 고장은 컨트롤 밸브의 소착이나 솔레노이드 밸브의 고장등의 기계적인 결함이 전기적인 결함보다 더 주된 원인이 된다.

고장 판정 조건

항목	판정 조건	고장 예상 원인
검출 방법	• 1속 기어비 점검	• 입력축 속도 센서 이상 • 출력축 속도 센서 이상 • 변속기 내부의 클러치 브레이크의 슬립(UD 클러치, L/R 브레이크, OWC) 또는 유압제어 계통의 이상
검출 조건	• 레버, 아웃풋 스피드센서, 인풋 스피드센서, CAN 정상 • 기어변속 2초 후 • 오일온도 > -10° °C • 엔진 rpm > 400 • 인히비터 S/W: D, 2, L • Input speed > 300rpm • Output speed > 200rpm • 솔레노이드밸브 정상	
판정값	• | 입력축 속도 센서/1속 기어비-출력축 속도 센서 | < 200rpm	
검출 시간	• 1.2초 이상 지속	
페일 세이프	• 3속 홀드 • VFS off • 댐퍼 클러치 솔레노이드 open	

기준 파형 및 데이터

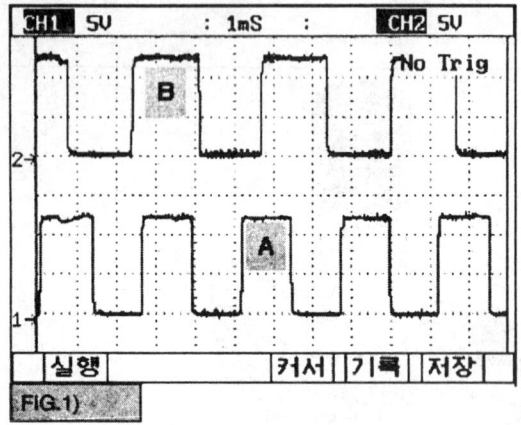

A : 입력축 속도센서
B : 출력축 속도센서

스캔툴 데이터 분석

1. 스캔 툴을 연결한다.

2. Engine "ON".

3. 써비스 데이터 항목중 "엔진 회전수, 입력축 속도센서, 출력축 속도센서, 기어 위치" 항목을 선택한다.

4. "1"속 상태에서 스톨 테스트를 실시한다.

정상값 : 2500~3000 rpm

센서출력		
✔ 엔진회전수	2787	RPM
✔ PG-A(입력축속도)	0	RPM
✔ PG-B(출력축속도)	0	RPM
✔ 기어위치	1	
PCSU-C SOLENOID DUTY	0.0	%
SCSU-A SOLENOID	ON	
VFS-A SOLENOID DUTY	98.8	%
유온센서	37.0	℃
GEAR RATIO	2.9	
변속레버스위치	D	

자동변속기

[변속단별 작동요소]

변속단		작동 요소					
		UD 클러치	OD 클러치	REV 클러치	L/R 브레이크	2-4 브레이크	OWC
N, P					O		
D	1속	O					O
	2속	O				O	
	3속	O	O				
	4속		O			O	
후진				O	O		
2	1속	O					O
	2속	O				O	
L		O			O		O

D1속에서 "스톨 테스트" 하는 방법과 원인

방법
1. 엔진을 충분히 난기시킨다.
2. 변속레버를 "D"레인지에 놓고 가속페달을 끝까지 밟은 상태에서 엔진의 최대 회전수를 측정한다.
   * 1속 작동요소중에서 슬립이 발생되면 "1속"에서의 스톨 테스트로 작동요소의 슬립을 검출할수 있다.

원인
1. 만일 변속기 내부에 기계적인 결함이 없다면, 모든 슬립은 토크 컨버터내에서 흡수된다.
2. 그러므로 엔진의 회전수만 출력되고 입력축 혹은 출력축의 회전수는 바퀴가 잠겨져 있으므로 "0"이된다.
3. 만일 1속의 작동요소에 결함이 있다면 입력축의 회전수가 출력될 것이다.
4. 만일 출력축의 회전수가 출력된다면 브레이크를 충분히 밟지 않은것이므로 브레이크를 완전히 밟은 상태에서 다시 "스톨 테스트"를 실시한다.

5. "스톨 테스트" 값이 정상값 범위에 있는가?

YES

▶ "신호선 점검" 절차로 이동한다.

NO

▶ "단품 점검" 절차로 이동한다.

> ⚠ 주의
> 1. 테스트 중에는 차량이 갑자기 움직일수 있으므로 차량의 전 후에 사람이 서있지 않도록 주의한다.
> 2. ATF의 수준과 온도 그리고 엔진의 냉각수 온도를 점검한다.
>   - **ATF 수준** : 게이지의 **"HOT"** 마크에 있는지 확인한다.
>   - **ATF 온도** : **80~100 °C**
>   - 엔진의 냉각 수온 : **80~100 °C**
>
> 3. 앞 뒤 바퀴에 고임목을 설치한다.
> 4. 주차 브레이크를 당기고 브레이크 페달을 힘껏 밟는다.
> 5. *1번*의 **"스톨 테스트"**를 *8초*이상 실시하지 않는다.
> 6. 만일 **"스톨 테스트"**를 *2회* 혹은 그 이상 실시하는 경우에는, 변속레버는 **"N"**으로 이동하고 엔진의 회전수는 약 *1000 rpm*으로 유지하면서 *ATF*의 온도를 낮추어야 한다.

신호선 점검 KA2D9F50

1. 스캔 툴을 연결한다.

2. Engine "ON".

3. 써비스 데이터 항목중에 "엔진 회전수, 입력축, 출력축 속도"를 선택한다.

4. 1속 상태에서 약 2000rpm 까지 엔진의 회전수를 상승시킨후에 "입력축 및 출력축"의 속도를 기어비와 비교한다.

정상값 : | 입력축 속도 센서/1속 기어비-출력축 속도 센서 | < 200rpm

```
           센서출력
✓ 엔진회전수              2010  RPM
✓ PG-A(입력축속도)        1974  RPM
✓ PG-B(출력축속도)         677  RPM
✓ 기어위치                   1
  PCSV-C SOLENOID DUTY    0.0  %
  SCSV-A SOLENOID          ON
  VFS-A SOLENOID DUTY    37.6  %
  유온센서                 41.0  ℃
  GEAR RATIO              2.9
  변속레버스위치             L
  고정 | 분할 | 전체 | 파형 | 기록 | 도움
```

AKGF109D

5. "입력축 & 출력축 속도센서"의 출력값이 정상값 범위에 있는가?

   YES

   ▶ "단품 점검" 절차로 이동한다.

   NO

   ▶ 입력축 혹은 출력축 속도센서의 회로에 전기적인 노이즈가 유입되었는지를 점검하고 이상이 없으면 입력축과 출력축 속도센서를 신품으로 교환한 후 "고장 수리 확인" 절차로 이동한다.

단품 점검

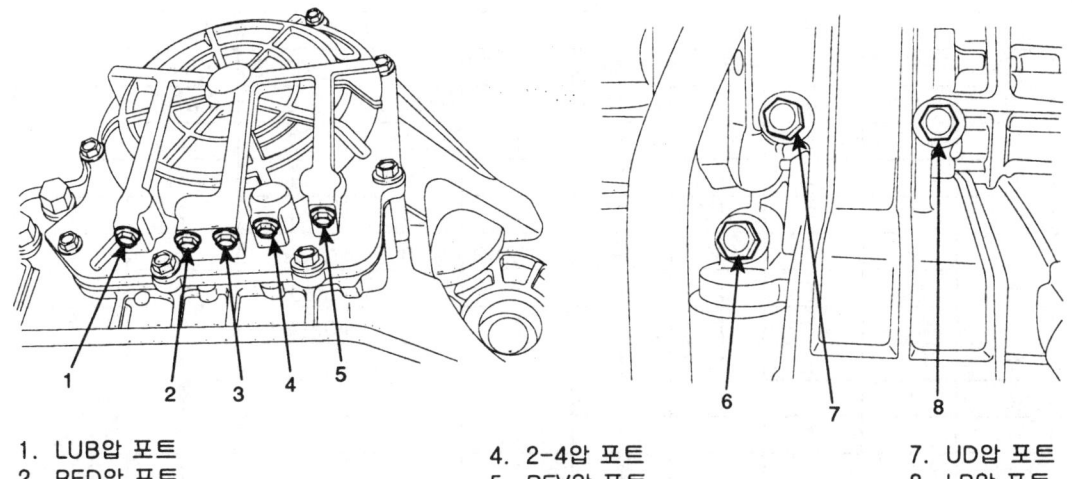

1. LUB압 포트
2. RED압 포트
3. OD압 포트
4. 2-4압 포트
5. REV압 포트
6. DA압 포트
7. UD압 포트
8. LR압 포트

1. 오일 압력 게이지를 "UD" 포트와 "L/R" 포트에 연결한다.

2. Engine "ON".

3. 1속으로 차량을 주행한다.

4. 아래의 참고값과 측정값을 비교한다.

자동변속기 (A4CF2)

[참고값]

순서	매뉴얼 밸브위치	조작					측정요소	유압(kgf/㎠)				
		PCSV-A	PCSV-B	PCSV-C	PCSV-D	ON/OFF		LR	2-4(2ND)	UD	OD	REV
1	D	0	100	0	0	ON	LR	10.5±0.2	0	10.5±0.2	0	↑
2	↑	50	↑	↑	↑	↑	↑	5.3±0.4	↑	↑	↑	↑
3	↑	75	↑	↑	↑	↑	↑	1.0±0.3	↑	↑	↑	↑
4	↑	100	↑	↑	↑	↑	↑	0	↑	↑	↑	↑
5	↑	↑	0	↑	100	OFF	2-4(2ND)	0	10.5±0.2	↑	↑	↑
6	↑	↑	50	↑	↑	↑	↑	↑	5.3±0.4	↑	↑	↑
7	↑	↑	75	↑	↑	↑	↑	↑	0.9±0.3	↑	↑	↑
8	↑	↑	100	↑	↑	↑	↑	↑	0	↑	↑	↑
9	↑	0	↑	↑	↑	↑	OD	↑	↑	↑	10.5±0.2	↑
10	↑	50	↑	↑	↑	↑	↑	↑	↑	↑	5.6±0.4	↑
11	↑	75	↑	↑	↑	↑	↑	↑	↑	↑	1.0±0.3	↑
12	↑	100	↑	↑	↑	↑	↑	↑	↑	↑	0	↑
13	↑	↑	↑	0	0	↑	UD	↑	↑	10.5±0.2	↑	↑
14	↑	↑	↑	50	↑	↑	↑	↑	↑	5.6±0.4	↑	↑
15	↑	↑	↑	75	↑	↑	↑	↑	↑	1.0±0.3	↑	↑
16	↑	0	↑	100	↑	↑	↑	↑	↑	0	↑	↑
17	R	↑	0	↑	↑	ON	REV	17.7±0.8	↑	↑	↑	17.7±0.8
18	↑	↑	50	↑	↑	↑	↑	↑	↑	↑	↑	8.7±0.8
19	↑	↑	75	↑	↑	↑	↑	↑	↑	↑	↑	0.9±0.5
20	↑	↑	100	↑	↑	↑	↑	↑	↑	↑	↑	0

[측정조건]
- 오일펌프 회전속도 : 2500rpm
- LPCSV 듀티율 : 0%

주) 표중 0으로 표시된 압력은 0.1kgf/㎠이상 발생해서는 안됨.

※ 위의 값들은 절대값이 아닌 차량의 측정 환경과 조건 및 모델에 따라 달라질수 있음.

5. 측정된 오일 압력값이 정상값 범위에 있는가?

YES

▶ 자동 변속기를 수리하고 "고장 수리 확인" 절차로 이동한다.

NO

▶ 자동 변속기(밸브바디)를 수리하고 "고장 수리 확인" 절차로 이동한다.

자동변속기

고장 수리 확인 KFFEEAEA

본 진단 가이드를 사용해서 발생된 문제를 수리한 뒤, 고장이 완전히 해결되었는지 확인하는 과정이 필요하다.

1. 스캔툴을 연결한 후, 자기진단을 실시하여 고장 코드를 확인한다.
2. 저장된 고장코드를 스캔툴을 이용하여 소거한다.
3. 고장판정조건중의 검출조건에 따라 차량을 주행한다.
4. 스캔툴로 자기 진단을 실시하여 고장 코드가 발생되었는지 확인한다
5. 고장 코드가 발생되는가?

   YES
   ▶ 해당되는 고장 코드 수리 절차로 이동한다.

   NO
   ▶ 고장 수리가 완료되어 시스템이 정상적으로 작동한다.

DTC P0732 2속 동기 불량

부품 위치

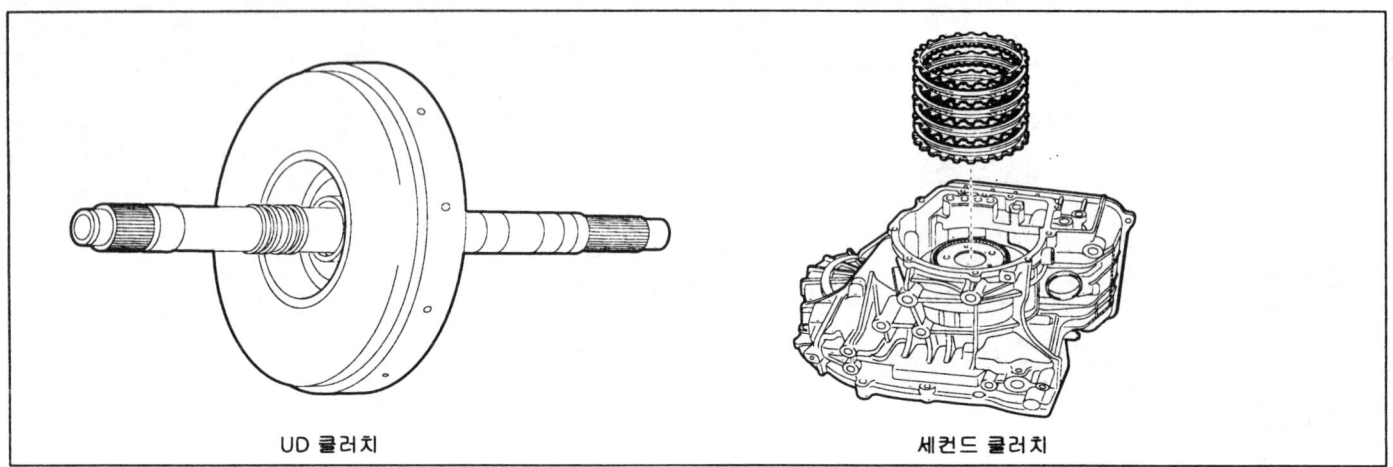

UD 클러치   세컨드 클러치

기능 및 역할

2속의 기어비를 곱한 출력축 속도의 값과 2속이 체결된 상태의 입력축 속도의 값은 거의 동일해야 한다.
예를 들어 출력축 속도의 값이 1000rpm이고 2속의 기어비가 1.551이면 입력축 속도는 1,551rpm이다.

고장 코드 설명

이 코드는 2속의 기어비를 곱한 출력축의 회전수와 입력축의 회전수가 일치하지 않으면 출력된다.
이 고장은 컨트롤 밸브의 소착이나 솔레노이드 밸브의 고장등의 기계적인 결함이 전기적인 결함보다 더 주된 원인이 된다.

고장 판정 조건

항목	판정 조건	고장 예상 원인
검출 방법	• 2속 기어비 점검	• 입력축 속도 센서 이상 • 출력축 속도 센서 이상 • 변속기 내부의 클러치 브레이크의 슬립(UD클러치, 2nd브레이크) 또는 유압 제어 계통의 이상
검출 조건	• 레버, 아웃풋 스피드센서, 인풋 스피드센서, CAN 정상 • 기어변속 2초 후 • 오일온도 > -10°C • 엔진 rpm > 400 • 인히비터 S/W: D, 2, L • Input speed > 300rpm • Output speed > 900rpm • 솔레노이드밸브 정상	
판정값	• ｜입력축 속도 센서/2속 기어비-출력축 속도 센서｜ < 200rpm	
검출 시간	• 1.2초 이상 지속	
페일 세이프	• 3속 고정/ Damper off	

기준 파형 및 데이터

DTC P0716 참조.

자동변속기

스캔툴 데이터 분석 KCE738CD

1. 스캔 툴을 연결한다.
2. Engine "ON".
3. 출력축 속도센서(PG-B)를 탈거한 후 변속레버를 "2" 혹은 "L" 위치에서 주행하여 변속단을 2속으로 고정한다.
4. 써비스 데이터 항목중 "엔진 회전수, 입력축 속도센서, 출력축 속도센서, 기어 위치" 항목을 선택한다.
5. "2"속 상태에서 스톨 테스트를 실시한다.

정상값 : 2500~3000 rpm

```
        센서출력
✔ 엔진회전수        2848  RPM
✔ PG-A(입력축속도)   0    RPM
✔ PG-B(출력축속도)   0    RPM
✔ 차속센서          0    Km/h
✔ 기어위치          2
  SCSV-A SOLENOID   OFF
  VFS-A SOLENOID DUTY 28.6 %
  유온센서          49.0 ℃
  GEAR RATIO        1.6
  변속레버스위치     2
[고정][분할][전체][파형][기록][도움]
```

AKGF110C

[변속단별 작동요소]

변속단		UD 클러치	OD 클러치	REV 클러치	L/R 브레이크	2-4 브레이크	OWC
N, P					O		
D	1속	O					O
	2속	O				O	
	3속	O	O				
	4속		O			O	
후진				O	O		
2	1속	O					O
	2속	O				O	
L		O			O		O

D2속에서 "스톨 테스트" 하는 방법과 원인

방법
1. 엔진을 충분히 난기시킨다.
2. 변속레버를 "D"레인지에 놓고 가속페달을 끝까지 밟은 상태에서 엔진의 최대 회전수를 측정한다.
   * 2속 작동요소중에서 슬립이 발생되면 "2속"에서의 스톨 테스트로 작동요소의 슬립을 검출할수 있다.

원인
1. 만일 변속기 내부에 기계적인 결함이 없다면, 모든 슬립은 토크 컨버터내에서 흡수된다.
2. 그러므로 엔진의 회전수만 출력되고 입력축 혹은 출력축의 회전수는 바퀴가 잠겨져 있으므로 "0"이된다.
3. 만일 2속의 작동요소에 결함이 있다면 입력축의 회전수가 출력될 것이다.
4. 만일 출력축의 회전수가 출력된다면 브레이크를 충분히 밟지 않은것이므로 브레이크를 완전히 밟은 상태에서 다시 "스톨 테스트"를 실시한다.

6. "스톨 테스트" 값이 정상값 범위에 있는가?

YES

▶ "신호선 점검" 절차로 이동한다.

NO

▶ "단품 점검" 절차로 이동한다.

⚠ 주의
1. 테스트 중에는 차량이 갑자기 움직일수 있으므로 차량의 전 후에 사람이 서있지 않도록 주의한다.
2. *ATF*의 수준과 온도 그리고 엔진의 냉각수 온도를 점검한다.
   - *ATF* 수준 : 게이지의 *"HOT"* 마크에 있는지 확인한다.
   - *ATF* 온도 : *80~100 °C*
   - 엔진의 냉각 수온 : *80~100 °C*
3. 앞 뒤 바퀴에 고임목을 설치한다.
4. 주차 브레이크를 당기고 브레이크 페달을 힘껏 밟는다.
5. 1번의 "스톨 테스트"를 8초이상 실시하지 않는다.
6. 만일 "스톨 테스트"를 2회 혹은 그 이상 실시하는 경우에는, 변속레버는 *"N"*으로 이동하고 엔진의 회전수는 약 *1000 rpm*으로 유지하면서 *ATF*의 온도를 낮추어야 한다.

신호선 점검 KD1323BB

1. 스캔 툴을 연결한다.

2. Engine "ON".

3. 써비스 데이터 항목중에 "엔진 회전수, 입력축, 출력축 속도"를 선택한다.

4. 2속 상태에서 약 2000rpm 까지 엔진의 회전수를 상승시킨후에 "입력축 및 출력축"의 속도를 기어비와 비교한다.

정상값 : | 입력축 속도 센서/2속 기어비-출력축 속도 센서 | < 200rpm

```
        센서출력
✔ 엔진회전수           1996  RPM
✔ PG-A(입력축속도)     1952  RPM
✔ PG-B(출력축속도)     1259  RPM
✔ 기어위치              2
  PCSV-C SOLENOID DUTY  0.0   %
  SCSV-A SOLENOID       OFF
  VFS-A SOLENOID DUTY   63.1  %
  유온센서              57.0  ℃
  GEAR RATIO            1.6
  변속레버스위치         2
  | 고정 | 분할 | 전체 | 파형 | 기록 | 도움 |
```

자동변속기

5. "입력축 & 출력축 속도센서"의 출력값이 정상값 범위에 있는가?

   YES

   ▶ "단품 점검" 절차로 이동한다.

   NO

   ▶ 입력축 혹은 출력축 속도센서의 회로에 전기적인 노이즈가 유입되었는지를 점검하고 이상이 없으면 입력축과 출력축 속도센서를 신품으로 교환한 후 "고장 수리 확인" 절차로 이동한다.

단품 점검 KF1DFAC3

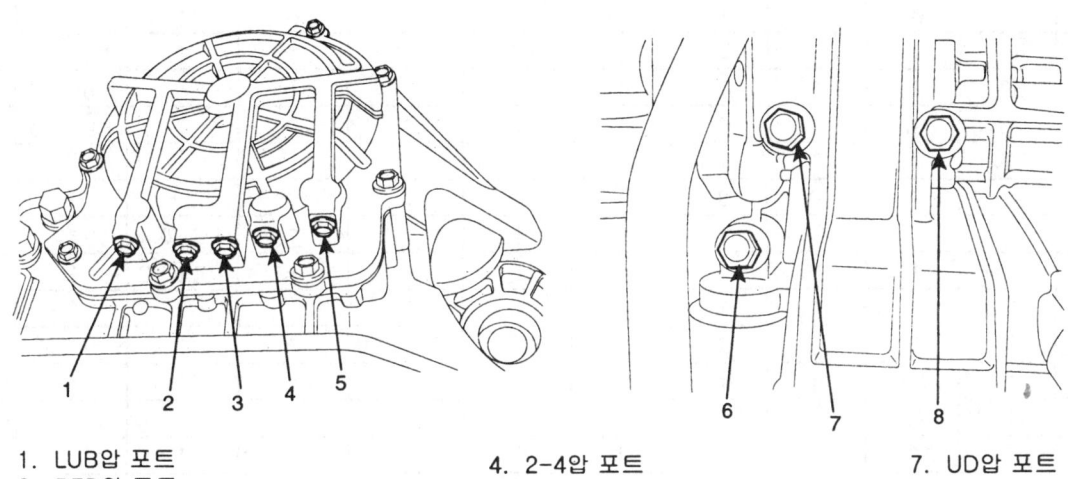

1. LUB압 포트
2. RED압 포트
3. OD압 포트
4. 2-4압 포트
5. REV압 포트
6. DA압 포트
7. UD압 포트
8. LR압 포트

AKGF109E

1. 오일 압력 게이지를 "UD" 그리고 "2-4B(2ND)" 포트에 연결한다.

2. Engine "ON".

3. 2속으로 차량을 주행한다.

4. 아래의 참고값과 측정값을 비교한다.

자동변속기 (A4CF2)

[참고값]

순서	매뉴얼 밸브위치	조작 PCSV-A	PCSV-B	PCSV-C	PCSV-D	ON/OFF	측정요소	유압(kgf/cm²) LR	2-4(2ND)	UD	OD	REV
1	D	0	100	0	0	ON	LR	10.5±0.2	0	10.5±0.2	0	↑
2	↑	50	↑	↑	↑	↑	↑	5.3±0.4	↑	↑	↑	↑
3	↑	75	↑	↑	↑	↑	↑	1.0±0.3	↑	↑	↑	↑
4	↑	100	↑	↑	↑	↑	↑	0	↑	↑	↑	↑
5	↑	↑	0	↑	100	OFF	2-4(2ND)	0	10.5±0.2	↑	↑	↑
6	↑	↑	50	↑	↑	↑	↑	↑	5.3±0.4	↑	↑	↑
7	↑	↑	75	↑	↑	↑	↑	↑	0.9±0.3	↑	↑	↑
8	↑	↑	100	↑	↑	↑	↑	↑	0	↑	↑	↑
9	↑	0	↑	↑	↑	↑	OD	↑	↑	↑	10.5±0.2	↑
10	↑	50	↑	↑	↑	↑	↑	↑	↑	↑	5.6±0.4	↑
11	↑	75	↑	↑	↑	↑	↑	↑	↑	↑	1.0±0.3	↑
12	↑	100	↑	↑	↑	↑	↑	↑	↑	↑	0	↑
13	↑	↑	↑	0	0	↑	UD	↑	↑	10.5±0.2	↑	↑
14	↑	↑	↑	50	↑	↑	↑	↑	↑	5.6±0.4	↑	↑
15	↑	↑	↑	75	↑	↑	↑	↑	↑	1.0±0.3	↑	↑
16	↑	0	↑	100	↑	↑	↑	↑	↑	0	↑	↑
17	R	↑	0	↑	↑	ON	REV	17.7±0.8	↑	↑	↑	17.7±0.8
18	↑	↑	50	↑	↑	↑	↑	↑	↑	↑	↑	8.7±0.8
19	↑	↑	75	↑	↑	↑	↑	↑	↑	↑	↑	0.9±0.5
20	↑	↑	100	↑	↑	↑	↑	↑	↑	↑	↑	0

[측정조건]
- 오일펌프 회전속도 : 2500rpm
- LPCSV 듀티율 : 0%

주) 표중 0으로 표시된 압력은 0.1kgf/cm²이상 발생해서는 안됨.

※ 위의 값들은 절대값이 아닌 차량의 측정 환경과 조건 및 모델에 따라 달라질수 있음.

AKGF109F

5. 측정된 오일 압력값이 정상값 범위에 있는가?

YES

▶ 자동 변속기를 수리하고 "고장 수리 확인" 절차로 이동한다.

NO

▶ 자동 변속기(밸브바디)를 수리하고 "고장 수리 확인" 절차로 이동한다.

고장 수리 확인 KA797A3D

DTC P0731 참조.

DTC P0733 3속 동기 불량

부품 위치

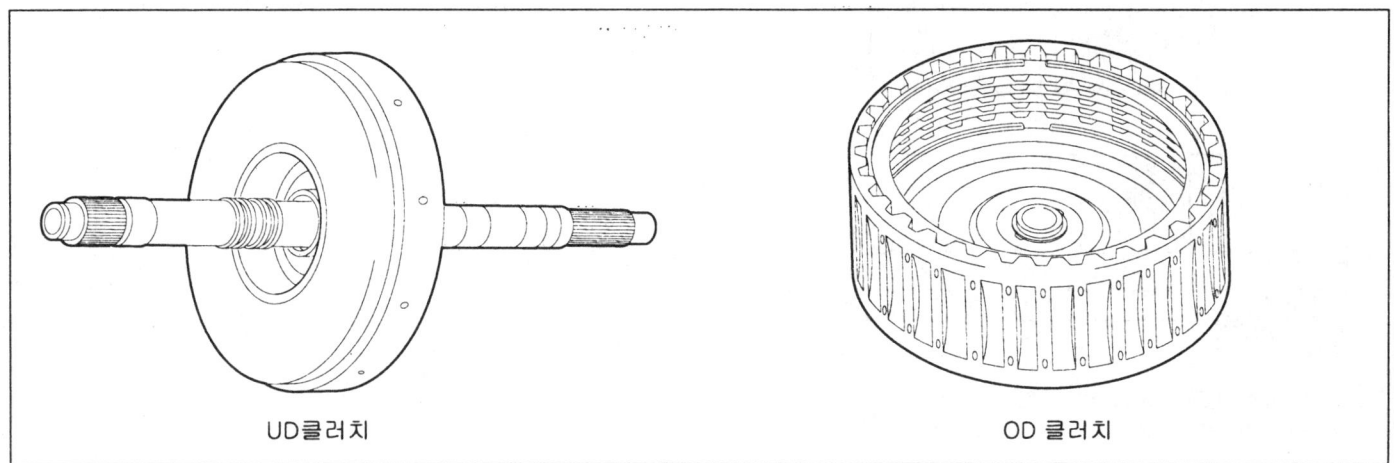

UD클러치 / OD 클러치

기능 및 역할

3속의 기어비를 곱한 출력축 속도의 값과 3속이 체결된 상태의 입력축 속도의 값은 거의 동일해야 한다.
예를 들어 출력축 속도의 값이 1000rpm이고 3속의 기어비가 1.000이면 입력축 속도는 1,000rpm이다.

고장 코드 설명

이 코드는 3속의 기어비를 곱한 출력축의 회전수와 입력축의 회전수가 일치하지 않으면 출력된다.
이 고장은 컨트롤 밸브의 소착이나 솔레노이드 밸브의 고장등의 기계적인 결함이 전기적인 결함보다 더 주된 원인이 된다.

고장 판정 조건

항목	판정 조건	고장 예상 원인
검출 방법	• 3속 기어비 점검	• 입력축 속도 센서 이상 • 출력축 속도 센서 이상 • 변속기 내부의 클러치 브레이크의 슬립(UD 클러치, OD 클러치) 또는 유압 제어 계통의 이상
검출 조건	• 레버, 아웃풋 스피드센서, 인풋 스피드센서, CAN 정상 • 기어변속 2초 후 • 오일온도 > -10°C • 엔진 rpm > 400 • 인히비터 S/W: D; 2, L • Input speed > 300rpm • Output speed > 900rpm • 솔레노이드밸브 정상	
판정값	• │입력축 속도 센서/3속 기어비-출력축 속도 센서│ < 200rpm	
검출 시간	• 1.2초 이상 지속	
페일 세이프	• 3속 고정/ Damper off	

기준 파형 및 데이터

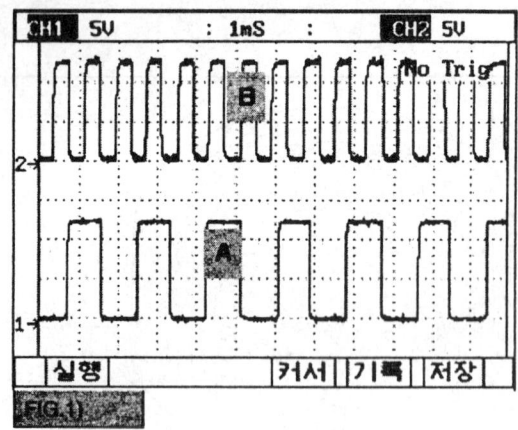

A : 입력축 속도센서
B : 출력축 속도센서

스캔툴 데이터 분석

1. 스캔 툴을 연결한다.

2. Engine "ON".

3. 써비스 데이터 항목중 "엔진 회전수, 입력축 속도센서, 출력축 속도센서, 기어 위치" 항목을 선택한다.

4. 솔레노이드 밸브 커넥터를 강제적으로 탈거하여 변속단을 3속으로 고정시킨다.

5. "3"속 상태에서 스톨 테스트를 실시한다.

정상값 : 2500~3000 rpm

센서출력		
✓ 엔진회전수	2871	RPM
✓ PG-A(입력축속도)	0	RPM
✓ PG-B(출력축속도)	0	RPM
✓ 기어위치	3	
PCSV-C SOLENOID DUTY	0.0	%
SCSV-A SOLENOID	OFF	
VFS-A SOLENOID DUTY	31.0	%
유온센서	80.0	℃
GEAR RATIO	1.0	
변속레버스위치	D	

자동변속기

[변속단별 작동요소]

변속단		작동 요소					
		UD 클러치	OD 클러치	REV 클러치	L/R 브레이크	2-4 브레이크	OWC
N, P					O		
D	1속	O					O
	2속	O				O	
	3속	O	O				
	4속		O			O	
후진				O	O		
2	1속	O					O
	2속	O				O	
L		O			O		O

D3속에서 "스톨 테스트" 하는 방법과 원인

방법
1. 엔진을 충분히 난기시킨다.
2. 밸브바디의 커넥터를 탈거하여 강제적으로 3속을 만든후 변속레버를 "D"레인지에 놓고 가속페달을 끝까지 밟은 상태에서 엔진의 최대 회전수를 측정한다.
   * 3속 작동요소중에서 슬립이 발생되면 "3속"에서의 스톨 테스트로 작동요소의 슬립을 검출할수 있다.

원인
1. 만일 변속기 내부에 기계적인 결함이 없다면, 모든 슬립은 토크 컨버터내에서 흡수된다.
2. 그러므로 엔진의 회전수만 출력되고 입력축 혹은 출력축의 회전수는 바퀴가 잠겨져 있으므로 "0"이된다.
3. 만일 3속의 작동요소에 결함이 있다면 입력축의 회전수가 출력될 것이다.
4. 만일 출력축의 회전수가 출력된다면 브레이크를 충분히 밟지 않은것이므로 브레이크를 완전히 밟은 상태에서 다시 "스톨 테스트"를 실시한다.

6. "스톨 테스트" 값이 정상값 범위에 있는가?

YES

▶ "신호선 점검" 절차로 이동한다.

NO

▶ "단품 점검" 절차로 이동한다.

⚠ 주의
1. 테스트 중에는 차량이 갑자기 움직일수 있으므로 차량의 전 후에 사람이 서있지 않도록 주의한다.
2. **ATF**의 수준과 온도 그리고 엔진의 냉각수 온도를 점검한다.
   * **ATF** 수준 : 게이지의 **"HOT"** 마크에 있는지 확인한다.
   * **ATF** 온도 : **80~100 °C**
   * 엔진의 냉각 수온 : **80~100 °C**

3. 앞 뒤 바퀴에 고임목을 설치한다.
4. 주차 브레이크를 당기고 브레이크 페달을 힘껏 밟는다.
5. **1**번의 "스톨 테스트"를 **8**초이상 실시하지 않는다.
6. 만일 "스톨 테스트"를 **2**회 혹은 그 이상 실시하는 경우에는, 변속레버는 **"N"**으로 이동하고 엔진의 회전수는 약 **1000 rpm**으로 유지하면서 **ATF**의 온도를 낮추어야 한다.

신호선 점검 K96A3475

1. 스캔 툴을 연결한다.

2. Engine "ON".

3. 써비스 데이터 항목중에 "엔진 회전수, 입력축, 출력축 속도"를 선택한다.

4. 3속 상태에서 약 2000rpm 까지 엔진의 회전수를 상승시킨후에 "입력축 및 출력축"의 속도를 기어비와 비교한다.

정상값 : | 입력축 속도 센서/3속 기어비-출력축 속도 센서 | < 200rpm

```
                센서출력
✓ 엔진회전수              2034  RPM
✓ PG-A(입력축속도)        1989  RPM
✓ PG-B(출력축속도)        1989  RPM
✓ 기어위치                3
  PCSV-C SOLENOID DUTY   0.0   %
  SCSV-A SOLENOID        OFF
  VFS-A SOLENOID DUTY    31.0  %
  유온센서                80.0  ℃
  GEAR RATIO             1.0
  변속레버스위치           D
 │ 고정 │ 분할 │ 전체 │ 파형 │ 기록 │ 도움 │
```

AKGF111D

5. "입력축 & 출력축 속도센서"의 출력값이 정상값 범위에 있는가?

YES

▶ "단품 점검" 절차로 이동한다.

NO

▶ 입력축 혹은 출력축 속도센서의 회로에 전기적인 노이즈가 유입되었는지를 점검하고 이상이 없으면 입력축과 출력축 속도센서를 신품으로 교환한 후 "고장 수리 확인" 절차로 이동한다.

자동변속기

단품 점검 K9FAAB5B

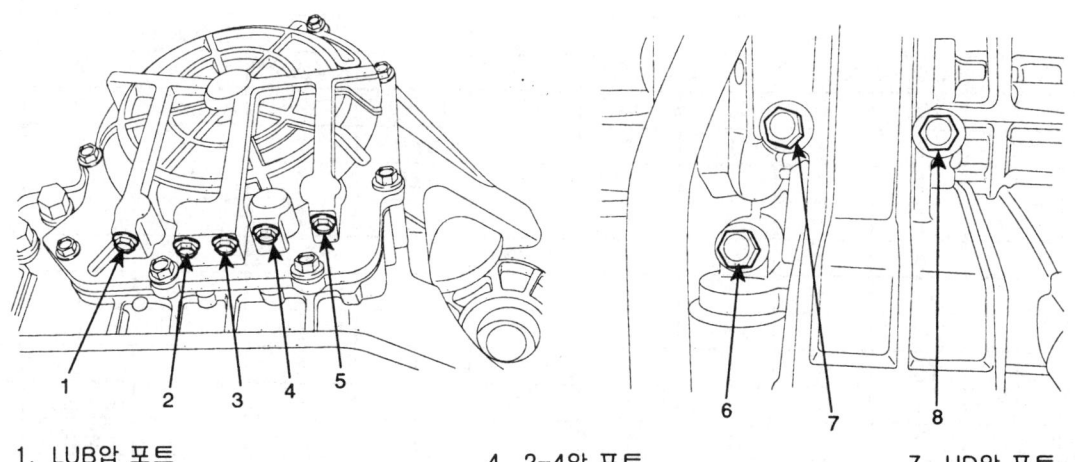

1. LUB압 포트
2. RED압 포트
3. OD압 포트
4. 2-4압 포트
5. REV압 포트
6. DA압 포트
7. UD압 포트
8. LR압 포트

1. 오일 압력 게이지를 "UD" 그리고 "OD" 포트에 연결한다.

2. Engine "ON".

3. 3속으로 차량을 주행한다.

4. 아래의 참고값과 측정값을 비교한다.

자동변속기 (A4CF2)

[참고값]

순서	매뉴얼 밸브위치	조작 PCSV-A	PCSV-B	PCSV-C	PCSV-D	ON/OFF	측정요소	유압(kgf/㎠) LR	2-4(2ND)	UD	OD	REV
1	D	0	100	0	0	ON	LR	10.5±0.2	0	10.5±0.2	0	↑
2	↑	50	↑	↑	↑	↑	↑	5.3±0.4	↑	↑	↑	↑
3	↑	75	↑	↑	↑	↑	↑	1.0±0.3	↑	↑	↑	↑
4	↑	100	↑	↑	↑	↑	↑	0	↑	↑	↑	↑
5	↑	↑	0	↑	100	OFF	2-4(2ND)	0	10.5±0.2	↑	↑	↑
6	↑	↑	50	↑	↑	↑	↑	↑	5.3±0.4	↑	↑	↑
7	↑	↑	75	↑	↑	↑	↑	↑	0.9±0.3	↑	↑	↑
8	↑	↑	100	↑	↑	↑	↑	↑	0	↑	↑	↑
9	↑	↑	0	↑	↑	↑	OD	↑	↑	↑	10.5±0.2	↑
10	↑	50	↑	↑	↑	↑	↑	↑	↑	↑	5.6±0.4	↑
11	↑	75	↑	↑	↑	↑	↑	↑	↑	↑	1.0±0.3	↑
12	↑	100	↑	↑	↑	↑	↑	↑	↑	↑	0	↑
13	↑	↑	↑	0	0	↑	UD	↑	↑	10.5±0.2	↑	↑
14	↑	↑	↑	50	↑	↑	↑	↑	↑	5.6±0.4	↑	↑
15	↑	↑	↑	75	↑	↑	↑	↑	↑	1.0±0.3	↑	↑
16	↑	0	↑	100	↑	↑	↑	↑	↑	0	↑	↑
17	R	↑	0	↑	↑	ON	REV	17.7±0.8	↑	↑	↑	17.7±0.8
18	↑	↑	50	↑	↑	↑	↑	↑	↑	↑	↑	8.7±0.8
19	↑	↑	75	↑	↑	↑	↑	↑	↑	↑	↑	0.9±0.5
20	↑	↑	100	↑	↑	↑	↑	↑	↑	↑	↑	0

[측정조건]
- 오일펌프 회전속도 : 2500rpm
- LPCSV 듀티율 : 0%

주) 표중 0으로 표시된 압력은 0.1kgf/㎠이상 발생해서는 안됨.

※ 위의 값들은 절대값이 아닌 차량의 측정 환경과 조건 및 모델에 따라 달라질수 있음.

AKGF109F

5. 측정된 오일 압력값이 정상값 범위에 있는가?

YES

▶ 자동 변속기를 수리하고 "고장 수리 확인" 절차로 이동한다.

NO

▶ 자동 변속기(밸브바디)를 수리하고 "고장 수리 확인" 절차로 이동한다.

고장 수리 확인 KEFF5558

DTC P0731 참조.

DTC P0734 4속 동기 불량

부품 위치

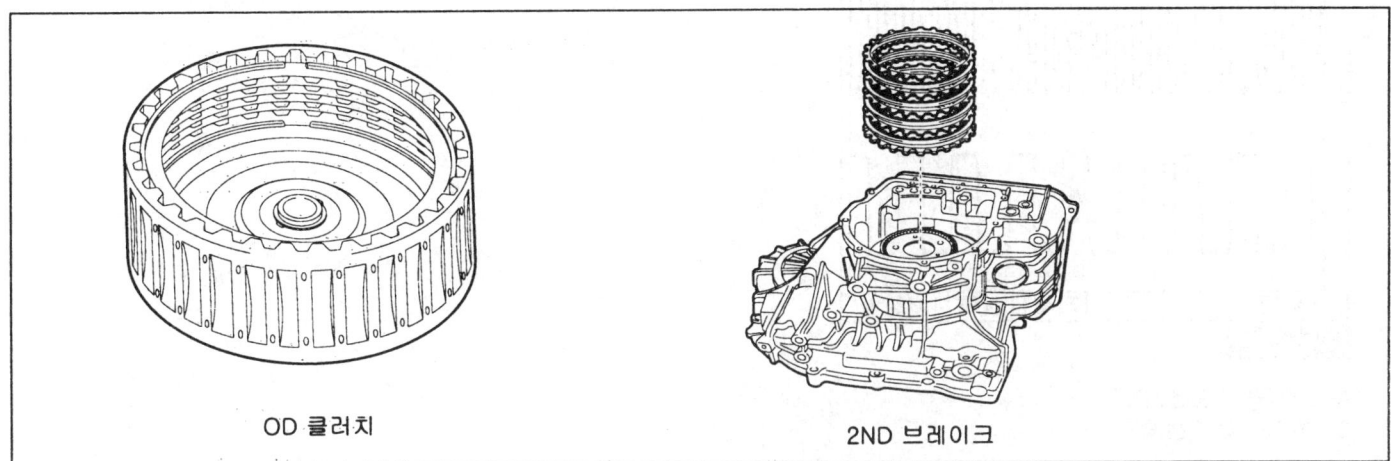

OD 클러치   2ND 브레이크

기능 및 역할

4속의 기어비를 곱한 출력축 속도의 값과 4속이 체결된 상태의 입력축 속도의 값은 거의 동일해야 한다.
예를 들어 출력축 속도의 값이 1000rpm이고 4속의 기어비가 0.713이면 입력축 속도는 713rpm이다.

고장 코드 설명

이 코드는 4속의 기어비를 곱한 출력축의 회전수와 입력축의 회전수가 일치하지 않으면 출력된다.
이 고장은 컨트롤 밸브의 소착이나 솔레노이드 밸브의 고장등의 기계적인 결함이 전기적인 결함보다 더 주된 원인이 된다.

고장 판정 조건

항목	판정 조건	고장 예상 원인
검출 방법	• 4속 기어비 점검	• 입력축 속도 센서 이상 • 출력축 속도 센서 이상 • 변속기 내부의 클러치 브레이크의 슬립(2nd 브레이크, OD 클러치) 또는 유압 제어 계통의 이상
검출 조건	• 레버, 아웃풋 스피드센서, 인풋 스피드센서, CAN 정상 • 기어변속 2초 후 • 오일온도 > -10℃ • 엔진 rpm > 400 • 인히비터 S/W: D, 2, L • Input speed > 300rpm • Output speed > 900rpm • 솔레노이드밸브 정상	
판정값	• |입력축 속도 센서/4속 기어비-출력축 속도 센서| < 200rpm	
검출 시간	• 1.2초 이상 지속	
페일 세이프	• 판정 조건 1회에서 고장 코드 출력, 4회에서 릴레이를 OFF 시킴(3속 고정)	

기준 파형 및 데이터

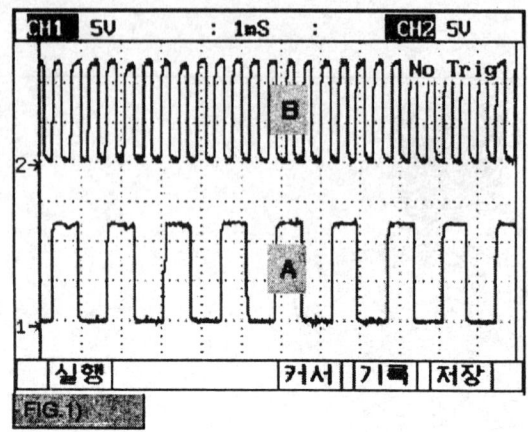

A : 입력축 속도센서
B : 출력축 속도센서

스캔툴 데이터 분석

※ 4속에서는 "스톨 테스트"를 실시할수 없으므로 "신호선 점검" 절차로 이동한다.

[변속단별 작동요소]

변속단		UD 클러치	OD 클러치	REV 클러치	L/R 브레이크	2-4 브레이크	OWC
N, P					O		
D	1속	O					O
	2속	O				O	
	3속	O	O				
	4속		O			O	
후진				O	O		
2	1속	O					O
	2속	O				O	
L		O			O		O

신호선 점검

1. 스캔 툴을 연결한다.

2. Engine "ON".

3. 써비스 데이터 항목중에 "엔진 회전수, 입력축,출력축 속도"를 선택한다.

4. 4속 상태에서 약 2000rpm 까지 엔진의 회전수를 상승시킨후에 "입력축 및 출력축"의 속도를 기어비와 비교한다.

정상값 : | 입력축 속도 센서/4속 기어비-출력축 속도 센서 | < 200rpm

자동변속기

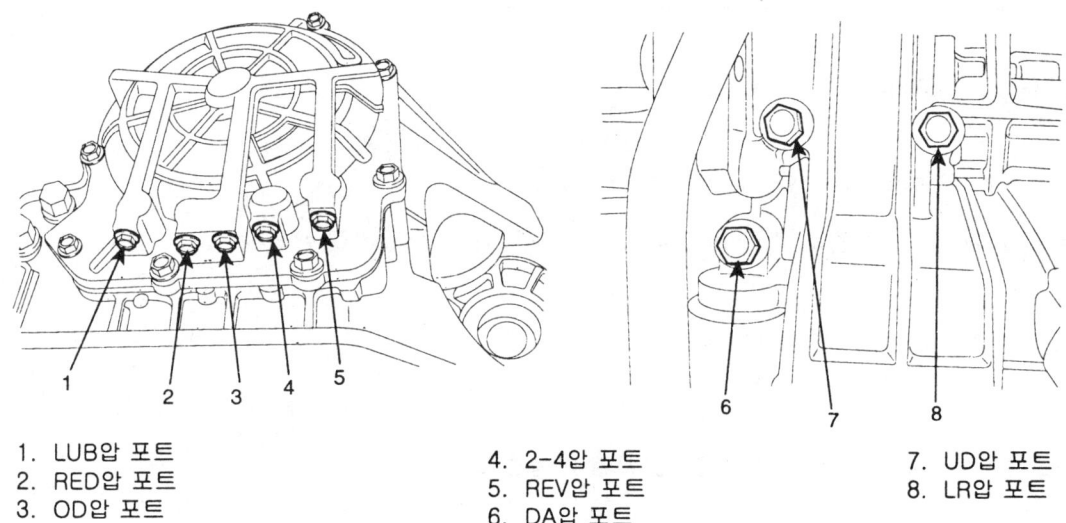

5. "입력축 & 출력축 속도센서"의 출력값이 정상값 범위에 있는가?

YES

▶ "단품 점검" 절차로 이동한다.

NO

▶ 입력축 혹은 출력축 속도센서의 회로에 전기적인 노이즈가 유입되었는지를 점검하고 이상이 없으면 입력축과 출력축 속도센서를 신품으로 교환한 후 "고장 수리 확인" 절차로 이동한다.

단품 점검

1. LUB압 포트
2. RED압 포트
3. OD압 포트
4. 2-4압 포트
5. REV압 포트
6. DA압 포트
7. UD압 포트
8. LR압 포트

1. 오일 압력 게이지를 "UD" 그리고 "OD" 포트에 연결한다.

2. Engine "ON".

3. 4속으로 차량을 주행한다.

4. 아래의 참고값과 측정값을 비교한다.

자동변속기 (A4CF2)

[참고값]

순서	매뉴얼 밸브위치	조작					측정요소	유압(kgf/cm²)				
		PCSV-A	PCSV-B	PCSV-C	PCSV-D	ON/OFF		LR	2-4(2ND)	UD	OD	REV
1	D	0	100	0	0	ON	LR	10.5±0.2	0	10.5±0.2	0	↑
2	↑	50	↑	↑	↑	↑	↑	5.3±0.4	↑	↑	↑	↑
3	↑	75	↑	↑	↑	↑	↑	1.0±0.3	↑	↑	↑	↑
4	↑	100	↑	↑	↑	↑	↑	0	↑	↑	↑	↑
5	↑	↑	0	↑	100	OFF	2-4(2ND)	0	10.5±0.2	↑	↑	↑
6	↑	↑	50	↑	↑	↑	↑	↑	5.3±0.4	↑	↑	↑
7	↑	↑	75	↑	↑	↑	↑	↑	0.9±0.3	↑	↑	↑
8	↑	↑	100	↑	↑	↑	↑	↑	0	↑	↑	↑
9	↑	0	↑	↑	↑	↑	OD	↑	↑	↑	10.5±0.2	↑
10	↑	50	↑	↑	↑	↑	↑	↑	↑	↑	5.6±0.4	↑
11	↑	75	↑	↑	↑	↑	↑	↑	↑	↑	1.0±0.3	↑
12	↑	100	↑	↑	↑	↑	↑	↑	↑	↑	0	↑
13	↑	↑	↑	0	0	↑	UD	↑	↑	10.5±0.2	↑	↑
14	↑	↑	↑	50	↑	↑	↑	↑	↑	5.6±0.4	↑	↑
15	↑	↑	↑	75	↑	↑	↑	↑	↑	1.0±0.3	↑	↑
16	↑	0	↑	100	↑	↑	↑	↑	↑	0	↑	↑
17	R	↑	0	↑	↑	ON	REV	17.7±0.8	↑	↑	↑	17.7±0.8
18	↑	↑	50	↑	↑	↑	↑	↑	↑	↑	↑	8.7±0.8
19	↑	↑	75	↑	↑	↑	↑	↑	↑	↑	↑	0.9±0.5
20	↑	↑	100	↑	↑	↑	↑	↑	↑	↑	↑	0

[측정조건]
- 오일펌프 회전속도 : 2500rpm
- LPCSV 듀티율 : 0%

주) 표중 0으로 표시된 압력은 0.1kgf/cm²이상 발생해서는 안됨.

※ 위의 값들은 절대값이 아닌 차량의 측정 환경과 조건 및 모델에 따라 달라질수 있음.

5. 측정된 오일 압력값이 정상값 범위에 있는가?

YES

▶ 자동 변속기를 수리하고 "고장 수리 확인" 절차로 이동한다.

NO

▶ 자동 변속기(밸브바디)를 수리하고 "고장 수리 확인" 절차로 이동한다.

고장 수리 확인

DTC P0731 참조.

DTC P0736 후진 동기 불량

부품 위치 KAAEC32A

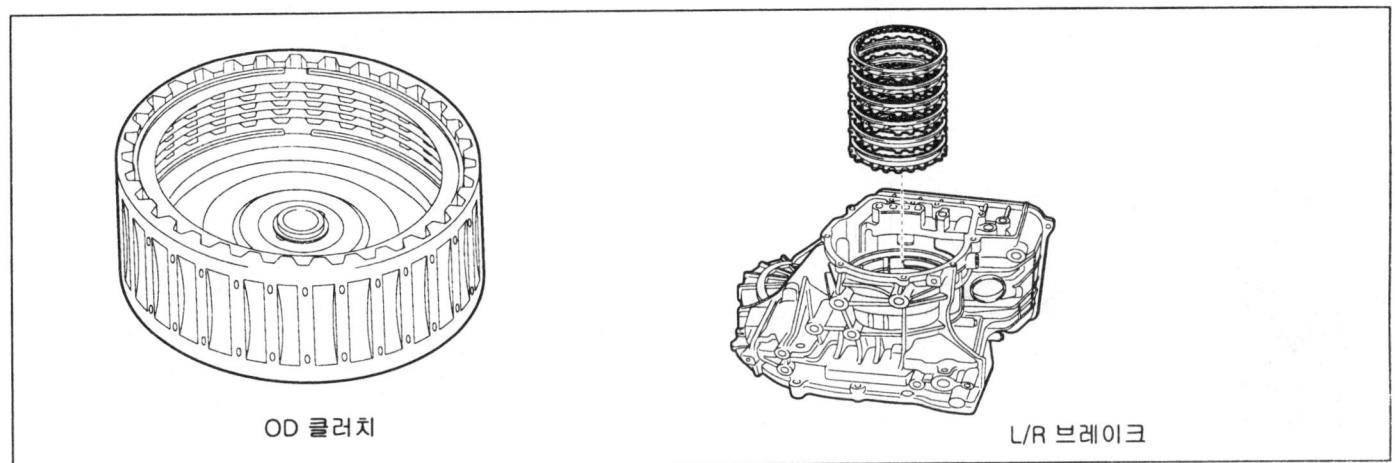

OD 클러치　　　　　L/R 브레이크

기능 및 역할 KA2F304B

후진의 기어비를 곱한 출력축 속도의 값과 후진이 체결된 상태의 입력축 속도의 값은 거의 동일해야 한다.
예를 들어 출력축 속도의 값이 1000rpm이고 후진의 기어비가 2.480이면 입력축 속도는 2,480rpm이다.

고장 코드 설명 KA6B85F6

이 코드는 5속의 기어비를 곱한 출력축의 회전수와 입력축의 회전수가 일치하지 않으면 출력된다.
이 고장은 컨트롤 밸브의 소착이나 솔레노이드 밸브의 고장등의 기계적인 결함이 전기적인 결함보다 더 주된 원인이 된다.

고장 판정 조건 KC6BD623

항목	판정 조건	고장 예상 원인
검출 방법	• 후진 기어비 점검	• 입력축 속도 센서 이상 • 출력축 속도 센서 이상 • 변속기 내부의 클러치 브레이크의 슬립(REV 클러치, LR 브레이크) 또는 유압제어 계통의 이상
검출 조건	• 레버, 아웃풋 스피드센서, 인풋 스피드센서, CAN 정상 • 기어변속 2초 후 • 오일온도 > -10℃ • 엔진 rpm > 400 • 인히비터 S/W: R • Input speed > 300rpm • Output speed > 100rpm • 솔레노이드밸브 정상	
판정값	• ㅣ입력축 속도 센서/후진 기어비-출력축 속도 센서ㅣ < 100rpm	
검출 시간	• 1.2초 이상 지속	
페일 세이프	• 판정 조건 1회에서 고장 코드 출력, 4회에서 릴레이를 OFF 시킴(3속 고정)	

기준 파형 및 데이터

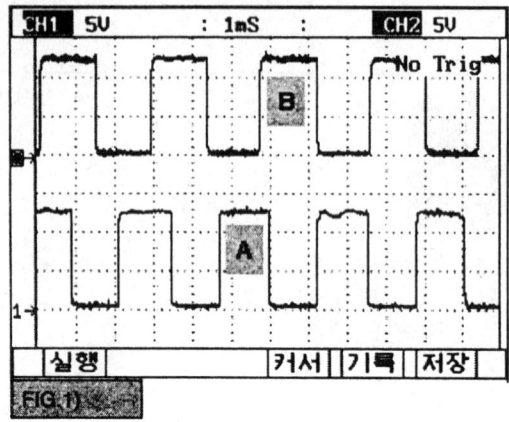

A : 입력축 속도센서
B : 출력축 속도센서

AKGF113B

스캔툴 데이터 분석

1. 스캔 툴을 연결한다.

2. Engine "ON".

3. 써비스 데이터 항목중 "엔진 회전수, 입력축 속도센서, 출력축 속도센서, 기어 위치" 항목을 선택한다.

4. "R"속 상태에서 스톨 테스트를 실시한다.

정상값 : 2500~3000 rpm

AKGF113C

자동변속기

[변속단별 작동요소]

변속단		작동 요소					
		UD 클러치	OD 클러치	REV 클러치	L/R 브레이크	2-4 브레이크	OWC
N, P					O		
D	1속	O					O
	2속	O				O	
	3속	O	O				
	4속		O			O	
후진				O	O		
2	1속	O					O
	2속	O				O	
L		O			O		O

R속에서 "스톨 테스트" 하는 방법과 원인

방법
1. 엔진을 충분히 난기시킨다.
2. 변속레버를 "R"레인지에 놓고 가속페달을 끝까지 밟은 상태에서 엔진의 최대 회전수를 측정한다.
   * R속 작동요소중에서 슬립이 발생되면 "R속"에서의 스톨 테스트로 작동요소의 슬립을 검출할수 있다.

원인
1. 만일 변속기 내부에 기계적인 결함이 없다면, 모든 슬립은 토크 컨버터내에서 흡수된다.
2. 그러므로 엔진의 회전수만 출력되고 입력축 혹은 출력축의 회전수는 바퀴가 잠겨져 있으므로 "0"이된다.
3. 만일 R속의 작동요소에 결함이 있다면 입력축의 회전수가 출력될 것이다.
4. 만일 출력축의 회전수가 출력된다면 브레이크를 충분히 밟지 않은것이므로 브레이크를 완전히 밟은 상태에서 다시 "스톨 테스트"를 실시한다.

5. "스톨 테스트" 값이 정상값 범위에 있는가?

YES

▶ "신호선 점검" 절차로 이동한다.

NO

▶ "단품 점검" 절차로 이동한다.

 주의
1. 테스트 중에는 차량이 갑자기 움직일수 있으므로 차량의 전 후에 사람이 서있지 않도록 주의한다.
2. **ATF**의 수준과 온도 그리고 엔진의 냉각수 온도를 점검한다.
   * **ATF** 수준 : 게이지의 **"HOT"** 마크에 있는지 확인한다.
   * **ATF** 온도 : **80~100 °C**
   * 엔진의 냉각 수온 : **80~100 °C**

3. 앞 뒤 바퀴에 고임목을 설치한다.
4. 주차 브레이크를 당기고 브레이크 페달을 힘껏 밟는다.
5. **1**번의 "스톨 테스트"를 **8**초이상 실시하지 않는다.
6. 만일 "스톨 테스트"를 **2**회 혹은 그 이상 실시하는 경우에는, 변속레버는 **"N"**으로 이동하고 엔진의 회전수는 약 **1000 rpm**으로 유지하면서 **ATF**의 온도를 낮추어야 한다.

신호선 점검 KCC65E41

1. 스캔 툴을 연결한다.

2. Engine "ON".

3. 써비스 데이터 항목중에 "엔진 회전수, 입력축, 출력축 속도"를 선택한다.

4. R속 상태에서 약 2000rpm 까지 엔진의 회전수를 상승시킨후에 "입력축 및 출력축"의 속도를 기어비와 비교한다.

정상값 : | 입력축 속도 센서/R속 기어비-출력축 속도 센서 | < 200rpm

```
           센서출력
✓ 엔진회전수            1998  RPM
✓ PG-A(입력축속도)      1966  RPM
✓ PG-B(출력축속도)       794  RPM
✓ 기어위치              P,N,R
✓ 변속레버스위치          R
  SCSV-A SOLENOID      ON
  VFS-A SOLENOID DUTY  68.2  %
  유온센서              79.8  ℃
  GEAR RATIO           2.5
  A/C 스위치            OFF
  고정 | 분할 | 전체 | 파형 | 기록 | 도움
```

AKGF113D

5. "입력축 & 출력축 속도센서"의 출력값이 정상값 범위에 있는가?

YES

▶ "단품 점검" 절차로 이동한다.

NO

▶ 입력축 혹은 출력축 속도센서의 회로에 전기적인 노이즈가 유입되었는지를 점검하고 이상이 없으면 입력축과 출력축 속도센서를 신품으로 교환한 후 "고장 수리 확인" 절차로 이동한다.

자동변속기

단품 점검 K2E6AED2

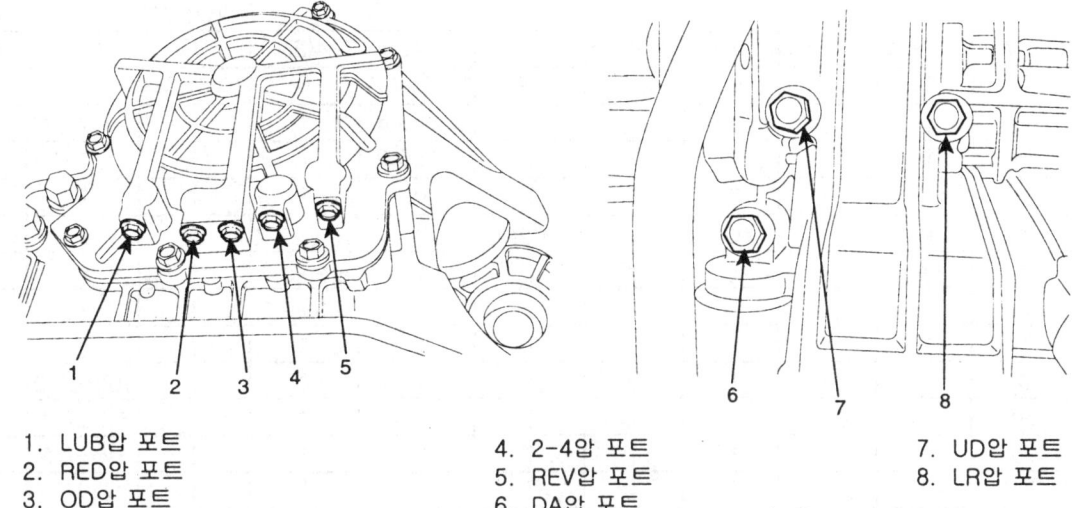

1. LUB압 포트
2. RED압 포트
3. OD압 포트
4. 2-4압 포트
5. REV압 포트
6. DA압 포트
7. UD압 포트
8. LR압 포트

AKGF109E

1. 오일 압력 게이지를 "REV" 그리고 "LR" 포트에 연결한다.

2. Engine "ON".

3. R속으로 차량을 주행한다.

4. 아래의 참고값과 측정값을 비교한다.

자동변속기 (A4CF2)

[참고값]

순서	매뉴얼 밸브위치	조작					측정요소	유압(kgf/㎠)				
		PCSV-A	PCSV-B	PCSV-C	PCSV-D	ON/OFF		LR	2-4(2ND)	UD	OD	REV
1	D	0	100	0	0	ON	LR	10.5±0.2	0	10.5±0.2	0	↑
2	↑	50	↑	↑	↑	↑	↑	5.3±0.4	↑	↑	↑	↑
3	↑	75	↑	↑	↑	↑	↑	1.0±0.3	↑	↑	↑	↑
4	↑	100	↑	↑	↑	↑	↑	0	↑	↑	↑	↑
5	↑	↑	0	↑	100	OFF	2-4(2ND)	0	10.5±0.2	↑	↑	↑
6	↑	↑	50	↑	↑	↑	↑	↑	5.3±0.4	↑	↑	↑
7	↑	↑	75	↑	↑	↑	↑	↑	0.9±0.3	↑	↑	↑
8	↑	↑	100	↑	↑	↑	↑	↑	0	↑	↑	↑
9	↑	0	↑	↑	↑	↑	OD	↑	↑	↑	10.5±0.2	↑
10	↑	50	↑	↑	↑	↑	↑	↑	↑	↑	5.6±0.4	↑
11	↑	75	↑	↑	↑	↑	↑	↑	↑	↑	1.0±0.3	↑
12	↑	100	↑	↑	↑	↑	↑	↑	↑	↑	0	↑
13	↑	↑	↑	0	0	↑	UD	↑	↑	10.5±0.2	↑	↑
14	↑	↑	↑	50	↑	↑	↑	↑	↑	5.6±0.4	↑	↑
15	↑	↑	↑	75	↑	↑	↑	↑	↑	1.0±0.3	↑	↑
16	↑	0	↑	100	↑	↑	↑	↑	↑	0	↑	↑
17	R	↑	0	↑	↑	ON	REV	17.7±0.8	↑	↑	↑	17.7±0.8
18	↑	↑	50	↑	↑	↑	↑	↑	↑	↑	↑	8.7±0.8
19	↑	↑	75	↑	↑	↑	↑	↑	↑	↑	↑	0.9±0.5
20	↑	↑	100	↑	↑	↑	↑	↑	↑	↑	↑	0

[측정조건]
- 오일펌프 회전속도 : 2500rpm
- LPCSV 듀티율 : 0%

주) 표중 0으로 표시된 압력은 0.1kgf/㎠이상 발생해서는 안됨.

※ 위의 값들은 절대값이 아닌 차량의 측정 환경과 조건 및 모델에 따라 달라질수 있음.

5. 측정된 오일 압력값이 정상값 범위에 있는가?

YES

▶ 자동 변속기를 수리하고 "고장 수리 확인" 절차로 이동한다.

NO

▶ 자동 변속기(밸브바디)를 수리하고 "고장 수리 확인" 절차로 이동한다.

고장 수리 확인

DTC P0731 참조.

자동변속기

DTC P0741 토크 컨버터 클러치 시스템 이상 - OFF 고착

기능 및 역할 K7EFB5D0

TCM은 공급되는 유압을 이용하여 댐퍼 클러치(혹은 토크 컨버터 클러치)의 작동과 비 작동을 제어한다.
댐퍼 클러치의 주된 목적은 T/C내부의 유압장치의 부하를 감소시킴으로서 연료를 절감시키는데 있다.
TCM은 듀티 신호를 출력하여 댐퍼 클러치 컨트롤 솔레노이드 밸브(DCCSV)를 제어하고 유압은 DCCSV의 듀티비율에 따라 D/C로 공급된다.
듀티비가 높으면 높은 압력이 댐퍼 클러치로 공급되어 작동하고, 일반적인 댐퍼 클러치의 작동 영역은 솔레노이드 밸브의 듀티비가 30%(비 작동) 부터 85%(작동)이다.

고장 코드 설명 K4DB6AB3

TCM은 댐퍼 클러치를 체결하기 위해 슬립량(엔진의 회전수-터빈의 회전수)을 조절하며 듀티비를 상승시킨다.
댐퍼 클러치의 슬립을 감소하기 위해, TCM은 듀티비를 증가시켜 공급되는 압력을 상승시킨다.
슬립량이 100% 듀티비 상태에서 감소하지 않으면, TCM은 이 코드를 부과한다.

고장 판정 조건 KEF39F47

항목	판정 조건	고장 예상 원인
검출 방법	• 듀티율 감시	• 밸브바디 및 유압제어 계통 이상 • 토크 컨버터 클러치 솔레노 • PCM/TCM 이상
검출 조건	• Output speed > 0 rpm • DCSV 듀티 = 100% • Slip = 엔진rpm - 터빈 rpm	
판정 값	• 댐퍼 클러치 컨트롤 솔레노이드 밸브의 드라이브 DUTY율이 5초 이상 지속적으로 100%가 출력되어도 엔진과 터빈 사이의 회전차이가 100RPM 이상 발생하는 경우	
검출 시간	• 5초간 지속	
페일 세이프	• 댐퍼 클러치 off	

스캔툴 데이터 분석 K5B9A8D7

1. 스캔 툴을 연결한다.

2. Engine "ON".

3. "D 레인지" 선택후 댐퍼 클러치 작동조건에 맞게 운전한다.

4. 써비스 데이터 항목 중 "DCC솔레노이드 듀티와 댐퍼 클러치 슬립량" 항목을 선택한다.

정상값 : TCC SLIP < 100RPM (인 상태에서 TCC SOL-DUTY > 30%)

```
             센서출력
✓ DCC 솔레노이드 듀티      37.6  %
✓ 댐퍼클러치슬립량          0    RPM
  PCSV-A SOLENOID DUTY    0.0   %
  PCSV-B SOLENOID DUTY    0.0   %
  PCSV-C SOLENOID DUTY    99.6  %
  SCSV-A SOLENOID         OFF
  VFS-A SOLENOID DUTY     22.7  %
  유온센서                 83.0  ℃
  GEAR RATIO              0.7
  기어위치                 4
  고정 | 분할 | 전체 | 파형 | 기록 | 도움
FIG.1
```

FIG.1) 정상시

5. "DCC솔레노이드 듀티와 댐퍼 클러치 슬립량"의 출력값이 정상값 범위에 있는가?

   YES

   ▶ 고장 원인은 센서와 PCM/TCM의 커넥터간의 접촉불량과 같은 일시적인 고장이거나 이미 수리가 되었거나 혹은 PCM/TCM의 메모리에 기억된 고장 코드가 지워지지 않은 것이다.
   그러므로 커넥터의 전체적인 상태(헐거움,접촉 불량,부식,오염,다른 커넥터와의 간섭,파손등)를 확인하고 필요에 의해 교환 또는 수리하고 "고장 수리 확인" 절차로 이동한다.

   NO

   ▶ "단품 점검" 절차로 이동한다.

단품 점검

1. DCC 솔레노이드 밸브 점검

   1) 스캔 툴과 파형을 측정할수 있는 장비를 각각 연결한다.

   2) Ignition "ON" & Engine "OFF".

   3) "액츄에이터 강제구동" 기능을 선택하여 해당 솔레노이드 밸브의 강제 구동을 실시한다.

   4) 강제구동 실행시 해당 솔레노이드 밸브의 작동 파형이 출력되는가?

      YES

      ▶ 아래와 같이 "오일 압력 점검" 절차로 이동한다.

      NO

      ▶ "DCC솔레노이드 밸브" 교환후 "고장 수리 확인" 절차로 이동한다.

자동변속기

2. 오일 압력 점검

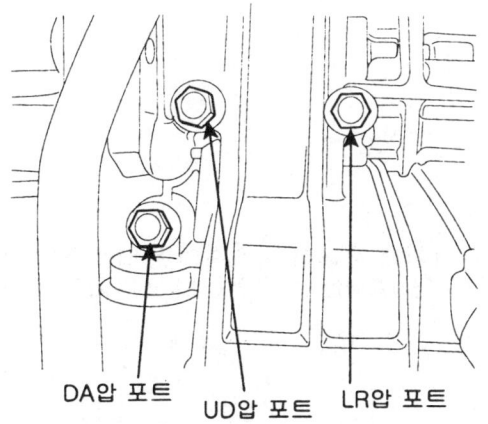

AKGF114B

1) 오일 압력 게이지를 "DA"에 연결한다.

2) Engine "ON".

3) 스캔 툴을 연결하고 "DCC솔레노이드 듀티"항목을 선택한다.

4) 3속 혹은 4속 상태에서 "DCC솔레노이드 듀티"가 35% 이상 작동하도록 차량을 주행한다.

정상값 : 오일 압력 게이지 약 2.0~4.6kg/cm² 이상 - (엔진 회전수 : 2500rpm, DCC SOL.듀티 50%인 상태에서)

5) 측정된 오일 압력이 정상값 범위에 있는가?

YES

▶ 토크 컨버터를 수리 혹은 교체한 후 "고장 수리 확인" 절차로 이동한다.

NO

▶ 변속기(밸브 바디)를 교체 후 "고장 수리 확인" 절차로 이동한다.

고장 수리 확인   KADA3D70

본 진단 가이드를 사용해서 발생된 문제를 수리한 뒤, 고장이 완전히 해결되었는지 확인하는 과정이 필요하다.

1. 스캔툴을 연결한 후, 자기진단을 실시하여 고장 코드를 확인한다.
2. 저장된 고장코드를 스캔툴을 이용하여 소거한다.
3. 고장판정조건중의 검출조건에 따라 차량을 주행한다.
4. 스캔툴로 자기 진단을 실시하여 고장 코드가 발생되었는지 확인한다.
5. 고장 코드가 발생되는가?

YES

▶ 해당되는 고장 코드 수리 절차로 이동한다.

NO

▶ 고장 수리가 완료되어 시스템이 정상적으로 작동한다.

DTC P0742 토크 컨버터 클러치 시스템 이상 - ON 고착

기능 및 역할 K8E57D60

DTC P0741 참조.

고장 코드 설명 KDD17BA1

TCM은 슬립 rpm (엔진 회전수와 터빈 회전수의 차이)을 감지하여 댐퍼 클러치를 작동하기 위하여 듀티비를 증가시킨다. 만일 TCM의 듀티값이 0%인데도 불구하고 슬립량이 거의 검출되지 않으면 TCM은 토크 컨버터 클러치가 고착되었다고 판단하여 이 코드를 부여한다.

고장 판정 조건 KA8CD19F

항목	판정 조건	고장 예상 원인
검출 방법	• 슬립 rpm 점검	※ 토크 컨버터 (댐퍼) 클러치 : TCC • TCC 이상 • TCC솔레노이드 밸브 이상 • 밸브 바디 이상 • PCM/TCM 이상
검출 조건	• 레버, 아웃풋스피드 센서 정상 • 엔진 > 0 rpm • DCSV 듀티 = 0% • TPS > 15.3% • 아웃풋 스피드 > 1000rpm • 인히비터 S/W: D, 2, L • -10°C < 오일온도 < 130°C	
판정값	• |엔진 회전수 - 터빈 회전수| ≤ 5rpm	
검출 시간	• 5초 이상 지속	
페일 세이프	• 댐퍼 클러치 비직결	

스캔툴 데이터 분석 KAE19349

1. 스캔 툴을 연결한다.

2. 엔진 "ON".

3. "D 레인지"를 선택하고 차량을 주행한다.

4. 써비스 데이커 항목 중 "DCC솔레노이드 듀티와 댐퍼 클러치 슬립량" 항목을 선택한다.

정상값 : TCC SLIP>5RPM

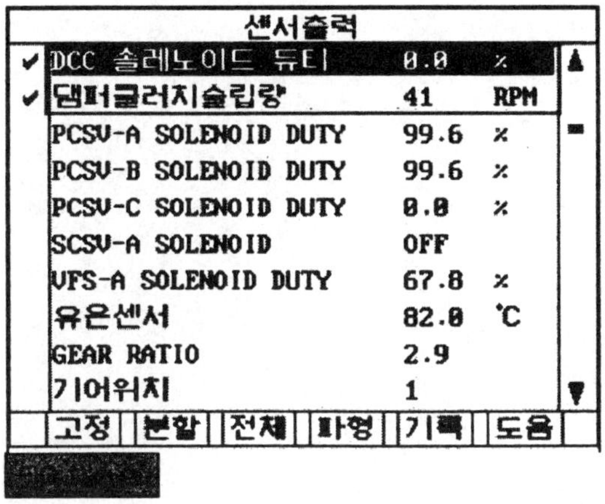

자동변속기

```
         센서출력
✓ DCC 솔레노이드 듀티      0.0    %
✓ 댐퍼클러치슬립량         41     RPM
  PCSV-A SOLENOID DUTY    99.6   %
  PCSV-B SOLENOID DUTY    99.6   %
  PCSV-C SOLENOID DUTY    0.0    %
  SCSV-A SOLENOID         OFF
  VFS-A SOLENOID DUTY     67.8   %
  유온센서                 82.0   ℃
  GEAR RATIO              2.9
  기어위치                  1
  고정|분할|전체|파형|기록|도움
```

FIG.1) 정상시

5. "DCC솔레노이드 듀티와 댐퍼 클러치 슬립량"의 출력값이 정상값 범위에 있는가?

   YES

   ▶ 고장 원인은 센서와 PCM/TCM의 커넥터간의 접촉불량과 같은 일시적인 고장이거나 이미 수리가 되었거나 혹은 PCM/TCM의 메모리에 기억된 고장 코드가 지워지지 않은 것이다.
   그러므로 커넥터의 전체적인 상태(헐거움,접촉 불량,부식,오염,다른 커넥터와의 간섭,파손등)를 확인하고 필요에 의해 교환 또는 수리하고 "고장 수리 확인" 절차로 이동한다.

   NO

   ▶ "단품 점검" 절차로 이동한다.

단품 점검   K3020DAE

1. DCC 솔레노이드 밸브 점검

    1) 스캔 툴과 파형을 측정할수 있는 장비를 각각 연결한다.

    2) Ignition "ON" & Engine "OFF".

    3) "액츄에이터 강제구동" 기능을 선택하여 해당 솔레노이드 밸브의 강제 구동을 실시한다.

    4) 강제구동 실행시 해당 솔레노이드 밸브의 작동 파형이 출력되는가?

       YES

       ▶ 아래와 같이 "오일 압력 점검" 절차로 이동한다.

       NO

       ▶ "DCC솔레노이드 밸브" 교환후 "고장 수리 확인" 절차로 이동한다.

2. 오일 압력 점검

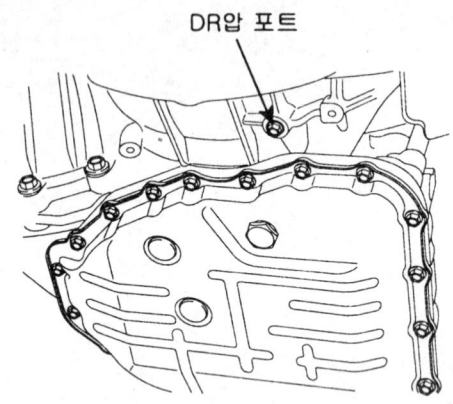

DR압 포트

AKGF115B

1) 오일 압력 게이지를 "DR"에 연결한다.

2) Ignition "ON" & Engine "OFF".

3) 스캔 툴을 연결하고 "DCC솔레노이드 듀티"항목을 선택한다.

4) 1속 상태에서 엔진의 회전수를 2500 rpm까지 상승시킨다.

5) 오일 압력을 측정한다.

정상값 : 약 5.1~7.1 kg/cm² 이상

6) 측정된 오일 압력이 정상값 범위에 있는가?

YES

▶ 토크 컨버터를 수리 혹은 교체한 후 "고장 수리 확인" 절차로 이동한다.

NO

▶ 변속기(밸브 바디)를 교체 후 "고장 수리 확인" 절차로 이동한다.

고장 수리 확인 KB7CF0E6

DTC P0741참조.

자동변속기

DTC P0743 토크 컨버터 클러치 시스템 이상 - 전기 계통

부품 위치

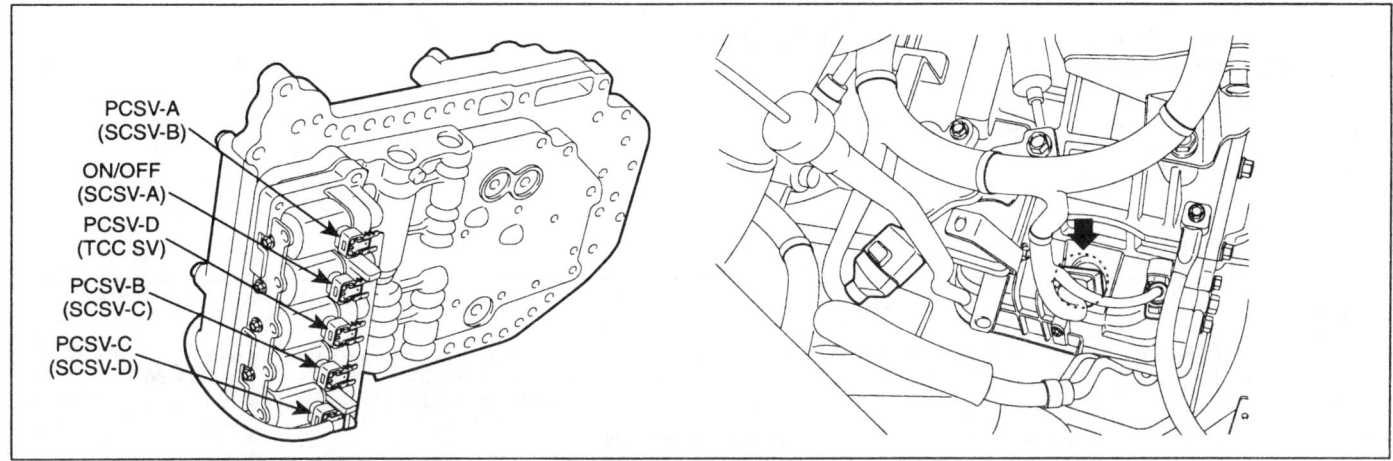

기능 및 역할

TCM은 공급되는 유압을 이용하여 댐퍼 클러치(혹은 토크 컨버터 클러치)의 작동과 비 작동을 제어한다.
댐퍼 클러치의 주된 목적은 T/C내부의 유압장치의 부하를 감소시킴으로서 연료를 절감시키는데 있다.
TCM은 듀티 신호를 출력하여 댐퍼 클러치 컨트롤 솔레노이드 밸브(DCCSV)를 제어하고 유압은 DCCSV의 듀티비율에 따라 D/C로 공급된다.
듀티비가 높으면, 높은 압력이 댐퍼 클러치로 공급되어 작동하고, 일반적인 댐퍼 클러치의 작동 영역은 솔레노이드 밸브의 듀티비가 30%(비 작동)부터 85%(작동)이다.

고장 코드 설명

TCM은 솔레노이드 밸브로 부터의 피드백 신호를 감시하여 댐퍼 클러치 제어 신호를 점검한다.
만일 예상치 못한 신호가 검출되면 (예를 들어 낮은 전압이 입력되어야 하는데 높은 전압이 입력된 경우, 혹은 높은 전압이 입력되어야 하는데 낮은 전압이 입력된 경우) TCM은 DCCSV가 고장이라고 판정하고 이 코드를 부여한다.

고장 판정 조건

항목	판정 조건	고장 예상 원인
검출 방법	• 전압 범위 점검	※ 토크 컨버터 (댐퍼) 클러치 : TCC • 회로 단선 단락 • TCC솔레노이드 밸브 이상 • PCM/TCM 이상
검출 조건	• 8V < 액츄에이터 공급전압 < 16V • 액츄에이터 정상 • PWM 듀티 > 25%	
판정 값	• 전압 8~16V 사이에 단선 또는 GND(-) 단락 상태를 1초 이상 지속시	
검출 시간	• 1초 이상 지속	
페일 세이프	• 3속 홀드 • VFS off • 댐퍼 클러치 off	

정상값 KDF7ADCA

압력 조절 솔레노이드 밸브
- 센서 형식 : 노멀 오픈(Normal open 3-way)형식
- 작동 온도 : -30℃ ~ 130℃
- 주파수 : PCSV-A,B,C,D (오일 온도 -25℃ 이상) : 50Hz
  단 VFS : 400~1000Hz
  ※ KM series : 35Hz
- 내부 저항 : 3.5 ± 0.2 Ω (25℃ 상온)
- 서지 정압 : 56 V

회로도 KAC379CB

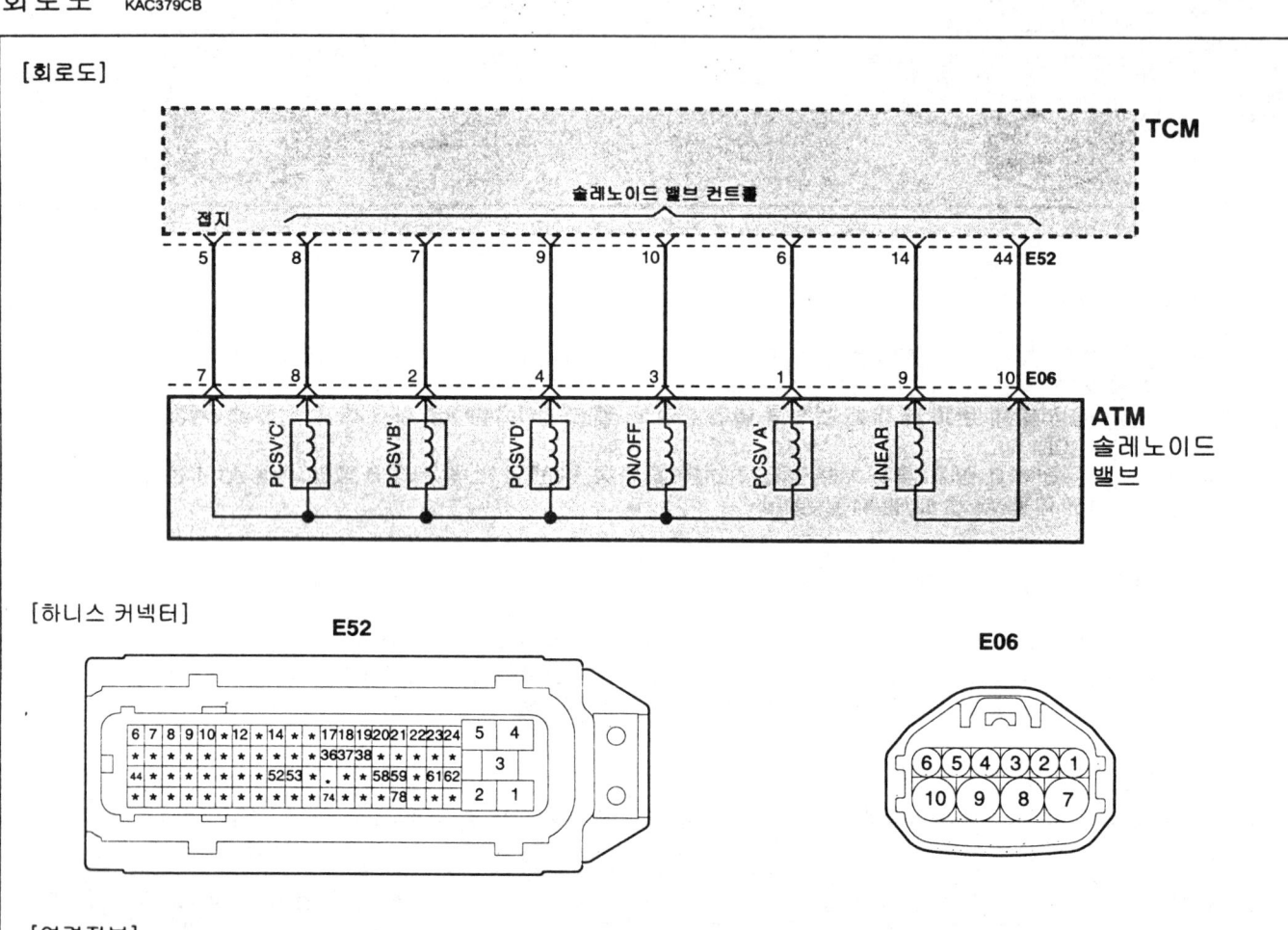

[연결정보]

단자	연결부위	기능
1	TCM (E52 No.6)	프레슈어 컨트롤 솔레노이드 밸브-A(OD&LR)
2	TCM (E52 No.7)	프레슈어 컨트롤 솔레노이드 밸브-B(2-4 브레이크)
3	TCM (E52 No.10)	ON/OFF 솔레노이드 밸브
4	TCM (E52 No.9)	프레슈어 컨트롤 솔레노이드 밸브-D(DCCSV)
7	TCM (E52 No.5)	솔레노이드 밸브 접지
8	TCM (E52 No.8)	프레슈어 컨트롤 솔레노이드 밸브-C(UD)
9	TCM (E52 No.14)	리니어 솔레노이드 밸브(VFS)
10	TCM (E52 No.44)	리니어 솔레노이드 밸브(VFS) 접지

자동변속기

스캔툴 데이터 분석 K13B37C1

1. 스캔 툴을 연결한다.

2. Engine "ON".

3. 써비스 데이터 항목 중 "DCC솔레노이드 듀티" 항목을 선택한다.

4. "D 레인지" 선택 후 "DCC솔레노이드 듀티" 가 35% 이상 출력되도록 차량을 주행한다.

AKGF116C

5. "DCC솔레노이드 듀티와 댐퍼 클러치 슬립량"의 출력값이 정상값 범위에 있는가?

YES

▶ 고장 원인은 센서와 PCM/TCM의 커넥터간의 접촉불량과 같은 일시적인 고장이거나 이미 수리가 되었거나 혹은 PCM/TCM의 메모리에 기억된 고장 코드가 지워지지 않은 것이다.
그러므로 커넥터의 전체적인 상태(헐거움,접촉 불량,부식,오염,다른 커넥터와의 간섭,파손등)를 확인하고 필요에 의해 교환 또는 수리하고 "고장 수리 확인" 절차로 이동한다.

NO

▶ "커넥터 및 터미널 점검 " 절차로 이동한다.

커넥터 및 터미널 점검 K6F1F11A

1. 전자제어장치는 수 많은 하니스와 커넥터로 구성되어 있다. 그러므로, 전자제어장치와 관련된 많은 고장의 원인이 터미널의 접촉불량에 의해 발생되고있다. 이러한 고장은 여러가지 다양한 고장을 유발시키고, 부품을 손상시키기도 한다.

2. 커넥터의 느슨함, 접촉불량, 구부러짐, 부식, 오염, 변형 또는 손상을 전체적으로 점검한다.

3. 문제 부위가 확인되는가?

YES

▶ 반드시 수리한 후 "고장 수리 확인" 절차로 이동한다.

NO

▶ "전원선 점검" 절차로 이동한다.

전원선 점검

1. "A/T 솔레노이드 밸브"의 커넥터가 연결된 상태에서 파형을 측정할수 있는 장비를 설치한다.

2. 엔진을 시동하고 댐퍼 클러치 작동 조건으로 주행한다.

3. "A/T 솔레노이드 밸브"의 커넥터 "4"번 단자의 파형을 측정한다.

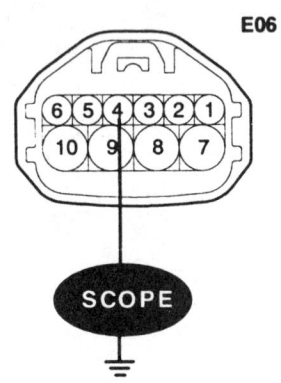

E06
1. PCSV-A(OD&LR)
2. PCSV-B(2-4브레이크)
3. ON/OFF 솔레노이드 밸브
4. PCSV-D(DCCSV)
5. 유온 센서(+)
6. 유온 센서(-)
7. 솔레노이드 밸브 접지
8. PCSV-C(UD)
9. 리니어 솔레노이드 밸브(VFS)
10. 리니어 솔레노이드 밸브(VFS) 접지

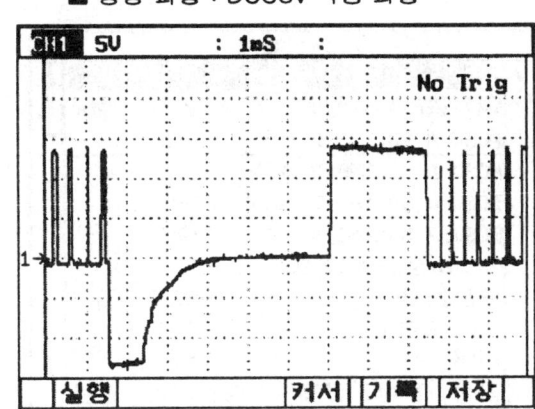

■ 정상 파형 : DCCSV 작동 파형

4. 측정된 파형이 정상적인 작동 파형인가?

YES

▶ "신호선 점검" 절차로 이동한다.

NO

▶ 엔진 룸 정션박스의 A/T 휴즈의 단선 여부를 점검한다.
▶ 하니스의 단선 여부를 점검한다. 수리 후 "고장 수리 확인" 절차로 이동한다.

신호선 점검

1. 회로 단선 점검

   1) Ignition "OFF".

   2) "A/T 솔레노이드 밸브"의 커넥터와 "PCM/TCM" 커넥터를 탈거한다.

   3) "ATM 솔레노이드 밸브" 하니스측의 "4"번 단자와 TCM 커넥터 하니스측의 "9"번 단자사이의 저항을 측정한다.

정상값 : 약 0Ω

자동변속기

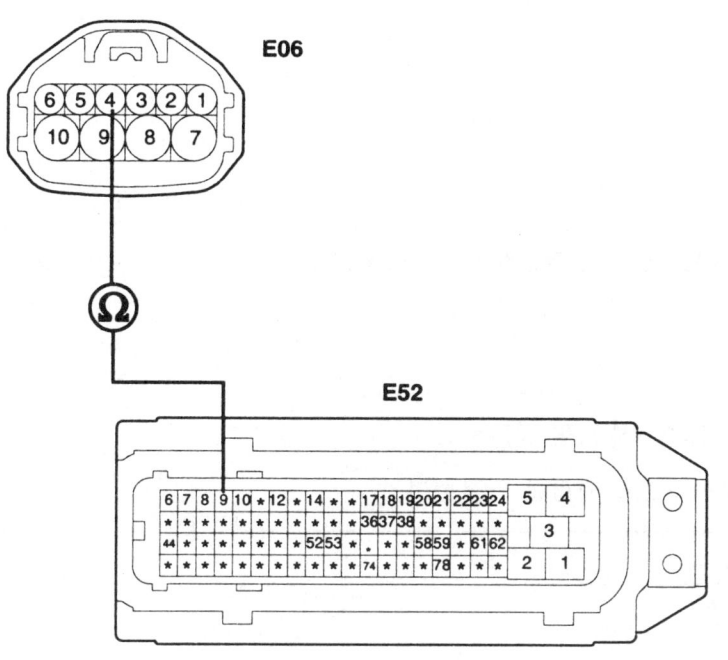

E06
1. PCSV-A(OD&LR)
2. PCSV-B(2-4브레이크)
3. ON/OFF 솔레노이드 밸브
4. PCSV-D(DCCSV)
5. 유온 센서(+)
6. 유온 센서(-)
7. 솔레노이드 밸브 접지
8. PCSV-C(UD)
9. 리니어 솔레노이드 밸브(VFS)
10. 리니어 솔레노이드 밸브(VFS) 접지

E52
5. 솔레노이드 밸브 접지
6. PCSV-A(OD&LR)
7. PCSV-B(2-4브레이크)
8. PCAV-C(UD)
9. PCAV-D(DCCSV)
10. ON/OFF 솔레노이드 밸브
14. 리니어 솔레노이드 밸브(VFS)
44. 리니어 솔레노이드 밸브(VFS) 접지

4) 측정된 저항값이 정상값과 일치하는가?

YES

▶ "회로 단락 점검" 절차로 이동한다.

NO

▶ 하니스의 단선 여부를 점검한다. 수리 후 "고장 수리 확인" 절차로 이동한다.

2. 회로 단락 점검

1) Ignition "OFF".

2) "A/T 솔레노이드 밸브"의 커넥터와 "PCM/TCM" 커넥터를 탈거한다.

3) "ATM 솔레노이드 밸브"의 4번 단자와 차체접지간의 저항을 측정한다.

정상값: 무한대

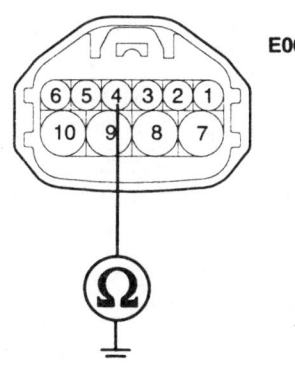

E06
1. PCSV-A(OD&LR)
2. PCSV-B(2-4브레이크)
3. ON/OFF 솔레노이드 밸브
4. PCSV-D(DCCSV)
5. 유온 센서(+)
6. 유온 센서(-)
7. 솔레노이드 밸브 접지
8. PCSV-C(UD)
9. 리니어 솔레노이드 밸브(VFS)
10. 리니어 솔레노이드 밸브(VFS) 접지

4) 측정된 저항값이 정상값과 일치하는가?

YES

▶ "회로 접지 점검" 절차로 이동한다.

NO

▶ 하니스의 단락 여부를 점검한다. 수리 후 "고장 수리 확인" 절차로 이동한다.

3. 회로접지 점검

   1) Ignition "OFF".

   2) "A/T 솔레노이드 밸브"의 커넥터와 "PCM/TCM" 커넥터를 탈거한다.

   3) "ATM 솔레노이드 밸브"의 7번 단자와 차체접지간의 저항을 측정한다.

정상값: 약 0 Ω

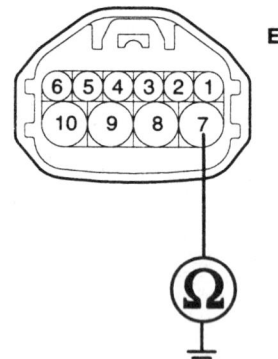

1. PCSV-A(OD&LR)
2. PCSV-B(2-4브레이크)
3. ON/OFF 솔레노이드 밸브
4. PCSV-D(DCCSV)
5. 유온 센서(+)
6. 유온 센서(-)
7. 솔레노이드 밸브 접지
8. PCSV-C(UD)
9. 리니어 솔레노이드 밸브(VFS)
10. 리니어 솔레노이드 밸브(VFS) 접지

ALJF001Y

4) 측정된 저항값이 정상값과 일치하는가?

YES

▶ "단품 점검" 절차로 이동한다.

NO

▶ 하니스의 단락 여부를 점검한다. 수리 후 "고장 수리 확인" 절차로 이동한다.

단품 점검   KF7362DB

1. 솔레노이드 밸브 점검

   1) Ignition "OFF".

   2) "A/T 솔레노이드 밸브"의 커넥터를 탈거한다.

자동변속기

3) 센서측 터미널 "7"번 단자와 "4"번 단자 사이의 저항을 측정한다.

정상값: 약 3.5 ± 0.2 Ω (25°C)

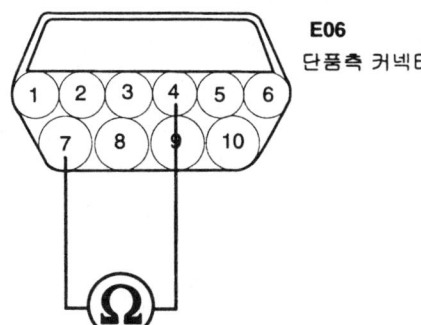

E06
단품측 커넥터

1. PCSV-A(OD&LR)
2. PCSV-B(2-4브레이크)
3. ON/OFF 솔레노이드 밸브
4. PCSV-D(DCCSV)
5. 유온 센서(+)
6. 유온 센서(-)
7. 솔레노이드 밸브 접지
8. PCSV-C(UD)
9. 리니어 솔레노이드 밸브(VFS)
10. 리니어 솔레노이드 밸브(VFS) 접지

4) 측정된 저항값이 정상값과 일치하는가?

YES

▶ "PCM/TCM 점검" 절차로 이동한다.

NO

▶ "DCC 솔레노이드 밸브"를 신품으로 교환하고 "고장 수리 확인" 절차로 이동한다.

2. PCM/TCM 점검

1) 스캔 툴과 파형을 측정할수 있는 장비를 각각 연결한다.
2) Ignition "ON" & Engine "OFF".
3) "액츄에이터 강제구동" 기능을 선택하여 해당 솔레노이드 밸브의 강제 구동을 실시한다.
4) 강제구동 실행시 해당 솔레노이드 밸브의 작동 파형이 출력되는가?

YES

▶ "고장 수리 확인" 로 이동한다.

NO

▶ 정상품의 시험용 PCM/TCM으로 교환 한후 정상적으로 작동되는지 확인한다.
만일 정상적으로 작동 된다면 PCM/TCM을 신품으로 교환하고 "고장 수리 확인" 절차로 이동한다.

ACTUATOR TEST 판정 조건
1. IG ON
2. 변속 레버스위치 정상
3. P 레인지
4. 차속은 0km/h
5. T.P.S < 1V
6. 아이들 스위치 ON
7. 엔진 회전수 0 rpm

고장 수리 확인   K7B68CA9

본 진단 가이드를 사용해서 발생된 문제를 수리한 뒤, 고장이 완전히 해결되었는지 확인하는 과정이 필요하다.

1. 스캔툴을 연결한 후, 자기진단을 실시하여 고장 코드를 확인한다.
2. 저장된 고장코드를 스캔툴을 이용하여 소거한다.
3. 고장판정조건중의 검출조건에 따라 차량을 주행한다.
4. 스캔툴로 자기 진단을 실시하여 고장 코드가 발생되었는지 확인한다.
5. 고장 코드가 발생되는가?

   YES
   ▶ 해당되는 고장 코드 수리 절차로 이동한다.

   NO
   ▶ 고장 수리가 완료되어 시스템이 정상적으로 작동한다.

DTC P0748 VFS 회로불량 (PCSV-A 이상)

부품 위치

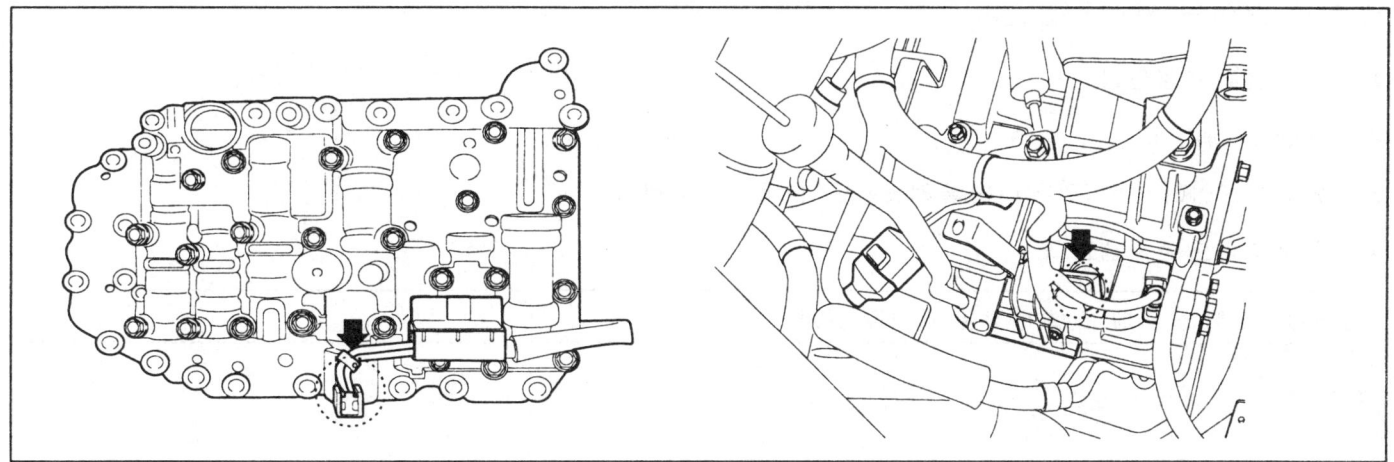

기능 및 역할

신 소형 자동변속기는 리니어 솔레노이드 밸브를 장착하여 최적의 라인압을 생성하여 전달 효율을 개선, 연비 향상의 효과를 실현하였다. 리니어 솔레노이드 밸브는 PWM 방식으로 작동하며 감압된 라인압력을 약 4.5bar가 일정하게 출력되도록 하는 역할을 한다.
작동 주파수는 약 400~1000 Hz이다.

고장 코드 설명

TCM은 솔레노이드 밸브 구동 회로의 피드 백 신호를 이용하여 리니어 솔레노이드 밸브의 제어신호를 점검한다.
만일 기대하지 않았던 신호가 감지되면, (예를 들어, 낮은 전압을 기대하였으나 높은 전압이 검출된 경우 혹은 높은 전압을 기대하였으나 낮은 전압이 검출된 경우) TCM은 해당 솔레노이드의 회로가 고장이라고 판정하고 이코드를 부여한다.

고장 판정 조건

항목	판정 조건	고장 예상 원인
검출 방법	• 전압 범위 점검	• 회로 단선 단락 • 리니어 솔레노이드 밸브 이상 • PCM/TCM 이상
검출 조건	• 8V < BAT < 16V • VFS 시그널 신호 ≥ 5ms • VFS 듀티 < 100%	
판정값	• 전압 8~16V 사이에 단선 또는 GND(-) 단락 상태를 1초 이상 지속시	
검출 시간	• 1초 이상 지속	
페일 세이프	• 3속 홀드 • VFS off • 댐퍼 클러치 off	

정상값

DTC P0743 참조.

회로도 K92FB85A

DTC P0743 참조.

스캔툴 데이터 분석 KDB4322A

1. 스캔 툴을 연결한다.

2. Engine "ON".

3. 써비스 데이터 항목 중 "리니어 솔레노이드" 항목을 선택한다.

4. 각 변속단으로 주행한다.

정상값: 주행 상태에 따라 변화된 듀티값 표시

자동변속기

FIG.1) 센서출력
✔ VFS-A SOLENOID DUTY	31.0 %
✔ 기어위치	P,N,R
✔ 변속레버스위치	P,N
✔ PCSV-A SOLENOID DUTY	0.0 %
✔ PCSV-B SOLENOID DUTY	99.6 %
✔ PCSV-C SOLENOID DUTY	99.6 %
✔ SCSV-A SOLENOID	ON
유온센서	91.0 ℃
GEAR RATIO	0.0
A/C 스위치	OFF

FIG.2) 센서출력
✔ VFS-A SOLENOID DUTY	76.5 %
✔ 기어위치	1
✔ 변속레버스위치	D
✔ PCSV-A SOLENOID DUTY	99.6 %
✔ PCSV-B SOLENOID DUTY	99.6 %
✔ PCSV-C SOLENOID DUTY	0.0 %
✔ SCSV-A SOLENOID	OFF
유온센서	91.0 ℃
GEAR RATIO	2.9
A/C 스위치	OFF

FIG.3) 센서출력
✔ VFS-A SOLENOID DUTY	65.1 %
✔ 기어위치	2
✔ 변속레버스위치	D
✔ PCSV-A SOLENOID DUTY	99.6 %
✔ PCSV-B SOLENOID DUTY	0.0 %
✔ PCSV-C SOLENOID DUTY	0.0 %
✔ SCSV-A SOLENOID	OFF
유온센서	91.0 ℃
GEAR RATIO	1.6
A/C 스위치	OFF

FIG.4) 센서출력
✔ VFS-A SOLENOID DUTY	81.6 %
✔ 기어위치	3
✔ 변속레버스위치	D
✔ PCSV-A SOLENOID DUTY	0.0 %
✔ PCSV-B SOLENOID DUTY	99.6 %
✔ PCSV-C SOLENOID DUTY	0.0 %
✔ SCSV-A SOLENOID	OFF
유온센서	91.0 ℃
GEAR RATIO	1.0
A/C 스위치	OFF

FIG.5) 센서출력
✔ VFS-A SOLENOID DUTY	22.4 %
✔ 기어위치	4
✔ 변속레버스위치	D
✔ PCSV-A SOLENOID DUTY	0.0 %
✔ PCSV-B SOLENOID DUTY	0.0 %
✔ PCSV-C SOLENOID DUTY	99.6 %
✔ SCSV-A SOLENOID	OFF
유온센서	91.0 ℃
GEAR RATIO	0.7
A/C 스위치	OFF

FIG.6) 센서출력
✔ VFS-A SOLENOID DUTY	98.8 %
✔ 기어위치	P,N,R
✔ 변속레버스위치	R
✔ PCSV-A SOLENOID DUTY	0.0 %
✔ PCSV-B SOLENOID DUTY	0.0 %
✔ PCSV-C SOLENOID DUTY	99.6 %
✔ SCSV-A SOLENOID	ON
유온센서	91.0 ℃
GEAR RATIO	2.5
A/C 스위치	OFF

FIG.1) 중립 상태
FIG.2) 1속 기어
FIG.3) 2속 기어
FIG.4) 3속 기어
FIG.5) 4속 기어
FIG.6) 후진 기어

AKGF118B

5. "리니어 솔레노이드"의 듀티가 정상값과 일치하는가?

YES

▶ 고장 원인은 센서와 PCM/TCM의 커넥터간의 접촉불량과 같은 일시적인 고장이거나 이미 수리가 되었거나 혹은 PCM/TCM의 메모리에 기억된 고장 코드가 지워지지 않은 것이다.
그러므로 커넥터의 전체적인 상태(헐거움,접촉 불량,부식,오염,다른 커넥터와의 간섭,파손등)를 확인하고 필요에 의해 교환 또는 수리하고 "고장 수리 확인" 절차로 이동한다.

NO

▶ "커넥터 및 터미널 점검" 절차로 이동한다.

커넥터 및 터미널 점검   KDDFA585

DTC P0743 참조.

전원선 점검   KF70E22D

1. "A/T 솔레노이드 밸브"의 커넥터가 연결된 상태에서 파형을 측정할수 있는 장비를 설치한다.

2. 엔진을 시동하고 댐퍼 클러치 작동 조건으로 주행한다.

3. "A/T 솔레노이드 밸브"의 커넥터 "9"번 단자의 파형을 측정한다.

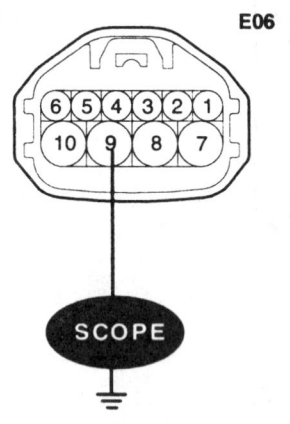

1. PCSV-A(OD&LR)
2. PCSV-B(2-4브레이크)
3. ON/OFF 솔레노이드 밸브
4. PCSV-D(DCCSV)
5. 유온 센서(+)
6. 유온 센서(-)
7. 솔레노이드 밸브 접지
8. PCSV-C(UD)
9. 리니어 솔레노이드 밸브(VFS)
10. 리니어 솔레노이드 밸브(VFS) 접지

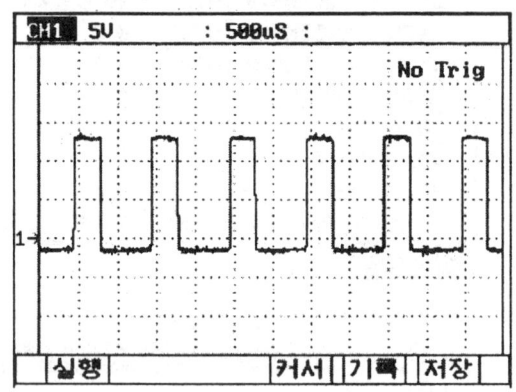

■ 정상 파형 : 4속 변속 상태

4. 측정된 파형이 정상적인 작동 파형인가?

YES

▶ "신호선 점검" 절차로 이동한다.

NO

▶ 엔진 룸 정션박스의 A/T 휴즈의 단선 여부를 점검한다.
▶ 하니스의 단선 여부를 점검한다. 수리 후 "고장 수리 확인" 절차로 이동한다.

신호선 점검   K231FA40

1. 회로 단선 점검

   1) Ignition "OFF".

   2) "A/T 솔레노이드 밸브"의 커넥터와 "PCM/TCM" 커넥터를 탈거한다.

   3) "ATM 솔레노이드 밸브" 하니스측의 "9"번 단자와 TCM 커넥터 하니스측의 "14"번 단자사이의 저항을 측정한다.

정상값 : 약 0 Ω

자동변속기　　　　　　　　　　　　　　　　　　　　　　　　　　　　　AT -127

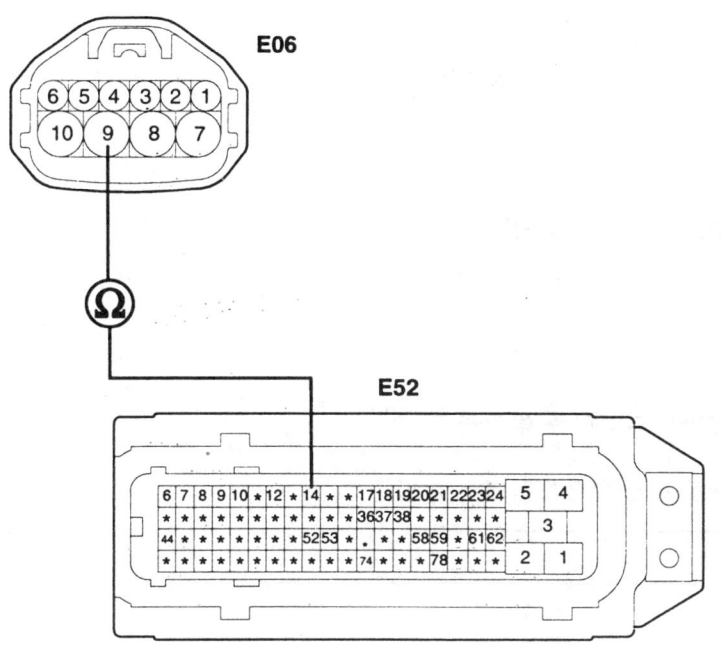

E06
1. PCSV-A(OD&LR)
2. PCSV-B(2-4브레이크)
3. ON/OFF 솔레노이드 밸브
4. PCSV-D(DCCSV)
5. 유온 센서(+)
6. 유온 센서(-)
7. 솔레노이드 밸브 접지
8. PCSV-C(UD)
9. 리니어 솔레노이드 밸브(VFS)
10. 리니어 솔레노이드 밸브(VFS) 접지

E52
5. 솔레노이드 밸브 접지
6. PCSV-A(OD&LR)
7. PCSV-B(2-4브레이크)
8. PCAV-C(UD)
9. PCAV-D(DCCSV)
10. ON/OFF 솔레노이드 밸브
14. 리니어 솔레노이드 밸브(VFS)
44. 리니어 솔레노이드 밸브(VFS) 접지

ALJF002B

4) 측정된 저항값이 정상값과 일치하는가?

YES

▶ "회로 단락 점검" 절차로 이동한다.

NO

▶ 하니스의 단선 여부를 점검한다. 수리 후 "고장 수리 확인" 절차로 이동한다.

2. 회로 단락 점검

1) Ignition "OFF".

2) "A/T 솔레노이드 밸브"의 커넥터와 "PCM/TCM" 커넥터를 탈거한다.

3) "ATM 솔레노이드 밸브"의 "9"번 단자와 차체접지간의 저항을 측정한다.

정상값 : 무한대

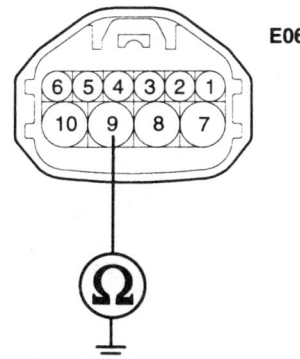

E06
1. PCSV-A(OD&LR)
2. PCSV-B(2-4브레이크)
3. ON/OFF 솔레노이드 밸브
4. PCSV-D(DCCSV)
5. 유온 센서(+)
6. 유온 센서(-)
7. 솔레노이드 밸브 접지
8. PCSV-C(UD)
9. 리니어 솔레노이드 밸브(VFS)
10. 리니어 솔레노이드 밸브(VFS) 접지

ALJF002C

4) 측정된 저항값이 정상값과 일치하는가?

AT -128 자동변속기 (A4CF2)

YES

▶ "회로 접지 점검" 절차로 이동한다.

NO

▶ 하니스의 단락 여부를 점검한다. 수리 후 "고장 수리 확인" 절차로 이동한다.

3. 회로 접지 점검

   1) Ignition "OFF".

   2) "A/T 솔레노이드 밸브"의 커넥터와 "PCM/TCM" 커넥터를 탈거한다.

   3) ATM 솔레노이드 밸브"의 10번 단자와 차체접지간의 저항을 측정한다.

정상값: 약 0 Ω

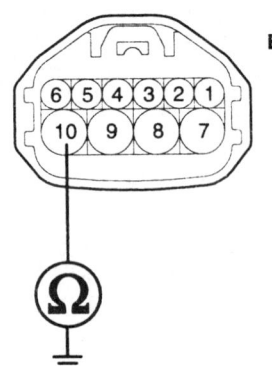

E06
1. PCSV-A(OD&LR)
2. PCSV-B(2-4브레이크)
3. ON/OFF 솔레노이드 밸브
4. PCSV-D(DCCSV)
5. 유온 센서(+)
6. 유온 센서(-)
7. 솔레노이드 밸브 접지
8. PCSV-C(UD)
9. 리니어 솔레노이드 밸브(VFS)
10. 리니어 솔레노이드 밸브(VFS) 접지

ALJF002D

   4) 측정된 저항값이 정상값과 일치하는가?

YES

▶ "단품 점검" 절차로 이동한다.

NO

▶ 하니스의 단락 여부를 점검한다. 수리 후 "고장 수리 확인" 절차로 이동한다.

단품 점검   K41B2790

1. 솔레노이드 밸브 점검

   1) Ignition "OFF".

   2) "A/T 솔레노이드 밸브"의 커넥터를 탈거한다.

   3) 센서측 터미널 "9"번 단자와 "10"번 단자 사이의 저항을 측정한다.

정상값: 약 3.5 ± 0.2 Ω (25℃)

자동변속기

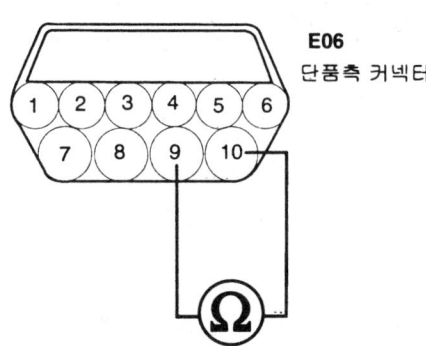

1. PCSV-A(OD&LR)
2. PCSV-B(2-4브레이크)
3. ON/OFF 솔레노이드 밸브
4. PCSV-D(DCCSV)
5. 유온 센서(+)
6. 유온 센서(-)
7. 솔레노이드 밸브 접지
8. PCSV-C(UD)
9. 리니어 솔레노이드 밸브(VFS)
10. 리니어 솔레노이드 밸브(VFS) 접지

ALJF002E

4) 측정된 저항값이 정상값과 일치하는가?

YES

▶ "PCM/TCM 점검" 절차로 이동한다.

NO

▶ "LR 솔레노이드 밸브"를 신품으로 교환하고 "고장 수리 확인" 절차로 이동한다.

2. PCM/TCM 점검

1) 스캔 툴을 연결한다.

2) Ignition "ON" & Engine "OFF".

3) "액츄에이터 강제구동" 기능을 선택하여 해당 솔레노이드 밸브의 강제 구동을 실시한다.

4) 리니어 솔레노이드 밸브 강제구동시 작동 소음이 발생하는가?

YES

▶ "고장 수리 확인" 로 이동한다.

NO

▶ 정상품의 시험용 PCM/TCM으로 교환 한후 정상적으로 작동되는지 확인한다.
만일 정상적으로 작동 된다면 PCM/TCM을 신품으로 교환하고 "고장 수리 확인"절차로 이동한다.

ACTUATOR TEST 판정 조건
1. IG ON
2. 변속 레버스위치 정상
3. P 레인지
4. 차속은 0km/h
5. T.P.S < 1V
6. 아이들 스위치 ON
7. 엔진 회전수 0 rpm

고장 수리 확인 KACBB472

DTC P0743 참조.

DTC P0750 ON/OFF 솔레노이드 - 단선/접지 (SCSV-A 이상)

부품 위치

DTC P0743 참조.

기능 및 역할

자동 변속기는 솔레노이드 밸브들에 의해 제어된 클러치들과 브레이크들의 조합으로 변속을 실행한다.
신 소형 자동 변속기는 LR (Low and Reverse Brake), 2-4 (2-4 Brake), UD (Under Drive Clutch), OD (Over Drive Clutch) 그리고 REV (Reverse Clutch) 로 구성되어 있다.
ON/OFF 솔레노이드 밸브는 OD 와 LR 스위치 밸브를 제어한다.

고장 코드 설명

DTC P0748 참조.

고장 판정 조건

항목	판정 조건	고장 예상 원인
검출 방법	• 전압 범위 점검	• 회로 단선 단락 • ON/OFF(SCSV-A) 솔레노이드 밸브 이상 • PCM/TCM 이상
검출 조건	• 8V < BAT < 16V • VFS 시그널 신호 ≥ 5ms • VFS 듀티 < 100%	
판정값	• 전압 8~16V 사이에 단선 또는 GND(-) 단락 상태를 1초 이상 지속시	
검출 시간	• 1초 이상 지속	
페일 세이프	• 3속 홀드 • VFS off • 댐퍼 클러치 off	

정상값

DTC P0743 참조.

회로도

DTC P0743 참조.

스캔툴 데이터 분석

1. 스캔 툴을 연결한다.

2. Engine "ON".

3. 써비스 데이터 항목 중 "ON/OFF(SCSV-A) 솔레노이드 밸브" 항목을 선택한다.

4. 각 변속단으로 주행한다.

자동변속기

AT -131

정상값: 변속단에 따른 "ON, OFF값" 표시

FIG.1)
센서출력	
✓ SCSV-A SOLENOID	ON
✓ VFS-A SOLENOID DUTY	31.0 %
✓ 기어위치	P,N,R
✓ 변속레버스위치	P,N
✓ PCSV-A SOLENOID DUTY	0.0 %
✓ PCSV-B SOLENOID DUTY	99.6 %
✓ PCSV-C SOLENOID DUTY	99.6 %
유온센서	91.0 ℃
GEAR RATIO	0.0
A/C 스위치	OFF

FIG.2)
센서출력	
✓ SCSV-A SOLENOID	ON
✓ VFS-A SOLENOID DUTY	31.0 %
✓ 기어위치	1
✓ 변속레버스위치	L
✓ PCSV-A SOLENOID DUTY	0.0 %
✓ PCSV-B SOLENOID DUTY	99.6 %
✓ PCSV-C SOLENOID DUTY	0.0 %
유온센서	91.0 ℃
GEAR RATIO	2.9
A/C 스위치	OFF

FIG.3)
센서출력	
✓ SCSV-A SOLENOID	OFF
✓ VFS-A SOLENOID DUTY	69.4 %
✓ 기어위치	2
✓ 변속레버스위치	2
✓ PCSV-A SOLENOID DUTY	99.6 %
✓ PCSV-B SOLENOID DUTY	0.0 %
✓ PCSV-C SOLENOID DUTY	0.0 %
유온센서	91.0 ℃
GEAR RATIO	1.6
A/C 스위치	OFF

FIG.4)
센서출력	
✓ SCSV-A SOLENOID	OFF
✓ VFS-A SOLENOID DUTY	63.5 %
✓ 기어위치	3
✓ 변속레버스위치	3
✓ PCSV-A SOLENOID DUTY	0.0 %
✓ PCSV-B SOLENOID DUTY	99.6 %
✓ PCSV-C SOLENOID DUTY	0.0 %
유온센서	91.0 ℃
GEAR RATIO	1.0
A/C 스위치	OFF

FIG.5)
센서출력	
✓ SCSV-A SOLENOID	OFF
✓ VFS-A SOLENOID DUTY	23.1 %
✓ 기어위치	4
✓ 변속레버스위치	D
✓ PCSV-A SOLENOID DUTY	0.0 %
✓ PCSV-B SOLENOID DUTY	0.0 %
✓ PCSV-C SOLENOID DUTY	99.6 %
유온센서	91.0 ℃
GEAR RATIO	0.7
A/C 스위치	OFF

FIG.6)
센서출력	
✓ SCSV-A SOLENOID	ON
✓ VFS-A SOLENOID DUTY	98.8 %
✓ 기어위치	P,N,R
✓ 변속레버스위치	R
✓ PCSV-A SOLENOID DUTY	0.0 %
✓ PCSV-B SOLENOID DUTY	0.0 %
✓ PCSV-C SOLENOID DUTY	99.6 %
유온센서	91.0 ℃
GEAR RATIO	2.5
A/C 스위치	OFF

FIG.1) 중립 상태
FIG.2) 1속 기어
FIG.3) 2속 기어
FIG.4) 3속 기어
FIG.5) 4속 기어
FIG.6) 후진 기어

AKGF119A

5. "ON/OFF(SCSV-A) 솔레노이드 밸브" 의 "ON/OFF" 값이 정상값과 일치하는가?

YES

▶ 고장 원인은 센서와 PCM/TCM의 커넥터간의 접촉불량과 같은 일시적인 고장이거나 이미 수리가 되었거나 혹은 PCM/TCM의 메모리에 기억된 고장 코드가 지워지지 않은 것이다.
그러므로 커넥터의 전체적인 상태(헐거움,접촉 불량,부식,오염,다른 커넥터와의 간섭,파손등)를 확인하고 필요에 의해 교환 또는 수리하고 "고장 수리 확인" 절차로 이동한다.

NO

▶ "커넥터 및 터미널 점검" 절차로 이동한다.

커넥터 및 터미널 점검 KB1AAE4C

1. 전자제어장치는 수 많은 하니스와 커넥터로 구성되어 있다. 그러므로, 전자제어장치와 관련된 많은 고장의 원인이 터미널의 접촉불량에 의해 발생되고있다. 이러한 고장은 여러가지 다양한 고장을 유발시키고, 부품을 손상시키기도 한다.

2. 커넥터의 느슨함, 접촉불량, 구부러짐, 부식, 오염, 변형 또는 손상을 전체적으로 점검한다.

3. 문제 부위가 확인되는가?

YES

▶ 반드시 수리한 후 "고장 수리 확인" 절차로 이동한다.

NO

▶ "전원선 점검" 절차로 이동한다.

전원선 점검 KDB4C991

1. "A/T 솔레노이드 밸브" 의 커넥터가 연결된 상태에서 파형을 측정할수 있는 장비를 설치한다.

2. 엔진을 시동하고 댐퍼 클러치 작동 조건으로 주행한다.

3. "A/T 솔레노이드 밸브" 의 커넥터 "3"번 단자의 파형을 측정한다.

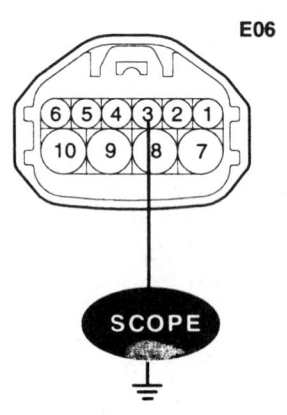

E06
1. PCSV-A(OD&LR)
2. PCSV-B(2-4브레이크)
3. ON/OFF 솔레노이드 밸브
4. PCSV-D(DCCSV)
5. 유온 센서(+)
6. 유온 센서(-)
7. 솔레노이드 밸브 접지
8. PCSV-C(UD)
9. 리니어 솔레노이드 밸브(VFS)
10. 리니어 솔레노이드 밸브(VFS) 접지

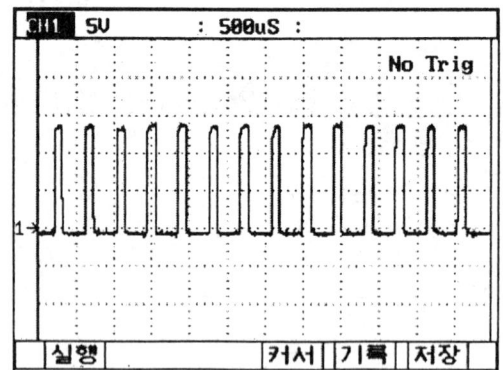

■ 정상 파형 : 1속 변속 상태

자동변속기 AT-133

4. 측정된 파형이 정상적인 작동 파형인가?

   YES

   ▶ "신호선 점검" 절차로 이동한다.

   NO

   ▶ 엔진 룸 정션박스의 A/T 휴즈의 단선 여부를 점검한다.
   ▶ 하니스의 단선 여부를 점검한다. 수리 후 "고장 수리 확인" 절차로 이동한다.

신호선 점검 K0427B7A

1. 회로 단선 점검

   1) Ignition "OFF".

   2) "A/T 솔레노이드 밸브"의 커넥터와 "PCM/TCM" 커넥터를 탈거한다.

   3) "ATM 솔레노이드 밸브" 하니스측의 "3"번 단자와 TCM 커넥터 하니스측의 "10"번 단자사이의 저항을 측정한다.

   정상값: 약 0 Ω

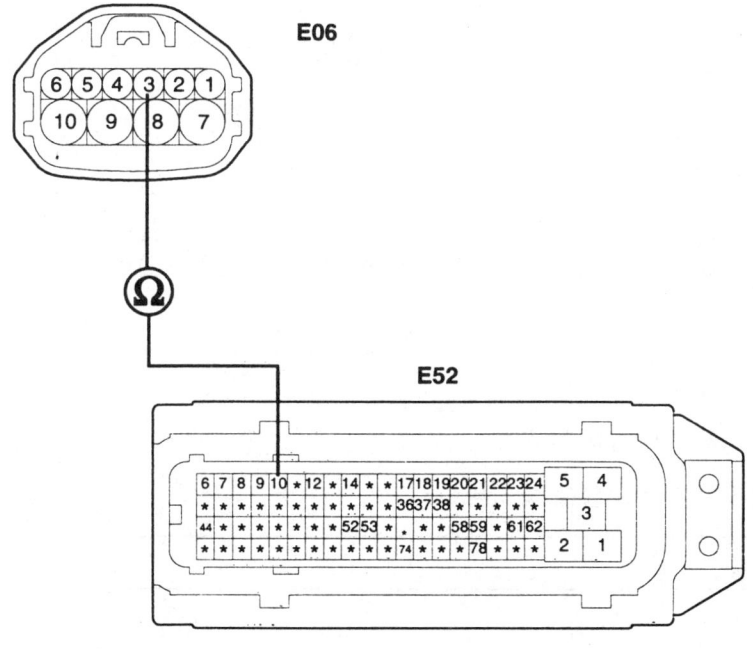

E06
1. PCSV-A(OD&LR)
2. PCSV-B(2-4브레이크)
3. ON/OFF 솔레노이드 밸브
4. PCSV-D(DCCSV)
5. 유온 센서(+)
6. 유온 센서(-)
7. 솔레노이드 밸브 접지
8. PCSV-C(UD)
9. 리니어 솔레노이드 밸브(VFS)
10. 리니어 솔레노이드 밸브(VFS) 접지

E52
5. 솔레노이드 밸브 접지
6. PCSV-A(OD&LR)
7. PCSV-B(2-4브레이크)
8. PCAV-C(UD)
9. PCAV-D(DCCSV)
10. ON/OFF 솔레노이드 밸브
14. 리니어 솔레노이드 밸브(VFS)
44. 리니어 솔레노이드 밸브(VFS) 접지

ALJF002G

4) 측정된 저항값이 정상값과 일치하는가?

   YES

   ▶ "회로 단락 점검" 절차로 이동한다.

   NO

   ▶ 하니스의 단선 여부를 점검한다. 수리 후 "고장 수리 확인" 절차로 이동한다.

자동변속기 (A4CF2)

2. 회로 단락 점검

   1) Ignition "OFF".

   2) "A/T 솔레노이드 밸브"의 커넥터와 "PCM/TCM" 커넥터를 탈거한다.

   3) "ATM 솔레노이드 밸브"의 "3"번 단자와 차체접지간의 저항을 측정한다.

정상값: 무한대

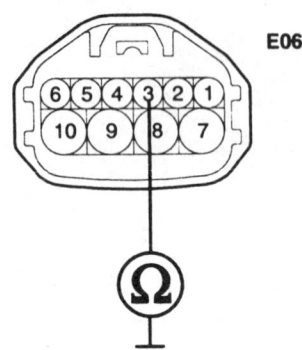

E06
1. PCSV-A(OD&LR)
2. PCSV-B(2-4브레이크)
3. ON/OFF 솔레노이드 밸브
4. PCSV-D(DCCSV)
5. 유온 센서(+)
6. 유온 센서(-)
7. 솔레노이드 밸브 접지
8. PCSV-C(UD)
9. 리니어 솔레노이드 밸브(VFS)
10. 리니어 솔레노이드 밸브(VFS) 접지

   4) 측정된 저항값이 정상값과 일치하는가?

   YES
   ▶ "회로 접지 점검" 절차로 이동한다.

   NO
   ▶ 하니스의 단선 여부를 점검한다. 수리 후 "고장 수리 확인" 절차로 이동한다.

3. 회로 접지 점검

   1) Ignition "OFF".

   2) "A/T 솔레노이드 밸브"의 커넥터와 "PCM/TCM" 커넥터를 탈거한다.

   3) "ATM 솔레노이드 밸브"의 7번 단자와 차체접지간의 저항을 측정한다.

정상값: 약 0 Ω

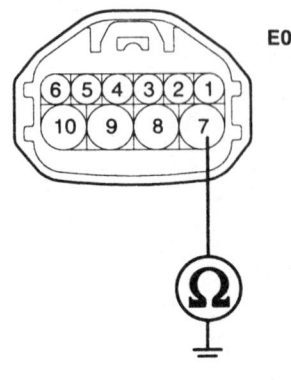

E06
1. PCSV-A(OD&LR)
2. PCSV-B(2-4브레이크)
3. ON/OFF 솔레노이드 밸브
4. PCSV-D(DCCSV)
5. 유온 센서(+)
6. 유온 센서(-)
7. 솔레노이드 밸브 접지
8. PCSV-C(UD)
9. 리니어 솔레노이드 밸브(VFS)
10. 리니어 솔레노이드 밸브(VFS) 접지

자동변속기

4) 측정된 저항값이 정상값과 일치하는가?

YES

▶ "단품 점검" 절차로 이동한다.

NO

▶ 하니스의 단락 여부를 점검한다. 수리 후 "고장 수리 확인" 절차로 이동한다.

단품 점검   KAA40F18

1. 솔레노이드 밸브 점검

   1) Ignition "OFF".

   2) "A/T 솔레노이드 밸브"의 커넥터를 탈거한다.

   3) 센서측 터미널 "3"번 단자와 "7"번 단자 사이의 저항을 측정한다.

정상값: 약 3.5 ± 0.2 Ω (25°C)

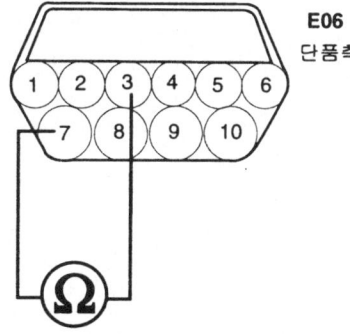

E06
단품측 커넥터

1. PCSV-A(OD&LR)
2. PCSV-B(2-4브레이크)
3. ON/OFF 솔레노이드 밸브
4. PCSV-D(DCCSV)
5. 유온 센서(+)
6. 유온 센서(-)
7. 솔레노이드 밸브 접지
8. PCSV-C(UD)
9. 리니어 솔레노이드 밸브(VFS)
10. 리니어 솔레노이드 밸브(VFS) 접지

ALJF002J

4) 측정된 저항값이 정상값과 일치하는가?

YES

▶ "PCM/TCM 점검" 절차로 이동한다.

NO

▶ "LR 솔레노이드 밸브"를 신품으로 교환하고 "고장 수리 확인" 절차로 이동한다.

2. PCM/TCM 점검

   1) 스캔 툴과 파형을 측정할수 있는 장비를 각각 연결한다.

   2) Ignition "ON" & Engine "OFF".

   3) "액츄에이터 강제구동" 기능을 선택하여 해당 솔레노이드 밸브의 강제 구동을 실시한다.

   4) 강제구동 실행시 해당 솔레노이드 밸브의 작동 파형이 출력되는가?

   YES

   ▶ "고장 수리 확인"로 이동한다.

   NO

   ▶ 정상품의 시험용 PCM/TCM으로 교환 한후 정상적으로 작동되는지 확인한다.
   만일 정상적으로 작동 된다면 PCM/TCM을 신품으로 교환하고 "고장 수리 확인"절차로 이동한다.

   ACTUATOR TEST 판정 조건
   1. IG ON
   2. 변속 레버스위치 정상
   3. P 레인지
   4. 차속은 0km/h
   5. T.P.S < 1V
   6. 아이들 스위치 ON
   7. 엔진 회전수 0 rpm

고장 수리 확인   KEF4DBEF

DTC P0743 참조.

자동변속기 AT -137

DTC P0755 UD 솔레노이드 - 단선/접지 (SCSV-B 이상)

부품 위치

DTC P0743 참조.

기능 및 역할

자동 변속기는 솔레노이드 밸브들에 의해 제어된 클러치들과 브레이크들의 조합으로 변속을 실행한다.
신 소형 자동 변속기는 LR (Low and Reverse Brake) 그리고 2-4 (2-4 Brake) 그리고 UD (Under Drive Clutch) 그리고 OD (Over Drive Clutch) 그리고 REV (Reverse Clutch) 로 구성되어 있다.
PCSV-A는 OD와 LR을 제어한다.

고장 코드 설명

DTC P0748 참조.

고장 판정 조건

항목	판정 조건	고장 예상 원인
검출 방법	• 전압 범위 점검	• 회로 단선 단락 • PCSV-A 이상 • PCM/TCM 이상
검출 조건	• 8V < BAT < 16V • VFS 시그널 신호 ≥ 5ms • VFS 듀티 < 100%	
판정 값	• 전압 8~16V 사이에 단선 또는 GND(-) 단락 상태를 1초 이상 지속시	
검출 시간	• 1초 이상 지속	
페일 세이프	• 3속 홀드 • VFS off • 댐퍼 클러치 off	

정상값

DTC P0743 참조.

회로도

DTC P0743 참조.

스캔툴 데이터 분석

1. 스캔 툴을 연결한다.

2. Engine "ON".

3. 써비스 데이터 항목 중 "PCSV-A" 항목을 선택한다.

4. "N" → "D"로 변속한다.

   정상값: 변속에 따른 듀티값 표시

센서출력	
✓ PCSV-A SOLENOID DUTY	0.0 %
✓ 기어위치	P,N,R
✓ 변속레버스위치	P,N
✓ PG-A(입력축속도)	814 RPM
✓ PG-B(출력축속도)	0 RPM
차속센서	0 Km/h
스로틀포지션센서	0.0 %
DCC 솔레노이드 듀티	0.0 %
댐퍼클러치슬립량	23 RPM
PCSV-B SOLENOID DUTY	99.6 %

   | 고정 | 분할 | 전체 | 파형 | 기록 | 도움 |

   FIG.1)

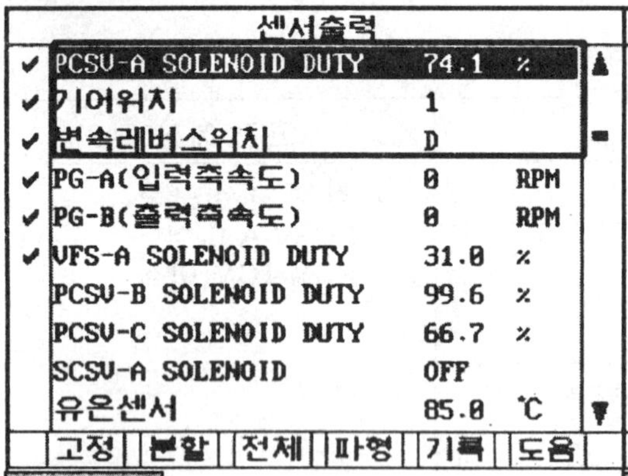

센서출력	
✓ PCSV-A SOLENOID DUTY	74.1 %
✓ 기어위치	1
✓ 변속레버스위치	D
✓ PG-A(입력축속도)	0 RPM
✓ PG-B(출력축속도)	0 RPM
✓ VFS-A SOLENOID DUTY	31.0 %
PCSV-B SOLENOID DUTY	99.6 %
PCSV-C SOLENOID DUTY	66.7 %
SCSV-A SOLENOID	OFF
유온센서	85.0 ℃

   | 고정 | 분할 | 전체 | 파형 | 기록 | 도움 |

   FIG.2)

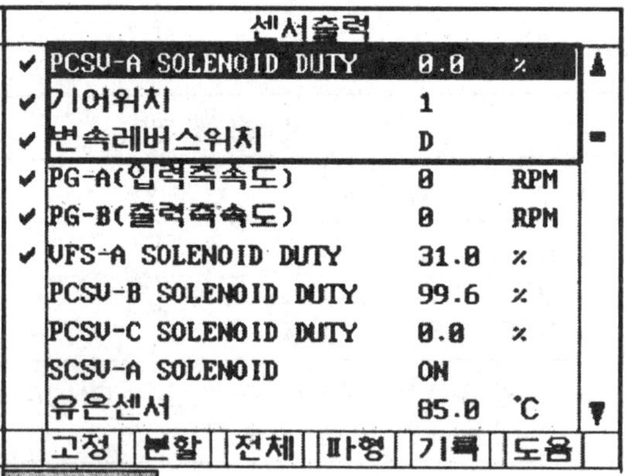

센서출력	
✓ PCSV-A SOLENOID DUTY	0.0 %
✓ 기어위치	1
✓ 변속레버스위치	D
✓ PG-A(입력축속도)	0 RPM
✓ PG-B(출력축속도)	0 RPM
✓ VFS-A SOLENOID DUTY	31.0 %
PCSV-B SOLENOID DUTY	99.6 %
PCSV-C SOLENOID DUTY	0.0 %
SCSV-A SOLENOID	ON
유온센서	85.0 ℃

   | 고정 | 분할 | 전체 | 파형 | 기록 | 도움 |

   FIG.3)

   FIG 1) 중립 상태
   FIG 2) 1속 변속 중
   FIG 3) 1속 변속 완료

5. "PCSV-A"의 듀티가 정상값과 일치하는가?

   YES

   ▶ 고장 원인은 센서와 PCM/TCM의 커넥터간의 접촉불량과 같은 일시적인 고장이거나 이미 수리가 되었거나 혹은 PCM/TCM의 메모리에 기억된 고장 코드가 지워지지 않은 것이다.
   그러므로 커넥터의 전체적인 상태(헐거움,접촉 불량,부식,오염,다른 커넥터와의 간섭,파손등)를 확인하고 필요에 의해 교환 또는 수리하고 "고장 수리 확인" 절차로 이동한다.

   NO

   ▶ "커넥터 및 터미널 점검" 절차로 이동한다.

커넥터 및 터미널 점검

DTC P0743 참조.

자동변속기

전원선 점검 KADD3B7D

1. "A/T 솔레노이드 밸브"의 커넥터가 연결된 상태에서 파형을 측정할수 있는 장비를 설치한다.

2. 엔진을 시동하고 댐퍼 클러치 작동 조건으로 주행한다.

3. "A/T 솔레노이드 밸브"의 커넥터 "1"번 단자의 파형을 측정한다.

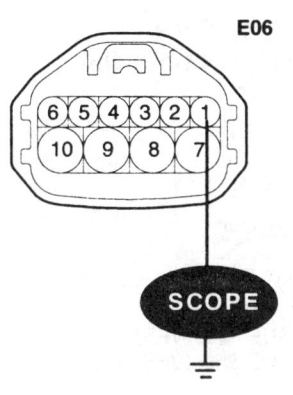

E06
1. PCSV-A(OD&LR)
2. PCSV-B(2-4브레이크)
3. ON/OFF 솔레노이드 밸브
4. PCSV-D(DCCSV)
5. 유온 센서(+)
6. 유온 센서(-)
7. 솔레노이드 밸브 접지
8. PCSV-C(UD)
9. 리니어 솔레노이드 밸브(VFS)
10. 리니어 솔레노이드 밸브(VFS) 접지

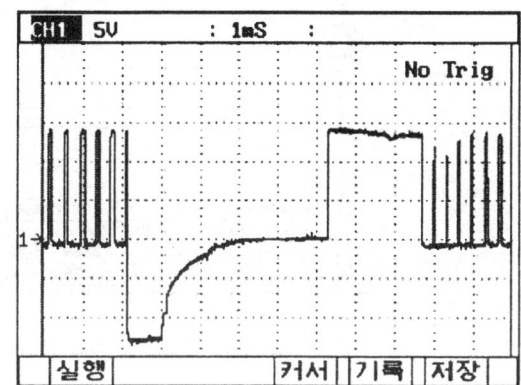

■ 정상 파형 : 2속 변속 상태

ALJF002K

4. 측정된 파형이 정상적인 작동 파형인가?

YES

▶ "신호선 점검" 절차로 이동한다.

NO

▶ 엔진 룸 정션박스의 A/T 휴즈의 단선 여부를 점검한다.
▶ 하니스의 단선 여부를 점검한다. 수리 후 "고장 수리 확인" 절차로 이동한다.

신호선 점검 K15BE511

1. 회로 단선 점검

   1) Ignition "OFF".

   2) "A/T 솔레노이드 밸브"의 커넥터와 "PCM/TCM" 커넥터를 탈거한다.

   3) "ATM 솔레노이드 밸브" 하니스측의 "1"번 단자와 TCM 커넥터 하니스측의 "6"번 단자사이의 저항을 측정한다.

정상값: 약 0Ω

AT -140 　　　　　자동변속기 (A4CF2)

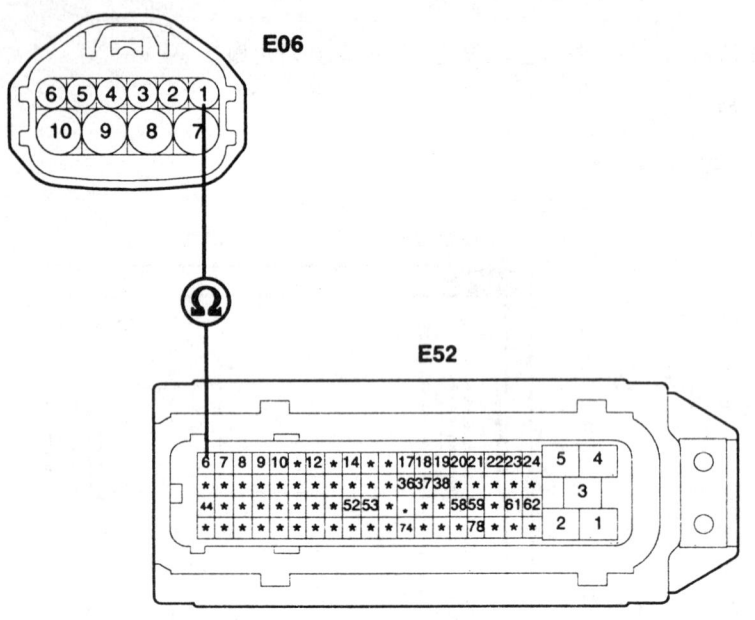

E06
1. PCSV-A(OD&LR)
2. PCSV-B(2-4브레이크)
3. ON/OFF 솔레노이드 밸브
4. PCSV-D(DCCSV)
5. 유온 센서(+)
6. 유온 센서(-)
7. 솔레노이드 밸브 접지
8. PCSV-C(UD)
9. 리니어 솔레노이드 밸브(VFS)
10. 리니어 솔레노이드 밸브(VFS) 접지

E52
5. 솔레노이드 밸브 접지
6. PCSV-A(OD&LR)
7. PCSV-B(2-4브레이크)
8. PCAV-C(UD)
9. PCAV-D(DCCSV)
10. ON/OFF 솔레노이드 밸브
14. 리니어 솔레노이드 밸브(VFS)
44. 리니어 솔레노이드 밸브(VFS) 접지

ALJF002L

4) 측정된 저항값이 정상값과 일치하는가?

YES

▶ "회로 단락 점검" 절차로 이동한다.

NO

▶ 하니스의 단선 여부를 점검한다. 수리 후 "고장 수리 확인" 절차로 이동한다.

2. 회로 단락 점검

1) Ignition "OFF".

2) "A/T 솔레노이드 밸브"의 커넥터와 "PCM/TCM" 커넥터를 탈거한다.

3) "ATM 솔레노이드 밸브"의 "1"번 단자와 차체접지간의 저항을 측정한다.

정상값: 무한대

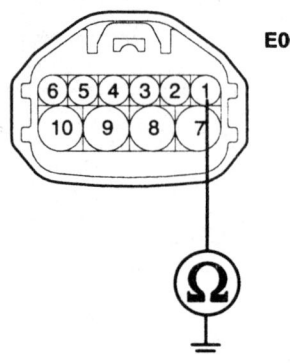

E06
1. PCSV-A(OD&LR)
2. PCSV-B(2-4브레이크)
3. ON/OFF 솔레노이드 밸브
4. PCSV-D(DCCSV)
5. 유온 센서(+)
6. 유온 센서(-)
7. 솔레노이드 밸브 접지
8. PCSV-C(UD)
9. 리니어 솔레노이드 밸브(VFS)
10. 리니어 솔레노이드 밸브(VFS) 접지

ALJF002M

4) 측정된 저항값이 정상값과 일치하는가?

자동변속기 AT-141

YES

▶ "회로 접지 점검" 절차로 이동한다

NO

▶ 하니스의 단선 여부를 점검한다. 수리 후 "고장 수리 확인" 절차로 이동한다.

3. 회로 접지 점검

   1) Ignition "OFF".

   2) "A/T 솔레노이드 밸브"의 커넥터와 "PCM/TCM" 커넥터를 탈거한다.

   3) "ATM 솔레노이드 밸브"의 7번 단자와 차체접지간의 저항을 측정한다.

정상값: 약 0 Ω

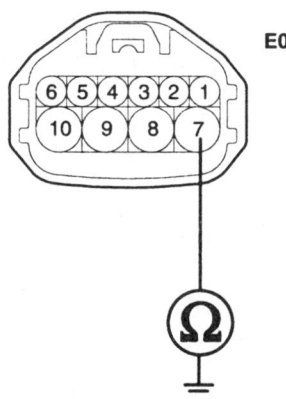

1. PCSV-A(OD&LR)
2. PCSV-B(2-4브레이크)
3. ON/OFF 솔레노이드 밸브
4. PCSV-D(DCCSV)
5. 유온 센서(+)
6. 유온 센서(-)
7. 솔레노이드 밸브 접지
8. PCSV-C(UD)
9. 리니어 솔레노이드 밸브(VFS)
10. 리니어 솔레노이드 밸브(VFS) 접지

   4) 측정된 저항값이 정상값과 일치하는가?

YES

▶ "단품 점검" 절차로 이동한다.

NO

▶ 하니스의 단락 여부를 점검한다. 수리 후 "고장 수리 확인" 절차로 이동한다.

단품 점검

1. 솔레노이드 밸브 점검

   1) Ignition "OFF".

   2) "A/T 솔레노이드 밸브"의 커넥터를 탈거한다.

   3) 센서측 터미널 "1"번 단자와 "7"번단자 사이의 저항을 측정한다.

정상값: 약 3.5 ± 0.2 Ω (25°C)

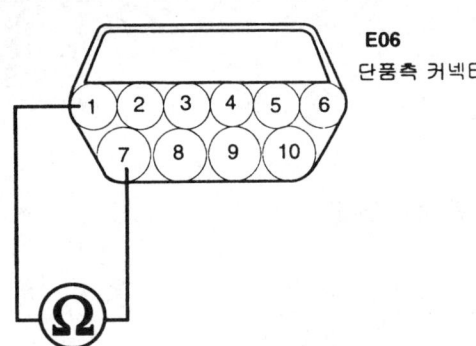

1. PCSV-A(OD&LR)
2. PCSV-B(2-4브레이크)
3. ON/OFF 솔레노이드 밸브
4. PCSV-D(DCCSV)
5. 유온 센서(+)
6. 유온 센서(-)
7. 솔레노이드 밸브 접지
8. PCSV-C(UD)
9. 리니어 솔레노이드 밸브(VFS)
10. 리니어 솔레노이드 밸브(VFS) 접지

ALJF002O

4) 측정된 저항값이 정상값과 일치하는가?

YES

▶ "PCM/TCM 점검" 절차로 이동한다.

NO

▶ "LR 솔레노이드 밸브"를 신품으로 교환하고 "고장 수리 확인" 절차로 이동한다.

2. PCM/TCM 점검

1) 스캔 툴과 파형을 측정할수 있는 장비를 각각 연결한다.

2) gnition "ON" & Engine "OFF".

3) "액츄에이터 강제구동" 기능을 선택하여 해당 솔레노이드 밸브의 강제 구동을 실시한다.

4) 강제구동 실행시 해당 솔레노이드 밸브의 작동 파형이 출력되는가?

YES

▶ "고장 수리 확인" 로 이동한다.

NO

▶ 정상품의 시험용 PCM/TCM으로 교환 한후 정상적으로 작동되는지 확인한다.
만일 정상적으로 작동 된다면 PCM/TCM을 신품으로 교환하고 "고장 수리 확인"절차로 이동한다.

ACTUATOR TEST 판정 조건
1. IG ON
2. 변속 레버스위치 정상
3. P 레인지
4. 차속은 0km/h
5. T.P.S < 1V
6. 아이들 스위치 ON
7. 엔진 회전수 0 rpm

고장 수리 확인 KCE6009D

DTC P0743 참조.

자동변속기　　　　　　　　　　　　　　　　　　　　　　　　　　　　　　　AT-143

DTC P0760 2ND 솔레노이드 - 단선/접지 (SCSV-C 이상)

부품위치 K00F21CB

DTC P0743 참조.

기능 및 역할 KE024AA0

자동 변속기는 솔레노이드 밸브들에 의해 제어된 클러치들과 브레이크들의 조합으로 변속을 실행한다.
신 소형 자동 변속기는 LR(Low and Reverse Brake), 2-4(2-4 Brake), UD(Under Drive Clutch) 그리고 OD(Over Drive Clutch) 그리고 REV(Reverse Clutch) 로 구성되어 있다.
PCSV-B는 2-4 브레이크를 제어한다.

고장 코드 설명 KEE9FDCD

DTC P0748 참조.

고장판정 조건 KF53B0D9

항목	판정조건	고장예상 원인
검출방법	• 전압 범위 점검	• 회로 단선 단락 • PCSV-B 이상 • PCM/TCM 이상
검출조건	• 8V < BAT < 16V • VFS 시그널 신호 ≥ 5ms • VFS 듀티 < 100%	
판정값	• 전압 8~16V 사이에 단선 또는 GND(-) 단락 상태를 1초 이상 지속시	
검출시간	• 1초 이상 지속	
페일 세이프	• 3속 홀드 • VFS off • 댐퍼 클러치 off	

정상값 K001A2A5

DTC P0743 참조.

회로도 K4467C7D

DTC P0743 참조.

스캔툴 데이터 분석 KE5EF012

1. 스캔 툴을 연결한다.

2. Engine "ON".

3. 써비스 데이터 항목 중 "PCSV-B" 항목을 선택한다.

4. 각 변속단으로 주행한다.

정상값: 변속에 따른 듀티값 표시

센서출력

✔	PCSV-B SOLENOID DUTY	99.6	%
✔	VFS-A SOLENOID DUTY	31.0	%
✔	기어위치	P,N,R	
✔	변속레버스위치	P,N	
✔	PG-A(입력축속도)	817	RPM
✔	PG-B(출력축속도)	0	RPM
	엔진회전수	833	RPM
	차속센서	0	Km/h
	스로틀포지션센서	0.0	%
	DCC 솔레노이드 듀티	0.0	%

고정 | 분할 | 전체 | 파형 | 기록 | 도움

FIG.1)

센서출력

✔	PCSV-B SOLENOID DUTY	99.6	%
✔	VFS-A SOLENOID DUTY	67.8	%
✔	기어위치	1	
✔	변속레버스위치	L	
✔	PG-A(입력축속도)	807	RPM
✔	PG-B(출력축속도)	276	RPM
	엔진회전수	849	RPM
	차속센서	8	Km/h
	스로틀포지션센서	0.0	%
	DCC 솔레노이드 듀티	0.0	%

고정 | 분할 | 전체 | 파형 | 기록 | 도움

FIG.2)

센서출력

✔	PCSV-B SOLENOID DUTY	0.0	%
✔	VFS-A SOLENOID DUTY	69.8	%
✔	기어위치	2	
✔	변속레버스위치	2	
✔	PG-A(입력축속도)	1362	RPM
✔	PG-B(출력축속도)	879	RPM
	엔진회전수	1393	RPM
	차속센서	28	Km/h
	스로틀포지션센서	5.1	%
	DCC 솔레노이드 듀티	0.0	%

고정 | 분할 | 전체 | 파형 | 기록 | 도움

FIG.3)

센서출력

✔	PCSV-B SOLENOID DUTY	99.6	%
✔	VFS-A SOLENOID DUTY	84.3	%
✔	기어위치	3	
✔	변속레버스위치	3	
✔	PG-A(입력축속도)	1782	RPM
✔	PG-B(출력축속도)	1783	RPM
	엔진회전수	1783	RPM
	차속센서	60	Km/h
	스로틀포지션센서	9.8	%
	DCC 솔레노이드 듀티	48.2	%

고정 | 분할 | 전체 | 파형 | 기록 | 도움

FIG.4)

센서출력

✔	PCSV-B SOLENOID DUTY	0.0	%
✔	VFS-A SOLENOID DUTY	23.1	%
✔	기어위치	4	
✔	변속레버스위치	D	
✔	PG-A(입력축속도)	1902	RPM
✔	PG-B(출력축속도)	2669	RPM
	엔진회전수	1904	RPM
	차속센서	84	Km/h
	스로틀포지션센서	10.6	%
	DCC 솔레노이드 듀티	37.3	%

고정 | 분할 | 전체 | 파형 | 기록 | 도움

FIG.5)

센서출력

✔	PCSV-B SOLENOID DUTY	0.0	%
✔	VFS-A SOLENOID DUTY	98.0	%
✔	기어위치	P,N,R	
✔	변속레버스위치	R	
✔	PG-A(입력축속도)	0	RPM
✔	PG-B(출력축속도)	0	RPM
	엔진회전수	833	RPM
	차속센서	0	Km/h
	스로틀포지션센서	0.0	%
	DCC 솔레노이드 듀티	0.0	%

고정 | 분할 | 전체 | 파형 | 기록 | 도움

FIG.6)

FIG.1) 중립 상태
FIG.2) 1속 기어
FIG.3) 2속 기어
FIG.4) 3속 기어
FIG.5) 4속 기어
FIG.6) 후진 기어

AKGF120A

자동변속기

5. "PCSV-B"의 듀티가 정상값과 일치하는가?

YES

▶ 고장 원인은 센서와 PCM/TCM의 커넥터간의 접촉불량과 같은 일시적인 고장이거나 이미 수리가 되었거나 혹은 PCM/TCM의 메모리에 기억된 고장 코드가 지워지지 않은 것이다.
그러므로 커넥터의 전체적인 상태(헐거움,접촉 불량,부식,오염,다른 커넥터와의 간섭,파손등)를 확인하고 적절한 교환 또는 수리를 한 후 "고장 수리 확인" 절차로 이동한다.

NO

▶ "커넥터 및 터미널 점검" 절차로 이동한다.

커넥터 및 터미널 점검 K8C478AA

DTC P0748 참조.

전원선 점검 KACFDFB9

1. "A/T 솔레노이드 밸브"의 커넥터가 연결된 상태에서 파형을 측정할수 있는 장비를 설치한다.

2. 엔진을 시동하고 댐퍼 클러치 작동 조건으로 주행한다.

3. "A/T 솔레노이드 밸브"의 커넥터 "2"번 단자의 파형을 측정한다.

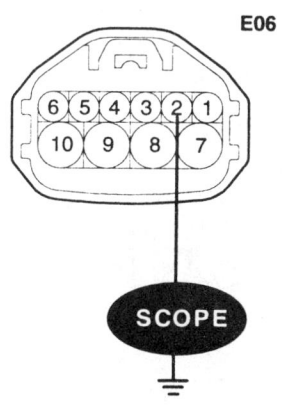

1. PCSV-A(OD&LR)
2. PCSV-B(2-4브레이크)
3. ON/OFF 솔레노이드 밸브
4. PCSV-D(DCCSV)
5. 유온 센서(+)
6. 유온 센서(-)
7. 솔레노이드 밸브 접지
8. PCSV-C(UD)
9. 리니어 솔레노이드 밸브(VFS)
10. 리니어 솔레노이드 밸브(VFS) 접지

■ 정상 파형 :

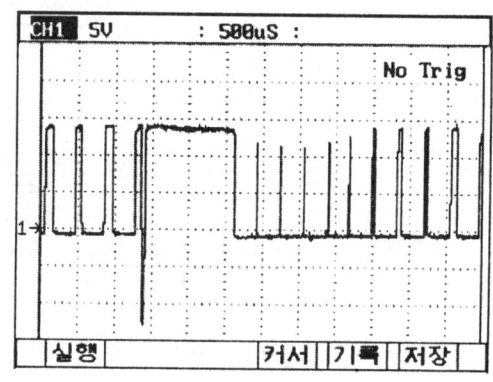

4. 측정된 파형이 정상적인 작동 파형인가?

YES

▶ "신호선 점검" 절차로 이동한다.

NO

▶ 엔진 룸 정션박스의 A/T 휴즈의 단선 여부를 점검한다.
▶ 하니스의 단선 여부를 점검한다. 수리 후 "고장 수리 확인" 절차로 이동한다.

AT -146　자동변속기 (A4CF2)

신호선 점검　KD52BDA1

1. 회로 단선 점검

    1) Ignition "OFF".

    2) "A/T 솔레노이드 밸브"의 커넥터와 "PCM/TCM" 커넥터를 탈거한다.

    3) "ATM 솔레노이드 밸브" 하니스측의 "2"번 단자와 TCM 커넥터 하니스측의 "7"번 단자사이의 저항을 측정한다.

정상값: 약 0 Ω

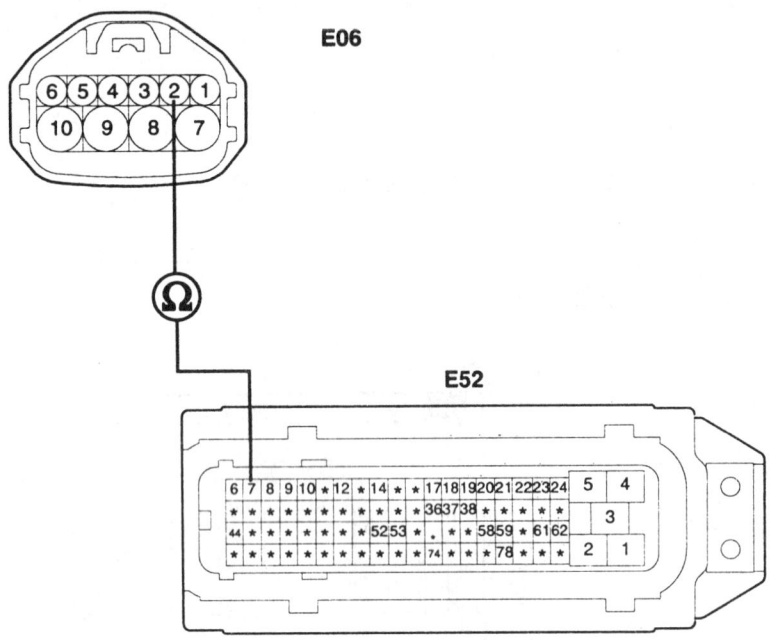

E06
1. PCSV-A(OD&LR)
2. PCSV-B(2-4브레이크)
3. ON/OFF 솔레노이드 밸브
4. PCSV-D(DCCSV)
5. 유온 센서(+)
6. 유온 센서(-)
7. 솔레노이드 밸브 접지
8. PCSV-C(UD)
9. 리니어 솔레노이드 밸브(VFS)
10. 리니어 솔레노이드 밸브(VFS) 접지

E52
5. 솔레노이드 밸브 접지
6. PCSV-A(OD&LR)
7. PCSV-B(2-4브레이크)
8. PCAV-C(UD)
9. PCAV-D(DCCSV)
10. ON/OFF 솔레노이드 밸브
14. 리니어 솔레노이드 밸브(VFS)
44. 리니어 솔레노이드 밸브(VFS) 접지

ALJF002Q

    4) 측정된 저항값이 정상값과 일치하는가?

YES

▶ "회로 단락 점검" 절차로 이동한다.

NO

▶ 하니스의 단선 여부를 점검한다. 수리 후 "고장 수리 확인" 절차로 이동한다.

2. 회로 단락 점검

    1) Ignition "OFF".

    2) "A/T 솔레노이드 밸브"의 커넥터와 "PCM/TCM" 커넥터를 탈거한다.

    3) "ATM 솔레노이드 밸브"의 "2"번 단자와 차체접지간의 저항을 측정한다.

정상값: 무한대

자동변속기 AT-147

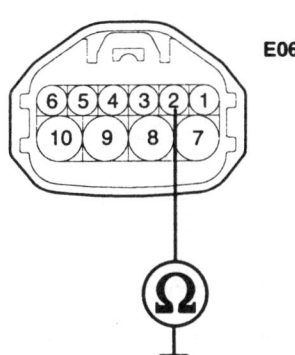

E06
1. PCSV-A(OD&LR)
2. PCSV-B(2-4브레이크)
3. ON/OFF 솔레노이드 밸브
4. PCSV-D(DCCSV)
5. 유온 센서(+)
6. 유온 센서(-)
7. 솔레노이드 밸브 접지
8. PCSV-C(UD)
9. 리니어 솔레노이드 밸브(VFS)
10. 리니어 솔레노이드 밸브(VFS) 접지

ALJF002R

4) 측정된 저항값이 정상값과 일치하는가?

YES

▶ "회로 접지 점검" 절차로 이동한다.

NO

▶ 하니스의 단락 여부를 점검한다. 수리 후 "고장 수리 확인" 절차로 이동한다.

3. 회로 접지 점검

1) Ignition "OFF".

2) "A/T 솔레노이드 밸브"의 커넥터와 "PCM/TCM" 커넥터를 탈거한다.

3) "ATM 솔레노이드 밸브"의 7번 단자와 차체접지간의 저항을 측정한다.

정 상 값 : 약 0Ω

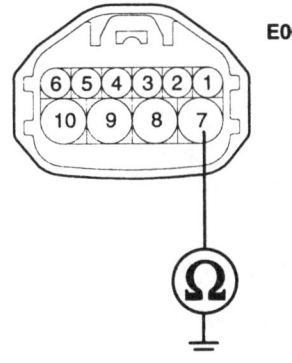

E06
1. PCSV-A(OD&LR)
2. PCSV-B(2-4브레이크)
3. ON/OFF 솔레노이드 밸브
4. PCSV-D(DCCSV)
5. 유온 센서(+)
6. 유온 센서(-)
7. 솔레노이드 밸브 접지
8. PCSV-C(UD)
9. 리니어 솔레노이드 밸브(VFS)
10. 리니어 솔레노이드 밸브(VFS) 접지

ALJF002S

4) 측정된 전압값이 정상값과 일치하는가?

YES

▶ "단품 점검" 절차로 이동한다.

NO

▶ 하니스의 단락 여부를 점검한다. 수리 후 "고장 수리 확인" 절차로 이동한다.

단품점검 K11AF7B9

1. 솔레노이드 밸브 점검

    1) Ignition "OFF".

    2) "A/T 솔레노이드 밸브"의 커넥터를 탈거한다.

    3) 센서측 터미널 "2"번 단자와 "7"번 단자 사이의 저항을 측정한다.

정상값: 약 3.5 ± 0.2 Ω (25°C)

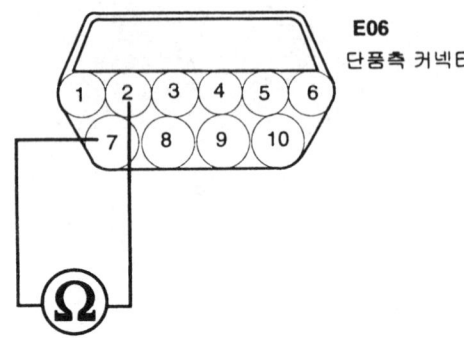

E06
단품측 커넥터

1. PCSV-A(OD&LR)
2. PCSV-B(2-4브레이크)
3. ON/OFF 솔레노이드 밸브
4. PCSV-D(DCCSV)
5. 유온 센서(+)
6. 유온 센서(-)
7. 솔레노이드 밸브 접지
8. PCSV-C(UD)
9. 리니어 솔레노이드 밸브(VFS)
10. 리니어 솔레노이드 밸브(VFS) 접지

4) 측정된 저항값이 정상값과 일치하는가?

YES

▶ "PCM/TCM 점검" 절차로 이동한다.

NO

▶ "LR 솔레노이드 밸브"를 신품으로 교환하고 "고장 수리 확인" 절차로 이동한다.

자동변속기 AT-149

2. PCM/TCM 점검

1) 스캔 툴과 파형을 측정할수 있는 장비를 각각 연결한다.

2) Ignition "ON" & Engine "OFF".

3) "액츄에이터 강제구동" 기능을 선택하여 해당 솔레노이드 밸브의 강제 구동을 실시한다.

4) 강제구동 실행시 해당 솔레노이드 밸브의 작동 파형이 출력되는가?

YES

▶ "고장 수리 확인" 절차로 이동한다.

NO

▶ 정상품의 시험용 PCM/TCM으로 교환 한후 정상적으로 작동되는지 확인하시오. 만일 정상적으로 작동 된 다면 PCM/TCM을 신품으로 교환하고 "고장 수리 확인"절차로 이동한다.

ACTUATOR TEST 판정 조건
1. IG ON
2. 변속 레버스위치 정상
3. P 레인지
4. 차속은 0km/h
5. T.P.S < 1V
6. 아이들 스위치 ON
7. 엔진 회전수 0 rpm

고장수리 확인   KADEDF1A

DTC P0743 참조.

DTC P0765 OD 솔레노이드 - 단선/접지 (SCSV-D 이상)

부품위치

DTC P0743 참조.

기능 및 역할

자동 변속기는 솔레노이드 밸브들에 의해 제어된 클러치들과 브레이크들의 조합으로 변속을 실행한다.
신 소형 자동 변속기는 LR(Low and Reverse Brake), 2-4(2-4 Brake), UD(Under Drive Clutch), OD(Over Drive Clutch) 그리고 REV(Reverse Clutch) 로 구성되어 있다.
PCSV-C는 UD 클러치를 제어한다.

고장 코드 설명

DTC P0748 참조.

고장판정 조건

항목	판정조건	고장예상 원인
검출방법	• 전압 범위 점검	• 회로 단선 단락 • PCSV-C 이상 • PCM/TCM 이상
검출조건	• 8V < BAT < 16V • VFS 시그널 신호 ≥ 5ms • VFS 듀티 < 100%	
판정값	• 전압 8~16V 사이에 단선 또는 GND(-) 단락 상태를 1초 이상 지속시	
검출시간	• 1초 이상 지속	
페일 세이프	• 3속 홀드 • VFS off • 댐퍼 클러치 off	

정상값

DTC P0743 참조.

회로도

DTC P0743 참조.

스캔툴 데이터 분석

1. 스캔 툴을 연결한다.

2. Engine "ON".

3. 써비스 데이터 항목 중 "PCSV-C" 항목을 선택한다.

4. "N" → "D"로 변속한다.

정상값: 변속에 따른 듀티값 표시

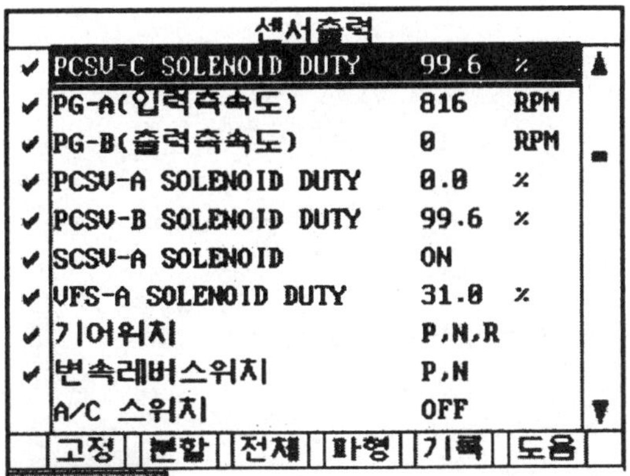

FIG.1)

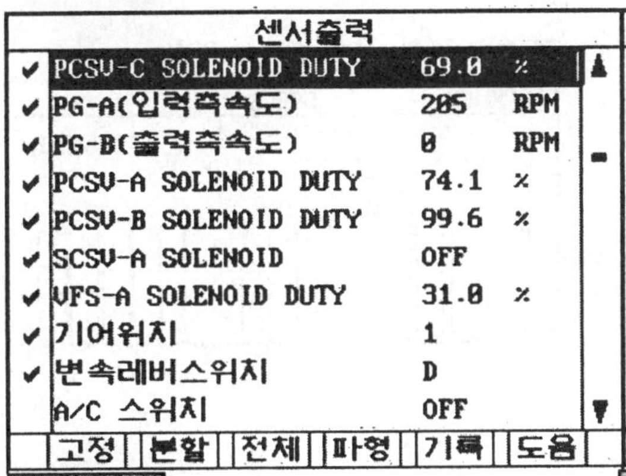

FIG.2)

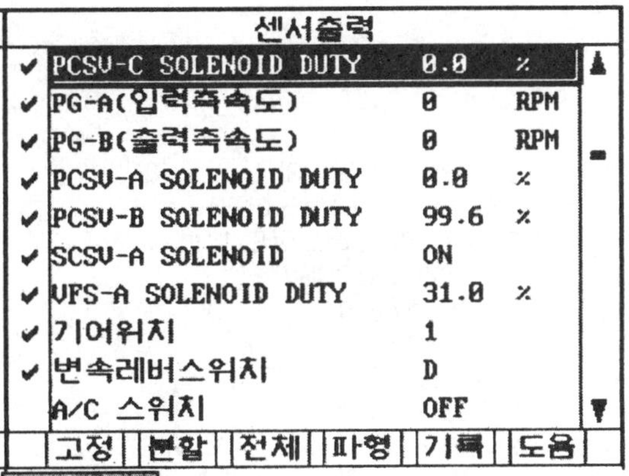

FIG.3)

FIG 1) 중립 상태
FIG 2) 1속 변속 중
FIG 3) 1속 변속 완료

AKGF121A

5. "PCSV-C" 의 듀티가 정상값과 일치하는가?

YES

▶ 고장 원인은 센서와 PCM/TCM의 커넥터간의 접촉불량과 같은 일시적인 고장이거나 이미 수리가 되었거나 혹은 PCM/TCM의 메모리에 기억된 고장 코드가 지워지지 않은 것이다.
그러므로 커넥터의 전체적인 상태(헐거움,접촉 불량,부식,오염,다른 컨넥터와의 간섭,파손등)를 확인하고 적절한 교환 또는 수리를 한 후 "고장 수리 확인" 절차로 이동한다.

NO

▶ "커넥터 및 터미널 점검" 절차로 이동한다.

커넥터 및 터미널 점검 K02D5C9E

1. 전자제어장치는 수 많은 하니스와 커넥터로 구성되어 있다. 그러므로, 전자제어장치와 관련된 많은 고장의 원인이 터미널의 접촉불량에 의해 발생되고있다. 이러한 고장은 여러가지 다양한 고장을 유발시키고, 부품을 손상시키기도 한다.

2. 커넥터의 느슨함, 접촉불량, 구부러짐, 부식, 오염, 변형 또는 손상을 전체적으로 점검한다.

3. 문제 부위가 확인되는가?

YES

▶ 적절한 수리를 한 후 "고장 수리 확인" 단계로 가서 점검한다.

NO

▶ "전원선 점검" 절차로 이동한다.

전원선 점검   K3A25BDC

1. "A/T 솔레노이드 밸브"의 커넥터가 연결된 상태에서 파형을 측정할수 있는 장비를 설치한다.

2. 엔진을 시동하고 댐퍼 클러치 작동 조건으로 주행한다.

3. "A/T 솔레노이드 밸브"의 커넥터 "8"번 단자의 파형을 측정한다.

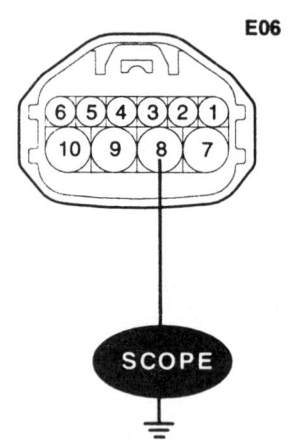

1. PCSV-A(OD&LR)
2. PCSV-B(2-4브레이크)
3. ON/OFF 솔레노이드 밸브
4. PCSV-D(DCCSV)
5. 유온 센서(+)
6. 유온 센서(-)
7. 솔레노이드 밸브 접지
8. PCSV-C(UD)
9. 리니어 솔레노이드 밸브(VFS)
10. 리니어 솔레노이드 밸브(VFS) 접지

■ 정상 파형 : 4속 변속시 파형

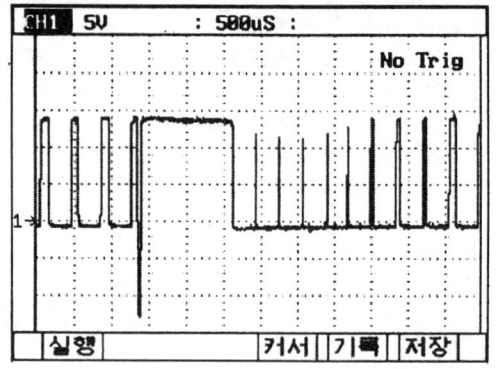

ALJF002U

4. 측정된 파형이 정상적인 작동 파형인가?

YES

▶ "신호선 점검" 절차로 이동한다.

NO

▶ 엔진 룸 정션박스의 A/T 휴즈의 단선 여부를 점검한다.
▶ 하니스의 단선 여부를 점검한다. 수리 후 "고장 수리 확인" 절차로 이동한다.

신호선 점검   K1DB28EE

1. 회로 단선 점검

   1) Ignition "OFF".

   2) "A/T 솔레노이드 밸브"의 커넥터와 "PCM/TCM" 커넥터를 탈거한다.

   3) "ATM 솔레노이드 밸브" 하니스측의 "8"번 단자와 TCM 커넥터 하니스측의 "8"번 단자사이의 저항을 측정한다.

정상값: 약 0 Ω

자동변속기

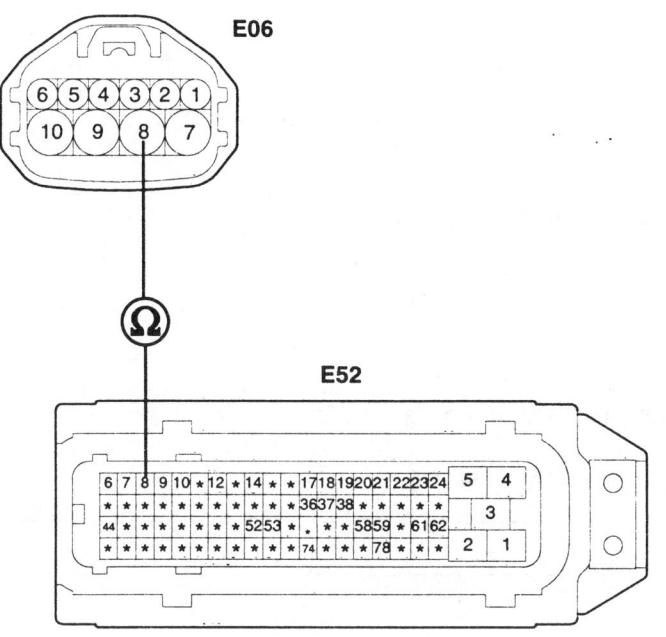

1. PCSV-A(OD&LR)
2. PCSV-B(2-4브레이크)
3. ON/OFF 솔레노이드 밸브
4. PCSV-D(DCCSV)
5. 유온 센서(+)
6. 유온 센서(-)
7. 솔레노이드 밸브 접지
8. PCSV-C(UD)
9. 리니어 솔레노이드 밸브(VFS)
10. 리니어 솔레노이드 밸브(VFS) 접지

5. 솔레노이드 밸브 접지
6. PCSV-A(OD&LR)
7. PCSV-B(2-4브레이크)
8. PCAV-C(UD)
9. PCAV-D(DCCSV)
10. ON/OFF 솔레노이드 밸브
14. 리니어 솔레노이드 밸브(VFS)
44. 리니어 솔레노이드 밸브(VFS) 접지

4) 측정된 저항값이 정상값과 일치하는가?

YES

▶ "회로 단락 점검" 절차로 이동한다.

NO

▶ 하니스의 단선 여부를 점검한다. 수리 후 "고장 수리 확인" 절차로 이동한다.

2. 회로 단락 점검

1) Ignition "OFF".

2) "A/T 솔레노이드 밸브"의 커넥터와 "PCM/TCM" 커넥터를 탈거한다.

3) "ATM 솔레노이드 밸브"의 "8"번 단자와 차체접지간의 저항을 측정한다.

정상값: 무한대

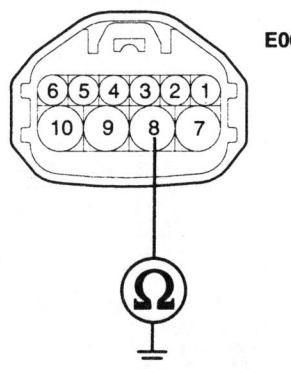

1. PCSV-A(OD&LR)
2. PCSV-B(2-4브레이크)
3. ON/OFF 솔레노이드 밸브
4. PCSV-D(DCCSV)
5. 유온 센서(+)
6. 유온 센서(-)
7. 솔레노이드 밸브 접지
8. PCSV-C(UD)
9. 리니어 솔레노이드 밸브(VFS)
10. 리니어 솔레노이드 밸브(VFS) 접지

4) 측정된 저항값이 정상값과 일치하는가?

AT -154　자동변속기 (A4CF2)

YES

▶ "회로 접지 점검" 절차로 이동한다.

NO

▶ 하니스의 단락 여부를 점검한다. 수리 후 "고장 수리 확인" 절차로 이동한다.

3. 회로 접지 점검

   1) Ignition "OFF".

   2) "A/T 솔레노이드 밸브"의 커넥터와 "PCM/TCM" 커넥터를 탈거한다.

   3) "ATM 솔레노이드 밸브"의 7번 단자와 차체접지간의 저항을 측정한다.

정상값: 약 0 Ω

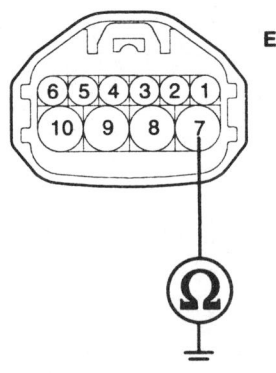

1. PCSV-A(OD&LR)
2. PCSV-B(2-4브레이크)
3. ON/OFF 솔레노이드 밸브
4. PCSV-D(DCCSV)
5. 유온 센서(+)
6. 유온 센서(-)
7. 솔레노이드 밸브 접지
8. PCSV-C(UD)
9. 리니어 솔레노이드 밸브(VFS)
10. 리니어 솔레노이드 밸브(VFS) 접지

ALJF002X

   4) 측정된 전압값이 정상값과 일치하는가?

YES

▶ "단품 점검" 절차로 이동한다.

NO

▶ 하니스의 단락 여부를 점검한다. 수리 후 "고장 수리 확인" 절차로 이동한다.

단품점검　K7B2ED3C

1. 솔레노이드 밸브 점검

   1) Ignition "OFF".

   2) "A/T 솔레노이드 밸브"의 커넥터를 탈거한다.

   3) 센서측 터미널 "7"번 단자와 "8"번 단자 사이의 저항을 측정한다.

정상값: 약 3.5 ± 0.2 Ω (25°C)

자동변속기 AT -155

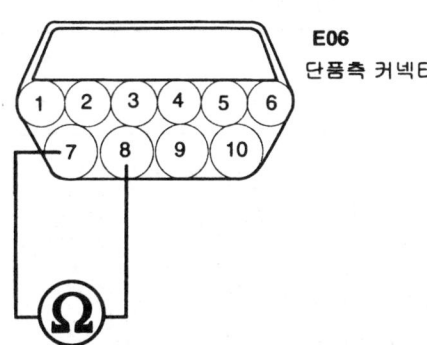

E06
단품측 커넥터

1. PCSV-A(OD&LR)
2. PCSV-B(2-4브레이크)
3. ON/OFF 솔레노이드 밸브
4. PCSV-D(DCCSV)
5. 유온 센서(+)
6. 유온 센서(-)
7. 솔레노이드 밸브 접지
8. PCSV-C(UD)
9. 리니어 솔레노이드 밸브(VFS)
10. 리니어 솔레노이드 밸브(VFS) 접지

ALJF002Y

4) 측정된 저항값이 정상값과 일치하는가?

YES

▶ "PCM/TCM 점검" 절차로 이동한다.

NO

▶ "LR 솔레노이드 밸브"를 신품으로 교환하고 "고장 수리 확인" 절차로 이동한다.

2. PCM/TCM 점검

1) 스캔 툴과 파형을 측정할수 있는 장비를 각각 연결한다.

2) Ignition "ON" & Engine "OFF".

3) "액츄에이터 강제구동" 기능을 선택하여 해당 솔레노이드 밸브의 강제 구동을 실시한다.

4) 강제구동 실행시 해당 솔레노이드 밸브의 작동 파형이 출력되는가?

YES

▶ "고장 수리 확인" 절차로 이동한다.

NO

▶ 정상품의 시험용 PCM/TCM으로 교환 한후 정상적으로 작동되는지 확인하시오. 만일 정상적으로 작동 된다면 PCM/TCM을 신품으로 교환하고 "고장 수리 확인"절차로 이동한다.

ACTUATOR TEST 판정 조건
1. IG ON
2. 변속 레버스위치 정상
3. P 레인지
4. 차속은 0km/h
5. T.P.S < 1V
6. 아이들 스위치 ON
7. 엔진 회전수 0 rpm

고장수리 확인 K46BAEB6

DTC P0743 참조.

DTC U0001 CAN (CONTROL AREA NETWORK) 통신 이상

부품 위치 KCCE7FBA

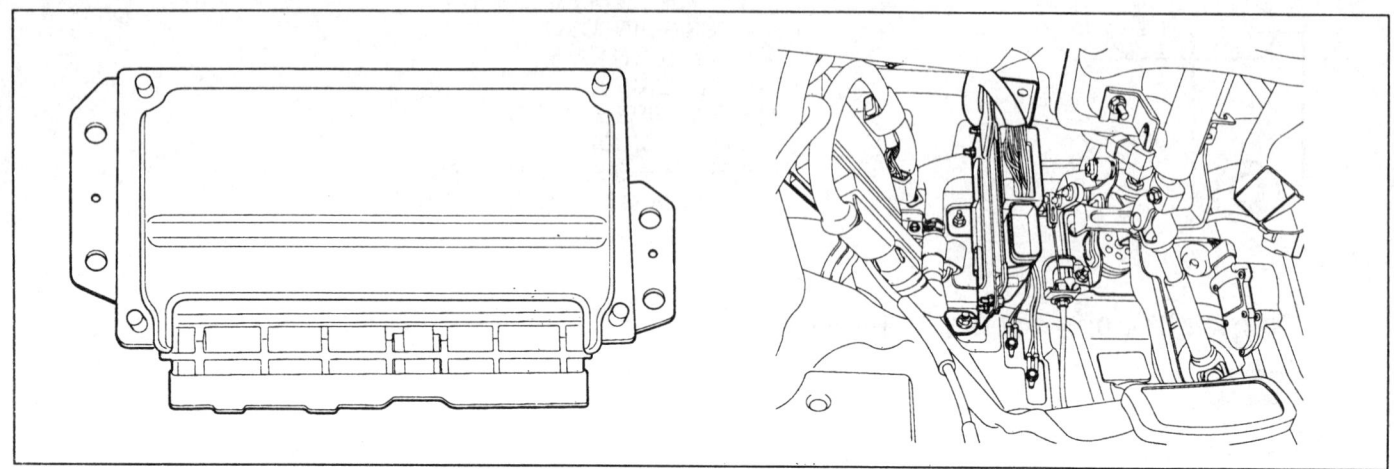

기능 및 역할 K3164096

TCM은 ECM 혹은 ABS ECU로부터 정보를 받을수 있고, 혹은 ECM 그리고 ABS ECU로 CAN 통신을 이용하여 정보를 전송할수 있다. CAN 통신은 차량의 통신 방법중 하나이며, 현재 광범위하게 쓰이는 차량 전송 방식이다.

고장 코드 설명 KBCDC59D

TCM은 ECM으로부터 CAN-BUS 라인을 통하여 정보를 읽을수 없을때 이 코드를 부여한다.

자동변속기

고장판정 조건 K633ECD3

항목	판정조건	고장예상 원인
검출방법	• 전압 범위 점검	• CAN 통신 회로 이상 • ECM 이상 • TCM 이상
검출조건	• 엔진 rpm = 3000rpm • 엔진 토크 80% • 속도 = 0Km • A/C S/W = OFF • 냉각수온 = 70°C • TPS = 50% • Check engine lamp = off • TCS = off	
판정값	• 주행중 CAN 신호 이상이 1초이상 발생	
검출시간	• -	
페일 세이프	CAN 통신을 통한 입력값을 고정값으로 설정한다. • 엔진 RPM = 3000 RPM • 엔진토크 = 80% • 차속 = 0 km/h • 에어컨 = Off • 엔진온도 = 70°C • 스로틀 개도 = 50% • MIL 램프 = Off • TCS로의 변속금지 = Off	

스캔툴 데이터 분석 KDE3EAFB

1. 스캔 툴을 연결한다.

2. Engine "ON".

3. 써비스 데이터 항목 중 "CAN 통신" 항목 (엔진 회전수, 스로틀 포지션 센서, 차속 센서, 에어컨 스위치, 엔진 토크)를 선택한다.

AKGF122B

AT -158 자동변속기 (A4CF2)

4. "CAN 통신 요소" 가 정확하게 출력되고 있는가?

   YES

   ▶ 고장 원인은 센서와 PCM/TCM의 커넥터간의 접촉불량과 같은 일시적인 고장이거나 이미 수리가 되었거나 혹은 PCM/TCM의 메모리에 기억된 고장 코드가 지워지지 않은 것이다.
   그러므로 커넥터의 전체적인 상태(헐거움,접촉 불량,부식,오염,다른 커넥터와의 간섭,파손등)를 확인하고 적절한 교환 또는 수리를 한 후 "고장 수리 확인" 절차로 이동한다.

   NO

   ▶ "커넥터 및 터미널 점검" 절차로 이동한다.

커넥터 및 터미널 점검   KAFCC6F0

1. 전자제어장치는 수 많은 하니스와 커넥터로 구성되어 있다. 그러므로, 전자제어장치와 관련된 많은 고장의 원인이 터미널의 접촉불량에 의해 발생되고있다. 이러한 고장은 여러가지 다양한 고장을 유발시키고, 부품을 손상시키기도 한다.

2. 커넥터의 느슨함, 접촉불량, 구부러짐, 부식, 오염, 변형 또는 손상을 전체적으로 점검한다.

3. 문제 부위가 확인되는가?

   YES

   ▶ 적절한 수리를 한 후 "고장 수리 확인" 단계로 가서 점검한다.

   NO

   ▶ "전원선 점검" 절차로 이동한다.

신호선 점검   KFA2A1ED

1. Ignition "ON" & Engine "OFF"

2. "PCM/TCM" 커넥터를 탈거한다.

3. 하니스측 "36"번 단자와 "37"번 단자 사이의 저항을 측정한다.

정상값 : 약 60Ω

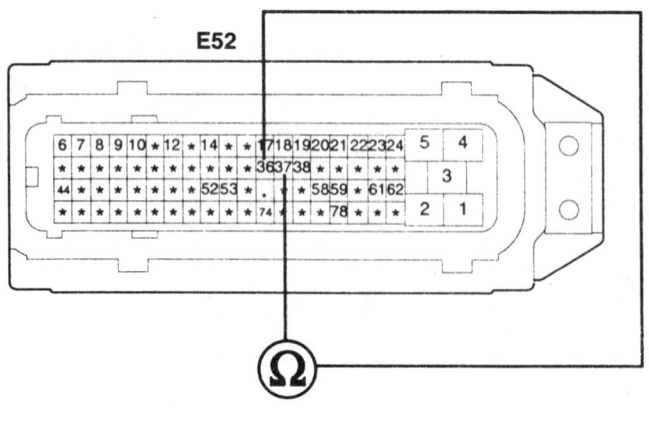

36. CAN-LOW
37. CAN-HIGH

자동변속기

4. 측정된 저항값이 정상값과 일치하는가?

   YES

   ▶ 정상품의 시험용 PCM/TCM으로 교환 한후 정상적으로 작동되는지 확인한다.
   만일 정상적으로 작동 된다면 PCM/TCM을 신품으로 교환하고 "고장 수리 확인" 절차로 이동한다.

   NO

   ▶ 커넥터의 전체적인 상태(헐거움,접촉 불량,부식,오염,다른 커넥터와의 간섭,파손등)를 확인하고 CAN통신용 종단 저항을 수리 혹은 교환하고 "고장 수리 확인" 절차로 이동한다.

고장수리 확인   K2EB6FE6

본 진단 가이드를 사용해서 발생된 문제를 수리한 뒤, 고장이 완전히 해결되었는지 확인하는 과정이 필요하다.

1. 스캔툴을 연결한 후, 자기진단을 실시하여 고장 코드를 확인한다.

2. 저장된 고장코드를 스캔툴을 이용하여 소거한다.

3. 고장판정조건중의 검출조건에 따라 차량을 주행한다.

4. 스캔툴로 자기 진단을 실시하여 고장 코드가 발생되었는지 확인한다.

5. 고장 코드가 발생되는가 ?

   YES

   ▶ 해당되는 고장 코드 수리 절차로 이동한다.

   NO

   ▶ 고장 수리가 완료되어 시스템이 정상적으로 작동한다.

자동변속기

구성부품(1)

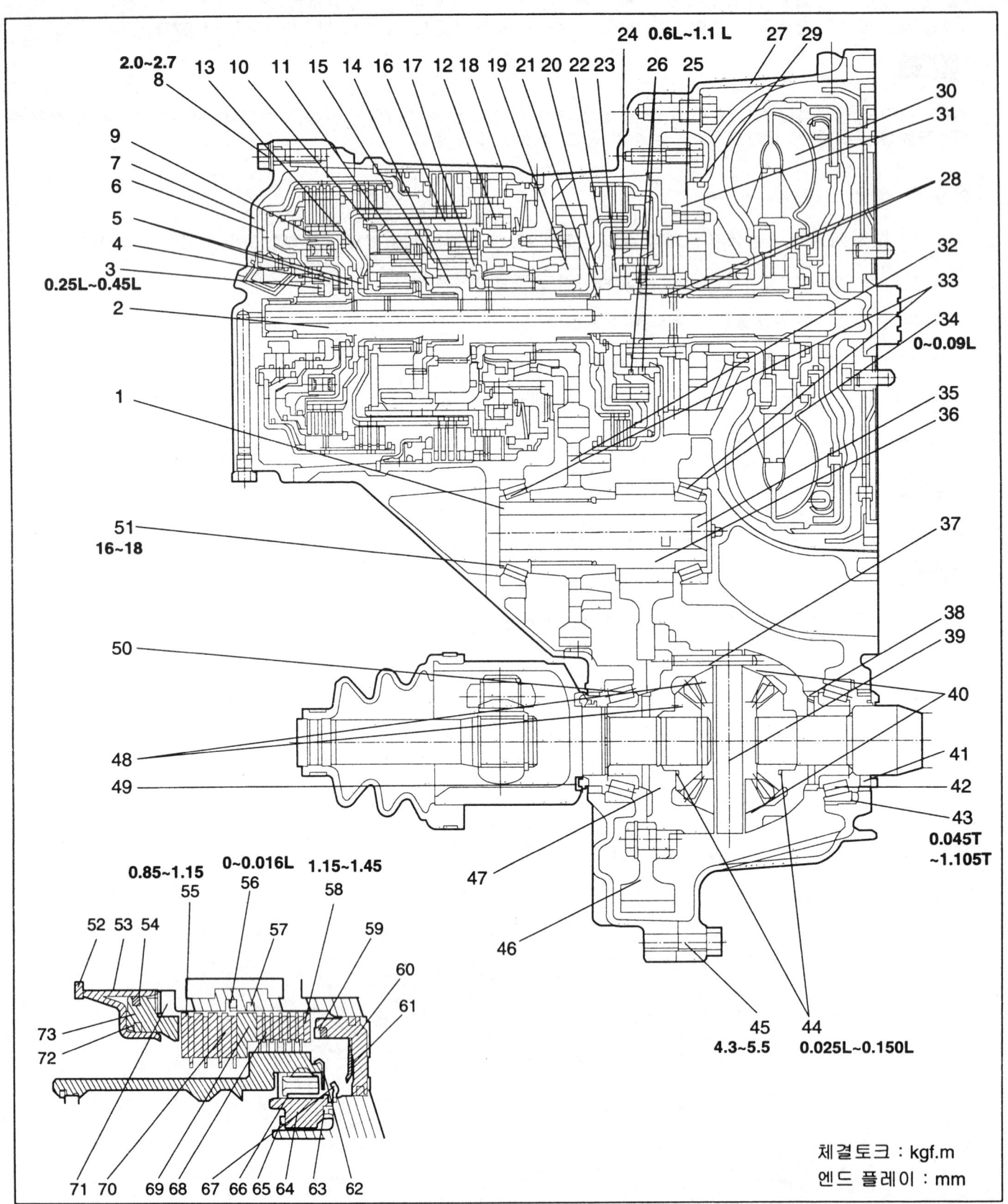

체결토크 : kgf.m
엔드 플레이 : mm

자동변속기

1. 아웃풋 샤프트 셀렉션
2. 인풋 샤프트
3. 스러스트 레이스
4. 스러스트 베어링
5. 스러스트 베어링
6. 리버스 & 오버 드라이브(REV. & O/D) 클러치 어셈블리
7. 오버 드라이브(O/D) 클러치 허브
8. 리어커버 볼트
9. 리어 커버 어셈블리
10. 스냅 링
11. 스러스트 베어링
12. 원웨이 클러치
13. 리버스 선 기어 어셈블리
14. 언더 드라이브(U/D) 선 기어 어셈블리
15. 오버 드라이브(O/D) 플레네타리 기어
16. 로우 & 리버스 애뉼러스 기어 어셈블리
17. 아웃 플레네타리 캐리어 어셈블리
18. 트랜스미션 케이스
19. 트랜스퍼 드라이브 기어 세트
20. 스러스트 베어링
21. 스냅 링
22. 포워드 클러치 허브
23. 포워드 클러치 어셈블리
24. 스러스트 와셔 세트
25. 오일 펌프 가스켓
26. 실 링
27. 컨버터 하우징
28. 실 링
29. O-링
30. 토크 컨버터 어셈블리
31. 오일 펌프 어셈블리
32. 트랜스퍼 드라이븐 기어 세트
33. 테이퍼 롤러 베어링
34. 아웃풋 스페이서 세트
35. 실링 캡
36. 실 캡
37. 록 핀
38. 스피도미터 기어
39. 피니언 샤프트
40. 와셔
41. 오일 실
42. 테이퍼 롤러 베어링
43. 프론트 디퍼렌셜 스페이서 세트
44. 디퍼렌셜 기어 스페이서 세트
45. 윤활유 파이프
46. 디퍼렌셜 드라이브 기어 셀렉션
47. 디퍼렌셜 케이스
48. 디퍼렌셜 기어 세트
49. 오일 실
50. 테이퍼 롤러 베어링
51. 록킹 너트(M33)
52. 스냅 링
53. 세컨드 브레이크 리테이너
54. D-링
55. 브레이크 프레셔 플레이트 세트
56. 스냅 링
57. 스냅 링
58. 브레이크 프레셔 플레이트 세트
59. 웨이브 스프링
60. 로우 & 리버스 브레이크 피스톤
61. 로우 & 리버스 리턴 스프링
62. 스톱퍼 플레이트
63. O-링
64. 원웨이 클러치 인너 레이스
65. 스냅 링
66. 원웨이 클러치
67. 브레이크 스프링 리테이너
68. 브레이크 디스크 세트
69. 브레이크 리액션 플레이트
70. 브레이크 디스크 세트
71. 세컨드 브레이크 리턴 스프링
72. D-링
73. 세컨드 브레이크 피스톤

AKGF001B

자동변속기 (A4CF2)

구성부품(2)

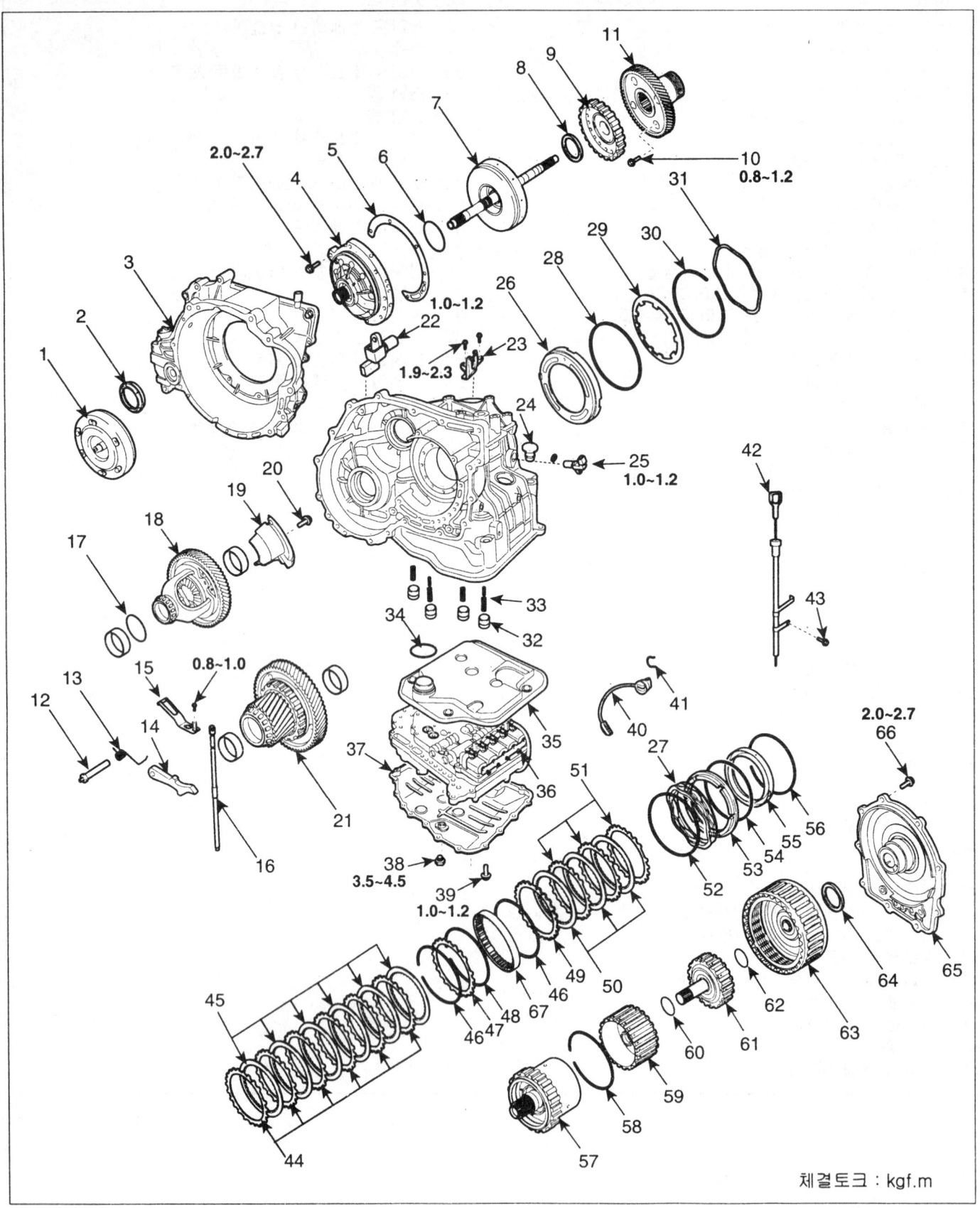

체결토크 : kgf.m

자동변속기

1. 토크 컨버터
2. 디퍼렌셜 오일씰
3. 트랜스미션 하우징
4. 오일펌프
5. 오일펌프 가스켓
6. 스러스트 와셔
7. 언더 드라이브 클러치
8. 스러스트 베어링
9. 언더 드라이브 클러치 허브
10. 트랜스퍼 드라이브 기어 장착 볼트
11. 트랜스퍼 드라이브 기어
12. 파킹 스프래그 샤프트
13. 스프래그 스프링
14. 파킹 스프래그
15. 디텐트 스프링
16. 매뉴얼 컨트롤 샤프트
17. 스페이서
18. 디퍼렌셜
19. 오일 세퍼레이트
20. 오일 세퍼레이트 장착 볼트
21. 트랜스퍼 드리븐 기어
22. 출력축 속도센서
23. 쉬프트 케이블 브라켓
24. 플러그
25. 입력축 속도센서
26. 로우 & 리버스 브레이크 피스톤
27. 로우 & 리버스 브레이크 리턴 스프링
28. 로우 & 리버스 브레이크 스프링 리테이너
29. 리턴 스프링
30. 스냅링
31. 웨이브 스프링
32. 어큐뮬레이터 피스톤
33. 코일 스프링
34. O-링
35. 오일 필터
36. 밸브 바디
37. 오일팬
38. 드레인 플러그
39. 밸브 바디 커버 볼트
40. 밸브 바디 커넥터
41. 밸브 바디 커넥터 고정 클립
42. 오일 레벨 게이지
43. 오일 레벨 게이지 브라켓 볼트
44. 로우 & 리버스 프레슈어 플레이트
45. 로우 & 리버스 브레이크 디스크
46. 스냅링
47. 리액션 플레이트
48. 스냅링
49. 리액션 플레이트
50. 세컨드 브레이크 디스크
51. 세컨드 브레이크 프레슈어 플레이트
52. 스냅링
53. 세컨드 브레이크 리테이너
54. D-링
55. 세컨드 브레이크 피스톤
56. D-링
57. 로우 & 리버스 유성기어 세트
58. 스냅링
59. 리버스 선 기어
60. 스러스트 베어링
61. 오버 드라이브 허브
62. 스러스트 베어링
63. 리버스 & 오버드라이브 클러치
64. 스러스트 베어링
65. 리어 커버
66. 리어 커버 볼트
67. 원웨이 클러치 인너 레이스

탈거 KA3008CF

> ⚠️ **주의**
> - 차체 도장부의 손상을 방지하기 위해 펜더 커버를 사용한다.
> - 커넥터가 손상되지 않도록 주의하여 탈거한다.

> 📖 **참고**
> - 배선 및 호스의 잘못된 연결을 방지하기 위해 표시를 해 둔다.

1. 배터리(A)를 탈거한다.

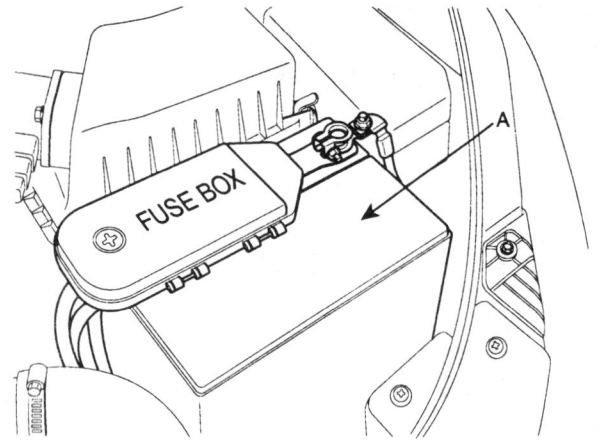

2. 흡기 에어호스 및 에어 클리너 어셈블리를 탈거한다.

    1) 에어 플로우 센서(AFS) 커넥터(A)를 탈거한다.

    2) 에어 클리너 어퍼 커버(B)를 탈거한다.

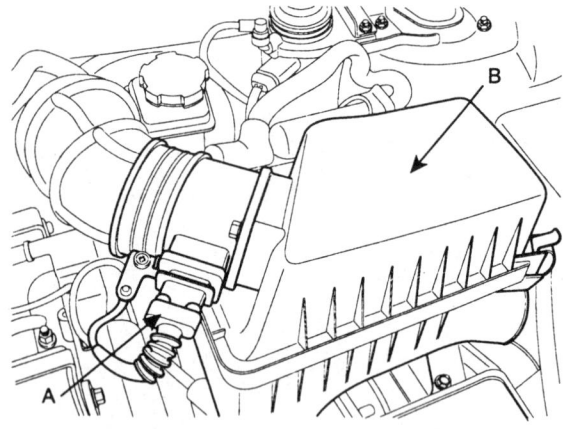

    3) ECM 커넥터(A)와 ECM 커넥터(B)를 탈거한다.

    4) 에어클리너 엘리먼트와 로워 커버(C)를 탈거한다.

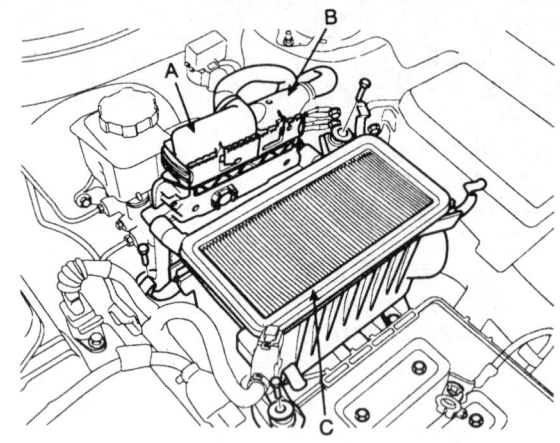

    5) 에어 인테이크 호스(A)를 탈거한다.

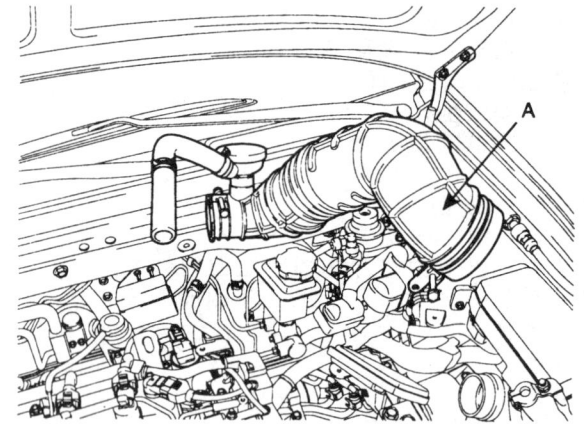

3. 배터리 트레이(A)를 탈거한다.

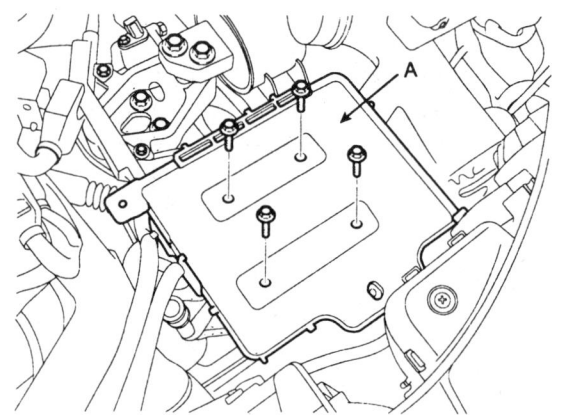

자동변속기

4. 인터쿨러 어퍼 호스(A)를 탈거한다.

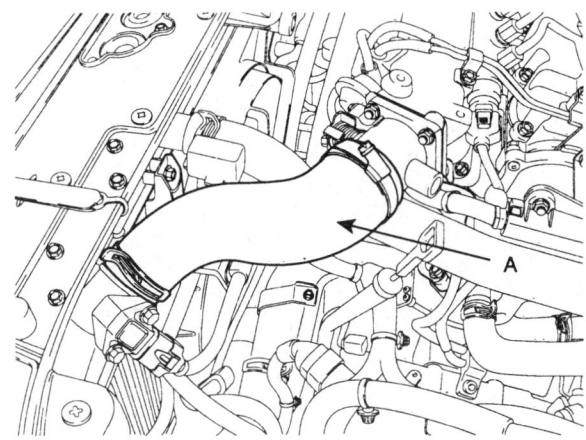

5. 인터쿨러 로워 호스(A)와 ATF 오일 쿨러 호스(B)를 탈거한다.

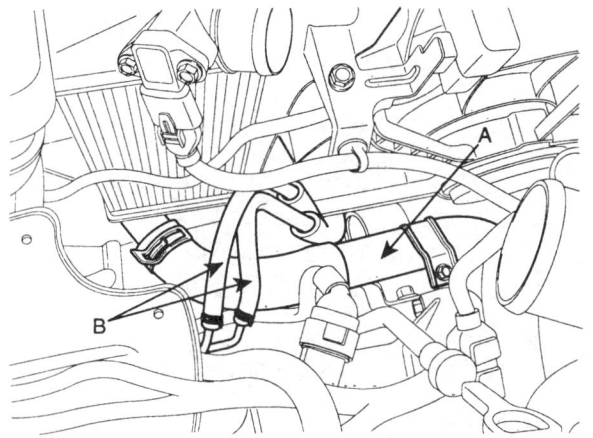

6. 연료 호스 고정 브라켓 볼트(A)를 푼 후 연료 호스를 변속기에서 분리한다.

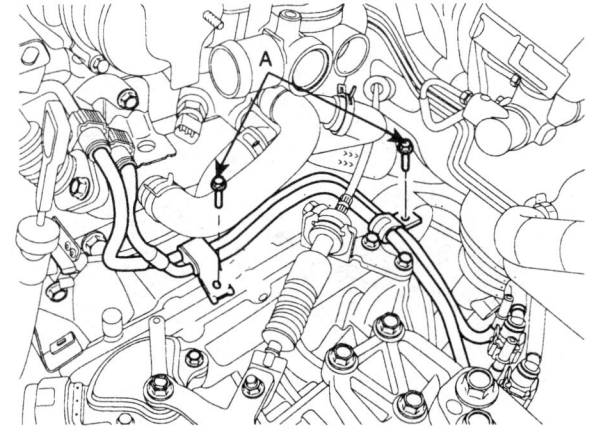

7. 트랜스액슬(A/T)로 부터 배선 커넥터 및 컨트롤 케이블을 탈거한다.

   1) 인히비터 스위치 커넥터(A)를 탈거한다.

   2) 크랭크 샤프트 포지션 커넥터(B)를 탈거한다.

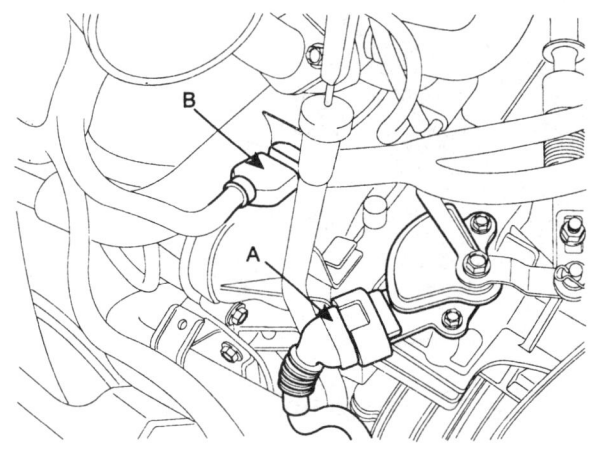

   3) 출력축 속도센서 커넥터(A)를 탈거한다.

   체결토크: 0.6~0.8kgf.m

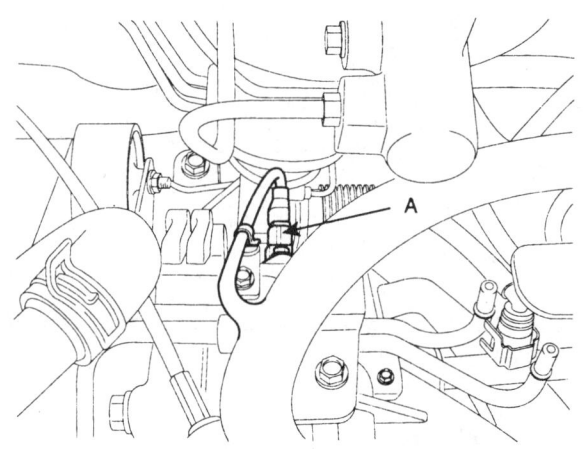

   4) 솔레노이드 밸브 커넥터(A)를 탈거한다.

   5) 입력축 속도 센서 커넥터(B)를 탈거한다.

   체결토크: 0.6~0.8Kgf.m

6) 트랜스 액슬과 차체 사이의 접지 케이블(C)을 탈거한다.

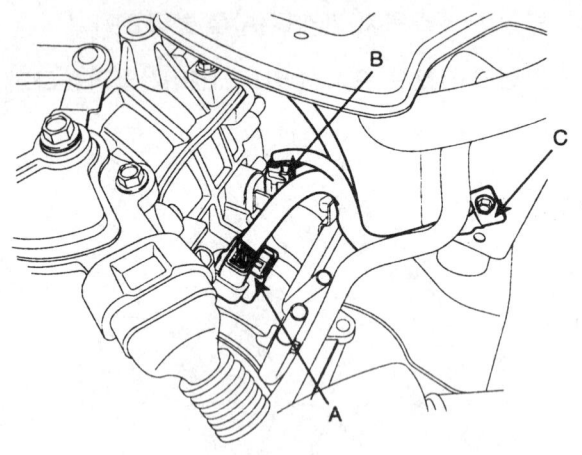

7) 트랜스 액슬 컨트롤 케이블(A)을 탈거한다.

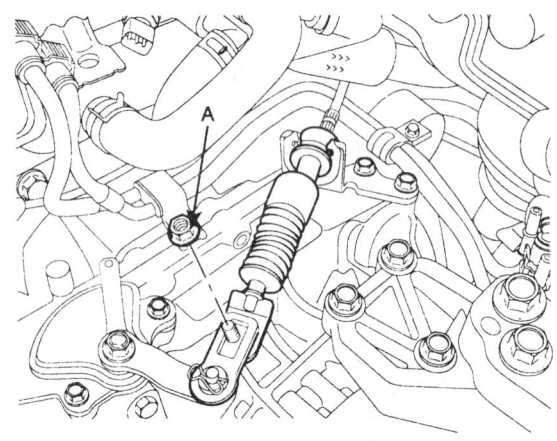

8. 파워 스티어링 오일호스(A)를 탈거하고, 파워 스티어링 오일을 배출시킨다.

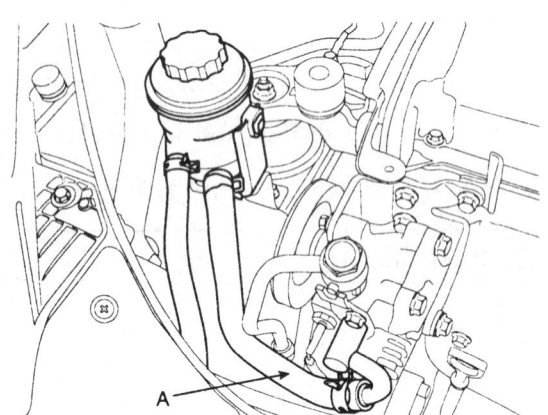

9. 파워 스티어링 리턴호스(A)를 탈거한다.

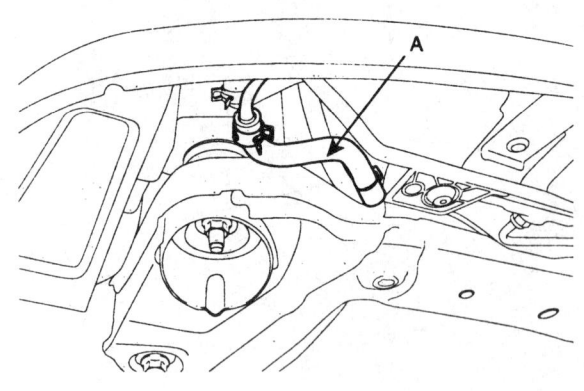

10. 특수공구(09200-38001)를 설치하고 엔진 서포트 픽쳐와 어뎁터를 장착한다.

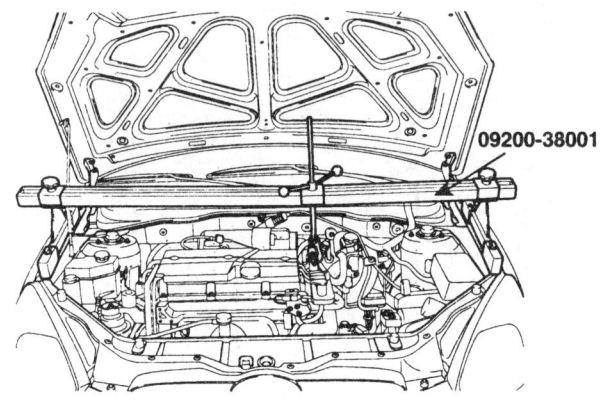

11. 스타터 모더 마운팅 볼트(A)를 탈거한다.(2개)

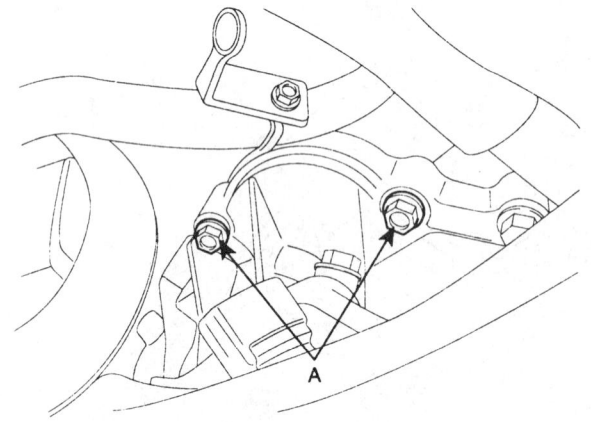

12. 트랜스액슬 어퍼 마운팅 볼트(A)를 탈거한다.(2개)

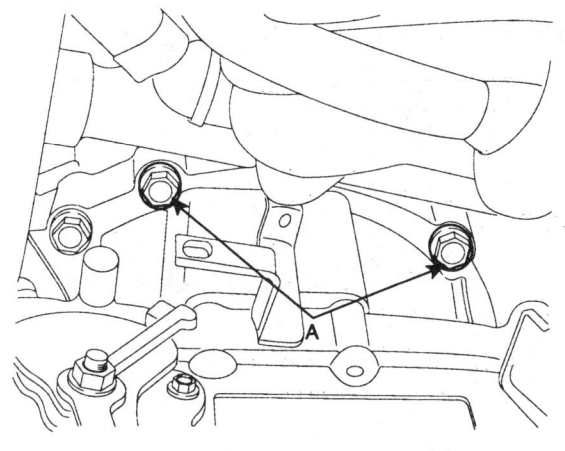

13. 스티어링 U-조인트 장착 볼트(A)를 탈거한다.

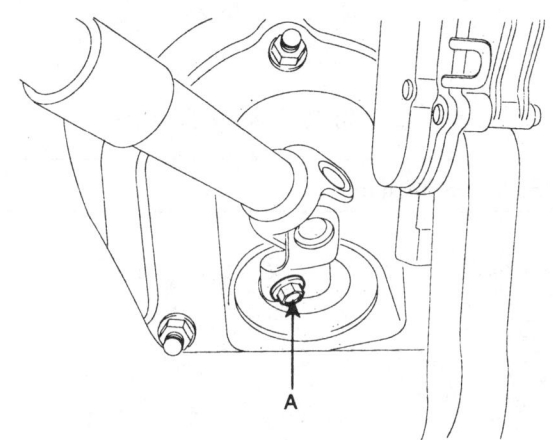

14. 트랜스액스 마운팅 서포트 브라켓(A)를 탈거한다.

체결토크: 볼트 (B) : 7.0 ~ 9.5 kgf.m

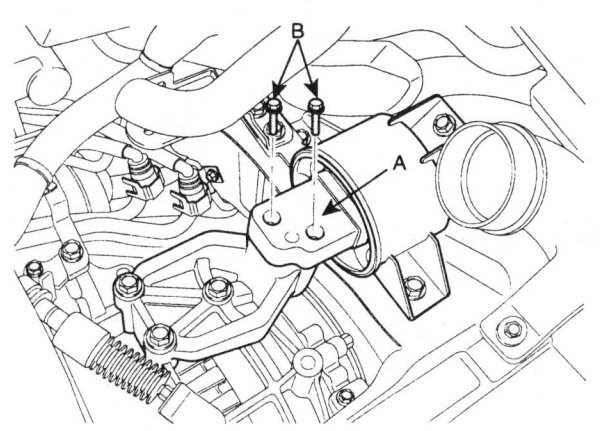

15. 언더커버(A)를 탈거한다.

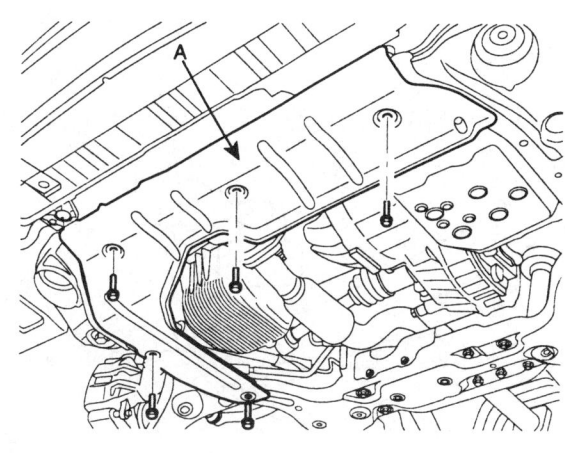

16. 사이드 커버(A)를 탈거한다.

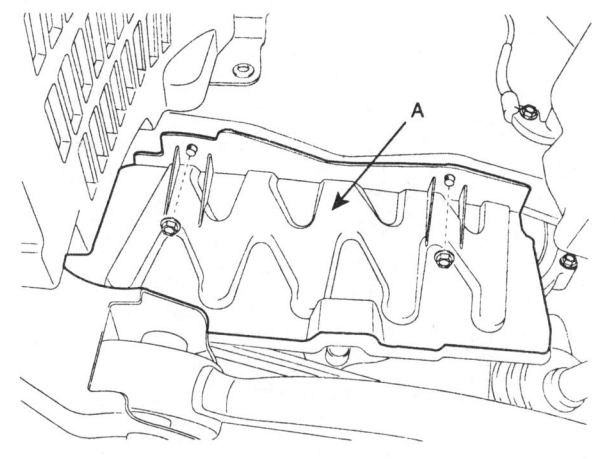

17. 차량을 들어 올린다.

18. 프론트 타이어를 탈거한다.

19. 드레인 플러그(A)를 푼 다음 ATF 오일을 빼낸다.

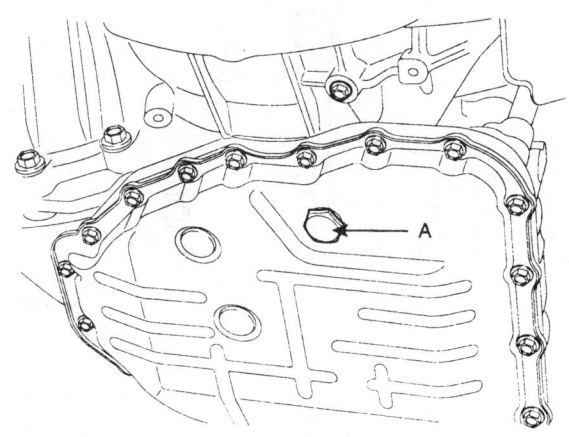

20. 타이로드 엔드 핀(B)와 너트(C)를 제거한 후 타이로드 엔드(A)를 분리한다.

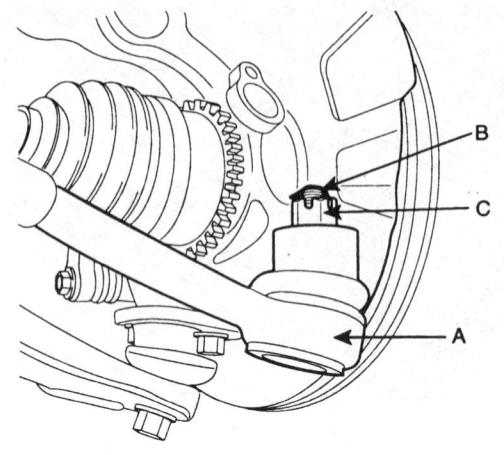

21. 너클에서 로어암 고정볼트(A)를 탈거한다.(볼트2개)

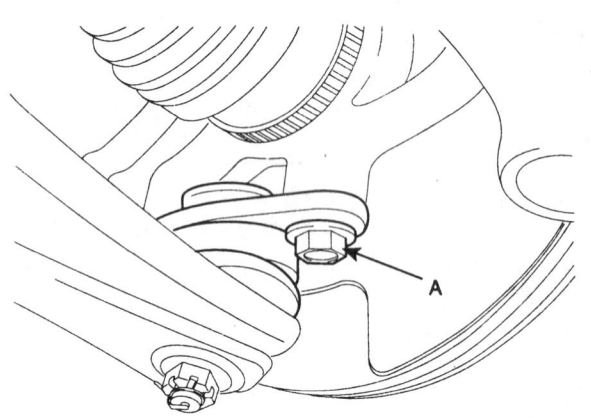

22. 스테빌라이저 컨트롤 링크 너트(A)를 탈거한다.

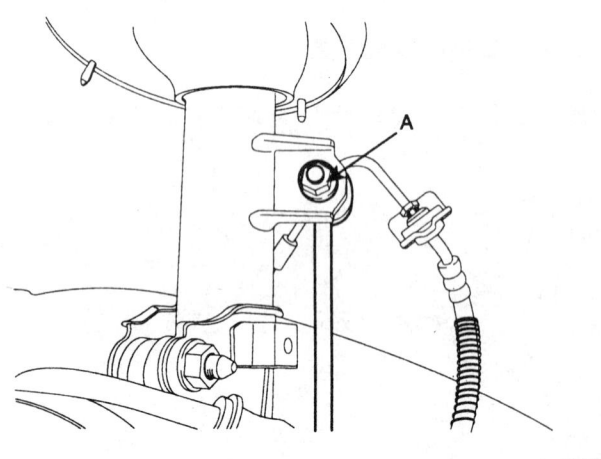

23. 트랜스액슬에서 드라이브 샤프트를 탈거한다. (DS 그룹참조)

24. 프론트 롤 스톱퍼 마운팅 볼트(A)를 탈거한다.

체결토크:5.0~6.5Kgf.m

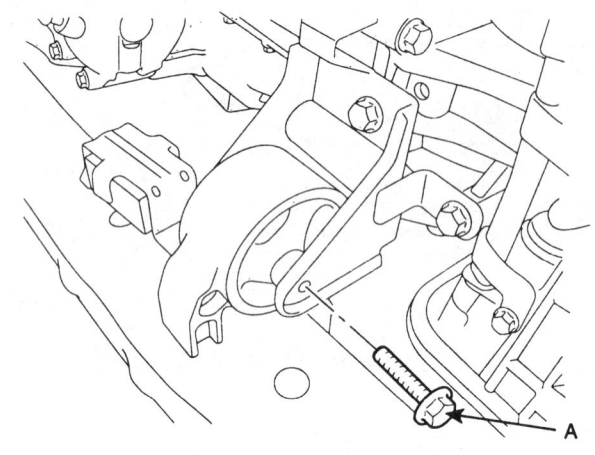

25. 리어 롤 스톱퍼 마운팅 볼트(A)를 탈거한다.

체결토크:5.0~6.5Kgf.m

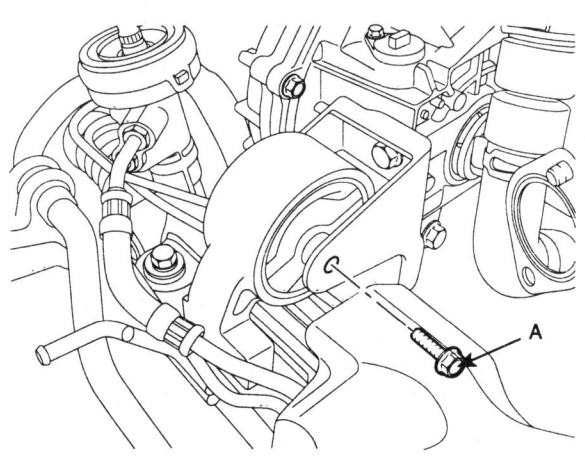

26. 인터쿨러 로워 호스(A)를 탈거한다.

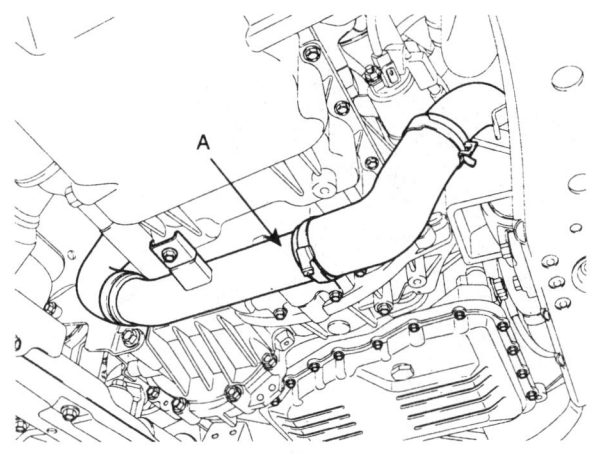

27. 배기 파이프 마운팅 러버(A)를 서브 프레임으로부터 탈거한다.

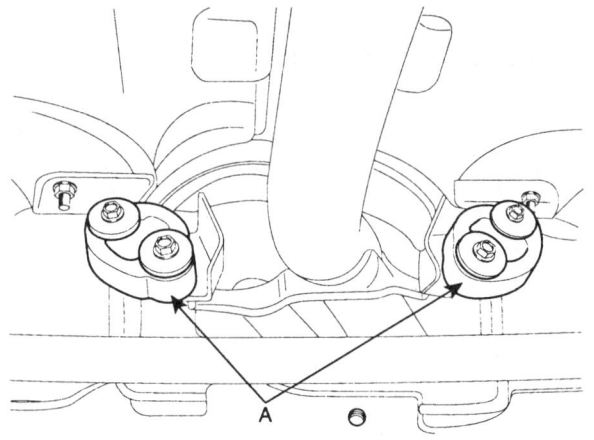

28. 플로워 잭을 이용하여 엔진 및 트랜스액슬 어셈블리를 지지한다.

참고

서브 프레임 장착볼트를 탈거한 후에 트랜스 액슬 어셈블리가 아래로 떨어질수 있으므로 플로워 잭으로 안전하게 지지한다. 트랜스 액슬 어셈블리를 탈거하기 전에 호스 및 커넥터가 확실히 탈거 되었는지 확인한다.

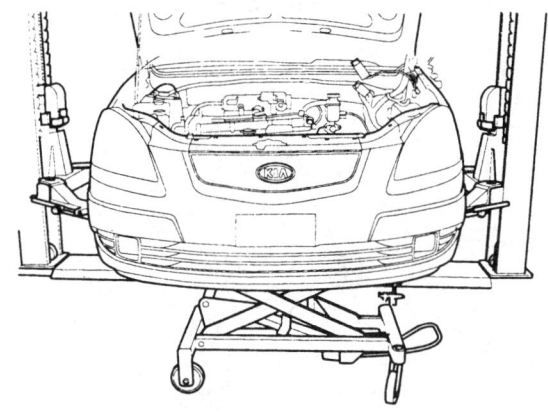

29. 서브프레임 볼트와 너트를 탈거한다.

체결토크:
볼트(A): 4.0~5.5kgf.m
너트(B): 16.0~18.0kgf.m

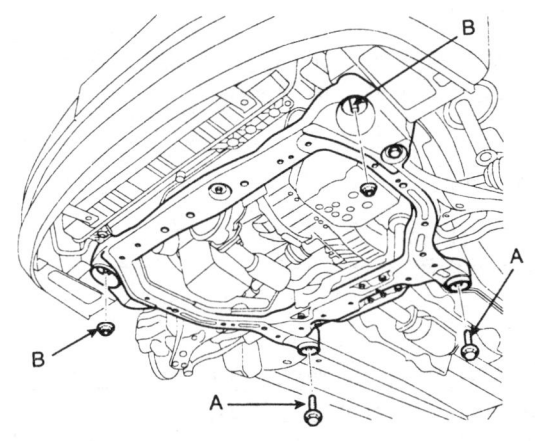

30. 토크 컨버터 가이드(A)를 탈거한다.

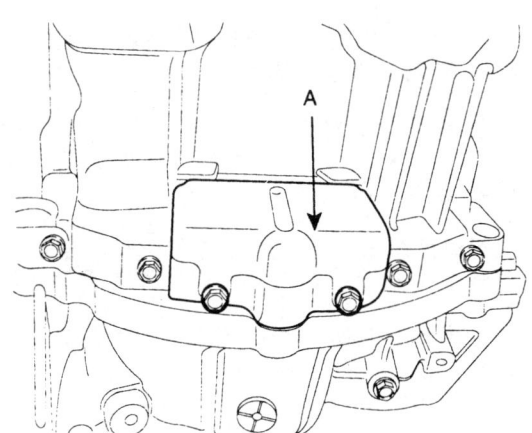

31. 토크 컨버터 마운팅 볼트(A)를 탈거한다.(6개)

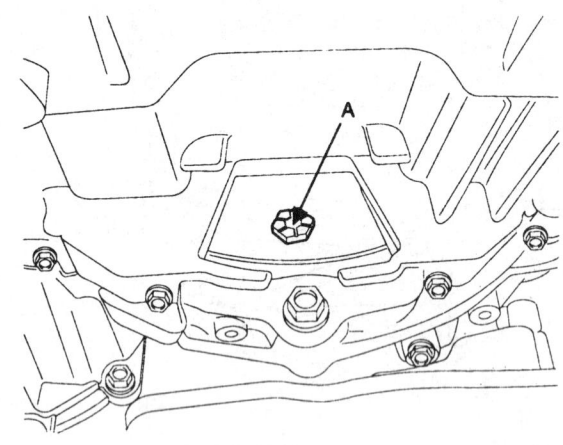

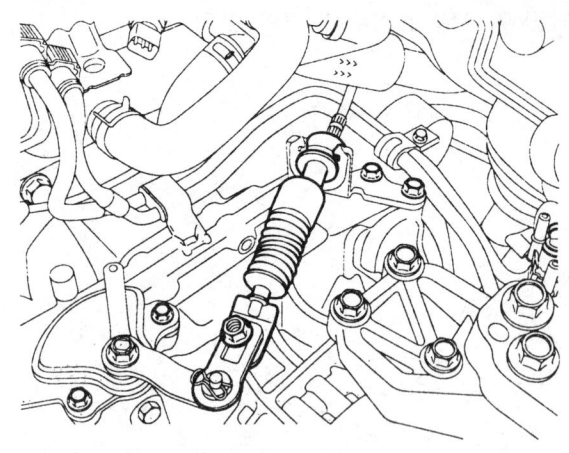

32. 트랜스액슬 로어 마운팅 볼트를 탈거한다.

33. 차량을 들어 올리면서 트랜스 액슬 어셈블리를 차상에서 탈거한다.

⚠ 주의

엔진 및 트랜스액슬 어셈블리 탈거시 기타 주변장치에 손상이 가지 않도록 주의한다.

장착 KBDDD976

1. 토크 컨버터를 트랜스액슬 쪽에 장착하고, 엔진상에 트랜스액슬을 결합시킨다.

⚠ 주의

만일 토크 컨버터가 엔진에 먼저 장착된다면 트랜스액슬 상에 오일 씰이 손상을 입을 수 있다. 그러므로 트랜스액슬에 먼저 토크 컨버터를 조립해야 한다.

2. 트랜스액슬 컨트롤 케이블을 장착하고 다음과 같이 조정한다.

    1) 변속레버와 인히비터 스위치를 "N" 위치로 놓고, 컨트롤 케이블을 장착한다.

    2) 컨트롤 케이블을 트랜스액슬에 장착할 때 클립이 그림에서 보는 것처럼 컨트롤 케이블과 접촉되게 장착한다.

    3) 조정너트를 조정하여 컨트롤 케이블을 당긴 후에 선택레버가 부드럽게 움직이는가를 점검한다.

    4) 컨트롤 케이블이 정확히 조정되었는가를 점검한다.

3. 다른 부분은 탈거의 역순으로 진행한다.

장착이 완료 되면 다음 작업을 수행한다.
- 변속 케이블을 조정한다.
- 변속기 오일을 주입한다.
- 배터리 터미널과 케이블 터미널을 샌드 페이퍼로 청소한 후 조립하고 부식 방지를 위해 그리스를 도포한다.

자동변속기 컨트롤 시스템

솔레노이드 밸브

개요 KC13B42D

각종 센서로부터 전달된 정보를 이용하여 TCM에서 최적 조건을 연산하고, 그 정보를 유압 솔레노이드 밸브에 전달하면 구동신호에 따른 솔레노이드 밸브의 작동에 의하여 밸브 바디내의 각종 레귤레이터 밸브를 제어하여 유로를 변경함으로써 자동 변속 및 라인압을 제어한다.

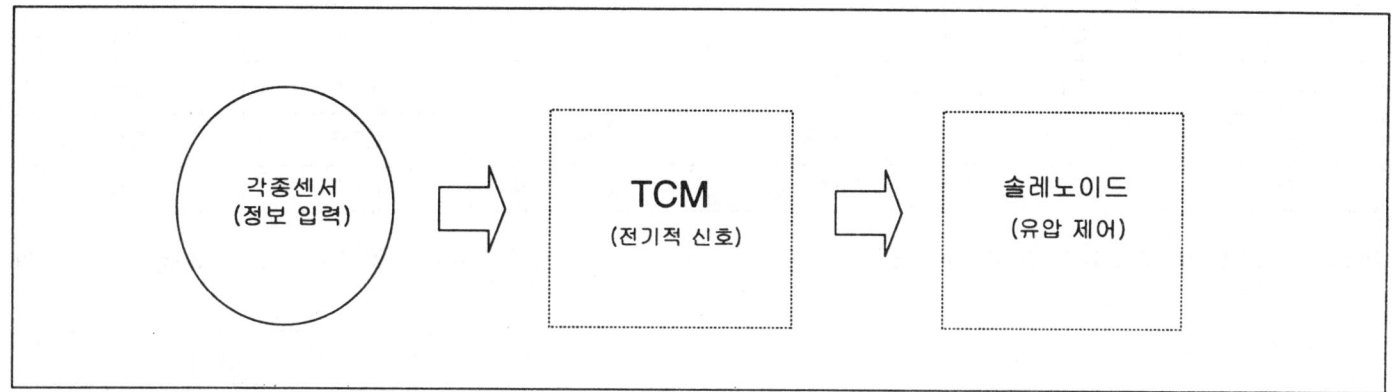

● PWM (Pluse Width Modulation) 솔레노이드 밸브

구성 및 세부 기능

5개의 솔레노이드 밸브로 구성되어 있으며 TCM로부터의 구동신호를 전기적인 듀티량으로 받아 솔레노이드 밸브 내에서 유압량으로 바꾸어 준다. 밸브바디 및 토크 컨버터에서 유압으로 댐퍼 클러치 작동, 해방을 시키거나 각 단에서 작동하는 클러치 및 브레이크로 작동유압을 보내고 변속시 작동하는 클러치 및 브레이크의 유압세기를 조절하여 충격을 완화한다.

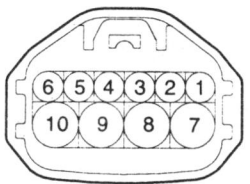

E06

1. PCSV-A (OD & LR)
2. PCSV-B (2-4 브레이크)
3. ON-OFF 솔레노이드
4. PCSV-D (DCC 솔레노이드)
7. 접지
8. PCSV-C (UD)
9. VFS
10. VFS 접지

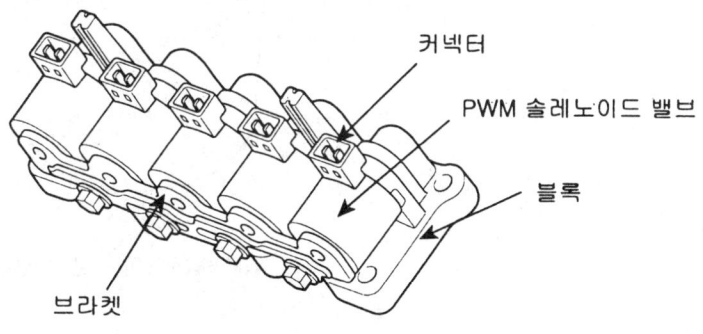

<PWM 블록 어셈블리 구성 및 각부의 명칭>

PWM (PLUSE WIDTH MODULATION) 솔레노이드 작동

변속단	PWM 솔레노이드 밸브				
	PCSV-A (SCSV-B)	PCSV-B (SCSV-C)	PCSV-C (SCSV-D)	PCSV-D (TCC SV)	ON, OFF (SCSV-A)
N, P	OFF	ON	ON	OFF	ON
1속	ON	ON	OFF	OFF	ON
2속	ON	OFF	OFF	ON	OFF
3속	OFF	ON	OFF	ON	OFF
4속	OFF	OFF	ON	ON	OFF
후진	OFF	OFF	ON	OFF	ON
LOW	OFF	ON	OFF	OFF	ON

PWM (PLUSE WIDTH MODULATION) 솔레노이드 밸브 제어 특성

제어 특성으로는 듀티비에 따라서 0 ~ 4.3 kgf/cm²를 선형적으로 제어한다.

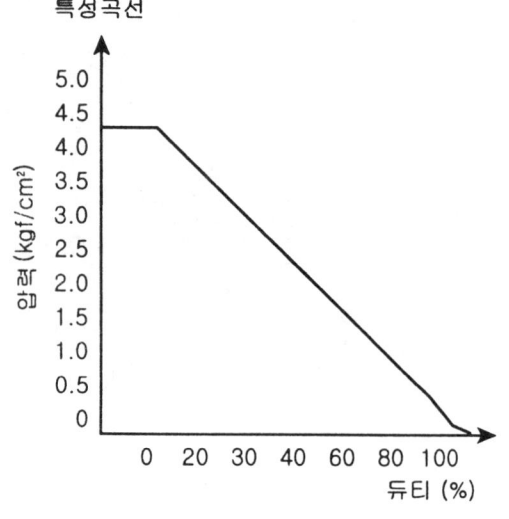

<PWM 솔레노이드 밸브 성능 곡선>

AKGF029D

형식	내용
타입	3way & Normal High
입력 저항	12V
코일 저항	3.2±0.2Ω
진폭	50HZ

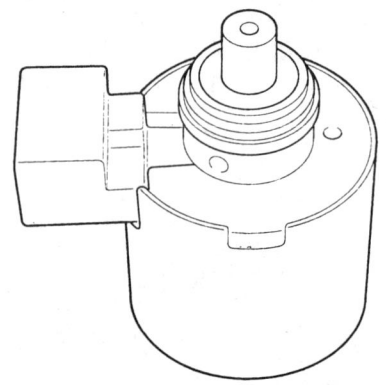

<PWM 솔레노이드 밸브 형상>

AKGF029H

자동변속기 컨트롤 시스템

탈거 K99D7CEC

1. 배터리 터미널을 탈거한다.
2. 차량을 들어올린다.
3. 언더커버를 탈거한다.
4. 드레인 플러그를 풀고 트랜스액슬 오일을 빼낸다.
5. 오일팬을 탈거한다.
6. 오일필터를 탈거한다.
7. 밸브바디를 탈거한다.
8. 메인 하니스(A)를 밸브바디로부터 분리한다.

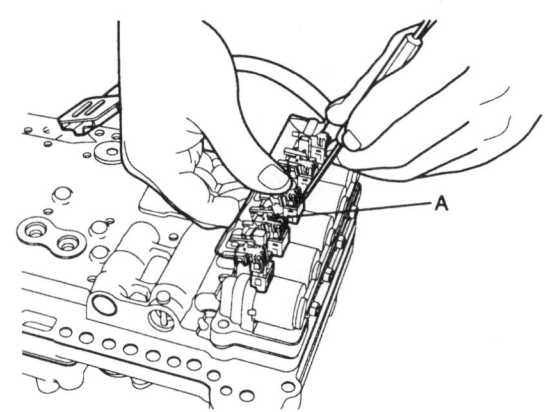

AKGF014B

9. 솔레노이드 밸브 어셈블리(A)를 탈거한다.

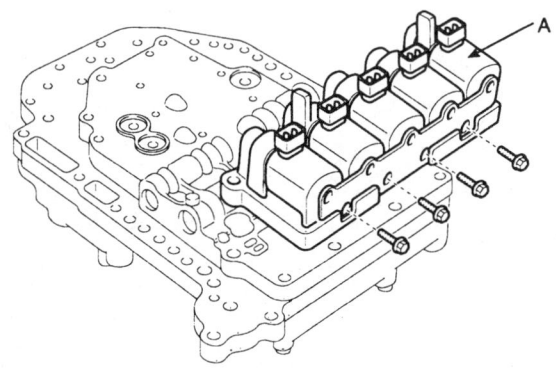

AKGF014C

장착 KFDDC4CF

1. 솔레노이드 밸브를 장착한다.

⚠ 주의

O-링에 ATF 또는 백색 바세린을 도포하고 손상되지 않도록 조립한다.

2. 솔레노이드 커넥터를 밸브바디에 장착한다.

⚠ 주의

솔레노이드 밸브 커넥터 장착시, 커넥터의 전체적인 상태(헐거움,접촉 불량,부식,오염,다른 커넥터와의 간섭, 파손등)를 확인한 후 장착한다.

3. 밸브바디를 장착한다.

체결토크 : 1.0~1.2kgf.m

4. 오일필터를 장착한다.

체결토크 : 1.0~1.2kgf.m

5. 오일팬에 액상 가스켓을 2.5mm의 굵기로 그림과 같이 끊김없이 도포한다.

액상 가스켓 기준 실러트 쓰리본드: 1281B

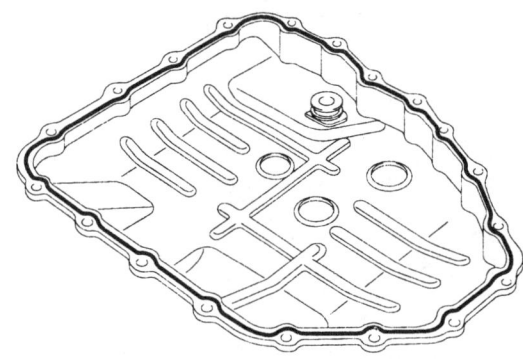

AKGF006T

6. 오일팬을 끼운 후 장착볼트를 체결토크로 체결한다.

체결토크 : 1.0~1.2kgf.m

7. 드레인 플러그를 장착한다.

체결토크 : 3.5~4.5kgf.m

8. 탈거의 역순으로 장착한다.

VFS(VARIABLE FORCE SOLENOID) 밸브

개요 KCB768CF

레귤레이터 밸브를 제어하여 전 THROTTLE 및 전 변속단에서 라인압을 4.5~10.5bar 까지 가변시킨다. 케이스 상측에 홀더가 조립되어 있으며, 홀더 외곽 2개소에 이물질의 유입을 막기 위한 필터가 위치하고 있다.

인가전류에 따라서 0 ~ 4.3 kgf/cm² 를 선형적으로 제어하는 것을 알 수 있음.

형식	내용
타입	3way & Normal High
입력 저항	12V
코일 저항	3.5 ± 0.2 Ω
작동 전류	0 ~ 1200 mA
진폭	50HZ

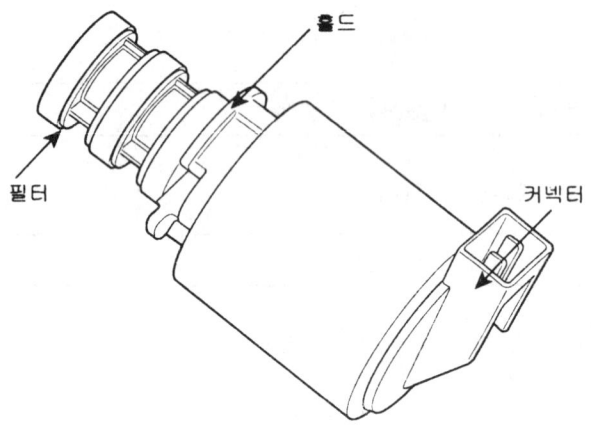

<VFS의 구성 및 각부의 명칭>

VFS (VARIABLE FORCE SOLENOID) 밸브 제어 특성

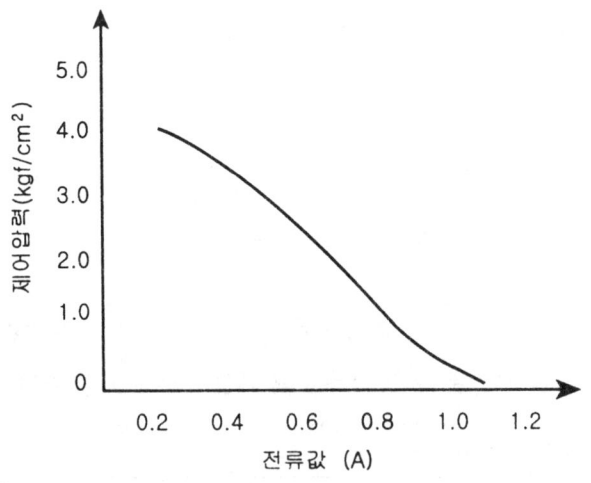

<VFS 솔레노이드 밸브 성능 곡선>

자동변속기 컨트롤 시스템

탈거 K1A729F3

1. 배터리 터미널을 탈거한다.
2. 차량을 들어올린다.
3. 언더커버를 탈거한다.
4. 드레인 플러그를 풀고 트랜스액슬 오일을 빼낸다.
5. 오일팬을 탈거한다.
6. 오일필터를 탈거한다.
7. 밸브바디를 탈거한다.
8. VFS 솔레노이드 밸브 커넥터(A)를 밸브바디로부터 분리한다.

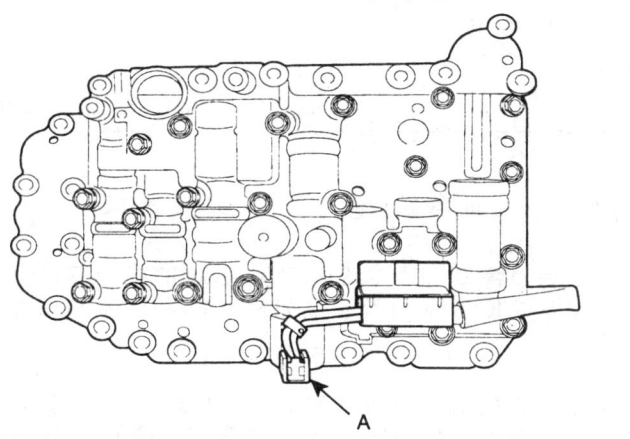
AKGF036E

9. 솔레노이드 밸브 어셈블리를 탈거한다.

장착 KC21C2B5

1. 솔레노이드 밸브를 장착한다.

   ⚠ 주의

   O-링에 ATF 또는 백색 바세린을 도포하고 손상되지 않도록 조립한다.

2. 솔레노이드 커넥터를 밸브바디에 장착한다.

   ⚠ 주의

   솔레노이드 밸브 커넥터 장착시, 커넥터의 전체적인 상태(헐거움,접촉 불량,부식,오염,다른 커넥터와의 간섭, 파손등)를 확인한 후 장착한다.

3. 밸브바디를 장착한다.

   체결토크 : 1.0~1.2kgf.m

4. 오일필터를 장착한다.

   체결토크 : 0.5~0.7kgf.m

5. 오일팬에 액상 가스켓을 2.5mm의 굵기로 그림과 같이 끊김없이 도포한다.

   액상 가스켓 기준 실러트 쓰리본드: 1281B

6. 오일팬을 끼운 후 장착볼트를 체결토크로 체결한다.

   체결토크 : 1.0~1.2kgf.m

7. 드레인 플러그를 장착한다.

   체결토크 : 3.5~4.5kgf.m

8. 탈거의 역순으로 장착한다.

입력축 속도 센서

개요

센서 형식	1. 형식 : 홀 센서(HALL SENSOR) 2. 정격 전압 : DC 12V 3. 소비 전류 : 22mA (Max)
기능	1. 입력축 속도센서 : 변속시 유압 제어를 위해 입력축 회전수를 OD & REV 리테이너부에서 검출 2. 피드백 제어, 클러치-클러치 제어, 댐퍼 클러치 제어, 변속단 제어 동기 어긋남 제어, 기타 센서 고장 판정 기준 신호로써 이용된다.
커넥터	E38 1. 접지 2. 전원 3. 입력

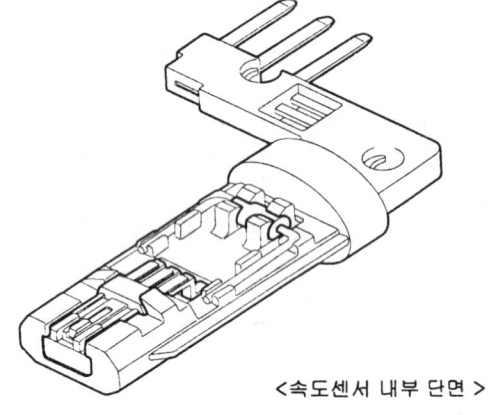

<속도센서 내부 단면>

입력축 속도 센서 작동 원리

1. Hall 효과를 이용한 2개의 감지 소자 IC를 사용하고 이 2개의 IC뒤에 자석을 위치시켜 IC 주변에 자속을 형성 시킴.

2. IC 전면부에 강자성체인 기어가 회전하면 2개의 감지 소자에서 A, B모양의 신호가 출력되는데 이때 기어의 산이 지나면 파형도 HIGH로 골이 지나면 파형도 LOW된다.
A,B 파형을 IC내부에서 단일 파형으로 변조한다.

3. 변조된 아날로그 파형을 IC내부에서 디지털 파형으로 다시 변조한다.

입력축 속도 센서 점검 요령

항목	점검 항목	규정값
에어 갭	입력축 속도센서	1.3mm
절연 저항	입력축 속도센서	4 MΩ 이상
전압 측정	HIGH	4.8V 이상
	LOW	0.8V 이하

탈거

1. 배터리 터미널을 탈거한다.
2. 배터리와 배터리 트라이를 탈거한다.
3. 에어덕트를 탈거한다.
4. 에어클리너 어셈블리를 탈거한다. (자동변속기 탈거/장착 참조)
5. 입력축 속도센서 커넥터(A)를 탈거한다.

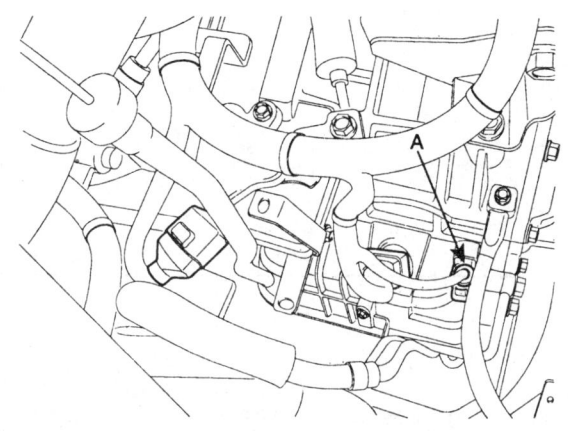

6. 입력축 속도센서(A)를 탈거한다.

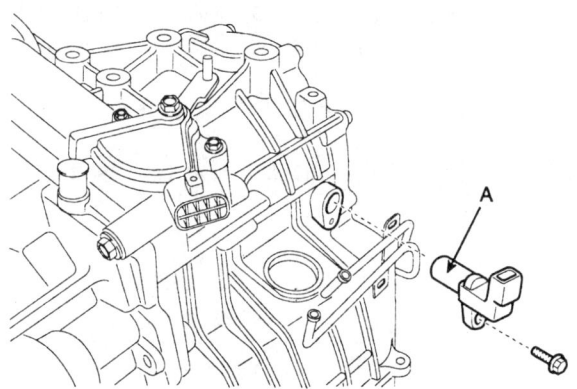

장착

1. 입력축 속도센서에 신 O-링을 장착한다.
2. 입력축 속도센서를 장착한다.

체결토크: 1.0~1.2kgf.m

⚠ 주의

입력축 속도센서 장착시 먼지나 불순물이 트랜스액슬 안으로 들어가지 않도록 한다.

3. 입력축 속도 커넥터를 점검한 후 입력축 속도 센서에 연결한다.
4. 탈거의 역순으로 장착한다.

출력축 속도 센서

개요

센서 형식	1. 형식 : 홀 센서(HALL SENSOR) 2. 정격 전압 : DC 12V 3. 소비 전류 : 22mA (Max)
기능	1. 출력축 속도센서 : 출력축 회전수 (T/F DRIVE GEAR RPM)을 T/F 드리븐 기어부에서 검출 2. 피드백 제어, 클러치-클러치 제어, 댐퍼 클러치 제어, 변속단 제어 동기 어긋남 제어, 기타 센서 고장 판정 기준 신호로써 이용된다.
커넥터	E46 1. 접지 2. 전원 3. 입력

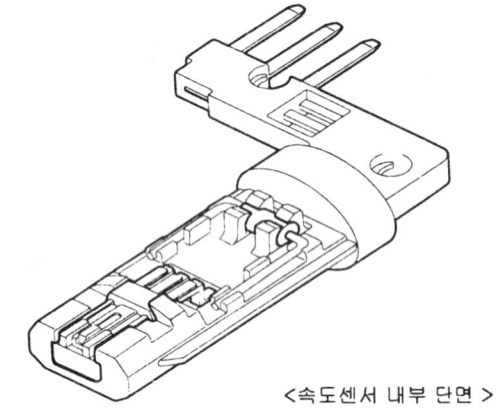

<속도센서 내부 단면>

출력축 속도 센서 작동 원리

1. Hall 효과를 이용한 2개의 감지 소자 IC를 사용하고 이 2개의 IC뒤에 자석을 위치시켜 IC 주변에 자속을 형성 시킴.

2. IC 전면부에 강자성체인 기어가 회전하면 2개의 감지 소자에서 A, B모양의 신호가 출력되는데 이때 기어의 산이 지나면 파형도 HIGH로 골이 지나면 파형도 LOW된다.
A,B 파형을 IC내부에서 단일 파형으로 변조한다.

3. 변조된 아날로그 파형을 IC내부에서 디지털 파형으로 다시 변조한다.

출력축 속도 센서 점검 요령

항목	점검 항목	규정값
에어 갭	출력축 속도센서	1.3mm
절연 저항	출력축 속도센서	4 MΩ 이상
전압 측정	HIGH	4.8V 이상
	LOW	0.8V 이하

자동변속기 컨트롤 시스템

탈거 K4C9B207

1. 배터리 터미널을 탈거한다.

2. 배터리와 배터리 트라이를 탈거한다.

3. 에어덕트를 탈거한다.

4. 에어클리너 어셈블리를 탈거한다. (자동변속기 탈거/장착 참조)

5. 출력축 속도센서 커넥터(A)를 탈거한다.

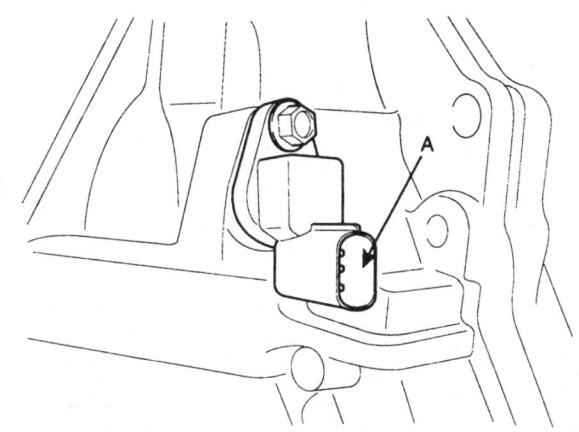

AKGF036B

6. 출력축 속도센서(A)를 탈거한다.

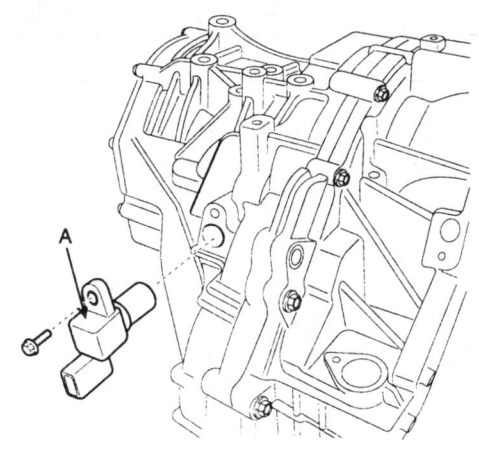

AKGF003K

장착 KB71F5FD

1. 출력축 속도센서에 신 O-링을 장착한다.

2. 출력축 속도센서를 장착한다.

체결토크: 1.0~1.2kgf.m

⚠ 주의

출력축 속도센서 장착시 먼지나 불순물이 트랜스액슬 안으로 들어가지 않도록 한다.

3. 출력축 속도 커넥터를 점검한 후 출력축 속도 센서에 연결한다.

4. 탈거의 역순으로 장착한다.

변속기 오일 온도 센서

개요 K4ECC8B2

센서 형식	1. 형식 : 더미스터(Thermister) 2. 사용 온도 : -40 ~ 160℃
기능 및 특징	1. 와이어 하니스 내에 장착되어 더미스터가 외부에 노출되어 있다. 2. ATF 온도를 더미스터로 검출하여 댐퍼 클러치 작동 및 비작동 영역을 검출한다. 3. 변속시 유압 제어 정보 등으로 사용한다.
커넥터	E06 5. 유온센서 입력 6. 접지

유온 센서 온도별 저항

온도(℃)	저항 값(KΩ)	전압 값(V)	온도(℃)	저항 값(KΩ)	전압 값(V)
-40	140.5	4.447	80	1.085	0.932
-20	47.95	4.207	100	0.63	0.591
0	18.6	3.725	120	0.385	0.381
20	8.05	2.996	140	0.25	0.255
40	3.85	2.176	160	0.16	0.166
60	1.975	1.453			

단품 형상 및 장착 위치

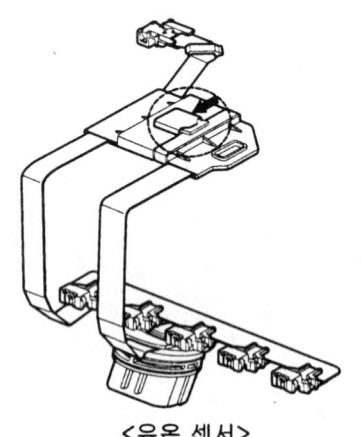

<유온 센서>

자동변속기 컨트롤 시스템

탈거

1. 배터리 터미널을 탈거한다.
2. 차량을 들어올린다.
3. 언더커버를 탈거한다.
4. 드레인 플러그(A)를 풀고 트랜스액슬 오일을 빼낸다.

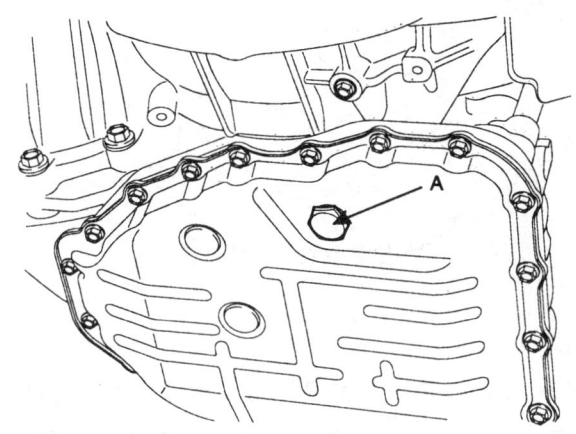

5. 오일팬(A)을 탈거한다.

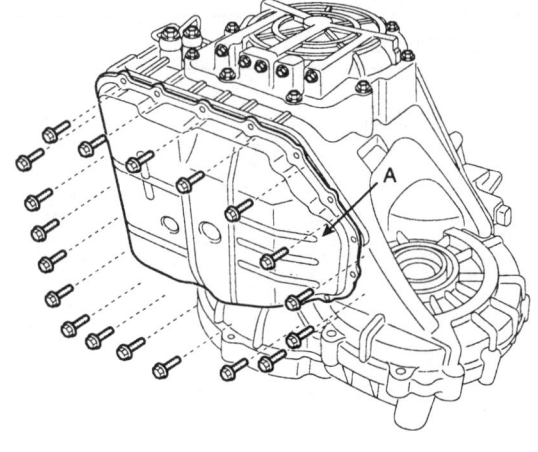

6. 오일필터(A)를 탈거한다.

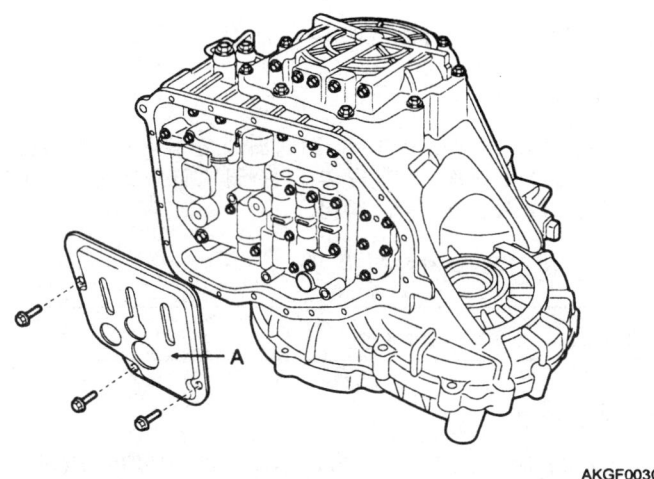

7. 밸브바디를 탈거한다.
8. 유온센서 커넥터(A)를 밸브바디로부터 분리한다.

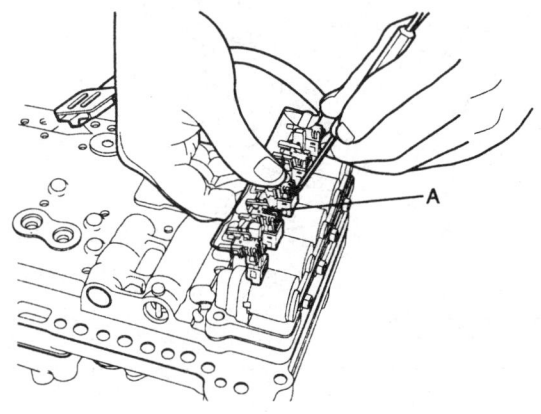

장착

1. 유온센서 커넥터를 밸브바디에 장착한다.

   ⚠️ 주의

   유온센서 커넥터 장착시, 커넥터의 전체적인 상태(헐거움, 접촉 불량, 부식, 오염, 다른 커넥터와의 간섭, 파손등)를 확인한 후 장착한다.

2. 밸브바디를 장착한다.

   체결토크 : 1.0~1.2kgf.m

   📖 참고

   6X30mm(A): 17개, 6X35mm(B): 1개, 6X40mm(C): 1개, 6X55mm(D): 1개, 6X60mm(E): 1개

   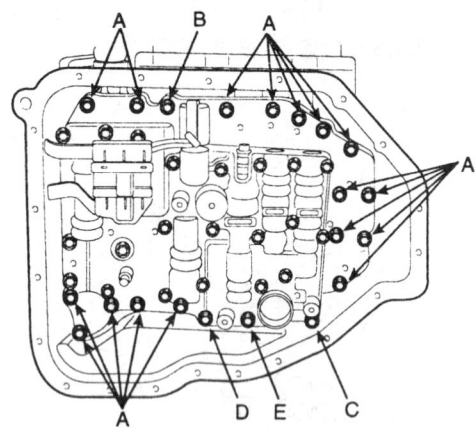

3. 오일필터를 장착한다.

   체결토크 : 0.5~0.7kgf.m

4. 오일팬에 액상 가스켓을 2.5mm의 굵기로 그림과 같이 끊김없이 도포한다.

   액상 가스켓 기준 실러트 쓰리본드: 1281B

   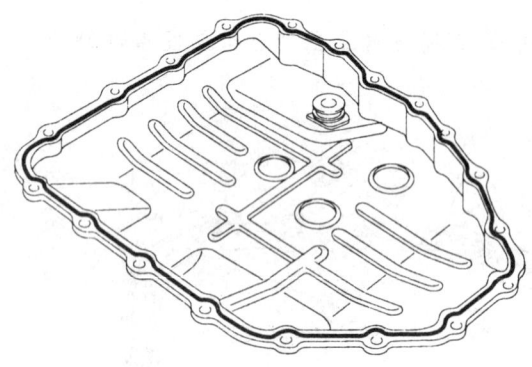

5. 오일팬을 끼운 후 장착볼트를 체결토크로 체결한다.

   체결토크 : 1.0~1.2kgf.m

6. 드레인 플러그를 장착한다.

   체결토크 : 3.5~4.5kgf.m

7. 탈거의 역순으로 장착한다.

인히비터 스위치 (트랜스 액슬 레인지 스위치)

개요 K9305DFE

센서 형식	1. 타입 : 로타리 타입(ROTARY TYPE) 2. 형식 : 절환 접점식 스위치 3. 사용 온도 :-40 ~ 150°C 4. 볼트 체결 토크 : 1.0~1.2kgf.m
기능	운전자 요구에 따른 레버 작동(레버의 위치)을 트랜스미션에 전달하여 시동 시 작동제어 (전원 공급 및 차단), 후진시 백업 램프 점등, 주행시 레버의 위치를 TCM에 전달하여 기어의 물림을 제어한다.

인히비터 스위치 커넥터 형상 및 단자간 접속

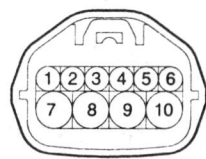

E29

1. P 레인지
2. D 레인지
3. 2 레인지
4. L 레인지
6. N 레인지
7. R 레인지
8. 전원 공급 IG1
9. 시동 회로
10. 시동 회로

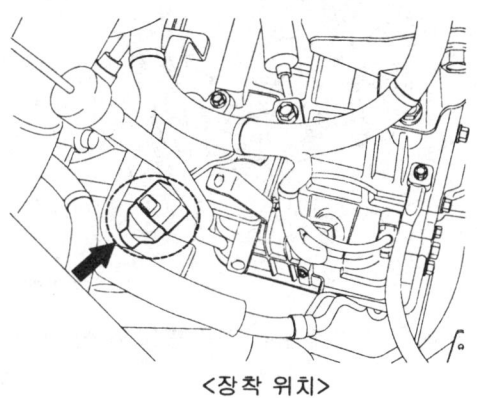

<장착 위치>

핀번호 레버위치	P	R	N	D	2	L
1	●					
2				●		
3					●	
4						●
6			●			
7		●	●			
8	●	●	●	●	●	●
9	●		●			
10	●		●			

탈거

1. 배터리 터미널을 탈거한다.

2. 배터리와 배터리 트라이를 탈거한다.

3. 에어덕트를 탈거한다.

4. 에어클리너 어셈블리를 탈거한다. (자동변속기 탈거/장착 참조)

5. 인히비터 스위치 커넥터(A)를 탈거한다.

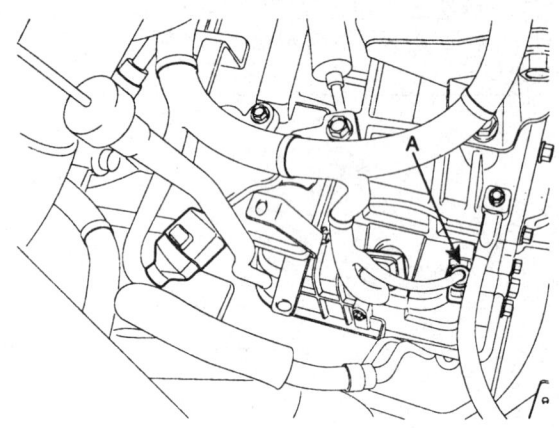

6. 매뉴얼 컨트롤 레버에서 컨트롤 케이블을(A)를 탈거한다.

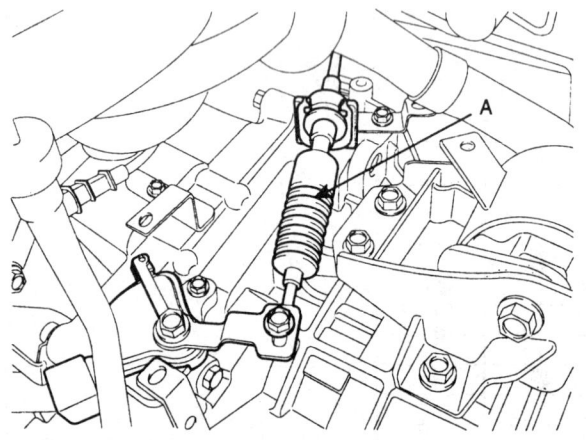

7. 인히비터 스위치(A)와 매뉴얼 컨트롤 레버(B)를 탈거한다.

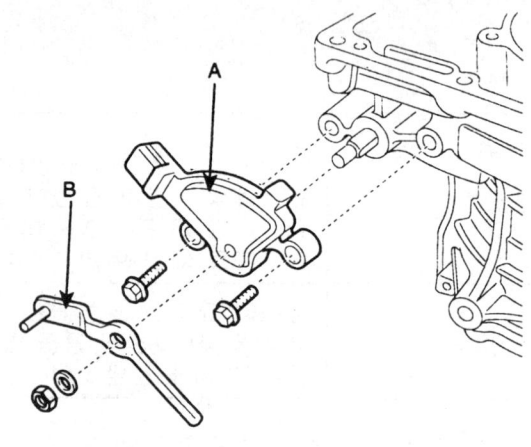

장착

1. 인히비터 스위치를 N 레인지에 맞춘다.

2. 인히비터 스위치 컨트롤 샤프트를 N 레인지에 맞춘다.

3. 인히비터 스위치와 매뉴얼 컨트롤 레버를 장착한다.

체결토크
샤프트 너트: 1.7~2.1kgf.m
볼트(2개): 1.0~1.2kgf.m

4. 컨트롤 케이블을 매뉴얼 컨트롤 레버에 장착한다.

5. 인히비터 스위치 커넥터를 장착한다.

6. 탈거의 역순으로 장착한다.

7. 장착 완료 후 이그니션 스위치를 ON 시킨다.
변속레버를 P 레인지에서 L 레인지까지 움직이며 변속레버와 미터 세트상의 변속 레인지가 일치하는지 확인한다.

드라이브샤프트 및 액슬

일반사항
　제원 .... DS - 2
　체결토크 .... DS - 2
　윤활유 .... DS - 2

드라이브 샤프트
　프론트 드라이브 샤프트 어셈블리
　　구성부품 .... DS - 3
　　탈거 .... DS - 4
　　검사 .... DS - 6
　　장착 .... DS - 6

일반사항

제원 K8CDA25D

항 목			사 양	
드라이브 샤프트	조인트 형식		내측	외측
		좌측	UTJ-II24	BJ24
		우측	UTJ-II24	BJ24
	최대 허용각		23°	46°
허브 엔드 플레이			0.008mm 이하	
휠 베어링 기동 토크			18kgf·cm 이하	

📖 참고

BJ : 버필드 조인트 *(Birfield Joint)*
UTJ-II : U자형 트리포트 조인트 *(U-type Tripot Joint II)*

체결토크 K4C8AB9E

항 목	kgf·m
드라이브 샤프트와 너클 체결 너트	20 ~ 26
프론트 스트러트 어셈블리와 너클 체결 볼트	10 ~ 12
프론트 로워 암과 너클 체결 볼트	10 ~ 12
타이로드 엔드와 너클 체결 너트	2.4 ~ 3.4
인너샤프트 브라켓트와 엔진 블록 체결 볼트	4 ~ 5
휠 너트	9 ~ 11

⚠️ 주의

셀프 록킹 너트는 탈거후 항상 신품으로 교환하시기 바랍니다.

윤활유

항 목	추천 윤활유	용 량
UTJ-II24 - BJ24 형식 드라이브 샤프트		
UTJ-II24 부트 그리스	SK 케미칼 RTA-R	180g + 10g
BJ24 부트 그리스	SK 케미칼 RBA	130g + 10g

드라이브 샤프트

프론트 드라이브 샤프트 어셈블리

구성부품   KFCC154E

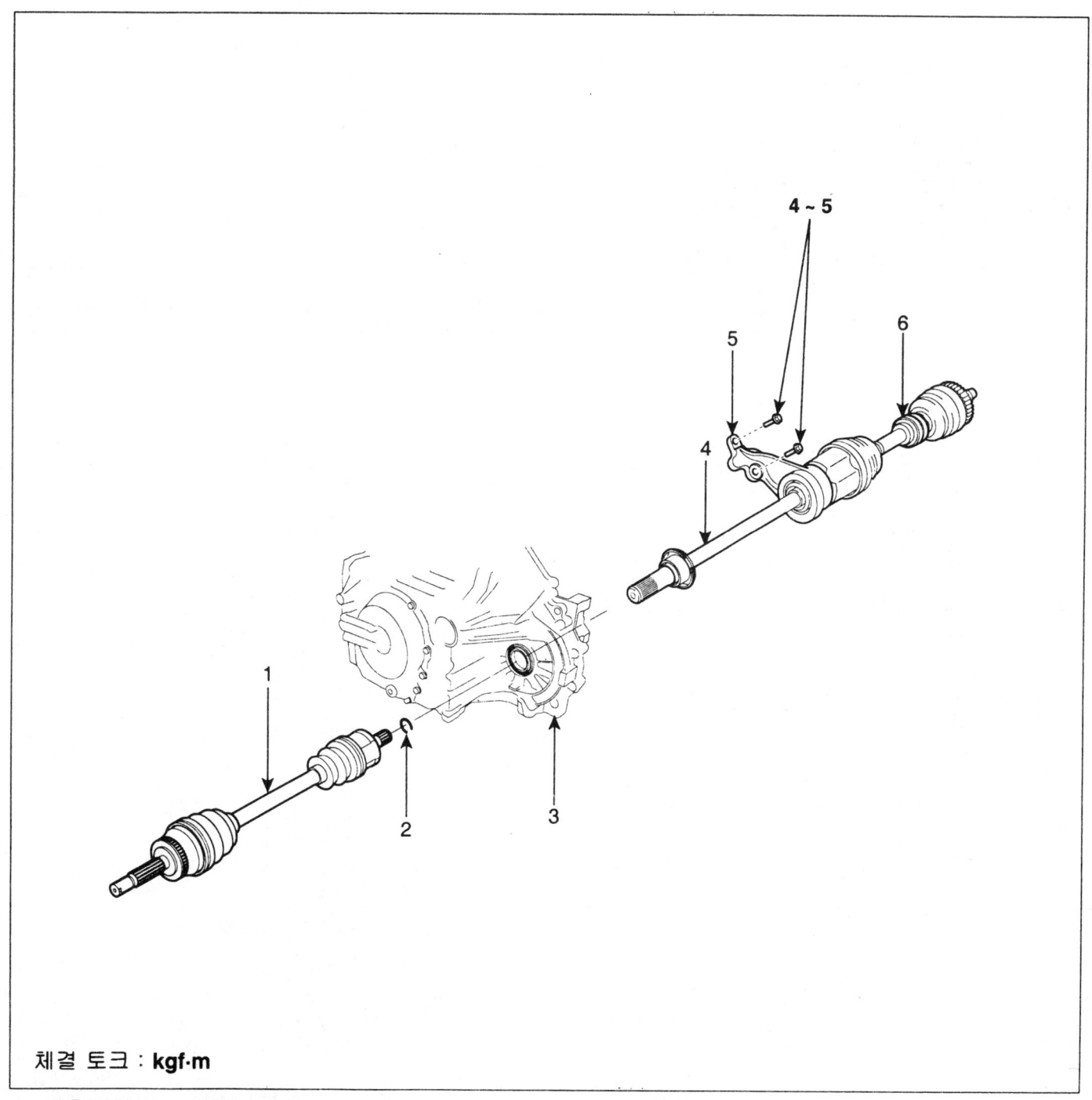

체결 토크 : kgf·m

1. 좌측 드라이브 샤프트
2. 써클립
3. 트랜스 액슬
4. 인너샤프트
5. 인너샤프트 브라켓
6. 우측 드라이브 샤프트

탈거

1. 프론트 휠 너트를 느슨하게 푼다. 차량을 안전하고 확실하게 받친 후 앞쪽을 든다.

2. 프론트 휠 및 타이어(A)를 프론트 허브(B)에서 탈거한다.

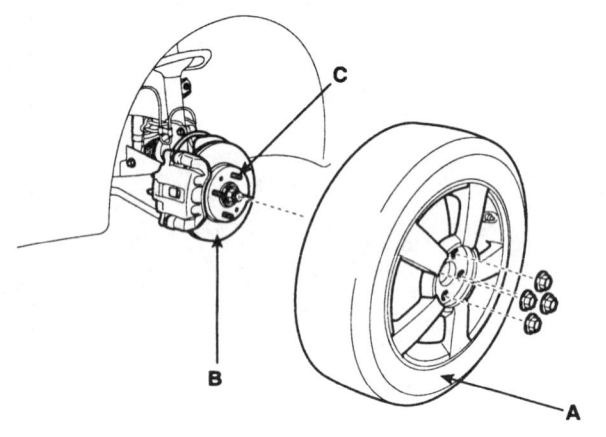

⚠ 주의

프론트 휠 및 타이어(A)를 탈거하는 경우는 허브 볼트(C)가 손상되지 않도록 주의한다.

3. 변속기 오일을 배출한다.
   a. 변속기 밑에 기어 오일을 받을 수 있는 통을 놓는다.
   b. 변속기(C) 하단부의 드레인 플러그(A)와 와셔(B)를 탈거한다.

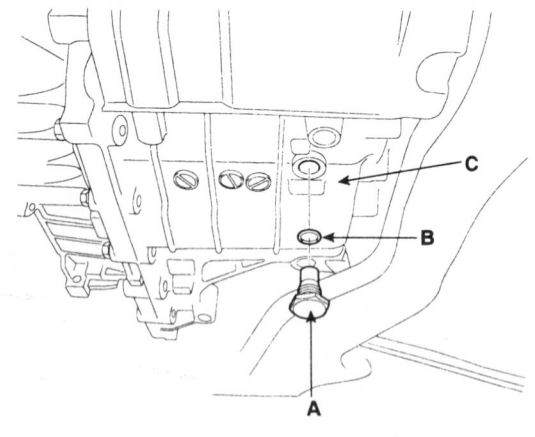

4. 주차 브레이크를 건 상태에서 분할핀(A)을 탈거한 후 드라이브 샤프트 너트(B)를 탈거한다.

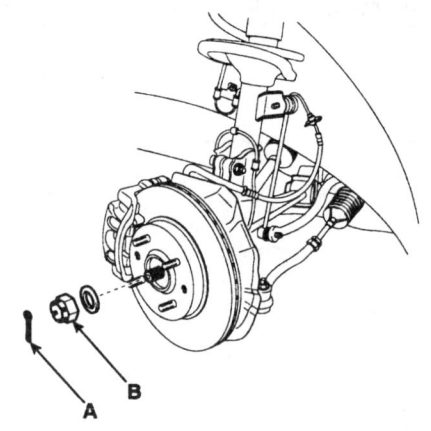

5. 타이로드 엔드(A)와 너클 체결너트(B)를 탈거한 후, 특수공구 (09568-4A000)를 이용하여, 타이로드 엔드 볼 조인트(C)를 너클에서 탈거한다.

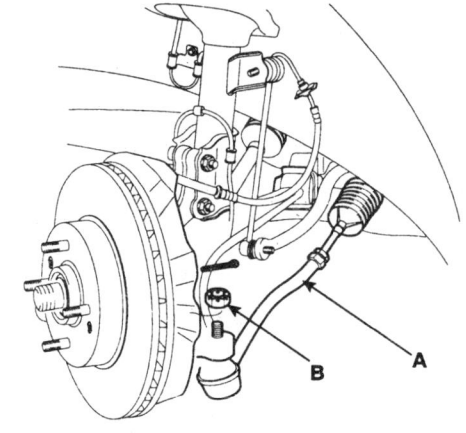

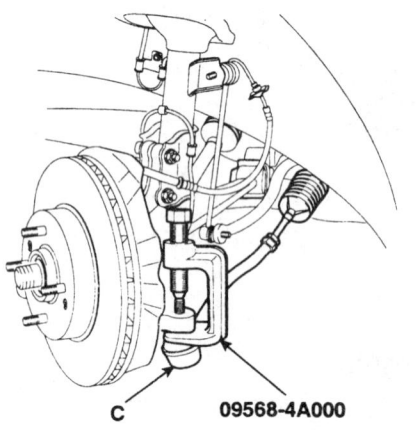

드라이브 샤프트

6. 휠 스피드 센서 및 케이블(A) 체결볼트(B) 2개를 탈거한다.

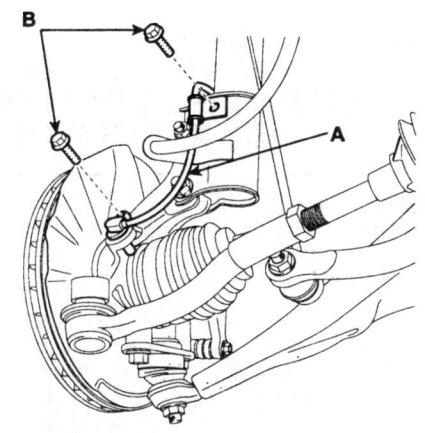

7. 프론트 로워 암(A)과 너클 체결볼트(B)를 탈거한다.

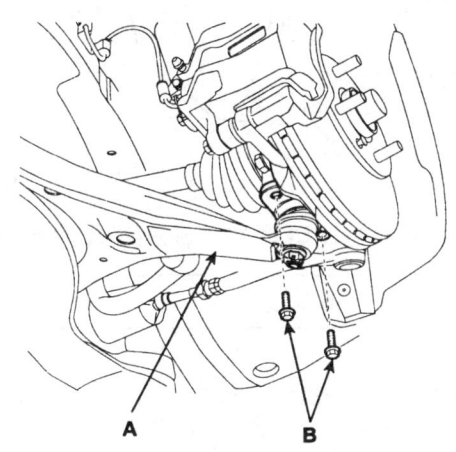

8. 플라스틱 햄머(A)를 이용하여 액슬 허브(C)에서 드라이브 샤프트(B)를 탈거한다. 액슬 허브(C)를 차량 바깥쪽으로 밀어서 액슬 허브(C)에서 드라이브 샤프트(B)를 탈거한다.

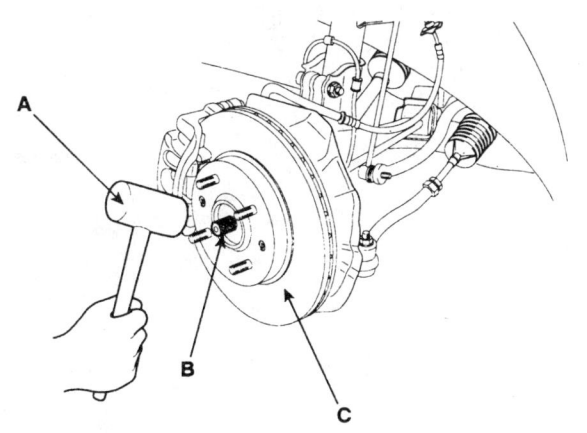

9. 프라이바(A)를 변속기 케이스(B)와 조인트 케이스(C) 사이에 끼워서 변속기 케이스(B)로부터 드라이브 샤프트를 탈거한다.

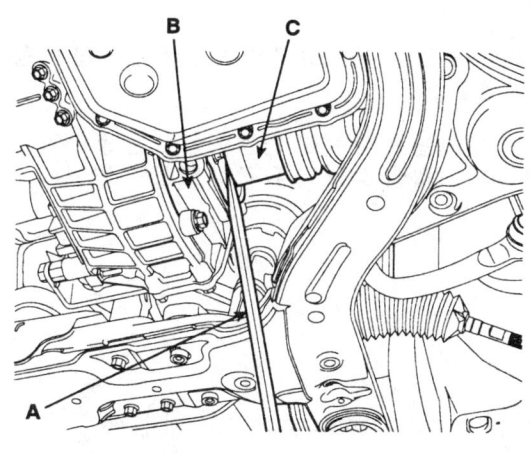

⚠ 주의

우측 드라이브 샤프트 탈거 시, 인너샤프트 브라켓(A)와 엔진 블록 마운팅 볼트(B) 2개를 탈거한 후, 드라이브샤프트를 변속기 케이스로부터 탈거한다.

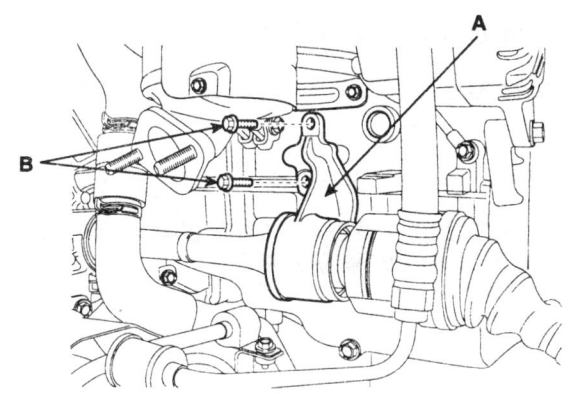

10. 반대편에도 1~8과정을 똑같이 반복해서 드라이브 샤프트를 변속기로부터 탈거한다.

⚠ 주의

- 조인트와 변속기가 손상되지 않도록 하기 위해 프라이바를 사용한다.
- 프라이바를 너무 깊게 끼울 경우 오일 씰에 손상을 줄수 있다. (최대 깊이 7mm)
- 드라이브샤프트를 바깥에서 무리한 힘으로 당길 경우, 외측 또는 내측 등속 조인트 키트 내부가 이탈되어 부트 찢어짐 및 베어링부의 손상을 가져올 수 있다.
- 오염을 방지하기 위해 변속기 케이스의 구멍을 오일 씰 캡으로 막는다.
- 드라이브 샤프트를 적절하게 지지한다.
- 변속기 케이스에서 드라이브 샤프트를 탈거 할 때마다 리테이너링을 교환한다.

검사

1. 외측 등속 조인트 부분에 눈에 띄는 유격이 있는지 점검한다.

2. 내측 등속 조인트 부분이 축방향으로 부드럽게 움직이는지 점검한다.

3. 내측 등속 조인트 부분이 반경방향으로 돌아가는지 점검한다. 느껴질 정도의 유격이 있으면 안된다.

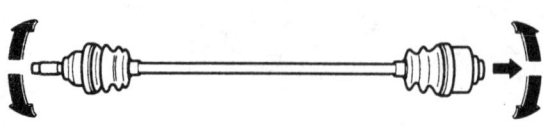

4. 다이나믹 댐퍼의 균열, 마모를 점검한다.

5. 드라이브 샤프트 부트의 균열, 마모를 점검한다.

장착

1. 드라이브 샤프트 스플라인부(A)와 변속기 케이스 접촉면(B)에 기어 오일을 도포한다.

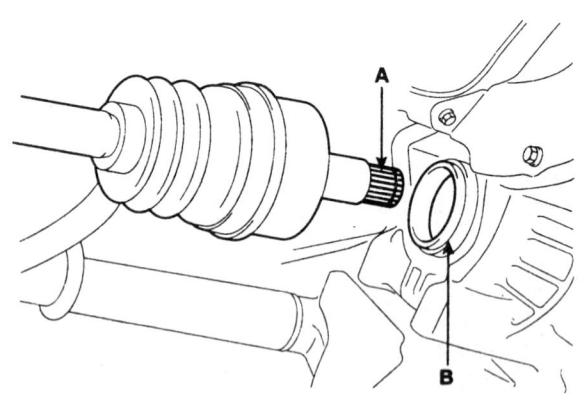

2. 드라이브샤프트 장착후 손으로 잡아 당겨 빠지지 않는지 확인한다.

3. 너클에 드라이브 샤프트를 장착한다.

 주의

- 부트가 손상되지 않도록 주의한다.
- 우측 드라이브 샤프트 탈거 시, 인너샤프트 브라켓(A)와 엔진 블록 마운팅 볼트(B) 2개를 장착한 후, 드라이브 샤프트를 너클에 장착한다.

체결 토크 (kgf·m) : 4 ~ 5

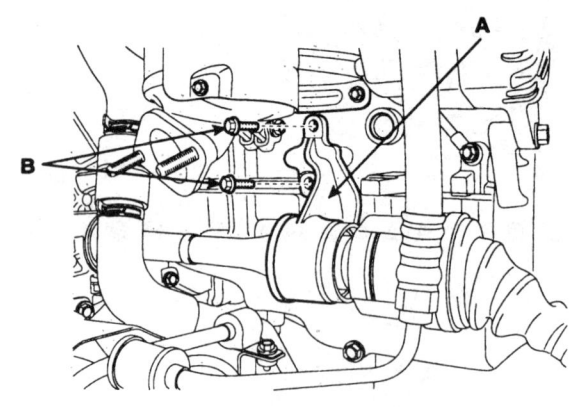

4. 프론트 로워 암(A)과 너클 체결볼트(B)를 장착한다.

체결 토크 (kgf·m) : 10 ~ 12

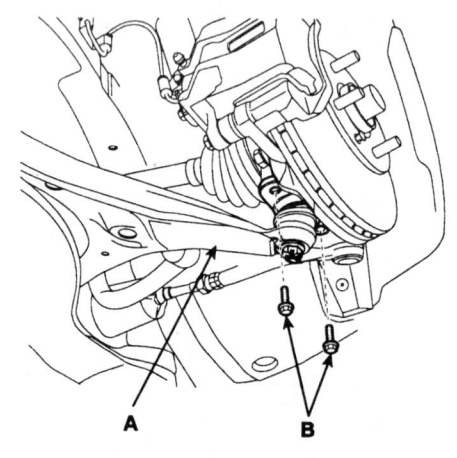

드라이브 샤프트

5. 타이로드 엔드(A)와 너클 체결너트(B)를 장착한다.

   체결 토크 (kgf·m) : 2.4 ~ 3.4

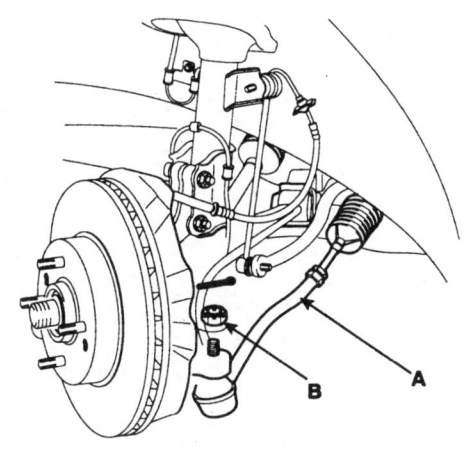

6. 휠 스피드 센서 및 케이블(A) 체결볼트(B) 2개를 장착한다.

   체결 토크 (kgf·m) : 0.8 ~ 1.0

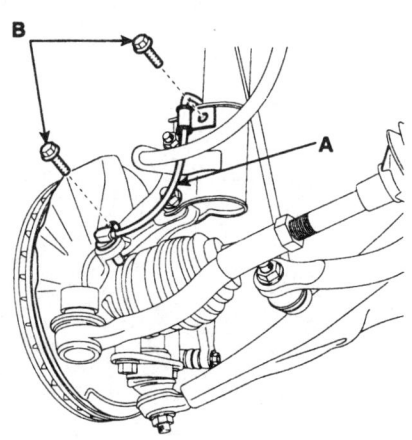

7. 와셔(B)의 볼록면이 바깥쪽을 향하도록 한후 너트(A)와 분할핀(C)을 장착한다.

   체결 토크 (kgf·m) : 20 ~ 26

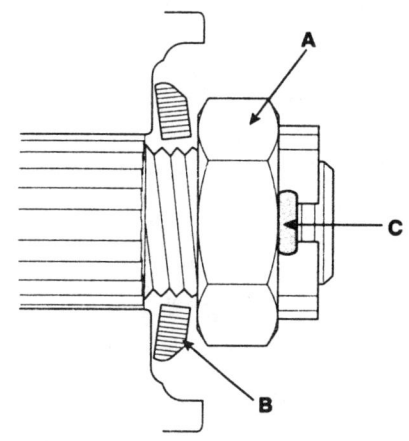

8. 프론트 휠 및 타이어(A)를 프론트 허브(B)에 장착한다.

   체결 토크 (kgf·m) : 9 ~ 11

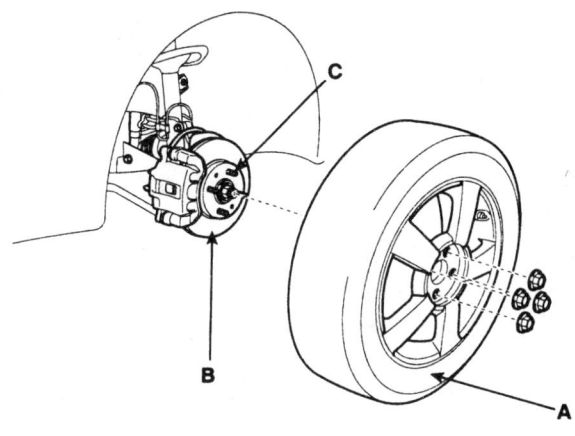

⚠ 주의

프론트 휠 및 타이어*(A)*를 장착하는 경우는 허브 볼트*(C)*가 손상되지 않도록 주의한다.

서스펜션 시스템

일반사항
　제원 .... SS - 2
　체결토크 .... SS - 4

일반사항

제원 K482D9D7

프론트 서스펜션 시스템

항 목			제 원
형식			맥퍼슨 스트럿타입
쇽업소버	형식		가스식
	행정 mm		162.5
	팽창 mm		489.5
	압축 mm		329.5
	식별색		녹색
	감쇠력(0.3m/s)	팽창 kgf	97 ± 15
		압축 kgf	32 ± 7
스프링	1.5 DSL MT	자유고 mm	355.3
		식별색	녹색 - 빨강
	1.5 DSL AT	자유고 mm	361.8
		식별색	녹색 - 녹색

리어 서스펜션 시스템

항 목		제 원
형식		토션 액슬 빔
쇽업소버	형식	가스식
	행정 mm	213
	팽창 mm	603 ± 3
	압축 mm	393 + 3, - free
	식별색	녹색
	감쇠력(0.3m/s) 팽창 kgf	54 ± 9
	감쇠력(0.3m/s) 압축 kgf	24 ± 6
스프링	자유고 mm	325
	식별색	노랑 - 노랑

일반사항

휠 및 타이어

항 목		제 원
타이어 사이즈		P195/55R15
		P185/65R14
		P175/70R14
휠 사이즈	스틸	5.5 J x 14 offset = 46
		5 J x 14 offset = 39
	알루미늄	5.5 J x 15 offset = 46
		5.5 J x 14 offset = 46
	PCD (mm)	100
타이어 공기압 (PSI)		32

휠 얼라인먼트

항 목		프론트		리어
		파워	매뉴얼	
캠버		0° ± 30′		-1° ± 30′
캐스터	바닥에 대해서	4° 00′± 30′	0° 35′± 30′	-
	차체에 대해서	4° 30′	1° 05′	-
토인 mm		-2 ~ 2		2 ~ 6
킹핀 경사각		13° ± 30′		-
윤거(TREAD) mm	185,195 타이어	1470	-	1460
	175 타이어	1484	1484	1474

체결토크

항 목	kgf·m
휠 너트	9 ~ 11
드라이브 샤프트 너트	20 ~ 26
프론트 스트러트 상부 장착 너트	2 ~ 3
프론트 스트러트와 너클	10 ~ 12
프론트 스트러트 마운팅 셀프 록킹 너트	5 ~ 7
프론트 서브 프레임 마운팅 볼트	9.5 ~ 12
프론트 휠 스피드 센서 장착 볼트	1.3 ~ 1.7
로워 암 볼 조인트와 너클	6.0 ~ 7.2
서브 프레임과 로워 암 부싱(A) 장착 볼트	10 ~ 12
서브 프레임과 로워 암 부싱(G) 장착 볼트	12 ~ 14
엔진 마운팅 볼트	5 ~ 6.5
스테빌라이져 브라켓 체결 볼트	4.5 ~ 5.5
타이로드 엔드 볼 조인트 셀프 록킹 너트	2.4 ~ 3.4
스테빌라이져 바 링크 너트	3.5 ~ 4.5
리어 쇽업소버 상부 체결 너트	5 ~ 6.5
리어 쇽업소버 하부 체결 너트	10 ~ 12
리어 토션 액슬 빔 체결 볼트	10 ~ 12
리어 쇽업소버 셀프 록킹 너트	4 ~ 6
리어 켈리퍼 장착 볼트	6.5 ~ 7.5
리어 허브 유니트 베어링 장착 볼트	5 ~ 6
브레이크 호스 고정 볼트	0.9 ~ 1.4
휠 스피드 센서 케이블 체결 볼트	0.7 ~ 1.1

조향 계통

일반사항
- 제원 .... ST - 2
- 정비기준 .... ST - 2
- 체결토크 .... ST - 3
- 윤활유 .... ST - 3

일반사항

제원 KFBC4C6A

항목	제 원
스티어링 기어 형식	랙 및 피니언 방식
랙의 행정	매뉴얼 : 144 ± 1 mm (175 타이어) 파워 : 142 ± 1 mm (175 타이어) 138 ± 1 mm (185 이상 타이어)
오일 펌프 형식	베인(Vane) 방식
배출량	7.2 cm³/rev.

정비기준 K49B1D3B

항목		규정치	
스티어링 휠 자유유격		0 ~ 30 mm	
		매뉴얼	파워
스티어링 각(공차상태)	내측 휠 각	38°58′ ± 1°30′	39°57′ ± 1°30′ (175 타이어), 38°17′ ± 1°30′ (185 타이어)
	외측 휠 각	32°38′	32°54′ (175 타이어), 31°57′ (185 타이어)
정지시 스티어링 작동력		3.5 kg	
벨트의 휨 (mm)		7 ~ 10	
오일 펌프 배출 압력 (kg/cm²)		77 ~ 82	
타이로드 요동 토크 (kg·m)		0.15 ~ 0.5	
타이로드 엔드 볼 조인트 회전 기동 토크 (kg·m)		0.05 ~ 0.25	

일반사항

체결 토크

항 목	kgf·m
[파워 스티어링 컬럼 샤프트]	
스티어링 컬럼 샤프트 마운팅 볼트	1.3 ~ 1.8
스티어링 휠 록크너트	3.5 ~ 4.5
피니언 기어와 조인트 어셈블리 체결	1.3 ~ 1.8
스티어링 컬럼 샤프트와 조인트 어셈블리 체결	1.3 ~ 1.8
[파워 스티어링 기어박스]	
기어박스 마운팅 볼트	9 ~ 11
타이로드 록크 너트	5.0 ~ 5.5
타이로드 엔드 볼조인트와 너클암 체결 너트	2.4 ~ 3.4
피드 튜브와 기어박스 체결	1.2 ~ 1.8
요크 플러그 록크 너트	5.0 ~ 6.0
[파워스티어링 오일펌프]	
오일펌프에 압력호스 체결	5.5 ~ 6.5
오일펌프 조정볼트	2.5 ~ 3.3
오일펌프 마운팅 볼트	2.0 ~ 2.7
오일펌프 브라켓 마운팅 볼트	2.0 ~ 2.7
[파워스티어링 호스]	
파워스티어링 호스 마운팅 볼트	0.8 ~ 1.2
파워스티어링 튜브 마운팅 볼트	0.8 ~ 1.2

윤활유

항 목	윤활유	용 량
스티어링 컬럼 베어링	다목적 그리스 SAE J310a, NLGI No.2	필요량
스티어링 기어박스 랙, 피니언 기어 파트	다목적 그리스 SAE J310a, NLGI No.2	필요량
벨로우즈	실리콘 그리스	필요량
오일펌프	파워 스티어링 오일 PSF-3	필요량
파워 스티어링 오일	파워 스티어링 오일 PSF-3	1.0 lit.
타이로드 엔드 볼조인트	SUNLIGHT MB-2	4g

현대자동차 지침서(1)

승용

※ 참고 : 아래 정가는 원자재의 상승 등으로 변동될 수 있음, 또한 절판된 매뉴얼은 주문 제작도 가능함

도서명		정가	도서명		정가	도서명		정가
엘란트라	엔 진('93)	10,500		정비지침서(2000)	25,000	자동변속기	승용·RV정비(2002)	5,000
	섀 시('93)	22,000		전기배선도(2000)	8,000	수동변속기	승용·RV정비(2002)	4,500
마르샤	엔 진('95)	13,000	아반떼XD	정비지침서(2003)	36,000		승용·RV정비(2005)	9,000
	섀 시('95)	19,000		전장회로도(2003)	6,300	i 30	엔 진(2008)	36,500
엑센트	엔진·섀시('95)	21,000		전장회로도(2005)	6,000		섀 시(2008)	37,000
	전기회로도('95)	7,500	아반떼(디젤)	정비지침서(2005)	24,500		전장회로도(2008)	11,500
베르나	엔진·섀시('99)	20,000	NEW 아반떼 (HD)	가솔린 엔진(2007)	41,000		정비보충판(2008)	22,000
	전기회로도('99)	7,500		섀 시(2007)	36,500	제네시스	엔 진(2008)	38,000
	엔진·섀시(2002)	21,000		전장회로도(2007)	9,000		섀 시(2008)	41,000
	전기회로도(2002)	5,500	디 젤	엔진(2007)	21,500		바 디(2008)	35,500
	전장회로도(2004)	5,100		엔 진('96)	20,000		전장회로도(2008)	12,500
NEW 베르나	엔 진(2006)	35,700		섀 시('96)	23,500		엔 진(2009)	29,500
	섀 시(2006)	42,500	그랜저/다이너스티	전기회로도('96)	9,000	제네시스 쿠페	엔진·변속기(2009)	41,000
	전장회로도(2006)	10,500		전장회로도(2003)	7,000		바 디(2009)	35,000
쏘나타(Ⅱ)	엔 진('93)	10,500		전장회로도(2004)	6,200		전장회로도(2009)	13,000
	섀 시('93)	절판		정비지침서('97)	20,000	아반떼XD 하이브리드 LPI	정비보충판(2010)	36,500
	전기회로도('93)	9,500	아토스	전기회로집('97)	6,200		전장회로도(2010)	12,000
쏘나타(Ⅲ)	엔 진('96)	12,500		정비지침서(2001)	18,000		엔 진('99)	10,500
	섀 시('96)	19,000		전기회로집(2001)	5,500		섀 시('99)	22,000
EF쏘나타	엔 진('98)	10,500	클 릭	정비지침서(2002)	30,000		전기회로집('99)	11,500
	섀 시('98)	20,500		전장회로도(2002)	5,000		전기회로집(2000)	14,000
	전기회로집('98)	9,500		정비지침서(2006)	18,400	에쿠스	정비지침서(2001)	7,500
	정비지침서(2001)	8,000	NEW 클릭	전장회로도(2006)	8,500		정비지침서(2004)	11,000
	전기회로집(2001)	8,000		정비보충판(D4FA-디젤 1.5)	22,000		전장회로도(2004)	8,200
	전장회로집(2003)	12,500	라비타	정비지침서(2002)	21,000		정비보충판(2005)	28,000
EF·XG·다이너스티 LPG엔진	LPG전장(2003)	2,200		전기회로집(2002)	7,000		전장회로도(2005)	8,000
	(통합본)(2001)	7,000		전장회로도(2003)	4,900		정비보충판(2007)	12,500
NF쏘나타	엔 진(2005)	22,000	그랜저XG	엔 진('98)	10,500	뉴에쿠스	엔진1편(2009)	39,000
	섀 시(2005)	28,000		섀 시('98)	21,500		엔진2편(2009)	43,000
	전장회로도(2005)	8,000		전기회로('98)	10,500		섀 시(2009)	44,000
	정비(LPI보충판)(2005)	11,500		정비지침서(2002)	27,000		바 디(2009)	42,500
	전장(보충)(2005)	10,000		전장회로도(2002)	9,000		전장회로도(2010)	20,000
	정비보충판(2005)	27,000		전장회로도(2005)	11,000	YF쏘나타	정비지침서(2010)	44,000
	정비보충판(2007)	23,000		엔 진(2005)	46,000		전장회로도(2010)	15,000
	정비보충판(2008)	52,000		섀 시(2005)	39,500	YF쏘나타 하이브리드	정비지침서(2012)	70,000
				전장회로도(2005)	10,700		전장회로도(2012)	18,000
스쿠프	정비지침서('93)	13,000	그랜저(TG)	보충정비(LPI)(2005)	20,500	엑센트	엔 진(2011)	34,000
티뷰론	엔 진('96)	7,000		정비보충판(2007)	28,500		섀 시(2011)	21,000
	섀 시('96)	16,500		정비보충판(2008)	19,000		전장회로도(2011)	19,000
투스카니	정비지침서(2001)	23,500		엔 진(2009)	41,500	아반떼(MD)	정비지침서(2011)	51,000
	전기회로집(2001)	7,000		엔진변속기(2009)	48,000		전장회로도(2011)	18,000
	정비지침서(2005)	20,000		전장회로도(2009)	18,000			
	전장회로도(2005)	4,800	그랜저(HG)	엔 진(2011)	26,000			
	정비지침서(2007)	28,000		섀 시(2011)	33,000			
아반떼	엔 진('95)	11,500		전장회로도(2011)	26,000			
	섀 시('95)	16,000						
	전기회로도('95)	8,500						

현대자동차 지침서(II)

※ 참고 : 아래 정가는 원자재의 상승 등으로 변동될 수 있음, 또한 절판된 매뉴얼은 주문 제작도 가능함

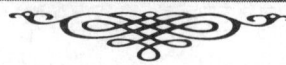

도 서 명		정가	도 서 명		정가	도 서 명	정가
싼타모	엔 진('99)	12,000	투 싼	엔 진(2004)	13,500		
	새 시('99)	19,000		새 시(2004)	36,000		
	보디&전장('99)	14,000		전장회로도(2004)	8,000		
갤로퍼(II)	엔 진('99)	11,500		정비보충판(2005)	14,000		
	새 시('99)	15,000		전장회로도(2005)	8,000		
	보디&전장('99)	21,000		정비보충판(2007)	12,000		
〃·〃(LPG V6엔진)	정비지침서(2002)	22,500	투 싼(ix)	정비지침서(2010)	46,000		
	전장회로도(2002)	4,500		전장회로도(2010)	14,000		
테라칸	정비지침서(2001)	27,000	싼타페	정비지침서(2000)	34,000		
〃·〃(LPG V6엔진)	전기회로집(2001)	7,500		전기배선도(2000)	13,500		
〃·〃	J3엔진(2.9TCI)(2001)	7,000		전장회로도(2002)	9,000		
	전장회로도(2003)	10,000		전장회로도(2003)	6,000		
	정비지침서(2004)	5,000	NEW 싼타페	엔 진(2006)	21,100		
	전장회로도(2004)	4,500		새 시(2006)	45,000		
베라크루즈	엔진·변속기(2007)	34,000		전장회로도(2006)	8,800		
	새 시(2007)	37,000		정비보충판(2007)	27,000		
	전장회로도(2007)	10,500					
	정비보충판(2007)	28,500					
포 터	정비지침서('96)	20,000					
	전장회로도(2001)	6,500					
포 터(II)	정비지침서(2004)	41,000					
	전장회로도(2004)	6,500					
	정비보충판(2008)	18,500					
	전장회로도(2008)	6,500					
그레이스	정비지침서('93)	23,000					
	전기회로집(2001)	5,000					
그레이스/포터	정비지침서(2002)	21,500					
리베로	정비지침서(2000)	25,000					
	전기배선도(2000)	10,000					
	정비지침서(2002)	19,500					
〃.(VE, 루카스)	전장회로도(2002)	5,000					
트라제XG	정비지침서('99)	26,000					
	전기회로집('99)	12,000					
	전장회로도(2002)	7,000					
	정비지침서(2004)	10,500					
	전장회로도(2004)	6,000					
	전장회로도(2006)	8,500					
D4EA(트라제,싼타페) 〃·〃·〃	엔 진(2000)	6,500					
스타렉스	엔 진('97)	10,500					
	새 시('97)	18,000					
	전기회로도(2000)	8,000					
〃·〃·〃 (LPG V6엔진) 〃·〃·〃	정비지침서(2001)	24,000					
	전기회로집(2001)	8,000					
	D4CB엔진(2002)	5,000					
	정비지침서(2004)	11,500					
	전장회로도(2004)	5,500					
그랜드스타렉스	엔 진(2007)	23,500					
	새 시(2007)	35,500					
	전장회로도(2007)	8,500					

현대자동차 지침서(Ⅲ)

상 용

※ 참고 : 아래 정가는 원자재의 상승 등으로 변동될 수 있음, 또한 절판된 매뉴얼은 주문 제작도 가능함

도서명		정가	도서명		정가	도서명	정가
카운티	엔 진('98)	9,000	D6CB(엔진)	정비지침서(2004)	6,100		
	섀 시('98)	18,500		정비지침서(2007)	7,000		
	전장회로도(2003)	8,000	e에어로타운	정비지침서(2004)	10,000		
마이티(3.5톤)	정비지침서('93)	20,500	D4DD	엔 진(2004)	8,000		
마이티(Ⅱ)	엔 진('98)	9,000	슈퍼에어로시티	정비지침서(2005)	5,800		
	섀 시('98)	9,000		전장회로도(2005)	4,200		
코러스	정비지침서('93)	18,000	뉴파워트럭	전장회로도(2005)	4,500		
현대4.5/5톤트럭	정비지침서('93)	12,500	e에어로타운	정비지침서(2006)	17,700		
슈퍼5톤트럭	정비지침서('98)	18,000		전장회로도(2006)	5,500		
	전기회로집(2001)	8,000	메가트럭	전장회로도(2006)	6,200		
S-2000자동변속기	정비지침서(2002)	12,500		전장회로도(C6GA)(2010)	8,000		
슈퍼트럭	섀 시(2001)	21,000		정비지침서(2011)	28,000		
	섀 시(2003)	21,500	D6AB/D6AC	엔진고장진단(2005)	13,000		
슈퍼트럭파워텍	전장회로도(2002)	15,000	트라고/뉴파워트럭	정비(보충판)(2008)	19,000		
대형트럭·특장차	섀 시('93)	16,500		섀 시(2007)	36,000		
25톤트럭	정비지침서('96)	14,000	트라고	전장회로도(2007)	15,000		
에어로버스	섀시1편(2000)	29,000		전장회로도(2008)	15,000		
	섀시2편(2000)	29,000					
	전기회로집(2000)	18,000					
에어로퀸, 익스프레스, 에어로스페이스	정비지침서(2003)	37,000					
슈퍼에어로시티	정비지침서(2000)	16,500					
	전기회로집(2000)	5,500					
	정비지침서(2003)	17,500					
	정비지침서(2004)	7,600					
에어로타운	정비지침서(2001)	15,500					
D6디젤(엔진)	정비지침서('93)	8,000					
D8디젤(엔진)	정비지침서('96)	8,500					
V8디젤(엔진)	정비지침서('93)	8,500					
D6CA(엔진)	정비지침서(2001) (16톤, 19톤, 19.5톤) 켸	8,000					
D6AB/C(엔진)	정비지침서(2001) (8톤카고, 8.5톤, 9.5톤, 11톤, 11.5톤, 14톤, 16톤)	14,000					
D6DA(엔진)	정비지침서(2002) (5톤, 8.5톤, 에어로타운)	8,000					
C6DA	정비지침서(2004)	8,000					
글로벌900CNG	전장회로도(2003)	5,500					
덤프, 트랙티, 믹서	정비지침서(2004)	23,100					
현대 상용차	전기회로('93)	11,000					
e마이티·마이티Qt	정비지침서(2004)	14,000					
	전장회로도(2004)	5,400					
e카운티	정비지침서(2004)	18,000					
	전장회로도(2004)	5,300					
뉴파워트럭(보충판)	정비지침서(2004)	19,500					
	전장회로도(2004)	7,500					
에어로퀸, 익스프레스, 에어로스페이스	정비지침서(2004)	10,400					
	전장회로도(2004)	7,000					
메가트럭	정비지침서(2004)	14,500					
	전장회로도(2004)	6,000					

기아자동차 지침서(I)

※ 참고 : 아래 정가는 원자재의 상승 등으로 변동될 수 있음, 또한 절판된 매뉴얼은 주문 제작도 가능함

구분 차종	승용차·RV·상용차 도서명	정가	구분 차종	승용차·RV·상용차 도서명	정가
리오SF	정비지침서(전장수록)(2002)	23,700	쎄라토	엔진(2004)	19,600
	전장회로도(2004)	6,200		새시(2004)	32,500
오피러스	엔진·전장회로도(2003)	22,300		전장회로도(2004)	6,700
	새시(2003)	23,600		정비지침서(1.5디젤 보충판)(2005)	29,000
	정비·전장 보충판(2003)	13,200		전장회로도(2007)	10,000
	정비지침서(보충판)(2005)	26,000	모닝	정비지침서(2004)	33,800
카렌스(II)	정비지침서(XTREK 공용)(2002)	42,000		전장회로도(2004)	5,900
	전장회로도(2002)	10,500		정비지침서(보충판)(2007)	15,000
	정비지침서 보충판(2002)	5,100		정비지침서(보충판)(2008)	35,000
	정비지침서/전장회로도(2004)	18,900	스포티지	엔진(2004)	36,200
카렌스(II)/XTREK	전장회로도(2004)	7,100		새시(2004)	43,000
카니발(II)	정비지침서(2001)	28,000		전장회로도(2004)	11,500
	전기배선도(2001)	8,400		정비지침서(보충판)(2007)	12,500
	LPG전기배선도(2001)	8,400	프라이드	엔진(2005)	18,700
	정비지침서(보충판)(2002)	14,000		새시(2005)	35,000
	전장회로도(2003)	9,300		전장회로도(2005)	6,800
	전장회로도(2004)	6,600		정비지침서(1.5디젤 보충판)(2005)	33,000
쏘렌토	정비지침서(2002)	26,000		전장보충판(D4FA-디젤1.5, 5도어)(2005)	5,000
	전장회로도(2002)	7,400		정비지침서(보충판)(2007)	20,000
	정비지침서(보충판)(2002)	7,000	그랜드카니발	엔진(2006)	18,300
	전장회로도(가솔린)(2002)	5,500		새시(2006)	41,000
	전장회로도(2004)	7,700		전장회로도(2006)	10,400
	정비지침서(보충판)(2004)	7,900		정비지침서(보충판)(2006)	19,000
	정비/전장회로도(보충판)(2005)	25,000		정비지침서(보충판)(2007)	19,500
	전장회로도(2006)	9,000		정비지침서(보충판)(2008)	27,000
	정비지침서(보충판)(2007)	22,000	로체	엔진(2006)	27,800
쏘렌토R	엔진(2009)	27,500		새시(2006)	37,500
	새시(2009)	30,000		전장회로도(2006)	9,000
	전장회로도(2009)	13,000		정비지침서(보충판)(2008)	21,000
포르테	엔진(2009)	35,000	NEW 로체	엔진(2009)	31,500
	새시(2009)	43,500		새시(2009)	30,500
	전장회로도(2009)	10,000		전장회로도(2009)	9,500
포르테 하이브리드 LPI	정비지침서(2010)	34,000	NEW 오피러스	엔진(2006)	40,000
	전장회로도(2010)	8,000		새시(2006)	36,000
쏘울	엔진(2009)	38,500		전장회로도(2006)	13,500
	새시(2009)	40,000	NEW 카렌스(II)	엔진(2006)	48,000
	전장회로도(2009)	10,000		새시(2006)	31,500
K7	엔진(2010)	32,500		전장회로도(2006)	8,500
	새시(2010)	30,500	모하비	엔진(2008)	32,500
	전장회로도(2010)	22,500		새시(2008)	42,000
K5	엔진(2010)	33,000		전장회로도(2008)	12,500
	새시(2010)	28,000	모닝(후속) (근간출간예정)	정비지침서(2012)	32,000
	전장회로도(2010)	18,000		전장회로도(2012)	18,000
K5 하이브리드	정비지침서(2012)	72,000			
	전장회로도(2012)	18,000			

기아자동차 지침서(II)

※ 참고 : 아래 정가는 원자재의 상승 등으로 변동될 수 있음. 또한 절판된 매뉴얼은 주문 제작도 가능함

승 용 차			전 차 종		
차 종	도 서 명	정 가	차 종	도 서 명	정 가
승용·RV·상용차			**승용·RV·상용차**		
프레지오	정비지침서(전기포함)('95)	27,000	아벨라	정비지침서('97)	18,000
	정비지침서(2001)	15,000		바디수리서('97)	5,000
봉고프론티어	정비지침서('97)	18,000		전기배선도('97)	6,500
	정비지침서(2000전장 첨부)(2001)	17,700	포텐샤	정비지침서('97)	16,000
봉고(III)1톤	정비지침서(2004)	37,000		전기배선도('97)	10,000
	전장회로도(2004)	6,000	크레도스	정비지침서('97)	20,000
봉고(III)코치	정비지침서(2004)	30,700	세피아(II)	정비지침서('97)	14,000
	전장회로도(2004)	5,900		전기배선도('97)	6,000
봉고(III)	정비지침서(1톤,1.4톤 전장포함)(2004)	12,400	엔터프라이즈	정비지침서('97)	12,000
	정비지침서(보충판)(2008)	16,500		전기배선도('97)	7,000
	전장회로도(2008)	6,000	캐피탈	전기배선도('97)	10,000
프런티어	2.5톤 정비지침서('97)	15,500	콩코드	전기배선도('97)	6,000
	정비지침서(1.3톤, 2.5톤, 전장회로도 수록)('97)	14,000	카니발	정비지침서('97)	18,500
타우너	정비지침서(전기배선도 첨부)(2001)	16,000		전기장치(디젤)('97)	10,000
파맥스	2.5톤/3.5톤 정비지침서(2001)	22,000		LPG전기배선도('97)	9,000
라이노	정비지침서(2001)	13,000		LPG추보판('97)	6,500
봉고프런티어	정비지침서('97)	12,000	카렌스	정비지침서('97)	19,000
	전기배선도('97)	6,000		전기배선도('97)	12,000
프런티어	전기배선도('97)	6,000	카스타	엔진·트랜스밋션('97)	18,000
레토나	엔 진('97)	15,000		섀시·전기('97)	16,000
	섀시·전기배선도(보충판 첨부)('97)	17,000	프레지오	정비지침서('97)	15,000
				전기배선도('97)	12,000
			비스토	정비지침서(전기배선도)('97)	30,000
				정비지침서(2001)	24,000
				전기배선도(2001)	6,800
			스펙트라	정비지침서(전기배선도)(2001)	29,000
			스펙트라/스펙트라윙	전장회로도(정비·전장 포함)(2001·2003)	7,700
			옵티마	정비지침서(2000)	21,000
				전기배선도(2000)	8,500
			스포티지	전기배선도(2001)	7,000
			카렌스	정비지침서(2001)	29,500
				전기회로도(2001)	9,200
			옵티마리갈	정비지침서(보충판 포함)(2001)	40,500
				전장회로도(2001)	8,700
				전장회로도(보충판:LPG 포함)(2003)	13,000

제 목 :	**2005 프라이드(1.5디젤) 정비지침서(보충판)**
발행일자 :	2005년 5월 20일 발행
저 자 :	기아자동차(주) 디지털써비스컨텐츠팀
발 행 인 :	김 길 현
발 행 처 :	도서출판 골든벨
	서울시 용산구 문배동 40-21
등 록 :	제 3-132호(1987. 12. 11)
대표전화 :	02) 713-4135 / FAX : 02) 718-5510
홈페이지 :	http://www.gbbook.co.kr
관련번호 :	A1GES-KO53B
I S B N :	89-7971-372-X-93550
정 가 :	33,000원